Logistik mit SAP®

Jens Kappauf, Matthias Koch, Bernd Lauterbach

Logistik mit SAP®

Der umfassende Einstieg

Rheinwerk
Publishing

Liebe Leserin, lieber Leser,

die Aufgaben der Logistik sind ebenso vielfältig wie bedeutend für das Unternehmen: Güter müssen unter anderem beschafft, gelagert und transportiert werden. Angesichts der Fülle der Anforderungen an die Logistik ist das breite Spektrum an SAP-Anwendungen nicht überraschend. Dieses Buch soll Ihnen als Wegweiser durch die Logistik mit SAP dienen. Sie lernen die verschiedenen Anwendungen für Produktion, Distribution, Transport und Lagerverwaltung kennen und entdecken, wie sie im Unternehmen eingesetzt werden können.

Jens Kappauf, Matthias Koch und Bernd Lauterbach kennen die SAP-Logistik wie ihre Westentasche und schaffen es, Ihnen einen gut verständlichen Überblick zu geben. Als Junior-Berater, SAP-Einsteiger oder Student erhalten Sie eine Einführung in die Fähigkeiten der Software, als Entscheider lernen Sie zu beurteilen, welche Produkte die richtigen für Ihr Unternehmen sind. Und wenn Sie bereits SAP einsetzen, bekommen Sie einen Überblick über das große Ganze und neue Möglichkeiten, Ihre Prozesse noch besser zu gestalten. Ich wünsche Ihnen viel Spaß und Erfolg bei der Entdeckungsreise durch das Universum der SAP-Logistik!

Wir freuen uns stets über Lob, aber auch über kritische Anmerkungen, die uns helfen, unsere Bücher zu verbessern. Scheuen Sie nicht, mich zu kontaktieren. Ihre Fragen und Anmerkungen sind jederzeit willkommen.

Ihre Eva Tripp
Lektorat SAP PRESS

eva.tripp@rheinwerk-verlag.de
www.sap-press.de

Rheinwerk Verlag
Rheinwerkallee 4
53227 Bonn

Auf einen Blick

Lektorat Eva Tripp
Korrektorat Friederike Daenecke, Zülpich
Herstellung Denis Schaal
Typografie und Layout Vera Brauner
Einbandgestaltung Bastian Illerhaus
Coverbild Shutterstock: 177575771 © hxdyl
Satz Typographie & Computer, Krefeld
Druck und Bindung C.H. Beck, Nördlingen

Gerne stehen wir Ihnen mit Rat und Tat zur Seite:
eva.tripp@rheinwerk-verlag.de bei Fragen und Anmerkungen zum Inhalt des Buches
service@rheinwerk-verlag.de für versandkostenfreie Bestellungen und Reklamationen
hauke.drefke@rheinwerk-verlag.de für Rezensionsexemplare

Bibliografische Information der Deutschen Nationalbibliothek
Die Deutsche Nationalbibliothek verzeichnet diese Publikation in der Deutschen Nationalbibliografie; detaillierte bibliografische Daten sind im Internet über *http://dnb.d-nb.de* abrufbar.

ISBN 978-3-8362-4386-5

4., aktualisierte und erweiterte Auflage 2017

Inhalt

Anhang 701

Einleitung

Die vordringliche Aufgabe zahlreicher Manager besteht darin, verloren gegangene Marktanteile zurückzugewinnen und neue Wettbewerbsvorteile zu sichern. Hintergrund dieser Bemühungen sind die Globalisierung und der damit zusammenhängende verschärfte internationale Wettbewerb. *Kundenorientierung*, *Lean Management* und *Reengineering*, also eine fundamentale Neugestaltung der Produktions- und Geschäftsprozesse, sind aktuelle Schlagwörter, die diese Bemühungen kennzeichnen.

Wachsende Bedeutung der Logistik

Um diese Ziele zu erreichen, werden Wertschöpfungsprozesse in vielen Unternehmen neu organisiert, wobei insbesondere die Schnittstellen zu den Absatz- und Beschaffungsmärkten zunehmend wichtiger werden. In diesem Zusammenhang hat wohl kaum eine andere unternehmerische Funktion in den letzten Jahren so an Bedeutung gewonnen wie die *Logistik*. Eine aktuelle Marktanalyse, die *Global Logistics Markets – Trend Analysis* von Roland Berger und Barclays (*https://www.rolandberger.com/de/Publications/pub_global_logistics_markets.html*), prophezeit ein jährliches Wachstum des weltweiten Logistikmarktes um bis zu drei Prozent. Als globale Wachstumstreiber werden dabei der zunehmende Online-Handel, intraregionale Warenflüsse und der Trend zu Nischenangeboten genannt.

Vor wenigen Jahren noch als betriebliche Hilfsfunktion und Objekt isolierter Rationalisierungsbemühungen behandelt, wird die Logistik inzwischen als wesentliches Element der strategischen Unternehmensführung betrachtet und in betriebswirtschaftlicher Standardsoftware funktional abgebildet. Entsprechend hoch ist die Nachfrage nach logistischem Fachwissen in Verbindung mit Know-how zur Abbildung der Logistik in komplexen IT-Systemen. Der geänderten Bedeutung der Logistik wird auch mit dem Begriff *Supply Chain Management* Rechnung getragen.

[«]

Definition von Supply Chain Management

Unter *Supply Chain Management* (SCM) versteht man die Betrachtung und Verwaltung der logistischen Abläufe entlang der gesamten Wertschöpfungskette, also unter Einbeziehung der Lieferanten, Kunden und Endverbraucher.

Ziel dieses Buchs

Dieses Buch hat zum Ziel, Ihnen einen Einstieg in die Welt der Logistik mit SAP-Software zu geben, Sie mit den wesentlichen Komponenten der sogenannten *SAP Supply Chain Execution Platform* vertraut zu machen und Ihnen dabei zu helfen, die Terminologie, die Konzepte und die technologischen Komponenten sowie deren Integration zu verstehen.

SAP ERP und SAP SCM

Da die beschriebenen Prozesse komplex sind und mit einer Vielzahl von funktionalen Details aufwarten, haben wir in Bezug auf die Darstellung und die funktionale Erläuterung der SAP-Systemkomponenten (SAP ERP und SAP SCM) eine möglichst repräsentative Auswahl getroffen. Das heißt, dass wir vor dem Hintergrund der Logistik auf sämtliche Komponenten der SAP Business Suite eingehen und alle Kernfunktionen ansprechen. Einige, insbesondere technische Komponenten und Funktionsbereiche (z. B. Entsorgung, Instandhaltung, Compliance, Service Management) werden indes nicht erläutert.

Wir haben bei unserer Darstellung insbesondere darauf geachtet, betriebswirtschaftliche Fragestellungen und SAP-spezifische Lösungsansätze und Fachwörter zu erklären und miteinander in Zusammenhang zu setzen. Unser Ziel war es, das Buch zum einen leicht verständlich zu machen und zum anderen einen fundierten Einblick in die jeweiligen Prozessketten zu geben. Auf diese Weise sollte jeder die Informationen in diesem Buch verstehen können – vom IT-Experten, der lediglich über Grundkenntnisse der betriebswirtschaftlichen Zusammenhänge verfügt, bis zum Mitglied der Fachabteilung, dem bislang die SAP-Begriffe und -Applikationen fremd sind.

Neuheiten in der 4. Auflage

In diesem Buch stellen wir Ihnen die verschiedenen Logistiklösungen von SAP auf dem neuesten Releasestand vor. Für diese 4. Auflage haben wir das Buch noch einmal komplett durchgesehen, viele Abbildungen aktualisiert und wesentliche Änderungen sowie funktionale Erweiterungen der SAP Business Suite aufgenommen.

Insbesondere Kapitel 6, »Transportlogistik«, wurde umfassend überarbeitet und beschreibt nun die Möglichkeiten, die *SAP Transportation Management* (SAP TM) in der aktuellen Version 9.4 bietet. Neben der Transportlogistik haben wir auch Kapitel 7, »Lagerlogistik und Bestandsmanagement«, komplett überarbeitet und sowohl um die neuen Funktionen von *SAP Extended Warehouse Management* (EWM) als auch um Integrationsszenarien zu SAP TM erweitert. Darüber hinaus haben wir zahlreiche Abbildungen aktualisiert und am Ende des Buches einen weiteren Anhang (Anhang B) mit den wichtigsten Systemtabellen sowie einen neuen Anhang C mit den wichtigsten Transaktionscodes aufgenommen.

SAP S/4HANA

Kaum ein Thema wird aktuell so heiß diskutiert wie die neue Echtzeit-ERP-Suite von SAP. SAP S/4HANA basiert vollständig auf der In-Memory-Plattform SAP HANA und bietet neben einer neuen, personalisierten und modernen Oberfläche zahlreiche Neuerungen und Vereinfachungen. Diese Änderungen betreffen dabei auch die logistischen Grundfunktionen, die wir in diesem Buch vorstellen. Auch wenn aufgrund der Marktposition von SAP und der Attraktivität des neuen Produkts zahlreiche Anwender mittel- bis langfristig auf die neue Plattform wechseln werden, betrachten wir SAP S/4HANA zum gegenwärtigen Zeitpunkt nicht als Nachfolger der SAP Business Suite, sondern als ergänzende Produktlinie.

Wir möchten Ihnen daher in Kapitel 1, »Grundlagen der SAP-Logistiklösung«, einen ersten Überblick über die neue Technologie geben und gehen in Kapitel 9, »Logistik mit SAP S/4HANA«, auf die Neuerungen im Bereich Logistik ein.

An dieser Stelle möchten wir ausdrücklich darauf hinweisen, dass wir uns in diesem Buch nach wie vor mit der »klassischen« SAP Business Suite beschäftigen. In diesem Rahmen können wir dem Anspruch einer detaillierten Betrachtung der neuen Fuktionen, die SAP S/4HANA bietet, nicht gerecht werden. Für einen Einstieg in die Welt von SAP S/4HANA möchten wir Sie an dieser Stelle auf das Angebot des Rheinwerk Verlags zu diesem Thema verweisen.

[«]

Aktualität der Informationen zu SAP S/4HANA

Die Angaben in diesem Buch betreffen, soweit dies nicht anders angegeben wurde, das aktuelle SAP S/4HANA Release 1610, das im Herbst 2016 veröffentlicht wurde. Wir möchten Sie an dieser Stelle darauf hinweisen, dass wir die erläuterten Funktionen und insbesondere die lizenzrechtlichen Aussagen auf Basis der aktuellen Informationen beschreiben.

Weil das Produkt ständig weiterentwickelt wird, möchten wir Sie auf die entsprechenden Hinweise von SAP aufmerksam machen und Sie bitten, in regelmäßigen Abständen anhand der SAP-Wissensdatenbank zu überprüfen, ob unsere Aussagen noch aktuell sind. Sie finden die SAP-Wissensdatenbank im SAP-Service-Marktplatz über folgende URL: *http://launchpad.support.sap.com*

Leser-Feedback und Verbesserungen

Viele Leser haben uns gebeten, weitere Grafiken zur Prozessintegration aufzunehmen. Wir sind diesem Wunsch sehr gern nachgekommen und haben zum besseren Verständnis die Beschreibungen so weit wie möglich durch weitere Grafiken ergänzt. Damit Sie die vorgestellten Szenarien in Ihrem System wiederfinden, die erläuterten Transaktionen aufrufen und den

Funktionsumfang der SAP Business Suite weiter erforschen können, haben wir die bestehenden und hinzugekommenen Bildschirmfotos um die entsprechenden Transaktionscodes ergänzt.

SAP Supply Chain Execution Platform

SAP EWM bildet zusammen mit SAP TM und *SAP Event Management* (SAP EM) die *SAP Supply Chain Execution Platform*. Diese Plattform vereint nicht nur einen wesentlichen Teil der SAP-Funktionalität für die Logistik, sondern folgt mit ihren Lösungen auch der SAP-Strategie, die Planung und die operative Abwicklung sämtlicher Logistikszenarien integriert abzubilden (siehe Abbildung 1).

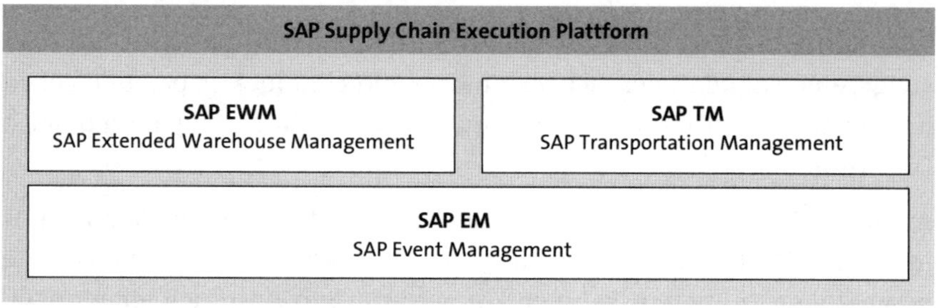

Abbildung 1 SAP Supply Chain Execution Platform

Die SAP Supply Chain Execution Platform enthält somit die folgenden Lösungen:

- **SAP Transportation Management**
  SAP Transportation Management (SAP TM) hilft Unternehmen, ihren Warenverkehr effizient, schnell und akkurat abzuwickeln. Transportprozesse und -aufträge werden vereinfacht, automatisiert und konsolidiert. So werden Auftragsabwicklung, Planung und Warenflüsse unter Berücksichtigung der verschiedenen Lieferquellen, Kosten und Regulierungen verbessert. In Kapitel 6, »Transportlogistik«, machen wir Sie mit den wesentlichen Prozessen und Funktionen von SAP TM vertraut.
- **SAP Extended Warehouse Management**
  SAP Extended Warehouse Management (SAP EWM) ist die Lösung für alle Prozesse und Funktionen im Lager: Sie ermöglicht eine nahtlose Integration in die vor- und nachgelagerten Prozesse des Transportmanagements. Darüber hinaus werden die Lagerdisposition und Arbeitsorganisation unterstützt und Lagerprozesse automatisiert. SAP EWM hilft Unternehmen, die Effizienz ihrer Lagerverwaltung zu verbessern, branchenspezifische Besonderheiten zu berücksichtigen, Abläufe zu optimieren und Bestände und Prozesse jederzeit zu überwachen. In Kapitel 7, »Lagerlogistik und Bestandsmanagement«, lernen Sie die wesentlichen Funktionen von SAP EWM kennen.

- **SAP Event Management**
  SAP Event Management (SAP EM) unterstützt Unternehmen bei der Vernetzung, Planung und Koordination ihrer Logistiknetzwerke. Ein wichtiger Bestandteil eines adaptiven Geschäftsprozessmanagements ist die Möglichkeit, Ereignisse im Rahmen dieser Geschäftsprozesse zu überwachen und auf Planabweichungen zu reagieren. Welchen Beitrag SAP EM dazu leisten kann, stellen wir Ihnen in Kapitel 8, »Kontrolle und Berichtswesen«, vor.

An wen richtet sich dieses Buch?

Wir können in diesem Buch nicht alle Fragen beantworten – wir möchten Sie jedoch in die Lage versetzen, die richtigen Fragen zu stellen und die wichtigsten Grundlagen zu verstehen. Wir haben in diesem Zusammenhang den Anspruch, Ihnen einen möglichst umfassenden Überblick über die Möglichkeiten der SAP Business Suite zu geben, Ihnen die Grundfunktionen und die Integration zwischen den einzelnen Komponenten zu erklären und Sie in die Lage zu versetzen, für detaillierte Fragen den richtigen Ansprechpartner zu identifizieren. Das Buch richtet sich daher an folgende Zielgruppen:

SAP-Einsteiger

Grundsätzlich widmen wir dieses Buch all jenen, die nach einer verständlichen, fundierten Einführung in die Logistik mit SAP-Software suchen. Aus diesem Grund beschreibt jedes Kapitel detailliert einen bestimmten logistischen Bereich und gibt einen Überblick über die Funktionen und den Einsatz der jeweiligen Komponente in der Praxis. In diesem Zusammenhang sprechen wir sowohl SAP-Einsteiger und Mitarbeiter der Fachabteilungen an, in denen SAP eingeführt wird, als auch Studenten, die sich einen Überblick über die logistischen Kernprozesse und deren Abbildung in SAP-Software verschaffen möchten.

Ambitionierte Anwender

Wir wenden uns mit diesem Buch auch an ambitionierte SAP-Anwender, die über den Tellerrand hinausschauen möchten. Sie erhalten einen Einblick in die Prozessintegration und in die vor- oder nachgelagerten Funktionen, die über die Arbeit in ihrer Fachabteilung hinausgehen, und erfahren, wie diese im SAP-System abgebildet werden.

Führungskräfte und IT-Entscheider

Nicht zuletzt wenden wir uns an Führungskräfte und IT-Entscheider, die über die Implementierung der SAP Business Suite oder einzelner Komponenten nachdenken und sich in diesem Zusammenhang einen Überblick über logistische Prozesse mit SAP-Systemen verschaffen möchten.

[»]

SAP-Online-Hilfe und weiterführende Literatur

Wir möchten Sie an dieser Stelle auch auf die sehr umfangreiche Dokumentation und die Hilfeseiten der SAP aufmerksam machen. Sie finden die SAP-Online-Hilfe im Internet über die URL *http://help.sap.com*. Darüber hinaus empfehlen wir Ihnen weiterführende Literatur aus dem Rheinwerk Verlag. Unter *https://www.rheinwerk-verlag.de/sap/logistik/* finden Sie das gesamte Angebot zum Thema Logistik mit SAP.

Die betriebswirtschaftliche Bedeutung der Logistik

Rationalisierungspotenzial

Die betriebswirtschaftliche Bedeutung der Logistik liegt für viele Unternehmen nach wie vor in ihrem Rationalisierungspotenzial. In der Regel soll durch eine Reduzierung der Logistikkosten der Unternehmenserfolg verbessert werden, um Wettbewerbsvorteile zu erringen. Befragungen von Unternehmen haben ergeben, dass diese für die nächsten Jahre immer noch mit einem erheblichen Kostensenkungspotenzial von fünf bis zehn Prozent der Gesamtkosten rechnen (siehe *3PL Study 2009, The State of Logistics Outsourcing 2009 Third-Party Logistics*). Diese Aussage steht nicht im Widerspruch zu der Tatsache, dass der Logistikkostenanteil bei vielen Unternehmen in der Vergangenheit eher angestiegen ist, hängt dieser doch z. B. davon ab, welche Geschäftsprozesse der Logistik zugerechnet werden.

So ist der Zuständigkeitsbereich der Logistik in den letzten Jahren ständig ausgeweitet worden, z. B. um die *Produktionsplanung und -steuerung* (PPS-Systeme) oder die *Qualitätskontrolle*. Auch werden hohe Investitionen in IT-Technologie vorgenommen, unter anderem in Konzepte des Supply Chain Managements. Diese werden schon in naher Zukunft zu sinkenden administrativen Logistikkosten (z. B. durch Sendungsverfolgung, Transportorganisation oder internetbasierte Bestellabwicklung) führen.

Weitere Kosteneinsparungen erwartet man in Handels- und Industrieunternehmen durch die Fremdvergabe von Logistikdienstleistungen (*Logistik-Outsourcing*). Insbesondere die operativen Logistikaufgaben wie Transportieren, Lagern, Kommissionieren und Verpacken sind bereits zu hohen Prozentsätzen an externe Logistikdienstleister vergeben. Da eine mangelhafte Qualität der Logistikleistung in der Regel jedoch nicht dem eingeschalteten Dienstleister, sondern dem Lieferanten angelastet wird, ist die Ausgliederung logistischer Funktionen nicht unproblematisch.

Logistische Zusatzleistungen

Wenn die Produkte von Wettbewerbern qualitativ immer gleichwertiger werden und ein Preisspielraum nach unten kaum gegeben ist, spielt sich der Wettbewerb in den Serviceleistungen ab, die die Sachleistung umgeben. Innerhalb dieser Serviceleistungen hat der Logistikservice einen hohen Stellenwert: Liefertreue, eine zügige Reklamationsbearbeitung und ein qualitativ hochwertiger Kundenservice sind Merkmale, mit denen sich ein Unternehmen von seinen Wettbewerbern differenzieren kann.

Kundenorientierte Logistik

Viele Logistikprozesse weisen Schnittstellen zu Kunden auf oder haben mit ihren Ergebnissen Auswirkungen auf den Kunden. Logistische Prozessketten müssen sich deshalb an den Kundenbedürfnissen orientieren und servicefreundlich gestaltet sein. In einer Zeit, in der logistische Anforderungen immer präziser und bis zum Endverbraucher immer individueller werden, haben Unternehmen, die diese Prozesse zum Nutzen ihrer Kunden beherrschen, einen zumindest nicht kurzfristig aufzuholenden Wettbewerbsvorsprung. Unternehmen, die sich durch ein exzellentes Logistikmanagement auszeichnen, sind deshalb gegen andere Lieferanten kaum austauschbar. Insofern kann Logistik in Handels- und Industrieunternehmen auch zu den Kernkompetenzen zählen, für die ein Outsourcing gerade *nicht* in Betracht gezogen werden sollte. Das heißt nicht, dass die Erfüllung logistischer Grundfunktionen (z. B. Transportieren oder Lagern) nicht fremdvergeben werden könnte. Denn für diese Aufgaben agiert eine ausreichend große Anzahl von Anbietern am Markt, die ohne Qualitätseinbuße kurzfristig die logistischen Aufgaben vom bisherigen Dienstleister übernehmen könnten (Make-or-Buy-Entscheidung).

Definition von »Logistik« für dieses Buch

Es gibt eine große, ständig wachsende Zahl sich wandelnder Definitionen und Gliederungsmöglichkeiten, die sowohl in der Literatur als auch im Internet für den Begriff *Logistik* angeboten werden. In diesem Buch verwenden wir die funktionale, flussorientierte Definition der amerikanischen Logistikgesellschaft *Council of Supply Chain Management Professionals* als Grundlage für unsere Reise durch das Logistikangebot von SAP:

> *Logistic management is that part of supply chain management that plans, implements, and controls the efficient, effective forward and reverse flow and storage of goods, services, and related information between the point of origin and the point of consumption in order to meet customers' requirements.*
> *(Quelle: Council of Supply Chain Management Professionals)*

Übersetzt und zitiert nach Pfohl (2010, S. 12) ist Logistik damit:

> *... der Prozess der Planung, Realisierung und Kontrolle des effizienten, kosteneffektiven Fließens und Lagerns von Rohstoffen, Halbfabrikaten und Fertigfabrikaten und der damit zusammenhängenden Informationen vom Liefer- zum Empfangspunkt entsprechend den Anforderungen des Kunden.*

Gemäß dieser Definition hat die Logistik die Funktion der Warenbewegung in der gesamten Wertschöpfungskette und benötigt eine unternehmensübergreifende Koordination und Integration. Sie hat im Wesentlichen Real- und Sachgüter sowie Dienstleistungen zum Gegenstand, die dem Kunden Nutzen stiften, und integriert diese in die logistischen Kernfunktionen des Transportierens, Umschlagens und Lagerns.

Logistik umfasst somit die Planung, Steuerung und Abwicklung sowie die Kontrolle von Waren- und Informationsflüssen – zwischen einem Unternehmen und seinen Lieferanten, innerhalb eines Unternehmens sowie zwischen dem Unternehmen und seinen Kunden.

Abgrenzung zur Materialwirtschaft

Die Materialwirtschaft hingegen umfasst alle Aktivitäten, um das Unternehmen bzw. dessen Produktion mit den dafür notwendigen Materialien möglichst kostenoptimal zu versorgen. Die Logistik berücksichtigt die Raum- und Zeitüberbrückung von Versorgungsprozessen, nicht nur in Hinblick auf das Material, sondern auch auf in Hinblick die zwischen den Geschäftspartnern auszutauschenden Informationen. Aus diesem Grund betrachten wir die Materialwirtschaft nicht nur als Teil der Logistik, sondern als deren Mittelpunkt, wobei die Funktionen der Logistik umfassender sind als die der Materialwirtschaft.

Funktionale Gliederung der Logistik

Eine weitere Möglichkeit der Gliederung der Logistik ist die Unterscheidung logistischer Phänomene nach funktionalen Aspekten. Als Querschnittsfunktion hat die Logistik Schnittstellen mit den güterwirtschaftlichen Hauptfunktionsbereichen Beschaffung, Produktion und Absatz.

Klassische Kernbereiche der Logistik

In der Reihenfolge, in der die Güter das Unternehmen vom Beschaffungsmarkt bis zum Absatzmarkt durchfließen, wird daher traditionell zwischen folgenden Bereichen der Logistik unterschieden:

- Beschaffungslogistik
- Produktionslogistik
- Distributionslogistik

Erweiterung der traditionellen Kernbereiche

Aktuelle Logistikdefinitionen erweitern diese traditionellen Kernbereiche um weitere Aspekte. Hierzu zählen insbesondere die *Entsorgungslogistik* sowie die betriebliche *Instandhaltung* bzw. das *Servicemanagement*. Die Ersatzteillogistik stellt für diese Wartungs- und Instandhaltungsprozesse die materialwirtschaftliche Versorgung und Bereitstellung von Ersatzteilen sicher.

Mit diesem Buch zielen wir auf eine möglichst umfassende Darstellung logistischer Prozesse und Fragestellungen, die neben den theoretischen Grundlagen die Probleme der praktischen Handhabung und deren Umsetzung in der SAP Business Suite umfasst. Aus diesem Grund haben wir die klassischen betriebswirtschaftlichen Querschnittsfunktionen um folgende Bereiche der Logistik erweitert und die Kapitel dieses Buchs entsprechend ausgerichtet:

- Transportlogistik
- Lagerlogistik und Bestandsmanagement

Aufgrund unseres Anspruchs, Ihnen im Rahmen der konzeptionellen Möglichkeiten ein grundlegendes Verständnis der logistischen Kernprozesse und ihrer Abbildung in der SAP Business Suite zu bieten, sind die Entsorgungslogistik sowie das Servicemanagement und die Instandhaltung (sowie Compliance) nicht Gegenstand dieses Buchs. Zu diesen Themen möchten wir Sie an dieser Stelle auf das Literaturverzeichnis im Anhang hinweisen. Dort finden Sie auch die vollständigen bibliografischen Angaben zu allen anderen Büchern oder Quellen, aus denen wir zitieren oder auf die wir verweisen.

Funktionsbereiche der Logistik

Abbildung 2 zeigt die klassischen und erweiterten Funktionsbereiche der Logistik, die wir im Rahmen dieses Buchs näher erläutern werden.

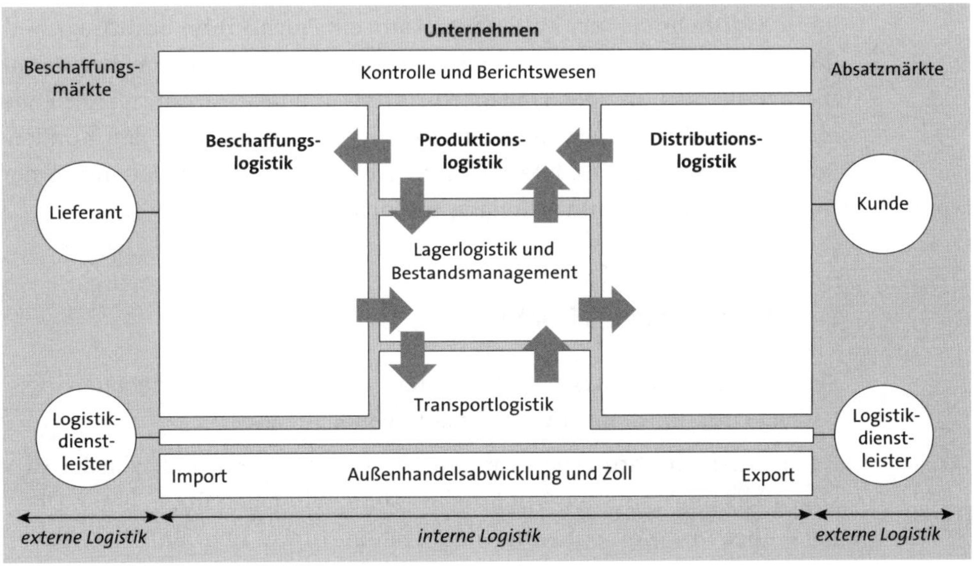

Abbildung 2 Funktionsbereiche der Logistik

Beschaffungsmärkte

Aufseiten der *Beschaffungsmärkte* ist es Aufgabe der *Beschaffungslogistik*, die für die betrieblichen Prozesse der Fertigung und Distribution notwendige Handelsware sowie Roh-, Hilfs- und Betriebsstoffe zu beschaffen. Die Beschaffung erfolgt hier aufgrund einer bestimmten Bedarfs- und Bestandssituation, insbesondere auf Basis der materialwirtschaftlichen Disposition als Teil der *Produktionslogistik*. Das Ergebnis der Disposition kann eine Bestellanforderung sein. Die Bestellanforderung wird zur Beschaffung freigegeben, in eine Bestellung umgesetzt und an die ermittelte Bezugsquelle zur externen oder internen Beschaffung übermittelt. Den Abschluss der Beschaffung bildet, neben einer möglichen Lieferantenrechnung und deren Zahlung, der Wareneingang in das Lager. Der Wareneingang schreibt hierbei nicht nur die Bestände, sondern auch deren buchhalterische Bewertung fort. Das Einlagern der Materialien, deren Qualitätsprüfung und Bestandsführung sind Teil der *Lagerlogistik* und des *Bestandsmanagements*.

Absatzmärkte

Die *Distributionslogistik* beschäftigt sich im Wesentlichen mit den Verkaufsprozessen, die in der Regel damit beginnen, dass ein Kunde Materialien bestellt und den Wunschliefertermin mitteilt. Mit diesen Informationen wird ein Kundenauftrag erfasst. Je nach Liefertermin werden die Versandaktivitäten gestartet, damit die Materialien rechtzeitig beim Kunden eintreffen. Die *Lagerlogistik* übernimmt hierbei die Aufgabe der Kommissionierung und Materialbereitstellung. Sobald die Materialien das Lager verlassen haben, wird ein Warenausgang gebucht, um Bestände und Werte im Rahmen des Bestandsmanagements fortzuschreiben.

Für die Auslieferung der Materialien kann ein Frachtführer beauftragt werden. Die *Transportlogistik* als logistische Querschnittsfunktion übernimmt hierbei die Buchung der Transportplanung und des Transports. Am Ende eines Verkaufsvorgangs steht die Faktura, die Rechnung an den Kunden. Sobald der Kunde die Materialien bezahlt hat, wird abschließend in der Buchhaltung der Zahlungseingang verbucht.

Der Aufbau dieses Buchs

Die Kapitelstruktur dieses Buchs richtet sich nach den beschriebenen logistischen Funktionsbereichen und hat folgende Inhalte:

Kapitel 1: Grundlagen der SAP-Logistiklösung

Nach dieser Einführung befassen wir uns in Kapitel 1, »Grundlagen der SAP-Logistiklösung«, mit der *SAP Business Suite*. Wir geben Ihnen einen Überblick über ihre Komponenten und Systeme sowie über SAP NetWeaver.

Unser Ziel ist es, Sie mit der SAP-Begriffswelt und der SAP-Komponentensicht vertraut zu machen.

In den weiteren Kapiteln werden wir bei der detaillierten Erörterung der SAP-Logistikkomponenten und ihrer Funktionen immer wieder auf die Darstellung in diesem Überblickskapitel verweisen, um die Funktionen im Gesamtkontext verständlich zu machen. Gleichzeitig werden wir Ihnen das neue SAP S/4HANA vorstellen und die wesentliche Technologie erläutern. In Kapitel 9, »Logistik mit SAP S/4HANA«, geben wir Ihnen dann einen Überblick über die neuen Funktionen in der Logistik.

Kapitel 2: Organisationsstrukturen und Stammdaten

In Kapitel 2, »Organisationsstrukturen und Stammdaten«, beschreiben wir die Bedeutung, Verwendung, Verteilung und Verknüpfung der Stammdaten für die Logistikkomponenten in der SAP Business Suite sowie deren Organisationsstrukturen. Die Organisationsstruktur spiegelt den rechtlichen und organisatorischen Aufbau eines Unternehmens wider und bildet die Grundlage für die Datenorganisation in der SAP Business Suite.

Kapitel 3: Beschaffungslogistik

Kapitel 3, »Beschaffungslogistik«, befasst sich im Wesentlichen mit der externen Beschaffung von Roh-, Hilfs- und Betriebsstoffen. Neben den Einkaufsprozessen der externen Beschaffung erläutern wir auch die interne Beschaffung durch Umlagerung. Nach einem allgemeinen Überblick über die Beschaffungslogistik und ihre betriebswirtschaftliche Bedeutung möchten wir Sie in diesem Kapitel mit den einkaufsspezifischen Stammdaten und Organisationsstrukturen vertraut machen. Danach werden wir auf die Applikationen zur Bedarfsermittlung, Bestellabwicklung und Anlieferung eingehen und einen Bestellprozess anhand eines Beispiels veranschaulichen. Den Abschluss der externen Beschaffung bilden in der Regel der Wareneingang und der Erhalt der Lieferantenrechnung. Wir erklären Ihnen die Auswirkungen der Warenbewegung, die Integration in die Bestandsführung und die Verrechnung von Verbrauchsmaterialien. Abschließend gehen wir auf die Rechnungsprüfung ein und zeigen die Optimierungsmöglichkeiten im Einkauf auf.

Kapitel 4: Produktionslogistik

Die Produktionslogistik als Teil der logistischen Kette bezeichnet normalerweise die Planung, die Steuerung und den innerbetrieblichen Transport der für die Produktion notwendigen Roh-, Hilfs- und Betriebsstoffe sowie der daraus entstehenden Fertigerzeugnisse. In Kapitel 4, »Produktionslogistik«, beschäftigen wir uns insbesondere mit den Aufgaben und Prozessen der Produktionslogistik aus dispositiver Sicht, da sie als Basis einer nachfolgenden externen Beschaffung im Rahmen der Beschaffungslogistik dienen. Wir stellen dabei zunächst die Grundlagen aus SAP-Prozesssicht dar und gehen im Anschluss auf die funktionalen Aspekte der Absatz- und Beschaffungsplanung mit SAP ERP und SAP Advanced Planning and Optimization

(SAP APO) ein. Die Produktionssteuerung und Kapazitätsplanung in Hinblick auf die eigentliche Fertigungssteuerung sind nicht Gegenstand dieses Buchs.

Kapitel 5: Distributionslogistik

Die Distributionslogistik verbindet die Produktionslogistik des Unternehmens mit der Beschaffungslogistik des Kunden und umfasst damit alle Aktivitäten zur Auftragserfassung, Belieferung und Abrechnung der nachgefragten Produkte. Die Belieferung erfolgt hierbei aus dem Produktionsprozess oder aus den Beständen der Lagerlogistik. In diesem Buch grenzen wir die Distributionslogistik von den eigentlichen Vertriebsaktivitäten ab, die auf die Erschließung, Pflege und Entwicklung von Kundenkontakten abzielen. Aus Sicht der SAP Business Suite werden diese Aufgaben von SAP Customer Relationship Management (SAP CRM) übernommen und funktional durch dessen *Account und Contact Management* abgedeckt. Die Verwaltung von Accounts und Ansprechpartnern sowie die Pflege von Opportunitys und Verkaufsaktivitäten sind daher nicht Gegenstand dieses Buchs.

Kapitel 5, »Distributionslogistik«, behandelt neben den Grundlagen die für den Vertrieb notwendigen Organisations- und Stammdaten, die Verkaufsabwicklung in SAP ERP und SAP CRM, die Versandabwicklung und schließlich die Fakturierung. Neben dem reinen Verkauf mit Anfrage, Angebot und Auftrags- bzw. Kontraktbearbeitung möchten wir auch auf die Rückstandsbearbeitung und Lieferabwicklung eingehen und spezielle Geschäftsvorfälle im Vertrieb erklären. Hierzu zählen neben der Reklamationsbearbeitung und Retourenabwicklung unter anderem der Barverkauf sowie die Leihgut- und Konsignationsabwicklung.

Kapitel 6: Transportlogistik

Logistikketten werden zunehmend globaler und komplexer. Logistikunternehmen müssen heute mit einem weltweiten Netzwerk von Spediteuren und Dienstleistern interagieren, über das Rohstoffe, Teile und Fertigprodukte durch die ganze Welt transportiert werden. Dies stellt neue Anforderungen an das Transportmanagement. Dem Thema »Transportlogistik« widmen wir in diesem Buch aufgrund seiner logistischen Bedeutung und der in diesem Bereich von SAP angebotenen Applikationen ein eigenes Kapitel (Kapitel 6). Dort stellen wir die unterschiedlichen SAP-Lösungen zum Thema Transport vor. Dabei gehen wir sowohl auf die Sicht eines Verladers aus Herstellung oder Handel als auch auf die Sicht eines Transportdienstleisters ein. Neben den Grundlagen der Transportlogistik, ihrer betriebswirtschaftlichen Bedeutung sowie dem Transport aus Sicht von Verlader und Logistikdienstleister erläutern wir die einzelnen Systeme und Applikationen, deren Integration in die Beschaffungs- und Distributionslogistik sowie die benötigten Stammdaten im Detail.

Reibungslose Prozessabläufe in der Lagerlogistik erfordern neben Flexibilität und Transparenz auch eine lückenlose Integration in die betriebliche Wertschöpfungskette und bestehende Systemarchitektur. Moderne Lagerverwaltung ist volle Kontrolle über alle Warenbewegungen – vom Wareneingang bis zur Auslieferung.

Kapitel 7: Lagerlogistik und Bestandsmanagement

Kapitel 7, »Lagerlogistik und Bestandsmanagement«, beschreibt die Lagerlogistik als Bindeglied zwischen der internen und externen Logistik. Wir stellen Ihnen daher die SAP-Prozesse im Bereich der Bestandsführung, Warenbewegungen und Lagerverwaltung vor. Neben einer klaren systemtechnischen Abgrenzung zwischen Bestands- und Lagerverwaltung erläutern wir dabei sowohl die Lagerverwaltung mit der Warehouse-Management-Lösung in SAP ERP (WM) als auch in SAP SCM – SAP Extended Warehouse Management (SAP EWM).

Neben der applikationsspezifischen Erläuterung der grundlegenden Lagerprozesse im Wareneingang und -ausgang richten wir besonderes Augenmerk auf die Grundlagen der Bestandsverwaltung, auf deren Bewertung sowie auf die Integration der Systemkomponenten. Sonderbestände und Sonderbeschaffungsformen, Konsignation, Lohnbearbeitung und Streckenabwicklung erläutern wir aufgrund ihrer zentralen logistischen Bedeutung ebenso wie die prozesstechnischen Unterschiede zwischen WM (SAP ERP) und SAP EWM (SAP SCM) und deren Integration in die Transportplanung.

Kapitel 8: Kontrolle und Berichtswesen

Der logistischen Kontrolle und dem damit verbundenen Berichtswesen widmen wir uns in Kapitel 8, »Kontrolle und Berichtswesen«. Dort befassen wir uns auch mit der Integration in die SAP-Logistikprozesse. Hierbei beschreiben wir im Wesentlichen SAP Event Management als *Tracking & Tracing-System* zur Sendungsverfolgung und Ereignissteuerung, die klassischen, SAP-ERP-basierten Funktionen im Bereich der Vertriebs- und Logistikinformationssysteme sowie SAP Business Warehouse (SAP BW). Das klassische Berichtswesen wird funktional durch SAP BusinessObjects abgerundet.

SAP bietet hiermit die notwendigen Werkzeuge, um den Anwender bei der Erstellung, Formatierung und Verteilung aussagekräftiger, interaktiver Berichte, sogenannter *Dashboards*, zu unterstützen. Dashboards bieten dabei mehr als eine reine Datenauswertung und legen den Fokus auf die Integration und Erstellung von intuitiven Visualisierungen, die sofort anzeigen, wo Handlungsbedarf besteht.

Kapitel 9: Logistik mit SAP S/4HANA

SAP S/4HANA ist die neue strategische Plattform von SAP. Sie soll die SAP Business Suite mittel- bis langfristig ablösen und die Funktionalität bestehender Systeme wie SAP ERP und SAP SCM sukzessive in einem einzigen System vereinen, das auf der Echtzeitdatenbank SAP HANA basiert.

In Kapitel 9, »Logistik mit SAP S/4HANA«, geben wir Ihnen einen Aus- und Überblick über die wesentlichen Änderungen mit SAP S/4HANA sowie einen Einblick in die bereits verfügbaren Funktionen in der Beschaffung, im Vertrieb, im Transport, in der Bestands- und Lagerverwaltung sowie in die Echtzeitfunktionen für die Analyse und das Reporting.

Anhang

Am Ende dieses Buchs finden Sie ein Abkürzungsverzeichnis (Anhang A), ein Glossar (Anhang B), eine Übersicht über die wichtigsten Datenbanktabellen für Stamm- und Bewegungsdaten (Anhang C), eine Transaktionsübersicht (Anhang D), ein ein Literaturverzeichnis (Anhang E) sowie einen ausführlichen Index, der Ihnen hilft, wichtige Begriffe und ihre Definition schnell zu finden.

Datenbanken und Tabellen

Die SAP Business Suite basiert auf einer relationalen Datenbank, die aus zahlreichen Tabellen besteht, in die das System Daten in vordefinierten Feldern abspeichert. Jede der Tabellen enthält mehrere Zeilen. Jede Zeile enthält eine eindeutige Instanz von Daten für die entsprechenden Felder, die durch die Spalten festgelegt und durch eindeutige Schlüsselbeziehungen (beispielsweise eine eindeutige Material- oder Belegnummer) miteinander verbunden sind.

So enthält eine typische Datenbanktabelle mit Bestelldaten die Kopfdaten einer Bestellung mit Lieferant, Bestellreferenz und Organisationsdaten, für den die externe Beschaffung erfolgen soll. In einer weiteren Tabelle finden sich Positionsdetails zu dem zu beschaffenden Material, zu der Bestellmenge usw. Diese Tabelle ist mit einem eindeutigen Schlüssel mit der Materialstamm-Tabelle verknüpft usw.

Transaktion SE16

Neben der reinen Prozess- und Funktionskenntnis ist es oft von Vorteil, die Zusammenhänge zu kennen und die Struktur zu verstehen, in der SAP ERP Belege auf der Datenbank speichert. Wir möchten Sie in diesem Band einladen, Ihre eigenen Übungsbeispiele und die entsprechenden Stamm- und Bewegungsdaten in den Tabellen wiederzufinden, und haben den Anhang daher um eine Übersicht der wichtigsten ERP-Tabellen sowie Transaktionen aus den Beispielen in diesem Buch ergänzt.

Um sich Tabelleninhalte anzeigen zu lasssen, verwenden Sie die Transaktion SE16 (Data Browser) und geben den Namen der Tabelle ein, deren Inhalte Sie sehen möchten. Die Ergebnisse können jetzt angezeigt werden, indem Sie den Button **Ausführen** drücken, der sich links oben befindet, oder indem Sie die Taste F8 drücken. Normalerweise können nicht alle Felder einer Tabelle angezeigt werden, da die Listbreite auf maximal 1023 Zeichen beschränkt ist. Falls Sie sich die Details eines Datensatzes anzeigen lassen wollen, müssen Sie auf die entsprechende Zeile doppelklicken.

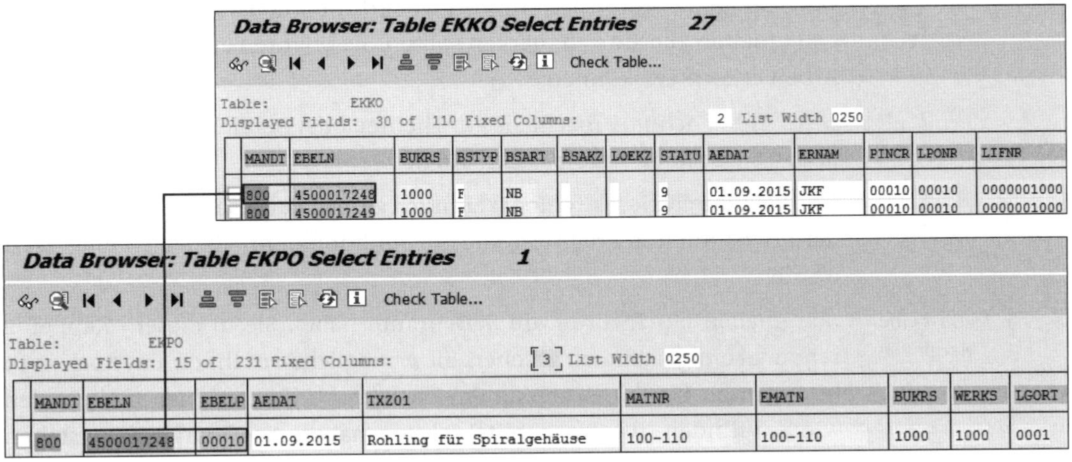

Abbildung 3 Transaktion SE16 am Beispiel von Bestellungen

Abbildung 3 zeigt den Inhalt der Tabelle EKKO. Das ist die Datenbanktabelle, in der SAP ERP die Kopfdaten einer Bestellung speichert, beispielsweise die Nummer des Lieferanten (*LIFNR*). Der eindeutige Schlüssel, mit dem beispielsweise Daten, die für den gesamten Einkaufsbeleg gelten, abgespeichert und vom System eindeutig identifiziert werden können, ist neben dem Mandanten (*MANDT*) die Bestellnummer (*EBELN*). Die Bestellpositionen werden in der Tabelle EKPO gespeichert.

EKKO (Einkaufsbelegkopf) und EKPO (Einkaufsbelegposition) sind über die eindeutige Belegnummer EBELN referenziert. Jede Belegposition enthält zusätzlich die Positionnummer (EBELP), mit der jede Belegposition einer Bestellung eindeutig zugeordnet werden kann. In diesem Beispiel sieht man auf Positionsebene die Materialnummer (MATNR) des Gegenstandes, der beschafft werden soll. Wir erläutern Ihnen den Bestellprozess in Kapitel 3, »Beschaffungslogistik«.

Zusatzkapitel zum Thema GTS

Im Bereich **Materialien zum Buch** auf der Website des Verlags (*https://www.rheinwerk-verlag.de/4261/*) steht zudem ein Zusatzkapitel mit dem Titel »Handelsregularien – Governance, Risk, Compliance« für Sie bereit. Sie erhalten in diesem Kapitel eine Übersicht über die Funktionen der Außenhandels- und Zollabwicklung mit SAP ERP und SAP Global Trade Services.

Orientierungshilfen in diesem Buch

In diesem Buch finden Sie mehrere Orientierungshilfen, die Ihnen die Arbeit erleichtern sollen. Dies sind im Einzelnen:

[»] *Hinweise* geben Informationen zu weiterführenden Themen oder wichtigen Inhalten, die Sie sich merken sollten. Sie erfahren auch, wie Sie sich die Arbeit erleichtern können.

[!] Das Symbol *Achtung* macht Sie auf Themen oder Bereiche aufmerksam, bei denen Sie besonders aufpassen sollten.

[zB] *Beispiele*, durch dieses Symbol kenntlich gemacht, weisen auf Szenarien aus der Praxis hin und erläutern, wie die Funktionen im Einzelnen eingesetzt werden.

Dies ist eine Marginalie

Marginalien (Stichwörter am Seitenrand) haben Sie in diesem Kapitel ja schon an einigen Stellen gesehen. Sie ermöglichen es Ihnen, das Buch nach bestimmten für Sie interessanten Themen zu durchsuchen oder Stellen wiederzufinden, die Sie bereits gelesen haben. Die Marginalien stehen neben dem Absatz, der die entsprechenden Informationen enthält.

Wir hoffen, dass Ihnen diese Einführung in die Logistik mit SAP dabei helfen wird, die Möglichkeiten der Software einzuordnen und ein Grundverständnis ihrer Funktionen zu gewinnen.

Danksagung

Das ist die nunmehr 4. Auflage unseres Buchs. Wir möchten uns daher zuerst bei den Lesern der ersten drei Auflagen bedanken und hoffen, dass wir Ihnen auch mit dieser Auflage einen umfassenden, aktualisierten Einblick in die logistischen Kernprozesse mit SAP bieten.

An dieser Stelle möchten wir uns auch noch einmal für das konstruktive Feedback bedanken und Sie gleichzeitig ermutigen, mit uns bzw. dem Verlag in Kontakt zu treten, damit wir auch in zukünftige Auflagen möglichst viele Verbesserungen einfließen lassen können.

Viele Kollegen und Berater haben direkt oder indirekt zur Entstehung dieses Buchs und der Software beigetragen, und wir möchten ihnen allen an dieser Stelle ganz herzlich danken! Ganz besonders möchten wir uns bei den Kollegen aus der SCM-Standardentwicklung von SAP für die wertvollen Hinweise im Bereich der Lagerlogistik bedanken.

Von Verlagsseite haben wir in den ersten drei Auflagen hervorragende Betreuung durch Patricia Sprenger, Eva Tripp, Martin Angenendt und Frank Paschen erhalten.

Für die Zusammenarbeit an der 4. Auflage bedanken wir uns ganz herzlich bei Eva Tripp.

Ganz besonders möchten wir uns auch bei unseren Frauen, Freunden und Familien bedanken:

- Leni und Anni Kappauf sowie Britta Sommermeyer
- Yumi Kawahara mit Kai und Yuki
- Susanne Koch mit David und Leah

Sie haben durch ihre Geduld und vielerlei Verzicht die Fertigstellung dieses Buchs erst ermöglicht.

Herzlichen Dank!

Jens Kappauf, **Matthias Koch** und **Bernd Lauterbach**

Kapitel 1
Grundlagen der SAP-Logistiklösung

Die SAP Business Suite ist eine umfassende und voll integrierte Familie von Business-Software-Anwendungen, die Unternehmen die Planung, Durchführung und Dokumentation von Geschäftsprozessen ermöglicht. In diesem Kapitel lernen Sie die SAP Business Suite im Überblick kennen und erfahren, wie ihr Nachfolger SAP S/4HANA die Möglichkeiten der Business-IT revolutioniert.

Die SAP Business Suite umfasst die zentralen Geschäftsanwendungen von SAP und unterstützt dabei alle Bereiche des Unternehmens, wie Logistik, Finanzwesen und Personalwirtschaft. Neben dem »Herzstück« des SAP-Systems, SAP ERP, umfasst die SAP Business Suite auch spezielle Lösungen für das Supply Chain Management (SCM), das Kundenbeziehungsmanagement (Customer Relationship Management, CRM) und die Zusammenarbeit mit Lieferanten (Supplier Relationship Management, SRM).

Diese Softwarelösungen ermöglichen es Unternehmen, Prozesse zu planen und auszuführen und dabei einerseits operative Kosteneinsparungen zu erzielen und andererseits neue Geschäftsmöglichkeiten zu erschließen.

Die Applikationen (Anwendungsprogramme) der SAP Business Suite bauen auf der technischen Plattform SAP NetWeaver auf und unterstützen alle Branchen mit Best Practices. Dabei werden auch integrierte Geschäftsanwendungen und Funktionen aus den Bereichen Finanzwesen, Controlling, Personalwesen, Anlagenverwaltung, Produktion, Einkauf, Produktentwicklung, Marketing, Vertrieb, Service, Supply Chain Management und IT-Management bereitgestellt.

In Abschnitt 1.1 bis Abschnitt 1.3 geben wir Ihnen zunächst einen Überblick über Standardsoftware und die grundlegenden Funktionen von SAP NetWeaver und stellen anschließend die einzelnen Komponenten der SAP Business Suite vor (Abschnitt 1.4). Besonderes Augenmerk richten wir dabei auf die logistischen Anwendungen.

In Abschnitt 1.5 machen wir Sie dann mit der neuen SAP-S/4HANA-Suite bekannt, die als Nachfolger der SAP Business Suite die Geschäfts-IT revolutioniert.

1.1 Standardsoftware für Unternehmen

Standardsoftware

Die Anwendungen der SAP Business Suite oder von SAP S/4HANA gelten als *Standardsoftware*. Unter diesem Begriff verstehen wir eine Gruppe von Programmen, die zur Bearbeitung und Lösung einer Reihe von ähnlichen oder gleichartigen Aufgaben eingesetzt werden kann.

Customizing

Dabei lassen sich die Programme in der Regel durch gezielte Konfiguration an die anwenderspezifischen Anforderungen anpassen. Konfiguration bedeutet hierbei, dass sich Prozessketten, Prozessschritte, und einzelne Funktionen – die wiederverwendbare Teile von Prozessschritten sind – durch das Einstellen von Werten und Steuerungsparametern in ihrer Funktionsweise und Zusammenstellung an die Geschäftsanforderungen anpassen lassen. Im SAP-Jargon heißt dieser Konfigurationsvorgang *Customizing*.

Typische Beispiele für Standardsoftware sind das Office-Paket von Microsoft, das Programme für Textverarbeitung, Adressverwaltung, Präsentationsgrafiken etc. enthält, und die SAP Business Suite bzw. SAP S/4HANA mit ihren funktionalen Blöcken, die wir zu Beginn dieses Kapitels genannt haben.

Nachteile von Individualsoftware

Durch den Einsatz von Standardsoftware kann es vermieden werden, übliche Prozesse, wie z. B. Rechnungsprüfung oder Transportplanung, durch individuell erstellte Programme funktional abdecken zu müssen. Individualsoftware führt in der Regel zu zersplitterten und schwierig zu wartenden Programm- und Systemlandschaften, die zudem einen hohen Integrationsaufwand und komplexen Datenaustausch bedeuten. Weiterhin hat eine Zusammenstellung vpn Individualsoftware (man spricht hier auch von einem *Best-of-Breed-Ansatz*) langfristig das Risiko, dass durch die unterschiedlichen Anpassungen der Programme und deren individueller Wartungszyklen (Releases) ein fortwährender Abgleich des Zusammenspiels nötig wird, der die Komplexität steigert und zu hohen Kosten führt.

Vorteile von Standardsoftware

Standardsoftware kann im Gesamtkonzept oft wesentlich kostengünstiger in ein Unternehmen eingeführt werden als mehrere Individualsoftware-Werkzeuge oder selbst geschriebene Software. Die aufwendige, fehlerträchtige und kostentreibende Softwareentwicklung ist bereits durch den Hersteller der Standardsoftware erledigt worden, sodass die Lösung direkt gekauft und installiert werden kann. Das Einführungsprojekt für die neue Software kann sich im Wesentlichen auf die Konfiguration der Prozesse, das Anlegen der Stammdaten, das Training der Benutzer und den Übergang von der Vorgängersoftware konzentrieren. Aufgrund der Tatsache, dass bereits zahlreiche Unternehmen mit der gleichen Standardsoftware arbeiten, sind schon viele Erfahrungen in ihre Weiterentwicklung und optimierte Bedienbarkeit eingeflossen, von denen ein neuer Kunde profitiert. Darüber hinaus werden Standardlösungen regelmäßig aktualisiert, und oft steht ein 24/7-Wartungsservice zur Verfügung.

Einsatzvoraussetzungen für Standardsoftware

Die Entscheidung eines Unternehmens für den Einsatz von Standard- oder Individualsoftware in einem neuen IT-System muss gut abgewogen werden und hängt von einigen Voraussetzungen ab. Standardsoftware ist flexibel und bietet häufig viele Vorteile, wie langfristige Weiterentwicklung durch den Hersteller oder Anpassbarkeit an sich ändernde Geschäftsprozesse oder Unternehmensorganisationen. Der Nachteil ist andererseits, dass eventuell nur ein Abdeckungsgrad von 60 bis 80 % des gewünschten Funktionsumfangs in der Standardsoftware enthalten ist und der Rest entweder durch weitere Produkte oder individuelle Ergänzungen hinzugefügt werden muss oder durch punktweise Neudefinition der Arbeitsweise (*Business-Reengineering*) obsolet wird.

Ob die genannten Vorteile im einzelnen Fall zum Tragen kommen, hängt von technischen und organisatorischen Voraussetzungen ab: Ein Kriterium ist, ob im Unternehmen die IT-Infrastruktur veraltet ist oder nicht mehr gewartet werden kann. Oft kann mit der Einführung einer Standardsoftware das Altsystem abgelöst werden. Meistens müssen jedoch Teile der IT-Infrastruktur weiterlaufen und zumindest übergangsweise mit einer neuen Lösung verknüpft werden. Hier kann es sein, dass die Standardsoftware keine geeigneten Schnittstellen anbietet, sodass entweder aufwendige Zusatzprogrammierungen anfallen oder der Einsatz einer Individuallösung sinnvoller wird. Aus organisatorischer Sicht sollte die Standardsoftware zumindest einen größeren Teil der Unternehmensanforderungen und die Kernprozesse abdecken.

Ein weiteres, oft sehr wichtiges Kriterium ist der Wille eines Unternehmens, auf eine einheitliche Softwareplattform zu setzen, um über alle Unternehmens- und Anwendungsbereiche hinweg Kosten- und Infrastrukturvorteile durch eine harmonisierte IT zu gewinnen. Hier spielen in Unternehmen häufig auch politische Faktoren eine Rolle, wenn z. B. einzelne Geschäftsbereichs- oder IT-Verantwortliche aufgrund persönlicher Vorlieben oder Beziehungen unbedingt auf eine bestimmte Software für ihren Bereich drängen. In einem Unternehmen ist es diesbezüglich immer wichtig, auf die gesamtunternehmerische Strategie und das Ziel von IT-Entscheidungen zu achten.

1.2 Aufbau eines SAP-Systems und der SAP Business Suite

Drei Bestandteile des SAP-Systems

In diesem Abschnitt gehen wir näher auf den technischen Aufbau eines SAP-Systems ein. Ein SAP-System wie die SAP Business Suite kann in drei wesentliche Systembestandteile untergliedert werden:

- technische Hardware (z. B. Server, Datenspeicher)
- technische Software (z. B. Betriebssystem, Datenbank)
- Applikationskomponenten (z. B. Anwendungsprogramme)

Die technische Hardware und die Betriebssystemsoftware werden in der Regel nicht von SAP geliefert, sondern von großen Computerherstellern (z. B. IBM, HP). Diese bilden die Voraussetzung für den Betrieb des SAP-Systems, das sich dann aus der Datenbank und den folgenden beiden Systemschichten zusammensetzt und damit die Ausführung der Geschäftsprozesse innerhalb eines Unternehmens ermöglicht:

- **die Applikationsplattform SAP NetWeaver**
  SAP NetWeaver stellt das Kernsystem (Kernel) und den Application Server (AS) bereit, die zum Betrieb jeder SAP-Applikation notwendig sind. SAP NetWeaver erklären wir in Abschnitt 1.3 detaillierter.
- **die Applikationsfamilie SAP Business Suite**
  Die Business Suite bietet ein Portfolio von Geschäftsapplikationen, über die wir Ihnen in Abschnitt 1.4 einen Überblick geben. Im weiteren Verlauf des Buchs stehen dann die Logistikkomponenten im Vordergrund und werden im Detail erläutert.

In Abbildung 1.1 sehen Sie dazu die grundlegenden Systemschichten eines SAP-Systems.

Verteilung auf mehrere Hardwareschichten

Die Systemschichten eines SAP-Systems werden wiederum auf unterschiedlichen technischen Hardwareschichten (Hardware Layer) betrieben. Die Hardware- bzw. Serverschichten umfassen folgende Elemente:

- **Datenbankserver**
  Dies ist ein Server, auf dem die Datenbank des SAP-Systems betrieben wird. Die Datenbankanwendung kann entweder die SAP-In-Memory-Datenbank SAP HANA sein, SAP MaxDB oder eine Datenbank eines anderen Herstellers wie IBM DB/2.
- **Applikations- und Integrationsserver**
  Auf diesen Servern laufen die Applikationen und werden durch diese integriert.

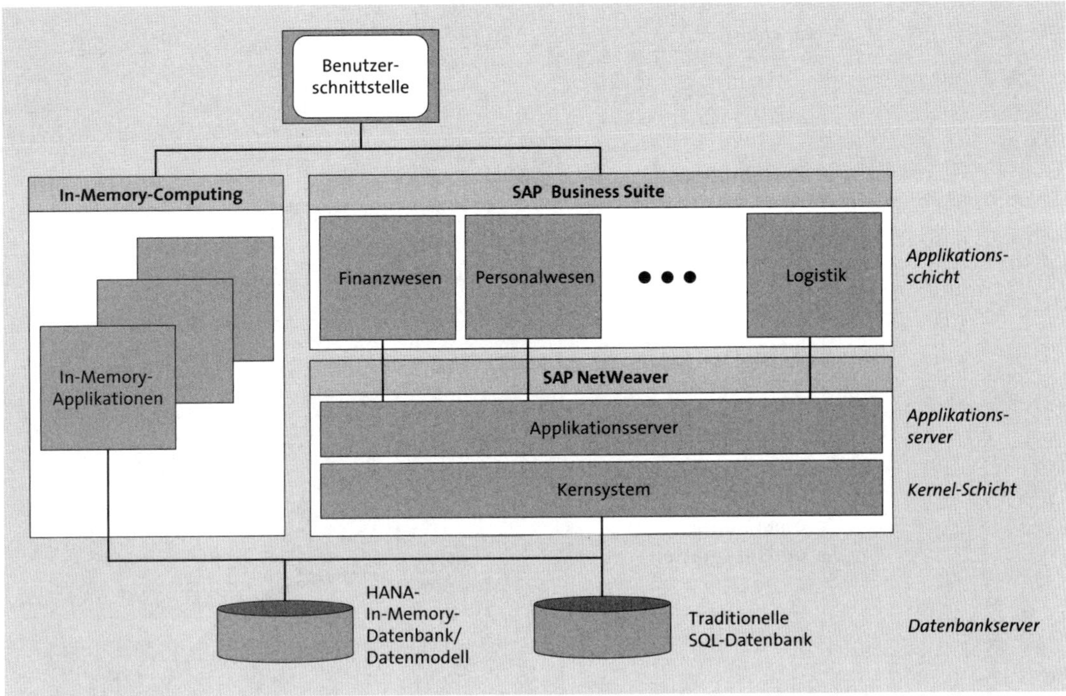

Abbildung 1.1 Grundlegende Systemschichten eines SAP-Systems

- **Internetserver**
  Diese Server stellen einen Webzugriff auf die Applikationen bereit.
- **Präsentationsschicht**
  Bei Geräten der Präsentationsschicht handelt es sich in der Regel um Computer oder mobile Geräte, an denen die Endbenutzer mit den Applikationen arbeiten.

Abbildung 1.2 zeigt Ihnen, wie die einzelnen Systemschichten auf verschiedene Server mit dedizierten Funktionsbereichen verteilt werden können.

Verteilung der Schichten: 2, 3 oder mehr Stufen

Im einfachsten Fall wird nur eine zweistufige Schichtung verwendet, bei der Datenbank- und Applikationsprogramme auf *einem* Server betrieben werden. Der Zugriff erfolgt dann über lokale Computer (PCs), die in der Regel mit einem lokalen Benutzer-Interface, dem SAP GUI (Graphical User Interface) oder dem SAP Business Client, ausgerüstet sind. Optional kann auf dem System auch ein Webserver installiert werden, um webbasierte User-Interface-Technologien (z. B. sogenannte *Web Dynpros*) anzubieten, auf die die Anwender über Browser oder Mobilgeräte zugreifen können.

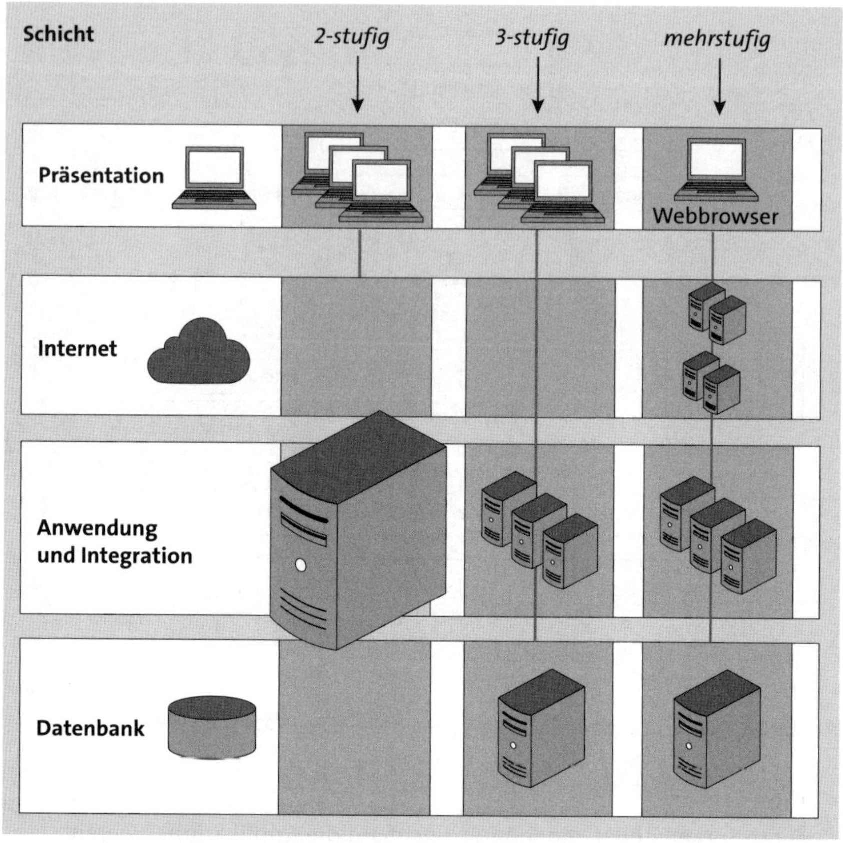

Abbildung 1.2 Technische Hardwareschichten (Server) eines SAP-Systems

Die häufiger anzutreffende Schichtung ist entweder das dreistufige oder das mehrstufige Modell. Beim dreistufigen Modell erfolgt der Benutzerzugriff über das SAP GUI oder Web Dynpro. Jedoch lassen sich die einzelnen Applikationsprozesse auf mehrere Server in der Applikationsschicht verteilen, wodurch das System sehr leicht zu skalieren ist. Das heißt, es kann an größere Benutzerzahlen angepasst werden, indem Sie einfach zusätzliche Applikationsserver dazu schalten. Diese Skalierungsmöglichkeit haben Sie auch im mehrstufigen Modell, wobei hier noch der Vorteil besteht, dass Sie für den Webzugriff über Webserver eine weitere Skalierungsmöglichkeit haben.

Cloud-Betrieb

Seit einigen Jahren werden SAP-Systeme vermehrt in einer Cloud-Umgebung betrieben, wobei die Datenbank- und Applikationsserver auf der Rechner-Infrastruktur des Cloud-Service-Providers (z. B. SAP Cloud, Amazon

Cloud) aufgebaut werden. Im Cloud-Betrieb ist die Systemskalierung besonders einfach und effizient, da das Unternehmen bei höheren Leistungsanforderungen (z. B. Auftragsspitzen vor Weihnachten) keine zusätzlichen Server anschaffen muss, sondern lediglich kurzfristig neue Applikationsserver vom Cloud-Dienstleister hinzuschalten lässt, die ebenso kurzfristig wieder abgeschaltet werden können. Dabei bezahlt das Unternehmen in der Regel nur die Rechenleistung, die es benutzt hat. In Abschnitt 1.5.5, »Einsatzoptionen und Releasepläne für SAP S/4HANA«, gehen wir noch etwas detaillierter auf die unterschiedlichen Betriebsformen ein.

Zentrale, wertschöpfende Unternehmensprozesse wie die Logistik oder die Produktion werden meistens entweder in der unternehmenseigenen IT (*On-Premise*) oder als private Cloud-Installation betrieben. Bei sogenannten *Backoffice*-Funktionen, die nicht direkt zur Wertschöpfung beitragen (z. B. Personalwesen, Finanzwesen, Einkauf), setzt man häufiger die öffentliche Cloud-Installation (Public Cloud) ein.

1.3 SAP NetWeaver

Funktionale Sicht

SAP bietet Ihnen mit SAP NetWeaver einen kompletten Applikationsserver an, auf dem Sie die SAP-Applikationen und ergänzende Softwareprodukte von Partnerunternehmen betreiben können. SAP NetWeaver wartet mit einer Vielzahl von funktionalen Bereichen auf, die gemeinsam den Betrieb der eigentlichen Geschäftsapplikationen unterstützen. Abbildung 1.3 gibt Ihnen einen Überblick über diese Bereiche:

- **Applikationsserver**
  Der Applikationsserver (SAP NetWeaver Application Server, SAP NetWeaver AS) mit seinem Java- und ABAP-Stack bildet mit der technischen Datenbank- und Betriebssystemabstraktion die eigentliche Grundlage für den technischen Betrieb der Applikationen.
- **Prozessintegration**
  Die Prozessintegration (SAP Process Integration, SAP PI) unterstützt mit dem sogenannten *Integration Broker* die Integration der einzelnen Applikationen untereinander und mit weiteren Inhouse-Systemen oder externen Geschäftspartnern. Das *Business Process Management* (BPM) stellt dabei die koordinierende Einheit für komplexe Geschäftsprozesse mit vorgegebenen Kommunikationsabläufen zur Verfügung.

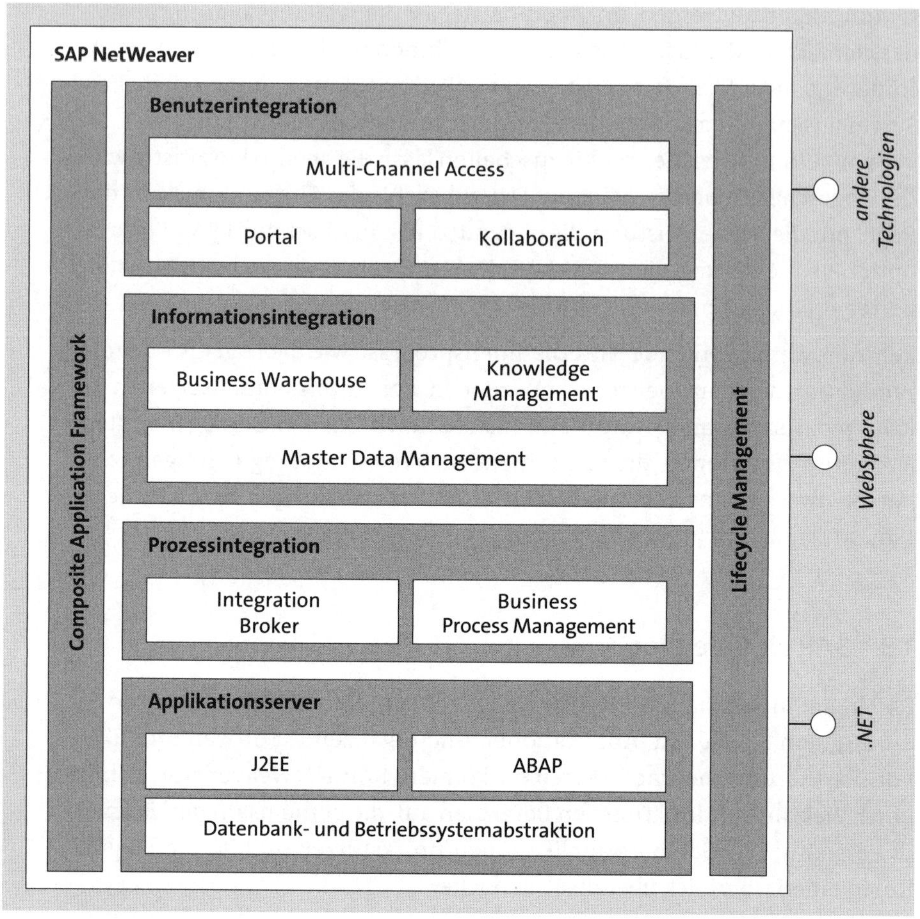

Abbildung 1.3 Funktionale Sicht auf SAP NetWeaver

- **Informationsintegration**
  Die Informationsintegration sorgt durch SAP NetWeaver Master Data Management (SAP NetWeaver MDM) für eine konsistente Verteilung von Stammdaten in einem Applikationsverbund und für einheitlich gute Qualität der verteilten Daten.

  Das *Knowledge Management* erlaubt über zentrale, rollenspezifische Einstiegspunkte die Auswertung unstrukturierter Informationen aus verschiedenen Datenquellen, wie z. B. in Textdokumenten, Präsentationen oder HTML-Dateien. Dabei stellt es eine applikationsübergreifende Volltextsuche zur Verfügung.

  SAP Business Warehouse (BW) dient zur zentralen Erfassung von Leistungskennzahlen aus allen SAP-Applikationen und weiteren Quellen, die Sie wiederum für statistische Auswertungen verwenden können.

- **Benutzerintegration**
  Die Benutzerintegration erlaubt den Benutzern der Applikationskomponenten einen zentralen Einstieg und eine homogene Darstellung des Anwendungskontexts aus verschiedenen Applikationen (auch Nicht-SAP-Applikationen). Über die Benutzerintegration und das Portal lassen sich auch Kollaborationsszenarien abwickeln.

Technische Sicht

Nach der groben funktionalen Übersicht über SAP NetWeaver steigen wir jetzt im System eine Treppe tiefer hinab und schauen uns sozusagen ein wenig im Untergeschoss von SAP NetWeaver um. Abbildung 1.4 zeigt Ihnen dazu einen Überblick über SAP NetWeaver aus technischer Sicht.

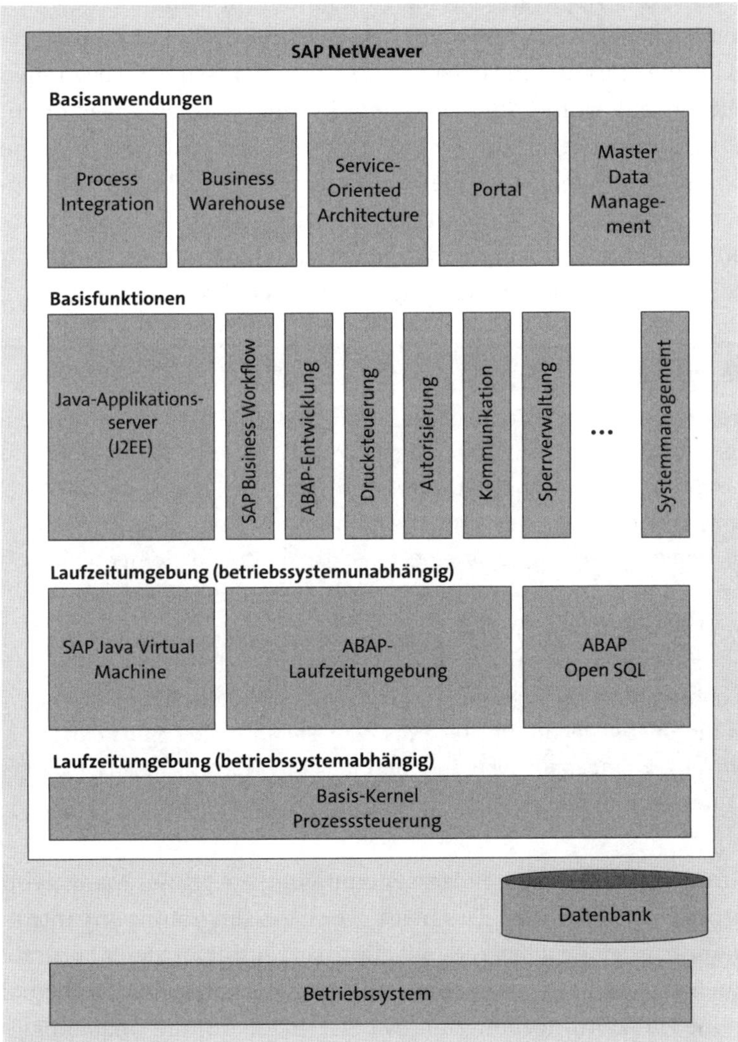

Abbildung 1.4 Technische Sicht auf SAP NetWeaver

Betriebssystem- und datenbank-unabhängig

Aufsetzend auf dem jeweiligen Betriebssystem, verfügt SAP NetWeaver über einen betriebssystemabhängigen Kernel, der die darüber liegenden Schichten des Applikationsservers von den Eigenarten der Hardware und des Betriebssystems abschirmt und damit den Betrieb des Applikationsservers vereinheitlicht.

Ein wichtiger Vorteil der Vereinheitlichung der IT-Systemlandschaft ist die verbesserte Wartbarkeit der Applikationen, die sich nicht mehr um die jeweiligen releasestand-spezifischen »Eigenheiten« der Betriebssysteme und Datenbanken kümmern müssen.

Kontrolliert und stabil mit ABAP

Mit ABAP- und Java-Laufzeitumgebungen stellt SAP NetWeaver die Grundlage fast aller SAP-Applikationen dar, die somit in einer homogenen Umgebung betrieben werden können. *ABAP* ist eine SAP-eigene Programmiersprache, die einst als eine COBOL-ähnliche Berichtssprache begonnen wurde. Mittlerweile wurde ABAP zu einem leistungsstarken, objektorientierten Programmierwerkzeug weiterentwickelt, das sich durch seine Sprachkonstrukte besonders für die Entwicklung von Geschäftsprozessapplikationen eignet. Eine effiziente Laufzeitsteuerung sorgt für die Unabhängigkeit aller Applikationsprozesse voneinander, sodass ein fehlerhaft laufendes Programm keine Auswirkungen auf andere Programme hat.

[»]

Vorteile von ABAP

Viele Programmierer rümpfen die Nase, wenn die Rede auf ABAP kommt, aber die Tatsache, dass SAP-Systeme auf der SAP-eigenen Programmiersprache ABAP aufgebaut sind, hat wesentliche Vorteile: Zum einen hat SAP und damit der Anwender die komplette Kontrolle über den Sprachumfang und die Implementierung, was eine hohe Qualität und Kompatibilität garantiert. Zum anderen wird für das komplette ABAP-basierte Applikations- und Basissystem der Quelltext aller Programme mit ausgeliefert, sodass Ihrem Unternehmen alle Möglichkeiten offenstehen, Erweiterungen nach Ihren Anforderungen vorzunehmen. Programmcode-Erweiterungen können über sogenannte *User Exits* oder *Enhancement Spots* einfach und kontrolliert eingebaut werden, ohne mit SAP-Wartungsreleases und -Korrekturen zu kollidieren.

Java-Plattform von SAP

Lange Zeit war die mangelnde Prozessentkopplung ein großes Manko von Java-Enterprise-Applikationen. Das heißt, wenn ein Programm unkontrolliert lief, konnte es einen ganzen Applikationsserver mit »in den Abgrund« reißen. Auch hier hat SAP investiert und mit einer eigenen Java Virtual Machine eine Laufzeitumgebung für Java erstellt, die für die Unabhängigkeit der Java-Prozesse sorgt, wie sie im ABAP-Umfeld gegeben ist.

[«]

Zertifizierung nach Java EE 5 und EE 6

Der SAP NetWeaver Application Server Java ist in der Version 7.4 vollständig nach Java EE 5 zertifiziert. Für SAP NetWeaver Cloud wurde eine Java-EE-6-Zertifizierung durchgeführt.

1.3.1 Applikationsunterstützung durch SAP NetWeaver

Basisfunktionen von SAP NetWeaver

SAP NetWeaver verfügt über einen betriebssystemabhängigen Systemkern (Kernel), auf dem die darüber liegenden Schichten des Applikationsservers aufbauen können und dessen systemweite Basisfunktionen sie gemeinsam nutzen. Im Folgenden stellen wir Ihnen wichtige Basisfunktionen des Applikationsservers vor, die wesentliche Voraussetzungen für die Flexibilität und Konsistenz der Geschäftsanwendungen darstellen (siehe dazu auch Abbildung 1.4):

- **Transaktionskonzept**
  Das Transaktionskonzept im SAP-System sorgt dafür, dass das, was betriebswirtschaftlich zusammengehört, auch zusammen konsistent fortgeschrieben und gespeichert wird. Wenn z. B. aus einem Kundenauftrag eine Rechnung erzeugt wird, sollte nicht nur die Rechnung komplett gespeichert werden, sondern der Auftrag sollte auch den entsprechenden Rechnungsstellungsstatus konsistent ausweisen. Das SAP Transaktionskonzept *LUW* (Logical Unit of Work) garantiert diesen logischen »Alles-oder-nichts«-Zusammenhang.
- **Prozesssteuerung, Workprozesse, Lastverteilung**
  Die Prozesssteuerung sorgt für die Zuteilung der Prozessorkapazität an die einzelnen Anwender, die ihre Anwendungsprogramme auf einem Applikationsserver ablaufen lassen. Zudem wird dafür gesorgt, dass ein neu angemeldeter Anwender oder ein neu aufgerufener Prozess auf dem Server gestartet wird, der am wenigsten belastet ist.
- **Sperrkonzept**
  Das Sperrkonzept sorgt dafür, dass nicht mehrere Personen gleichzeitig (ohne voneinander zu wissen) am selben Geschäftsobjekt arbeiten (Beispiel: Mitarbeiter Lauterbach ändert einen Kundenauftrag, während Mitarbeiter Kappauf denselben Auftrag storniert). Wird mit einem Objekt im Änderungsmodus gearbeitet, erhalten weitere Benutzer, die ändernd zugreifen wollen, eine Meldung und können nur im Anzeigemodus zugreifen. In neueren Transaktionen wird teilweise ein weitergehendes Konzept mit sogenannten *optimistischen Sperren* eingesetzt, das mehreren Mitarbeitern auch einen ändernden Zugriff auf Teilobjekte erlaubt.

- **Benutzermanagement und Autorisierungssteuerung**
  Über ein umfangreiches Rollen- und Autorisierungskonzept (auch Berechtigungskonzept genannt) können Sie exakt festlegen, welcher Benutzer bzw. welche Benutzergruppe bestimmte Objekte und Prozesse im System anzeigen, ändern, ausführen darf etc. Ein Mitarbeiter im Callcenter darf z. B. neue Aufträge anlegen und Rechnungen erstellen, aber keine Rechnungen korrigieren, weil es nicht zu seinem Kompetenzbereich gehört.
- **Druckmanagement**
  Drucker können im SAP-System zentral verwaltet werden. Es werden Druckwarteschlangen bereitgestellt, die eine effiziente Abwicklung von Druckaufträgen aus verschiedenen Applikationen erlauben. Das Druckmanagement ist darüber hinaus mit SAP Interactive Forms by Adobe integriert, sodass Sie interaktive PDF-Dokumente erstellen können.
- **Kommunikation und serviceorientierte Architektur**
  Die technische Kommunikation innerhalb des Systems über Applikationsschnittstellen (Application-to-Application, A2A) wird hier genauso bereitgestellt wie die Kommunikation mit Geschäftspartnern über Standardschnittstellen (Business-to-Business, B2B).

  Dazu steht Ihnen auch eine serviceorientierte Architektur (SOA) zur Verfügung, die Teil der Prozessintegration ist. Die überwiegende Zahl der SAP-Applikationen ist mit Webservices versehen, sodass eine einfache elektronische Kommunikation von Geschäftsdaten (z. B. Aufträgen) zwischen dem unternehmensinternen SAP-System und externen Geschäftspartnern möglich ist. Die Services sind bereits auf Anwendungsobjektebene definiert. Das heißt, sie erfüllen betriebswirtschaftliche Funktionen (z. B. Anlegen eines Kundenauftrags). Weitere Kommunikationsverfahren stellen Ihnen die Fax- und E-Mail-Integration bereit.
- **SAP Business Workflow**
  Mithilfe des SAP Business Workflows können Sie Abläufe in Ihren Geschäftsprozessen koordinieren und automatisieren (z. B. einen Genehmigungsprozess für eine Kreditlimitüberschreitung). SAP NetWeaver bringt eine komplette Workflow-Steuerung mit, die in den einzelnen Applikationen umfangreich genutzt wird. Die Workflow-Steuerung ist vielseitig konfigurierbar und mit den Office-Funktionen des SAP-Systems integriert.
- **Entwicklungsumgebung sowie Korrektur- und Transportwesen**
  In SAP NetWeaver ist eine komplette ABAP- und Java-Entwicklungsumgebung integriert. Zudem wird der komplette Anwendungsprogramm-

code im Quelltext mitgeliefert. Die Entwicklungsumgebung erlaubt Ihnen nicht nur einen Einblick in die Funktionsweise der SAP-Programme; durch Programmierung in ABAP können Sie auch sehr einfach Erweiterungen der Geschäftsprozesse oder Benutzeroberflächen vornehmen.

Das Korrektur- und Transportwesen ermöglicht es Ihnen, die durchgeführten Entwicklungen und Einstellungen oder von SAP erstellte Korrekturen bequem in andere SAP-Systeme zu importieren und mit dem dort vorhandenen Coding-Stand abzugleichen.

1.3.2 Wesentliche organisatorische Konzepte von SAP-Systemen

Es gibt drei grundlegende organisatorische Konzepte in SAP-Systemen, die sowohl die Basisfunktionen als auch die Applikationen von SAP NetWeaver und der SAP Business Suite betreffen. Diese sind:

- das Mandantenkonzept
- die Organisationseinheiten
- das Customizing

In diesem Abschnitt stellen wir Ihnen diese Konzepte vor.

Der Mandant

Der *Mandant* im SAP-System ist ein Konzept zur vollständigen logischen Trennung verschiedener Arbeitsbereiche innerhalb des Systems. Wenn sich ein Benutzer an einem SAP-System anmeldet, geschieht das immer unter Angabe einer Mandantennummer (000–999). Der Benutzer muss dazu in diesem Mandanten definiert sein. Nach der erfolgreichen Anmeldung hat der Nutzer nur Zugang zu den Daten und Prozessen, die in diesem Mandanten vorhanden sind. Er kann keine Daten anderer Mandanten erreichen (das heißt, er kann sie weder anzeigen noch ändern). Damit können sehr viele getrennt operierende Unternehmen oder Organisationen auf einem einzigen SAP-System in jeweils eigenen Mandanten parallel arbeiten, ohne sich gegenseitig zu beeinflussen. (Das empfohlene Maximum sind aus Performancegründen jedoch 150 Mandanten pro System.) Über Integrationsprozesse kann jedoch auch ein Datenaustausch zwischen Mandanten hergestellt werden.

Der Mandant ist somit also ein striktes organisatorisches Trennungskriterium für getrennt arbeitende Benutzer auf einem SAP-System. In Abbildung 1.5 sehen Sie die beiden technischen Trennungskriterien *System* und *Mandant* aufgeführt, mit denen Sie eine datentechnisch völlig unabhängige Arbeitsweise von unterschiedlichen Organisationen erzielen können.

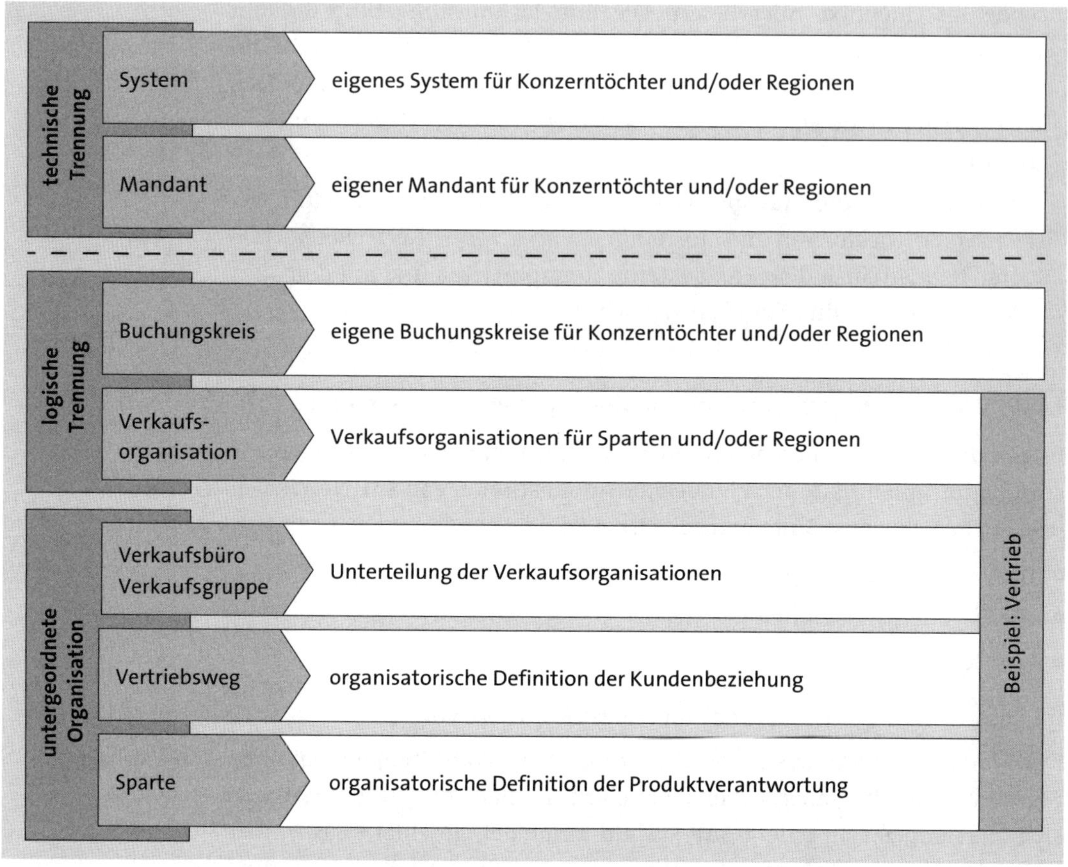

Abbildung 1.5 Organisatorische Schichten eines SAP-Systems

- **Eigenes System für Konzerntöchter und/oder Regionen**
  Dieser Fall ist gekennzeichnet durch eine vollständige logische und systemtechnische Separierung, individuell konfigurierbare Anwendung (Customizing), Datenintegration über SAP NetWeaver PI sowie durch eine gemeinsame oder getrennte finanztechnische Abwicklung.
- **Eigener Mandant für Konzerntöchter und/oder Regionen**
  Dieser Fall ist gekennzeichnet durch vollständige logische Separierung bei systemtechnischer Nutzung gemeinsamer Ressourcen, individuell konfigurierbare Anwendung (Customizing), Datenintegration über SAP NetWeaver PI sowie durch eine gemeinsame/getrennte Finanzabwicklung.

Programmtechnisch ist ein Mandant das erste Schlüsselfeld jeder Datenbanktabelle einer Applikation.

Organisationen

Für Benutzer, die zwar in getrennten organisatorischen Bereichen arbeiten, jedoch innerhalb desselben Unternehmens, existieren weitere organisatorische Schichten, die in der jeweiligen Anwendung ausgeprägt sind:

- **Eigene Buchungskreise für Konzerntöchter und/oder Regionen**
  Dieser Fall ist gekennzeichnet durch vollständige finanztechnische Separierung bei systemtechnischer und logischer Nutzung gemeinsamer Ressourcen, einheitliche Anwendung (das heißt gleiches Customizing), gemeinsame oder getrennte Finanzabwicklung. Ein häufiges Beispiel ist jeweils ein eigener Buchungskreis pro Land.
- **Verkaufsorganisationen für Sparten und/oder Regionen**
  Dieser Fall ist gekennzeichnet durch vollständige verkaufstechnische Separierung bei Nutzung gemeinsamer Ressourcen, einheitliche Anwendung und Datenintegration, gemeinsame oder getrennte Finanzabwicklung. Beispiele sind Verkaufsorganisationen für Luftfracht oder Seefracht.
- **Unterteilung der Verkaufsorganisationen**
  Das Verkaufsbüro ist die organisatorische Einheit des Vertriebs, die für den Vertrieb innerhalb eines geografischen Gebiets zuständig ist. Die Verkäufergruppe führt den Verkaufsvorgang durch und ist intern für einen abgegrenzten Bereich zuständig.
- **Organisatorische Definition der Kundenbeziehung**
  Der Vertriebsweg kennzeichnet den Weg, auf dem verkaufsfähige Dienstleistungen zum Kunden gelangen. Typische Beispiele für Vertriebswege sind Direktverkauf oder Großkundenverkauf.
- **Organisatorische Definition der Produktverantwortung**
  Die Sparte kennzeichnet – als organisatorische Untereinheit des Vertriebs – die vertriebliche Zuständigkeit oder die Gewinnverantwortung in Bezug auf verkaufsfähige Produkt- oder Dienstleistungsgruppen (z. B. Lebensmittel).

In den einzelnen Applikationen gibt es dann weitere spezifische Organisationshierarchien. Im Einkauf gibt es z. B. Einkaufsorganisationen und Einkäufergruppen, im Vertrieb sind es Verkaufsorganisationen, Vertriebskanäle etc. Diese Organisationsschichten erlauben einerseits, dass deren Benutzer innerhalb eines Mandanten des SAP-Systems zusammenarbeiten, dass sie aber andererseits bezüglich ihrer Zugriffsberechtigungen auf ihren jeweiligen Organisationsbereich eingeschränkt sind.

[zB]

Berechtigungen und der Zugriff auf Organisationsbereiche

Der Einkäufer aus Hamburg darf keine Bestellungen für München anlegen und natürlich auch keine Jahresbilanz im Finanzwesen erstellen.

Customizing und Einführungsleitfaden

Wie bereits dargestellt, ist die Konfigurierbarkeit eine sehr wichtige Eigenschaft von betriebswirtschaftlicher Standardsoftware. Diese Konfigurierbarkeit heißt im SAP-System *Customizing*. Das Customizing führen Sie mithilfe des sogenannten *Einführungsleitfadens* durch (häufig auch Implementation Guide oder einfach IMG genannt), der nach Anwendungsbereichen (z. B. Vertrieb, Einkauf, Produktion) gegliedert ist. Über das Customizing können Sie z. B. steuern, welche Prozesse innerhalb der Business Suite durchgeführt werden können und wie die einzelnen Prozessschritte aufgebaut sind.

Abbildung 1.6 zeigt Ihnen dazu ein Beispiel aus dem Bereich des Kundenauftrags (Vertrieb).

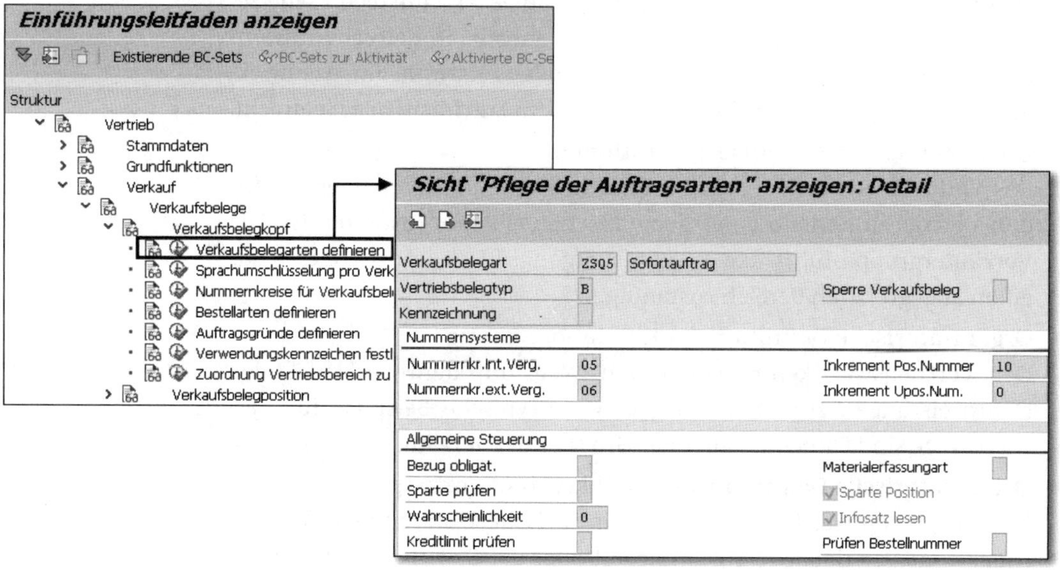

Abbildung 1.6 Ausschnitt aus dem Einführungsleitfaden mit Customizing-Einstellungen zum Kundenauftrag (Vertrieb) mit Details zu einer Auftragsart

In diesem Customizing-Bereich müssen Sie z. B. die folgenden Konfigurationsschritte durchführen, um den Geschäftsprozess abzubilden:

1. Definieren Sie die verfügbaren Auftragsarten (Verkaufsbelegarten), z. B. Expressauftrag, Direktverkauf, Standardauftrag (Sofortauftrag), und ihre funktionalen Details (z. B. keine Kreditlimitprüfung bei Bar-/Direktverkauf).
2. Definieren Sie, welche Ihrer Vertriebsorganisationen welche Auftragsarten verwenden dürfen. (Im Ladenverkauf soll z. B. nur der Direktverkaufsauftrag eingesetzt werden.)
3. Definieren Sie, welche Auftragspositionen in welchen Auftragsarten zulässig sind und wie diese ausgeprägt sind. Eine Serviceposition (z. B.

Durchführung einer Wartung) könnten Sie z. B. im Direktverkauf ausschließen.

Das Customizing eines SAP-Systems erlaubt Ihnen umfangreiche Einstellungen (allein im Bereich *Verkauf* gibt es ca. 100 Einstellungsmasken), die Sie optional nutzen können, wenn es für Ihre Prozessimplementierung nötig ist. Sie können die Einstellungen aber auch bewusst einfach halten.

1.3.3 Bestandteile von SAP NetWeaver

Zu Beginn von Abschnitt 1.3 haben wir Ihnen die Bestandteile von SAP NetWeaver bereits kurz vorgestellt. In diesem Abschnitt lernen Sie die wesentlichen Komponenten von SAP NetWeaver etwas ausführlicher kennen. Dazu gehören:

- SAP Integration (PI) als Integrations- und Kommunikationsplattform
- SAP Business Warehouse als Reporting- und Analysewerkzeug
- SAP NetWeaver Master Data Management als zentrale Stammdatenverwaltung
- SAP Enterprise Portal als Portalrahmen für Benutzerintegration

SAP PI

SAP Process Integration (SAP PI) ist für den Datenaustausch (Interoperabilität) innerhalb einer Systemlandschaft und nach außen mit Geschäftspartnern zuständig.

[«]

> **Definition von Interoperabilität**
>
> Als Interoperabilität bezeichnet man die Fähigkeit von zwei oder mehr Systemkomponenten, Informationen auszutauschen und die ausgetauschten Informationen zu nutzen.

Mithilfe dieses Datenaustauschs können Sie applikationsübergreifend von den Funktionen der integrierten Umgebungen profitieren und dennoch die Gesamtbetriebskosten niedrig halten.

SAP PI stellt die folgenden wesentlichen Funktionen für den Datenaustausch zur Verfügung:

- **Integration von Anwendungssystemen und Geschäftspartnern**
  Business-to-Business- (B2B) und Application-to-Application-Szenarien (A2A) lassen sich über Messaging-Technologien und Produktgrenzen hinweg erweitern. Dies umfasst die Integration mit Microsoft BizTalk und IBM-WebSphere-Servern. Mithilfe von kommunikationsspezifischen Adaptern kann SAP PI für die EDI-Kommunikation in den ver-

schiedenen gängigen Formaten eingesetzt werden (EDIFACT, ANSI, X.12, ODETTE, VDA etc.).

- **Interoperabilität von Webservices**
  SAP PI sorgt für das Zusammenspiel von Unternehmensapplikationen und Webservices mit Fremdkomponenten, um serviceorientierte Lösungen zu ermöglichen.
- **Serviceorientierte Architektur**
  Als Erweiterung der Interoperabilität mit Webservices wurde das sogenannte Enterprise Service Repository eingeführt, das Webservice-Schnittstellen zu allen SAP-Applikationen beinhaltet. Diese Webservices sind auf einer Geschäftsprozess-Semantik-Ebene definiert. Das heißt, sie besitzen eine Granularität, die den Aufrufen in der Geschäftsprozessabwicklung entspricht (z. B. Kundenauftrag anlegen).
- **Business Process Management**
  SAP PI sorgt für die Definition und Kontrolle komplexer Geschäftsprozesse, die eine mehrfache Kommunikation zwischen Geschäftspartnern erfordern.

Als weitere Funktion bietet SAP PI noch die Verwaltung von heterogenen Systemlandschaften an, das heißt von mehreren Systemen mit unterschiedlicher Architektur, Software, Integrationstechnologie oder Versionsständen. Das geschieht mithilfe des SAP System Landscape Directorys. Zusätzlich lässt sich die Koexistenz von verschiedenen Portalen verwalten, wobei zwei Portale logisch vereint werden, um Inhalte aus einem SAP Enterprise Portal und einem Nicht-SAP-Portal zusammenzuführen.

SAP BW

SAP Business Warehouse (SAP BW) ist ein unternehmensweites Data Warehouse, das aus vielen unterschiedlichen Quellen Daten sammelt, speichert und in sogenannten *InfoProvidern* für die Analyse von Leistungsdaten des Unternehmens zur Verfügung stellt. Diese unternehmensweite Auswertung wird auch als *Business Intelligence* bezeichnet.

Die Integration von verschiedenen Quellsystemen in ein Enterprise Data Warehouse wie SAP BW stellt heutzutage eine der großen Herausforderungen dar. Durch teilweise sehr heterogene Systemlandschaften müssen nicht nur verschiedene technische Plattformen verbunden werden, sondern es muss auch ein besonderes Augenmerk auf eine abweichende Semantik von Stamm- und Bewegungsdaten gelegt werden, wobei hier für eine sinnvolle Analyse eine Konsolidierung stattfinden sollte. Zudem sollte ein Enterprise Data Warehouse flexible Strukturen und Schichten zur Verfügung stellen, um schnell auf neue Unternehmensentwicklungen reagieren zu können, die häufig durch geänderte Unternehmensziele, Fusionen und Übernahmen auftreten.

SAP BW deckt diese grundlegenden Eigenschaften in großem Umfang ab und bietet darüber hinaus noch eine sehr hohe Performance, unter anderem auch durch die Option der speicherverwalteten Datenhaltung (Business Accelerator). Durch integrierte Präsentationswerkzeuge (z. B. den Business Explorer (BEx) oder die Werkzeuge von BusinessObjects (wie z. B. Crystal Reports) und die Auswertungs- und Darstellungsfunktionen von SAP BusinessObjects verschafft SAP BW jedem Benutzer im Unternehmen den genau für seine Rolle zugeschnittenen Überblick über die Leistungsdaten, die er benötigt.

Durch den Einsatz von SAP BW haben Sie in vielerlei Hinsicht Vorteile:

- geringerer Aufwand, verbesserte Flexibilität und sehr flexible Datenmodellierung
- Integration großer, komplexer und heterogener Systemlandschaften mit Datenintegration über das ganze Unternehmen hinweg
- die Möglichkeit, mithilfe von Realtime Data Acquisition operationales Reporting durchzuführen

Eine neue Dimension der Business Intelligence stellt SAP mit dem In-Memory-System SAP HANA zur Verfügung. Im Gegensatz zu SAP BW müssen die Daten hier nicht erst aus dem Speicher extrahiert, vorbereitet und dann an das BW übergeleitet und dort wieder in InfoCubes gespeichert werden. Stattdessen werden alle Analysen auf den top-aktuellen Daten ausgeführt, die sich im Hauptspeicher befinden. Dadurch zeigen alle Auswertungen den aktuellen Stand des Unternehmens und nicht einen Stand, der zwei oder mehr Stunden alt ist. Außerdem ermöglicht der In-Memory-Zugriff extrem hohe Auswertungsgeschwindigkeiten auch bei sehr großen Datenmengen (*Big Data* mit Datenmengen im Terabyte-Bereich).

SAP NetWeaver MDM

SAP NetWeaver Master Data Management (SAP NetWeaver MDM) bietet eine zentrale Stammdatenverwaltung innerhalb eines komplexen Systemverbunds. Dabei wird dafür gesorgt, dass wichtige Stammdaten, wie z. B. Geschäftspartnerdaten oder Produktstammdaten, nur einmal zentral im Systemverbund gepflegt und dann konsistent über alle Systeme verteilt werden. Dadurch ist eine hohe Datenqualität gesichert, da es bei diesen wichtigen Stammdaten nicht mehr zu Dubletten oder falschen Schreibweisen kommen kann. Durch die SAP-Werkzeuge wie Data Services, Data Quality und Data Integrator wird die aufwendige Arbeit des Stammdatenabgleichs und der Vervollständigung wesentlich erleichtert. Typische Stammdatenfehler, die im Sinne eines effizienten und fehlerfreien Arbeitsablaufs unbedingt behoben werden müssen, sind z. B.:

- falsche Schreibweisen: *Gorge Miller* statt *George Miller*
- fehlende Daten: Palo Alto ohne Postleitzahl
- falsche Formatierung: Telefonnummer ohne Trennstriche, also *1234567* anstatt *123-4567*
- falsche Codes: Währungscode *CAN* statt *CDN* für kanadische Dollar
- Duplizierung: doppelte Stammsätze, *G. Smith* und *George Smith*

SAP Enterprise Portal

SAP Enterprise Portal (vormals als SAP NetWeaver Portal bekannt) stellt eine benutzerbezogene Integration aller für den jeweiligen Benutzer notwendigen Informationen in einem Arbeitsumfeld zur Verfügung (siehe Abbildung 1.7).

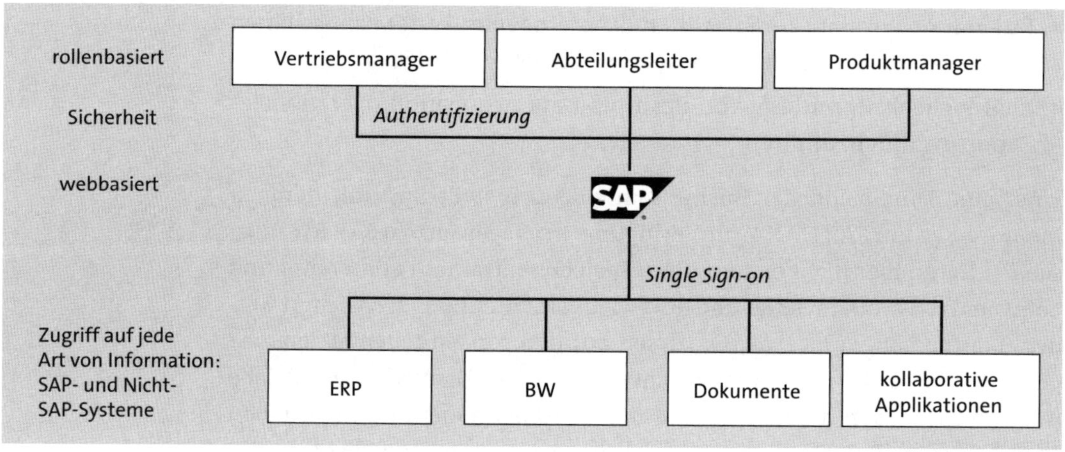

Abbildung 1.7 SAP Enterprise Portal

Das beinhaltet sowohl den Zugang zu den für den Benutzer erforderlichen Geschäftsprozessen im SAP-Umfeld als auch Auswertungen aus SAP BW, Internetzugriff auf geschäftsbezogene Inhalte, Dokumente aus den Office-Anwendungen und Anwendungen von Drittanbietern. Der Zugang zu den verschiedenen Systemen wird dabei durch eine Single-Sign-on-Logik (SSO) gewährleistet, wobei dann ein einfaches Anmelden am Portal genügt und alle folgenden Anmeldungen automatisch über das Portal authentifiziert werden. Die im Portal definierte Rolle bestimmt letztlich, welche Berechtigungen der Benutzer in den einzelnen Systemen hat.

SAP NetWeaver Enterprise Search

SAP NetWeaver Enterprise Search (ehemals TREX) ist eine systemübergreifende Suche mit einheitlichen Schnittstellen und einer einheitlichen

Benutzeroberfläche. Sie bietet die für eine universelle Suche notwendige Suchinfrastruktur und das dazugehörige Datenmodell sowie zentrale Administrations- und Betriebsfunktionen. Viele der in diesem Buch erwähnten logistischen Elemente sind bereits in SAP NetWeaver Enterprise Search integriert (z. B. Material, Kunde, Verkaufsauftrag, Lieferant, Lieferung oder Bestellung), sodass Sie mit einer Freitextsuche gezielt nach diesen Objekten suchen können.

1.4 Komponenten der SAP Business Suite

Die SAP Business Suite ist eine Gruppierung von Geschäftsapplikationen auf der Basis von SAP NetWeaver, die eine übergreifende Lösung für die Abwicklung aller standardisierbaren Geschäftsprozesse eines Unternehmens bieten soll. Sie ging vor einigen Jahren aus dem SAP-R/3-System hervor, das 1992 veröffentlicht wurde. (SAP R/3 ist das Vorgängersystem von SAP ERP.)

Mit der SAP Business Suite wurde das aus Architektursicht monolithische R/3-System bzw. SAP-ERP-System durch eine Reihe eigenständiger Produkte erweitert. In der Regel erstrecken sich komplexe Geschäftsprozesse dabei über mehrere Komponenten der SAP Business Suite. In Abbildung 1.8 sehen Sie ein Beispiel für solch einen Geschäftsprozess (Make-to-Order).

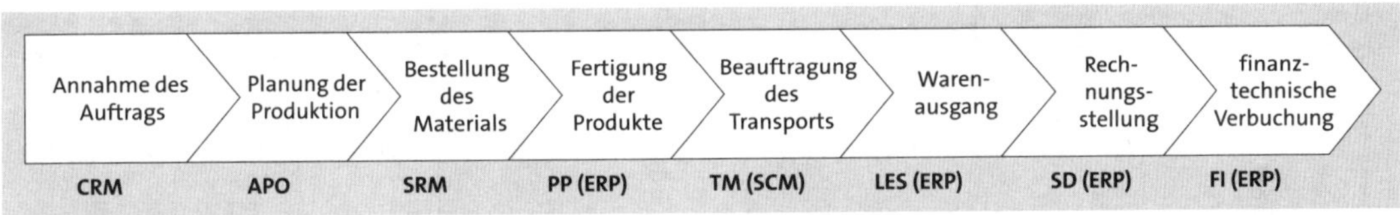

Abbildung 1.8 Geschäftsprozess in der SAP Business Suite

Kernkomponenten von SAP ERP

SAP ERP besteht im Wesentlichen aus den folgenden Komponenten:

- FI (Finance – Finanzwesen)
- CO (Controlling)
- MM (Materials Management – Materialwirtschaft)
- SD (Sales and Distribution – Vertrieb)
- LE (Logistics Execution)
- LO (Logistik)
- PP (Production Planning – Produktionsplanung und -steuerung)
- HCM (Human Capital Management – Personalwesen)

Diese Komponenten bilden die Kernfunktionen, die von SAP-Anwendern eingesetzt werden.

[»]

> **SAP ERP Central Component (SAP ECC)**
>
> Die zentralen Komponenten von SAP ERP (FI, CO, MM, SD, LE, LO, PP und HCM) sind mittlerweile auch unter der Bezeichnung SAP ERP Central Component (SAP ECC) im SAP-Portfolio verankert.

Ergänzt werden die Kernkomponenten innerhalb von SAP ERP durch weitere Komponenten, wie z. B. *SAP Environment, Health, and Safety Management* (SAP EHS Management) für die Gefahrgutabwicklung.

SAP Business Suite – weitere Komponenten

SAP ERP wird in der SAP Business Suite mittlerweile durch eine Reihe weiterer Komponenten ergänzt, die auf die Bereiche Supply Chain Management (SAP SCM), Customer Relationship Management (SAP CRM) und Supplier Relationship Management (SAP SRM) spezialisiert sind. Dazu kommen noch weitere Komponenten für spezielle Zwecke, wie z. B. *SAP Solutions for Governance, Risk, and Compliance* (GRC).

In Abbildung 1.9 sehen Sie einen Überblick über die wesentlichen Komponenten der SAP Business Suite. Dabei sind die logistischen Komponenten grau (gedrucktes Buch) oder blau (E-Book) hinterlegt, die wir in diesem Buch im Detail erläutern.

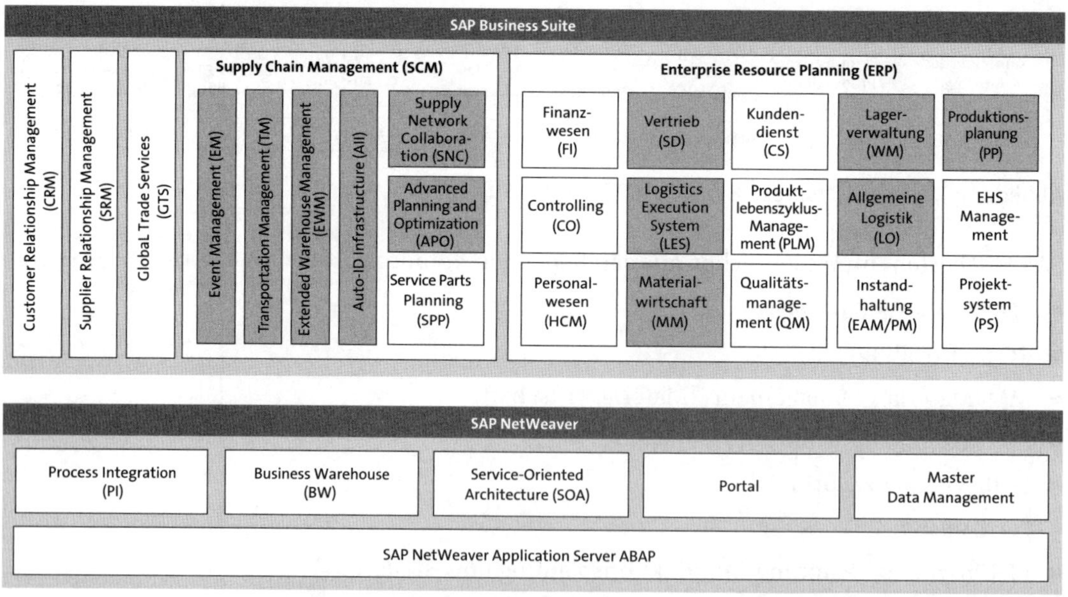

Abbildung 1.9 Übersicht über (im engeren Sinne) logistische und weitere Komponenten der SAP Business Suite

1.4.1 Kernlogistikkomponenten in SAP ERP

Wie im vorangehenden Abschnitt dargestellt, gibt es innerhalb von SAP ERP mehrere Komponenten, die direkt oder indirekt mit logistischen Prozessen verknüpft sind. Diese Komponenten, die hier nur kurz aufgeführt sind, werden wir Ihnen im weiteren Verlauf des Buchs im Detail vorstellen.

Vertrieb (SD)

Die *Vertriebskomponente* (Sales and Distribution, SD) umfasst alle Funktionen, die im weiteren Sinne mit dem Verkauf von Waren oder Dienstleistungen zu tun haben (siehe dazu auch Kapitel 5, »Distributionslogistik«). Dazu gehören unter anderem:

- Bearbeiten von Angeboten und Verkaufsaufträgen
- Verfügbarkeitsprüfung, das heißt das Ermitteln der Verfügbarkeit von Waren für den Verkauf
- Erstellen von Lieferplänen
- Kredit- und Risikomanagement im Zusammenhang mit dem Verkaufsprozess (Kreditlimitprüfung)
- Konditionen und Preisfindung (Verkaufspreisermittlung)
- Fakturierung/Rechnungsstellung inklusive Zahlkartenabwicklung
- Außenhandels- und Zollabwicklung
- ergänzende Funktionen wie Dokumentendruck, Reports und Analysen

Allgemeine Logistik (LO)

Die *allgemeine Logistik* (LO) beinhaltet Grundfunktionen, die in vielen Bereichen wiederverwendet werden. Dazu gehören z. B.:

- Chargenabwicklung, das heißt die Verwaltung von Teilmengen eines Materials, die getrennt von anderen Teilmengen desselben Materials im Bestand geführt werden (z. B. ein Produktionslos)
- Handling Unit Management, das heißt die Verwaltung von Transportbehältnissen
- Variantenkonfiguration, das heißt die Beschreibung komplexer Produkte, die in mehreren Varianten existieren können (z. B. Autos)

Logistics Execution (LES)

Die *Versandkomponente* (Logistics Execution System, LES) umfasst im Wesentlichen alle Funktionen, die mit der Lagerhaltung, der Versandabwicklung und dem Transport von Waren zu tun haben (siehe dazu auch Kapitel 5, »Distributionslogistik«, Kapitel 6, »Transportlogistik«, und Kapitel 7, »Lagerlogistik und Bestandsmanagement«):

- Wareneingangsprozess bei Anlieferungen von Waren
- zentrale und dezentrale Lagerverwaltung (Warehouse Management, WM) mit Optimierung der Vorgänge im Lager (Task and Resource Management) und Verwaltung von Hofplätzen (Yard Management)

- Versandvorbereitung, Versanddokumenterstellung und Warenausgangsprozess bei zu versendender Ware
- Transportvorbereitung und Transportabwicklung inklusive Frachtkostenkalkulation
- Belieferungsmanagement für regelmäßige Lieferrouten, bei denen ein Fahrer auf einer geplanten Route die Waren vom Vertriebszentrum an verschiedene Kunden liefert (Direct Store Delivery)

Materialwirtschaft (MM)

In der *Materialwirtschaft* (Materials Management, MM) dreht sich alles um die Produkte, die verwaltet, beschafft oder bezahlt werden müssen (siehe dazu auch Kapitel 3, »Beschaffungslogistik«):

- Einkaufsfunktionen wie die Bearbeitung von Bestellungen und Bestellanforderungen
- Bestandsführung von Materialien inklusive der Materialbewertung für Bilanzierungszwecke und der Materialpreisänderung
- Rechnungsprüfung für eingehende Waren- und Dienstleistungsrechnungen
- Durchführen von Inventuren zur Bestandsfeststellung und -korrektur
- Verwaltung der Materialstammdaten

Produktionsplanung und -steuerung (PP)

Die Produktionsplanung und -steuerung (Production Planning, PP) beinhaltet die Absatz- und Produktionsgrobplanung, die eigentliche Produktionsplanung mit Kapazitäts- und Bedarfsplanung, Fertigungsaufträge, Kanban-Abwicklung, Serienfertigung, Einzelfertigung und Montageabwicklung. Dazu wird noch die Produktionsplanung für Prozessindustrien abgedeckt. Die Produktionslogistik aus dispositiver Sicht wird in Kapitel 4 beschrieben.

Diese fünf Logistikkomponenten – SD, LO, LES, MM, PP – sind innerhalb von SAP ERP stark integriert und ermöglichen so effektive logistische Arbeitsabläufe.

1.4.2 Weitere Logistikkomponenten in SAP ERP

Komponenten mit indirektem Logistikbezug

Neben den im vorangehenden Abschnitt genannten zentralen Logistikkomponenten möchten wir Ihnen noch diejenigen Komponenten nennen, die einen eher indirekten Logistikbezug haben. Auf diese Komponenten werden wir im weiteren Verlauf des Buchs nur am Rande eingehen:

- **Instandhaltung**
  Die Instandhaltung (Enterprise Asset Management, EAM, ehemals Plant Maintenance, PM) befasst sich mit technischen Einrichtungen und Gerä-

ten (Fabrik, Maschine, Fahrzeug etc.), die regelmäßigen Instandhaltungen unterzogen werden müssen. Dabei wird die Instandhaltung für planmäßige und unplanmäßige Wartungen und Reparaturen unterstützt. Dafür stehen auch mobile Szenarien mit mobilen Geräten zur Verfügung.

- **Qualitätsmanagement**
  Qualitätsmanagement (Quality Management, QM) umfasst Funktionen zur Qualitätsplanung, Qualitätsprüfung und Qualitätslenkung. Dabei stehen auch ein Auditmanagement, die Erstellung und Verwaltung von Qualitätszeugnissen und die Verwaltung von Prüfmitteln bereit. Im Prozess können Sie Prüflose verwalten, Prüfergebnisse und Fehler erfassen sowie die Probenverwaltung durchführen.
- **Product Lifecycle Management**
  Das Produktlebenszyklus-Management (Product Lifecycle Management, PLM) bietet alle Funktionen, die für eine Produktplanung, das Design mit seinen Ingenieursaufgaben, die Produktdatenverteilung, die Verwaltung von Produkt- und Rezeptdaten und die dazugehörigen Audits erforderlich sind.
- **Projektsystem**
  Mit dem Projektsystem (Project System, PS) können Sie Projekte erstellen und verwalten. Dabei können Sie sowohl den Projektverlauf mit seinen Aufgabenstrukturen und seiner Zeitplanung als auch die Projektressourcen und die Projektkosten verwalten.
- **Environment, Health, and Safety Management**
  Die Komponente für den Bereich *Umwelt, Gesundheit und Sicherheit* (SAP Environment, Health, and Safety Management, SAP EHS Management) stellt Ihnen unterschiedliche Funktionen aus dem Sicherheitskontext zur Verfügung. Dabei werden sowohl Produktsicherheit, Gefahrstoffmanagement und Gefahrgutprüfung als auch Abfallmanagement, Arbeitsschutz und Arbeitsmedizin abgedeckt.
- **Customer Service**
  Die Komponente für den Kundendienst (Customer Service, CS) ermöglicht Ihnen, für andere ERP-Komponenten (z. B. Vertrieb, Dienstleistung, Instandhaltung) eine Kundenschnittstelle mit Interaktionscenter aufzubauen, um die einzelnen Prozesse in der Zusammenarbeit von Kundenbetreuer und Kunde besser durchführen zu können.
- **Branchenlösung »SAP for Retail«**
  SAP for Retail bietet einen großen Umfang an handelsspezifischen Funktionen, die z. B. Kassenanbindung (Point of Sale) oder Lieferroutenabwicklung (Direct Store Delivery) beinhalten. Die Retail-Funktionen sind in vielen Fällen für einen sehr hohen Durchsatz ausgelegt, da gerade dort

sehr viele Transaktionen im Vertriebs- und Endkundenbereich durchgeführt werden.

Jede der genannten Komponenten ermöglicht entweder eine Erweiterung der Logistikprozesse in benachbarte Anwendungsbereiche oder eine branchenspezifische Ausprägung der Logistikprozesse.

1.4.3 SAP Supply Chain Management (SAP SCM)

Lager und Transport

SAP Supply Chain Management (SAP SCM) ergänzt SAP ERP um wichtige Komponenten, die für die Logistikprozesse sowohl planerische als auch abwicklungstechnische Funktionen zur Verfügung stellen. Die hier zunächst nur kurz erwähnten Komponenten werden im weiteren Verlauf des Buchs im Detail besprochen:

- **SAP Extended Warehouse Management**
  SAP Extended Warehouse Management (SAP EWM) ist der funktional sehr umfangreiche Nachfolger der SAP-ERP-Komponente *Warehouse Management* (WM). Es kann als alleinstehendes System für die komplette Lagerverwaltung einschließlich aller angrenzenden Prozesse eingesetzt werden (siehe dazu auch Kapitel 7, »Lagerlogistik und Bestandsmanagement«).
- **SAP Transportation Management**
  SAP Transportation Management (SAP TM) bietet eine komplette Transportabwicklung von der Auftragsannahme, Transportplanung und Unterbeauftragung bis hin zu Abrechnungen mit Kunden und Dienstleistern an. Es kann als alleinstehendes System betrieben werden und ist auch für die Verwendung durch Logistikdienstleister konzipiert (siehe dazu auch Kapitel 6, »Transportlogistik«).
- **SAP Event Management**
  SAP Event Management (SAP EM) ist ein Werkzeug, mit dem sich in vielfältiger Weise Prozesse verfolgen lassen (z. B. Transportverfolgung) und das auch kritische Zustände in einem Prozess aktiv ermitteln und an Benutzer weitermelden kann. SAP Event Management ist sehr flexibel konfigurierbar und kann für fast alle Statusmanagement- und Tracking-Aufgaben eingesetzt werden (siehe dazu auch Kapitel 8, »Kontrolle und Berichtswesen«).
- **SAP Auto-ID Infrastructure**
  SAP Auto-ID Infrastructure (SAP AII) integriert RFID-Technologie in die Geschäftsprozesse. Sie erlaubt es, die Brücke zwischen den RFID-Lesegeräten und den Geschäftsprozessen in der Applikation herzustellen (siehe auch dazu Kapitel 8).

SAP APO

Eine weitere wichtige Komponente ist *SAP Advanced Planning and Optimization* (SAP APO). Sie bietet eine Reihe von Funktionsbereichen, die sich mit der lang- oder mittelfristigen und auch operativen Planung in einem Unternehmen befassen:

- **Supply Chain Monitoring**
  Supply Chain Monitoring dient zur Überwachung der Logistikkette.
- **Supply Chain Collaboration**
  Supply Chain Collaboration ermöglicht die Zusammenarbeit mit Lieferanten und Kunden.
- **Absatzplanung**
  Die Absatzplanung (Demand Planning, DP) erlaubt die mittelfristige Planung der Bedarfe anhand einer Prognose für die Nachfrage nach den Produkten Ihres Unternehmens auf dem Markt (siehe dazu auch Kapitel 4).
- **Supply Network Planning**
  Supply Network Planning (SNP) integriert die Bereiche Beschaffung, Produktion, Distribution und Transport. Es ermöglicht damit taktische Planungsentscheidungen und Entscheidungen über Bezugsquellen auf der Grundlage eines globalen Modells (siehe dazu auch Kapitel 4).
- **Globale Verfügbarkeitsprüfung**
  Die globale Verfügbarkeitsprüfung (global Available-to-Promise, gATP) ermöglicht die Prüfung der Lieferbarkeit von Produkten auf globaler Basis. Zudem werden Produktsubstitution und Lieferortsubstitution unterstützt (siehe auch Kapitel 5, »Distributionslogistik«, und Kapitel 6, »Transportlogistik«).
- **Transportplanung**
  Die Transportplanung (Transportation Planning and Vehicle Scheduling, TP/VS) ermöglicht eine optimierergestützte, intermodale Planung für An- und Auslieferungen. Die eigentliche Transportabwicklung findet dabei jedoch in ERP statt (siehe dazu auch Kapitel 6, »Transportlogistik«).

Die Optimierungs- und Planungsfunktionen von SAP APO können gerade in größeren Unternehmen, die mit einer verteilten Logistik konfrontiert sind, einen wesentlichen Beitrag zur Verbesserung der Effizienz leisten.

1.4.4 SAP Customer Relationship Management (SAP CRM) und SAP Hybris

Kundenbeziehungsmanagement

SAP Customer Relationship Management (SAP CRM) ist eine umfassende Lösung zur Verwaltung Ihrer Kundenbeziehungen. Sie unterstützt alle kundenorientierten Geschäftsbereiche vom Marketing über den Verkauf bis hin zu Service sowie Kundeninteraktionskanälen, wie beispielsweise das Interaction Center, das Internet und Mobile Clients.

Viele der im CRM vorhandenen Funktionen wurden durch Bestandteile des SAP-Hybris-Systems ersetzt, das vielfältige Funktionen im Bereich des Kundenmanagements anbietet. SAP Hybris beinhaltet Marketing-, Vertriebs- und Social-Media-Komponenten, die im Zusammenspiel mit SAP-Systemen eingesetzt werden. Auch das sogenannte Omni-Channel-Management wird unterstützt, d.h. der Zugang von Kunden zu bestimmten Vertriebsfunktionen über sehr unterschiedliche Kanäle (Web, Mobilgerät, Social Media, Kundenservice etc.).

1.4.5 SAP Supplier Relationship Management (SAP SRM) und SAP Ariba

Lieferantenbeziehungsmanagement

SAP Supplier Relationship Management (SAP SRM) ist eine Lösung für das Lieferantenbeziehungsmanagement. SAP SRM ermöglicht die strategische Planung und die zentrale Steuerung der Beziehungen zwischen einem Unternehmen und den Lieferanten des Unternehmens. Es erlaubt eine möglichst enge Anbindung von Lieferanten an die Einkaufsabwicklung des Unternehmens mit dem Ziel, die Beschaffungsprozesse zu vereinfachen und effektiver zu gestalten. SAP SRM unterstützt Prozesse wie Bestellung, Bezugsquellenfindung, Rechnungs- und Gutschrifterstellung, Lieferantenqualifizierung oder Supplier Self-Services.

1.4.6 SAP Global Trade Services

Compliance

SAP Global Trade Services (SAP GTS) ist eine Teilkomponente von *SAP Solutions for Governance, Risk, and Compliance* (SAP GRC). Mit SAP GTS können Sie internationale Handelsprozesse automatisieren, Geschäftspartner und Belege verwalten und dabei sicherstellen, dass die sich ständig ändernden internationalen Rechtsvorschriften durch Ihr Unternehmen eingehalten werden. Details hierzu finden Sie im Zusatzkapitel »Handelsregularien – Governance, Risk, Compliance«, das Sie unter *www.sap-press.de/4261* (ganz unten auf der Seite unter **Materialien zum Buch**) abrufen können.

1.4.7 Weitere nicht logistische Komponenten von SAP ERP

Finanzwesen, Kostenrechnung und Personalwesen

Folgende weitere Komponenten sind ebenfalls Bestandteil von SAP ERP und sollen hier nur der Vollständigkeit halber kurz erwähnt werden:

- **Finanz- und Rechnungswesen**
  Das Finanz- und Rechnungswesen (FI) beinhaltet die Hauptbuchhaltung, die Kreditorenbuchhaltung, die Debitorenbuchhaltung, die Bankbuchhaltung und die Anlagenbuchhaltung.
- **Controlling und Profitabilitätsanalyse**
  Die Kostenrechnung (Controlling, CO) stellt unter anderem Komponenten zur Gemeinkostenrechnung, zur Kostenträgerrechnung sowie für Ergebnis- und Marktsegmentrechnung zur Verfügung.
- **Unternehmenscontrolling**
  Das Unternehmenscontrolling (Strategic Enterprise Management, SEM) unterstützt z. B. Business Consolidation, Business Planning and Simulation und die Profit-Center-Rechnung.
- **Personalwirtschaft**
  Die Personalwirtschaft (Human Capital Management, HCM) erlaubt Ihnen die Durchführung von Prozessen in den Bereichen Personalmanagement, Personalzeitwirtschaft, Personalabrechnung, Veranstaltungsmanagement, Personalentwicklung und Kostenplanung.

Diese Komponenten bilden in vielen Fällen das finanztechnische Rückgrat der Logistikprozesse. Häufig sind z. B. FI und CO auch die ersten Komponenten, die in einem Unternehmen eingeführt werden, wenn dort auch die Nutzung der SAP-Logistiklösungen geplant ist.

[«]

Integration der Logistik in Finanz- und Personalwesen

Die genannten Komponenten (Finanz- und Rechnungswesen, Controlling, Personalwirtschaft) bieten eine umfassende Integration mit den Logistikprozessen, sodass der Daten- und Prozessfluss aus der Logistik in das Finanzwesen, Controlling oder die Personalwirtschaft von vornherein gegeben ist. (Beispiel: Kosten für eingekaufte Transportlogistik werden direkt an den Einkauf, die Rechnungsprüfung und das Finanzwesen weitergeleitet.)

1.5 Zukunftsweisende Unternehmens-IT mit SAP S/4HANA

Wie Sie in den vorangehenden Abschnitten erfahren haben, trägt ein Standardsoftware-Unternehmenssystem wie die SAP Business Suite wesentlich zum reibungslosen und zusammenhängenden Ablauf von Unternehmensprozessen bei und sorgt für eine wohldefinierte Datenintegrität und für die Vermeidung von unnötigen, integritätsgefährdenden Datenduplikationen.

Anforderungen an moderne Unternehmen

Diese vorteilhaften Eigenschaften waren lange Zeit ausreichend, um Unternehmen durch eine moderne IT-Infrastruktur wesentliche Vorteile im Geschäftsleben zu verschaffen. In den letzten Jahren hat sich dieses Bild jedoch deutlich gewandelt: Ein Status als etabliertes, erfolgreiches Unternehmen ist heute kein Garant mehr für langfristiges, gesundes Geschäftswachstum. Im Gegensatz zu 1960, als die S&P500-Unternehmen im Schnitt eine 60-jährige Historie aufweisen konnten, liegt diese heutzutage bei nur 12 Jahren. Der technologische, wirtschaftliche und damit auch der logistische Wandel erfordert von heutigen Unternehmen höchste Flexibilität und Integration, was sich direkt in den Anforderungen an Unternehmenssysteme widerspiegelt. Im Jahr 2015 führte SAP daher unter dem Namen *SAP S/4HANA* eine neue »Business Suite« als langfristigen Nachfolger der erfolgreichen SAP Business Suite ein.

1.5.1 Die Philosophie von SAP S/4HANA

S wie simple, S wie Suite

Der Name *SAP S/4HANA* wurde in Anlehnung an das bekannte SAP R/3, den Vorgänger der jetzigen SAP Business Suite, und die SAP Business Suite gewählt. Er steht für Folgendes:

- *S* steht für die Einfachheit (S wie »simple«) und repräsentiert das Gesamtpaket (S wie »Suite«).
- *4* repräsentiert die Nachfolge der »3« in SAP R/3.
- *HANA* zeigt an, dass die neue Suite komplett auf der In-Memory-Technologie SAP HANA läuft.

Die Einfachheit von SAP S/4HANA (S wie »simple«) zieht sich für die Benutzer und IT-Abteilungen wie ein roter Faden durch das gesamte System:

- **Einfache Benutzung mit bester Benutzererfahrung**
  Es ist einfach, das System zu bedienen sowie Prozesse, Personen, Endgeräte verschiedener Technologien und Geschäftsnetzwerke zu verbinden.
- **Einfache Geschäftsprozesse**
  Der Benutzer soll einen Geschäftsprozess einfach durchführen können und sich auf die notwendigen Änderungen konzentrieren können, ohne ständig mit unwichtigen Dingen konfrontiert zu werden.
- **Einfache Geschäftsentscheidungen**
  Es ist einfach, umfassende Einsicht in die Tendenz und Bedeutung von Daten und Geschäftsprozessen zu bekommen, sodass man einfach und schnell die richtigen Entscheidungen treffen kann.

- **Einfache Prozessoptimierung**
  Durch maschinelles Lernen, das mit herkömmlichen ERP-Systemen wegen des unzulänglichen Datenzugriffs nicht machbar ist, können die Prozesse automatisiert verbessert werden.
- **Einfache Konfiguration**
  Das System lässt sich einfach konfigurieren und stellt einen geführten Konfigurationsablauf zur Verfügung.
- **Einfache Datenmodelle**
  Durch die In-Memory-Technologie und ihre blitzschnellen Zugriffsmöglichkeiten werden technische Hilfskonstrukte wie Datenindizes, Datenaggregationen und Datenredundanzen überflüssig.
- **Einfache Zugänglichkeit**
  Viele zentrale Prozesse werden heutzutage als Cloud-Anwendung gefordert, was mit traditionellen ERP-Systemen nur schwer umsetzbar ist. Die neue Architektur von SAP S/4HANA ist von Beginn an auf die Bereitstellung in der Cloud konzipiert.

Die Geschichte von SAP S/4HANA

Die Idee und Geschichte von S/4HANA (siehe Abbildung 1.10) basiert auf der Entwicklung der In-Memory-Plattform SAP HANA. Darauf folgten eine schrittweise Umsetzung der Analytik und die Bereitstellung von SAP HANA als Datenbank für die SAP Business Suite. Im nächsten Schritt wurden die Finanzprozesse implementiert. Das Ziel der Entwicklung besteht darin, alle Geschäftsprozesses mit ihrer Außenintegration abzubilden.

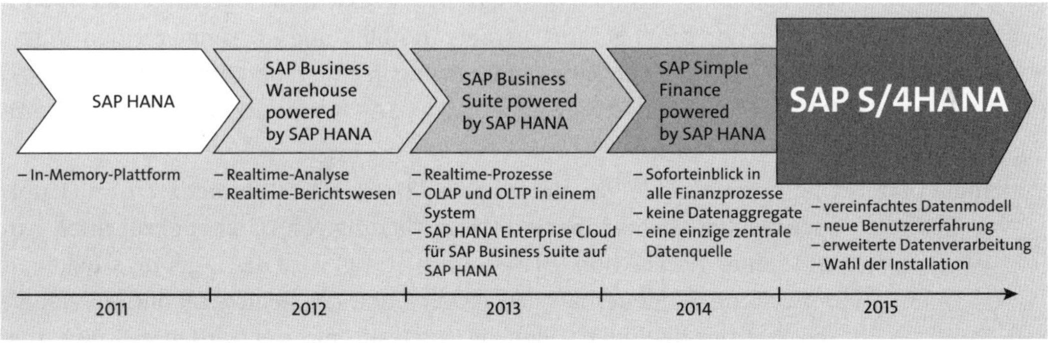

Abbildung 1.10 Entwicklungsgeschichte von SAP S/4HANA

Ein wesentlicher Aspekt neben der Einfachheit ist bei SAP S/4HANA, dass alle Komponenten und reale Einflussbereiche des modernen Geschäftslebens in das System integriert werden. Abbildung 1.11 zeigt den Zusammenhang zwischen der industrieübergreifenden Kernfunktion und dem realen Geschäftsprozess in Form vom Internet der Dinge, verschiedenen Endgeräten, Massendaten (Big Data), Menschen sowie Geschäfts- und sozialen Netzwerken.

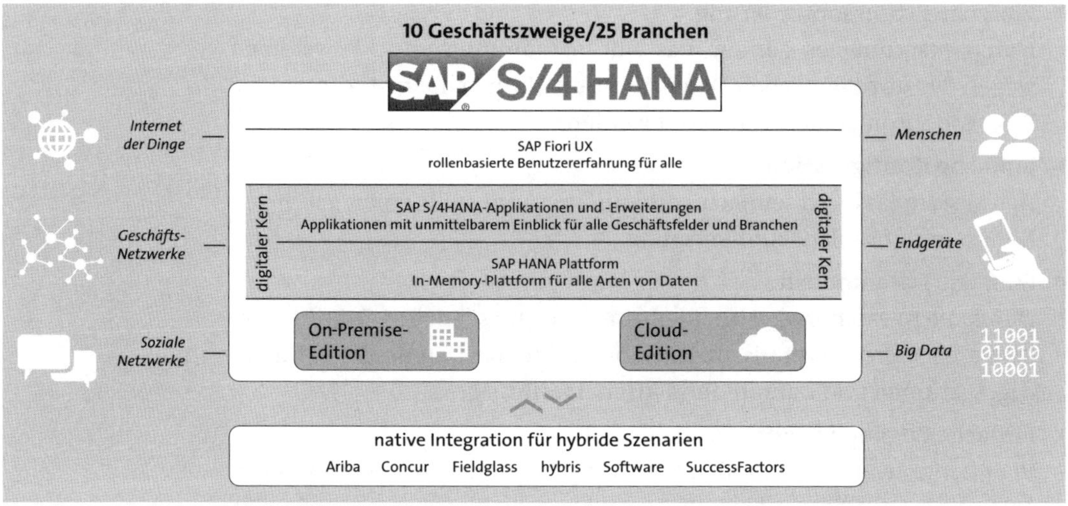

Abbildung 1.11 Der digitale Kern von SAP S/4HANA integriert industrieübergreifend Geschäftszweige und den realen Geschäftsprozess.

1.5.2 Die Technologie von SAP S/4HANA im Überblick

Die In-Memory-Technologie von SAP HANA ermöglicht völlig neue Prozesskonzepte und ebenfalls eine neue Transaktionsverarbeitung. Da SAP HANA ein integraler Bestandteil von SAP S/4HANA ist und der Vorteil der schnellen Datenverfügbarkeit im Hauptspeicher des Systems elementare Vorteile bringt, können die meisten Prozesse ohne Datenreplikation oder Aggregation durchgeführt werden. In Abbildung 1.12 sehen Sie den Unterschied zwischen der Datenverarbeitung in einem herkömmlichen ERP-System (zu dem auch ältere Versionen der SAP Business Suite zählen) und SAP S/4HANA.

OLTP und OLAP integriert

Die transaktionale Verarbeitung von Daten (OLTP) findet zwar im Hauptspeicher statt, bedarf aber der Unterstützung von Datenbankzugriffen. Am Ende einer Transaktion (OLTP-Verarbeitung) wird das Ergebnis wieder auf der Datenbank dauerhaft gespeichert, und das Speicherabbild im Hauptspeicher verschwindet. Sollen die Daten ausgewertet werden (z. B. eine Auswertung der Verkaufserlöse), müssen diese wieder von der Datenbank gelesen werden. Die gewünschte Information muss nun extrahiert und transformiert werden und anschließend in ein Analysesystem (OLAP) geladen und dort aggregiert und gespeichert werden. Hier wird die gewünschte Information unter Umständen noch mit Daten aus weiteren Systemen angereichert, die auch im OLAP-System gespeichert werden.

Die Extraktion läuft – je nach Unternehmensprozess – mehrmals oder nur einmal pro Tag oder im Nachtlauf. Daher sind die Daten, die in der Auswertung bereitgestellt werden unter Umständen schon mehr als 24 Stunden alt. Sie sind dabei auch mehrfach repliziert und zusätzlich aggregiert worden, sodass insgesamt wesentlich mehr Speicher und Zeit benötigt wird.

Wird derselbe Prozess auf SAP S/4HANA implementiert, verbleiben die transaktionalen Daten im Hauptspeicher und sind für weitere transaktionale und analytische Prozesse sofort verfügbar. Durch den schnellen Zugriff ist eine Vorab-Aggregation nicht nötig, sondern diese kann direkt zur Laufzeit der Analyse und unter Einbeziehung weiterer Datenquellen erfolgen. Die Auswertung ist also absolut aktuell, und es wird kein zusätzlicher Speicherplatz verbraucht.

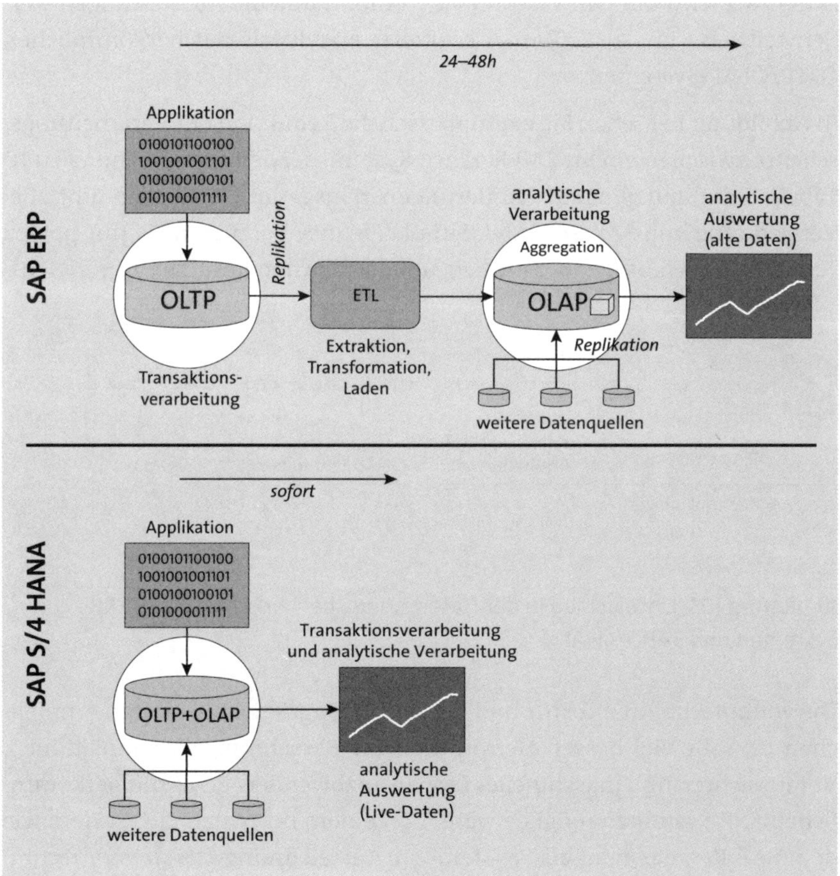

Abbildung 1.12 Unterschied in der Datenverarbeitung bei herkömmlichen ERP-Systemen und SAP S/4HANA

Effiziente Datenhaltung und -verarbeitung

SAP S/4HANA ermöglicht durch weitere Techniken noch eine Reduktion des benötigten Speicherplatzes:

- Alle Daten werden im Hauptspeicher komprimiert.
- Daten werden in sogenannten Spaltenablagen (Column Store) abgelegt, wodurch eindeutige Werte nur einmal gespeichert werden müssen und dann entsprechend darauf verwiesen werden kann.
- Jedes Datenattribut kann als Index dienen, daher sind keine zusätzlichen Datenbankindizes oder Indextabellen nötig.
- Es müssen keine Aggregatwerte mehr gespeichert werden.

Diese Maßnahmen führen zu einer drastischen Reduktion des Hauptspeicherplatzes – der ja auch die Datenbank ersetzt – um den Faktor 8 bis 10. Der Durchsatz wird um den Faktor 5 bis 7 erhöht, und die Auswertungen werden teilweise bis zu 1000-mal schneller erstellt als auf herkömmlichen OLTP/OLAP-Systemen.

In Abbildung 1.13 sehen Sie exemplarisch die Reduktion der Verarbeitungsschritte zwischen einem SAP-Finance-System, bei dem eine Buchung zu 10 Tabelleneinfügungen und 5 Änderungen in insgesamt 9 Tabellen führt. Bei Verwendung von SAP S/4HANA Simple Finance benötigen Sie nur noch 2 Tabellen mit 4 Einfügeoperationen, um die gleichen Resultate zu erzielen.

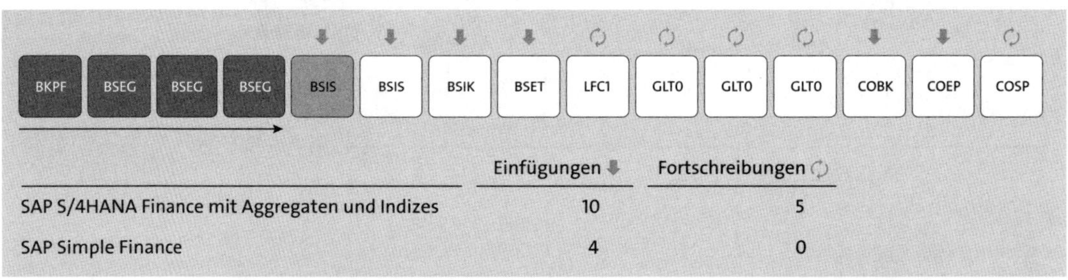

Abbildung 1.13 Unterschied in der Datenmenge bei herkömmlichen ERP-Systemen und SAP S/4HANA

Die vereinfache Architektur und der leichte Zugriff auf alle Daten ermöglichen es, sehr viel besser Algorithmen für Berechnungen, Simulationen, Voraussichten und maschinelles Lernen anzuwenden, als es mit herkömmlichen ERP-Systemen möglich wäre. Von einem normalen ERP-System wie dem SAP R/3, das man als »System zur Aufzeichnung« (*System of record*) bezeichnen kann, hebt sich SAP S/4HANA als »intelligentes System« (*System of intelligence*) deutlich ab.

1.5.3 SAP-S/4HANA-Applikationen

Das erklärte Ziel von SAP ist es, die Anwendungen der SAP Business Suite in überarbeiteter – und damit effizienterer – Form auf SAP S/4HANA zur Verfügung zu stellen. Dies geschieht Schritt für Schritt. Mit dem neuesten Release SAP S/4HANA 1610 (SAP verwendet hier das Jahr und den Monat als Release-Bezeichnung) wird bereits eine sehr umfassende Abbildung der Prozesse erreicht, die Ihnen aus der SAP Business Suite bekannt sind. Abbildung 1.14 zeigt Ihnen die einzelnen Funktionen, die im Release 1610 im digitalen Kern, in den Produkten und durch Erweiterungen bereitgestellt werden.

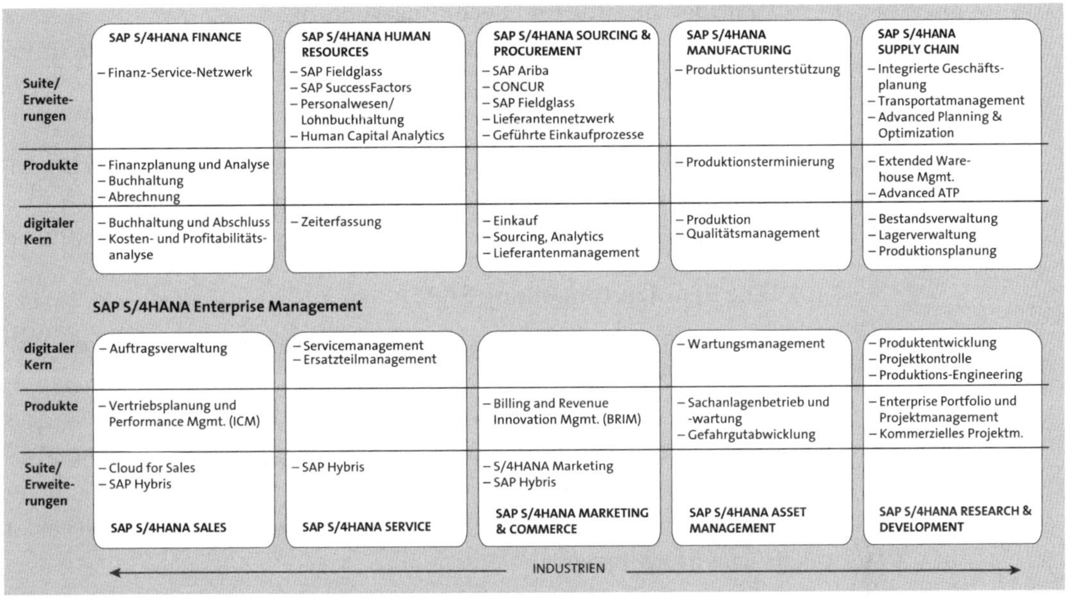

Abbildung 1.14 Digitaler Kern, Produkte und Erweiterungen von SAP S/4HANA

Vorteile der SAP-S/4HANA-Logistik

Wir werden in diesem Buch in Kapitel 9 auf die Komponenten mit Relevanz für die Logistik ein wenig genauer eingehen. Eine detaillierte Beschreibung würde jedoch den Rahmen dieses Buches sprengen. Daher seien an dieser Stelle zunächst einmal einige wichtige Innovationen genannt:

- **Materialbedarfsplanung**
  Ihnen steht eine neue, schnelle Materialbedarfsplanung (MRP) mit Entscheidungsunterstützung zur Verfügung.
- **Bestandsmanagement**
  Vereinfachtes Datenmodell zur Erhöhung des Datendurchsatzes mit flexibler, sehr granularer Analyse

- **Materialbewertung**
  Erhöhung des Durchsatzes für Standardpreisfindung mit Mehrfachwährungen und unterschiedlichen Bewertungsmethoden gemäß lokaler Buchhaltungsgrundsätze (z. B. GAAP)
- **Verfügbarkeitsprüfung (ATP) und Rückstandsbearbeitung**
  Neue ATP-Algorithmen, die auf HANA mit produktionsbasierter Massenprüfung basieren
- **Produktionskapazitätsplanung**
  Integration der Produktions- und Feinplanung im SAP APO (PP/DS, siehe Abschnitt 4.8) mit SAP S/4HANA
- **Auftragsbearbeitung und Rechnungsstellung**
  Lückenlose Überwachung des Auftrag-zu-Erlös-Prozesses (Order-to-Cash) mit Ausnahmebehandlung und Lösungsunterstützung
- **Bestellwesen**
  Erhöhte Effizienz des Bestellung-zu-Bezahlung-Prozesses (Procure-to-Pay) mit neuen KPIs und Analytik und SAP-Ariba-Integration

1.5.4 Die Benutzerumgebung SAP Fiori

In Abschnitt 1.5.1 haben wir bereits über die Vereinfachungen von SAP S/4 HANA gesprochen, die sich auch auf die Benutzeroberfläche und Benutzererfahrung bezieht. Für die SAP Business Suite konnte man sagen, dass die Intelligenz und das Fachwissen vor dem Bildschirm sitzen sollte. Das heißt, auch wenn die Benutzung des Systems einfach ist, muss der Benutzer schon genau wissen, wie er das System zu bedienen hat und welche Felder welche Bedeutung haben.

Die Benutzungsphilosophie von SAP S/4HANA

Die Philosophie von SAP S/4HANA geht darüber hinaus: Die Intelligenz steckt nun im System, und das Fachwissen sitzt vor dem Bildschirm.

Der Benutzer kann sich also voll auf seine eigentliche Fachaufgabe konzentrieren, und das System unterstützt ihn jederzeit mit wichtigen, relevanten Informationen in geeigneter Darstellung, ohne von ihm System- oder technisches Hintergrundwissen zu verlangen, um richtige Ergebnisse zu liefern.

Die Benutzeroberfläche ist in drei Ebenen aufgeteilt, die Sie in Abbildung 1.15 an einem Beispiel dargestellt sehen. Das SAP Fiori Launchpad gibt dem Benutzer mit seinen rollenspezifischen und konfigurierbaren Kacheln einen Gesamtüberblick über seine Geschäftsvorfälle.

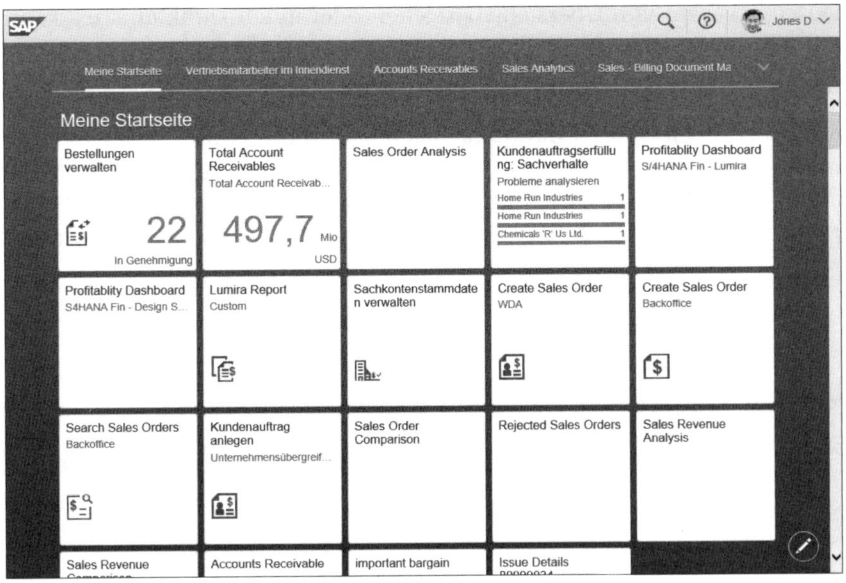

Abbildung 1.15 Einstiegsbild in SAP Fiori: SAP Fiori Launchpad

Die Überblicksseite einer Kachel liefert dem Benutzer mehr Details und Zusammenhänge eines gewählten Geschäftsbereichs oder Prozesses (siehe Abbildung 1.16).

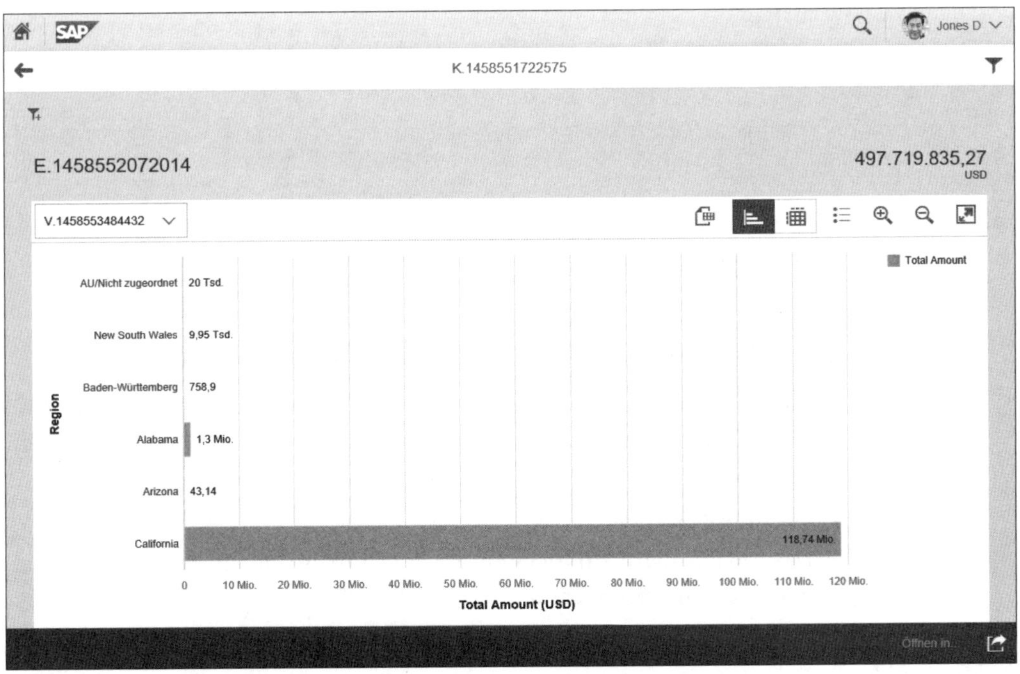

Abbildung 1.16 Überblicksseite in SAP Fiori

Durch Auswahl von Übersichtsbereichen oder einen Direkteinstieg kann der Benutzer Daten tiefergehend analysieren oder klassische Transaktionen starten (z. B. einen Auftrag anlegen wie in Abbildung 1.17).

SAP Fiori revolutioniert damit das Bedienkonzept der SAP Business Suite und stellt die prozessbezogene Information und ein konsumentenfokussiertes Design in den Mittelpunkt. Daher hat SAP im Jahr 2015 den begehrten Red Dot Design Award im Bereich »Interaktion« für SAP Fiori 2.0 erhalten, das aus 4680 Bewerbungen ausgewählt wurde, weil ein völlig neuer Zugang zu Enterprise-Applikationen geschaffen wurde.

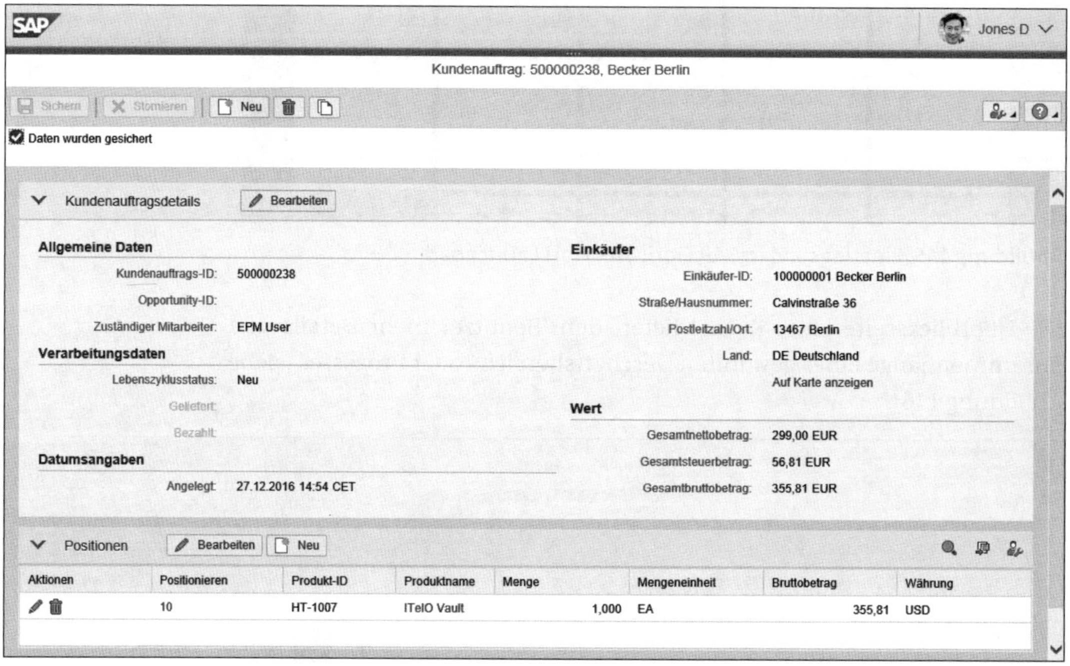

Abbildung 1.17 Detailansicht in SAP Fiori

1.5.5 Einsatzoptionen und Releasepläne für SAP S/4HANA

Der digitale Kern, die Produkte und die Suite-Komponenten von SAP S/4HANA lassen sich grundsätzlich in vier verschiedenen Einsatzoptionen betreiben:

- **On-Premise-Einsatz**
  Das System wird im eigenen Rechenzentrum des Kunden verwendet, betrieben und vom Kunden gewartet.

- **Hosting-Einsatz**
  Das System wird in einem Rechenzentrum eines Hosting-Providers betrieben, der die Rechnerinfrastruktur stellt. Der Kunde verwendet, wartet und betreibt aber das System.
- **Private-Managed-Cloud-Einsatz**
  Die Infrastruktur und das System werden durch einen Cloud-Service-Provider aufgebaut, betrieben und gewartet. Der Kunde verwendet das System exklusiv und kann Veränderungen daran vornehmen, die über eine bloße Konfiguration hinausgehen.
- **Public-Managed-Cloud-Einsatz**
  Der Cloud-Service-Provider stellt die Infrastruktur und ein System zur Verfügung, das er betreibt und wartet. Der Kunde kann sich an dem System anmelden und seine eigenen Prozesse konfigurieren und mit seinen privaten Daten verwenden. Er kann jedoch keine speziellen Änderungen am System durchführen.

Eigenschaften verschiedener System-Einsatzformen

In Tabelle 1.1 sehen Sie die vier Modelle mit der Gegenüberstellung ihrer Eigenschaften. Je nach Vertrag gibt es natürlich auch Mischformen, sodass die Tabelle nur einen groben Überblick über die üblichen Konfigurationen gibt.

Eigenschaft	On-Premise	Hosting	Private Cloud	Public Cloud
Rechenzentrumsbetrieb	Unternehmen	Hosting-Provider	Cloud-Provider	Cloud-Provider
Hardware-(HW-)Kauf	Unternehmen	Hosting-Provider	Cloud-Provider	Cloud-Provider
HW-Wartung	Unternehmen	Hosting-Provider	Cloud-Provider	Cloud-Provider
HW-Miete	Nein	Möglich	Ja	Ja
Software-(SW-)Kauf	Unternehmen	Unternehmen	Cloud-Provider	Cloud-Provider
SW-Wartung	Unternehmen	Unternehmen	Cloud-Provider	Cloud-Provider
SW-Miete	Nein	Nein	Ja	Ja
Zugriff	Inhouse	Remote	Remote/Service	Service

Tabelle 1.1 Eigenschaften der verschiedenen Einsatzoptionen für SAP S/4HANA

Eigenschaft	On-Premise	Hosting	Private Cloud	Public Cloud
SW-Änderung	Ja	Ja	Ja	Nein
Prozesskonfiguration	Unternehmen	Unternehmen	Unternehmen	Unternehmen
Dynamische Skalierbarkeit	Nein	Nein	Ja	Ja
Kostenart	Fix+variabel	Fix+variabel	Variabel	Variabel

Tabelle 1.1 Eigenschaften der verschiedenen Einsatzoptionen für SAP S/4HANA (Forts.)

Für die zuvor genannten Einsatzformen ist natürlich auch ein Mischbetrieb möglich, d. h., ein Unternehmen kann z. B. SAP S/4HANA für seine Kernaufgaben (Produktion, Logistik) als On-Premise-Lösung einsetzen, um die volle Kontrolle zu haben, dieses jedoch mit einer Public-Cloud-Lösung kombinieren, z. B. mit SAP SuccessFactors für das Personalwesen oder SAP Ariba für den Einkauf.

Im Umfeld von SAP und HANA tauchen immer wieder zwei Begriffe auf, die wir Ihnen hier kurz erläutern möchten:

- **SAP HANA Enterprise Cloud (HEC)**
  Die HEC ermöglicht den Betrieb von SAP-Anwendungen in einer Managed-Cloud-Umgebung. Dabei kann ein vollständig privater Betrieb gewährleistet werden und SAP managt sowohl die Infrastruktur als auch die Anwendungssysteme.
- **SAP HANA Cloud Platform (HCP)**
  Die HCP ist eine Cloud-Umgebung, auf der Unternehmen neue Cloud-Anwendungen entwickeln und betreiben können. Dazu stellt HCP ein komplettes Management des Software-Lebenszyklus bereit. Die Anwendungen und Erweiterungen können als Service bereitgestellt und mit den Systemen der HEC integriert werden.

SAP selbst startete mit SAP Concur die Bereitstellung von Cloud-Services für die eigene Belegschaft. SAP Concur wird für die Reisekostenabrechnung von mehr als 83.000 Mitarbeitern als Cloud-System verwendet.

SAP S/4HANA wird sowohl als On-Premise-Edition mit einem in etwa jährlichen Release-Zyklus bereitgestellt (November 2015 – Release 1511, Oktober 2016 – Release 1610 usw.) als auch in Form einer Cloud-Edition, die einen vierteljährlichen Innovationszyklus hat (Releases 1605, 1608, 1611 als Cloud-Variante von 1610 usw.).

1.6 Zusammenfassung

Die SAP Business Suite und SAP S/4HANA bieten Ihrem Unternehmen eine umfassende und hilfreiche Zusammenstellung von Geschäftsprozesskomponenten zur Abwicklung fast aller betriebswirtschaftlichen Prozesse. SAP NetWeaver bietet eine universelle Basis, um eine hohe Flexibilität in Bezug auf Hardware, Datenbank, Integration und Benutzerinteraktion zur Verfügung zu stellen.

Im nächsten Kapitel stellen wir Ihnen die Organisations- und Stammdaten vor, die in den SAP-Logistikapplikationen eingesetzt werden. Sie bilden das datentechnische Fundament aller Logistikprozesse.

Kapitel 2
Organisationsstrukturen und Stammdaten

Betriebswirtschaftliche Software muss die Fähigkeit besitzen, die Abläufe im Unternehmen flexibel abzubilden. Mithilfe der Organisationsstrukturen des SAP-Systems bilden Sie diese Abläufe in den Strukturen des SAP-Systems ab. Stammdaten sorgen für den reibungslosen Ablauf der Prozesse, die auf diesen Strukturen beruhen.

In Kapitel 1, »Grundlagen der SAP-Logistiklösung«, haben Sie einen Überblick über die unterschiedlichen Systeme und Komponenten der SAP Business Suite erhalten. Bevor wir auf die einzelnen logistischen Bereiche eingehen, erläutern wir Ihnen in diesem Kapitel zunächst zentrale Grundbegriffe, denen Sie in allen SAP-Komponenten begegnen werden, die wir in diesem Buch behandeln: die Organisationsstrukturen und Stammdaten in einem SAP-System.

Wir gehen auf die Besonderheiten im Zusammenhang mit den logistischen Teilbereichen ein, auf die Verwendung der Stammdaten und Organisationsstrukturen in den einzelnen Prozessen und auf die Notwendigkeit bestimmter Einstellungen und Parameter.

2.1 Organisationsstrukturen

Abbildung eines Unternehmens im SAP-System

Mit den einzelnen Elementen der *Organisationsstruktur* wird ein Unternehmen im SAP-System abgebildet. Die Organisationsstrukturen legen hierbei den organisatorischen und betriebswirtschaftlichen Rahmen fest, in dem die Abläufe und Funktionen der logistischen und finanzwirtschaftlichen Prozesse stattfinden. Diese Struktur spiegelt darüber hinaus den rechtlichen Aufbau des Unternehmens wider und bildet die Grundlage für die Datenorganisation in der SAP Business Suite. Je nach betrieblichem Funktionsbereich ermöglicht sie einen unterschiedlichen Blickwinkel auf die Stammdaten.

[zB]

Verschiedene Blickwinkel auf die Stammdaten

Aus Sicht der Beschaffung sind Stammdaten z. B. die für den Einkauf relevanten Informationen, wie Bestellmengeneinheiten oder Liefertoleranzen. Für die Vertriebsprozesse sind es die verkaufsspezifischen Daten des Materialstamms. Hierzu zählen vor allem der Mehrwertsteuerschlüssel und bestimmte Parameter des Materialstamms, die die Preisfindung beeinflussen.

Organisationseinheiten

Um die Struktur einer Unternehmensorganisation abzubilden, stehen Ihnen in den SAP-Systemen *Organisationseinheiten* zur Verfügung. Eine Organisationseinheit kann dabei eine organisatorische bzw. eine juristische Gegebenheit in einem Unternehmen darstellen.

Wir geben Ihnen im Folgenden einen Überblick über die wichtigsten Organisationsstrukturen, deren Bedeutung für die Strukturierung des Unternehmens sowie über deren Verwendung in den verschiedenen Komponenten der SAP Business Suite.

2.1.1 Mandant

Handelsrechtliche und datentechnische Trennung

Der *Mandant* ist in allen Komponenten der SAP Business Suite die oberste Organisationsebene. Innerhalb der SAP-Systeme repräsentiert er eine handelsrechtlich, organisatorisch und datentechnisch abgeschlossene Einheit und führt auf oberster Ebene zu einer strikten Trennung der Stammdaten. Aus diesem Grund muss ein Benutzer bei der Anmeldung an einem SAP-System neben seiner Benutzerkennung und seinem Passwort immer den Mandanten angeben, in dem er arbeiten möchte.

Der Mandant gliedert damit das Unternehmen in Bezug auf nachfolgende Bereiche:

- Anwendungsdaten (Stamm- und Bewegungsdaten)
- mandantenabhängige Systemeinstellungen und Organisationsstrukturen
- Benutzerverwaltung

In der Praxis kann der Mandant einem Konzern entsprechen.

Dem Mandanten als der obersten Organisationsebene sind die weiteren Organisationsstrukturen entweder direkt oder indirekt zugeordnet. In SAP ERP besteht eine direkte Zuordnung z. B. zu einem Buchungskreis. Dem Buchungskreis wiederum können mehrere Werke zugeordnet sein und einem Werk wiederum mehrere Lagerorte.

2.1.2 Buchungskreis

Buchhalterische Trennung

Buchungskreise sind direkt einem bestimmten Mandanten zugeordnet und bilden die zweite organisatorische Ebene. Ihre Aufgabe besteht im Wesentlichen darin, als kleinste organisatorische Einheit des externen Rechnungswesens alle buchhalterischen Ereignisse zu erfassen. Buchungskreise bilden organisatorisch eine abgeschlossene buchhalterische Einheit und sind die Basis für die Erstellung der gesetzlichen Nachweise, wie Jahresabschluss und Gewinn- und Verlustrechnung.

Ein Buchungskreis als rechtlich selbstständig bilanzierende Einheit wird in der Praxis dazu verwendet, einzelne Unternehmen oder selbstständig bilanzierende Bereiche innerhalb eines Mandanten abzubilden.

2.1.3 Werk und Lagerort

Physische Trennung von Materialien

Werke und deren zugeordnete *Lagerorte* repräsentieren die Orte in einem Unternehmen, an denen Materialien physisch vorhanden sind. Werke sind direkt einem Mandanten und genau einem Buchungskreis zugeordnet. Durch die Zuordnung zu genau einem Buchungskreis (der selbstständig bilanzierenden Einheit) erfolgt die Bestandsführung und Materialbewertung stets auf Werksebene.

In der betrieblichen Praxis entspricht das Werk in der Regel einem produzierenden Standort oder einer logischen Zusammenfassung räumlich nahe zusammenliegender Orte, an denen Materialbestände vorhanden sind (siehe Abbildung 2.1).

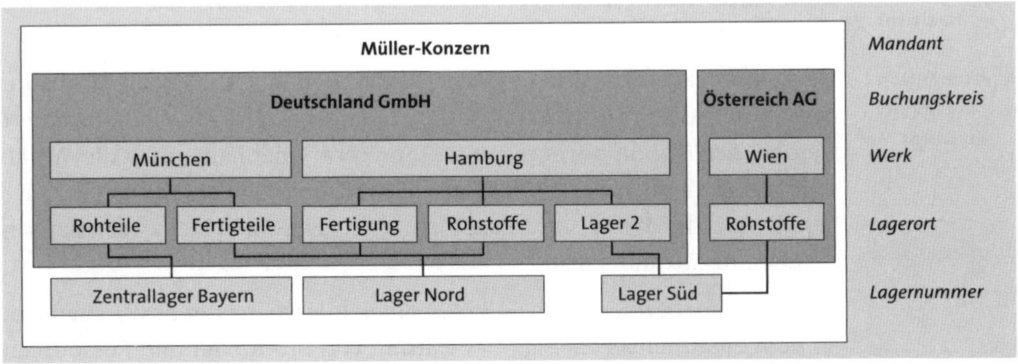

Abbildung 2.1 Beziehung zwischen Mandant, Buchungskreis, Werk, Lagerort und Lagernummer

Funktionen des Werks

Ein Werk kann in SAP ERP verschiedene Funktionen erfüllen. Als sogenanntes *Standortwerk* erfüllt es die Aufgabe, die räumliche Gliederung sämtlicher Instandhaltungsobjekte logisch zusammenzufassen, die sich an einem bestimmten Ort befinden. Ein Werk kann in diesem Zusammenhang in mehrere Standorte und Betriebsbereiche untergliedert sein. Die Gliederung in Standorte berücksichtigt räumliche Kriterien, die Gliederung in Betriebsbereiche die betriebliche Instandhaltungsverantwortung.

Verschiedene Sichten eines Werks

Aus Sicht der Logistik kann ein Werk einem Beschaffungs-, Lager-, Produktions- oder Distributionsstandort entsprechen und Waren oder Dienstleistungen für die Verteilung oder den Verkauf bereitstellen oder diese produzieren:

- Aus Sicht der Beschaffungs- und Lagerlogistik stellt das Werk in erster Linie den Ort dar, an dem Materialbestände vorhanden sind.
- Aus Sicht der Produktion repräsentiert ein Werk einen Produktionsstandort.
- Die Distributionslogistik definiert ein Werk als Verteilzentrum, also als den Ort, von dem aus Materialien ausgeliefert und Dienstleistungen erbracht werden.

Gliederung in Lagerorte

Ein Werk als Ort der Bestandsführung kann logisch in mehrere *Lagerorte* aufgeteilt werden. Lagerorte ermöglichen eine differenziertere Betrachtung, insbesondere unter Dispositionsgesichtspunkten, und ermöglichen eine Unterscheidung der einzelnen Bestände innerhalb eines Werks. Ein Werk kann grundsätzlich in mehrere Lagerorte unterteilt sein. Die einzelnen Lagerorte können einzelnen physischen Lagern oder Bereichen entsprechen, an denen Bestände gelagert werden.

Beispiel: Werk-/Lagerort-Bestandsübersicht

Abbildung 2.2 zeigt die Bestandssituation des Materials 100–110. Werk 1000, unterteilt in drei Lagerorte, hat einen Gesamtbestand, der sich aus den kumulierten Beständen der Lagerorte ergibt.

Replikation von Werk und Lagerort in SAP SCM

Werke und Lagerorte sind Organisationseinheiten von SAP ERP und können mithilfe der Schnittstelle *APO Core Interface* (CIF) an SAP SCM repliziert werden. *Replikation* bedeutet in diesem Zusammenhang, dass die Werke und Lagerorte auch in SAP SCM gespeichert und genutzt werden. Bei der Replikation der Werke und Lagerorte legt das SCM-System automatisch sogenannte *Lokationen* an.

Eine Lokation bezeichnet in SAP SCM einen logischen oder physischen Ort, an dem eine mengenmäßige Verwaltung von Produkten und Ressourcen stattfinden kann. Bei der Replikation eines Werks in das SCM-System werden die grundlegenden Einstellungen des Werks kopiert, und in SAP SCM wird eine Lokation vom Typ *Produktionswerk* angelegt (siehe Abbildung 2.3).

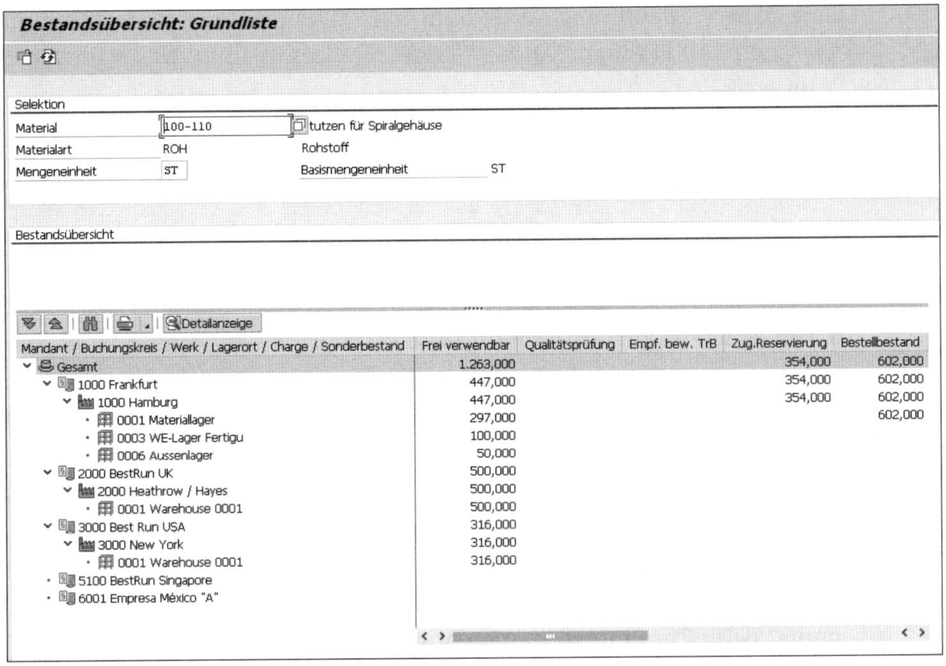

Abbildung 2.2 Bestandsübersicht über Werks- bzw. Lagerortbestände (Transaktion MMBE)

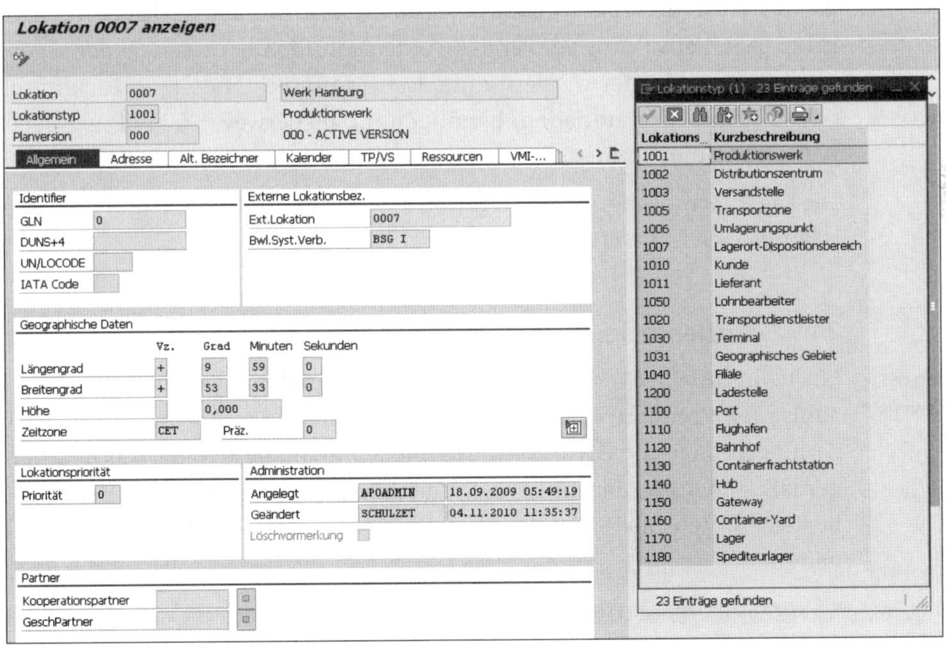

Abbildung 2.3 Werkslokation in SAP SCM (Transaktion /SAPAPO/LOC3)

Eine nähere Erläuterung der Stamm- und Organisationsdatenreplikation zwischen SAP ERP und SAP SCM finden Sie in Abschnitt 2.3.1, »APO Core Interface«.

2.1.4 Lagernummer

Räumliche Gegebenheiten eines Lagers

Eine *Lagernummer* basiert auf untergeordneten Organisationseinheiten wie Lagertypen und Lagerbereichen, mit denen die räumlichen Gegebenheiten eines Lagers abgebildet werden. Die Lagernummer repräsentiert somit eine technische und organisatorische Einheit eines komplexen Lagersystems. Sämtliche lagerspezifischen Materialstammdaten (z. B. Informationen zur Palettierung, Einlagerung und Auslagerung) werden auf Lagernummernebene gespeichert.

Zuordnung zu Werken und Lagerorten

Lagernummern werden einer bestimmten Werk-Lagerort-Kombination zugeordnet, wobei verschiedene Werk-Lagerort-Kombinationen nur einer einzigen Lagernummer zugeordnet werden können. Eine gleichzeitige Zuordnung zu mehreren Lagernummern ist nicht möglich (siehe Abbildung 2.1). Die Zuordnung einer Lagernummer zu einer Werk-Lagerort-Kombination stellt eine Verknüpfung zwischen der Bestandsführung und der Lagerverwaltung dar, die wir in Kapitel 7, »Lagerlogistik und Bestandsmanagement«, näher erläutern. Diese Zuordnung ermöglicht anschließend die Nutzung der Lagerverwaltungsfunktionen, wobei ein Lagerort, falls keine Lagerverwaltung verwendet werden soll, nicht zwingend einer Lagernummer zugeordnet werden muss. Bestimmte Bestände (z. B. Packmittel oder Verbrauchsmaterialien) benötigen möglicherweise keine Lagerplatzverwaltung und können direkt einem Lagerort entnommen werden.

Die Lagerverwaltung, ihre Integration sowie Lagerfunktionen und Prozesse erläutern wir in Kapitel 7.

2.1.5 Vertriebsbereich

Festlegen des Vertriebswegs

Ein *Vertriebsbereich* legt fest, über welchen Vertriebsweg eine Verkaufsorganisation Produkte einer Sparte verkaufen kann. Der Vertriebsbereich ist damit eine logische Organisationseinheit, anhand derer ein Unternehmen gemäß den Anforderungen des Vertriebs gliedert wird. Der Vertriebsbereich besteht aus einer Kombination der folgenden Organisationseinheiten:

- Verkaufsorganisation
- Vertriebsweg
- Sparte

Verkaufsorganisation

Im Rahmen der Distributionslogistik ist die *Verkaufsorganisation* für den Vertrieb von Materialien und Dienstleistungen verantwortlich. Sie repräsentiert in der Regel die verkaufende Einheit in einem rechtlichen Sinn.

In SAP ERP ist die Verkaufsorganisation ein wichtiges Merkmal zur Steuerung sämtlicher vertrieblicher Geschäftsvorfälle und in allen Verkaufsbelegen obligatorisch. Mit ihrer Hilfe ist es möglich, einen Markt und dessen vertriebstechnische Abwicklung nicht nur nach rechtlichen Aspekten, sondern auch nach bestimmten Kriterien regional zu unterteilen.

Vertriebsweg

Vertriebswege können die unterschiedlichen Distributionskanäle repräsentieren, über die verkaufsfähige Materialien zum Kunden gelangen. Sie können eingesetzt werden, um innerhalb einer Verkaufsorganisation die Geschäftsvorfälle mit unterschiedlichen Preisen, Mindestauftragsmengen und Lieferwerken auszusteuern. Ein Vertriebsweg kann mehreren Verkaufsorganisationen zugeordnet sein. Ein typisches Beispiel für die Verwendung von Vertriebswegen ist die Unterscheidung in Großhandel, Einzelhandel oder Direktverkauf. Je nach Vertriebsweg lassen sich durch diese Unterscheidung für die Kunden, die dem jeweiligen Vertriebsbereich angehören, verschiedene Preise ermitteln.

Sparte

Die *Sparte* bezeichnet eine organisatorische Einheit, die eingesetzt werden kann, um logistische Vorgänge für verkaufsfähige Materialien nach einer vertrieblichen Zuständigkeit oder Gewinnverantwortung zu steuern.

Integration in die Organisationsstruktur

Die Verkaufsorganisation ist genau einem Buchungskreis zugeordnet, in dem die Verkaufsprozesse buchhalterisch erfasst werden. Die Verkaufsorganisation kann in mehrere Vertriebswege unterteilt sein, und jedem Vertriebsweg können mehrere Sparten zugeordnet sein. Eine bestimmte Vertriebslinie kann mehreren Werken zugeordnet sein, die wiederum unterschiedlichen Buchungskreisen angehören. Wenn die Verkaufsorganisation und das Werk unterschiedlichen Buchungskreisen zugeordnet sind, erfolgt bei der buchhalterischen Erfassung der Geschäftsvorfälle des Vertriebs eine interne Verrechnung zwischen den beteiligten Buchungskreisen. Diesen Vorgang nennt man *buchungskreisübergreifenden Verkauf*.

Je Verkaufsorganisation werden in Abhängigkeit vom Vertriebsweg die für den Verkauf erlaubten Werke festgelegt, sodass eine Verkaufsorganisation Waren aus mehreren Werken verkaufen kann. Gleichzeitig kann ein Werk verschiedenen Verkaufsorganisationen zugeordnet sein. Alle diese Verkaufsorganisationen können aus diesem Werk verkaufen. Abbildung 2.4 zeigt die Kardinalität der Zuordnung der verschiedenen Organisationsstrukturen in SAP ERP.

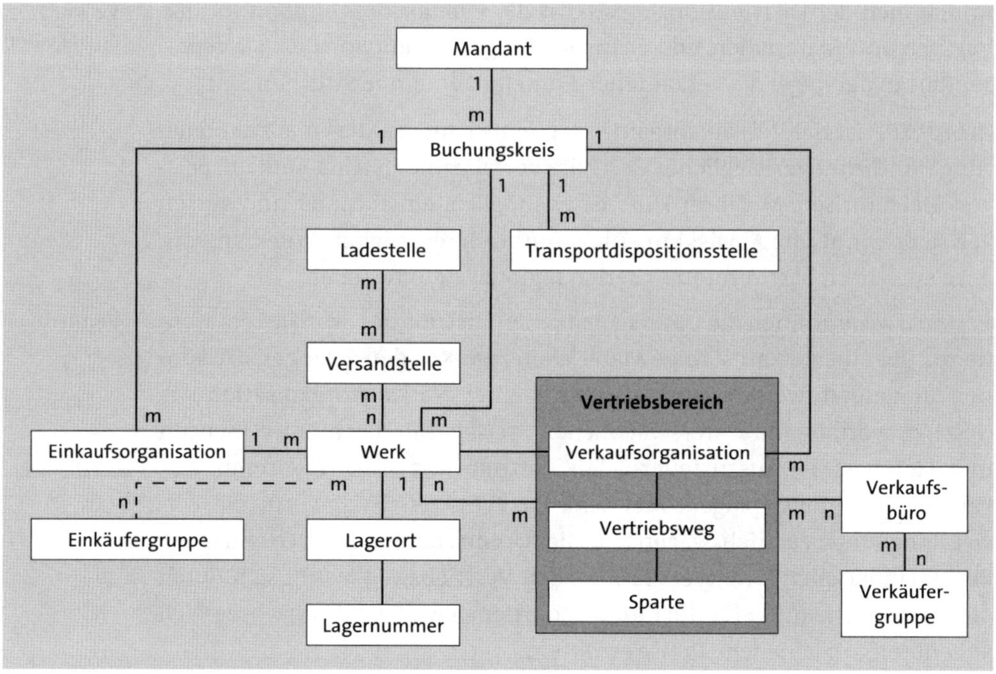

Abbildung 2.4 Kardinalität der Organisationsstrukturen in SAP ERP (1:m = one to many, m:n = many to many)

Verkaufsbüros und Verkäufergruppe

Um einen Vertriebsbereich nach geografischen Zuständigkeiten zu untergliedern und den regionalen Kontakt zu den Absatzmärkten herzustellen, können *Verkaufsbüros* angelegt und einem oder mehreren Vertriebsbereichen zugeordnet werden. Das Verkaufsbüro repräsentiert hierbei entweder einen Ansprechpartner oder eine organisatorische Einheit, z. B. eine Filiale, an die Kunden sich wenden können. Die *Verkäufergruppen* sind eine weitere Untergliederung einer Vertriebslinie. Sie werden direkt dem Verkaufsbüro zugeordnet. Sie repräsentieren eine Gruppe von Mitarbeitern und Ansprechpartnern in den jeweiligen Verkaufsbüros.

2.1.6 Versandstelle

Organisationseinheit der Distributionslogistik

Die *Versandstelle* ist eine Organisationseinheit der Distributionslogistik und bezeichnet einen Ort oder eine Gruppe von Personen, die für die Versandtätigkeiten verantwortlich sind. Die Verantwortlichkeit (und somit die abwickelnde Ladestelle) kann sich nach folgenden Kriterien richten:

- lieferndes Werk
- Versandart (Bahn, Lkw, Flugzeug etc.)
- notwendige Ladehilfsmittel (Stapler, Hubwagen etc.)

Die eigentliche Lieferung wird von einer einzigen Versandstelle abgewickelt. Die Versandstelle ist einem oder mehreren Werken zugeordnet und kann wiederum in sogenannte *Ladestellen* unterteilt werden. Die Ladestellen können z. B. einzelnen Rampen entsprechen, an denen das physische Verladen auf einen Lkw stattfindet.

2.1.7 Einkaufsorganisation und Einkäufergruppe

Organisationseinheit des Einkaufs

Die *Einkaufsorganisation* ist eine Organisationseinheit, um ein Unternehmen gemäß den Anforderungen des Einkaufs zu gliedern. Die eigentliche Beschaffung von Materialien und Dienstleistungen findet stets mit Bezug zu einer Einkaufsorganisation statt. Aus diesem Grund werden auf dieser Ebene sowohl die mit dem Lieferanten ausgehandelten Konditionen als auch einkaufsspezifische Stammdaten gepflegt.

Die Zuordnung einer Einkaufsorganisation zu einem Buchungskreis ist grundsätzlich optional. Bei einer Zuordnung kann eine Einkaufsorganisation genau *einem* Buchungskreis zugeordnet werden. Die Beschaffung im Rahmen der Beschaffungslogistik kann somit unternehmensweit erfolgen. Das heißt, eine Einkaufsorganisation versorgt alle Buchungskreise des Konzerns oder buchungskreisspezifisch.

Standardeinkaufsorganisation

Die Zuordnung eines Werks zu einer Einkaufsorganisation ist ebenfalls optional. Erfolgt eine Zuordnung, kann ein Werk mehreren Einkaufsorganisationen zugeordnet werden. Darüber hinaus ist es möglich, einem Werk eine *Standardeinkaufsorganisation* zuzuordnen. Sind mehrere Einkaufsorganisationen einem Werk zugeordnet, steuert diese Standardeinkaufsorganisation die Bezugsquellenfindung für Konsignation und Umlagerbestellungen.

Referenzeinkaufsorganisation

Zur Vermeidung von Pflegeaufwand, insbesondere im Bereich der Kontraktverwaltung und in Bezug auf das Anlegen von Konditionssätzen der Preisfindung, lässt sich einer Einkaufsorganisation eine *Referenzeinkaufsorganisation* zuordnen. Die Einkaufskonditionen der Referenzeinkaufsorganisation sowie deren Kontrakte können dann auch von anderen Einkaufsorganisationen genutzt werden. Somit lassen sich folgende Unternehmensszenarien konfigurieren:

- Eine Einkaufsorganisation beschafft für ein Werk.
- Eine Einkaufsorganisation beschafft für mehrere Werke.
- Mehrere Einkaufsorganisationen beschaffen für ein Werk.

Einkäufergruppen

Eine *Einkäufergruppe* ist ein Einkäufer oder eine Gruppe von Einkäufern. Einkäufergruppen betreuen in der Regel die Beschaffung bestimmter Materialien oder Dienstleistungen oder sind, je nach Einkaufssachgebiet,

Ansprechpartner für die externen und internen Lieferanten. Ihre Aufgaben sind dabei die operative Disposition und die Bestellabwicklung sowie die Pflege der einkaufsspezifischen Stammdaten, insbesondere die Pflege der Einkaufskonditionen. Im Unterschied zur Einkaufsorganisation steuert die Einkäufergruppe weder den Beschaffungsvorgang noch ist sie Datenhaltungsebene. Sie dient vielmehr als Selektionskriterium sowie als Ebene für Auswertungen im Informationssystem und für die Vergabe von Berechtigungen. Die Zuordnung der Einkäufergruppe erfolgt daher direkt über den Disponenten bzw. den Einkaufssachbearbeiter, der eindeutig einer Einkäufergruppe zugeordnet ist.

2.2 Stammdaten

Bewegungsdaten

Im SAP-System wird zwischen Stamm- und Bewegungsdaten unterschieden. *Bewegungsdaten* sind veränderlich, werden in der Regel zeitlich begrenzt benötigt und von bestimmten Applikationen genutzt. Sie entstehen in einem SAP-System insbesondere aufgrund von geschäftlichen Transaktionen und werden in ihrem betriebswirtschaftlichen Kontext als sogenannte *Belege* verarbeitet. Beispiele für Belege und damit für Bewegungsdaten sind Bestellungen, Kontrakte und Kundenaufträge.

Stammdaten

Stammdaten sind hingegen Datensätze, die über einen längeren Zeitraum unverändert bleiben und längere Zeit zentral in der Datenbank gespeichert werden. Zu den Stammdaten zählen z.B. Kundenstammsätze, Materialstammdaten sowie Konditionen in der Beschaffung und im Vertrieb.

Applikationsübergreifende Nutzung von Stammdaten

Um redundante Datenpflege zu vermeiden, werden die Stammdaten in den SAP-Systemen applikationsübergreifend genutzt und bei Bedarf zwischen den Systemen der SAP Business Suite ausgetauscht. Der Vorteil dieser Integration besteht darin, dass der Zeitaufwand bei der Bearbeitung von Geschäftsvorgängen erheblich verringert wird, da die Stammdaten automatisch in die Vorgänge übernommen werden und nicht in verschiedenen Abteilungen gepflegt werden müssen.

Zentrale Stammdaten für die Logistik

Stammdaten werden von sämtlichen Unternehmensbereichen verwendet. Die Abgrenzung dieser Unternehmensbereiche und somit die Pflege der jeweiligen Stammdaten erfolgt analog zu den Organisationsstrukturen und betrieblichen Zuständigkeiten. Folgende Stammdaten sind für die Logistik von besonderer Bedeutung:

- Geschäftspartner, wie Kunden und Lieferanten
- Materialstämme
- Preise und Konditionen

In diesem Abschnitt geben wir Ihnen daher einen grundsätzlichen Überblick über die wichtigsten grundlegenden Stammdaten in einem SAP-System, deren Bedeutung für die logistischen Prozesse sowie über, falls erforderlich, deren Integration und Verteilung. Die besonderen Merkmale dieser und weiterer Stammdaten sowie ihre besondere Verwendung und Bedeutung in den unterschiedlichen logistischen Prozessen erläutern wir in den folgenden Kapiteln.

2.2.1 Geschäftspartner

Debitoren und Kreditoren

Als *Geschäftspartner* werden alle juristischen oder natürlichen Personen bezeichnet, zu denen ein Unternehmen geschäftliche Kontakte unterhält. In diesem Zusammenhang kann grundsätzlich zwischen Kunden und Lieferanten unterschieden werden. Aus buchhalterischer Sicht sind alle Kunden, mit denen das Unternehmen in Kontakt steht, *Debitoren*. Lieferanten, von denen eine Lieferung oder Leistung erbracht wird, werden *Kreditoren* genannt. Ein Geschäftspartner kann gleichzeitig Debitor und Kreditor sein.

Kunden

Kunden (Debitoren) sind grundsätzlich Geschäftspartner, an die im Rahmen der Distributionslogistik Waren und Dienstleistungen verkauft werden. Kundenstammdaten werden, je nach ihrer Relevanz für Vertrieb oder Buchhaltung, in unterschiedlichen Sichten gepflegt (mehr Informationen dazu erhalten Sie in Kapitel 5, »Distributionslogistik«). Die Sicht entspricht in einem ERP-System der organisatorischen Gliederung des Unternehmens und damit der Ebene und dem Funktionsbereich, in dem die Stammdaten verwendet werden.

Kundenstammsatz

Grundsätzlich kann bei der Pflege eines Kundenstammsatzes (Transaktion XD01/XD02) zwischen drei Ebenen, das heißt Sichten, unterschieden werden (siehe Abbildung 2.5):

- allgemeine Daten
- Vertriebsbereichsdaten
- Buchungskreisdaten

Allgemeine Daten

Allgemeine Daten sind für alle Organisationseinheiten gültig und damit unabhängig von dem buchhaltungs- oder vertriebsspezifischen Aufbau eines Unternehmens. Neben dem Namen, der Adresse sowie den Kontaktdaten zählen auch Steuerungsdaten, Exportdaten, Marketinginformationen und Angaben zur Zahlungsabwicklung zu den allgemeinen Daten.

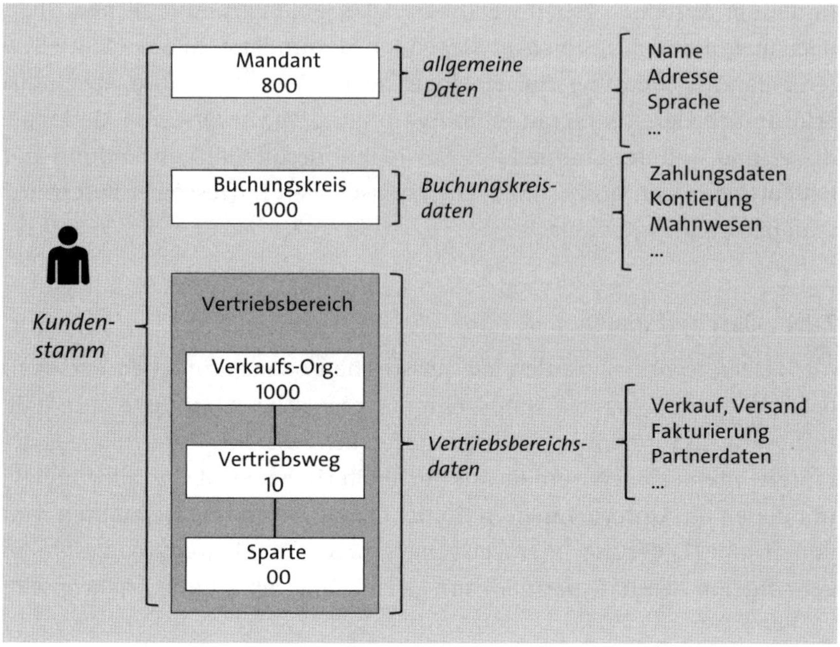

Abbildung 2.5 Aufbau des Kundenstamms

Steuerungsdaten bezeichnen Stammdaten zur Kontosteuerung, die durch den Standort des Kunden bedingte Transportzone sowie weitere Informationen wie Steuernummern oder Steuerstandorte. Die *Zahlungsverkehrsdaten* umfassen im Wesentlichen Angaben zu den Bankverbindungen des Kunden. In der Regel werden die allgemeinen Daten durch die Abteilung erfasst, die auch den Stammsatz für den Geschäftspartner anlegt.

Vertriebsbereichsdaten

Aus Sicht des Vertriebs enthalten die *Vertriebsbereichsdaten* alle vertriebsrelevanten Informationen zu einem bestimmten Kunden. Die Pflege der sogenannten Vertriebsbereichsdaten – einer bestimmten Kombination aus Verkaufsorganisation, Vertriebsweg und Sparte – ist eine notwendige Voraussetzung, um für diesen Kunden Verkaufsaktivitäten zu erfassen. Die Vertriebsdaten umfassen daher neben den Daten für die Preisfindung, die Fakturierung und die Liefer- und Zahlungsbedingungen auch Lieferprioritäten und Versandbedingungen. (Zu den Vertriebsbereichsdaten eines Debitors siehe Kapitel 5, »Distributionslogistik«.)

Buchungskreisdaten

Analog zu den Vertriebsbereichsdaten gelten die sogenannten *Buchungskreisdaten* nur für einen bestimmten Buchungskreis, für den der Kunde gepflegt wurde. Buchungskreisdaten sind Daten der Buchhaltung und ermöglichen eine debitorische Sicht auf den Kunden. Aus diesem Grund enthalten sie rechnungswesen- und damit buchungskreisspezifische Informationen über die Kontoführung des Debitors, den Zahlungsverkehr sowie Einstellungen zum Mahnverfahren und zur Korrespondenz.

Nummernvergabe

Beim Anlegen eines Kunden wird eine eindeutige Nummer für den Debitor vergeben. Die Art der Nummernvergabe, das heißt externe Nummernvergabe durch den Sachbearbeiter bzw. interne Nummernvergabe durch das System, richtet sich hierbei nach der sogenannten *Kontengruppe* des Debitors. Die vergebene Debitorennummer ist gleichzeitig die Nebenbuchnummer der Finanzbuchhaltung. In der Nebenbuchhaltung wird die Summe der Forderungen pro Kunde fortgeschrieben. Da es sich hierbei um buchhalterische Forderungen des Unternehmens (insbesondere aus Verkaufsvorgängen) handelt, muss zusätzlich ein Abstimmkonto gepflegt werden. Das *Abstimmkonto* ist ein buchungskreisabhängiges Stammdatum im Kundenstamm und entspricht einem Sachkonto in der Hauptbuchhaltung. Es bildet die Forderungen einer Firma gegenüber Kunden in der Hauptbuchhaltung ab.

Geschäftspartner in SAP CRM

Aufgrund der direkten Kommunikation mit dem Kunden über die verschiedenen Kommunikationskanäle (wie Callcenter, Internetportale und E-Commerce) wird ein SAP-Customer-Relationship-Management-System (SAP CRM) in der Regel das führende System für die Pflege und Anlage von Geschäftspartnern sein. Die Geschäftspartnerdaten werden nahtlos mit SAP ERP ausgetauscht und entsprechen dort einem Kundenstammsatz. Der Datenaustausch (auch: Replikation) erfolgt über die sogenannte *CRM-Middleware*, die wir in Abschnitt 2.3.2 erläutern.

Der Kundenstammsatz in SAP CRM umfasst neben den allgemeinen Daten auch Informationen aus Marketing- und Servicesicht. Hierzu zählen insbesondere Marketingattribute, Geschäftspartnerbeziehungen sowie eine lückenlose Historie sämtlicher Vorgänge (z. B. Transaktions- und Kommunikationshistorie), die zu einem Kunden stattgefunden haben.

Die Daten eines Geschäftspartners in SAP CRM werden gemäß den *Geschäftspartnerrollen* gepflegt, denen ein Geschäftspartner zugeordnet ist. Diese Rollen entsprechen den Geschäftsvorgängen, an denen ein bestimmter Geschäftspartner beteiligt sein kann, und sie dienen dazu, einen Geschäftspartner betriebswirtschaftlich zu klassifizieren und dessen Stammdaten rollenspezifisch zu pflegen (z. B. müssen für die Rolle »Interessent« weniger Stammdaten gepflegt werden als für die Rolle »Lieferant«). Ein Geschäftspartner kann hierbei mehrere Rollen annehmen. Abbildung 2.6 zeigt einen Kundenstammsatz in SAP CRM.

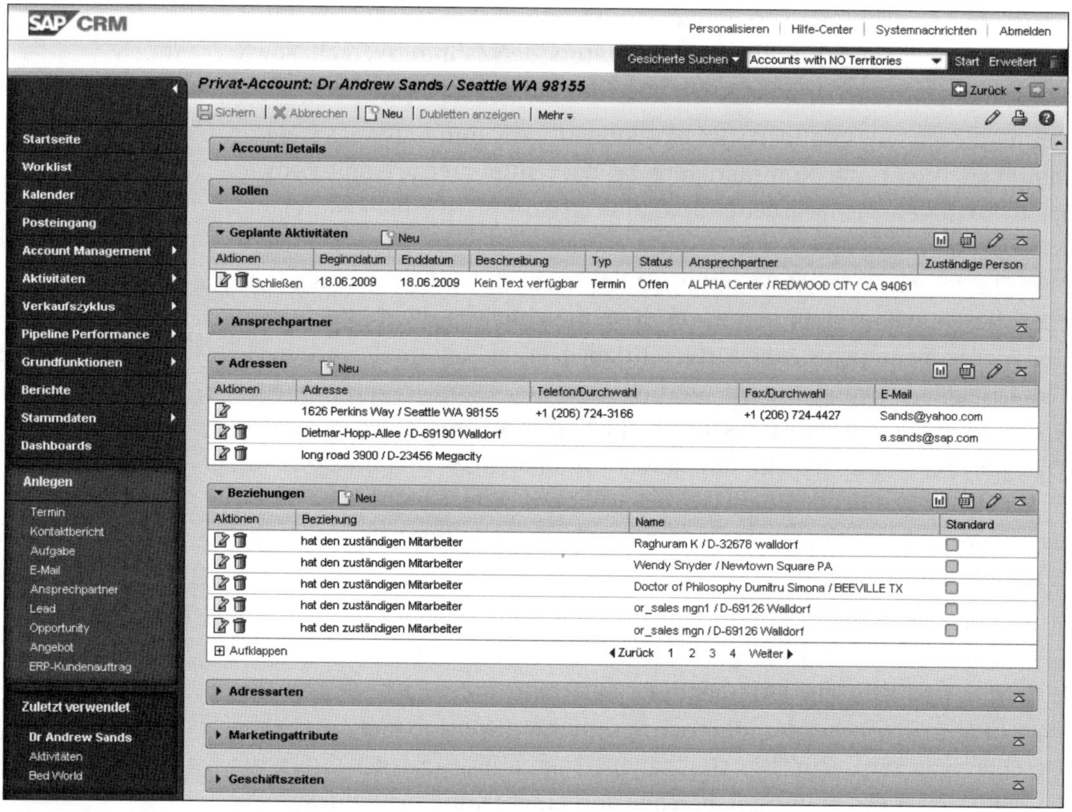

Abbildung 2.6 Kundenstamm in SAP CRM

Kundenhierarchie

Eine Kundenhierarchie dient der flexiblen Abbildung einer bestimmten Kundenstruktur. Diese Struktur entspricht oft der Organisationsstruktur eines Kunden oder reflektiert dessen Ablauforganisation in Hinblick auf Vertriebs- oder Einkaufsaktivitäten. Diese Kunden-Organisationsstrukturen werden in SAP CRM entweder als *Account-Hierarchien* oder sogenannte *Buying-Center* abgebildet bzw. in SAP ERP als Kundenhierarchie gepflegt. Die Kundenhierarchie wird dabei während der Auftrags- und Fakturabearbeitung zur Partnerfindung, Preisfindung und zur Erstellung von Statistiken verwendet.

Lieferant

Ein *Lieferant* (Kreditor) ist ein Geschäftspartner, der Waren und Dienstleistungen an einen Betrieb oder Kunden liefert.

Lieferantenstammsatz

Bei der Pflege des Lieferantenstammsatzes (Transaktion XK01/XK02) kann ebenfalls zwischen drei Ebenen – sogenannten *Sichten* – unterschieden werden:

- allgemeine Daten
- Buchungskreisdaten
- Einkaufsorganisationsdaten

Aufgrund der zentralen Bedeutung des Lieferanten für die Beschaffung und Bezugsquellenfindung sowie seiner Steuerungsfunktion im Einkauf erläutern wir den Lieferantenstamm in Kapitel 3, »Beschaffungslogistik«, umfassend.

Integration von Geschäftspartnern

Abbildung 2.7 zeigt die Integration von Geschäftspartnern. Das führende System für die Anlage und Pflege von Geschäftspartnerdaten ist in der Regel SAP CRM. Hier werden die Geschäftspartner mit ihren Rollen angelegt, die über die CRM-Middleware an SAP ERP übertragen werden. CRM-spezifische Daten, die ausschließlich in SAP CRM verwendet und gepflegt werden, sind von der Übertragung ausgeschlossen und werden nicht repliziert.

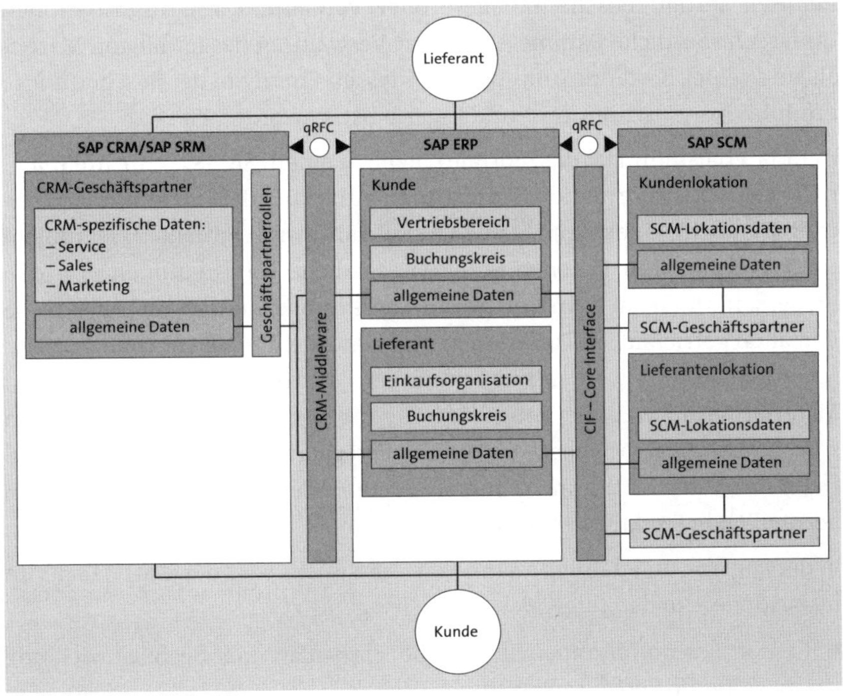

Abbildung 2.7 Integration von Geschäftspartnern (qRFC: queued Remote Function Call)

SAP ERP kann aus den allgemeinen Daten gemäß der zugeordneten Geschäftspartnerrolle entweder einen Kunden- oder einen Lieferantenstammsatz anlegen. Diese Stammdaten werden um einkaufs- oder vertriebsspezifische Daten ergänzt und können über das CIF an ein SCM-

System übertragen werden. Die Übertragung dieser Stammdaten legt in SAP SCM eine Lokation und optional einen Geschäftspartner an. Die Art der Lokation – ob es sich also um eine Kunden- oder Lieferantenlokation handelt –, wird durch den Lokationstyp bestimmt (siehe hierzu auch die Lokationstypen in Abbildung 2.3).

Die Funktionsweise von CIF und CRM-Middleware erläutern wir ausführlicher in Abschnitt 2.3, »Integration und Verteilung«.

2.2.2 Materialstamm

Produkte und Dienstleistungen werden in den SAP-Systemen unter dem Begriff *Material* zusammengefasst. Der *Materialstamm*, also die Gesamtheit aller in einem SAP-System abgelegten Materialstammsätze, enthält dabei alle notwendigen Informationen über die Materialien, die ein Unternehmen fertigt, beschafft, lagert oder verkauft. Diese Informationen umfassen sämtliche Parameter, die zur Verwaltung des jeweiligen Materials und seiner Bestände und somit für dessen Einsatz in der Beschaffungs-, Produktions-, Distributions- und Lagerlogistik erforderlich sind.

Integration des Materialstamms

Der Materialstamm ist die zentrale Quelle in einem SAP-System, um materialspezifische Informationen abzurufen. Aufgrund der Integration sämtlicher Daten in einem einzigen Materialstammsatz entfällt das Problem einer redundanten Datenhaltung, da sämtliche Informationen von den Prozessen im Einkauf, im Vertrieb, in der Produktion und im Lager sowie von allen betrieblichen Funktionen und Unternehmensbereichen gemeinschaftlich genutzt werden können. In der Distributionslogistik bildet der Materialstamm z.B. die Grundlage für die Vertriebsabwicklung, indem sowohl Anfragen, Angebote als auch Aufträge auf die vertriebsrelevanten Daten im Materialstamm zugreifen können. Gleiches gilt für die anderen betrieblichen Funktionsbereiche.

Verwendung des Materialstamms

In der Logistik und damit im Kontext dieses Buchs wird der Materialstamm insbesondere in den folgenden Bereichen genutzt:

- in der *Beschaffungslogistik* für die Einkaufs- und Bestellabwicklung sowie für die Rechnungsprüfung
- in der *Lagerlogistik* und in der *Bestandsführung* für Warenbewegungen und Inventurabwicklung
- in der *Produktionslogistik* im Rahmen der Bedarfs- und Beschaffungsplanung
- in der *Distributionslogistik* für die vertrieblichen Aktivitäten und die Verkaufsabwicklung

Aufbau des Materialstamms

Der Materialstamm in SAP ERP ist analog zur betrieblichen Organisationsstruktur hierarchisch aufgebaut. Gemäß dieser Gliederung sind bestimmte Materialdaten auf allen Organisationsebenen gültig, andere lediglich für eine bestimmte Organisationsstruktur. Diese Strukturierung der Materialstämme verhindert die redundante Speicherung von Materialdaten – insbesondere dann, wenn das gleiche Material in mehr als einem Werk verwendet, in mehr als einem Vertriebsbereich verkauft und in mehr als einem Lagerort gelagert wird (siehe Abbildung 2.8).

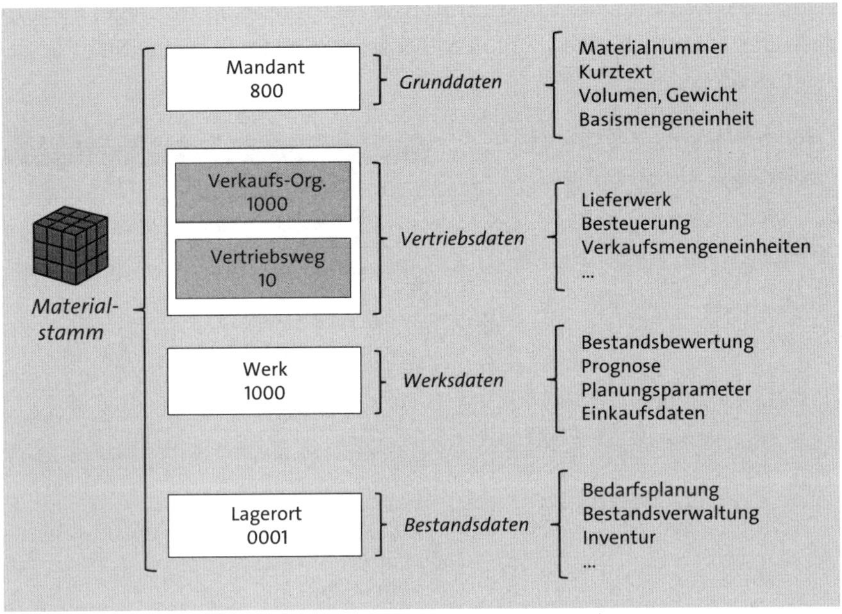

Abbildung 2.8 Aufbau des Materialstamms

Grunddaten

Die oberste Ebene bilden daher die allgemeinen Daten, die sogenannten *Grunddaten*. Diese Ebene enthält mandantenspezifische Informationen, die für jedes Werk und jedes Lager innerhalb eines Konzerns gelten. Hierzu zählen neben der Basismengeneinheit, dem Gewicht und den Abmessungen auch Lagerbedingungen und z. B. Angaben darüber, ob es sich bei einem Material um ein explosives oder gesundheitsschädliches Material handelt.

Werks- und Bestandsdaten

Die nächste Ebene bildet die *Werksebene*, eine Ebene, die betriebsstätten- oder abteilungsspezifische Informationen enthält, z. B. darüber, wie der Einkauf zu erfolgen hat, welche Höchst- und Mindestbestellmengen eine Beschaffung beeinflussen oder wie hoch ein eventueller Meldebestand für ein bestimmtes Werk ist und wie beispielsweise eine Inventur oder Bedarfsplanung erfolgen soll.

Vertriebsdaten

Analog zur Werksebene sind die Vertriebsinformationen in einem Materialstamm abhängig von den Organisationsstrukturen des Vertriebs und können für jede Verkaufsorganisation und jeden Vertriebsweg individuell gepflegt werden. Die lagerort- und lagernummernabhängige Ebene enthält Daten, die speziell für einen Lagerort oder ein bestimmtes Lager gelten.

Sichten des Materialstamms

Die im Materialstamm enthaltenen Daten sind – je nach Fachbereich – in einzelne Bereiche aufgeteilt, die sogenannten *Sichten* (siehe Abbildung 2.9). Jede Sicht enthält die für den entsprechenden Fachbereich notwendigen Daten. Die Auswahl einer bestimmten Sicht erfordert in der Regel die Eingabe der entsprechenden Organisationsstruktur, für die eine Sicht angezeigt werden soll.

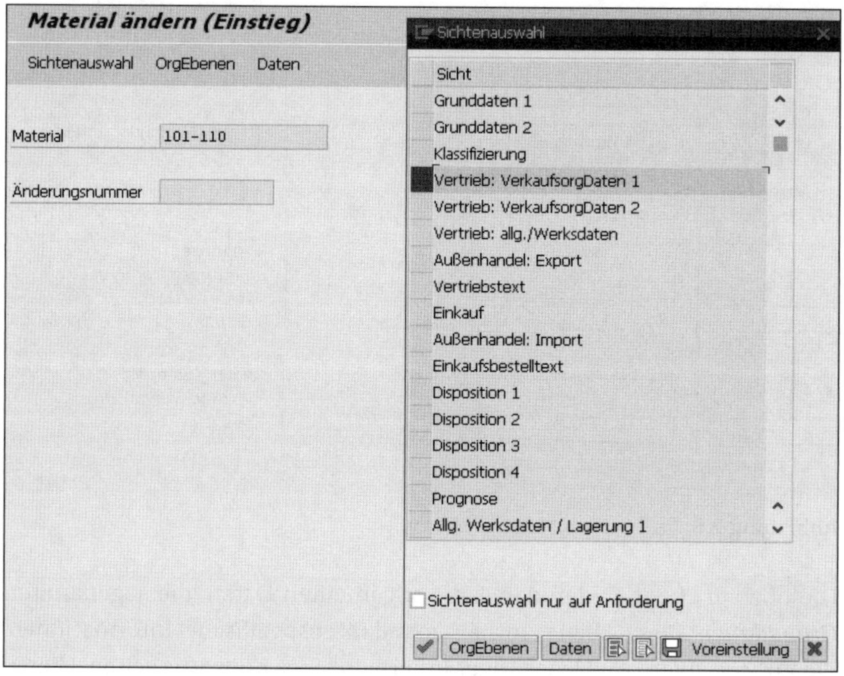

Abbildung 2.9 Sichten des Materialstamms (Transaktion MM02)

Beispielsweise erfordert die Vertriebssicht, die Informationen zur Kundenauftragsabwicklung und Angaben über die Preisfindung enthält, die Eingabe der Verkaufsorganisation und eines Vertriebswegs. Die Einkaufssicht enthält die durch den Einkauf bereitgestellten Daten für ein Material. Daten für die Materialbedarfsplanung sowie zur Vorhersage des Materialbedarfs finden sich hingegen in den Dispositions- und Prognosesichten (siehe hierzu auch Kapitel 3, »Beschaffungslogistik«).

Abgesehen von den logistischen Informationen, enthält der Materialstamm auch Bewertungs- und kalkulationsspezifische Daten, die durch die jeweilige Fachabteilung in den Controlling- und Buchhaltungssichten gepflegt werden.

Die Sichten eines Materialstamms, die zu pflegenden Felder, die Reihenfolge, in der Datenbilder erscheinen, und somit die betriebswirtschaftliche Verwendung des Materials werden insbesondere durch die *Materialart* bestimmt, der ein Materialstamm angehört.

Materialarten

Eine *Materialart* hat eine wichtige Steuerungsfunktion und legt grundsätzlich die Kriterien fest, wie eine Materialbuchhaltung und Bestandsführung zu erfolgen hat, indem sie steuert, auf welche Konten bei einer Materialbewegung gebucht werden kann. Darüber hinaus legt die Zuordnung zu einer Materialart den Nummernkreis und die Art der Nummernvergabe – intern oder extern – fest. Des Weiteren bestimmt und steuert sie neben der Mengen- und Wertfortschreibung die Beschaffungsart eines Materials, das heißt, ob ein Material eigengefertigt oder fremdbeschafft wird oder ob beide Beschaffungsarten möglich sind.

Materialarten können individuell angelegt und entsprechend den betrieblichen Anforderungen eingestellt werden. Im ERP-Standard sind unter anderem folgende Materialarten vorhanden: Handelswaren, Nichtlagermaterialien oder Dienstleistungen:

- **Handelswaren**
  Handelswaren sind bewegliche Güter, die von einem Unternehmen eingekauft, gelagert und in der Regel weiterverkauft werden. Der Materialstamm dieser Materialien enthält die hierfür notwendigen Daten in der Einkaufs- und Vertriebssicht.
- **Nichtlagermaterialien**
  Die Nichtlagermaterialien sind Materialien, die zwar physisch gelagert werden können, aber bestandsmäßig nicht geführt werden. Beispiele für Nichtlagermaterialien sind Verbrauchsmaterial wie Nägel oder Schrauben. Die Beschaffung und Kontierung von Verbrauchsmaterial beschreiben wir ausführlicher in Kapitel 3, »Beschaffungslogistik«.
- **Dienstleistungen**
  Dienstleistungen, Services und andere immaterielle Güter werden in einem SAP-System als Material abgebildet. Diese Materialien unterscheiden sich von anderen Materialien insbesondere dadurch, dass Beschaffung und Verbrauch zeitlich zusammenfallen. Aus diesem Grund sind Dienstleistungen nicht lager- und transportfähig. Da Dienstleistungen nicht gelagert werden können, enthält ein Materialstammsatz dieser Materialart keine Lager- oder Bestandsführungsdaten.

Verteilung des Materialstamms

Materialstammdaten werden in sämtlichen SAP-Systemen der SAP Business Suite verwendet. Die Integration der Materialstämme erfolgt durch ihre Verteilung. In der Regel ist SAP ERP mit seinen logistischen Kernprozessen das führende System für die Pflege der Materialstammdaten. Je nach betrieblicher Erfordernis bzw. implementierter Systemlandschaft werden die Materialstämme an die angeschlossenen SAP-Systeme verteilt.

Produktstamm in SAP CRM und SAP SRM

Der Materialstamm in einem CRM- oder SRM-System wird *Produktstamm* genannt. Die Produktinformationen werden in SAP CRM für Marketing-, Verkaufs- und Serviceprozesse verwendet; SAP SRM legt den Fokus auf die Beschaffungsprozesse. Die Pflege und Anlage der Produkte erfolgt entweder direkt in den genannten Systemen oder durch eine nahtlose Verteilung des ERP-Materialstamms über die sogenannte *Middleware*. Abbildung 2.10 zeigt einen Produktstamm in SAP CRM.

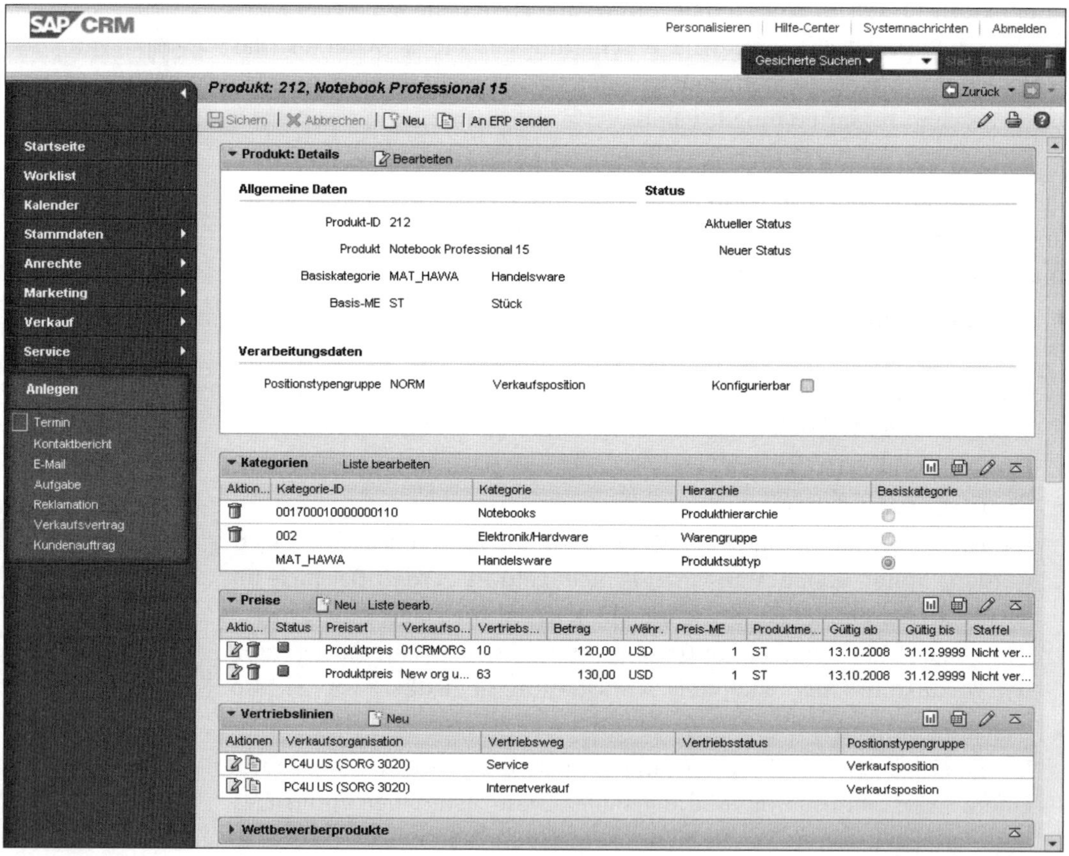

Abbildung 2.10 Produktstamm in SAP CRM

Produktstamm in SAP CRM

Neben den allgemeinen Daten und den systemübergreifenden Produktstammdaten enthält der CRM-Produktstamm auch Daten, die ausschließlich in SAP CRM genutzt werden. Das sind beispielsweise Informationen über Produkte des Wettbewerbers oder produktspezifische Anhänge, wie z. B. Bilder oder Bedienungsanleitungen.

Produktstamm in SAP SCM

Der Produktstamm in SAP SCM wird in der Regel durch das CIF (Core Interface) vom ERP- an das SCM-System übertragen (siehe auch Abbildung 2.15). Als Stammdatum der sogenannten SCM-Basis steht das Produkt sämtlichen SAP-Applikationen des SCM-Systems zur Verfügung. Hierzu zählen insbesondere SAP Advanced Planning and Optimization (SAP APO) und SAP Extended Warehouse Management (SAP EWM).

Ähnlich wie die allgemeinen und werksabhängigen Materialstammdaten in SAP ERP kann der SCM-Produktstamm in globale und lokationsabhängige Daten unterteilt werden. Globale Daten sind hier, analog zu den allgemeinen Materialstammdaten, für alle Lokationen gültig. Die lokationsspezifischen Daten enthalten unter anderem die für eine bestimmte Kunden- oder Werkslokation geltenden Einstellungen für Beschaffung, Losgröße und Verfügbarkeitsprüfung. Abbildung 2.11 zeigt z. B. die lokationsspezifischen Daten eines Produktstamms in SAP SCM.

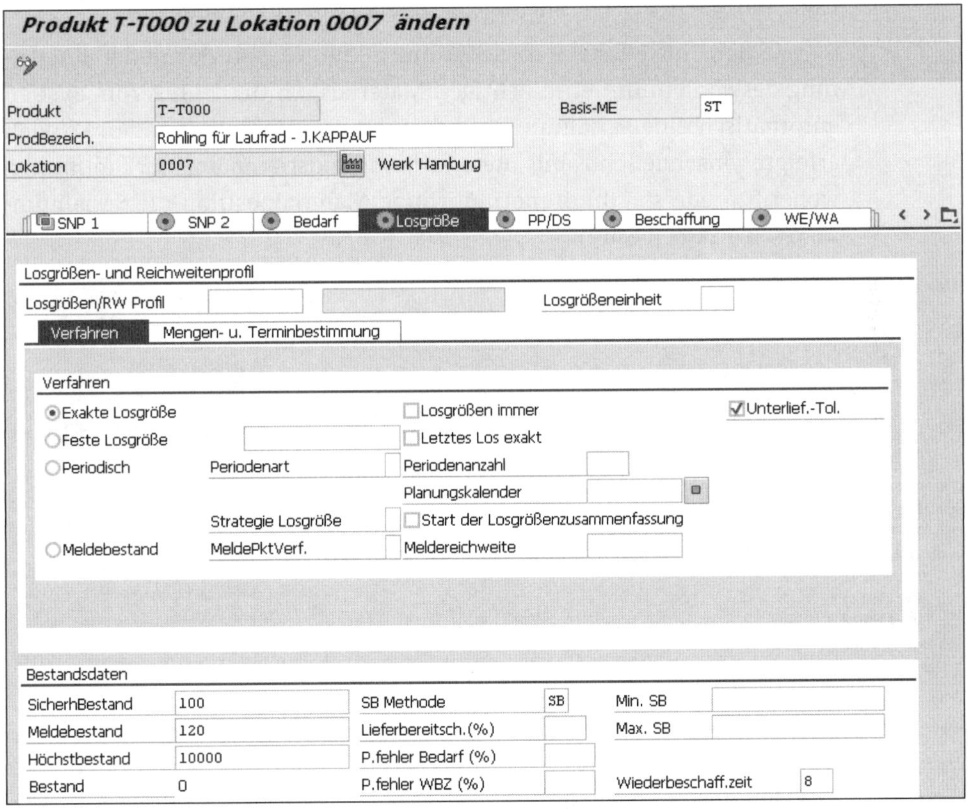

Abbildung 2.11 Produktstamm in SAP SCM (Transaktion /SAPAPO/MAT1)

Serialnummern

Lückenlose Verfolgung

Eine *Serialnummer* identifiziert ein Materialeinzelstück und ermöglicht eine individuelle Unterscheidung von Materialien in Hinblick auf deren Bewegungshistorie. Serialnummern werden dabei insbesondere aus Instandhaltungs- und Servicesicht für technische Objekte (die sogenannten *Equipments*) vergeben und ermöglichen eine lückenlose Verfolgung mithilfe der Serialnummernhistorie.

Die Serialnummernpflicht eines Materials – also die Eigenschaft, dass neben der Materialnummer in sämtlichen logistischen Prozessen die Serialnummer angegeben werden muss – richtet sich nach dem Serialnummernprofil.

Serialnummernhistorie

Abbildung 2.12 zeigt die Serialnummernhistorie des Materials R-1001 mit der Serialnummer 10004. Dieses Material, ein PC, wurde am 01.02.1999 beschafft, am 02.02.1999 zu einem Kunden geliefert und installiert. Die Daten des Kunden, bei dem das Gerät installiert wurde, der Standort sowie der individuelle Status des technischen Objekts sind in einem Equipmentstammsatz hinterlegt. Equipmentstammsätze zählen zu den technischen Objekten, die in diesem Buch nicht näher erläutert werden.

Gemäß den Einstellungen im Serialnummernprofil wurde mit der Beschaffung des serialnummernpflichtigen Materials am 01.02.1999 vom System automatisch eine Serialnummer vergeben. Die Lieferung an den Kunden erfolgte anschließend mit Referenz zur existierenden Serialnummer, wobei für jede serialnummernpflichtige Materialposition die Serialnummern zu erfassen waren.

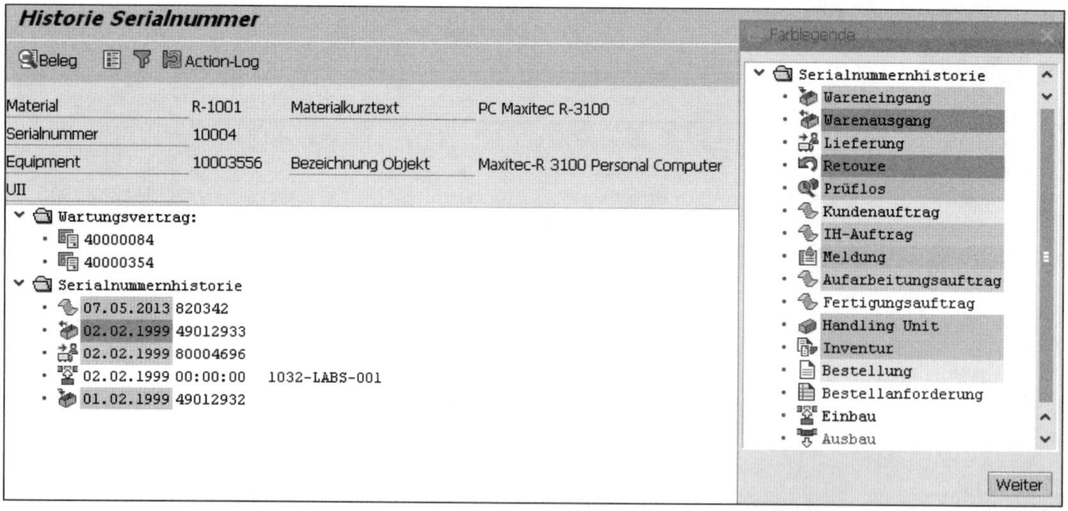

Abbildung 2.12 Serialnummernhistorie (Transaktion IQ03)

Serialnummernprofil

Das *Serialnummernprofil* wird im Materialstamm in der Werkssicht zugewiesen. Dieses Profil steuert, ob für ein bestimmtes Material und einen bestimmten betriebswirtschaftlichen Vorgang eine Serialisierung vorgenommen werden kann oder muss, ob sie automatisch vorgenommen wird oder ausgeschlossen ist. Darüber hinaus definiert diese Systemeinstellung, ob für den jeweiligen Vorgang eine Serialnummer vergeben werden kann oder eine Serialnummer verwendet werden muss, die bereits im System vorhanden ist.

Chargen

Homogene Teilmengen

Die Verwaltung von Chargen ermöglicht die logistische Verwaltung von Materialien auf Basis einer homogenen Teilmenge. *Chargen* repräsentieren dabei Produktmengen, die sich in Bezug auf bestimmte Merkmale zu einer homogenen Teilmenge zusammenfassen lassen. Diese Merkmale werden in einer sogenannten *Spezifikation* beschrieben.

Eine Charge wird insbesondere aufgrund gesetzlicher Bestimmungen gebildet und ermöglicht eine lückenlose Verfolgung und eine differenzierte mengen- und wertmäßige Bestandsführung. Insbesondere im Verkauf und bei der externen Beschaffung ermöglicht die Charge eine differenzierte Abwicklung gemäß einer bestimmten Produktspezifikation und Eigenschaft. In der Produktion ermöglicht sie dabei eine Verwendbarkeitsentscheidung und dient zur Überwachung der innerbetrieblichen Disposition.

[zB]

Chargenverwaltete Materialien

Chargenverwaltete Materialien sind z. B. Arzneimittel, Lebensmittel sowie in der Regel sämtliche Produkte, bei denen aufgrund des Produktionsprozesses, aufgrund schwankender Qualitäten oder in Bezug auf ihre Haltbarkeit eine differenzierte Behandlung erforderlich ist.

Chargenpflicht

Chargen können in allen logistischen Prozessen verwendet werden und sind immer eindeutig einem Material zugeordnet. Die *Chargenpflicht*, die Tatsache also, ob ein Material chargenverwaltet ist, richtet sich dabei nach den Einstellungen im Materialstamm. Die Charge selbst wird durch eine Chargennummer identifiziert, die entweder auf Werks-, Material- oder Mandantenebene vergeben wird.

Chargenebenen

Diese *Chargenebenen* ermöglichen eine eindeutige Identifizierung und Nummernvergabe für alle Materialien eines bestimmten Werks (Werksebene), werksübergreifend auf Materialebene sowie innerhalb eines Mandanten. Die Chargennummer ist für die gewählte Chargenebene eindeutig.

Chargenspezifikation

Die *Chargenspezifikation* beschreibt die technische, physikalische oder chemische Eigenschaft einer bestimmten Charge. Chargenspezifikationen, also die Merkmale und Ausprägungen einer Charge, können dabei frei definiert werden und basieren auf einem *Klassensystem*, einer applikationsübergreifenden Kernkomponente eines jeden SAP-Systems.

Chargenfindung

Die *Chargenfindung* ermöglicht es, innerhalb der logistischen Kette eine bestimmte Charge mit ganz bestimmten Spezifikationen zu finden. Die automatische Chargenfindung, die um eigene Suchstrategien erweitert werden kann, findet hierbei die für einen bestimmten Geschäftsvorfall geeignete Charge. Die eigentliche Findung erfolgt gemäß einem im System hinterlegten Suchschema, in dem bestimmte Suchstrategien hinterlegt sind. Die *Suchstrategien* berücksichtigen dabei bestimmte Selektionskriterien und ermöglichen z. B. eine gezielte Suche nach Restlaufzeit, Lieferdatum oder Chargenspezifikationen. Das System prüft die Verfügbarkeit der Chargen und erstellt einen Mengenvorschlag. Im Vertrieb erfolgt die Chargenfindung mit einer Chargenverfügbarkeits- sowie Verwendbarkeitsüberprüfung für die Charge, die das System anhand der vom Kunden übermittelten Spezifikationen gefunden hat.

Chargen-Cockpit

Das *Chargen-Cockpit* ist der zentrale Arbeitsbereich in SAP ERP zur Selektion und Pflege von Chargen. Es bietet umfangreiche Analyse- und Steuerungsmöglichkeiten (siehe Abbildung 2.13). So können Chargen nicht nur in Bezug auf eine bestimmte Merkmalsausprägung selektiert werden (um z. B. Chargen zu ermitteln, deren Verfallsdatum in Kürze erreicht ist). Die so gefundenen Chargen können auch in einen Arbeitsvorrat übernommen werden.

Chargen-Cockpit mit Klassifizierung einer Charge

Abbildung 2.13 zeigt das Chargen-Cockpit, den zentralen Arbeitsbereich in SAP ERP zur Selektion und Pflege von Chargen. Das Beispiel zeigt das chargenverwaltete Material CP_5305, für das eine Charge existiert. Die Charge 1 ist klassifiziert und spezifiziert das Material als einen etikettierten, blauen Lackfarbton, der für den Verkauf in Europa zugelassen ist. Neben der Spezifikation der Charge sind in den Grunddaten das Herstelldatum und das Verfallsdatum sowie Chargenzustände und Handelsdaten gepflegt.

Zusätzlich bietet das Cockpit einen Chargenverwendungsnachweis sowie neben einer chargenspezifischen Verfügbarkeitsübersicht eine Bestandsübersicht mit Chargeneigenschaften.

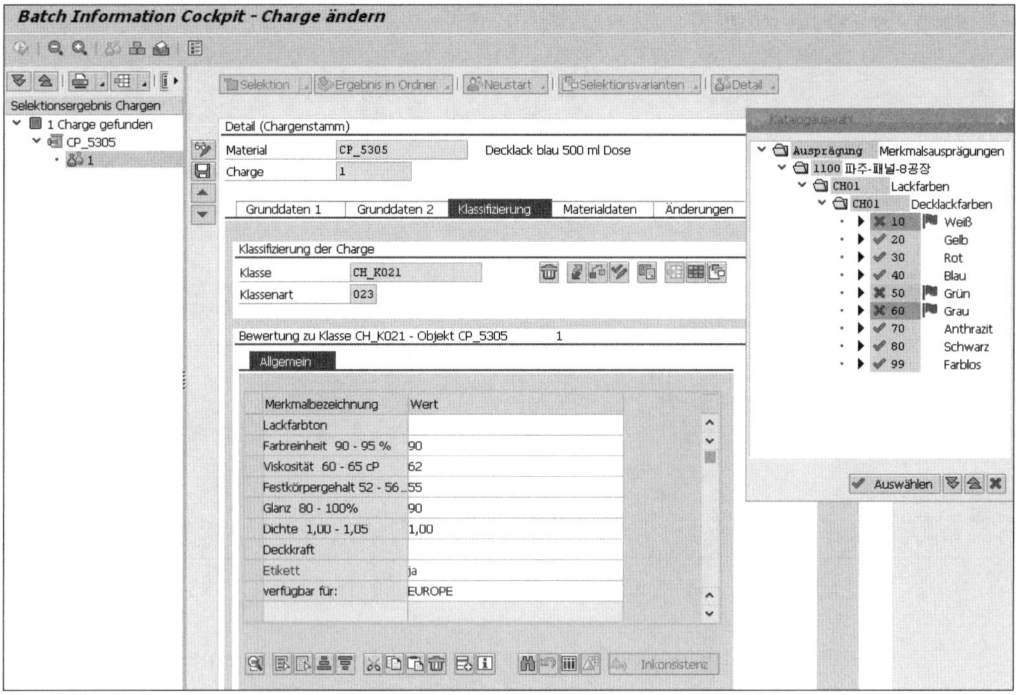

Abbildung 2.13 Chargen-Cockpit (Transaktion BMBC)

2.2.3 Preise und Konditionen

Konditionssätze

Preise und Konditionen werden in den sogenannten *Konditionssätzen* abgelegt. Sämtliche im betrieblichen Alltag anfallenden Preise, Abschläge, Zuschläge, Frachten und Steuern können als Konditionssatz im System gespeichert werden und stehen damit den jeweiligen Prozessen als Preiselement zur Verfügung. In den unterschiedlichen logistischen Prozessen, im Einkauf, im Vertrieb und in der Transportabwicklung werden die Konditionen automatisch bei der Belegbearbeitung übernommen.

Konditionsart

Die Pflege von Konditionssätzen (siehe Abbildung 2.14) erfolgt in Bezug auf eine bestimmte *Konditionsart*. Die Konditionsart bildet einen bestimmten Aspekt der betriebswirtschaftlichen Preisfindungsaktivität ab und legt die grundsätzliche Verwendung einer Kondition fest. Jede Art von Preisen, Zu- oder Abschlägen, die in den einzelnen Geschäftsvorfällen vorkommen können, wird durch eine eigene Konditionsart repräsentiert.

Die Konditionsart steuert dabei neben der Art der Kondition, ob es sich um einen prozentualen, mengenabhängigen oder betragsabhängigen Zu- oder Abschlag handeln soll.

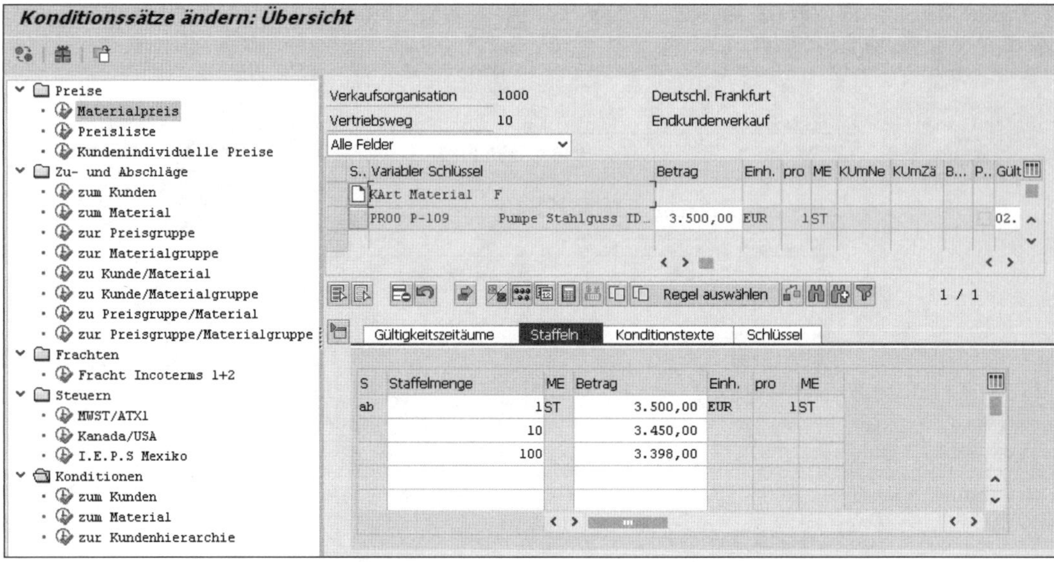

Abbildung 2.14 Konditionspflege im Vertrieb (Transaktion VK32)

Der eigentliche Konditionswert kann sich innerhalb eines Konditionssatzes noch nach einer bestimmten Staffel richten. Um zu gewährleisten, dass eine Preisvereinbarung auf einen bestimmten Zeitraum beschränkt werden kann, werden Konditionssätze für einen bestimmten Gültigkeitszeitraum gepflegt.

Preisfindung auf Basis eines Kalkulationsschemas

Die Preisfindung und damit die Ermittlung der Konditionswerte zu den einzelnen Konditionssätzen erfolgt direkt in den einzelnen Belegen auf Basis eines sogenannten *Kalkulationsschemas*. Das Kalkulationsschema wird für eine bestimmte Belegart kundenabhängig ermittelt und enthält sämtliche Konditionen, die für einen bestimmten Geschäftsvorfall notwendig sind. Hierzu zählen z. B. Preise, Steuern, Zuschläge und Rabatte.

Konditionspflege im Vertrieb

Abbildung 2.14 zeigt die Pflege eines Konditionssatzes im Vertrieb. Die Konditionsart PR00 enthält den Verkaufspreis eines Materials P-109. Der Verkaufspreis dieses Materials richtet sich nach der Verkaufsorganisation und dem Vertriebsweg, für den der Konditionssatz angelegt wurde. Der eigentliche Konditionsbetrag hängt dabei von einer hinterlegten Staffel ab.

Konditionstechnik

Bei der automatischen Preisfindung übernimmt das System die entsprechenden Daten aus den Konditionssätzen und ermittelt daraus die Beträge für die jeweiligen Preiselemente sowie die zu zahlenden oder einzufordernden Endbeträge. Die Findung der Konditionssätze erfolgt dabei nach der sogenannten *Konditionstechnik*. Dem Beleg ist zu diesem Zweck ein Kalkulationsschema zugewiesen, das sämtliche Konditionen enthält, die in einem bestimmten Geschäftsvorfall möglich sind. Jede Kondition steuert über eine Zugriffsfolge, mit welchen Kriterien und in welchen Konditionstabellen nach Konditionssätzen gesucht werden soll. Das System sucht nun automatisch für jede Kondition dieses Schemas abhängig von einer bestimmten Merkmalskombination nach gültigen Konditionssätzen und ermittelt den Konditionswert.

Auf die Preisfindung in der Bestellung und in Kundenaufträgen gehen wir in Kapitel 3, »Beschaffungslogistik«, sowie in Kapitel 5, »Distributionslogistik«, ein.

2.3 Integration und Verteilung

Um eine nahtlose Integration unterschiedlicher SAP-Systeme und der auf ihnen abgewickelten Geschäftsprozesse zu gewährleisten, werden bestimmte Stamm- und Bewegungsdaten zwischen den Systemen verteilt. Die Integration und Verteilung von Stamm- und Bewegungsdaten kann betriebswirtschaftlich ähnliche, jedoch technisch unterschiedliche Objekte innerhalb der SAP Business Suite miteinander synchronisieren. Bei diesen synchronisierten Objekten handelt es sich z. B. um Organisationsstrukturen sowie um Stamm- und Bewegungsdaten.

Technische Integration und Datenaustausch

Die technische Integration und der Austausch dieser Daten erfolgen aus Sicht eines ERP-Systems im Wesentlichen durch die CRM-Middleware bzw. CIF. Abbildung 2.15 zeigt die Systemintegration zwischen einem ERP- und einem CRM-System sowie einem SCM-System.

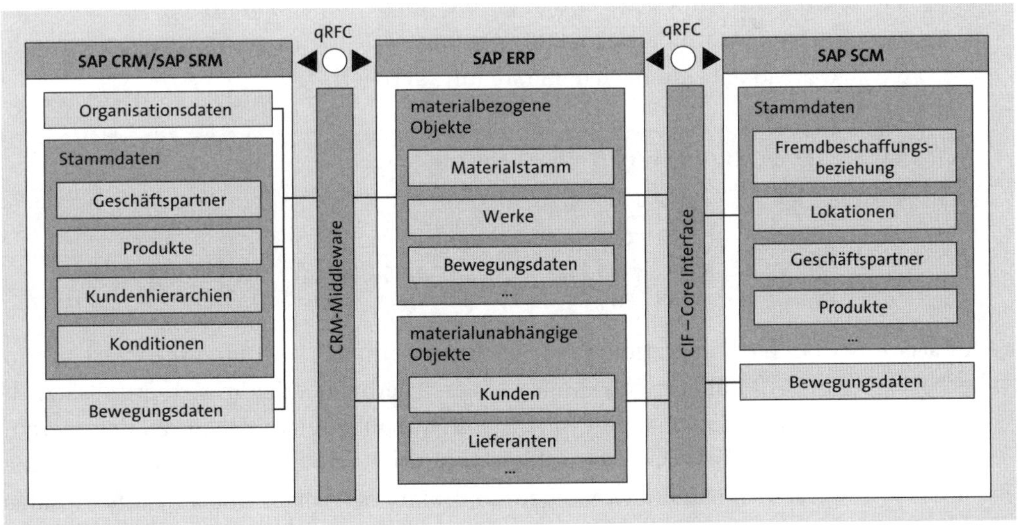

Abbildung 2.15 Übersicht über die Integration von SAP ERP, SAP CRM sowie SAP SCM

2.3.1 APO Core Interface

Integration von SAP ERP und SAP SCM

Das *APO Core Interface* (CIF) ist eine Echtzeitschnittstelle zur Integration von SAP ERP mit SAP SCM. Über das CIF wird sowohl die Erstdatenversorgung als auch die Versorgung der SCM-basierten Systeme mit Datenänderungen ermöglicht.

Remote Function Call (RFC)

Die Systemverbindung zwischen beiden Systemen erfolgt technisch über eine sogenannte RFC-Verbindung (*Remote Function Call*). Die Besonderheit der Kommunikation zwischen den Systemen besteht hierbei in der asynchronen Verarbeitung der Datenübertragung. Das bedeutet, dass die Daten vom sendenden (ERP-)System zunächst gepuffert und dann erst übertragen werden oder dass sie übertragen und vom empfangenden (SCM-)System gepuffert und dann verarbeitet werden.

queued Remote Function Call (qRFC)

Die Ausgangs- und Eingangsverarbeitung erfolgt dabei gemäß der zeitlichen Reihenfolge in der sogenannten Eingangs- bzw. Ausgangs-Queue. Im Fehlerfall, z. B. hervorgerufen durch eine fehlende Netzwerkverbindung, speichert diese Queue sämtliche Übertragungen und ermöglicht, nachdem der Fehler lokalisiert und behoben wurde, die nahtlose Weiterverarbeitung. Die *Queue* ist eine Art Warteschlange, die zeitnah den Austausch und die Verarbeitung von Informationen ermöglicht und z. B. eine SCM-basierte Planung in Echtzeit gewährleistet. Diese Art des RFC-Aufrufs nennt man *queued Remote Function Call* oder kurz *qRFC*.

Integrationsmodell

Die Übertragung von Stammdaten erfordert die Erstellung eines Integrationsmodells (siehe Abbildung 2.16).

Integrationsmodelle enthalten die notwendigen Parameter, die angeben, welche Stammdaten im ERP-System zu selektieren und zu übertragen sind. Das Modell wird nach der Erstellung aktiviert.

[!]

Übertragung nur in eine Richtung

Die Übertragung von Stammdaten erfolgt nur in eine Richtung: vom ERP-System an das SCM-System. Eine Änderung eines Stammsatzes in einer SCM-Applikation wird nicht an das ERP-System zurückübertragen.

Materialabhängige oder -unabhängige Objekte

Über das Integrationsmodell werden demnach die Daten selektiert, die an SAP SCM übertragen werden sollen. Hierbei handelt es sich grundsätzlich um materialabhängige oder materialunabhängige Objekte. Zu den *materialabhängigen* Objekten zählen insbesondere Materialien und Werke – die für den Einkauf notwendigen Kontrakte, Lieferpläne und Einkaufsinfosätze sowie Kundenaufträge und Planprimärbedarfe als Grundlage für die Bedarfsermittlung in SAP SCM.

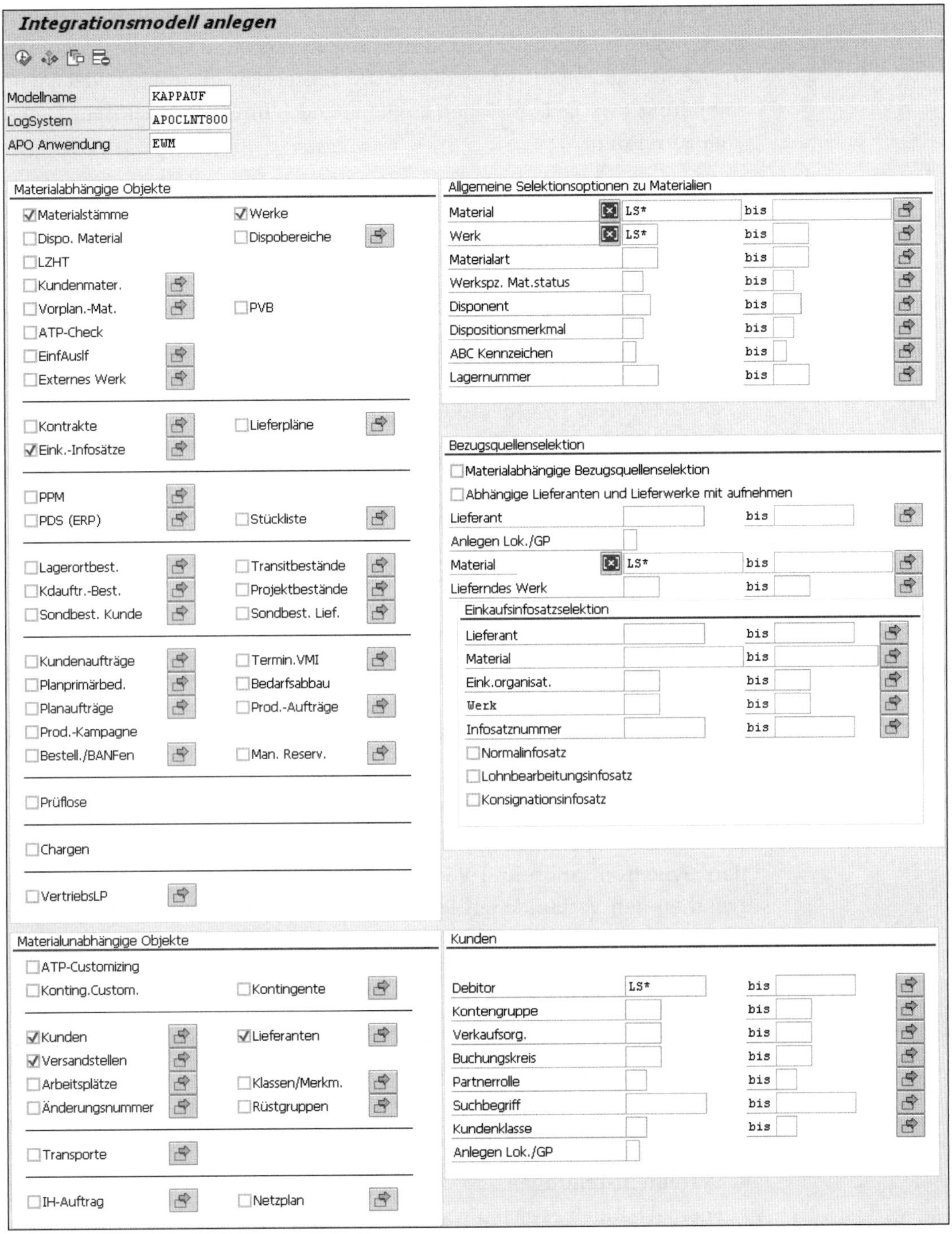

Abbildung 2.16 Integrationsmodell zur Kommunikation von SAP ERP nach SAP SCM (Transaktion CFM1)

Zu den *materialunabhängigen* Objekten zählen neben den Versandstellen die Kunden- und Lieferantenstammdaten. Kunden und Lieferanten werden in SAP SCM analog zu den Werken in SAP ERP als Lokation abgebildet (siehe Abbildung 2.3). Die Lokationen können danach um SCM-spezifische Daten ergänzt werden.

[zB]

Integration des Lieferantenstammsatzes

SAP SCM benötigt für die Bezugsquellenfindung Lieferanten. Die Lieferantenstammdaten werden aus dem ERP-System als Lokationen mit dem Lokationstyp »Lieferant« übernommen. Das führende System für die Stammdatenpflege ist in der Regel das ERP-System. Stammdatenänderungen werden bei der nächsten Replikation an SAP SCM übertragen. Grundsätzlich sollte SAP ERP das führende System für die Stammdatenpflege von Lieferanten sein. Zur Visualisierung und zur exakten grafischen Darstellung des Versorgungsnetzwerks auf einer Landkarte können jedoch geografische Daten wie Längen- und Breitengrade der Lieferantenlokation in SAP SCM gepflegt werden.

2.3.2 CRM-Middleware

Bindeglied zwischen SAP ERP und SAP CRM

In der Informatik bezeichnet der Begriff *Middleware* ein applikationsneutrales Programm, das zwischen Anwendungen vermittelt. Die Middleware ist also grundsätzlich eine Verteilungsplattform, die den Datenaustausch zwischen entkoppelten Anwendungskomponenten ermöglicht.

Der Datenaustausch zwischen SAP ERP und SAP CRM erfolgt über die CRM-Middleware. Die Aufgabe dieser Middleware ist die kontrollierte Replikation, Synchronisation und Verteilung von Stamm- und Bewegungsdaten zwischen den verbundenen Systemen. Sie unterstützt folgende Dienste: den initialen Datenaustausch und den Delta-Datenaustausch.

Initialer Datenaustausch

Der *initiale Datenaustausch* zwischen SAP CRM und SAP ERP (auch als *Initial Download* bezeichnet) umfasst die Replikation sämtlicher Stammdatenobjekte und Systemeinstellungen (Customizing) aus einem bestehenden ERP-Backend-System. Um systemübergreifende Geschäftsprozesse über CRM- und Backend-Systeme hinweg zu ermöglichen, werden insbesondere folgende Objekte ausgetauscht:

- **Systemeinstellungen**
  Hierbei handelt es sich um sogenannte *Customizing-Daten*.

- **Stammdaten**
  Hierzu zählen insbesondere die Geschäftspartner und die Geschäftspartnerbeziehungen sowie Werke aus dem ERP-System und Materialstämme, die in ein CRM-System als Produkte repliziert werden.
- **Konditionsdaten**
  Hierzu zählen sämtliche Informationen aus dem ERP-System, das SAP CRM für die Konditionstechnik benötigt. Diese Informationen bestehen sowohl aus den Customizing-Einstellungen als auch aus den einzelnen Konditionssätzen.

Delta-Datenaustausch

In einer produktiven Systemlandschaft müssen Bewegungsdaten in Echtzeit von SAP CRM an SAP ERP und umgekehrt gesendet werden. Der sogenannte *Delta-Datenaustausch* bezeichnet den kontinuierlichen Austausch von Daten zwischen den beiden Systemen. Zu den Bewegungsdaten gehören die Kundenaufträge, die zunächst initial von SAP ERP an SAP CRM übertragen werden können und dann im laufenden Betrieb in Echtzeit zwischen den Systemen ausgetauscht werden. Neben den Kundenaufträgen oder Servicebelegen werden im Rahmen der CRM-Fakturierung Rechnungen zwischen den Systemen repliziert. Dabei werden Lieferdaten von der ERP-Lieferung zur Fakturierung an den CRM-Server geschickt. Nach der Erstellung der Fakturabelege besteht die Möglichkeit, diese Daten an SAP ERP zurückzusenden, um dort den Status und den Belegfluss der Lieferung fortzuschreiben.

2.4 Zusammenfassung

Organisationsstrukturen dienen zum einen dazu, eine existierende Unternehmensstruktur im SAP-System abzubilden. Zum anderen lassen sich mit ihren einzelnen Elementen Unternehmensbereiche abgrenzen, die in Hinblick auf ihre logistischen Prozesse differenziert abgebildet werden sollen. In diesem Kapitel haben wir Ihnen die wesentlichen Organisationsstrukturen erläutert, die zum Verständnis der folgenden Kapitel notwendig sind. Auf ihre Verwendung im logistischen Kontext sowie auf ihre Steuerungs- und Gliederungsfunktionen in den jeweiligen Prozessen gehen wir in den kommenden Kapiteln detaillierter ein.

Stammdaten sind Datensätze, die über einen längeren Zeitraum unverändert bleiben und längere Zeit zentral in der Datenbank gespeichert werden. In diesem Kapitel haben wir Ihnen die wichtigsten Stammdaten der Logistik näher erläutert. Zu diesen Daten zählen die an den logistischen Prozessen beteiligten Geschäftspartner wie Kunden und Lieferanten sowie die logistisch relevanten Materialstammsätze und deren Konditionen für Distribution und Beschaffung. Außer auf die allgemeine Bedeutung dieser Stammdaten sind wir auch kurz auf deren Verteilung zwischen einzelnen Systemen der SAP Business Suite eingegangen.

Die prozessspezifische Bedeutung und Verwendung dieser und weiterer Stammdaten sowie ihre Relevanz und Ausprägung in den logistischen Kernprozessen der externen Fremdbeschaffung sind die Themen des folgenden Kapitels.

Kapitel 3
Beschaffungslogistik

Die Materialwirtschaft ist mit ihren Teildisziplinen ein wesentlicher Teil der Logistik und der innerbetrieblichen Wertschöpfung. In diesem Zusammenhang besteht die wesentliche Aufgabe der Beschaffungslogistik darin, die benötigten Güter in der richtigen Menge zur richtigen Zeit am richtigen Ort zu beschaffen oder bereitzustellen.

Die Beschaffungslogistik bezeichnet den betriebswirtschaftlichen Prozess der Bereitstellung – vom Einkauf bis zum Transport des Materials zum Eingangslager oder zur Produktion. Die Beschaffungslogistik verbindet die Distributionslogistik des externen Lieferanten mit der Produktionslogistik des eigenen Unternehmens. Ihre wesentliche Aufgabe kann darin gesehen werden, im Rahmen einer bedarfsgesteuerten Beschaffung alle Güter und Dienstleistungen verfügbar zu machen, die zur Durchführung der geplanten betriebswirtschaftlichen Leistungsprozesse erforderlich sind, und diese Güter und Dienstleistungen in der richtigen Art, Güte und Menge bereitzustellen.

Die Beschaffungslogistik steht am Anfang der logistischen Kette und am Beginn der Steuerung der betrieblichen Materialflüsse. Diese Materialflüsse können dabei einerseits analog zur innerbetrieblichen Beschaffung durch Umlagerung oder Eigenfertigung erfolgen oder durch externe Beschaffung über einen Lieferanten.

In diesem Kapitel geben wir Ihnen eine Einführung in die grundsätzlichen Funktionen der Beschaffung und in die logistischen Kernprozesse, die für das Verständnis der Beschaffungslogistik notwendig sind. Aus diesem Grund beschränken wir uns auf die externe Beschaffung von Waren, Roh-, Hilfs- und Betriebsstoffen sowie auf die Ermittlung möglicher Bezugsquellen. (Die Beschaffung von externen Dienstleistungen ist nicht Bestandteil dieses Kapitels.) Der eigentliche Bedarf für die externe Beschaffung ist hierbei entweder im Rahmen einer verbrauchsgesteuerten Disposition oder in einer Fachabteilung entstanden, die den Bedarf meldet.

Die Bedarfs- und Absatzplanung erklären wir ausführlich in Kapitel 4, »Produktionslogistik«. Die Beschaffungslogistik fokussiert sich im Zusammenhang mit der Produktionslogistik auf die Beschaffung der ermittelten

Bedarfe, das Bezugsquellenmanagement und die Einkaufsabwicklung. Zum Abschluss dieses Kapitels gehen wir auch auf die Überwachung der Warenanlieferung und auf die Bezahlung der Waren ein.

3.1 Grundlagen der Beschaffungslogistik

Aufgaben der Beschaffungslogistik

In der Beschaffungslogistik steht der Einkauf am Anfang einer optimierten, prozessorientierten Lieferkette. Er hat die Aufgabe, das Unternehmen bzw. den Produktionsprozess mit Roh-, Hilfs- und Betriebsstoffen des periodisch wiederkehrenden Bedarfs zu versorgen. Zu diesen Beschaffungsobjekten zählen auch Zulieferteile, Halbfabrikate und Handelswaren – Fertigerzeugnisse in der Regel nicht.

3.1.1 Betriebswirtschaftliche Bedeutung

Materialwirtschaft

Die *Materialwirtschaft* als Teil der Logistik umfasst in ihrer betriebswirtschaftlichen Bedeutung die Gesamtheit der materialbezogenen Aufgaben, die sich mit der Versorgung des Unternehmens und der Steuerung des Materialflusses durch die Fertigung bis zur Auslieferung an die Kunden befassen. In ihrer klassischen Definition hat sie die Aufgabe, das benötigte Material dauerhaft bereitzustellen – in der richtigen Menge und Qualität, zur richtigen Zeit, am richtigen Ort und zu optimalen Kosten. Die wesentlichen Unterschiede zwischen der klassischen und der integrierten Materialwirtschaft haben wir bereits in der Einleitung erläutert.

In der Materialwirtschaft müssen des Weiteren die kurz- und langfristige Versorgungssicherheit (Lieferzuverlässigkeit und langfristige Qualitätsfähigkeit der Lieferanten) sowie verschiedene Kostenkomponenten berücksichtigt werden. Hierzu zählen neben dem Beschaffungsvolumen, den inner- und außerbetrieblichen Transportkosten, den Lager- und Kapitalbindungskosten sowie den Kosten der Kommissionierungs-, Recycling- und Entsorgungsprozesse auch die Kosten des Managements der Materialwirtschaft und der Informationssysteme.

Aufgaben der Materialwirtschaft

Für die Materialwirtschaft ergeben sich folgende Aufgaben aus der Verknüpfung von Beschaffung und Lagerung:

- **Klassische, externe Materialwirtschaft**
  Die klassische, externe Materialwirtschaft befasst sich im Wesentlichen mit dem Einkauf im Sinne der rechtlichen Verfügbarmachung und mit der eigentlichen Beschaffungslogistik, die in dem externen Transport, der Anlieferung und der anschließenden Lagerung der Beschaffungsobjekte besteht.

- **Integrierte Materialwirtschaft**
  Das Aufgabengebiet der integrierten Materialwirtschaft umfasst darüber hinaus die innerbetriebliche Produktionslogistik, bei der zusätzlich zu den Aufgaben der Beschaffung und Lagerung noch die Aufgaben Bewegen, Bereitstellen, Verteilen und Entsorgen hinzukommen. Die integrierte Materialwirtschaft beschreibt somit ein betriebliches Versorgungssystem vom Lieferanten bis zum Kunden über alle Wertsteigerungsstufen eines Unternehmens.

In ihrer Gesamtheit umfasst die Materialwirtschaft somit die wesentlichen Aufgaben der Beschaffungslogistik – die Beschaffung, die Lagerhaltung und die Bereitstellung – sowie die Reststoffverwertung und Entsorgung.

Abgrenzung der Beschaffungslogistik

Die Beschaffungslogistik kann damit als derjenige Teil der Materialwirtschaft betrachtet werden, der sich mit der physischen Beschaffung und Bereitstellung der benötigten Materialien und Güter beschäftigt. In der Beschaffungslogistik lässt sich die Kernfunktion der Beschaffung in die Beschaffungsdisposition, die Ermittlung des qualitativen, quantitativen und zeitbezogenen Materialbedarfs sowie in den Einkauf der fremdbezogenen Beschaffungsobjekte einteilen. Weitere Aufgaben umfassen das Bezugsquellenmanagement, die Suche nach potenziellen Lieferanten, die Angebotsanfrage und -bewertung sowie die Überwachung der zeitlichen Vertragserfüllung.

Die Lagerhaltung schließt die Planung des Lagers und der Lagereinrichtungen, die Lagerverwaltung und Steuerung der Materialbewegungen sowie die physische Ausführung der Lageraufgaben ein. Hierzu zählen neben der Warenannahme und Qualitätsprüfung das Ein- und Auslagern sowie weitere lagerinterne Prozesse, wie z. B. die Inventur. Die eigentliche Bereitstellung besteht in der Kommissionierung, dem Umschlag und dem innerbetrieblichen Transport mit dem transportlogistischen Ziel, das benötigte Material zur richtigen Zeit am richtigen Ort möglichst kostengünstig zur Verfügung zu stellen.

Funktionale Sicht der Beschaffungslogistik

Alle Aufgaben, die bei den folgenden Prozessen anfallen, werden im ERP-System abgebildet:

- die Disposition (Bedarfsplanung) zur Unterstützung von Beschaffungsvorgängen und zur Ermittlung der benötigten Materialbedarfe
- die Beschaffung von Materialien und/oder Dienstleistungen für Handel, Verwaltung, Produktion und Eigenbedarf sowie die mengenmäßige und wertmäßige Prüfung der Rechnungen (Schnittstelle zum Finanzwesen)

- die Lagerhaltung und Lagerverwaltung, Bestandsführung von internen und externen Materialien sowie die Bewertung von Materialien in der Bilanz

Prozessorientierte Sicht der Beschaffungslogistik

In diesem Buch, speziell in diesem Kapitel, möchten wir Ihnen eine prozessorientierte Sicht auf die Beschaffungslogistik und ihre Abbildung mit Komponenten der SAP Business Suite ermöglichen. Aus diesem Grund haben wir die Beschaffungslogistik in Hinblick auf ihre Lager- und Bereitstellungsfunktion von der eigentlichen Beschaffung abgegrenzt und diesen beiden Teilbereichen der Materialwirtschaft Kapitel 7, »Lagerlogistik und Bestandsmanagement«, gewidmet.

3.1.2 Systeme und Applikationen in der externen Beschaffung

Einkauf mit MM

Der *Einkauf* als Teil der Materialwirtschaftskomponente MM (Materials Management) aus SAP ERP bezieht sich aus betriebswirtschaftlicher Sicht auf die operativen Tätigkeiten zur Versorgung des Unternehmens mit Gütern und Dienstleistungen, die zur Durchführung des Produktionsprozesses benötigt und von diesem Unternehmen nicht selbst hergestellt werden. In den folgenden Abschnitten geben wir Ihnen einen Überblick darüber, welche SAP-Systeme an den Einkaufs- bzw. Beschaffungsprozessen beteiligt sein können, welche Aufgaben sie wahrnehmen und wie ihre Integration zu einer prozessoptimierten externen Beschaffung beiträgt.

Materialwirtschaft in SAP ERP

Innerhalb von SAP ERP gibt es die Hauptkomponente *Logistik* (LO), die sich in weitere Komponenten unterteilt, z. B. Materialwirtschaft, Vertrieb sowie Produktionsplanung und -steuerung. Die Komponente Materialwirtschaft (MM) wird ferner unterteilt in die Teilkomponenten Einkauf, Bestandsführung und Rechnungsprüfung.

Phasen der Beschaffungslogistik

Für die Beschaffungslogistik liefert SAP ERP somit umfangreiche und komfortable Funktionen zur Abwicklung, Optimierung, Überwachung und Analyse prozessorientierter Lieferketten. Mit Blick auf den Beschaffungszyklus (siehe Abbildung 3.1) können die Funktionen in SAP ERP auf folgende Phasen aufgeteilt werden:

1. **Bedarfsermittlung**
   Durch die Bedarfsermittlung wird der Beschaffungszyklus ausgelöst. Dies kann sowohl automatisch als auch manuell (Fachabteilungen) geschehen. Der Bedarf wird durch Menge, Zeitpunkt und nach dem Ort seines Ursprungs beschrieben. Ein Materialbedarf kann direkt in einer Fachabteilung entstehen oder als Ergebnis der Materialdisposition.

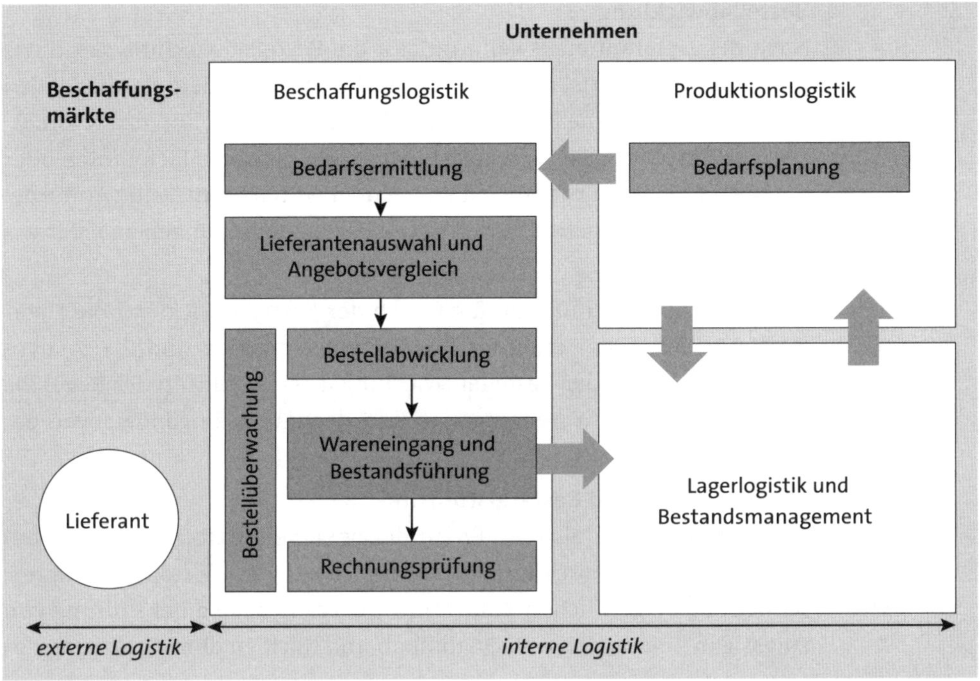

Abbildung 3.1 Beschaffungslogistik

In letzterem Fall wird in der betriebswirtschaftlichen Praxis eine Bedarfsmeldung oder eine sogenannte *Bestellanforderung* erzeugt, wenn das disponierte Material fremdbeschafft werden soll. Für den Fall einer internen Beschaffung erzeugt das SAP-System einen Plan- bzw. Fertigungsauftrag, um die benötigten Mengen zu fertigen.

2. **Bezugsquellenermittlung**
   Die externe Beschaffung von Material unterstützt der Einkauf mit der Lieferantenauswahl. Die Auswahl eines bestimmten Lieferanten kann unter Berücksichtigung vergangener Bestellungen oder aufgrund bestehender Kontrakte erfolgen. Die eigentliche Bedarfsermittlung und die Integration der Beschaffungslogistik in die Bedarfsplanung der Produktionslogistik erläutern wir in Abschnitt 3.3, »Bedarfsermittlung und Fremdbeschaffung«.
3. **Lieferantenauswahl und Angebotsvergleich**
   Das Ziel der Lieferantenauswahl und des Angebotsvergleichs ist es, insbesondere bei der erstmaligen Beschaffung, die günstigsten Einkaufskonditionen zu ermitteln. Hierzu zählen in der Regel das Erstellen von Lieferantenanfragen und der Vergleich von unterschiedlichen Angeboten.

4. **Bestellabwicklung**
   Nach der Lieferantenauswahl umfasst die Bestellabwicklung sämtliche Aktivitäten, um aus der Bestellanforderung und dem vorliegenden Angebot eine externe Beschaffung in Form einer Bestellung zu veranlassen. Die Bestellung stellt, sobald sie an einen externen Lieferanten oder einen anderen Unternehmensbereich übermittelt wurde, eine Aufforderung dar, die Materialien zu den vereinbarten Bedingungen zu liefern.
5. **Bestellüberwachung**
   Die Bestellüberwachung umfasst nach der Bestellabwicklung die Überwachung sämtlicher externer Beschaffungsvorgänge und die Analyse und Beobachtung der Bestellentwicklung. Hierzu zählt in der Regel die Überwachung der Wareneingänge und Rechnungseingänge sowie der Bezugsnebenkosten.
6. **Wareneingang und Bestandsführung**
   Der Wareneingang, also der Erhalt der bei einem externen Lieferanten oder einem anderen Unternehmensbereich angeforderten Materialien, schließt den eigentlichen Beschaffungsvorgang nach einer Prüfung von zulässigen Toleranzen und Qualität ab und führt zu einer Erhöhung des Lagerbestands.
7. **Rechnungsprüfung**
   Die Rechnungsprüfung prüft am Ende der logistischen Kette aus Einkauf und Bestandsführung die sachliche, preisliche und rechnerische Richtigkeit der Lieferantenrechnungen und weist den Rechnungsprüfer auf Mengen- und Preisabweichungen hin.

Neben diesen Kernprozessen der externen Beschaffung bietet SAP Supply Chain Management eng mit den ERP-Prozessen integrierte Applikationen, die die Beschaffungsprozesse ergänzen, insbesondere in Hinblick auf die Zusammenarbeit mit externen Dienstleistern und die Beschaffungsplanung.

SAP Supply Chain Management

Viele Unternehmen setzen heutzutage auf eine partnerschaftliche Zusammenarbeit mit Dienstleistern, Zulieferern und Kunden. Diese Herangehensweise hilft ihnen dabei, schneller und flexibler auf Anforderungen des Marktes zu reagieren, mit laufenden Innovationen und kürzeren Produktlebenszyklen umzugehen und Kosten zu reduzieren.

Supply Chain Management

Supply Chain Management (SCM) umfasst die Verwaltung des Material-, Informations- und Kapitalflusses in einem Netzwerk, das aus Lieferanten, Herstellern, Distributoren und Kunden besteht. Für ein effektives Supply Chain

Management ist die Koordination und Integration dieses Flusses innerhalb eines Unternehmens und zwischen den Unternehmen entscheidend.

Beschaffungsprozesse mit SAP SCM

SAP Supply Chain Management (SAP SCM) als Teil der Business Suite ist eine umfassende Lösung, die es Unternehmen ermöglicht, Produkte und Services durch den gesamten Lebenszyklus hindurch effizient zu planen und zu realisieren, indem sie eine synchronisierte und enge Interaktion zwischen allen beteiligten Fachabteilungen innerhalb einer Logistikkette unterstützt.

In diese Logistikkette sind sowohl Kunden, Vertrieb, Produktionsplanung und Lagerwirtschaft als auch Einkauf und Lieferanten einbezogen. Ein besonderer Schwerpunkt liegt auf der Abwicklung von unternehmensübergreifenden, kooperierenden Planungs- und Beschaffungsprozessen.

Kapitel 4, »Produktionslogistik«, beschreibt in diesem Zusammenhang die Grundlagen der Beschaffungsplanung mit SAP SCM. In diesem Abschnitt gehen wir auf die wesentlichen Integrationspunkte der SCM-basierten Beschaffungsplanung mit der ERP-basierten externen Beschaffung ein.

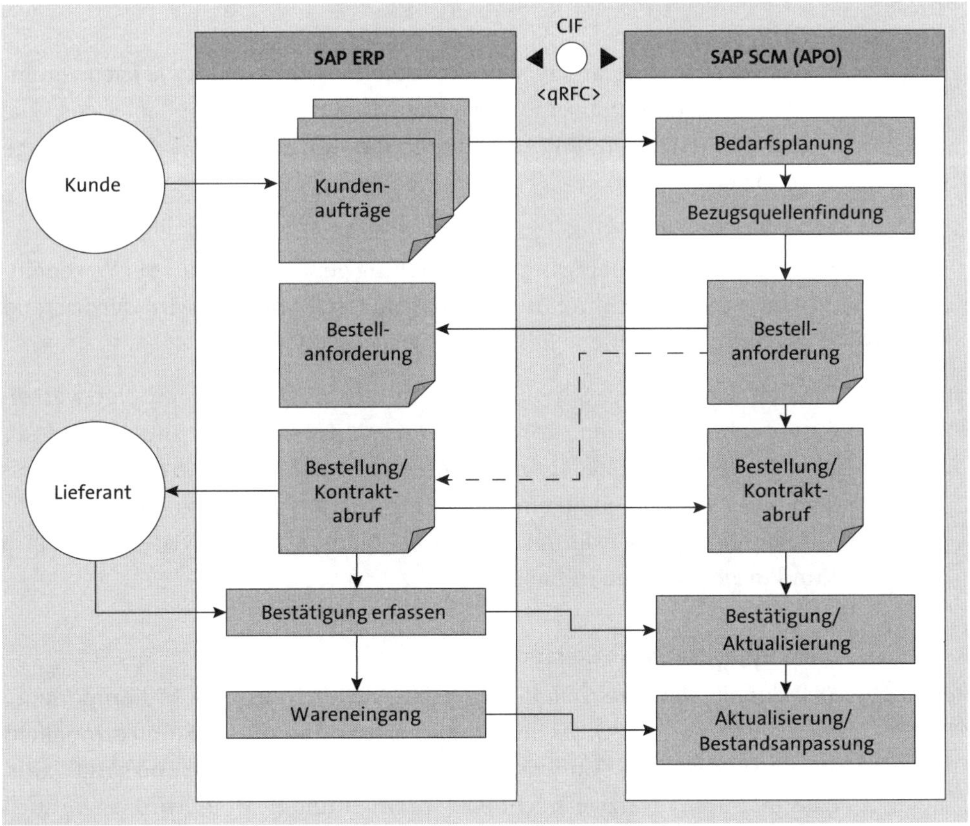

Abbildung 3.2 Externe Beschaffung mit SAP ERP und SAP SCM

Bedarfsplanung mit SAP APO

Die Bedarfsplanung und die Ermittlung der Bezugsquelle findet in der SCM-Komponente SAP APO (*SAP Advanced Planning and Optimization*) statt. Abbildung 3.2 zeigt, wie im Bereich der externen Beschaffung die Bedarfsplanung und Bezugsquellenfindung durch das APO-System durchgeführt werden kann. Die hierfür benötigten Stammdaten werden dabei grundsätzlich im ERP-System angelegt und über CIF (siehe hierzu auch die Erläuterungen zum *APO Core Interface* in Abschnitt 2.3.1) an das APO-System repliziert. Die über SAP APO geführte Bedarfsplanung und ihre Integration in das ERP-System laufen wie folgt ab:

1. Die eigentliche Bedarfsplanung erfolgt im APO-System, wobei die aus SAP ERP replizierten Einkaufsinfosätze Fremdbeschaffungsbeziehungen in SAP APO darstellen. (Informationen zu den Einkaufsinfosätzen finden Sie in Abschnitt 3.2.3.)
2. Das Ergebnis der Bedarfsplanung ist in der Regel eine Bestellanforderung, die an das ERP-System übergeben wird.
3. Die Bestellanforderung wird dort in eine Bestellung überführt, die an den externen Lieferanten kommuniziert und an SAP APO übertragen wird.
4. Der externe Lieferant avisiert die Bestellung und schickt, je nach vereinbarter Bestätigung, eine Bestellbestätigung oder ein Lieferavis. Die Bedarfsmengen in SAP APO werden daraufhin um die avisierte Menge reduziert.
5. Sämtliche Wareneingänge zur Bestellung werden in SAP ERP erfasst.
6. Sobald der Wareneingang zur Bestellung gebucht ist, wird der Wareneingang automatisch in SAP APO übertragen. Daraufhin wird der Bestand erhöht und die offene Bestellmenge reduziert.

Kooperation und Transparenz

Da sich traditionelle Supply-Ketten immer mehr zu Supply-Netzwerken entwickeln, gewinnen Kooperation und Transparenz zunehmend an Bedeutung. Für Hersteller und Zulieferer beginnt die erfolgreiche Kooperation bereits damit, einen einfachen Informationszugang zu Beständen für alle Beteiligten zu gewährleisten, damit Zulieferer immer wissen, wann ihre Kunden welchen Bedarf haben.

SAP Supply Network Collaboration

Bessere Lieferantenkooperation

SAP Supply Network Collaboration (SAP SNC) ist eine SCM-Komponente und Teil von SAP APO. Als internetbasierte Softwareapplikation ermöglicht sie eine verbesserte Kooperation mit externen Lieferanten und sorgt dafür, dass ihr Supply-Netzwerk schneller, präziser und flexibler wird (siehe auch Abbildung 3.3). SAP SNC stellt hierfür Bestandsinformationen schnell und nahtlos zur Verfügung und ermöglicht es externen Zulieferern, eigenständig auf bestimmte Bedarfs- und Bestandssituationen zu reagieren. SAP SNC eignet sich daher vor allem für produzierende Unternehmen mit Serienfertigung (z. B. Automobilindustrie) und Handelsunternehmen.

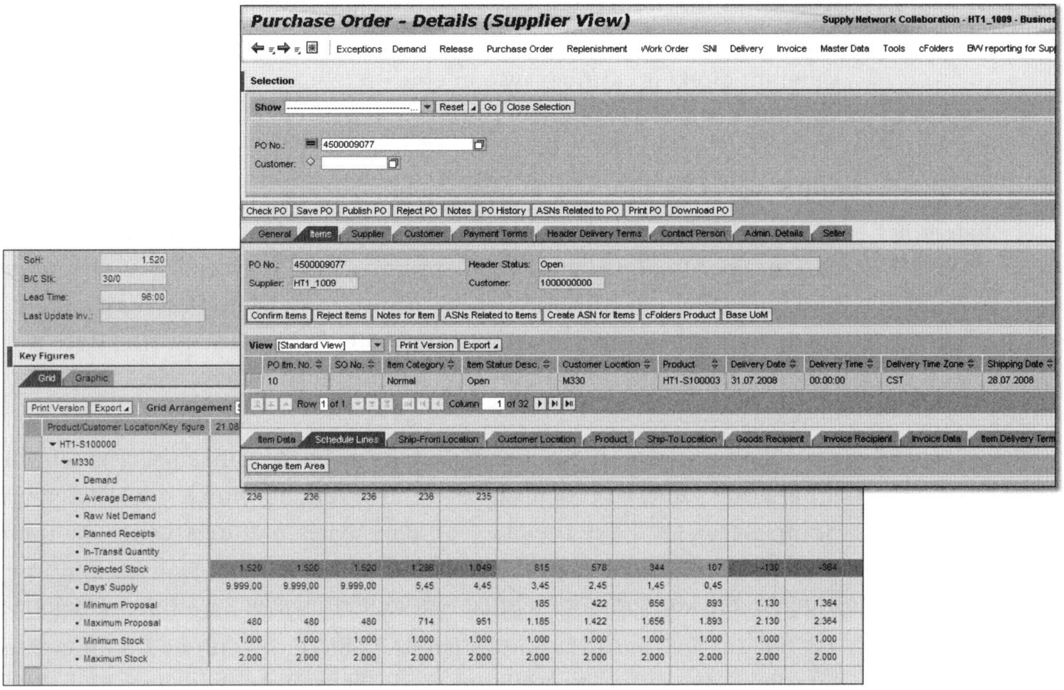

Abbildung 3.3 SAP Supply Network Collaboration (SAP SNC)

Supplier Managed Inventory (SMI)

Insbesondere bei der an einen Lieferanten ausgelagerten Nachschubplanung, dem sogenannten *Supplier Managed Inventory* (SMI), übermittelt SNC dem Lieferanten alle erforderlichen Informationen, damit dieser den erforderlichen Nachschub planen kann. Zu diesem Zweck wird das angeschlossene SNC-System von SAP ERP nicht nur mit den aktuellen Bestandsinformationen versorgt, sondern auch mit den geplanten Bedarfen. Auf Basis dieser Informationen gibt jede betrachtete Periode Auskunft darüber, welche Menge der Lieferant an den Kunden liefern will. Der Lieferant legt dabei die geplanten Zugänge so fest, dass der projektierte Bestand stets zwischen den im System hinterlegten Mindest- und Höchstbeständen liegt. Bei der Berechnung dieses Soll-Bestands berücksichtigt das System sowohl den aktuellen Lagerbestand als auch die geplanten Zu- und Abgänge.

Das Ergebnis der Planung ist die Beschaffung. In diesem Fall kann der Lieferant selbstständig in SAP ERP eine Bestellung erzeugen (siehe Abbildung 3.3), oder er legt direkt ein Lieferavis zur Bestellung oder dem geplanten Zugang an. Das Vereinnahmen der Ware erfolgt analog zur externen Beschaffung. Diesen Vorgang erläutern wir in Abschnitt 3.5, »Anlieferung und Rechnungsprüfung«.

Abbildung 3.3 zeigt die browserbasierte Oberfläche von SAP SNC. In diesem Beispiel wurde der Lieferant mit der aktuellen Bestands- und Bedarfssituation versorgt. Auf Basis der visualisierten Reichweite des Bestands kann der Lieferant direkt im Kundensystem eine Bestellung anlegen und die bereits von ihm erstellten Belege jederzeit bearbeiten.

SAP Supplier Relationship Management

Strategisches Lieferantenmanagement

SAP Supplier Relationship Management (SAP SRM) bietet innovative Methoden zur Koordination der Geschäftsprozesse mit Ihren Schlüssellieferanten und hilft dabei, die Effizienz dieser Prozesse zu steigern. Durch die systemgestützte Optimierung Ihrer Einkaufsstrategie können Sie effektiver mit Lieferanten zusammenarbeiten und langfristig von allen Lieferantenbeziehungen profitieren.

SAP SRM unterstützt Sie dabei, das betriebliche Einkaufsverhalten zu untersuchen und zu prognostizieren, und verkürzt durch die Echtzeitzusammenarbeit mit externen Lieferanten die Beschaffungszyklen. Dadurch werden Ihre Prozesse effizienter, Sie reduzieren Ihre Beschaffungsaufwendungen und können mit mehr Lieferanten intensiver zusammenarbeiten.

Funktionen von SAP SRM

Als Teil der SAP Business Suite stellt SAP SRM eine zentrale Komponente für die Beschaffung von Waren und Dienstleistungen dar. SAP SRM beinhaltet neben umfangreichen Reporting-Funktionen elektronische Kataloge und die dazugehörigen Pflegetools (SAP Catalog and Content Management), eine Lieferantenintegration (Supplier Self-Service) sowie Ausschreibungs- und Auktionsfunktionen.

Abgrenzung von SAP SRM und SAP ERP

Obwohl sich das vorliegende Kapitel zur Beschaffungslogistik im Wesentlichen mit der externen Beschaffung mithilfe von SAP ERP beschäftigt, möchten wir im Folgenden die enge Integration zwischen SAP SRM und SAP ERP veranschaulichen und die wesentlichen Funktionen beider Systeme voneinander abgrenzen.

Beschaffungsfunktionen in SAP ERP

SAP ERP bietet folgende Beschaffungsfunktionen:

- operative und taktische Beschaffung
- Kontraktmanagement
- Bestellabwicklung
- Rechnungsprüfung
- Beschaffung externer Dienstleistungen
- Integration in die Transport- und Lagerlogistik

Damit ist SAP ERP das zentrale System für die *operative Bestellabwicklung*. Es bietet neben den originären Funktionen des operativen Einkaufs eine nahtlose Integration in die Bestandsverwaltung und das Finanz- und Rechnungswesen.

Beschaffungsfunktionen in SAP SRM

SAP SRM bietet folgende Beschaffungsfunktionen:

- zentrale Bezugsquellenfindung und Verwaltung operativer Kontrakte
- strategische Bezugsquellenfindung mit Ausschreibungen
- strategische Bezugsquellenfindung mit Live-Auktionen
- Lieferantenqualifizierung
- Lieferantenbewertung
- analytische Funktionen

SAP SRM stellt folgende Geschäftsszenarien zur Verfügung:

Verwaltung operativer Kontrakte

Mit der *Kontraktverwaltung* können Einkäufer aus verschiedenen Bereichen des Unternehmens an unterschiedlichen Standorten von den Bedingungen global ausgehandelter Verträge für spezifische Produktkategorien profitieren.

Zentralkontrakte

In SAP SRM können *Zentralkontrakte* angelegt werden, die als Bezugsquelle sowohl in SAP ERP als auch in SAP SRM verwendet werden können. Hierzu werden relevante Daten als Bezugsquelle an das ERP-System gesendet, und es lässt sich ein bestimmter Kontrakt oder ein Lieferplan in SAP ERP anlegen. Zentralkontrakte können nicht nur angelegt und geändert werden – bestehende Kontrakte lassen sich direkt mit dem Lieferanten oder durch das Anlegen einer Ausschreibung neu verhandeln. Ein Kontrakt kann hierbei entweder automatisch als Bezugsquelle zugeordnet oder neben vielen anderen Kontrakten als potenzieller Bezugsquellenkontrakt aufgelistet werden. Ein strategischer Einkäufer kann einen Kontrakt anlegen, sobald er eine langfristige Beziehung mit einem Lieferanten plant, und einzelnen Benutzern oder Benutzergruppen stufenweise Berechtigungen für Kontrakte geben. Zentralkontrakte lassen sich an abrufberechtigte Einkaufsorganisationen (siehe Kapitel 2, »Organisationsstrukturen und Stammdaten«) verteilen, und diese Einkaufsorganisationen können die Zentralkontrakte als Bezugsquelle in einem entsprechenden ERP-System verwenden. (Abbildung 3.20 zeigt in diesem Zusammenhang eine integrierte Fremdbeschaffung auf Basis eines SRM-Kontrakts.)

Kontraktorganisation mit Hierarchien

Sie können Kontrakte mit *Hierarchien* organisieren, strukturieren, anzeigen und suchen. Wenn Sie SAP Business Warehouse (SAP BW) verwenden, lassen sich verschiedene konsolidierte Reports zur Kontraktverwaltung anzeigen. Beispielsweise können Sie den Gesamtwert anzeigen, der gegen alle Kontrakte in einer Kontrakthierarchie abgerufen wurde.

Strategische Bezugsquellenfindung

Mit der *strategischen Bezugsquellenfindung* auf Basis von Ausschreibungen können Sie Material über Ausschreibungen beschaffen (*Request for Information, Request for Proposal* und/oder *Request for Quotation*), wobei mit oder ohne Einbindung der Bezugsquellenfindung (Sourcing-Anwendung) gearbeitet werden kann. Die *Sourcing-Anwendung* unterstützt den professionellen Einkäufer bei der Bearbeitung von Anforderungen und bei der Ermittlung der besten Bezugsquelle. Wenn Angebote von Lieferanten eingegangen sind, können Sie direkt aus der Sourcing-Anwendung oder in der SAP Bidding Engine als Ergebnis einer Ausschreibung eine Bestellung oder einen Kontrakt anlegen.

Live-Auktionen

Alternativ zu den Ausschreibungen können Sie für die Bezugsquellenfindung auch *Live-Auktionen* einsetzen. Bei der strategischen Bezugsquellenfindung mit Live-Auktionen können Sie z. B. Regeln für die Angebotsabgabe festlegen, und Bieter können Angebote in einer separaten Auktionsanwendung in Echtzeit abgeben. Auch dieses Geschäftsszenario kann mit oder ohne Unterstützung der Sourcing-Anwendung genutzt werden. Analog zur Ausschreibung lassen sich aus Angeboten oder den Ergebnissen einer Auktion Bestellungen oder Kontrakte anlegen.

Lieferantenqualifizierung

Die *Lieferantenqualifizierung* ermöglicht es externen Lieferanten, sich über einen Link auf der Homepage Ihres Unternehmens selbst zu registrieren, wobei sich die Lieferanten bei der Registrierung einer oder mehreren Produktkategorien zuordnen können. Die Einkäufer können in diesem Zusammenhang produktkategorienbezogene und von Produktkategorien unabhängige Fragebögen definieren und so weitere allgemeine Informationen zu potenziellen Lieferanten einfordern. Das System sendet die Fragebögen nach erfolgreicher Registrierung direkt an den externen Lieferanten.

Nachdem der Einkäufer die Lieferanten als potenzielle Geschäftspartner akzeptiert hat, können diese über eine definierte Schnittstelle in das produktive Einkaufssystem übernommen werden, z. B. als gewünschte Teilnehmer einer Ausschreibung oder als Teil einer Lieferantenliste. Ein Lieferant kann aufgrund schlechter Qualität der gelieferten Waren oder der erbrachten Dienstleistungen oder aufgrund schlechter Geschäftsbeziehungen zeitweilig oder komplett gesperrt werden. Darüber hinaus kann der Einkäufer entscheiden, ob der Lieferant berechtigt sein soll, selbstständig seine Daten zu ändern und weitere Folgebelege anzulegen, wie z. B. Rechnungen.

Lieferantenbewertung

Die *Lieferantenbewertung* bietet Ihnen die Möglichkeit, Ihre Lieferanten auf der Grundlage von internetbasierten Befragungen zu bewerten. In diesem

Zusammenhang lassen sich Umfragen und Fragebögen nach spezifischen Anforderungen konfigurieren. Dabei können Sie die Kriterien auswählen, nach denen Sie bewerten möchten, und festlegen, wann die Befragung stattfinden soll. Die Daten werden an SAP BW übertragen. Dort stehen verschiedene Reports zur Verfügung, mit denen die Ergebnisse analysiert, passende Lieferanten ausgewählt und die besten Konditionen ausgehandelt werden können.

Mit einem *Lieferantenbewertungs-Cockpit* können Sie die Umfragen erstellen und verteilen. Eingehende Antworten werden überwacht, und Erinnerungen werden an diejenigen Lieferanten versendet, die nicht geantwortet haben. Die Lieferantenbewertung wird im Wesentlichen dazu eingesetzt, alltägliche Aktivitäten auf der Grundlage von operativen Belegen zu bewerten. Sie dient somit zur Verbesserung von strategischen und langfristigen Lieferantenbeziehungen.

Analytische Funktionen

Für die Ausgabenanalyse eines Unternehmens stehen analytische Funktionen zur Verfügung. Mit diesen lassen sich – auf der Basis von SAP BW – Daten aus einer ganzen Bandbreite heterogener Systeme und aus allen relevanten Geschäftsbereichen extrahieren, konsolidieren und entsprechend den betrieblichen Reporting-Erfordernissen bereitstellen. Die vorhandene Flexibilität ermöglicht z. B. ein Reporting der Materialausgaben, konsolidierte Ausgabenvolumina, das Aussortieren von redundanten Lieferanten und die Bündelung von Bedarfen.

Integrierte Beschaffung

Die *integrierte Beschaffung* mithilfe von SAP ERP *und* SAP SRM bietet folgende Möglichkeiten:

- Verwaltung von Kataloginhalten
- Beschaffung per Self-Service
- Beschaffung mit Lieferantenanbindung

Verwaltung von Kataloginhalten

Das *Catalog Content Management* dient zur Erstellung eigener oder zur Einbindung fremder, elektronischer Kataloge, die mit SAP ERP und SAP SRM verwendet werden. Die Kataloge basieren hierbei auf Daten von SAP NetWeaver Master Data Management (SAP NetWeaver MDM) und können browserbasiert in den Beschaffungsprozessen von SAP SRM aufgerufen werden.

Kataloge werden in der externen Beschaffung dazu verwendet, Produkte und Leistungen von externen Lieferanten zu suchen, zu vergleichen und zu beschaffen. Während der Beschaffung durch einen Self-Service unterstützen Kataloge den Mitarbeiter darin, die richtigen Produkte zu finden und Fehlbeschaffungen zu minimieren, insbesondere indem sie Bilder und Beschreibungen einbinden.

[»]

Kernfunktionen von SAP NetWeaver Master Data Management

SAP NetWeaver MDM unterstützt Folgendes:

- Funktionen für das Catalog Content Management, wie den Import von Katalogstrukturen oder -daten, die Übertragung von Katalogpositionen in eine Beschaffungsapplikation sowie Suchfunktionen
- Einkaufskataloge
- Lieferantenkataloge in einem webbasierten Umfeld

Beschaffung per Self-Service

Die *Beschaffung per Self-Service* bietet Mitarbeitern die Möglichkeit, eigene Bestellvorgänge anzulegen und ihren Bedarf (z.B. den wiederkehrenden Bedarf an Büromaterial oder anderen Verbrauchsmaterialien) direkt über ein browserbasiertes *Einkaufsportal* zu erfassen (siehe Abbildung 3.4).

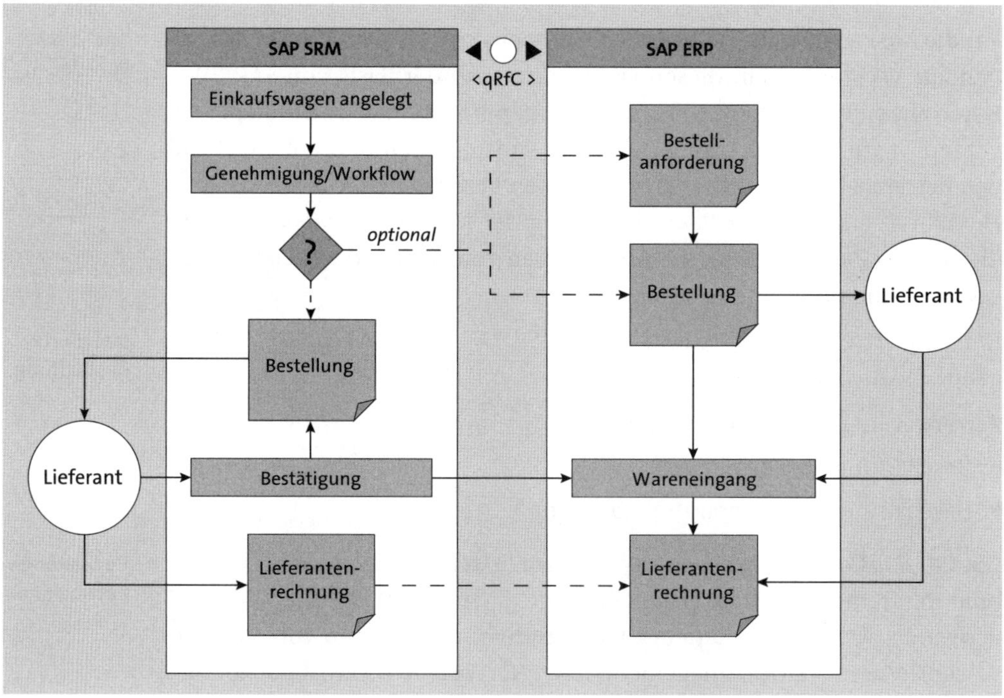

Abbildung 3.4 Externe Beschaffung über Self-Service

Durch den Einsatz elektronischer Kataloge wird der Beschaffungsvorgang beschleunigt und die Einkaufsabteilung nicht mit umfangreichen Verwaltungsaufgaben belastet. Der Einkauf kann sich dem eigentlichen Bezugsquellenmanagement widmen.

Self-Service-Beschaffungsprozess

In diesem Self-Service-Szenario wird in SAP SRM nur der Einkaufswagen angelegt. Alle anderen Belege, z. B. Bestellungen und Rechnungen, werden im ERP-Backend-System verwaltet.

Der eigentliche Beschaffungsprozess kann, je nach betrieblichen Anforderungen und der Systemkonfiguration, aus folgenden Schritten bestehen:

1. Über eine browserbasierte Oberfläche, den *Employee Self-Service* (ESS), wählt der Mitarbeiter aus einem oder mehreren elektronischen Katalogen seinen Bedarf aus und legt die gewählten Produkte in einen virtuellen Einkaufswagen.
2. Der Mitarbeiter kann den Einkaufswagen (siehe Abbildung 3.5) benennen und prüfen, ob er in Abhängigkeit betrieblicher Vorgaben (Einkaufsvolumen, Höchstbeträge etc.) genehmigt werden muss. In diesem Fall lässt sich automatisch ein Genehmigungs-Workflow starten. Sobald ein zu genehmigender Einkaufswagen durch einen Manager freigegeben ist, wird der Bedarf an SAP ERP übergeben. (Abbildung 3.5 zeigt einen Genehmigungs-Workflow, der auch bei der Genehmigung eines Einkaufswagens verwendet werden kann.)

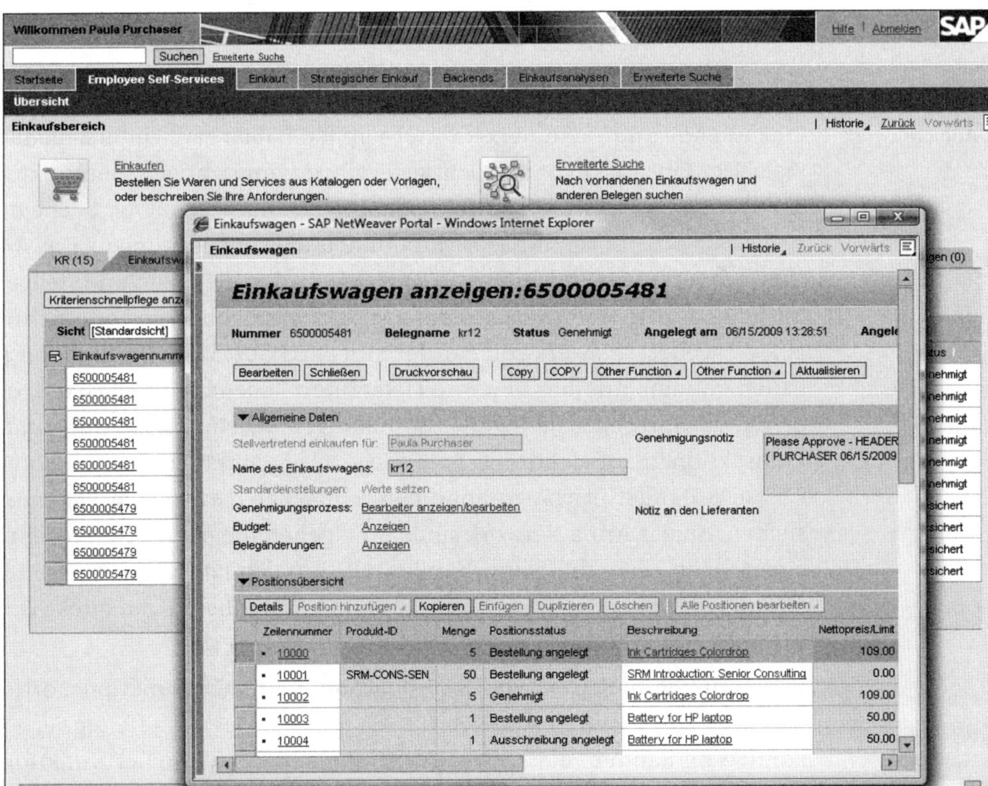

Abbildung 3.5 Einkaufswagen in SAP SRM

3. Dieser Bedarf kann im angeschlossenen ERP-System zu einer Reservierung, einer Bestellanforderung oder direkt zu einer Bestellung führen, die an den externen Lieferanten übermittelt wird. Die Entscheidung darüber, in welchem System die Einkaufsbelege erstellt werden, hängt von der Warengruppe der bestellten Position ab. Grundsätzlich ist es hierbei möglich, dass die Belege entweder in SAP SRM oder optional in SAP ERP erzeugt werden.
4. Über den SAP Supplier Self-Service kann der Lieferant zu dieser Bestellung eine Auftragsbestätigung oder ein Lieferavis erfassen.
5. Der Wareneingang erfolgt in SAP ERP.
6. Über den Supplier Self-Service kann der Lieferant nicht nur die Rechnung erfassen, sondern auch den aktuellen Zahlungsstatus kontrollieren.

Beschaffung mit Lieferantenanbindung

Analog zum bereits geschilderten Beispiel erfolgt die eigentliche operative Beschaffung in SAP ERP. Die externen Lieferantensysteme können bei Bedarf direkt an das eigene Beschaffungssystem angebunden werden. Durch die Anbindung und den Einsatz des SAP Supplier Self-Service können der eigene Einkauf und die externen Lieferanten eng zusammenarbeiten – von der Bestellung über das Lieferavis bis hin zur Rechnung.

Ariba

Ariba Network

Einkaufende und verkaufende Unternehmen haben ganz unterschiedliche Ziele. Der Einkauf sucht das richtige Produkt zum richtigen Zeitpunkt von einem zuverlässigen Lieferanten. Der Vertrieb indes ist auf der Suche nach neuen Absatzchancen für seine Produkte und Dienstleistungen. Das *Ariba Network* verbindet Einkäufer und Lieferanten über die Cloud und stellt eine internetbasierte Handelsplattform zur Verfügung, über die Unternehmen ein weltweites Netzwerk von Partnern für geschäftliche Transaktionen aufbauen können. Kunden und ihre Lieferanten haben die Möglichkeit, über diese Plattform beispielsweise Bestellungen, Rechnungen und andere Transaktionen auf elektronischem Wege auszutauschen. Kunden können über die Handelsplattform außerdem einfacher nach neuen Lieferanten suchen. An das Ariba Network sind laut eigenen Angaben bereits mehr als eine Million Lieferanten angebunden. Die Kunden können mit diesen Lieferanten in Kontakt treten, Angebote von ihnen einholen und direkt Transaktionen mit ihnen ausführen.

Ende 2012 wurde Ariba von SAP übernommen. Sein Funktionsportfolio wurde inzwischen weitestgehend in die SAP Business Suite integriert. Wir können im Rahmen dieses Buchs nicht detailliert auf die Kernfunktionen dieser Cloud-Software eingehen, möchten Ihnen aber einen kurzen Überblick über den Funktionsumfang von SAP Ariba geben.

Funktionen von SAP Ariba

Die strategische Bezugsquellenfindung ist ein wesentliches Instrument für Unternehmen, die ihre Beschaffungsentscheidungen optimieren und Waren und Dienstleistungen über eine weltweite Lieferkette beziehen möchten. SAP Ariba bietet hierbei integrierte Cloud-Lösungen für das Ausgabenmanagement mit Funktionen für Ausgabenanalysen, Bezugsquellenfindung, Vertragsverwaltung, elektronische Beschaffung, Überwachung der Lieferantenleistung und Verwaltung des Umlaufvermögens.

Bestellungen lassen sich direkt über das SAP-ERP-System des Kunden oder über Fremdsysteme ohne Medienbruch an die Lieferanten senden. Auch Lieferanten können ihre Rechnungen im elektronischen Format an ihre Kunden übermitteln. Diese Rechnungen können nach vorab definierten Regeln erstellt und verteilt werden. Die korrekten Rechnungen werden direkt an das System des Kunden übermittelt und können umgehend bezahlt werden. Für die Kunden hat dies den Vorteil, dass sie Skonti der Lieferanten in Anspruch nehmen können. Manuelle Prozesse sollen sich dadurch weitestgehend vermeiden lassen, was zu einem deutlich geringeren Zeit- und Kostenaufwand führen soll.

Integration mit SAP ERP und SAP SRM

Aus Sicht von SAP ERP kann SAP Ariba insbesondere für die Bezugsquellenfindung und die operative Beschaffung integriert werden. Benutzer legen in diesem Fall einen Einkaufswagen in SAP SRM an. Die Produktauswahl wird dabei über einen Katalog vorgenommen, und der Einkaufswagen wird nach vordefinierten Regeln verarbeitet. Die Verarbeitung umfasst dabei in der Regel die Genehmigung und die Integration mit SAP ERP. In SAP ERP wird aus dem Einkaufswagen eine Bestellanforderung erstellt und anschließend in eine Bestellung umgewandelt. Alternativ kann die Bestellanforderung, nachdem die Bezugsquelle ermittelt wurde, auch direkt in SAP ERP angelegt werden (siehe hierzu auch Abschnitt 3.3.2, »Bestellanforderung«).

Die Bestellung wird anschließend über das Ariba Network an den bevorzugten Lieferanten weitergeleitet. Die Kommunikation mit dem Lieferanten kann dabei ebenso wie die Rechnungsstellung vollständig in SAP Ariba erfolgen.

3.2 Stammdaten der Beschaffung

Aufbauend auf Kapitel 2, »Organisationsstrukturen und Stammdaten«, erläutern wir in diesem Abschnitt die einkaufsspezifischen Funktionen des Materialstamms, des Lieferantenstamms und der Einkaufsinfosätze. Abbildung 3.6 zeigt neben der zentralen Bedeutung des Einkaufsinfosatzes dessen Stammdatenbeziehungen und die grundsätzlichen Belege in der Bestellabwicklung, der Anlieferungsbearbeitung und der Rechnungsprüfung.

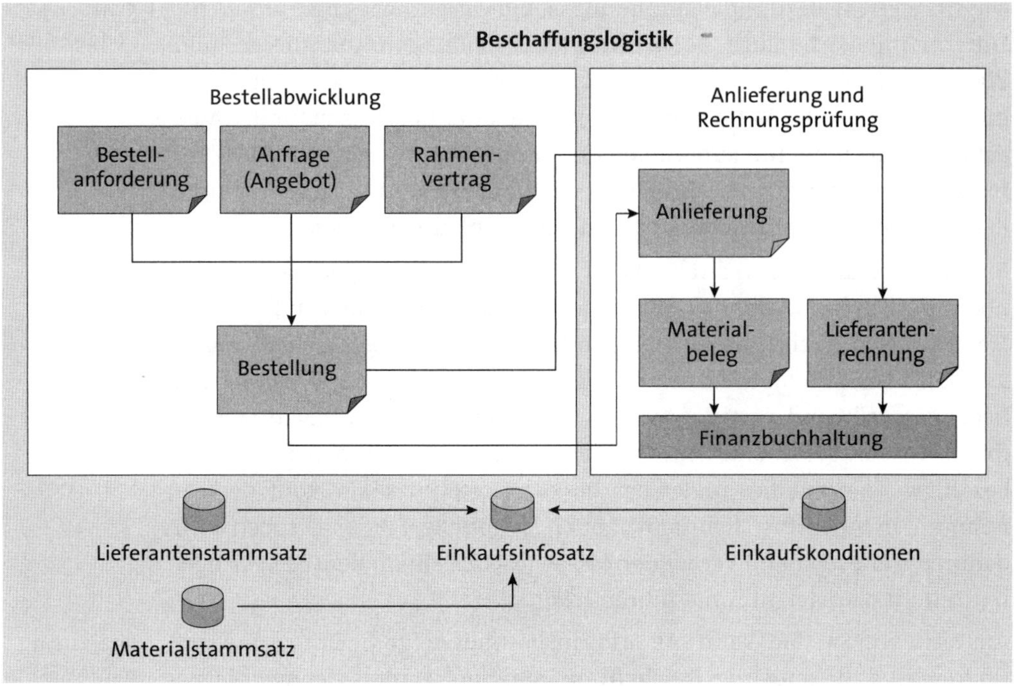

Abbildung 3.6 Stammdaten im Beschaffungsprozess

3.2.1 Lieferant

Die Informationen über die einzelnen Lieferanten eines Unternehmens sind in *Lieferantenstammsätzen* abgelegt. Ein Lieferantenstammsatz umfasst neben dem Namen und der Anschrift des Lieferanten z. B. Angaben über die in Verbindung mit dem Lieferanten geltende Währung, über Zahlungsbedingungen sowie die Namen von Kontaktpersonen beim Lieferanten.

Da der Lieferant in der Buchhaltung zugleich als kreditorischer Geschäftspartner des Unternehmens gilt, enthält der Lieferantenstammsatz auch buchhalterische Daten, wie z. B. das Abstimmkonto der Hauptbuchhaltung. Die Pflege des Lieferantenstammsatzes erfolgt daher in der Regel sowohl in der Fachabteilung im Einkauf als auch in der Buchhaltung.

Drei Bereiche des Lieferantenstammsatzes

Je nach betrieblichen Erfordernissen können die im Lieferantenstammsatz hinterlegten Daten nur für bestimmte Organisationsebenen gelten. Aus diesem Grund besteht der Lieferantenstammsatz aus drei Bereichen, die eine differenzierte Pflege der relevanten Informationen ermöglichen, und zwar getrennt nach Buchungskreis, Einkaufsorganisation und Werk. Abbildung 3.7 zeigt die Sichten, die Ihnen für die Pflege eines Lieferanten zur Verfügung stehen.

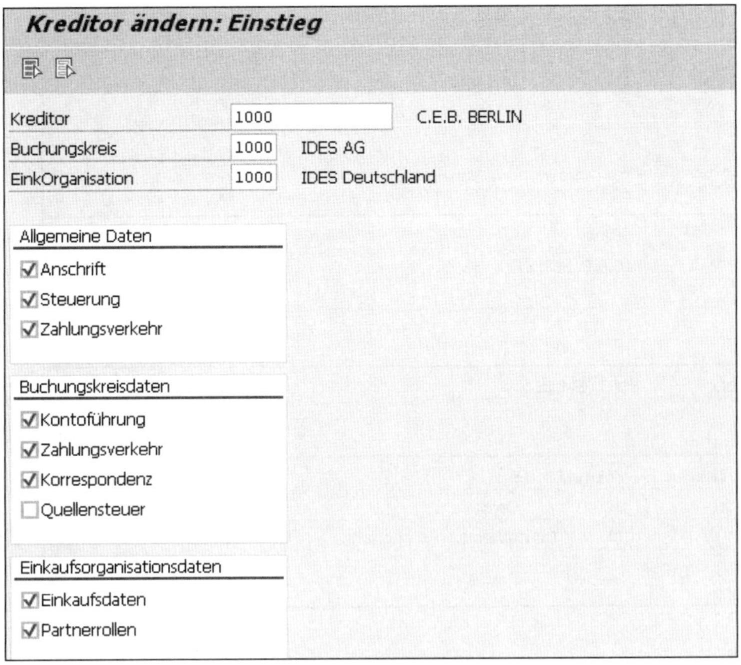

Abbildung 3.7 Datensichten des Lieferantenstammsatzes (Transaktion XK02)

Allgemeine Daten

Die *allgemeinen Daten* sind Daten, die für jeden Buchungskreis innerhalb des Unternehmens gleichermaßen gelten. Zu diesen allgemeingültigen Informationen zählen neben der Anschrift (siehe Abbildung 3.8), den Kommunikationsdaten (Telefon, E-Mail etc.) und der Sprache, in der mit dem Lieferanten kommuniziert wird, auch Steuerungsdaten und die Bankverbindung des Lieferanten.

Buchungskreisdaten

Die *Buchungskreisdaten* sind im Gegensatz zu den allgemeinen Daten buchungskreisspezifisch. Das heißt, sie könnten sich grundsätzlich pro Buchungskreis unterscheiden und es ermöglichen, differenzierte Buchhaltungsdaten (z. B. Zahlungsverkehrsdaten oder die Nummer des Abstimmkontos) gemäß den betrieblichen Erfordernissen zu pflegen. Hierzu zählen insbesondere die Daten der Kontoführung und das Abstimmkonto.

Nummernvergabe

Beim Anlegen eines Lieferanten wird eine eindeutige Nummer für den Kreditor vergeben. Die Art der Nummernvergabe (das heißt externe Nummernvergabe durch den Sachbearbeiter oder interne Nummernvergabe durch das System) richtet sich hierbei nach der sogenannten *Kontengruppe* des Kreditors. Die vergebene Kreditorennummer ist gleichzeitig die Nebenbuchnummer der Finanzbuchhaltung. In der Nebenbuchhaltung wird die Summe der Verbindlichkeiten pro Lieferant fortgeschrieben.

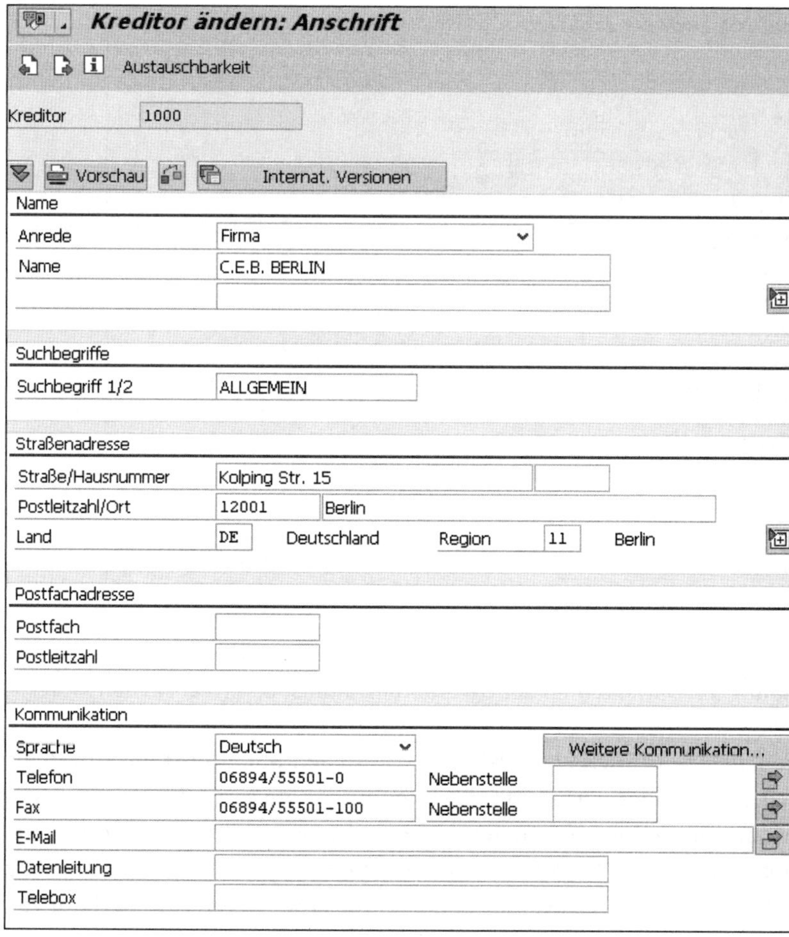

Abbildung 3.8 Anschrift des Lieferanten (Transaktion XK02)

Abstimmkonto

Da es sich hierbei um buchhalterische Zahlungsverpflichtungen des Unternehmens (insbesondere aus externen Beschaffungsvorgängen) handelt, muss zusätzlich ein *Abstimmkonto* gepflegt werden. Das Abstimmkonto ist ein buchungskreisabhängiges Stammdatum im Lieferantenstamm und entspricht einem Sachkonto in der Hauptbuchhaltung. Es bildet die Verbindlichkeiten einer Firma gegenüber mehreren Lieferanten in der Hauptbuchhaltung ab.

Neben den für die interne Steuerung benötigten Kontoinformationen enthalten die buchungskreisabhängigen Daten (siehe Abbildung 3.9) auch Angaben zum Zahlungsverkehr. Das sind Informationen zu den vereinbarten Zahlungsbedingungen, um Lieferantenrechnungen zu begleichen, und zur Korrespondenz mit dem Lieferanten sowie optionale Angaben zur Quellensteuer.

Einkaufsdaten

Die eigentlichen *Einkaufsdaten* sind von der Einkaufsorganisation abhängig. Sie bilden die nächste Datenebene der organisationsabhängigen Lieferantenstammdaten. Zu den für den Einkauf Ihres Unternehmens wichtigen Daten, die pro Einkaufsorganisation gepflegt werden können, zählen grundsätzlich der jeweilige Ansprechpartner beim Lieferanten und die allgemeinen Liefer- bzw. Bestellkonditionen, die als Vorschlagswerte für Einkaufsinfosätze, Bestellungen und Rahmenverträge herangezogen werden.

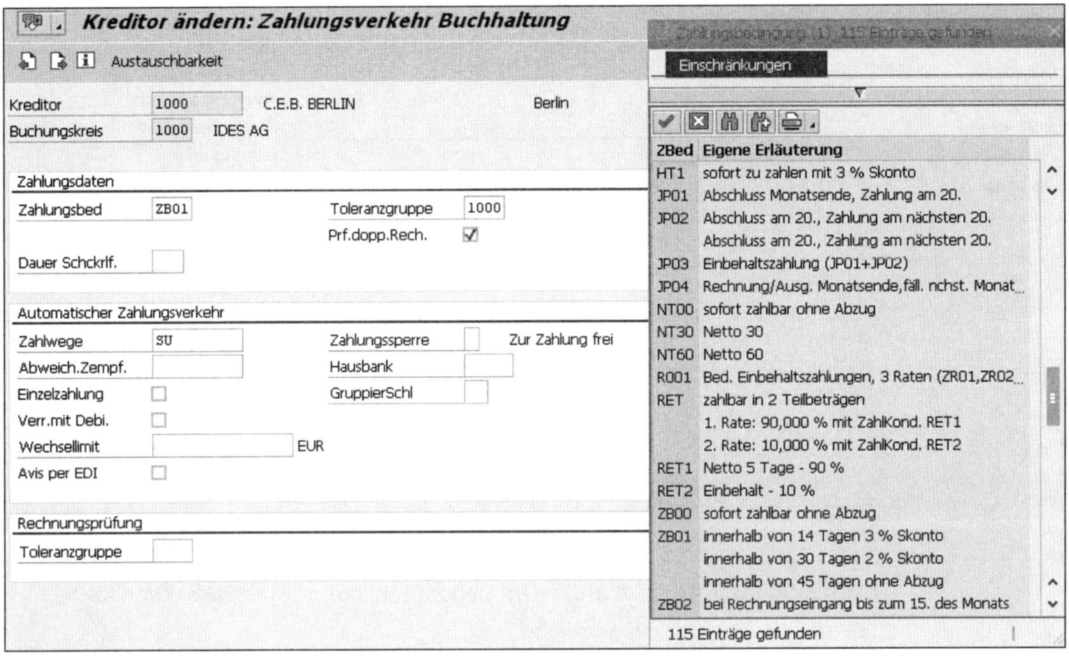

Abbildung 3.9 Buchhaltungsdaten zum Lieferanten (Transaktion XK02)

In den Einkaufsdaten des Lieferantenstamms werden in diesem Zusammenhang bereits die Bestellwährung und die für den Einkauf geltenden Zahlungsbedingungen gepflegt. Außerdem werden im Lieferantenstamm wichtige Steuerungsdaten hinterlegt. Diverse Kennzeichen entscheiden hierbei über die Verwendung weiterer Einkaufsfunktionen, z. B. über die automatische Erzeugung von Bestellungen aus Bestellanforderungen oder über die automatische Wareneingangsabrechnung.

Partnerrollen

Neben den Einkaufsdaten können im Lieferantenstammsatz sogenannte *Partnerrollen* gepflegt werden. Partnerrollen sind Geschäftspartner, die bestimmte Funktionen im Beschaffungsprozess bei einem externen Lieferanten übernehmen. Hierzu zählen z. B. abweichende Rechnungsersteller, die beim Buchen einer eingehenden Lieferantenrechnung mit Bezug zu einer Bestellung des betreffenden Lieferanten ermittelt werden sollen.

Abweichende Partnerrollen im Lieferantenstamm

Abbildung 3.10 zeigt den Lieferantenstamm des Kreditors 1000. Der Lieferant, die Firma C.E.B. in Berlin, hat die Partnerrolle LF (Lieferant). Der eigentliche Empfänger der Bestellung, definiert durch Partnerrolle BA (Bestelladresse), ist der Lieferant 3000, die Muttergesellschaft des Lieferanten C.E.B. in New York.

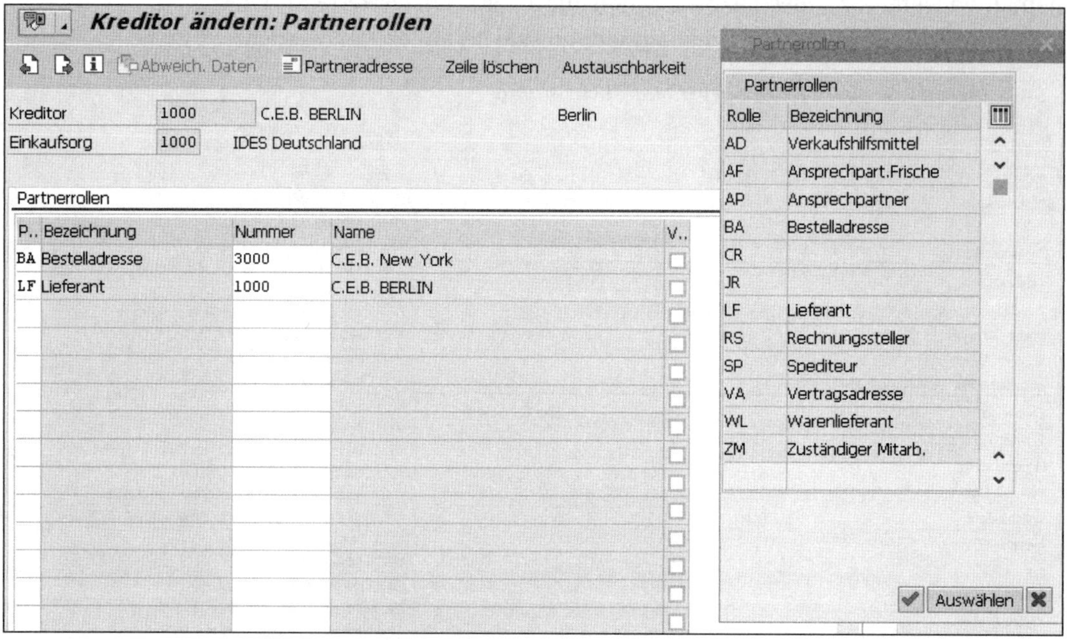

Abbildung 3.10 Partnerrollen im Lieferantenstammsatz (Transaktion XK02)

Grundsätzlich kann der Geschäftspartner gegenüber dem Unternehmen, je nach betriebswirtschaftlicher Notwendigkeit, verschiedene Rollen annehmen. Während eines Beschaffungsvorgangs bestimmt der Lieferantenstammsatz zunächst die Bestelladresse eines Unternehmens, dann den eigentlichen Warenlieferanten, anschließend den Rechnungsersteller und schließlich den Empfänger der Zahlung. Voraussetzung für die Nutzung von Partnerrollen ist die Existenz eines entsprechenden Stammsatzes für den jeweiligen Partner und die Pflege der Beziehungen – der Partnerrolle – im jeweiligen Lieferantenstamm. Die Partnerrollen werden als Vorschlagswerte in die Einkaufsbelege übernommen.

Abweichende Daten

Zusätzlich zu den Daten, die für eine Einkaufsorganisation gelten, können Einkaufsdaten oder Partnerrollen für ein bestimmtes Werk oder Lieferantenteilsortiment gepflegt werden, z. B. Zahlungsbedingungen oder Incoterms, die von denen der Einkaufsorganisation abweichen. Daten, die von denen der Einkaufsorganisation abweichen, werden *abweichende Daten* genannt.

Ein Lieferantenstammsatz ist eine notwendige Voraussetzung für das Anlegen eines Einkaufsbelegs (Anfrage, Bestellung, Rahmenvertrag).

CpD-Lieferanten

Falls für einen Geschäftspartner noch kein Lieferantenstammsatz angelegt wurde, kann beim Bestellen bzw. beim Anlegen einer Anfrage auf sogenannte *CpD-Lieferantenstammsätze* zurückgegriffen werden. Ein CpD-Stammsatz (*Conto pro Diverse*) wird für mehrere Lieferanten genutzt, wenn – insbesondere für Lieferanten, bei denen nur einmalig bestellt wird – kein eigener Stammsatz angelegt werden soll. Im Gegensatz zu den bereits erwähnten Lieferantenstammsätzen ist es daher nicht möglich, im Stammsatz für CpD-Lieferanten lieferantenspezifische Daten zu speichern.

Wir haben bereits im vorhergehenden Abschnitt in Zusammenhang mit den Buchungskreissichten des Debitors erläutert, dass die für einen Lieferantenstammsatz gewählte Kontengruppe die Nummernvergabe steuert. Beim Anlegen eines CpD-Lieferantenstammsatzes wird eine spezielle Kontengruppe für CpD-Lieferanten vergeben. Diese Kontengruppe blendet die lieferantenspezifischen Felder aus. Aus diesem Grund müssen diese Daten dann manuell beim Anlegen eines Einkaufsbelegs, z. B. einer Bestellung, eingegeben werden.

3.2.2 Material

Notwendigkeit von Materialstammsätzen

Für die in diesem Kapitel erläuterte Fremdbeschaffung ist die Existenz eines Materialstammsatzes nicht immer zwingend erforderlich: Während Verbrauchsmaterialien, bei denen der Verbrauch auf Kostenstellen oder Kundenaufträge kontiert wird, keinen Materialstammsatz benötigen, ist dieser für die Fremdbeschaffung von Lagermaterial erforderlich – hier insbesondere aufgrund der notwendigen Mengen- und Wertfortschreibung.

Materialstammsätze im Einkauf

Der Materialstammsatz enthält die Beschreibungen und Steuerungsdaten sämtlicher Artikel und Teile, die ein Unternehmen beschafft, fertigt oder lagert. Der Materialstammsatz ist die zentrale Quelle für den Abruf materialspezifischer Informationen. Durch die Integration der gesamten Materialdaten in einem einzigen Stammsatz entfällt das Problem der Datenredundanz, und es besteht die Möglichkeit, dass die gespeicherten Daten sowohl vom Einkauf als auch von anderen Unternehmensbereichen gemeinsam genutzt werden.

Die grundsätzlichen Eigenschaften und Sichten des Materialstammsatzes haben wir bereits in Kapitel 2, »Organisationsstrukturen und Stammdaten«, erläutert. In diesem Abschnitt gehen wir kurz auf die einkaufsspezifischen Informationen im Materialstamm ein, die entweder auf Ebene des Mandanten oder auf Werksebene gepflegt werden können.

Daten auf *Mandantenebene* gelten für jede Firma, jedes Werk und jedes Lager innerhalb eines Konzerns in gleichem Maße. *Werksdaten* sind für die einzelnen Betriebsstätten oder Abteilungen innerhalb einer Firma relevant. *Einkaufsspezifische Daten* werden in der Regel auf Werksebene gepflegt.

Einkaufsdaten

Zu diesen einkaufsspezifischen werksabhängigen Daten zählen hauptsächlich die Einkaufsdaten – die durch den Einkauf bereitgestellten Materialstammdaten. Bei diesen Stammdaten handelt es sich insbesondere um die *Einkäufergruppe*, die für die Beschaffung des Materials zuständig ist, um die Menge der zulässigen Über- und Unterlieferungen sowie um die eigentliche *Bestellmengeneinheit*, falls diese von der mandantenweit gültigen *Basismengeneinheit* abweichen sollte (siehe Abbildung 3.11).

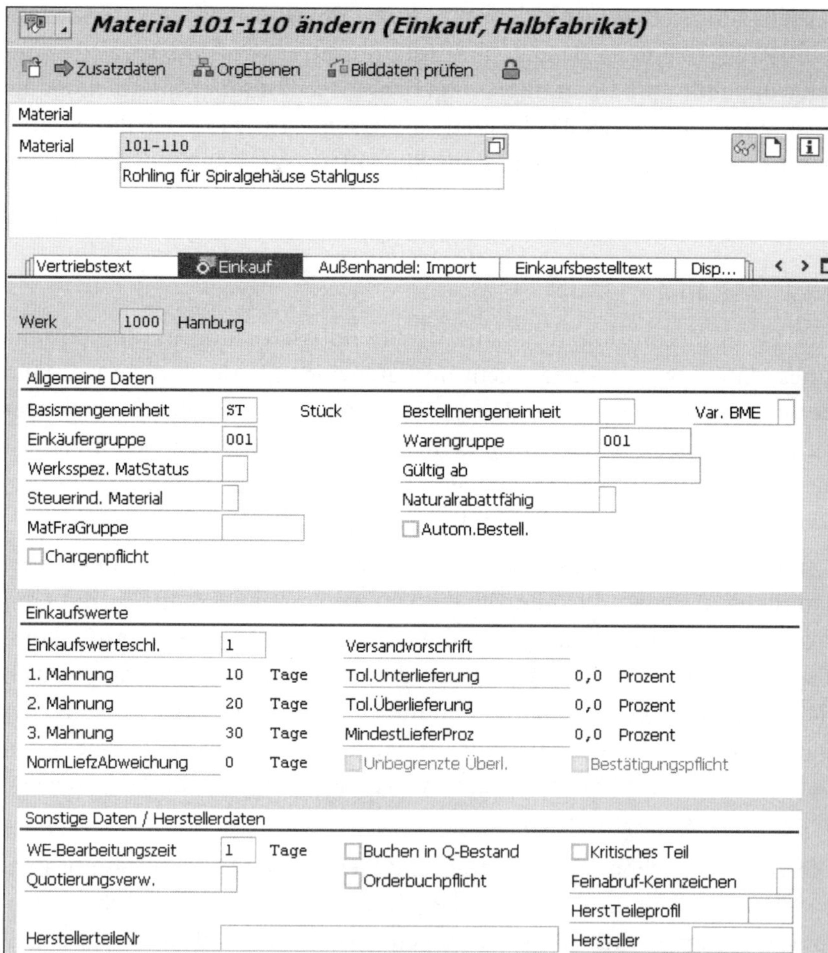

Abbildung 3.11 Einkaufssicht des Materialstamms (Transaktion MM02)

Darüber hinaus können auf der Registerkarte **Einkaufsbestelltext** zusätzliche Texte gepflegt werden, die z. B. in eine Bestellung übernommen werden können.

Einkaufsbestelltexte

Zusätzlich zur Materialbezeichnung können im Materialstamm sprachabhängige *Einkaufsbestelltexte* gepflegt werden (Registerkarte **Einkaufsbestelltext**), die ein Material näher beschreiben oder wichtige Hinweise an den Lieferanten enthalten. Pro Sprache kann ein Text gepflegt werden. Dieser Text wird automatisch, je nach Korrespondenzsprache des Lieferanten, in die verschiedenen Einkaufsbelege übernommen und kann dort manuell geändert werden (siehe Abbildung 3.12).

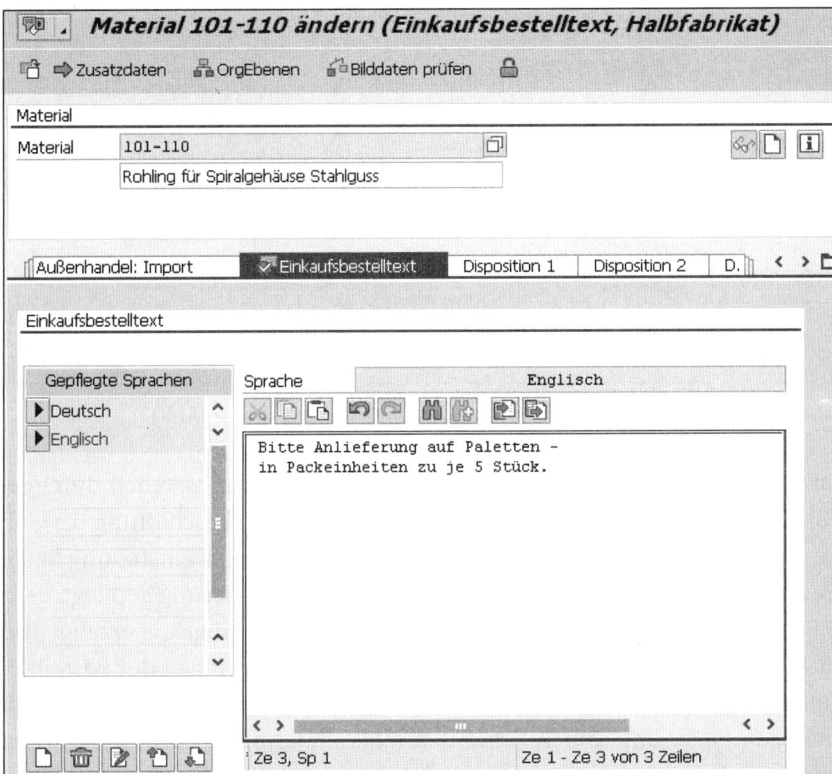

Abbildung 3.12 Einkaufsbestelltext im Materialstamm (Transaktion MM02)

Dispositionsdaten

Die sogenannten *Dispo-Sichten* enthalten Informationen zur Materialbedarfsplanung, die Sicherheits- und Meldebestände sowie die geplanten Lieferzeiten eines Materials (siehe Abbildung 3.13).

In diesem Zusammenhang enthalten die in den Dispo-Sichten gepflegten Dispositionsarten Angaben über die Beschaffungsart eines Materials.

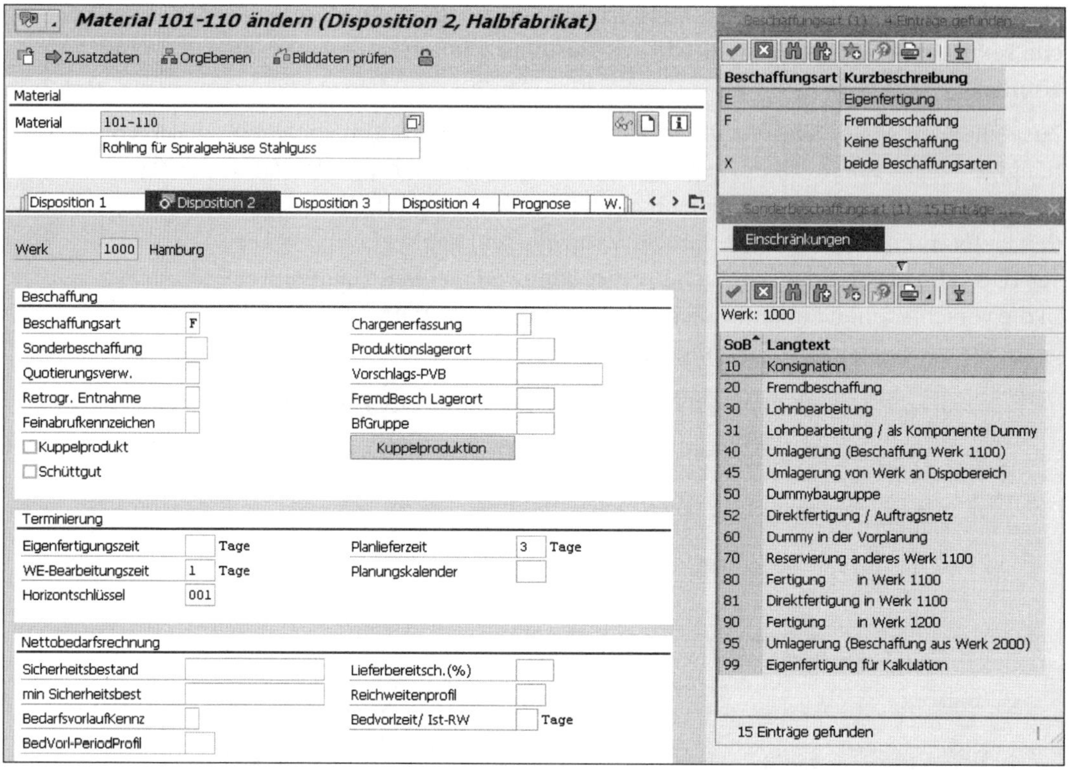

Abbildung 3.13 Dispo-Sicht im Materialstamm (Transaktion MM02)

Beschaffungsart

Die *Beschaffungsart* gibt an, wie die Beschaffung grundsätzlich durchgeführt werden soll – ob als Eigenfertigung oder Fremdbeschaffung bzw. ob beide Möglichkeiten vorhanden sind. Sind gemäß dieser Einstellung beide Beschaffungsarten möglich und haben Sie keine Quotierung gepflegt, geht das System zunächst von Eigenfertigung aus. Der Planungslauf erzeugt also zunächst Planaufträge, die Sie dann in Fertigungsaufträge oder Bestellanforderungen umsetzen können. Nähere Informationen zur Integration in die Bedarfsplanung finden Sie in den folgenden Abschnitten. Die Quotierung wird als Instrument der Einkaufsoptimierung in Abschnitt 3.6.1, »Bezugsquellenermittlung«, erklärt.

Die *Sonderbeschaffungsart* gibt in diesem Zusammenhang vor, wie die Eigenfertigung bzw. die Fremdbeschaffung erfolgen soll: durch Umlagerung, Fremdbeschaffung, Konsignationsabwicklung etc.

Außenhandel und Import

Der Materialstammsatz enthält auf der Registerkarte **Aussenhandel: Import** zum einen die werksabhängigen Außenhandelsdaten und Codes für den Import, zum anderen das Ursprungsland und die Ergebnisse der Lieferantenrückmeldungen und Zollpräferenzen für die jeweiligen Präferenzzonen sowie die Daten der gesetzlichen Kontrolle und die Nummer einer gegebenenfalls vorliegenden Negativbescheinigung.

Zusatzkapitel auf der Website des Verlags

An dieser Stelle verweisen wir auf das Zusatzkapitel »Handelsregularien – Governance, Risk, Compliance«, das die Außenhandelsabwicklung in der SAP Business Suite näher erläutert. Besuchen Sie dazu die Website zum Buch (*http://www.rheinwerk-verlag.de/4261*). Ganz unten am Ende der Seite finden Sie die Materialien zum Buch.

3.2.3 Einkaufsinfosatz

Einkaufsinfosätze in der Beschaffung

Der *Einkaufsinfosatz* (kurz: Infosatz) dient als Informationsquelle für den Einkauf und stellt die Beziehung zwischen Material und Lieferant her.

Planlieferzeit und Konditionen

Abbildung 3.14 zeigt einen Einkaufsinfosatz 5300000046, der die Beziehung zwischen Material 101-110 und Lieferant 1000 beschreibt. Gemäß diesem Stammsatz beträgt die Planlieferzeit 7 Tage, und das Material kann für 3,60 EUR pro Stück bezogen werden.

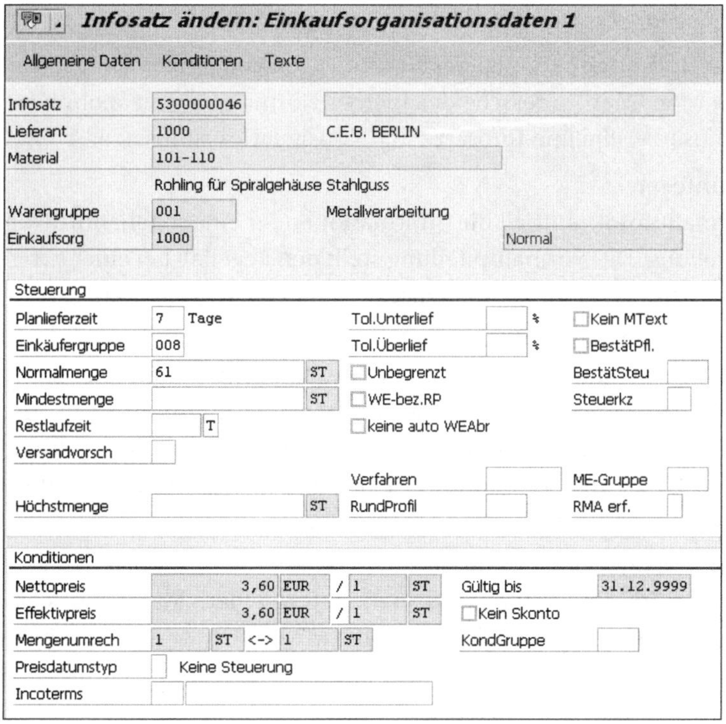

Abbildung 3.14 Einkaufsorganisationsdaten im Einkaufsinfosatz (Transaktion ME12)

Der Einkaufsinfosatz vereinfacht den Prozess der Angebotsauswahl und gibt Auskunft über die in Verbindung mit dem Lieferanten geltende Bestellmengeneinheit oder über Preisänderungen für ein Material, indem er neben dem aktuellen Lieferantenlistenpreis und den Konditionen für die zuständige Einkaufsorganisation bzw. das zuständige Werk auch die Nummer der letzten Bestellung enthält. Aufgrund dieser Informationen kann der Einkauf jederzeit feststellen, welche Materialien ein bestimmter Lieferant bisher angeboten oder geliefert hat und zu welchen Konditionen.

Angebotskonditionen

Die derzeitigen und zukünftigen *Angebotskonditionen* (Rabatte, Fixkosten etc.) werden im Infosatz abgelegt und können bei einer Beschaffung in die Bestellung übernommen werden. Neben den reinen Angebots- und Bestelldaten – den Konditionsdaten, die als Vorschlagswerte in Bestellungen verwendet werden – enthält der Einkaufsinfosatz auch Daten der Lieferantenbeurteilung, die zulässigen Toleranzgrenzen für Über- bzw. Unterlieferungen, die Planlieferzeit des Lieferanten für das jeweilige Material sowie das Zeitintervall, in dem der Lieferant das Material liefern kann. Zusätzlich zu diesen Informationen kann der Infosatz auch weitere Texte enthalten, die über die Einkaufsbestelltexte des Materialstammsatzes hinausgehen und diese lieferantenabhängig ergänzen. Diese Texte können ebenfalls auf die Bestellungen gedruckt werden.

Arten von Einkaufsinfosätzen

Je nach Beschaffungsart können bestimmte Typen von Einkaufsinfosätzen gepflegt werden. Man unterscheidet hierbei Normalinfosätze, Lohnbearbeitungsinfosätze, Pipeline-Infosätze und Konsignationsinfosätze:

- **Normalinfosatz**
  Der Normalinfosatz enthält die Informationen für eine sogenannte Normalbestellung. Die Normalbestellung stellt den Regelfall bei einer externen Beschaffung dar und wird in diesem Kapitel näher erläutert.
- **Lohnbearbeitungsinfosatz**
  Ein Lohnbearbeitungsinfosatz enthält Bestellinformationen über Lohnbearbeitungsbestellungen. Bei einer Lohnbearbeitungsbestellung wird z. B. die Montage einer Komponente von einem Lieferanten in Lohnbearbeitung ausgeführt. Der Lohnbearbeitungsinfosatz enthält den Preis des Lieferanten für die Montage der Komponente.
- **Pipeline-Infosatz**
  Der Pipeline-Infosatz enthält Informationen zu einem Material des Lieferanten, das über eine Pipeline beschafft wird (Öl), über Rohrleitungen (Wasser) oder aus anderen Leitungen (Strom). Der Infosatz enthält den Preis des Lieferanten für die Entnahme.

- **Konsignationsinfosatz**
  Ein Konsignationsinfosatz enthält Informationen zu einem Material, das der Lieferant auf seine Kosten beim Besteller bereithält. Der Infosatz enthält den Preis des Lieferanten für die Entnahme aus dem Konsignationsbestand.

Einkaufsinfos zum Material

Abbildung 3.15 zeigt die Einkaufsinfos zu einem Material. Das Material 101-110 kann bei drei verschiedenen Lieferanten bezogen werden. Die existierenden Einkaufsinfosätze erlauben dem Einkäufer die Durchführung einer Preissimulation. Zu diesem Zweck wählt er die zu vergleichenden Einkaufsinfosätze aus, gibt die zu beschaffende Menge vor und bestimmt, ob das System neben eventuellen Staffelpreisen auch Skonti und Bezugsnebenkosten berücksichtigen soll. Das Ergebnis der Preissimulation ist der Effektivpreis, dessen niedrigster Wert die günstigste Beschaffungskondition darstellt.

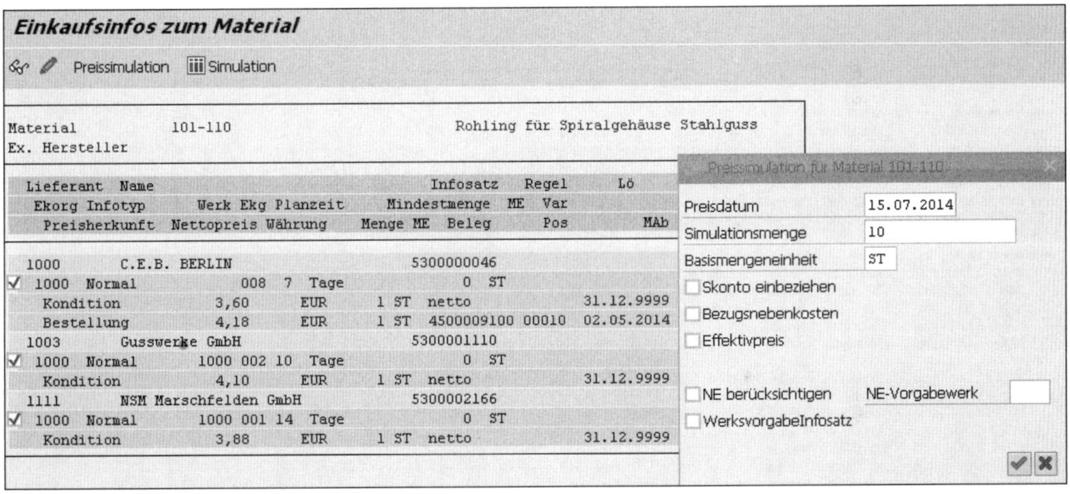

Abbildung 3.15 Einkaufsinfos zum Material (Transaktion ME1M)

Auswertung von Bestellkonditionen

Zusätzlich zur reinen Stammdatenfunktion und der Bereitstellung von Preiskonditionen für Folgebelege im Einkauf bilden die Einkaufsinfosätze auch die Grundlage für die Listanzeige und Simulation einkaufsrelevanter Informationen. Beides erläutern wir im Folgenden.

Listanzeigen

Bei den *Listanzeigen* hat der Einkäufer jederzeit die Möglichkeit festzustellen, welche Lieferanten ein bestimmtes Material angeboten oder geliefert haben bzw. welche Materialien ein bestimmter Lieferant zu welchen Konditionen liefern kann. Darüber hinaus geben Einkaufsinfosätze Aufschluss über die Bestell- bzw. Angebotspreisentwicklung und erlauben eine Nettopreissimulation für extern zu beschaffendes Material.

Preissimulation

Mit der *Preissimulation* kann der Einkauf sowohl die Preise verschiedener Lieferanten eines Materials bzw. einer Warengruppe als auch die Preise der Materialien eines Lieferanten miteinander vergleichen und abhängig von einer vorgegebenen Simulationsmenge den Nettopreis eines Materials bei verschiedenen Lieferanten vom System berechnen lassen.

Ergebnis einer Einkaufspreissimulation

Abbildung 3.16 zeigt das Ergebnis einer Einkaufspreissimulation auf Basis der für das Material 101-110 existierenden Einkaufsinfosätze. Für dieses Material wurden mit drei Lieferanten Einkaufskonditionen vereinbart. Für die zu beschaffende Menge von 10 Stück, unter Berücksichtigung eventueller Staffelpreise, bietet der Lieferant 1000 mit einem Effektivpreis von 3,49 EUR die besten Konditionen.

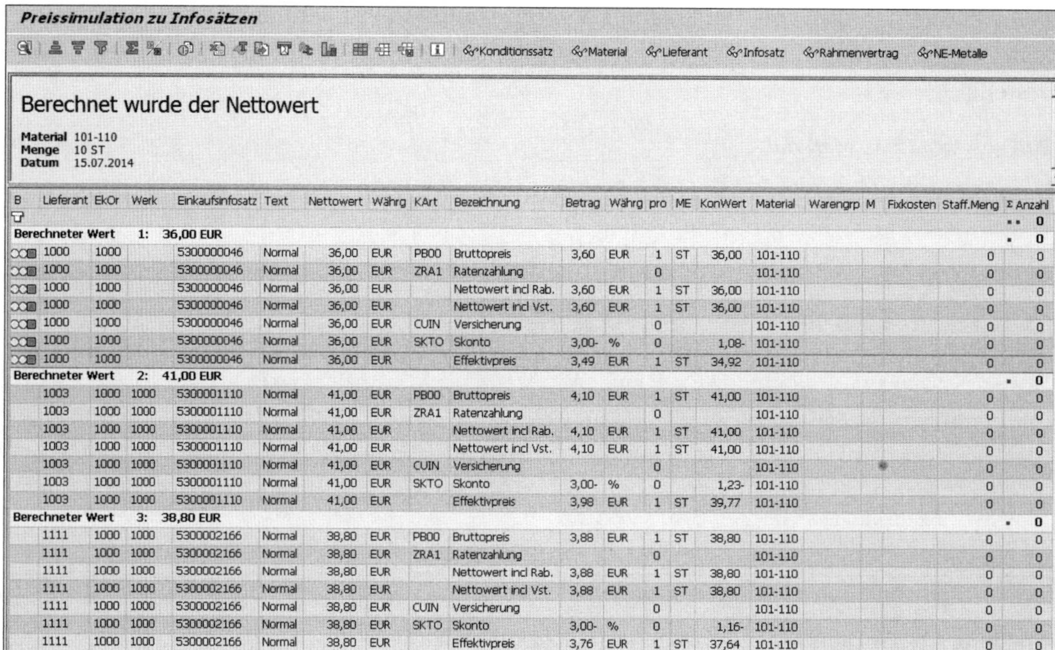

B	Lieferant	EkOr	Werk	Einkaufsinfosatz	Text	Nettowert	Währg	KArt	Bezeichnung	Betrag	Währg	pro	ME	KonWert	Material	Warengrp	M	Fixkosten	Staff.Meng	Σ Anzahl
																				0
Berechneter Wert 1: 36,00 EUR																				0
	1000	1000		5300000046	Normal	36,00	EUR	PB00	Bruttopreis	3,60	EUR	1	ST	36,00	101-110				0	0
	1000	1000		5300000046	Normal	36,00	EUR	ZRA1	Ratenzahlung			0			101-110				0	0
	1000	1000		5300000046	Normal	36,00	EUR		Nettowert incl Rab.	3,60	EUR	1	ST	36,00	101-110				0	0
	1000	1000		5300000046	Normal	36,00	EUR		Nettowert incl Vst.	3,60	EUR	1	ST	36,00	101-110				0	0
	1000	1000		5300000046	Normal	36,00	EUR	CUIN	Versicherung			0			101-110				0	0
	1000	1000		5300000046	Normal	36,00	EUR	SKTO	Skonto	3,00-	%	0		1,08-	101-110				0	0
	1000	1000		5300000046	Normal	36,00	EUR		Effektivpreis	3,49	EUR	1	ST	34,92	101-110				0	0
Berechneter Wert 2: 41,00 EUR																				0
	1003	1000	1000	5300001110	Normal	41,00	EUR	PB00	Bruttopreis	4,10	EUR	1	ST	41,00	101-110				0	0
	1003	1000	1000	5300001110	Normal	41,00	EUR	ZRA1	Ratenzahlung			0			101-110				0	0
	1003	1000	1000	5300001110	Normal	41,00	EUR		Nettowert incl Rab.	4,10	EUR	1	ST	41,00	101-110				0	0
	1003	1000	1000	5300001110	Normal	41,00	EUR		Nettowert incl Vst.	4,10	EUR	1	ST	41,00	101-110				0	0
	1003	1000	1000	5300001110	Normal	41,00	EUR	CUIN	Versicherung			0			101-110				0	0
	1003	1000	1000	5300001110	Normal	41,00	EUR	SKTO	Skonto	3,00-	%	0		1,23-	101-110				0	0
	1003	1000	1000	5300001110	Normal	41,00	EUR		Effektivpreis	3,98	EUR	1	ST	39,77	101-110				0	0
Berechneter Wert 3: 38,80 EUR																				0
	1111	1000	1000	5300002166	Normal	38,80	EUR	PB00	Bruttopreis	3,88	EUR	1	ST	38,80	101-110				0	0
	1111	1000	1000	5300002166	Normal	38,80	EUR	ZRA1	Ratenzahlung			0			101-110				0	0
	1111	1000	1000	5300002166	Normal	38,80	EUR		Nettowert incl Rab.	3,88	EUR	1	ST	38,80	101-110				0	0
	1111	1000	1000	5300002166	Normal	38,80	EUR		Nettowert incl Vst.	3,88	EUR	1	ST	38,80	101-110				0	0
	1111	1000	1000	5300002166	Normal	38,80	EUR	CUIN	Versicherung			0			101-110				0	0
	1111	1000	1000	5300002166	Normal	38,80	EUR	SKTO	Skonto	3,00-	%	0		1,16-	101-110				0	0
	1111	1000	1000	5300002166	Normal	38,80	EUR		Effektivpreis	3,76	EUR	1	ST	37,64	101-110				0	0

Abbildung 3.16 Ergebnis der Preissimulation (Transaktion ME1M)

Bestellpreisentwicklung

Eine weitere Auswertung auf Basis von Einkaufsinfosätzen stellt die *Bestellpreisentwicklung* dar, mit der sich der Einkauf unverzüglich über die Preisänderungen eines Lieferanten für ein bestimmtes Material informieren kann (siehe Abbildung 3.17). In der Bestellpreisentwicklung werden die unterschiedlichen Preise für ein Material bei einem Lieferanten protokolliert, indem zu jeder Bestellposition, die sich auf einen Infosatz bezieht, ein Preisentwicklungssatz erzeugt wird, der eine eventuelle Preisabweichung dokumentiert.

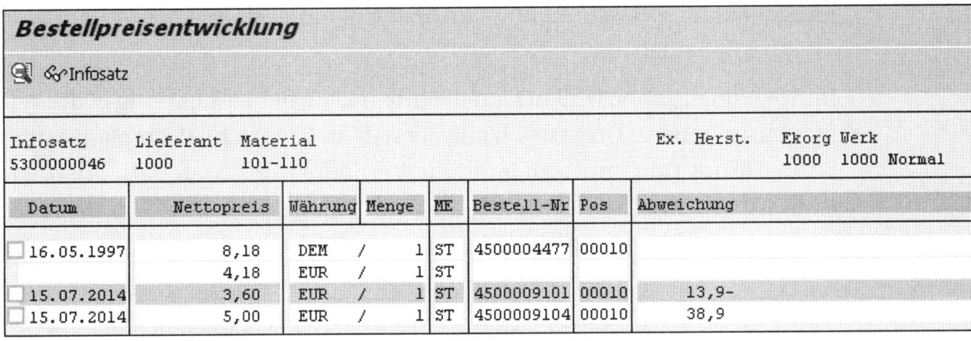
Bestellpreisentwicklung

Infosatz

Infosatz 5300000046 | Lieferant 1000 | Material 101-110 | Ex. Herst. | Ekorg 1000 | Werk 1000 Normal

Datum	Nettopreis	Währung	Menge	ME	Bestell-Nr	Pos	Abweichung
16.05.1997	8,18	DEM /	1	ST	4500004477	00010	
	4,18	EUR /	1	ST			
15.07.2014	3,60	EUR /	1	ST	4500009101	00010	13,9-
15.07.2014	5,00	EUR /	1	ST	4500009104	00010	38,9

Abbildung 3.17 Bestellpreisentwicklung zum Einkaufsinfosatz (Transaktion ME1P)

3.3 Bedarfsermittlung und Fremdbeschaffung

Die eigentliche Bedarfsplanung für fremd zu beschaffendes Material ist Teil der betrieblichen Disposition und wird in Kapitel 4, »Produktionslogistik«, näher erläutert. Die Durchführung der Bedarfsplanung kann sowohl in SAP ERP als auch in SAP SCM (APO-Komponente) erfolgen. In diesem Abschnitt geben wir Ihnen einen Überblick über die Prozessintegration der Bedarfsermittlung und deren Ergebnis, die Bedarfsmeldung bzw. Bestellanforderung.

3.3.1 Integration in die Bedarfsplanung

Grundlagen der Bedarfsplanung mit SAP ERP

Die zentrale Aufgabe der *Bedarfsplanung* ist die Gewährleistung der Materialverfügbarkeit, indem erforderliche Bedarfsmengen innerbetrieblich und für die Distribution termingerecht beschafft werden. Durch den Einsatz verschiedener Dispositionsmethoden und unterschiedlicher Verfahren ermittelt das System in diesem Zusammenhang Unterdeckungssituationen und erzeugt automatisch die entsprechenden Beschaffungsvorschläge für den Einkauf oder die Fertigung.

Dispositionsverfahren

Mit Blick auf *Dispositionsverfahren* kann grundsätzlich zwischen einer *verbrauchsgesteuerten* und einer *plangesteuerten* Disposition unterschieden werden, wobei sich die Wahl des jeweiligen Dispositionsverfahrens nach den entsprechenden Parametern im Materialstamm richtet. Maßgebend sind hierbei die werksabhängigen Kennzeichen *Dispomerkmal* und *Dispolosgröße*. Ein Material kann somit in verschiedenen Werken mit unterschiedlichen Dispositionsarten beplant werden.

Eine detaillierte Beschreibung der Absatzplanung finden Sie in Kapitel 4, »Produktionslogistik«.

Im Folgenden gehen wir kurz auf die Integration der Beschaffung in die verbrauchsgesteuerte Disposition ein, die sich im Unterschied zur plangesteuerten Disposition nur am internen Verbrauch des Materials orientiert (siehe Abbildung 3.18).

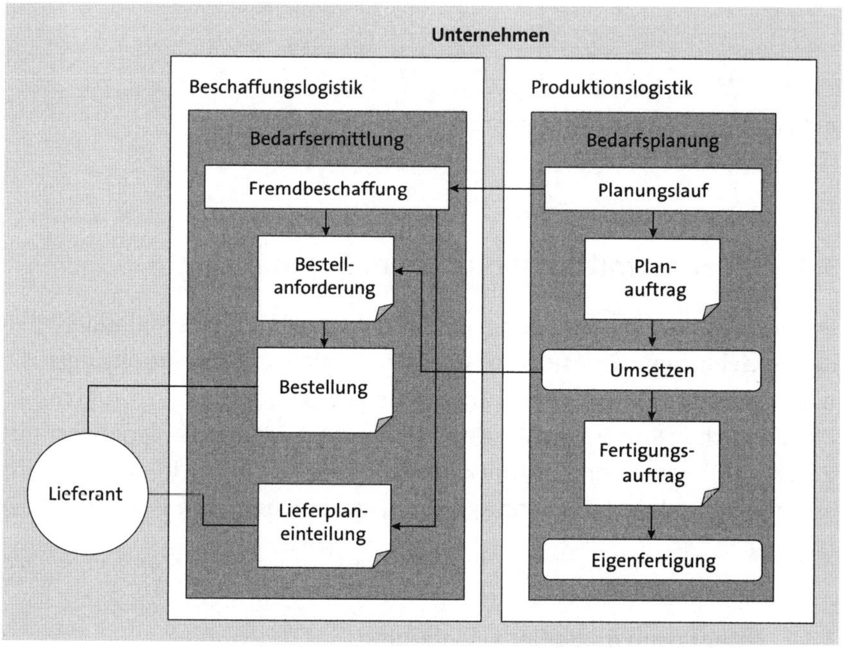

Abbildung 3.18 Integration der Beschaffung in die verbrauchsgesteuerte Disposition

Externe Bedarfe, wie Kundenaufträge, Planprimärbedarfe und Reservierungen, werden hierbei nicht dispositiv wirksam. Die verbrauchsgesteuerte Planung wird daher vornehmlich in Unternehmen ohne eigene Fertigung oder für die Planung von B- und C-Teilen eingesetzt. Die plangesteuerte Disposition bietet sich vor allem für die Planung von A-Teilen, also Enderzeugnissen, an.

Verbrauchsgesteuerte Disposition

Die *verbrauchsgesteuerte Disposition* basiert auf den Verbrauchswerten der Vergangenheit und hat daher keinen Bezug zu Produktionsplänen. Der eigentliche Bedarf wird – abhängig vom gewählten Dispositionsverfahren – mit einer Prognose oder anhand statistischer Verfahren ermittelt. Angestoßen wird die Ermittlung entweder durch die Unterschreitung eines festgelegten Bestellpunkts (des sogenannten *Meldebestands*) oder durch Prognosebedarfe, die aus Vergangenheitsverbräuchen errechnet wurden.

Für die verbrauchsgesteuerte Disposition stehen drei Verfahren zur Verfügung: die Bestellpunktdisposition, die stochastische Disposition und die rhythmische Disposition.

- **Bestellpunktdisposition**
  Bei der Bestellpunktdisposition wird eine Beschaffung immer dann ausgelöst, wenn die Summe aus aktuellem Werksbestand und geplanten Zugängen den *Meldebestand* unterschreitet. Der Meldebestand ist so gewählt, dass er den zu erwartenden durchschnittlichen Materialbedarf während der Wiederbeschaffungszeit abdeckt. Um einen eventuellen Mehrverbrauch oder eine Lieferverzögerung während der eigentlichen Wiederbeschaffungszeit auszugleichen, kann ein Sicherheitsbestand definiert werden.

  Der Sicherheitsbestand ist somit ein Teil des Meldebestands Bei der manuellen Bestellpunktdisposition kann er von Hand definiert werden. Der Bestellzeitpunkt hängt hierbei von der Termintreue des Lieferanten, von möglichen zu berücksichtigenden Prognosefehlern oder von einem Lieferbereitschaftsgrad ab, den der Lieferant erreichen muss. Bei der maschinellen Bestellpunktdisposition wird der Sicherheitsbestand automatisch durch ein integriertes Prognoseprogramm bestimmt. Die Prognosewerte für den zukünftigen Bedarf beziehen sich hierbei auf den bisherigen Materialverbrauch. Da das Prognoseprogramm in regelmäßigen Abständen durchgeführt wird, passen sich Meldebestand und Sicherheitsbestand an die jeweilige Verbrauchs- und Liefersituation an. Damit wird ein Beitrag zur Bestandsreduzierung geleistet.

- **Stochastische Disposition**
  Die stochastische Disposition orientiert sich ebenfalls am Materialverbrauch der Vorperioden. Analog zur maschinellen Bestellpunktdisposition werden auch bei diesem Dispositionsverfahren Prognosewerte für den zukünftigen Bedarf durch das integrierte Prognoseprogramm ermittelt. Im Gegensatz zur Bestellpunktdisposition bilden diese Prognosewerte jedoch die Bedarfsmengen für den Planungslauf und werden direkt als Prognosebedarfe in der Bedarfsplanung wirksam. Der wesentliche Vorteil besteht darin, dass die in regelmäßigen Zeitabständen durchgeführte maschinelle Prognoserechnung anhand von Vergangenheitsdaten den zukünftigen Bedarf prognostiziert, der an das aktuelle Verbrauchsmuster angepasst ist.

- **Rhythmische Disposition**
  Wenn ein Lieferant ein Material immer in einem bestimmten Rhythmus, z. B. an einem bestimmten Wochentag liefert, ist es sinnvoll, die Disposition dieses Materials im gleichen Rhythmus vorzunehmen, ver-

schoben um die Lieferzeit des Lieferanten. Dieser Dispositionsrhythmus wird im Materialstamm hinterlegt.

Die eigentliche Disposition erfolgt normalerweise auf *Werksebene*. Dies bedeutet, dass das System den Werksbestand mit Ausnahme von Kundeneinzelbeständen als Summe der Bestände aus den einzelnen Lagerorten berechnet. Es kann jedoch notwendig sein, Lagerortbestand entweder nicht für die Werksdisposition zur Verfügung zu stellen oder separat zu disponieren.

Dispositionsbereiche

Diese selbstständig zu disponierenden Organisationseinheiten werden *Dispobereiche* genannt. Grundsätzlich wird zwischen zwei Dispobereichstypen unterschieden:

- **Werksdispobereich**
  Der Werksdispobereich umfasst das zu disponierende Werk mit allen zugeordneten Lagerorten. Werden einzelne Lagerorte als eigener Dispobereich beplant, reduziert sich der Werksdispobereich um die Lagerorte, um eine doppelte Beplanung zu verhindern.
- **Dispositionsbereich für Lagerorte**
  Beim Typ *Dispositionsbereich für Lagerorte* werden einzelne Lagerorte einem Dispositionsbereich zugeordnet. Diese Lagerorte werden dann in der Bedarfsplanung getrennt vom übrigen Werk gemeinsam disponiert.

Beschaffungsvorschlag

Der *Beschaffungsvorschlag* zur Wiederbeschaffung der ermittelten Unterdeckungsmengen wird vom System automatisch während des Planungslaufs angelegt. Er bestimmt, wie die Beschaffung des Materials erfolgen soll. Grundsätzlich wird zwischen Eigenfertigung und Fremdbeschaffung unterschieden:

- **Eigenfertigung**
  Im Rahmen der Eigenfertigung, also der internen Beschaffung, erstellt das System Planaufträge für die Planung der zu produzierenden Mengen. Nach Abschluss der Planung werden die Planaufträge in entsprechende Fertigungsaufträge umgesetzt und an die Produktion übergeben.
- **Fremdbeschaffung**
  Bei einer Fremdbeschaffung kann ein Planauftrag oder direkt eine Bestellanforderung erzeugt werden. Ist die Planung abgeschlossen, wird der Planauftrag in eine Bestellanforderung umgesetzt bzw. die Bestellanforderung in eine Bestellung umgesetzt und an den Einkauf weitergereicht. Wird auch bei Fremdbeschaffung zunächst ein Planauftrag erstellt, hat dies den Vorteil, dass der Disponent eine zusätzliche Kontrolle über die Beschaffungsvorschläge hat. Der Einkauf kann das Material erst dann bestellen, wenn der Planauftrag in eine Bestellanforderung

umgesetzt ist. Im anderen Fall steht dem Einkauf gleich eine Bestellanforderung zur Verfügung, und dadurch übernimmt er die Verantwortung für die Materialverfügbarkeit und die Lagerbestände. Abbildung 3.19 zeigt die Integration der Folgebelege bei der Fremdbeschaffung über einen externen Lieferanten.

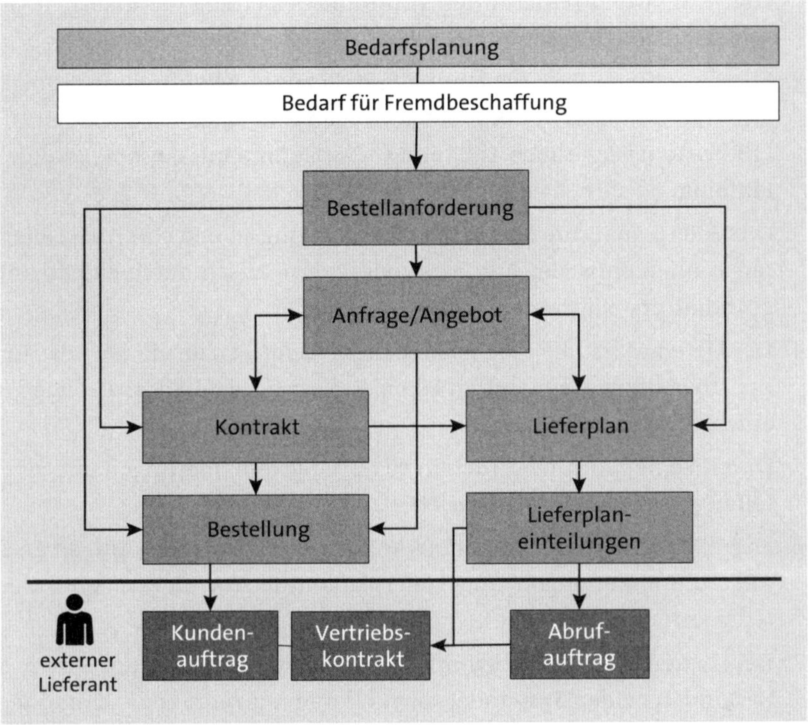

Abbildung 3.19 Überblick über die Fremdbeschaffung beim externen Lieferanten

Umlagerungsabwicklung

Einen Sonderfall stellt die *Umlagerungsabwicklung* dar, bei der die Waren innerhalb eines Unternehmens beschafft und geliefert werden. Das Werk, das die Waren empfangen soll, bestellt die Waren intern von einem anderen Werk, das die Waren liefert. Die Umlagerungsabwicklung mithilfe einer Umlagerbestellung wird eingesetzt, wenn zwei Werke weit auseinanderliegen, da bei dieser Abwicklung der Transport der umzulagernden Materialien dispositiv berücksichtigt wird.

Fremdbeschaffung mit APO-Lieferplänen

Existiert für ein Material ein Lieferplan und besteht im Orderbuch ein dispositionsrelevanter Eintrag, können Lieferplaneinteilungen auch direkt durch die Bedarfsplanung erzeugt werden. Die Lieferplaneinteilung kann in diesem Zusammenhang, je nach eingesetztem System, durch SAP ERP oder SAP APO erfolgen.

Die Fremdbeschaffung mit SAP APO auf Basis von APO-Lieferplänen erfolgt hierbei in folgenden Schritten:

1. Der APO-Lieferplan in SAP ERP verweist auf SAP APO als planendes System und erzeugt dort eine sogenannte Fremdbeschaffungsbeziehung. Diese Fremdbeschaffungsbeziehung wird einer Transportbeziehung zugeordnet und repräsentiert somit die Beziehung des externen Lieferanten zu dem beschaffenden Werk.
2. Die eigentliche Bedarfsplanung mit Bezugsquellenfindung erfolgt in SAP APO auf Basis von Kundenaufträgen und Reservierungen aus dem ERP-System (siehe auch Abbildung 3.2). Das Ergebnis dieser Planung sind Einteilungen zum Lieferplan.
3. Die Lieferplanabrufe und deren Übermittlung an den externen Lieferanten können entweder interaktiv oder automatisch durch einen Hintergrundjob erstellt werden.
4. Der Lieferant hat die Möglichkeit, diese Lieferplanabrufe über das Internet, über einen sogenannten *Supplier Workplace* (SWP), anzuzeigen und entsprechend zu bestätigen.
5. Die einzelnen Abrufe werden in das ERP-System übertragen und als Einteilungen zum Lieferplan gesichert.
6. SAP ERP legt anschließend eine Anlieferung an, die, übertragen an SAP APO, die Einteilungen und Lieferplanabrufe um die avisierte Menge reduziert.
7. Der Wareneingang erfolgt in SAP ERP und erhöht zum einen den Bestand in beiden Systemen, zum anderen reduziert er die Einteilungen und Abrufe in SAP APO.

Fremdbeschaffung mit ERP-Lieferplan

Von einem APO-Lieferplan unterscheidet sich der ERP-Lieferplan dadurch, dass die komplette Lieferabwicklung weiterhin in SAP ERP durchgeführt wird. In SAP APO dient der ERP-Lieferplan hierbei nur als Fremdbeschaffungsbeziehung, die beim Planungslauf einer Bestellanforderung zugeordnet werden kann.

Alle weiteren Schritte erfolgen im ERP-System, wie z. B. das Umwandeln der Bestellanforderungen in Lieferplaneinteilungen und die Abruferstellung. Den Lieferplan als Rahmenvertrag in einer optimierten Einkaufsabwicklung erläutern wir in Abschnitt 3.6, »Optimierung des Einkaufs«. In Abbildung 3.53 weiter hinten in diesem Kapitel zeigen wir Ihnen in diesem Zusammenhang den grundsätzlichen Ablauf der Lieferplansteuerung mit und ohne Abrufdokumentation.

3

Integrierte Fremdbeschaffung

Eine Besonderheit, bei der sämtliche in diesem Kapitel erläuterten Systeme zum Einsatz kommen, stellt die integrierte Fremdbeschaffung mit SAP SCM und SAP SRM dar (siehe Abbildung 3.20). In diesem Szenario wird die Bedarfsplanung mit SAP APO durchgeführt. Das Ergebnis der Bedarfsplanung sind Bestellanforderungen, für die eine Bezugsquelle ermittelt wird. Falls es sich bei der ermittelten Bezugsquelle um einen operativen Kontrakt handelt, der in SAP SRM angelegt wurde, wird die Bestellanforderung oder Bestellung an das SRM-System übergeben.

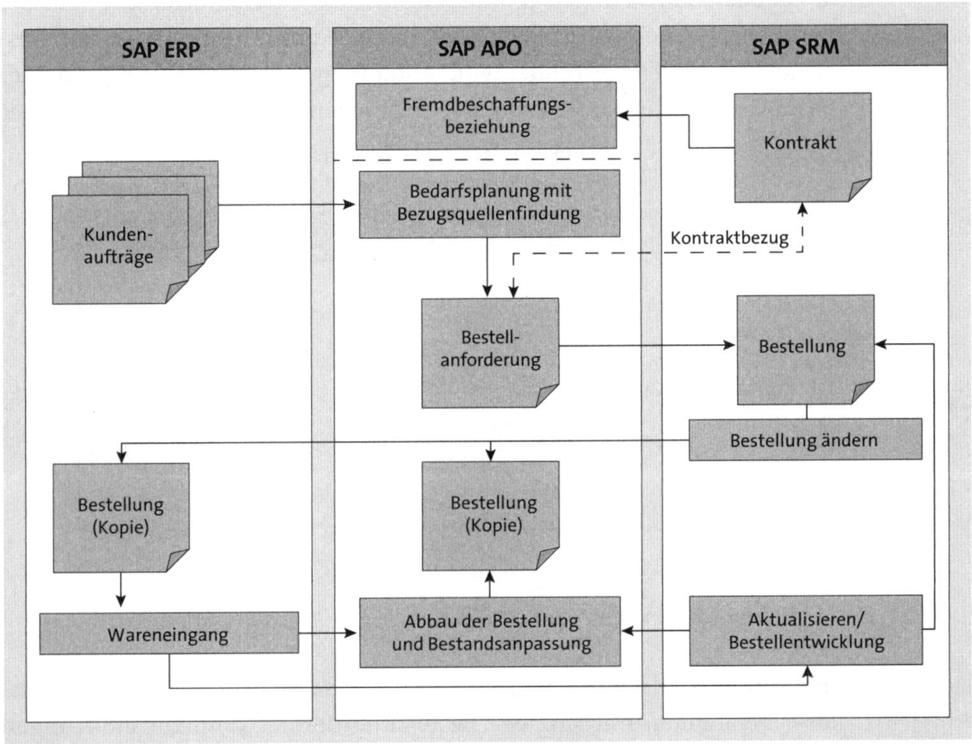

Abbildung 3.20 Fremdbeschaffungsprozess mit SAP APO und SAP SRM

Beschaffungselemente

Mögliche Beschaffungselemente und somit das Ergebnis der Disposition sind:

- Planaufträge für Materialien, die fremdbeschafft oder eigengefertigt sind
- Bestellanforderungen für fremdbeschaffte Materialien
- Lieferplaneinteilungen für fremdbeschaffte Materialien, für die bereits ein Orderbucheintrag und ein Lieferplan vorliegen

Lieferplaneinteilungen zu Rahmenverträgen führen zu einem Abruf der benötigten Mengen beim Lieferanten. Planaufträge werden entweder in

Fertigungsaufträge oder Bestellanforderungen umgesetzt. Die Bestellanforderung als Auslöser der Beschaffung erläutern wir Ihnen jetzt näher.

3.3.2 Bestellanforderung

Eine Bestellanforderung ist die Aufforderung an den Einkauf, ein Material oder eine Dienstleistung in einer bestimmten Menge zu einem bestimmten Termin zu beschaffen. Die Bestellanforderung (kurz: *BANF*) wird hierbei *direkt* oder *indirekt* angelegt und ist immer ein interner Beleg, der in dieser Form nicht an einen externen Lieferanten kommuniziert wird und ausschließlich intern verwendet wird. Abbildung 3.21 zeigt den Ursprung der Bestellanforderung durch manuelles Anlegen bzw. durch Umsetzen des Planauftrags als Ergebnis der Material-Bedarfsplanung.

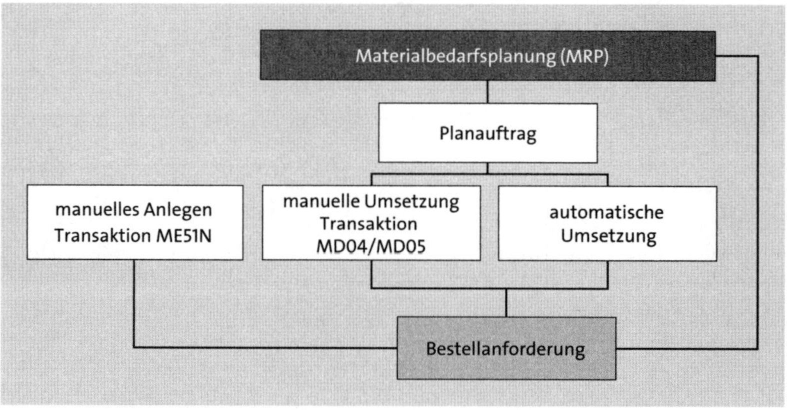

Abbildung 3.21 Anlegen der Bestellanforderung (mit Transaktionen)

Bestellanforderung als Auslöser der Beschaffung

In Bezug auf den Beschaffungsprozess kann die Bestellanforderung als Auslöser verstanden werden. Jede Bestellanforderung kann zur eindeutigen Identifizierung des Bedarfs und zur Verfolgung der daraus resultierenden Einkaufsvorgänge eine sogenannte *Bedarfsnummer* enthalten.

Einkaufsvorgänge zur Bedarfsnummer

Abbildung 3.22 zeigt die Einkaufsvorgänge zu den Bedarfsnummern »Kühltheke« und »Getränke« und die sich darauf beziehenden Bestellanforderungen 10014237 und 10014240. Beide Bestellanforderungen wurden in einer gemeinsamen Bestellung 4500017409 zusammengefasst. Neben der Materialnummer, dem Lieferanten und seiner Bestellhistorie ist die Bedarfsnummer in diesem Zusammenhang ein wichtiges Selektionskriterium zur Überwachung des Einkaufs.

Integration der Bestellanforderung

Bei einer direkten Anlage einer Bestellanforderung wird der Beleg manuell erfasst, und das zu beschaffende Material, dessen Bedarfsmenge sowie der Termin, zu dem das Material benötigt wird, werden angegeben.

Einkaufsvorgänge zur Bedarfsnummer

Anzeigen Beleg Dienstleistungen Druckansicht

Einkaufsbelegtyp	Pos	Material	Kurztext	Art	Belegdatum	P	K	L	Werk	LOrt	Menge	BME	EKG	Warengrp	LWk	Nummer	Σ Anzahl
																	••• 22
Bedarfsnummer DURST																	•• 8
Einkaufsbeleg 10014237																	• 2
Bestellanforderung	60	R100003	Brizz Limonade Flasche 1,5	NB	01.10.2009			X	R120	0001	5	ST	R30	R1112			1
Bestellanforderung	70	R100022	Flasche 1,5	NB	01.10.2009			X	R120	0001	5	ST	R30	R1221			1
Einkaufsbeleg 10014240																	• 2
Bestellanforderung	60	R100003	Brizz Limonade Flasche 1,5	NB	01.10.2009				R120	0001	5	ST	R30	R1112			1
Bestellanforderung	70	R100022	Flasche 1,5	NB	01.10.2009				R120	0001	5	ST	R30	R1221			1
Einkaufsbeleg 4500017409																	• 4
Bestellung	60	R100003	Brizz Limonade Flasche 1,5	NB	01.10.2009				R120	0001	6	KI	R30	R1112			1
Bestellung	61	R100022	Flasche 1,5	NB	01.10.2009				R120	0001	72	ST	R30	R1221			1
Bestellung	62	R100023	Kiste 12 Fl.	NB	01.10.2009				R120	0001	6	ST	R30	R1221			1
Bestellung	70	R100022	Flasche 1,5	NB	01.10.2009				R120	0001	5	ST	R30	R1221			1
Bedarfsnummer HUNGER																	•• 14
Einkaufsbeleg 10014237																	• 5
Bestellanforderung	10	R100000	Joghurt Stadtliebe	NB	01.10.2009			X	R120	0001	10	ST	R30	R1111			1
Bestellanforderung	20	R100001	Rotbandmargarine	NB	01.10.2009			X	R120	0001	5	ST	R30	R1111			1
Bestellanforderung	30	R100004	Pizza 'Sophia L.' 3er Pack	NB	01.10.2009			X	R120	0001	15	ST	R30	R1113			1
Bestellanforderung	40	R100006	Meyer's Tomatensuppe	NB	01.10.2009			X	R120	0001	4	ST	R30	R1114			1
Bestellanforderung	50	R100027	Meyer's Gulaschsuppe	NB	01.10.2009			X	R120	0001	8	ST	R30	R1114			1
Einkaufsbeleg 10014240																	• 5
Bestellanforderung	10	R100000	Joghurt Stadtliebe	NB	01.10.2009				R120	0001	10	ST	R30	R1111			1
Bestellanforderung	20	R100001	Rotbandmargarine	NB	01.10.2009				R120	0001	5	ST	R30	R1111			1
Bestellanforderung	30	R100004	Pizza 'Sophia L.' 3er Pack	NB	01.10.2009				R120	0001	15	ST	R30	R1113			1
Bestellanforderung	40	R100006	Meyer's Tomatensuppe	NB	01.10.2009				R120	0001	4	ST	R30	R1114			1
Bestellanforderung	50	R100027	Meyer's Gulaschsuppe	NB	01.10.2009				R120	0001	8	ST	R30	R1114			1
Einkaufsbeleg 4500017409																	• 4
Bestellung	10	R100000	Joghurt Stadtliebe	NB	01.10.2009				R120	0001	1	KAR	R30	R1111			1
Bestellung	20	R100001	Rotbandmargarine	NB	01.10.2009				R120	0001	0,500	KAR	R30	R1111			1
Bestellung	30	R100004	Pizza 'Sophia L.' 3er Pack	NB	01.10.2009				R120	0001	2	KAR	R30	R1113			1
Bestellung	50	R100027	Meyer's Gulaschsuppe	NB	01.10.2009				R120	0001	8	ST	R30	R1114			1

Abbildung 3.22 Einkaufsvorgänge zur Bedarfsnummer (Transaktion MELB)

Erzeugen von Bestellanforderungen

Beim indirekten Anlegen einer Bestellanforderung wird die Bestellanforderung von einer anderen SAP-Komponente automatisch erzeugt. Die automatische Erstellung (also das indirekte Anlegen einer Bestellanforderung) kann durch folgende Vorgänge und Prozesse ausgelöst werden:

- **Disposition**
  Im ERP-System schlägt die verbrauchsgesteuerte Disposition die zu bestellenden Materialien auf Basis von zurückliegenden Verbräuchen und vorhandenen Lagerbeständen vor. Das Ergebnis der Disposition fremdbeschaffter Materialien ist die Bestellanforderung. Darüber hinaus lässt sich in einer SCM-basierten Bedarfsplanung durch die Umsetzung von Planaufträgen im ERP-System eine Bestellanforderung erzeugen. Die Integration in die Bedarfsplanung haben wir bereits im vorangegangenen Abschnitt näher erläutert.
- **Distributionslogistik**
  Wenn ein Kundenauftrag eine oder mehrere Positionen enthält, die nicht vorrätig und extern zu beschaffen sind, kann automatisch eine Bestellanforderung im Einkauf erzeugt werden. Eine detaillierte

Beschreibung dieser Einzelbestellungen finden Sie in Kapitel 5, »Distributionslogistik«.

- **Supplier Relationship Management**
  Analog zur externen Beschaffung über einen Self-Service mit SAP SRM kann eine Bestellanforderung optional auch in SAP ERP erzeugt werden, nachdem der Einkaufswagen in SAP SRM angelegt und genehmigt wurde.

Erweiterte Integration von Bestellanforderungen

Neben den genannten Möglichkeiten der Integration können Bestellanforderungen auch durch die sogenannten *Netzpläne* in der ERP-Komponente PS (Projektsystem) und darüber hinaus auch über *Instandhaltungsaufträge* der Komponente EAM (Enterprise Asset Management, Instandhaltung und Servicemanagement) automatisch erzeugt werden. *Fertigungsaufträge*, die in der Produktionsplanung und Steuerung erstellt werden, können ebenfalls Bestellanforderungen erzeugen, wenn sie Dienstleistungen enthalten, in der Regel Fremdbearbeitungen bzw. Nichtlagerkomponenten.

Abbildung 3.23 zeigt eine Bestellanforderung mit der Nummer 10010607. Die Bestellanforderung enthält zwei Positionen für extern zu beschaffende Materialien. Die Position 10 (5 Stück des Materials 101-110) wurde mit Referenz auf den bereits existierenden Einkaufsinfosatz 5300000046 erzeugt und soll extern bei dem Lieferanten 1000, der Firma C.E.B. in Berlin, beschafft werden.

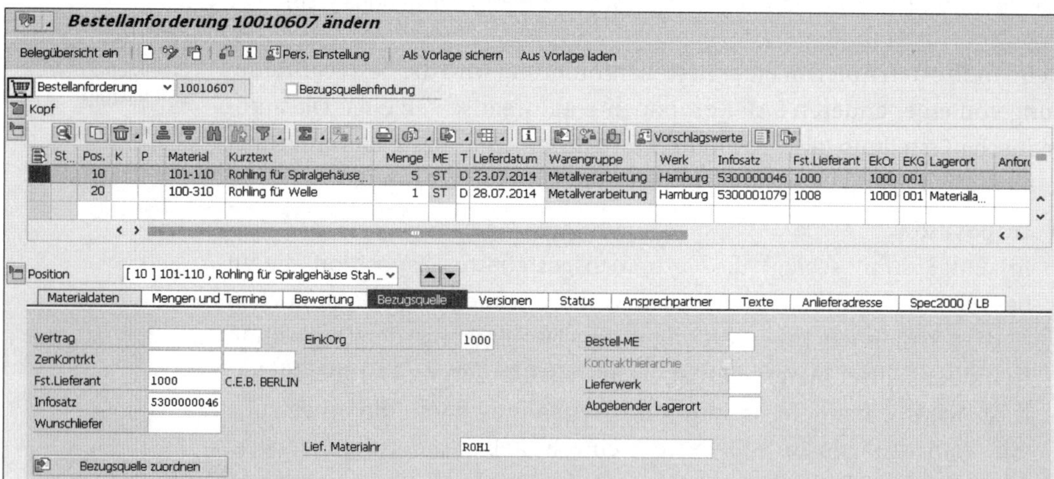

Abbildung 3.23 Bestellanforderung (Transaktion ME52N)

Die Bestellanforderung enthält die zu beschaffenden Positionen mit der jeweiligen Beschaffungsart. Zu den möglichen Beschaffungsarten gehören neben der »Normal«-Beschaffung, das heißt der externen Beschaffung, auch die Beschaffung als Lohnbearbeitung oder externe Dienstleistung, die Lieferantenkonsignation und die Umlagerung. Analog zur Umlagerung wird die Lieferantenkonsignation als Sonderbestand in Kapitel 7, »Lagerlogistik und Bestandsmanagement«, näher erläutert. Neben der Art der Beschaffung enthält die Position die Menge und den Termin des zu liefernden Materials bzw. den Umfang der benötigten Dienstleistung.

Beschaffung von Lagermaterial

Abhängig davon, ob es sich bei extern zu beschaffenden Materialien um Lagermaterial oder Verbrauchsmaterial handelt, sind bestimmte Angaben auf Positionsebene zwingend erforderlich bzw. optional. Eine Bestellanforderung kann für ein Material mit und ohne Materialstammsatz angelegt werden. Soll ein Material für eine Kostenstelle beschafft werden, wird für die Position ein Kontierungstyp vergeben.

Bestellanforderungspositionen zur externen Beschaffung von Lagermaterial erfordern die Eingabe einer Materialnummer. Die Materialnummer ist die Grundlage für eine Mengen-, Wert- und Verbrauchsfortschreibung im Materialstammsatz. Durch den Bezug auf einen Materialstammsatz wird dieser auch mit dem gleitenden Durchschnittspreis der externen Beschaffung fortgeschrieben, wobei die wertmäßige Bestandsveränderung stets zu einer Buchung auf einem Bestandskonto führt (siehe Abbildung 3.24).

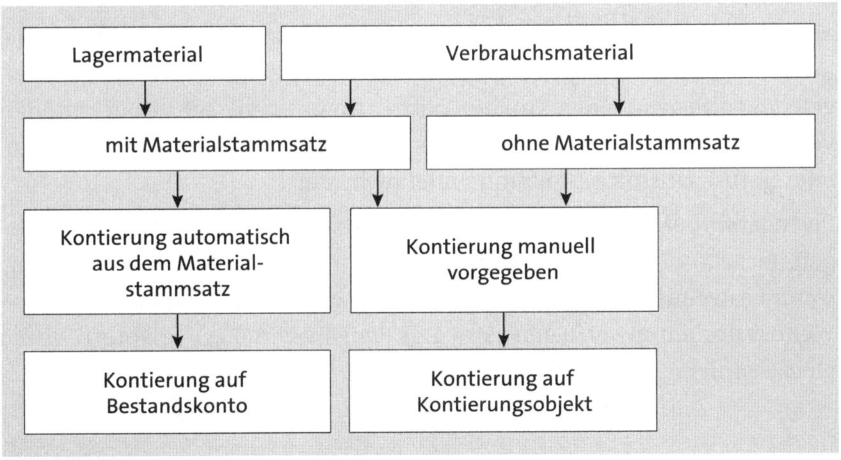

Abbildung 3.24 Kontierung von Lagermaterial und Verbrauchsmaterial

Die Beschaffung von Lagermaterial ist die Grundlage der in diesem Kapitel beschriebenen externen Beschaffung, wobei die unterschiedlichen Aspekte der Bestandsbewertung in Kapitel 7, »Lagerlogistik und Bestandsmanagement«, näher erläutert werden.

Beschaffung von Verbrauchsmaterial

Verbrauchsmaterialien sind Materialien, die extern beschafft werden können, deren Abrechnung jedoch wertmäßig über Kostenartenkonten oder

Anlagekonten erfolgt. Im Unterschied zur Fortschreibung des Materialstammsatzes, wie sie bei der Beschaffung von Lagermaterial erfolgt, wird beim Wareneingang bzw. beim Rechnungseingang das im Einkaufsbeleg angegebene Verbrauchskonto mit dem Beschaffungswert belastet und das jeweilige Kontierungsobjekt fortgeschrieben. Beispiele für Verbrauchsmaterialien sind Büromaterial oder auch Computersysteme.

Notwendigkeit von Materialnummern

Die Beschaffung von Verbrauchsmaterial erfordert nicht zwingend die Eingabe einer Materialnummer. Man unterscheidet in diesem Zusammenhang zwischen:

- Verbrauchsmaterial ohne Materialstammsatz
- Verbrauchsmaterial mit Materialstammsatz, für das weder eine mengen- noch eine wertmäßige Bestandsführung stattfindet
- Verbrauchsmaterial mit Materialstammsatz, für das eine mengenmäßige, aber keine wertmäßige Bestandsführung stattfindet; hierzu zählt auch die Beschaffung von Lagermaterial für den internen Verbrauch.

Bei der Beschaffung von Verbrauchsmaterial ohne Materialstammsatz können Stammdatenattribute, wie Beschreibung und Bestellmengeneinheit, nicht aus einem Materialstamm ermittelt werden. Sie müssen im Beleg manuell erfasst werden. Im Unterschied zur Beschaffung von Lagermaterialien erfordert die Beschaffung eines Verbrauchsmaterials zwingend eine Kontierung auf einem Kontierungsobjekt (z. B. Kostenstelle, Projekte, Anlagen oder direkt auf einen Kunden- oder Fertigungsauftrag), da der Materialverbrauch in der Regel als Aufwand verbucht wird. Eine Wert-, Mengen- oder Verbrauchsfortschreibung findet nicht statt.

Freigabe von Bestellanforderungen

Bestellanforderungen können einem Genehmigungsverfahren unterliegen. Je nach betrieblicher Notwendigkeit muss eine Bestellanforderung, wenn bestimmte Bedingungen erfüllt sind, genehmigt werden, bevor eine Weiterverarbeitung erfolgen kann. Das Freigabeverfahren erläutern wir im gleichnamigen Abschnitt 3.6.4.

3.4 Bestellabwicklung

Bestellabwicklung im Einkauf

Die Bestellabwicklung, der eigentliche Einkaufsprozess, ist das Herzstück der Beschaffungslogistik. Abbildung 3.25 zeigt die Integration der Bestellabwicklung in die Beschaffungslogistik sowie den nachgelagerten Prozess der Anlieferung und der Rechnungsprüfung.

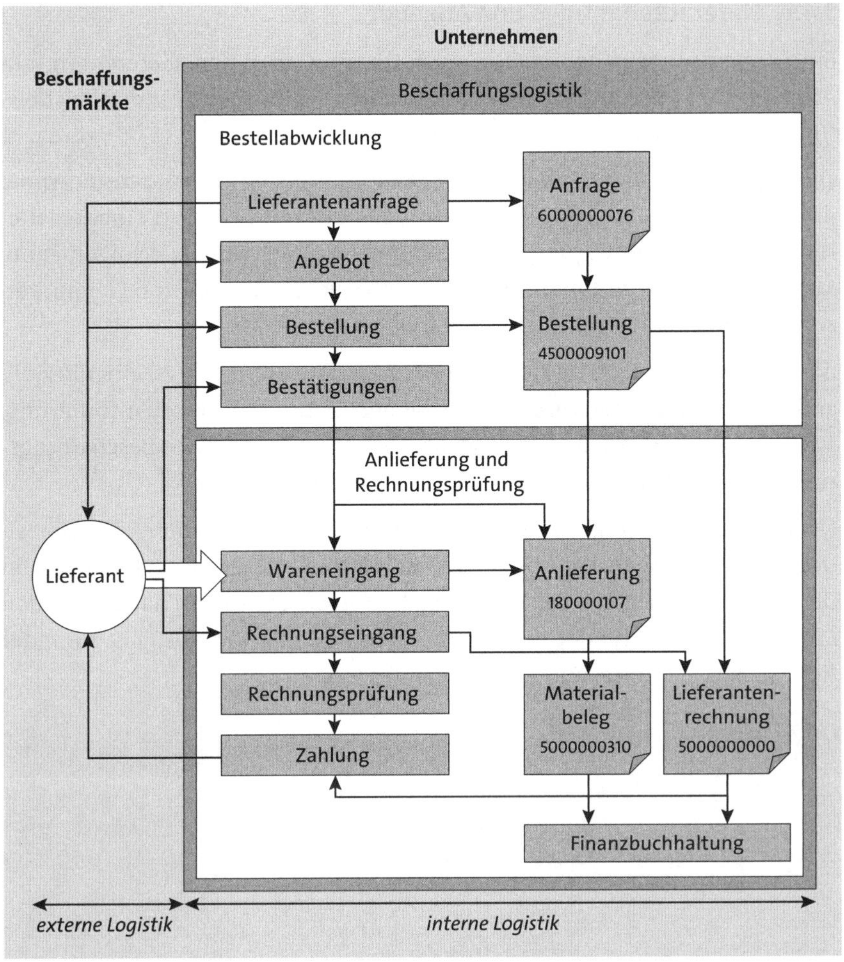

Abbildung 3.25 Überblick über die Bestellabwicklung und Anlieferung

Bei der externen Beschaffung beginnt der typische Prozess einer Bestellabwicklung mit der Lieferantenanfrage und dem Angebot. Die sich anschließende, an den externen Lieferanten übermittelte Bestellung wird in der Regel von diesem bestätigt, und das System erzeugt eine Anlieferung. Die Anlieferung ist Grundlage für den Wareneingang und das Erzeugen eines Materialbelegs. Anhand der tatsächlich vereinnahmten Menge und der Bestellkonditionen der Bestellung kann die Rechnungsprüfung die Lieferanteneingangsrechnung kontrollieren und abschließend die Verbindlichkeit gegenüber dem Lieferanten begleichen.

3.4.1 Lieferantenanfrage und Angebot

Eine *Lieferantenanfrage* ist die Aufforderung an einen Lieferanten, ein Angebot zur Lieferung von Materialien oder zur Erbringung von Dienstleistungen abzugeben.

Anfrageerstellung

Die Lieferantenanfrage ist ein optionaler, manueller Prozessschritt, wobei die Lieferantenanfrage entweder manuell oder mit Bezug zu einer existierenden Bestellanforderung oder zu einem Rahmenvertrag erfolgen kann. Mithilfe von Lieferantenanfragen ist es möglich, Angebote von Lieferanten zu verwalten und miteinander zu vergleichen.

Abbildung 3.26 zeigt eine Lieferantenanfrage, die mit Bezug zu einer Bestellanforderung angelegt wird. Die jeweiligen Daten der Bestellanforderung, z. B. das Lieferdatum, das zu beschaffende Material und die Beschaffungsmenge, werden automatisch in die Anfrage übernommen.

Die Lieferantenanfrage besteht aus dem Anfragekopf und den Anfragepositionen mit den extern zu beschaffenden Materialien, den Bedarfsmengen und den zugehörigen Lieferterminen. Im Gegensatz zu den nachfolgenden Einkaufsbelegen und der vorausgehenden Bestellanforderung kann in der Anfrage keine Kontierung angegeben werden.

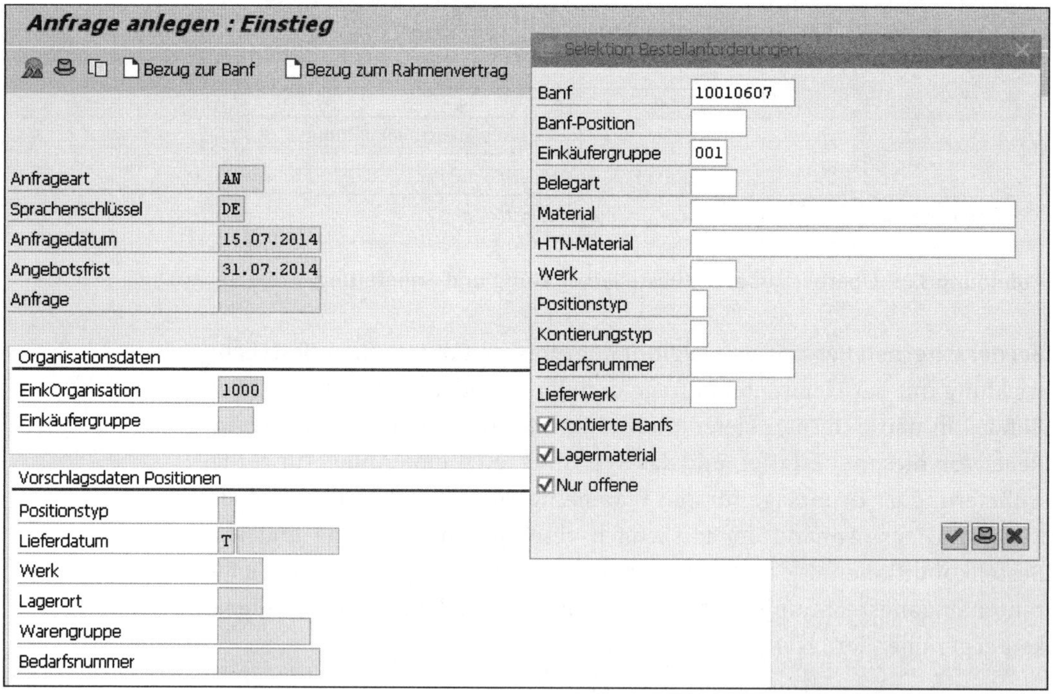

Abbildung 3.26 Anlegen der Lieferantenanfrage (Transaktion ME41)

Abgrenzung von Anfrage und Angebot

Im Einkauf sind Anfrage und Angebot ein gemeinsamer Beleg. Die Anfrage wird erstellt, anschließend gedruckt und an den externen Lieferanten übermittelt.

Die in Bezug auf die Anfrage vom externen Lieferanten erhaltenen Preise und Konditionen werden in der ursprünglichen Anfrage fortgeschrieben – somit wird die Anfrage zum Angebot, also zur Offerte des Lieferanten, die angefragten Materialien zu bestimmten Konditionen zu liefern. Das Angebot des Lieferanten ist rechtlich bindend und ist maßgeblich für die spätere Beschaffung und die Beschaffungskonditionen. Alternativ kann der Lieferant auch eine Absage für die erhaltene Anfrage erteilen. Die Lieferantenanfrage ist ein optionaler Beleg, also nicht zwingend notwendig. Bestellungen können grundsätzlich auch ohne vorherige Lieferantenanfrage angelegt werden.

Lieferantenanfrage anzeigen

Abbildung 3.27 zeigt die Lieferantenanfrage 6000000076 zur Beschaffung von 5 Stück des Materials 101-110 bei dem externen Lieferanten C.E.B. in Berlin. Lieferdatum soll der 01.08.2014 sein. Die Angebotsfrist läuft bis zum 31.07.2014. Bis dahin sollte der Lieferant ein Angebot abgegeben haben. Für den Fall, dass das nicht geschieht, bietet das System eine Erinnerungs- und Mahnfunktion, um den Lieferanten an die Anfrage zu erinnern.

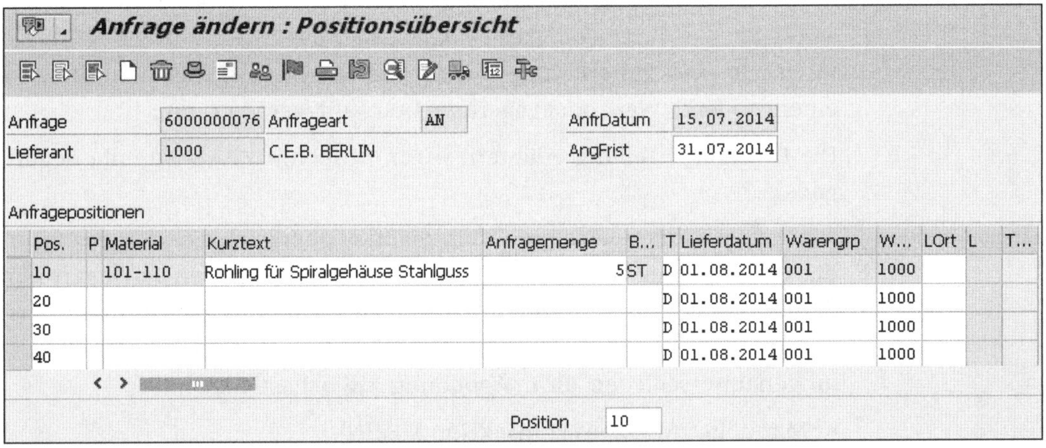

Abbildung 3.27 Anzeigen der Lieferantenanfrage (Transaktion ME42)

Submissionsnummer

Wenn die gewünschte Menge nach einem vorgegebenen Plan geliefert werden soll, können zu den einzelnen Positionen Einteilungen erfasst werden, um zu einzelnen Teilmengen genaue Angaben über Lieferdatum und Uhrzeit zu erfassen. Mehrere zusammenhängende Anfragen lassen sich unter einer *Submissionsnummer* bündeln. Die Submissionsnummer entspricht einer internen Referenz, mit der mehrere Anfragen und Angebote gezielt zu Auswertungszwecken selektiert werden können.

Angebotserfassung

Wird eine Anfrage zu mehreren Lieferanten geschickt, kann das System das günstigste Angebot ermitteln und den teureren Lieferanten automatisch eine entsprechende Absage senden. Darüber hinaus können die Preise und Lieferbedingungen einzelner Angebote für eine spätere Verwendung als Infosatz gespeichert werden. Uninteressante Angebote werden mit einem Absagekennzeichen versehen und können automatisch mit einem Absageschreiben als Nachricht an den Lieferanten beantwortet werden.

3.4.2 Bestellung

Im Rahmen der externen Beschaffung haben wir in den vorangegangenen Abschnitten bereits die Bedarfsermittlung, deren Integration in die Bedarfsplanung sowie das Anlegen der Bestellanforderung und das Ermitteln einer Bezugsquelle über eine Anfrage- und Angebotsbearbeitung erläutert.

Die Bestellung stellt nun die Aufforderung an einen externen Lieferanten dar, eine bestimmte Menge eines bestimmten Materials zu einem bestimmten Zeitpunkt zu den vereinbarten Bedingungen zu liefern.

Umlagerbestellung

Neben der Bestellung zur externen Beschaffung existieren weitere Bestellarten, wie z. B. die *Umlagerbestellung*, bei der das zu beschaffende Material innerhalb eines Unternehmens von einer anderen Organisationseinheit – einem anderen Werk oder Lagerort – beschafft werden kann.

Die Umlagerbestellung erläutern wir in Abschnitt 7.2.1, »Warenbewegungen«.

Bestellung anlegen

Das Anlegen einer Bestellung kann manuell oder auch direkt in Bezug auf die Vorgängerbelege erfolgen. Durch das zweite Verfahren verringert sich der Erfassungsaufwand und die Anwender können weniger bei der Erfassung machen. Hierbei werden die Möglichkeiten zum Anlegen von Bestellungen unterschieden, die in Abbildung 3.28 dargestellt sind.

- **Manuelles Anlegen (Transaktion ME21N)**
  Beim manuellen Anlegen einer Bestellung ist der Lieferant für die externe Beschaffung bekannt und soll nicht automatisch vom System ermittelt werden. Der Transaktionscode für das manuelle Anlegen von Bestellungen lautet ME21N.
- **Umsetzen von Bestellanforderungen (Transaktion ME58)**
  Bestellungen können direkt durch das sogenannte *Umsetzen* von Bestellanforderungen erzeugt werden. Die Umsetzung kann manuell oder automatisch erfolgen, wobei der Lieferant aus der Bezugsquelle der Bestellanforderung übernommen wird. Sofern der Bestellanforderung

noch keine Bezugsquelle zugeordnet ist, kann dennoch eine Bestellung erzeugt werden – der externe Lieferant muss dann manuell in der Bestellung erfasst werden. Die Transaktion für das manuelle Umsetzen von Bestellanforderungen ist Transaktion ME58.

- **Bestellung anlegen mit Bezug (Transaktion ME21N)**
  Eine Bestellung kann mit Bezug zu einem Vorgängerbeleg angelegt werden. Bei Bezug zu einer Bestellanforderung, einer Anfrage oder einem Kontrakt werden Positions- und – soweit vorhanden – Kopfdaten aus dem Vorgängerbeleg in die Bestellung übernommen. Die Erfassung einer Bestellung mit Bezug zu einem bestehenden Kontrakt nennt man in diesem Zusammenhang *Abrufbestellung*. Das Referenzieren auf den Vorgängerbeleg führt zu einer Fortschreibung der jeweiligen Bestellposition mit der jeweiligen Beleg- und Positionsnummer des Vorgängerbelegs. Aus diesem Belegfluss kann anschließend nachvollzogen werden, ob und gegebenenfalls auf welche Belegposition beim Erzeugen einer Bestellposition Bezug genommen wurde. Das Anlegen von Bestellungen mit Bezug zu Vorgängerbelegen erfolgt ebenfalls über Transaktion ME21N.

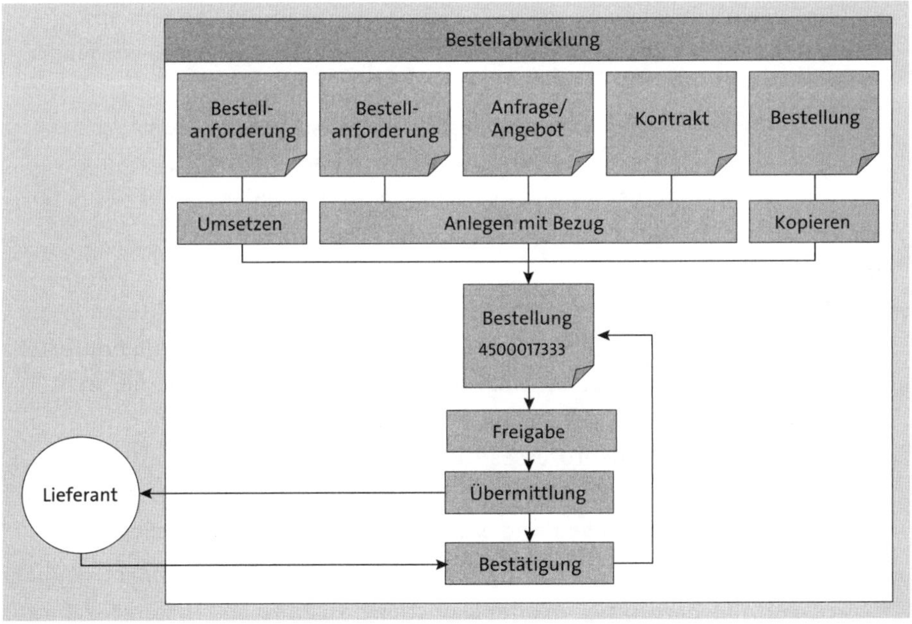

Abbildung 3.28 Anlegen einer Bestellung

Vendor Managed Inventory (VMI)

Eine Sonderform der Bestellanlage erfolgt beim sogenannten *Vendor Managed Inventory* (VMI), bei dem ein Lieferant die Disposition für seine Artikel im Unternehmen des Kunden als Dienstleistung übernimmt.

Der externe Lieferant hat hierbei Zugriff auf die Bestands- und Abverkaufsdaten im Kundensystem. Das eigentliche Anlegen der Bestellung erfolgt in diesem Szenario automatisch auf Basis einer Bestellbestätigung, die der Lieferant elektronisch per EDI (*Electronic Data Interchange*) geschickt hat. Das ERP-System kann ein VMI-Szenario sowohl aus Sicht des externen Lieferanten als auch aus Kundensicht realisieren.

Das VMI bzw. das *Supplier Managed Inventory* (SMI) wurde bereits im Zusammenhang mit SAP Supply Network Collaboration (SAP SNC) in Abschnitt 3.1.2, »Systeme und Applikationen in der externen Beschaffung«, erläutert (siehe Abbildung 3.3).

[zB]

Vendor Managed Inventory für Handelsware

Ein typischer Anwendungsfall für VMI ist z. B. die Disposition von Konsumgütern in einem Handelsunternehmen durch den Hersteller dieser Güter.

- Aus Kundensicht erfolgt eine kontinuierliche, elektronische Übermittlung der Bestands- und Abverkaufsdaten von Handelsware an den externen Lieferanten via EDI.
- Der Lieferant empfängt die Bestands- und Abverkaufsdaten, führt eine Nachschubplanung für die Konsumgüter durch und erstellt abschließend einen Kundenauftrag mit einer Bestellbestätigung, die elektronisch an den Kunden übermittelt wird.
- Auf Kundenseite kann aus dieser Bestellbestätigung automatisch eine Bestellung erzeugt werden. Die Bestellnummer dieser Bestellung wird an den externen Lieferanten übermittelt. Die Lieferung der bestellten Handelsware erfolgt in Bezug auf diese Bestellreferenz.

Limitbestellung

Eine weitere Besonderheit neben dem VMI stellen die *Limitbestellungen* dar, die bei der Beschaffung von Verbrauchsmaterial erhebliche Vorteile bieten. Normalerweise wird bei der Beschaffung von Verbrauchsmaterial für jeden Beschaffungsvorgang eine Bestellung angelegt, die im weiteren Verlauf des Einkaufsprozesses die Grundlage für die Rechnungsprüfung legt. Bei der Limitbestellung wird eine Bestellung mit einem positionsbezogenen Wertlimit angelegt und eine bestimmte Laufzeit festgelegt.

Rahmenbestellung

Die Limitbestellung ist eine sogenannte *Rahmenbestellung* und ermöglicht es, Verbrauchsmaterialien oder Dienstleistungen zu beschaffen, für die aus wirtschaftlichen Gründen eine Abwicklung über einzelne Bestellungen wenig sinnvoll wäre. Im Gegensatz zu der Prozessübersicht in Abbildung 3.25 unterscheidet sich diese Art der externen Beschaffung dadurch, dass sie bewusst auf die Abbildung einiger Schritte im System verzichtet und direkt eine eingehende Rechnung in Bezug auf eine Limitbestellung ermöglicht, ohne vorher einen Wareneingang zu erfassen. Die wesentlichen Vorteile dieser Bestellart bestehen grundsätzlich in den verringerten Prozesskosten, da mit nur einer einzigen Bestellposition über einen längeren Zeitraum verschiedene Verbrauchsmaterialien bzw. Dienstleistungen beschafft werden, ohne hierfür eigene Einkaufsbelege zu erfassen oder Wareneingänge zu buchen.

Aufbau der Bestellung

Eine Bestellung besteht aus einem Belegkopf und den Bestellpositionen. Der Beleg wird als sogenannte *Einbildtransaktion* dargestellt. Diese Darstellung zeigt alle wesentlichen Datenbereiche, Kopf- und Positionsdaten auf einer einzigen Erfassungsmaske.

Belegübersicht

Abbildung 3.29 zeigt eine Bestellung beim Lieferanten 1000 sowie die Belegübersicht für den gewählten Lieferanten mit den erledigten Bestellanforderungen. In diesem Beispiel wurde die gezeigte Bestellung 4500009101 mit Bezug zur Bestellanforderung 10010607 angelegt. Zwei weitere Bestellanforderungen beim selben Lieferanten sind noch unbearbeitet. Das Positionsdetail zeigt die Kalkulation und die Einkaufskonditionen, die für die externe Beschaffung dieses Materials bei dem Lieferanten 1000 gelten.

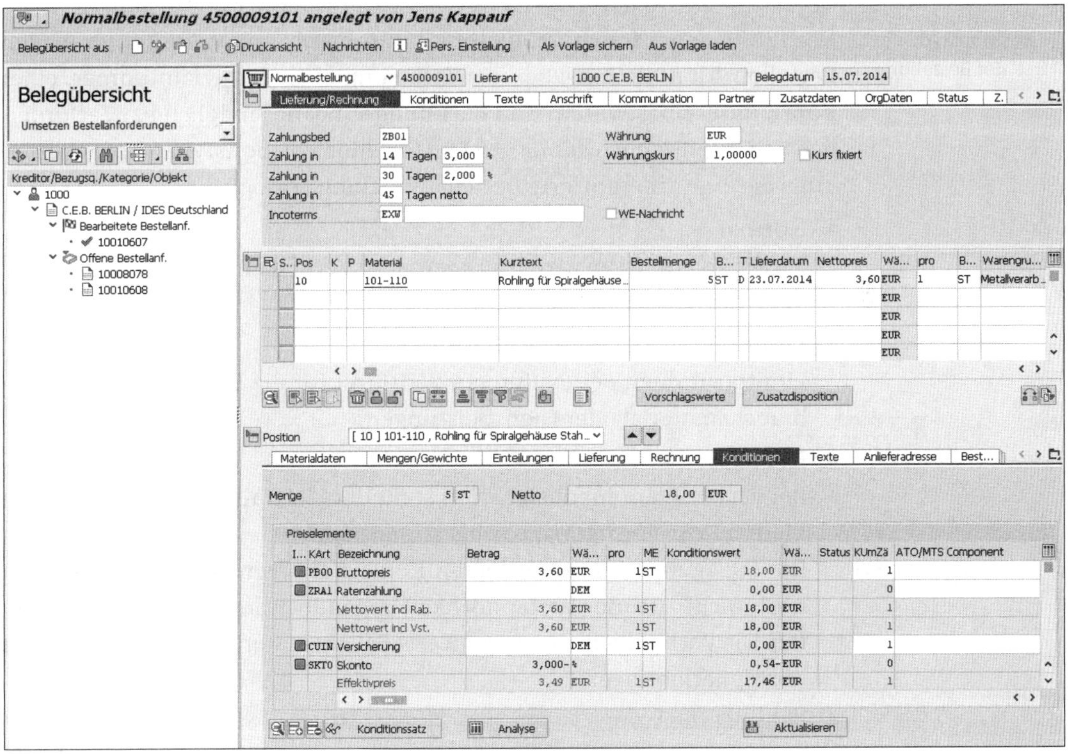

Abbildung 3.29 Übersicht über den Bestellbeleg (Transaktion ME22N)

Am linken Bildrand in der Belegübersicht werden unterschiedliche Verkaufsbelege angezeigt, die in Zusammenhang mit einer Bestellung bzw. einem Lieferanten stehen und die für die tägliche Arbeit benötigt werden. Je nach gewünschter Selektion von Belegart und Zeitraum kann die Belegdarstellung auf Bestellungen, Bestellanforderungen, Anfragen oder Lieferpläne eingeschränkt werden.

Kopfbereich

Der *Kopfbereich* der Bestellung enthält die für den ganzen Beleg relevanten Daten; hierzu zählen neben den Zahlungsbedingungen auch Incoterms, Organisationsdaten sowie die eigentliche Bezugsquelle, der Lieferant. Darüber hinaus enthält der Bestellkopf auch Kommunikationsdaten sowie Einkaufsbestelltexte, die an den Lieferanten übermittelt werden können.

Positionsübersicht

Die *Positionsübersicht* enthält die wichtigsten Materialdaten, wie z. B. die Materialnummer, die Bestellmenge und das Werk, an das das Material geliefert werden soll. Die Positionsdaten enthalten neben dem Positionstyp auch Angaben über die Kontierung, auf die gegebenenfalls eine wertmäßige Fortschreibung erfolgen soll, insbesondere bei der Beschaffung von Verbrauchsmaterialien (siehe auch die Erläuterungen zur Beschaffung von Verbrauchsmaterialien in Abschnitt 3.3.2, »Bestellanforderung«).

Positionstypen in der Bestellung

Der *Positionstyp* steuert in diesem Zusammenhang, ob zu der jeweiligen Bestellposition die Eingabe oder Erfassung einer Matcrialnummer, einer Kontierung, eines Waren- und Rechnungseingangs möglich bzw. erforderlich ist. Grundsätzlich kennt SAP ERP folgende Positionstypen in der Bestellung, die eine differenzierte Bestellabwicklung ermöglichen:

- **Normal**
  Dieser Positionstyp wird für Lager- oder Verbrauchsmaterial verwendet, das extern beschafft werden soll.
- **Limit**
  Limitpositionen beinhalten ein Wertlimit für die Beschaffung von Verbrauchsmaterial oder Dienstleistungen.
- **Konsignation**
  Bei der Lieferantenkonsignation stellt der Lieferant dem Unternehmen Material zur Verfügung, das bis zur Entnahme dem Lieferanten gehört. Die Einlagerung eines bestellten Konsignationsmaterials führt hierbei noch nicht zu einer Verbindlichkeit gegenüber dem externen Lieferanten. Die Verbindlichkeit entsteht erst bei der Materialentnahme aus dem Konsignationslager.
- **Lohnbearbeitung**
  Bei der Lohnbearbeitung wird ein Endprodukt bei einem externen Lieferanten bestellt, wobei die benötigten Komponenten zur Fertigstellung des Endprodukts in Bestellpositionen erfasst werden.

- **Umlagerbestellung**
  Bezeichnet eine Bestellposition, die über eine Umlagerung beschafft werden soll.
- **Streckenbestellung**
  Beschaffungsprozess, bei dem das bestellte Material direkt vom Lieferanten an einen Dritten (z. B. einen Kunden) ausgeliefert wird.

Umlagerbestellungen, Konsignations- und Streckenabwicklung sowie die Lohnbearbeitung werden in Kapitel 7, »Lagerlogistik und Bestandsmanagement«, näher erläutert. Die folgenden Beispiele beziehen sich auf eine »Normal-Position« zur externen Beschaffung von Lagermaterial.

Positionsdetails

Die *Positionsdetaildaten* umfassen zusätzliche Informationen zu der jeweiligen Bestellposition (siehe Abbildung 3.30). Hierzu zählen neben weiteren Materialdaten (wie z. B. materialspezifischen Konditionen, Steuerkennzeichen und Gewichten) auch die Kontierungsinformationen sowie die Toleranzen für eine Über- oder Unterlieferung.

Positionsdetails für eine Bestellung

Abbildung 3.30 zeigt die Positionsdetails für das extern zu beschaffende Material. Über die Registerkarte **Mengen/Gewichte** kann sich der Einkäufer über die bestellte Menge und die daraus resultierenden Volumina und Gewichte informieren. Die Registerkarte **Konditionen** (siehe Abbildung 3.30) zeigt die Preiselemente und das für die Bestellung verwendete Kalkulationsschema mit der Möglichkeit, eine Preisfindungsanalyse durchzuführen.

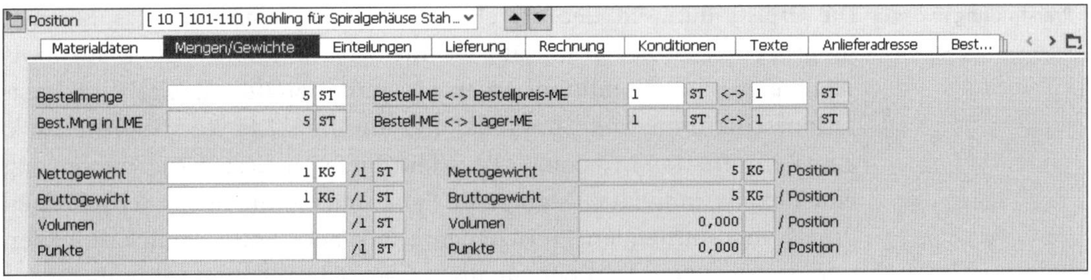

Abbildung 3.30 Positionsdetails für eine Bestellung (Transaktion ME22N)

In diesem Beispiel zeigte Abbildung 3.29 die Preisfindungsanalyse zur Kondition PB00, dem Brutto-Einkaufspreis des Materials 101-100. Der Einkaufspreis von 3,60 EUR wurde über einen Konditionssatz gefunden. Der Konditionssatz, in diesem Fall ein Materialinfosatz, stammt aus der Bestellanforderung, die dieser Bestellung zugeordnet ist, und zwar aus dem Einkaufsinfosatz 5300000046, der der Bestellanforderung zugeordnet ist. Abbildung 3.31 zeigt diesen Einkaufsinfosatz.

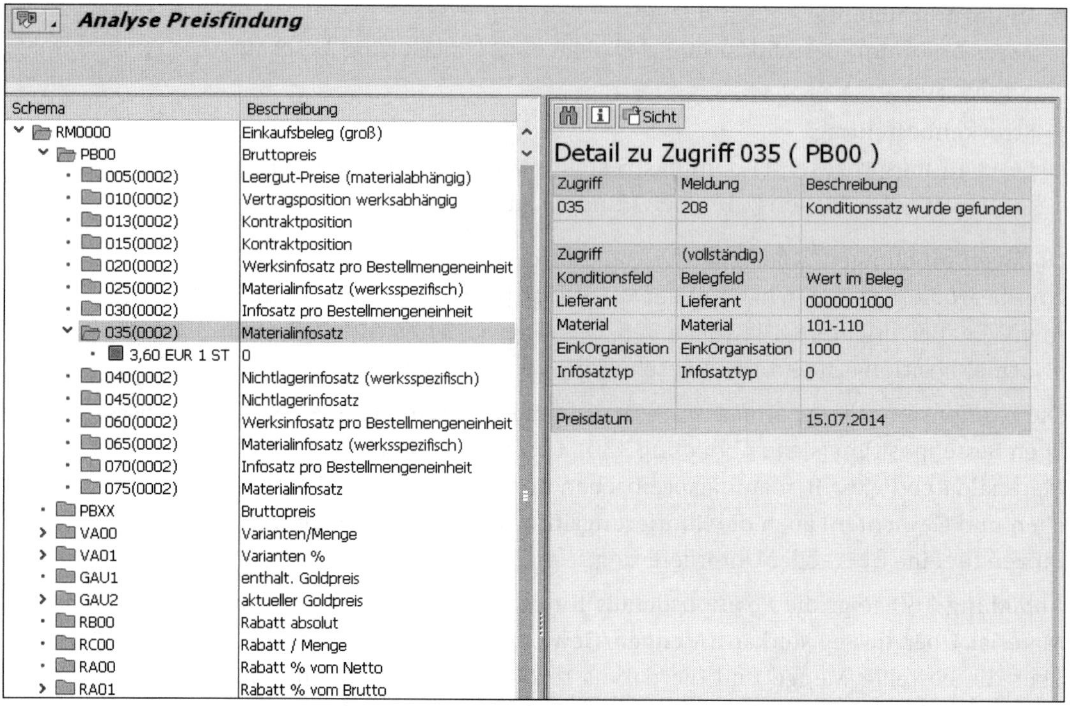

Abbildung 3.31 Preisfindungsanalyse zu den Bestellkonditionen (Transaktion ME22N – Analyse der Konditionen)

Preisfindung in der Bestellung

Die Preisfindung in der Bestellung, also die Ermittlung des Beschaffungspreises, erfolgt grundsätzlich mit der Konditionstechnik auf Basis von sogenannten Konditionssätzen. Sie wurde bereits in Kapitel 2, »Organisationsstrukturen und Stammdaten«, erwähnt. Die Konditionstechnik, eine Kernfunktion in jedem SAP-System, bietet in diesem Zusammenhang eine flexible, individuell steuerbare Funktion, um die in der betrieblichen Praxis vorkommenden Preiselemente in einem SAP-System abzubilden und anzuwenden. Darüber hinaus lassen sich mit ihrer Hilfe nicht nur Preiselemente ermitteln, sondern auch sämtliche Nachrichten, Aufgaben und Ausgaben, die auf Basis bestimmter Kriterien ermittelt und ausgeführt werden müssen.

Die eigentliche Konditionsfindung in der Preisermittlung läuft in sämtlichen SAP-Applikationen identisch ab. Wir werden sie in Kapitel 5, »Distributionslogistik«, ausführlich erläutern.

Die Besonderheit der Preisfindung im Einkauf basiert darauf, dass Bestellungen in der Regel mit Bezug zu einem Vorgängerbeleg angelegt und die Einkaufskonditionen aus diesen Belegen übernommen werden. Die Bestellung sucht dabei zunächst nach den Konditionen in Infosätzen (Einkaufsinfosatz) sowie nach den in Rahmenverträgen hinterlegten Konditionen.

Automatische Preisfindung

Bei der automatischen Preisfindung, insbesondere wenn es sich um zeitabhängige Konditionen handelt, richtet sich die Ermittlung der zeitlich passenden Kondition zunächst nach dem Belegdatum der Bestellung. Abweichend hiervon kann die Preisfindung auch auf Basis der im Lieferantenstamm hinterlegten Preissteuerung oder nach dem im Einkaufsinfosatz (siehe Abbildung 3.14) gepflegten **Preisdatumstyp** erfolgen. Diese Systemparameter ermöglichen eine zeitabhängige Preisfindung und damit eine Ermittlung der Einkaufskondition mit Bezug zum Tagesdatum der Bestellung, zum Lieferdatum oder zum Datum des Wareneingangs.

Bestellmengenoptimierung – Rundungsprofile

Die *Bestellmengenoptimierung* wird in der Bestell- und Kontraktabwicklung dazu genutzt, die Bestellmengen zu runden. Das Anpassen der Bestellmengen kann einerseits dazu dienen, vorhandene Transportkapazitäten optimal zu nutzen oder die mit dem Lieferanten ausgehandelten Konditionen so weit wie möglich auszuschöpfen. Die eigentliche Rundung erfolgt entsprechend den im System eingestellten *Rundungsprofilen*.

Rundungsprofile im Einkauf

Folgende Rundungsprofile stehen im Einkauf zur Verfügung:

- **Statische Rundungsprofile**
  Statische Rundungsprofile können dazu genutzt werden, auf ein Vielfaches einer Mengeneinheit aufzurunden, ohne die Mengeneinheit zu ändern.

  Ein Beispiel wäre ein Material, das bei einer Bestellmenge von weniger als 50 Kilogramm ungerundet in vollen Kilogramm bestellt werden darf. Bei einer Menge von mehr als 50 Kilogramm soll die Bestellmenge automatisch auf volle 100 Kilogramm aufgerundet werden.

- **Auf- und Abschlagsrundung**
  Die Auf- und Abschlagsrundung ermittelt für bestimmte Schwellenwerte einen prozentualen Auf- oder Abschlag. Wenn die bestellte Menge einen entsprechenden Schwellenwert erreicht oder überschreitet, erfolgt eine Rundung, indem die Bestellmenge um die Auf- oder Abschläge erhöht oder vermindert wird.

  Ein Beispiel wären Schrauben zum Aufbau eines Bücherregals. Pro Bücherregal werden mindestens zehn Schrauben benötigt. Da beim Aufbau des Regals oft Schrauben verloren gehen, kann das System automatisch 15 % mehr Schrauben ermitteln. Die Bestellung von zwei Regalen führt z. B. zu einem Bedarf von 23 Schrauben. Die Bestellmenge von 20 Stück wurde entsprechend aufgerundet.

- **Dynamisches Rundungsprofil**
  Ein dynamisches Rundungsprofil kann auf ein Vielfaches einer Ausgangsmengeneinheit auf- oder abrunden und dabei auch die Mengeneinheit ändern. Das dynamische Rundungsprofil wird in der Beschaffungslogistik insbesondere dann angewendet, wenn auf eine komplette logistische Mengeneinheit, z. B. eine Palette, auf- oder abgerundet werden soll.

  Ein Beispiel wäre ein Material, das bei einer Bestellmenge von mehr als zehn Stück als ein Karton geliefert wird. 100 Kartons würden z. B. einer Palette entsprechen. Eine Bestellung über 155 Stück dieses Materials entspräche z. B. einer Palette, fünf Kartons und fünf Stück des Materials. In diesem Beispiel ändert sich die Bestellmengeneinheit von »Stück« über »Karton« schließlich auf »Palette«. Über entsprechende Rundungsregeln könnte in diesem Zusammenhang die Bestellmenge entsprechend gerundet werden, um nur in vollen Paletten bzw. Kartons zu liefern.
- **Grenzwertprüfung**
  Rundungen können auch aufgrund einer *Grenzwertprüfung* erfolgen. Bei dieser Prüfung ermittelt das System, nachdem die bereits erwähnten Rundungen durchgeführt wurden, die gerundete Bestellmenge auf Basis der Mindest- und Höchstmengen im Einkaufsinfosatz (siehe Abbildung 3.14).

  Ein Beispiel wäre eine bestellte Menge von 23 Stück. Aufgrund einer dynamischen Rundung würde dann z. B. auf 30 Stück aufgerundet. Die Grenzwertprüfung ergibt jedoch eine zu bestellende Mindestmenge von 50 Stück.

Freigabe von Bestellungen

Analog zu den Bestellanforderungen können auch Bestellungen einem internen Genehmigungsverfahren unterliegen. Je nach betrieblicher Notwendigkeit muss eine Bestellung, wenn bestimmte Bedingungen erfüllt sind, genehmigt werden, bevor eine Übermittlung an den Lieferanten erfolgen kann. Das Freigabeverfahren erläutern wir in diesem Kapitel im gleichnamigen Abschnitt 3.6.4.

Nachrichtenarten zur Bestellung

Abbildung 3.32 zeigt die möglichen Nachrichtenarten für eine Bestellung. Die Nachrichtenarten richten sich dabei nach einem Nachrichtenprofil und den darin enthaltenen Nachrichtenkonditionen, die einer bestimmten Bestellart eindeutig zugeordnet sind.

Übermitteln von Bestellungen

Einkaufsbelege, die in SAP ERP erstellt wurden, werden an den externen Lieferanten kommuniziert. Nachrichten zu Mahnungen und Erinnerungen, insbesondere die Mahnung zu Auftragsbestätigungen, werden hierbei durch einen speziellen Report zur Mahnung und Erinnerung von Einkaufsbelegen erstellt.

Abbildung 3.32 Nachrichtenausgabe zur Bestellung (Transaktion ME22N – Detail zur Nachrichtenfindung)

Druckausgabe einer Bestellung

Bestellinformationen werden über verschiedene Medien wie Druck, E-Mail, Fax oder EDI übermittelt. Das System erzeugt dafür zu jeder Anfrage, jeder Bestellung, jedem Kontrakt und jedem betreffenden Einkaufsbeleg eine Nachricht. Diese Nachricht wird in einen sogenannten *Spool*, eine »Nachrichtenwarteschlange«, gestellt. Der Spool enthält alle Nachrichten, die noch nicht an den Lieferanten übermittelt wurden. Die Ausgabe dieser Nachrichten aus der Warteschlange kann entweder sofort (das heißt direkt mit dem Sichern des Einkaufsbelegs) oder zeitversetzt über einen sogenannten Hintergrundjob erfolgen. Auf Basis der übermittelten Informationen kann der Lieferant anschließend die Bestellung bestätigen.

3.4.3 Bestätigungen

Bestätigungen sind Mitteilungen des Lieferanten über den voraussichtlichen Liefertermin und die gelieferte Menge der bestellten Materialien. Die Erfassung von Bestätigungen erfolgt entweder manuell oder automatisch auf Basis von elektronisch empfangenen Informationen.

Verwendung von Bestätigungen

Der Vorteil von Lieferantenbestätigungen besteht zum einen darin, dass die Disposition genauere Informationen zu Lieferterminen und Mengen erhält und somit insbesondere in der Zeitspanne zwischen Bestelldatum und gewünschtem Liefertermin exakter planen kann. Zum anderen ermöglichen Bestätigungen eine genaue Überwachung der Liefertreue des Lieferanten.

Arten von Bestätigungen

Je nach Art der Erfassung wird unterschieden zwischen Bestätigungen, die direkt in den Einkaufsbelegen erfasst werden, und Bestätigungen, die eigene Belege darstellen. Chronologisch, vom Zeitpunkt der Bestellübermittlung her betrachtet, können oder müssen in der externen Beschaffung gemäß einem der Bestellung zugewiesenen *Bestätigungssteuerschlüssel* folgende Bestätigungen ausgetauscht werden (siehe Abbildung 3.33).

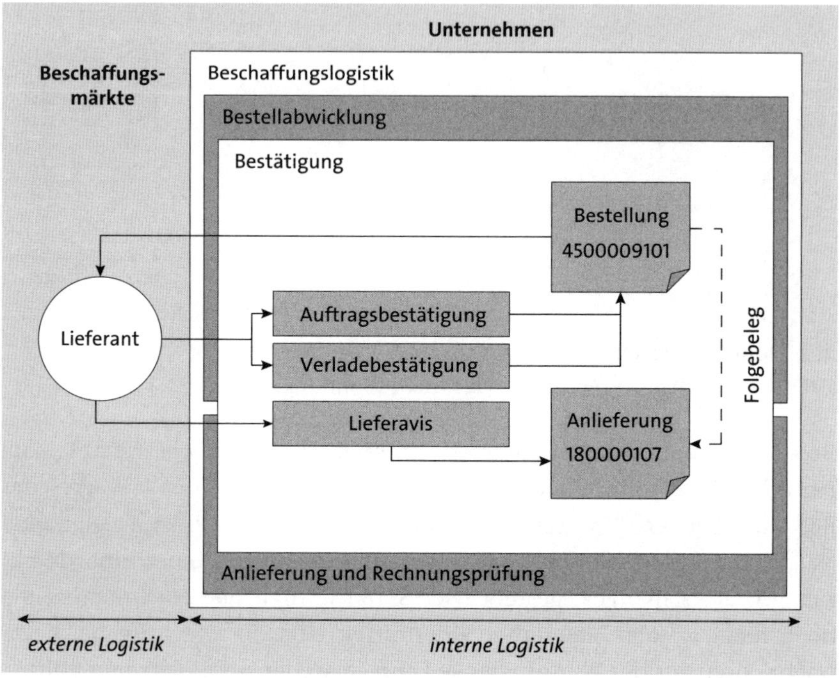

Abbildung 3.33 Bestätigungssteuerung

1. Die Bestellung wird an den externen Lieferanten übermittelt. Die Übermittlung erfolgt dabei als E-Mail, per Fax, EDI oder als klassischer Ausdruck.
2. Der Lieferant bestätigt den Erhalt der Bestellung und sendet, abhängig von den getroffenen Vereinbarungen, eine Auftragsbestätigung. Der Eingang der Auftragsbestätigung wird direkt im Einkaufsbeleg erfasst.
3. Nachdem der Lieferant die Ware verladen hat, kann eine Verladebestätigung erfolgen.
4. Das Lieferavis erzeugt einen eigenen Beleg – die Anlieferung. Der Begriff *Lieferavis* beschreibt dabei lediglich die Nachricht selbst. Das Lieferavis, das heißt der Bestätigungstyp, enthält dann die Bezeichnung »Anliefe-

rung«, sobald das Lieferavis im ERP-System verbucht wurde. Hierbei ist es grundsätzlich möglich, ausschließlich mit Auftragsbestätigungen zu arbeiten und die Auftragsbestätigung im Positionsdetail der Bestellung zu erfassen.

5. Nach dem physischen Erhalt der Ware erfolgt der Wareneingang beim Besteller.
6. Die Bestätigungen werden in der *Bestellentwicklung* der Bestellung fortgeschrieben (siehe Abbildung 3.34).

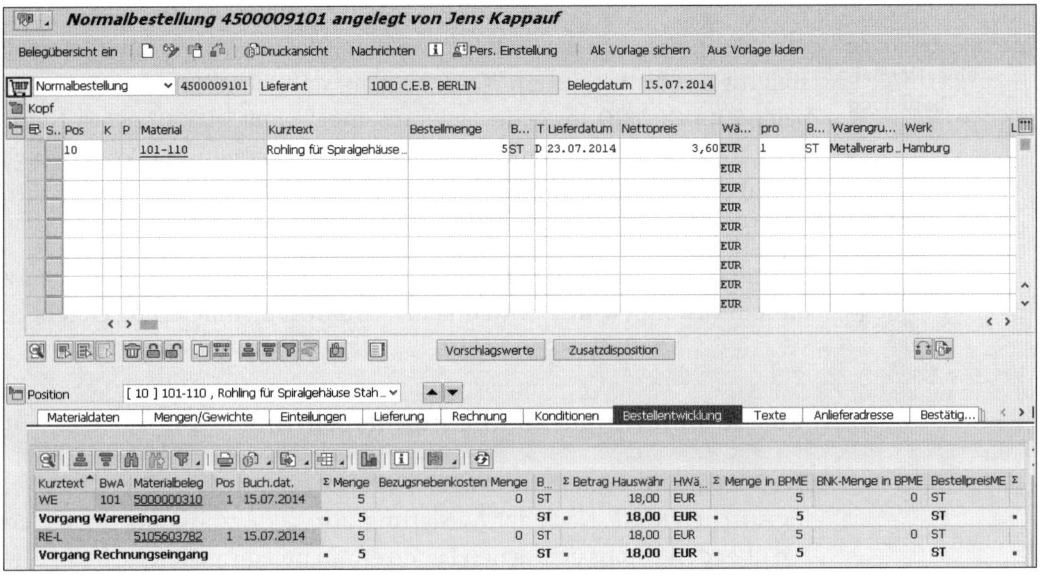

Abbildung 3.34 Bestellentwicklung (Transaktion ME22N)

Notwendigkeit von Bestätigungen

Ob für eine Bestellposition eine Bestätigung erwartet wird oder nicht und um welche Art von Bestätigung es sich handeln muss, wird über den bereits erwähnten Bestätigungssteuerschlüssel bestimmt. Um sicherzustellen, dass eine Bestellung bei einem Lieferanten eingegangen ist, kann der Besteller z. B. eine Auftragsbestätigung verlangen. Die Auftragsbestätigung erfordert hierbei keinen bestimmten Bestätigungssteuerschlüssel und kann jederzeit zu einer Bestellung erfasst werden.

Soll eine zu erwartende Bestätigung bei Nichterhalt angemahnt werden, ist dies ebenfalls pro Bestellposition als sogenannte *Bestätigungspflicht* hinterlegt.

Übermittlung von Bestätigungen

Bestätigungen des Lieferanten werden manuell oder automatisch per EDI erzeugt. Je nach Art der Bestätigung wird dabei ein eigener Beleg oder eine entsprechende Fortschreibung in der Bestellung erzeugt. Grobwareneingänge sowie das Lieferavis erzeugen dabei einen Materialbeleg bzw. eine Anlieferung.

Bestellentwicklung

In der *Bestellentwicklung* sind sämtliche Vorgänge zu einer Bestellposition dokumentiert. Diese Vorgänge bezeichnen den Belegfluss zu einer Bestellposition. Hierzu zählen insbesondere Wareneingänge und Rechnungseingänge sowie wesentliche Informationen über die gelieferte Menge, die Belegnummer und -position sowie das Buchungsdatum der Belegerstellung.

Bestellentwicklung einer Normalbestellung

Abbildung 3.34 zeigt die Bestellentwicklung der Position in einer Normalbestellung, für die bereits ein Wareneingang stattgefunden hat. Der Materialbeleg 5000000310 sowie die Lieferantenrechnung 5105603782 wurden am 15.07.2014 mit Bezug zu dieser Bestellposition erstellt. Den Wareneingang und die Rechnungsprüfung erläutern wir in Abschnitt 3.5, »Anlieferung und Rechnungsprüfung«, ausführlich.

Nachdem die Bestellung erzeugt, an den Lieferanten übermittelt und von diesem bestätigt wurde, wird im ERP-System eine Anlieferung erstellt.

3.5 Anlieferung und Rechnungsprüfung

Der Wareneingang und die Anlieferung sind wesentliche Bestandteile der logistischen Kette. Nach der Avisierung, also der Bestätigung des Lieferanten über den voraussichtlichen Liefertermin und die gelieferte Menge, wird in der Regel eine Anlieferung erstellt und die bestellte Ware eingelagert. Am Ende der logistischen Kette steht bei der externen Beschaffung die Lieferanteneingangsrechnung, die in der *logistischen Rechnungsprüfung* auf ihre sachliche, preisliche und rechnerische Richtigkeit hin überprüft wird.

Die Integration in die Bestandsführung sowie den Wareneingang in das Lager beschreiben wir in Kapitel 7, »Lagerlogistik und Bestandsmanagement«. Im Folgenden gehen wir, mit Bezug auf die vorangegangenen Beispiele, auf den Wareneingang und die Rechnungsprüfung am Ende der externen Beschaffung von Lagermaterial ein.

Abbildung 3.35 zeigt die Anlieferung 180000107 zur Bestellung aus den vorangegangenen Beispielen (siehe Abbildung 3.29). Diese Anlieferung von 5 Stück des Materials 101-110 erfolgt im Werk 1000 für den Lagerort 0001.

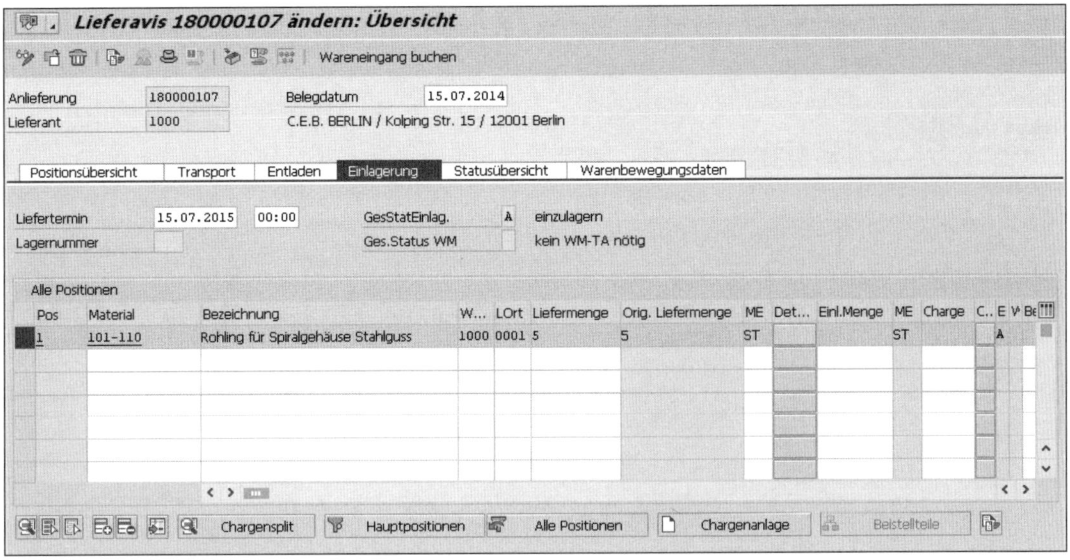

Abbildung 3.35 Anlieferung zur Bestellung (Transaktion VL32N)

3.5.1 Wareneingang

Der *Wareneingang* kann grundsätzlich mit Bezug zu einer Bestellung oder mit Bezug zu einer Anlieferung gebucht werden. Aus dem jeweiligen Vorgängerbeleg ermittelt das System alle wesentlichen Informationen, die für den Wareneingang benötigt werden:

- Was? (Welches Material wurde beschafft?)
- Wann? (Welcher Liefertermin?)
- Wie viel? (In welcher Menge?)
- Woher? (Von welchem Lieferanten oder, bei einer Umlagerung, von welchem Lieferwerk?)
- Wohin? (Welcher Bestimmungsort, welcher Bestand?)

Wareneingang mit Bezug

Die Bestellung ist im Einkauf nicht nur der zentrale Beleg für die externe Beschaffung von Waren und Dienstleistungen, sondern auch ein wichtiges Planungs- und Überwachungsinstrument für die Disposition, die Bestandsführung und die nachfolgende Rechnungsprüfung.

Um zu gewährleisten, dass tatsächlich das geliefert wurde, was bestellt wurde, kann beim physischen Erhalt der bestellten Ware der Wareneingang grundsätzlich mit Bezug auf eine vorhandene Bestellung erfasst werden (siehe Abbildung 3.36).

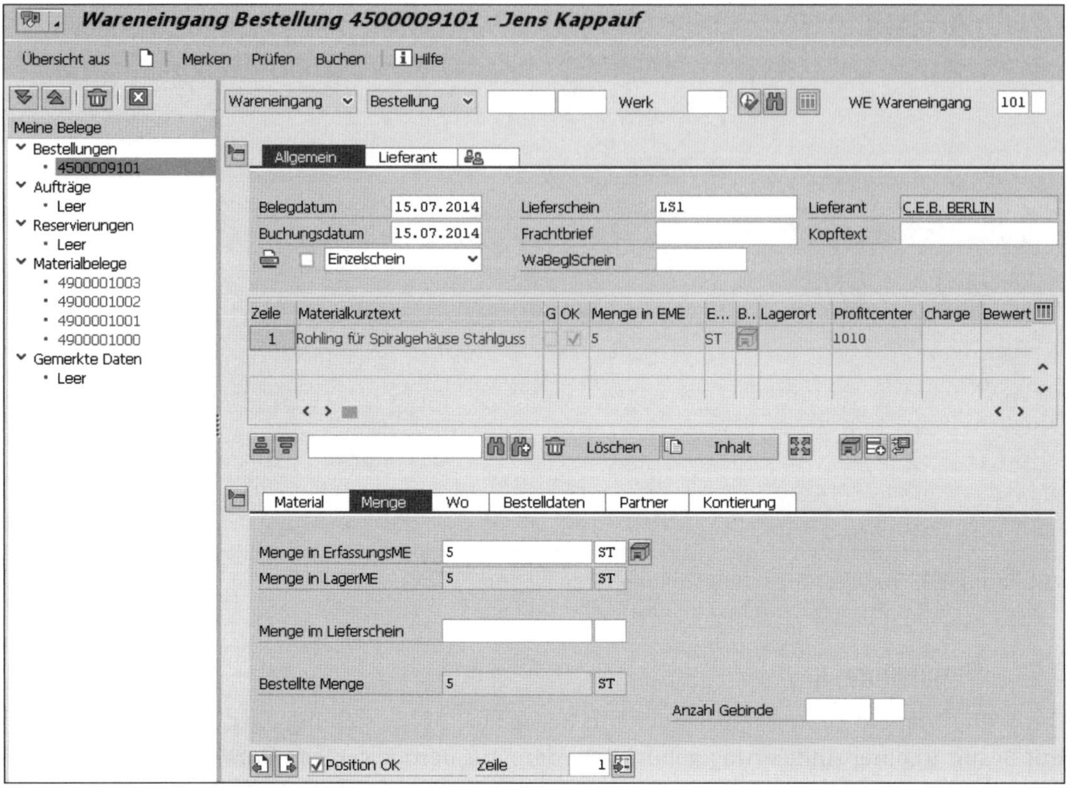

Abbildung 3.36 Wareneingang zur Bestellung (Transaktion MIGO)

Das System schlägt hierbei automatisch die Daten aus der Bestellung vor und übernimmt z. B. Material und Menge für den Wareneingang.

Endlieferungs-kennzeichen

Beim Wareneingang wird dann die gelieferte Menge mit der offenen Bestellmenge verglichen und die noch offene Bestellmenge ermittelt. Wenn in einem Wareneingang die gesamte bestellte Menge geliefert wurde, setzt das System zu der jeweiligen Bestellposition ein sogenanntes *Endlieferungskennzeichen*. Das Endlieferungskennzeichen gibt an, ob eine Bestellung als erledigt gilt und kein weiterer Wareneingang mehr erwartet wird. Die offene Bestellmenge, die angibt, welche Menge für eine Bestellposition noch zu liefern ist, und die sich grundsätzlich aus der bestellten Menge und der gelieferten Menge errechnet, wird auf null gesetzt.

Über- und Unterlieferungen

Stimmen Wareneingangs- und offene Bestellmenge nicht überein, kann es sich um eine Über- oder Unterlieferung handeln. Eine Unterlieferung entspricht hierbei einer Art Teillieferung, für die im System, je nach betrieblicher Erfordernis, Toleranzen hinterlegt werden können. Überlieferungen sind grundsätzlich nicht zulässig, können aber ebenfalls – innerhalb festzulegender Toleranzgrenzen – ermöglicht werden.

Fortschreiben der Bestellung

Mit der Wareneingangsbuchung zu einer Bestellung wird die offene Bestellmenge der Bestellposition fortgeschrieben und automatisch ein *Bestellentwicklungssatz* angelegt. Der Bestellentwicklungssatz enthält die für den Einkauf wesentlichen Daten der Materialbewegung, darunter die gelieferte Menge, die Materialbelegnummer sowie das Buchungsdatum der Warenbewegung.

Alternativ kann der Wareneingang auch mit Bezug auf eine Anlieferung erfolgen. Das Lieferavis des externen Lieferanten erzeugt hierbei eine Anlieferung als Folgebeleg zur Bestellung (siehe Abbildung 3.37).

Automatische Bestellerzeugung

Wareneingänge können auch ohne Bezug zu einer Bestellung oder Anlieferung erfasst werden. Dieser *sonstige Wareneingang* ohne Bestellbezug kann, je nach Systemeinstellung und betriebswirtschaftlicher Erfordernis, automatisch aus einem vorhandenen Einkaufsinfosatz eine Bestellung erzeugen.

Erzeugen von Materialbelegen

Eine Wareneingangsbuchung hat weitreichende Auswirkungen im System. Zunächst wird ein Materialbeleg erzeugt. Dieser Beleg, ein Protokoll für den Erhalt der Ware, dient als Nachweis für die Warenbewegung und führt zu einer Fortschreibung des Bestands. Der eigentliche Materialbeleg besteht aus einem Belegkopf und mindestens einer Belegposition. Der Belegkopf enthält das Buchungsdatum sowie den Namen des Erfassers. Die Belegpositionen enthalten neben einem möglichen Bestellbezug, dem Material und der gebuchten Menge auch Angaben über das Werk und den Lagerort, zu dem der Bestand gebucht wurde.

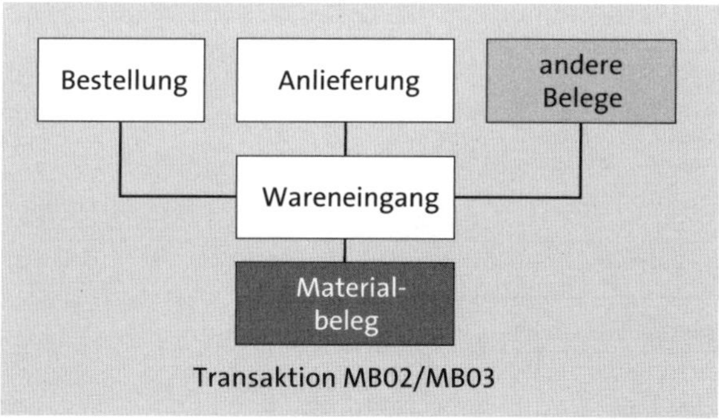

Abbildung 3.37 Wareneingang mit Bezug anlegen

Materialbeleg zum Wareneingang

Abbildung 3.38 zeigt einen Materialbeleg zur Bestellung 4500009101, bei dem 5 Stück des Materials 101-110 in den Lagerort 0001 des Werks 1000 gebucht wurden. Neben der eigentlichen, physischen Bestandserhöhung an diesem Lagerort wurden gleichzeitig Rechnungswesenbelege erzeugt, deren Buchhaltungsbeleg 5000000000 die wertmäßige Bestandsveränderung buchhalterisch nachvollzieht.

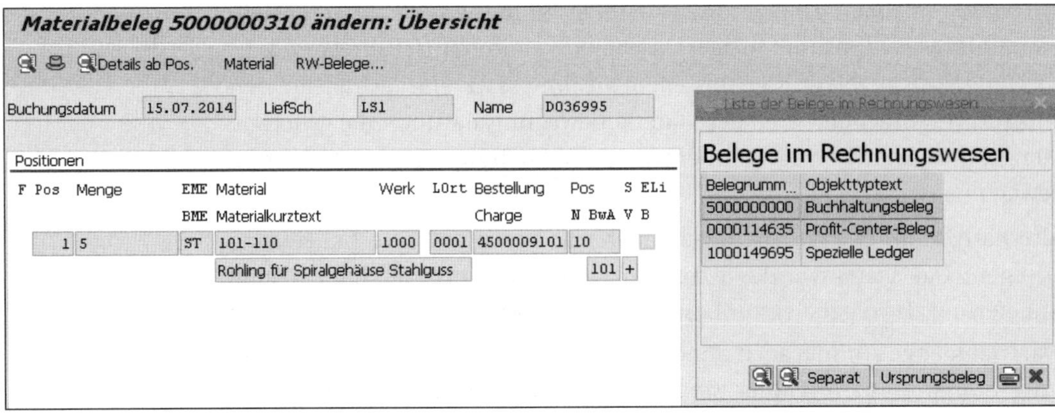

Abbildung 3.38 Materialbeleg des Wareneingangs (Transaktion MB02)

Erzeugen von Belegen im Rechnungswesen

Die Wareneingangsbuchung zu einem Materialbeleg erzeugt automatisch Buchungszeilen auf den ermittelten Buchungskonten bzw. nachgelagert (insbesondere bei der Beschaffung von Verbrauchsmaterial) eine Fortschreibung auf dem jeweiligen Kontierungsobjekt. Material- und Buchhaltungsbeleg sind eigenständige Belege mit jeweils einer eigenen Belegnummer. Die Erstellung beider Belege erfolgt zeitgleich, wobei der Buchhaltungsbeleg die buchhalterische Auswirkung der Warenbewegung, insbesondere deren Bewertung, dokumentiert (siehe Abbildung 3.39).

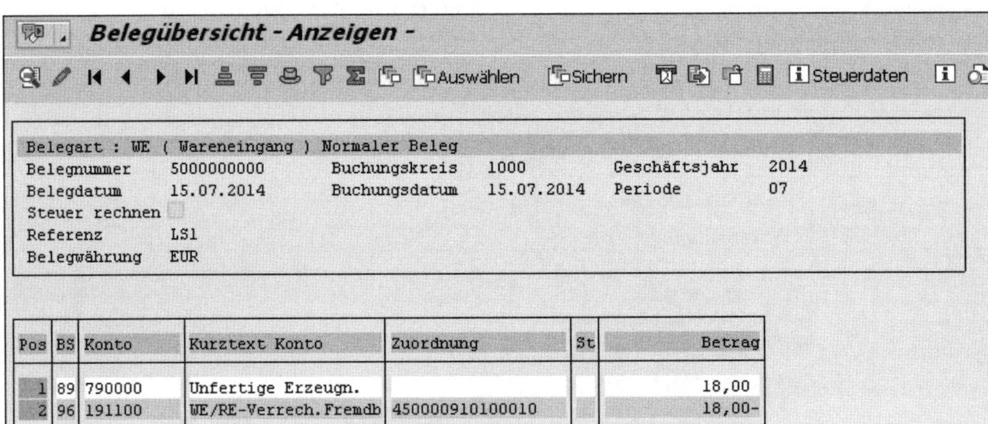

Abbildung 3.39 Buchhaltungsbeleg des Wareneingangs (Transaktion MB02 – RW-Belege)

Bewertungsrelevant sind Warenbewegungen dann, wenn das Rechnungswesen dadurch betroffen ist. Die Wareneingangsbuchung eines Rohstoffs führt in der Regel zu einer Bestandserhöhung des Bestandswerts im Umlaufvermögen. Bei einer Umlagerung des Rohstoffs innerhalb desselben Werks von einem Lagerort zu einem anderen erfolgt keine Buchung im Rechnungswesen. Neben dem Erzeugen von Material- und Buchhaltungsbelegen lassen sich zum Zeitpunkt des Wareneingangs auch Warenbegleitscheine drucken, und es kann automatisch eine Nachricht an den Einkäufer verschickt werden.

Grobwareneingang

Eine Besonderheit, insbesondere in Retail-Prozessen, stellt der *Grobwareneingang* dar, eine Vorstufe des Wareneingangs. Bei dieser Bestätigung ist die Ware zwar eingetroffen, es wird aber noch kein Wareneingang im System verbucht. Der eigentliche Wareneingang erfolgt zeitversetzt in einem zweiten Schritt.

Diese Art des Wareneingangs wird daher auch als *zweistufiger Wareneingang* bezeichnet, bei dem zunächst die einzelnen Mengen laut Lieferschein erfasst, aber noch nicht verbucht werden. Der Vorteil dieses zweistufigen Verfahrens besteht zum einen in der Genauigkeit der Datenerfassung, zum anderen in der Zusammenfassung sämtlicher Artikel, die von einem bestimmten Lieferanten in einem Unternehmen angeliefert werden, um anschließend z. B. Verkaufsetiketten zu drucken.

3.5.2 Lieferantenretoure

Warenrücksendung

Eine Retoure dient zur Rücksendung von Ware an einen externen oder internen Lieferanten. In der externen Beschaffung bezeichnet die *Lieferantenretoure* die Rücksendung der Ware an den externen Lieferanten, die in der Regel mit Bezug auf einen Referenzbeleg erfolgt. Der Referenzbeleg im Einkauf ist hierbei die Bestellung.

Das Ergebnis der Retoure ist in diesem Zusammenhang eine Wareneingangskorrektur und eine Gutschrift gegenüber dem Lieferanten, die bei der anschließenden Rechnungsprüfung berücksichtigt wird.

Die Retourenabwicklung im Einkauf ist komplett auf der Beschaffungsseite möglich, indem die zu retournierenden Bestellpositionen in der Bestellung als Retourenbestellpositionen gekennzeichnet werden und direkt am Wareneingang das Unternehmen wieder verlassen. Sofern für die Retourenabwicklung Lieferpapiere oder Ladelisten benötigt werden, kann die Retoure auch über die Versandabwicklung erfolgen. Die Versandabwicklung ist Gegenstand von Kapitel 5, »Distributionslogistik«.

3.5.3 Rechnungsprüfung und Zahlungsabwicklung

Die Logistik-Rechnungsprüfung bildet aus Sicht der Materialwirtschaft den buchhalterischen Abschluss des Beschaffungsvorgangs, indem die Lieferantenrechnung auf sachliche, preisliche und rechnerische Richtigkeit hin geprüft wird. Die Rechnungsprüfung hat die Aufgabe, den Vorgang der externen Materialbeschaffung – von der Bestellanforderung über den Einkauf bis hin zum Wareneingang – abzuschließen. Die Rechnungsprüfung stellt die Verknüpfung zwischen den ERP-Komponenten Materialwirtschaft (MM) und Finanzwesen (FI) her.

Integration der Rechnungsprüfung

Mit dem Buchen einer Rechnung werden im ERP-System Informationen an die Materialwirtschaft (z. B. Mengen), die Buchhaltung (z. B. Preisdifferenzen) und die Kostenrechnung (z. B. Kostenstelle) weitergegeben und werden relevante Daten (z. B. Materialpreise) fortgeschrieben. Außerdem werden die zur Zahlung gesperrten Rechnungen, z. B. bei Differenzen zum Bestellbeleg, durch die Rechnungsprüfung bearbeitet. Die Rechnungsprüfung greift als zentrale Komponente des Einkaufs auf alle Stammdaten der Beschaffungslogistik zu (siehe Abbildung 3.40).

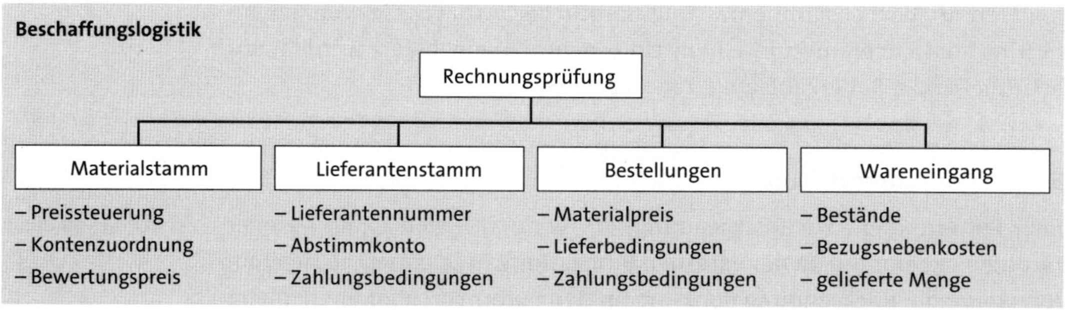

Abbildung 3.40 Stammdatenintegration der Rechnungsprüfung

Bearbeiten von Rechnungen

Nach der erfolgreichen Bearbeitung werden die Rechnungen an das Finanzwesen zur Bezahlung freigegeben. SAP ERP bietet Ihnen beim Bearbeiten einer Rechnung verschiedene Möglichkeiten:

- Sie können Rechnungen mit Bezug zu einer Bestellung erfassen. Die Rechnungsdaten werden erfasst und mit den Bestelldaten verglichen. Wenn Abweichungen etwa bezüglich Menge und Preis auftreten, werden Sie vom System unterstützt, indem Sie z. B. Toleranzgrenzen festlegen können. Nach der Rechnungsprüfung wird der Betrag zur Zahlung freigegeben.
- Durch die Eingabe der Bestell- oder Wareneingangsnummer werden die Rechnungen automatisch vom System generiert und auf die Sach- und Materialkonten gebucht.
- Innerhalb der Rechnungsprüfung können Sie Rechnungen auch ohne Bezug zu einer Bestellung erfassen und direkt auf die entsprechenden Konten buchen.

Verarbeiten des Rechnungseingangs

Die Lieferanteneingangsrechnung (siehe auch Abbildung 3.25) wird als Rechnungsbeleg im System erfasst. Dieser Rechnungsbeleg besteht aus einem Belegkopf, der das Buchungsdatum sowie den Lieferanten (aus Buchhaltungssicht den Rechnungssteller und Kreditor) enthält, und aus mindestens einer Rechnungsbelegposition. Die Position hält fest, welcher Betrag für welche Menge eines extern beschafften Materials vom Lieferanten in Rechnung gestellt wird. Die Verarbeitung des Rechnungseingangs und die Rechnungsprüfung können auf vier verschiedene Arten erfolgen:

- **Rechnungsprüfung im Dialog (Transaktion MIRO)**
  Die Rechnungsprüfung im Dialog entspricht dem klassischen Vorgehen beim Prüfen von Rechnungen: Das Unternehmen erhält eine Rechnung, erfasst deren Daten im System mit Bezug zu einem Einkaufsbeleg, vergleicht die vorgeschlagenen Daten und korrigiert sie gegebenenfalls. Bei den referenzierten Belegen handelt es sich in der Regel um Bestellungen oder um einzelne Wareneingänge, die eigenständig abgerechnet werden sollen. Rechnungen ohne Bestellbezug können direkt auf Sach- oder Materialkonten gebucht werden. Das Buchen der Rechnung schreibt zum einen die Bestellentwicklung fort, zum anderen werden Informationen zur Zahlung an die Finanzbuchhaltung weitergegeben. Das Hinzufügen der Eingangsrechnung erfolgt über Transaktion MIRO.
- **Rechnungsvorerfassung (Transaktion MIR7)**
  Rechnungen können von einem Sachbearbeiter vorerfasst werden. Bei der Vorerfassung wird der Rechnungsbeleg im System erfasst und gesichert, ohne dass eine Buchung ausgelöst wird. Vorerfasste Belege können so lange geändert werden, bis die eigentliche Buchung erfolgt. Erst durch die Buchung werden die Kontobewegungen und Fortschreibungen durchgeführt. Die Vorerfassung der Eingangsrechnung erfolgt über Transaktion MIR7.
- **Rechnungsprüfung im Hintergrund (Transaktion MIRA)**
  Die Rechnungsprüfung im Hintergrund stellt eine rationelle Verarbeitung von Massendaten dar, bei der nur in Ausnahmefällen manuell nachgearbeitet werden muss. Für die Lieferantenrechnung werden hier nur die Zuordnung und der Gesamtbetrag erfasst; das System prüft die Rechnung daraufhin automatisch im Hintergrund. Nicht gebuchte Belege können von einem Sachbearbeiter manuell nachbearbeitet werden. Die Rechnungsprüfung im Hintergrund erreichen Sie über Transaktion MIRA.
- **Elektronischer Rechnungseingang**
  Zugunsten einer schnelleren Datenübermittlung und zur Vermeidung von Eingabefehlern beim manuellen Erfassen einer Rechnung können

Rechnungsinformationen vom Lieferanten elektronisch an das System übertragen werden. Analog zur Rechnungsprüfung im Hintergrund versucht das System auch beim Rechnungseingang über EDI (*Electronic Data Interchange*), die Rechnung selbstständig zu buchen. Kann eine Rechnung nicht gebucht werden, erfolgt eine manuelle Nachbearbeitung durch den Sachbearbeiter.

Automatische Abrechnungen

Einen Sonderfall zu den beschriebenen Verfahren der Rechnungsprüfung stellen die *automatischen Abrechnungen* dar. Sie werden insbesondere zur Abrechnung von Wareneingängen verwendet. Dieses als ERS (*Evaluated Receipt Settlement*) bekannte Verfahren basiert auf einer Vereinbarung mit dem Lieferanten, dass zu einem Bestellvorgang keine Rechnung erstellt bzw. erwartet wird. Stattdessen wird der Rechnungsbeleg automatisch aus den Daten des Einkaufsbelegs und den Daten des Wareneingangs gebucht. Rechnungsabweichungen sind somit ausgeschlossen.

Die Grundlage für die Erstellung einer automatischen Abrechnung sind die Konditionen aus der Bestellung und die tatsächlich gebuchten Liefermengen. Das System ermittelt aus den Bestellkonditionen, den Zahlungsbedingungen sowie den Steuerinformationen den Betrag, der für diesen Bestellvorgang an den externen Lieferanten zu zahlen ist (siehe Abbildung 3.41). Die automatische Wareneingangsabrechnung starten Sie über Transaktion MRRL.

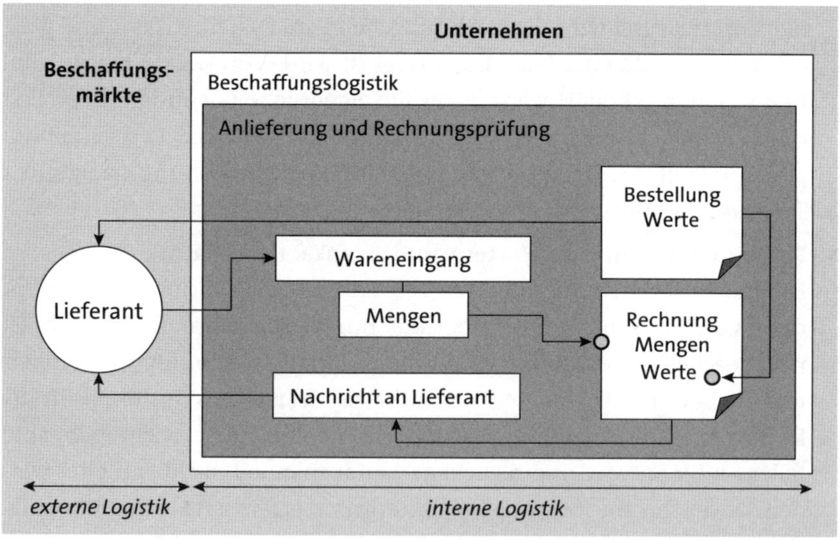

Abbildung 3.41 Automatische Wareneingangsabrechnung

Ein weiteres Beispiel für eine automatisierte Abrechnung stellt die Konsignations- und Pipeline-Abrechnung dar. Bei dieser Art der Abrechnung bilden die gebuchten Entnahmen die Grundlage einer Eigenverrechnung. Die Konsignationsabwicklung erläutern wir in Kapitel 7, »Lagerlogistik und Bestandsmanagement«. Die Konsignations- und Pipeline-Abrechnung erreichen Sie über Transaktion MRKO.

Geplante und ungeplante Bezugsnebenkosten

Neben dem reinen Bestellpreis kann die Lieferantenrechnung auch *Bezugsnebenkosten* enthalten. Bezugsnebenkosten sind Kosten einer Lieferung, die zusätzlich zu dem eigentlichen Wert der Lieferung vom Lieferanten in Rechnung gestellt werden. Man kann in diesem Zusammenhang zwischen geplanten und ungeplanten Bezugsnebenkosten unterscheiden:

- **Geplante Bezugsnebenkosten**
  Geplante Bezugsnebenkosten wurden vorab mit dem Lieferanten, einem Spediteur oder dem Zollamt vereinbart und bereits in der Bestellung auf Positionsebene erfasst. Beispiele für geplante Nebenkosten sind Fracht- oder Zollkosten, die entweder als fixer Betrag, unabhängig vom Lieferumfang, mengenabhängig oder als prozentualer Anteil vom Lieferwert erfasst werden. Für geplante Nebenkosten wird zum Zeitpunkt des Wareneingangs automatisch eine Rückstellung gebucht. Beim Rechnungseingang wird auf die in der Bestellung geplanten Nebenkosten Bezug genommen, und die Rückstellungen werden ausgeglichen. Die geplanten Nebenkosten gehen beim Wareneingang in die Bewertung der Lagermaterialien ein. Bei einer kontierten Bestellung für Verbrauchsmaterial hingegen belasten sie das Kontierungsobjekt.
- **Ungeplante Bezugsnebenkosten**
  Ungeplante Bezugsnebenkosten sind zum Bestellzeitpunkt noch nicht bekannt und werden daher erst beim Rechnungseingang im System erfasst. Im Gegensatz zu den geplanten Bezugsnebenkosten erfolgt keine Rückstellungsbildung, jedoch eine Korrektur der zum Zeitpunkt des Wareneingangs erfolgten Materialbewertung. Die Verteilung der im Rechnungsbeleg erfassten ungeplanten Nebenkosten kann anteilig, in Bezug auf die berechneten Rechnungspositionen oder auf separate Sachkonten erfolgen. Die Verteilung der Nebenkosten auf ein Sachkonto belastet hierbei nicht die Bestände oder die Kontierungsobjekte.

Lieferanten-eingangsrechnung

Abbildung 3.42 zeigt die Lieferanteneingangsrechnung 5105603782 zur Bestellung 4500009101. Zur buchhalterischen Erfassung der Lieferantenforderung wurde der Buchhaltungsbeleg 5100000000 erstellt.

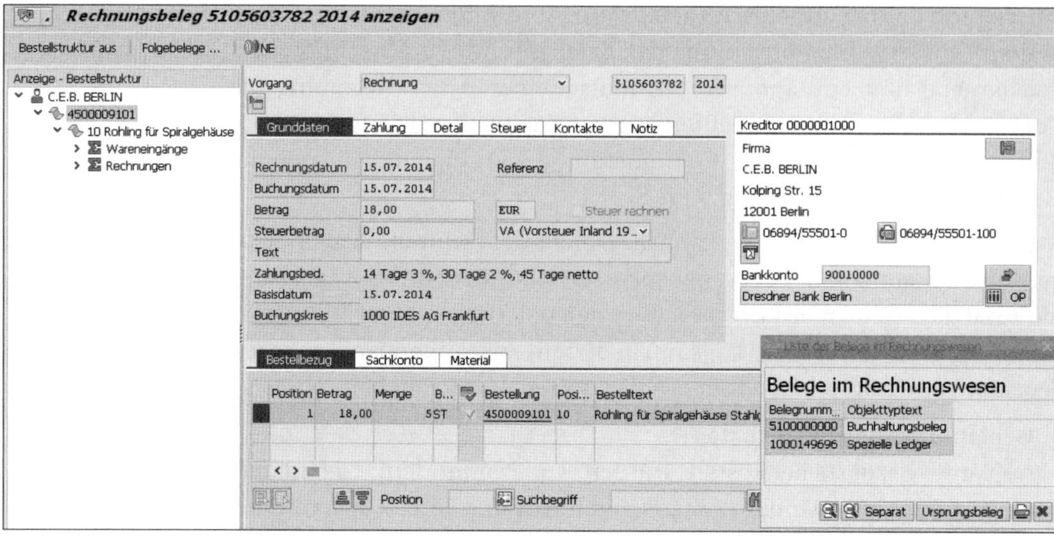

Abbildung 3.42 Lieferanteneingangsrechnung (Transaktion MIR4)

Abbildung 3.43 zeigt den Buchhaltungsbeleg mit der gebuchten Forderung des Kreditors 1000, der Firma C.E.B. in Berlin.

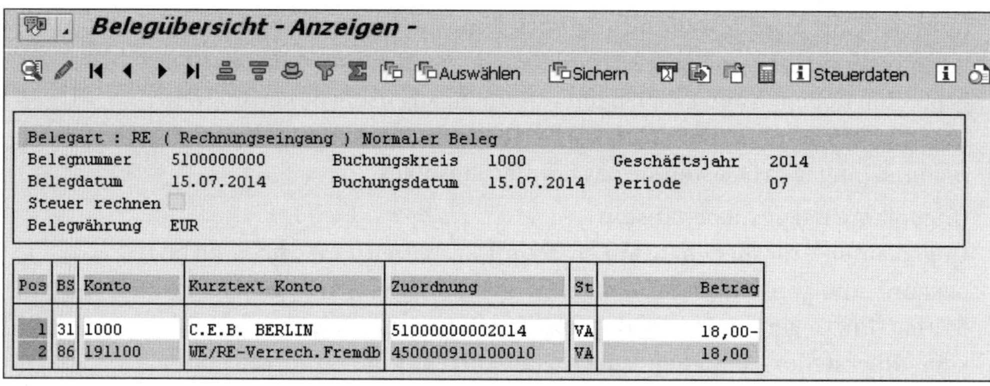

Abbildung 3.43 Buchhaltungsbeleg zur Lieferanteneingangsrechnung (Folgebelege in der Transaktion MIR4)

3.5.4 Integration in die Bestandsführung

Externe Beschaffung

In der *externen Beschaffung* findet bei der Beschaffung von Lagermaterial in der Regel ein Wareneingang in das Lager statt, bei dem das System den Bestand erhöht. Die Beschaffung von Verbrauchsmaterial führt zu einem Wareneingang in den Verbrauch, wobei lediglich eine Verbrauchsstatistik im Materialstamm fortgeschrieben wird.

Im Folgenden gehen wir von der externen Beschaffung von bewertetem Lagermaterial aus. Eine genauere Beschreibung der Unterschiede in der Bewertung von Lager- bzw. Verbrauchsmaterial sowie eine Erläuterung der *Quality Inspection Engine* als Teil von SAP Extended Warehouse Management finden Sie in Kapitel 7, »Lagerlogistik und Bestandsmanagement«.

Wareneingang in das Lager

Der Materialbeleg ist der Nachweis dafür, dass ein bestandsverändernder Vorgang stattgefunden hat. Handelt es sich bei der Materialbewegung um einen bewertungsrelevanten Vorgang, wurde zusätzlich zum Materialbeleg mindestens ein Buchhaltungsbeleg erstellt.

Die Art des fortzuschreibenden Bestands, die sogenannte *Bestandsart*, ist relevant für die Ermittlung des verfügbaren Bestands in der Disposition sowie für die Entnahmen in der Bestandsführung. Ein Wareneingang für Lagermaterialien kann hierbei in drei bewertete Bestandsarten gebucht werden:

- **Frei verwendbarer Bestand**
  Die Nutzung des frei verwendbaren Bestands ist sinnvoll, wenn keine Qualitätsprüfung stattfinden soll und keine Beschränkung in der Verwendbarkeit besteht.
- **Qualitätsprüfbestand**
  Findet eine Qualitätsprüfung statt, wird der Bestand in den Qualitätsprüfbestand gebucht. Diese Bestandsart ist zwar dispositiv verfügbar, Entnahmen für den Verbrauch sind jedoch nicht möglich.
- **Gesperrter Bestand**
  Alternativ können Wareneingänge in einen gesperrten Bestand erfolgen, der in der Regel nicht dispositiv verfügbar ist und keine Entnahmen für den Verbrauch ermöglicht.

Wareneingang zum Verbrauch

Wareneingänge von Verbrauchsmaterial, ein sogenannter *Wareneingang zum Verbrauch*, werden auf ein Kontierungsobjekt verrechnet. Wenn das Material für den Verbrauch bestimmt ist, kann der Einkauf einen Warenempfänger oder eine Abladestelle vorgeben.

Sobald eine Warenbewegung stattgefunden hat und die entsprechenden Belege gebucht wurden, lassen sich sowohl die Menge, das Material als auch die Bewegungsart nicht mehr ändern. Korrekturen und Stornos erfordern grundsätzlich einen neuen Beleg, um die Buchungen des fehlerhaften Belegs rückgängig zu machen.

Auswirkungen des Wareneingangs

Eine weitere Auswirkung des Wareneingangs besteht in der Bestandsfortschreibung im Materialstamm: Bei einem *Wareneingang ins Lager* erhöht das System den gesamten bewerteten Bestand und die jeweilige Bestandsart um die angelieferte Menge. Gleichzeitig erfolgt eine Fortschreibung des Bestandswerts. Der Wareneingang zum Verbrauch schreibt lediglich eine Verbrauchsstatistik im Materialstamm fort.

3.6 Optimierung des Einkaufs

Es ist die Aufgabe des Einkaufs, die in einem Unternehmen entstehenden Bedarfe zu decken. In diesem Kapitel haben wir bereits erläutert, wie der Bedarf ermittelt und in welcher Form er an die Fachabteilung im Einkauf zur externen Beschaffung übermittelt wird. Der gemeldete Bedarf erreicht den Einkauf entweder als Bestellanforderung, Bestellung oder als Abruf zu einem bestehenden Rahmenvertrag.

Bezugsquellenermittlung

Um in diesem Zusammenhang die von der Disposition ermittelten oder die direkt von den jeweiligen Fachabteilungen gemeldeten Bedarfe möglichst schnell und mit minimalem Aufwand zu befriedigen, müssen die Abläufe im Einkauf optimal gestaltet werden. Hierbei bilden die automatische Ermittlung der Bezugsquelle und die Verwaltung und Pflege von Rahmenverträgen ein erhebliches Rationalisierungspotenzial zur Optimierung des Einkaufs.

Die *Bezugsquellenermittlung* kann, je nach eingesetztem System, entweder in SAP ERP oder SAP APO erfolgen. Die benötigten Stammdaten und Objekte, z. B. Einkaufsinfosätze und Kontrakte, werden über CIF in das APO-System übertragen und erzeugen dort Fremdbeschaffungsbeziehungen. Der Prozessablauf für fremdbeschaffte Produkte entspricht der Darstellung in Abbildung 3.2.

3.6.1 Bezugsquellenermittlung

Damit z. B. eine Bestellanforderungsposition vom System automatisch in eine Bestellung umgesetzt werden kann, muss bekannt sein, bei welcher Bezugsquelle und zu welchen Konditionen das Material beschafft werden soll. Eine Bezugsquelle kann sowohl ein externer Lieferant als auch ein firmeneigenes Werk sein.

Objekte der Bezugsquellenermittlung

Die *Bezugsquellenermittlung* in Bestellanforderungen und Bestellungen kann auf folgenden Objekten basieren, die wir im Anschluss näher erläutern werden:

- **Einkaufsinfosätze**
  Der Einkaufsinfosatz stellt eine Beziehung zwischen Lieferant und zu beschaffendem Material dar. Er enthält Daten zu einem bestimmten

Material und zum Lieferanten des Materials, wie z. B. den aktuellen Lieferantenpreis, die Planlieferzeit des Lieferanten und die Bezeichnung des Lieferanten für das Material. Wenn eine Bestellung mit Bezug zu einem Infosatz angelegt wird, übernimmt das System automatisch dessen Einkaufskonditionen in die nachfolgende Bestellung.

- **Rahmenverträge**
  Wenn eine Bestellanforderung einem Rahmenvertrag zugeordnet wurde, kann das System Kontraktabrufe oder Lieferplaneinteilungen erzeugen.
- **Orderbuch**
  Einträge in einem Orderbuch legen für einen bestimmten Zeitraum fest, welche Bezugsquellen bevorzugt verwendet werden sollen.
- **Quotierung**
  Quotierungen beeinflussen die Zuordnung von möglichen Bezugsquellen zu einer Bestellanforderung, indem sie festlegen, welcher Anteil des Gesamtbedarfs an einem Material von welcher Bezugsquelle beschafft werden darf.
- **Werke**
  Die interne Fremdbeschaffung kann mit Umlagerbestellungen über einen internen Beschaffungsvorgang erfolgen. Das Werk stellt die interne Bezugsquelle dar.

Die eigentliche Bezugsquellenermittlung – die Festlegung, bei welchem Lieferanten das zu beschaffende Material bestellt werden soll – kann entweder direkt, manuell zum Zeitpunkt des Anlegens der Bestellanforderung oder automatisch beim Planungslauf erfolgen.

Manuelle Bezugsquellenermittlung

Bei der *manuellen Bezugsquellenermittlung* legt entweder der Anforderer oder der Mitarbeiter im Einkauf bereits beim Anlegen der Bestellanforderung fest, bei welchem Lieferanten eine bestimmte Bedarfsposition beschafft werden soll.

In der Regel ist jedoch der Einkauf für das Bezugsquellenmanagement und die Zuordnung von Bezugsquellen verantwortlich. Er wird durch das ERP-System unterstützt, das eine Liste der bereits vorhandenen Bezugsquellen vorschlagen kann. Wenn die Bestellanforderung für die *Bezugsquellenfindung* als relevant gekennzeichnet ist (siehe Abbildung 3.44), kann durch das System eine Bezugsquelle zugeordnet werden. Falls das System für eine Position mehrere gültige Bezugsquellen findet, kann der Entscheidungsprozess durch eine Preissimulation oder durch Daten aus der Lieferantenbeurteilung unterstützt werden.

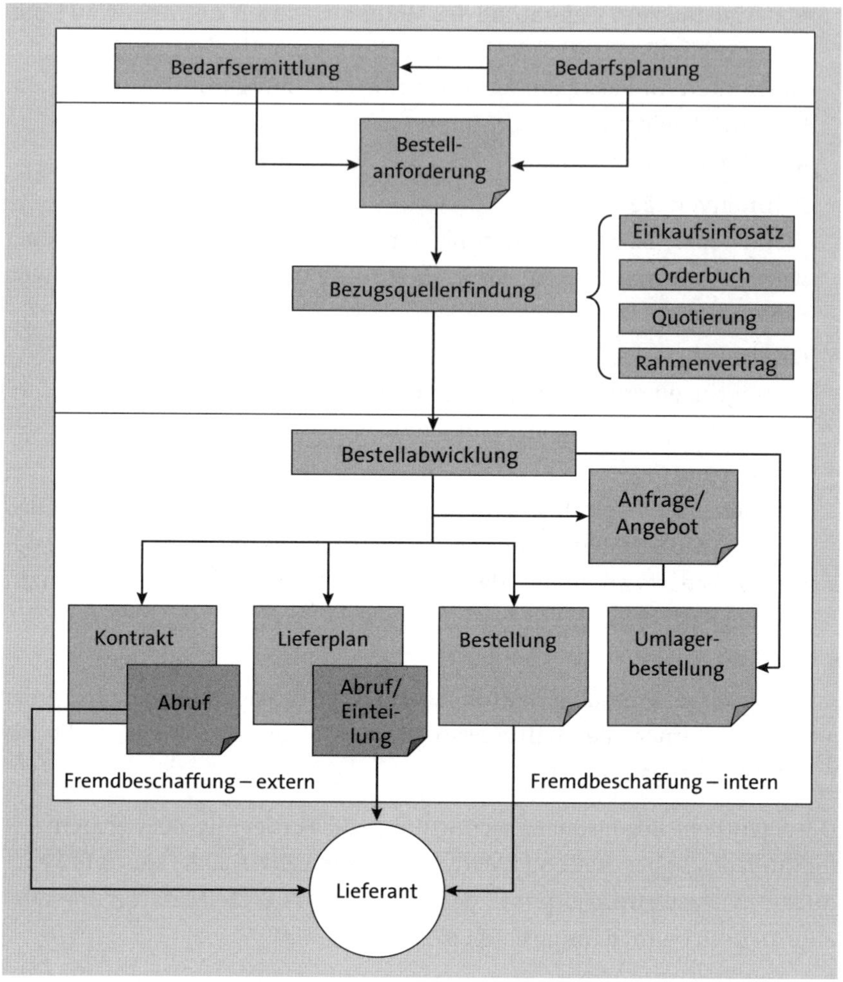

Abbildung 3.44 Übersicht über die Bezugsquellenfindung

Automatische Bezugsquellenermittlung

Eine Bezugsquellenermittlung kann auch *automatisiert* ablaufen. Insbesondere in der Disposition, zum Zeitpunkt der Bedarfsplanung, kann das Ergebnis der Planung – die Bestellanforderung – nicht nur die Bedarfe, sondern auch die Bezugsquelle enthalten, die zu der jeweiligen Bedarfsposition eindeutig ermittelt und automatisch zugeordnet wurde. Die automatische und eindeutige Ermittlung wird durch das sogenannte *Orderbuch* unterstützt.

Interne und externe Bezugsquellen

Die eigentliche Beschaffung kann extern oder intern erfolgen. Lieferanten zählen zu den externen Bezugsquellen für die externe Fremdbeschaffung. Andere Werke des Unternehmens zählen zu den internen Bezugsquellen der internen Fremdbeschaffung, bei denen die Beschaffung mit Umlagerbestellungen erfolgt. Umlagerbestellungen erläutern wir näher in Kapitel 7, »Lagerlogistik und Bestandsmanagement«.

Orderbuch

Verwaltung von Bezugsquellen

Mithilfe eines Orderbuchs können die möglichen Bezugsquellen eines Materials für ein bestimmtes Werk verwaltet werden. Das Orderbuch, das bei der automatischen Bezugsquellenermittlung im Einkauf und bei der Bedarfsplanung berücksichtigt wird, enthält hierbei die für ein Werk erlaubten bzw. nicht erlaubten Bezugsquellen eines Materials. In diesem Zusammenhang können Sie entscheiden, ob eine Bezugsquelle in einem bestimmten Zeitraum bevorzugt werden soll. Wenn von einem bestimmten Lieferanten in einem Zeitraum nichts beschafft werden darf, lässt sich diese Bezugsquelle bzw. deren Orderbucheintrag sperren.

Abbildung 3.45 zeigt ein Orderbuch für das Material 101-110 im Werk 1000. Das Material kann im Zeitraum vom 01.07.2014 bis zum 31.12.2014 sowohl vom Lieferanten 1000 als auch vom Lieferanten 1111 bezogen werden.

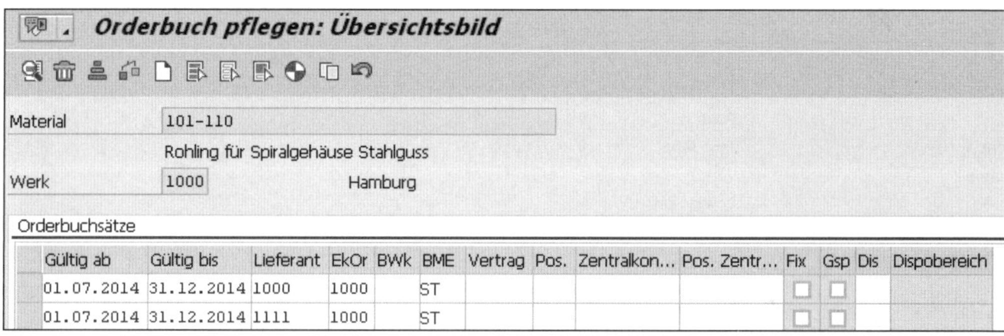

Abbildung 3.45 Übersicht zum Orderbuch (Transaktion ME01)

Disporelevanz

Wir haben bereits erwähnt, dass das Ergebnis der maschinellen Bedarfsplanung eine Bestellanforderung sein kann. Hierbei kann die Bezugsquelle in einer Bestellanforderung automatisch ermittelt werden. Die automatische Ermittlung der Bezugsquelle mithilfe von Orderbucheinträgen setzt voraus, dass für das entsprechende Material ein gültiger Orderbucheintrag vorhanden ist und dass dieser als **Disporelevant** gekennzeichnet ist.

Orderbuchpflicht

Für ein Material kann eine sogenannte *Orderbuchpflicht* eingestellt werden. Diese Einstellung bewirkt, dass dieses Material nur noch bei Bezugsquellen beschafft werden darf, die im Orderbuch als gültig eingetragen sind. Die Existenz eines Orderbuchs ist somit eine zwingende Voraussetzung. Die Kennzeichnung des Materials erfolgt in der Einkaufssicht des Materialstammsatzes. Diese Orderbuchpflicht kann grundsätzlich auch für ein ganzes Werk definiert werden. In diesem Fall müssen jedoch für alle fremd zu beschaffenden Materialien eines Werks Orderbucheinträge mit gültigen Bezugsquellen vorhanden sein.

Abbildung 3.46 zeigt die Detailsicht der Orderbuchposition für das Material 101-110 vom Lieferanten 1000. Da dieser Orderbuchsatz für die Disposition nicht relevant ist, wird er nicht für die automatische Bezugsquellenfindung in der Bestellanforderung herangezogen.

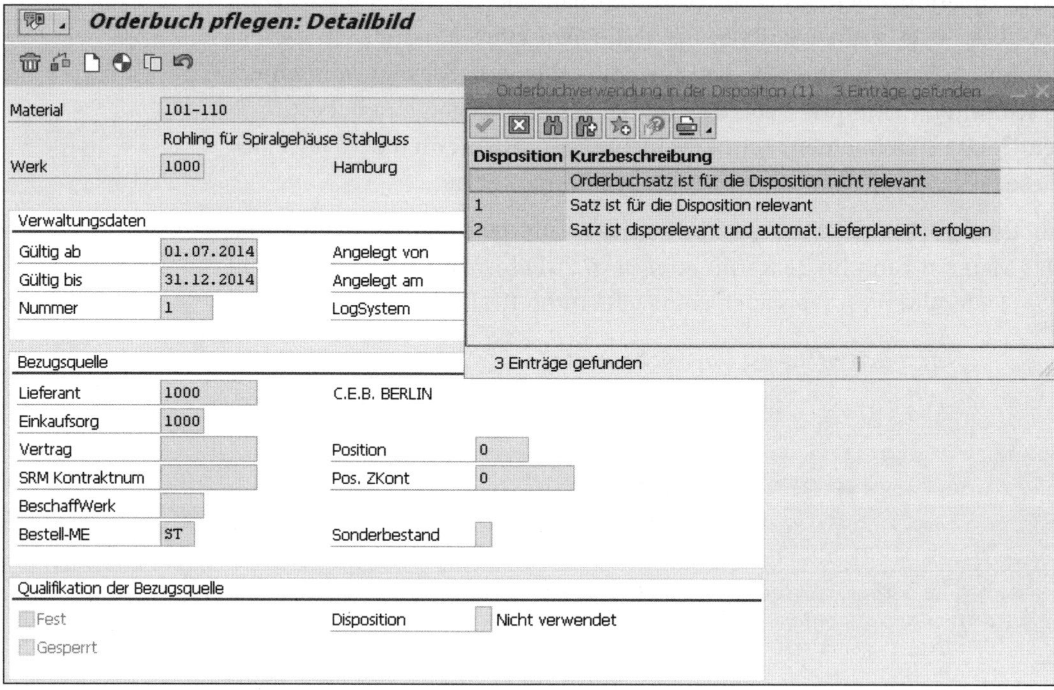

Abbildung 3.46 Detail der Orderbuchposition (Transaktion ME01)

Orderbuchpflege

Das Orderbuch wird grundsätzlich pro Material und Werk gepflegt (siehe Abbildung 3.45). Die Orderbucheinträge können dabei manuell oder automatisch vom System erzeugt werden:

- **Manuelle Pflege des Orderbuchs (Transaktion ME01)**
  Die manuelle Pflege erfolgt entweder direkt oder ausgehend von einem bereits existierenden Rahmenvertrag oder Einkaufsinfosatz. Wenn ein Rahmenvertrag oder Infosatz angelegt oder geändert wird, können die entsprechende Vertragsposition bzw. die Einkaufsinformationen in das Orderbuch des Materials übernommen werden. Das Orderbuch können Sie über Transaktion ME01 pflegen.

- **Automatische Erzeugung des Orderbuchs (Transaktion ME05)**
  Bei der automatischen Erzeugung des Orderbuchs bietet das System die Möglichkeit, ausgehend von bereits existierenden Infosätzen bzw. Rahmenvertragspositionen automatisch sämtliche Bezugsquellen eines Materials schnell in einem Orderbuch zu erfassen und entsprechende Orderbuchpositionen anzulegen oder zu aktualisieren. Das automatische Erzeugen von Orderbüchern bietet eine Vorschaufunktion, mit der Sie die Auswirkungen eines automatischen Erzeugungslaufs simulieren und sein mögliches Ergebnis begutachten können. Die Funktionen zum automatischen Erzeugen des Orderbuchs erreichen Sie über Transaktion ME05.

Quotierung

Die *Quotierung* dient ebenso wie das Orderbuch zur Verwaltung von Bezugsquellen auf Werksebene. Der wesentliche Unterschied besteht darin, dass die einzelnen Bezugsquellen mit einer Quote versehen werden. Wenn ein bestimmtes Material von verschiedenen Bezugsquellen bezogen werden kann, gibt diese Quote an, welcher Anteil eines anfallenden Bedarfs in einem bestimmten Zeitraum von welcher Bezugsquelle beschafft werden darf.

Quotierung in der Materialbedarfsplanung

Wie das Orderbuch wird auch die Quotierung bei der Bezugsquellenfindung verwendet, wenn für ein entsprechendes Material eine Quotierungsposition für den jeweiligen Zeitraum existiert. Die Zuordnung der Bezugsquelle mithilfe der Quotierung und die jeweilige Aufteilung des Bedarfs gemäß der hinterlegten Quote auf verschiedene Lieferanten erfolgt automatisch im Planungslauf. Das System errechnet die prozentuale Aufteilung der Bedarfe anhand der hinterlegten Quote und schreibt bei jeder Bedarfszuordnung, die aufgrund der Quotierung erfolgt ist, die quotierte Menge fort. Hierbei wird die eigentliche Bedarfsmenge nicht aufgeteilt, sondern die gesamte angeforderte Menge einer Bestellanforderung wird gemäß der Quotierung einer Bezugsquelle zugeordnet.

Abbildung 3.47 zeigt eine Quotierung für das Material 101-110 und das Werk 1000. Im Zeitraum vom 15.07.2014 bis zum 31.12.2014 kann das Material bei zwei Lieferanten bezogen werden: 80 % bei Lieferant 1000, 20 % bei Lieferant 3000. Die Fremdbeschaffung bei Lieferant 1000 erfolgt gemäß den Vereinbarungen des bestehenden Einkaufsinfosatzes 5300000046.

Integration der Quotierung

Die Bezugsquellenfindung mithilfe der Quotierung und damit die Fortschreibung der quotierten Menge kann in verschiedenen Bereichen der Beschaffung, zu unterschiedlichen Zeitpunkten und auf Basis unterschiedlicher Einkaufsbelege erfolgen.

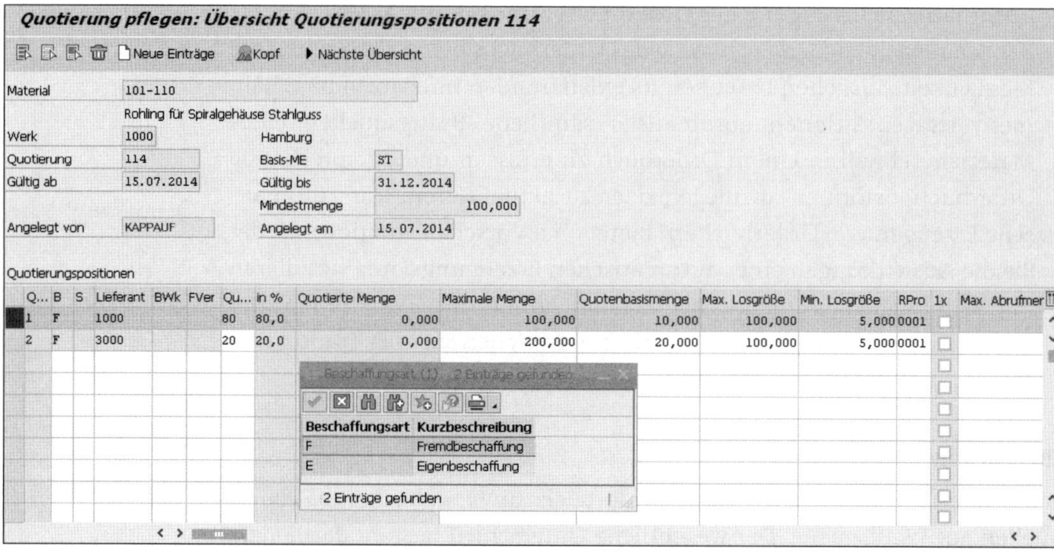

Abbildung 3.47 Pflegen der Quotierung (Transaktion MEQ1)

Indem Sie für Bezugsquellen im aktuellen Gültigkeitszeitraum eine Quote festlegen, kann die Quotierung und damit die Ermittlung, welche Bezugsquelle als nächste für einen Bedarf vorgesehen ist, wie folgt berücksichtigt werden:

- **Bestellanforderungen**
  Die Bezugsquellenfindung in der Bestellanforderung kann über die Quotierung gesteuert werden, wobei die angeforderte Menge eines angeforderten Materials direkt in die quotierte Menge der Quotierungsposition eingeht.
- **Bestellungen**
  Bestellungen, die in Bezug auf eine Bestellanforderung angelegt wurden, bei der bereits eine Quotierung berücksichtigt wurde, beeinflussen die quotierte Menge nicht. Sonst geht die bestellte Menge des Materials in die quotierte Menge ein.
- **Lieferplan**
  Bei einem Lieferplan geht die Gesamtmenge der entsprechenden Lieferplaneinteilung in die quotierte Menge ein.
- **Plan- und Fertigungsaufträge**
  Sofern bei der Bezugsquellenfindung eine Quote ermittelt wurde, geht die Gesamtmenge aller bei der Disposition erzeugten Plan- und Fertigungsaufträge in die quotierte Menge ein. Wird der Planauftrag in eine Bestellanforderung umgewandelt, erfolgt keine Fortschreibung der quotierten Menge durch den Folgebeleg (siehe auch Abbildung 3.18).

Losgrößen

In der Quotierungsposition können verschiedene *Losgrößen* der zu beschaffenden Mengen festgelegt werden, je nach der betrieblichen Erfordernis. Diese Losgrößen werden ausschließlich bei der Bedarfsplanung, dem automatischen Erzeugen von Bestellanforderungen und Planaufträgen, berücksichtigt. In der Disposition wird je nach Art der Losgröße bei der zu beschaffenden Menge zwischen einer maximalen und minimalen Losgröße bzw. einer maximalen Menge unterschieden.

Die maximale Losgröße beschreibt die maximale Menge, die im Planungslauf pro Beschaffungsvorschlag zugeordnet werden darf. Ist die maximale Losgröße kleiner als die Bedarfsmenge, wird die Restmenge neu quotiert. Die minimale Losgröße hingegen definiert die Menge, die pro Beschaffungslauf mindestens einer Bezugsquelle zugeordnet werden muss.

Pro Quotierungsposition kann eine maximale Menge gepflegt werden. Die maximale Menge wird bei der manuellen und bei der automatischen Erstellung von Bestellanforderungen berücksichtigt und stellt eine Obergrenze für die quotierte Menge einer Bezugsquelle dar. Hierbei prüft das System, ob die zu quotierende Menge größer oder gleich der maximalen Menge ist oder werden würde. Die Bezugsquelle wird dann nicht mehr vorgeschlagen.

3.6.2 Rahmenverträge

Definition

Ein *Rahmenvertrag* ist eine längerfristige Vereinbarung mit einem externen Lieferanten über die Lieferung von Materialien oder die Erbringung von Dienstleistungen zu festgelegten Konditionen. Der Rahmenvertrag und die in ihm getroffenen Vereinbarungen gelten für einen definierten Zeitraum und entweder für eine bestimmte Gesamtmenge oder für einen bestimmten Gesamtabnahmewert.

Rahmenverträge enthalten in der Regel keine Angaben über Liefertermine oder Liefermengen. Das Lieferdatum und die zu liefernde Menge werden – je nach Art des Rahmenvertrags – in einem Kontraktabruf oder einer Lieferplaneinteilung angegeben.

Rahmenvertragsarten

Bei einem Rahmenvertrag kann es sich daher entweder um einen Kontrakt oder einen Lieferplan handeln. Der wesentliche Unterschied zwischen den beiden Vertragsarten besteht im Belegvolumen und ihrer Verwendung bei der automatischen Disposition.

[»]

Unterschiede zwischen Kontrakt und Lieferplan

Kontrakte und Lieferpläne sind Rahmenverträge und damit langfristige Vereinbarungen mit externen Lieferanten. Die zwei wesentlichen Unterschiede bestehen in folgenden Punkten:

- **Belegvolumen**
  Kontrakte haben in der Regel ein wesentlich höheres Belegvolumen, da für jeden Kontraktabruf eine neue Bestellung im System angelegt wird. Der Lieferplan hingegen wird lediglich um einen weiteren Beleg ergänzt, die sogenannte *Lieferplaneinteilung*, die immer um die neuen Bedarfsmengen und -termine erweitert wird.
- **Automatische Disposition**
  Bei der Bezugsquellenfindung in der Bedarfsplanung kann eine Kontraktposition automatisch als Bezugsquelle einer Bestellanforderungsposition zugeordnet werden. Diese Bestellanforderung muss anschließend noch in eine Bestellung umgewandelt werden, wodurch der Bezug zum Rahmenvertrag hergestellt wird. Die erzeugte Bestellung nennt man Abrufbestellung. Der Lieferplan hingegen bietet die Möglichkeit, ohne das Anlegen zusätzlicher Einkaufsbelege direkt aus dem Dispositionslauf heraus Lieferplaneinteilungen erzeugen zu lassen (siehe hierzu auch Abbildung 3.53).

Kontrakt

Kontrakte werden manuell mit oder ohne Bezug zu existierenden Einkaufsbelegen angelegt. Sie können also einen Kontrakt nicht nur ohne Bezug erstellen bzw. einen existierenden Kontrakt als Vorlage verwenden, sondern Kontraktpositionen auch mit Bezug zu einem bereits vorhandenen Angebot oder einer Bestellanforderung anlegen.

Daten im Kontrakt

Der Kontrakt ist ein Einkaufsbeleg, dessen Aufbau und Trennung in Belegkopf und Belegposition sich von anderen Einkaufsbelegen nicht wesentlich unterscheidet. Analog zu anderen Belegen enthalten die Kopfdaten des Kontrakts Informationen, die sich auf den gesamten Vertrag beziehen. Hierzu zählen neben den Lieferantendaten, der Vertragslaufzeit sowie der Vertragsart auch die Kopfkonditionen – z. B. Bezugsnebenkosten, die für alle Kontraktpositionen gelten.

Die Positionsdaten enthalten das extern zu beschaffende Material oder die Dienstleistung, die Gesamtabnahmemenge, Preise und Texte, jedoch keine exakten Liefermengen und -termine. Die einzelnen Kontraktpositionen können sich entweder auf ein einzelnes Werk oder auf alle Werke innerhalb einer Einkaufsorganisation beziehen (siehe auch Kapitel 2, »Organisationsstrukturen und Stammdaten«).

Zentralkontrakt

Bei werksunabhängigen Positionen spricht man von einem *Zentralkontrakt*. Sein wesentlicher Vorteil besteht darin, dass mit einer zentralen Einkaufsorganisation in der Regel bessere Konditionen ausgehandelt werden können als für jedes einzelne Werk individuell. Wird ein Zentralkontrakt genutzt, so wird das jeweilige Werk erst bei der eigentlichen Bestellung – dem Kontraktabruf – festgelegt, wobei lediglich die Werke abrufberechtigt sind, die der entsprechenden Einkaufsorganisation zugeordnet sind.

[!]

Steuerung von Kontraktabrufen über das Orderbuch

Je nach den betrieblichen Anforderungen kann es notwendig sein, dass bestimmte Werke, die einer entsprechenden Einkaufsorganisation angehören, nicht von einem Zentralkontrakt abrufen. Um zu verhindern, dass der Zentralkontrakt als Bezugsquelle ermittelt wird, kann er mit einem Orderbucheintrag des jeweiligen Werks gesperrt werden.

Je nachdem, ob innerhalb der Vertragsdauer die zu bestellende Gesamtmenge bereits feststeht oder der Gesamtwert aller möglichen Kontraktabrufe einen bestimmten Betrag nicht übersteigen soll, kann grundsätzlich zwischen zwei Kontraktarten unterschieden werden: Mengenkontrakte und Wertkontrakte.

Mengenkontrakte

Bei einem *Mengenkontrakt* steht bereits zum Zeitpunkt der Vereinbarung mit dem externen Lieferanten fest, welche Gesamtmenge innerhalb der vereinbarten Vertragslaufzeit bestellt werden soll. Die Zielmenge des Materials wird in den Positionsdaten gepflegt. In Abbildung 3.48 sehen Sie einen Mengenkontrakt, der mit dem Lieferanten 1000 vereinbart wurde. Gegenstand dieser Vereinbarung ist die externe Beschaffung von 1.000 Stück des Materials 100-101 zu den für die Position angegebenen Bestellkonditionen.

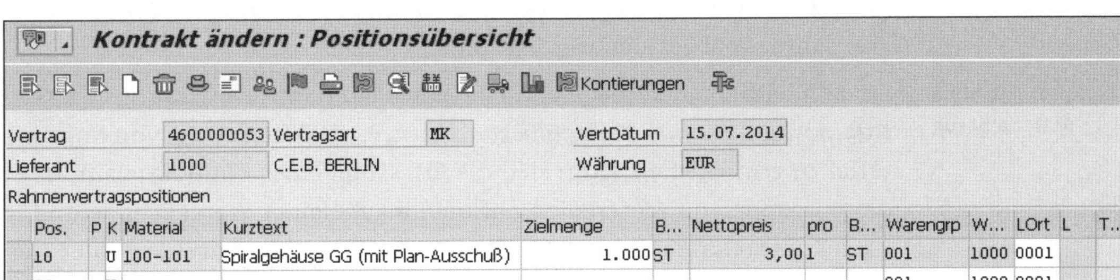

Abbildung 3.48 Positionsübersicht des Mengenkontrakts (Transaktion ME32K)

Abrufdokumentation

Ein Mengenkontrakt ist erfüllt, wenn die Summe aller Kontraktabrufe die vereinbarte Menge erreicht. In diesem Zusammenhang zeigt die sogenannte *Abrufdokumentation* zu einem Kontrakt sämtliche Details zu Bestellaktivitäten, den einzelnen Bestellungen mit den jeweiligen Mengen sowie die kumulierte Gesamtmenge und den Bestellwert. Die Abrufdokumentation wird automatisch beim Anlegen einer Abrufbestellung aktualisiert und ist Grundlage der Kontraktüberwachung.

Abbildung 3.49 zeigt die Abrufdokumentation zu dem Mengenkontrakt 4600000053 aus dem vorhergehenden Beispiel: Von der vereinbarten Zielmenge wurden bereits 500 Stück durch zwei Bestellungen abgerufen. Die offene Zielmenge beträgt somit noch 500 Stück.

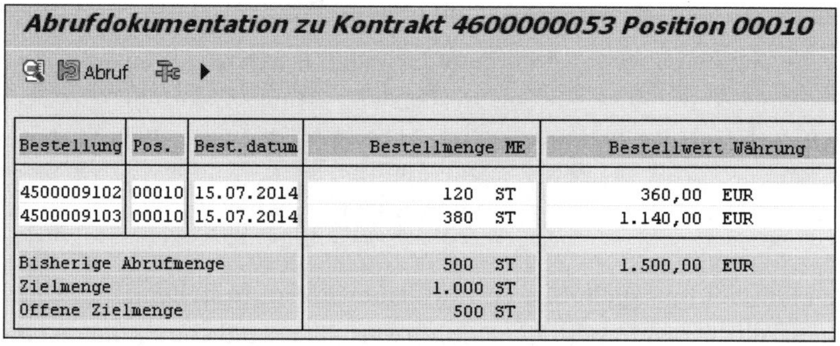

Bestellung	Pos.	Best.datum	Bestellmenge ME	Bestellwert Währung
4500009102	00010	15.07.2014	120 ST	360,00 EUR
4500009103	00010	15.07.2014	380 ST	1.140,00 EUR
Bisherige Abrufmenge			500 ST	1.500,00 EUR
Zielmenge			1.000 ST	
Offene Zielmenge			500 ST	

Abbildung 3.49 Abrufdokumentation zum Mengenkontrakt (Positionsdetail der Abrufdokumentation in Transaktion ME32K)

Wertkontrakte

Wertkontrakte bezeichnen eine Kontraktart, bei der zu Beginn ein Gesamtwert festgelegt wird, den sämtliche Kontraktabrufe nicht überschreiten sollen. Ein Wertkontrakt ist erfüllt, wenn die Summe der Kontraktabrufe den Wert erreicht, der mit dem Lieferanten vereinbart wurde.

Zielwert

Dieser Gesamtwert, der sogenannte *Zielwert*, wird in den Kopfdaten des Wertkontrakts gepflegt (siehe Abbildung 3.50). Im Gegensatz zu den Mengenkontrakten tragen Sie auf Positionsebene nicht zwingend eine vereinbarte Zielmenge, sondern lediglich die Materialien ein, die mit Bezug zum Wertkontrakt abgerufen werden sollen.

Kontrakte ohne Materialbezug

Ein Sonderfall in der Pflege von Wertkontrakten ist die Erfassung von *Kontraktpositionen ohne Materialbezug*. Um z. B. die Beschaffung von Büromaterial zu ermöglichen, kann sich die Erfassung einer Kontraktposition für diese Gruppe von Materialien auf die Eingabe einer Warengruppe und je nach Kontraktart (Mengen- oder Wertkontrakt) auf die Erfassung einer Zielmenge oder eines Gesamtwerts beschränken.

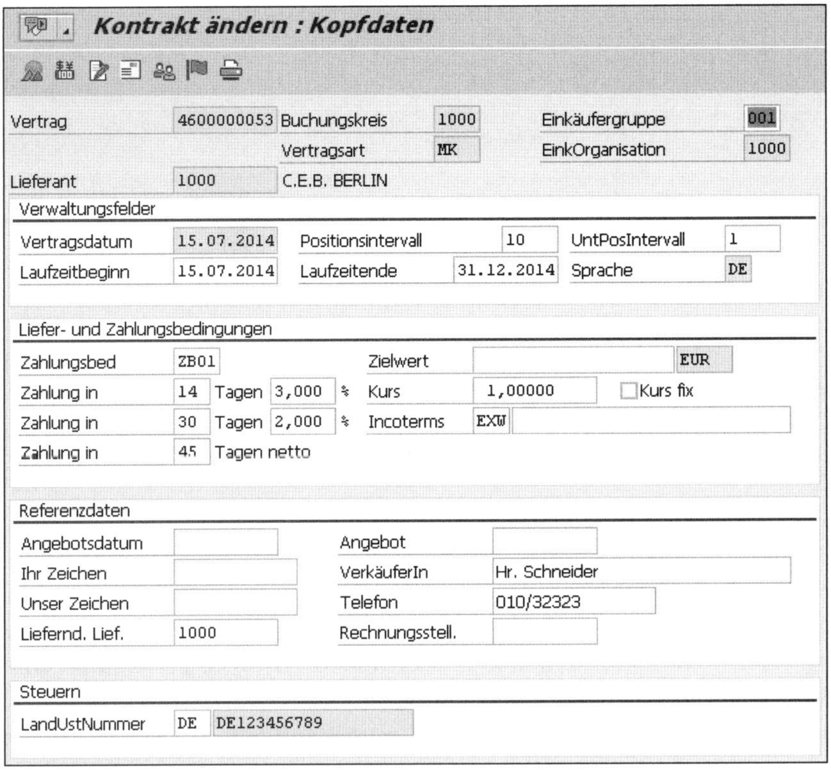

Abbildung 3.50 Kopfdaten des Wertkontrakts (Transaktion ME32K)

Lieferplan

Längerfristige Vereinbarung mit einem Lieferanten

Wie ein Kontrakt ist auch ein *Lieferplan* eine längerfristige Vereinbarung mit einem Lieferanten und zählt ebenfalls zur Gruppe der Rahmenverträge. Gegenstand dieser Vereinbarung ist die Lieferung von Materialien zu festgelegten Konditionen in einem bestimmten Zeitraum und mit einer definierten Gesamtabnahmemenge.

Aus betriebswirtschaftlicher Sicht entspricht der Lieferplan einer Art Bestellung – einer Bestellung mit einer langen Gültigkeit. Über diesen Gültigkeitszeitraum steuern die sogenannten Einteilungen, getrennt von Zielmengen und Konditionen, die benötigten Teilmengen und Liefertermine. Diese Lieferplaneinteilungen können mit und ohne Bezug zu einer Bestellanforderung angelegt werden. Der externe Lieferant wird per Lieferplanabruf über die zu liefernden Teilmengen und Liefertermine benachrichtigt.

Lieferplan 5500000172 ist ein Lieferplan mit Lieferant 1000 über die Lieferung von insgesamt 500 Stück des Materials 100-101 zum Preis von 3,99 EUR pro Stück (siehe Abbildung 3.51). Die Vertragsart LPA gibt an, dass es sich um einen Lieferplan mit Abrufdokumentation handelt.

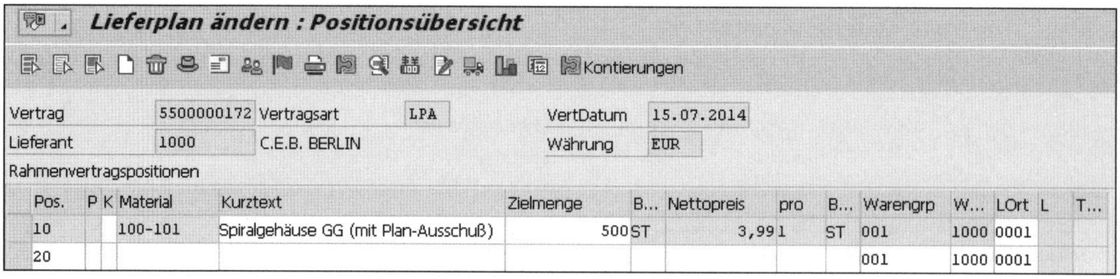

Abbildung 3.51 Positionsübersicht zum Lieferplan (Transaktion ME32L)

Vorteile von Lieferplänen

Ein Lieferplan bietet in der externen Beschaffung drei Vorteile: Zum einen gibt es im Vergleich zu Bestellungen einen geringeren administrativen Aufwand, da Lieferpläne in der Bedarfsplanung dazu genutzt werden können, die Lagerbestände durch eine Lieferung genau zum Bedarfstermin (Just in Time, JIT) niedrig zu halten und gleichzeitig dem Lieferanten einen längerfristigen Bedarfsüberblick zu geben.

Zweitens verkürzen Lieferpläne die Bearbeitungszeit in einem Unternehmen, da ein Lieferplan mit seinen Einteilungen eine Vielzahl von Bestellungen oder Kontraktabrufen ersetzt. Der Ablauf lässt sich etwa durch eine tägliche Bedarfsplanung mit jeweils anschließendem Abruf und z. B. wöchentlichen Abrufübermittlungen weitgehend automatisieren, sodass nur noch in Ausnahmefällen (z. B. bei Bedarfsänderungen innerhalb der Lieferplanlaufzeit) eine manuelle Bearbeitung durch den Einkäufer oder Disponenten nötig ist.

Drittens werden durch das Vereinbaren eines Lieferplans und die Auswahl von zuverlässigen Lieferanten sowohl die Beschaffungszyklen verkürzt als auch Lagerbestände reduziert, da die Lagerhaltung überwiegend beim Lieferanten erfolgt. Im Gegenzug können die Lieferanten durch die langfristigen Abnahmezusagen günstigere Konditionen mit ihren Bezugsquellen aushandeln. Diese Vorteile können als günstigere Beschaffungskonditionen an das Unternehmen weitergegeben werden.

Anlegen von Lieferplänen

Lieferpläne werden manuell angelegt. Das Anlegen erfolgt mit oder ohne Bezug zu einer Bestellanforderung, einer Rahmenvertragsanforderung, einer Anfrage oder einem anderen Lieferplan. Lieferpläne sind immer werksabhängig und können, um zentral ausgehandelte Konditionen zu nutzen, mit Bezug zu einem Zentralkontrakt angelegt werden.

Durch die enge Verwandtschaft des Lieferplans mit der Bestellung stehen beim Anlegen eines Lieferplans die gleichen Positionstypen zur Verfügung.

Lieferplaneinteilungen

Lieferplaneinteilungen enthalten Informationen über die benötigte Teilmenge eines Materials und den Liefertermin. Sie können manuell oder automatisch durch die Bedarfsplanung erzeugt werden. Die automatische Erzeugung von Lieferplaneinteilungen durch die Disposition, insbesondere in der Serienfertigung, einem Massengeschäft mit einem hohen Wiederholungsgrad, ist ein besonderer Vorteil der Lieferplanabwicklung.

Abbildung 3.52 zeigt die Einteilungen zu einem Lieferplan. Die Zielmenge von 500 Stück für das Material 100-101 verteilt sich auf 5 Teilmengen zu je 100 Stück. Die Lieferplaneinteilungen enthalten die jeweilige Einteilungsmenge sowie das gewünschte Lieferdatum. Das Lieferdatum, der Bedarfszeitpunkt, kann tagesgenau, wochengenau oder monatsgenau angegeben werden.

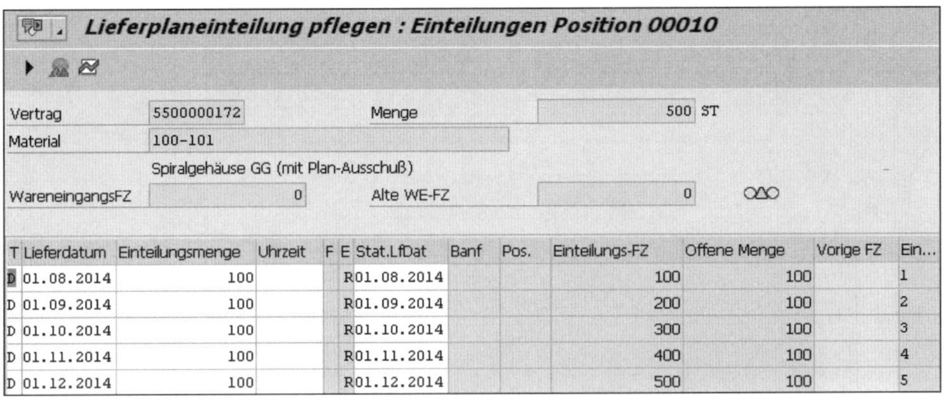

Abbildung 3.52 Einteilungen zu einem Lieferplan (Transaktion ME32L)

Lieferplanarten

Es gibt Lieferpläne mit oder ohne Abrufdokumentation. Die Abrufdokumentation enthält Angaben über die Einteilungsinformationen, die an den externen Lieferanten übermittelt wurden. Abbildung 3.53 zeigt die unterschiedliche Verarbeitung von Lieferplänen mit und ohne Abrufdokumentation. Es gibt folgende Lieferplanarten:

- **Lieferpläne ohne Abrufdokumentation**
  Bei Lieferplänen ohne Abrufdokumentation werden die Einteilungen so an den externen Lieferanten übermittelt, wie sie im System gesichert sind. Auf Positionsebene des Lieferplans wird lediglich vermerkt, wann der letzte Abruf erfolgt ist. Das System, das keine detaillierte Dokumentation über die bereits an den Lieferanten kommunizierten Abrufe fortschreibt, schickt in der Regel je nach Systemeinstellung bei jeder Änderung des Lieferplans automatisch alle offenen Einteilungen an den externen Lieferanten.
- **Lieferpläne mit Abrufdokumentation**
  Bei Lieferplänen mit Abrufdokumentation werden die Einteilungen nicht direkt an den Lieferanten übermittelt. Die Einteilungen dienen

ausschließlich der internen Information und werden explizit, über einen sogenannten Abruf, an den externen Lieferanten übermittelt. Die Abrufdokumentation speichert hierbei neben dem Übermittlungsdatum, der Uhrzeit und dem letzten Wareneingangsdatum die an den Lieferanten übermittelten Mengen und Termine und bietet somit völlige Transparenz über die an den Lieferanten kommunizierten Abrufinformationen. Der Abruf kann als *Lieferplanabruf* oder *Feinabruf* erfolgen.

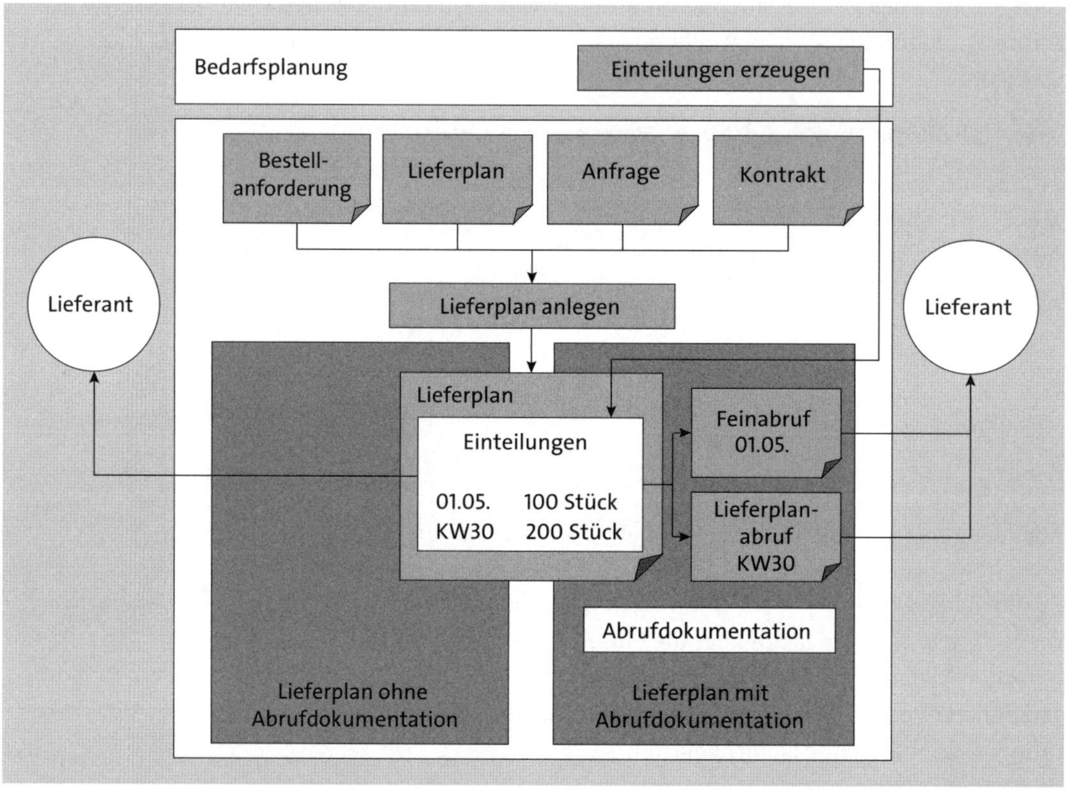

Abbildung 3.53 Lieferplanarten

Lieferplanabruf Der *Lieferplanabruf* ist nur für Lieferpläne mit Abrufdokumentation vorgesehen. Ein Abruf ist grundsätzlich die Nachricht an einen Lieferanten, das Material an den in den Einteilungen aufgeführten Terminen zu liefern.

Die Erstellung eines Abrufs erfolgt manuell oder automatisch mithilfe eines Reports, die Übermittlung in der Regel als elektronische Nachricht. Die automatische Abruferzeugung kann in diesem Zusammenhang entweder für alle ausgewählten Lieferplanpositionen oder nur für diejenigen erfolgen, für die Einteilungen erfasst oder geändert wurden.

Je nach betrieblicher Erfordernis kann der Abruf als Lieferplanabruf oder Feinabruf erfolgen. Die Bedarfszeitpunkte und Einteilungen in einem Lieferplanabruf sind in der Regel wochen- oder monatsgenau und geben dem Lieferanten einen mittelfristigen Überblick über den Bedarf. Feinabrufe hingegen sind tages- oder sogar stundengenau terminiert.

3.6.3 Lieferantenbeurteilung

Die *Lieferantenbeurteilung* unterstützt den Einkäufer bei der Lieferantenauswahl und der laufenden Kontrolle seiner Lieferbeziehungen. Als nahtlos integrierte Komponente des Einkaufs greift sie auf sämtliche Daten der Materialwirtschaft und des Qualitätsmanagements zu und wertet diese entsprechend den betrieblichen Erfordernissen aus.

Ziele der Lieferantenbeurteilung

Das Ziel der Lieferantenbeurteilung ist zunächst die Sicherung der eigenen Wettbewerbsfähigkeit, indem sie dem Einkauf genaue Informationen über die günstigsten Preise sowie Zahlungs- und Lieferbedingungen bereitstellt.

Ein weiterer Aspekt der Lieferantenbeurteilung ist die *Lieferantenbewertung*. Die Lieferantenbewertung mithilfe eines Notensystems und entsprechender Kriterien und Gewichtungen erlaubt einen direkten Vergleich der Leistung eines einzelnen Lieferanten auf Basis der bisherigen Geschäftsbeziehung. Die Nutzung eines solchen Systems in der externen Beschaffung gewährleistet eine objektive Bewertung, da alle Lieferanten nach einheitlichen Kriterien beurteilt werden können. Eventuelle Schwierigkeiten und Abweichungen in der Ausführung vereinbarter Leistungen können frühzeitig erkannt und anhand detaillierter Informationen in Zusammenarbeit mit dem externen Lieferanten behoben werden.

Bezugsquellenmanagement

Die Lieferantenbewertung und -beurteilung ist somit ein zentraler Teil des Bezugsquellenmanagements (siehe Abbildung 3.54). Das *Lieferanten- oder Bezugsquellenmanagement* umfasst dabei sämtliche betriebswirtschaftlichen Aktivitäten im Verlauf des Lebenszyklus einer Lieferantenbeziehung mit dem Ziel, die operative Beschaffung mit der optimalen Bezugsquelle durchzuführen und die vertragliche Beziehung zu dem jeweiligen Lieferanten weiterzuentwickeln.

Ablauf der Lieferantenbewertung

Die Bewertung der externen Lieferanten erfolgt auf Einkaufsorganisationsebene. Das heißt, jede Einkaufsorganisation beurteilt die ihr zugeordneten Lieferanten. Die eigentliche Beurteilung erfolgt auf Basis der materialwirtschaftlichen Stammdaten, der Daten der Bestandsführung und hierbei der Wareneingänge mit ihren Mengen und Terminen sowie auf Grundlage der Daten des *Logistikinformationssystems* (LIS). Das LIS erläutern wir in Kapitel 8, »Kontrolle und Berichtswesen«.

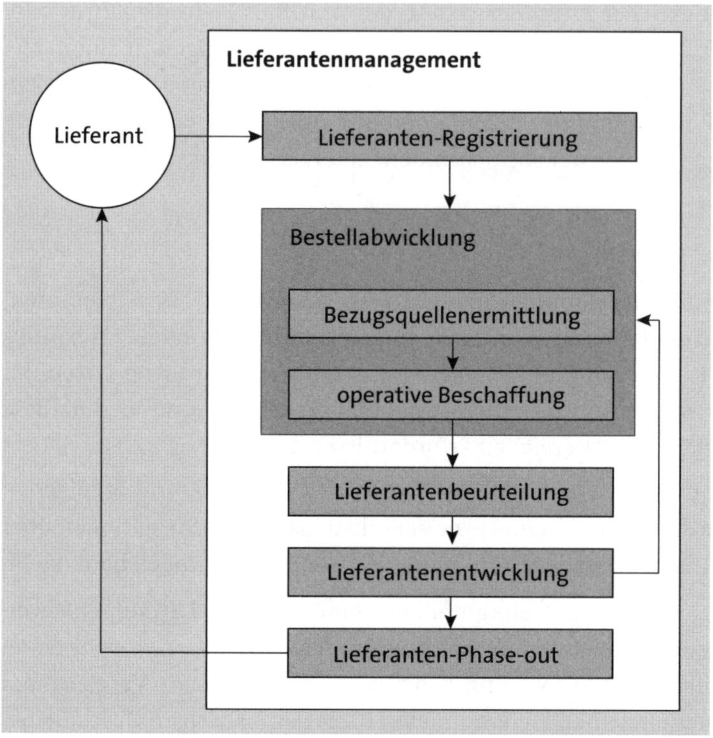

Abbildung 3.54 Lieferantenmanagement

Hauptkriterien für die Lieferantenbeurteilung

Die *Hauptbeurteilungskriterien* bilden die Grundlage der Beurteilung. Die Bewertung der jeweiligen Leistung erfolgt nach einem Notensystem von 1 bis 100. Die Hauptkriterien, deren Beurteilung letztendlich die Gesamtnote eines externen Lieferanten bestimmt und die für jede Einkaufsorganisation frei definiert werden können, sowie die Notenskala lassen sich individuell ändern.

Abbildung 3.55 zeigt die Lieferantenbewertung des Lieferanten 1000 in der Einkaufsorganisation 1000. Die vier Hauptkriterien – Preis, Qualität, Lieferung und Service – sind in diesem Beispiel gleich gewichtet und mit der jeweiligen Beurteilung bewertet. Die Bewertung eines Hauptkriteriums richtet sich dabei nach der Bewertung der diesem Hauptkriterium zugewiesenen Teilkriterien. Die Gesamtnote des Lieferanten beträgt 66 von 100 möglichen Punkten und ergibt sich aus dem Durchschnitt der kumulierten Hauptkriterien.

Die Benotung der Hauptkriterien kann, je nach Kriterium, von unterschiedlicher Bedeutung sein. Aus diesem Grund kann der Einkauf einen Gewichtungsschlüssel definieren, der den Einfluss eines Kriteriums bei der Berechnung der Note auf der nächsthöheren Ebene steuert.

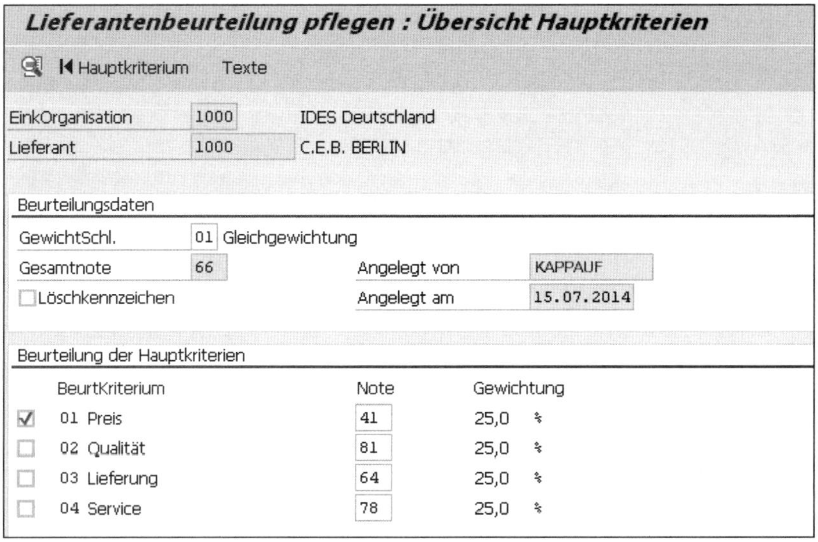

Abbildung 3.55 Hauptkriterien der Lieferantenbeurteilung (Transaktion ME61)

Teilkriterien für die Lieferantenbewertung

Die *Teilkriterien* sind die nächste Stufe der Lieferantenbewertung. Zu jedem übergeordneten Hauptkriterium ermittelt das System seine Beurteilung auf Basis der entsprechenden Teilkriterien. Die für eine Benotung eines Teilkriteriums notwendigen Daten können manuell, teilautomatisch oder automatisch durch das System ermittelt werden. Bei manuellen Teilkriterien wird die Benotung direkt durch den Mitarbeiter vorgegeben. Teilautomatische Teilkriterien können bei der Benotung auf existierende Einkaufsinfosätze referenzieren.

Bei einem automatischen Teilkriterium ermittelt das System die Benotung automatisch auf Basis der tatsächlichen Wareneingänge bzw. der Qualitätsmeldungen (siehe Abbildung 3.56). Die Beurteilung der Teilkriterien in Abbildung 3.56 fließt in das Hauptkriterium, hier ist das der Preis, ein. Die Bewertung des Hauptkriteriums entspricht hierbei der durchschnittlichen Bewertung seiner Teilkriterien – Preisniveau, Preisentwicklung und Marktverhalten. Die Teilkriterien können grundsätzlich frei definiert werden. Das SAP-Standardsystem liefert jedoch bereits die nötigen Teilkriterien, mit denen ein externer Lieferant beurteilt werden kann.

Ergebnis der Lieferantenbewertung

Das Ergebnis der Lieferantenbewertung kann entweder in SAP ERP angezeigt und ausgewertet oder im Rahmen einer strategischen Lieferantenbeurteilung in SAP SRM (siehe Abbildung 3.57) verwendet werden. SAP ERP bietet zur Auswertung und Visualisierung der Lieferantenbeurteilung verschiedene Listanzeigen und Standardanalysen.

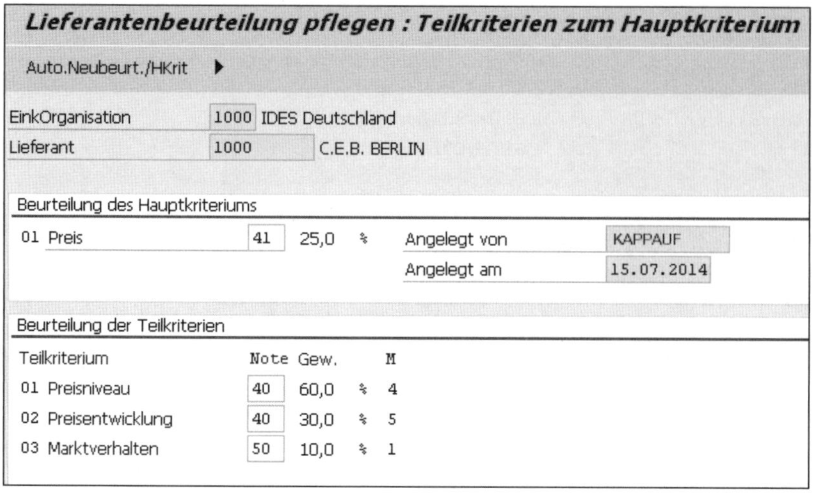

Abbildung 3.56 Teilkriterien der Lieferantenbeurteilung (Transaktion ME61)

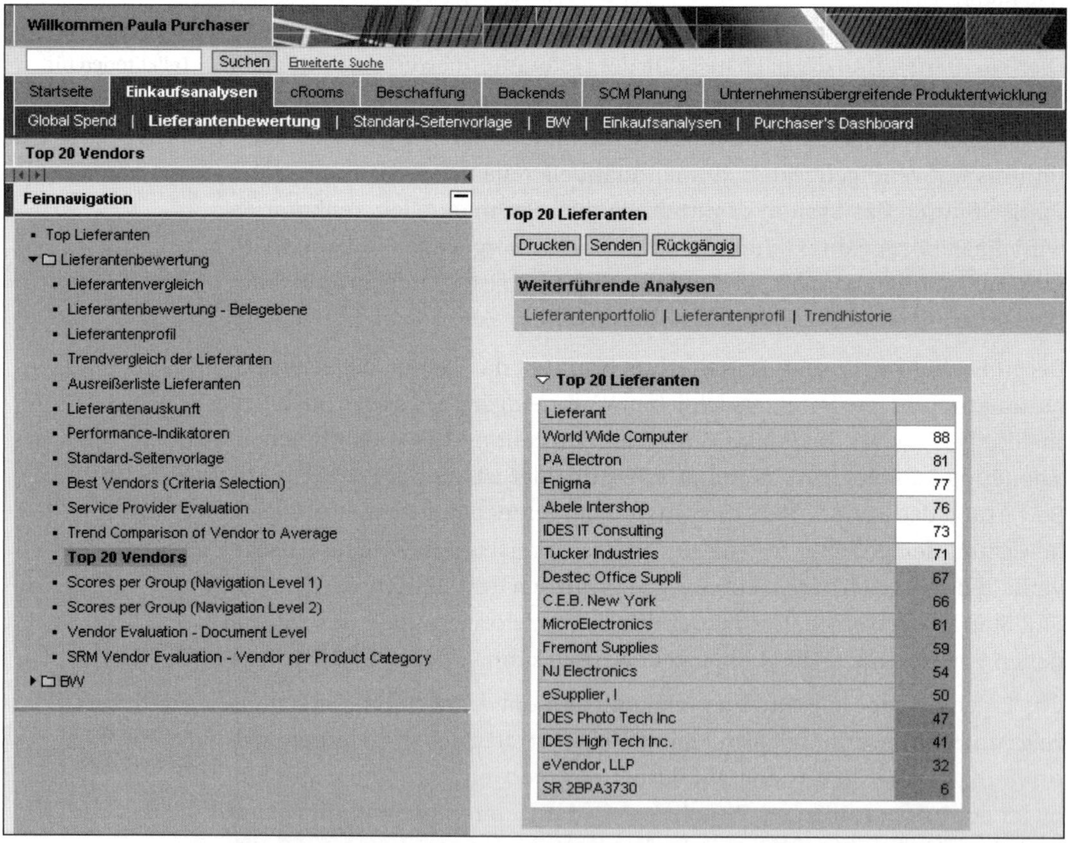

Abbildung 3.57 Liste der Top-20-Lieferanten (SAP SRM)

Hier können nicht nur alle Lieferanten angezeigt werden, für die noch keine Bewertung erfolgt ist, sondern es können auch einzelne Lieferanten mit der durchschnittlichen Bewertung aller Lieferanten verglichen werden, von denen ein bestimmtes Material extern beschafft wird. Der Beurteilungsvergleich in SAP ERP zeigt einerseits die allgemeine Bewertung eines Lieferanten, andererseits die durchschnittliche Bewertung von Lieferanten zur externen Beschaffung eines bestimmten Materials.

Das Beispiel in Abbildung 3.58 zeigt die einzelnen Bewertungen der Haupt- und Teilkriterien des Lieferanten 1000 sowie als Gesamtnote den Wert 66. Die rechte Spalte zeigt die detaillierte Bewertung in Hinblick auf das Material 101-100.

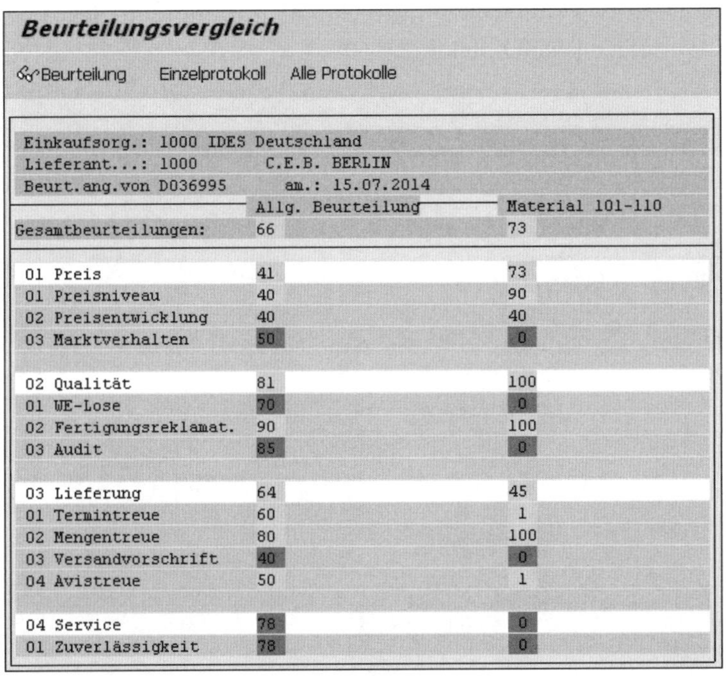

	Allg. Beurteilung	Material 101-110
Gesamtbeurteilungen:	66	73
01 Preis	41	73
01 Preisniveau	40	90
02 Preisentwicklung	40	40
03 Marktverhalten	50	0
02 Qualität	81	100
01 WE-Lose	70	0
02 Fertigungsreklamat.	90	100
03 Audit	85	0
03 Lieferung	64	45
01 Termintreue	60	1
02 Mengentreue	80	100
03 Versandvorschrift	40	0
04 Avistreue	50	1
04 Service	78	0
01 Zuverlässigkeit	78	0

Abbildung 3.58 Beurteilungsvergleich in einer Lieferantenbeurteilung (Transaktion ME64)

3.6.4 Freigabeverfahren

In vielen Unternehmen muss eine Bestellanforderung, die einen bestimmten Wert überschreitet, zunächst von verschiedenen Stellen genehmigt werden, bevor die eigentliche Beschaffung stattfinden darf. Gleiches gilt für Bestellungen, die bestimmte Merkmale oder Wertgrenzen erfüllen. Die Genehmigung kann hierbei nicht nur der Kontrolle von Befugnissen gemäß den betrieblichen Erfordernissen dienen, sondern auch der Sicherheit und Prüfung einer inhaltlichen Richtigkeit, z. B. der angegebenen Kontierungen oder Bezugsquellen.

Einkaufsbelege Das Freigabeverfahren wird, neben der Bestellanforderung, von folgenden *Einkaufsbelegen* unterstützt:

- Bestellungen
- Kontrakte
- Lieferpläne
- Anfragen

Sämtliche Belege der externen Beschaffung können somit einem Freigabeverfahren unterliegen, in dem ein bestimmter Beleg so lange für die Beschaffung gesperrt ist, bis eine entsprechende Prüfung und elektronische Freigabe erfolgen (siehe Abbildung 3.59).

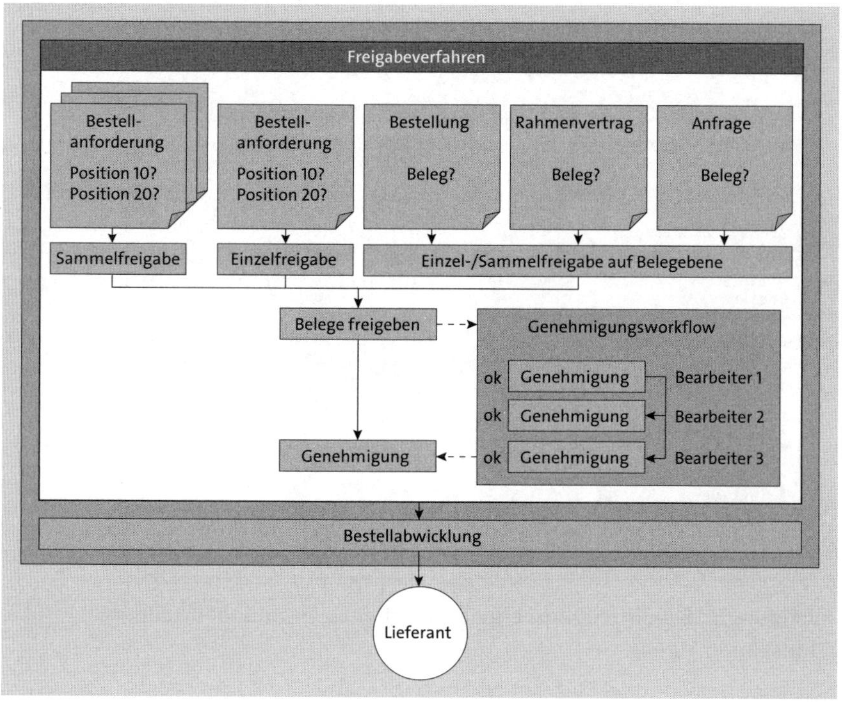

Abbildung 3.59 Übersicht über das Belegfreigabeverfahren

Freigabebedingungen Das Freigabeverfahren kann nach flexiblen Gesichtspunkten definiert werden. Die Freigabebedingungen geben dabei an, mit welcher Freigabestrategie eine Bestellanforderung oder ein Einkaufsbeleg freizugeben ist bzw. welche Kriterien dazu beitragen, dass ein Beleg automatisch für die Weiterverarbeitung freigegeben wird. In diesem Zusammenhang unterscheidet man zwischen einem Freigabeverfahren mit und ohne Klassifizierung.

- **Freigabeverfahren ohne Klassifizierung**
  Das Freigabeverfahren ohne Klassifizierung wird ausschließlich für Bestellanforderungen angewendet, bei denen die Freigabebedingung auf bestimmten Merkmalen der Bedarfsposition basiert. Ein Beispiel hierfür wäre der Gesamtwert einer Position bzw. die Warengruppe, zu der das zu beschaffende Material gehört. Die Freigabe der Bestellanforderung erfolgt bei diesem Freigabeverfahren auf Positionsebene, das heißt, jede Position muss individuell freigegeben werden.
- **Freigabeverfahren mit Klassifizierung**
  Das Freigabeverfahren mit Klassifizierung kann sowohl für Bestellanforderungen als auch für Einkaufsbelege genutzt werden. Die jeweiligen Bedingungen werden über Merkmalswerte definiert und im System als die sogenannte *Freigabestrategie* eingestellt. Grundsätzlich kann jedes Belegfeld als Kriterium für die Freigabe dienen.

Die Freigabestrategie gibt die Reihenfolge der Genehmigungen vor, die erfolgen müssen, und bestimmt, mit welchen *Freigabecodes* die Genehmigung zu erfolgen hat. Der Freigabecode, ein zweistelliges Kürzel, das ein Bearbeiter zur Genehmigung vergeben kann, ist von den Berechtigungen des Bearbeiters abhängig.

Freigeben von Belegen

Die eigentliche Belegfreigabe von Bestellanforderungen erfolgt entweder als Einzel- oder als Sammelfreigabe. Bei der *Einzelfreigabe* werden einzelne Belegpositionen freigegeben oder abgelehnt. Die *Sammelfreigabe* ermöglicht die Freigabe mehrerer Bestellanforderungspositionen oder kompletter Belege. Das Ziel bei der Freigabe von Einkaufsbelegen ist es, den Ausdruck bzw. die Übermittlung oder Weiterverarbeitung eines Belegs zu ermöglichen oder zu verhindern. Anders als bei Bestellanforderungen erfolgt die Freigabe oder Ablehnung von Einkaufsbelegen stets auf Kopfebene. Eine positionsweise Genehmigung ist nicht möglich.

Genehmigungs-Workflow

Die Benachrichtigung, dass ein Mitarbeiter einen bestimmten Beleg zu genehmigen hat, kann über einen sogenannten *Genehmigungs-Workflow* erfolgen. Das System erzeugt dabei ein *Workitem*, also eine Benachrichtigung an die jeweiligen Mitarbeiter, und zwar in der Reihenfolge, in der die Genehmigungen erfolgen müssen. Das Workitem kann in einem Arbeitsvorrat angezeigt (siehe Abbildung 3.60) oder direkt über ein Mail-System an den Mitarbeiter verschickt werden. Der zu genehmigende Beleg lässt sich direkt aus dem Workitem heraus aufrufen. Sobald die Genehmigung erfolgt ist und sofern das System die Notwendigkeit einer weiteren Freigabe ermittelt, kann ein weiteres Workitem an den nächsten Mitarbeiter geschickt werden.

Freigeben eines Einkaufswagens

Eine Sonderform der Belegfreigabe stellt das Freigeben eines Einkaufswagens in SAP SRM dar. Der Einkaufswagen mit den zu beschaffenden Materialien (z. B. Büromaterial) wurde vom Mitarbeiter über einen Self-Service angelegt. Falls es im System so eingestellt ist, kann ein bestimmter Beschaffungswert die Zustimmung eines Vorgesetzten erfordern (siehe Abbildung 3.60).

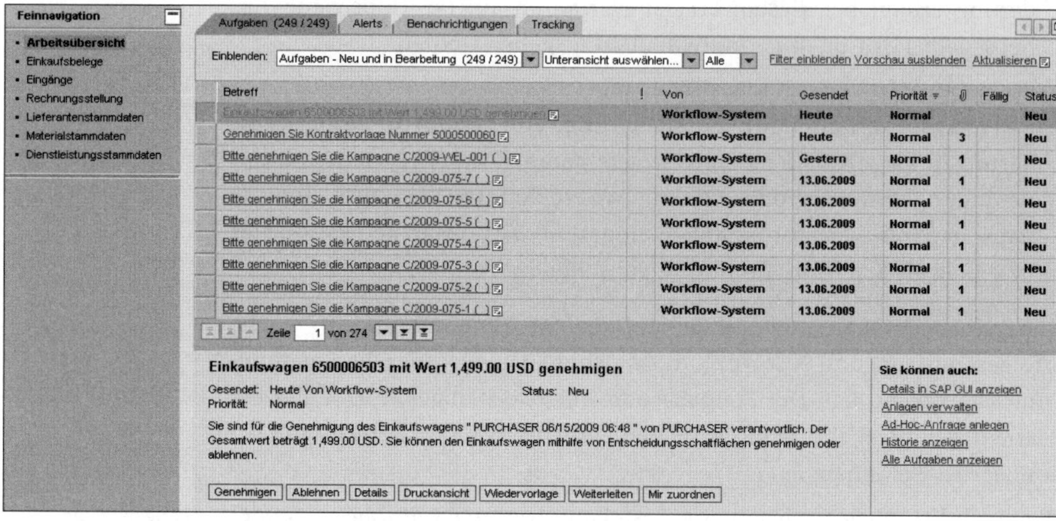

Abbildung 3.60 Genehmigung eines Einkaufswagens in SAP SRM

Genehmigungs-Workflow in SAP SRM

Abbildung 3.60 zeigt die Arbeitsübersicht eines Einkaufsmanagers und die Belege, die er genehmigen muss. Der Einkaufswagen 6500006503 übersteigt einen festgelegten Wert und ist genehmigungspflichtig.

Der Bearbeiter wird mithilfe eines Genehmigungs-Workflows über den zu genehmigenden Einkaufswagen informiert und kann sich die Details anzeigen lassen, den Bedarf genehmigen und damit zur Beschaffung freigeben, ihn ablehnen oder an einen Kollegen weiterleiten.

3.7 Zusammenfassung

In diesem Kapitel haben wir Ihnen die betriebswirtschaftliche Bedeutung und die Aufgaben der Beschaffungslogistik sowie ihre Abdeckung durch SAP-Komponenten erläutert. Unser Ziel war es, Ihnen die wesentlichen Systeme, Komponenten und Applikationen der SAP Business Suite und deren Aufgaben und Funktionen bei der externen Beschaffung von Lager- und

Verbrauchsmaterial zu erläutern und deren Integration zu veranschaulichen. Die wesentlichen Punkte fassen wir im Folgenden noch einmal zusammen.

Die Aufgabe der Beschaffung ist es, die für die Fertigung benötigten Materialien und die zum Verkauf bestimmten Waren im Unternehmen zur Verfügung zu stellen. Die Materialien oder Waren müssen in der erforderlichen Menge, Art und Qualität zum richtigen Zeitpunkt beschafft werden. Die Prinzipien der Wirtschaftlichkeit (kostenoptimal beschaffen) sind dabei besonders zu beachten. Der Einkauf ist im ERP-System als Teil der Materialwirtschaftskomponente MM (*Materials Management*) integriert. Diese Komponente unterstützt Verantwortliche und Sachbearbeiter des Einkaufs, indem sie viele Bearbeitungsvorgänge automatisiert. Alle für den Beschaffungsprozess notwendigen Belege können mit dem System erstellt und bearbeitet werden. Zu allen einkaufsrelevanten Aktivitäten lassen sich Auswertungen erzeugen.

Der Beschaffungszyklus gliedert sich typischerweise in die nachfolgenden Phasen:

1. **Bedarfsermittlung**
   Der Auslöser für den Beschaffungszyklus ist die Bedarfsermittlung. Sie kann im SAP-System automatisch durch die Disposition oder durch einzelne Fachabteilungen erfolgen. Der Bedarf kann daher sowohl von der Fachabteilung direkt gemeldet als auch bei der verbrauchsgesteuerten Disposition vom System ermittelt werden.

   Abschnitt 3.3, »Bedarfsermittlung und Fremdbeschaffung«, stellte zum einen die Integration der an der Bedarfsplanung beteiligten Systeme dar, zum anderen die unterschiedlichen Möglichkeiten der Erstellung und Herkunft von Bestellanforderungen. Das folgende Kapitel über die Produktionslogistik erläutert neben den Grundlagen der Beschaffungsplanung mit SAP ERP und SAP APO auch die betriebswirtschaftliche Bedeutung sowie Aspekte der Integration in die Beschaffungs- und Distributionslogistik.

2. **Externe Beschaffung**
   Eine Grundlage eines Beschaffungsvorgangs ist neben den benötigten Stammdaten die Ermittlung des Bedarfs im ERP- oder im SCM-System. Die Bestellanforderung ist dabei der Auslöser eines externen Beschaffungsvorgangs. Die Bestellanforderung, das heißt die Information, welches Material in welcher Menge wann beschafft werden soll, ist die Grundlage der Bestellabwicklung. Ausgehend von Lieferantenanfrage und Angebot, haben Sie den Bestellprozess in SAP ERP kennengelernt: Er

beginnt mit der Umsetzung der Bestellanforderung in die eigentliche Bestellung und führt über die Bezugsquellenermittlung und die Übermittlung der Bestellung an den externen Lieferanten bis zum Erhalt von Lieferantenbestätigungen.

In diesem Kapitel sind wir auf die Unterschiede bei der Beschaffung von Lager- und Verbrauchsmaterial eingegangen und haben die wesentlichen Merkmale der Bewertung und Kontierung erläutert. Durch die Auswertung zurückliegender Daten und bestehender Rahmenverträge wird die Bezugsquellenermittlung für die Bedarfsdeckung erleichtert.

3. **Einkauf**

   Die Abwicklung einer Bestellung, der eigentliche Einkauf, kann basierend auf Bestellanforderungen, Angeboten und Rahmenverträgen erfolgen. Alle für die Beschaffung notwendigen Belege werden vom System erzeugt und können auf elektronischem Wege zum Lieferanten übermittelt werden. Alle Fristen, z. B. Angebots- oder Lieferfristen, und deren Einhaltung können durch das System überwacht werden.

4. **Wareneingang**

   Aus materialwirtschaftlicher Sicht ist die Bestellung mit dem Wareneingang abgeschlossen, aus buchhalterischer Sicht endet sie mit dem Eingang der Lieferantenrechnung. Wird der Wareneingang bestätigt, aktualisiert die Bestandsführung die Warenbestände automatisch.

   Sie haben in diesem Kapitel die wesentlichen Aspekte der Integration in die Bestandsführung sowie die Bearbeitung von Lieferanteneingangsrechnungen kennengelernt. Die Auswirkungen der Warenbewegung aus Sicht der Bestandsverwaltung sind Thema von Kapitel 7, »Lagerlogistik und Bestandsmanagement«.

5. **Rechnungsprüfung**

   Die Rechnungsprüfung schließt den Beschaffungsprozess ab. Sie greift auf Bestell- und Wareneingangsdaten zu und weist auf Leistungsabweichungen (Mengen- und Preisabweichungen) des Lieferanten hin. Die Rechnungsprüfung bildet auch die Grundlage für die Zahlung.

6. **Bezugsquellenmanagement und Einkaufsoptimierung**

   Durch das automatische Finden von Bezugsquellen und das Verwalten von Vereinbarungen (Rahmenverträgen) mit den externen Lieferanten kann der Einkauf optimiert werden. Die automatische Bezugsquellenermittlung wird durch die Funktionen des Orderbuchs und der Quotierung beeinflusst. Im Bereich der Rahmenverträge haben wir die Kontrakte und Lieferpläne näher erläutert und sind insbesondere auf die Vorteile der jeweiligen Belegart eingegangen.

Die Beurteilung und Bewertung der Leistung eines Lieferanten ist Teil eines aktiven Bezugsquellenmanagements. Die Lieferantenbeurteilung bietet die Möglichkeit, ausgehend von den Daten der Materialwirtschaft und des Qualitätsmanagements die eigene Wettbewerbsfähigkeit zu sichern und die optimale Bezugsquelle zu finden. Die strategische Verwaltung der Bezugsquellen und der mit ihnen vereinbarten Kontrakte kann dabei in SAP SRM erfolgen.

7. **Freigabe von Bestellanforderungen**
   Die Freigabe von Bestellanforderungen oder anderen Einkaufsbelegen für die externe Beschaffung richtet sich in vielen Unternehmen nach den individuellen betrieblichen Erfordernissen – in der Regel nach dem Einkaufswert und den Befugnissen eines Mitarbeiters. Das Freigabeverfahren bietet die nötige Flexibilität, um Entscheidungen zu unterstützen und betriebliche Abläufe mit einem Genehmigungs-Workflow individuell zu realisieren.

Im nächsten Kapitel lernen Sie die Grundlagen der Produktionslogistik sowie die Beschaffungsplanung mit SAP ERP und SAP SCM (SAP APO) kennen.

Kapitel 4
Produktionslogistik

Die Produktionslogistik dient zur Kontrolle von innerbetrieblichen Abläufen im Zusammenhang mit der Produktion. Sie stellt eine Auswahl an mächtigen Planungswerkzeugen zur Verfügung, die Sie in diesem Kapitel kennenlernen.

Die Produktionslogistik umfasst die Planung und Steuerung der innerbetrieblichen Logistikabläufe im Rahmen der Produktion. Sie beinhaltet neben den produktionsinternen Logistikvorgängen zum einen die Bereitstellungsplanung für die notwendigen Roh-, Hilfs- und Betriebsstoffe aufseiten der Beschaffungslogistik. Zum anderen zählt auch der Weitertransport der Fertigerzeugnisse, die in der Produktion entstehen, zur Produktionslogistik, auch wenn in der Praxis oft schon die Distributionslogistik für den Transport zuständig ist.

Dieses Kapitel konzentriert sich auf die Aufgaben und Prozesse der Produktionslogistik aus dispositiver Sicht. Dabei stellen wir zunächst die Grundlagen bezogen auf die Prozesse im SAP-System dar. Anschließend erläutern wir die einzelnen Funktionen der Absatz- und Beschaffungsplanung mit SAP ERP und SAP Advanced Planning and Optimization (SAP APO) als Teil von SAP SCM. Die Produktionssteuerung und Kapazitätsplanung im Hinblick auf die eigentliche Fertigungssteuerung ist nicht Gegenstand dieses Kapitels, da sie außerhalb der Logistik im engeren Sinn liegt.

4.1 Grundlagen der Produktionslogistik

Aufgaben der Produktionslogistik

Eine zentrale Aufgabe der *Produktionslogistik* ist es, die in einem Unternehmen oder Unternehmensverbund durchgeführten Produktionsprozesse mit der benötigten Menge und Art von Roh-, Hilfs- und Betriebsstoffen zu versorgen. Darüber hinaus müssen die aus der Produktion entstandenen Produkte ihrem Bestimmungszweck entsprechend weiterbefördert oder entsorgt werden. Ein wichtiger Teilaspekt ist dabei die Überwachung, Steuerung und Planung von Beständen und Warenbewegungen in den Produktionsstandorten.

Optimierungspotenzial in der Produktionslogistik

Die Produktionslogistik steuert also zentral die Warenbewegungen mit dem Ziel, eine Ablaufoptimierung und damit Einsparungen zu erzielen. Die folgenden Bereiche können im Rahmen der Produktionslogistik optimiert werden:

- Verbesserungen bei der kundenauftragsgetriebenen Produktion mit einer Verringerung von Durchlaufzeiten
- Steigerung der Flexibilität in der allgemeinen Produktion mit einer besseren Übersicht über alternative Produktionsmöglichkeiten
- Verringerung der Durchlaufzeiten in der allgemeinen Produktion durch eine zeitgerechte Bereitstellung von Produktionsmaterialien, eine Reduzierung der produktionsinternen Logistikvorgänge (Transport zwischen Produktionsabschnitten) und eine zeitgerechte Abfuhr der Produktionsergebnisse
- Reduktion von Beständen durch eine geeignete Planung der benötigten Produktionsmaterialien an den jeweiligen Standorten, getrieben durch eine mittelfristige Absatzplanung
- Optimierung der Transportwege innerhalb der Fertigungsbereiche und zwischen Produktionsabschnitten
- Reduktion der Variantenanzahl der Produktionsergebnisse und der Vielfalt der Produktionsmaterialien
- Abstimmung der Produktions-Losgrößen mit der betriebsinternen Transport- und Lagerlogistik
- sinnvolle Kombination von Eigenfertigung und Fremdbezug (Make-or-Buy)

Strategische, taktische und operative Planung

Ein wesentliches Ziel aller zuvor genannten Aufgaben der Produktionslogistik ist letztlich immer die Senkung der gesamten Herstellungskosten. Die Aufgaben der Produktionslogistik können in diesem Zusammenhang aus einem strategischen, einem taktischen sowie einem operativen Blickwinkel betrachtet werden:

- **Strategische Planung**
  Die strategische Planung betrachtet den gesamtunternehmerischen Aspekt über einen längeren Zeitraum. Beispiele für eine strategische Aufgabe der Produktionslogistik sind die Planung der Produktionsstandorte, die geeignete Layoutdefinition von Produktionsstätten oder Make-or-Buy-Entscheidungen über Produkte oder Produktbestandteile.

- **Taktische Planung**
  Die taktische Planung optimiert Prozesse in einem lokal begrenzten Bereich oder einem mittelfristigen Zeitraum. Ein Beispiel für eine taktische Aufgabe ist die geeignete Lieferantenwahl für die Produktionszulieferung.
- **Operative Planung**
  Die operative Planung betrachtet die einzelnen Schritte innerhalb der Produktionslogistik, die einen direkten Einfluss auf die Effizienz eines Produktionsschritts haben. Ein Beispiel für eine operative Aufgabe ist die zeitgerechte Auslösung von Transportaufträgen oder die geeignete Wahl des Transportmittels.

Abbildung 4.1 gibt Ihnen einen Überblick über die Abläufe und Integration der Produktionslogistik.

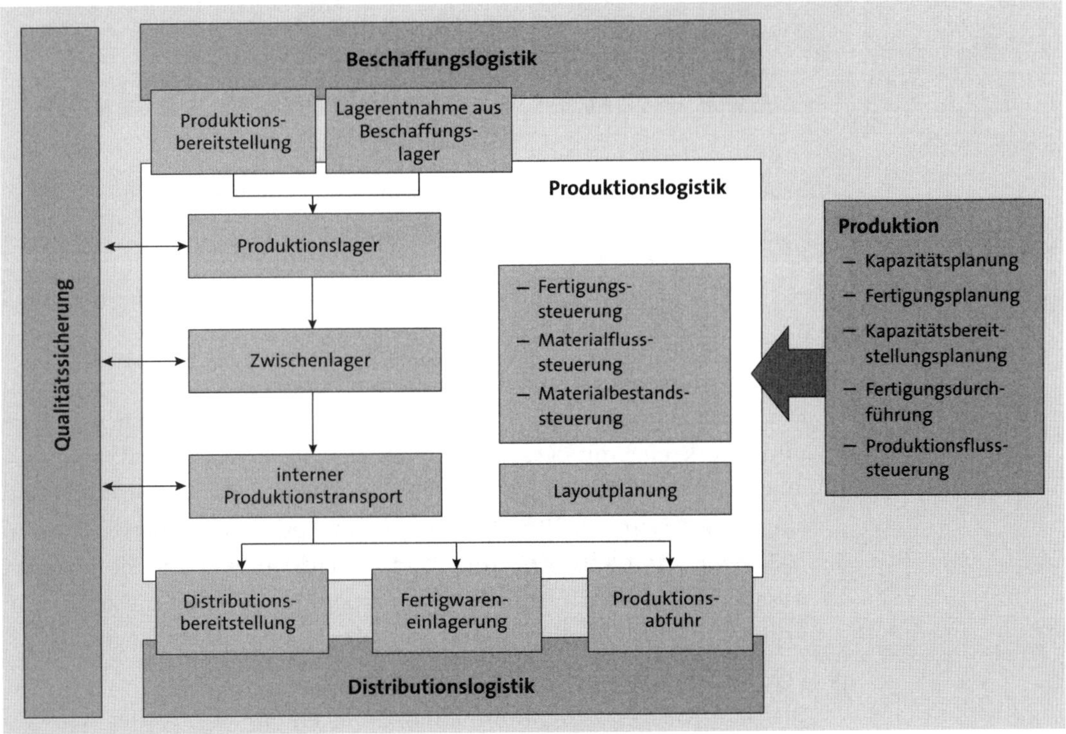

Abbildung 4.1 Abläufe und Integration der Produktionslogistik

Im folgenden Abschnitt geben wir Ihnen einen Überblick darüber, welche Systeme und Komponenten Sie innerhalb der SAP Business Suite im Bereich der Produktionslogistik einsetzen können.

4.2 SAP-Systeme und -Komponenten

Die SAP Business Suite bietet Ihnen mit SAP ERP und SAP Supply Chain Management (SAP SCM) mehrere Komponenten, die die verschiedenen Bereiche der Produktionslogistik unterstützen. In Abbildung 4.2 sehen Sie dazu eine Übersicht.

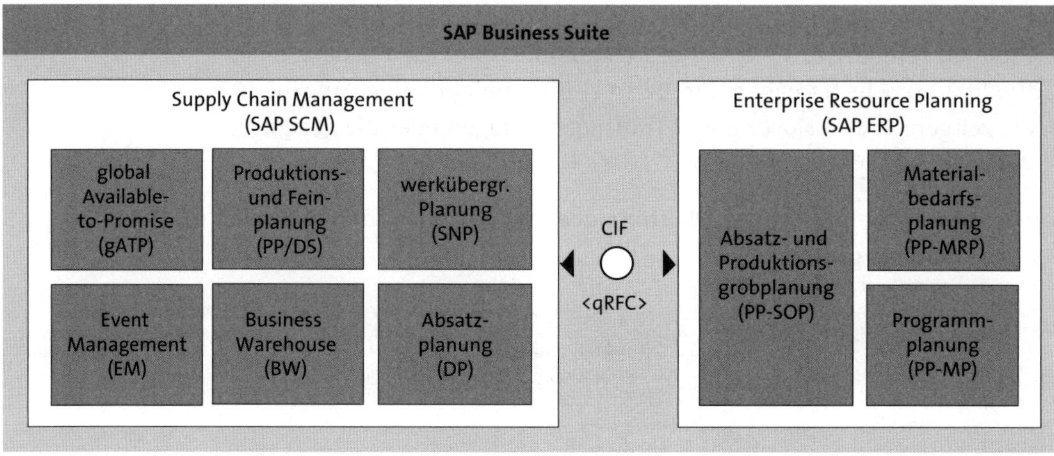

Abbildung 4.2 Komponenten der SAP Business Suite für die Produktionslogistik

Produktionslogistik in SAP ERP

In SAP ERP stehen Ihnen die folgenden Produktionslogistik-Komponenten zur Verfügung, auf die wir in den folgenden Abschnitten detaillierter eingehen:

- **Absatz- und Produktionsgrobplanung (PP-SOP)**
  Die Absatz- und Produktionsgrobplanung ist ein Prognose- und Planungswerkzeug, mit dessen Hilfe sich Ziele im Bereich Absatz und Produktion planen lassen. Es handelt sich hierbei um eine mittel- und langfristige Planung. PP-SOP baut auf dem Logistikinformationssystem (LIS, siehe Kapitel 8, »Kontrolle und Berichtswesen«) auf. Sie übergibt Absatz- und Produktionspläne an die Programmplanung, die aus diesen Primärbedarfen einen Programmplan und Planbedarfe erzeugt.
- **Programmplanung (PP-MP)**
  Die Aufgabe der Programmplanung besteht in der Festlegung von Bedarfsmengen und Lieferterminen für Enderzeugnisbaugruppen. Der Programmplan und die Planbedarfe werden dann an die Materialbedarfsplanung und die Leitteileplanung (*Master Production Scheduling*, MPS) weitergereicht, in der genaue Mengen und Termine für die Produktion ermittelt werden.

- **Materialbedarfsplanung (PP-MRP)**
  Die zentrale Aufgabe der Materialbedarfsplanung ist es, die Materialverfügbarkeit sicherzustellen, das heißt innerbetrieblich und für den Verkauf die erforderlichen Bedarfsmengen termingerecht zu beschaffen.

In Abbildung 4.3 sehen Sie im Überblick, wie die einzelnen Teilbereiche ineinandergreifen und wie sie mit weiteren ERP-Komponenten (Produktion, Controlling) integriert sind.

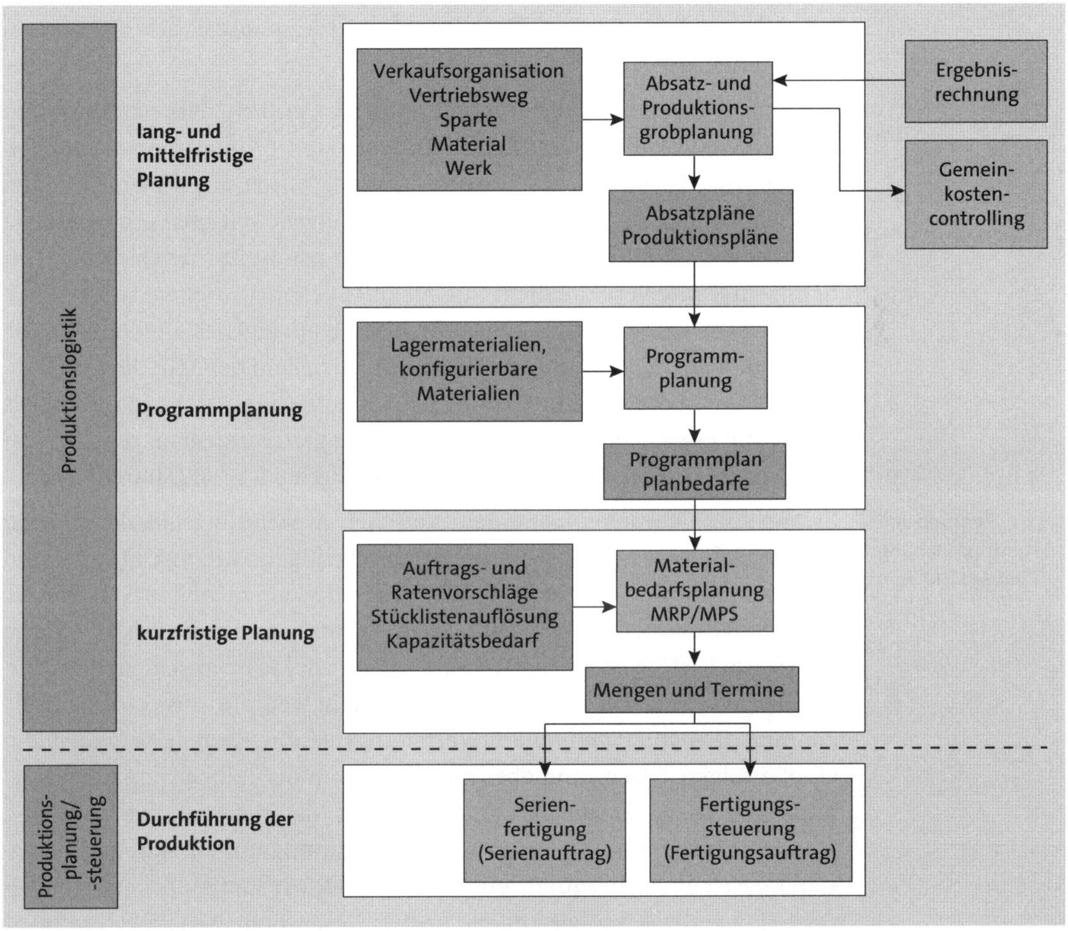

Abbildung 4.3 Teilbereiche der SAP-ERP-Produktionslogistik

Serien- und Fertigungsaufträge

Die Erstellung von *Serienaufträgen für die Serienfertigung* und von *Fertigungsaufträgen für die Fertigungssteuerung* baut auf den Mengen- und Terminvorgaben auf, gehört jedoch inhaltlich nicht mehr zur Produktionslogistik, sondern zur Produktionsplanung und -steuerung.

Zusätzlich zu den LIS-Daten, die als Basis der Absatz- und Produktionsgrobplanung dienen, können Sie noch Daten aus der *Ergebnisrechnung* (CO-PA) als Grundlage für die Absatzplanung nutzen. Darüber hinaus können Sie Planungsergebnisse an die Ergebnisrechnung, die Kostenstellenrechnung und die Prozesskostenrechnung übergeben.

Produktionslogistik in SAP APO

SAP SCM enthält eine Reihe von Komponenten zur Unterstützung der Produktionslogistik. Wichtigster Bestandteil ist *SAP Advanced Planning and Optimization* (SAP APO). SAP ERP bietet – wie zuvor beschrieben – bereits einen kompletten Satz an Produktionslogistik-Applikationen an. Warum also ein neues System?

In der zweiten Hälfte der 1990er-Jahre wurde deutlich, dass bei bedeutenden Großunternehmen der Bedarf an Software-Optimierungswerkzeugen für die logistischen Prozesse wuchs. Zudem wurde aus vielen Gründen (Lastverteilung, Unabhängigkeit, Entscheidungshoheit etc.) eine Tendenz zu Mehrsystem-ERP-Landschaften innerhalb von Konzernen sichtbar. Das heißt, ein Konzern setzte nicht nur *ein* ERP-System als weltweite Plattform ein, sondern jede Landesorganisation betrieb ein eigenes ERP-System. Die Gesamtkonsolidierung erfolgte nur auf finanzieller Ebene für die Konzernbilanz. Da sich die Systemtrennung jedoch für die logistischen Prozesse als ungünstig erwies und Synergien verloren gingen, wurde eine zentrale Planungsplattform für die Logistik konzipiert, aus der SAP APO hervorging.

Zentrale und dezentrale Planung mit SAP ERP und SAP APO

In Abbildung 4.4 sehen Sie einen typischen Anwendungsfall, der mit der ERP-Produktionslogistik nicht mehr zu bewältigen ist: Ein Unternehmen der chemischen Industrie betreibt Werke an vier weltweiten Standorten. Jedes der Werke betreibt ein eigenes ERP-System, in dem die Primärbedarfe für die Produktion entstehen. Da Zwischenprodukte in verschiedenen Werken hergestellt und dann im Netzwerk verteilt werden, muss eine zentrale Planung (*Demand Planning*) mit Verteilungsplanung (*Supply Network Planning*) erfolgen. Diese kann aber nicht in einem der ERP-Systeme durchgeführt werden, da diesen nur die Werks- und Materialdaten des jeweiligen Standorts bekannt sind. Daher muss die Planung auf einer zentralen Instanz geschehen, die durch eine zentrale APO-Installation bereitgestellt wird. Hier wird werksübergreifend und im Gesamtlogistiknetzwerk geplant und optimiert.

Nach der Erstellung dieses »Masterplans« werden die Detailvorgaben auf die Werksebene zurückkommuniziert. Jedes Werk hat zusätzlich zum ERP-System eine weitere APO-Installation, auf der dann die Materialbedarfsplanung und die Produktions- und Feinplanung für das jeweilige Werk erfolgen.

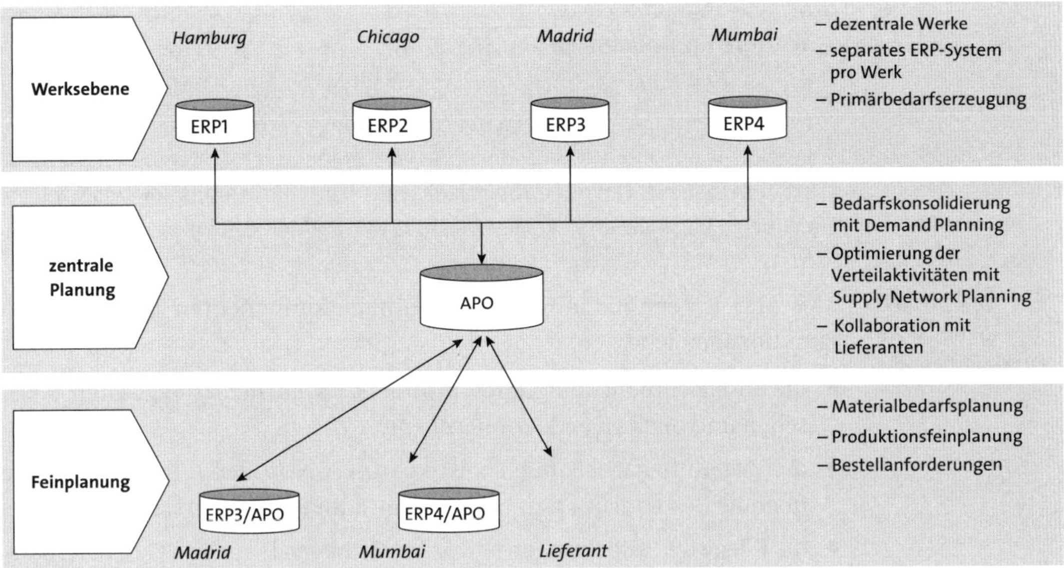

Abbildung 4.4 Zentrale Planung in einem Verbund mit mehreren ERP-Systemen

Bestandteile von SAP APO

SAP APO bietet eine vollständig integrierte Palette von Funktionen, die Sie für die Planung und Ausführung Ihrer Produktionslogistikprozesse einsetzen können:

- **Absatzplanung (Demand Planning, DP)**
  Die Absatzplanung verwenden Sie zur Erstellung einer Prognose für die Nachfrage nach den Produkten Ihres Unternehmens auf dem Markt. Diese Komponente erlaubt es Ihnen, die zahlreichen verschiedenen Faktoren zu berücksichtigen, die den Bedarf beeinflussen. Das Ergebnis der Absatzplanung ist der Absatzplan.
- **Werksübergreifende Planung (SAP Supply Network Planning, SNP)**
  SNP integriert die Bereiche Beschaffung, Produktion, Distribution und Transport und ermöglicht somit die Simulation und Umsetzung umfassender taktischer Planungsentscheidungen und Entscheidungen über Bezugsquellen auf der Grundlage eines globalen und konsistenten Modells.
- **Produktions- und Feinplanung (Production Planning and Detailed Scheduling, PP/DS)**
  Die Komponente *Produktions- und Feinplanung* können Sie einsetzen, um zur Deckung von Produktbedarfen Beschaffungsvorschläge für die Eigenfertigung oder Fremdbeschaffung zu erzeugen und um die Ressourcenbelegung und die Auftragstermine detailliert zu planen und zu optimieren.

[»]

Weitere Komponenten von SAP SCM

Neben SAP APO kommen in SAP SCM die Komponenten SAP Event Management (SAP EM) sowie das SAP Business Warehouse (SAP BW) zum Einsatz, um Produktions- und Planungsprozesse durch äußere Einflüsse zu steuern (z. B. Materiallieferung verspätet) bzw. um produktionsrelevante Daten zu kumulieren (z. B. Weihnachtsabsatzzahlen des Vorjahres).

Von SAP APO unterstützte Funktionsbereiche

SAP APO unterstützt mit den genannten Komponenten die folgenden Funktionsbereiche:

- die unternehmensübergreifende Interaktion auf der strategischen, taktischen und operativen Planungsebene
- die Zusammenarbeit mit Logistikpartnern von der Auftragsannahme über die Bestandsüberwachung bis hin zum Produktversand
- die Pflege der Beziehungen sowohl zu Kunden als auch zu Geschäftspartnern
- die stetige Optimierung und Messung der Leistungsfähigkeit des Logistiknetzwerks

In Abbildung 4.5 sehen Sie, wie die einzelnen Produktionslogistik-Komponenten von SAP APO (Absatzplanung, werksübergreifende Planung sowie Produktions- und Feinplanung) ineinandergreifen. Im Folgenden stellen wir Ihnen diese Komponenten der Produktionslogistik im Detail vor.

Integration zwischen SAP ERP und SAP APO

SAP APO ist über das *APO Core Interface* (CIF) eng mit den Beschaffungs-, Distributions- und Produktionsprozessen in SAP ERP integriert. Für die Einbeziehung von analytischen Daten (z. B. im Bereich der Prognosen) kommt auch ein Business Warehouse (BW) zum Einsatz, das direkt in SAP APO integriert ist. Eine weitere Komponente, die mit der Produktionslogistik eng zusammenspielt, ist z. B. die globale Verfügbarkeitsprüfung (*global Available-to-Promise*, gATP), die im Zusammenhang mit der Distributionslogistik detailliert erläutert wird.

Durch den Einsatz der SAP-Business-Suite-Komponenten lassen sich in einem produzierenden Unternehmen in vielfältiger Weise Prozessverbesserungen erreichen. Die wichtigsten stellen wir Ihnen im Folgenden kurz vor.

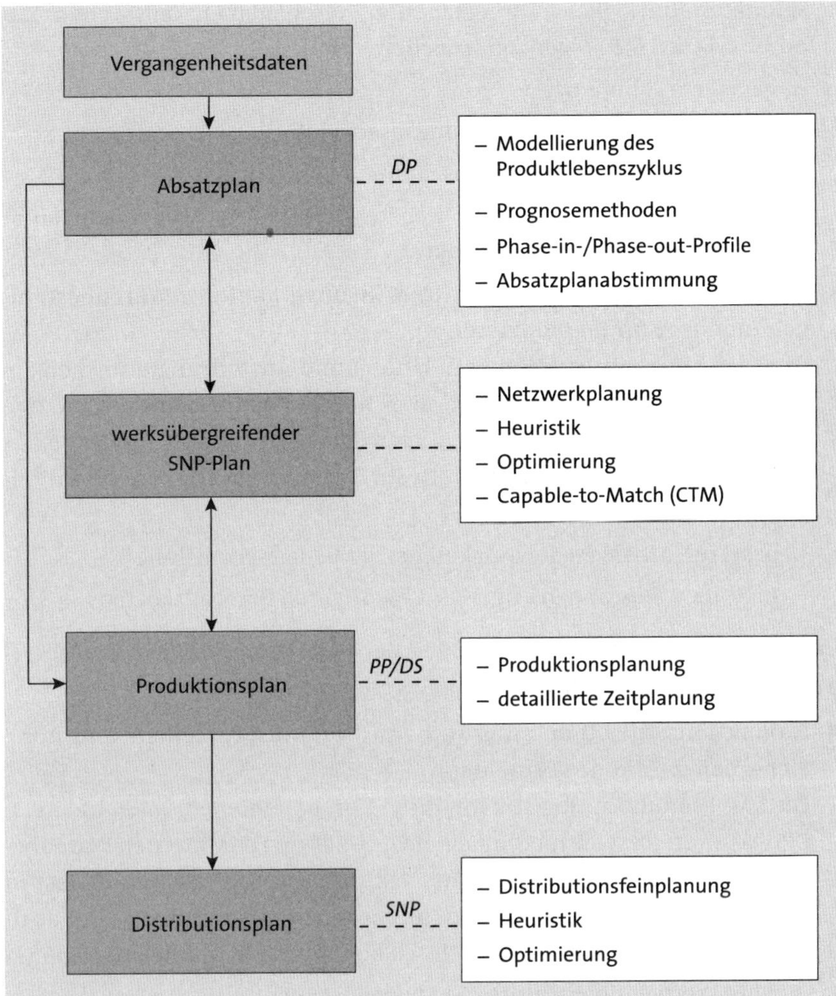

Abbildung 4.5 Ineinandergreifen der APO-Produktionslogistik

Prozessverbesserungen in der Absatzplanung

Im Bereich der *Absatzplanung* gibt es häufig folgende Verbesserungspotenziale:

- **Bedarfsmanagement mit Adaption an sich ändernde Kundenbedarfe, Fehlmengen oder verlorene Verkaufsgeschäfte verhindern**
  Hier kann die SAP-SCM-Lösung für die Produktionslogistik durch eine bessere Anpassung an sich verändernde Markt- und Kundenanforderungen dazu beitragen, die Supply-Chain-Funktionen besser in die angrenzenden Logistikbereiche zu integrieren. Eine mehrstufige Progno-

sefunktion ermöglicht Vorhersagen in verschiedenen Zeiträumen. Dadurch können Sie Folgendes erreichen:

- geringere Fehlmengen
- kürzere Vorlaufzeit für die Auftragserfüllungs
- erhöhter Prozentsatz an »perfekten« Aufträgen
- weniger verlorene Aufträge wegen zu langer Lieferzeit oder einer Nichtverfügbarkeit der Produkte

- **Bedarfsvorhersage verbessern und in unverkauftem Warenbestand gebundenes Kapital reduzieren**
  Durch die hohe Integration der Planung und Ausführung erreichen Sie eine höhere Planungseffizienz und Konfliktlösungsfähigkeit. Aktive Vorhersagen des Systems unterstützen dabei eine bessere Zusammenarbeit zwischen Planung und operativem Betrieb. Dadurch können Sie Folgendes erreichen:
  - bessere Vorhersagegenauigkeit bei der Bedarfsermittlung
  - niedrigere Bestandsmengen mit niedrigeren Bestandskosten

Produktionsinterne Prozessverbesserungen

Im Bereich des *Produktionslagers* und der *produktionsinternen Transportwege* haben Sie mit der SAP-Lösung folgende Verbesserungspotenziale:

- **Produktionsstillstände aufgrund von Bestandsproblemen und hohe Sicherheitsbestände vermeiden**
  Die SAP-Produktionslogistik mit ihren Komponenten PP-MRP und APO-PP/DS unterstützt Sie hier mit einer Optimierung der internen Warenbewegungsprozesse. Nachschub und Abfuhr von Material können fest in die Prozesse eingeplant werden. In besonderen Situationen sind auch Ad-hoc-Aktivitäten möglich. Dadurch können Sie Folgendes erreichen:
  - verbesserte Einhaltung des Produktionsplans
  - bessere Kapazitätsausnutzung in der Produktion
  - niedrigere Gesamtherstellungskosten
- **Warenbestandsübersicht über Produktionswerk- und Standortgrenzen hinweg verbessern**
  Mit der SAP-Produktionslogistik (PP-SOP, PP-MRP, PP-MP, PP/DS, DP und SNP) bekommen Sie einen Gesamtüberblick über die internen Bedarfsanforderungen, Arbeitsprozesse und verfügbare bzw. beschaffbare Bestandsmengen. Sie erhalten eine übersichtliche Darstellung der logistischen Struktur und der Materialflüsse innerhalb des Unternehmens. Dadurch können Sie Folgendes erreichen:
  - bessere Möglichkeiten einer internen Beschaffung von benötigtem Produktionsmaterial

- bessere Personalplanbarkeit bei knappen Produktionsmaterialien
- kostenoptimierte Planung von Warenbewegungen innerhalb des Unternehmensverbunds

Einbindung in die Distributionslogistik

Im Bereich der *Distributionsplanung* geht die Produktionslogistik nahtlos in die Bereiche Vertrieb, Lagerverwaltung und Transportmanagement über. Die SAP Business Suite bietet auch hier eine gelungene Integration der produktions- und auftragsnahen Prozessabschnitte mit den auslieferungsrelevanten Prozessen.

4.3 Absatz- und Produktionsgrobplanung

Was macht die Absatz- und Produktionsgrobplanung?

Die *Absatz- und Produktionsgrobplanung* (*Sales & Operations Planning*, PP-SOP) ist ein logistisches Planungswerkzeug in SAP ERP, mit dem Sie mittel- und langfristig Vorgabemengen für Absatz und Produktion planen können. Die Planung erfolgt dabei auf Basis von historischen Daten, aktuellen Prozess- und Bestandskennzahlen sowie anhand von Vorgabewerten für die Zukunft. Die historischen Daten werden aus dem Logistikinformationssystem entnommen, in dem z. B. Absatz-, Produktions- und Bestandsdaten für Verkaufsorganisationen, Vertriebswege, Sparten, Materialien und Werke abgelegt sind (siehe dazu Kapitel 8, »Kontrolle und Berichtswesen«). Der erstellte Plan beinhaltet als Ergebnis nicht nur Daten zur Bereitstellung von zu produzierenden Gütern, sondern weist auch die dafür benötigten Ressourcen und Kapazitäten aus.

Standardplanung und flexible Planung

Die Absatz- und Produktionsgrobplanung im SAP-System umfasst zwei Applikationskomponenten:

- **Standard-Absatz-/Grobplanung (auch Standard-SOP genannt)**
  Das ERP-System erstellt nach einem weitestgehend fest vorgegebenen Verfahren die Absatz- und Produktionspläne. Die Darstellung der Ergebnisse erfolgt in einer standardisierten Form.
- **Flexible Planung**
  Sie haben bei der flexiblen Planung die Möglichkeit, die Konfiguration des Systems durch eine Vielzahl von Parametern an Ihre eigenen Anforderungen anzupassen. Sie können eine Planung auf jeder organisatorischen Ebene durchführen (z. B. Verkaufsorganisation, Warengruppe, Produktionswerk, Produktgruppe, Material oder aus der Sicht des Gesamtunternehmens) und die Ergebnisdarstellung hinsichtlich des Inhalts und des Layouts nach Ihren Bedürfnissen konfigurieren. Dafür steht Ihnen ein Planungstableau zur Verfügung, das einem Arbeitsblatt einer Tabellenkalkulation ähnelt. Neben der Möglichkeit, auf bisherige

Daten zuzugreifen oder den zukünftigen Bedarf des Marktes zu prognostizieren, können Sie auch Analysen durchführen und What-if-Simulationen starten.

Die flexible Planung ist aufgrund ihrer Leistungsfähigkeit die bedeutendere der beiden dargestellten Komponenten.

[»]

SAP-Komponenten zur Absatzplanung

Die Absatz- und Produktionsgrobplanung ist im Rahmen der SAP Business Suite nur eine Möglichkeit, um eine Vorplanung für die Produktion durchzuführen. Eine weitere Möglichkeit bietet SAP APO mit der Komponente *Demand Planning* (DP), die wir Ihnen in Abschnitt 4.6, »Absatzplanung (Demand Planning)«, vorstellen.

Die Entscheidung, welche der beiden Komponenten für die Absatzplanung genutzt wird, ist einerseits vom geforderten Funktionsumfang, andererseits aber auch von der Softwarelizenzierung und vom Betriebsaufwand einer Mehrsystemlandschaft abhängig.

Informationsstrukturen

Wie bereits dargestellt, baut die Absatz- und Produktionsgrobplanung auf *LIS-Strukturen* auf, die historische und aktuelle Daten zu logistischen Kennzahlen mit Bezug zur Organisations- und Stammdatenstruktur enthalten. Zusätzlich können im LIS auch Plandaten (zukünftige geplante Daten) gespeichert sein.

Planungshierarchie

Um eine Absatz- und Produktionsgrobplanung durchzuführen, müssen Sie die Bereiche Ihres Unternehmens, für die Sie planen möchten, in einer sogenannten *Planungshierarchie* abbilden. Eine Planungshierarchie stellt die organisatorischen Ebenen und Einheiten Ihres Unternehmens in einer für die Planung relevanten Form dar. Eine Planungshierarchie definieren Sie aus einer Kombination von Merkmalswerten, die auf den Merkmalen einer Informationsstruktur basieren. Eine Planungshierarchie muss vor der Durchführung einer Planung zwingend vorhanden sein, wenn Sie die konsistente Planung und die Stufenplanung einsetzen, die im Folgenden beschrieben werden. In Abbildung 4.6 sehen Sie ein Beispiel für eine Planungshierarchie.

Aggregation und Disaggregation

Mithilfe der *Aggregation* und der *Disaggregation* haben Sie die Möglichkeit, über mehrstufige Planungshierarchien eine gewichtete Planung durchzuführen:

- **Aggregation**
  Als Aggregation bezeichnet man die Planung auf Summenebene, wobei die Plandaten einer tieferen Ebene auf die nächsthöhere Ebene aggre-

giert werden. Die Aggregation kann z. B. über eine mit Anteilsfaktoren gewichtete Summierung von Merkmalen erfolgen. Weitere Aggregationsarten sind z. B. die Durchschnittsbildung oder die einfache Übernahme von Daten.

- **Disaggregation**
  Bei der Disaggregation werden die Werte aus einer höher liegenden, aggregierten Ebene über Verteilungsalgorithmen und Anteilsfaktoren auf die darunterliegende Detailebene heruntergebrochen. Dafür ist im System ein Entscheidungsschema definiert, das je nach vorliegender Aggregationsart und Daten- bzw. Änderungsstatus entscheidet, wie die Disaggregation in einem speziellen Schritt erfolgen soll.

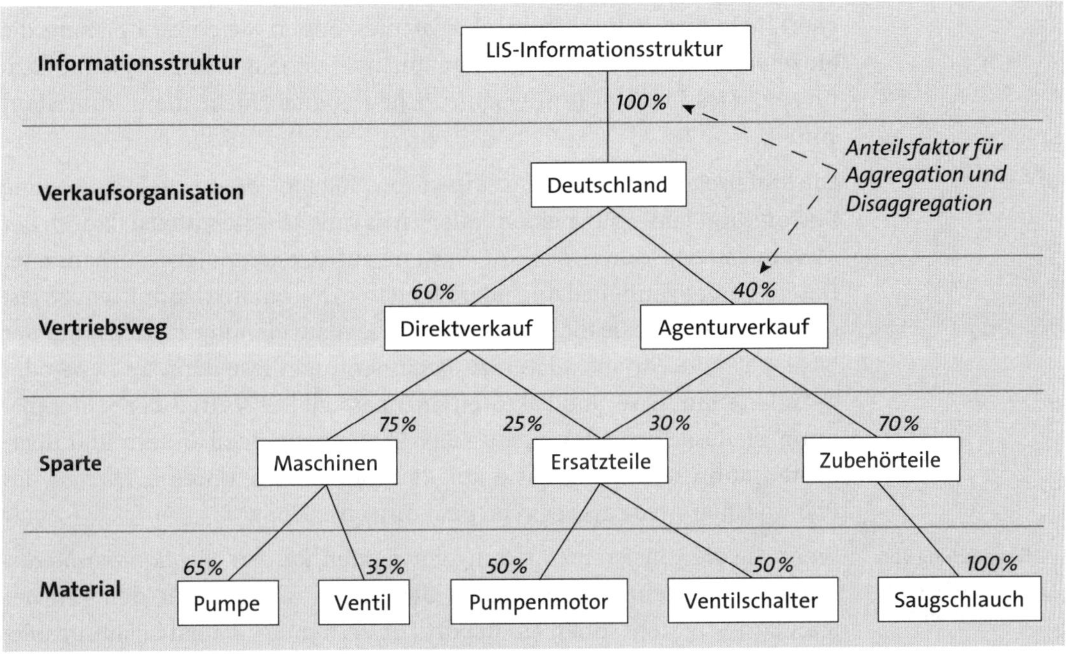

Abbildung 4.6 Beispiel einer Planungshierarchie

Planungsmethoden

Nachdem die Planungshierarchie festgelegt wurde, muss eine sogenannte *Planungsmethode* ausgewählt werden. Die Planungsmethode ist ein zentrales Element der Absatz- und Produktionsgrobplanung, die auf den Informationsstrukturen des LIS angewendet wird. Sie bestimmt, wie Daten an verschiedene Stellen des Unternehmens verteilt werden. Zwei Planungsmethoden stehen zur Verfügung:

- konsistente Planung
- Stufenplanung

Konsistente Planung

Bei der *konsistenten Planung* werden die Plandaten auf der Planungshierarchieebene mit dem höchsten Detaillierungsgrad gespeichert. Das heißt, für jede Planung haben Sie immer die Auflösung nach einzelnen Materialien, Werken oder Teilorganisationen. Planänderungen, die Sie auf einer Ebene durchführen, wirken sich unmittelbar auf die Daten aller anderen Planungsebenen aus. Diese Umrechnung von Daten durch Aggregation und Disaggregation erfolgt automatisch. Ein Vorteil der konsistenten Planung ist ihre einfache Handhabung: Durch die Erfassung der Planzahlen auf einer Ebene erreichen Sie automatisch auf allen anderen Ebenen Datenkonsistenz. Ein weiterer Vorteil ist die Möglichkeit, Plandaten unter beliebigen Gesichtspunkten anlegen zu können.

Stufenplanung

Bei der *Stufenplanung* werden die Daten auf allen Planungsebenen gespeichert. Jede Ebene der Planungshierarchie können Sie einzeln planen; die einzelnen Planungsebenen sind unabhängig voneinander. Das kann dazu führen, dass Pläne auf unterschiedlichen Ebenen nicht mehr konsistent sind.

Die Stufenplanung ermöglicht Ihnen sowohl eine Top-down- als auch eine Bottom-up-Planung. In beiden Fällen ist es möglich, die Anteilsfaktoren der Merkmalswerte durch das SAP-System auf der Grundlage vorhandener Daten (Vergangenheitsdaten oder Plandaten) automatisch ermitteln zu lassen. Damit haben Sie die Möglichkeit, eine neue Planung zunächst auf der Basis z. B. von Vorjahresdaten zu beginnen und diese dann an neue oder geänderte Einflüsse und Faktoren anzupassen. Der Vorteil der Stufenplanung ist, dass Sie die Daten auf jeder Ebene individuell ändern und überprüfen können, bevor Sie sie auf die oberen oder unteren Ebenen der Planungshierarchie aggregieren bzw. disaggregieren.

Generierung von Planungshierarchien

Wenn Sie die konsistente Planung verwenden, können Sie *Planungshierarchien* mithilfe eines Stammdaten-Generators anlegen. Für den Fall der Standard-SOP steht Ihnen ein Report zur Verfügung, der eine Planungshierarchie auf Basis der Plandaten in einer Informationsstruktur erstellen kann. Darüber hinaus können Sie Planungshierarchien natürlich auch manuell anlegen. Die Pflege von Planungshierarchien erfolgt stufenweise, wobei Sie den Aggregationsfaktor und den Anteilsfaktor für die einzelnen Merkmalswerte individuell festlegen können.

Prognosen in der Absatz-/Grobplanung

Die Funktion der *Prognose* ermöglicht es Ihnen, mit Unterstützung von SAP ERP die Entwicklung von Zahlen in einer zukunftsorientierten Zeitreihe anhand von Vergangenheitswerten abzuschätzen. In der Standard-Absatz-/Grobplanung können Sie die Absatzmengen für Produktgruppen oder Materialien prognostizieren.

Wenn Sie z. B. eine Prognose für ein Material erstellen, werden dessen Verbrauchswerte in der Vergangenheit analysiert, und mithilfe des geeigneten Prognosemodells wird eine Aussage über den zukünftigen Materialverbrauch getroffen. Dabei werden alle Arten von Verbrauchsdaten einbezogen, selbst solche, die als Ausschuss gebucht werden.

Welche Kennzahlen Sie in der flexiblen Planung prognostizieren können, wird im Customizing des SAP-Systems festgelegt. In der Stufenplanung können Sie zudem die Prognose z. B. für neue Materialien anhand der Verbrauchsmengen eines *Bezugsmaterials* durchführen. Dies ist dann notwendig, wenn keine Vergangenheitswerte zum Material existieren.

Prognosemodelle

Wenn Sie die Entwicklung der Kennzahlen über einen bestimmten Zeitraum hinweg analysieren, ist es möglich, Gesetzmäßigkeiten festzustellen, die in der Absatz- und Produktionsgrobplanung als sogenannte *Prognosemodelle* definiert sind (siehe Abbildung 4.7).

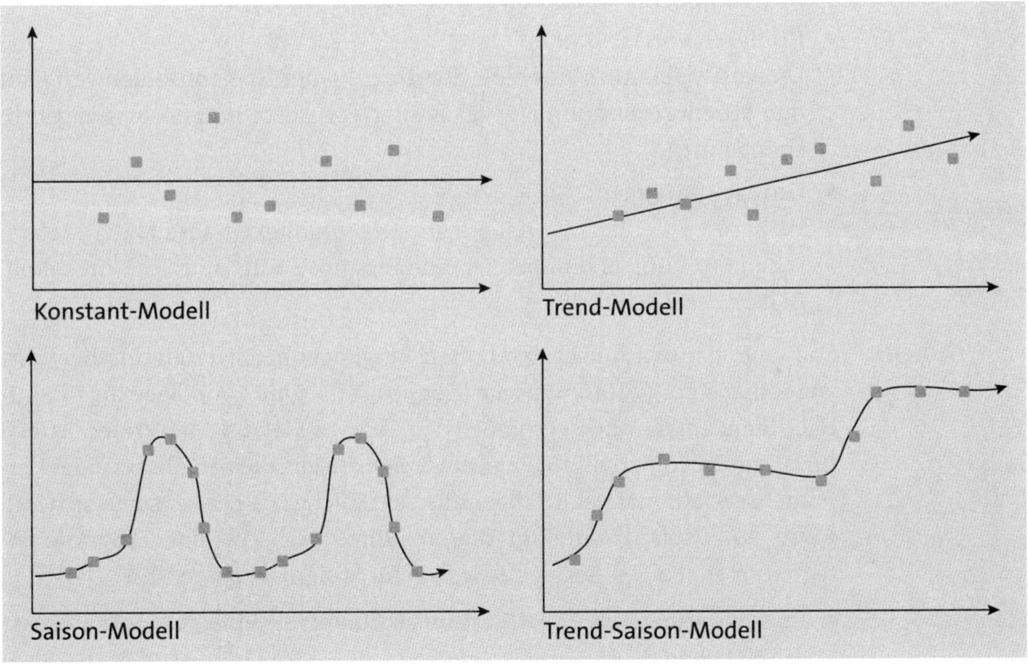

Abbildung 4.7 Prognosemodelle in der Absatz- und Produktionsgrobplanung

Die folgenden Prognosemodelle werden unterschieden:

- **Konstant-Modell**
  Der Zeitreihenverlauf der Kennzahl schwankt statistisch um einen Durchschnittswert. Konstant-Modelle können z. B. bei einem gut gesättigten Markt und einem etablierten Produkt auftreten.

- **Trend-Modell**
  Der Kennzahlenwert schwankt zwar statistisch, fällt oder steigt aber trendmäßig über einen längeren Zeitraum gesehen. Trend-Modelle können z. B. bei einem neuen Produkt auftreten, das nach und nach vom Markt akzeptiert und nachgefragt wird.
- **Saison-Modell**
  Der Kennzahlenwert schwankt sowohl statistisch als auch saisonal. Das heißt, in periodischen Abständen treten Wiederholungen des Kennzahlenverlaufs auf. Saison-Modelle können z. B. bei jahreszeitabhängigen Waren auftreten (Winterreifen).
- **Trend-Saison-Modell**
  Bei einem trendsaisonalen Zeitreihenverlauf treten saisonale Abweichungen um einen stetig steigenden Durchschnitt auf. Das Modell findet z. B. in einem ungesättigten Markt bei steigender Produktbeliebtheit Anwendung (neue, superleckere Eissorte).
- **Kopieren von Ist-Daten**
  Dieses Modell führt nur eine Übertragung der Ist-Kennzahlenwerte auf den Prognosezeitraum aus. (Es erfolgt also keine Prognose im eigentlichen Sinne.)
- **Unregelmäßigkeit**
  Ist in einer Kennzahlenreihe keine Regelmäßigkeit abseits der statistischen Streuung erkennbar, ist eine Prognose aufgrund der Unregelmäßigkeit nicht möglich.

Ereignisse

Soll eine Planung nur basierend auf Vergangenheitswerten durchgeführt werden, bietet die automatische Prognose eine gute Grundlage für zukünftige Kennzahlen- oder Verbrauchsverläufe. In vielen Fällen treten jedoch im zukünftigen Verlauf sogenannte *Ereignisse* ein, die den Absatz- oder Verbrauchsverlauf maßgeblich beeinflussen. Solche Ereignisse lassen sich teilweise vorausplanen und in diesem Sinne auch in eine Prognose integrieren. Im Folgenden sind Beispiele für Ereignisse aufgeführt:

- Preisänderungen, z. B. bei Verkaufsaktionen, die einen erhöhten Absatz ermöglichen
- Sondervereinbarungen mit Großkunden oder Lieferanten, bei denen größere Mengen zu einem niedrigeren Preis eingekauft oder verkauft werden
- Lieferprobleme des Mitbewerbs, die zu erhöhter Kundennachfrage führen
- Marktinformationen, die Möglichkeiten zur Erschließung neuer Absatzmärkte eröffnen

Die Absatz- und Produktionsgrobplanung bietet Ihnen eine Funktion, mit der Sie die Auswirkung von Ereignissen in die Prognosen integrieren können, wenn sich deren Einfluss nicht aus Daten der Vergangenheit ableiten lässt. In Abbildung 4.8 sehen Sie den Einfluss eines Ereignisses auf eine mit dem Konstant-Modell erstellte Prognose. Ein solcher Verbrauchs- oder Absatzverlauf kann z. B. das Resultat einer Preisaktion sein, die sich in erhöhtem Absatz niederschlägt (»Hamsterkauf«), gefolgt von einem Absatzrückgang aufgrund einer kurzfristigen Marktübersättigung.

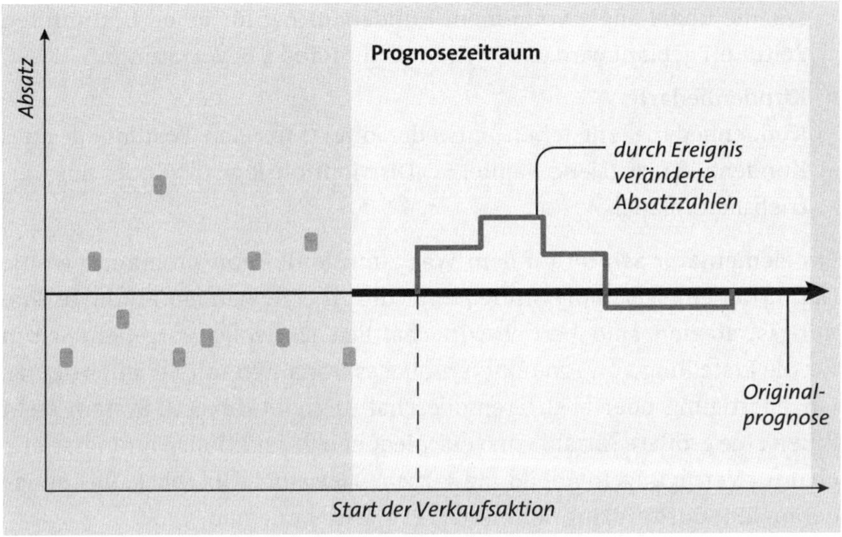

Abbildung 4.8 Auswirkung von Ereignissen auf eine Prognose mit Konstant-Modell

Datenübergabe an die Programmplanung

Die in der Absatz- und Produktionsgrobplanung ermittelten Plandaten können anschließend an die Programmplanung übergeben werden, die für die Produktion die Bedarfstermine und Bedarfsmengen ermittelt sowie Strategien zur Produktion oder zur Fremdbeschaffung der Endprodukte bestimmt. Die Programmplanung stellen wir Ihnen im folgenden Abschnitt vor.

4.4 Programmplanung

Bedarfsmengen und Liefertermine festlegen

Die *Programmplanung* (*Master Planning*, MP) bildet die Schnittstelle zwischen der vertriebsorientierten Absatz- und Produktionsgrobplanung und der detaillierteren Produktionsplanung, in der die exakten Materialbedarfe auf Teileebene (MRP) und die genauen Produktionsschritte festgelegt werden. Als Bedarf bezeichnet man in der SAP-Terminologie die Menge eines

Materials, die zu einem bestimmten Zeitpunkt in einem bestimmten Werk benötigt wird. Die Kernaufgabe der Programmplanung ist die Festlegung der Bedarfsmengen und Liefertermine für Enderzeugnisse.

Arten von Primärbedarfen

Die Programmplanung verwendet sogenannte *Primärbedarfe* als Eingangswerte für die Erstellung des Produktionsprogramms. Zwei verschiedene Arten von Primärbedarfen werden unterschieden:

- **Planprimärbedarf**
  Planprimärbedarfe sind definiert als die Bedarfsmenge eines Erzeugnisses, die unabhängig von einem Kundenauftrag für einen bestimmten Zeitraum geplant wird (z. B. Sicherheitsbestände, Bevorratung).
- **Kundenbedarfe**
  Kundenbedarfe entstehen entweder direkt aus den Positionen eines Kundenauftrags (siehe Kapitel 5, »Distributionslogistik«) oder aus Vertriebslieferplänen.

Planungsstrategien

Ein elementarer Schritt auf dem Weg zum Produktionsprogramm ist die Definition einer *Planungsstrategie* für die zu erzeugenden Produkte. Planungsstrategien sind betriebswirtschaftlich sinnvolle Vorgehensweisen für die Erstellung von Produkten, wobei es Varianten mit Serienfertigung, Einzelfertigung oder auch Fremdbeschaffung gibt. Im SAP-System steht Ihnen eine größere Anzahl von verschiedenen Produktionsplanungsstrategien zur Verfügung. In Abbildung 4.9 sehen Sie einen Überblick über einige der im ERP-Customizing definierten Planungsstrategien.

Sicht "Strategie" anzeigen: Übersicht

Strategie	Bezeichnung Planungsstrategie	BDar VP	BDar Ku.
00	Keine Vorplanung / Keine Bedarfsübergabe		
10	Anonyme Lagerfertigung	LSF	KSL
11	Anonyme Lagerfertigung / Bruttoplanung	BSF	KSL
20	Kundeneinzelfertigung		KE
21	Kundeneinzelfertig. / Projektabrechnung		KP
25	Kundeneinzel für konfigurierbares Mat.		KEK
26	Kundeneinzel für lagerhaltige Type .		KEL
30	Losfertigung	LSF	KL
40	Vorplanung mit Endmontage	VSF	KSV
50	Vorplanung ohne Endmontage	VSE	KEV
51	Vorplanung ohne Endmontage / Projektabr.	VSE	KPV
52	Vorplanung ohne Endmontage o.Einzel	VSE	KSVS
54	Typenvorplanung	VSE	KEKT
55	Vorplanung lag. Type ohne Endmontage	VSE	KELV
56	Standarderzeugnisvorplanung	VSE	KEKS
59	Vorplanung auf Dummybaugruppenebene	VSEB	

Abbildung 4.9 Definition der Planungsstrategien in der Programmplanung (Customizing)

Durch die Anwendung dieser Strategien können Sie entscheiden, wie die Fertigung und eine gegebenenfalls notwendige Baugruppenmontage durchgeführt werden soll:

- **Fertigungsanstoß durch Kundenaufträge (Kundeneinzelfertigung)**
  - Kundeneinzelfertigung: Der Bedarf kann direkt in Fertigungsaufträge umgesetzt werden.
  - Vorplanung ohne Endmontage: Kundenspezifische Baugruppen werden vorgefertigt, die Montage erfolgt, wenn der Kundenauftrag eintrifft.
- **Lagerfertigung ohne konkrete Kundenaufträge**
  - anonyme Lagerfertigung
  - Losfertigung
  - Vorplanung mit Endmontage
  - Vorplanung auf Baugruppenebene
- **Fremdvergabe (Serviceaufträge)**
  Die Fertigung erfolgt extern durch Vergabe an ein anderes Unternehmen.

Lagerfertigungsstrategien

Lagerfertigungsstrategien verwenden die Daten der Absatz- und Produktionsgrobplanung, um die Programmplanung durchzuführen. Die Befriedigung von Bedarfen aus Kundenaufträgen erfolgt in diesem Fall aus dem Lagerbestand. Lagerfertigungsstrategien sind insbesondere dort sinnvoll, wo zwar ein schwankender Absatz vorliegt, eine Produktionsanlage aber aus Effizienz- oder Kostengründen gleichmäßig ausgelastet werden muss.

Die von Ihnen gewählte Strategie definiert die Ausprägung der einzelnen Phasen des Produktionsprogramms und die Verrechnung von Primär- und Kundenbedarfen, wie z. B.:

- Erstellung des Produktionsprogramms anhand von Kundenaufträgen und/oder Absatzprognosewerten
- Verlagerung der Bevorratungsebene hinunter auf die Baugruppenebene, sodass die Endmontage durch den eintreffenden Kundenauftrag angestoßen wird
- Durchführung der Programmplanung speziell für die Baugruppe

Planungsstrategien können bei hierarchischen Produkten miteinander kombiniert werden. So haben Sie die Möglichkeit, für ein Enderzeugnis die Planungsstrategie *Vorplanung mit Endmontage* zu wählen und für eine wichtige Baugruppe in der Stückliste dieses Enderzeugnisses eine *Vorplanung auf Baugruppenebene* durchzuführen.

Bedarfsarten der Planungsstrategien

Die Ermittlung der Planungsstrategie kann für ein zu produzierendes Material über eine zugeordnete Strategiegruppe erfolgen. Für jede Strategie sind zudem verschiedene Bedarfsarten definiert, die insbesondere den Prozess der Bedarfsverrechnung auf der Primär- und Kundenbedarfsseite steuern.

Durchführung der Programmplanung

Die Programmplanung erfolgt durch eine Ermittlung von Planbedarfen, genauer gesagt von Planprimärbedarfen und Kundenbedarfen. Ein Planprimärbedarf definiert sich entweder aus einer Planmenge mit Termin oder aus mehreren Planprimär-Bedarfseinteilungen in dem Fall, dass die Gesamtplanmenge auf mehrere einzelne Produktionstermine aufgeteilt wurde. Die Kundenbedarfe repräsentieren die produktionsspezifische Sicht auf die Anforderungen der Kundenaufträge (für Details zu Kundenaufträgen siehe Kapitel 5, »Distributionslogistik«). Die Planbedarfe und der Programmplan werden im System anhand der vorgegebenen Produktanforderungen aus Absatzplänen und Kundenaufträgen ermittelt, indem die jeweils den Materialien zugeordneten Planungsstrategien angewendet werden. Die erstellten Programmpläne werden nachfolgend für die Materialbedarfsplanung bereitgestellt.

4.5 Materialbedarfsplanung

Funktionen der Materialbedarfsplanung

Die *Materialbedarfsplanung* (*Material Requirements Planning*, MRP) hat als wesentliche Aufgabe, die Verfügbarkeit von Materialien für die Produktion und Montage in dem Maß sicherzustellen, dass sowohl alle geplanten Produktionsvorgänge als auch alle Verkaufsabwicklungen termin- und mengengerecht durchgeführt werden können. Wichtige Teilfunktionen sind:

- die Überwachung der Materialbestände für Produktion und Vertrieb
- die Erstellung von Beschaffungsvorschlägen für den Einkauf und die Fertigung
- die Ermittlung der optimalen Balance zwischen bestmöglicher Lieferbereitschaft und möglichst geringer Kapitalbindung und geringen Bereitstellungskosten, um Kosten zu reduzieren

In Abbildung 4.10 sehen Sie den prinzipiellen Ablauf der Materialbedarfsplanung und deren Einbindung in die Produktion.

Eingangsparameter der Materialbedarfsplanung

Im Bereich der *Materialdisposition* sind die korrekte Bereitstellung von Materialien nach Art, Menge, Ort und Termin sowie die dafür notwendige Ermittlung der Bedarfsdeckung tägliche Aufgaben des Disponenten.

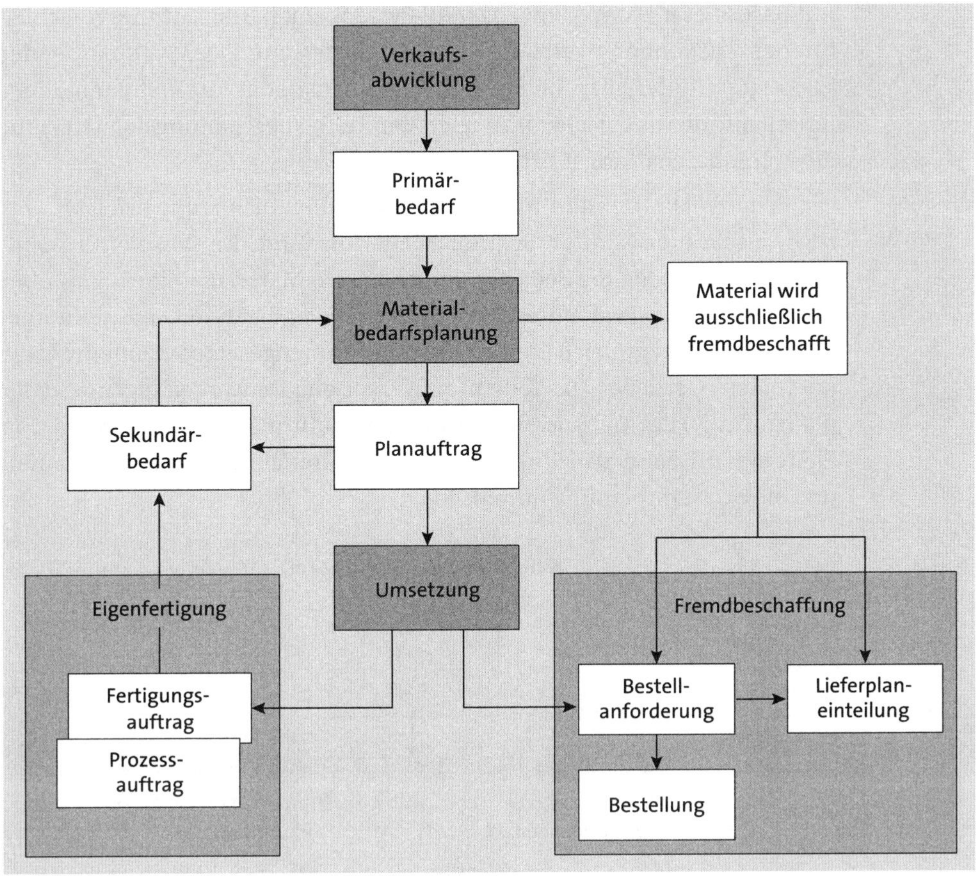

Abbildung 4.10 Ablauf der Materialbedarfsplanung

Folgende Eingangsparameter sind für die Bestimmung notwendig:

- Primärbedarfszahlen aus der Verkaufsabwicklung oder Programmplanung
- Sekundärbedarfszahlen aus der Stücklistenauflösung von Erzeugnissen, die sich in Produktion befinden
- aktuelle Bestandszahlen für alle relevanten Materialien
- Bestandsreservierungen mit Terminierung für alle relevanten Materialien
- Bestandsmengen, die sich im Bestellprozess mit zugesagten Lieferterminen befinden
- Beschaffungszeiten für alle Materialien, die fremdbeschafft werden können
- Produktionsdurchlaufzeiten für alle Materialien, die eigenproduziert werden müssen

Auf Basis dieser Daten kann das MRP-System einen Beschaffungsvorschlag für den Disponenten erstellen, der entweder zur Eigenproduktion der benötigten Materialien über einen Planauftrag oder zur Erstellung einer Bestellanforderung (siehe dazu auch Kapitel 3, »Beschaffungslogistik«) für die Fremdbeschaffung führt.

Mehrstufige Planung

Die Bedarfsplanung kann in den Planungsläufen *mehrstufig* erfolgen, was zu den schon erwähnten Sekundärbedarfen führt. Im Beispiel in Abbildung 4.11 sehen Sie die Bedarfsplanung für ein Material »Mixer«, das über Stücklisten in die Bestandteile »Mixerantrieb« und »Mixergehäuse« aufgelöst ist. Der Mixerantrieb ist wiederum zusammengesetzt aus einem Motor und einem Getriebe. Alle Teile bis auf das Gehäuse werden eigengefertigt (Planauftrag), das Gehäuse wird fremdbeschafft (Bestellanforderung). Ein Planungslauf kann dabei alle Stufen der Materialhierarchie durchlaufen und eine Gesamtplanung durchführen.

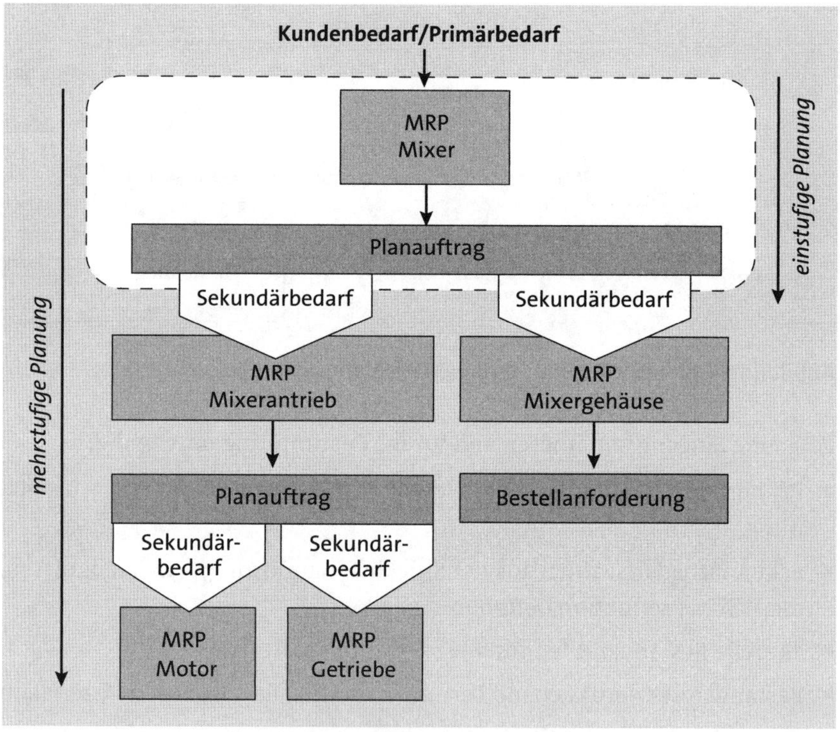

Abbildung 4.11 Ein- und mehrstufige Planung

Dispositionsverfahren

Für die Planung steht in der Materialbedarfsplanung eine Vielzahl von *Dispositionsverfahren* zur Verfügung. Die Dispositionsverfahren, die plan- oder verbrauchsgesteuert arbeiten, dienen dazu, die vorhandenen Bestände, Kapazitäten und bestätigte oder erwartete Bestandszugänge mit den Bedarfsmengen möglichst termingerecht in Übereinstimmung zu bringen.

Plangesteuerte Disposition

Die Zielvorgaben der *plangesteuerten Disposition* ergeben sich aus den Bedarfen des aktuellen und zukünftigen Absatzes:

- Kundenaufträge
- Planprimärbedarfe
- Materialreservierungen
- durch Stücklistenauflösung gewonnener Sekundärbedarf

Sie können bei der plangesteuerten Disposition in der Regel mit niedrigen Sicherheitsbeständen arbeiten, da die exakten Bedarfsmengen bekannt sind. Im ersten Schritt führt das MRP-System eine Nettobedarfsrechnung durch, bei der verfügbare Bestände und fest eingeplante Bestandszugänge mit den Bedarfen verrechnet werden. Ist der verfügbare Bestand inklusive Zugängen kleiner als die Bedarfsmenge, werden entsprechende Beschaffungsvorschläge erzeugt. Danach wird für jedes Material die geeignete Losgröße für die Bestellung oder Fertigung bestimmt. Die Terminierung der Beschaffungsvorschläge erfolgt durch die Ermittlung der Liefertermine (Bestellung) oder der Produktionstermine (Fertigung). Danach wird eine Stücklistenauflösung für eigengefertigte Materialien durchgeführt, über die die Sekundärbedarfe ermittelt werden. Zuletzt können Sie Zusatzbedarfe wie Mehrverbrauch von Komponenten in der Produktion miteinbeziehen, indem Sie während der plangesteuerten Dispositionsrechnung auch eine Prognoserechnung durchführen. Hierfür werden wieder historische Verbrauchsdaten herangezogen, aus denen ersichtlich ist, wie hoch der Mehrverbrauch an Material für bestimmte Fertigungsläufe war.

Verbrauchsgesteuerte Disposition

Die *verbrauchsgesteuerte Disposition* ist ein Prognoseverfahren, das auf den Verbrauchswerten der Vergangenheit basiert. Es existieren verschiedene Methoden, mit denen aus den historischen Verbrauchsdaten auf den zukünftigen Verbrauch geschlossen werden kann:

- **Bestellpunktdisposition**
  Die Beschaffung wird ausgelöst, wenn die Summe aus Werksbestand und festen Zugängen den sogenannten *Bestellpunkt* (Meldebestand) unterschreitet. Der Meldebestand muss dabei so hoch sein, dass die Zeit bis zur Wiederbeschaffung des Materials überbrückt werden kann, da es sonst zu Produktions- oder Lieferausfällen kommt. Sinnvollerweise sollte der Meldebestand auch einen Sicherheitsbestand einschließen.

- **Stochastische Disposition**
  Bei der stochastischen Disposition wird eine Prognose für den zukünftigen Bedarf ermittelt. Diese Werte bilden dann die Bedarfsmengen für den Planungslauf. Die Prognosewerte werden direkt als Prognosebedarfe in der Bedarfsplanung wirksam. Die Prognoserechnung wird in regelmäßigen Zeitabständen durchgeführt, wodurch der ermittelte Bedarf an das Verbrauchsverhalten angepasst wird. Durch Materialverbrauch wird der Prognosebedarf abgebaut, wodurch eine erneute Mitdisposition verhindert wird.
- **Rhythmische Disposition**
  Wird Material durch einen Lieferanten zu regelmäßigen Zeiten angeliefert (häufig anzutreffen in Retail-Prozessen, z. B. Lieferung jede Woche mittwochs), sollte die Disposition daran angepasst werden. Der Dispositionsprozess sollte dann zu einem Zeitpunkt stattfinden, der *n* Tage vor dem Liefertag liegt, wobei *n* die Lieferzeit ist. Sie können jedoch den Dispositionstermin auch manuell vorverlegen. Die eigentliche Disposition zum Dispositionszeitpunkt kann entweder verbrauchsgesteuert oder plangesteuert durchgeführt werden, wobei die für die rhythmische Disposition relevanten Bedarfe mit in die Nettobedarfsrechnung einfließen.

  In der rhythmischen Disposition verwendet das System zusätzlich ein Reichweitenprofil mit Angabe von Mindestsicherheitsbestand, Soll-Sicherheitsbestand und Maximalsicherheitsbestand, um die zu beschaffende Menge anpassen zu können. Dabei wird immer versucht, am Ende der Dispositionsperiode noch einen Bestand in Höhe des Soll-Sicherheitsbestands zu haben.

Leitteileplanung

Ein besonderes Dispositionsverfahren ist die *Leitteileplanung* (*Master Production Scheduling*, MPS), die für besonders wichtige Materialien eines Unternehmens angewendet werden kann. Als Leitteile bezeichnet man dabei Materialien, die in hohem Maße die Wertschöpfung des Unternehmens beeinflussen.

Für die Disposition von *Leitteilen*, die explizit im Materialstamm als solche ausgewiesen sein müssen, ist eine besondere Planungssorgfalt angebracht, da diese Materialien für ein Unternehmen von strategisch wichtiger Bedeutung sind. Die Disposition in der Leitteileplanung ist plangesteuert. Dabei ist es vorrangig, einerseits die Planungsstabilität zu erhöhen und andererseits eine zu hohe Kapitalbindung durch überhöhte Lagerbestände zu vermeiden. Durch die Wichtigkeit der Leitteile ist ein Unternehmen eventuell geneigt, zu hohe Sicherheitsbestände anzulegen, was besonders bei teuren Materialien zu hohen Kosten führt. Die Planung von Leitteilen wird immer in einem separaten Planungslauf durchgeführt. Das heißt, Leitteile werden niemals in den plan- oder verbrauchsgesteuerten Dispositionsläufen mitgeplant. Im Leitteile-Planungslauf werden nur die Leitteile selbst geplant. Für darunterliegende Ebenen werden Sekundärbedarfe erzeugt, jedoch nicht geplant. Im Anschluss an die Leitteileplanung und ihre interaktive Prüfung können Sie dann die weiteren Dispositionsläufe starten, um die abhängigen Teile mit einzuplanen.

Planungsablauf

Wenn ein *Planungslauf* angestoßen wird, führt das System mehrere Prozessschritte durch:

1. **Prüfung der Planungsvormerkdatei**
   Der erste Prozessschritt in der Bedarfsplanung ist die Prüfung der Planungsvormerkdatei, in der gesteuert und festgehalten wird, welche Materialien bei den verschiedenen Arten des Planungslaufs geplant werden. In der Planungsvormerkdatei sind grundsätzlich alle Materialien enthalten, die für einen Planungslauf relevant sind. Wird bei der Prüfung eine dispositionsrelevante Änderung eines Materials festgestellt, wird dieses entsprechend der Dispositionsvorgabe mitgeplant. Bereits bestehende Beschaffungsvorschläge werden nach Vorgabe in der Planungsvormerkdatei behandelt.
2. **Durchführung der Nettobedarfsrechnung**
   Für jedes Material wird eine Nettobedarfsrechnung durchgeführt. In sie fließen sowohl der verfügbare Lagerbestand als auch die fest eingeplanten Zugänge des Einkaufs oder der Fertigung ein. Wenn der Bedarf dadurch nicht befriedigt werden kann, wird ein Beschaffungsvorschlag erstellt, wobei eventuell definierte Reichweitenprofile berücksichtigt werden.
3. **Beschaffungsmengenberechnung**
   Anschließend erfolgt die Beschaffungsmengenberechnung unter Berücksichtigung der vorgegebenen Losgrößen und zusätzlicher Ausschussmengen.
4. **Berechnung der Termine für Beschaffungsvorschläge**
   Die Start- und Endtermine der Beschaffungsvorschläge werden berechnet.
5. **Weiterverarbeitung der Beschaffungsvorschläge**
   Aus den Beschaffungsvorschlägen werden entweder Planaufträge, Bestellanforderungen oder Lieferplaneinteilungen erstellt. Wenn die erforderlichen Angaben für die Beschaffungsquotierung gepflegt sind, wird außerdem der Lieferant bestimmt und der Beschaffungsvorschlag direkt zugeordnet.

6. **Ermittlung von Sekundärbedarfen**
   Für jeden Beschaffungsvorschlag einer Baugruppe wird die Stückliste aufgelöst, und die Sekundärbedarfe werden ermittelt.
7. **Erzeugen von Ausnahmemeldungen**
   Treten während des Planungslaufs kritische Situationen auf, die der manuellen Nacharbeit durch den Disponenten bedürfen, werden Ausnahmemeldungen erzeugt, und gegebenenfalls wird eine Umterminierungsprüfung durchgeführt. Außerdem werden die detaillierten Reichweitedaten ermittelt.

Planungsverfahren

Im Normalfall erfolgt die Bedarfsplanung pro Werk; Sie können sie jedoch auch auf Ebene des Lagerorts, des Dispositionsbereichs oder als werksübergreifende Planung durchführen. Die *Planungsverfahren* umfassen:

- Gesamtplanung
- einstufige Einzelplanung
- mehrstufige Einzelplanung
- interaktive Planung
- mehrstufige Kundeneinzelplanung
- Projekteinzelplanung

Abschließende Prüfung der Planung

Zur *Überprüfung* der erzeugten Beschaffungsvorschläge stehen dem Disponenten verschiedene Auswertungswerkzeuge zur Verfügung:

- Dispositionsliste
- aktuelle Bedarfs-/Bestandsliste
- Planungsergebnis (entspricht der Dispositionsliste mit individuellem Auswertungslayout)
- Planungssituation (entspricht der Bedarfs-/Bestandsliste mit individuellem Auswertungslayout)
- Planungstableau der Serienfertigung

Nach der abschließenden Prüfung kann eine Freigabe der Bestellanforderungen an die Beschaffungslogistik und der Planaufträge an die Produktion erfolgen.

4.6 Absatzplanung (Demand Planning)

Die *Absatzplanung* (*Demand Planning*, DP) in SAP APO ist ein Werkzeug zur Erstellung von Prognosen für die Produktnachfrage auf dem Markt, auf dem ein Unternehmen agiert. In der Absatzplanung wird eine Vielzahl von

Einflussfaktoren berücksichtigt, die den Bedarf in der einen oder anderen Weise beeinflussen. Das Ergebnis der Absatzplanung ist ein Absatzplan.

Funktionsumfang

Die Absatzplanung in SAP APO wurde im Vergleich zur Absatzplanung in SAP ERP wesentlich im Funktionsumfang erweitert:

- In SAP APO werden erweiterte benutzerspezifische Planungslayouts und interaktive Planungsmappen für alle Planungsfunktionen angeboten.
- Sie können sowohl interne Abteilungen, Abteilungen in Unternehmenstöchtern als auch externe Partner in den Planungs- und Prognoseprozess einbeziehen (kollaborative Planung).
- Ihnen steht ein erweiterter Satz von Prognoseverfahren zur Verfügung, der auch Makrofunktionen unterstützt.
- Die Planungsergebnisse sind stets über alle Ebenen konsistent.
- Vergangenheits- und Plandaten werden nicht auf Grundlage von LIS mit einbezogen, sondern auf dem wesentlich leistungsfähigeren SAP BW, das ein integrativer Bestandteil von SAP APO ist und direkt im System für alle analytischen Aufgaben genutzt wird.
- Prognosemodelle und Prognoseergebnisse können vordefinierten und selbst definierten Tests unterzogen werden.
- Sie können Absatzpläne verschiedener Abteilungen konsolidieren. Dazu verwenden Sie einen konsensbasierten Ansatz.
- Marktinformationen und Managementvorgaben lassen sich über Promotion- oder Prognosekorrekturen einbeziehen.
- Sie können Produkte in Absatzplänen ein- und ausphasen, um Lebenszyklusabschnitte darzustellen.
- Durch eine Integration mit der werksübergreifenden Planung kann bereits bei der Absatzplanung eine Abstimmung zwischen den Standorten und dem verfügbaren Logistiknetzwerk erfolgen.
- Mithilfe der Software *Duet* (mit der Microsoft Office zusammen mit SAP-Software genutzt werden kann) ist eine Integration mit Microsoft Excel möglich, die es Managern erlaubt, direkt auf die Absatzplanungen zuzugreifen.

Ablauf der Absatzplanung

In Abbildung 4.12 sehen Sie den grundlegenden Ablauf der Absatzplanung und die Interaktion mit der werksübergreifenden Planung.

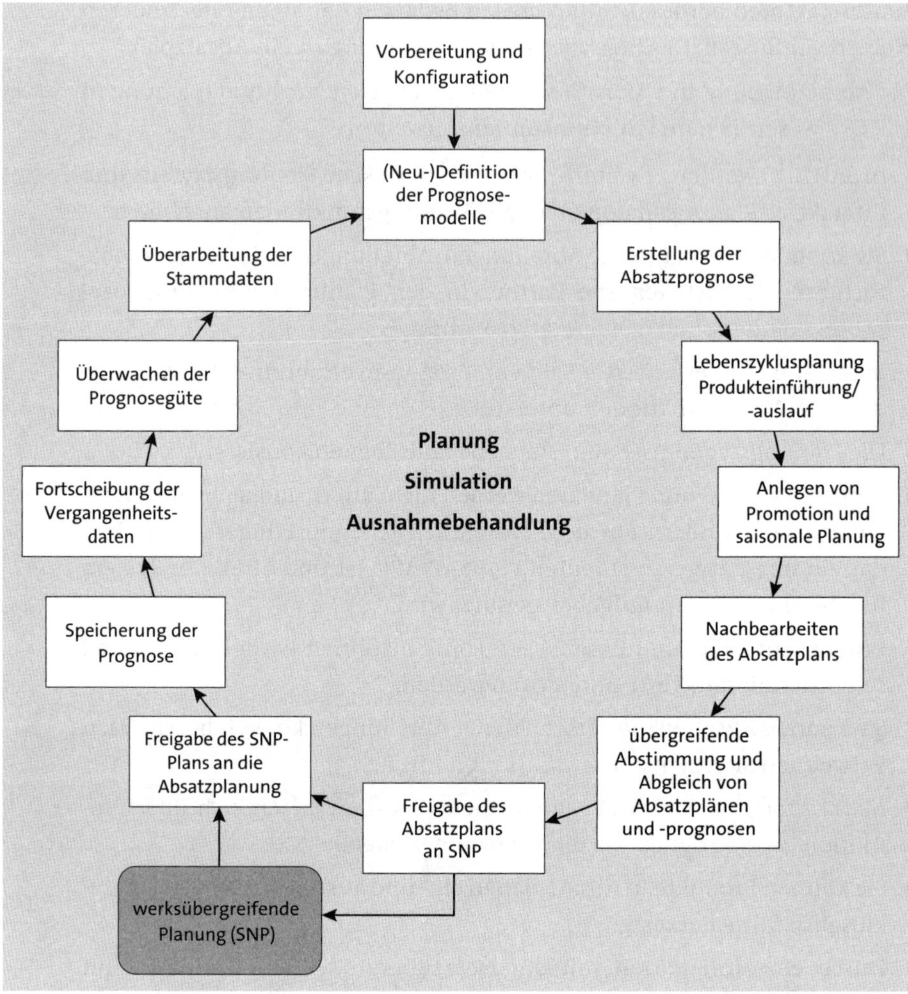

Abbildung 4.12 Ablauf der Absatzplanung

Ein kompletter Planungszyklus beinhaltet folgende Schritte:

1. **Vorbereitende Aktivitäten**
   Die Vorbereitung und Konfiguration besteht aus mehreren Einzelschritten:
   - Administration der *Planungsbereiche*: Planungsbereiche sind die zentralen Datenstrukturen in der Absatzplanung; Planungsmappen basieren direkt auf einem Planungsbereich. Ein Planungsbereich enthält z. B. folgende Informationen: Planmengeneinheit, Planwährungen, Informationen zur Währungsumrechnung, Speicherungszeitraster, Aggregatebenen für die Datenspeicherung, Kennzahlen,

die in die Planung einfließen, und Informationen über die Aggregation und Disaggregation von Kennzahlen.

- Konfiguration der *Stammdaten*: Mit den Stammdaten der Absatzplanung legen Sie die Ebenen fest, auf denen Absatzpläne in Ihrem Unternehmen erstellt, geändert, aggregiert und disaggregiert werden können.
- Gestaltung der *Planungsmappe*: Bei der Gestaltung der Planungsmappe können Sie festlegen, wie die Planungsbilder die Daten den Absatzplanern oder Planungsgruppen präsentieren, das heißt, welche Merkmale, Kennzahlen und Datenreihen tabellarisch oder grafisch dargestellt werden. Darüber hinaus können Sie Makros definieren, die beim Aufruf einer Planungsmappe ausgeführt werden.

Mit der Vorbereitung und Konfiguration ist der Grundstein für den Einsatz der Absatzplanung gelegt.

2. **Definition des Prognosemodells**
   Bei der Definition bzw. Neudefinition von Prognosemodellen legen Sie die *Prognoseprofile* an, mit denen die automatische Berechnung der Prognose gesteuert wird. Die Entscheidung über das anzuwendende *Prognosemodell* hängt von vielfältigen Faktoren ab, z. B. davon, ob für die zu prognostizierenden Produkte Vergangenheitsdaten vorhanden sind oder ob verschiedene Kausalfaktoren für die Nachfrage nach einem Produkt existieren, die einbezogen werden müssen. In der Definition können Sie entscheiden, für welche Produkte die Prognose erstellt werden soll und welche Modelle verwendet werden sollen.

   Das System unterstützt Sie bei der Wahl des Prognosemodells entweder durch die automatische Bestimmung des am meisten geeigneten Prognosemodells oder durch Analysefunktionen, die die Fehler in Testläufen mit verschiedenen Methoden aufzeigen. Die Einstellungen werden schließlich als Gesamtprognoseprofil gespeichert. Abschließend können Sie durch ein Alert-Profil definieren, welche *Alerts* (Alarmmeldungen) angezeigt werden, wenn es zu Prognosefehlern kommt.

3. **Erstellen der Absatzprognose**
   In diesem Schritt erstellen Sie eine neue *Absatzprognose* oder ändern eine bestehende Prognose. Der Vorgang kann entweder interaktiv durch den Benutzer oder als Massenverarbeitung im Hintergrund angestoßen werden. Die Absatzplanung unterstützt verschiedene Planungsansätze: Top-down-Planung, Middle-out-Planung und Bottom-up-Planung. Das Planungsergebnis ist zu jeder Zeit auf allen Ebenen konsistent, da über Aggregation oder Disaggregation jede Änderung automatisch auf die anderen Planungsebenen übertragen wird.

4. **Lebenszyklusplanung und Produktein-/-ausphasung**
   Jedes Produkt hat einen *Lebenszyklus*, der durch seine Einführungs-, Wachstums-, Reife- und Auslaufphasen geprägt ist. Diese Phasen können Sie in diesem Ablaufschritt definieren. In diesem Prozess bilden Sie die Einführungs-, Wachstums- und Auslaufphase ab. Durch spezielle Profile können Sie für Produkte festlegen, dass der Absatz z. B. im Einphasungszeitraum langsam auf den gewünschten Wert ansteigt (*Phase-in-Profil*). Für die Neueinführung von Produkten in bestimmten Regionen können Sie *Like-Profile* einsetzen, die eine Absatzprognose aufgrund des Absatzverlaufs des Produkts in bereits bewährten Absatzregionen erstellen.

5. **Anlegen von Promotions**
   Für den Fall, dass Maßnahmen zur *Verkaufsförderung* (Promotions) für bestimmte Produkte angewendet werden, können Sie deren Auswirkungen in die Prognose einbeziehen. Die Promotion-Ereignisse können dabei einmalig oder regelmäßig wiederkehrend sein. Beispiele für Promotions sind Weihnachtsverkäufe, Aktionsverkäufe, Verlosungen oder Messeaktionen.

   Die getrennte Planung von Promotions hat den Vorteil, dass der Absatzplaner die Zahlen mit oder ohne Promotion direkt in unterschiedlichen Planversionen miteinander vergleichen kann.

6. **Saisonale Planung**
   Die *saisonale Planung* ermöglicht die zeitliche Aggregation in saisonalen Zeiträumen. Das heißt, Sie können die Daten nach einem Zeitschema aggregieren, das Sie selbst definieren. Die Definition kann dabei z. B. regionsbezogen unterschiedlich ausfallen (der Sommer in Europa ist zugleich der Winter in Südamerika). Die Daten mehrerer Perioden einer bestimmten Periodizität (z. B. Monat) werden auf eine frei definierbare Saison aggregiert und die Daten mehrerer Saisons auf ein Saisonjahr.

7. **Nachbearbeitung und übergreifende Abstimmung von Absatzplänen**
   Die Nachbearbeitung von Absatzplänen erfolgt über die interaktive Absatzplanung. Durch die Selektion der Planungsmappe können Sie die Absatzprognose in der gewünschten Form und im gewünschten Zeitraum darstellen, wobei sowohl tabellarische als auch grafische Darstellungen möglich sind.

8. **Abgleich der Absatzprognosen**
   Wenn verschiedene Organisationen innerhalb eines Unternehmens oder auch externe Partner Absatzprognosen erstellen, müssen diese miteinander abgeglichen werden, bevor Sie auf den konsolidierten Daten weiterarbeiten können. Für die Abstimmung stehen Ihnen mehrere Verfahren zur Verfügung:

- *Demand Combination* vergleicht Prognosekennzahlen einer Planungsmappe periodenweise nach bestimmten Kriterien und ermittelt dann einen neuen Kennzahlenwert, der in die kombinierte Prognosekennzahl übernommen wird.
- Die *konsensbasierte Prognose* unterstützt die Abstimmung von Prognoseergebnissen verschiedener Abteilungen, wenn diese ihren Prognosen stark unterschiedliche Geschäftsziele und Zeitraster zugrunde gelegt haben. Das System unterstützt hier den Einigungsprozess zwischen den verschiedenen Organisationen, sodass leichter ein Konsens bezüglich eines gemeinsamen Absatzplans erzielt werden kann.
- Die *kooperierende Absatzplanung* ist ein Prozess zur Zusammenarbeit von Herstellern und ihren Distributoren. Beide Partner können gemeinsam auf dieselbe Datenbasis zugreifen und an einem Absatzplan arbeiten. Dadurch können sie die Arbeitsabläufe besser formen und von einer akkurateren Prognose, besserer Markttransparenz, größerer Stabilität, reduziertem Bestand und besserer Kommunikation profitieren.

9. **Interaktion mit der werksübergreifenden Planung**

   Nach der Freigabe des Absatzplans kann ein Supply-Chain-Planer in der werksübergreifenden Planung (SNP) auf die Absatzplandaten zugreifen und auf deren Basis Entscheidungen zur Quellenfindung (*Sourcing*), zur Auftragserfüllung (*Deployment*) und zum Transport treffen. Zusätzlich kann auch eine Übermittlung des Absatzplans an die ERP-Programmplanung erfolgen.

   Nach Abschluss der Planung in SNP wird der endgültige SNP-Plan wieder zurück an die Absatzplanung freigegeben. Dadurch kann der Absatzplaner seinen restriktionsfreien Absatzplan mit dem restriktionsbasierten SNP-Plan vergleichen.

10. **Speichern der Prognose und weitere Schritte**

    Nach dem Abgleich der SNP-Ergebnisse mit dem DP-Absatzplan können Sie die Ergebnisse in den Infostrukturen von SAP BW speichern. Dabei können in einer Planversion auch mehrere Kennzahlen für einen Prognosewert gespeichert werden. Wenn Sie z. B. einen Absatzplan für das Frühjahr 2015 erstellen und diesen im Januar, Februar und März jeweils neu prognostizieren, kann das in einer Planversion geschehen, ohne dass Sie die älteren Datenwerte überschreiben. Wenn der Absatzplanungszyklus abgeschlossen ist, werden die Vergangenheitsdaten zum letzten Zyklus für die weitere Verwendung fortgeschrieben.

Während des prognostizierten Zeitraums können Sie die Qualität der Prognose überwachen, um gegebenenfalls Korrekturen am Prognosemodell vorzunehmen oder ein anderes Modell zu wählen. Dazu bietet Ihnen die Absatzplanung folgende Analysefunktionen an:

- statistische Fehleranalyse
- Fehlermaße oder Anpassungsmaße für verschiedene Prognosemodelle
- Vergleich von Plan- und Ist-Daten
- Anzeige von zweckgebundenen Kennzahlen in SAP BW

Als weiteren Schritt, der eigentlich schon den nächsten Prognosezyklus einleitet, können Sie die Stammdaten den geänderten Umständen anpassen, indem Sie z. B. neue Produkte, Produktlinien, Kunden oder Märkte definieren oder auslaufende Produkte oder Produktlinien festlegen.

4.7 Werksübergreifende Planung (Supply Network Planning)

Ziel der werksübergreifenden Planung

Die *werksübergreifende Planung* in der APO-Komponente *Supply Network Planning* (SNP) stellt Ihnen eine Planungsfunktion mit Optimierung zur Verfügung, die es ermöglicht, taktische Planungsentscheidungen für die Bereiche Beschaffung, Produktion, Distribution und Transport zu treffen. Damit können Sie auf der Grundlage eines globalen und konsistenten Modells über Bezugsquellen oder den Herstellungsstandort entscheiden. Diese Funktion hat – anders als z. B. die Absatzplanung – in der ERP-Produktionslogistik keine Entsprechung.

SNP plant den Produktfluss im logistischen Netzwerk anhand von Optimierungsverfahren, die auf der Basis von Planungsrestriktionen (Constraints) und Strafkosten eine optimale Lösung für eine umfangreiche Materialbezugs- und Produktionssituation erstellen. Das Ergebnis sind optimierte Einkaufs-, Produktions- und Distributionsentscheidungen, reduzierte Lagerbestände sowie ein verbesserter Kundenservice beim Einsatz des *Vendor Managed Inventorys* (VMI).

Vorteile von SNP

Die werksübergreifende Planung mit SNP hat folgende Vorteile:

- werksübergreifende, mittelfristige Grobplanung
- simultane Planung von Beschaffung, Produktion und Distribution
- Planung von kritischen Komponenten und von Engpassressourcen

- simultane Planung von Materialbeständen und -bewegungen und finite Planung von Produktions-, Lager- und Transportkapazitäten
- werksübergreifende Optimierung der Ressourcenauslastung
- Priorisierung von Bedarfen und Bestandszugängen
- kooperierende Beschaffungsplanung mit Internetanbindung
- Distributionsfeinplanung (Deployment) mit Erzeugung und Prüfung machbarer Umlagerungen
- Gruppierung von Deployment-Umlagerungen in gemeinsamen Transportmitteln (Transport Load Building, TLB)

Phasen der Planung mit SNP

Der Ausgangspunkt für die Optimierungsprozesse von SNP sind die Absatzpläne der Absatzplanung. Die Planung von SNP erfolgt dann in zwei Phasen (siehe auch Abbildung 4.13):

1. Optimierung der Distribution und Bedarfsdeckung im eigenen Netzwerk durch geeignete Umlagerung von ungenutzten Bedarfen zwischen den Lagerorten oder Produktionswerken
2. Verteilung der verfügbaren Bestände an die bedarfserzeugenden Lokationen mittels Deployment, um noch offene Bedarfsmengen zu decken

Mittelfristige Planung mit SNP

SNP erstellt damit einen machbaren mittelfristigen Plan zur Deckung der geschätzten Absatzmengen. Dieser Plan enthält verschiedene Bestandsquellen:

- Mengen, die mit einem Transportmittel zwischen zwei Lokationen transportiert werden müssen (z. B. vom Distributionszentrum zum Kunden oder vom Produktionswerk zum Distributionszentrum) und die zu Umlagerungsbestellanforderungen führen
- zu produzierende Mengen, die zu Planaufträgen für die Produktion führen
- zu beschaffende Mengen, die zu Bestellanforderungen führen

Schritte bei der werksübergreifenden Planung

Abbildung 4.13 stellt den Ablauf der werksübergreifenden Planung dar. Folgende Bearbeitungsschritte sind durchzuführen:

1. **Vorbereitung der Stammdaten und des Planungslaufs**
   Bei der Vorbereitung und Konfiguration sind die Stammdaten für die Optimierungs- und Heuristikverfahren zu definieren. Weitere Stammdaten, die benötigt werden, beziehen sich auf die Bedarfs- und Bestandspropagierung, die Sicherheitsbestandsplanung, das Deployment und dessen Optimierung sowie auf den Transport Load Builder. Die Stammdatenpflege ist in der Regel ein einmaliger Vorgang und muss nur bei Änderungen der Netzwerkstruktur oder der Prozesse angepasst werden.

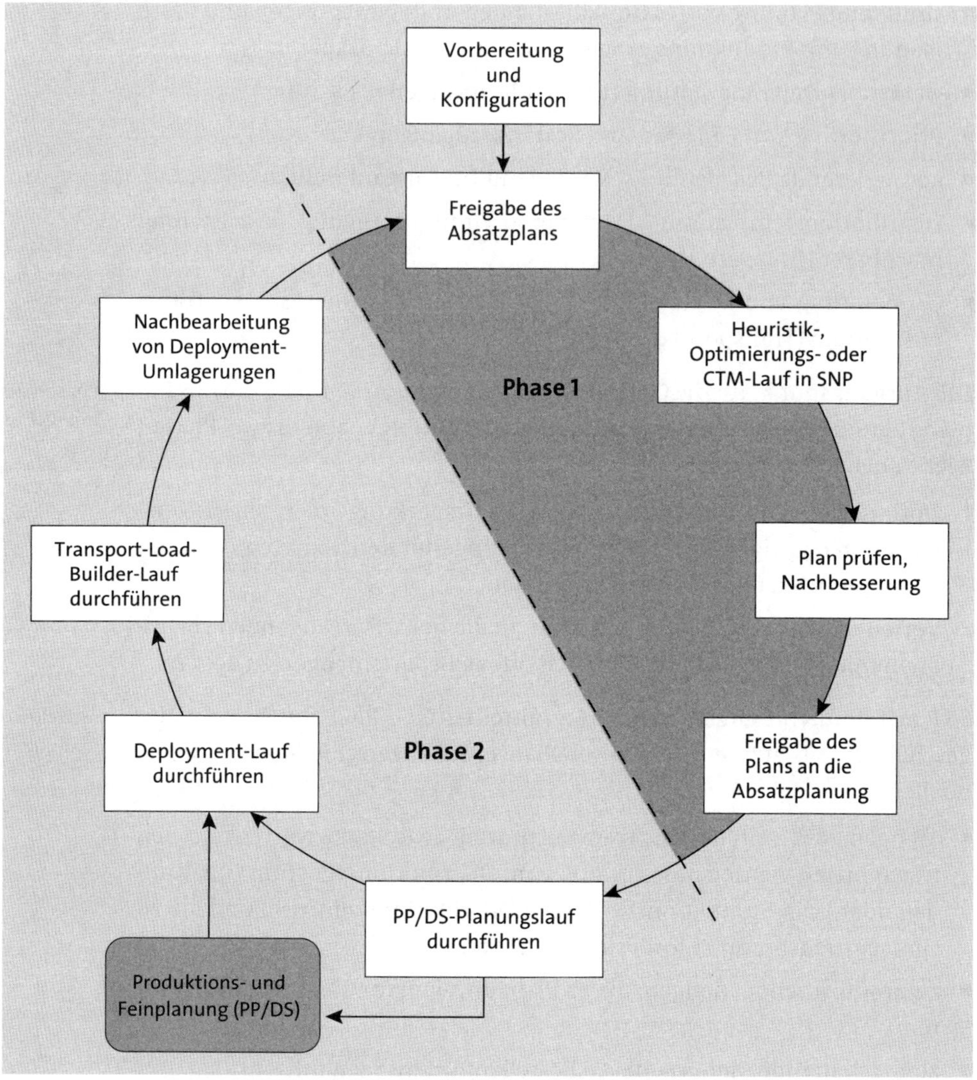

Abbildung 4.13 Ablauf der werksübergreifenden Planung (SNP)

2. **SNP-Planungslauf**

   Der Planungslauf der werksübergreifenden Planung mit SNP kann mit verschiedenen Verfahren durchgeführt werden:

   – Die *optimiererbasierte Planung* führt eine kostenbasierte Planung durch, bei der versucht wird, unter allen zulässigen Plänen den Plan zu finden, der die günstigste Gesamtkostenbewertung hat. Die Gesamtkosten setzen sich dabei aus den folgenden Kosten zusammen: Produktion, Beschaffung, Lagerung und Transport, Kosten für die Erhöhung der Produktions-, Lager-, Transport- und Handling-

Kapazität, Kosten für die Unterschreitung des Sicherheitsbestands oder für verspätete Lieferung und Fehlmengenkosten.

- Der *Heuristiklauf* ermittelt nacheinander für alle Lokationen die Bezugsanforderungen und fasst diese zusammen. Anschließend werden die gültigen Bezugsquellen und die zu beziehende Menge nach Prozentsätzen oder Prioritäten bestimmt. Der auf dieser Basis entstehende Plan ist jedoch nicht unbedingt durchführbar, weshalb der Planer anschließend mithilfe des Kapazitätsabgleichs den Plan anpassen und einen machbaren Plan erstellen kann.
- Mit der *Capable-to-Match-Planung* (CTM) können Sie eine mehrstufige, finite Planung der Bedarfe durchführen. Im Gegensatz zum Optimierer nutzt die CTM-Planung ein heuristisches Verfahren, bei dem z. B. über Prioritäten die Reihenfolge der Bedarfe und die Auswahl der Beschaffungsalternativen beeinflusst werden. Da die einzelnen Produktions- und Distributionsstufen hier nicht nacheinander betrachtet werden, sondern gleichzeitig, ist gewährleistet, dass die CTM-Planung einen termingerechten, durchführbaren Plan erzeugt.

3. **Nachbesserung und Freigabe des Plans**
   Der durch die werksübergreifende Planung erstellte Plan kann nun durch den Planer geprüft und – wenn nötig – nachgebessert werden. Anschließend wird der Plan an die Absatzplanung freigegeben und kann dort zur Anpassung der Prognose genutzt werden. Die Nachbearbeitung von Plänen erledigen Sie – analog zur Absatzplanung – über eine interaktive Planungsmappe, in der Sie die Prognose in der gewünschten Form und im gewünschten Zeitraum darstellen können. In Abbildung 4.14 sehen Sie das Ergebnis einer SNP-Planung in der interaktiven Planungsmappe.
4. **Feinplanung, Deployment und Mengenverteilung**
   Zu Beginn der zweiten Phase wird der *Produktions- und Feinplanungslauf* (PP/DS, siehe Abschnitt 4.8) gestartet, um die Ressourcenbelegung und die Auftragstermine detailliert zu planen. Die Ergebnisse der Produktionsfeinplanung werden als Basis der *Distributionsfeinplanung* (Deployment) verwendet. Das *Deployment* ermittelt, welche Bedarfe durch das tatsächlich vorhandene Angebot gedeckt werden können. Wenn die zur Verfügung stehenden Mengen nicht zur Deckung des Bedarfs ausreichen oder den Bedarf übersteigen, nimmt das Deployment Anpassungen an dem vom SNP-Lauf erstellten Plan vor. Das Deployment kann dabei Deployment-Umlagerbestellungen erzeugen, die einen Transportbedarf für die Umlagerung von Bestand von einer Quell- zu einer Ziellokation darstellen.

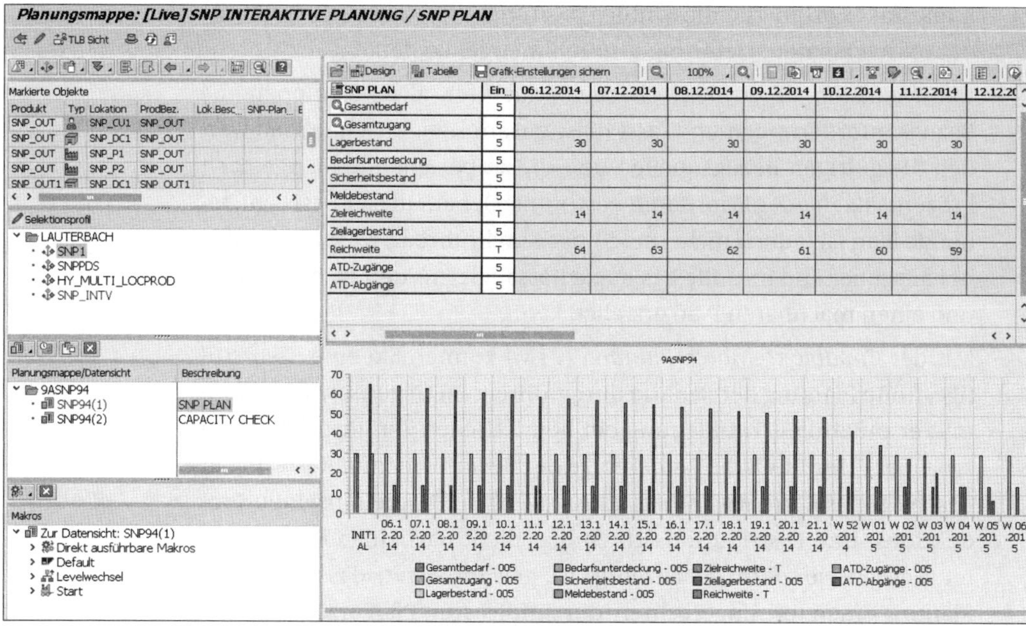

Abbildung 4.14 Interaktive SNP-Planungsmappe (Transaktion /SAPAPO/SNP94)

5. **Transportplanung für die Mengenverteilung**
   Mit dem *Transport Load Builder* (TLB) werden Transportladungen auf Basis der Deployment-Umlagerungen für bestimmte Transportmittel geplant, wobei versucht wird, die auszuführenden Umlagerungen möglichst kosten- und ressourceneffizient zusammenzustellen. Dabei muss sichergestellt werden, dass die Kapazität der Transportmittel möglichst ausgelastet ist. In die geplanten Transporte können neben den Deployment-Umlagerungen von SNP auch die Plannachschubaufträge von SAP Supply Network Collaboration (SNC) einfließen, was zusätzliche Synergieeffekte im Unternehmen bedeutet. Nachdem die Deployment-Umlagerungen nachbearbeitet wurden, kann mit dem nächsten SNP-Planungslauf begonnen werden.

Sicherheitsbestandsplanung

Eine weitere Funktion innerhalb der werksübergreifenden Planung ist die *Sicherheitsbestandsplanung*. Diese kann verwendet werden, um einen vordefinierten Lieferbereitschaftsgrad zu erreichen, indem ein Sicherheitsbestand für alle Zwischen- und Endprodukte in den entsprechenden Lokationen über das gesamte Logistiknetzwerk hinweg angelegt wird.

Mithilfe von Sicherheitsbeständen können Sie eine bestandsseitige Absicherung des Logistiknetzwerks gegenüber äußeren und inneren Einflussgrößen erreichen, z. B.:

- Unsicherheiten bei den prognostizierten Kundenbedarfen
- Produktionsstörungen
- Schwankungen in den Transportzeiten
- Abweichungen bei der geplanten Wiederbeschaffungszeit durch Lieferantenprobleme

Generelle Fragestellung zum Sicherheitsbestand

Im Rahmen einer Sicherheitsbestandsplanung sind grundsätzlich zwei Fragen zu beantworten:

- Wo sollen Sicherheitsbestände gehalten werden?
- Wie hoch soll der Sicherheitsbestand jeweils sein?

Um die Sicherheitsbestandsplanung durchzuführen, stehen Ihnen zwei unterschiedliche Verfahren zur Verfügung: Die *Standard-Sicherheitsbestandsplanung* errechnet die Sicherheitsbestände anhand von Erfahrungswerten aus der Vergangenheit. Die *erweiterte Sicherheitsbestandsplanung* hingegen führt die Errechnung des Sicherheitsbestands automatisch anhand von folgenden Daten durch, die Sie teilweise als Vorgabewerte in das SNP eintragen können:

- der Lieferbereitschaftsgrad, der durch das Halten des errechneten Sicherheitsbestands erreicht werden soll
- die aktuelle Bedarfsprognose und Vergangenheitsdaten über die Bedarfsprognose
- die Sicherheitsbestandsmethode und Bedarfstypen
- die Wiederbeschaffungszeit in Form von Kennzahlen

Anhand der Vergangenheitsdaten berechnet das System den Prognosefehler für die Bedarfsprognose und die Wiederbeschaffungszeit. Die eigentliche Berechnung des Sicherheitsbestands kann in einem umfangreichen Logistiknetzwerk ein relativ aufwendiger Prozess sein, da die Anzahl der möglichen Entscheidungen exponentiell (2^n Möglichkeiten) mit der Anzahl der möglichen Lokationen ansteigt.

4.8 Produktions- und Feinplanung (PP/DS)

Einsatzbereiche der Produktions- und Feinplanung

Die Einsatzbereiche der *Produktions- und Feinplanung* (*Production Planning/Detailed Scheduling*, PP/DS) in SAP APO ähnelt der Materialbedarfsplanung in SAP ERP, die Sie im gleichnamigen Abschnitt 4.5 kennengelernt haben. Die wesentlichen Einsatzbereiche von PP/DS sind:

- Erstellung von Beschaffungsvorschlägen zur Deckung von Produktbedarfen für Eigenfertigung oder Fremdbeschaffung

- Ermittlung der Ressourcenbelegung und detaillierte Planung und Optimierung der Auftragstermine

Aufträge als Basis der Feinplanung

Die Produktions- und Feinplanung basiert auf verschiedenen Arten von Aufträgen, die aus unterschiedlichen Quellen stammen können:

- **Kundenaufträge und Bestände**
  Die Kundenaufträge und Bestandsdaten werden aus dem ERP-System an das APO-System übertragen.
- **APO-Aufträge**
  In SAP APO werden durch die verschiedenen Planungsprozesse (z. B. SNP) automatisch Bedarfe erzeugt, die als Aufträge abgelegt werden. Zu diesen APO-Aufträgen zählen Bestellanforderungen, Umlagerungsbestellanforderungen und Umlagerungsreservierungen (Fremdbeschaffung von einem internen Lieferanten) sowie Planaufträge für die Eigenfertigung. Die Ausführung der geplanten Aufträge erfolgt immer über SAP ERP. Das heißt, die APO-Aufträge werden nach erfolgter Planung an das ERP-System zurückübertragen und lösen dort Produktionsaufträge, Bestellungen oder die Auftragsabwicklung aus.
- **Produktionsaufträge, Bestellungen, Reservierungen, Projektaufträge, Instandhaltungsaufträge und Prüflose**
  Diese Aufträge werden wie die Kundenaufträge aus dem ERP-System an das APO-System übertragen.

Abbildung 4.15 zeigt den Ablauf der Produktions- und Feinplanung.

Ablauf der Feinplanung

Die Produktions- und Feinplanung läuft folgendermaßen ab:

1. **Vorbereitung und Konfiguration**
   Zunächst müssen Sie die Stammdaten (z. B. für Modelle, Produkte und Ressourcen) konfigurieren.
2. **Übergabe von Bedarfen und Aufträgen**
   Der eigentliche Planungsablauf beginnt mit der Übergabe der verschiedenen Auftrags- und Bedarfsdaten an die Produktions- und Feinplanung. Dies erfolgt in der Regel durch entsprechende Freigabeschritte z. B. in der Absatzplanung oder der werksübergreifenden Planung (siehe Abbildung 4.14).
3. **Produktionsplanungslauf**
   Im anschließenden Produktionsplanungslauf wird für ausgewählte Objekte eine Planung durchgeführt. Dies kann im Fall kleinerer Datenmengen im Online-Modus geschehen; bei größeren Planungsproblemen ist es jedoch besser, die Hintergrundplanung einzusetzen.

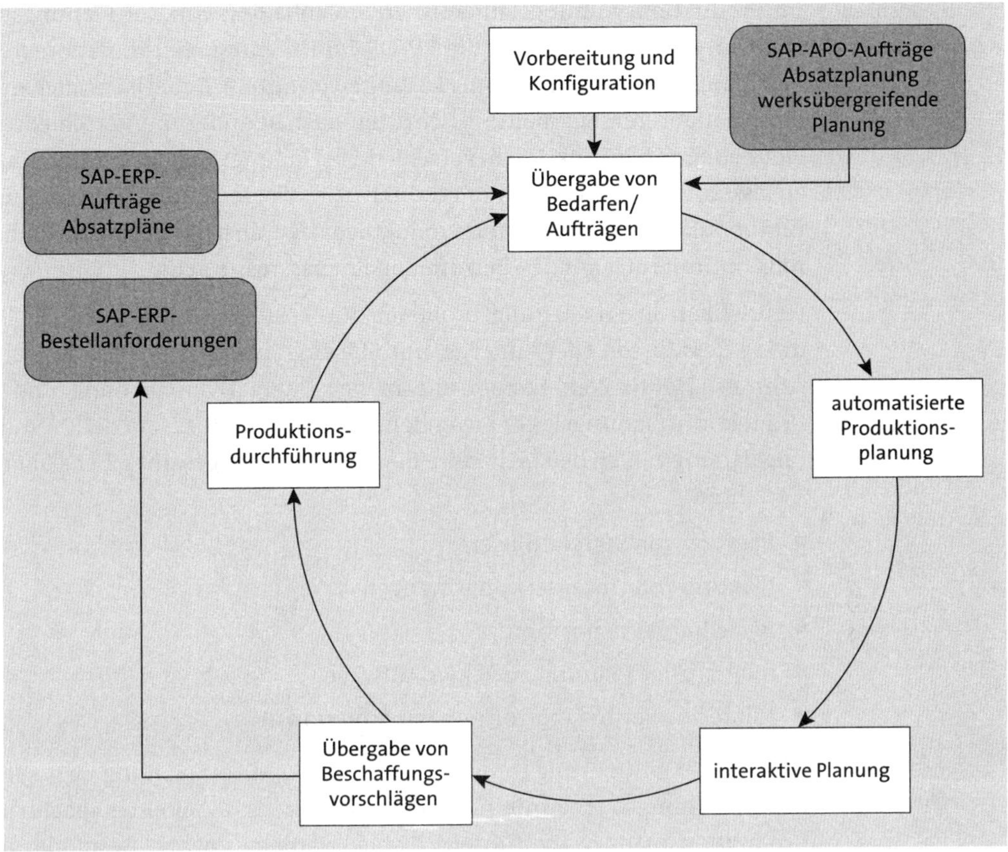

Abbildung 4.15 Ablauf der Produktions- und Feinplanung

Die Produktionsplanung kann automatisiert oder interaktiv erfolgen. Beide Möglichkeiten stellen wir Ihnen im Verlauf dieses Abschnitts noch genauer vor.

4. **Übergabe von Beschaffungsvorschlägen**

   Im nächsten Schritt werden die Beschaffungsvorschläge in SAP ERP übertragen, in dem Fertigungsaufträge oder Bestellanforderungen erzeugt werden.

   Die Integration mit der Produktionssteuerung beinhaltet eine Aktionssteuerung, den Auftragssplit, die Produktionsrückmeldung und das Planauftragsmanagement und soll an dieser Stelle nur der Vollständigkeit halber erwähnt werden, da sie nicht mehr Bestandteil der Produktionslogistik ist.

5. **Produktionsdurchführung**

   Am Ende der Produktions- und Feinplanung steht die Durchführung der eigentlichen Produktion.

Heuristiken Im Produktionsplanungslauf können Sie abhängig von der Planungsaufgabe entweder Heuristiken, die PP/DS-Optimierung oder Funktionen der Feinplanung einsetzen, um eine Lösung zu ermitteln. Dabei ist es auch möglich, in mehreren Bearbeitungsschritten nacheinander mit verschiedenen Heuristiken oder Funktionen verschiedene Planungsaufgaben durchführen zu lassen, z. B. zuerst mit einer Produktheuristik eine Beschaffungsplanung für Produkte mit ungedeckten Produktbedarfen, anschließend eine Reihenfolgeoptimierung auf den betroffenen Engpassressourcen.

Heuristiken lösen Planungsprobleme für bestimmte Objekte (z. B. Produkte, Ressourcen oder Aufträge) mithilfe eines bestimmten Planungsalgorithmus. Heuristiken können Sie in der interaktiven Planung und im Produktionsplanungslauf verwenden. Zu den Heuristiken in der Produktionsplanung zählen beispielsweise die folgenden (insgesamt gibt es über 20 Verfahren):

- Planung von Standardlosen
- Planung von Unterdeckungsmengen
- Bestellpunktdisposition
- mehrstufige Planung einzelner Aufträge
- Neuterminierung (bottom-up oder top-down)

Produktionsoptimierung Die PP/DS-Optimierung in der Produktions- und Feinplanung ermöglicht es Ihnen, eine sogenannte *finite Planung* mit dem Ziel eines machbaren Produktionsplans auszuführen. Dabei werden sowohl Bestände und Bedarfe als auch Termine, Ressourcen und Aktivitätenreihenfolgen einbezogen, um über eine Zielfunktion die Gesamtkosten des Produktionslaufs zu minimieren. Mit der Optimierung können Sie die Produktionstermine und die Ressourcenzuordnung effizienter gestalten. Dabei werden auch Parameter wie Produktionsspannen, Rüstzeiten, Rüstkosten, Verspätungskosten und Moduskosten (fixe und variable Kosten einer Aktivität) berücksichtigt.

Die Optimierung ermittelt im Optimierungsfenster eine Planung, in der das gewünschte Ergebnis (z. B. minimale Rüstzeiten) so gut wie möglich realisiert ist. Dazu variiert das System z. B. die Starttermine und die Ressourcenzuordnung der Vorgänge. Die Ergebnisbewertung erfolgt auf Basis der Summe der gewichteten Zeiten und Kosten, die für die Planung besonders kritisch sind.

Im Lauf der Optimierung versucht das System, den Wert der Zielfunktion zu reduzieren, das heißt, eine Planung zu finden, in der die verschiedenen Zeiten und Kosten – entsprechend ihrer Gewichtung – so klein wie möglich sind. Eine in jeder Hinsicht optimale Lösung existiert in der Regel nicht. Eine Verkürzung der Rüstzeiten kann z. B. zu einer Verlängerung der Produktionsspanne führen. Zudem existieren harte und weiche Randbedingungen, die das System während der Optimierung unter Umständen nicht verletzen darf. Eine harte Randbedingung ist z. B. die Arbeitszeit, die nicht überschritten werden darf; eine weiche Randbedingung kann ein zugesagter Liefertermin sein.

Generell kann man sagen, dass eine längere Optimierungslaufzeit zu besseren Planungsergebnissen führt und dass die notwendige Mindestlaufzeit mit der Komplexität des Planungsproblems ansteigt.

Interaktive Planung

Für die *interaktive Planung*, die auch die Nachbearbeitung der von der Heuristik oder vom Optimierer gelieferten Planungsergebnisse einschließt, stehen Ihnen mehrere interaktive Werkzeuge zur Verfügung. Ein wichtiger Bestandteil ist die Produktplantafel, die Sie in Abbildung 4.16 sehen.

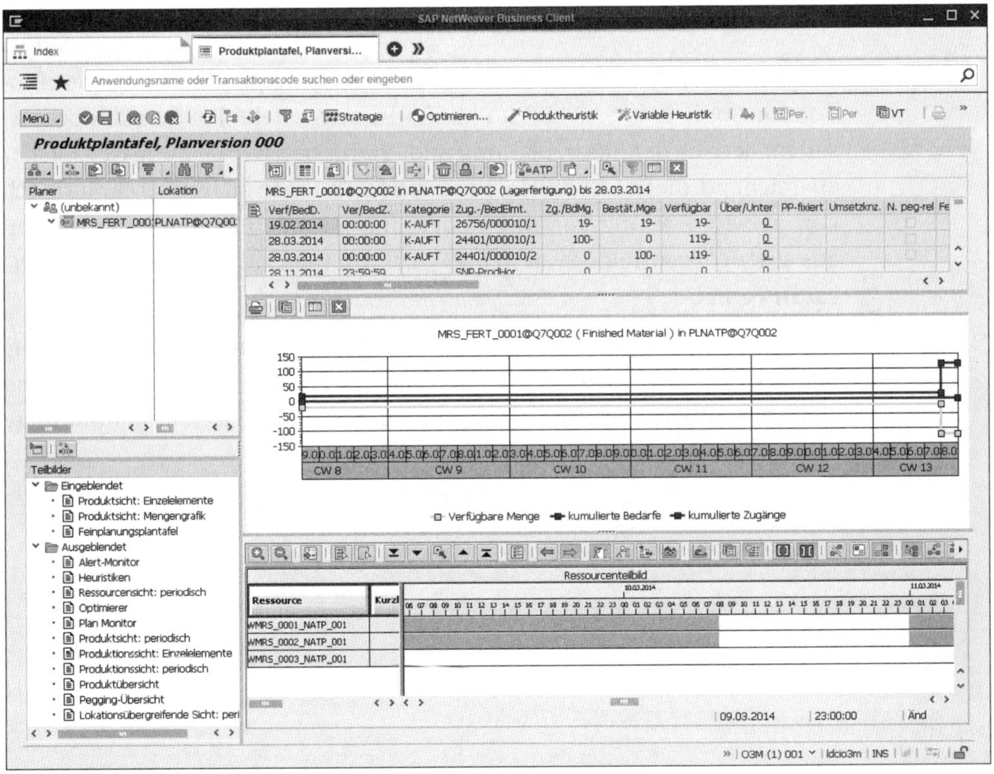

Abbildung 4.16 Produktplantafel der Produktions- und Feinplanung in SAP APO (Transaktion /SAPAPO/PPT1)

Die Werkzeuge der interaktiven Planung lassen sich teilweise in eine Gesamtsicht integrieren:

- **Produktsicht**
  Die Produktsicht zeigt Ihnen die Bedarfs-/Bestandssituation zu einem Lokationsprodukt.
- **Produktplantafel**
  Die Produktplantafel gibt Ihnen einen Überblick über die Planungssituation mehrerer Produkte.
- **Feinplanungstafel**
  Die Feinplanungstafel umfasst Gantt-Diagramme, die die zeitliche Lage von Aktivitäten, Vorgängen und Aufträgen auf den Ressourcen darstellen.
- **Ressourcenplantafel**
  Die Ressourcenplantafel enthält eine tabellarische Darstellung der Kapazitätsauslastung einer Ressource.

4.9 Zusammenfassung

In diesem Kapitel haben wir Ihnen die verschiedenen Werkzeuge der Produktionslogistik in SAP ERP und SAP APO vorgestellt. Bei Standardprozessen im Bereich der Absatzplanung und Produktionsvorplanung ist es sicher ausreichend, die in SAP ERP integrierten Funktionen zu nutzen. Sind jedoch komplexere Planungsverfahren oder eine zentrale Planung von Bedarfen aus einem dezentralen System nötig, kommt man am Einsatz von SAP APO kaum vorbei.

Im nächsten Kapitel führen wir Sie in die Distributionslogistik ein, die direkt vom Ergebnis einer gut funktionierenden Produktion abhängt und aus Prozesssicht an die Bereitstellung der produzierten Endprodukte anschließt.

Kapitel 5
Distributionslogistik

In diesem Kapitel erläutern wir die Bedeutung und die Aufgaben der Distributionslogistik. Wir stellen Ihnen die Systeme, Komponenten und Applikationen der SAP Business Suite sowie die damit verbundenen Aufgaben und Funktionen beim Verkaufsprozess vor – vom Auftrag bis zur Fakturierung.

Die Distributionslogistik ist Teil des Vertriebs und bezeichnet den betriebswirtschaftlichen Prozess des Verkaufs von Gütern inklusive der Auslieferung, des Transports zum Kunden und der anschließenden Rechnungsstellung (Faktura). Sie verbindet die Produktionslogistik des eigenen Unternehmens und/oder die Fremdbeschaffung für nicht eigengefertigte Güter mit den Bedarfen (Aufträgen) der Kunden.

Die vorrangige Aufgabe der Distributionslogistik ist die effiziente Bereitstellung von Gütern für den Kunden unter Einhaltung vorgegebener Kriterien, wie z. B. Menge, Zeit und Preis. Zu den wesentlichen Prozessen der Distributionslogistik gehören der Verkauf, der Versand und die Fakturierung. Zusätzlich zu den operativen Aufgaben muss eine Logistikorganisation auch planerische Aufgaben erfüllen, wie z. B. den Entwurf optimaler Verteilnetze oder die Wahl des Standorts von Distributionszentren.

In diesem Kapitel beschränken wir uns auf den Absatz von Waren unter Berücksichtigung der Verfügbarkeit des Materials. Der Bedarf für die logistische Ausführung stammt hierbei aus einem Kundenauftrag, auf dessen Funktionen wir im Detail eingehen. Der Verkauf von fremdbeschafften Gütern wird ausführlich in Kapitel 3, »Beschaffungslogistik«, die Bedarfs- und Absatzplanung in Kapitel 4, »Produktionslogistik«, erläutert.

Die Distributionslogistik fokussiert sich in diesem Kapitel auf die Verkaufsprozesse vom Auftrag über die Lieferung bis hin zur Rechnungsstellung von klassischen Verkaufsmaterialien.

5.1 Grundlagen der Distributionslogistik

Verkauf als Anfang der Lieferkette

Innerhalb der Distributionslogistik steht der Verkauf am Anfang der Lieferkette. Auf der Basis eines Kundenauftrags wird die Ware entweder produziert, fremdbeschafft oder aus dem Lager für die Zustellung (den Transport) an den Kunden entnommen. Produzierte oder fremdbeschaffte Waren werden ebenfalls dem Lager als Bestand zugeführt und somit für die Distribution nutzbar gemacht.

[»]

Professional Services

Dienstleistungsprozesse, die z. B. in Unternehmensberatungen, in Wirtschaftsprüfungsgesellschaften, in Rechtsanwaltskanzleien, bei Personaldienstleistern oder IT-Dienstleistern vorkommen, zählen zu dem Bereich *Professional Services*, der nicht Gegenstand des vorliegenden Buchs ist.

5.1.1 Betriebswirtschaftliche Bedeutung

Distributionslogistik ist die integrierte Planung, Gestaltung, Steuerung, Abwicklung und Kontrolle des gesamten Materialflusses und des zugehörigen Informationsflusses, der beim Kunden (Bedarf) beginnt und über meist mehrere Produktions- und Distributionsstufen bis hin zur Auslieferung der Waren beim Kunden und zur anschließenden Abrechnung führt (siehe Abbildung 5.1).

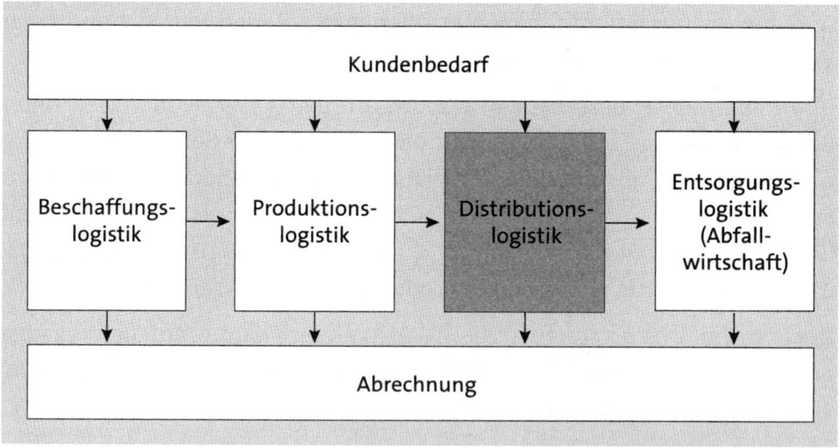

Abbildung 5.1 Distributionslogistik als Teil der gesamten Logistikkette

In den folgenden Abschnitten erfahren Sie, wie Sie mit SAP-Lösungen die Anforderungen aus der Distributionslogistik abbilden können.

5.1.2 Systeme und Applikationen

Kundenauftrag

Der Distributionslogistikprozess beginnt in der Regel mit einem Kundenauftrag. Der *Kundenauftrag* bezieht sich im betriebswirtschaftlichen Kontext auf die operativen Tätigkeiten zum Verkauf von Gütern. In den folgenden Abschnitten geben wir Ihnen einen Überblick, welche SAP-Systeme an den Verkaufs- bzw. Distributionsprozessen beteiligt sein können, welche Aufgaben sie wahrnehmen und wie ihre Integration zu einer prozessoptimierten Distribution beiträgt.

5

Abbildung 5.2 zeigt Ihnen exemplarisch das Zusammenspiel von SAP ERP und SAP CRM im Distributionsprozess. Der Prozess kann entweder im SAP-ERP- oder im SAP-CRM-System beginnen. Startet der Prozess im SAP-ERP-System, kann ein Angebot für eine Kundenanfrage erstellt werden, und sobald der Kunde das Angebot annimmt, wird ein Auftrag im System erfasst. Startet der Prozess im SAP-CRM-System, wird der Auftrag, der die Folge eines Leads oder einer Opportunity sein kann, in das SAP-ERP-System repliziert. Im SAP-ERP-System werden auf den Auftrag aufbauend die Lieferung und die Rechnung erzeugt.

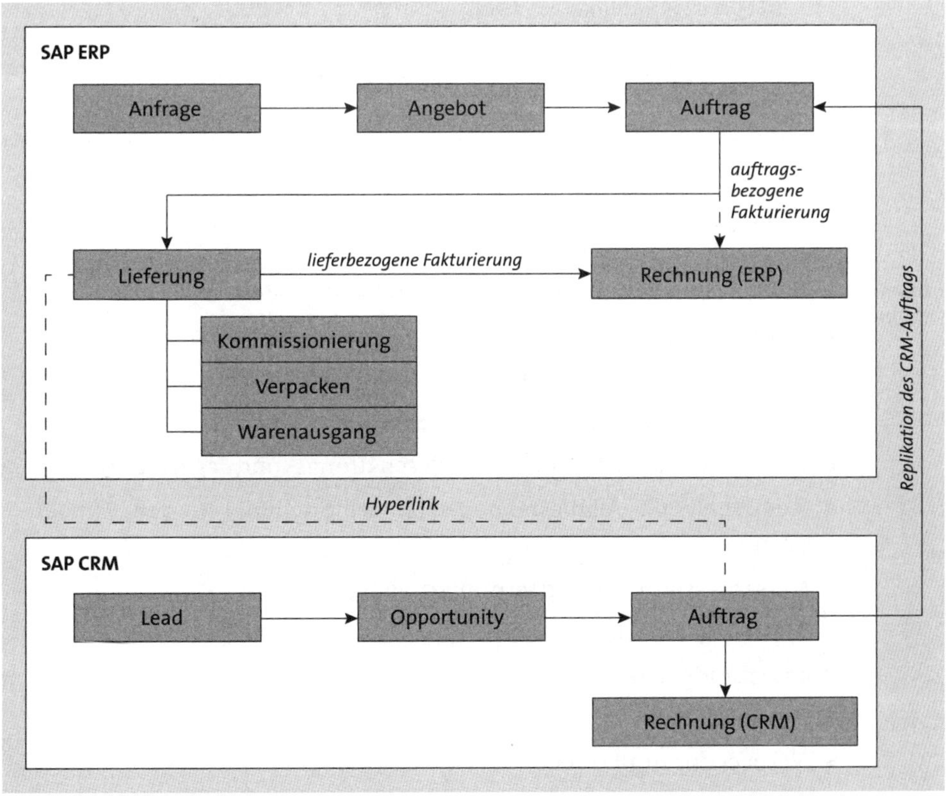

Abbildung 5.2 Zusammenspiel von SAP ERP und SAP CRM im Distributionsprozess

SAP ERP

Für die Distributionslogistik liefert SAP ERP mit der Vertriebskomponente (*Sales and Distribution*, SD) umfangreiche und komfortable Funktionen zur Abwicklung, Optimierung, Überwachung und Analyse prozessorientierter Lieferketten. Mit Blick auf den Distributionsprozess können die Funktionen in SAP ERP auf die Elemente Verkauf, Versand, Fakturierung und Reklamationsbearbeitung aufgeteilt werden (siehe Abbildung 5.3).

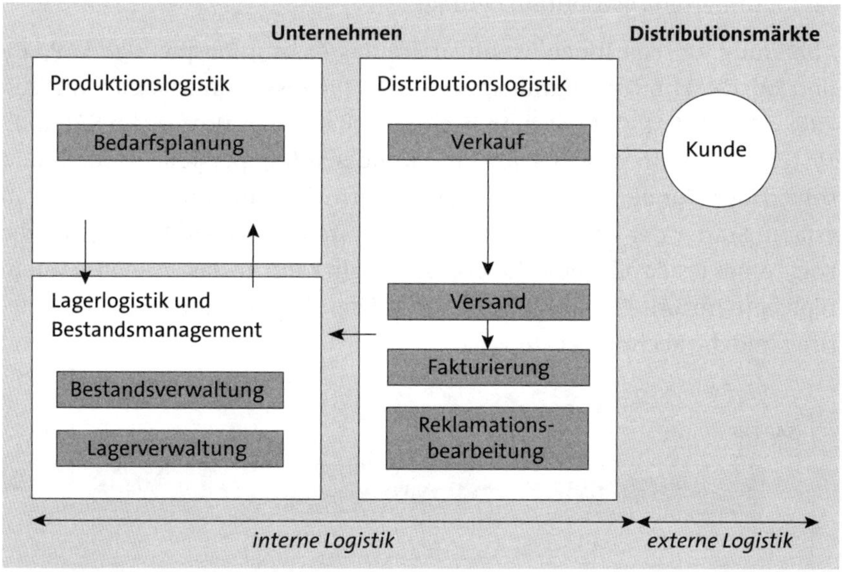

Abbildung 5.3 Distributionslogistik in SAP ERP

Distributionsfunktionen in SAP ERP

SAP ERP bietet die folgenden Distributionsfunktionen:

- Verfügbarkeitsprüfung
- Versandstellen- und Routenermittlung
- Bedarfsübergabe an die Disposition
- Integration in die Produktions-, Beschaffungs- und Lagerlogistik
- Auslösen von Direktbestellungen (Einzelbestellung) aus dem Kundenauftrag
- Versand- und Transportterminierung
- Lieferungserstellung
- Integration in das Lager
- Kommissionierung und Warenausgangsbuchung
- Verpackungsfunktionen
- Frachtkostenberechnung und Transportabwicklung

Falls Sie SAP CRM zusätzlich einsetzen, können Sie ergänzend zu den Distributionsfunktionen in SAP ERP die Funktionen nutzen, die wir im folgenden Abschnitt beschreiben.

SAP CRM

Distributionsfunktionen in SAP CRM

Wenn Sie mit *SAP Customer Relationship Management* (SAP CRM) in Verbindung mit SAP ERP arbeiten, können Sie SAP CRM für die Auftragserfassung verwenden. Sobald Sie logistische Funktionen (z. B. für den Versand) verwenden möchten, müssen Sie diese im ERP-System ausführen. Das heißt, in diesem Fall wird der CRM-Kundenauftrag in das ERP-System repliziert und steht dort für die logistische Abwicklung zur Verfügung. SAP CRM ist in die Distributionslogistik in SAP ERP integriert und kann somit die Kundenaufträge an SAP ERP übergeben.

Integrierter Verkauf mit SAP CRM und SAP ERP

Wenn Sie den integrierten Verkauf mit SAP CRM und SAP ERP nutzen, können Sie die CRM-Kundenaufträge an SAP ERP zur weiteren Bearbeitung übergeben oder E-Commerce (Webshop) als Eingangskanal für Kundenaufträge in SAP CRM (Internet Sales) und/oder SAP ERP (Internet Sales R/3 Edition) nutzen.

Auf diese zentralen Funktionen gehen wir im Folgenden detailliert ein, damit Sie die Funktionen von SAP CRM und SAP ERP und ihr Zusammenspiel kennen- und verstehen lernen.

5.2 Stammdaten im Vertrieb

Aufbauend auf Kapitel 2, »Organisationsstrukturen und Stammdaten«, stellen wir Ihnen in diesem Abschnitt die verkaufsspezifischen Funktionen des Kundenstamms, des Materialstamms und der Kunden-Material-Infosätze dar.

Abbildung 5.4 gibt Ihnen einen Überblick über die Verwendung der Daten aus dem Kundenstamm, dem Kunden-Material-Infosatz und dem Materialstammsatz im Kundenauftrag. Die zu einem Stammsatz gehörenden Daten werden beim Anlegen des Kundenauftrags über die Eingabe der entsprechenden Nummer (z. B. der Kundennummer) aus dem entsprechenden Stammsatz gezogen und im Kundenauftrag (Beleg) hinterlegt.

In den folgenden Abschnitten lernen Sie diese zentralen Stammdaten genauer kennen.

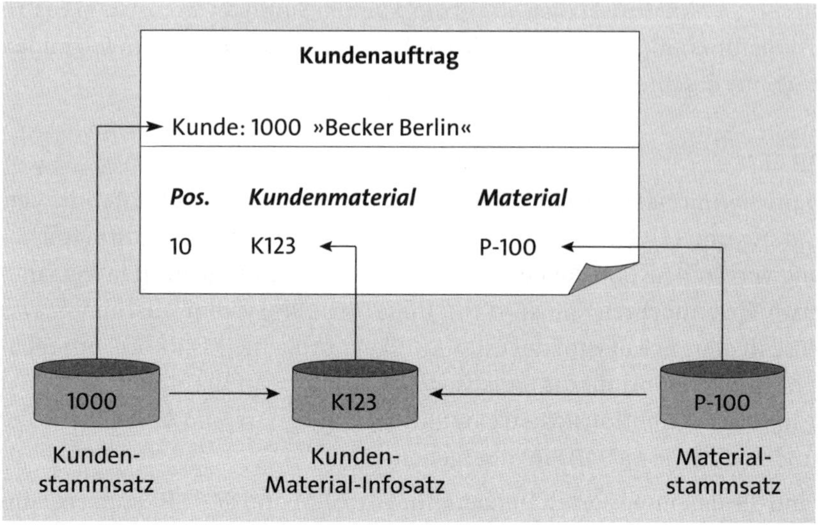

Abbildung 5.4 Stammdaten im Verkaufsprozess

5.2.1 Kunde

Kundenstammsatz

Die Informationen über die einzelnen Kunden eines Unternehmens sind in Kundenstammsätzen abgelegt. Neben dem Namen und der Anschrift des Kunden umfasst ein *Kundenstammsatz* z. B. Angaben über die in Verbindung mit dem Kunden geltende Währung, die Zahlungsbedingungen sowie die Namen von Kontaktpersonen beim Kunden. Da der Kunde in der Buchhaltung zugleich als debitorischer Geschäftspartner des Unternehmens gilt, enthält der Kundenstammsatz auch buchhalterische Daten, wie z. B. das Abstimmkonto der Hauptbuchhaltung. Die Pflege des Kundenstammsatzes erfolgt daher in der Regel sowohl von der Fachabteilung im Verkauf als auch von der Buchhaltung. Näheres zu den allgemeinezd

n und buchhaltungsspezifischen Daten finden Sie in Kapitel 2, »Organisationsstrukturen und Stammdaten«.

Buchungskreis und Vertriebsbereich

Je nach betrieblichen Erfordernissen können die im Kundenstammsatz hinterlegten Daten nur für bestimmte Organisationsebenen gelten. Aus diesem Grund besteht der Kundenstammsatz aus vier Bereichen, die eine differenzierte Pflege der relevanten Informationen ermöglichen, getrennt nach *Buchungskreis*, *Verkaufsorganisation*, *Vertriebsweg* und *Sparte*. Die Kombination aus Verkaufsorganisation, Vertriebsweg und Sparte bildet den sogenannten *Vertriebsbereich*, innerhalb dessen Sie die für den Verkauf relevanten Daten (Vertriebsdaten) pflegen. In den buchungskreisspezifischen Datensegmenten des Kundenstamms erfassen Sie bzw. Ihre Finanzbuchhaltung beispielsweise die Kontoführungsdaten Ihres Kunden. Wichtig zu erwähnen ist, dass Sie einen Verkaufsvorgang nur abrechnen können, wenn Sie den Regulierer aus Buchhaltungssicht gepflegt haben.

Vertriebsdaten

Zu den Daten, die für den Verkauf Ihres Unternehmens wichtig sind und die pro Vertriebsbereich gepflegt werden können, zählen grundsätzlich der jeweilige Ansprechpartner beim Kunden, Daten für die Preisfindung, Lieferprioritäten und Versandbedingungen. In den *Vertriebsdaten* des Kundenstamms werden bereits die Verkaufswährung und die für den Verkauf geltenden Zahlungsbedingungen gepflegt. Abbildung 5.5 zeigt Ihnen die verkaufsspezifischen Vertriebsbereichsdaten eines Kunden.

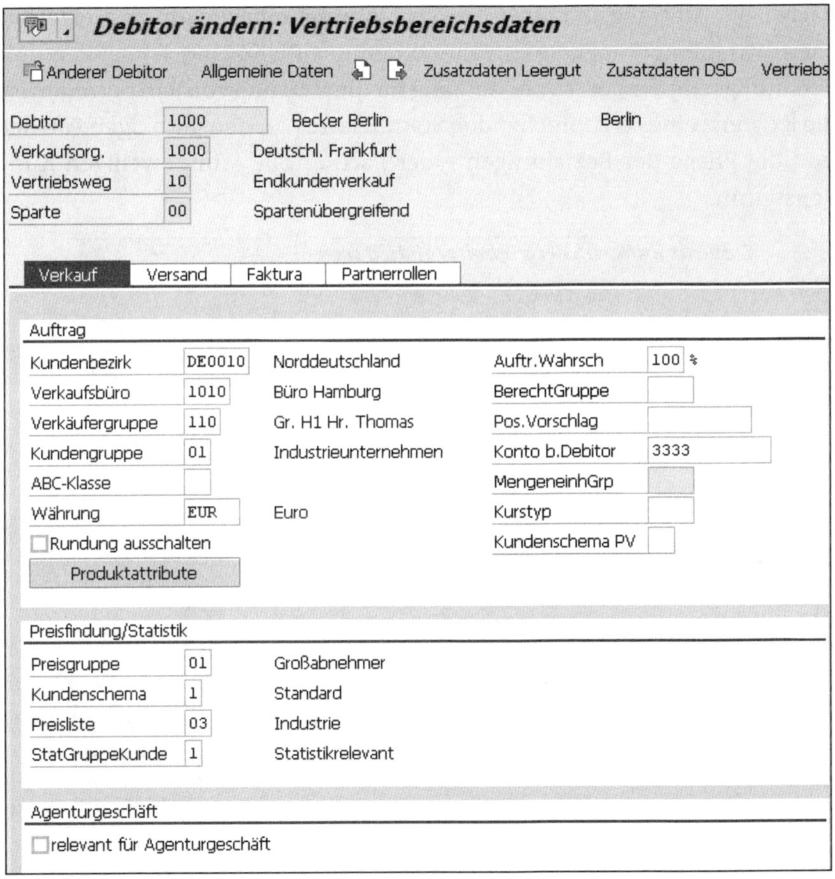

Abbildung 5.5 Vertriebsdaten eines Kunden in SAP ERP (Transaktion VD02 – Debitor ändern)

Partnerrolle

Neben den verkaufsspezifischen Daten können im Kundenstammsatz sogenannte *Partnerrollen* (siehe Abbildung 5.6) gepflegt werden.

Partnerrollen sind Geschäftspartner, die bestimmte Funktionen im Verkaufsprozess mit einem Kunden übernehmen. Hierzu zählen als wesentliche und für den Verkaufsprozess unabdingbare Partnerrollen der Auftraggeber, der Warenempfänger, der Regulierer und der Rechnungsempfänger.

Darüber hinaus lassen sich zusätzliche Partnerrollen frei definieren, wie z. B. abweichende Regulierer, die beim Buchen einer Kundenrechnung mit Bezug zu einem Verkaufsbeleg des betreffenden Kunden ermittelt werden sollen. Grundsätzlich kann der Geschäftspartner gegenüber dem Unternehmen, je nach betriebswirtschaftlicher Notwendigkeit, verschiedene Rollen annehmen.

Während eines Verkaufsvorgangs bestimmt der Kundenstammsatz zunächst die Auftraggeberadresse eines Unternehmens, dann den eigentlichen Warenempfänger, anschließend den Regulierer und schließlich den Rechnungsempfänger. Voraussetzung für die Nutzung von Partnerrollen ist die Existenz eines entsprechenden Stammsatzes für den jeweiligen Partner und die Pflege der Beziehungen – der Partnerrolle – im jeweiligen Kundenstamm.

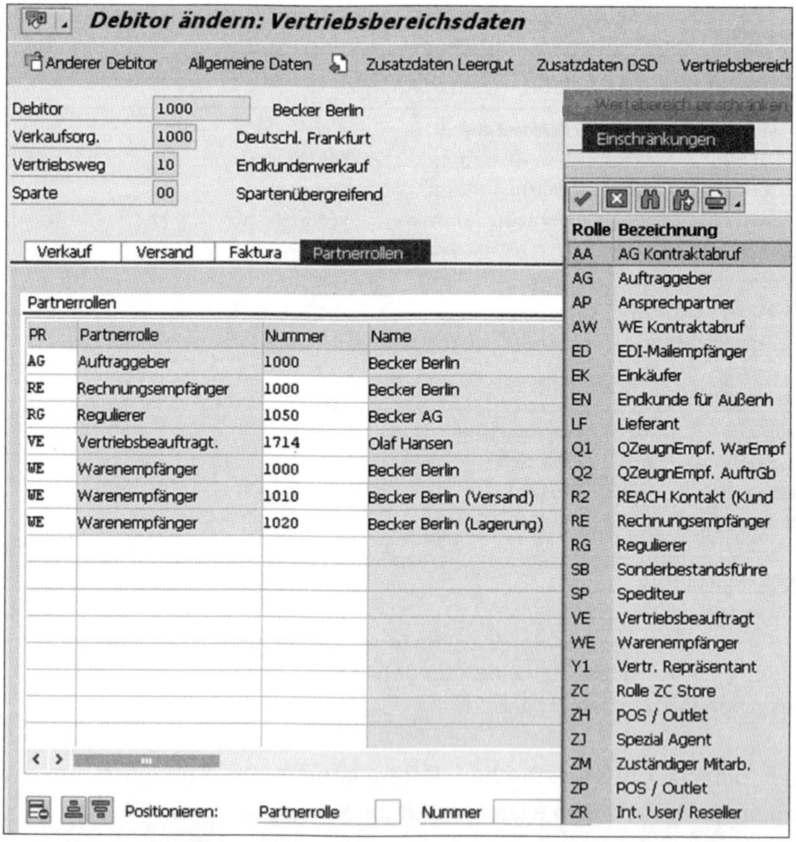

Abbildung 5.6 Partnerrollen eines Kunden in SAP ERP (Transaktion VD02 – Debitor ändern)

Die Partnerrollen werden als Vorschlagswerte in die Verkaufsbelege übernommen und können dort bei Bedarf individuell angepasst werden.

5.2.2 Material

Materialstammsatz im Verkauf

Der Verkauf von Produkten setzt die Existenz eines Materialstammsatzes voraus. Der *Materialstammsatz* enthält die Beschreibungen und Steuerungsdaten sämtlicher Produkte und Teile, die ein Unternehmen beschafft, fertigt, lagert oder verkauft. Damit ist er die zentrale Quelle für den Abruf materialspezifischer Informationen. Durch die Integration der gesamten Materialdaten in einen einzigen Stammsatz entfällt das Problem der Datenredundanz, und es besteht die Möglichkeit, dass die gespeicherten Daten sowohl vom Verkauf als auch von anderen Unternehmensbereichen gemeinsam genutzt werden.

Verkaufsspezifische Informationen

Die grundsätzlichen Eigenschaften und Sichten des Materialstammsatzes haben wir bereits in Kapitel 2, »Organisationsstrukturen und Stammdaten«, erläutert. In diesem Abschnitt gehen wir kurz auf die verkaufsspezifischen Informationen im Materialstamm ein, die entweder auf Ebene des *Mandanten* oder auf den Ebenen *Verkaufsorganisation* und *Vertriebsweg* gepflegt werden können. Daten auf Mandantenebene enthalten hierbei Daten, die für jede Firma und jede Organisation (z. B. Werk, Vertrieb) in gleichem Maße gelten. Werksdaten enthalten die Daten, die für die einzelnen Betriebsstätten oder Abteilungen innerhalb einer Firma relevant sind. Verkaufsspezifische Daten werden in der Regel auf den Ebenen Verkaufsorganisation und Vertriebsweg gepflegt und gelten dann in den für diese Organisation angelegten Belegen (Kundenaufträge, Lieferungen, Rechnungen).

Zu den verkaufsspezifischen Daten zählen insbesondere die in den Vertriebssichten des Materialstammsatzes gepflegten Verkaufsdaten, wie z. B. die Sparte, die Verkaufsmengeneinheit, das Auslieferwerk und die Steuerklassifikation des Materials. Diese Daten werden später beim Anlegen eines Verkaufsbelegs geprüft und in den Beleg übernommen. Sie stehen dann für die logistische und kommerzielle Abwicklung im Verkaufsprozess zur Verfügung.

Zu den wichtigsten vertrieblichen Sichten im Materialstamm gehören die Datenbereiche und Felder, die in Tabelle 5.1 aufgeführt sind.

Ein Teil der in Tabelle 5.1 aufgeführten Daten ist als Systembeispiel in Abbildung 5.7 dargestellt.

Materialstammsicht (Registerkarten)	Wesentliche Felder
Vertriebsdaten 1	Mengeneinheiten, Auslieferwerk, Warengruppe, Sparte, Steuerklassifikation und Mengenvereinbarungen wie Mindestauftrags- und Mindestliefermenge
Vertriebsdaten 2	Statistikgruppe, Produkthierarchie und Positionstypengruppe
Vertrieb/allgemeine Werkssicht	Gewichte, Einstellung zur Verfügbarkeitsprüfung, Chargen und versandrelevante Daten
Vertriebstexte	Sprachabhängige Vertriebstexte

Tabelle 5.1 Vertriebssichten im Materialstammsatz

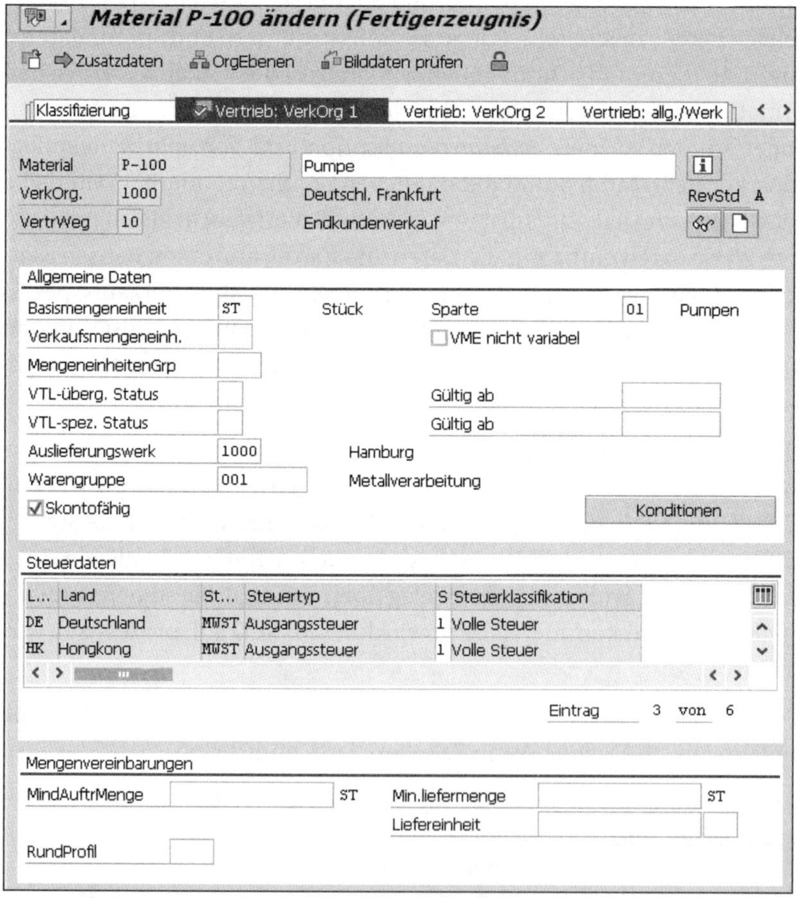

Abbildung 5.7 Vertriebsdaten 1 zu einem Material in SAP ERP (Transaktion MM02 – Material ändern)

5.2.3 Kunden-Material-Infosatz

Kunden-Material-Infosätze im Verkauf

Der *Kunden-Material-Infosatz* dient als Informationsquelle für den Verkauf und stellt die kundenindividuellen Daten eines Materials dar. Die Daten des Kunden-Material-Infosatzes haben eine höhere Priorität als die Daten aus dem Kunden- bzw. Materialstamm und werden vorrangig bei der Belegbearbeitung herangezogen (siehe Abbildung 5.8).

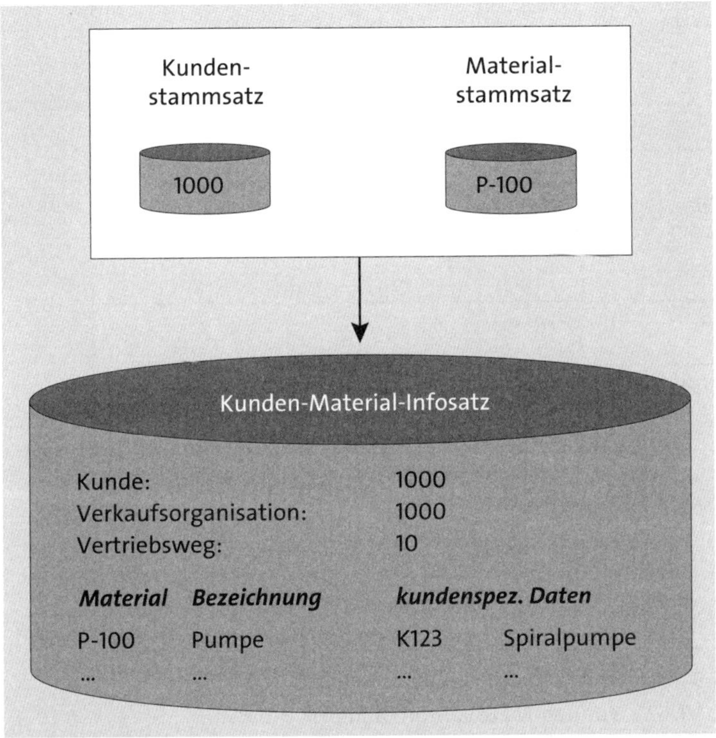

Abbildung 5.8 Aufbau des Kunden-Material-Infosatzes

Der Kunden-Material-Infosatz enthält neben den Feldern, die Sie in Abbildung 5.8 sehen, noch Daten wie Auslieferwerk, Lieferpriorität, Mindestbestellmenge und weitere Informationen zu Teilliefermöglichkeiten sowie zur Verkaufsbelegsteuerung auf Positionsebene. Diese Daten sind in Abbildung 5.9 dargestellt.

Materialposition erfassen

Die Daten des Kunden-Material-Infosatzes können Sie z. B. bei der Erfassung einer Materialposition im Verkaufsbeleg nutzen. Das System ermittelt dann auf Basis der von Ihnen eingegebenen Kundenmaterialnummer die interne Materialnummer, unter der das Material in der verkaufenden Einheit gepflegt ist. Im Kunden-Material-Infosatz hinterlegte Texte können

Sie ebenfalls mithilfe der Textfindung in den Verkaufsvorgang übernehmen und dort z. B. für Ausdrucke oder als Infotext für Ihre Vertriebssachbearbeiter nutzen.

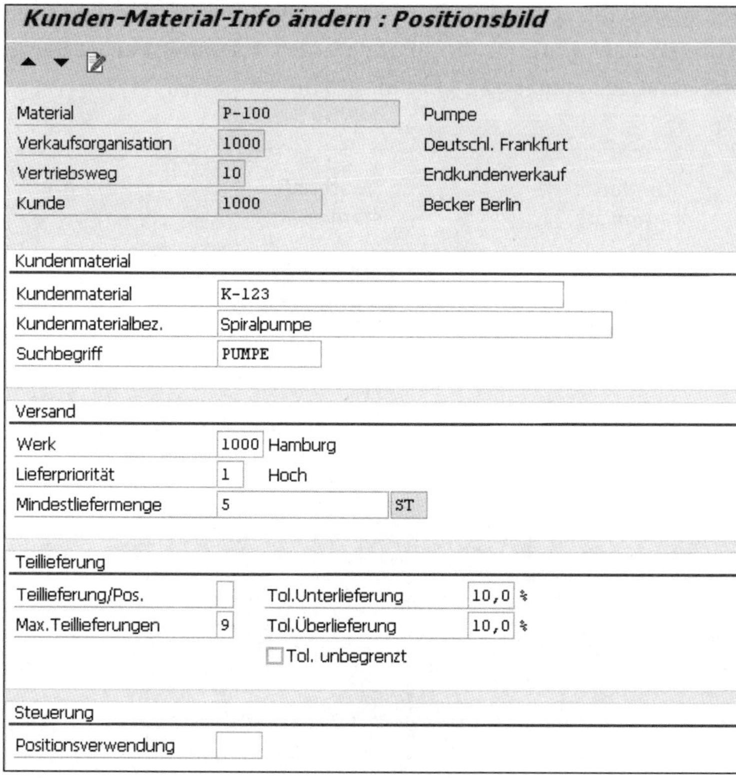

Abbildung 5.9 Kunden-Material-Infosatz in SAP ERP (Transaktion VD52 – Kunden-Material-Info ändern)

5.2.4 Kundenhierarchien

Kundenhierarchien im Verkauf

Kundenhierarchien dienen der strukturierten Abbildung von Beziehungen z. B. innerhalb eines Konzernverbunds oder innerhalb eines Einkaufsverbands. Kundenhierarchien lassen sich in der Verkaufsbearbeitung in der Partner- und Preisfindung nutzen. So kann z. B. ein übergeordneter Kunde, beispielsweise ein Dachverband, für die Ermittlung der Konditionen (Preise) herangezogen werden. Die Daten lassen sich zusätzlich für Bonuszwecke auswerten, falls der Kunde oder der übergeordnete Verband (Hierarchie) im Verkaufsfall eine Bonusabsprache ermittelt hat.

In Abbildung 5.10 sind die wichtigsten Elemente der Kundenhierarchie dargestellt. Der Kunde 1000 »Becker Berlin« ist dem übergeordneten Kunden 1007 »Pharma AG« zugeordnet. Diese Zuordnung hat neben der zeitlichen Komponente (Gültigkeitszeitraum für die Beziehung der Geschäftspartner) auch eine steuernde Einstellung. In diesem Beispiel ist es die gemeinsame Verwendung der Bonusabsprache mit dem übergeordneten Kunden.

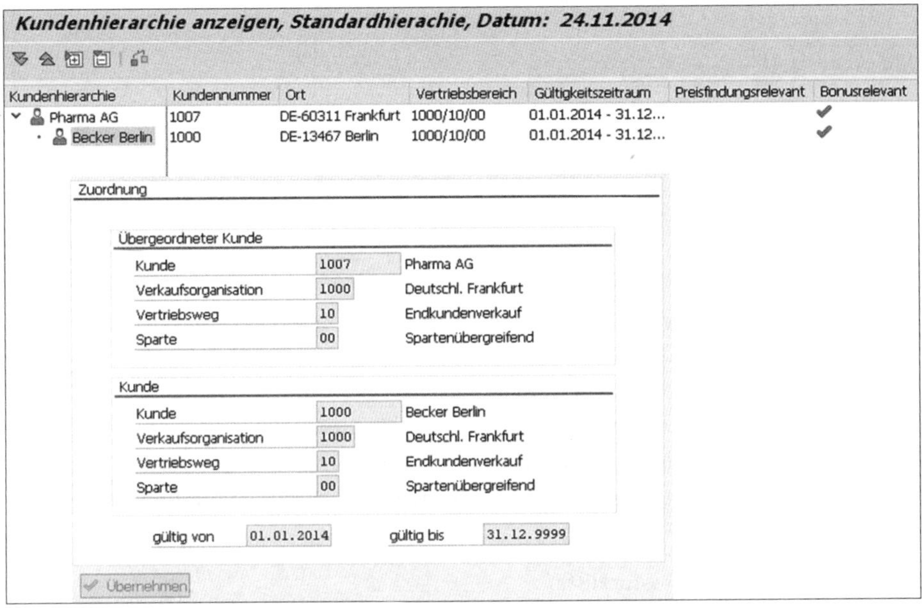

Abbildung 5.10 Kundenhierarchie in SAP ERP
(Transaktion VDH1N – Kundenhierarchie bearbeiten)

5.2.5 Vertriebsstückliste

Produkte, die aus mehreren Komponenten bestehen, können Sie als *Stückliste* im SAP-System hinterlegen (siehe Abbildung 5.11). In der Stückliste pflegen Sie die Komponenten (also das Material), beispielsweise zu einem Verkaufsprodukt. Darüber hinaus können Sie in der Stückliste Dokumente wie Explosionszeichnungen oder Verkaufsbilder hinterlegen.

Stücklistenverwendung

Die Stücklisten haben eine Gültigkeit und einen Revisionsstand, über den Sie geplante Änderungen an der Stücklistenstruktur pflegen und nachvollziehen können. Wenn Sie die Stückliste z. B. im Kundenauftrag einsetzen möchten, pflegen Sie die Materialstückliste mit der Verwendung 5 (»Vertrieb«) und haben somit eine Vertriebsstückliste angelegt. In der SAP-Standardauslieferung werden Ihnen acht unterschiedliche *Stücklistenverwendungen* angeboten, die Sie individuell an Ihre Bedürfnisse anpassen können; alternativ können Sie auch neue definieren.

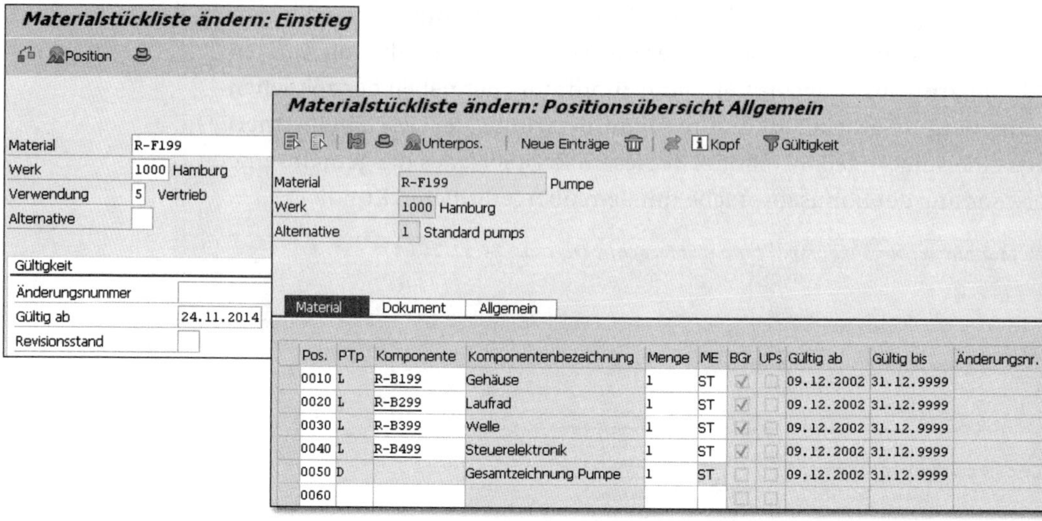

Abbildung 5.11 Materialstückliste der Verwendung 5 (»Vertrieb«) (Transaktion CS02 – Materialstückliste ändern)

Stücklistenauflösung Wenn Sie im Kundenauftrag das Stücklistenmaterial eintragen, erfolgt eine sogenannte *Stücklistenauflösung*, und die Komponenten werden als untergeordnete Positionen im Kundenauftrag eingestellt (siehe Abbildung 5.12).

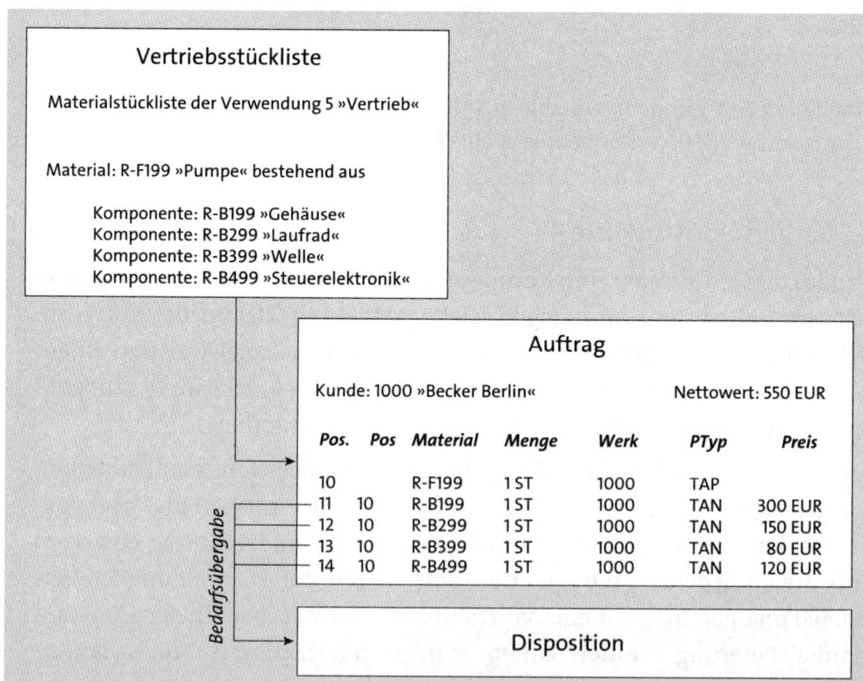

Abbildung 5.12 Verwendung der Vertriebsstückliste im Kundenauftrag

Die Preisfindung kann entweder auf der Hauptposition oder auf den Unterpositionen, sprich auf den Komponenten, durchgeführt werden. Falls die Preisfindung auf den Komponenten erfolgt, ermittelt sich der Verkaufspreis aus der Summe der Einzelpreise für die Komponenten.

Bedarfsübergabe

Für die *Bedarfsübergabe* an die Disposition gilt dies analog. Das heißt, die Bedarfsübergabe erfolgt entweder auf der Hauptposition oder auf den Unterpositionen. Wie sich das System in der Preisfindung verhält, steuern Sie über die *Positionstypen*, für die Bedarfsübergabe über die *Einteilungstypen*. Zur weiteren Erläuterung der Belegstruktur (Kopfdaten, Positionsdaten, Einteilungsdaten) vergleichen Sie auch Abbildung 5.14.

5.3 Verkauf

In diesem Abschnitt lernen Sie die Prozesse rund um den Verkauf kennen. Besonderes Augenmerk richten wir dabei auf den Verkaufsbeleg und seine unterschiedlichen Ausprägungen.

5.3.1 Der Verkaufsbeleg

Der Verkauf von Waren und/oder Dienstleistungen wird im SAP-System über *Verkaufsbelege* strukturiert. Da es im Unternehmen unterschiedliche Verkaufsprozesse geben kann, können die Verkaufsbelege in der Systemkonfiguration an die entsprechenden Anforderungen angepasst werden.

Arten von Verkaufsbelegen

Die folgenden wesentlichen Arten von Verkaufsbelegen werden in der Praxis eingesetzt:

- Anfragen
- Angebote
- Aufträge
- Kontrakte (Verträge); dazu gehören Mengen- und Wertkontrakte und Lieferpläne.
- Reklamationen (kostenlose Lieferungen, kostenlose Nachlieferungen, Gut- und Lastschriftanforderungen und Retouren)

Die Zusammenhänge über die einzelnen Schritte im Verkauf und die damit verbundenen Verkaufsbelege sind in Abbildung 5.13 exemplarisch dargestellt.

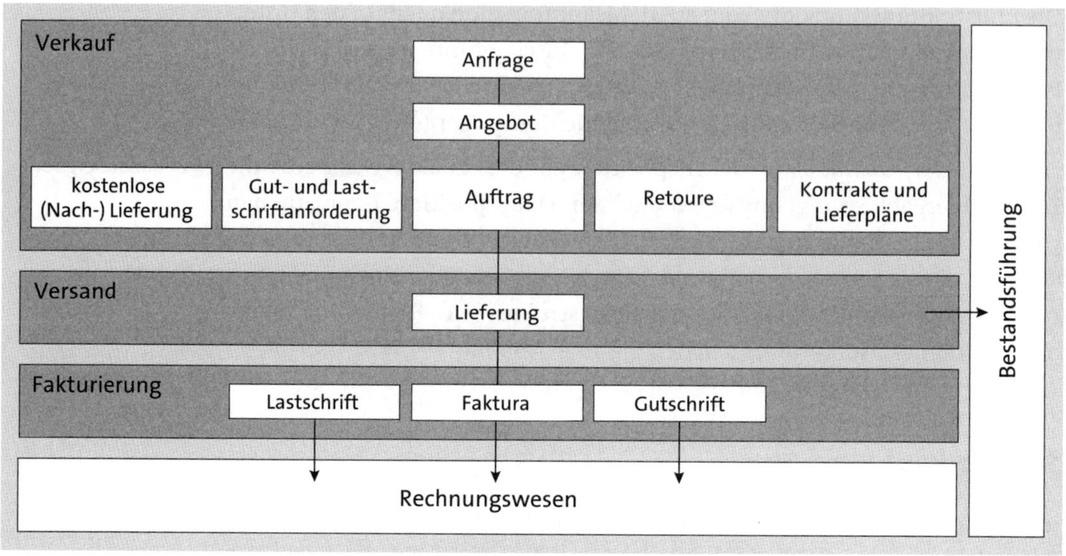

Abbildung 5.13 Überblick über die Vertriebsabwicklung

In Abbildung 5.14 ist die Belegstruktur der Verkaufsbelege skizziert, auf die wir im Folgenden Bezug nehmen werden. Die Struktur der Belege im Allgemeinen haben wir bereits in Kapitel 1, »Grundlagen der SAP-Logistiklösung«, detaillierter erläutert.

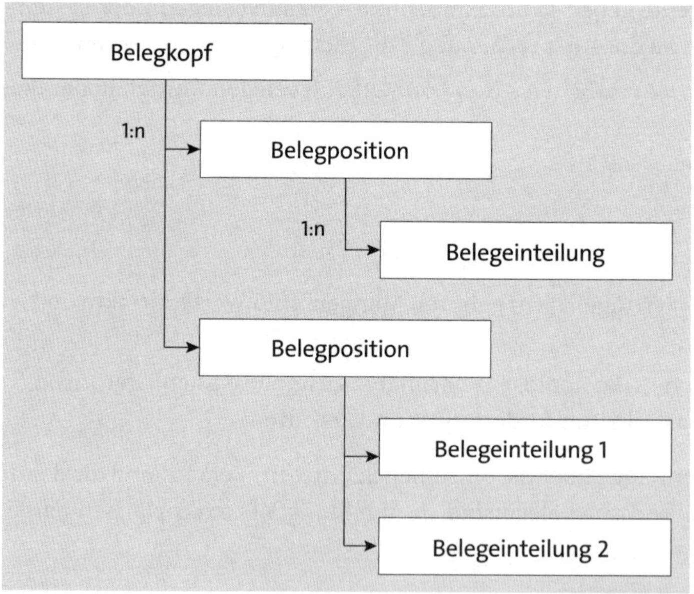

Abbildung 5.14 Belegstruktur

Ein Beleg besteht aus folgenden Elementen:

Elemente des Verkaufsbelegs

- **Belegkopf**
  Im Belegkopf (Kopfdaten) erfassen Sie die allgemeinen Daten, die für den gesamten Beleg einschließlich der Positionen und Einteilungen gelten. Dies sind beispielsweise die entsprechenden Partner (Kunden), die Belegwährung und das Kalkulationsschema für die Preisfindung.
- **Belegposition**
  In der Belegposition (Position) erfassen Sie Daten, die nur für diese Position gelten. Dazu gehören beispielsweise die Materialnummer und gegebenenfalls Warenempfänger oder Regulierer, falls welche erfasst werden, die vom Kopf abweichen. Des Weiteren erfassen Sie auf der Positionsebene Werk und Lagerort sowie die Preise für das Material.
- **Belegeinteilung**
  Eine Belegposition kann aus einer oder auch aus mehreren Einteilungen bestehen. Mehrere Einteilungen werden gebildet, wenn die gewünschte Menge des Materials nicht zu dem vom Kunden gewünschten Termin verfügbar ist. Auf der Einteilungsebene werden alle Daten erfasst, die zur weiteren Bearbeitung in der Lieferung notwendig sind. Dazu zählen beispielsweise die Menge, das Lieferdatum und die bestätigte Menge. Im Fall von Aufträgen ohne Lieferungen (z. B. bei Gut- oder Lastschriftanforderungen) erstellt das System keine Einteilungen, da sie hierfür nicht benötigt werden.

Folgebelege

Auf der Basis des Verkaufsbelegs können Sie *Folgebelege* wie Lieferungen und Fakturen anlegen und bearbeiten. In der Systemkonfiguration können Sie die Folgeaktivitäten für die Verkaufsbelege feinsteuern. Beispielsweise legt das SAP-System für Aufträge des Typs *Barverkauf* und *Sofortauftrag* direkt Folgebelege wie Lieferungen und Fakturen an, sobald Sie den Beleg sichern. Über die Verkaufsbelegart (z. B. Terminauftrag) wird entschieden, welche Folgebelege möglich bzw. notwendig sind.

Auftragsbearbeitung

In der *Auftragsbearbeitung* stehen folgende Grundfunktionen zur Verfügung (siehe Abbildung 5.15):

- **Verfügbarkeitsprüfung**
  Bei der Verfügbarkeitsprüfung prüfen Sie, ob die von Ihrem Kunden bestellte Materialmenge vorrätig ist und somit bestätigt werden kann.
- **Bedarfsübergabe**
  Bei der Bedarfsübergabe wird Ihre Dispositionsabteilung über die Materialmengen und Termine informiert, zu denen der Auftrag beliefert werden soll.

- **Versandterminierung**
  Die Versandterminierung prüft ausgehend vom Wunschlieferdatum Ihres Kunden, ob die Ware termingerecht geliefert werden kann.
- **Preisfindung**
  Basierend auf den Einstellungen, die Sie im System vorgenommen haben, werden bei der Preisfindung die jeweiligen kundenspezifischen Preise aus den Konditionsstammsätzen ermittelt und in den Verkaufsbeleg eingestellt.
- **Kreditlimitprüfung**
  Die Kreditlimitprüfung gibt Ihnen Auskunft über die Bonität, die Sie Ihrem Kunden eingeräumt haben.
- **Auftragsbestätigung**
  Nach Abschluss des Verkaufsvorgangs werden Sie in der Regel Papiere erstellen, wie z. B. eine Auftragsbestätigung.

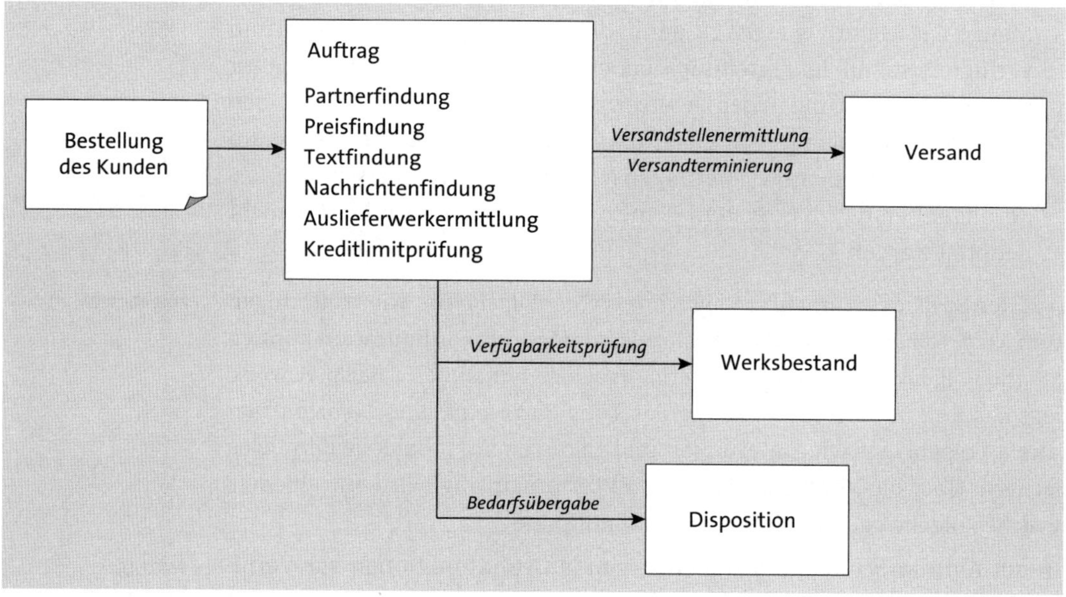

Abbildung 5.15 Grundfunktionen im Kundenauftrag

In der Systemkonfiguration können Sie einstellen, ob und welche Funktionen automatisch oder manuell (mit Benutzerinteraktion) ablaufen.

Belegketten

Die angelegten Verkaufsbelege sind eigenständige Belege, können aber auch in Bezug zueinander stehen. Das heißt, sie können einen Teil einer *Belegkette* darstellen. Beispielsweise kann ein Kunde eine Anfrage an Ihr Unternehmen stellen, die Sie als Beleg im System erfassen. Auf Basis dieser Anfrage können Sie einen späteren Angebotswunsch Ihres Kunden erfassen. Diesen können Sie wiederum in einen Auftrag überführen, falls Ihr Kunde das Angebot annimmt. Das System unterstützt Sie, indem die Daten jeweils von dem Vorgängerbeleg (z. B. dem Angebot) in den Folgebeleg (z. B. den Auftrag) kopiert werden. Die im Auftrag erfasste Ware wird geliefert und in Rechnung gestellt. Nach der Zustellung der Ware reklamiert der Kunde z. B. wegen eines technischen Defekts, und es wird eine kostenlose Lieferung ebenfalls auf Basis des Auftrags erstellt. Wie Sie sehen, ermöglicht Ihnen das System die einfache Interaktion, ohne dass Sie Daten aufwendig neu eingeben müssen.

Belegfluss

Die gebildete Belegkette von Anfrage, Angebot, Auftrag, Lieferung, Rechnung und kostenloser Lieferung bildet den sogenannten *Belegfluss* (siehe Abbildung 5.16).

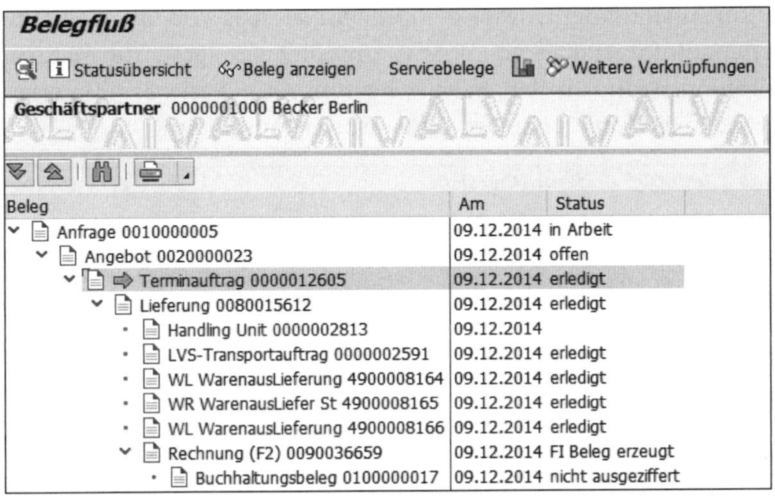

Abbildung 5.16 Belegfluss in SAP ERP

Über den Belegfluss haben Sie jederzeit die Möglichkeit, die zu einem Beleg gehörenden Belege zu finden und zu diesen zu navigieren. Dies ist dann sinnvoll, wenn Ihr Kunde eine Frage zur Rechnung hat, aber nur die Auftragsnummer zur Hand hat. Basierend auf der Auftragsnummer, können Sie dann über den Belegfluss die zugehörige Rechnung finden.

In den folgenden Abschnitten lernen Sie die einzelnen Verkaufsbelege im Detail kennen.

5.3.2 Anfrage und Angebot

Belege in der Vorverkaufsphase

In der Vorverkaufsphase können Sie die Geschäftsvorfälle der *Anfrage* (Kunde fragt an) und des *Angebots* (Kunde erhält ein Angebot) im System erfassen und für Auswertungszwecke sowie zur Erstellung von Folgebelegen verwenden, z. B. für einen Auftrag auf Basis eines Angebots.

Kundenanfrage

In Abbildung 5.17 sehen Sie ein Beispiel für eine Anfrage. Ihr Kunde wendet sich an Sie, um eine bestimmte Ware anzufragen. Er will z. B. wissen, ob die Ware vorrätig ist und zu welchem Preis er sie beziehen kann. Sie erfassen dafür eine Anfrage, um die Daten festzuhalten und die gewünschte Auskunft an den Kunden zu erteilen. Falls Ihr Kunde Sie zu einem späteren Zeitpunkt dazu auffordert, ein Angebot zu unterbreiten, können Sie die Daten der Anfrage als Vorlage verwenden. Das Angebot können Sie mit Bezug zur Anfrage anlegen.

Das Beispiel in Abbildung 5.17 zeigt die Anfrage des Kunden 1000. Die Firma Becker Berlin fragt in diesem Vorgang das Kundenmaterial K-123 (Spiralpumpe) an. Auf Basis der Eingabe des Kundenmaterials wird über den Kunden-Material-Infosatz das von Ihrem Unternehmen geführte Material P-100 gefunden und in den Beleg eingestellt. Auf Basis des Materials P-100 werden die Funktionen des Verkaufsbelegs ausgeführt.

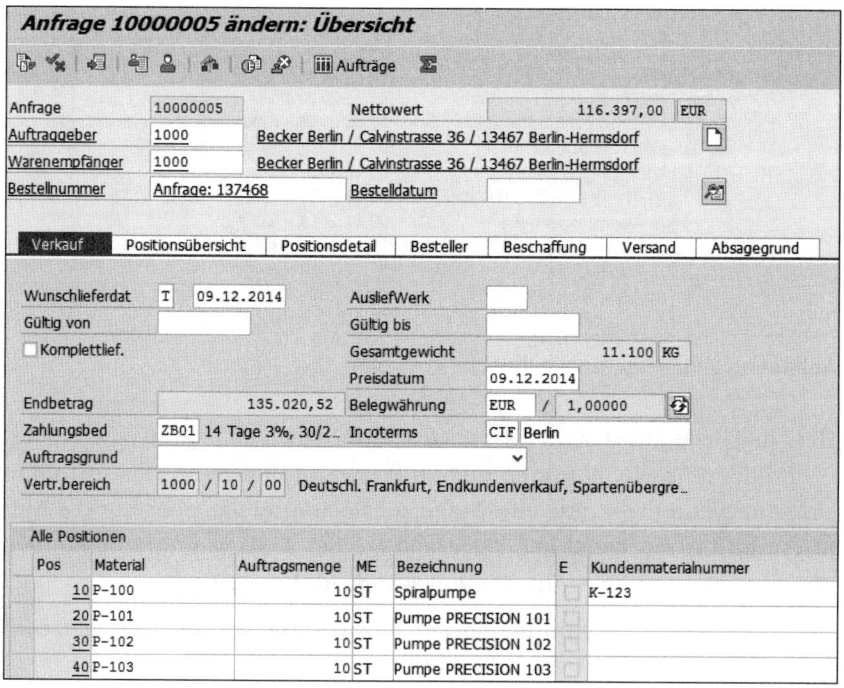

Abbildung 5.17 Übersicht über eine Anfrage in SAP ERP (Transaktion VA12 – Anfrage ändern)

Datenübernahme aus Anfrage in Angebot

Da die Strukturen der Vertriebsbelege datentechnisch gleich sind, sie sich also nur durch den Typ und die damit verbundenen Funktionen unterscheiden, können Sie die Daten aus dem Vorlagebeleg (hier aus der Anfrage) in den Folgebeleg (hier das Angebot) kopieren. Sie können entscheiden, ob Sie alle Daten übernehmen oder über die Positionsauswahl nur Teile der Daten in den Folgebeleg kopieren. Dies ist unter anderem dann sinnvoll, wenn Ihr Kunde eine Anfrage für beispielsweise komplementäre Produkte erbeten hatte, nun aber nur ein bestimmtes Produkt davon angeboten haben möchte. Das Gleiche gilt für die Mengen, die Ihr Kunde angefragt hat und über die nun ein Angebot erstellt werden soll.

Erfassen eines Angebots über Vorlagedialog

Abbildung 5.18 zeigt, wie Sie auf Basis einer Anfrage ein Angebot anlegen können. Wenn Sie die Anfragenummer kennen, können Sie sie direkt eingeben. Im Übrigen stehen Ihnen diverse Suchkriterien zur Verfügung, um die Anfrage zu finden. Des Weiteren haben Sie die Möglichkeit, die Daten komplett zu übernehmen oder über eine Positionsauswahl einzelne Positionen der Anfrage für die Übernahme in das Angebot auszuwählen.

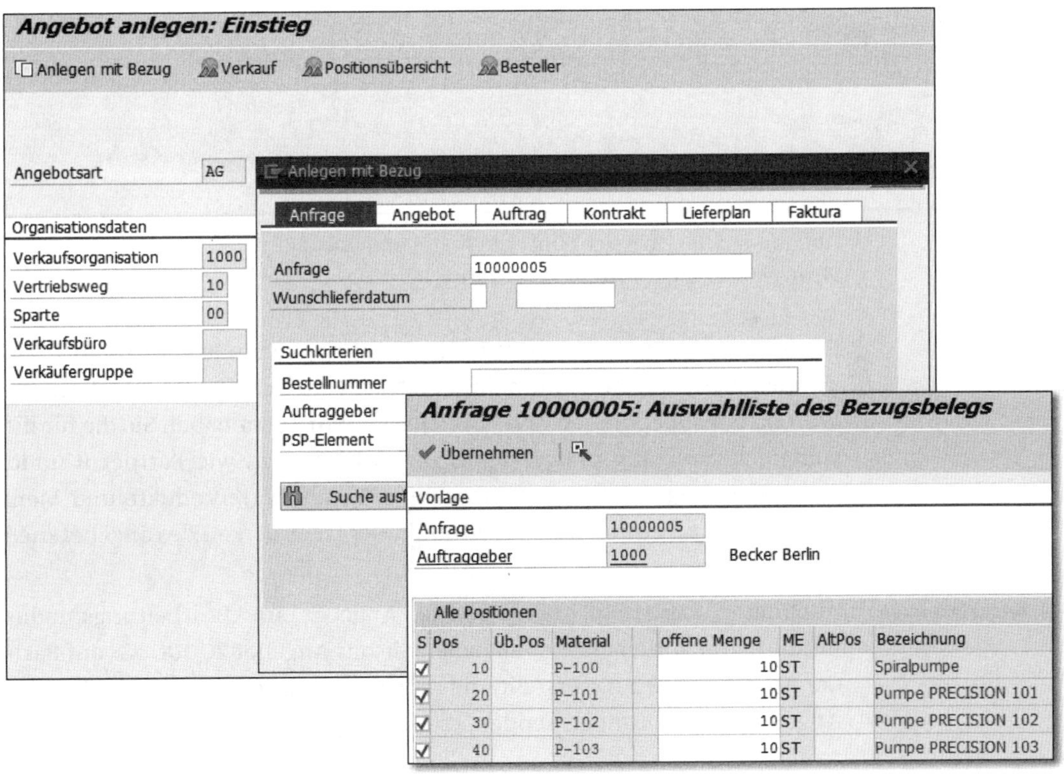

Abbildung 5.18 Anlegen eines Angebots mit Bezug zur Anfrage in SAP ERP (Transaktion VA21 – Angebot anlegen)

Angebot Als Ergebnis dieser Aktion haben Sie ein Angebot (siehe Abbildung 5.19) erstellt, das Sie, falls notwendig, nachbearbeiten können, bevor Sie es an den Kunden in elektronischer Form oder in Papierform übermitteln.

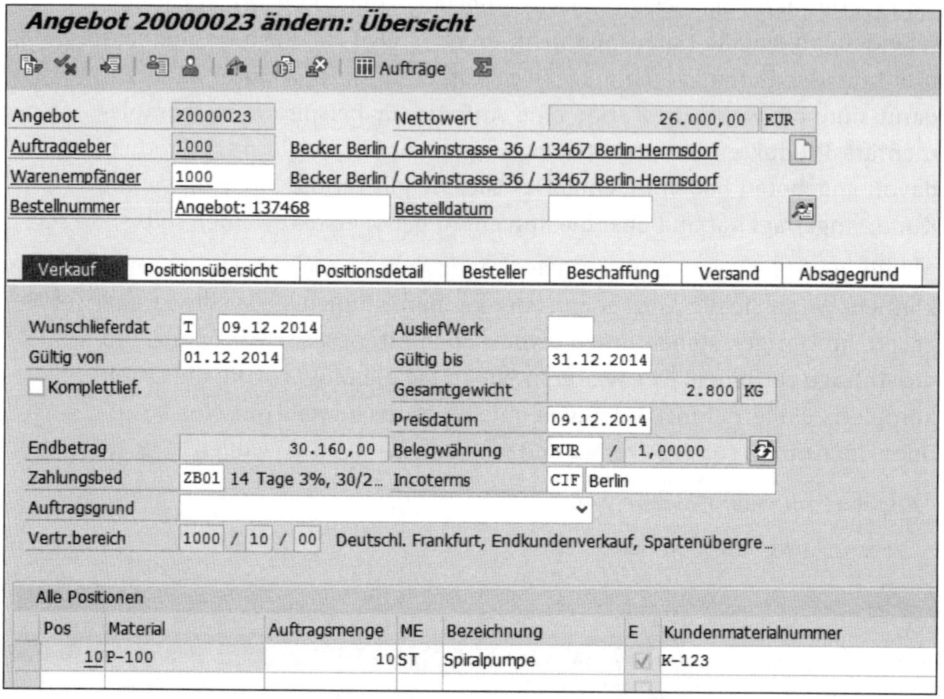

Abbildung 5.19 Übersicht über ein Angebot in SAP ERP (Transaktion VA22 – Angebot ändern)

Das erfasste Angebot stellt nun die rechtlich bindende Offerte an Ihren Kunden dar, die Ihr Unternehmen dazu verpflichtet, die angebotenen Waren zum angebotenen Preis zu liefern. Im Angebot haben Sie die für die weitere Abwicklung notwendigen Daten hinterlegt, wie Partner (Kunde, Warenempfänger, Rechnungsempfänger, Regulierer), Produkte und Mengen, Preise und Einteilungen (Zeitpunkt der Lieferbarkeit des angebotenen Produkts).

Angebot ändern Abbildung 5.19 zeigt das erstellte Angebot im Bearbeitungsmodus (Ändern). Im vorliegenden Fall haben Sie das Angebot 20000023 auf Basis der Anfrage 10000005 erstellt und möchten nun, bevor Sie das endgültige Angebot an den Kunden senden, die Daten nochmals prüfen und gegebenenfalls anpassen.

Die im Angebot erfassten Daten dienen im Fall der Beauftragung durch Ihren Kunden wiederum als Grundlage für die Auftragserstellung. Das heißt, Sie können, wie zuvor in Abbildung 5.19 dargestellt, den Kundenauftrag mit Bezug zum Angebot anlegen. Auch hier stehen Ihnen die entsprechenden Funktionen beim Anlegen mit Bezug zur Verfügung.

5.3.3 Auftragsbearbeitung

Kundenauftrag

Der *Kundenauftrag* ist die vertragliche Vereinbarung zwischen Ihrem Unternehmen und Ihrem Kunden zur Lieferung von Waren oder Dienstleistungen zu festgelegten Preisen, Mengen und Terminen. Innerhalb der Auftragsbearbeitung führt das System unterschiedliche Funktionen durch. Zum Beispiel wird die Preisfindung zur Ermittlung des Verkaufspreises herangezogen. Der Preis kann kundenspezifisch ermittelt werden, z. B. auf Basis eines Kontrakts oder als Preislistenpreis (allgemeiner Verkaufspreis der Ware, siehe auch Abbildung 5.23).

Des Weiteren wird die Warenverfügbarkeit ermittelt. Das heißt, das System prüft automatisch, ob die bestellte Ware zum gewünschten Kundentermin bereitgestellt werden kann. Hierbei werden sowohl Lagerbestände als auch geplante Zu- und Abgänge berücksichtigt. Falls die Ware nicht auf Lager ist, stößt das System eine Bedarfsübergabe an die Disposition an. Dort wird basierend auf der Materialart entweder eine Eigenfertigung oder eine Fremdbeschaffung ausgelöst. Die Versandterminierung im Kundenauftrag ermittelt die möglichen Versandstellen und Versandtermine.

Stammdaten

Kundenaufträge werden auf Basis von im System hinterlegten Stammdaten angelegt. Zu den wesentlichen Stammdaten gehören:

- **Kundenstammsatz**
  Daraus werden auftraggeberspezifisch Verkaufs-, Versand-, Preisfindungs- und Fakturierungsdaten kopiert. Zudem werden Texte und Partner übernommen, wie Warenempfänger, Rechnungsempfänger und Regulierer.
- **Materialstammsatz**
  Auf Basis der eingegebenen Materialnummer werden systemseitig die Daten aus dem entsprechenden Materialstammsatz in den Beleg übernommen, wie z. B. Informationen zur Versandterminierung, Gewichte und Volumina.

Die systemseitig vorgeschlagenen Daten bilden die Grundlage für den Auftrag und können bei Bedarf manuell geändert oder ergänzt werden.

Kundenauftragserfassung

Die *Kundenauftragserfassung* kann entweder im CRM-System oder direkt im ERP-System erfolgen (siehe Abbildung 5.20).

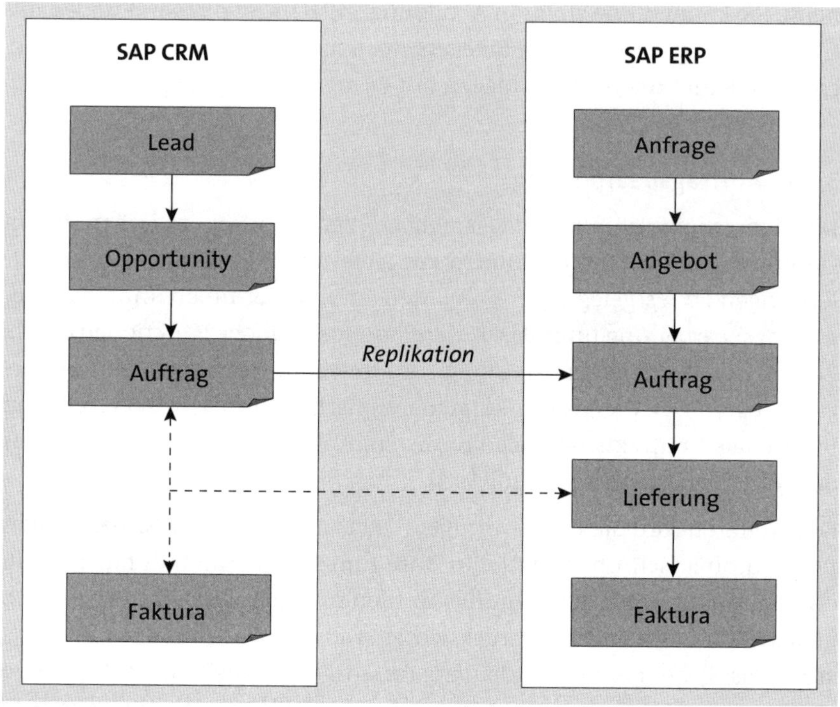

Abbildung 5.20 Vertriebsprozess in SAP CRM und/oder SAP ERP

Kundenauftragserfassung in SAP CRM

Starten Sie die Kundenauftragserfassung in SAP CRM, wird der Auftrag für die logistische Abwicklung an das ERP-System repliziert. Die in SAP ERP angelegten Lieferungen werden im Sinne des Belegflusses im CRM-System angezeigt, und Sie können diese auch aus dem CRM-System heraus aufrufen. Abbildung 5.21 zeigt die Auftragserfassung in SAP CRM.

Kundenauftragserfassung in SAP ERP

Abbildung 5.22 zeigt die Auftragserfassung in SAP ERP. Sie sehen im dort gezeigten Beispiel den erfassten Kundenauftrag 12605 für den Auftraggeber, die Firma Becker Berlin. Es handelt sich um einen Terminauftrag mit einer Kundenauftragsposition für das Material P-100 mit der Menge 10 Stück. Der ermittelte Gesamtnettowert des Auftrags beträgt 26.000 EUR. Die Ware ist in diesem Fall an den Warenempfänger 1000 zu liefern, ebenfalls die Firma Becker Berlin. Sie hätten natürlich die Möglichkeit, einen abweichenden Warenempfänger einzustellen. Dies könnte eine andere Kundennummer oder auch nur eine manuell eingegebene abweichende Lieferanschrift sein.

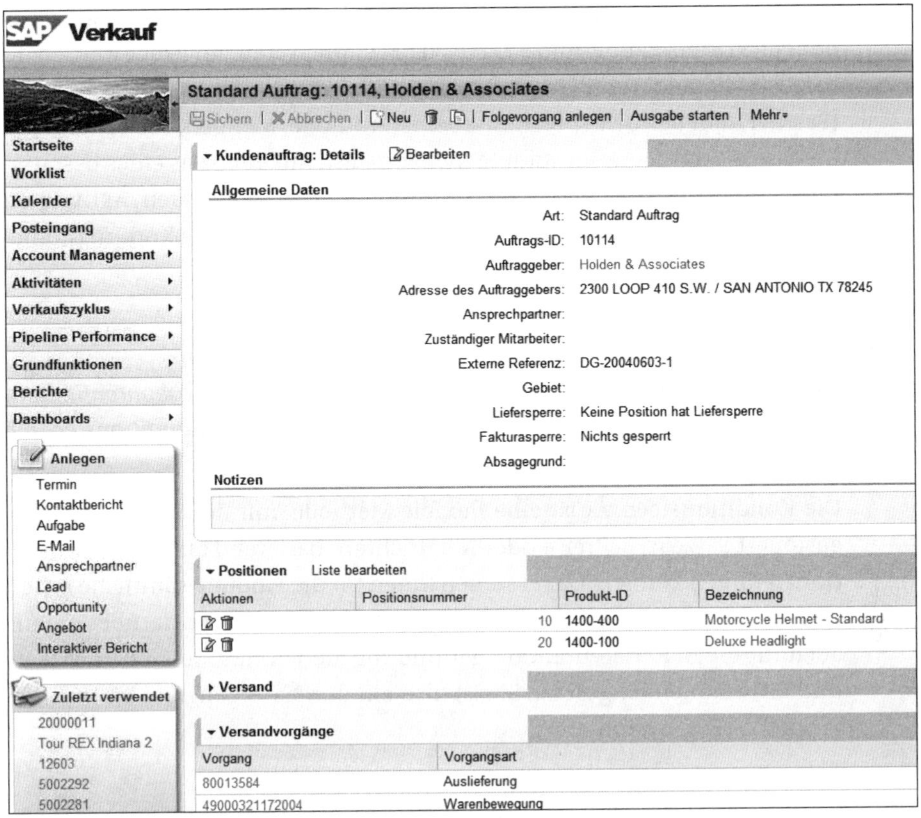

Abbildung 5.21 Kundenauftrag in SAP CRM (Webclient-Anwendung CRM_UIU_BT_SALES_ORDER – Kundenaufträge)

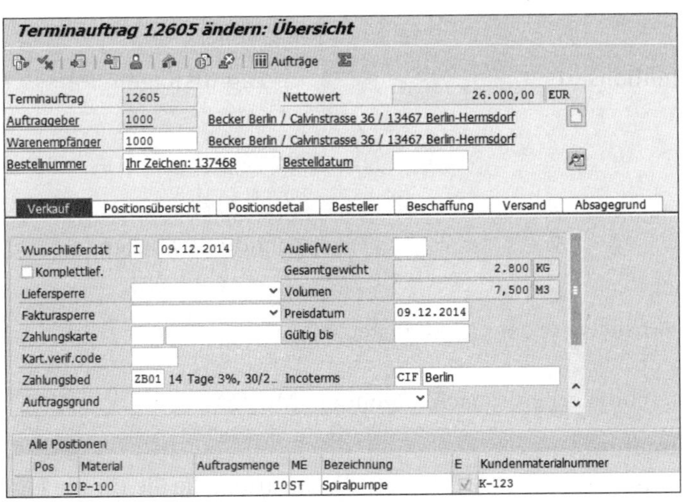

Abbildung 5.22 Kundenauftragsübersicht in SAP ERP (Transaktion VA02 – Kundenaufrag ändern)

Der Kundenauftrag kann entweder manuell, auf Basis eines Vorlagebelegs oder elektronisch übermittelt (z. B. via EDI) im System angelegt werden. Er hält wie die anderen Belege auch Informationen auf der Belegkopfebene (Partner), auf der Belegpositionsebene (Produkte, Mengen, Preise) und auf der Einteilungsebene (bestätigte Mengen) fest. Auf der Basis eines bestätigten Kundenauftrags werden im System die nachfolgenden Aktivitäten gestartet, etwa die Produktion der Waren, die Lieferung, die Kommissionierung, der Transport und die Rechnungsstellung.

Konditionstechnik

Die im Folgenden erläuterten Funktionen *Preisfindung*, *Erlöskontenfindung* und *Nachrichtenfindung* basieren auf der sogenannten *Konditionstechnik* (siehe Abbildung 5.23).

Die Konditionstechnik ist eine flexible Methode, mit der Sie bedingungsgesteuert Sätze (z. B. Preise oder Nachrichten) basierend auf Beleginformationen finden können. Dabei stehen Ihnen für die Findung sämtliche Daten in den Belegen zur Verfügung. Die Konditionstechnik wird darüber hinaus auch für die Material- und Chargenfindung, den Bonus, den Naturalrabatt und Provisionen eingesetzt. Sie ist also ein durchaus gängiges Instrumentarium im ERP-System.

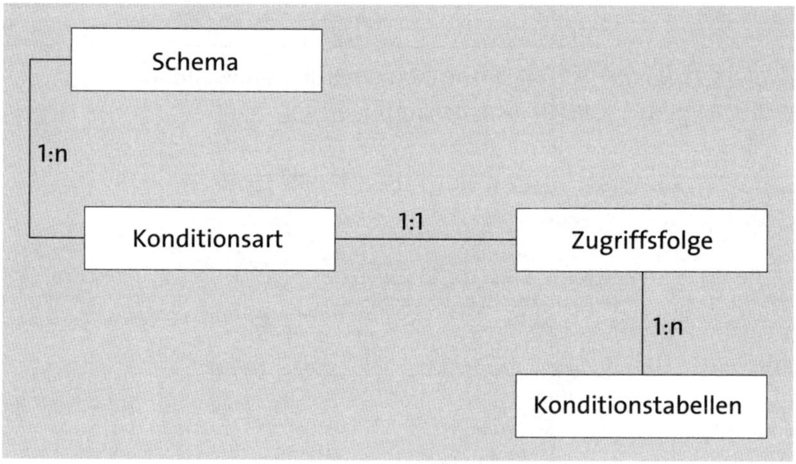

Abbildung 5.23 Arbeitsweise der Konditionstechnik

Arbeitsweise der Konditionstechnik

Die Konditionstechnik arbeitet nach folgendem Muster:

1. **Schema definieren**
   In einem Schema definieren Sie die Konditionsarten, die Sie für die Findung der Konditionsstammsätze verwenden möchten. Ein Schema kann dabei mehrere Konditionsarten enthalten.

2. **Konditionsarten definieren**
   Konditionsarten können Preiselemente (wie z. B. Preise, Zuschläge, Abschläge, Frachten oder Steuern) oder Nachrichtenkonditionen (wie z. B. Auftragsbestätigung, Lieferschein oder Rechnung) sein. In der Konditionsart wird die Zugriffsfolge zugeordnet und die Steuerung der Kondition festgelegt.

3. **Zugriffsfolgen definieren**
   In der Zugriffsfolge wird definiert, in welcher Sequenz unter welchen Bedingungen auf die Konditionstabellen zugegriffen wird.
4. **Konditionstabellen definieren**
   Die Konditionstabellen werden der Zugriffsfolge zugeordnet. In den Konditionstabellen werden die Felder definiert, die für die Findung der Konditionsarten relevant sind. Über die Belegdaten werden die Kommunikationsstrukturen (Datenstrecken) gefüllt, und mit diesen wird auf die Konditionstabellen zugegriffen.

Diese allgemeine Beschreibung der Konditionstechnik wird in vielen Bereichen des SAP-Systems eingesetzt. Im Folgenden gehen wir auf die Preisfindung ein, die ebenfalls mit der Konditionstechnik arbeitet.

Preisfindung

Kalkulationsschema

Für die Preisfindung legen Sie im *Kalkulationsschema* die Konditionsarten und die Reihenfolge fest, die Sie bei der Preisfindung verwenden möchten (siehe Abbildung 5.24).

Kommunikationsstruktur

Das Kalkulationsschema wird zu Verkaufsorganisation, Vertriebsweg, Sparte, Belegschema und Kundenschema zugeordnet. Dadurch haben Sie die Möglichkeit, die Findung des Kalkulationsschemas für unterschiedliche vertriebliche Organisationen, Vertriebsbelegarten und Kunden zu definieren. So könnten Sie z. B. für Angebote ein anderes Kalkulationsschema zur Preisfindung verwenden. Bei der Preisfindung wird das Kalkulationsschema durchlaufen. Es wird versucht, für jede Konditionsart über die zugeordnete Zugriffsfolge mit den Informationen aus dem Beleg (den sogenannten *Kommunikationsstrukturen*) eine entsprechende Kondition (Preis, Zu- oder Abschlag, Steuer) aus den Konditionstabellen zu ermitteln. Ist ein Preis ermittelt, wird er, wie in Abbildung 5.26 dargestellt, in das Kalkulationsschema übernommen und zur Anzeige gebracht. Die Arbeitsweise der Preisfindung ist in Abbildung 5.25 dargestellt.

Stufe	Zä...	KArt	Bezeichnung	V...	Bis	Ma...	O...	St...	D	ZwiSu	Bedg	RchFrm	BasFrm	KtoSl	Rückst
11	0	PR00	Preis			☐	☐	☐			2			ERL	
13	0	PB00	Preis Brutto			☑	☐	☐			2			ERL	
100	0		Brutto			☐	☐	☐	X	1		2			
103	0	K005	Kunde/Material			☐	☐	☐	X		2			ERS	
104	0	K007	Kundenrabatt			☐	☐	☐	X		2			ERS	
110	3	RC00	Mengenrabatt			☑	☐	☐	X		2			ERS	
110	4	RB00	Absolutrabatt			☑	☐	☐	X		2			ERS	
111	0	HI01	Hierarchie			☐	☐	☐	X		2			ERS	
300	0		Rabattbetrag	101	299	☐	☐	☐							
302	0	NETP	Preis			☑	☐	☐			2	6	3	ERL	
310	0	PN00	Preis Netto			☑	☐	☐	X		2	6		ERL	
320	0	PMIN	Mindestpreis			☐	☐	☐	X		2	15		ERL	
400	0		Bonusbasis			☐	☐	☐		7					
800	0		Positionsnetto			☐	☐	☐	X	2		2			
801	0	NRAB	Naturalrabatt			☐	☐	☐	X		59		29	ERS	
810	1	HA00	Prozentrabatt			☑	☐	☐						ERS	
810	2	HB00	Absolutrabatt			☑	☐	☐						ERS	
810	3	HD00	Fracht			☑	☐	☐		4				ERF	
900	0		Nettowert 2			☐	☐	☐		3		2			
904	0	B004	Hierarchiebonus	400			☐	☐			24			ERB	ERU
908	0		Nettowert 3			☐	☐	☐							
910	0	PI01	PreisInterneVerrechn			☐	☑	☑		B	22			ERL	
911	0	AZWR	Anzahlung/Verrechng.			☐	☐	☐			2	48		ERL	
915	0	MWST	Ausgangssteuer			☑	☐	☐			10		16	MWS	
920	0		Endbetrag			☐	☐	☐		A		4			
930	0	SKTO	Skonto			☐	☐	☑			9		11		
935	0	GRWR	Grenzübergangswert			☐	☐	☑		C	8		2		
941	0	EK02	Kalkulierte Kosten			☑	☐	☑		B					
950	0		Deckungsbeitrag			☐	☐	☐				11			
970	0	EDI1	Erwart. Kundenpreis			☑	☐	☑				9			
971	0	EDI2	Erwart. Kundenwert			☑	☐	☑				8			

Abbildung 5.24 Kalkulationsschema in SAP ERP (Customizing)

Preisfindungsschritte

Die einzelnen Schritte in der *Preisfindung* laufen wie folgt ab:

1. Aus dem im Kundenstammsatz hinterlegten Kundenschema und aus der Verkaufsbelegart ermittelt das System das Kalkulationsschema ❶. Im Kalkulationsschema (siehe Abbildung 5.26) sind die gültigen Konditionsarten (z. B. PR00) und die Reihenfolge der Konditionsarten für die Berechnung hinterlegt.
2. Einer Konditionsart kann eine Zugriffsfolge zugeordnet sein ❷. Die Zugriffsfolge regelt, wie auf die einzelnen Konditionen zugegriffen werden soll. Gemäß der Definition der Zugriffsfolge sucht das System dann nach gültigen Konditionswerten. Dabei wird vom Speziellen (z. B. kundenspezifischer Preis) zum Allgemeinen (wie Materialpreis) vorgegangen. Es lassen sich beliebig viele Zugriffsfolgen definieren.
3. Im Beispiel in Abbildung 5.25 ist der erste Zugriff (Kunde/Material) erfolglos. Dann wird im zweiten Zugriff versucht, einen Preis zu ermitteln ❸.

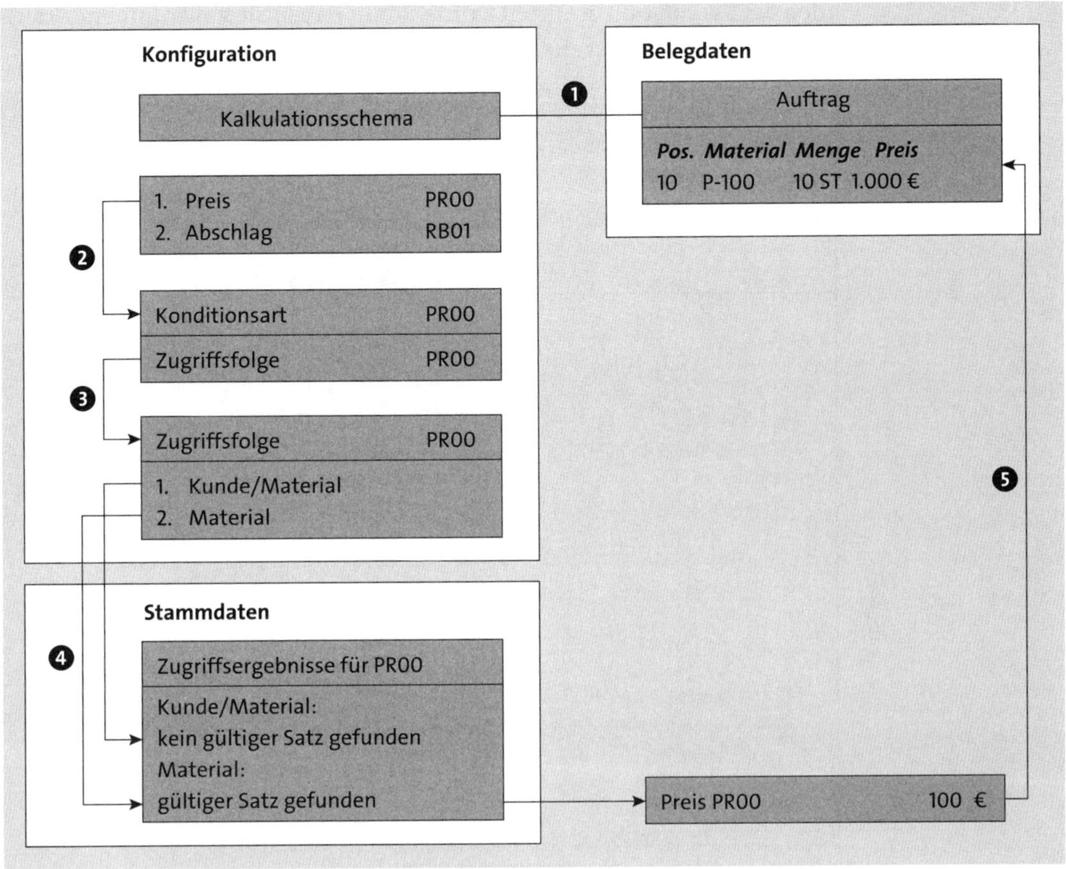

Abbildung 5.25 Preisfindung mit Konditionstechnik

4. Die im Konditionssatz hinterlegten Werte (im Beispiel 100 EUR) werden dann an den Kundenauftrag übergeben, mit der Anzahl der beauftragten Menge multipliziert und in den Konditionswert eingestellt ❹.
5. Das Ergebnis ist ein kalkulierter Verkaufspreis PR00 von 1.000 EUR. Auf diesen können noch prozentuale oder absolute Zu-/Abschläge ermittelt oder manuell eingegeben werden ❺. In der letzten Berechnungsstufe ermittelt das System den gültigen Steuersatz.

Ergebnis der Preisfindung

In Abbildung 5.26 sehen Sie das Ergebnis einer Preisfindung auf Positionsebene des Kundenauftrags für das Material P-100 mit der Menge 10 Stück. Das System hat gemäß der Erläuterung das entsprechende Kalkulationsschema ermittelt, aus den Stammdaten über die Zugriffsfolgen einen Konditionssatz gezogen und in den Beleg eingestellt. In der Preisfindung der Belege steht Ihnen auch eine Analyse zur Verfügung, mit deren Hilfe Sie nachvollziehen können, warum welcher Preis, Zu- oder Abschlag im Rahmen der Kalkulation ermittelt wurde. Somit haben Sie vollkommene Transparenz über die ermittelten Werte.

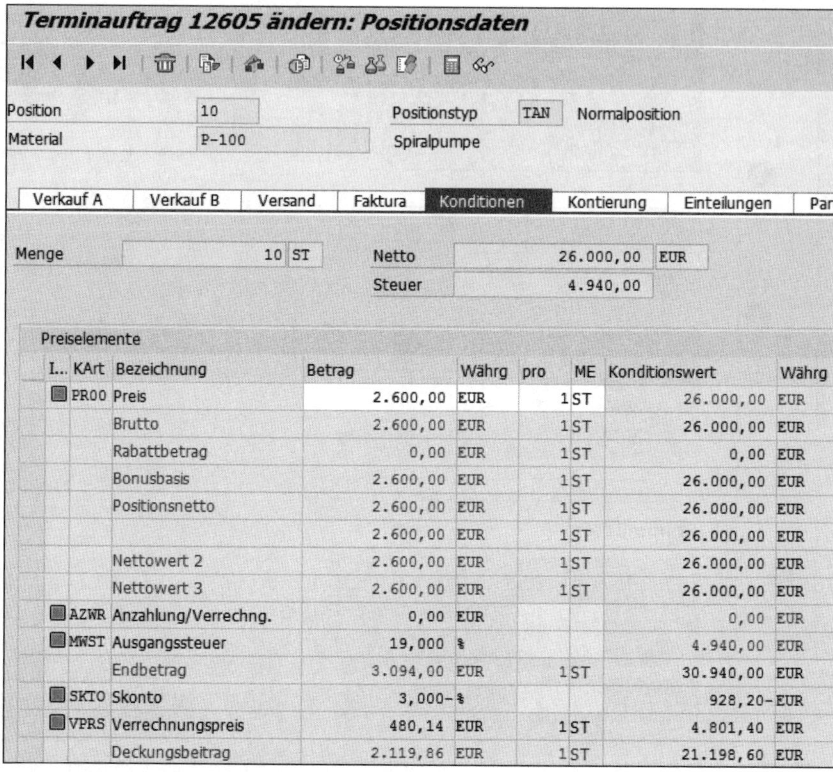

Abbildung 5.26 Preisübersicht für einen Kundenauftrag in SAP ERP (Transaktion VA02 – Kundenauftrag ändern)

Erlöskontenfindung

Arbeitsweise der Erlöskontenfindung

In der *Erlöskontenfindung* stellen Sie die Konten ein, auf die Preise, Zu- und Abschläge aus der Faktura kontiert werden. Die Erlöskontenfindung verwendet ebenfalls die Konditionstechnik. Im Kontenfindungsschema stellen Sie die Kriterien für die Kontenfindung ein; das Kontenfindungsschema wiederum ordnen Sie im Nachgang der Fakturaart zu. In der Zugriffsfolge stellen Sie ein, in welcher Reihenfolge die Felder aus dem Fakturabeleg für die Findung der Konten herangezogen werden sollen. Darüber können Sie für unterschiedliche Geschäftsvorfälle eine Feinsteuerung der Konten erreichen. Den Kontoschlüssel (z. B. Erlös, Erlösschmälerung, Frachterlös, Bonus Erlösschmälerung, Mehrwertsteuer, Rückstellung) ordnen Sie den jeweiligen Preisen, Zu- und Abschlägen zu. Diese Einstellungen werden bei der Fakturaerstellung herangezogen, um das entsprechende Konto zu ermitteln (siehe Abbildung 5.27).

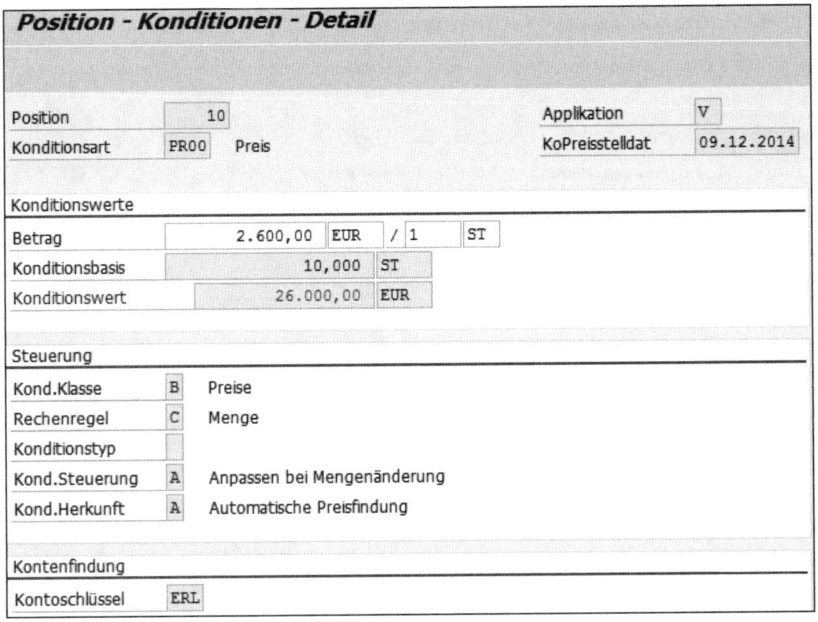

Abbildung 5.27 Informationen für die Erlöskontenfindung in der Faktura

Nachrichtenfindung

Ermittlung von Nachrichtensätzen

Die *Nachrichtenfindung* ist eine Komponente, die in SAP ERP als zentrale Funktion oft zum Einsatz kommt. Die Nachrichtenfindung basiert wie die Preisfindung auf der Konditionstechnik. Das Ziel der Nachrichtenfindung ist es, basierend auf den Beleginformationen einen gültigen *Nachrichtensatz* (z. B. BA00 Auftragsbestätigung) zu ermitteln. Das Nachrichtenschema ist der entsprechenden Belegart zugeordnet und wird somit beim Anlegen eines Belegs (z. B. Auftrag) ermittelt. In ihm sind die Konditionen (hier Nachrichtenarten) hinterlegt, die für die Belegverarbeitung genutzt werden dürfen. Über Bedingungen können Sie feinsteuern, dass der Druck des Papiers beispielsweise nur möglich ist, wenn der Beleg vollständig erfasst wurde. Sie können individuelle Bedingungen formulieren, um das Systemverhalten Ihren Bedürfnissen anzupassen.

Kommunikationsmedium

In der Nachrichtenfindung definieren Sie neben der Nachrichtenart auch das Kommunikationsmedium (Druckausgabe, Telefax, Telex, EDI, E-Mail, Workflow, ALE – siehe Abbildung 5.28). Sonderformen der Kommunikation sind spezielle Ereignisformen, die eigene Programme ansteuern. So kann die Nachrichtenfindung auch verwendet werden, um z. B. Schnittstellen anzustoßen. Darüber hinaus werden der Drucker, die Ausgabesprache und der Empfänger der Nachricht definiert (siehe Abbildung 5.28).

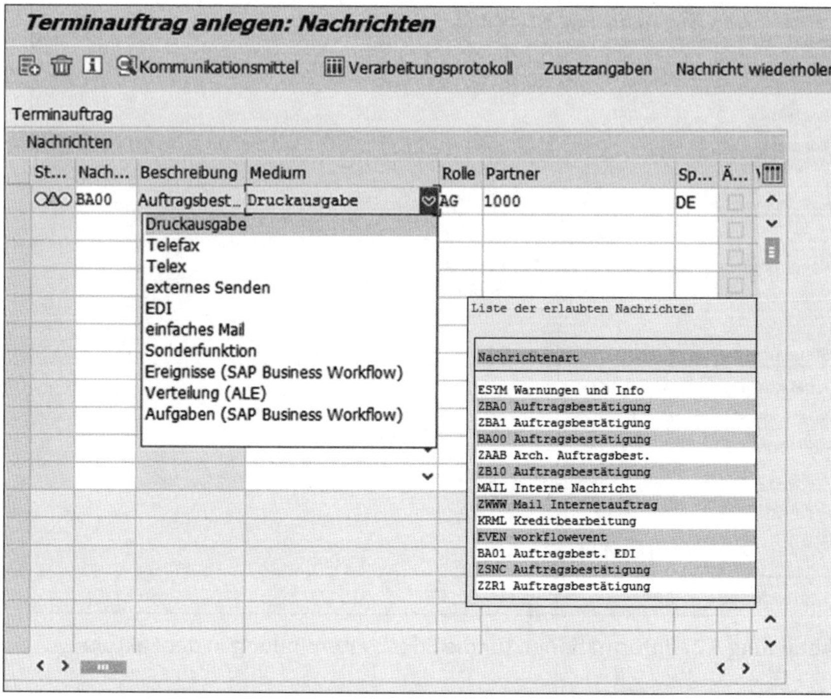

Abbildung 5.28 Nachrichtenfindung im Verkaufsbeleg in SAP ERP (Transaktion VA01 – Kundenauftrag anlegen)

Diese Daten werden aus den Konditionsstammsätzen ermittelt und können im Beleg manuell übersteuert werden. In Abbildung 5.29 sehen Sie ein Beispiel für ein Nachrichtenschema.

Stufe	Zä...	KArt	Bezeichnung	Bedingung	nicht automatisch
1	0	ESYM	Warnungen und Info	22	☐
4	0	ZBA0	Auftragsbestätigung		☐
6	0	ZBA1	Auftragsbestätigung		☐
8	1	ZRR	Auftragsbestätigung	2	☐
10	1	BA00	Auftragsbestätigung	2	☐
11	1	ZAAB	Arch. Auftragsbest.	2	☐
12	1	ZB10	Auftragsbestätigung	2	☐

Abbildung 5.29 Nachrichtenschema in SAP ERP (Customizing)

Belegdruck Das Druckformular und das Druckprogramm (siehe Abbildung 5.30) ordnen Sie der Nachrichtenkonditionsart zu. Über diese Zuordnung wird das entsprechende Druckprogramm zum Zeitpunkt des Drucks mit den Belegdaten versorgt und an das Druckformular zur Aufbereitung übergeben.

Das Ergebnis eines Drucks ist in Abbildung 5.31 exemplarisch dargestellt.

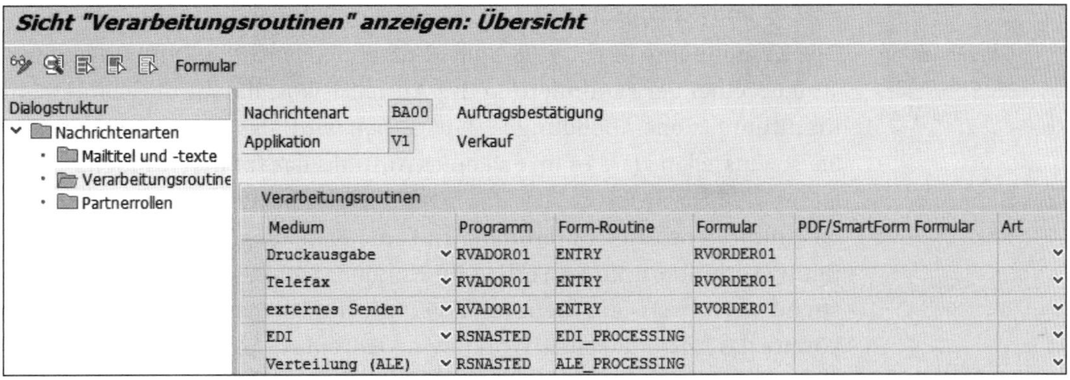

Abbildung 5.30 Verarbeitungsroutinen der Nachrichtenart in SAP ERP (Customizing)

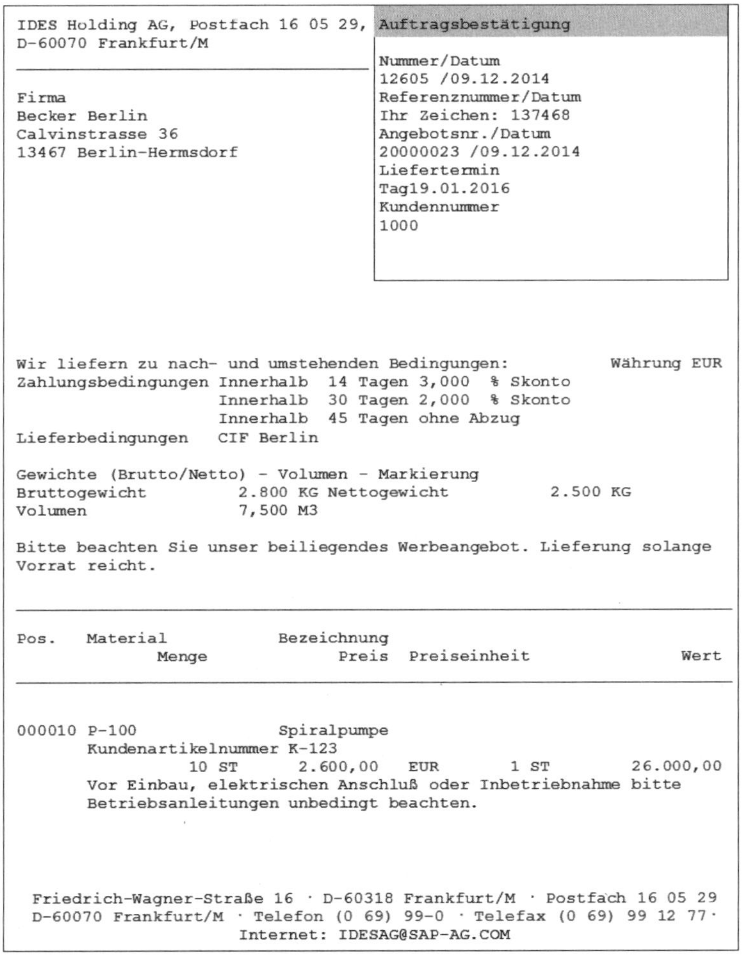

```
IDES Holding AG, Postfach 16 05 29,   Auftragsbestätigung
D-60070 Frankfurt/M
                                      Nummer/Datum
                                      12605 /09.12.2014
Firma                                 Referenznummer/Datum
Becker Berlin                         Ihr Zeichen: 137468
Calvinstrasse 36                      Angebotsnr./Datum
13467 Berlin-Hermsdorf                20000023 /09.12.2014
                                      Liefertermin
                                      Tag19.01.2016
                                      Kundennummer
                                      1000

Wir liefern zu nach- und umstehenden Bedingungen:          Währung EUR
Zahlungsbedingungen Innerhalb  14 Tagen 3,000  % Skonto
                    Innerhalb  30 Tagen 2,000  % Skonto
                    Innerhalb  45 Tagen ohne Abzug
Lieferbedingungen   CIF Berlin

Gewichte (Brutto/Netto) - Volumen - Markierung
Bruttogewicht         2.800 KG Nettogewicht         2.500 KG
Volumen               7,500 M3

Bitte beachten Sie unser beiliegendes Werbeangebot. Lieferung solange
Vorrat reicht.

Pos.   Material           Bezeichnung
              Menge             Preis  Preiseinheit              Wert

000010 P-100              Spiralpumpe
       Kundenartikelnummer K-123
                 10 ST       2.600,00   EUR        1 ST        26.000,00
       Vor Einbau, elektrischen Anschluß oder Inbetriebnahme bitte
       Betriebsanleitungen unbedingt beachten.

  Friedrich-Wagner-Straße 16 · D-60318 Frankfurt/M · Postfach 16 05 29
  D-60070 Frankfurt/M · Telefon (0 69) 99-0 · Telefax (0 69) 99 12 77·
                    Internet: IDESAG@SAP-AG.COM
```

Abbildung 5.31 Auftragsbestätigung in SAP ERP

Kredit- und Risikoprüfung

Minimierung von Forderungsausfällen

Die Komponente für *Kredit- und Risikomanagement* (SD-BF-CM) unterstützt Sie bei der Minimierung des Ausfallrisikos, indem für Kunden ein Kreditlimit (siehe Abbildung 5.32) vergeben wird. Das ERP-System können Sie so einstellen, dass es im Fall eines Auftrags das für den Kunden hinterlegte Kreditlimit prüft. Ist das Kreditlimit überschritten, können Sie bestimmte Vorgänge unterbinden, z. B. die Erstellung einer Auftragsbestätigung verhindern. Zudem erhält Ihr Kundensachbearbeiter einen entsprechenden Hinweis. Ein weiteres Ergebnis einer negativen Kreditprüfung könnte das Anstoßen eines Workflows zu Ihrem zuständigen Kreditsachbearbeiter sein, der daraufhin den Verkaufsbeleg prüft und zur Freigabe bringen kann. Das Kredit- und Risikomanagement können Sie auch in verteilten Systemverbünden zum Einsatz bringen. Das heißt, die Finanzbuchhaltung ist zentral, die Vertriebsgesellschaften sind dezentral jeweils mit eigenen Systemen abgebildet.

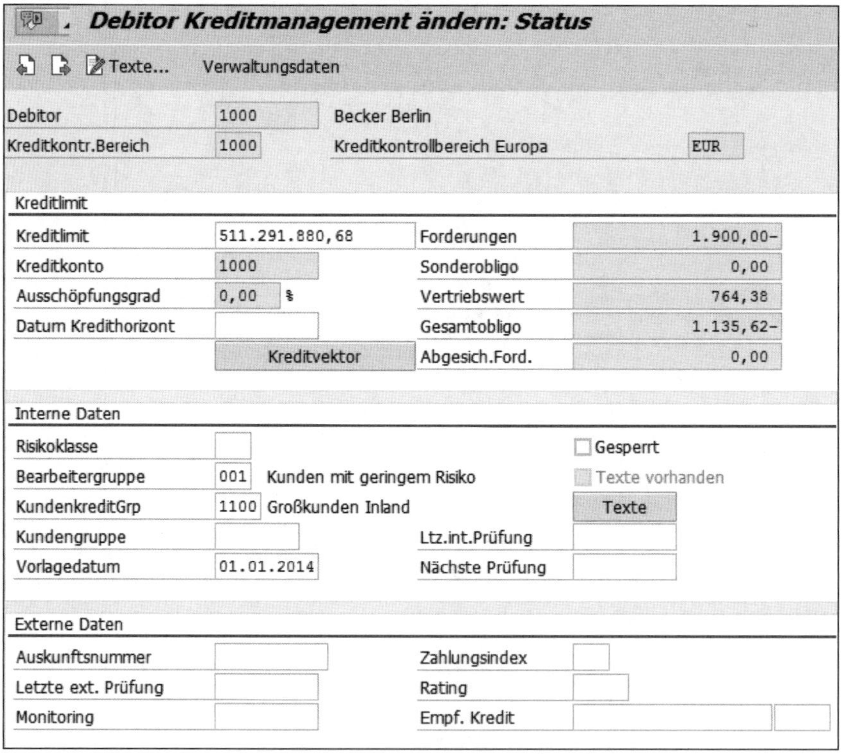

Abbildung 5.32 Kreditmanagement in SAP ERP (Transaktion FD32 – Debitor Kreditmanagement ändern)

Verfügbarkeitsprüfung (SAP ERP/SAP APO)

Grundsätzlich unterstützt SAP zwei Verfahren (siehe Abbildung 5.33) im Bereich der *Verfügbarkeitsprüfung*. Das erste ist die Verfügbarkeitsprüfung in SAP ERP, das zweite die in SAP APO. Der wesentliche Unterschied der beiden Verfahren besteht darin, dass im ersten Verfahren der Bestand im *lokalen* ERP-System geprüft wird.

global Available-to-Promise

Im Unterschied dazu haben Sie mit der Verfügbarkeitsprüfung mit SAP APO die Möglichkeit, den globalen Bestand Ihrer Systemverbünde in den Prüfumfang einfließen zu lassen, also eine *globale Verfügbarkeitsprüfung* durchzuführen (gATP, *global Available-to-Promise*).

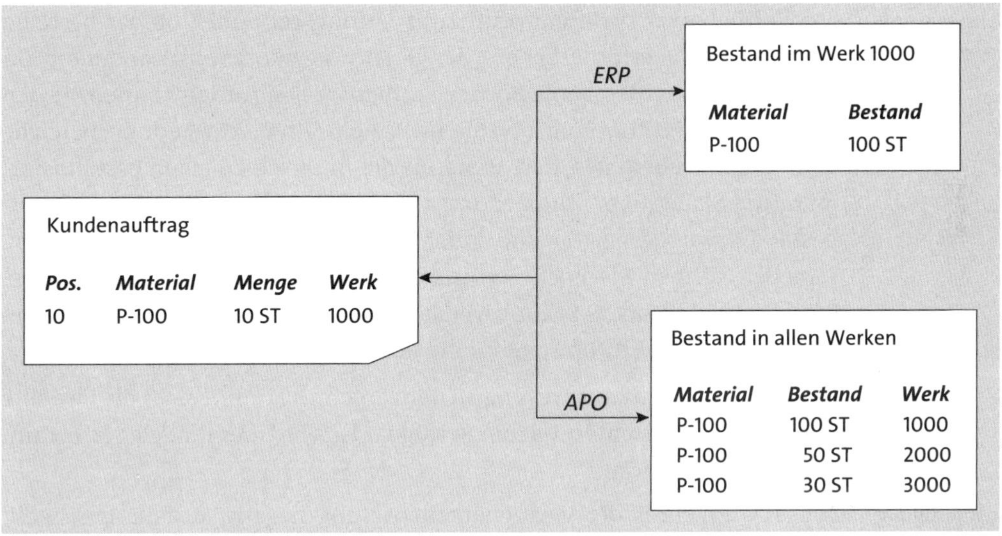

Abbildung 5.33 Verfügbarkeitsprüfung in SAP ERP und SAP APO

Methoden der Verfügbarkeitsprüfung

Folgende Methoden können Sie im Rahmen der Verfügbarkeitsprüfung nutzen:

- **Produktverfügbarkeitsprüfung**
  Bei der Produktverfügbarkeitsprüfung verwenden Sie die sogenannte *ATP-Menge* (Available-to-Promise). Diese wird berechnet aus dem Lagerbestand plus den geplanten Zugängen (z. B. Fertigungsaufträge, Bestellungen) und Abgängen (z. B. Kundenaufträge, Lieferungen). Zum Zeitpunkt der Verfügbarkeitsprüfung wird dann dynamisch gegen die ATP-Menge geprüft.
- **Verfügbarkeitsprüfung gegen Kontingentierung**
  Sie können im System eine Kontingentierung von Materialien, generell oder für eine bestimmte Periode einstellen. Dies ist z. B. dann sinnvoll, wenn das Angebot kleiner als die Nachfrage ist. So können Sie verhin-

dern, dass ein kleiner Teil der Kunden die gesamten Produkte kauft. Die Verfügbarkeitsprüfung prüft in diesem Fall gegen die Kontingentierung und bestätigt, falls Sie noch ein freies Kontingent haben.

- **Verfügbarkeitsprüfung gegen Vorplanung**
  Bei dieser Art der Verfügbarkeitsprüfung prüfen Sie gegen einen Planprimärbedarf, das heißt also auftragsneutral, um festzustellen, wie sich zukünftig zu erwartende Verkaufsmengen auswirken. Diese Art der Verfügbarkeitsprüfung setzen Sie in planerischen Situationen ein.

Diese Methoden stehen Ihnen sowohl in SAP ERP als auch in SAP APO zur Verfügung.

Arbeitsweise der Verfügbarkeitsprüfung

Die Verfügbarkeitsprüfung prüft zum Auftragszeitpunkt, ob das bestellte Material in der erforderlichen Menge zum gewünschten Kundentermin bereitgestellt werden kann. Bei der Verfügbarkeitsprüfung können Sie den sogenannten Prüfumfang, den Sie für die einzelnen Anwendungsbereiche definieren, so einstellen, dass Bestände der unterschiedlichen Bestandsformen (wie Sicherheits-, Umlagerungs-, Lohnbearbeiter- und Qualitätsprüfbestand sowie gesperrter und freier Bestand) mit berücksichtigt werden. Daneben können Sie noch Zu- und Abgangselemente (wie Bestellungen, Bestellanforderungen, Sekundärbedarfe, Reservierungen und Verkaufsbedarfe) mit in den Prüfumfang für die Verfügbarkeitsprüfung aufnehmen.

Falls die Verfügbarkeitsprüfung zu dem Ergebnis kommt, dass die bestellte Ware zum gewünschten Termin verfügbar ist, wird dies im Beleg (z. B. Kundenauftrag) bestätigt.

Eigenfertigung

Falls das Ergebnis der Verfügbarkeitsprüfung negativ ausfällt, das heißt, falls die bestellte Ware zum gewünschten Termin nicht verfügbar ist, wird im Fall eigengefertigter Produkte eine Bedarfsübergabe angestoßen. Diese sehen Sie in der Disposition als Kundenbedarf, den Sie dort in einen Plan- und Fertigungsauftrag umsetzen können.

Fremdbeschaffung

Falls die Produkte fremdbeschafft werden, können Sie die Information entweder ebenfalls über die Dispositionssicht sehen und von dort eine Bestellanforderung (BANF) auslösen, die vom Einkauf in eine Bestellung umgesetzt wird. Oder Sie können als Sonderform direkt aus dem Kundenauftrag eine Bestellanforderung auslösen. Diese Form der Kundenauftragsabwicklung mit direkter Auslösung einer Bestellanforderung wird *Einzelbestellung* genannt und über den Einteilungstyp gesteuert.

In Abbildung 5.34 ist die Verfügbarkeitsübersicht aus Sicht des Disponenten dargestellt.

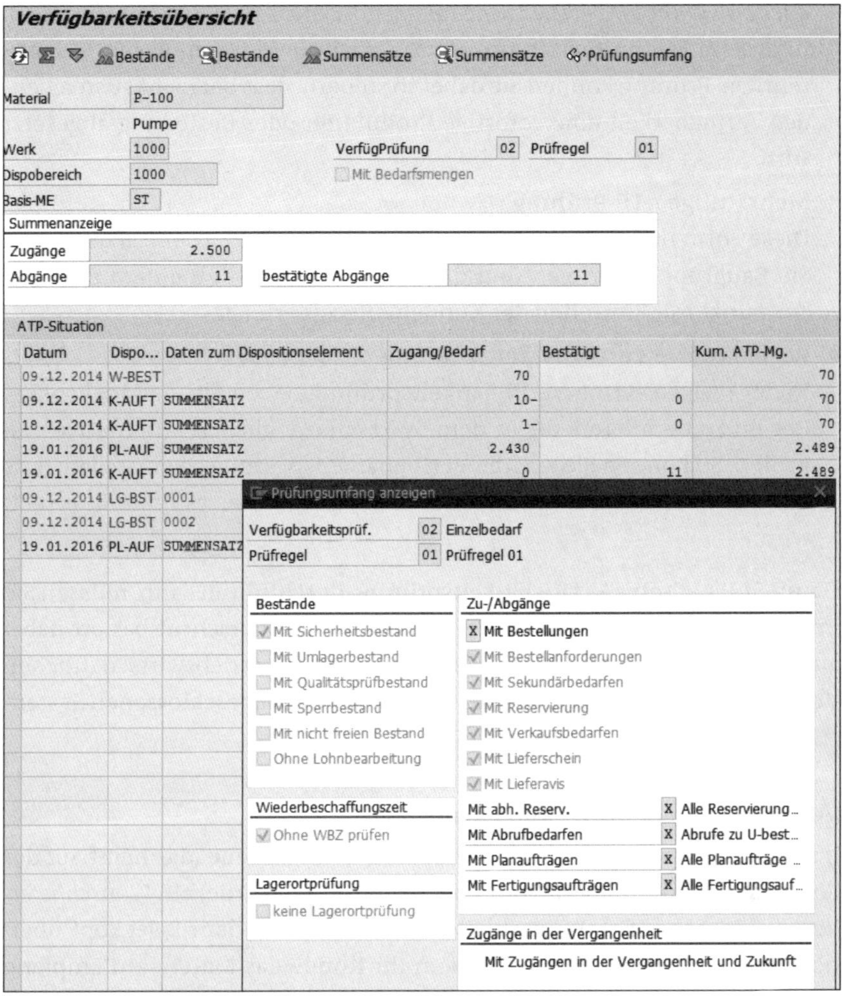

Abbildung 5.34 Verfügbarkeitsübersicht in SAP ERP (Transaktion CO09 – Verfügbarkeitsübersicht)

Globale Verfügbarkeitsprüfung mit SAP APO

Die globale Verfügbarkeitsprüfung in SAP APO (gATP, *global Available-to-Promise*) unterstützt über die beschriebenen klassischen Methoden hinaus die folgenden Verfahren:

- **Kombination der Methoden**
  Beispielsweise können Sie im ersten Schritt eine Prüfung gegen Kontingente vornehmen und dann die hierüber bestätigten Mengen nochmals gegen die ATP-Mengen laufen lassen.
- **Produktion**
  Die Prüfung gegen die Produktion (CTP, *Capable-to-Promise*) setzt voraus, dass Sie die APO-Komponente *Produktions- und Feinplanung* (*Pro-*

duction Planning/Detailed Scheduling, PP/DS) im SCM-System einsetzen. In diesem Fall prüfen Sie zum Auftragszeitpunkt gegen das PP/DS-System. Die Prüfung können Sie dabei so steuern, dass bei nicht ausreichender Verfügbarkeit eine sofortige Produktion oder Bestellung abgesetzt wird.

- **Mehrstufige ATP-Prüfung**
  Diese Form der Verfügbarkeitsprüfung können Sie z. B. einsetzen, wenn Sie Baugruppen fertigen und die Endmontage erst zu einem späteren Zeitpunkt mit Eintreffen des Kundenauftrags erfolgt.
- **Regelbasierte Verfügbarkeitsprüfung**
  In der regelbasierten Verfügbarkeitsprüfung haben Sie die Möglichkeit, Regeln zu definieren, die es dem System ermöglichen, Alternativen zu prüfen. So können Sie z. B. die Verfügbarkeitsprüfung so einstellen, dass ein nicht verfügbares Produkt durch ein substituiertes Produkt ersetzt wird.

Prüfvorschrift

Damit SAP APO eine Verfügbarkeitsprüfung durchführen kann, müssen Sie im System eine *Prüfvorschrift* definieren. Die Prüfvorschrift basiert dabei auf den Informationen des Prüfmodus und des betriebswirtschaftlichen Vorgangs (z. B. Kundenauftrag), die beide aus dem angeschlossenen System zu übergeben sind.

Versandterminierung im Kundenauftrag

Wunschlieferdatum

Im Kundenauftrag können Sie auf der Einteilungsebene (das heißt auf der Ebene, auf der die Materialverfügbarkeit bestätigt wurde) ein *Wunschlieferdatum* eingeben. Das Wunschlieferdatum wird aus dem Belegkopf übernommen und ist das Datum, zu dem Ihr Kunde das Material in Empfang nehmen möchte. Auf der Basis des eingegebenen Wunschlieferdatums ermittelt das System, wann welche Aktivitäten stattfinden müssen, um das gewünschte Lieferdatum einzuhalten.

Ablauf der Versandterminierung

In Abbildung 5.35 ist der Ablauf der Versandterminierung dargestellt. Ausgehend vom Wunschlieferdatum des Kunden führt das System eine Rückwärtsterminierung unter Berücksichtigung Ihrer terminlichen Einstellungen durch, die Sie für die Bereitstellung und Abfertigung der Ware im Versand festgelegt haben. Falls das Ergebnis der Rückwärtsterminierung vor dem Auftragsdatum liegt (das heißt in der Vergangenheit), führt das System ausgehend vom Tagesdatum eine Vorwärtsterminierung durch und ermittelt das frühestmögliche Lieferdatum.

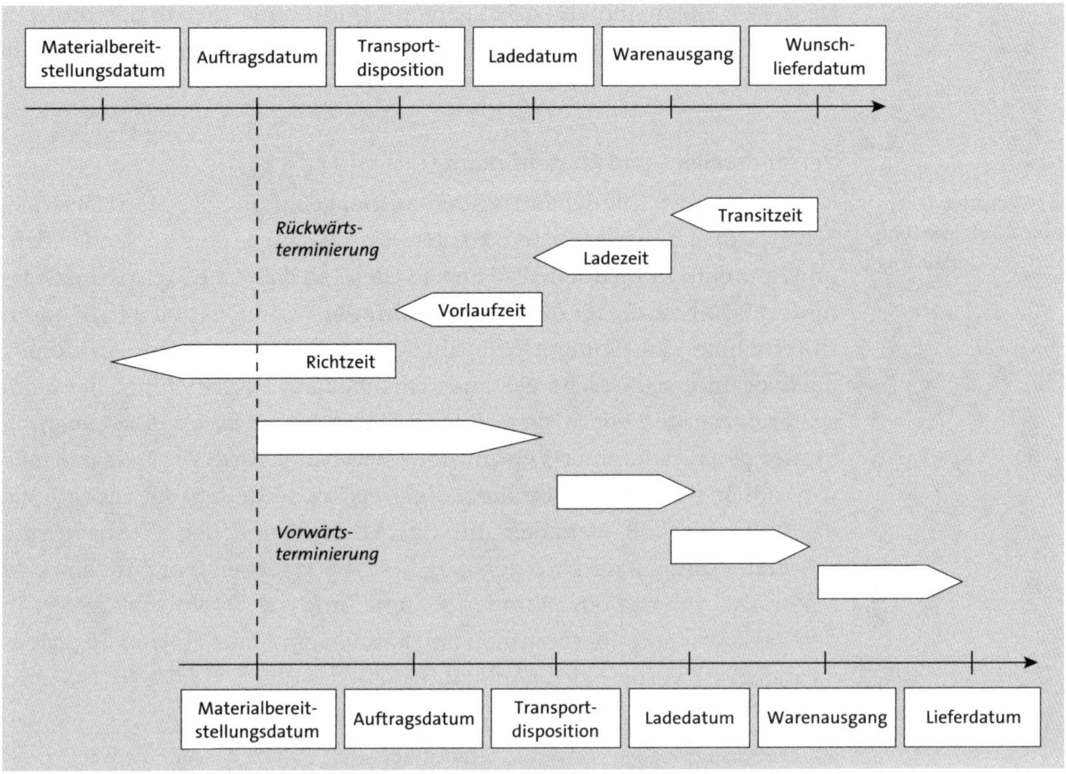

Abbildung 5.35 Versandterminierung

Termindefinition

Die einzelnen Termine sind hierbei wie folgt definiert:

1. **Materialbereitstellungsdatum**
   Das Datum, an dem die Ware spätestens verfügbar sein muss
2. **Auftragsdatum**
   Das Datum, an dem Ihr Kunde den Auftrag eingelastet hat
3. **Transportdispositionsdatum**
   Das Datum, an dem die Transportaktivitäten beginnen müssen
4. **Ladedatum**
   Das Datum, an dem die Ware für das Verladen bereitstehen muss
5. **Warenausgangsdatum**
   Das Datum, an dem die Ware Ihr Unternehmen mit dem Transportmittel für die Zustellung verlässt
6. **Wunschlieferdatum**
   Das von Ihrem Kunden gewünschte Lieferdatum

Die Zeiten, die in Abbildung 5.35 genannt sind, können Sie im Customizing des ERP-Systems individuell an Ihre unternehmerischen Bedürfnisse anpassen.

Versandstellen- und Routenfindung

Versandstellen- und Routenfindung im Auftrag

Nachdem Sie im Kundenauftrag den Auftraggeber und das Material eingegeben haben, führt das System auf der Positionsebene eine Versandstellen- und Routenfindung durch. Die *Versandstelle* ist dabei die logistische Organisationseinheit, die für die Durchführung der Versandaktivitäten in Ihrem Unternehmen zuständig ist. Hat Ihr Kundenauftrag mehrere Positionen, die über unterschiedliche Versandstellen bedient werden, führt dies beim späteren Anlegen der Auslieferung zu einem *Liefersplit*, da eine Lieferung immer genau von einer Versandstelle bearbeitet wird. Die Versandstelle wird abhängig von der Versandbedingung Ihres Kunden, der Ladegruppe des Materials (z. B. Verladen mit Gabelstapler) und dem Auslieferwerk ermittelt. Diese Daten werden aus dem entsprechenden Kunden- und Materialstammsatz oder Kunden-Material-Infosatz als Vorschlagswert in den Verkaufsbeleg übernommen und können dort, falls notwendig, manuell angepasst werden (siehe Abbildung 5.36).

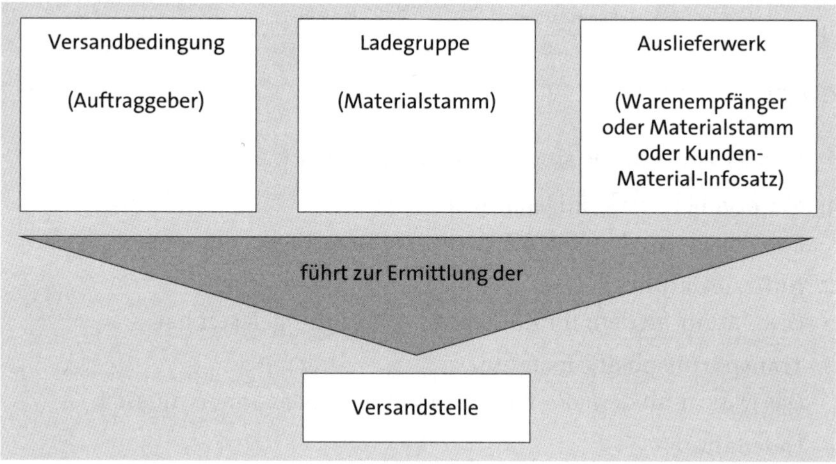

Abbildung 5.36 Versandstellenfindung

Routenfindung

Bei der *Routenfindung* wird auf Positionsebene des Kundenauftrags auf Basis der Abgangszone aus der Versandstelle, der Versandbedingung Ihres Auftraggebers, der Transportgruppe des Materials sowie der Transportzone Ihres Warenempfängers die entsprechende Route berechnet (siehe Abbildung 5.37).

Die Abgangszone ist hierbei diejenige Zone, aus der die Versandaktivitäten gesteuert werden. Die Empfangszone ist die Zone, in der Ihr Warenempfänger sitzt. Zonen lassen sich dabei frei definieren. So können Sie z. B. die Zonen regional (z. B. »Zone Süd«, »Zone Nord«) oder auch nach Postleitzahlengebieten definieren und für die Routenfindung verwenden.

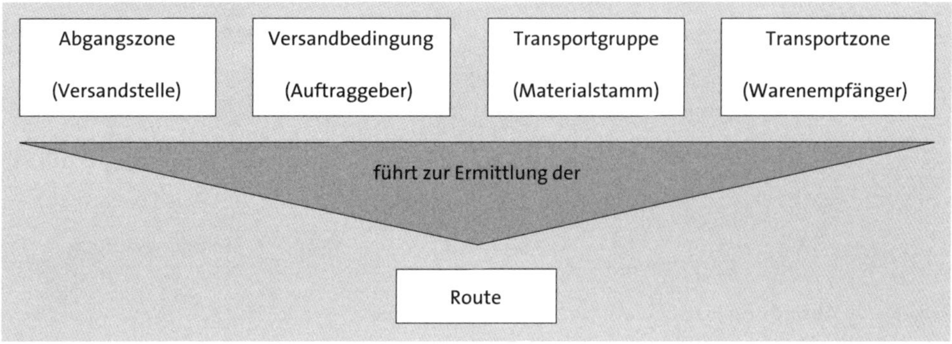

Abbildung 5.37 Routenfindung

Wenn Sie im Kundenauftrag z. B. die Versandbedingung manuell abändern, führt dies zu einer neuen Routenfindung, da Sie nun eventuell nicht mehr die vorgesehene Expressroute, sondern eine andere »günstigere« Route verwenden können. Wie Sie sehen, hat die Routenfindung nicht nur eine logistische, sondern auch eine kommerzielle Seite. Details zur Routenfindung finden Sie in Kapitel 6, »Transportlogistik«.

Bedarfsübergabe

Schnittstelle zwischen Vertrieb und Disposition

Die *Bedarfsübergabe* (siehe Abbildung 5.38) informiert die Disposition über die Mengen, die im Vertrieb benötigt werden, um Kundenaufträge zu bedienen. Im Fall einer Unterdeckung (wenn also die gewünschte Menge des Materials nicht verfügbar ist) können mit der Bedarfsübergabe in der Disposition Plan-/Fertigungsaufträge für eigengefertigte Produkte bzw. Bestellanforderungen/Bestellungen für fremdbeschaffte Produkte angelegt werden. Die Bedarfsübergabe aus dem Kundenauftrag unterscheidet zwischen der *Bedarfsübergabe mit Einzelbedarfen* und der *Bedarfsübergabe mit Summenbedarfen*. Welche Art der Bedarfsübergabe gewählt wird, ist im jeweiligen Materialstammsatz festgelegt.

Die detaillierte Beschreibung der Bedarfsübergabe finden Sie in Kapitel 3, »Beschaffungslogistik«, für die Fremdbeschaffung und in Kapitel 4, »Produktionslogistik«, für die Eigenfertigung.

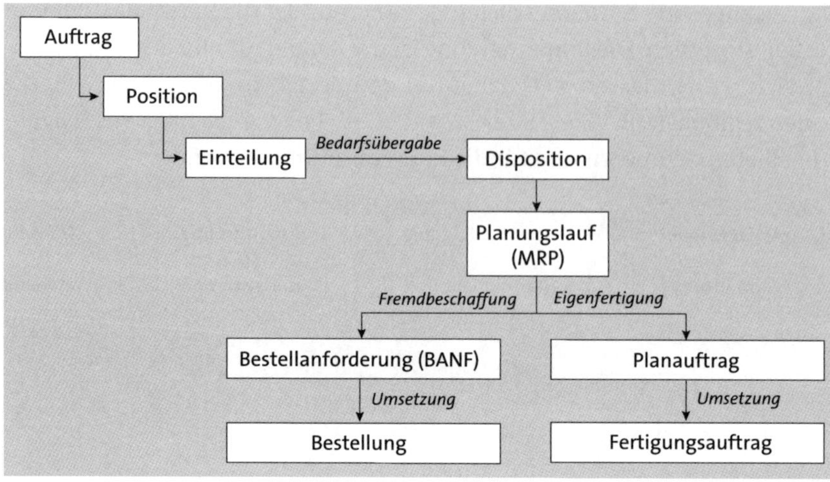

Abbildung 5.38 Ablauf der Bedarfsübergabe

5.3.4 Rückstandsbearbeitung

Nachbearbeitung überfälliger Aufträge

Mithilfe der *Rückstandsbearbeitung* können Sie bedarfsrelevante Verkaufsbelege bezüglich eines Materials listen und manuell bearbeiten. Das heißt, Sie können nicht bestätigten Kundenaufträgen Mengen aus anderen Aufträgen zuweisen, um so z. B. höher priorisierte Aufträge vorrangig bedienen zu können. Die Rückstandsbearbeitung ist nur für Materialien mit dem Kennzeichen *Einzelbedarf* möglich. Abbildung 5.39 zeigt ein Beispiel für die Rückstandsbearbeitung.

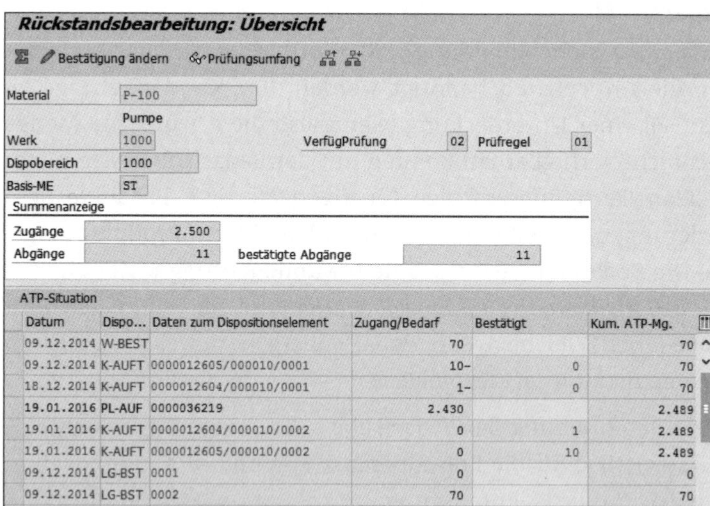

Abbildung 5.39 Übersicht zur Rückstandsbearbeitung in SAP ERP (Transaktion CO06 – Rückstandsbearbeitung)

5.4 Versand

Warenbewegungen im Versand

Der *Versand* ist die logistische Organisationseinheit, in der die physischen Warenbewegungen durchgeführt werden. Der Versand stellt somit das Bindeglied zwischen Auftrag und Lager dar und umfasst alle Prozessschritte (siehe Abbildung 5.40) von der Kommissionierung über das Verpacken und den Druck notwendiger Lieferpapiere bis hin zum Warenausgang.

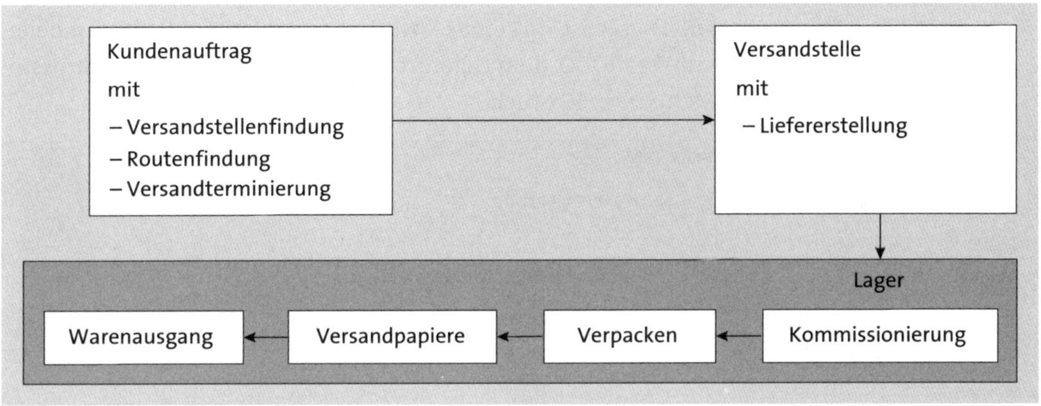

Abbildung 5.40 Versandprozess

Der Versand ist mit der Erstellung der Lieferungen der physische Abschluss der Lageraktivitäten. Mit der Buchung des Warenausgangs verlässt die Ware Ihr Unternehmen. Die Sicherstellung des Kundenservice, das heißt die termingerechte Anlieferung der Waren, ist eine Hauptaufgabe des Versands.

5.4.1 Lieferabwicklung

Lieferung und Auslieferung

Lieferungen im Versand, die wir in diesem Kapitel betrachten, haben einen Bezug zum Kundenauftrag und sind eigentlich Auslieferungen, da der Verkauf von Ware mit einem Auslieferungsprozess den abschließenden logistischen Prozess in Ihrem Werk darstellt. Im Folgenden nutzen wir die Begriffe *Lieferung* und *Auslieferung* synonym.

Die Lieferung ist wie der Kundenauftrag ein Beleg mit Kopf- und Positionsdaten. Zum Zeitpunkt der Liefererstellung, die Sie einzeln oder im Sammellauf anstoßen können, werden die Daten aus dem Kundenauftrag in die Lieferung übernommen. Die Lieferung stößt die Versandaktivitäten an: die Übergabe an das Lager zur Kommissionierung, die Verpackung und den Warenausgang. Verwenden Sie die Transportabwicklung in SAP ERP (LE-TRA), werden Lieferungen in Transporten (Sendungen) zusammengefasst. (Näheres zur Transportabwicklung mit SAP finden Sie in Kapitel 6, »Transportlogistik«.)

Versandstelle

Eine Lieferung und die damit verbundenen Versandaktivitäten werden über eine sogenannte *Versandstelle*, die organisatorische Einheit des Versands, erstellt und abgewickelt. Die Versandstelle ist abhängig vom liefernden Werk, der Versandart und den benötigten Ladehilfsmitteln.

Ändern einer Lieferung

Abbildung 5.41 zeigt eine Lieferung zum Warenempfänger 1000 (Firma Becker Berlin). Dieser ist mit einer Position, dem Material P-100, zu beliefern, aus dem Werk 1000, dem Lagerort 0002 und mit einer zu kommissionierenden Menge von 10 Stück.

Abbildung 5.41 Lieferung in SAP ERP (Transaktion VL02N – Auslieferung ändern)

Kopfdetail einer Lieferung

Abbildung 5.42 zeigt dieselbe Lieferung zum Warenempfänger 1000 (Firma Becker Berlin) mit den Versandterminen und dem Versandstatus. Anhand dieser Informationen können Sie erkennen, dass diese Lieferung über ein Lagersystem (Status **WM-TA erforderlich**) zu kommissionieren ist und dass diese Aktivitäten noch nicht begonnen wurden.

Bezugsquellen einer Lieferung

Lieferungen werden immer im ERP-System erstellt. Grundsätzlich können Sie eine *Lieferung mit Bezug* zu einem Kundenauftrag (Einteilungen des Kundenauftrags), zu einer Umlagerbestellung (Umlagerung von Waren innerhalb Ihres Unternehmens), zu einer Lohnbeistellung, zu einem Projekt oder auch ohne Bezug anlegen. Im Kundenstamm können Sie definieren, ob Ihr Kunde Teil- oder Komplettlieferungen und/oder eine Auftragszusammenführung erlaubt, das heißt, mehrere Aufträge werden zu einer Lieferung zusammengefasst. Aus dem CRM-System, das Sie für die Auftragserfassung nutzen können, besteht ein Verweis auf die entsprechende Lieferung im angeschlossenen ERP-System.

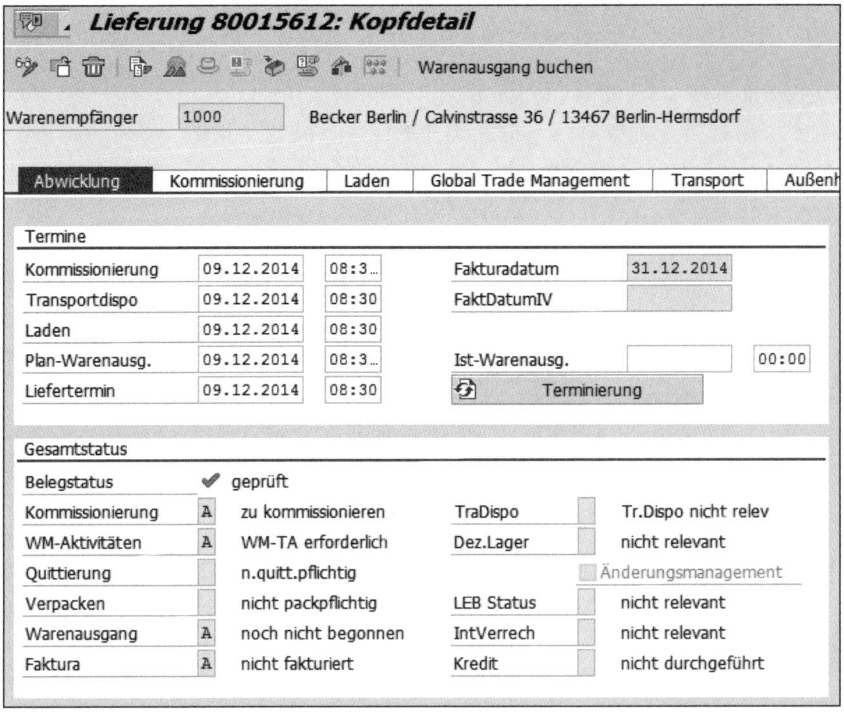

Abbildung 5.42 Kopfdetail zur Lieferung in SAP ERP (Transaktion VL02N – Auslieferung ändern)

Lieferintegration von SAP CRM und SAP ERP

Abbildung 5.43 zeigt den CRM-Kundenauftrag und die dazugehörende ERP-Lieferung, die auf Basis des replizierten Kundenauftrags im ERP-System angelegt wurde. Aus dem CRM-System heraus können Sie sich die ERP-Lieferung direkt anzeigen lassen. Die Datenablage der Lieferung befindet sich dabei in SAP ERP.

Sie haben nun die Belege der Lieferung kennengelernt. Im Folgenden werden wir auf wesentliche Funktionen innerhalb der Lieferabwicklung eingehen.

Routenfindung

Routenfindung in der Lieferung

Im Abschnitt »Versandstellen- und Routenfindung« in Abschnitt 5.3.3 haben wir bereits die Routenfindung im Auftragsfall beschrieben. Zum Zeitpunkt der Liefererstellung können Sie eine nochmalige *Routenfindung* durchführen, um die vorgeschlagenen Routen aus dem Auftrag entweder zu bestätigen oder aufgrund neuer Gegebenheiten neue Routen einzustellen.

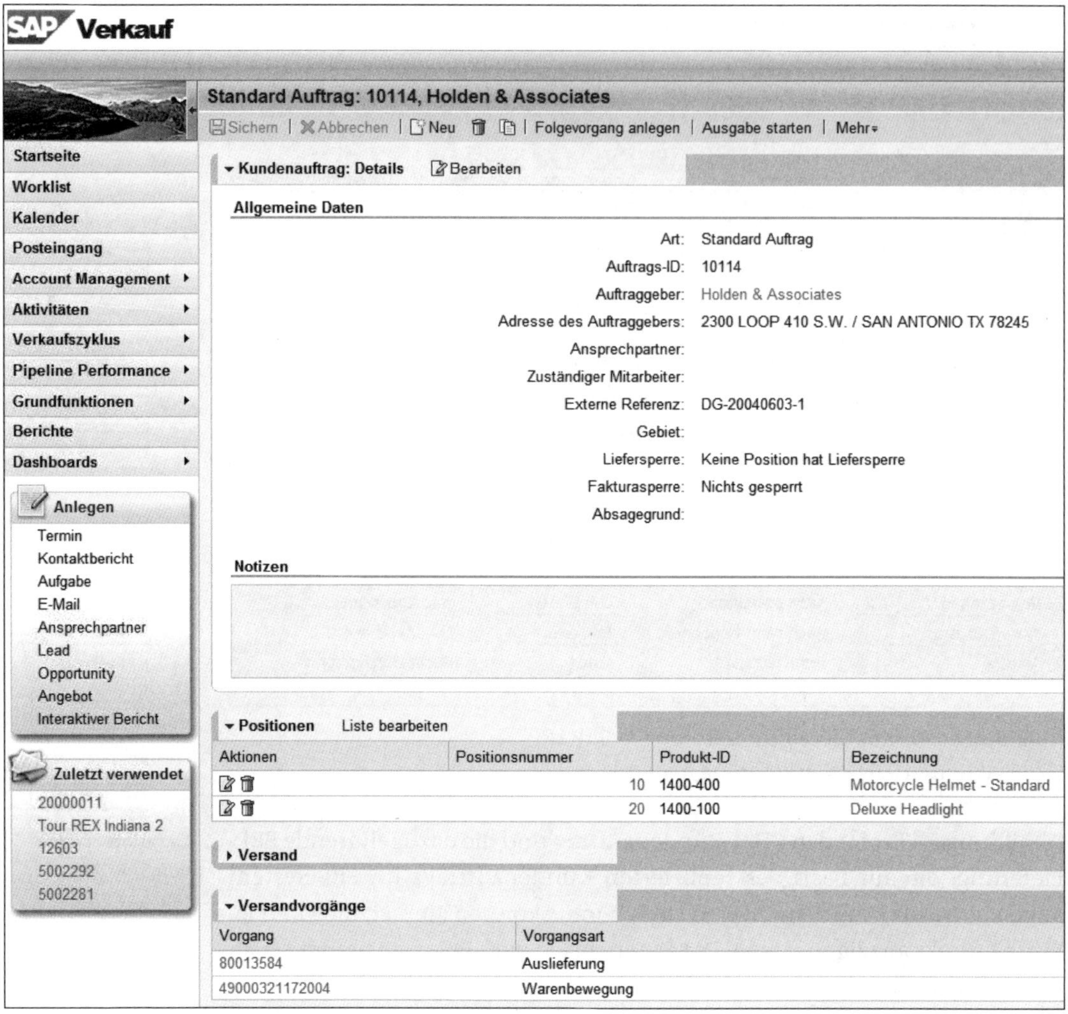

Abbildung 5.43 Lieferintegration von SAP CRM und SAP ERP (Webclient-Anwendung CRM_UIU_BT_SALES_ORDER – Kundenaufträge)

Abbildung 5.44 zeigt Ihnen die Einstellungen zur Routenfindung in der Lieferung unter Berücksichtigung der Versandstelle, der Transportgruppe und der Gewichtsgruppe.

Routenfahrplan

Zusätzlich können Sie *Routenfahrpläne* (siehe Abbildung 5.45) einsetzen. Dabei handelt es sich um einen Fahrplan, der es Ihnen ermöglicht, sich regelmäßig wiederholende Lieferungen von einer Versandstelle zu einem oder mehreren Warenempfängern in einer bestimmten Anfahrtsreihenfolge auf einer festgelegten Route zu steuern. Ein Routenfahrplan enthält dabei im Wesentlichen eine Route, ein Datum und eine Zeit, die Warenempfänger sowie eine Anfahrtsreihenfolge (optional).

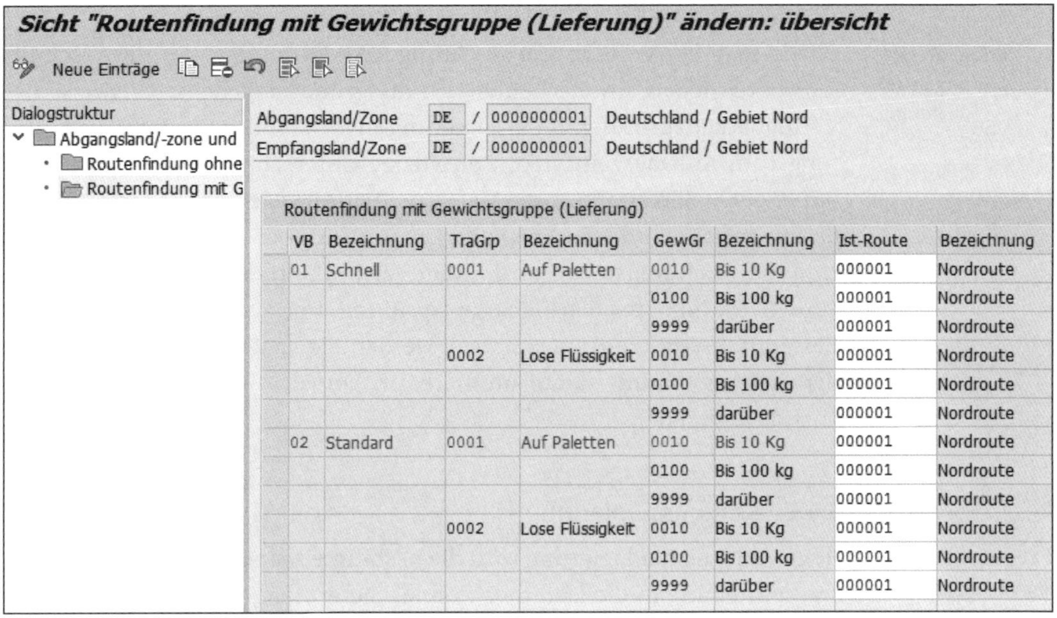

Sicht "Routenfindung mit Gewichtsgruppe (Lieferung)" ändern: übersicht

Neue Einträge

Dialogstruktur
- Abgangsland/-zone und
  - Routenfindung ohne
  - Routenfindung mit G

Abgangsland/Zone DE / 0000000001 Deutschland / Gebiet Nord
Empfangsland/Zone DE / 0000000001 Deutschland / Gebiet Nord

Routenfindung mit Gewichtsgruppe (Lieferung)

VB	Bezeichnung	TraGrp	Bezeichnung	GewGr	Bezeichnung	Ist-Route	Bezeichnung
01	Schnell	0001	Auf Paletten	0010	Bis 10 Kg	000001	Nordroute
				0100	Bis 100 kg	000001	Nordroute
				9999	darüber	000001	Nordroute
		0002	Lose Flüssigkeit	0010	Bis 10 Kg	000001	Nordroute
				0100	Bis 100 kg	000001	Nordroute
				9999	darüber	000001	Nordroute
02	Standard	0001	Auf Paletten	0010	Bis 10 Kg	000001	Nordroute
				0100	Bis 100 kg	000001	Nordroute
				9999	darüber	000001	Nordroute
		0002	Lose Flüssigkeit	0010	Bis 10 Kg	000001	Nordroute
				0100	Bis 100 kg	000001	Nordroute
				9999	darüber	000001	Nordroute

Abbildung 5.44 Routenfindung in der Lieferung in SAP ERP (Customizing)

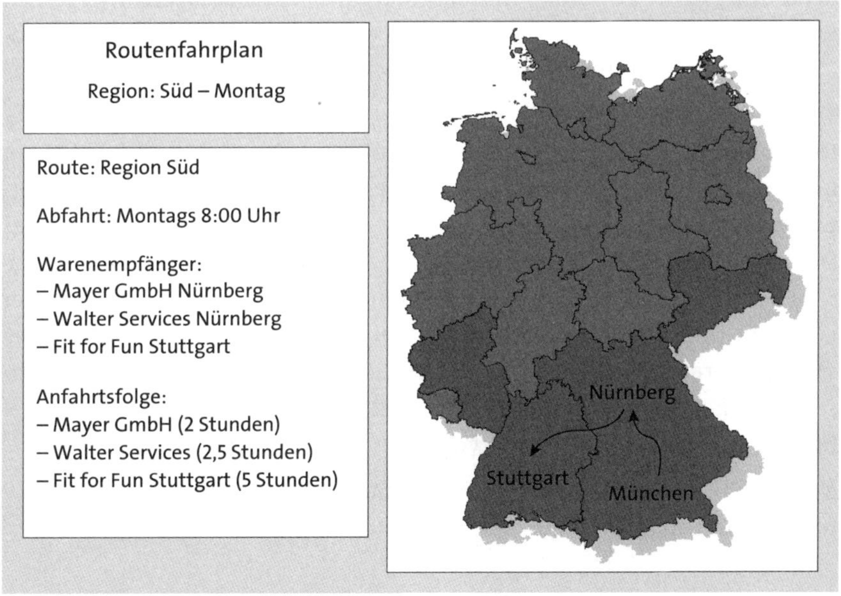

Abbildung 5.45 Routenfahrplan

Verfügbarkeitsprüfung bei Liefererstellung

Verfügbarkeitsprüfung in der Lieferung

Wie bereits in »Verfügbarkeitsprüfung (SAP ERP/SAP APO)« in Abschnitt 5.3.3 beschrieben, unterscheidet sich die grundsätzliche Arbeitsweise der Verfügbarkeitsprüfung in der Lieferung nicht von der Verfügbarkeitsprüfung zum Auftragszeitpunkt. Der einzige Unterschied ist, dass zum Zeitpunkt der Liefererstellung die Materialsituation gegen das Kommissionierdatum geprüft wird. Eine Verfügbarkeitsprüfung bei der Liefererstellung ist sinnvoll, um festzustellen, ob die Materialsituation sich noch so verhält wie zum Zeitpunkt der Verfügbarkeitsprüfung im Auftrag. Sollte sich die Bestandssituation geändert haben, werden Sie spätestens zum Zeitpunkt der Liefererstellung darauf aufmerksam gemacht und können entsprechend reagieren.

5.4.2 Kommissionierung

Kommissionieren im Versandprozess

Beim Anlegen der Lieferung wird die bestätigte Menge aus der Kundenauftragseinteilung in die Lieferposition als Liefermenge übernommen. Diese Menge ist die Vorgabe für die *Kommissionierung*, die in einem Lagersystem erfolgt. Die Daten der Lieferung übergeben Sie an das Lagersystem. Dort findet die physische Kommissionierung statt. Das heißt, die Ware wird gemäß Kommissionierauftrag aus dem Lagerort entnommen, und die kommissionierte Menge wird in die Lieferung zurückgemeldet, was zu einem Update der Kommissioniermenge und des Kommissionierstatus führt.

Kommissionierstatus

Der *Kommissionierstatus* in der Lieferposition gibt Ihnen zu jeder Zeit ein Bild vom Stand der Kommissionieraktivitäten. Als Lagersystem kann entweder WM (SAP ERP), SAP EWM (SAP SCM) oder auch ein Lagersystem eines Drittanbieters angebunden werden. Falls Sie ein SAP-Lagerverwaltungssystem einsetzen, haben Sie automatisch die volle Integration zwischen der Lieferung und dem Lager, das heißt den aktuellen Status der Lagervorgänge in der Lieferung. Die Daten aus der Lieferung werden über die Lagerschnittstelle an das angeschlossene Lagerverwaltungssystem übergeben und stehen dort für die Kommissioniervorgänge zur Verfügung.

Näheres zum Thema Lagerverwaltung finden Sie in Kapitel 7, »Lagerlogistik und Bestandsmanagement«.

5.4.3 Verpacken

Verpacken im Versandprozess

Beim *Verpacken* ordnen Sie im ERP-System derjenigen Lieferposition, die Sie verpacken wollen, ein Packmaterial zu. Der Verpackungsdialog kann auch über ein *RF Device* (Radio-Frequency-Gerät, z. B. einen Scanner) erfolgen, sodass die Funktion des Verpackens auch im operativen Lager ohne Systemzugang bedient werden kann. Die Verpackungsfunktion unterstützt Sie auch bei geschachtelten Verpackungen (z. B. Lieferposition in Karton, Karton auf Palette), die Sie dann für den Transport auf einen Lkw verladen.

Verpackungsmaterial

Da Sie die *Verpackungsmaterialien* (Handling Unit, HU) bestandsmäßig führen können, können Sie auf diese Weise auch die Bestandssituation der Verpackungsmaterialien überwachen (im eigenen Lager und auch bei Kunden oder Frachtführern). Zudem haben Sie die Möglichkeit nachzuvollziehen, in welchem Verpackungsmittel ein Material einer Lieferung geliefert wurde, da die HUs eindeutige Nummern haben.

Verpackungsdialog

Abbildung 5.46 zeigt Ihnen den Verpackungsdialog in der Lieferung. Im Beispiel wird das Material P-100 (Pumpe) mit einer Menge von 10 Stück aus der Lieferung in den Verpackungsdialog übernommen. In diesem Verpackungsdialog markieren Sie das zu verpackende Material und klicken auf den Button (**Verpacken**). Diese Aktion führt dazu, dass Ihnen zulässige Packmaterialien vorgeschlagen werden: im Beispiel das Packmaterial CPF40140 (Palette) mit der HU 110005670000005117 als eindeutiger Identifikation.

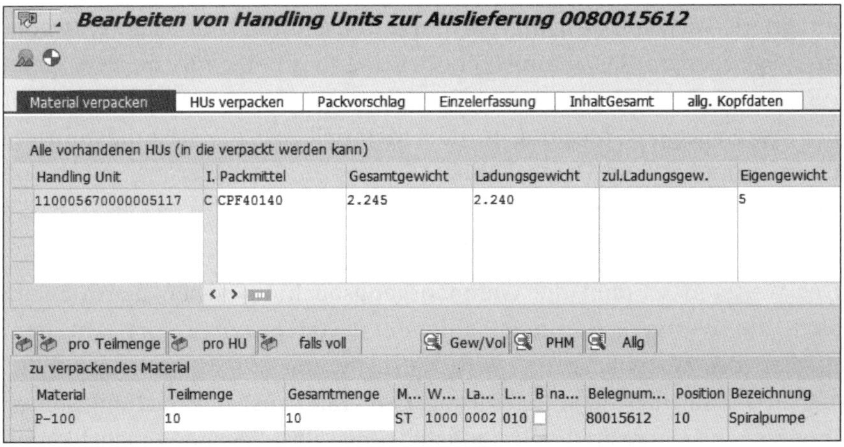

Abbildung 5.46 Verpackungsdialog im Versand in SAP ERP (Transaktion VL02N – Auslieferung ändern)

Das System kann Ihnen vorschlagen, welches Packmittel verwendet werden soll. Sie haben aber auch die Möglichkeit, den Packvorschlag manuell zu übersteuern oder manuell Packmaterialien auszuwählen.

5.4.4 Warenausgang

Warenausgang als Abschluss des Versandprozesses

Die *Warenausgangsbuchung* schließt den Versandprozess ab. Das heißt, die Ware verlässt Ihr Unternehmen, und die Bestände werden um die im Warenausgang erfassten Mengen reduziert. In Abbildung 5.47 ist der Warenausgangsprozess schematisch dargestellt.

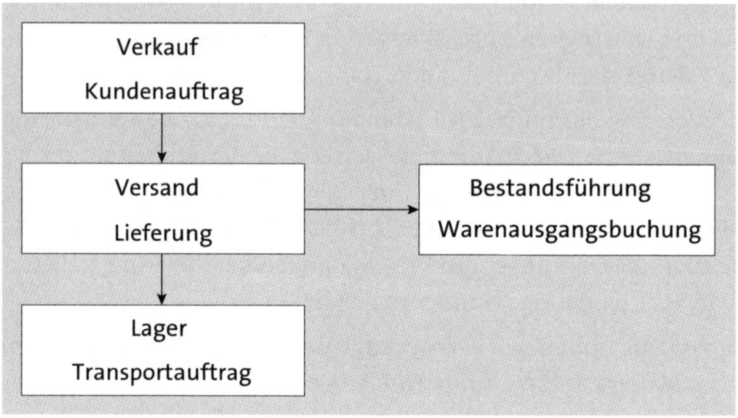

Abbildung 5.47 Warenausgangsprozess in der Lieferung

Integration mit der Bestandsführung

Wie Sie diesem Beispiel entnehmen können, wird basierend auf dem Kundenauftrag eine Lieferung angelegt. Die Lieferung ist das zentrale Element in der Logistikausführung und in das Lager sowie in die Bestandsführung integriert. Die Warenausgangsbuchung zur Lieferung können Sie entweder manuell oder mittels Sammelverarbeitung (das heißt für mehrere Lieferungen gleichzeitig) vornehmen. Die Daten aus der Lieferung werden mit der Warenausgangsbuchung in den Materialbeleg der Bestandsführung übernommen. Diese Daten können Sie nur in der Lieferung selbst und nicht im Materialbeleg ändern. Somit haben Sie sichergestellt, dass die Daten in der Bestandsführung aktuell sind.

Des Weiteren schreibt die Warenausgangsbuchung neben den Mengen auch die Wertveränderungen auf den Bestandskonten fort. Mit dem Buchen des Warenausgangs wird die Lieferung zur Fakturierung fällig. Neben der auftrags- bzw. lieferbezogenen Warenausgangsbuchung stehen Ihnen noch weitere, in der Bestandsführung selbst liegende Möglichkeiten der Warenausgangsbuchung zur Verfügung, die in Kapitel 7, »Lagerlogistik und Bestandsmanagement«, näher beschrieben sind.

Gefahrgutabwicklung

Lagern von Gefahrgut

Für die Beförderung von *Gefahrgut* gelten gesetzliche Bestimmungen, die Sie entsprechend der Art des Gefahrguts einhalten müssen. Zur Beförderung im weitesten Sinne zählen wir hier auch das zwischenzeitliche Lagern der Gefahrgüter in Ihrem Lager, sofern dieses Lager als Gefahrgutlager gekennzeichnet ist. Die Gefahrgutabwicklung im SAP-System erfolgt in der Anwendung *SAP Environment, Health, and Safety Management* (SAP EHS Management). In Abbildung 5.48 ist der Ablauf der Gefahrgutabwicklung skizziert.

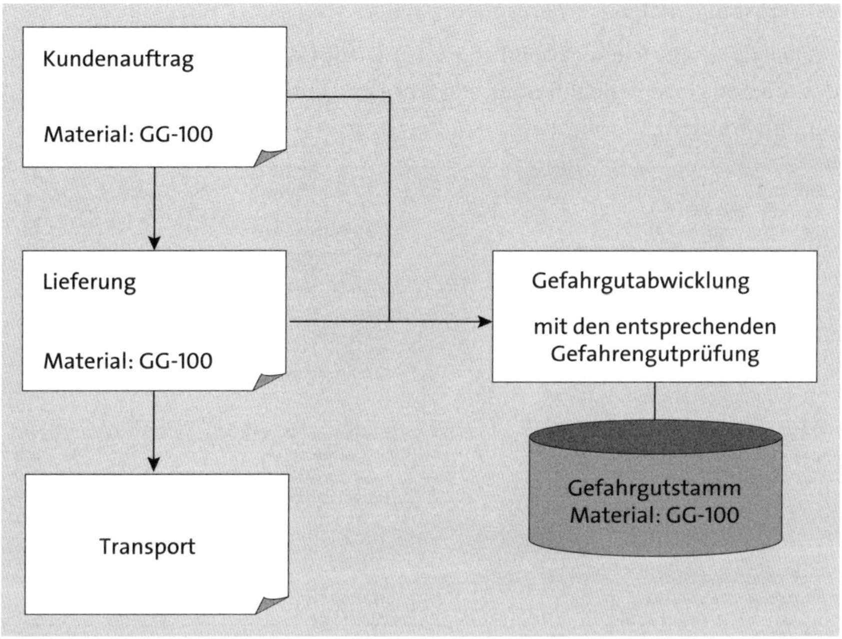

Abbildung 5.48 Gefahrgutabwicklung

Gefahrgutvorschriften

Im Materialstamm können Sie festlegen, ob es sich bei dem Produkt um ein gefahrgutrelevantes Produkt handelt. Sollte das der Fall sein, ordnen Sie dem Material einen *Gefahrgutstamm* zu. In diesem Gefahrgutstamm sind die gesetzlichen Regelungen über sogenannte *Gefahrgutvorschriften* abgebildet. Die Prüfung der Gefahrgutvorschriften erfolgt entweder manuell im Beleg oder beim Sichern des entsprechenden Belegs, hier z. B. der Lieferung. Auf Basis des Materials in der Lieferung wird beim Anstoß der Gefahrgutprüfung erkannt, dass es sich um ein Gefahrgut handelt, und es wird geprüft, ob die entsprechenden Vorschriften eingehalten werden.

Lieferpapiere

Papiere im Versandprozess

In diesem Abschnitt werden wir Ihnen die geläufigsten *Lieferpapiere* vorstellen: Lieferpapiere sind Nachrichten (z. B. Ausdrucke), die auf Basis der Konditionstechnik ermittelt werden. Der Lieferart und/oder der Lieferposition ist ein Nachrichtenschema zugeordnet, das die einzelnen Liefernachrichten enthält. Auf Grundlage dieser Einstellungen können Sie Auslieferpapiere (Lieferschein, Packliste) und Ladepapiere (Ladeliste) erstellen.

Pack- und Ladeliste

Die *Packliste* ist die Liste, die von Ihrem Lager verwendet wird, um die entsprechenden Materialien in der Warenausgangszone zu verpacken. Die *Ladeliste* verwenden Sie, um mehrere Lieferungen zusammenzufassen, die gemeinsam geladen werden sollen.

Lieferschein

Der *Lieferschein* (siehe Abbildung 5.49) ist das abschließende Dokument, das Sie der Ware beilegen oder elektronisch an den Warenempfänger versenden können.

```
Firma                                       Lieferschein
Becker Berlin
Calvinstrasse 36                            Versandinformationen
13467 Berlin-Hermsdorf                      Lieferscheinnr80015612 /
                                            ./-datum        09.12.2014
                                            Bestnr.Kunde/-Ihr Zeichen: 137468
                                            datum
                                            Auftragsnr./- 12605 / 09.12.2014
                                            datum
                                            Kundennummer  1000

Bedingungen                                 Gewichte - Volumen
Versand Standard                            Gesamtgewich                2.805  KG
LieferunCIF Berlin                          Nettogewicht                2.500  KG
                                            Gesamtvolume                7,500  M3

Versanddetails
PositionMaterial                             Menge                  Gewicht
        Bezeichnung
000010  P-100                                  10  ST               2.800  KG
        Spiralpumpe
        Vor Einbau, elektrischen Anschluß oder Inbetriebnahme bitte
        Betriebsanleitungen unbedingt beachten.
        K-123
```

Abbildung 5.49 Lieferschein in SAP ERP

5.4.5 Transport

In diesem Abschnitt befassen wir uns mit den ausgehenden *Transporten* in SAP ERP auf Basis der erstellten Lieferungen.

Transportbeleg

Der *Transportbeleg* (siehe Abbildung 5.50) wird von einer Transportdispositionsstelle erstellt. (Diese entspricht z. B. einer Dispositionsabteilung in Ihrem Unternehmen.) Der Disponent hat umfangreiche Möglichkeiten, um Lieferungen für einen Transportbeleg nach unterschiedlichen Kriterien zu selektieren und in einen Transport zu überführen. Der Transportbeleg bildet dabei eine »Klammer« um die zugeordneten Lieferungen. Sie können individuelle Transportarten (z. B. Straße) einstellen, die Sie in Ihrem Unternehmen bedienen. Im Transportbeleg erfassen Sie zusätzlich den Spediteur (Frachtführer), an den Sie die Transporte (Sendungen) übergeben. Der Transportbeleg hat eine umfangreiche Statusverwaltung, um die Abfertigung des Transports zu überwachen.

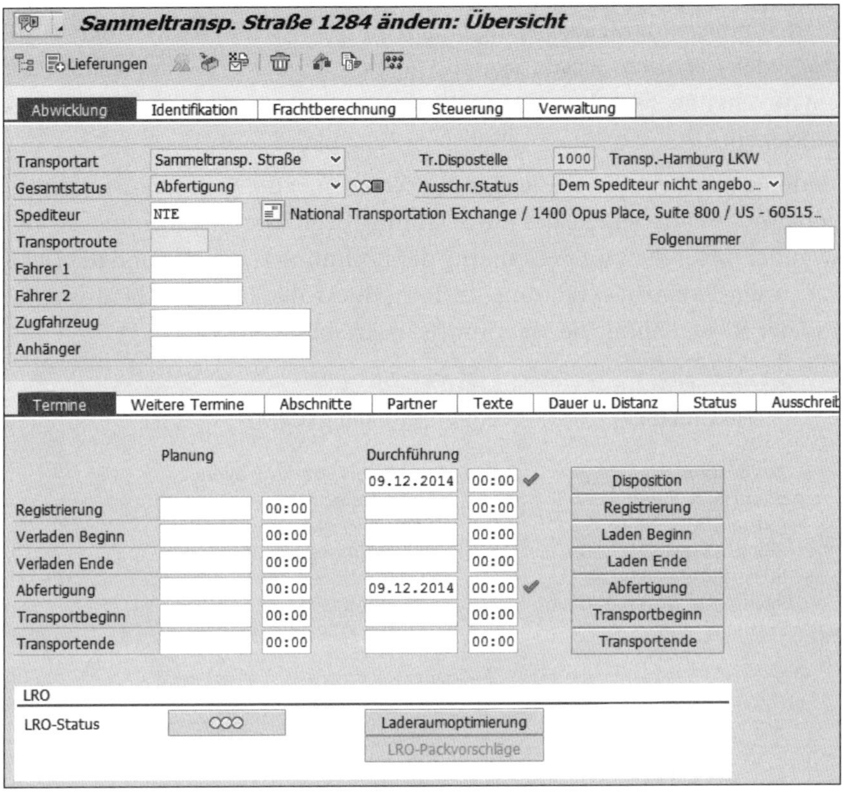

Abbildung 5.50 Transportbeleg in SAP ERP (Transaktion VT02N – Transport ändern)

Frachtkosten im Transport

Auf der Basis des Transportbelegs können Sie die *Frachtkosten*, die mit einem bestimmten Spediteur für den Transport anfallen, im Frachtkostenbeleg berechnen lassen und auf dieser Basis die Abrechnung mit dem Spediteur nach dem klassischen Verfahren (kreditorische Rechnung) oder nach dem Gutschriftverfahren abwickeln. Die Werte des Frachtkostenbelegs können Sie zusätzlich in die Lieferungen rückverteilen, um auf dieser Basis die angefallenen Frachtkosten an Ihren Kunden abzurechnen. Die Frachtkosten werden, wie die Verkaufspreise, auf Basis eines Kalkulationsschemas bei der Preisfindung ermittelt.

Detaillierte Informationen zum Thema *Transport in SAP ERP und/oder SAP SCM (TP/VS oder TM)* finden Sie in Kapitel 6, »Transportlogistik«.

5.5 Fakturierung

Mit der *Fakturierung* schließen Sie den logistischen Prozess ab und stellen die Rechnung an Ihren Kunden. Eine Rechnung kann sowohl aus dem ERP-System als auch aus dem CRM-System (*CRM Billing*) heraus erstellt werden. Die Grundlage für die Rechnung bilden die logistischen Belege *Kundenauftrag* oder *Lieferung*. Sobald Sie eine Rechnung erstellt haben, werden der entsprechende Belegfluss, das Rechnungswesen und die Statistiken fortgeschrieben.

Rechnungsempfänger und Regulierer

Derjenige, an den Sie die Rechnung schicken, wird *Rechnungsempfänger* genannt, und derjenige, der die Rechnung begleicht, heißt *Regulierer*. Der Regulierer ist somit für die Zahlung der Rechnung zuständig und der Debitor in der Finanzbuchhaltung. An ihn schickt die Finanzbuchhaltung im Fall der Nichtzahlung die Mahnung (siehe Abbildung 5.51).

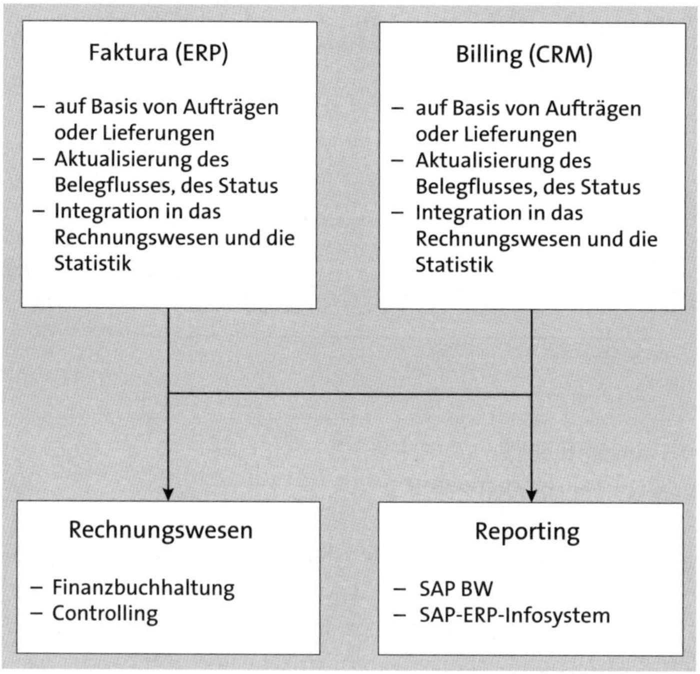

Abbildung 5.51 Fakturierung

Rechnungsformen

Als mögliche *Rechnungsformen* stehen Ihnen im System die auftrags- und lieferbasierte Rechnung, Gut- und Lastschriften zur Verfügung, etwa für eine Gutschrift wegen Mängeln oder eine Lastschrift wegen Nachforderungen. In der Faktura werden im Fall von Bonusvereinbarungen, die Sie mit Kunden, Partnern oder Mitarbeitern (z. B. Vertriebsaußendienst) getroffen haben, die entsprechenden Beträge ermittelt und für eine spätere Bonusauszahlung zurückgestellt. Im Übrigen verfügt die Faktura im Wesentlichen über die gleichen Grundfunktionen wie der Kundenauftrag. Sie können also einstellen, wie sich z. B. die Preisfindung im Fall der Rechnungserstellung verhalten soll – das heißt, ob die Preise aus dem Kundenauftrag übernommen und Steuern neu berechnet werden sollen oder ob z. B. eine komplett neue Preisfindung durchlaufen werden soll.

Dies ist ein Szenario, das Sie entsprechend Ihren betrieblichen Anforderungen individuell einstellen können. Im Übrigen ist die Fakturierung ebenfalls in die Organisationsstrukturen des Verkaufs eingebunden. Das heißt, Sie können aus einem Vertriebsbereich die Rechnungsstellung anstoßen.

5.5.1 Fakturabearbeitung

Bezugsquellen einer Rechnung

Die Rechnung kann, wie bereits erläutert, auf Basis eines Kundenauftrags (z. B. Dienstleistungsauftrags), einer Lieferung oder eines Vertrags (z. B. eines Mietvertrags mit periodischer Fakturierung) in SAP ERP erstellt werden.

Kopiersteuerung

Die Daten aus den jeweiligen Vorgängerobjekten (Auftrag oder Lieferung) werden mithilfe der *Kopiersteuerung*, die Sie individuell einstellen können, in die Rechnung übernommen. Sie können mehrere Vorgängerobjekte, z. B. Lieferungen, in eine Sammelrechnung überführen, sofern die Kriterien dies zulassen.

Fakturaart

Die Rechnung besteht aus Kopf- und Positionsdaten und verfügt über wesentliche Grundfunktionen, wie Partner-, Preis-, Nachrichten- und Textfindung (siehe Abbildung 5.52). Wie im Verkaufsprozess gilt auch im Rechnungsprozess, dass unterschiedliche Abrechnungsprozesse im Unternehmen vorkommen können. Das SAP-ERP-System kann hierzu entsprechend eingestellt werden. Die *Fakturaart* steuert dabei die Verarbeitung von Rechnungen, Gut- und/oder Lastschriften, Stornos und vielem mehr.

Möglichkeiten der Rechnungserstellung

Sie haben zwei Möglichkeiten der *Rechnungserstellung*: entweder manuell oder über einen Sammellauf. Voraussetzung für die Erstellung einer Rechnung ist, dass der bzw. die Vorgängerbelege vollständig abgearbeitet sind und der Rechnungsindex fortgeschrieben wurde. Der Rechnungsindex wird z. B. bei der Warenausgangsbuchung erstellt, wodurch die Lieferung für die Rechnungsstellung freigegeben wird. Sie haben zusätzlich die Möglichkeit, erstellte Rechnungen in Rechnungslisten zusammenzufassen, falls Ihr Kunde z. B. monatliche Rechnungen mit Ihnen vereinbart hat. Durch die nahtlose Integration in das Rechnungswesen (Finanzbuchhaltung und Controlling) werden mit dem Sichern der Rechnung die entsprechenden

Konten für Forderungen, Umsatzerlöse, Erlösschmälerungen und Steuern im Rechnungswesen fortgeschrieben. Ebenfalls fortgeschrieben wird das Reporting in SAP BW oder in SAP ERP.

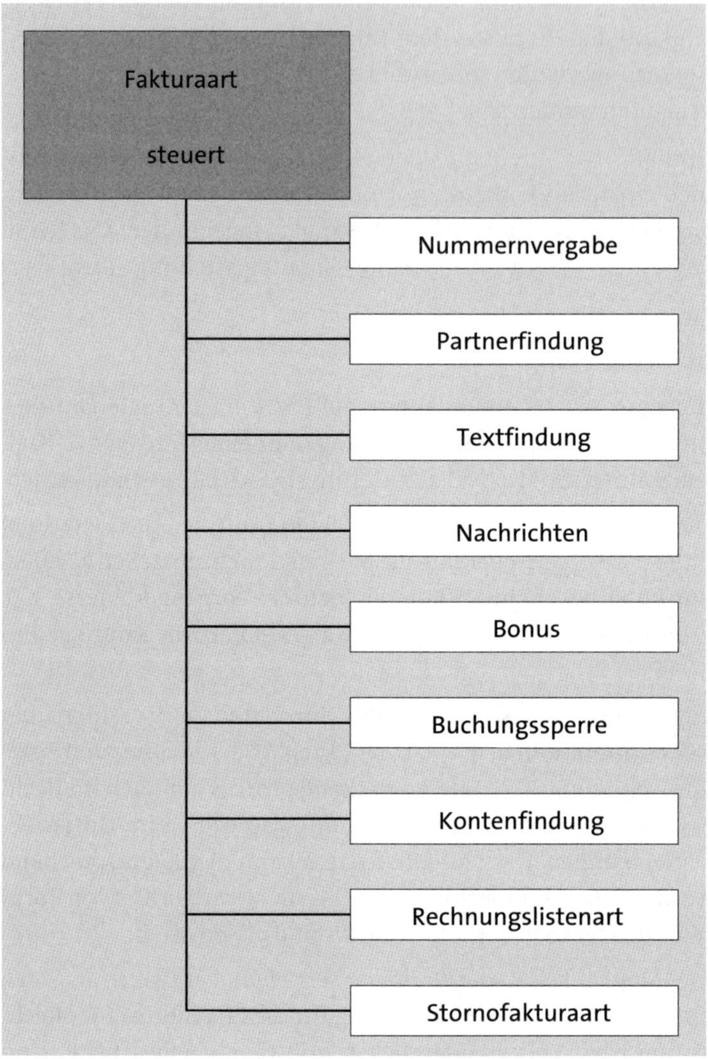

Abbildung 5.52 Fakturaart und deren Steuerung

Fakturierungsmöglichkeiten in SAP ERP

In Abbildung 5.53 sehen Sie eine Rechnung in SAP ERP. Dort sehen Sie das **Kopfdetail** der Rechnung mit den Buchhaltungs- und Preisdaten sowie den Steuern und allgemeinen Informationen (z. B. zum Vertriebsbereich).

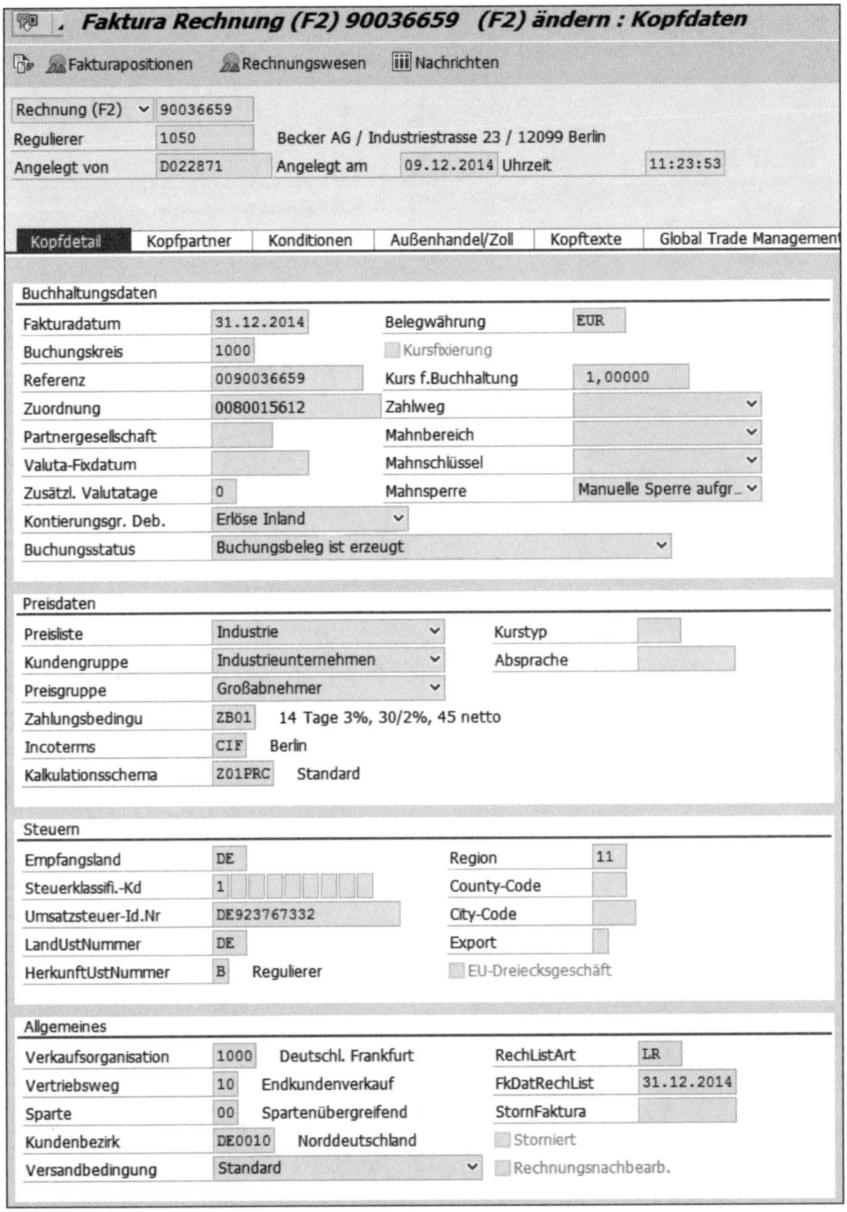

Abbildung 5.53 Faktura in SAP ERP (Transaktion VF02 – Faktura ändern)

Abbildung 5.54 zeigt eine Rechnung aus SAP CRM (CRM Billing). Dort sehen Sie die Details zur Faktura mit den Verarbeitungsdaten, Terminen, Liefer- und Zahlungsbedingungen, die Preisinformation, die Rechnungsposition und referenzierte Vorgänge.

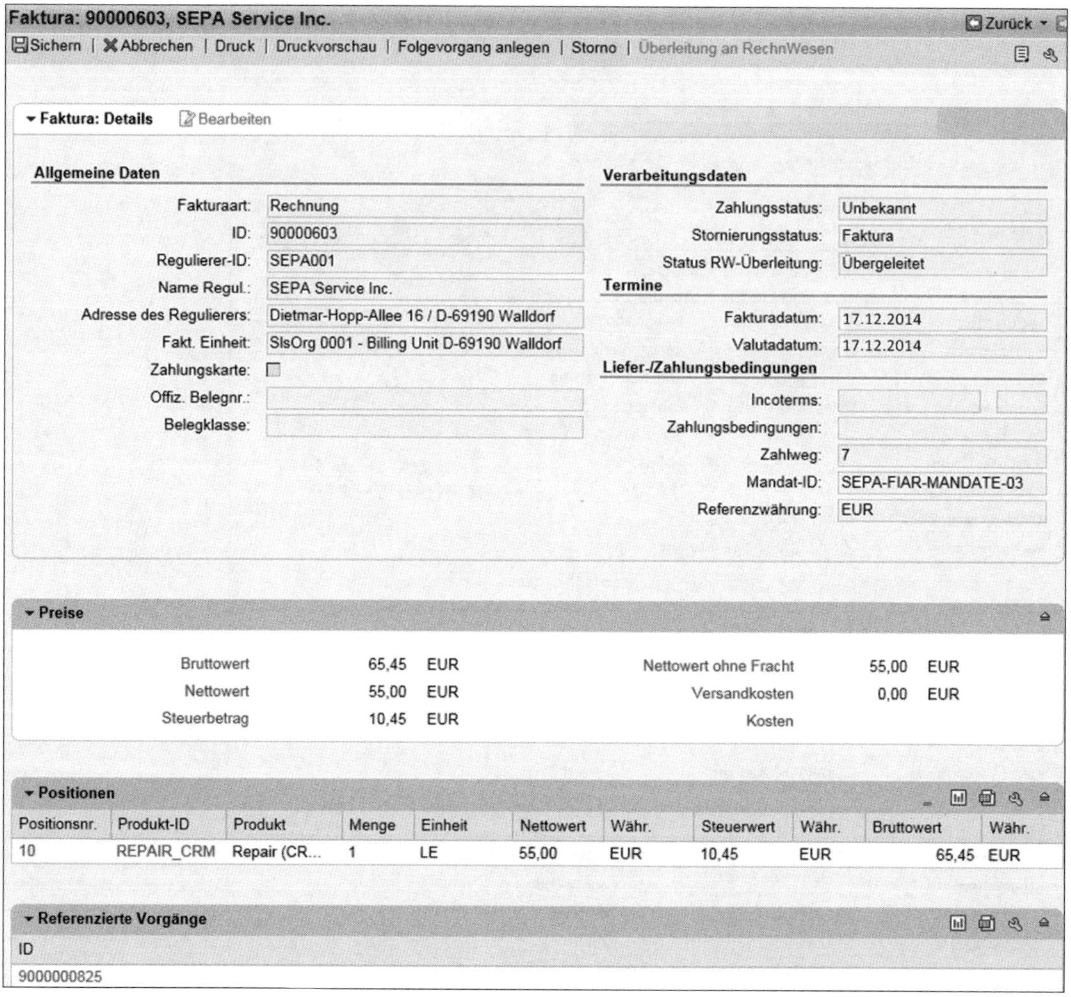

Abbildung 5.54 Faktura in SAP CRM
(Webclient-Anwendung CRM_UIU_BEA_BEABD – Kundenrechnung)

Wie bei allen anderen Belegen, die Sie im System erstellen, bietet auch die Fakturierung die Möglichkeit, mithilfe der Nachrichtentechnik Druckpapiere zu definieren. Der Fakturaart ist ein entsprechendes Nachrichtenschema zugeordnet, das die einzelnen Nachrichten (z. B. Rechnung) enthält. Ein Beispiel für den Rechnungsdruck ist in Abbildung 5.55 zu sehen.

IDES Holding AG, Postfach 16 05 29,
D-60070 Frankfurt/M

Firma
Becker Berlin
Calvinstrasse 36
13467 Berlin-Hermsdorf

Rechnung
Wiederhohlungsdruck
Nummer/Datum
90036659 / 31.12.2014
Referenznummer/Datum
Ihr Zeichen: 137468
Lieferscheinnr./Datum
80015612 / 09.12.2014
Auftragsnummer/Datum
12605 / 09.12.2014
Kundennummer
1050
Ihre Steuernr.
DE923767332
Unsere Steuernr.
DE123456789

Bedingungen — Währung EUR
Zahlungsbedingungen Bis zum 14.01.2015 erhalten Sie 3,000 % Skonto
Bis zum 30.01.2015 erhalten Sie 2,000 % Skonto
Bis zum 14.02.2015 ohne Abzug
Lieferbedingungen CIF Berlin

Gewichte (Brutto/Netto) - Volumen - Markierung
Bruttogewicht 2.800 KG Nettogewicht 2.500 KG
Volumen 7,500 M3

Pos.	Material	Bezeichnung		
	Menge	Preis	Preiseinheit	Wert
000010	P-100	Spiralpumpe		
	Kundenartikelnummer K-123			
	10 ST	2.600,00 EUR	1 ST	26.000,00

Vor Einbau, elektrischen Anschluß oder Inbetriebnahme bitte
Betriebsanleitungen unbedingt beachten.

Summe Positionen			26.000,00
Ausgangssteuer	19,000 %	26.000,00	4.940,00
Endbetrag			30.940,00
Skontofaehiger Betrag			30.940,00

Friedrich-Wagner-Straße 16 · D-60318 Frankfurt/M · Postfach 16 05 29
D-60070 Frankfurt/M · Telefon (0 69) 99-0 · Telefax (0 69) 99 12 77 ·
Internet: IDESAG@SAP-AG.COM

Abbildung 5.55 Rechnungsdruck in SAP ERP

5.5.2 Gutschriftverfahren

Automatisierte Zahlung

Im Unterschied zur normalen Gutschrift, bei der Sie Ihrem Kunden z. B. für mangelhafte oder unvollständig gelieferte Ware eine Gutschrift erstellen und den Gutschriftbetrag auszahlen, ist das *Gutschriftverfahren* eine Vereinbarung, die Sie mit Ihren Lieferanten treffen können. Bei diesem Verfahren warten Sie nicht auf die Lieferantenrechnung, sondern schreiben dem Lieferanten den Betrag gut. Das Gutschriftverfahren können Sie entweder in Papierform oder elektronisch (z. B. per Electronic Data Interchange, EDI) durchführen. Ihr Lieferant gleicht dann auf der Basis der von Ihnen übermittelten Informationen seine Forderungen ab.

Ablauf des Gutschriftverfahrens

Der Vorteil des Gutschriftverfahrens besteht darin, dass Sie – sofern die Gutschriften korrekt sind – keine Lieferantenrechnungen erhalten und somit die Eingangsrechnungsprüfung in Ihrem Unternehmen entfallen kann. In Abbildung 5.56 ist der Ablauf des Gutschriftverfahrens schematisch dargestellt.

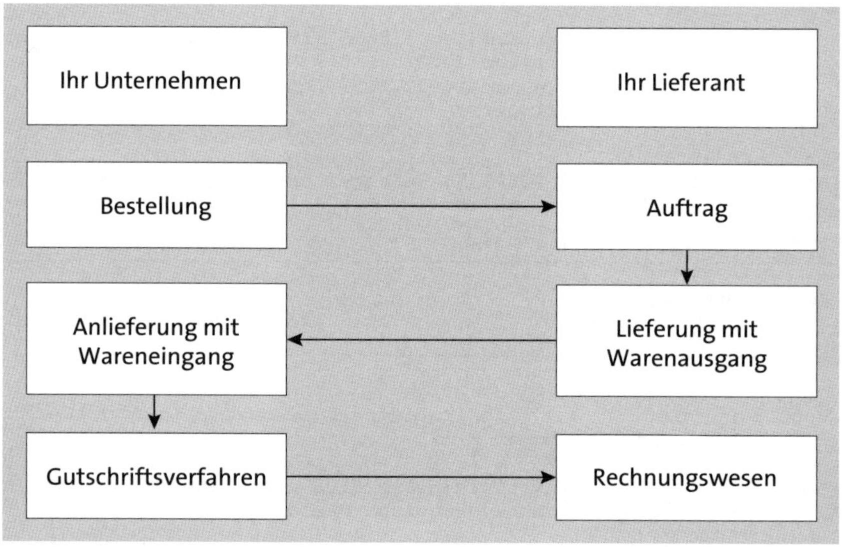

Abbildung 5.56 Gutschriftverfahren

5.5.3 Rechnungsliste

Zusammenfassen von Einzelrechnungen

Mit der *Rechnungsliste* (siehe Abbildung 5.57) können Sie, sofern mit Ihrem Kunden vereinbart, mehrere Rechnungen, Gut- und/oder Lastschriften zusammenfassen und diese z. B. periodisch an Ihren Kunden versenden.

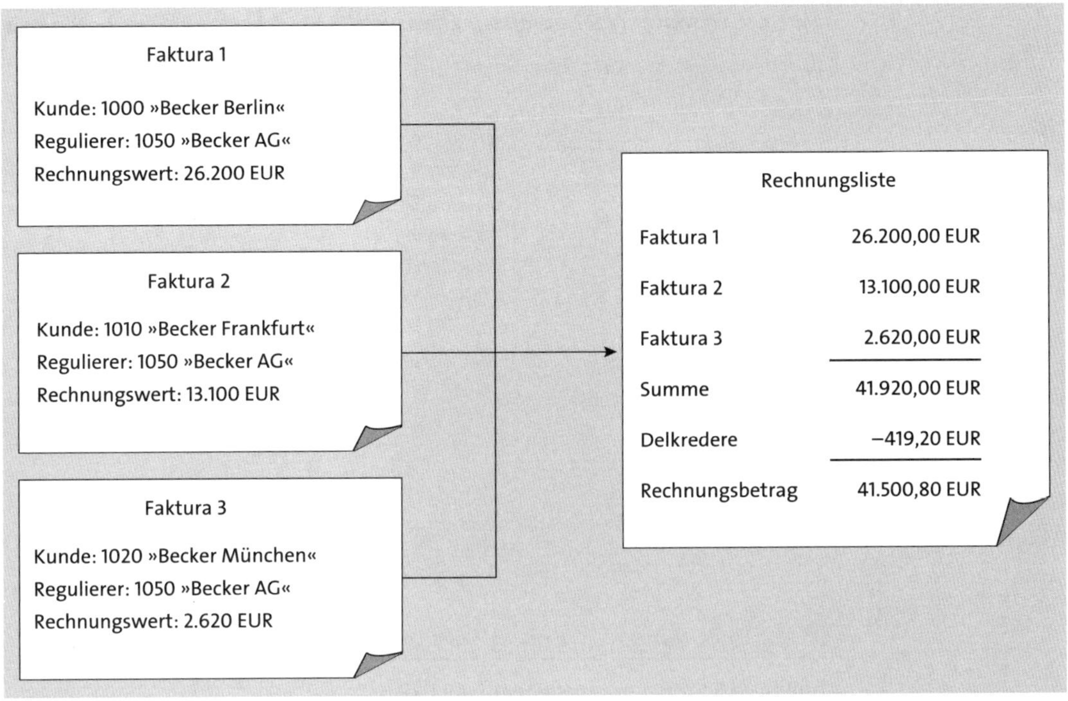

Abbildung 5.57 Funktionsweise der Rechnungsliste

Einsatzmöglichkeiten der Rechnungsliste

Rechnungslisten werden häufig bei der Fakturierung an Einkaufsverbände genutzt. Das heißt, eine zentrale Einheit (Zentrale) reguliert die Rechnungen ihrer Filialen. Die Zentrale erhält z. B. eine monatliche Rechnungsliste, auf der alle einzelnen Filialrechnungen des genannten Zeitraums enthalten sind, und kann auf dieser Basis die Regulierung der Forderung anstoßen. Ihr Kunde kann mit Ihnen ein *Delkredere* (Garantie für die Zahlungsfähigkeit) vereinbaren. In der Regel wird dieses Delkredere prozentual vom Rechnungswert abgezogen, da der Zentralregulierer die Garantie für die Zahlung im Namen des eigentlichen Schuldners (hier die Filiale) übernimmt und er sich dies vergüten lassen will. Der Vorteil für Ihr Unternehmen besteht darin, dass die Zahlung der Schuld garantiert ist. Darüber hinaus ist die Rechnungsliste ein übersichtliches Instrumentarium für die Zentrale, um einen Überblick über den Filialeinkauf zu haben.

Rechnungsliste in SAP ERP

Abbildung 5.58 zeigt Ihnen eine Rechnungsliste an den Regulierer 1050 (Becker AG) mit einer Faktura 90036659 des Kunden 1000 (Becker Berlin) mit einem Nettowert von 26.000 EUR. In diesem Fall wird das Delkredere (VGL-Konditionen und Steuerkonditionen) in Höhe von 10 % sowohl auf den Nettowert als auch auf den Steuerbetrag berechnet.

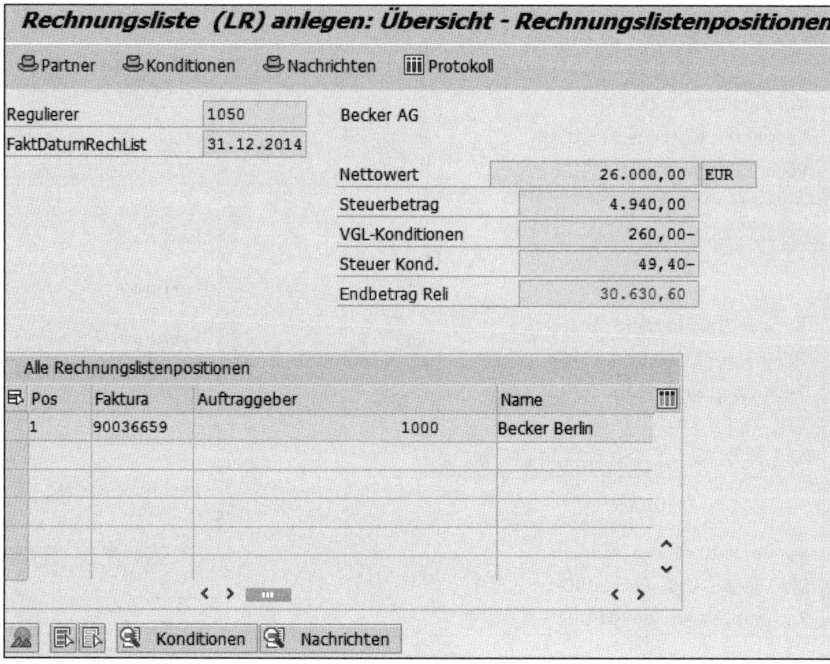

Abbildung 5.58 Rechnungsliste in SAP ERP (Transaktion VF21 – Rechnungsliste anlegen)

Eine Rechnungsliste kann beliebig viele Einzelrechnungen enthalten. Der Zentralregulierer erhält hiermit zu bestimmten Terminen, die Sie in einem Kundenkalender definieren, eine Rechnungsliste, die die entsprechenden Einzelrechnungen beinhaltet. Damit verfügt der Zentralregulierer über ein übersichtliches Instrumentarium zur Fakturierung aus Lieferung und Leistung seiner angeschlossenen Unternehmen und erhält einen Überblick über ausstehende Zahlungen im Verbund.

5.5.4 Fakturierungsplan

Abrechnung periodischer Leistungen

Im Kundenauftrag können Sie einen *Fakturierungsplan* hinterlegen. Das ist dann sinnvoll, wenn Sie an Ihre Kunden periodische Leistungen abrechnen. Im ERP-System haben Sie die Möglichkeit, die Teilfakturierung (z. B. nach Auftragsfortschritt im Projektgeschäft) und die periodische Fakturierung (z. B. für Mietverträge) zu nutzen.

Fakturierungsplanarten

In Abbildung 5.59 sind die entsprechenden *Fakturierungsplanarten* mit ihren Zusammenhängen dargestellt. Sie können zum einen die Teilfakturierung und zum anderen die periodische Fakturierung nutzen.

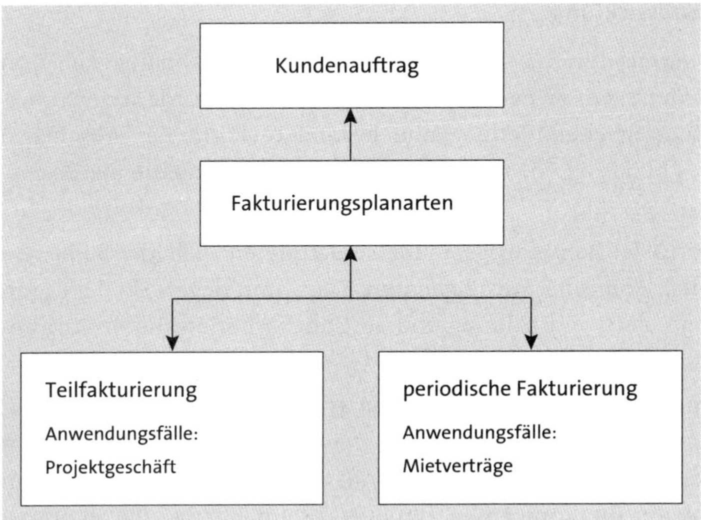

Abbildung 5.59 Fakturierungsplanarten

Teilfakturierung und periodische Fakturierung

Die *Teilfakturierung* verwenden Sie, wenn der Gesamtwert über einzelne Meilensteine abgerechnet wird, z. B. im Projektgeschäft. Die *periodische Fakturierung* kommt zum Einsatz, wenn der zu berechnende Betrag zu einem festgelegten Termin wiederkehrend fakturiert werden soll, z. B. im Mietfall (siehe Abbildung 5.60).

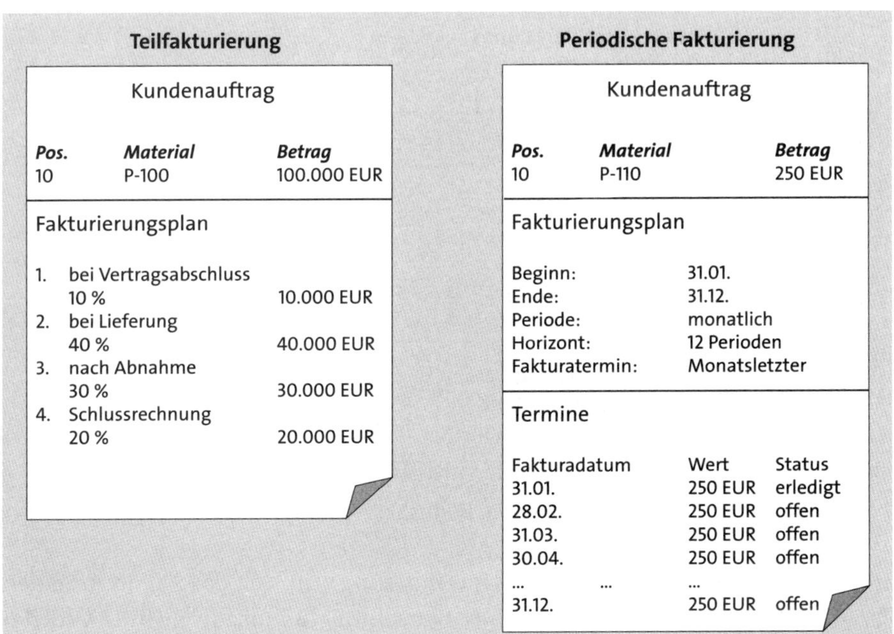

Abbildung 5.60 Teilfakturierung vs. periodische Fakturierung

5.5.5 Bonusabwicklung

Mithilfe der *Bonusabwicklung* können Sie Kunden in Abhängigkeit von dem Umsatz, der in einem definierten Zeitraum erzielt wurde, einen direkten oder nachträglichen Bonus (eine besondere Form des Abschlags) gewähren. In Abbildung 5.61 sind die grundlegenden Elemente der Bonusabwicklung dargestellt.

Bonusvereinbarung

In welcher Form der Bonus ausgestaltet ist, definieren Sie in der *Bonusvereinbarung*, auch *Bonusabsprache* genannt. Dort hinterlegen Sie die Daten zum Empfänger der Bonuszahlung und die Bonuskriterien, die zur Anwendung kommen sollen.

Rückstellung

Bei der Buchung einer Faktura (Rechnung, Gut- und Lastschrift) ermittelt das System aus der Bonusvereinbarung den voraussichtlichen Bonusbetrag und bucht dafür eine *Rückstellung*. Auf der Basis der Rückstellungen hat Ihre Finanzbuchhaltung einen aktuellen Überblick über die zu erwartenden Bonuszahlungen. Am Ende der vereinbarten Periode geben Sie die Bonusvereinbarung zur Abrechnung frei.

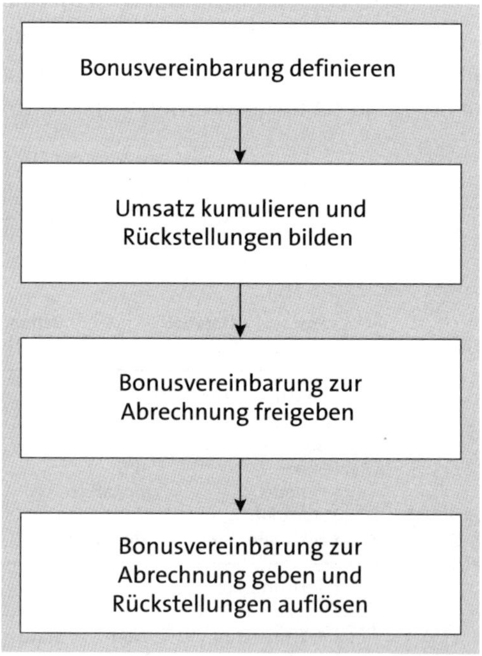

Abbildung 5.61 Übersicht über die Bonusabwicklung

Bonusvereinbarung abrechnen

Bei der Abrechnung der Bonusvereinbarung ermittelt das SAP-System den *Bonusbetrag* und erstellt eine Gutschrift (Bonusgutschrift). Mit der Buchung der Gutschrift werden auch die Rückstellungen in der Finanzbuchhaltung aufgelöst. Die Bonusvereinbarung ist dann erledigt, wenn dem Kunden eine über den gesamten Bonus erstellte Gutschrift übermittelt wurde. Die Findung des Bonus können Sie, wie bei der Preisfindung beschrieben, auf jeder Ebene definieren. Klassische Beispiele sind Boni mit Bezug zu einem Material, zu einem Kunden, zu einer Kundenhierarchie (z. B. Einkaufsverbände) oder zu einer Gruppe von Materialien (z. B. Sortimente).

In Abbildung 5.62 ist der gesamte Ablauf der Bonusabwicklung schematisch dargestellt.

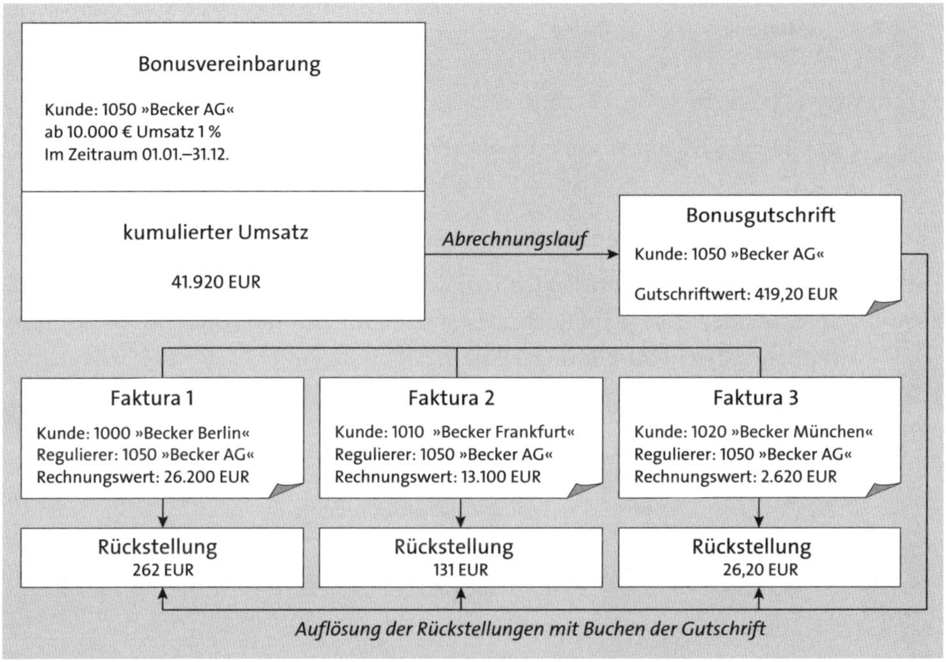

Abbildung 5.62 Ablauf der Bonusabwicklung

5.5.6 Aufwandsbezogene Fakturierung

Abrechnung nach Aufwand

Die *aufwandsbezogene Fakturierung* setzen Sie ein, wenn die Preise für eine erbrachte Leistung nicht als feste Größe im Kundenauftrag eingegeben werden können, sondern sich vielmehr nach Aufwand bestimmen. Typische Beispiele für solche Konstellationen sind Projektgeschäfte, Kundeneinzelfertigungen oder auch Servicegeschäfte.

Solche Aufträge können Sie aufwandsbezogen fakturieren. Das heißt, die Faktura wird basierend auf dem »nachkalkulierten« Kundenauftrag erstellt. Die Funktionsweise der aufwandsbezogenen Fakturierung ist in Abbildung 5.63 dargestellt.

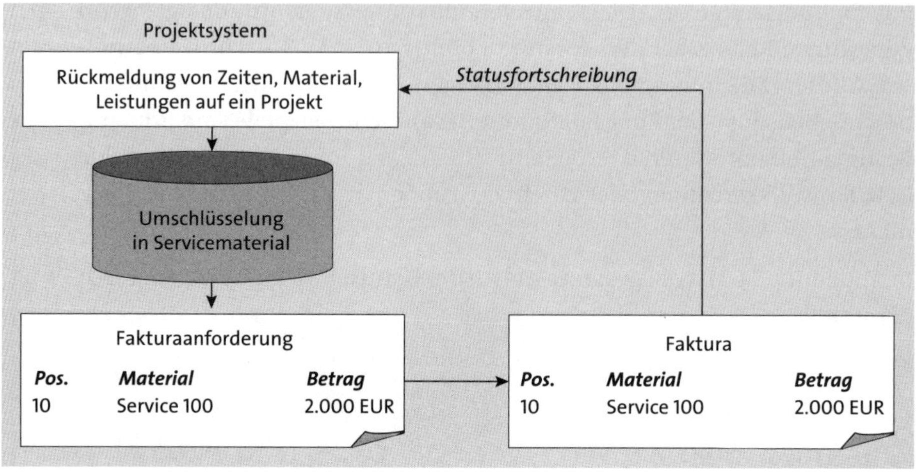

Abbildung 5.63 Ablauf der aufwandsbezogenen Fakturierung

5.5.7 Auswirkungen der Fakturaerstellung

Integration der Faktura

Die von Ihnen erstellte Faktura im Vertrieb bildet die Grundlage für die entsprechenden Belege im Rechnungswesen und für die Fortschreibung anderer Belege (siehe Abbildung 5.64).

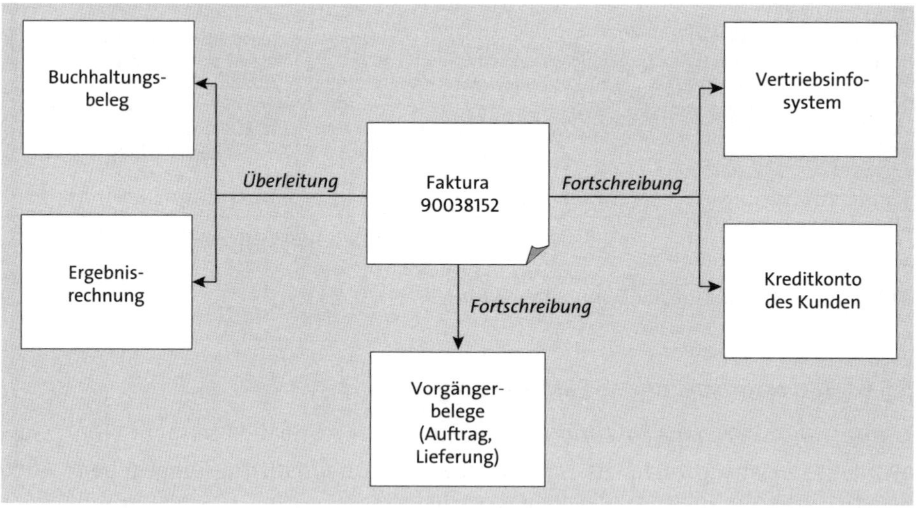

Abbildung 5.64 Auswirkungen der Fakturaerstellung

Die Erstellung der Faktura hat im Rechnungswesen unter anderem zur Folge, dass eine Soll-Buchung auf dem Forderungskonto und eine Haben-Buchung auf dem Erlöskonto des Kunden erstellt werden. Die Daten des Buchhaltungsbelegs basieren auf den Informationen aus der Preisfindung der Faktura. Die Überleitung der Fakturadaten an das Rechnungswesen können Sie so einstellen, dass dies automatisch mit dem Sichern der Faktura geschieht. Die Fortschreibung der anderen Informationen erfolgt ebenfalls mit dem Sichern der Faktura.

In Abbildung 5.65 sehen Sie die im System auf Basis der Faktura erstellten Rechnungswesenbelege.

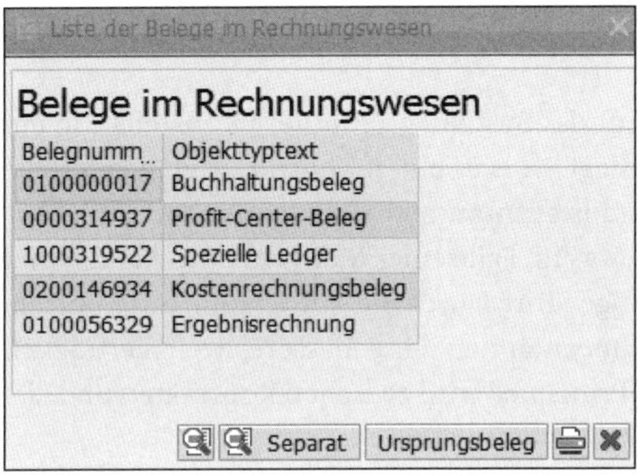

Abbildung 5.65 Rechnungswesenbelege

Im Einzelnen sind die folgenden Belege von Bedeutung:

- **Buchhaltungsbeleg**
  Der Buchhaltungsbeleg in der Finanzbuchhaltung bildet den Nachweis über die wertmäßigen Veränderungen innerhalb Ihres Unternehmens. Diese wertmäßigen Veränderungen können z. B. auf Basis eines Verkaufs durch die Fakturierung erfolgen.
- **Profit-Center-Beleg**
  Der Profit-Center-Beleg im Controlling enthält die Informationen einzelner selbstständiger Bereiche innerhalb Ihres Unternehmens und bildet die Grundlage für die Erfolgsrechnung innerhalb des Profit-Centers.
- **Spezielle Ledger**
  Spezielle Ledger dienen Ihnen dazu, über Werte zu berichten, die aus verschiedenen Applikationen stammen.
- **Kostenrechnungsbeleg**
  Der Kostenrechnungsbeleg sammelt die Kosten und Erlöse eines Geschäftsbereichs, um darauf die Profitabilität zu bestimmen.
- **Ergebnisrechnung**
  In der Ergebnisrechnung werden die Kosten und Erlöse gegenübergestellt, um darauf eine Deckungsbeitragsrechnung aufzubauen.

5.6 Kontrakte und Lieferpläne

Kontraktformen in SAP ERP

Innerhalb der SAP-Verkaufsabwicklung stellen *Kontrakte* und *Lieferpläne* eine besondere Form der Verkaufsbelege dar. Mengen-, Wertkontrakte und Lieferpläne definieren Sie über eigene Verkaufsbelegarten. Über Kontrakte und Lieferpläne können Sie die vertragliche Vereinbarung mit Ihren Kunden abbilden. Sie legen z. B. die in einer Periode (etwa pro Jahr) abzunehmende Menge in einem Kontrakt ab – in diesem Fall in einem Mengenkontrakt.

Bei der Auftragserfassung prüft das System, ob für diese Konstellation ein entsprechender Kontrakt vorliegt. Falls es einen Kontrakt gibt, werden die relevanten Informationen daraus entnommen, und der Kontrakt wird aus dem Auftrag fortgeschrieben, was im Falle eines Mengenkontrakts zu einer Reduzierung der Kontraktmenge führt. Durch die Abwicklung mit Kontrakten können Sie in Ihrem Unternehmen eine bessere, weil vertraglich fixierte Planung vornehmen. Prinzipiell wird zwischen Kontrakten und Lieferplänen unterschieden (siehe Abbildung 5.66).

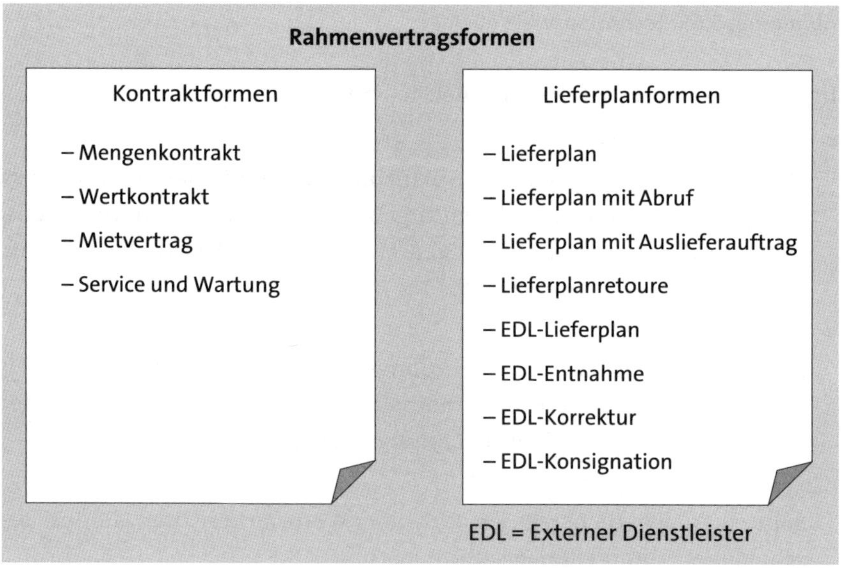

Abbildung 5.66 Vertragsformen

In den folgenden Abschnitten gehen wir näher auf die Vertragsformen Mengenkontrakte, Wertkontrakte sowie Lieferpläne ein.

5.6.1 Mengenkontrakte

Abrufe zu Mengenkontrakten

Mengenkontrakte, eine Form der Kontrakte, nutzen Sie, um für Ihre Kunden festzulegen, welche Mengen eines oder mehrerer Produkte in einer gewissen Periode vertraglich abgenommen werden sollen. Erhalten Sie von Ihrem Kunden einen Auftrag (Kontraktabruf), prüft das System den entsprechenden Kontrakt und schreibt die Abrufmenge auf den Mengenkontrakt fort. Somit haben Sie jederzeit einen Überblick über die vertraglich vereinbarte Menge, den abgerufenen Teil und die Restmenge. Sie können darüber hinaus das System so einstellen, dass beim Erreichen einer bestimmten Menge eine Folgeaktion angesteuert wird, die Sie darauf hinweist, dass der Vertrag in Kürze ausgeschöpft ist und Sie eine Vertragsverlängerung bzw. Neuverhandlung anstoßen sollten.

In Abbildung 5.67 sehen Sie den Mengenkontrakt und die dazu erfassten Aufträge (Abrufe) sowie die jeweiligen Lieferungen. Die Aufträge führen mit den Auftragsmengen zu einer Fortschreibung, also einer Reduktion der Kontraktmenge.

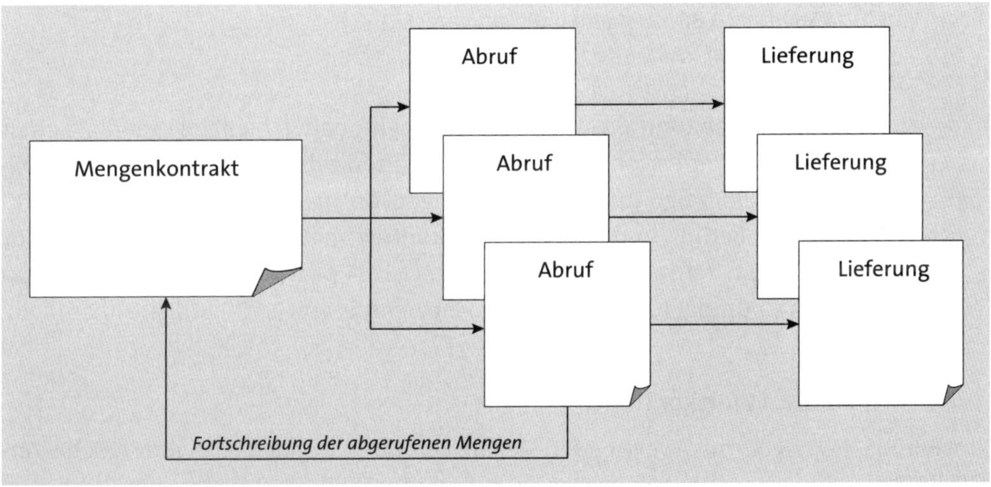

Abbildung 5.67 Abruf zum Mengenkontrakt

In Abbildung 5.68 sehen Sie den Systembeleg des Mengenkontrakts. Ein Mengenkontrakt kann wie ein Kundenauftrag eine oder mehrere Positionen enthalten. Im Unterschied zum Kundenauftrag enthält der Kontrakt noch keine Einteilungen, da Sie diese erst mit den Aufträgen (Abrufen) erfassen. Prinzipiell stehen Ihnen im Mengenkontrakt die gleichen Funktionen wie im Kundenauftrag zur Verfügung.

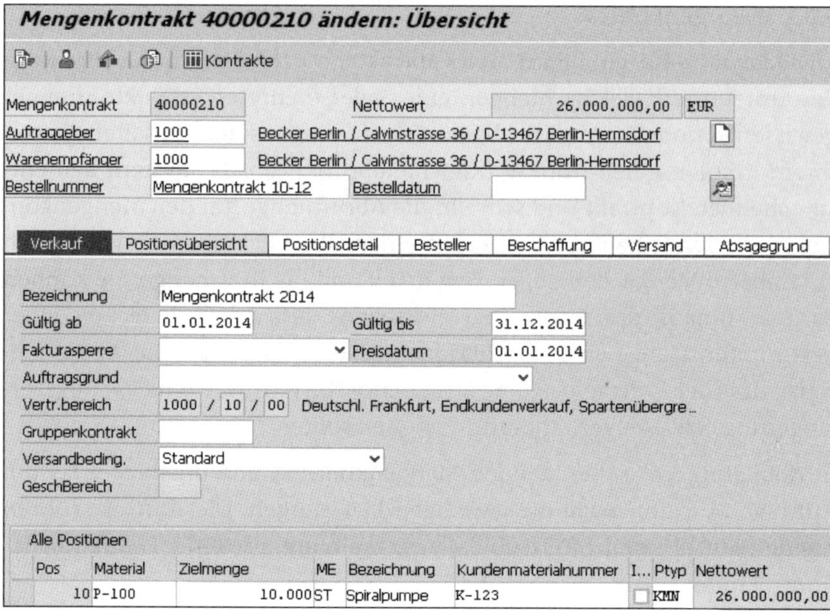

Abbildung 5.68 Mengenkontrakt in SAP ERP (Transaktion VA42 – Kontrakt ändern)

Der Mengenkontrakt enthält die abzunehmenden Mengen innerhalb einer vereinbarten Periode und die vereinbarten Preise. Das Beispiel aus Abbildung 5.68 zeigt Ihnen einen Mengenkontrakt zu Ihrem Kunden 1000 (Becker Berlin). In diesem Mengenkontrakt haben Sie vereinbart, dass Ihr Kunde im Zeitraum 01.01.2014 bis 31.12.2014 plant, von dem Produkt P-100 (Spiralpumpe) 10.000 Stück zum Einzelpreis von 2.600 EUR abzunehmen.

5.6.2 Wertkontrakte

Abrufe zu Wertkontrakten

Wertkontrakte verwenden Sie, um mit Ihren Kunden eine vertragliche Vereinbarung über einen gewissen Wert innerhalb eines definierten Zeitraums zu vereinbaren. Ihr Kunde verpflichtet sich, von Ihnen Produkte und/oder Dienstleistungen bis zu dem vertraglich festgelegten Wert zu beziehen. Abbildung 5.69 zeigt Ihnen die Struktur eines Wertkontrakts.

Abrufberechtigte Partner

Die Abrufe (Aufträge) zum Wertkontrakt können sich auf einzelne Produkte/Dienstleistungen oder auf eine Gruppe von Produkten (z. B. Sortimente) beziehen (siehe Abbildung 5.70). Des Weiteren haben Sie die Möglichkeit, zusätzlich sogenannte *abrufberechtigte Partner* zum Vertrag hinzuzufügen. Das kann insbesondere dann sinnvoll sein, wenn Sie z. B. den Vertrag mit einem Konzernverbund (siehe Abschnitt 5.2.4, »Kundenhierarchien«) geschlossen haben und die Konzerntöchter ebenfalls abrufberechtigt sind.

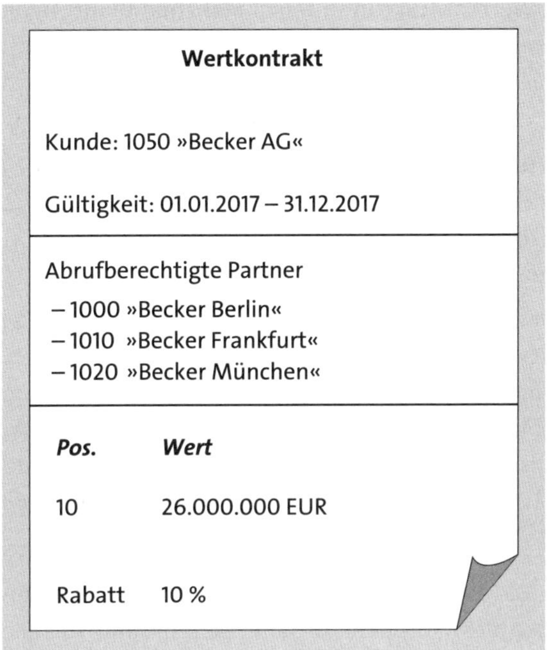

Abbildung 5.69 Struktur des Wertkontrakts

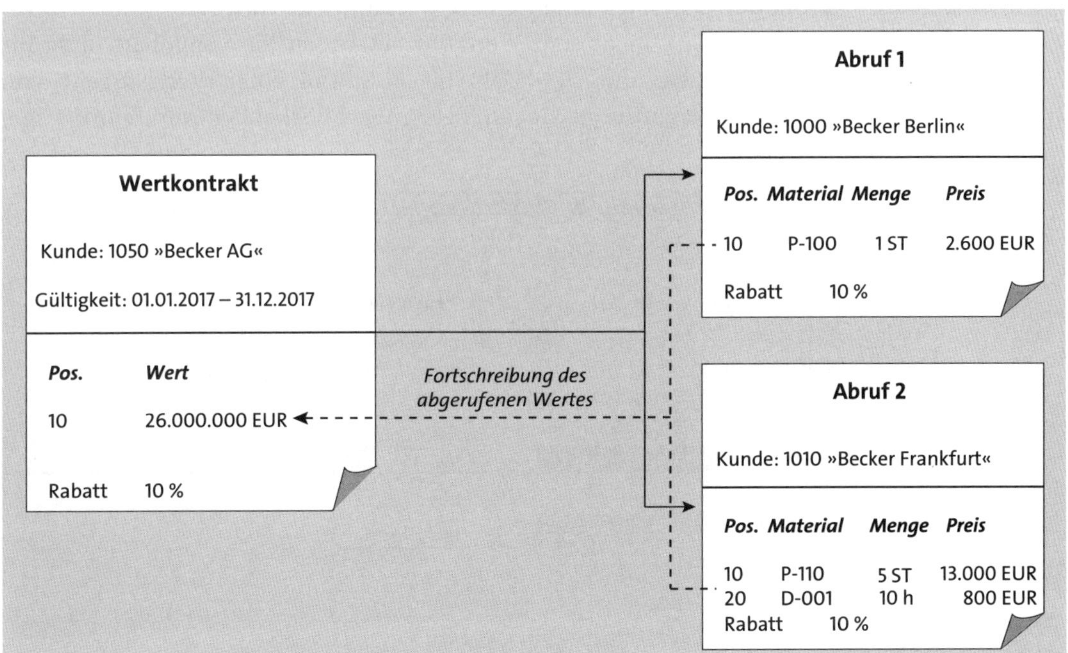

Abbildung 5.70 Abrufe zum Wertkontrakt mit mehreren abrufberechtigten Partnern

Währungen in Wertkontrakten

Sollten die Abrufe zu dem Wertkontrakt in unterschiedlichen Währungen erfolgen, wird die Fortschreibung auf den Wertkontrakt in die Kontraktwährung umgerechnet. Die Fakturierung des Wertkontrakts kann über den Abruf (Auftrag) oder direkt erfolgen:

- **Rechnung über den Abruf**
  Da es sich bei den Abrufen um Kundenaufträge handelt, können Sie diese entweder auftrags- oder lieferbezogen fakturieren (siehe Abschnitt 5.5.1, »Fakturabearbeitung«).
- **Rechnung über den Wertkontrakt**
  Fakturieren Sie den Wertkontrakt, erfolgt dies generell auftragsbezogen. Das heißt, Sie rechnen den Wertkontrakt selbst ab. Falls Sie mit Ihrem Kunden einen Zahlungsplan vereinbart haben, verwenden Sie einen Fakturierungsplan (siehe Abschnitt 5.5.4), um dort die Abrechnungsmodalitäten zu hinterlegen, z. B. mehrere Abrechnungstermine oder anteilige (prozentuale) Werte.

Einzelne Kontrakte können Sie darüber hinaus noch in Gruppenkontrakten zusammenfassen. Die Daten des Gruppenkontrakts gelten dann für alle ihm zugeordneten Kontrakte (Unterkontrakte). Ändern Sie Daten des Gruppenkontrakts, werden diese in die Unterkontrakte übernommen.

Wertkontrakt in SAP ERP

Abbildung 5.71 zeigt Ihnen einen Wertkontrakt zu Ihrem Kunden 1000 (Becker Berlin). In diesem Wertkontrakt haben Sie vereinbart, dass Ihr Kunde im Zeitraum 01.01.2014 bis 31.12.2014 einen Vertragswert von 200.000 EUR abnimmt. Gegen diesen Wert buchen Sie Abrufe (Aufträge) im System.

Abbildung 5.71 Wertkontrakt in SAP ERP (Transaktion VA42 – Kontrakt ändern)

5.6.3 Lieferpläne

Definierte Termine und Mengen festlegen

Der *Lieferplan* wird hauptsächlich in der Zuliefererindustrie verwendet. Im Lieferplan definieren Sie bereits fest definierte Liefermengen und Liefertermine. Daher hat der Lieferplan im Unterschied zu den anderen Kontraktformen bereits Einteilungen, die für die Produktion oder Fremdbeschaffung und für die Liefererstellung verwendet werden. Sind die Einteilungen aus dem Lieferplan fällig, können Sie die Lieferungen entweder direkt oder über den Liefervorrat anlegen (zur Liefererstellung siehe auch Abschnitt 5.4.1, »Lieferabwicklung«).

Das System summiert beim Erfassen der Einteilungen zu einer Position des Lieferplans (siehe Abbildung 5.72) die bereits erfassten Mengen und stellt diese der bereits gelieferten Menge gegenüber. Somit haben Sie jederzeit einen Überblick über die noch offenen Mengen. Falls Ihr Kunde eine periodische Rechnung wünscht (z. B. monatlich), können Sie die für die Fakturierung fälligen Lieferungen in einer Sammelrechnung zusammenfassen.

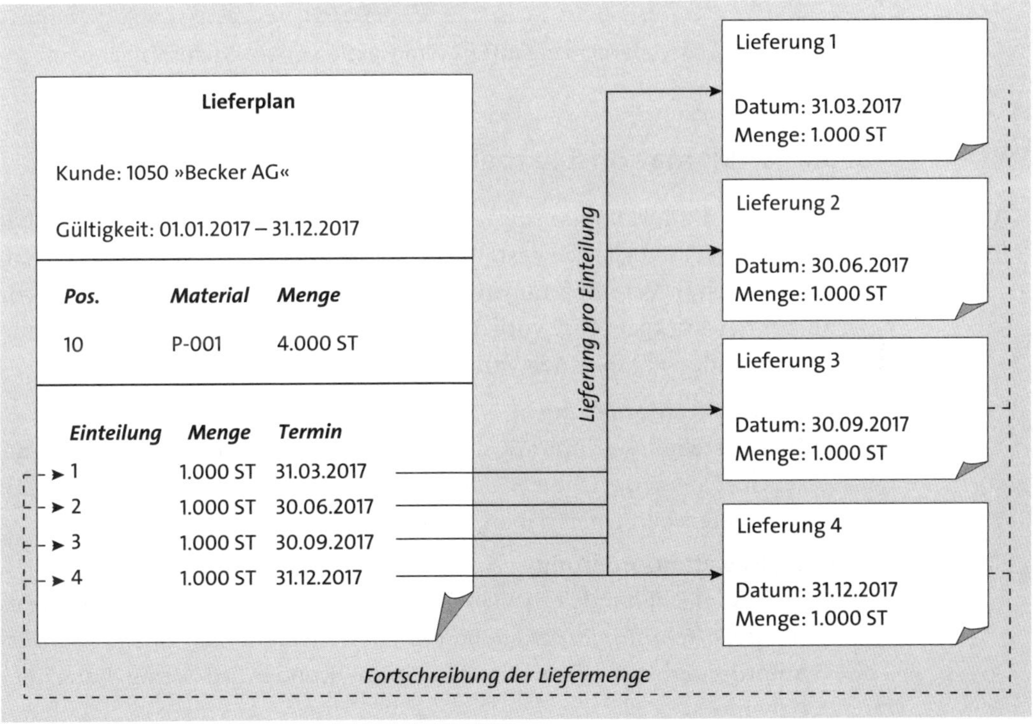

Abbildung 5.72 Lieferplan und zugehörige Lieferungen

Lieferplan in SAP ERP

Abbildung 5.73 zeigt Ihnen einen Lieferplan zu Ihrem Kunden 1000 (Becker Berlin). In diesem Lieferplan haben Sie für die Zeit vom 01.01.2015 bis 31.12.2015 die Lieferung des Materials P-100 (Spiralpumpe) vereinbart.

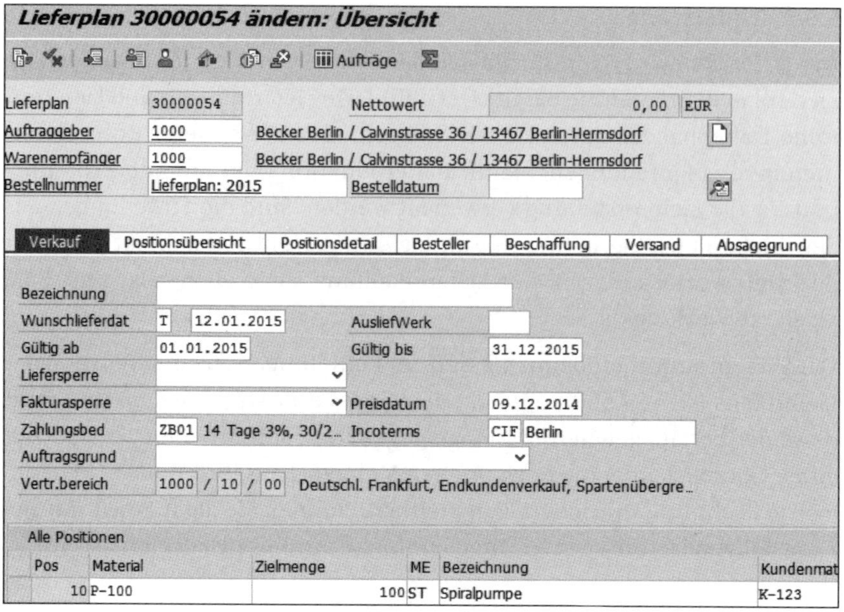

Abbildung 5.73 Lieferplan in SAP ERP (Transaktion VA32 – Lieferplan ändern)

5.7 Reklamationsbearbeitung

Varianten der Reklamationsbearbeitung

Sie nutzen die *Reklamationsbearbeitung*, falls Ihr Kunde fehlerhafte, beschädigte, mangelhafte, falsch bestellte oder falsch gelieferte Ware erhalten hat, die preislichen Vereinbarungen nicht stimmten oder Rücksendungen vor Ablauf der Rückgabefrist vorliegen. Im Fall der Reklamationsbearbeitung unterscheiden wir folgende Varianten:

- **Gutschriftanforderung**
  Hier erstellen Sie Ihrem Kunden quasi ohne Nachweis eine Wertgutschrift. Dies setzen Sie z. B. dann ein, wenn Sie Ihrem Kunden einen falschen Preis berechnet haben.
- **Lastschriftanforderung**
  In diesem Fall handelt es sich um den umgekehrten Sachverhalt, wie er unter *Gutschriftanforderung* beschrieben ist. Sie setzen eine Lastschriftanforderung ein, wenn Sie z. B. Ihrem Kunden zu wenig berechnet haben.
- **Retoure mit kostenloser Nachlieferung oder Gutschrift**
  Eine Retoure legen Sie an, wenn Ihr Kunde die Ware an Ihr Unternehmen zurückschickt. Mit der Retoure dokumentieren Sie den Eingangsprozess

der defekten Ware. Auf der Basis des Retourenbelegs können Sie Ihrem Kunden eine kostenlose Nachlieferung oder eine Wertgutschrift erteilen.

- **Rechnungskorrekturanforderung**
  Bei der Rechnungskorrekturanforderung geben Sie die Menge oder den Preis ein, der hätte berechnet werden sollen. Basierend darauf, ermittelt das System den Differenzbetrag. Ist dieser negativ, wird eine Lastschrift erstellt, sonst eine Gutschrift.

Reklamationsabwicklungsprozesse

In Abbildung 5.74 sind exemplarisch die Prozesse der Reklamationsabwicklung dargestellt.

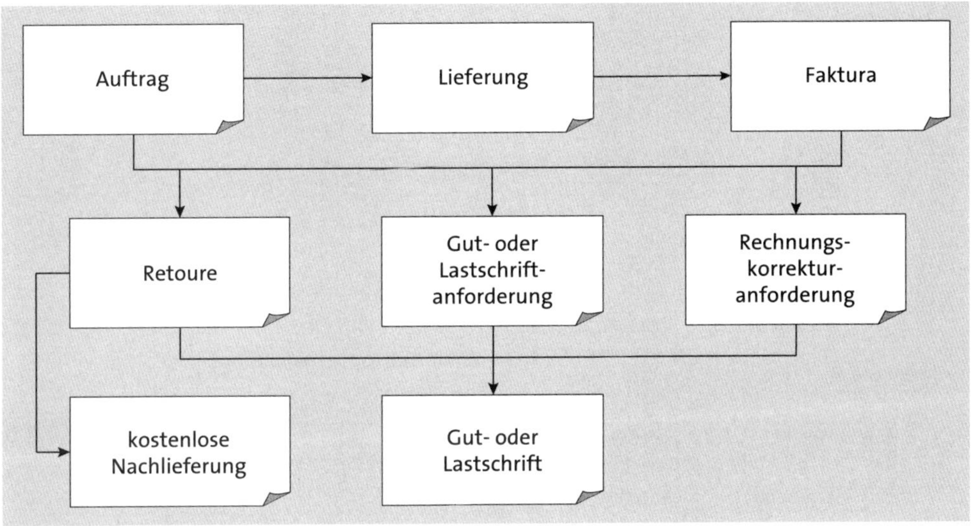

Abbildung 5.74 Prozesse der Reklamationsabwicklung

Die Reklamationsabwicklung können Sie aus dem ERP- oder dem CRM-System heraus anstoßen.

Reklamationsabwicklung in SAP ERP

In Abbildung 5.75 ist die Reklamationsabwicklung in SAP ERP dargestellt. Dort sehen Sie eine Übersicht über die Reklamationsabwicklung. In diesem Fall haben Sie zur Lieferung 80015612 eine Reklamation des Kunden 1050 (Becker AG) zu bearbeiten. Sie erfassen dafür einen Reklamationsbeleg, in dem Sie den Reklamationsgrund dokumentieren.

Abbildung 5.76 zeigt die Reklamationsabwicklung in SAP CRM. Dort sehen Sie die Details zur Reklamation mit den allgemeinen Daten, den Verarbeitungsdaten, Terminen, Kategorien, Bezugsobjekten und relevanten Positionen.

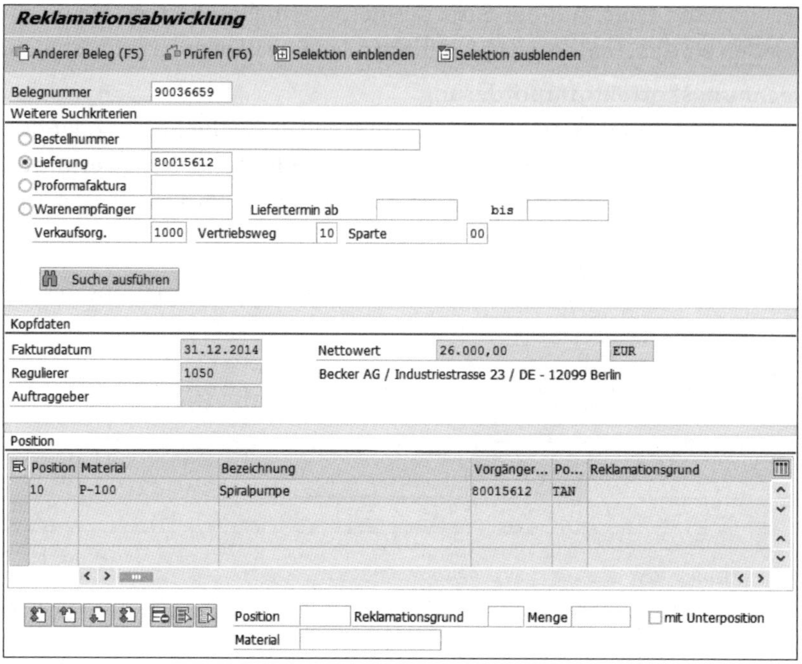

Abbildung 5.75 Reklamationsabwicklung in SAP ERP (Transaktion CMP_PROCESSING – Reklamationsabwicklung)

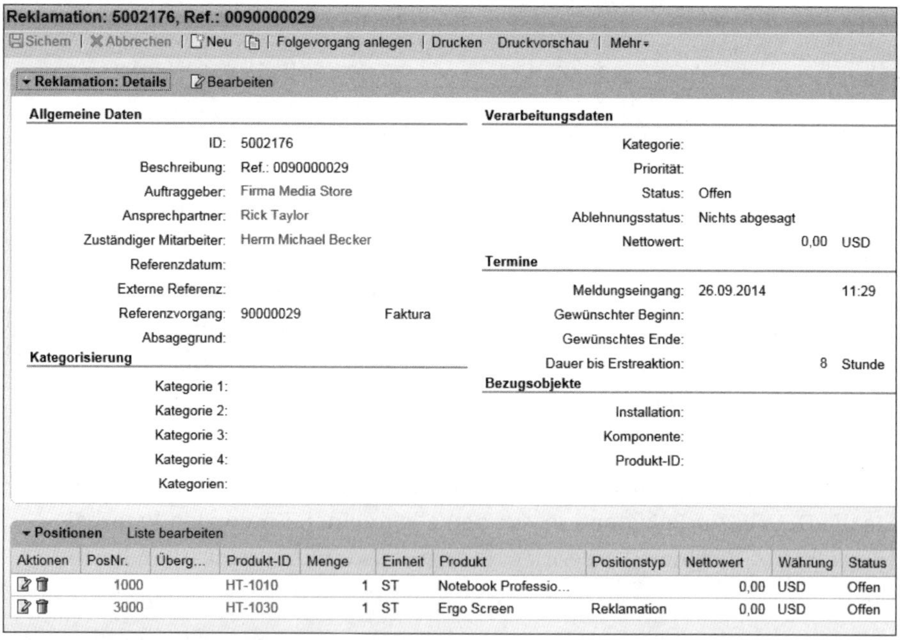

Abbildung 5.76 Reklamationsabwicklung in SAP CRM (Webclient-Anwendung CRM_UIU_BT_COMPLAINT – Reklamation)

5.7.1 Gut- und Lastschriftanforderung

Eine *Gut- oder Lastschriftanforderung* legen Sie dann an, wenn z. B. Gründe für preisliche Differenzen vorliegen oder eine Ware ohne Rücksendung gutgeschrieben werden soll.

- **Gutschriftanforderung**
  Eine Gutschriftanforderung verwenden Sie, wenn Sie Ihrem Kunden einen Wert gutschreiben wollen.
- **Lastschriftanforderung**
  Eine Lastschriftanforderung verwenden Sie, wenn Sie Ihrem Kunden eine zusätzliche Leistung, die Sie vorab nicht berechnet hatten, in Rechnung stellen wollen.

Bezug zum Kundenauftrag oder zur Rechnung

Wie aus Abbildung 5.77 ersichtlich, können Sie Gut- und Lastschriftanforderungen entweder mit Bezug zum Kundenauftrag oder zur Rechnung (Faktura) anlegen. Die Daten aus dem Vorgängerbeleg werden beim Anlegen mit Bezug in die Gut- bzw. Lastschriftanforderung übernommen und stehen dort für eine weitere Überarbeitung der Daten zur Verfügung. Durch diese Vorgehensweise haben Sie sichergestellt, dass die Beträge, die Sie für die Gut- bzw. Lastschriftanforderung benötigen, korrekt übernommen sind.

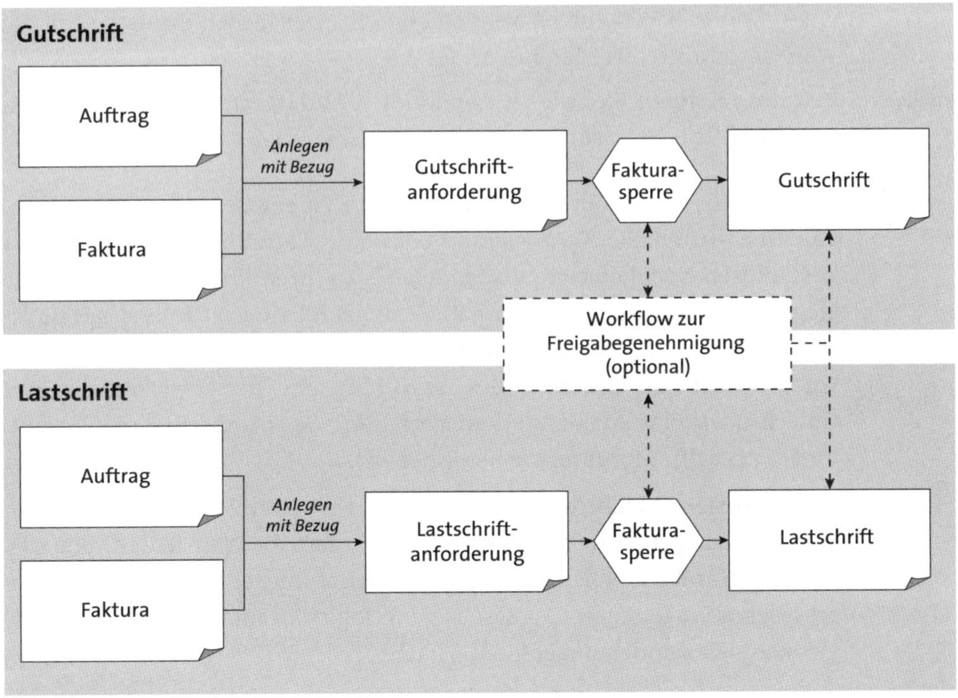

Abbildung 5.77 Prozess der Gut- und Lastschriftanforderung

Fakturasperre

Standardmäßig erstellt das System eine *Fakturasperre*, da sichergestellt werden soll, dass Gut- und Lastschriftanforderungen vor dem Erstellen der eigentlichen Gut- bzw. Lastschrift von einem Mitarbeiter Ihres Hauses mit der entsprechenden Berechtigung geprüft werden. Die Prüfung können Sie z. B. abhängig vom Betrag optional über einen Workflow an einen Mitarbeiter mit der notwendigen Berechtigung zur Genehmigung weiterleiten lassen. Sobald Ihr Mitarbeiter die Genehmigung erteilt hat, wird die Fakturasperre entfernt, und die eigentliche Gut- bzw. Lastschrift kann erstellt werden. Sollte die Anforderung nicht genehmigt werden, können Sie in der Anforderung einen entsprechenden Absagegrund hinterlegen. Das eigentliche Erstellen der Gut- bzw. Lastschrift erfolgt wie die Rechnungsstellung und ist in Abschnitt 5.5, »Fakturierung«, beschrieben.

5.7.2 Retouren

Rückabwicklung auf Basis der Retoure

Retouren verwenden Sie, falls Ihr Kunde Waren an Ihr Unternehmen zurückschickt. Hierbei bildet der Retourenbeleg mit der Retourenanlieferung die Grundlage für die Zubuchung der Ware z. B. in den Qualitätsprüfbestand im Lager. In diesem Bereich führen Sie eine Prüfung der retournierten Ware durch, da Sie in der Regel wissen wollen, in welchem Zustand sich die Ware befindet – das heißt, ob Sie die Ware eventuell für einen weiteren Verkauf verwenden können oder im schlimmsten Fall die Ware verschrottet werden muss.

Bezug zum Kundenauftrag oder zur Rechnung

Retouren können Sie, wie in Abbildung 5.78 dargestellt, mit Bezug zum Kundenauftrag oder zur Rechnung (Faktura) anlegen.

Nachlieferung und Gutschrift

Auf der Basis der Retoure können Sie je nach Vereinbarung mit Ihrem Kunden eine kostenlose *Nachlieferung* oder eine *Gutschrift* erstellen. Bei der kostenlosen Nachlieferung versenden Sie an Ihren Kunden nochmals die gleiche Ware, sodass die Reklamation aufgrund eines »Umtauschs« abgeschlossen wird. Möchte Ihr Kunde allerdings sein Geld zurückhaben, erstellen Sie auch in diesem Fall eine Gutschrift. Die Abwicklung dieser Gutschrift erfolgt analog zu dem Verfahren, das in Abschnitt 5.7.1, »Gut- und Lastschriftanforderung«, beschrieben ist.

Retouren sind Rücklieferungen der Ware von Ihrem Kunden, die Sie im Wareneingang entsprechend prüfen und – sofern die Ware in Ordnung ist – Ihrem Bestand zubuchen. Zur weiteren Vertiefung der Wareneingangsprozesse lesen Sie in Kapitel 3, »Beschaffungslogistik«, und Kapitel 7, »Lagerlogistik und Bestandsmanagement«, nach.

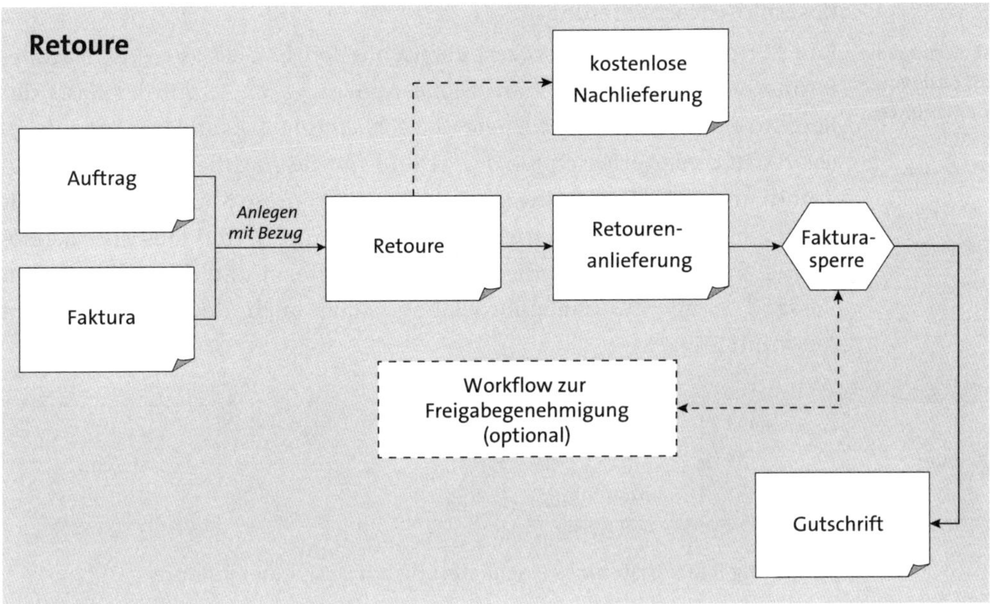

Abbildung 5.78 Retourenprozess

Retoure in SAP ERP

Abbildung 5.79 zeigt Ihnen einen Retourenbeleg zum Kunden 1000 (Becker Berlin). Die Retoure wurde mit dem Auftragsgrund **Transportschaden** und der Fakturasperre **Gutschrift prüfen** erfasst.

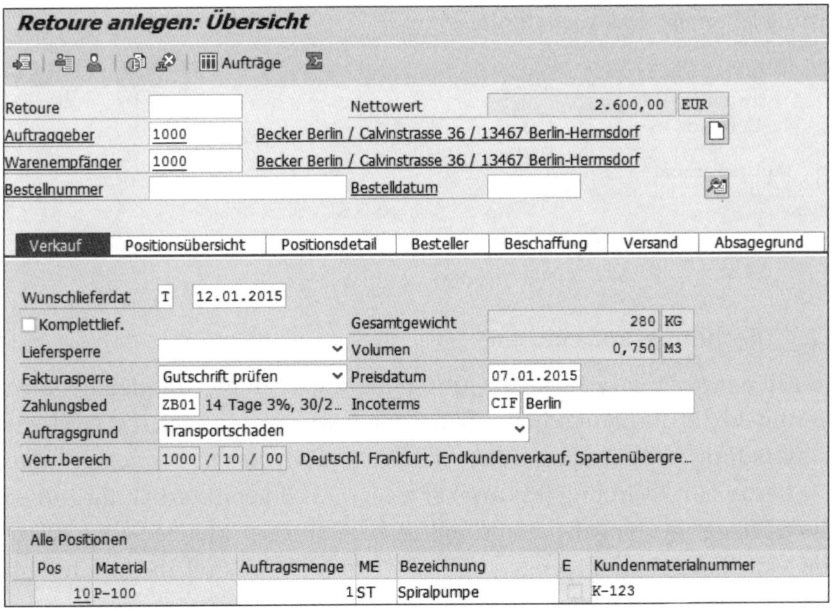

Abbildung 5.79 Übersicht zur Retoure in SAP ERP (Transaktion VA01 – Kundenauftrag anlegen)

Kostenlose Nachlieferung

Nachlieferungen auf Basis von Reklamationen

Eine Form, den Retourenprozess abzuschließen, ist die kostenlose Nachlieferung der reklamierten Ware (siehe Abbildung 5.80). Auf der Basis der Retoure erfassen Sie eine *kostenlose Nachlieferung* (besondere Verkaufsbelegart). In dieser erfassen Sie den Grund für die Nachlieferung (Auftragsgrund) und in der Regel eine Liefersperre. Kostenlose Nachlieferungen mit Liefersperre werden von einem Mitarbeiter geprüft, und falls die Nachlieferung erfolgen soll, wird die Liefersperre entfernt und der Beleg für den Versand fällig. Zur Lieferabwicklung siehe auch den gleichnamigen Abschnitt 5.4.1.

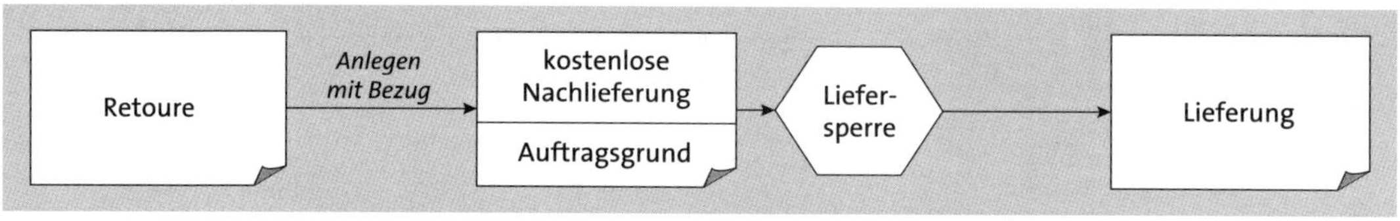

Abbildung 5.80 Kostenlose Nachlieferung auf Basis einer Retoure

Kostenlose Lieferung (Sonderfall)

Muster als kostenlose Lieferung

Eine *kostenlose Lieferung* (siehe Abbildung 5.81) verwenden Sie, wenn Sie Ihrem Kunden z. B. ein Muster zur Verfügung stellen wollen. Sie erfassen hierzu einen Verkaufsbeleg der Art »kostenlose Lieferung« mit einem entsprechenden Auftragsgrund, z. B. Muster. Auf der Basis der kostenlosen Lieferung legen Sie den Auslieferbeleg an.

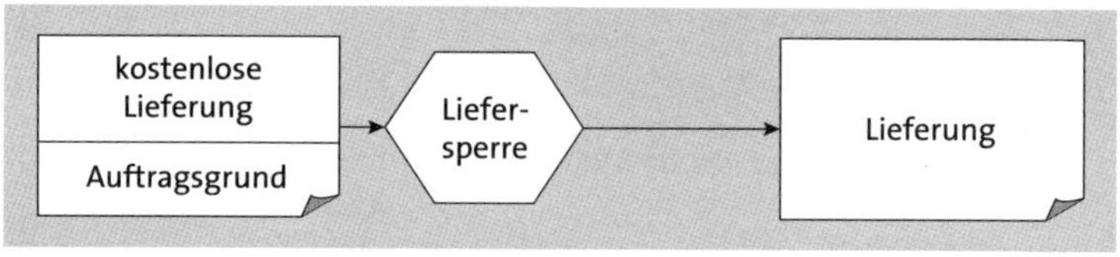

Abbildung 5.81 Kostenlose Lieferung

5.7.3 Rechnungskorrekturen

Nachträgliche Rechnungskorrektur

Im Fall der *Rechnungskorrektur* führen Sie Anpassungen an Mengen oder Werten durch, die bereits an Ihren Kunden fakturiert sind. Hierbei wird, wie in Abbildung 5.82 zu sehen ist, die *Rechnungskorrekturanforderung* immer mit Bezug zur Rechnung (Faktura) angelegt. Als Ergebnis erhält Ihr Kunde einen Beleg, in dem die ursprünglich berechneten Mengen und Werte sowie die korrigierten Mengen und Werte aufgeführt sind, die für die Gutschrift verwendet werden.

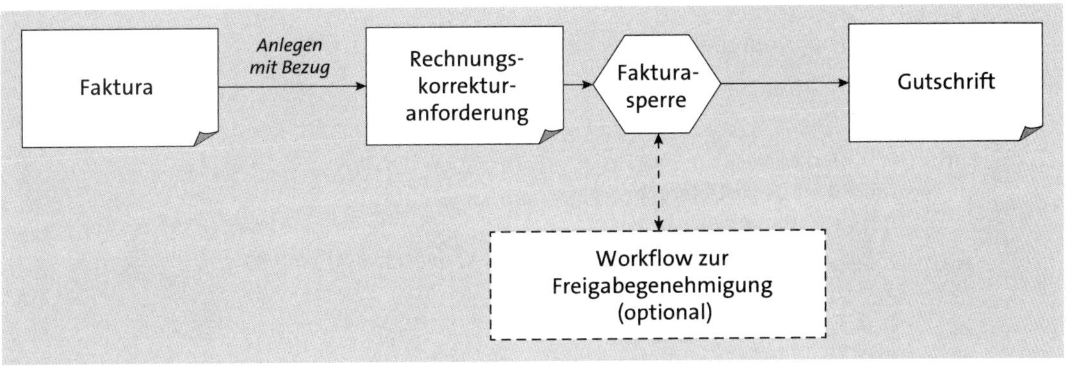

Abbildung 5.82 Prozess der Rechnungskorrektur

5.7.4 Sperren und Freigeben von Reklamationen

Sperrmechanismen

Wie bereits in den vorangegangenen Abschnitten beschrieben, haben Reklamationsbelege entsprechende *Sperrmechanismen*, die verhindern sollen, dass Sie die Reklamationen ohne Prüfungen weiterverarbeiten. Folgende Sperrmechanismen haben eine besondere Bedeutung:

- **Liefersperre**
  Die Liefersperre wird bei kostenlosen Lieferungen und kostenlosen Nachlieferungen gesetzt, um zu verhindern, dass Ware ohne Berechnung unkontrolliert Ihr Unternehmen verlässt. Um die Liefersperre aufzuheben, benötigen Sie die entsprechenden Berechtigungen.
- **Fakturasperre**
  Die Fakturasperre wird bei Belegen gesetzt, die eine wertmäßige Korrektur durchführen (z. B. Gutschriften), da Sie in der Regel die Belege entsprechend prüfen wollen, die aufgrund der Reklamation zu einer Gutschrift – sprich zu einem Mittelabfluss in Ihrem Unternehmen – führen. Um die Fakturasperre aufzuheben, benötigen Sie die entsprechenden Berechtigungen.

Sobald die entsprechenden Sperren aufgehoben sind, können die Belege weiterverarbeitet und die Folgebelege angelegt werden.

5.7.5 Absagen von Reklamationen

Absagegrund

Unberechtigte Reklamationen, die Sie zur Prüfung vorliegen haben, können Sie ablehnen, indem Sie einen *Absagegrund* setzen (siehe Abbildung 5.83).

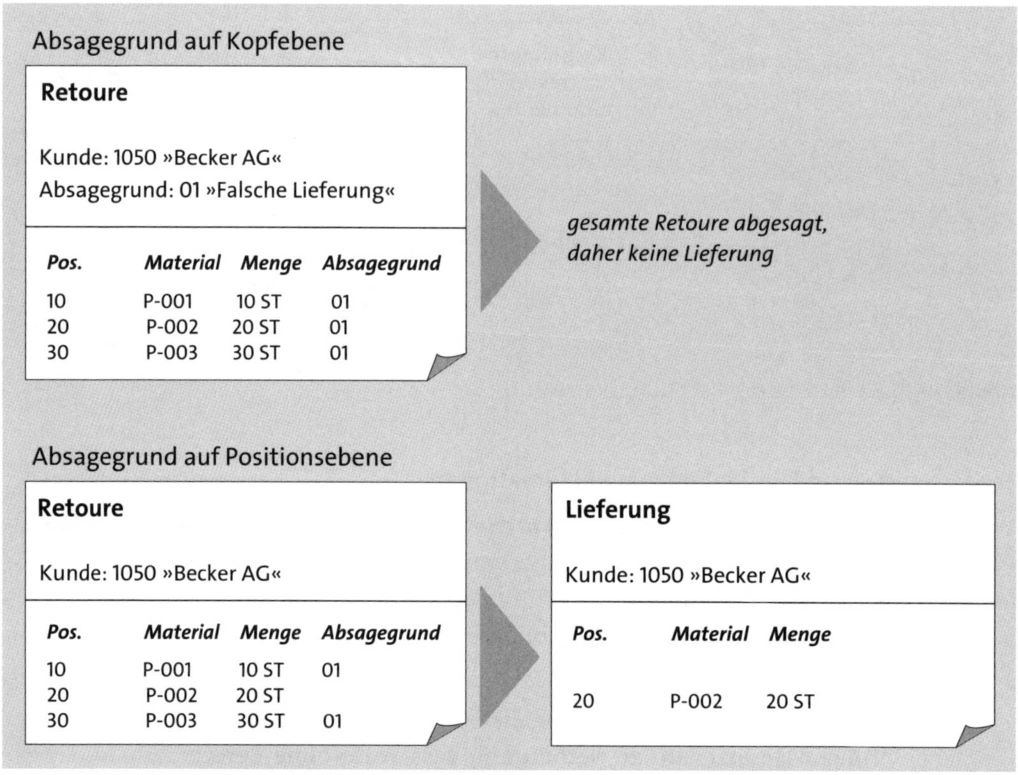

Abbildung 5.83 Absagegrund am Beispiel einer Retoure

Überblick über Reklamationen

Sie haben jederzeit einen Überblick über im System erfasste offene und abgesagte Reklamationen. Sie können entweder den ganzen Beleg absagen oder nur einzelne Positionen des Geschäftsvorfalls. Setzen Sie den Absagegrund auf Positionsebene, werden nur die nicht abgesagten Positionen in den Folgebeleg übernommen. Das Setzen des Absagegrunds hat bei kostenlosen Lieferungen oder kostenlosen Nachlieferungen zur Folge, dass der Beleg nicht beliefert werden kann. Bei den anderen Reklamationsvorfällen führt das Setzen des Absagegrunds dazu, dass Sie keine Gutschrift, Lastschrift oder Rechnungskorrektur erstellen können.

5.8 Spezielle Geschäftsvorfälle im Vertrieb

In diesem Abschnitt erläutern wir besondere Geschäftsvorfälle im Vertrieb, wie z. B. Sofortauftrag und Barverkauf. Diese Geschäftsvorfälle setzen auf den in den vorangegangenen Abschnitten beschriebenen Strukturen auf, wie z. B. dem Kundenauftrag.

5.8.1 Sofortauftrag und Barverkauf

Sofortauftrag

Der *Sofortauftrag* (siehe Abbildung 5.84) unterscheidet sich von einem normalen Kundenauftrag dadurch, dass mit dem Sichern des Verkaufsbelegs direkt eine Lieferung angelegt wird. Diese Form der Auftragsabwicklung können Sie z. B. dann einsetzen, wenn Ihr Kunde die Ware direkt bei Ihnen am Verkaufsschalter abholt.

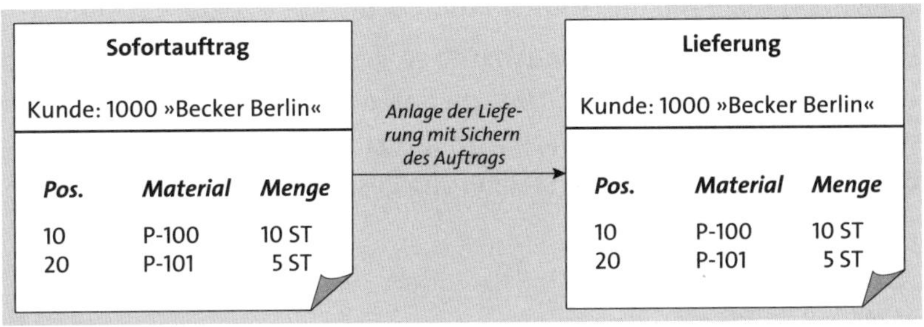

Abbildung 5.84 Sofortauftragsabwicklung

Barverkauf

Bei der *Barverkaufsabwicklung* (siehe Abbildung 5.85) wird beim Sichern des Auftrags wie bei der Sofortauftragsabwicklung direkt eine Lieferung erzeugt.

Darüber hinaus erstellen Sie bei dieser Auftragsform auf der Basis des Barverkaufs (Kundenauftrag) ein Rechnungspapier, da Sie in diesem Fall neben der Herausgabe der Ware auch direkt die Bezahlung anstoßen.

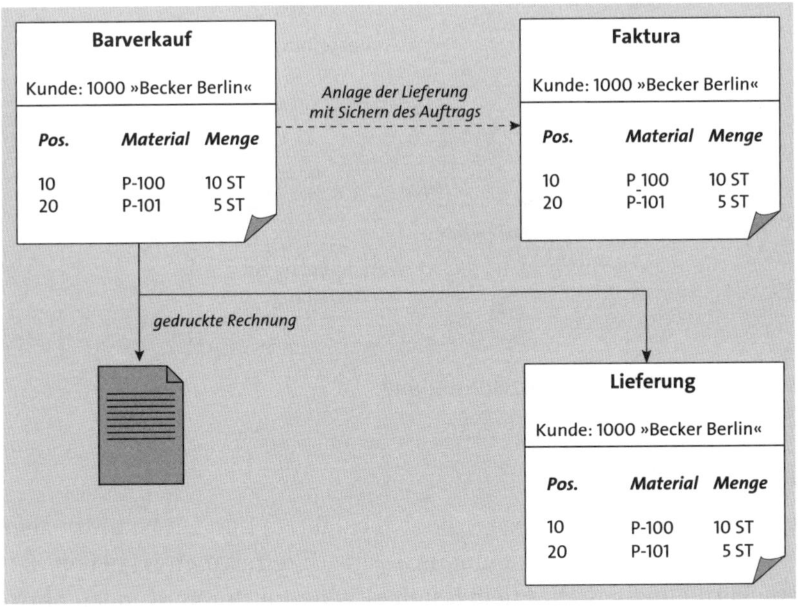

Abbildung 5.85 Barverkaufsabwicklung

5.8.2 Einzelbestellung

Bei einer *Einzelbestellung* wird aus der Kundenauftragseinteilung direkt eine Bestellanforderung erzeugt (siehe Abbildung 5.86). Sie nutzen diese Form der Abwicklung z. B. für Materialien, die bei Ihnen nie vorrätig sind und die immer fremdbeschafft werden. Dies kann z. B. dann der Fall sein, wenn Ihr Kunde ein spezifisches Material bei Ihnen in Auftrag gibt, das Sie selbst nicht produzieren und immer kundenauftragsbezogen einkaufen.

Ablauf der Einzelbestellung

Auf der Basis der aus dem Kundenauftrag erstellten Bestellanforderung erzeugt der Einkauf in Ihrem Unternehmen eine Bestellung an einen bestimmten Lieferanten. Die Ware wird direkt an Ihr Unternehmen geliefert und steht dort dann für die Belieferung des Kundenauftrags zur Verfügung.

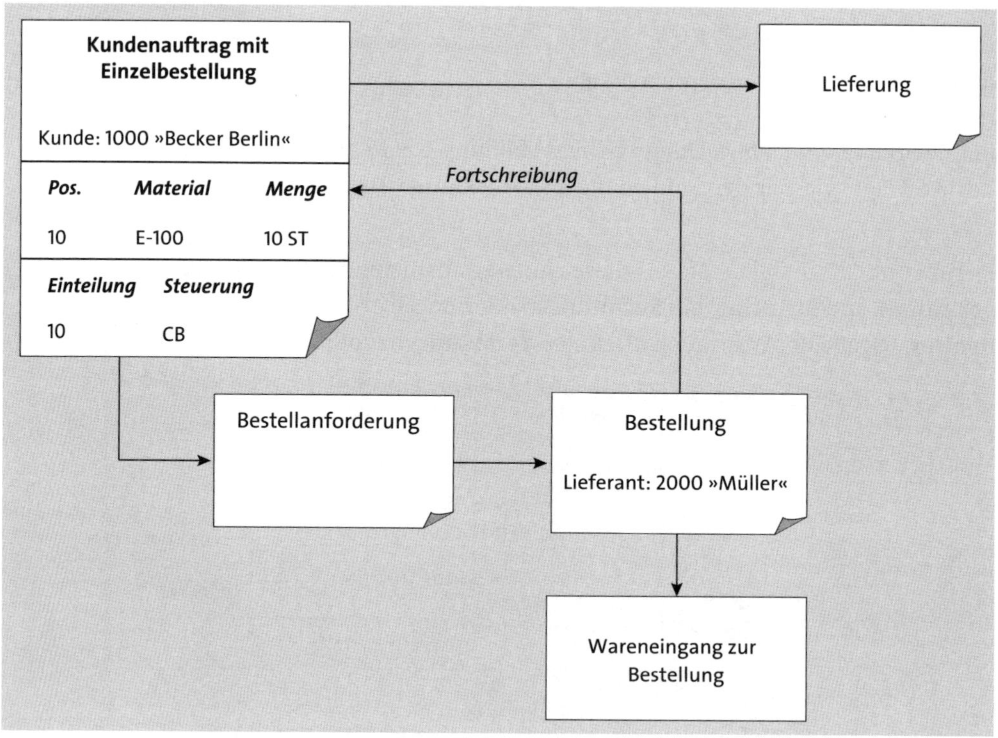

Abbildung 5.86 Ablauf der Einzelbestellung

5.8.3 Leihgutabwicklung

Leihgut

Als *Leihgut* bezeichnen wir Ware, die sich bei Ihrem Kunden befindet, aber noch Eigentum Ihres Unternehmens ist. Ihr Unternehmen ist berechtigt, die zur Verfügung gestellte (leihgestellte) Ware mit Ihrem Kunden abzurechnen, wenn die Ware nicht an Ihr Unternehmen zurückgesandt wird.

Leihgutbestand

Die *Leihgutbestände* werden unter einer Sonderbestandsform in Ihrer Bestandsführung geführt. Somit ist sichergestellt, dass Sie die Bestände getrennt führen und jederzeit wissen, welches Leihgut (Material) sich bei welchem Kunden befindet, da Sie für jeden Kunden einen eigenen Sonderbestand führen. Ein häufiger Anwendungsfall in der Logistik ist die Leihgutverwaltung z. B. von Europaletten. In Abbildung 5.87 sehen Sie den generellen Ablauf der Leihgutabwicklung.

Leihgutbeschickung

Zuerst legen Sie eine *Leihgutbeschickung* (eine Form des Kundenauftrags) an. Auf dieser Basis erstellen Sie eine Lieferung, mit der Sie die Ware aus dem eigenen in den Kundensonderbestand buchen und die Ware zum Kunden verbringen.

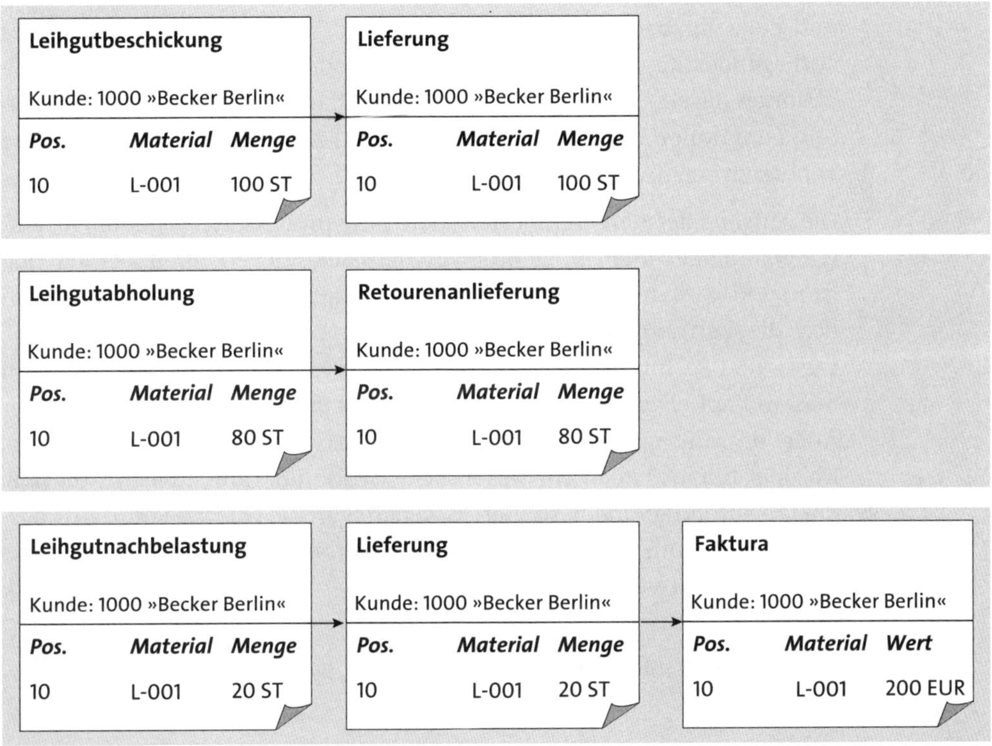

Abbildung 5.87 Ablauf der Leihgutabwicklung

Leihgutabholung

Meldet Ihr Kunde, dass die Ware oder ein Teil von ihr abgeholt werden kann, erfassen Sie eine *Leihgutabholung* mit anschließender Retourenanlieferung. Auf dieser Basis holen Sie das Leihgut bei Ihrem Kunden ab und vereinnahmen es in Ihrem Lager. Mit der Wareneingangsbuchung in das Lager wird die Ware aus dem Sonderbestand in den freien Bestand umgebucht.

Leihgutnachbelastung

Um die Ware zu berechnen, die beim Kunden auf Dauer verbleibt, legen Sie eine *Leihgutnachbelastung* mit anschließender Lieferung und Faktura an. Die Lieferung bucht dabei mit der Warenausgangsbuchung die Ware aus dem Sonderbestand aus. Eine physische Bewegung wird nicht angestoßen, da die Ware bereits bei Ihrem Kunden ist.

Die Themen *Streckenabwicklung* und *Konsignationsabwicklung* haben wir bereits ausführlich in Kapitel 3, »Beschaffungslogistik«, beschrieben.

5.9 Zusammenfassung

In diesem Kapitel haben wir Ihnen die betriebswirtschaftliche Bedeutung und die Aufgaben der Distributionslogistik näher erläutert. Das Ziel des vorliegenden Kapitels war es, Ihnen die Systeme, Komponenten und Applikationen der SAP Business Suite sowie die damit verbundenen Aufgaben und Funktionen beim Verkaufsprozess vom Auftrag bis zur Fakturierung näherzubringen.

Die Aufgabe des Vertriebs besteht darin, die produzierten oder eingekauften Waren über einen effizienten Vertriebskanal zu verkaufen. Der Vertrieb ist im ERP-System in der Komponente SD (Sales and Distribution) abgebildet; die Vertriebsprozesse sind tief in die Beschaffungs-, Produktions-, Lager- und Rechnungswesenprozesse von SAP ERP integriert. Wir haben in diesem Kapitel auf den gesamten Durchlauf von der Kundenanfrage über Angebot, Auftrag, Lieferung bis hin zur Fakturierung Bezug genommen. Darüber hinaus haben wir wesentliche Grundfunktionen beleuchtet (z. B. die Preisfindung) und besondere Geschäftsvorfälle (wie die Sofortauftragsabwicklung), um Ihnen einen Gesamtüberblick über die Prozesse und Funktionen zu vermitteln, die SAP-Systeme für die Distributionslogistik bieten.

Im nächsten Kapitel erfahren Sie mehr über die Grundlagen der Transportlogistik.

Kapitel 6
Transportlogistik

Wie kommt die Ware zum Kunden? Für die Beförderung von Gütern aller Art ist die Transportlogistik zuständig. Lesen Sie in diesem Kapitel, wie sich die Transportlogistik in die Supply Chain einfügt und welche SAP-Lösungen in diesem Bereich zum Einsatz kommen.

Als Transportlogistik bezeichnet man die Beförderung von Gütern aller Art unter Einsatz unterschiedlicher Transportmittel, wie z. B. Eisenbahn, Lastwagen, Luftfahrzeuge, Schiffe oder Paketdienste.

Transportlogistik ist ein wesentlicher Bestandteil in Geschäftsprozessnetzwerken. Ihre Bedeutung ist in den letzten Jahrzehnten durch die zunehmende Globalisierung stark gestiegen. Haben sich Unternehmen in den 1980er- und 1990er-Jahren häufig darauf konzentriert, die internen Kosten im Unternehmen unter anderem durch die Einführung von ERP-Systemen zu reduzieren, so richtet sich jetzt auch aufgrund der steigenden Energiekosten der Fokus auf die Logistik außerhalb des Unternehmens. Im Transport sehen wir in den letzten Jahren bereits ähnliche Kostenoptimierungstendenzen.

6.1 Grundlagen der Transportlogistik

Geschäftsmodelle in der Transportlogistik

Das Thema *Transport* kann aus verschiedenen Perspektiven betrachtet werden, z. B. aus Sicht der Logistikdienstleister und Spediteure oder aus Sicht eines herstellenden oder handelnden Unternehmens (hier als *Verladersicht* bezeichnet). Beide Geschäftsmodelle weisen Besonderheiten im betriebswirtschaftlichen Prozess auf. Die Zusammenarbeit der beteiligten Geschäftspartner im Netzwerk hat dabei jeweils einen eigenen Charakter und eigene Regeln. Auch sind die Zielsetzungen hier jeweils unterschiedlich.

Abbildung 6.1 zeigt die Transportbeziehungen zwischen verschiedenen Geschäftspartnern (z. B. Lieferant, Hersteller, Warenempfänger). Die in der externen Logistik enthaltene Transportlogistik kann dabei sowohl von den Verladern selbst als auch durch Logistikdienstleister organisiert und durchgeführt werden.

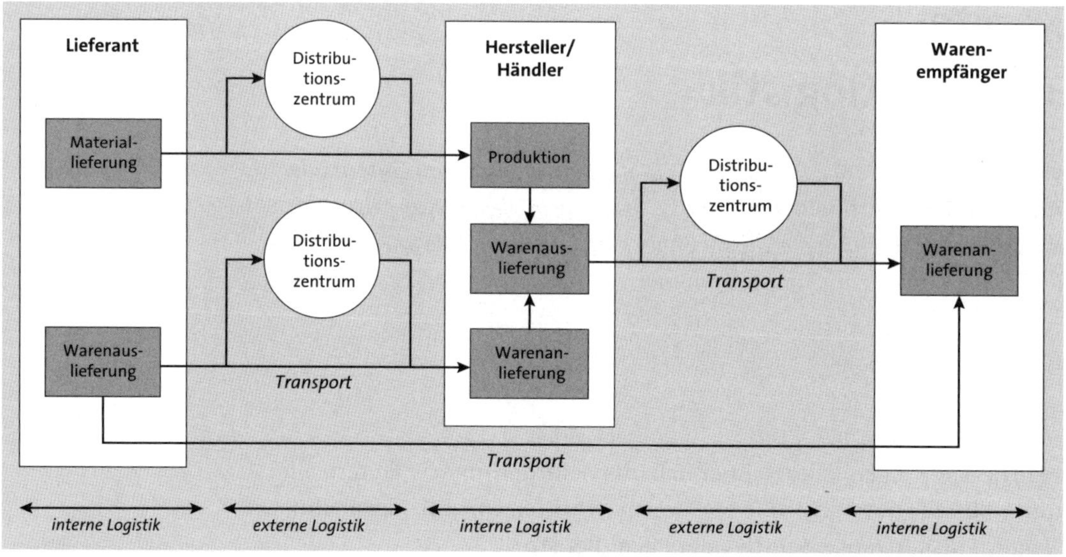

Abbildung 6.1 Transportbeziehungen zwischen verschiedenen Geschäftspartnern

Nah- und Fernverkehr

Aus Sicht der Transportlogistik kann man grundsätzlich zwischen Nahverkehr und Fernverkehr unterscheiden. Beim Nahverkehr kann ein abholendes oder lieferndes Fahrzeug noch am selben Tag zum Ausgangspunkt zurückkehren. Unter diese Kategorie fallen in der Regel auch Auslieferungen von Transportgütern, die aus dem Fernverkehr in ein Nahverkehrsnetz eingespeist werden (*Nachlauf*), bzw. Abholungen, die aus dem Nah- in das Fernverkehrsnetz umgeschlagen werden (*Vorlauf*). Der Lkw ist das meistgebrauchte Verkehrsmittel im Nahverkehr.

Der Fernverkehr wird entweder als direkter Fernverkehr (*Direktlauf*) oder als Linienverkehr abgewickelt. Beim direkten Fernverkehr wird ein Transportmittel mit den Transportgütern direkt vom Versender zum Empfänger über eine größere Distanz gesendet. Bei der Abwicklung mittels Linienverkehr werden im Nahverkehr abgeholte Güter in einem Logistikzentrum auf andere Verkehrsmittel (Flugzeug, Schiff, Bahn, Lkw) umgeschlagen und in diesem Verkehrsmittel zusammen mit Gütern anderer Absender transportiert. Für den gesamten Transportweg sind dabei auch mehrere Umschlagprozesse möglich. Abbildung 6.2 illustriert dazu die Transportbeziehungen und das Transportnetzwerk im Nah- und Fernverkehr.

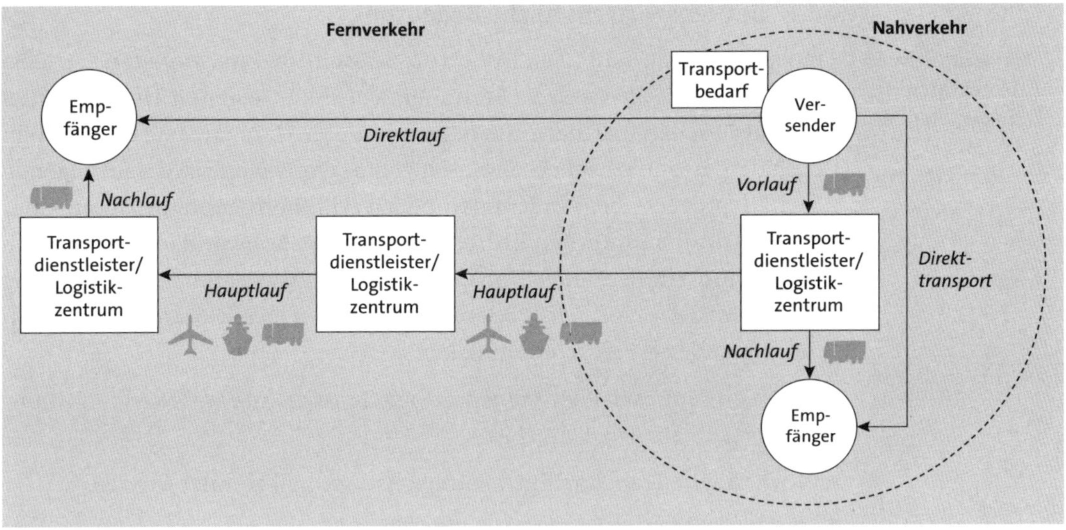

Abbildung 6.2 Transportnetzwerk im Nah- und Fernverkehr

Besondere Aufgaben im Fernverkehr

Im Fernverkehr sind die Aufwände in Bezug auf die organisatorische Abwicklung in der Regel wesentlich höher als beim Nahverkehr. Hier müssen Sie je nach Art des Transports (Luftfracht, Seefracht etc.), nach Warenart (Gefahrgut, Lebensmittel etc.) und nach geografischen Gegebenheiten von Abgangsort, Transitorten und Zielort z. B. folgende zusätzliche Aufgaben durchführen:

- Frachtraumbuchung auf Schiffen oder Flugzeugen
- Außenhandelsabwicklung mit Export- und Importgenehmigungen, Zollgebühren und Embargoprüfungen
- Gefahrgutabwicklung mit unterschiedlichen nationalen oder transportmodusspezifischen Regelungen
- Koordination und lückenlose Planung der Güterbewegungen an den verschiedenen Umschlagspunkten und auf den unterschiedlichen Transportmodi
- Kostenberechnung, Abwicklung und Gefahrenverantwortung nach verschiedenen Incoterms

Internationale Luft- und Seetransporte können dadurch sehr komplex werden.

6.1.1 Betriebswirtschaftliche Bedeutung

Transportlogistik bietet Optimierungspotenzial

Transportlogistik läuft nicht isoliert ab. Sie ist immer mit weiteren betriebswirtschaftlichen Prozessen verbunden, sei es im eigenen Unternehmen oder bei Geschäftspartnern. Sie organisiert den Warenaustausch zwischen Geschäftspartnern, wobei eine schlechte Organisation darauffolgende Geschäftsprozesse beeinträchtigen oder verhindern kann. In Zeiten einer fortgeschrittenen internen Prozessoptimierung kommt damit einer optimierten, funktionierenden Transportlogistik eine zunehmende Bedeutung zu. Hier lassen sich noch größere Einsparpotenziale, Gesamtprozessoptimierung und Servicevorteile erzielen.

Das Optimierungsziel der Transportlogistik ist es, alle anstehenden Gütertransporte so abzuwickeln, dass

- vorhandene Transportmittel möglichst optimal genutzt werden,
- möglichst wenige Leerfahrten entstehen,
- verfügbare Dienstleister möglichst kostengünstig und vereinbarungskonform beauftragt werden,
- alle Güter gesetzes- und regelkonform transportiert werden (Gefahrgutregeln, Handelsregeln etc.),
- Betriebsstoff-, Personal- und Dienstleisterkosten minimiert werden,
- Servicezeiten und vereinbarte Dienstleistungsgrade/Service Level (z. B. 24-Stunden-Lieferung) eingehalten werden.

Durch geeignete Softwaresysteme können viele dieser Optimierungspotenziale ausgeschöpft werden.

6.1.2 Transport aus Verladersicht

Prozesstypen bei Verladern

Aus Sicht eines Verladers gibt es drei wesentliche Prozesstypen, die in der Transportlogistik unterstützt werden müssen:

- **Eingehende Transporte**
  Bei eingehenden Transporten werden Warenbestellungen abgeholt bzw. wird Materialnachschub für eine Produktion herangeschafft.
- **Ausgehende Transporte**
  Bei ausgehenden Transporten werden produzierte und zu liefernde Materialien oder Waren von einem Werk oder Lager zu einem Warenempfänger transportiert.

- **Streckengeschäfte**
  Lässt der Verlader Ware direkt von einem seiner Lieferanten zum Empfänger transportieren, ohne selbst physisch die Ware zu erhalten, spricht man von einem Streckengeschäft.

Die Bedarfsrichtung der Transportbedarfe, das heißt, wo die zu transportierenden Güter bereitgestellt und letztendlich angeliefert werden, ist für die eigentliche Abwicklung logistisch kaum von Belang. Dabei müssen Sie jedoch die vereinbarten Tarifstrukturen und Abhängigkeiten von Incoterms berücksichtigen.

Arten der Transportorganisation bei Verladern

Ein Verlader kann Transportlogistik in drei unterschiedlichen Detailgraden durchführen:

- **Komplett eigene Transportlogistik**
  Der Verlader betreibt einen eigenen Fuhrpark mit eigenen Fahrern und versucht damit, eine möglichst optimale Auslastung durch seine zu transportierenden Güter zu erreichen. Dabei steht die Kostenminimierung im Vordergrund, wobei mit möglichst wenigen Fahrzeugen möglichst alle Gütertransporte gemäß den zuvor genannten Optimierungszielen abgewickelt werden. Diese Organisationsform ist häufiger in kleineren produzierenden Unternehmen oder in Retail-Unternehmen anzutreffen. Die Transportlogistik wird dabei im Wesentlichen im Nahverkehr um Werke und Distributionszentren durchgeführt.
- **Eigene Transportdisposition mit Verwendung von Logistikdienstleistern**
  Der Verlader sieht es als seine Kompetenz, die Transporte selbst so zu planen, wie er es für optimal hält. Er hat jedoch keinen eigenen Fuhrpark und beauftragt daher einen Logistikdienstleister oder Frachtführer mit der Abwicklung der Transporte gemäß seinen genauen Vorgaben. Diese Organisationsform findet häufig in Unternehmen Anwendung, in denen mehrere unabhängige Unterorganisationen Transportbedarfe an eine zentrale Disposition weiterleiten.
- **Komplette Vergabe von Transportaufgaben/-dienstleistungen**
  Der Verlader übergibt einem Logistikdienstleister die einzelnen anstehenden Transportbedarfe und lässt den Dienstleister über die Abwicklung entscheiden. In einer gesteigerten Form werden dem Dienstleister noch weitere Aufgaben der externen Logistikkette übergeben (Lagerverwaltung, Auftragsabwicklung, Bestandskontrolle), wobei der Dienstleister immer größere Verantwortung übernimmt.

6.1.3 Transport aus Sicht des Logistikdienstleisters

Definition »Logistikdienstleister«

Der Begriff *Logistikdienstleister* ist der Oberbegriff sowohl für Spediteure als auch für Frachtführer. In beiden Unternehmensformen stellt die Abwicklung von Transporten den Kernprozess des Unternehmens und der Wertschöpfung dar. Spediteure organisieren den Transport von Gütern, Frachtführer führen den physischen Warentransport durch.

Beide Unternehmensformen arbeiten eng zusammen. Spediteure, die keinen eigenen Fuhrpark besitzen, sind dabei auf Frachtführer als eigentlich ausführende Geschäftspartner angewiesen. In größeren Logistikunternehmen sind häufig beide Unternehmensformen vertreten, wobei die Logistikdienstleistungsorganisation Gesamtaufträge annimmt, plant, organisatorisch abwickelt und dann an den eigenen, hausinternen Frachtführer und weitere externe Frachtführer vergibt.

Kompetenzen – Frachtführer

Die Kompetenzen eines Frachtführers liegen in folgenden Bereichen:

- Bereitstellung von modusspezifischer Transportkapazität (Bahn, Flugzeug, Schiff, Lkw)
- optimierte Auslastung der eigenen Flotte und damit verbunden die Möglichkeit, attraktive Preise für die Transportdienstleistung und die Bereitstellung von Transportmitteln (z. B. Containern) anzubieten

Kompetenzen – Logistikdienstleister

Die Kompetenzen eines Logistikdienstleisters sind die folgenden:

- Konsolidierung von Gütern verschiedener Auftraggeber, um damit eine Profitabilitätsmaximierung zu erzielen
- Gesamtabwicklung eines Gütertransports für einen Auftraggeber inklusive Erbringung aller rechtlich erforderlichen Leistungen (Verzollung, Gefahrgutbehandlung, Papierdruck, Export-/Importabwicklung, Warenumschlag) und fachgerechte Unterbeauftragung an alle beteiligten Frachtführer

[zB]

Konsolidierung und Profitabilität

Die Konsolidierung von Gütern verschiedener Auftraggeber gibt dem Logistikdienstleister die Möglichkeit der Profitabilitätsoptimierung, da er z. B. einen Containertransport (Vollcontainer) für 1.000 EUR bei einem Frachtführer in Auftrag geben kann und anschließend die darin verfügbaren 24 Palettenstellplätze für jeweils 100 EUR an seine Auftraggeber weiterverkaufen kann.

Ab der elften verkauften Palette macht der Dienstleister Profit. Das Risiko der unvollständigen Auslastung trägt er dabei natürlich gleichermaßen.

6.1.4 Mischformen zwischen Verlader und Dienstleister

Neue Konkurrenz für die Logistikdienstleister

Aus der Sicht eines Verladers ist die Transportabwicklung in der Regel keine Kernkompetenz, auf die er sich konzentrieren will, sondern eine notwendige Aufgabe, die durchgeführt werden muss, um die Prozesskette komplett abzuwickeln. Anstatt die Transportdienstleistung komplett nach außen zu vergeben, kann der Verlader auch ein Outsourcing seiner Transportabteilung in eine eigene Logistikorganisation durchführen (mit oder ohne Fuhrpark), damit seine Kompetenzen optimieren und diese dann auch anderen Geschäftspartnern für deren Transportabwicklung zur Verfügung stellen. Damit beginnen outgesourcte Logistikabteilungen größerer Unternehmen, den Logistikdienstleistern direkt Konkurrenz zu machen.

6.2 SAP-Systeme und -Applikationen

Transportmanagement in der SAP-Welt

Insbesondere im Bereich *Transport* wurden im Laufe der Entwicklungsgeschichte der SAP-Systeme mehrere Transportlösungen entwickelt, die jeweils einen bestimmten Benutzerkreis und Fokus hatten (siehe Abbildung 6.3):

1. 1987 wurde im Mainframe-System SAP R/2 die erste Transportlösung (*Realtime Vertrieb*, RV, mit *Realtime Transport*, RT) auf den Markt gebracht, deren Funktion stark durch Verlader aus der chemischen Industrie geprägt war.
2. 1993 wurde mit SAP R/3 die Transportabwicklung SD-TRA in den Markt eingeführt, die eine generische Lösung aus Sicht der Verlader darstellt. Mit Release SAP R/3 4.6 wurde die Lösung in das *Logistic Execution System* eingeordnet (LE-TRA).
3. Im Jahr 2000 stellte SAP als Ergänzung zum SAP-ERP-Transport die Transportplanung und -optimierung für Verlader in SAP APO (APO TP/VS, *Transportplanung/Vehicle Scheduling*) zur Verfügung.
4. *SAP Event Management* (SCM-EM) wurde als Tracking & Tracing-Lösung sowohl für Verlader als auch für Logistikdienstleister im Jahr 2001 in den Markt eingeführt und zum Zweck der Transportverfolgung mit dem ERP-Transport integriert.

5. Mit *SAP Transportation Management* (SAP TM) brachte SAP im Jahr 2007 eine umfassende, eigenständige Transportlösung hervor, die sowohl die Belange der Logistikdienstleister als auch der Verlader bedient. Diese wurde im Jahr 2010 architektonisch überarbeitet (SAP TM 8.0) und in den Folgejahren funktional stark ausgebaut (SAP TM 8.1 bis 9.4).

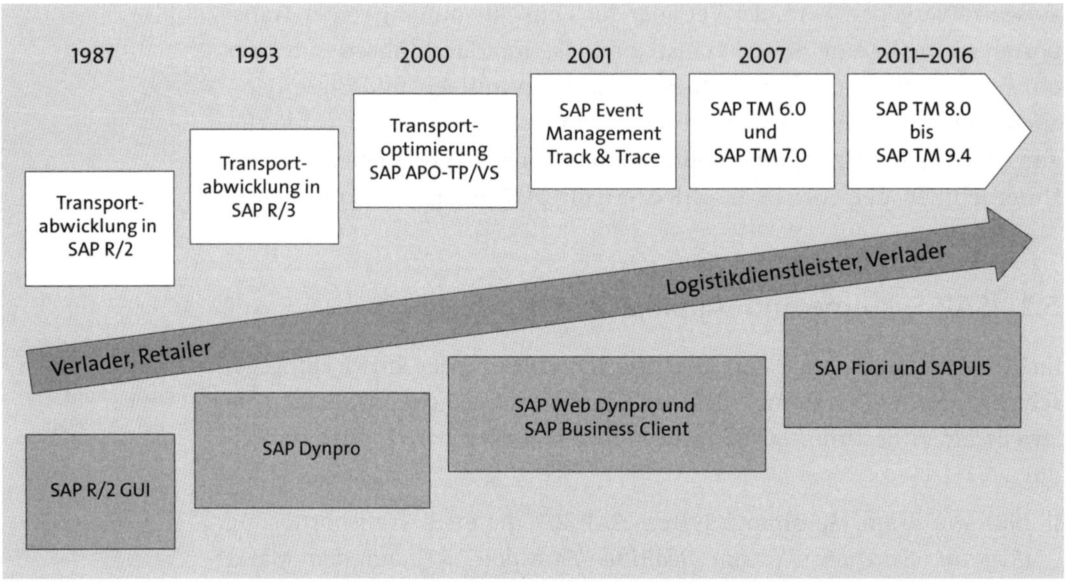

Abbildung 6.3 Entwicklung der Transportlösungen bei SAP

Mit der Modernisierung des Systems fand auch eine Anpassung der Benutzerschnittstelle an aktuelle Technologiemöglichkeiten statt, die sich weg vom SAP GUI und hin zu Web- und HTML-Technologien verschob. Neben dem SAP Business Client als zentraler UI-Technologie kommen mittlerweile auch SAP Fiori und SAPUI5 zum Einsatz.

6.2.1 Teilprozesse und Komponenten der SAP-Transportlösungen

Im vorigen Abschnitt haben Sie bereits einen Eindruck von der Vielfalt der SAP-Transportlösungen gewonnen. In diesem Abschnitt stellen wir die wesentlichen Komponenten detaillierter gegenüber. Eine Übersicht über die Komponenten der Transportlösungen sehen Sie in Abbildung 6.4. Die Abbildung zeigt Ihnen, wie die Komponenten bzw. einzelne Teilprozesse daraus integriert sind, um die Transportabwicklung zu ermöglichen.

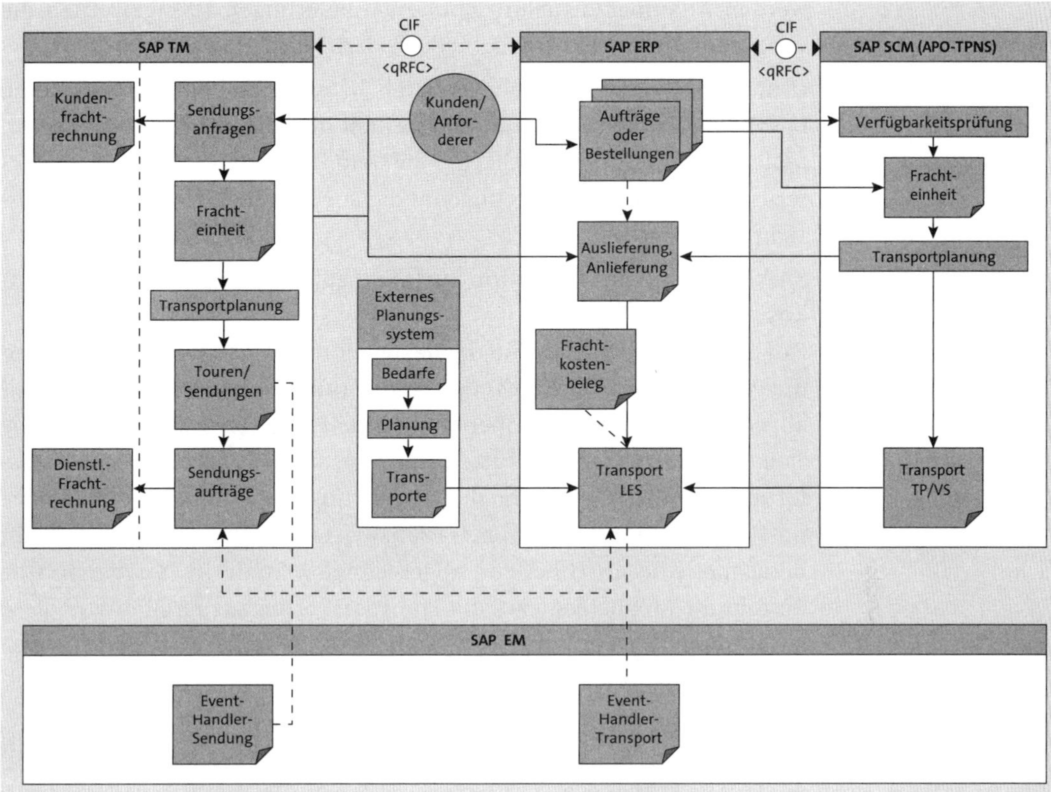

Abbildung 6.4 Übersicht über die SAP-Transportlösungskomponenten und ihre Integration

Die wesentlichen Komponenten der Transportlösung sind:

Wesentliche Komponenten

- **SAP ERP: Sales and Distribution (SD) und Logistics Execution System (LES) für Kundenauftrag und Auslieferung**
  Der Kundenauftrag (siehe Kapitel 5, »Distributionslogistik«) stellt den Ausgangspunkt für ausgehende Transportbedarfe eines Verladers dar. Die vom Kunden gekauften Güter aus einem oder mehreren Abgangsorten erzeugen die Transport-Einzeltransportbedarfe. Diese Einzelbedarfe werden in den Lieferungen definiert, die auf Basis des Auftrags gebildet werden.
- **SAP ERP: Materials Management (MM) und LES für Bestellungen, Umlagerbestellungen und Anlieferungen**
  Die Bestellung (siehe Kapitel 3, »Beschaffungslogistik«) ist das Ursprungsdokument für einen eingehenden Transportbedarf eines Verladers, in dem die zu beschaffenden Güter mit ihren Beschaffungsorten definiert

werden. Aus einer Bestellung können Anlieferungen erzeugt werden, die wiederum die Einzeltransportbedarfe darstellen.

Umlagerbestellungen (siehe Kapitel 3) zwischen Werken sind eine besondere Art der Bestellung. Sie werden in SAP ERP ähnlich einer normalen Bestellung behandelt. Hier entsteht lediglich zusätzlich zur Anlieferung auch eine Auslieferung, die die ausgehende Seite aus Bestandssicht repräsentiert.

- **SAP ERP: Logistics Execution System (LES) für Transport- und Frachtkostenbeleg**
  Der ERP-Transportbeleg und der dazugehörende Frachtkostenbeleg sind die Planungs-, Ausführungs- und Abrechnungsbelege für die Transportabwicklung. In der Komponente *Logistics Execution System* können Sie Transporte und Transportketten erstellen, manuell oder regelbasiert Lieferungen konsolidieren und die Ausführung dokumentieren. Die Transportkosten können hier als Dienstleisterkosten aus Verladersicht berechnet und anschließend abgerechnet werden. Im Kundenauftrag besteht die Möglichkeit, auf die Transportkosten zuzugreifen und diese zusammen mit der normalen Faktura des Kundenauftrags an einen Kunden weiterzufakturieren.
- **SAP APO: globale Verfügbarkeitsprüfung (gATP)**
  Die globale Verfügbarkeitsprüfung (siehe Kapitel 5, »Distributionslogistik«) im APO-System unterstützt die Kundenauftragsbearbeitung, indem sie die beste Quelllokation (Sourcing) für die vom Kunden bestellten Materialien ermittelt. Dabei werden sowohl Kundenwunschtermine, Transportzeiten, verfügbare und reservierte Materialmengen als auch alternativ lieferbare Materialien in Betracht gezogen. Ab Release SAP SCM 5.0 ist die globale Verfügbarkeitsprüfung mit der APO-Transportplanung integriert, sodass ein detaillierter Transportplan für die Zeitplanung der Lieferung herangezogen werden kann.
- **SAP APO: Transportplanung/Vehicle Scheduling (TP/VS)**
  Die APO-Transportplanung ist ein Optimierungswerkzeug für die Transportplanung, das aus mehreren Teilkomponenten besteht. Die Transportbedarfe werden dem Optimierer zusammen mit Informationen über das verwendete Transportnetzwerk und die vorhandenen Fahrzeugressourcen übergeben. Der Optimierer ermittelt für die übergebenen Transportbedarfe eine kostenoptimale Lösung. Das heißt, es werden Touren mit konsolidierten Transportbedarfen gebildet, die von den kostengünstigsten Ressourcen ausgeführt werden.

Über die Dienstleisterauswahl können Sie den bzw. die besten Dienstleister ermitteln, wobei die besten Dienstleister nach unterschiedlichen Kriterien (Preis, Kontingent, Qualität, Präferenz etc.) bestimmt werden können.

Anschließend haben Sie die Möglichkeit, eine Dienstleisterausschreibung durchzuführen, um die getroffene Auswahl bestätigen zu lassen.

- **SAP Transportation Management (SAP TM)**
  SAP TM ist eine Komplettlösung zur Abwicklung von Transportprozessen als Logistikdienstleister oder auch als Verlader. Es bietet Ihnen umfangreiche Funktionen zum Angebots- und Auftragsmanagement, zur Transportplanung, Buchungsabwicklung, Tourenbildung und Unterbeauftragung an Dienstleister oder eigene interne Organisationen. Darüber hinaus sind flexible Funktionen zur Transportkostenberechnung für den Verkauf und Einkauf von Transportdienstleistungen sowie zur Berechnung eigener Transportkosten integriert. Für die Abrechnung der Kunden- und Dienstleisterfrachtkosten ist eine Integration in SAP ERP (FI/CO) standardmäßig verfügbar.
- **SAP Event Management**
  SAP Event Management (siehe Kapitel 8, »Kontrolle und Berichtswesen«) ist ein universelles und sehr flexibles Werkzeug, um alle Arten von Sichtbarkeitsprozessen und Statusverfolgungsprozessen zu unterstützen (Tracking & Tracing: Transportverfolgung). Es ermöglicht Ihnen auch die Erfassung von Leistungsdaten über eigene und Partnerprozesse und damit im Zusammenspiel mit SAP BW eine Leistungsbeurteilung.

  SAP Event Management ist sowohl mit der ERP-Transportabwicklung als auch mit SAP TM integriert, wobei verschiedene Standard-Tracking-Szenarien vorkonfiguriert sind.
- **Sonderkomponenten für spezielle Branchen**
  Im Rahmen des SAP-Portfolios können Sie weitere Komponenten für spezielle Branchenanforderungen einsetzen, die in Abbildung 6.4 nicht dargestellt sind. Zu diesen Komponenten gehören z. B.:
  - *SAP Oil & Gas Traders and Schedulers Workbench* (TSW) für die Planung und Ausführung von Tankertransporten unter besonderer Berücksichtigung des Rohstoffverkaufs von In-Transit-Beständen
  - *SAP Oil & Gas Transportation and Distribution* (TD) für die Abwicklung von Massenguttransporten im Downstream-Bereich (z. B. Tankstellenbelieferung). Hier werden besonders auch Meterablesungen, temperaturabhängige Volumenänderungen des Transportguts sowie Verträglichkeiten von vorangehender und neuer Ladung von Tanks berücksichtigt.

- *SAP Railcar Management* (RCM) für die Abwicklung von Bahntransporten mit unternehmenseigenen und bahneigenen Güterwaggons. RCM, das von vielen Unternehmen der chemischen Industrie verwendet wird, baut auf SAP Event Management auf und verwendet dieses zur Waggonverfolgung. Zudem können Sie die einzelnen Aktivitäten der Bahnwaggons planen und durchführen und mit dem *Onsite Event Management* (OSEM) eigene Verlade- und Verschiebebahnhöfe managen.

Die Vielzahl der entstandenen Lösungen ist ein direktes Abbild der Vielfältigkeit des weltweiten Transportwesens.

6.2.2 Transportabwicklungsszenarien und ihre Integration in die Beschaffungs- und Distributionslogistik

Auswahlkriterien für eine SAP-Transportlösung

Wenn Sie die zuvor beschriebenen Teilkomponenten und Prozesse verwenden möchten, können Sie unterschiedliche Lösungsansätze für die Transportabwicklung mit SAP wählen. Jeder dieser Lösungsansätze bietet Ihnen eine grundlegende Transportfunktion, die jeweils durch spezifische Erweiterungen und Integrationsmechanismen spezialisiert ist und damit besonders gut die Anforderungen einer jeweiligen Anwendergruppe unterstützt. Dabei lässt sich eine grobe Richtlinie für die Auswahl der im Folgenden ausführlicher dargestellten Transportlösungen angeben:

- **Klassische Transportabwicklung für Verlader (SAP ERP, Logistics Execution System)**
  Fertigungs- oder Handelsunternehmen mit allgemeinen Transportanforderungen, die keine komplexen Strategien für die Prozesse der Bezugsquellenfindung oder Verfügbarkeitsprüfung benötigen, die mit einer Transportplanung einhergehen.
- **Klassische Transportabwicklung mit Erweiterungen (SAP-APO-Transportplanung mit Dienstleisterauswahl)**
  Dies betrifft Fertigungs- oder Handelsunternehmen, die erhöhte Anforderungen an eine Transportplanung und -optimierung oder an die Dienstleisterauswahl und -ausschreibung haben, jedoch keine Integration mit der Verfügbarkeitsprüfung benötigen.
- **Verladerlösung mit globaler Verfügbarkeitsprüfung und Transportoptimierung (SAP APO TP/VS)**
  Dies betrifft Fertigungs- oder Handelsunternehmen, bei denen eine optimale Transportabwicklung und minimierte Transportkosten eine große Rolle spielen und bei denen der Transport stark von der Bezugsquellenfindung und Verfügbarkeit von Waren abhängt. Dies gilt insbesondere

dann, wenn Themen wie Materialsubstitution oder Entscheidungen bei weltweiten Bezugs- und Lieferquellen eine wichtige Rolle spielen.

- **Verladerlösung mit Dienstleistungsbezug (SAP TM im Zusammenspiel mit der ERP-Distributionslogistik)**
  Diese Lösung richtet sich an Fertigungs- oder Handelsunternehmen, bei denen die Transportabwicklung eine geschäftsbereichsübergreifende oder ausgegliederte Funktion ist. Diese Unternehmen haben oft eine eigene Transportabteilung, die Transportbedarfe aus mehreren Unternehmensbereichen erhält (unter Umständen auch aus unterschiedlichen ERP-Systemen). Diese Transporte sollen jedoch konsolidiert abgewickelt werden, um Kostenreduzierungen zu erreichen. Die Transportabteilungen arbeiten oft wie ein Transportdienstleister innerhalb des Unternehmens. Dazu wird die Kundenauftragsintegration mit Frachtkostenfakturierung im ERP-System beibehalten, die eigentliche Transportdisposition wird jedoch dem funktional wesentlich mächtigeren TM-System übergeben. Ab der Version SAP TM 8.0 besteht hierzu eine leistungsfähige Integration von SD-Auftrag, LE-Lieferung und der Transportauftragsabwicklung von SAP TM.
- **Transportdienstleisterlösung (SAP TM im Zusammenspiel mit dem ERP-Finanzwesen)**
  Dies betrifft Transportdienstleistungsunternehmen, die Transport als Service an andere Unternehmen verkaufen und die ihrerseits Transportdienstleistungen von anderen Unternehmen (Frachtführern) einkaufen.

Im Folgenden gehen wir auf diese Transportlösungen ausführlicher ein.

Klassische Transportabwicklung für Verlader (SAP ERP, Logistics Execution System)

Verladerlösung

Die klassische SAP-Transportlösung für Verlader, die von mehr als 2.000 SAP-Kunden weltweit eingesetzt wird, ist die Transportabwicklung mit der ERP-Komponente *Logistics Execution System* (LES). Diese Komponente unterstützt Transporte sowohl von auszuliefernden als auch von abzuholenden wie auch von umzulagernden Gütern. In Abbildung 6.5 erhalten Sie einen Überblick über diese Transportlösung. Der Standardabwicklungsprozess für Transporte von verkauften Waren beginnt mit dem vom Kunden initiierten Kundenauftrag (siehe ❶ in Abbildung 6.5). Der Kundenauftrag dokumentiert die verkauften und zu transportierenden Waren, die aus einem oder mehreren Werken geliefert werden müssen. Auf Basis des Kundenauftrags werden eine oder mehrere Auslieferungen erstellt (Distribution/Versand) ❷. Durch manuelle oder regelbasierte Planung können Sie anschließend Transporte bilden, die eine oder mehrere Auslieferungen enthalten. Dabei können Sie auch Auslieferungen aus unterschiedlichen Werken konsolidieren. Zur Abbildung von Fernverkehrstransporten haben Sie die Möglichkeit, einzelne Transportbelege für Vorlauf, Hauptläufe und Nachlauf anzulegen, in denen jeweils dieselben Auslieferungen auf jeweils einer Teilstrecke enthalten sind. Für jeden Transportbeleg können Sie in SAP Event Management einen sogenannten *Event Handler* erzeugen, der die Transportverfolgung ermöglicht ❸. Mit Bezug zu den im Transportbeleg dokumentierten Daten und den darin referenzierten Auslieferungsdaten können Sie einen Frachtkostenbeleg erstellen und die Frachtkosten berechnen, die Sie an den Dienstleister zahlen müssen ❹.

Die auf dem Verkaufsauftrag basierende Verkaufspreisberechnung für das Material und die anschließend erstellte Faktura können die in den Frachtkosten verwendeten Konditionen einschließen. Dadurch können Sie die an den Transportdienstleister bezahlten Beträge an den Kunden weiterberechnen. Über den Frachtkostenbeleg können Sie schließlich noch die Überleitung der Dienstleisterkosten in die Finanzbuchhaltung inklusive der Bildung von Rückstellungen einleiten ❺.

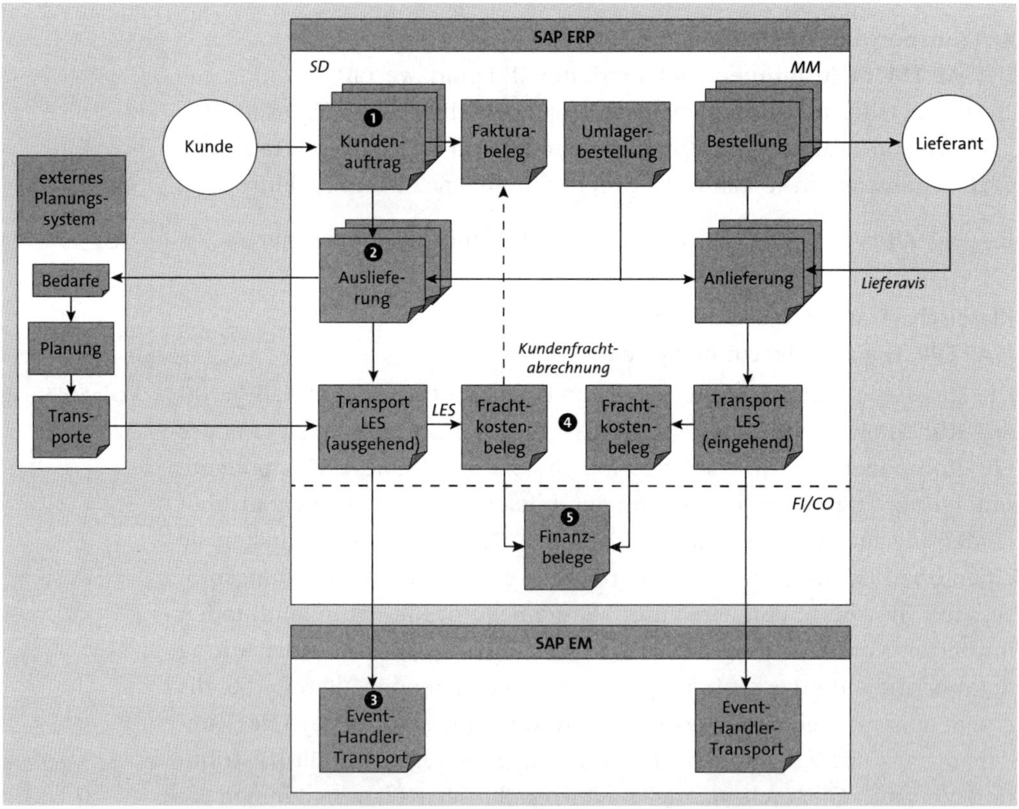

Abbildung 6.5 SAP-ERP-Transportprozesse für Kundenauftrag und Bestellung

Eingehende Transporte

Eingehende Transporte verlaufen ähnlich wie ausgehende Transporte. Der Transportbedarf ergibt sich dabei aus Bestellungen, wobei hier keine Kundenfrachtabrechnung möglich ist, da es keinen SD-Auftrag gibt. Aus einer unternehmensintern initiierten Bestellung, die an einen Lieferanten gesendet wird, werden ein oder mehrere Anlieferungen erzeugt. Jede Anlieferung kann in gleicher Weise wie Auslieferungen in Transporten eingeplant werden.

[«]

Besonderheit bei der Transportbildung mit dem ERP-Transport

Beachten Sie, dass es mit der Transportabwicklung in der Komponente *Logistics Execution System* nicht möglich ist, Anlieferungen und Auslieferungen in einem Transport zu konsolidieren. Ein Transport ist damit jeweils *lieferrichtungsrein*. Müssen Anlieferungen und Auslieferungen geplant werden, müssen Sie dafür unterschiedliche Transporte anlegen.

Verladerabwicklung für Umlagerbestellungen

Umlagerbestellungen zwischen Werken werden als eine besondere Art der Bestellung angelegt. Aus den Umlagerbestellungen werden anschließend jeweils Auslieferungen für die Warenausgangsseite aus dem liefernden Werk und Anlieferungen für die Wareneingangsseite in das empfangende Werk angelegt. Da der dafür gegebenenfalls notwendige Transport auf dem Transportbedarf der abgebenden Seite basiert, werden im Fall der Umlagerbestellung die Transporte auf Grundlage der Auslieferungen gebildet. Diese lassen sich mit normalen Auslieferungen zusammen in einem Transport konsolidieren, jedoch nicht mit Anlieferungen. Auch im Fall der Umlagerbestellung entfällt der Schritt der Kundenfrachtabrechnung.

Klassische Transportabwicklung mit Erweiterungen (externes Transportplanungssystem oder Ausschreibungsfunktion)

SAP ERP und SD-TPS

Die Transportabwicklung in SAP ERP bietet Ihnen zur Transportplanung die Möglichkeit der manuellen oder regelbasierten Disposition. Eine Optimierung im Sinne der kürzesten Route, der besten Fahrzeugnutzung oder der niedrigsten Kosten ist damit nicht möglich. Zu diesem Zweck können Sie jedoch über die *Standardschnittstelle für externe Transportplanungssysteme* (SD-TPS) ein externes Planungssystem anbinden (siehe dazu auch Abbildung 6.5). Auslieferungen und Anlieferungen werden gemäß einer Selektion oder nach voreingestellten Regeln in ein oder mehrere spezialisierte, externe Transportplanungssysteme verteilt. Es ist z. B. möglich, ein Planungssystem für den Straßentransport in Deutschland und ein Planungssystem für europaweite Bahntransporte anzubinden und mit den jeweils relevanten Lieferbelegen zu versorgen. Die in den externen Planungssystemen geplanten – und je nach Funktion auch optimierten – Transporte werden dann in die ERP-Transportabwicklung zurückgesendet und legen dort Transportbelege an. Sie können dabei festlegen, ob das externe Planungssystem von nun an die Planungshoheit über die Transporte behalten soll oder ob diese in der ERP-Transportabwicklung geändert werden dürfen. Eine Rücksynchronisation der dort vorgenommenen Änderungen in das externe Planungssystem findet nicht statt.

Verladerlösung mit globaler Verfügbarkeitsprüfung und Transportoptimierung (SAP APO TP/VS)

SAP ERP und SAP APO

Wenn ein Unternehmen aus dem Bereich der Verlader hohe Anforderungen hinsichtlich der Transportoptimierung mit einer engen Integration in die Bezugsquellenfindung und die globale Verfügbarkeitsprüfung hat, kommt eine Transportlösung zum Einsatz, die aus ERP-Logistik und SAP APO besteht. Die Lösung kann sowohl für einkaufs- als auch für verkaufsbasierte Prozesse verwendet werden. Abbildung 6.6 zeigt Ihnen einen Überblick über den Prozessfluss für den Vertriebsprozess.

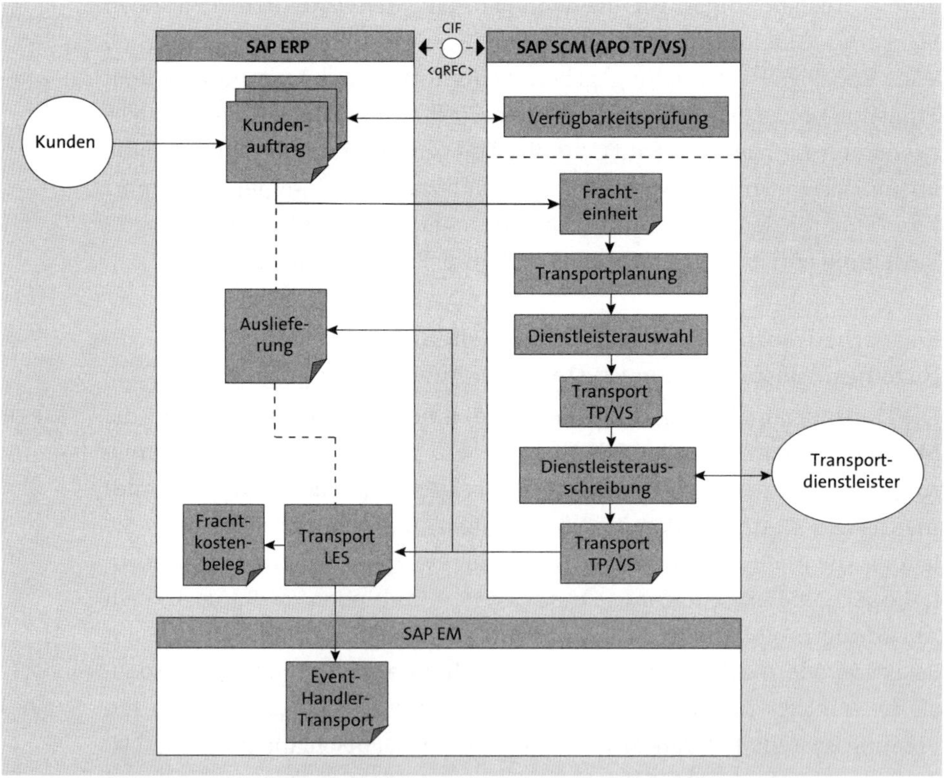

Abbildung 6.6 Transportprozess mit SAP APO für die Kundenauftragsabwicklung

Auf Basis des *Kundenauftrags* wird eine globale Verfügbarkeitsprüfung im APO-System durchgeführt. Im Rahmen dieser Verfügbarkeitsprüfung können mit dem *Routing Guide* bereits Frachteinheiten erzeugt werden, die dann mit der APO-Transportplanung geplant und entweder vorwärts oder rückwärts terminiert werden. Die in der Verfügbarkeitsprüfung ermittelte Terminierung wird dann in den Kundenauftrag zurückkommuniziert. Die Planung bleibt als temporäre Planung im APO-System bestehen, bis der Kundenauftrag gesichert wird. Zum Zeitpunkt der Sicherung wird dann der temporäre Transportplan mitgesichert. Auf Basis dieses Plans kann eine Dienstleisterauswahl und -ausschreibung durchgeführt werden. Anschließend werden im ERP-System Auslieferungen und Transportbelege erzeugt. Die eigentliche Abwicklung wird auf der Basis der ERP-Transportbelege durchgeführt.

Analog zur klassischen Verladerlösung können Sie auch hier die Dienstleisterkosten berechnen, begleichen und an Kunden weiterfakturieren.

Verladerlösung mit Dienstleistungsbezug (SAP TM im Zusammenspiel mit der ERP-Logistik)

Ein Verlader mit einer ausgegliederten Transportdispoabteilung benötigt in der Regel eine Transportfunktion, die eine ERP-systemübergreifende Transportdisposition ermöglicht oder die einen starken Dienstleistungsbezug hat. Die Transportbedarfe können hier je nach Geschäftsbereich in unterschiedlichen Systemen erzeugt werden, z. B. in mehreren ERP-Systemen, in denen jeweils die Vertriebslogistik separat abgewickelt wird. Sollen nun durch eine Konsolidierung von Transportbedarfen aus verschiedenen Systemen Kostenreduktionen erreicht werden, ist das mit der klassischen Verladerlösung nicht möglich, da die dort gebildeten Transporte jeweils Referenzen zu den Lieferbelegen benötigen, die jedoch über mehrere Systeme verteilt sind.

Rückmeldung an SAP ERP

Hier kommt in der Regel auch die *Transportdisposition* mit der Abwicklung in SAP TM zum Zuge. Kundenaufträge, Bestellungen und Lieferbelege werden in einem oder mehreren ERP-Systemen erzeugt und über die Serviceschnittstelle an SAP TM geschickt (siehe dazu Abbildung 6.7). Die in SAP TM aus den Kundenaufträgen angelegten Transportbedarfe werden geplant und in Liefervorschlägen zusammengestellt, die an das jeweilige ERP-System zurückkommuniziert werden, wo entsprechende Lieferungen erzeugt werden. Eine Transportdisposition im ERP-System (LES) geschieht eventuell noch zum Zweck der Kundenfrachtabrechnung, wobei jedoch die Frachtkostenberechnung in SAP TM und in SAP ERP separat durchgeführt werden muss.

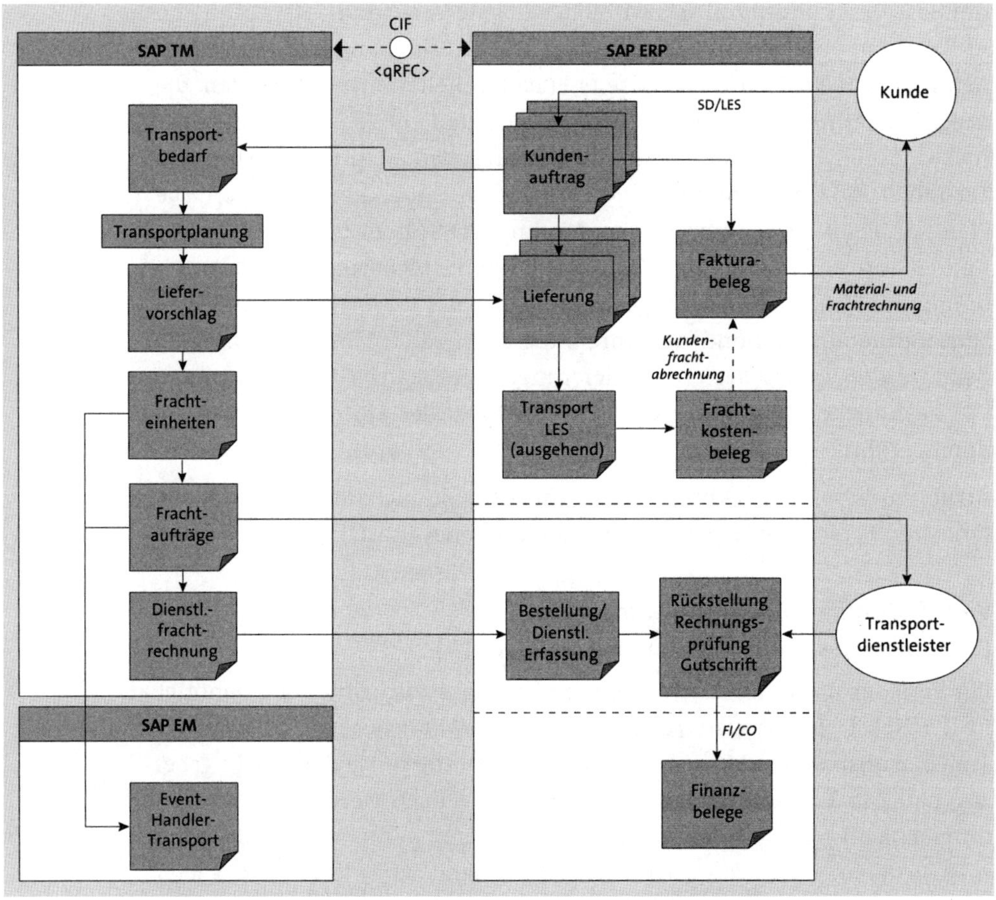

Abbildung 6.7 Transportabwicklung für Verlader mit SAP TM und SAP ERP als Auftragsabwicklungssystem

Alle Schritte der Transportplanung, -disposition und -abwicklung werden anschließend in SAP TM ausgeführt, wobei die flexiblen Planungs- und Frachtkostenwerkzeuge von SAP TM ein wesentlich besseres Leistungsniveau bieten als die von SAP ERP. Die Transportverfolgung wird in diesem Fall über die Integration der SAP-TM-Business-Objekte »Frachteinheit« bzw. »Frachtauftrag« mit den dazugehörigen Event Handlern in SAP Event Management erreicht.

Transportdienstleisterlösung (SAP TM im Zusammenspiel mit dem ERP-Finanzwesen)

Transportmanagement für Logistikdienstleister

Für Transportdienstleister, die Logistik für andere Unternehmen als Service durchführen, ist eine Lösung, die auf SAP TM basiert, eine flexible Grundlage, um ihre Prozesse abzubilden. SAP TM benötigt im Gegensatz zur

Transportabwicklung mit SAP ERP keinen Bezug zu Lieferbelegen oder zu Materialstammsätzen, sondern kann unabhängig von Stammdaten und Vertriebsabwicklung zur kompletten Transportabwicklung eingesetzt werden. Der Grundprozess dazu ist in Abbildung 6.8 dargestellt.

Speditionsauftrag

Der Transportbedarf wird direkt vom Kunden als Transportauftrag übermittelt und als Speditionsauftrag angelegt. Auf Basis des *Speditionsauftrags* werden Frachteinheiten gebildet, die in der Transportplanung konsolidiert, geroutet und terminiert werden. Im Anschluss an die optimierte oder manuelle Planung werden Frachtaufträge gebildet, die Touren und Sendungen beinhalten. Diese Frachtaufträge werden auch zur Unterbeauftragung an weitere Dienstleister und Frachtführer verwendet.

Speditionsabrechnungsbelege

Auf Basis der Speditionsaufträge, die auch Kostensegmente für die Abrechnung der Dienstleistungen enthalten, können *Speditionsabrechnungsbelege* erzeugt werden, die einerseits als Pro-forma-Rechnungen gedruckt oder andererseits zur Kundenfakturierung an das ERP-System transferiert werden. Dort werden die Kundenrechnungen erstellt und in die Finanzbuchhaltung übergeleitet.

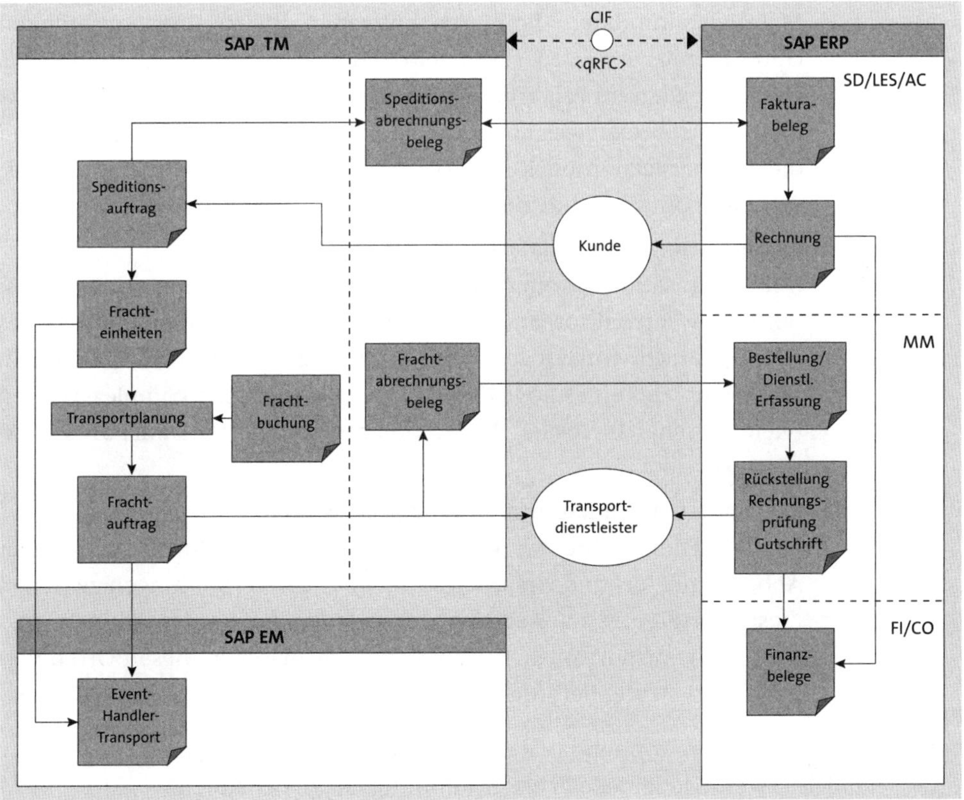

Abbildung 6.8 Transportmanagementprozess mit SAP TM

Frachtauftrag

Auf Basis der *Frachtaufträge* können Sie Frachtabrechnungsbelege erstellen, die nach dem Transfer in das ERP-System Dienstleistungsbestellungen und Dienstleistungserfassungsblätter erzeugen. Über die Integration mit der Rechnungsprüfung können Sie dann eingehende Dienstleisterrechnungen prüfen oder alternativ mittels Gutschriftverfahren die berechneten Beträge bezahlen.

6.3 Stammdaten in der Transportlogistik

Arten von Stammdaten

Die Stammdaten, die man in der Transportabwicklung verwendet, lassen sich in die folgenden vier Arten einteilen:

- **Partnerstammdaten**
  Partnerstammdaten definieren die Geschäftspartner, die mittelbar oder unmittelbar am Transportprozess beteiligt sind. Beispiele sind Versender, Empfänger, Auftraggeber, Rechnungsempfänger, Zollagent und Frachtführer.
- **Materialstammdaten**
  Materialstammdaten definieren entweder die zu transportierenden Güter in einer mehr oder weniger detaillierten bzw. gruppierten Form, oder sie bilden im Fall von Logistikdienstleistern Transportbehältnisse oder Transportservices ab. Beispiele für die verschiedenen Typen sind die Hochdruckpumpe KUG-2030, Automobil-Karosserieteile, 20-Fuß-Standardcontainer und ein 24-Stunden-Lieferservice.
- **Organisationsstammdaten**
  Mit Organisationsstammdaten lassen sich die Einheiten einer Transport- oder Vertriebsorganisation definieren. Diese können im Fall eines Verladers recht einfach gestaltet sein (nur eine Transportdispo-Organisation), im Fall eines Logistikdienstleisters aber sehr komplex werden (viele Geschäftsbereiche, Landesorganisationen, Verkaufsbüros, Vertriebswege etc.).
- **Transportnetzwerkstammdaten und Ressourcen**
  Zu den Transportnetzwerk-Stammdaten zählen Informationen über Abhol-, Anliefer- und Umschlagsorte, über die Verbindungen zwischen diesen Orten, die als Transportwege verwendet werden können, und über die Transportmittel (Ressourcen), die zwischen diesen Orten verkehren und Güter befördern können.

Als fünfte Art können noch *Frachtkostendaten* (z. B. Ratentabellen) gelten. Diese werden hier jedoch als Anwendungsdaten behandelt.

Verwendung der Stammdaten in den Transportlösungen

Wir unterscheiden drei Verwendungsarten:

- **Obligatorisch**
  Die obligatorische Verwendung bedeutet dabei, dass die Transportabwicklung ohne diese Stammdaten nicht durchgeführt werden kann.
- **Empfohlen**
  Eine empfohlene Verwendung sagt aus, dass der Transportprozess mit diesen Stammdaten wesentlich einfacher und konsistenter wird. Ein Beispiel ist hier die Verwendung der Kundenstammdaten im Zusammenhang mit der ERP-Rechnungsstellung aus SAP TM heraus.
- **Optional**
  Eine optionale Verwendung bedeutet, dass die Stammdaten sinnvoll in den Prozess integriert sind, jedoch nur bei Bedarf verwendet werden müssen.

Tabelle 6.1 gibt Ihnen eine Übersicht über die Stammdaten und ihre Systemverwendung.

			Transportlösung		
Stammdatenentität	**Art**	**System**	**ERP**	**TM**	**TP/VS**
Kunde, Lieferant	Partner	ERP	●	**○**	●
Lieferant	Partner	ERP	●	**○**	●
Material	Material	ERP	●	○	●
Packmaterial	Material	ERP	○		
Route, Strecke	Netzwerk	ERP	●		
Werk, Lagerort	Netzwerk	ERP	●		●
Versandstelle	Netzwerk	ERP	●		●
Transportdispostelle	Organisation	ERP	●		●
Frachtkonditionen	Kosten	ERP	●		
Geschäftspartner	Partner	SCM		**○**	
Lokation	Netzwerk	SCM		●	●
Produkt	Material	SCM		○	●
Ressource	Netzwerk	SCM		○	●
Fahrplan	Netzwerk	SCM		○	

Tabelle 6.1 Stammdaten im Transport und ihre Verwendung in den Transportlösungen (Verwendung: ● obligatorisch, **○** empfohlen, ○ optional)

Die in Tabelle 6.1 aufgelisteten SCM-Stammdaten sind technisch Bestandteil von SAP SCM und dienen sowohl als Grundlage von APO TP/VS) als auch von SAP TM. Sie werden von beiden gleichermaßen verwendet, wobei die in SAP TM genutzte Funktion umfangreicher ist. Die Stammdatenintegration zwischen SAP ERP und SAP SCM wird über das CIF (APO Core Interface, siehe Kapitel 2, »Organisationsstrukturen und Stammdaten«) durchgeführt.

6.3.1 Kunden und Lieferanten in SAP ERP

Die Bedeutung von *Kunden* und *Lieferanten* in SAP ERP wurde bereits in Kapitel 2, »Organisationsstrukturen und Stammdaten«, Kapitel 3, »Beschaffungslogistik«, und Kapitel 5, »Distributionslogistik«, im Detail in ihrem jeweiligen Kontext beschrieben. Daher gehen wir hier nur auf die transportspezifischen Aspekte ein.

Rollen und Attribute im Kundenstamm

Kunden können in der Transportabwicklung mehrere Rollen einnehmen. Diese Rollen sind im ERP-Kundenstamm als *Partnerrollen* vordefiniert. Sie können die Standardpartnerrollen über Customizing-Einstellungen erweitern. Ein im Transport verwendeter Kunde kann z. B. als Auftraggeber (einer Transportbedarf auslösenden Warenbestellung), als Warenempfänger, als Rechnungsempfänger oder als Regulierer fungieren. Die Kundenstammpflege bietet Ihnen die Möglichkeit, die für jede Rolle notwendigen Daten für den Kunden zu pflegen. Ein Warenempfänger benötigt keine Bankdaten, ein Regulierer keine Versandinformationen. Wichtige Informationen, die Sie am Kundenstammsatz definieren können, sind:

- Adressinformationen mit internationalen Versionen
- Zahlungsverkehrs- und Bankinformationen
- Abladestellen des Kunden
- Exportdaten
- Ansprechpartner

Die Adressinformationen und Abladestellen sind dabei für die eigentliche Transportdisposition wichtig, Ansprechpartner und Exportdaten werden im Umfeld der logistischen Abwicklung genutzt und die Zahlungsinformationen für die Abrechnung.

Durch die Definition von Partnerrollen im Kundenstamm können Sie eine Beziehung zwischen verschiedenen Kundenstammsätzen herstellen. So kann z. B. ein Auftraggeber A (Geschäftsstelle eines Automobilhändlers in Hessen) einen Auftrag erteilen, der an den Warenempfänger B (Werkstatt in Darmstadt) geliefert werden soll, wobei die Rechnung jedoch an die Konzernzentrale in Dortmund geht (Rechnungsempfänger C) und letztlich von einem Regulierer D bezahlt wird.

Kunden können Sie im ERP-System unterschiedlichen Vertriebsbereichen zuordnen. Diese Zuordnung wird für die Verladerabwicklung genutzt, bei der ein bestimmter Kunde von einem bestimmten Teil der Vertriebsorganisation betreut wird. Diese Daten werden jedoch nicht in das SCM-System übertragen. In den vertriebsabhängigen Daten können Sie weitere versandspezifische Attribute des Kunden pflegen, wie z. B. Lieferpriorität und Auslieferungswerk.

Rollen und Attribute im Lieferantenstamm

Lieferanten können in der Transportabwicklung im Wesentlichen zwei Funktionen einnehmen. Zur Eingruppierung des Lieferanten in eine der beiden folgenden Funktionen müssen Sie den Lieferanten einer Kontengruppe zuordnen:

- **Transportdienstleister**
  Zu den Transportdienstleistern zählen nicht nur Spediteure und Frachtführer. Sie können hier auch Zollagenten, Verpackungsdienstleister, Reinigungsunternehmen oder andere Dienstleister im Transportwesen definieren.
- **Warenlieferanten**
  Die Warenlieferanten dienen aus logistischer Sicht in erster Linie zur Bestimmung der Abholadresse für Bestellungen und Anlieferungen.

Ähnlich wie bei den Kundenstammdaten verhält es sich bei den Lieferantenstammdaten. Auch hier stehen mehrere Sichten zur Verfügung, in denen Sie die transportrelevanten Daten pflegen können.

6.3.2 Werke, Lagerorte, Versandstellen und Ladestellen in SAP ERP

Anliefer- und Auslieferlokationen

Werke, Lagerorte, Versandstellen und Ladestellen bilden in SAP ERP die logistische Struktur des Unternehmens (siehe auch Kapitel 2, »Organisationsstrukturen und Stammdaten«):

- **Werk, Lagerort**
  Ein Werk bzw. Lagerort ist eine organisatorische Einheit der Logistik, die das Unternehmen aus Sicht der Produktion, Beschaffung, Instandhaltung und Disposition gliedert. In einem Werk werden Materialien produziert bzw. Waren und Dienstleistungen bereitgestellt.
- **Versandstelle, Ladestelle**
  Eine Versand- bzw. Ladestelle ist eine organisatorische Einheit der Logistik, die die Versandabwicklung durchführt. Werke, Versandstellen und ihre Untereinheiten sind technisch keine Stammdaten, sondern als

organisatorische Grundstrukturen über das SAP-Customizing definiert. Sie werden dennoch aus logistischer Sicht als Stammdaten betrachtet und in gleicher Weise wie Kunden und Lieferanten mit den Lokationen abgeglichen, die im SCM-Stammdatenbestand angelegt werden müssen.

Logistische Organisationseinheiten

Das wesentliche Merkmal der hier betrachteten Organisationseinheiten ist ihre Lokation, die als Adresse definiert ist und die im Falle des Werks für An- und Auslieferungen als Anliefer- bzw. Abgangsadresse verwendet wird. Im Falle der Versandstelle, die nur in der Auslieferung Verwendung findet, ist dadurch der Abgangsort eines Transports definiert. Ein weiteres Merkmal ist die Zuordnung zu einem Fabrikkalender, der die »aktiven« Arbeitstage definiert. Im Falle der Versandstelle kommt noch die Definition der jeweiligen Lade- und Richtzeiten als genereller, das heißt material- und mengenunspezifischer Wert hinzu.

6.3.3 Geschäftspartner in SAP SCM

Geschäftspartner sind Organisationen, Unternehmen und Personen, die mit einem Verlader oder Logistikdienstleister in einer festen oder losen Arbeits- oder Auftragsbeziehung stehen. Die in SAP SCM definierten Geschäftspartner werden ausschließlich in SAP TM verwendet. Im Standardprozess werden diese durch die Stammdatenübertragung der Kunden und Lieferanten aus SAP ERP automatisch angelegt. Eine manuelle Pflege in SAP TM ist damit nur in Sonderfällen nötig.

In Tabelle 6.1 zu Beginn von Abschnitt 6.3, »Stammdaten in der Transportlogistik«, können Sie erkennen, dass Ihnen SAP TM die Möglichkeit bietet, logistische Prozesse weitgehend ohne das Vorhandensein von Geschäftspartnerstammdaten durchzuführen. Für eine effiziente Abrechnung und Rechnungsverwaltung ist ein Geschäftspartnerstamm aber praktisch unerlässlich.

Geschäftspartner in SAP TM

Geschäftspartnerstammsätze für Geschäftspartner der Kategorie *Kunde* können Sie z. B. für Auftraggeber, Versender und Empfänger von Gütern oder Rechnungsempfänger anlegen. Lieferantenartige Geschäftspartner können z. B. als Spediteure, Frachtführer, Zollagenten oder Betreiber von Umschlagplätzen definiert werden. Die jeweilige Rolle wird im Geschäftspartnerstamm über die Rollendefinition festgelegt, wobei Sie einem Partner durchaus mehrere Rollen zuweisen können (z. B. »Geschäftspartner allgemein«, »Geschäftspartner Finanzservices« und »Rechnungsempfänger«). In Abbildung 6.9 sehen Sie die Pflegetransaktion für einen Geschäftspartner.

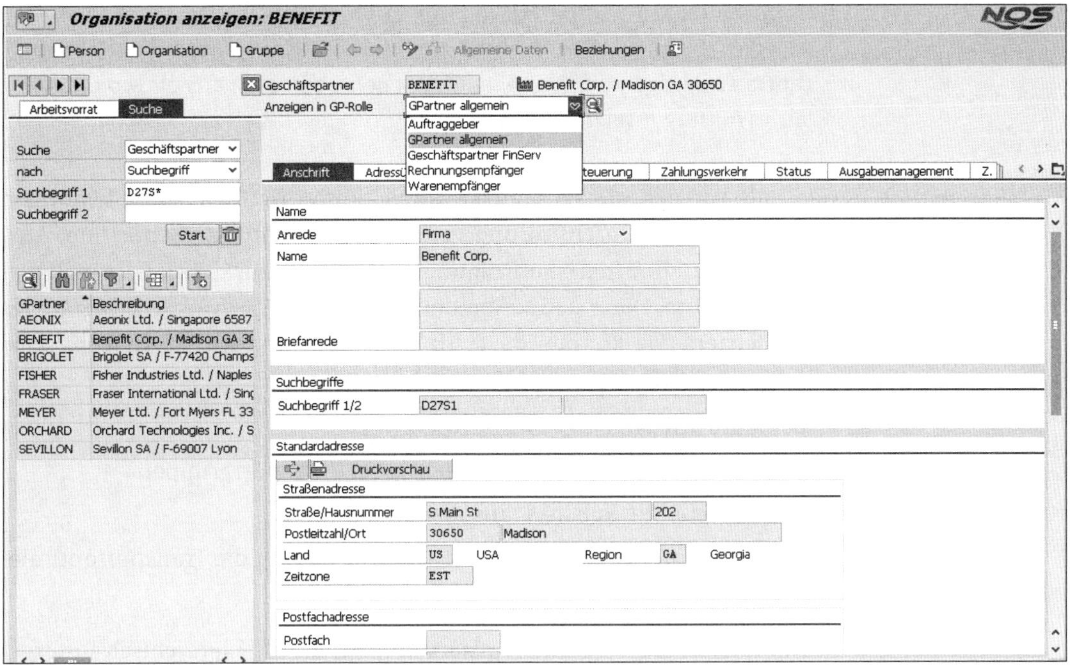

Abbildung 6.9 Definition eines Geschäftspartners für SAP TM mit mehreren Rollen (Transaktion BP)

Details zum Geschäftspartner

Für jeden allgemeinen Geschäftspartner können Sie folgende Informationen pflegen:

- Anschriftsinformation zur Hauptadresse des Geschäftspartners und zusätzliche Adressen mit einem Verwendungshinweis (z. B. Postanschrift, Anlieferanschrift)
- zusätzliche Identifikationsnummern, die den Geschäftspartner identifizierbar machen (z. B. IATA-Agentencode eines Luftfrachtdienstleisters oder Standard Carrier Alpha Code)
- Geschäftszeiten und Steuerklassifikation
- Angaben zum Zahlungsverkehr mit Bankdaten und Zahlungskarteninformationen
- Statusinformationen und Sperrvermerke

[zB]

Geschäftspartner für Neukunden

Wenn Sie eine telefonische Auftragsannahme für einen Neukunden durchführen müssen, für den Sie noch keinen Geschäftspartnerstammsatz haben, können Sie sich einen speziellen Geschäftspartner als Neukunden anlegen. Diesen können Sie dann im TM-Transportauftrag (Speditionsauftrag) verwenden und im Auftrag mit den individuellen Daten als Einmaladresse versehen. Der Partner *Neukunde* kann später – nach dem zentralen Anlegen und Verteilen des neuen Geschäftspartners – problemlos im Auftrag ersetzt werden.

Transportdienstleisterprofil für Lieferanten

Geschäftspartner, die als Transportdienstleister definiert sind, benötigen für die effiziente Durchführung von Transportplanung, Disposition, Ausschreibung und Unterbeauftragung in SAP TM zusätzliche logistikrelevante Attribute. Diese definieren den Zuständigkeits- und Servicegrad des Dienstleisters. Sie können dazu für den Geschäftspartner ein *Transportdienstleisterprofil* mit folgenden Attributen pflegen:

- bediente Strecken im Transportnetzwerk
- bediente Güterarten, Produktfracht- und Transportgruppen
- verwendete/verfügbare Transporthilfsmittel
- fixe und dimensionsbasierte Transportkosten für die Transportoptimierung

Mitarbeiter eines Geschäftspartners können Sie als hierarchisch untergeordnete Geschäftspartner vom Typ *Person* definieren. Diese werden in SAP TM als Benutzer für die Internetkollaboration in der Transportausschreibung verwendet.

Geschäftspartner für interne Organisationseinheiten

Wenn Sie in SAP TM Organisationseinheiten pflegen (siehe Abschnitt 6.3.8, »Organisationsdaten in SAP ERP und in SAP SCM«), wird für jede Einheit automatisch ein Geschäftspartner vom Typ *Organisationseinheit* angelegt. Sie können diese Geschäftspartner direkt in SAP TM verwenden, um Geschäftsvorgänge innerhalb des Unternehmens abzubilden, z. B. die Unterbeauftragung einer Transportdienstleistung an eine Landesgesellschaft.

6.3.4 Materialien in SAP ERP

Arten von Materialien

Die in SAP ERP definierten Materialstammdaten umfassen die aus Sicht eines Verladers bestellbaren, produzierbaren und verkaufbaren Güter, die im logistischen Prozess einen Transportbedarf erzeugen können. Die Materialien lassen sich hier mit ihren Attributen und unterschiedlichen Mengen pflegen und Organisationen zuordnen.

Zusätzlich können Sie im Materialstamm auch unterschiedliche Arten von Transportmaterialien und Transporthilfsmitteln definieren (z. B. Paletten, Gitterboxen oder Kartons), die ihrerseits durch das Verpacken von einem oder mehreren anderen Materialien den eigentlichen Transportbedarf bilden können.

[zB]

Verpackungshierarchie und Transportbedarf

Der eigentliche Transportbedarf kann auf unterschiedlichen Ebenen entstehen. Wenn 9.600 Tüten Mehl verkauft werden und transportiert werden sollen, kann der Transportbedarf z. B. folgendermaßen aussehen:

9.600 Tüten Mehl, 960 Kartons mit je 10 Tüten Mehl, 20 Paletten mit je 48 Kartons oder ein 20-Fuß-Container mit 20 Paletten.

Die Tüten bzw. Kartons mit Mehl stellen dabei jeweils eine eigene Verkaufsmengeneinheit des Materials Mehl dar, die Palette und der Container sind als Verpackungsmaterialien definiert.

Grundlegende Eigenschaften des Materialstamms haben wir mit Blick auf die Beschaffungslogistik bereits in Kapitel 3 beschrieben, sodass wir hier nur auf die transportspezifischen Attribute eingehen.

Transportrelevante Mengeneinheiten

Neben der obligatorischen Definition der Materialnummer und der Materialbezeichnung müssen Sie die *Basismengeneinheit* des Materials definieren (z. B. Stück, Karton oder Kilogramm). Über die Basismengeneinheit können Sie dann weitere Mengeneinheiten mit den Umrechnungsfaktoren definieren. Dabei ist für die logistische Abwicklung besonders die Angabe von Brutto- und Nettogewicht sowie Volumen wichtig, da diese letztlich zur Kapazitätsberechnung von zusammengestellten Transporten herangezogen werden. Das Volumen sollte hier den Rauminhalt bezeichnen, der beim Transportieren des Materials eingenommen wird, nicht den Nettoinhalt einer Einheit des Materials (ein Karton mit sechs 5-Liter-Kanistern eines Reinigungsmittels kann z. B. 40 Liter Rauminhalt haben). Abbildung 6.10 zeigt ein Packmaterial, das einen 24-Tonnen-Lkw darstellt.

Im Materialstamm steht Ihnen auch eine *Vertriebssicht* zur Verfügung, in der Sie als transportrelevante Attribute das Auslieferungswerk und die Transportgruppe definieren können. Die *Transportgruppe* ist ein Gruppierungskriterium, das Ihnen erlaubt, Materialien zu gruppieren, die nach Ihrer Definition gleichen Abwicklungskonditionen unterliegen. Beispiele für Werte der Transportgruppe sind palettierte Ware, Kühlgut oder Molkereiprodukte.

Gefahrgutdefinition

Stellt das Material ein Gefahrgut dar, ist es erforderlich, für die Transportabwicklung einen *Gefahrgutstammsatz* anzulegen. Dazu bietet Ihnen die Komponente SAP EHS Management (Environment, Health, and Safety Management) in SAP ERP die entsprechende Möglichkeit, die nach den unterschiedlichen Normen und Verkehrsträgeranforderungen notwendigen Kennzeichnungen und Definitionen anzulegen.

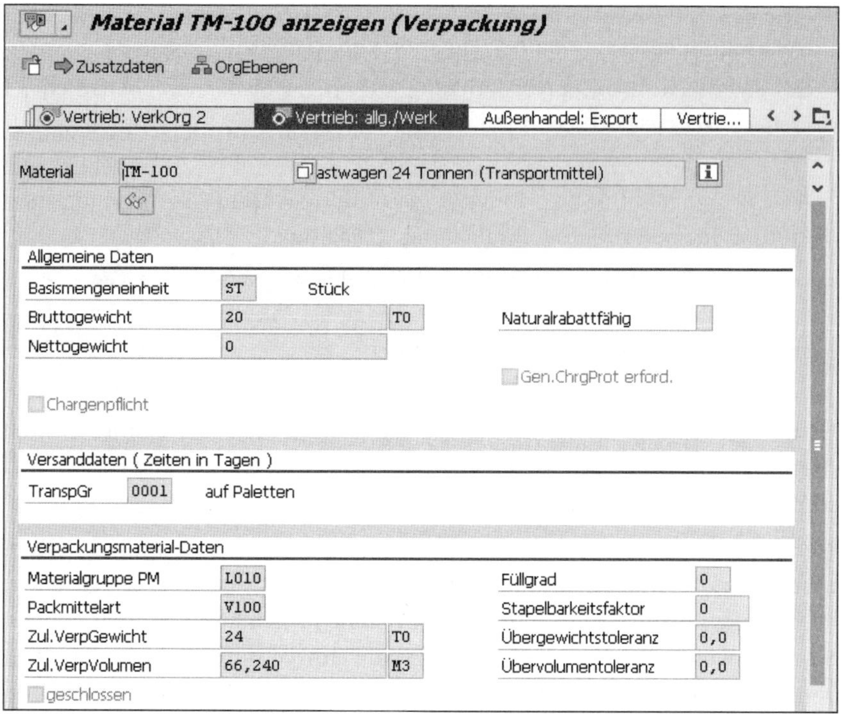

Abbildung 6.10 Definition eines Packmaterials, hier für das Transportmittel Lkw, 24 Tonnen (Transaktion MM03)

Hier können Sie Gefahrgutklassen und -codes, Stoffeigenschaften, Zusammenladeregeln, Papierdruckdefinitionen und weitere Details der Gefahrgutdefinition ablegen. Der Gefahrgutstammsatz muss dabei für jedes Material, das ein Gefahrgut darstellt, separat angelegt werden.

6.3.5 Produkte in SAP SCM

Die *Produktstammdaten* in SAP SCM, die auch von SAP TM verwendet werden, haben zwei grundlegende Ausprägungen:

- **Konkrete, detaillierte Materialdefinition**
  Zum einen gibt es Produktstammdaten, die präzise definierte Materialien abbilden, die verkauft, eingekauft oder im Zusammenhang mit einer kontraktlogistischen Vereinbarung transportiert werden. Diese Variante wird im Wesentlichen in einer *Verladerabwicklung* von Transporten eingesetzt (Ausnahme: Kontraktlogistik) und ist analog zur Materialstammdefinition des ERP-Systems. Sie wird in der klassischen Verladerlösung mit Unterstützung durch die APO-Transportplanung oder durch SAP TM eingesetzt.

- **Material- oder Produktklassifikation**
  Zu anderen gibt es Produktstammdaten, die eine Klassifikation oder Gruppierung von verschiedenen Materialien darstellen oder die eine Dienstleistung repräsentieren. Aus dem Blickwinkel eines *Logistikdienstleisters* betrachtet, stellt sich die Situation bezüglich des Produktstamms wesentlich vielfältiger dar. Sie können diese Ausprägung des Produktstamms nur beim Einsatz von SAP TM als Dienstleisterlösung effektiv nutzen. Bei der Material- oder Produktklassifikation gibt es folgende Möglichkeiten, den Produktstamm zu verwenden:
  - *Exakt definierte Produkte in der Kontraktlogistik*: Die Definition des Produkts ist analog zu der Sicht des Verladers.
  - *Standardisierte Güterarten und Warengruppen*: Es werden standardisierte oder eigene Güterarten oder Warengruppen verwendet (z. B. statistische Warennummer), um Produkte angemessen zu gruppieren und zu klassifizieren.
  - *Kategorien von Transporthilfsmitteln*: Produkte stellen nur die Umverpackung des eigentlich transportierten Materials dar.
  - *Keine Produktstammrepräsentation*: Alle zu transportierenden Güter werden nur textuell im Transportauftrag erfasst, alle ladungsspezifischen und transportrelevanten Angaben werden direkt im Auftrag gepflegt.

Standardisierte Güterarten und Warengruppen

Eine Transportdienstleistung bei einem Logistikdienstleister wird häufig mit Bezug zu *standardisierten Güterarten* oder *Warengruppen* als Produktstammsätzen beauftragt. Diese Gruppierung kann sich in der notwendigen Granularität (z. B. drei bis acht Stellen) etwa an statistischen Warennummern/HS-Codes, UN-Gefahrstoffnummern oder anderen Standards orientieren. An der Warengruppe können dann auch die allgemeingültigen Charakteristika für alle Ladungen mit Referenz auf die Warengruppe definiert werden (z. B. Frachtgruppe, Beschreibung). Andere Daten (z. B. Gewicht) können nur verallgemeinert dargestellt werden und müssen im Transportauftrag individuell nacherfasst werden.

Transportmittel als Produktklassifikation

In Transportprozessen, in denen häufig Vollladungen beauftragt und transportiert werden (Container-Linienverkehr, Bahnverkehre mit Komplettwaggons), ist die Definition von Produktstammsätzen auf Basis von *Transporthilfsmitteln* üblich. Der Inhalt der Transporthilfsmittel wird dabei oft nur grob spezifiziert und ist häufig zum initialen Auftragszeitpunkt noch gar nicht genau bekannt. Die Art des Transporthilfsmittels muss jedoch genau definiert sein (z. B. 20-Fuß-Standardcontainer, 67-Fuß-Hochbord-Waggon). Im Auftrag wird dann lediglich als Transportgut die gewünschte Anzahl der Transporthilfsmittel-Produkte festgelegt. Zu einem späteren Zeitpunkt werden genauere Angaben zur transportierten Warenbeschaffenheit ergänzt.

6.3.6 Transportnetzwerk und Transporthilfsmittel in SAP ERP

Das Transportnetzwerk in SAP ERP ist die Basis für die Ermittlung der Transportrelevanz von Lieferungen und für die Streckenermittlung im ERP-Transport. Es wird aus drei wesentlichen Elementen gebildet: Routen, Strecken und Verkehrsknoten.

Routen

Die *Route* ist ein mehr oder weniger detaillierter, möglicher Transportweg, der aus einer oder mehreren Strecken zusammengesetzt sein kann (siehe Abbildung 6.11, Route *DE_FR_SP*), der sich aber auch ohne jeden geografischen Bezug definieren lässt (siehe »Route *England*«). Eine Route wird durch eine *Routenidentifikation* gekennzeichnet und kann unter anderem folgende Attribute enthalten:

- Transportdienstleister, der die Route ausführt
- Versandart auf der Route
- Transitdauer (Gesamtdauer mit Pausen), reine Fahrdauer (ohne Pausen) und Entfernung
- zulässiges Gesamtgewicht
- Für Gefahrguttransporte besteht die Möglichkeit, eine Transitländertabelle zu hinterlegen.

Routendefinition

Eine Routendefinition ohne geografischen Bezug ermöglicht es Ihnen, eine reine Transitzeitberechnung für den Transport vorzunehmen, ohne auf geografische Gegebenheiten Bezug zu nehmen. So können Sie z. B. eine Route *Nordatlantik* definieren, um für Ihre USA-Transporte eine Transitzeit von 14 Tagen festzulegen. Dabei bleiben Abgangs- und Zielhäfen undefiniert. Sollten Sie jedoch eine genaue Definition der Häfen wünschen, können Sie für die Route eine oder mehrere Strecken festlegen.

Strecken

Eine *Strecke* ist entweder eine Verbindung zwischen zwei Verkehrsknoten oder die Referenz auf einen einzelnen Verkehrsknoten, an dem eine Aktivität zum Transport durchgeführt wird (z. B. Verzollung). Für jede einzelne Strecke einer Route können Sie einen Abschnittstyp (Transport, Umschlag oder Grenzpunkt), eine Versandart, die Entfernung, den Dienstleister, Fahr- und Transitzeiten sowie Details zur Frachtkostenrelevanz angeben. Abbildung 6.12 zeigt Ihnen eine Beispielroute, die zu der Route *DE_FR_SP* aus Abbildung 6.11 passt.

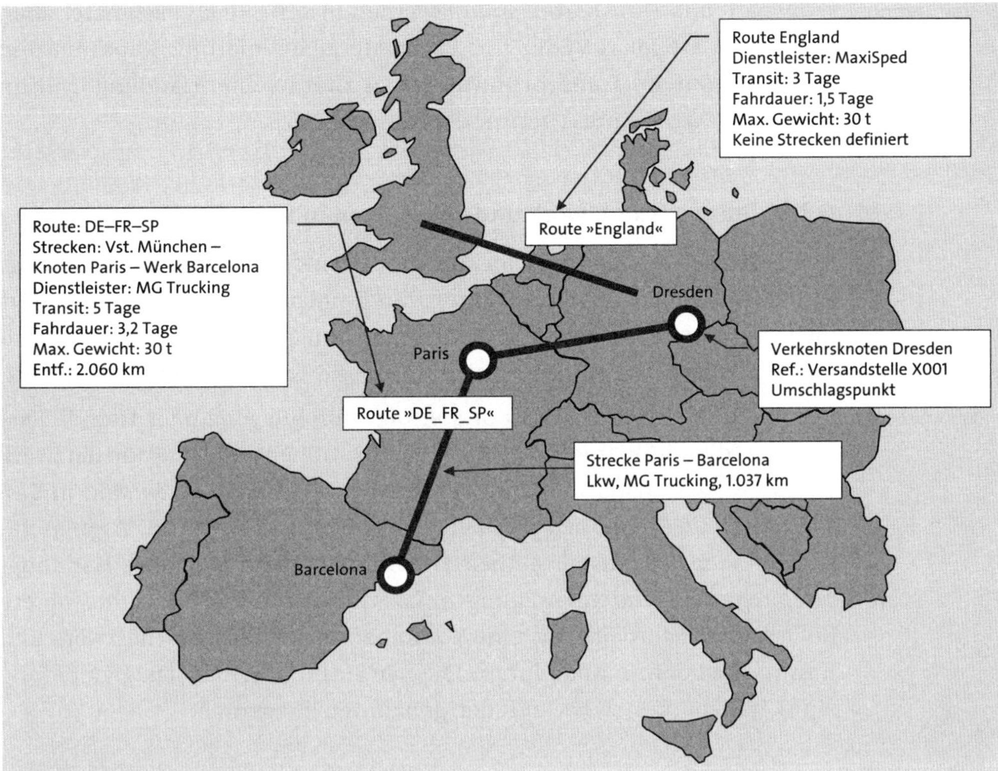

Abbildung 6.11 Geografische Elemente des Transportnetzes in SAP ERP

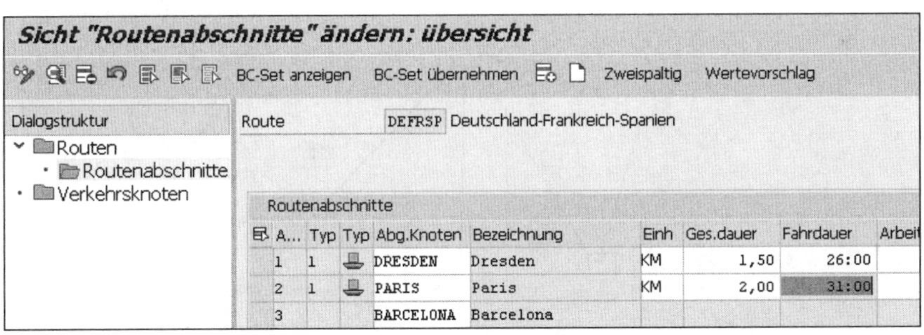

A...	Typ	Typ	Abg.Knoten	Bezeichnung	Einh	Ges.dauer	Fahrdauer	Arbeit
1	1		DRESDEN	Dresden	KM	1,50	26:00	
2	1		PARIS	Paris	KM	2,00	31:00	
3			BARCELONA	Barcelona				

Abbildung 6.12 Routendefinition in SAP ERP (Transaktion OVTC)

Verkehrsknoten

Ein *Verkehrsknoten* ist ein Abgangs-, Anliefer-, Umschlags- oder Aktivitätsort für Güter. Aktivitäten können z. B. Verzollung oder Waggonreinigung sein. Für jeden Verkehrsknoten können Sie den Typ (z. B. Umschlagspunkt, Flughafen oder Seehafen), die zuständige Zollstelle, Kalender und Aufenthaltsdauer sowie eine Referenz auf eine Organisationseinheit (Werk, Versandstelle), einen Partner (Kunde, Lieferant) oder eine beliebige Adresse festlegen.

Transportmittel *Transport- und Transporthilfsmittel* werden in SAP ERP als Packmaterialien angelegt (Materialart VERP). Das Packmaterial definiert die Kapazität und Eigenschaften des Transportmittels, das später in einer Handling Unit im transaktionalen Kontext verwendet wird.

6.3.7 Transportnetzwerk und Ressourcen in SAP SCM

Das *Transportnetzwerk* und die *Ressourcen* sind maßgeblich für die Möglichkeiten der Transportausführung. Das Transportnetzwerk repräsentiert die geografischen Gegebenheiten für den Transport von Gütern und wird durch Lokationen, Transportbeziehungen und Transportzonen modelliert.

Ressourcen Die Ausführung eines Transports erfolgt durch eigene oder fremde Ressourcen, die die Waren zwischen den Lokationen im Transportnetzwerk entlang von Transportbeziehungen bewegen. Als *Ressourcen* sind in SAP SCM folgende Kategorien definiert: Fahrzeuge mit Kapazität, Zugmaschinen, Anhänger, Transporteinheiten (Container, Bahnwaggons), Handlingressourcen zur Warenbewegung in Lokationen und Fahrer. Eine weitere Rolle spielen *Fahrpläne*, die eine Kombination aus Transportnetzwerk und Ressource bilden. In Abbildung 6.13 sehen Sie die schematische Darstellung eines Transportnetzwerks mit den genannten Elementen.

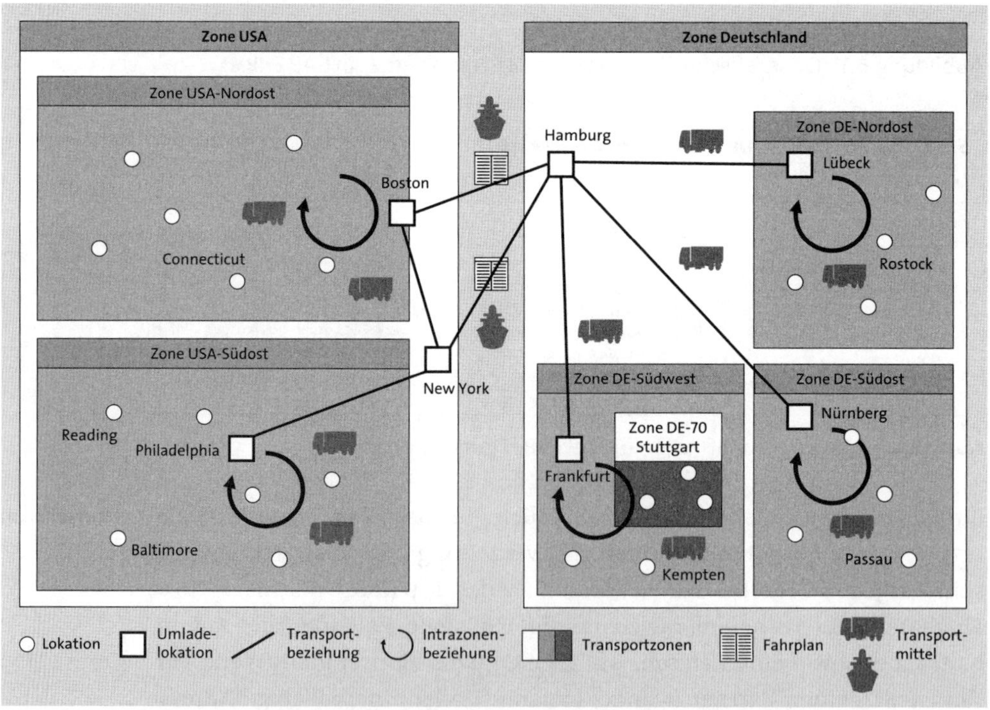

Abbildung 6.13 Elemente eines Transportnetzwerks in SAP SCM

Lokationen sind Orte, an denen Waren abgeholt, angeliefert oder umgeladen werden oder an denen Aktivitäten mit Bezug zum Transportprozess durchgeführt werden (z. B. Verzollung). Jede Lokation wird durch eine Lokationsart genauer klassifiziert (z. B. als Produktionswerk, Distributionszentrum, Kunde, Lieferant, Terminal). Sie haben die Möglichkeit, neben der Bezeichnung und der Adresse der Lokation weitere Kontaktdetails und eine Referenz auf einen zugehörigen Geschäftspartner zu pflegen.

Lokation

Eine Lokation besitzt eine *Geolokation*, das heißt geografische Koordinaten, die vom Transportoptimierer als Ortsdefinition und zur Entfernungsberechnung verwendet werden. Sie haben die Möglichkeit, eine Geocodierungssoftware an das SCM-System anzuschließen, um die Koordinaten beim Anlegen der Lokation automatisch mit der jeweils vom Geocodierer unterstützten Genauigkeit ermitteln zu lassen (z. B. auf Stadtteil- oder Hausnummerngenauigkeit). Dabei können Sie für verschiedene Länder und Regionen unterschiedliche Geocodierungssoftware verwenden, um Ihren Transportanforderungen gerecht zu werden.

Geolokation

Weitere Attribute der Lokation umfassen:

Weitere Lokationsattribute

- minimale Warenumschlagszeiten an der Lokation, die zur Transportterminierung verwendet werden
- Verfügbarkeit von Handlingressourcen. Das heißt beispielsweise: Wie viele Gabelstapler stehen in einem Umschlagszentrum zur Verfügung, um Waren aus- und einzuladen?
- alternative Identifikationen, mit denen Sie z. B. für die Lokation auch den UNLOCODE oder IATA-Flughafencode definieren können

Ein Transportnetzwerk umfasst in der Regel sehr viele Lokationen. Daher besteht die Möglichkeit, diese in *Transportzonen* zu gruppieren. Die Gruppierung geschieht zum einen aus Gründen der Selektion, zum anderen aus Gründen der leichteren Definition der Transportbeziehungen. Es gibt drei Arten von Transportzonen:

Transportzone

- Einer *direkten Zone* können Lokationen explizit zugeordnet werden.
- Eine *Postleitzahlenzone* enthält alle Lokationen, die den Postleitzahlenbereichen entsprechen, die für ein bestimmtes Land gelten. Sie können die Bereiche frei definieren (z. B. PLZ 700xx-729xx und 750xx-753xx).
- Eine *Regionenzone* wird durch Eingabe von Land und Region gepflegt und enthält alle darin enthaltenen Lokationen.

Eine *Mischzone* vereinigt die genannten Zonenarten. Sie wird durch Einträge in mindestens zwei verschiedenen Zonendefinitionen erstellt.

Mischzone

Für die Selektion ist es möglich, Zonen hierarchisch zu gliedern. In Abbildung 6.13 sehen Sie z. B. die Postleitzahlenzone *DE-70* als Unterzone der Regionenzone *DE-Südwest*, und diese wiederum als Unterzone von *Deutschland*. Durch diese Hierarchie ist es Ihnen in der Bearbeitung möglich, alle Ladungen aus dem Raum Stuttgart, Baden-Württemberg oder auch aus ganz Deutschland zu bearbeiten.

Umladelokation

Umladelokationen sind spezielle Lokationen, an denen das Umladen von Gütern von einem Fahrzeug auf ein anderes Fahrzeug aus Sicht der Transportplanung erlaubt ist. Eine Umladelokation kann für jede Lokation definiert werden. In der Regel sind Umladelokationen Distributionszentren, Häfen, Bahnhöfe, Flughäfen oder ähnliche Orte, an denen häufig auch Wechsel des Verkehrsträgers stattfinden (z. B. vom Lkw aufs Schiff).

Umladelokationen ermöglichen die gezielte Führung von Warenströmen über definierte Ausgangs- und Eingangslokationen. In Abbildung 6.13 ist z. B. dargestellt, dass der Güterverkehr von Deutschland in die USA entweder über die Häfen Hamburg und Boston oder über Hamburg und New York abläuft und dass der Abhol- und Auslieferverkehr im Südwesten Deutschlands über das Distributionszentrum Frankfurt geschieht.

Transportbeziehung

Transportbeziehungen definieren gerichtete Verbindungen innerhalb einer Menge von Lokationen und Zonen. Sie können zwischen zwei Lokationen (Quelle und Ziel), zwischen einer Lokation und einer Transportzone oder zwischen zwei Transportzonen definiert werden. Eine Transportbeziehung hat als wichtige Attribute die zeitliche Gültigkeit, mögliche Transportmittel, Dauer und Entfernung, Kostenparameter und Daten zur Transportdienstleisterauswahl. In Abbildung 6.13 sehen Sie z. B. eine Transportbeziehung zwischen dem Distributionszentrum Frankfurt und dem Hafen Hamburg bzw. zwischen den Häfen Hamburg und Boston.

Intrazonenbeziehung

Eine besondere Bedeutung haben *Intrazonenbeziehungen*. Sie definieren die Erreichbarkeit jeder Lokation innerhalb einer Zone von jeder anderen Lokation aus. Es ist also nicht nötig, individuelle Transportbeziehungen zwischen Lokationspaaren einer Zone zu erstellen, sondern es reicht, eine Intrazonenbeziehung zu definieren. Im Transportnetzwerk in Abbildung 6.13 kann so z. B. jeder Ort im Südwesten Deutschlands (Zone *DE-Südwest*) vom Distributionszentrum Frankfurt aus erreicht werden. Güter, die von Hamburg kommen, können jedoch nicht direkt z. B. nach Stuttgart gelangen, sondern müssen über Frankfurt umgeschlagen werden, da Hamburg nicht in der Zone *DE-Südwest* liegt.

Ähnlich wie bei den Lokationen können Sie im Zusammenhang mit Transportbeziehungen ein externes System zur Entfernungsermittlung einsetzen. Die Entfernung und Fahrzeit einer Transportbeziehung wird dann automatisch anhand der vorgegebenen Lokationskoordinaten von Quelle und Ziel und des gewählten Entfernungswerks bestimmt.

Fahrplan

Fahrpläne bilden eine vordefinierte Lokationssequenz ab, die zu vorgegebenen Zeiten abgefahren wird. Sie werden im regelmäßigen Schiffsverkehr, bei der Eisenbahn, in Flugplänen, aber auch im Straßenverkehr verwendet, z. B. bei Rahmentouren im Einzelhandel oder bei regelmäßigen Hauptläufen im Systemverkehr.

Ressource

Unter dem Oberbegriff *Ressourcen* werden in SAP SCM alle Transportmittel zusammengefasst, die im Sinne der Transportplanung eine Transportkapazität oder die Fähigkeit zur Bewegung einer beladenen Transportkapazität bereitstellen. Jede Ressource hat eine Identifikation und einen Kalender, der ihre Nichtverfügbarkeit (Downtime) definiert. Die *Nichtverfügbarkeit* kann z. B. durch Wartung oder Pausenzeiten entstehen. Für *Transport- und Transporthilfsmittel* können Sie zudem folgende Attribute definieren:

- Transportmittelart
- Registrierungsnummer
- Eigentümer
- bereitgestellte Kapazität (Wie viel kann geladen werden?)
- verbrauchte Kapazität (Wie viel wird verbraucht, wenn die Ressource selbst auf eine andere Ressource geladen wird, z. B. wenn ein Container auf einen Lkw geladen wird?)
- weitere Ausrüstung (Ladekran, mitgeführter Gabelstapler)
- eine Heimatlokation

Über die Transportmittelart erfolgt die Zuordnung zu den Transportbeziehungen.

Kapazitäten können Sie in verschiedenen Dimensionen pflegen, z. B. Gewichts- und Volumenkapazitäten. Dimensionslose Kapazitäten können mehrfach gepflegt werden, z. B. TEU (Twenty-foot Equivalent Unit für Container), Lademeter oder Palettenstellplätze.

Transportmittel

Wie bereits in diesem Abschnitt erwähnt, zählen folgende Ressourcenarten zu den Transport- und Transporthilfsmitteln:

- **Fahrzeuge mit eigener Kapazität**
  Fahrzeuge mit eigener Kapazität sind selbstbewegende Transportmittel. Beispiele hierfür sind ein 40-Tonnen-Lkw, ein Containerschiff mit 5.390 TEU oder ein Airbus 340 in Cargo-Ausführung.

- **Zugmaschinen**
  Zugmaschinen haben keine eigene Ladekapazität, stellen jedoch die Fähigkeit zum Bewegen von nicht selbstfahrenden Transportkapazitäten (z. B. Anhängern) zur Verfügung.
- **Anhänger**
  Anhänger haben eine Transportkapazität (im gleichen Maße wie eine Fahrzeugressource), benötigen jedoch die Kombination mit einer Zugmaschine, um einen Transport durchführen zu können. Steht zwar ein Anhänger, aber keine Zugmaschine in der Transportplanung zur Verfügung, kann die Planung kein Ergebnis liefern.
- **Transporteinheiten**
  Transporteinheiten (Container, Bahnwaggons) haben ähnlich wie Anhänger auch nur eine Kapazität, können sich aber nicht selbst bewegen. Sie müssen auf ein Transportmittel verladen werden, um einen Transport durchführen zu können.
- **Equipment**

  Das Equipment definiert als Equipmentgruppe und Equipmentart die Gruppierung und die Eigenschaften einer Transporteinheit (z. B. Luftfrachtcontainer der Art LD3). Es wird in SAP TM zur Definition von Verpackungshierarchien verwendet. Dabei werden keine individuellen Stammdatenobjekte (Transporteinheiten) mehr referenziert.

Handling- und Fahrerressource

Weitere Ressourcenarten sind:

- **Handlingressourcen zur Warenbewegung in Lokationen**
  Handlingressourcen stellen Warenbewegungskapazität in einer Lokation zur Verfügung. Beispiele für Handlingressourcen sind Gabelstapler, Ladekrane, Abfüllstationen oder auch Stauarbeiter. Wenn z. B. in einem Distributionszentrum mit zehn Laderampen nur ein Gabelstapler zur Verfügung steht, wird dadurch automatisch ein Engpass entstehen, der bei der Planung berücksichtigt werden muss, da Fahrzeuge beim Be- und Entladen entsprechend länger warten müssen.
- **Fahrer**
  Fahrer können als Ressource einem in APO-TP/VS geplanten Transport zugeordnet werden. Sie haben als Attribute die zeitliche Verfügbarkeit und Qualifikationsnachweise wie Führerscheine oder Gefahrguterlaubnisse. In SAP TM findet der Fahrer derzeit keine Verwendung.

Ladeabteil und Kombination von Transportmitteln

Um die Flexibilität der Transportressourcen noch zu erhöhen, können Sie für jede Ressource *Ladeabteile* definieren, in die bestimmte Güter geladen werden können, z. B. einen Lkw mit Trocken- und Kühlgutabteil oder einen Tankanhänger mit Diesel- und Benzinabteil.

Aus mehreren einzelnen Transport- und Transporthilfsmitteln können Sie eine *Transportmittelkombination* bilden. Dadurch ist es z. B. möglich, Kombinationen bestimmter Zugmaschinen und Anhänger zu bilden, die üblicherweise zusammen bewegt werden.

Sie haben die Möglichkeit, Transportmittel in eine *Transportmittelhierarchie* einzuordnen. Spezielle Transportmittel können damit allgemeiner definierten Transportmitteln untergeordnet werden. Da Eigenschaften von übergeordneten Transportmitteln auf untergeordnete Transportmittel vererbt werden können, ist eine Hierarchie nützlich für eine einfachere Beschreibung des Transportnetzwerks. Ein Beispiel für eine Transportmittelhierarchie sind ein 12-Tonnen-Lkw und ein 40-Tonnen-Lkw, die dem übergeordneten Transportmittel Lkw zugeordnet sind. Wenn Sie nun einer Transportbeziehung den Lkw zuordnen, können sowohl der 12- als auch der 40-Tonnen-Lkw eingesetzt werden, ohne dass mehrere Definitionen notwendig sind.

6.3.8 Organisationsdaten in SAP ERP und in SAP SCM

Transportdispostelle in SAP ERP

Das wesentliche Organisationselement in der ERP-Transportlösung ist die *Transportdispostelle*. Sie ist definiert als organisatorische Einheit der Logistik, die für die Planung und Abwicklung von Transportaktivitäten zuständig ist. Die Transportdispositionsstelle gliedert die Verantwortlichkeiten im Unternehmen z. B. nach der Art des Transports, der Verkehrsträger oder nach regionalen Abteilungen. Es kann also z. B. eine Transportdispostelle für Norddeutschland und Süddeutschland geben oder in anderen Unternehmen für Lkw- und Seeverkehr. Neben ihrer Funktion als Ordnungs- und Suchkriterium für Transportbelege ermöglicht die Transportdispostelle durch ihre Zuordnung zum Buchungskreis die logische Zuordnung für die Frachtkostenabrechnung an die entsprechenden Organisationsbereiche im Rechnungswesen.

Weitere Organisationseinheiten der ERP-Logistik, wie z. B. die Verkaufsorganisation oder der Vertriebsweg, haben nur in der Verkaufs- und Lieferabwicklung eine Bedeutung, werden im ERP-Transport jedoch nicht verwendet.

Organisationsstrukturen in SAP TM

In SAP TM werden die Organisationsstrukturen mit dem *SAP-Organisationsmanagement* umgesetzt. Damit können Sie eine dem Unternehmen entsprechende Organisationsstruktur flexibel aufbauen. Im einfachsten Fall ist dies ein einzelner Mitarbeiter, der verschiedene Aufgaben wahrnimmt. In einem größeren Unternehmen oder bei einem Logistikdienstleister wird jedoch eine Aufgliederung in verschiedene organisatorische Bereiche vorgenommen werden:

- **Unternehmen**
  Das Unternehmen repräsentiert die oberste Ebene der Unternehmensstruktur eines Logistikdienstleisters.
- **Gesellschaft**
  Die Gesellschaft stellt einen landes- oder spartenspezifischen Unternehmensteil dar (z. B. Landesorganisation oder Luftfrachtsparte). Sie entspricht häufig einem Buchungskreis in SAP ERP.
- **Niederlassung**
  Die Niederlassung definiert eine logische Einheit und Lokation eines Logistikdienstleisters, der mehrere funktionale Bereiche umfassen kann. Beispiel: Die »Frachtstation Hamburg« ist sowohl für den Seefrachteinkauf und den Seefrachtverkauf als auch für die operative Seefrachtabwicklung zuständig. In SAP TM verbindet die Niederlassung Eigenschaften der Verkaufs-, Einkaufs- sowie Planungs- und Ausführungsorganisation und kann stellvertretend für diese verwendet werden.
- **Verkaufsorganisation (logistikdienstleisterspezifisch)**
  Die Verkaufsorganisation organisiert und strukturiert den Verkauf von logistischen Dienstleistungen und führt diesen durch. Sie kann mehrere Verkäufergruppen und Verkaufsbüros als Unterorganisationen haben. Zusätzlich können Sie Informationen zu Vertriebskanälen und Sparten zuordnen. In SAP TM hängen unter anderem folgende Vorgänge mit der Verkaufsorganisation zusammen:
  - Angebotserstellung
  - Auftragsannahme
  - Vertragsgestaltung für den Frachtverkauf
  - Abrechnung von verkauften Frachtdienstleistungen
- **Einkaufsorganisation**
  Die Einkaufsorganisation organisiert alle Einkaufsvorgänge zu logistischen Dienstleistungen von Spediteuren und Frachtführern und führt diese durch. Sie kann mehrere Einkäufergruppen besitzen. In SAP TM hängen unter anderem folgende Vorgänge mit der Einkaufsorganisation zusammen:
  - Einkauf und Unterbeauftragung von Frachtdienstleistungen
  - Einkauf von Frachtraumkapazität
  - Ausschreibung von Frachtdienstleistungen
  - Vertragsgestaltung für den Frachteinkauf
  - Regulierung von eingekauften Frachtdienstleistungen

- **Planungs- und Ausführungsorganisation**
  Die Planungs- und Ausführungsorganisation organisiert die Disposition der angenommenen Transportaufträge bzw. die Planung der zu transportierenden Ladungen, führt die Disposition durch und übernimmt die Ausführung der notwendigen Aktivitäten bzw. überwacht diese, wenn sie extern vergeben wurden. In SAP TM hängen unter anderem folgende Vorgänge mit der Planungs- und Ausführungsorganisation zusammen:
  - Aufteilung von regions- und modusspezifischer Planungszuständigkeit
  - Disposition und Transportplanung
  - Verwaltung von Transportressourcen

SAP-ERP- bzw. SAP-TM-Organisationsstruktur

In Abbildung 6.14 sehen Sie eine Gegenüberstellung der Organisationsformen mit Bezug zum Transport in SAP ERP und in SAP TM. Die APO-Transportplanung ist als Planungswerkzeug nicht auf eine Organisationsdefinition angewiesen.

Da in SAP TM bewusst keine direkte Beziehung zu finanztechnischen Gliederungsobjekten (z. B. Buchungskreisen, Konten, Innenaufträgen) hergestellt wird, werden die Organisationsdaten bei der Abrechnung mit an das ERP- oder das angeschlossene Abrechnungssystem übergeben und dort zur finanztechnischen Zuordnung verwendet.

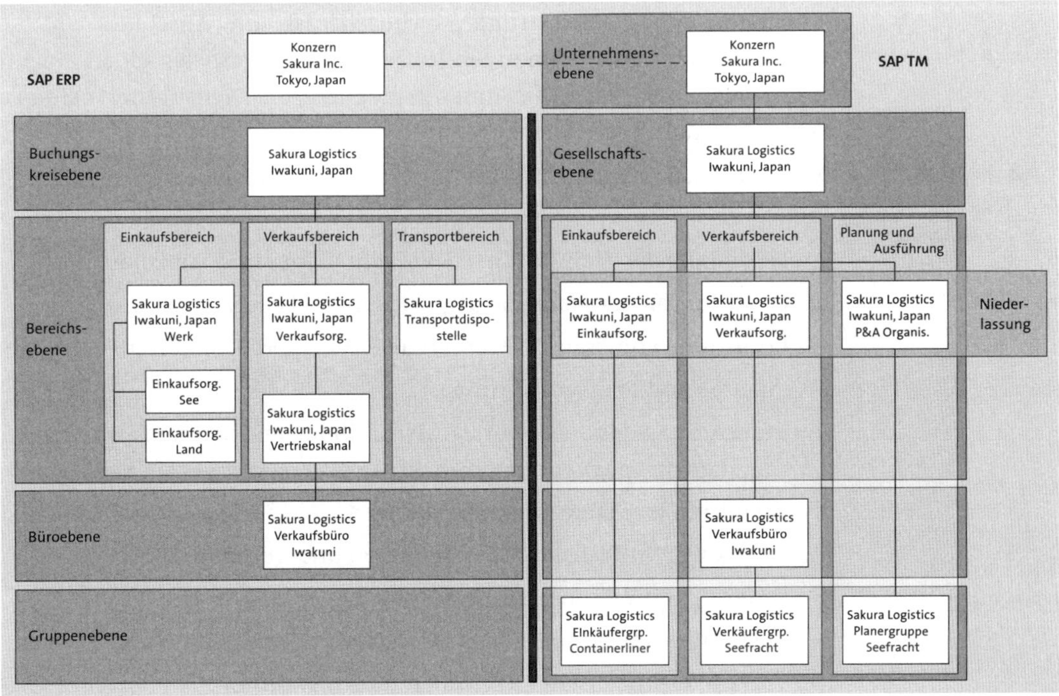

Abbildung 6.14 Organisationsstrukturen in SAP ERP und in SAP TM

Wenn SAP TM mit SAP ERP als Abrechnungssystem verwendet wird, können Sie die Organisationsstrukturen in beiden Systemen analog zueinander aufbauen, um eine sinnvolle Zuordnung der Verkaufs-/Einkaufsstrukturen zu erreichen.

6.4 Transportmanagement mit SAP ERP

Das Transportmanagement in *SAP ERP Logistics Execution System* (Komponente LE-TRA) wurde als klassische Verladerlösung entwickelt, die in erster Linie die Transportanforderungen der SAP-Kunden bedienen soll, die auch die Logistikabwicklung mit den Komponenten für Distributionslogistik (SD) und Beschaffungslogistik (MM) einsetzen (siehe Abbildung 6.5).

Prozesseinbindung des SAP-ERP-Transportmanagements

Ausgehend von Kundenaufträgen im Vertrieb oder Bestellungen in der Beschaffungslogistik, werden jeweils ein oder mehrere Lieferbelege gebildet, die als Transportbedarf disponiert werden sollen. Im SAP-ERP-Transportmanagement können Sie nun einen oder mehrere Transportbelege bilden, die Lieferungen als Ladung beinhalten. Dazu bietet Ihnen SAP ERP Dispositionswerkzeuge für eine effiziente Abwicklung. Eine optimierende Planungsfunktion ist nicht Bestandteil des SAP-ERP-Transportmanagements, Sie können jedoch externe Planungssysteme oder SAP APO einsetzen, wenn eine Optimierung gewünscht ist. Im Anschluss an die Transportdisposition können Sie für jeden Transportbeleg einen Frachtkostenbeleg erzeugen, der es Ihnen ermöglicht, die Dienstleisterkosten zu berechnen und abzurechnen.

Arbeitsschritte im ERP-Transportmanagement

Die wesentlichen Arbeitsschritte im Transportmanagement mit SAP ERP sind:

1. Festlegung der Transportarten, Verkehrsträger und Transportmittel
2. Durchführen der Transportdisposition und Lieferzuordnung
3. Ermittlung von Transportrouten und Transportabschnitten
4. Planung von Transportterminen
5. Bestimmung des Spediteurs, Ausschreibung an Spediteure und Beauftragung von Spediteuren
6. Definition von Transportverpackungen
7. Erfassung von Transportdetails, Texten und weiteren Partnern
8. Drucken von Versand- und Transportpapieren
9. Buchung des Warenausgangs für transportierte Lieferungen
10. Versand elektronischer Nachrichten zum Transport
11. Ermittlung und Abrechnung von Frachtkosten

Alle genannten Schritte sind transportmodusübergreifend möglich.

6.4.1 Arten der Transportabwicklung

Im ERP-Transportmanagement lassen sich mehrere Arten von Transporten abwickeln, die alle durch eine gezielte Funktion zur Steuerung der Transaktionen unterstützt werden. Die wesentlichen Transportabwicklungsarten sind:

- **Einzeltransport mit einem Verkehrsträger als Direktlauf**
  Eine einzelne Lieferung oder eine Menge Lieferungen mit identischen Abhol- und Anlieferorten wird mit einem Fahrzeug direkt vom Abgangsort zum Zielort transportiert.
- **Sammeltransport mit einem Verkehrsträger**
  Mehrere Lieferungen mit unterschiedlichen Abhol- und Anlieferorten werden mit einem Fahrzeug in einer Sequenz (Anfahrreihenfolge) von ihren jeweiligen Abgangsorten abgeholt und anschließend bei den Zielorten angeliefert.
- **Transportkette mit mehreren Verkehrsträgern**
  Eine oder mehrere Lieferungen (von 🅐 nach 🅓 und 🅑 nach 🅒) werden mit mehreren Verkehrsträgern nacheinander transportiert (z. B. Lkw – Frachtschiff – Lkw). Dabei werden für jeden Verkehrsträger eigene Transportbelege erstellt, die jeweils ein entsprechendes Laufkennzeichen (Vorlauf 🅐–🅝, Hauptlauf 🅝–🅡, Nachlauf 🅡–🅒 und 🅡–🅓) aufweisen. Durch die Abwicklungssteuerung sorgt das Transportmanagement dafür, dass eine Lieferung erst dann vollständig disponiert ist, wenn eine lückenlose Kette aus Einzeltransporten besteht, in denen die Lieferung enthalten ist.

  In Abbildung 6.15 sehen Sie eine solche Transportkette für zwei Lieferungen mit jeweils zwei Vor- und Nachläufen und einem gemeinsamen Hauptlauf.
- **Leertransport**
  Ein Fahrzeug wird leer von einem Abgangsort zu einem Zielort transportiert.
- **Rücktransport**
  Der Rücktransport ist eine spezielle Abwicklungsart zum Transport von Retourenlieferungen.

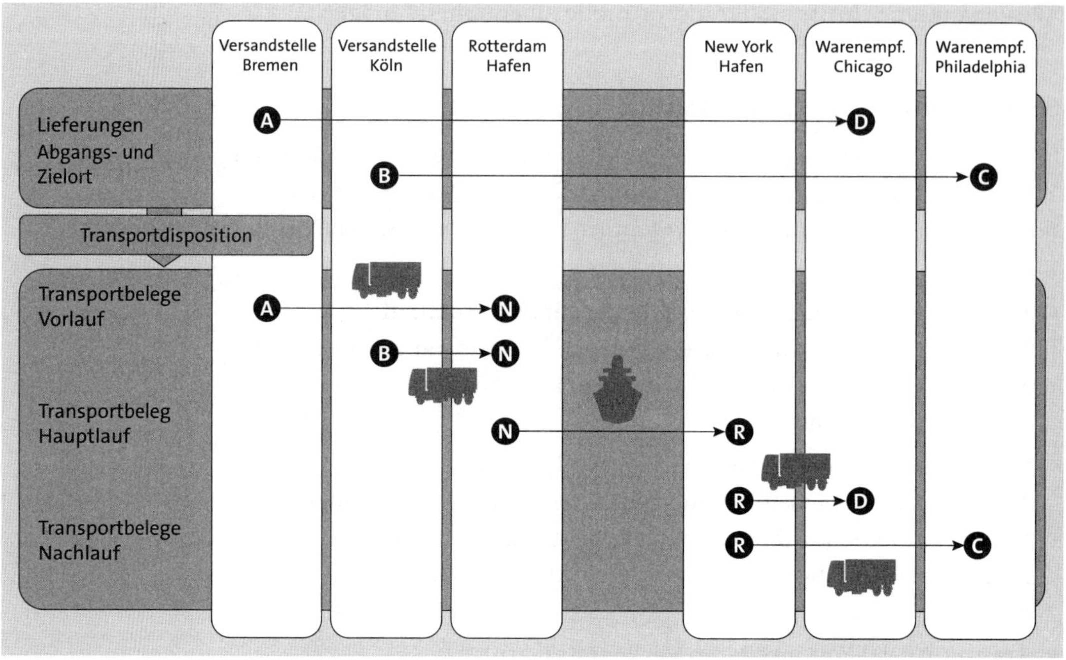

Abbildung 6.15 Transportkette mit zwei Vorläufen, einem Hauptlauf und zwei Nachläufen

6.4.2 Transportbelege

Attribute des Transportbelegs

Transportbelege werden in SAP ERP häufig manuell angelegt. In jedem Transportbeleg gibt es einen Satz obligatorischer Daten, der zur Steuerung von Prozessen und Autorisierungsverhalten dient. Die wichtigsten Attribute, die auch gleich beim Anlegen des Belegs definiert werden müssen, sind:

- **Transportdispostelle**
  Die Transportdispostelle ist die organisatorische Einheit, die für die Disposition und Abwicklung des Transports zuständig ist. Die Transportdispostelle ist einem Buchungskreis im ERP-System zum Zweck der Kostenabrechnung zugeordnet.
- **Transportart**
  Mit der Transportart klassifizieren Sie den Transport in Bezug auf Verkehrsträger, Transportmodus und Laufkennzeichen (Vorlauf, Hauptlauf, Nachlauf, Direktlauf). Durch die Transportart als zentrales Steuerattribut werden im Transportbeleg folgende Funktionen gesteuert, die jeweils im Customizing konfiguriert werden:
  - Nummernvergabe an die Transportbelege (Nummernkreis)
  - Textartendefinition; das heißt: Welche Texte können erfasst werden?

- Druckdokumente und elektronische Nachrichten
- Weg zur Ermittlung von Transportabschnitten (Streckenermittlung), Einstellung der Übernahme von Routenabschnitten
- Festlegung von Attributen (z. B. Einzel- oder Sammeltransport)
- Verladungs- und Verpackungsfunktionen

Übersicht des Transportbelegs

Wenn Sie diese beiden Kriterien angegeben haben, öffnet sich ein neuer Transportbeleg, mit dem Sie die Datenerfassung fortführen können. Transportdispostelle und Transportart können nachträglich jedoch nicht mehr geändert werden. In Abbildung 6.16 sehen Sie die Übersicht eines ERP-Transportbelegs.

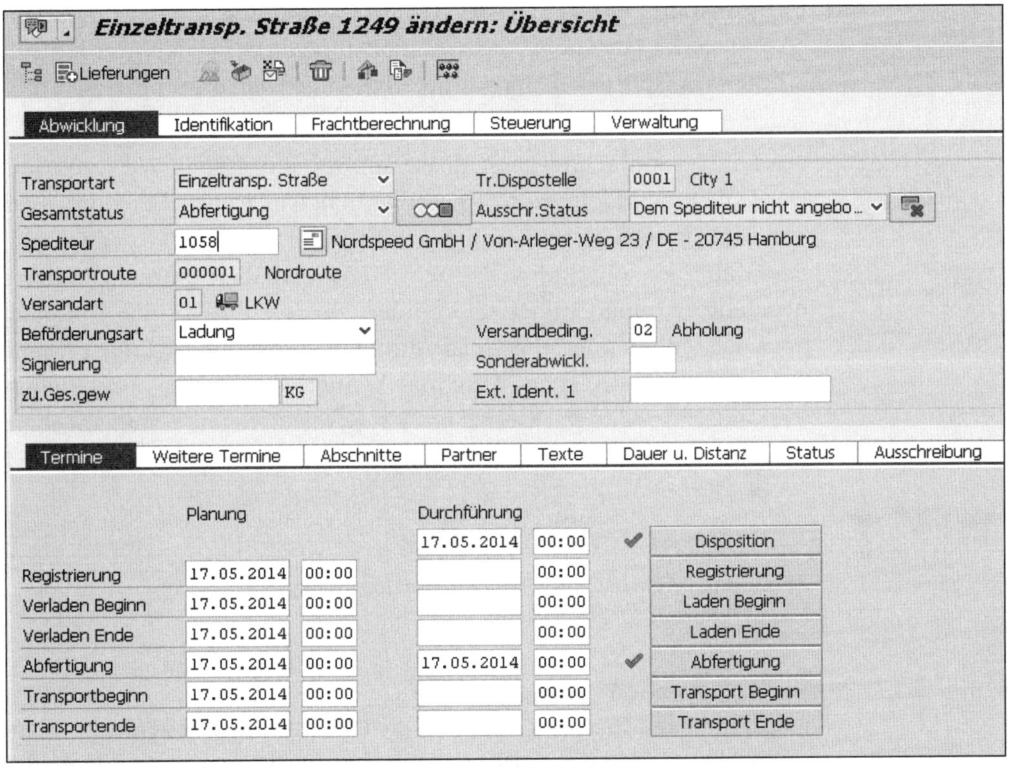

Abbildung 6.16 Übersicht des Transportbelegs in SAP ERP Logistics Execution System (Transaktion VT02N)

Wichtige Daten im Transportbeleg

Folgende wichtige Daten können Sie im Transportbeleg definieren und eingeben:

- **Was wird transportiert? – Transportpositionen (Lieferungen)**
  Die Transportpositionen sind Referenzen auf Lieferungen, die in den Transport disponiert wurden. Jeder Transport muss mindestens eine Lie-

ferung enthalten, sonst lässt er sich nicht aktiv weiterbearbeiten. Die Daten der Lieferungen werden nicht direkt in den Transportbeleg kopiert, sondern jeweils aus der Lieferung per Referenz gelesen, sodass sich z. B. das Transportgewicht ändert, wenn sich das Gewicht einer enthaltenen Lieferung ändert. Eine Lieferung kann jeweils nur komplett in einen Transport disponiert werden. Teile von Lieferungen können nicht zugeordnet werden (siehe dazu auch Abschnitt 6.4.4, »Wichtige Funktionen im Transportbeleg«). In diesem Fall ist ein sogenannter *Liefersplit* notwendig.

- **Auf welchem Weg wird transportiert? – Transportroute und Abschnitte**
  Die Transportroute beschreibt als Ordnungskriterium den grundsätzlichen Weg des Transports. Sie kann für Abfragen verwendet werden, um z. B. alle Transporte auf einer Route in den nächsten drei Tagen zu ermitteln.

  Die Route kann auch Rückschlüsse auf den physischen Weg zulassen, wenn die Routendefinition Strecken enthält (siehe auch Abschnitt 6.3.6, »Transportnetzwerk und Transporthilfsmittel in SAP ERP«). Diese werden dann als Abschnitte in den Transport übernommen. Weitere Abschnitte können zusätzlich definiert werden, z. B. für die Abholung vom Versender oder die Auslieferung zum Warenempfänger (siehe Abbildung 6.17). In jedem Abschnitt können Sie Abgangs- und Zielort, Versandart, Spediteur, Distanz und Dauer sowie weitere Daten angeben.

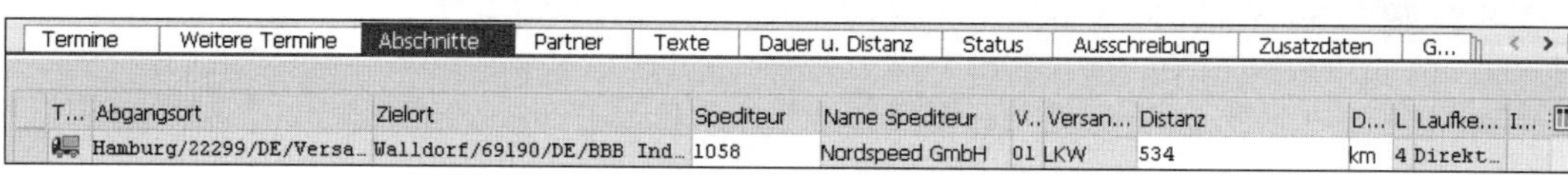

Abbildung 6.17 Abschnitte im ERP-Transportbeleg (Transaktion VT02N – Detailansicht)

- **Wer transportiert? – Spediteur**
  Sie können den Hauptspediteur für die Durchführung des Transports im Übersichtsbild eingeben. Der Spediteur muss als Lieferant im Lieferantenstamm definiert sein. Über die Kopiersteuerung ist es möglich, den Spediteur aus einem Lieferbeleg zu übernehmen, wenn die Lieferung in den Transport disponiert wird. In Abhängigkeit des gewählten Spediteurs können später die Frachtkosten ermittelt werden.

  Ein weiterer Verwendungszweck des Datenfelds **Spediteur** ist die Ausschreibung. Hier dient der Spediteur als Empfänger der Ausschreibungsinformation und kann den Transportauftrag akzeptieren oder ablehnen.

Auf jedem Transportabschnitt können Sie jeweils einen weiteren Spediteur für die lokale Durchführung angeben.

- **Wann wird transportiert? – Termine**
  Auf der Gesamttransportebene (Transportkopf) können Sie Plantermine und -zeiten für folgende Abwicklungsschritte vorgeben:
  - Registrierung (Ankunft des Transportmittels am ersten Ladeort)
  - Ladebeginn
  - Ladeende
  - Abfertigung (Abfahrt des beladenen Transportmittels am ersten Ladeort)
  - Transportbeginn
  - Transportende

  Darüber hinaus können Sie freie Termine pflegen, mit denen sich weitere Abwicklungsschritte festlegen lassen.
- **Wo stehen wir gerade im Transportprozess? – Transportstatus**
  Die Werte des Transportstatus sind eng mit den aktuellen Terminen auf Kopfebene des Transports verbunden. Die unter **Termine** genannten Termine haben jeweils auch ein Datums- und Uhrzeitfeld, in dem Sie die aktuelle Ausführung entweder durch Dateneingabe oder durch Anklicken eines Buttons dokumentieren können. Dadurch wird sowohl der aktuelle Termin gesetzt als auch ein entsprechender Transportstatus erreicht (z. B. **Abgefertigt**). Zusätzlich zu den zuvor genannten sieben Terminen gibt es beim Status noch den aktuellen Termin **Disponiert**. Durch die Definition wird der **Disponiert**-Status gesetzt, der den Transport planungsmäßig fixiert.
- **Mit wem arbeiten wir zusammen? – Partner**
  Als wichtigster Transportpartner wurde zuvor bereits der Spediteur genannt. In der Partneransicht des Transportbelegs können Sie weitere Partner pflegen, z. B. Zollagenten, Reinigungsunternehmen oder Verpackungsdienstleister.

[!]

Transportstatus »Disponiert«

Der Transportstatus **Disponiert** bewirkt eine weitgehende Fixierung der Transportplanung. Sie haben z. B. nicht mehr die Möglichkeit, Lieferungen hinzuzufügen oder aus dem Transport herauszunehmen. Dazu muss zunächst der **Disponiert**-Status zurückgesetzt werden, was aber über einen einfachen Knopfdruck möglich ist.

6.4.3 Verpacken im Transport

Lieferübergreifende Verpackung

Ähnlich wie in der Lieferungsabwicklung haben Sie auch in der Transportabwicklung die Möglichkeit, für die zu transportierenden Güter eine Verpackung zu definieren. Diese kann ein- oder mehrstufig sein. Im Gegensatz zum Verpacken in der Lieferung können Sie im Transportbeleg lieferübergreifend verpacken, das heißt, mehrere Lieferungen können zusammen einer Transportverpackung zugeordnet werden.

Handling Unit

Das Verpacken im Transportbeleg geschieht genau wie in der Lieferung mithilfe von *Handling Units* (HU) (siehe dazu Kapitel 5, »Distributionslogistik«, und Kapitel 7, »Lagerlogistik und Bestandsmanagement«). Wenn Sie bereits verpackte Lieferungen (z. B. eine Lieferung mit drei Europaletten-Handling-Units) einem Transportbeleg zuweisen, sehen Sie beim Verpacken im Transportbeleg wiederum die Lieferungs-Handling-Units und können diese weiterverpacken.

Sie können als Transportverpackungen sowohl Transporthilfsmittel (z. B. Paletten, Säcke, Kisten, Gitterboxen oder Container) als auch Transportmittel (z. B. Lkw, Anhänger, Schiff oder Bahnwaggon) verwenden. Diese können dann je nach Packmittelart und Kapazität ineinander verpackt werden.

6.4.4 Wichtige Funktionen im Transportbeleg

Werkzeuge

Neben der Bearbeitung des Transportbelegs und seiner Daten haben Sie die Möglichkeit, im ERP-Transportmanagement hilfreiche Werkzeuge zur Unterstützung des Abwicklungsprozesses zu nutzen:

- Transportdisposition
- Streckenermittlung
- nachträglicher Liefersplit
- Transportausschreibung
- Frachtkostenschätzung
- Transportverfolgung
- grafisches Transportinfosystem

Transportdispositionsliste

Für die Transportdisposition steht Ihnen eine *Dispositionsliste* zur Verfügung, bei der Sie ausgehend von einem frei selektierbaren Liefervorrat eine Zuordnung der Lieferungen zu bestehenden oder neuen Transportbelegen vornehmen können (siehe Abbildung 6.18). Sie können dazu zunächst oder auch später während des Prozesses Lieferungen nach von Ihnen festzulegenden Kriterien selektieren (z. B. alle ungeplanten Lieferungen, die morgen aus Hamburg nach Norddeutschland gehen müssen). Im Dispositionsbild können Sie neue Transportbelege erzeugen. Die Lieferungen können dann einzeln oder blockweise auch unter Zuhilfenahme der Drag & Drop-Funktion den Transportbelegen zugewiesen werden. Für jeden einzelnen Transportbeleg können Sie in dessen Übersichtsbild verzweigen und von dort die Details bearbeiten.

Interaktive Transportdisposition

In Abbildung 6.18 sehen Sie ein Beispiel für das interaktive Transportdispobild. Ein bereits existierender Transport (10982) mit einer Lieferung (80015031) wurde um zwei weitere Transporte ($0001, $0002) ergänzt, auf die jeweils eine Lieferung disponiert wurde. Die temporären Transportnummern ($) zeigen an, dass die Belege noch nicht gesichert sind. Im Lieferungsarbeitsvorrat (unten in der Abbildung) befinden sich weitere, noch nicht disponierte Lieferungen.

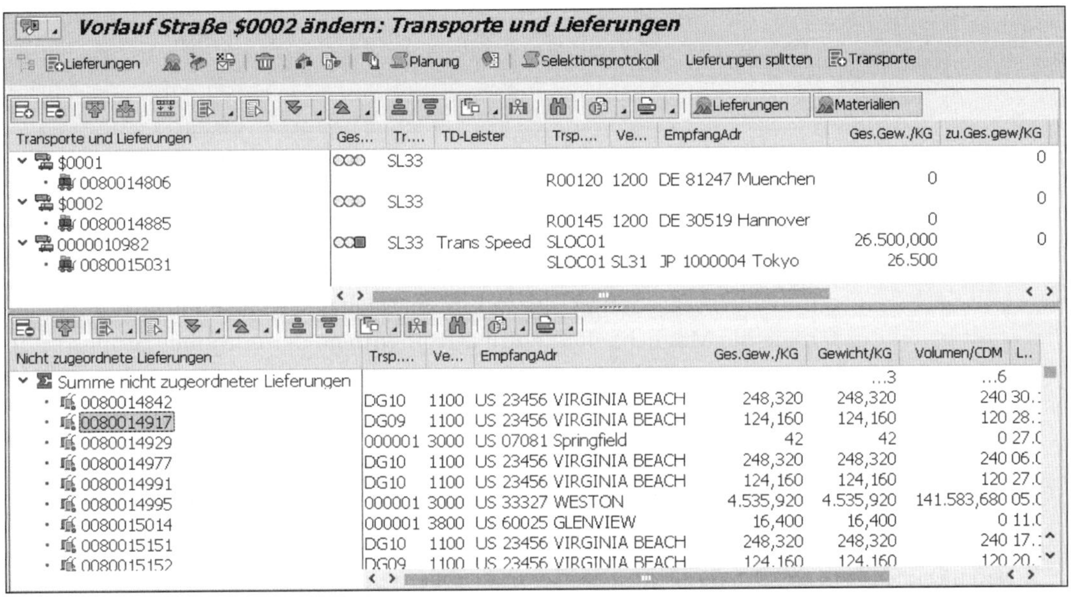

Abbildung 6.18 Dispositionsliste mit Lieferungszuordnung zu Transporten (Transaktion VT02N – Detailansicht)

Streckenermittlung

Die Streckenermittlung ist eine Funktion, die Sie manuell oder auch automatisch beim Setzen des **Disponiert**-Status starten können (siehe Abbildung 6.19).

Ausgehend von den Details der Transportroute und der Routenermittlungseinstellung in der Transportart, wird zunächst eine den Routenstrecken entsprechende Sequenz von Transportabschnitten erzeugt. Anschließend wird den Abschnitten eine Abschnittssequenz vorangestellt, die alle Abhollokationen bedient, bevor die Route begonnen wird.

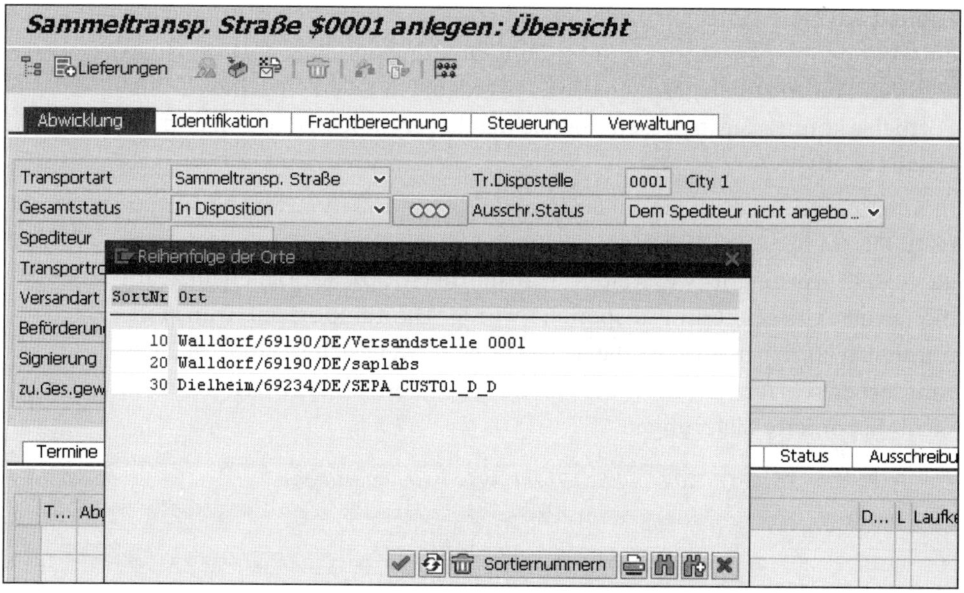

Abbildung 6.19 Streckenermittlung im ERP-Transportbeleg (Transaktion VT02N – Detailansicht)

An das Ende der Routenstrecken werden dann weitere Abschnitte angefügt, die zu allen Warenempfängern führen. Nach der Streckenermittlung erhalten Sie die Möglichkeit, die Anfahrreihenfolge der einzelnen Stopps interaktiv zu ändern, bevor die eigentlichen Transportabschnitte erzeugt werden.

Abbildung 6.19 zeigt Ihnen das Ergebnis der Streckenermittlung für einen Transport mit zwei Lieferungen (jeweils von Walldorf in den Rhein-Neckar-Kreis), bei dem die Route jedoch keine definierten Strecken hat.

Nachträglicher Liefersplit

In der Praxis kommt es hin und wieder vor, dass ein Fahrzeug nicht so beladen werden kann, wie es in der Transportdisposition vorgesehen wurde, weil z. B. Abmessungen des Fahrzeugs oder der Ladung nicht korrekt waren. In diesem Fall können Sie einen nachträglichen Liefersplit durchführen, um z. B. eine Teilmenge einer Lieferung in eine neue Lieferung abzusplitten. Wenn sich also z. B. die Ladetür eines Lkws nicht schließen lässt, weil die letzten beiden Paletten 5 cm aus dem Laderaum herausragen, können Sie diese beiden Paletten mit dem nachträglichen Liefersplit in eine neue Lieferung umhängen, die Sie dann einem anderen Transportbeleg zuweisen können. Danach können die beiden Paletten entladen werden. Beim Dokumentendruck erhalten Sie dann die korrekten Transportpapiere, und die Planungssituation im System entspricht der realen Vorgehensweise.

Transportausschreibung und Frachtkostenschätzung

Die *Transportausschreibung* dient zur Einholung eines Angebots von einem oder mehreren Spediteuren. Um eine Ausschreibung durchführen zu können, muss der Transportbeleg mindestens einen Abschnitt aufweisen, einen definierten Spediteur haben und im Status **Disponiert** sein. In den Ausschreibungsdaten können Sie Ausschreibungsdetails und einen *Zielpreis* vorgeben. Zur Ermittlung des Zielpreises steht Ihnen die Funktion zur *Frachtkostenschätzung* zur Verfügung, die Sie vom Transportübersichtsbild aus aufrufen können. Die Frachtkostenschätzung führt mit den Daten des Transports eine Kostenberechnung durch, ohne jedoch einen Frachtkostenbeleg (siehe Abschnitt 6.4.6, »Frachtkostenabrechnung«) auf der Datenbank anzulegen. Stattdessen werden die Kosten temporär berechnet und als Entscheidungshilfe im Kontext des Transportbelegs präsentiert.

Die Ausschreibung erfolgt dann an den im Transportkopf eingetragenen Spediteur entweder durch Versenden einer Ausschreibungsnachricht oder durch Einstellen in ein Ausschreibungsportal, in dem der Spediteur direkt auf die Ausschreibungen zugreifen kann, die an ihn gerichtet sind. Der Spediteur kann die Ausschreibung annehmen, mit Änderungen annehmen (z. B. geänderte Abholzeit) oder ablehnen. Er kann außerdem einen Verkaufspreis vorschlagen. Der Transportdisponent kann im ERP-Transportbeleg den Ausschreibungsstatus überprüfen und gegebenenfalls den Auftrag vergeben oder an einen weiteren Spediteur ausschreiben.

Transportbörse

Als Spediteur kann auch eine *Transportbörse* eingesetzt werden. Damit ist es möglich, den Transportbedarf auf einem offenen oder geschlossenen Marktplatz für Transportdienstleistungen zu platzieren. Wird das Angebot von einem im Marktplatz agierenden Spediteur oder Frachtführer angenommen, wird dessen Angebot mit seinem Namen in den Transportbeleg übernommen, sodass ersichtlich wird, wer den Transport durchführen kann.

Transportverfolgung

Der ERP-Transportbeleg ist an einen Event-Management-Prozess zur *Transportverfolgung* angeschlossen. Wird ein Transportbeleg angelegt und in den Status **Disponiert** gebracht, werden die einzelnen Meilensteine und Attribute des Transports an das Event Management übertragen, wo sie zur Erzeugung eines Event Handlers dienen. Dieser ermöglicht die Statusverfolgung des Transports basierend auf Statusmeldungen, die per EDI, Mobilgerät, Internet oder manueller Eingabe übermittelt werden. Die Statusmeldungen lassen sich mit einem Soll-Ist-Vergleich in der Tracking-Sicht des Transportbelegs einsehen. Der Standardprozess erzeugt einen Event Handler für den Transport und überwacht alle Abwicklungs-, Abfahrts- und Ankunftstermine des Transports. Sie haben durch entsprechende Konfiguration auch die Möglichkeit, einzelne Lieferungen des Transports oder einzelne Verpackungseinheiten (z. B. Paletten oder Container) zu verfolgen. Mehr Informationen zum Thema *Event Management* finden Sie in Kapitel 8, »Kontrolle und Berichtswesen«.

6.4.5 Listenverarbeitung und Planungsfunktionen

Das SAP-ERP-Transportmanagement bietet Ihnen eine Auswahl von Listen und Sammelfunktionen an, um eine effiziente Übersicht und Bearbeitbarkeit des Vorrats an Transportbedarfen und Transportbelegen zu gewährleisten.

Transportdispositionsliste

Die *Transportdispositionsliste* (siehe Abbildung 6.20) bietet Ihnen die Möglichkeit, sich leicht einen Überblick über alle anstehenden Transporte mit bestimmten Kriterien zu verschaffen. So ist es z. B. möglich, sich in der Liste alle Transportbelege anzeigen zu lassen, die gestern (Datumsangabe) vom Distributionszentrum Hamburg (Abgangslokation) aus als Lkw-Transport (Transportart) angelegt wurden, die aber noch nicht fertig geplant sind (Status **Disponiert** nicht gesetzt). Mit dieser Arbeitsliste können Sie gezielt die einzelnen Transporte weiterbearbeiten, indem Sie von der Liste aus in die Belegbearbeitung verzweigen. Nach der Bearbeitung eines Belegs können Sie in die Liste zurückkehren.

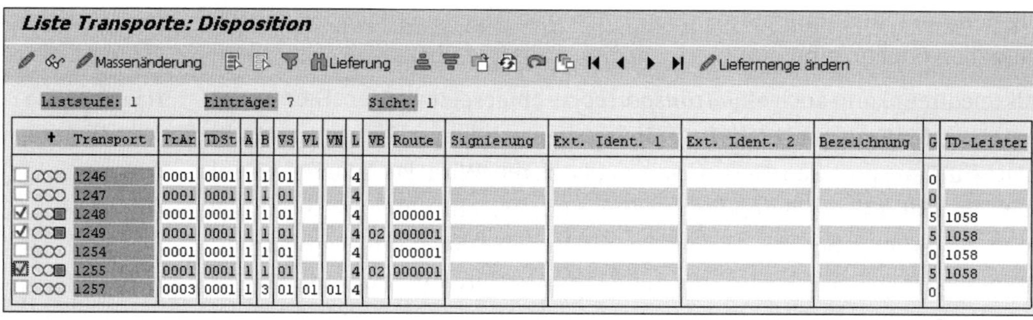

Transport	TrAr	TDSt	A	B	VS	VL	VN	L	VB	Route	Signierung	Ext. Ident. 1	Ext. Ident. 2	Bezeichnung	G	TD-Leister
1246	0001	0001	1	1	01			4							0	
1247	0001	0001	1	1	01			4							0	
1248	0001	0001	1	1	01			4		000001					5	1058
1249	0001	0001	1	1	01			4	02	000001					5	1058
1254	0001	0001	1	1	01			4		000001					0	1058
1255	0001	0001	1	1	01			4	02	000001					5	1058
1257	0003	0001	1	3	01	01	01	4							0	

Abbildung 6.20 SAP-ERP-Transportdispositionsliste (Transaktion VT11)

Transportdispo-Sammellauf

Um eine effizientere Transportplanung und -disposition durchführen zu können, steht Ihnen der *Transportdispo-Sammellauf* zur Verfügung. Sie können hier mithilfe einer Selektionsvariante gezielt Transportbedarfe (Lieferungen) für den Sammellauf selektieren und durch die Konfiguration des Sammellaufs automatisch Transportbelege erzeugen. Zusätzlich zur Erzeugung von Direkttransporten ist auch die Erzeugung von Transportketten möglich.

Die Verteilung der Transportbedarfe auf die einzelnen Transporte erfolgt nach einer Heuristik, bei der versucht wird, die zugeordneten Transport-Maximalmengen (z. B. Lkw-Zuladung) möglichst gut auszuschöpfen. Es ist jedoch keine Optimierung im Spiel, wie sie z. B. in SAP TM verfügbar ist. Das

Ergebnis des Sammellaufs wird Ihnen in einem Protokoll präsentiert, in dem die einzelnen Schritte und Ergebnisse detailliert nachvollziehbar dargestellt sind.

Massenänderung

Haben Sie viele Transportbelege angelegt und müssen Sie gezielte, gleiche Änderungen an einer großen Zahl von Belegen durchführen (z. B. Änderung des Spediteurs), so können Sie die Transaktion zur *Massenänderung von Transporten* verwenden (siehe Abbildung 6.21, Transaktion VT06). In der Massenänderungstransaktion können Sie, ähnlich wie in der Dispoliste, zunächst die zu bearbeitenden Transportbelege nach bestimmten Kriterien selektieren. Danach können Sie die zu ändernden Transporte in der Ergebnisliste auswählen und auf den verschiedenen Registerkarten z. B. Abwicklungsdaten, Identifikationen, Dauern und Distanzen, Termine und andere Daten ändern. Die Änderungen werden dann für die markierten Transportbelege übernommen.

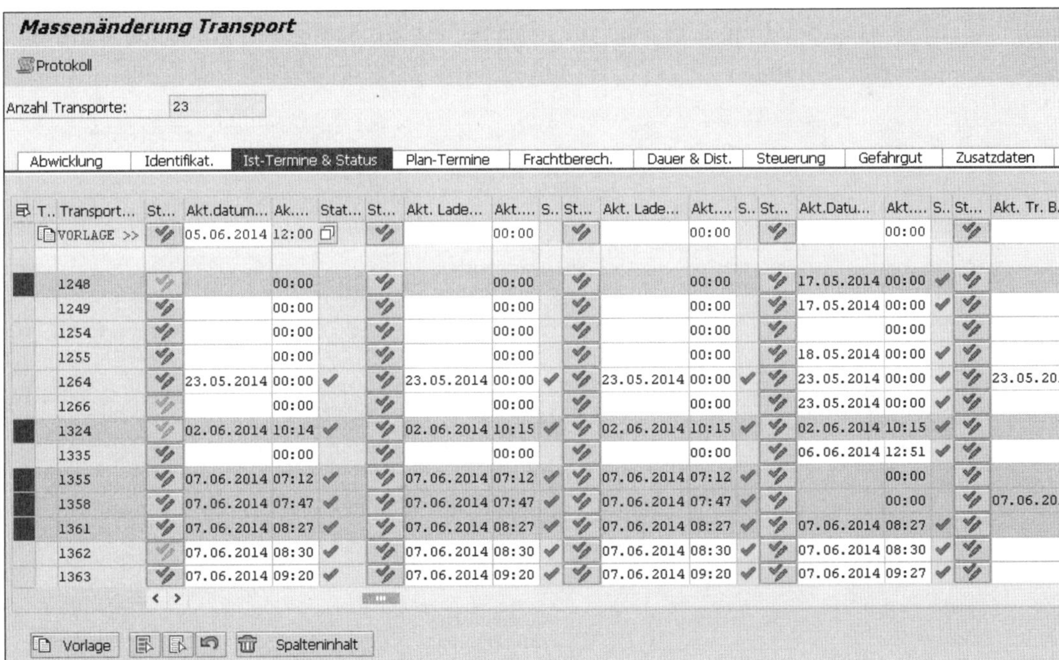

Abbildung 6.21 Transaktion zur Massenänderung von Transportbelegen (Transaktion VT06)

Weitere Listen

Als weitere Arbeits- und Übersichtslisten stehen Ihnen z. B. die Auslastungsliste und die Liste für freien Frachtraum zur Verfügung, mit der Sie eine Auswahl an Transporten entweder hinsichtlich ihrer Auslastung oder hinsichtlich der noch freien Kapazität beurteilen können. Diese beiden Listen können Sie wie bei der Dispoliste weiterbearbeiten.

6.4.6 Frachtkostenabrechnung

Schritte der Frachtkostenabrechnung

Die *Frachtkostenabrechnung*, die sich im Wesentlichen mit der Berechnung und Abrechnung von Frachtkosten von Dienstleistern beschäftigt, gehört seit Release SAP R/3 4.0 zum Funktionsumfang der ERP-Transportabwicklung.

Die Frachtkostenabrechnung umfasst folgende wesentliche Schritte:

- Erstellung von Frachtvereinbarungen und Tarifen
- Berechnung der Frachtkosten
- Abrechnung der Frachtkosten mit den Dienstleistern
- Überleitung der Kosten in das Finanzwesen
- Weiterberechnung von Frachtkosten an den Kunden, der den Transportbedarf erzeugt hat (Kundenfrachtabrechnung)
- Rückstellungen für erwartete Frachtkosten

Abbildung 6.22 zeigt die entsprechenden Schritte in grafischer Baumdarstellung.

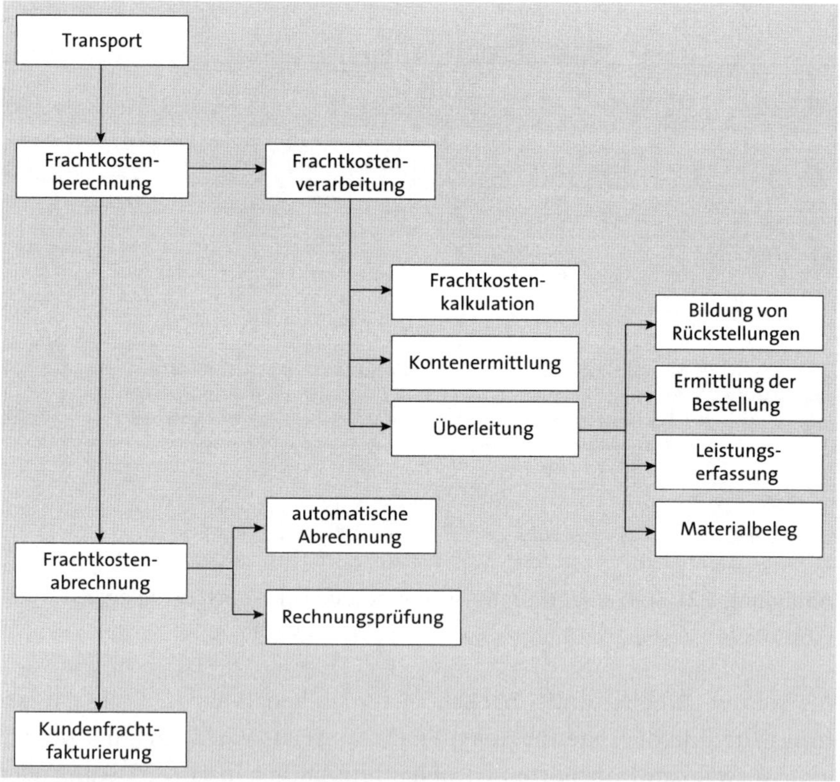

Abbildung 6.22 Bearbeitungsschritte bei der Frachtkostenabrechnung

Einbindung der Dokumente im Belegfluss

Die aus den Transportbelegen erstellten Frachtkostendokumente und deren Folgedokumente (z. B. Leistungserfassungsblätter, Rechnungen) sind über den *Belegfluss* miteinander verknüpft, sodass Sie von einem Transportbeleg bequem zu dessen Frachtkostenbeleg und den weiteren Dokumenten verzweigen können. Aus der Belegflussdarstellung heraus können Sie direkt die zugehörigen Belege öffnen. Abbildung 6.23 zeigt Ihnen den Belegfluss eines Transportbelegs bis zum Rechnungseingang.

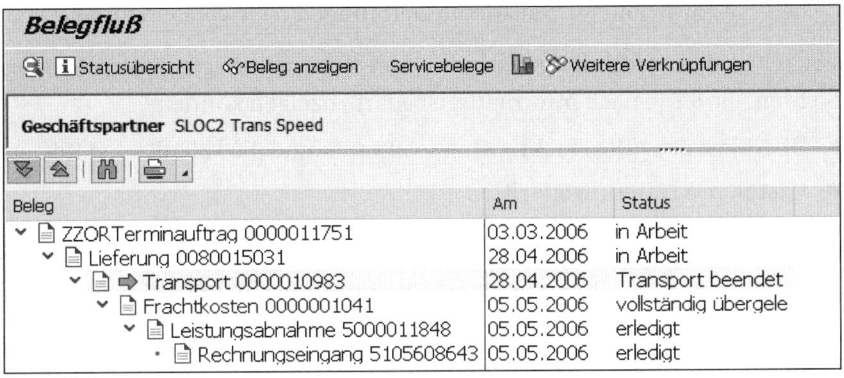

Abbildung 6.23 Belegfluss zwischen Transportbeleg und Dienstleisterrechnung (hier Ansicht aus Transaktion VA03)

Elemente des Frachtkostenbelegs

Aus jedem Transportbeleg kann ein *Frachtkostenbeleg* erzeugt werden. Es besteht hier also immer ein Eins-zu-eins-Verhältnis. Voraussetzungen für die Erstellung des Frachtkostenbelegs sind:

- Der Transport muss als frachtkostenrelevant gekennzeichnet sein.
- Der Transport muss den bei der Definition der Frachtkostenart eingestellten geforderten Gesamtstatus haben.
- Der Transport muss mindestens den Status disponiert haben.
- Der Transport muss einen Dienstleister haben.

Der Frachtkostenbeleg enthält Kopfinformationen, Positionsinformationen und Unterpositionen:

- **Frachtkostenkopf**
  Auf dem Frachtkostenkopf finden Sie Daten zur Frachtkostenart, zum Belegstatus und zum Preisstellungsdatum sowie Referenzdaten und das Verarbeitungsprotokoll.
- **Frachtkostenposition**
  Die Position enthält Informationen zur Positionskategorie, zum Geschäftspartner (Spediteur), zum verwendeten Berechnungsschema, das Preisstellungsdatum, Steuerbeträge, Abrechnungsdaten und die

Referenzen auf den Transport und das Leistungserfassungsblatt. Eine Frachtkostenposition kann z. B. Kosten für den Gesamttransport enthalten (Dokumentengebühr, Versicherung), eine weitere die Kosten für den Vorlauf oder den Hauptlauf.

- **Frachtkostenunterposition**
  Die Frachtkostenunterpositionen geben Ihnen Informationen über die verwendete Kalkulationsbasis und das Berechnungsergebnis, die Steuerbeträge sowie Referenzen auf die Lieferungen oder Versandeinheiten.

Sichten des Frachtkostenbelegs

Bezüglich der berechneten Kosten bietet der Frachtkostenbeleg mehrere Sichten, die Sie je nach Informationsbedarf anzeigen können:

- Überblick über alle Frachtkostenpositionen und die kalkulierten Kosten
- Kosten pro Lieferungsposition
- Kosten pro Transportabschnitt

In Abbildung 6.24 sehen Sie einen Überblick über die Positionssicht des Frachtkostenbelegs.

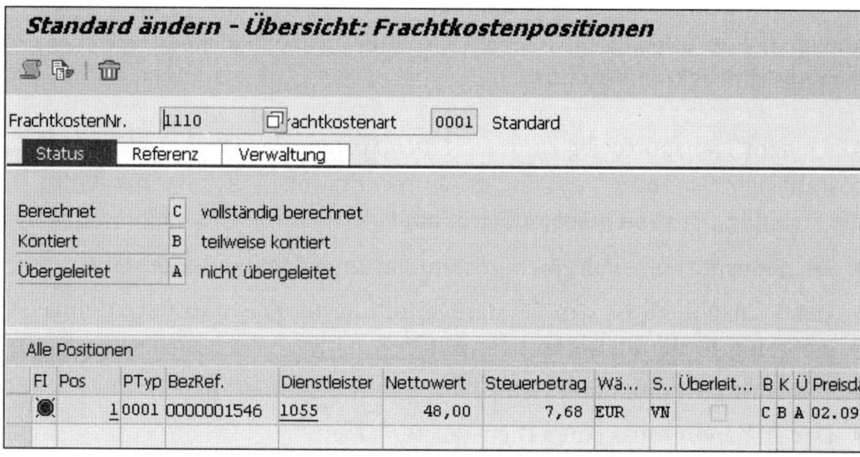

Abbildung 6.24 Übersicht des Frachtkostenbelegs (Transaktion VI02)

Abbildung 6.25 stellt die Konditionen einer Frachtkostenposition im Detail dar, woraus das Berechnungsschema und die Steuerermittlung transparent werden.

Automatisierung von Prozessschritten

Die automatische Verarbeitung von Transportinformationen in Frachtbelegen können Sie durch entsprechende Customizing-Einstellungen definieren. Sie haben die Möglichkeit, folgende Prozessschritte zu automatisieren:

- Erstellung des Frachtkostenbelegs mit Frachtkostenpositionen
- Berechnung der Kosten für die Frachtkostenpositionen
- Ermittlung der Konten
- Überleitung der Kosten ins Finanzwesen, Bildung von Rückstellungen

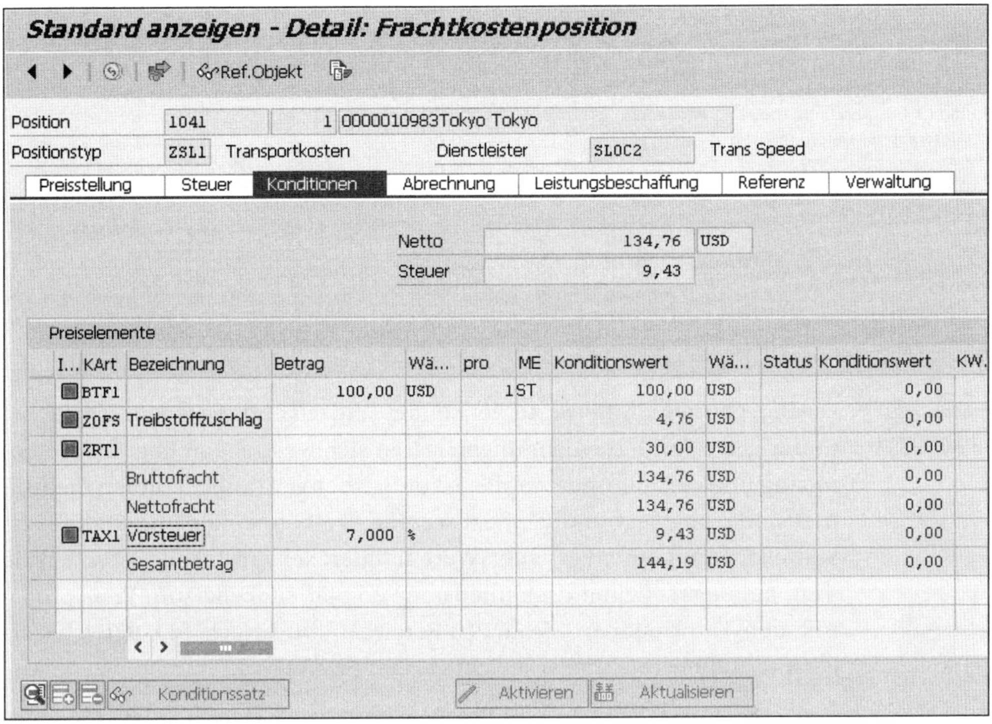

Abbildung 6.25 Positions- und Konditionsdetails im Frachtkostenbeleg (Transaktion VI03 – Detailansicht)

Berechnungsbeispiel für Frachtkosten

In Abbildung 6.26 sehen Sie ein Beispiel für die Berechnung von Frachtkosten für einen Sammeltransport von San Francisco über Detroit nach New York. Es werden zwei Lieferungen transportiert, wobei nur auf dem ersten Abschnitt beide Lieferungen befördert werden.

Es wird eine Abrechnung mit zwei Dienstleistern durchgeführt: einem Spediteur und einer Versicherungsgesellschaft. Die Versicherungskosten sind eine eigene Frachtkostenposition mit Bezug zum Gesamttransport. Zwei weitere Positionen wurden für die Abschnitte erstellt; die Kosten für den ersten Abschnitt ergeben sich durch die Gesamtfracht der beiden Lieferungen (Unterpositionen 2.1 und 2.2). Für die Ermittlung des Staffelwerts von 0,40 USD/kg wird die Gesamtfracht von 10.000 kg verwendet.

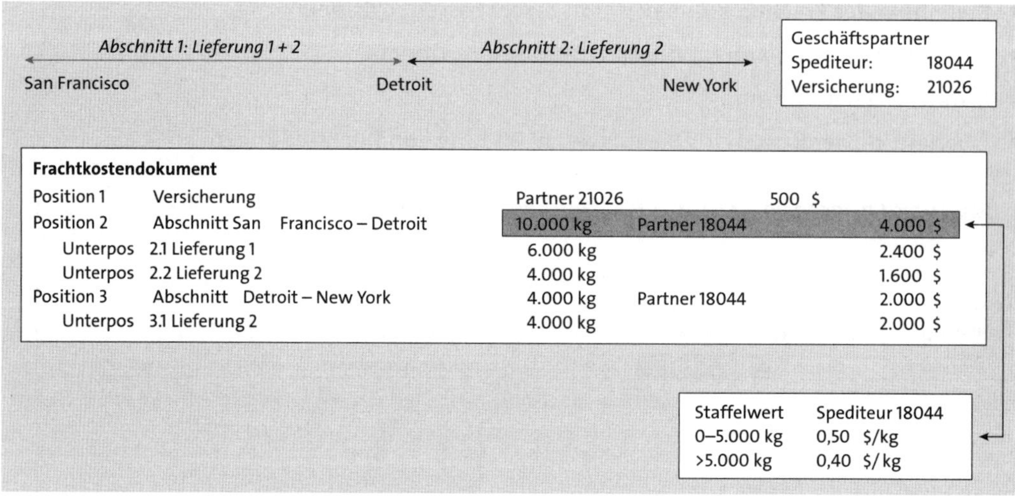

Abbildung 6.26 Beispiel für die Berechnung von Frachtkosten

Berechnungsgrundlagen

Die Berechnung, Staffelwerte, verwendete Einzelkonditionen pro Transport und weitere Sonderberechnungen lassen sich weitgehend über das Customizing und die Stammdatenpflege konfigurieren. Staffeln können mehrdimensional angelegt und gepflegt werden. Sie können als Von-Staffel, Bis-Staffel oder mit einem genauen Wert definiert sein. In Tabelle 6.2 sehen Sie dazu ein Beispiel einer dreidimensionalen Staffeltabelle zum Preis pro kg mit den Dimensionen »Von PLZ-Bereich« und »Nach PLZ-Bereich« als genaue Staffelwerte und »Gewicht« als Bis-Staffelwert.

Von PLZ	Nach PLZ	Bis 100 kg	Bis 200 kg	Bis 500 kg
69xxx	80xxx	1,35 EUR	1,25 EUR	1,08 EUR
70xxx	80xxx	1,14 EUR	1,03 EUR	0,97 EUR
20xxx	69xxx	3,68 EUR	3,32 EUR	3,12 EUR

Tabelle 6.2 Dreidimensionale Staffeltabelle

Sonderformen der Frachtberechnung

Für die Berechnungsverfahren und Schemata sind auch Sonderformen der *Frachtberechnung* berücksichtigt, wie z. B.:

- **Kürzester Hauptlauf**
  Die Kosten werden immer so berechnet, dass ein möglichst kurzer Hauptlauf (Direktlauf) angenommen wird.
- **Minimum- und Maximumwerte für Frachtkostenkonditionen**
  Zum Beispiel legen Sie einen Frachtpreis von 11,80 EUR pro Tonne fest, stellen jedoch mindestens 35 EUR in Rechnung.

- **Schnittgewichtsberechnung**
  Ist die Anwendung des nächsthöheren Staffelwerts günstiger, wird dieser Wert verwendet. (Beispielsweise werden 9 Tonnen à 120 EUR = 1.080 EUR durch 10 Tonnen à 100 EUR = 1.000 EUR ersetzt.)
- **Frachtvergleiche**
  Konditionen eines Konditionsschemas können zu Gruppen zusammengefasst werden. Die Gruppen werden dann jeweils berechnet und anschließend verglichen. Die Frachtberechnung kann dann z. B. immer die günstigste Gruppe wählen (Beispiel: Frachtberechnung alternativ nach Gewicht oder Volumen).

Kalkulationsschemafindung

Vor der eigentlichen Berechnung ermittelt die Frachtkostenberechnung zunächst pro Frachtkostenposition ein *Kalkulationsschema* für die Berechnung, das in Abhängigkeit von Transportdispostelle, Dienstleister, Frachtkostenposition und Versandart bestimmt wird.

Ein wichtiges Kriterium für die Berechnung ist auch die *Berechnungsgrundlage* oder *Kalkulationsbasis*, das heißt die Ebene, auf der einzelne Frachtpreise ermittelt werden. Als Kalkulationsbasis können Sie in der Frachtberechnung die folgenden Ebenen einsetzen:

- für jeden Transportabschnitt
- für jedes Versandelement
- für jede Lieferung
- für jede Lieferungsposition unter Berücksichtigung der Frachtklassen (das heißt warenartspezifisch)

Geografische Transportgegebenheiten

Geografische Gegebenheiten des Transports werden in der Frachtkostenberechnung durch eine von zwei Möglichkeiten ermittelt:

- **Entfernungen**
  Sie können die Entfernung manuell im Transportabschnitt bzw. im Transportkopf eintragen, oder sie wird automatisch aus der Routenstrecke übernommen.
- **Orte und Zonen**
  Aus den Adressdaten im Transport können einige Daten (z. B. Land, Postleitzahl, Transportzone) nach Abgangs- und Zielort getrennt für die Konditionsfindung verwendet werden. Auf dieser Basis kann außerdem auch eine Tarifzone bestimmt werden, die z. B. mehrere Orte eines Postleitzahlenbereichs zusammenfasst.

Preis- und Abrechnungsdatum

Das *Preis-* bzw. das *Abrechnungsdatum* kann automatisch ermittelt werden. Mithilfe von definierbaren Terminregeln können Sie eine Reihenfolge von Transportterminen festlegen, die als Vorschlag für das Datum dienen soll.

Bei der Berechnung der Frachtkosten können Sie auch die entsprechende Steuer vom System automatisch ermitteln lassen.

Listen in der Frachtabrechnung

Im Bereich *Frachtabrechnung* stehen Ihnen auch Arbeitslisten zur Verfügung, mit denen Sie sich einen Überblick über den momentanen Arbeitsvorrat verschaffen können.

Die Liste zur Frachtkostenberechnung ist ein Report, den Sie verwenden können, um Frachtkostenbelege aufzulisten, bei denen die Berechnung noch nicht vollständig erfolgt ist. Als Selektionskriterien stehen Ihnen dabei z. B. der Status der Berechnung, das Datum der Berechnung oder das Preisdatum zur Verfügung, um die Auswahl der Frachtkostenbelege einzuschränken.

Die Liste der Staffeln erlaubt Ihnen, sich einen Überblick über die existierenden Staffeln und ihre Verwendung zu verschaffen. Mit der Liste zur Frachtkostenabrechnung (siehe Abbildung 6.27) haben Sie die Möglichkeit, gezielt nach Frachtkostenbelegen zu suchen, die bereits abgerechnet sind oder demnächst abgerechnet werden müssen.

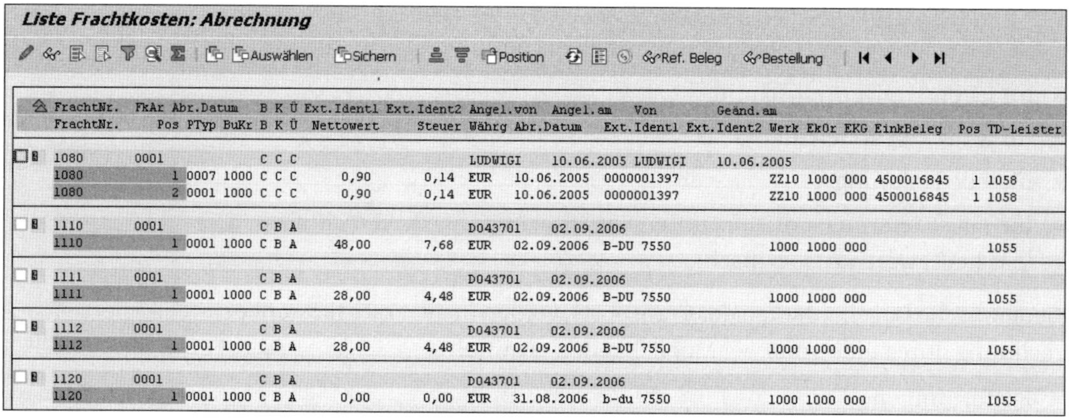

Abbildung 6.27 Abrechnungsliste für Frachtkosten (Transaktion VI12)

Kundenfrachtabrechnung

Wenn Sie als Verlader die Frachtkosten, die Sie für den Transport der Waren eines Auftrags an den Dienstleister bezahlt haben, auf den Auftraggeber umlegen möchten, haben Sie die Möglichkeit, eine *Kundenfrachtabrechnung* durchzuführen. Dabei wird durch besondere Konditionen in der Faktura des Verkaufsauftrags auf die Konditionen der Frachtabrechnung zugegriffen, und die einzelnen Kostenelemente können in die Faktura des Verkaufsbelegs übernommen werden. Dies kann unverändert geschehen, Sie können aber auch eine anteilige Belastung oder eine Belastung mit Aufschlägen anwenden. Die Frachtkosten werden dann dem Auftraggeber zusammen mit den Materialkosten in Rechnung gestellt.

6.5 Transportplanung mit SAP APO

Wie im vorigen Abschnitt beschrieben, bietet die SAP-ERP-Transportlösung von Haus aus keine Möglichkeit der optimierenden Transportplanung, da es kein Planungswerkzeug mit Optimierungsfunktion in SAP ERP gibt. In vielen Fällen ist die optimierende Planung jedoch eine Methode, um Effizienzverbesserungen und Kosteneinsparungen zu erzielen.

Planungs- und Optimierungskomponente SAP APO

Aus diesem Grund gibt es im Supply Chain Management die Planungs- und Optimierungskomponente SAP APO (SAP Advanced Planning and Optimization). Sie bietet Ihnen im Zusammenspiel mit den SAP-ERP-Logistikprozessen einige wesentliche Vorteile bei der Transportplanung:

- **Integration von Auftragsabwicklung, globaler Verfügbarkeitsprüfung und Transportplanung**
  Sie haben die Möglichkeit, die Verfügbarkeit und Bereitstellung von Produkten in allen weltweiten Unternehmensteilen und die Planung von Transporten zwischen Unternehmensstandorten und Kunden bzw. Lieferanten in einem kombinierten Prozess zu optimieren.
- **Kostenoptimierende Transportplanung**
  Der Optimierungsprozess für die Transporte bietet Ihnen effiziente Modelle und Strategien, um die Gesamttransportkosten zu beeinflussen.
- **Transportmodusübergreifende Planung**
  Die Optimierung kann über mehrere Transportmodi hinweg erfolgen. Das heißt, Sie können komplette Transportketten mit Umladung in mehreren Distributionszentren planen.

Die APO-Transportplanung (TP/VS) kann sowohl für einkaufs- als auch für verkaufsbasierte Prozesse verwendet werden (siehe das Prozessflussdiagramm für die Verkaufseite in Abbildung 6.6).

6.5.1 Transportoptimierung mit SAP APO (TP/VS)

Planungsschritte in der APO-Transportplanung

Der grundlegende Prozess beim Arbeiten mit der APO-Transportplanung besteht aus folgenden Schritten:

1. Die Dokumente, die den ursprünglichen Transportbedarf bilden (Aufträge, Bestellungen), werden im ERP-System angelegt und anschließend an das APO-System übertragen.
2. Im Fall der Verwendung des Routing Guides (dynamische Routenermittlung) wird ein Planungslauf schon vor dem Sichern des Auftrags bei der globalen Verfügbarkeitsprüfung durchgeführt.

3. Das Vehicle Scheduling (VS) hilft Ihnen, eine Konsolidierung der Transportbedarfe und eine optimale Routenführung und Lieferungssequenz zu ermitteln, wobei entsprechende Touren gebildet werden. Dabei wird sowohl die optimale Ressourcenauslastung als auch ein minimaler Aufwand für Arbeitsvorgänge (z. B. Laden/Entladen) berücksichtigt. Bestehende Lösungen können wieder mit in weitere Planungsläufe einbezogen und aufgrund geänderter Situationen revidiert werden.
4. Bei der Dienstleisterauswahl haben Sie die Möglichkeit, die Zuweisung von Transportdienstleistern zu den gebildeten Touren nach Kosten-, Verteilungs-, Qualitäts- oder Kontingentierungsgesichtspunkten zu optimieren. Dabei können auch Anschlusstransporte ermittelt werden, um durch die gemeinsame Vergabe zweier Transporte eine Kostenersparnis zu erzielen.
5. Die kollaborative Transportplanung mit Dienstleistern ermöglicht Ihnen den Austausch von Daten bezüglich des zu erwartenden Transportaufkommens. Sie können den Dienstleistern kurz- und mittelfristige Planungsdaten für Ihre Transportbedarfe über ein Kollaborationsportal zur Verfügung stellen, um es ihnen zu ermöglichen, genügend Transportkapazität bereitzustellen.
6. Die Transportausschreibung dient dazu, die geplanten Transporte an die Dienstleister zu übermitteln und gegebenenfalls Änderungswünsche oder Absagen einzuplanen.
7. Die freigegebenen Transporte können nach der Optimierung und Dienstleisterzuordnung an SAP ERP zurückübertragen werden, wo auf Basis der Daten ERP-Transportbelege und gegebenenfalls Lieferungen angelegt werden.
8. Die Transportabwicklung findet dann anschließend im ERP-Transportmanagement statt.

Der Optimierer der APO-Transportplanung ist ein universelles Werkzeug zur Planung umfangreicher Transportszenarien.

6.5.2 Belege und Transportoptimierung

Frachteinheit und Transportbeleg

Die APO-Transportplanung arbeitet im Wesentlichen mit zwei transaktionalen Objekten: der *Frachteinheit* und dem *Transport*. Frachteinheiten repräsentieren die Transportbedarfe, die aus den Aufträgen oder Bestellungen erzeugt werden. Unter Zuhilfenahme von Stammdatenobjekten wie Ressourcen, Dienstleistern und Transportbeziehungen werden die Frachteinheiten in einem Planungslauf geplant, konsolidiert und Transporten zugeordnet. Die Transporte entsprechen in ihrem Wesen Touren, die eine oder mehrere Lade- und Entladestellen bedienen und dabei mit einer Ressource abgewickelt werden.

Planungs-Cockpit

Die Planung selbst kann entweder als Stapelverarbeitungsprozess, als Report oder als interaktive Planung mit Optimiererunterstützung ablaufen. Abbildung 6.28 zeigt einen Überblick über das *TP/VS-Planungs-Cockpit*, in dem Sie verschiedene Planungssichten (Ressourcensicht, Transportsicht, tabellarische Planung etc.) auswählen können.

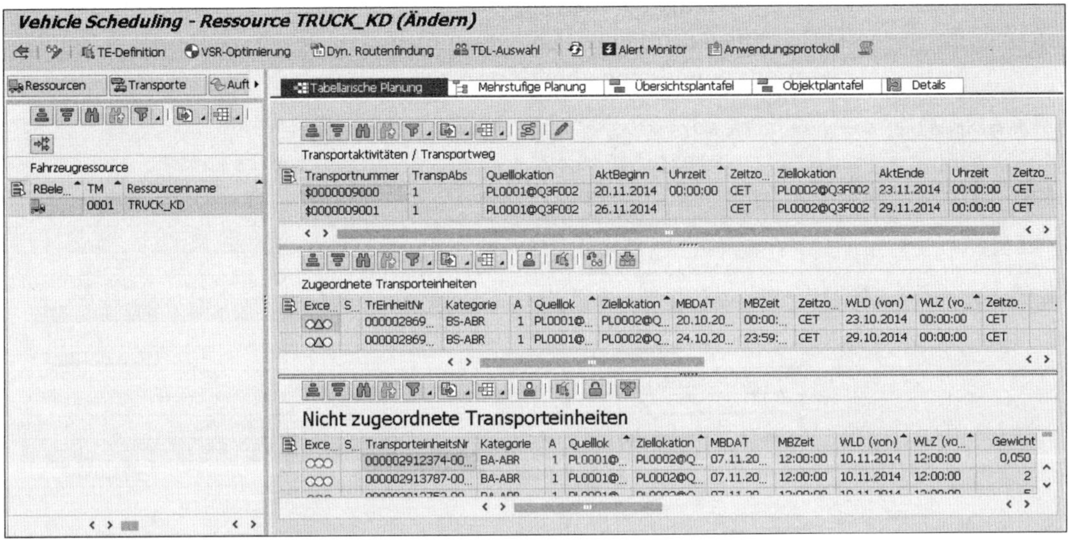

Abbildung 6.28 Planungs-Cockpit der APO-Transportplanung (Transaktion /SAPAPO/VS01 – Tabellarische Planung)

Schnittstellen

Der *Optimierer* ist ein Softwarewerkzeug, das über Schnittstellen mit der APO-Transportplanung integriert ist. Da der Optimierer nicht in der SAP-eigenen Programmiersprache ABAP entwickelt wurde, sondern in der Sprache C++, unterstützt er nur ausgewählte Betriebssystemplattformen (z. B. Microsoft Windows). Die Versorgung des Optimierers mit Daten und die Bereitstellung des Ergebnisses erfolgen über eine Vor- und Nachverarbeitung von Stamm- und Bewegungsdaten in SCM.

Kontinuierliche Optimierung

Der Optimierer selbst führt eine kontinuierliche Optimierung des Transportszenarios unter Berücksichtigung der vorgegebenen Transportbedarfe, Ressourcen, Inkompatibilitäten, Kostenfunktionen und des Transportnetzwerks durch, bis entweder eine vorgegebene Optimierungsdauer erreicht wurde oder zwei aufeinanderfolgende Lösungen keine Verbesserung im Gesamtergebnis mehr zeigen. Das hat den Vorteil, dass der Optimierer schon zu einem sehr frühen Zeitpunkt ein – wenn auch noch suboptimales –

Ergebnis bereitstellt. Der Fortschritt des Optimierungsvorgangs kann im Optimierungsbild mitverfolgt und kontrolliert werden.

Übersichtsplantafel

Nach der Durchführung der Optimierung können die erzeugten Transporte im Planungs-Cockpit im Detail analysiert und auch angepasst werden. Um nicht nur die kapazitiven, sondern auch die zeitablaufbezogenen Aspekte gut beurteilen zu können, steht Ihnen die *Übersichtsplantafel* zur Verfügung, auf der Sie in Gantt-Diagrammform den zeitlichen Ablauf der einzelnen Transporte darstellen können. Dazu haben Sie sowohl Zugriff auf eine auftragsbasierte als auch auf eine ressourcenbasierte Zeitdarstellung. Hier wird schnell deutlich, welche Ressourcen zu welchem Zeitpunkt belegt oder verfügbar sind (siehe Abbildung 6.29).

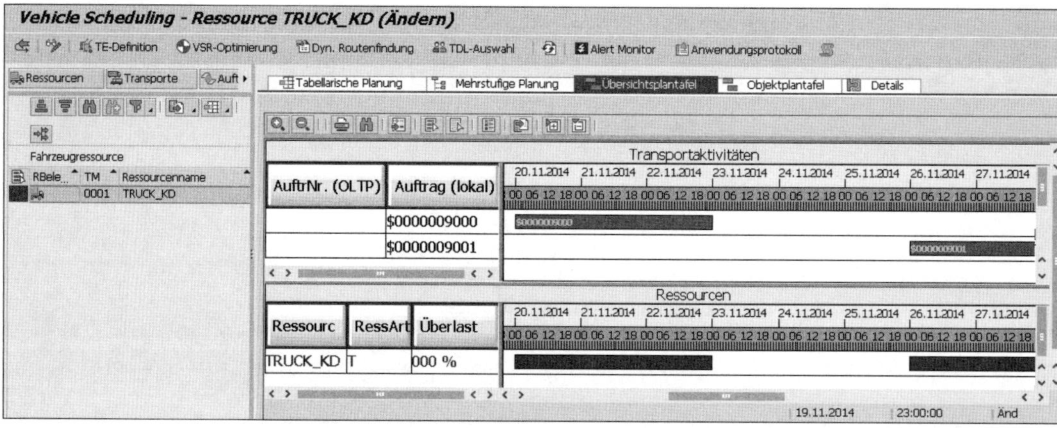

Abbildung 6.29 Grafische Plantafel in der SAP-APO-Transportplanung (Transaktion /SAPAPO/VS01 – Übersichtsplantafel)

6.5.3 Szenarien mit der APO-Transportplanung

Multi-Pick- und Multi-Drop-Szenarien

In *Multi-Pick-* und *Multi-Drop-Szenarien* geht es um die Optimierung einer Ladungskonsolidierung auf Ressourcen. In einem Gesamtszenario, in dem an mehreren Ladelokationen Fracht abgeholt und abgeliefert werden muss, sollen die Transportkosten für den Ressourceneinsatz minimiert werden. Das heißt, es soll die kostengünstigste Ressourcenwahl und Ladungskombination ermittelt werden.

Supply Chain Cockpit

Um diese Netzwerke angemessen beurteilen zu können, steht Ihnen als Werkzeug das *Supply Chain Cockpit* zur Verfügung, das die Netzwerkkomponenten wie Werke, Kunden, Lieferanten, Ressourcen und die Transportbeziehungen in grafischer Kartenform darstellt. Ein solches Netzwerk im Supply Chain Cockpit sehen Sie in Abbildung 6.30.

Dynamische Routenermittlung im Kundenauftrag

Der *Routing Guide* (dynamische Routenermittlung) ist ein Planungswerkzeug, das es Ihnen ermöglicht, für Verkaufsaufträge bereits unmittelbar während der Erfassung eine komplexe Transportplanung mit integrierter Verfügbarkeitsprüfung durchzuführen.

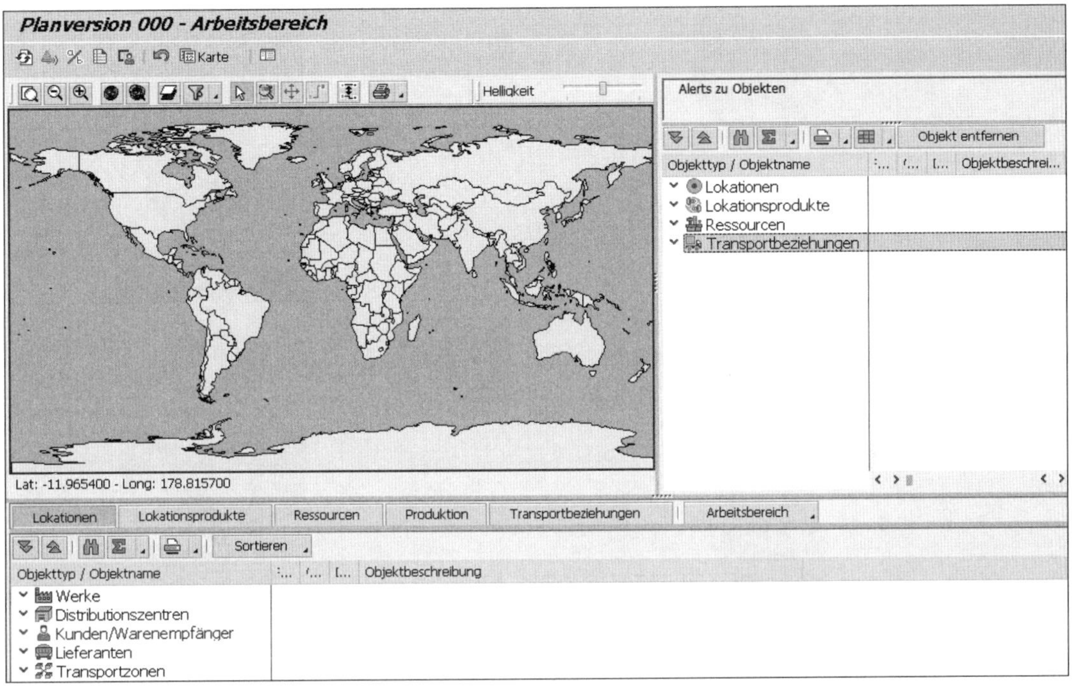

Abbildung 6.30 Supply Chain Cockpit mit grafischer Netzwerkdarstellung (Transaktion /SAPAPO/SCC02)

Dabei werden auch multimodale Planungen mit Umschlag an Terminals und Umschlagzentren unterstützt, um eine möglichst realistische Abwicklung zu erreichen. Der Routing Guide kann aufgrund der Auftragsdaten mehrere mögliche Transportpläne ermitteln und dem Benutzer die Lösungsliste zur interaktiven Entscheidung präsentieren.

Berechnung der realen Frachtkosten

Durch die Option einer integrierten Dienstleisterermittlung ist es auch möglich, über eine spezielle Schnittstelle in das ERP-Transportmanagement für jede Transportlösung die realen Frachtkosten zu ermitteln und bei der Entscheidung zu präsentieren. Dabei werden im ERP-System nur temporär Transport- und Frachtkostenbelege erzeugt, um die Berechnung durchzuführen.

Nach der Auswahl der gewünschten Transportroute und dem Sichern des Kundenauftrags werden die Transportbelege, die der gewählten Lösung entsprechen, im APO-System mit gesichert. Nicht gewählte Transportlösungen werden automatisch verworfen. In Abbildung 6.31 sehen Sie den Prozessablauf der dynamischen Routenermittlung grafisch dargestellt.

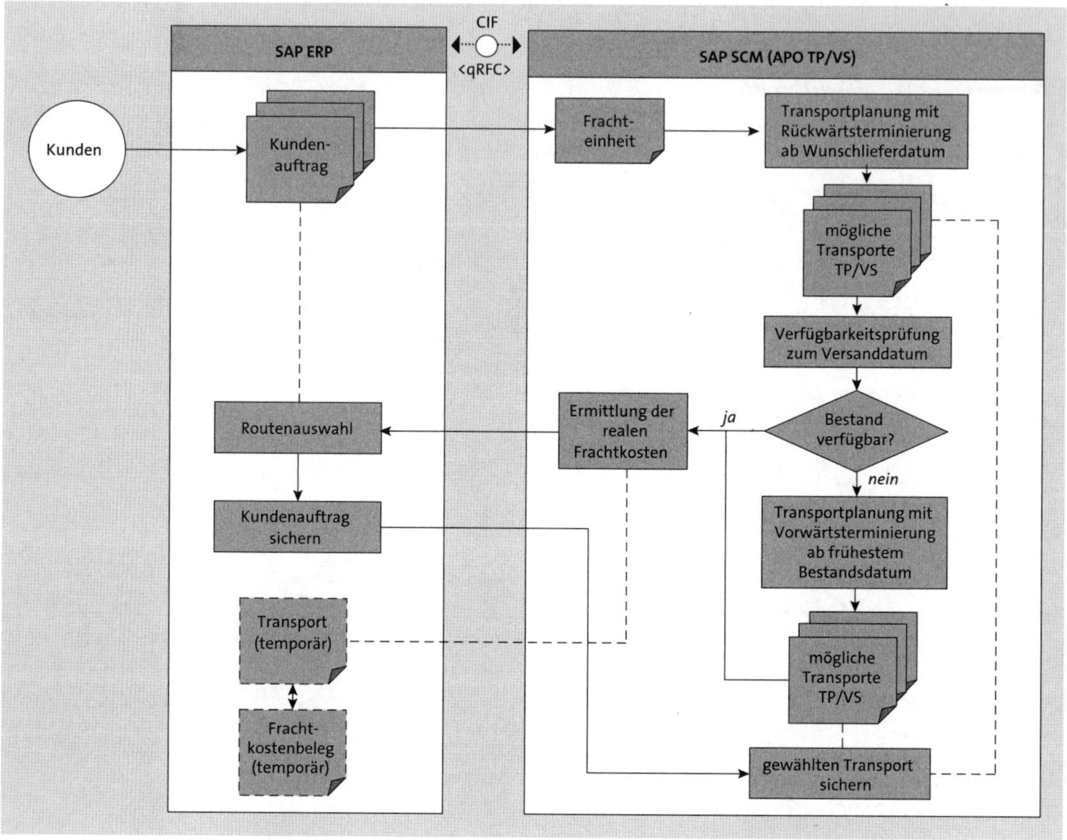

Abbildung 6.31 Prozessablauf bei der Ermittlung von Routenvorschlägen mit dem Routing Guide (dynamische Routenermittlung)

Simulation der dynamischen Routenermittlung

Die dynamische Routenermittlung kann auch als *Simulation* direkt im Kontext der APO-Transportplanung verwendet werden. Dazu können Sie die Transaktion zur interaktiven Routenfindung aufrufen und die Daten der Frachteinheit direkt eingeben. Der Planungslauf bringt als Ergebnis dann – sofern ermittelbar – die gewünschten Routenvorschläge.

Continuous Move

Ein *Continuous Move* (Anschlusstransportermittlung) ermöglicht es Ihnen, gut passende Einzeltransporte miteinander zu kombinieren, die Sie gemeinsam an einen Dienstleister vergeben können. Dadurch erreichen Sie z. B. pro Dienstleister längere Frachtstrecken mit demselben Fahrzeug und erhalten oft einen besseren Frachtpreis. Das ist insbesondere dann der Fall, wenn Sie dem Dienstleister gleich eine Rückfracht vom Anlieferort des ersten Transports anbieten können.

Multi-ERP-Einsatz der APO-Transportplanung

Einige Kunden wünschen sich einen Multi-ERP-Einsatz eines Transportplanungssystems, bei dem mehrere Organisationen eines Unternehmens zwar jeweils eigene ERP-Systeme zur Auftragsabwicklung einsetzen, die Transportplanung jedoch durch ein zentrales Planungssystem durchgeführt werden soll. Die gebildeten Transporte sollen dann Lieferungen aus mehreren ERP-Systemen enthalten, jedoch in nur einem ERP-System gebildet werden.

Dieses Szenario kann mit dem SAP-ERP-Transportmanagement und der APO-Transportplanung leider nicht ohne Systemmodifikationen und -erweiterungen durchgeführt werden, da sich die erforderlichen Lieferreferenzen nicht konsistent im zentralen Transport-ERP-System abbilden lassen. Für solche Szenarien sollte SAP TM eingesetzt werden.

6.6 Transportmanagement mit SAP TM

SAP TM ist eine Softwarelösung, mit der Sie Transportlogistikprozesse in komplexen Transportnetzwerken abwickeln können. Sie unterstützt Sie bei den wesentlichen Geschäftsprozessen von Angebot und Auftrag über die Disposition, Unterbeauftragung und Preisberechnung bis hin zur Fakturierung und Abrechnung von Transportdienstleistungen. Die Lösung ist mit Optimierungsalgorithmen zur Transportoptimierung und Routenfindung ausgestattet.

SAP TM ist Teil der Supply-Chain-Execution-Lösung von SAP und mit SAP ERP für die finanzielle Abwicklung integriert. Neben SAP ERP werden noch SAP Event Management (SAP EM) für verschiedene Tracking-Prozesse sowie SAP Extended Warehouse Management (SAP EWM) für die Lagerabwicklung und das Transitlagermanagement verwendet. Zudem sind als neue Komponenten noch SAP Transport Resource Planning (SAP TRP) für die Verwaltung und Verfügbarkeitsprognose von Transportmitteln sowie SAP Yard Logistics (SAP YL) zur Verwaltung von Umschlaghöfen bereitgestellt worden.

Anmerkung zu den Transaktionscodes für SAP TM

SAP TM verwendet im Gegensatz zu SAP ERP und SAP APO keine Transaktionscodes mehr, mit denen Sie die einelnen Funktionen über das SAP-GUI-Befehlsfeld aufrufen können. Stattdessen nennen wir bei den Screenshots die entsprechende Web-Dynpro-Anwendung.

Erweiterungen gegenüber dem SAP-ERP-Transportmanagement

Ein wesentlicher Unterschied zum Transportmanagement mit SAP ERP ist der starke Fokus auf der Transportabwicklung aus *Dienstleistungssicht*. Die Transportabwicklung wird nicht nur als Teilprozess von Vertrieb, Produktion oder Bestellung angesehen, sondern als eigenständiger Prozess behandelt, der mit einem eigenen Angebotsprozess beginnt und mit der Abrechnung und Fakturierung endet. SAP TM bietet gegenüber SAP ERP wesentliche Erweiterungen:

- die Möglichkeit, Transportprozesse mit und ohne Materialstammsätze abzuwickeln
- Kundenstammdaten sind nicht unbedingt erforderlich (jedoch sinnvoll für die Abrechnung); Einmalkunden werden unterstützt.
- Angebots- und Auftragsmanagement für Transportdienstleistungen
- Einkauf und Verkauf von Transportdienstleistungen insbesondere für Logistikdienstleister
- erweiterte Funktionen zur Planung und Disposition von kompletten Transporten und Teiltransporten in komplexen, auch fahrplangestützten Netzwerken
- Teilabwicklung von Transportketten
- organisatorische Aufteilung der Abwicklung eines Transportauftrags zwischen verschiedenen teilnehmenden Organisationen (Export-/Importsicht)
- Eingangs- und Ausgangstransporte werden gleichermaßen behandelt, was die Planung von Rundläufen mit Auslieferungen und Abholungen ermöglicht.
- komplexe Frachtratenkalkulation sowohl debitorisch als auch kreditorisch, Unterstützung interner Kosten bei eigener Flotte
- Berechnung der Profitabilität von Aufträgen
- Unterstützung von vielfältigen Kommunikationsverfahren
- komplette Transportabwicklung auch in Multi-ERP-Landschaften

Mit SAP TM richtet sich SAP sowohl an existierende Märkte (wie z. B. an den Verladermarkt, für den bisher die Transportabwicklung in SAP ERP positioniert wurde) als auch an den für SAP neuen Markt der Logistikdienstleister.

6.6.1 Dokumenten- und Prozessübersicht

Business-Objekte von SAP TM

Die Dokumente bzw. Business-Objekte von SAP TM sind stark auf ein effizientes, dienstleistungsorientiertes und verteiltes Transportmanagement ausgerichtet. Daher gibt es in SAP TM nicht nur *einen* Transportbeleg wie in SAP ERP, sondern mehrere anwendungsorientierte Objekte, die jeweils einen speziellen Zweck im Umfeld der Transportabwicklung erfüllen. Abbildung 6.32 zeigt einen Gesamtüberblick über die Business-Objekte und die damit abgebildeten Teilprozesse.

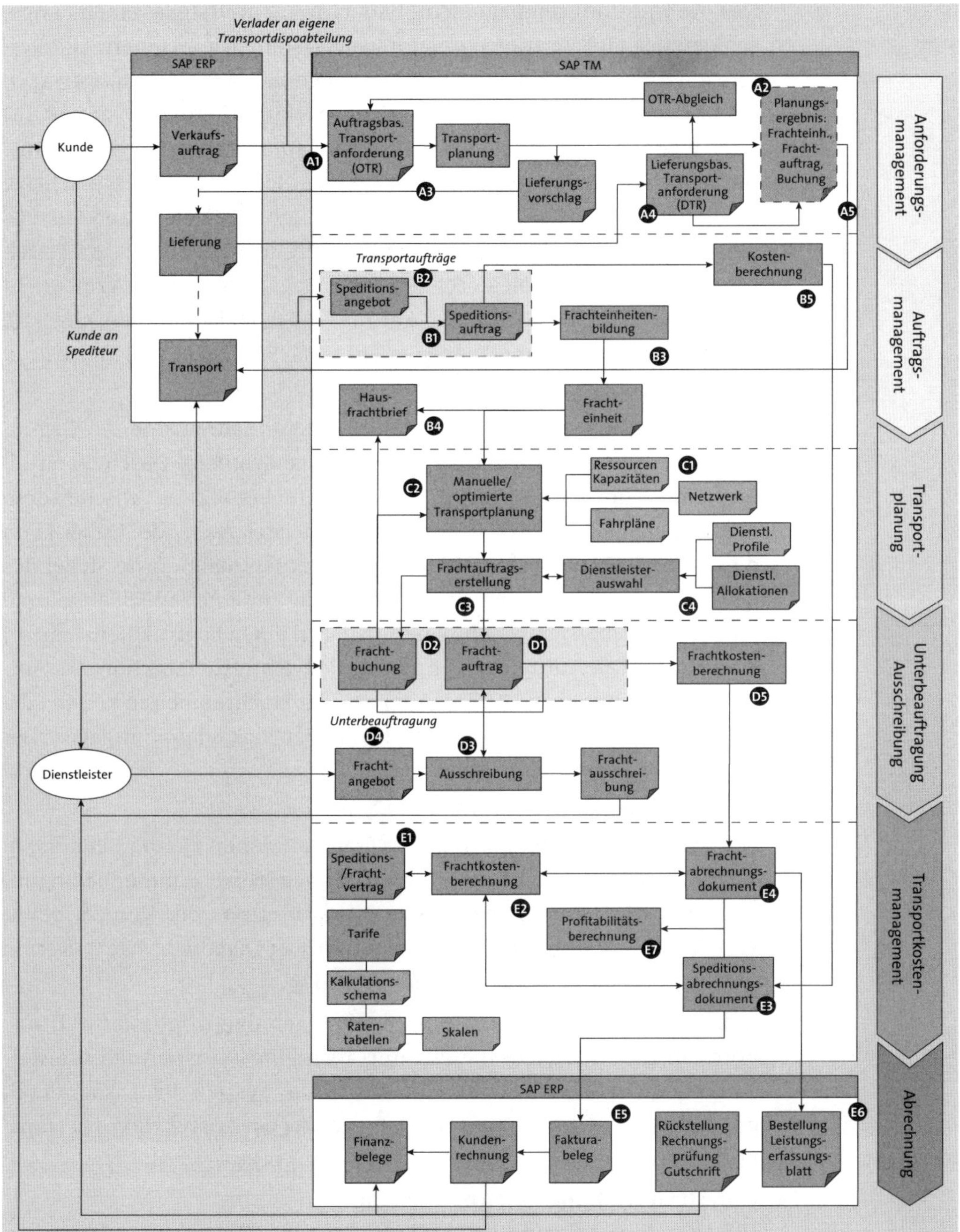

Abbildung 6.32 Überblick über das Objektmodell von SAP TM

Teilprozesse und Funktionsbereiche

Der Gesamtprozess ist in SAP TM in sechs wesentliche Teilprozesse bzw. organisatorische Funktionsbereiche unterteilt:

1. **Anforderungsmanagement**
   Das Anforderungsmanagement bildet die Schnittstelle in ein angeschlossenes ERP-Vertriebs- und Einkaufssystem. Die in einem ERP-System entstehenden Transportanforderungen (z. B. aus Verkaufsaufträgen oder Einkaufsbelegen) werden als Transportanforderungen an SAP TM übertragen (A1). Dort durchlaufen sie eine Planung (A2), bei der nach Transportaspekten Liefervorschläge ermittelt werden. Diese Liefervorschläge werden einerseits in SAP TM als Frachteinheiten abgelegt, andererseits werden sie an SAP ERP zurückkommuniziert und dienen dort zur Erstellung der Lieferungsbelege (A3). Ein Änderungsmanagement ermöglicht die gegenseitige Anpassung bei Auftrags- oder Transportänderungen (A4) und (A5). Das Anforderungsmanagement ist ab SAP TM 8.0 verfügbar.
2. **Auftragsmanagement**
   Das Auftragsmanagement und die Auftragsannahme sind der Beginn eines operativen Prozesses im Transportmanagement. Durch die Erteilung eines Transportauftrags (B1) und (B2) kommt ein Vertrag zwischen dem Auftraggeber und einem Transportdienstleister zustande. Dabei kann dieser Vorgang sowohl innerhalb eines Unternehmens (ein herstellendes Unternehmen erteilt einen Transportauftrag an seine Logistikabteilung) als auch zwischen Unternehmen (Auftrag an einen Logistikdienstleister) stattfinden. Die Auftragsannahme ist die wichtigste Funktion des Auftragsmanagements in SAP TM. Auf Basis der Frachteinheiten können die Hausfrachtbriefe erstellt werden, die als Vertragsdokument gegenüber dem Auftraggeber gelten (B4).
3. **Transportplanung**
   Die Transportplanung konsolidiert Frachteinheiten (B3) und Sendungen zu Ladungen unter Berücksichtigung vorgegebener Rahmenbedingungen, wie z. B. Volumen, gewünschte Ankunftszeit oder Kompatibilität von Transportmittel und Transportgut (C1). Der Disponent hat weiterhin die Möglichkeit, manuell zu planen (C2) und (C3).

   Neben der Transportoptimierung, deren Ergebnis ein optimierter Transportplan ist, ermöglicht die Planung auch eine Transportdienstleisterauswahl (C4). In diesem Schritt unterstützt das System den Disponenten dabei, den günstigsten Transportdienstleister zur Ausführung des Transports zu finden.
4. **Unterbeauftragung und Ausschreibung**
   Die Unterbeauftragung ist die Fremdvergabe der Transportdienstleistung an einen Frachtführer oder Spediteur. Der Prozess schließt sich an

die Transportplanung an und besteht aus der Weiterbearbeitung und Übermittlung von aus den Planungsergebnissen resultierenden Transportaufträgen (D1) an die Dienstleister. Kommen mehrere Dienstleister für einen einzelnen Unterauftrag infrage, kann eine Ausschreibung durchgeführt werden (D3), die von Dienstleistern mit Frachtangeboten beantwortet wird (D4).

Als zweite Form der Unterbeauftragung kann eine Frachtbuchung/Frachtauftrag ((D2) und (D1)) durchgeführt werden, bei der Frachtraumkapazität reserviert, gegebenenfalls bestätigt und im Lauf weiterer Transportplanungen verwendet wird. Sofern eine Frachtraumbuchung vorliegt, konsumieren die zugeordneten Frachteinheiten ein Teilvolumen der Buchung.

Sowohl Frachtbuchung als auch Frachtauftrag können gedruckt werden. In der Speditionswelt repräsentieren sie z. B. die Dokumente *Master Bill of Lading* (B/L), *Master Airway Bill* (MAWB) oder *Manifest*.

5. **Transportkostenkostenmanagement**

   Das Transportkostenmanagement (TCM, Transportation Charge Management) kann sowohl debitorisch als auch kreditorisch rechnen ((B5), (D5), (E2)). Es besteht aus mehreren Teilkomponenten, die im ersten Schritt alle kosten- und erlösrelevanten logistischen Daten ermitteln und dem Berechnungsprogramm zur Verfügung stellen. In der Berechnung selbst werden anhand von Konfigurationseinstellungen Preisschemata mit Preiskomponenten und die dazugehörenden Staffeln ermittelt (E1). Somit können selbst komplexeste Ratenstrukturen im Transportmanagement abgebildet werden.

6. **Abrechnung**

   Die Frachtkostenabrechnung verknüpft die Frachtberechnung ((E3) und (E4)) mit dem SAP-ERP-Finanzwesen ((E5) und (E6)) auf der debitorischen Seite und dem SAP-ERP-Einkauf auf der kreditorischen Seite.

   Innerhalb dieser Komponente wird ermittelt, auf welche Konten, Kostenstellen etc. der Frachtauftrag verbucht werden muss. Außerdem kann das System an dieser Stelle für Kosten und Erlöse Aufteilungen vornehmen, die vorgegebenen Konfigurationsparametern entsprechen, z. B. der Verteilung der Kosten auf alle beteiligten Kostenstellen.

6.6.2 Bereichsübergreifende Funktionen

Allgemeine Funktionen

Eine wesentliche Eigenschaft von SAP TM ist die Möglichkeit, einen Gesamtprozess auf mehrere Bearbeiter zu verteilen. Das heißt, verschiedene Schritte der Transportabwicklung werden von unterschiedlichen Personen in unterschiedlichen Organisationen durchgeführt.

Dazu werden in SAP TM zwei Funktionen genutzt: der *persönliche Arbeitsvorrat* (*Personal Object Work List*, POWL) sowie die *SAP-Berechtigungssteuerung*.

Persönlicher Arbeitsvorrat

Der *persönliche Arbeitsvorrat* ist das zentrale Element für den rollenspezifischen Benutzerzugriff in SAP TM. Die Grundelemente sind konfigurierbare und personalisierbare Abfragen und Arbeitslisten. Der persönliche Arbeitsvorrat bietet Ihnen je nach Funktionsbereich Zugang zu den Business-Objekten und ihren direkten Nachfolge-Business-Objekten, z. B.:

- persönlicher Arbeitsvorrat der Angebote
- persönlicher Arbeitsvorrat der Speditionsaufträge (Transportaufträge)
- persönlicher Arbeitsvorrat der Frachteinheiten
- persönlicher Arbeitsvorrat der Frachtaufträge und Frachtbuchungen
- persönlicher Arbeitsvorrat der Speditionsabrechnungsbelege (Pro-forma-Kundenrechnung)

Je nach Business-Objekt und Bereich besteht die Möglichkeit, die Objekte anzuzeigen, anzulegen, zu ändern oder auch zu löschen.

Persönlichen Arbeitsvorrat anpassen

Den persönlichen Arbeitsvorrat können Sie pro Benutzer individuell oder für eine Benutzergruppe durch einen Administrator konfigurieren lassen. Damit erhält jeder Benutzer beim Einstieg in einen Arbeitsbereich (z. B. Auftragsmanagement) genau die Arbeitslisten mit den Objekten, die er für seine Aufgabenabwicklung benötigt. In Abbildung 6.33 sehen Sie ein Beispiel für den persönlichen Arbeitsvorrat mit verschiedenen Arten von Speditionsaufträgen (hier Luftfracht).

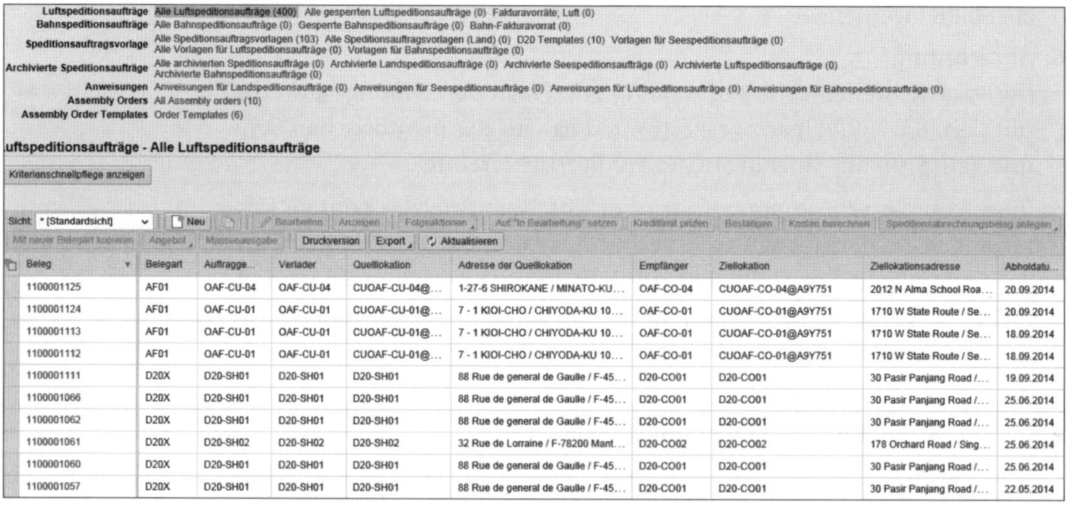

Beleg	Belegart	Auftragge...	Verlader	Quelllokation	Adresse der Quelllokation	Empfänger	Ziellokation	Ziellokationsadresse	Abholdatu...
1100001125	AF01	OAF-CU-04	OAF-CU-04	CUOAF-CU-04@...	1-27-6 SHIROKANE / MINATO-KU...	OAF-CO-04	CUOAF-CO-04@A9Y751	2012 N Alma School Roa...	20.09.2014
1100001124	AF01	OAF-CU-01	OAF-CU-01	CUOAF-CU-01@...	7 - 1 KIOI-CHO / CHIYODA-KU 10...	OAF-CO-01	CUOAF-CO-01@A9Y751	1710 W State Route / Se...	20.09.2014
1100001113	AF01	OAF-CU-01	OAF-CU-01	CUOAF-CU-01@...	7 - 1 KIOI-CHO / CHIYODA-KU 10...	OAF-CO-01	CUOAF-CO-01@A9Y751	1710 W State Route / Se...	18.09.2014
1100001112	AF01	OAF-CU-01	OAF-CU-01	CUOAF-CU-01@...	7 - 1 KIOI-CHO / CHIYODA-KU 10...	OAF-CO-01	CUOAF-CO-01@A9Y751	1710 W State Route / Se...	18.09.2014
1100001111	D20X	D20-SH01	D20-SH01	D20-SH01	88 Rue de general de Gaulle / F-45...	D20-CO01	D20-CO01	30 Pasir Panjang Road /...	19.09.2014
1100001066	D20X	D20-SH01	D20-SH01	D20-SH01	88 Rue de general de Gaulle / F-45...	D20-CO01	D20-CO01	30 Pasir Panjang Road /...	25.06.2014
1100001062	D20X	D20-SH01	D20-SH01	D20-SH01	88 Rue de general de Gaulle / F-45...	D20-CO01	D20-CO01	30 Pasir Panjang Road /...	25.06.2014
1100001061	D20X	D20-SH02	D20-SH02	D20-SH02	32 Rue de Lorraine / F-78200 Mant...	D20-CO02	D20-CO02	178 Orchard Road / Sing...	25.06.2014
1100001060	D20X	D20-SH01	D20-SH01	D20-SH01	88 Rue de general de Gaulle / F-45...	D20-CO01	D20-CO01	30 Pasir Panjang Road /...	25.06.2014
1100001057	D20X	D20-SH01	D20-SH01	D20-SH01	88 Rue de general de Gaulle / F-45...	D20-CO01	D20-CO01	30 Pasir Panjang Road /...	22.05.2014

Abbildung 6.33 Persönlicher Arbeitsvorrat eines Buchungsagenten (Web-Dynpro-Anwendung /SCMTMS/WDA_POWL_OVP)

Der persönliche Arbeitsvorrat kann durch einen Benutzer in vielfältiger Weise konfiguriert und an die aufgabenspezifischen Bedürfnisse angepasst werden. Sie haben die folgenden Möglichkeiten der Anpassung:

- Darstellungsreihenfolge und Layout der Abfragesicht
- Auswahl der Tabellendarstellung
- Spaltenanzahl und -reihenfolge sowie Zeilenanzahl in der Tabellendarstellung
- Spaltenreihenfolge und -auswahl in der Tabellendarstellung
- Sortierung, Berechnungen und Filterung in der Tabellendarstellung

Berechtigungsprofile regeln den Zugriff

Durch die *Berechtigungsprofile* haben Sie die Möglichkeit, den Zugriff bestimmter Benutzer oder Benutzergruppen auf Arten von Business-Objekten oder auf Business-Objekte mit bestimmtem semantischem Inhalt einzuschränken. Sie können durch entsprechende Einstellungen z. B. folgende Berechtigungen konfigurieren:

- Der Buchungsbearbeiter im Callcenter in Hamburg hat nur Vollzugriff auf Seefrachtaufträge mit Abgangsland Deutschland. Auf andere Aufträge hat er nur Lesezugriff, sofern sie über Deutschland abgewickelt werden.
- Der Importmitarbeiter im Büro in Singapur hat nur Zugriff auf Frachtaufträge, die per Luftfracht nach Singapur gelangen, sowie auf Lkw-Nach- bzw. -Vorläufe innerhalb Singapurs.

Wichtige Inhalte finden

Wie Sie aus Abbildung 6.32 ersehen können, sind logistische Prozesse und die dazu benötigten Objektmodelle unter Umständen recht komplex. Um die entsprechenden Objekte und Inhalte im SAP TM leicht zu finden, bietet es Ihnen zwei wichtige Werkzeuge:

- **Dokumentenfluss**

  Der Dokumentenfluss ist eine hierarchische Verkettung von zusammengehörenden Belegen im SAP TM. Ein Speditionsauftrag ist z. B. mit Frachteinheiten, Frachtaufträgen oder Rechnungen verkettet. Diese werden in einer hierarchischen Liste in jedem Beleg dargestellt, wobei es jeweils Vorgänger- und Nachfolgebelege gibt. Durch Klicken können Sie den gewünschten Beleg aufrufen.

- **TM-Suche**

  Die TM-Suche ist eine Suchfunktion, mit der Sie durch Eingabe von Kriterien wie Belegnummern, Containernummern, Frachtbriefnummern, Auftraggebern usw. in einer Suchzeile alle dazu passenden Transportobjekte (z. B. Speditionsaufträge oder Frachteinheiten) in einer hierarchischen Baumstruktur angezeigt bekommen. Sie können in dieser Struktur verzweigen, indem Sie auf das gewünschte Objekt klicken.

6.6.3 Business-Objekte und Funktionen anhand eines Beispielprozesses (Luftfracht)

Beispielprozess Luftfracht

Die Business-Objekte und Detailfunktionen von SAP TM beschreiben wir nun anhand eines Beispielprozesses. Dieser Prozess ist eine verteilt bearbeitete Luftfrachtbuchung für die Konsolidierung, die einen Standardprozess eines Logistikdienstleisters darstellt. Sie finden dazu ein vereinfachtes Prozessablaufdiagramm in Abbildung 6.34.

Die Vereinfachung des Diagramms besteht in der Zusammenfassung von Prozessschritten und darin, dass alle beteiligten Dienstleister und Disponenten in jeweils einer generischen Prozessbahn dargestellt sind.

Benutzerrollen im Beispielprozess

Der dargestellte Prozess beinhaltet folgende Rollen:

- **Versender**
  Der Versender erteilt den Buchungsauftrag zum Transport einer Luftfrachtsendung von Frankreich nach Singapur, und zwar Tür-zu-Tür.
- **Empfänger**
  Der Empfänger bekommt die Sendung.
- **Transportbuchungsbearbeiter (Buchungsagent)**
  Der Transportbuchungsbearbeiter nimmt die Buchung entgegen und erstellt und bearbeitet den Speditionsauftrag.
- **Transportdisponenten (Export/Import)**
  Mehrere Transportdisponenten können die Export- und Importabschnitte der Sendung planen und an Frachtführer ausschreiben und beauftragen.
- **Dienstleister**
  Dienstleister nehmen die Unteraufträge zu Teiltransporten entgegen und führen sie aus. Anschließend stellen sie die Dienstleistung in Rechnung.

Logistische Prozesssicht

Aus logistischer Sicht hat der Beispielprozess folgenden Hintergrund (siehe Abbildung 6.35): Die Maschinenbauunternehmen CGL Manufacturing ❶ und Aquatronic ❷ in Frankreich (Versender) beauftragen den Transport von Maschinenteilen per Luftfracht von den jeweiligen Produktionswerken in der Nähe von Paris (Frankreich) zu den Kunden Asian Plastics ❼ bzw. Singawater ❽ in Singapur (siehe Abbildung 6.35).

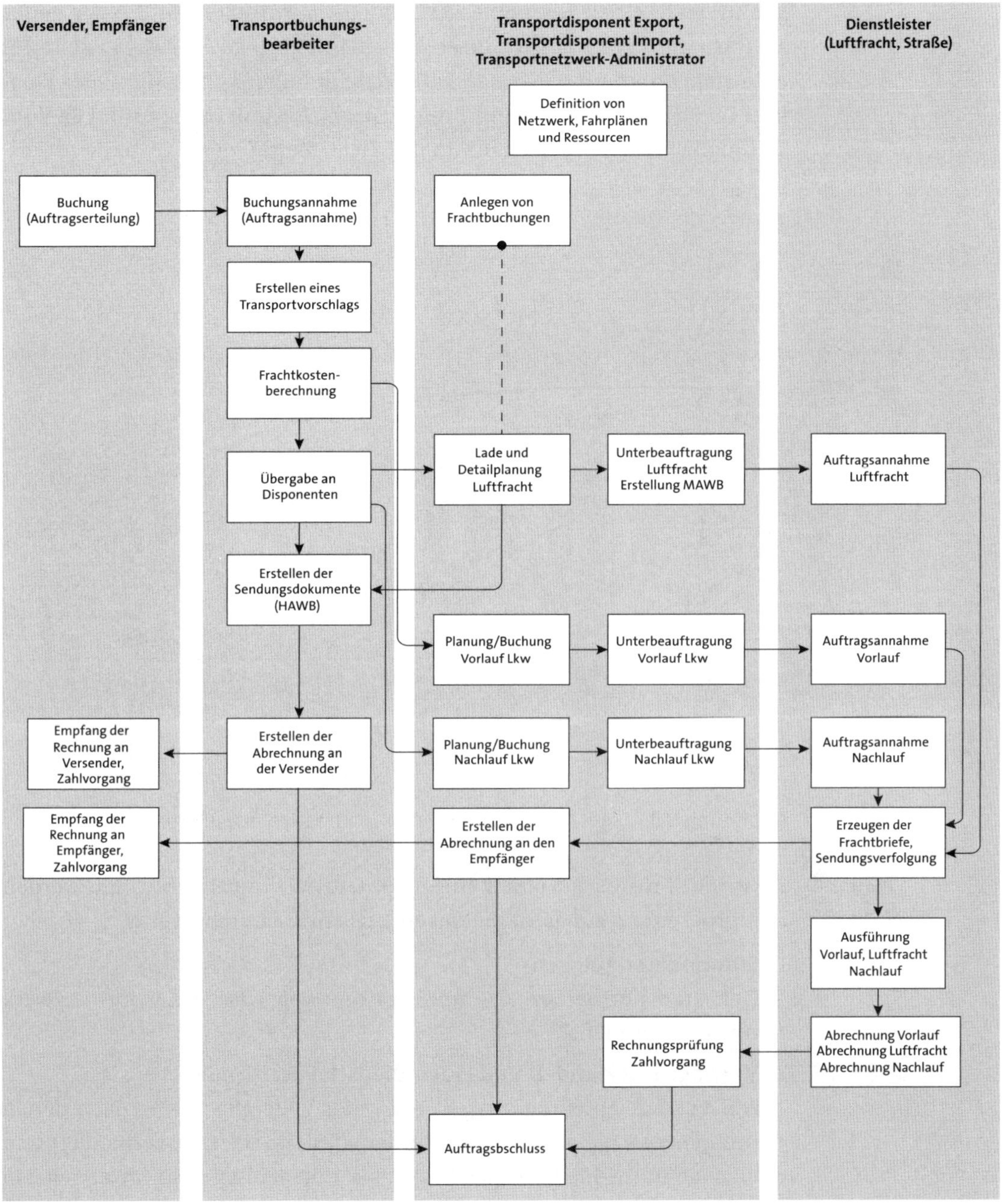

Abbildung 6.34 Prozessfluss eines Luftfrachtprozesses (vereinfachtes Beispiel)

Der Transportauftrag ist mit dem Incoterm *DAP* vorgegeben und wird über die Flughäfen Charles-de-Gaulle, Frankreich ❹, und Singapur ❻ abgewickelt. Der Logistikdienstleister Sakura Air Cargo nimmt die Aufträge entgegen und wickelt sie über eine Konsolidierung komplett für die Versender ab. Dazu werden die Luftfrachtsendungen im Abgangs-Gateway in Roissy ❸ entgegengenommen, in einen Luftfrachtcontainer konsolidiert, der Fluglinie übergeben und mit dem Flugzeug nach Singapur transportiert ❺. Vom Zielflughafen werden sie dann in das Ziel-Gateway des Logistikdienstleisters gebracht ❾, wo die Sendungen dekonsolidiert und für die Auslieferung vorbereitet werden.

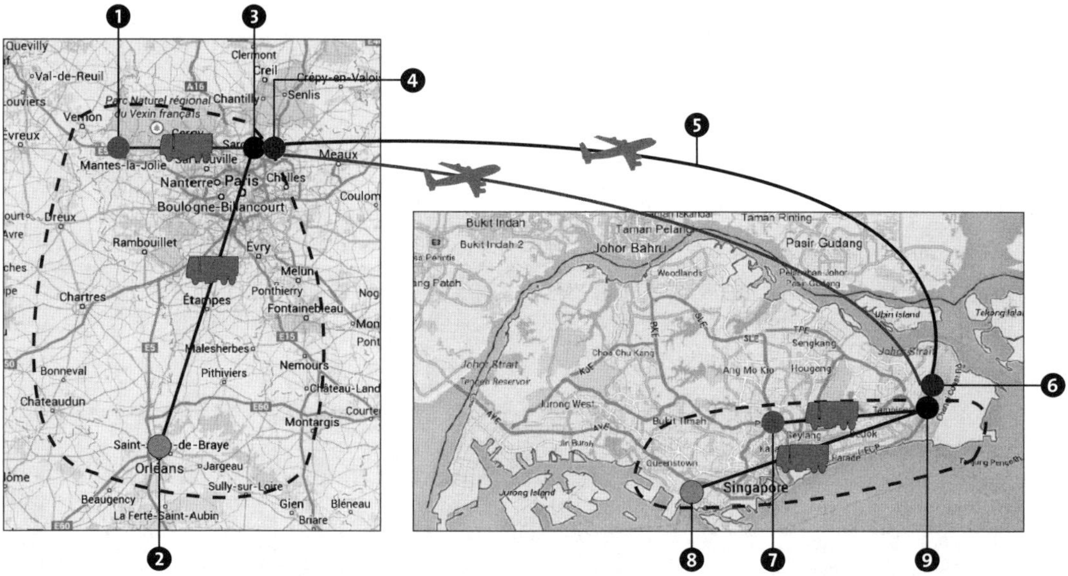

Abbildung 6.35 Logistische Sicht auf den Luftfracht-Beispielprozess

Prozessvorbereitung

Bevor der Prozess für einen einzelnen Luftfrachtauftrag beginnt, werden als Vorbereitung zunächst die folgenden Schritte durchgeführt:

1. **Stammdaten pflegen**
   Der Transportnetzwerk-Administrator pflegt das Transportnetzwerk und die Fahrpläne.
2. **Verträge mit Kunden und Frachtdienstleistern erstellen**
   Die Verkaufsabteilung erstellt entweder generelle Tarife, nach denen Kundenaufträge abgerechnet werden können, oder sie verhandelt und erzeugt individuelle Verkaufsverträge mit den Kunden, in denen ein konkreter Leistungsumfang und ein kundenspezifischer Preis definiert werden.
   Die Einkaufsabteilung verhandelt Verträge für die Unterbeauftragung von Dienstleistungen (z. B. Fluglinien, Lkw-Dienstleister), um die erwarteten Frachtkosten kontrollieren zu können.

3. **Frachtbuchungen erstellen und bestätigen**
   Der Luftfrachtdisponent bucht die Kapazität auf Flügen (Linienflüge, Frachtflüge) voraus, die im weiteren Verlauf mit Kapazitätsbedarfen aus Transportaufträgen aufgefüllt wird.

Wesentliche Schritte bei der Prozessdurchführung

Die wesentlichen Prozessschritte bei der Transportabwicklung sind im Folgenden aufgelistet (siehe dazu auch den Luftfracht-Prozessfluss in Abbildung 6.34):

1. **Auftragsmanagement – Versender**
   Die Versender beauftragen telefonisch den Transport und möchten gleichzeitig einen Transportvorschlag und eine Preisauskunft erhalten.
2. **Auftragsmanagement – Transportbuchungsbearbeiter**
   Der Transportbuchungsbearbeiter erfasst die Aufträge im System (Business-Objekt Speditionsauftrag). Danach erstellt er eine Auswahl von Routing-Vorschlägen mit der Transportvorschlagsfunktion, klärt mit den Versendern den gewünschten Transportverlauf und errechnet dann den Frachtpreis für die Versender. Durch die Annahme eines Transportvorschlags werden im System automatisch Transportbedarfe (Frachteinheiten) mit Abbildung der gewählten Route erstellt.
3. **Transportplanung – Hauptlauf**
   Die Disponenten erhalten über ihren persönlichen Arbeitsvorrat automatisch Kenntnis von den neuen Frachteinheiten. Zunächst bucht der Luftfrachtdisponent die Ladung auf den vom Kunden gewünschten Flug, wobei er einen Teil der bereits vorausreservierten Kapazität (Business-Objekt Frachtbuchung) verbraucht. Die Frachtbuchung ist in diesem Fall auch das Business-Objekt, das als Master Airway Bill (MAWB) fungiert und das als Unterauftrag mit einem Manifest (Ladeliste) an die Fluggesellschaft kommuniziert wird. Hier findet eine Konsolidierung mit anderen Sendungen und eine Containerisierung oder Palettierung statt.
4. **Transportplanung – Vorlauf/Nachlauf**
   Als Ergebnis der Transportplanung erhalten die Export- und Importdisponenten bereits vorgeplante Frachtaufträge. Sie können diese in ihrem Arbeitsvorrat befindlichen Vor- und Nachlauftransporte neu planen oder direkt als Unteraufträge für den Vor- und Nachlauf vergeben (wiederum Business-Objekte vom Typ Frachtauftrag).
5. **Frachtkostenmanagement und Abrechnung**
   Der Transportbuchungsbearbeiter kann bereits die Rechnungen an die Versender erstellen und versenden. Dazu erstellt er Pro-forma-Rechnungen (Business-Objekt Speditionsabrechnungsbeleg) und leitet diese zur Rechnungsstellung an die SD-Komponente in SAP ERP weiter.

6. **Dienstleisterauswahl – Vorlauf**
   Der Vorlaufdisponent kann den Dienstleister auswählen und den Transportauftrag durch die Übermittlung des Vorlauf-Frachtauftrags erteilen.
7. **Unterbeauftragung – Nachlauf**
   Analog dazu kann der Importdisponent den Nachlauf unter Verwendung des Nachlauf-Frachtauftrags beauftragen.
8. **Erstellung des Hausfrachtbriefs**
   Vor der Ausführung des Prozesses erstellt der Exportdisponent die Sendungen und kann daraus den Hausfrachtbrief (House Airway Bill, HAWB) erzeugen sowie die Sendungsverfolgung starten.
9. **Frachtkostenmanagement und Abrechnung an Empfänger**
   Zu einem beliebigen Zeitpunkt nach der Kostenberechnung im Speditionsauftrag kann bei relevanten Incoterms (z. B. FOB) auch die Abrechnung an den Empfänger gestartet werden. Auch hier wird ein Speditionsabrechnungsbeleg erstellt und zur Rechnungsstellung an die SD-Komponente in SAP ERP übergeleitet.
10. **Frachtkostenmanagement und Bezahlung der Dienstleisterrechnungen**
   Aus den Frachtaufträgen für Vor-, Haupt- und Nachlauf werden die Frachtabrechnungsbelege erzeugt und als Einkaufsbelege sowie Dienstleistungserfassungsblätter an die MM-Komponente in SAP ERP übergeleitet. Damit stehen sie zur Prüfung der Eingangsrechnungen der Frachtführer bereit.
11. **Auftragsabschluss**
   Nach dem Eingang der Lieferantenrechnungen und gegebenenfalls der Anpassung der Rechnungsbeträge kann der Speditionsauftrag als abgeschlossen markiert werden. Gegebenenfalls kann eine Profitabilitätsprüfung durchgeführt werden.

6.6.4 Vertragsmanagement und Serviceproduktkatalog

Kommerzielle Grundlagen des Logistikgeschäfts

Der Bereich *Vertragsmanagement* von SAP TM umfasst Funktionen, die sich mit der vertraglichen Seite des Verkaufs und Einkaufs von Logistikdienstleistungen befassen. Dazu zählen:

- Vertragsangebotserstellung im Verkauf
- Vertragserstellung und -verwaltung im Einkauf und Verkauf
- Vertragsangebotsanforderung im Einkauf
- Erstellung eines globalen Serviceproduktkatalogs

Mit diesen Prozessen können Sie die kommerziellen Grundlagen für die Zusammenarbeit mit Kunden und Dienstleistern legen, indem Sie Verträge anbahnen und erstellen, in denen sowohl Preisdefinitionen als auch Leistungsumfänge definiert sind. Die Verträge werden in SAP TM in den Bereichen Einkauf und Verkauf von Logistikdienstleistungen unterschiedlich bezeichnet. Im Bereich Verkauf sprechen wir von *Speditionsvereinbarungen* und im Bereich Einkauf heißen die Verträge *Frachtvereinbarungen*. Da diese Bezeichnungen etwas »sperrig« sind, sprechen wir im Folgenden weiterhin von Verträgen.

Standardisierung von Dienstleistungen

Ein wichtiger Schritt zur effizienten Logistik im Dienstleistungsbereich ist die Standardisierung der angebotenen Services. Dies erlaubt eine »Industrialisierung« der Logistik und eine Erhöhung der operativen Effizienz.

Serviceproduktkataloge stellen dabei eine zentrale Ablage für alle von einem Unternehmen angebotenen Logistikservices dar. Über diese Kataloge können die Mitarbeiter, aber auch die Kunden auf die verfügbaren Serviceleistungen und Preise zugreifen. Die Definition eines solchen Service sehen Sie in Abbildung 6.36. Basierend auf der Analyse der geleisteten Prozesse, werden durch die Definition von Standard- und Zusatzservices und deren Preisen und Leistungsdaten Serviceprodukte erstellt, die in einem Katalog zusammengefasst werden.

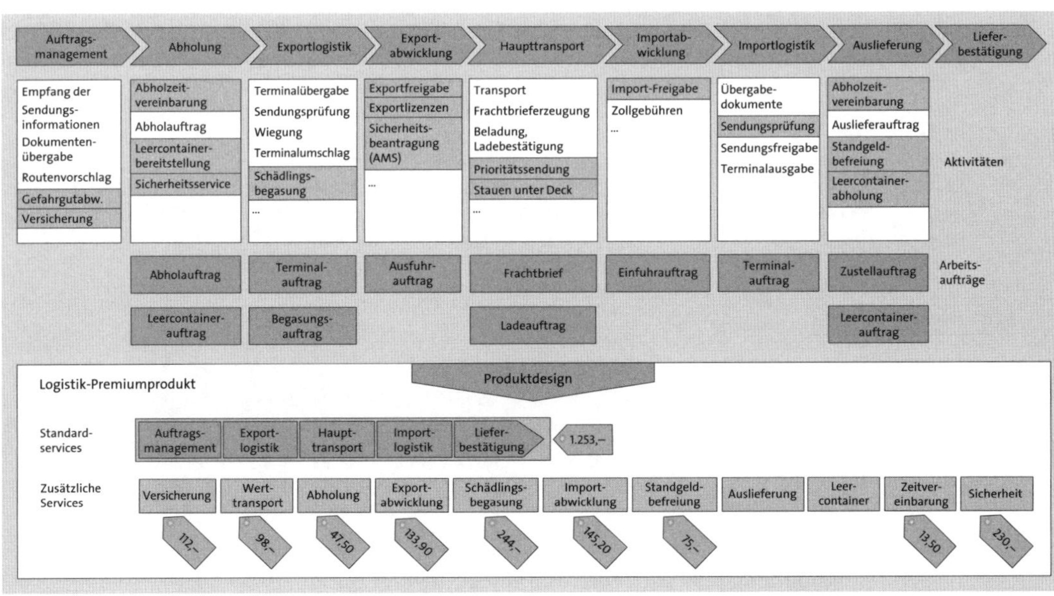

Abbildung 6.36 Beispiel für ein Serviceprodukt

Vorteile des globalen Serviceproduktkatalogs

Durch die zentrale Ablage können Sie Folgendes erreichen:

- Alle Mitarbeiter wissen, was verkauft werden kann und was es kostet.
- Es ist ersichtlich, welche Leistungen im Grundpreis enthalten sind und welche Leistungen einen Aufpreis haben.
- Die Leistungsdefinition kann zur automatischen Steuerung des Systems genutzt werden, sodass z. B. bei Gefahrgutservices auch Gefahrgutprüfungen für die Transportaufträge angestoßen werden.
- Alle Zusatzleistungen werden automatisch mit berechnet.

In Abbildung 6.37 sehen Sie die Modellierung eines Serviceproduktkatalogs mit mehreren Luftfrachtprodukten in SAP TM. Ein Produkt ist dabei in detaillierter Sicht dargestellt, sodass obligatorische und zusätzliche Serviceleistungen mit der Standardpreis- und Aufpreisliste definiert sichtbar sind.

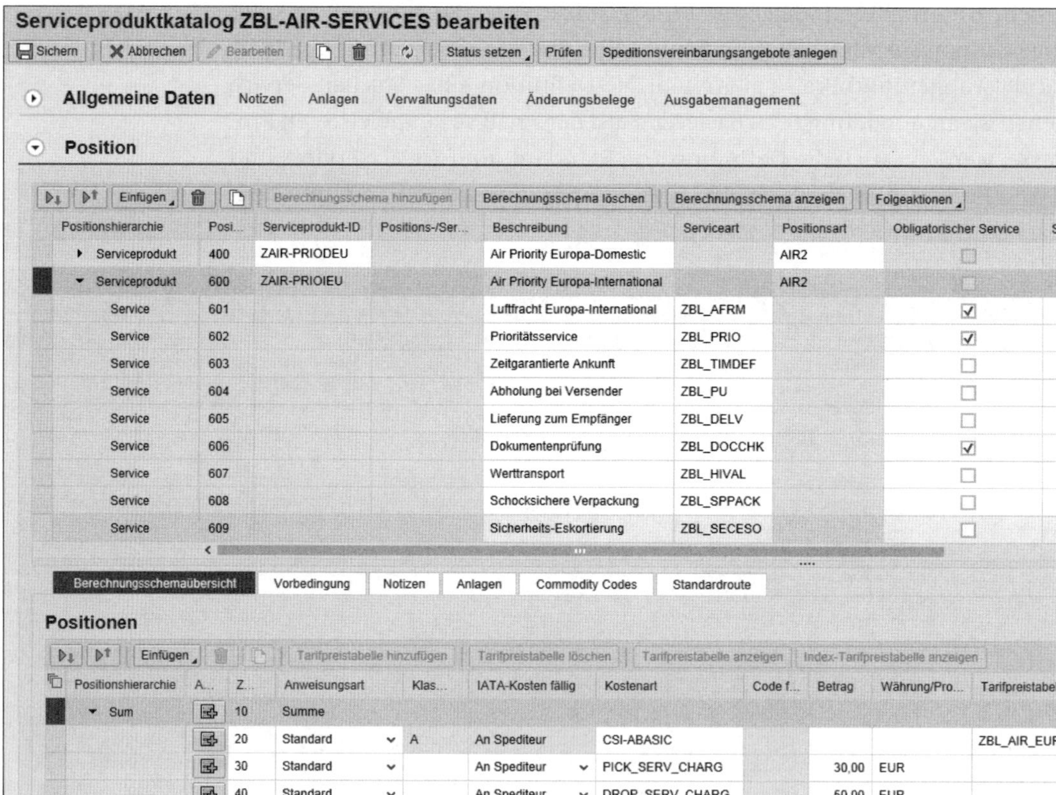

Abbildung 6.37 Modellierung eines Luftfrachtprodukts (Web-Dynpro-Anwendung /SCMTMS/TCM_EFA_SP)

Vertrag und Vertragsstruktur

SAP TM bietet Ihnen mit der *Vereinbarung* ein Business-Objekt, das Sie gleichermaßen als Kundenvertrag (*Speditionsvereinbarung*), Dienstleistervertrag (*Frachtvereinbarung*) und internen Vertrag (*interne Vereinbarung*) nutzen können. Als technisches Objekt steht die Vereinbarung auch für die Angebotsphase, das heißt für Vertragsangebote, zur Verfügung.

Im Folgenden erläutern wir Ihnen die wesentlichen Elemente einer Vereinbarung:

- **Allgemeine Daten**
  In den allgemeinen Daten können Sie die Vertragsbezeichnung, die Gültigkeit, den Status und die Geschäftspartner bzw. beteiligte Organisationen pflegen. Geschäftspartner sind entweder Kunden oder Dienstleister. Die Organisationen sind Verkaufs- oder Einkaufsorganisationen.
- **Notizen und Anlagen**
  In den Notizen und Anlagen können Sie beliebige Texte und Dokumente ablegen, z. B. Ihre allgemeinen Geschäftsbedingungen, Bemerkungen zur Weiterbearbeitung oder die Anfrage des Kunden. Anlagen werden in einem zentralen Dokumentenmanagementsystem abgelegt.
- **Positionen**
  Die Positionen bilden die einzelnen Bestandteile des Vertrags. Sie beziehen sich auf in sich abgeschlossene Vertragsbausteine wie partnerspezifische Tarifvereinbarungen oder verkaufte Serviceprodukte. Bestandteil einer Position sind in der Regel:
  - Bedingungen zur Gültigkeit, wie z. B. Transportmodi (Luftfracht), geografische Einschränkungen (Europa-USA), Güterarten (Automobilteile) oder Bewegungsarten (Tür-zu-Tür)
  - gewählte und anwendbare Serviceprodukte
  - Preisdefinitionen für den Frachtverkauf oder Frachteinkauf
  - Kapazitätsvereinbarungen
- **Versionen**
  Verträge können mehrere Versionen haben, von denen jedoch zu einem Zeitpunkt nur eine Version gültig ist. Innerhalb des Vertrags können Sie die Anzeige zwischen den einzelnen Versionen umschalten.
- **Änderungsbelege**
  In den Änderungsbelegen werden alle Änderungen der Vertragsdaten fortgeschrieben, um Ihnen die Kontrolle darüber zu ermöglichen, wer welche Details eines Vertrags zu welchem Zeitpunkt geändert hat. Diese Auditierungsfunktion ist besonders bei finanziell relevanten Änderungen wichtig.

Verträge können innerhalb der SAP-TM-Geschäftsprozesse automatisch ermittelt werden. Das heißt, aus den Daten eines Kundenauftrags (Auftraggeber, Versender, Empfänger, Versandart, Güter etc.) kann das System automatisch den richtigen Verkaufsauftrag ermitteln.

Weg zum Kundenvertrag

In der Logistikwelt können Verträge eine weitreichende Bedeutung haben, da z. B. ein Logistikdienstleister das komplette Transportgeschäft für einen Hersteller von Gütern abwickeln kann. Damit ist der Weg vom Kundenerstkontakt zum abgeschlossenen Vertrag oft recht langwierig.

Der Prozess der Vertragsanbahnung beginnt häufig bereits im Marketing mit der Dokumentation erster Verkaufsgespräche und -möglichkeiten (Lead- und Opportunity-Management). Kommt es zu konkreteren Kontakten, stellt der Kunde häufig eine Angebotsanfrage, die vom Logistikdienstleister mit einem Vertragsangebot beantwortet wird. Da die Antwort in Bezug auf Preisstruktur, Preishöhe, Servicedetails oder sonstige Konditionen in der Regel nicht sofort der Vorstellung des Kunden entspricht, werden mehrere Folgephasen von Angebotskorrektur (neue Angebotsversion) und Anfragekonkretisierung durchlaufen. Im Erfolgsfall wird aus dem Angebot, das dem Kunden zusagt, ein Vertrag erstellt.

Strategischer Frachtverkauf

Release SAP TM 9.2 enthält Funktionen zum *strategischen Frachtverkauf*. Diese erleichtern Ihnen die Ausgestaltung von Verkaufsvertragsangeboten mithilfe verschiedener Werkzeuge (siehe Abbildung 6.38).

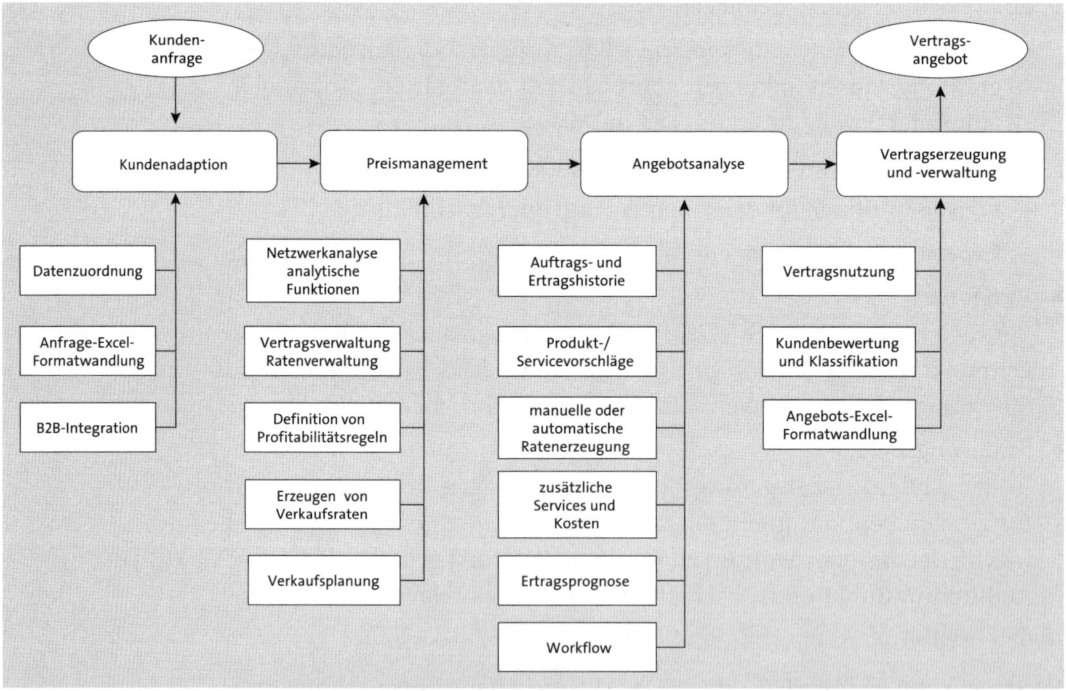

Abbildung 6.38 Prozessablauf im strategischen Frachtverkauf

Der Prozess des strategischen Frachtverkaufs besteht aus den folgenden Phasen:

1. **Kundenadaption**
   Die Kundenadaption hilft Ihnen, die Daten, die Ihnen der Kunde in der Anfrage liefert, auf Ihre eigene Datensicht zu übertragen, indem Sie z. B. Anfrage-Excel-Dateien in ein SAP-TM-Format umwandeln und die in der Anfrage enthaltenen Daten sinnvoll abbilden.
2. **Preismanagement**
   Das Preismanagement ermöglicht es Ihnen, bestehende Verkaufsraten aus generellen Tarifen oder anderen, vergleichbaren Vertragssituationen zu übernehmen und mit einer Verkaufsplanung und analytischen Funktionen den wirtschaftlichen Umfang abzuschätzen.
3. **Angebotsanalyse**
   Die Angebotsanalyse und deren Nachbearbeitung ermöglicht es Ihnen, das erstellte Angebot im Kontext einer eventuell existierenden Vertragshistorie zu betrachten, zusätzliche Services anzubieten (Upselling), die ermittelten Raten anzupassen, eine Ertragsprognose zu stellen und gegebenenfalls Genehmigungs-Workflows anzustoßen.
4. **Vertragserzeugung und -verwaltung**
   Ein fertiggestelltes Angebot kann anschließend in das vom Kunden bevorzugte Dateiformat (Excel) zurückgewandelt und an den Kunden gesandt werden. Darüber hinaus kann bei Angebotsannahme ein Vertrag ausgestellt werden, dessen Nutzung dann im weiteren Verlauf kontrolliert wird.

Ein zentrales Werkzeug im strategischen Frachtverkauf ist das Preisbildungs-Cockpit (siehe Abbildung 6.39), das es Ihnen erlaubt, die neu zu ermittelnden Raten (linke Seite des Cockpits) aus bestehenden ähnlichen Verträgen oder Vorgängerverträgen zu ermitteln (rechte Seite des Cockpits).

Der Weg zum Lieferantenvertrag

Während der Angebotsprozess im strategischen Frachtverkauf in erster Linie von Logistikdienstleistern genutzt wird, kann der Frachteinkaufsprozess sowohl von Dienstleistern als auch von Verladern verwendet werden, um effizient Transportvertragsausschreibungen mit anschließender Angebotsanalyse durchzuführen.

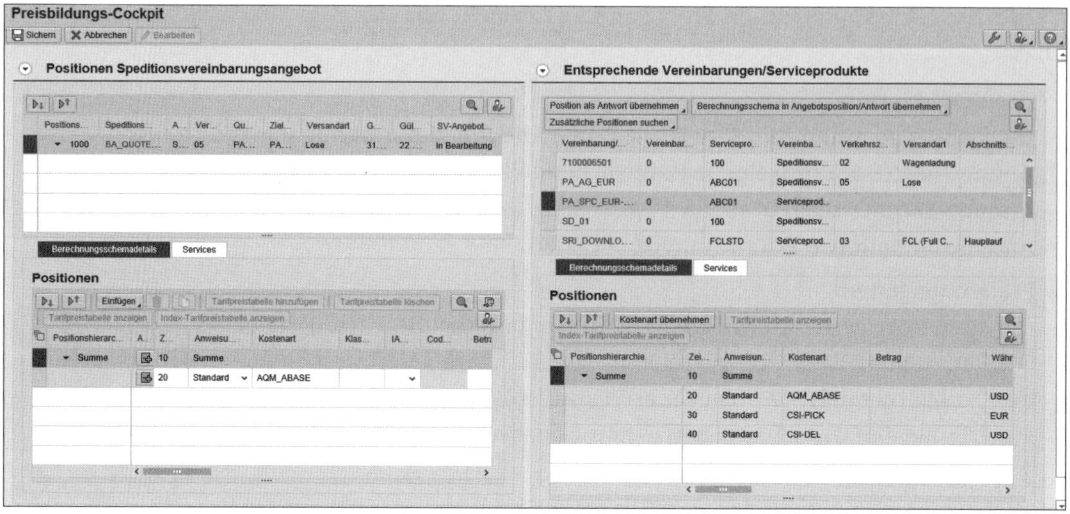

Abbildung 6.39 Preisbildungs-Cockpit (Web-Dynpro-Anwendung /SCMTMS/TCM_EFA_CA – Detailansicht)

Basierend auf einer Master-Frachtvereinbarungsanfrage, die das zentrale Ausgangselement des anzubahnenden Dienstleistervertrags ist, können Sie für jeden anzufragenden Dienstleister eine individuelle Anfrage erstellen, die dann ausgeschrieben wird. Wird diese Anfrage vom Dienstleister positiv beantwortet, können Sie anschließend einen Kostenvergleich durchführen und weitere analytische Funktionen anwenden, bevor Sie einem Dienstleister den Zuschlag geben und einen Vertrag unterzeichnen. Der Vertrag wird dann auch in Ihrem System abgelegt, um später eine Frachtkostenberechnung zu ermöglichen.

Strategischer Frachteinkauf

Analog zum strategischen Frachtverkauf bietet SAP TM auch eine Funktion zum *strategischen Frachteinkauf*, die den zuvor genannten Prozess in mehreren Schritten steuert:

1. **Anfragevorplanung**
   In der Anfragevorplanung können Sie Ihren Transportbedarf auf Basis historischer Daten, saisonaler Voraussagen und Ihrer Bedarfssituation abschätzen. Eine Analyse der Transportverbindungen, der Dienstleisterperformance und der Transportvolumina kann mithilfe von Simulationen zu einem Gesamtbild der benötigten Transportkapazität führen.

2. **Anfrageerstellung**
   Im nächsten Schritt können Sie die Master-Anfrage auf Basis von historischen Daten, bestehenden Verträgen oder Ihren vorangegangenen Analysen erstellen und die anzuschreibenden Dienstleister bestimmen.

3. **Kollaboration**
   Die Kollaboration mit den ausgewählten Dienstleistern findet entweder über elektronische Kommunikation, Excel-Listen oder das SAP-TM-Dienstleisterportal statt.
4. **Angebotsauswertung**
   Die eingehenden Angebote können Sie anschließend manuell oder automatisch auswerten. Dabei können Sie sowohl eine Komplettvergabe als auch eine Aufteilungsstrategie z. B. mit Geschäftsanteilen wählen.
5. **Nachanalyse**
   Die Nachanalysefunktionen erlauben Ihnen, Ausgabenabschätzungen auf Basis der gewählten Angebotsauswahl zu erstellen. Dabei können Sie verschiedene Faktoren variieren, sodass Sie mehrere Varianten Ihrer Kostenschätzung ablegen können.
6. **Vertragserstellung**
   Im letzten Schritt können Sie dann den Vertrag mit dem Dienstleister erstellen. Das heißt, das von Ihnen bestätigte Angebot wird als Vertragsgrundlage in SAP TM abgelegt.

6.6.5 Auftragsmanagement

Auftragserteilung und Anlegen des Speditionsauftrags

Der Funktionsbereich *Auftragsmanagement* stellt Funktionen bereit, die für die Annahme eines Transportauftrags erforderlich sind. Dazu stehen Ihnen verschiedene Business-Objekte zur Verfügung. Tabelle 6.3 gibt Ihnen einen Überblick über die Anwendungsbereiche der Auftrags-Business-Objekte.

Business-Objekt	Verwendung
Speditionsauftrag (SA)	Vereinbarung zwischen einem Transportdienstleister und einem Auftraggeber bezüglich des Transports von Waren oder Transport-Equipment von einem abgebenden Partner oder einer abgebenden Lokation zu einem empfangenden Partner oder einer empfangenden Lokation gemäß den vereinbarten Konditionen
Speditionsangebot (SG)	Offerte eines Transportdienstleisters (Lieferanten) an einen Auftraggeber (Kunden) für den Transport von Waren zu den gewünschten Konditionen

Tabelle 6.3 Auftrags-Business-Objekte in SAP TM

Business-Objekt	Verwendung
Vorlage für Speditionsauftrag	Teilweise vorausgefüllter Speditionsauftrag, der als Kopiervorlage für regelmäßig in vergleichbarer Form wiederkehrende Speditionsaufträge verwendet werden kann
Frachteinheit (FE)	Zusammenstellung von Waren, die zusammen durch die ganze Transportkette transportiert werden. Eine Frachteinheit kann Transporteinschränkungen für die Transportplanung enthalten.
Transporteinheit (TE)	Zusammenstellung von Gütern und/oder Transportmitteln zu einer Einheit. Diese kann ähnlich wie eine Frachteinheit verwendet und geplant werden, es ist jedoch auch eine Ressource zugeordnet. Beispiele sind ein Container, ein Bahnwaggon oder ein Lkw-Anhänger.

Tabelle 6.3 Auftrags-Business-Objekte in SAP TM (Forts.)

Anlegen von Speditionsaufträgen

Der *Speditionsauftrag* ist das zentrale Auftrags-Business-Objekt, mit dem alle wesentlichen Prüfungs- und Verarbeitungsschritte im Auftragsmanagement durchgeführt werden. Ein Speditionsauftrag als Transportauftrag kann in SAP TM entweder durch eine elektronische Übermittlung (EDI) oder durch manuelles Anlegen über eine Eingabetransaktion erstellt werden.

Manuelle Erfassung

Die manuelle Erfassung kann auf mehrere Arten im System geschehen:

- Der Speditionsauftrag wird neu angelegt und mit den vom Auftraggeber vorgegebenen Auftragsdaten in SAP TM erzeugt.
- Es wird ein Speditionsangebot erstellt, aus dem später durch Kopieren und gegebenenfalls weitere Bearbeitung ein Speditionsauftrag erzeugt wird.
- Für häufig wiederkehrende, gleichartige Auftragsvorgänge kann eine Vorlage für einen Speditionsauftrag erstellt werden. Diese enthält die immer wiederkehrenden Daten (z. B. Versender, Empfänger, Warenbeschreibung, Transportbedingungen). Durch Kopieren und Weiterbearbeiten wird aus der Vorlage ein neuer Speditionsauftrag erzeugt.
- Ein bestehender Speditionsauftrag kann als Kopiervorlage für einen neuen Speditionsauftrag genutzt werden.

Speditionsauftrag erstellen

Abbildung 6.40 zeigt die Möglichkeiten zur Erstellung eines Speditionsauftrags in Diagrammform.

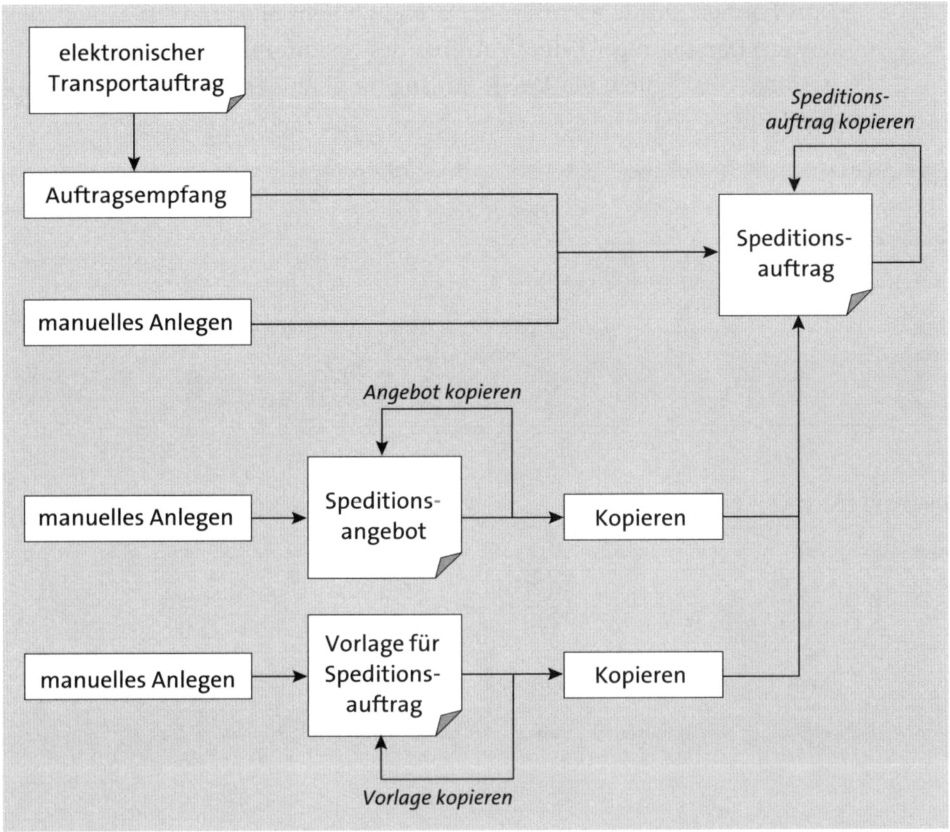

Abbildung 6.40 Alternativen beim Anlegen eines Speditionsauftrags

In diesem Beispielprozess erteilt der Versender den Transportauftrag telefonisch. Der Transportauftragsbearbeiter nimmt den Auftrag entgegen und legt aus seinem persönlichen Arbeitsvorrat für Speditionsaufträge über die Aktion **Anlegen einer Consol-Buchung** einen neuen Speditionsauftrag für einen zu konsolidierenden Luftfrachttransport an. Die Aktion ist benutzerrollenspezifisch in das Menü eingefügt.

Auftragserfassung

Die Speditionsauftragsart, die die Verarbeitung des Belegs in Bezug auf Planung und Abrechnung steuert, wird bereits durch eine Vorgabe in der Menüaktion gesetzt, sodass keine explizite Auswahl in der Eingabemaske mehr notwendig ist. Ableitbare Daten, wie z. B. die Verkaufsorganisation, können als persönlicher Standardwert des Transportauftragsbearbeiters oder über Regeln automatisch gesetzt werden (Benutzereinstellung der entsprechenden Datenfelder).

Abbildung 6.41 zeigt Ihnen das Bild für die Speditionsauftragserfassung. Sie ist als Ergänzung des Standards in SAP TM 9.1 individuell angepasst worden.

Dort können Sie die wichtigsten Daten in einem Bild erfassen. Eine detailliertere Darstellung ist durch Aufruf des Speditionsauftrags in der Standardmaske möglich, die Ihnen Zugang zu allen verfügbaren Datenbereichen gibt.

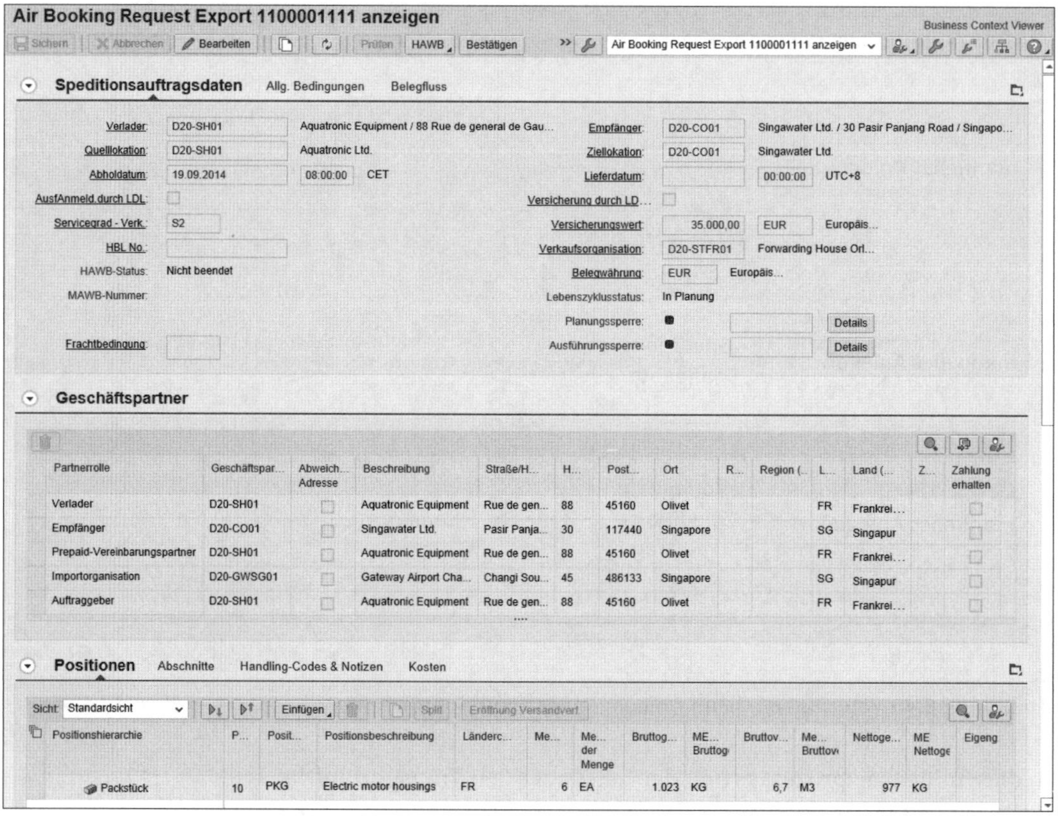

Abbildung 6.41 Erfassung eines Luftfracht-Speditionsauftrags in SAP TM (Web-Dynpro-Anwendung /SCMTMS/FWD_ORDER)

Datenbereiche des Speditionsauftrags

Im Folgenden werden die einzelnen Datenbereiche des Speditionsauftrags vom Transportauftragsbearbeiter ausgefüllt. Die wichtigsten Datenbereiche sind:

- **Speditionsauftrag-Kopfdaten und Transportdaten**
  Kategorisierung des Speditionsauftrags in unterschiedliche Auftragsarten (z. B. Seefracht, Luftfracht, Lkw-Stückgut) und Zuordnung zu organisatorischen Einheiten (z. B. Verkaufsorganisation, Verkaufsbüro). In den Kopfdaten werden auch Statusinformationen zum Speditionsauftrag festgehalten, die für den Gesamtauftrag gelten. Die Transportdaten beinhalten Incoterms, Informationen zur Ladungsbeschaffenheit, Servicedefinitionen sowie Gesamtmaße und -werte.

- **Geschäftspartner**
  In den Geschäftspartnerdaten lassen sich neben den Muss-Ausprägungen Versender, Empfänger und Auftraggeber noch weitere am Transportvorgang beteiligte Parteien definieren. Das können etwa bereits vorbestimmte Dienstleister (z. B. bei Kundenwunsch), Agenten oder Rechnungsempfänger sein. Über das Rollenkonzept können Sie beliebige Geschäftspartnerarten zuordnen.

- **Positionsdaten/Frachtdetails**
  Dies sind Detaildefinitionen zu den Gütern, die transportiert werden sollen. Hier können Sie Verpackungs- und Warenart, Warenbeschreibung, Materialnummern, Markierungsnummern etc. eingeben. Die Positionsdaten erlauben Ihnen, hierarchische Verpackungen mit bis zu drei Stufen zu erfassen. Sie können hier also bereits im Speditionsauftrag auf oberster Ebene z. B. einen Container definieren, in dem auf den darunterliegenden Ebenen Paletten und einzelne Kartons verpackt sind. Eine Position hat zudem einen Positionstyp, der angibt, um welche Art von Position es sich handelt. Alle Felder mit Ausnahme des Positionstyps, der Warenbeschreibung und einer Mengenangabe sind optional.

  In den Detailsichten zu den Positionsdaten können Sie Daten zu Gefahrgutrelevanz, Außenhandelsabwicklung, Containerdetails und weitere Informationen ablegen.

- **Abschnitte**
  In den Transportabschnitten werden die einzelnen Teiltransportsegmente definiert. Die Abschnitte können multimodal sein und zur Berechnung von distanz- und modusabhängigen Transportkosten verwendet werden. Die Transportabschnitte enthalten sowohl beauftragte als auch geplante Segmente, sodass ein Vergleich von gewünschtem und aktuellem Routing möglich ist.

- **Handling-Codes und Notizen**
  Innerhalb eines Speditionsauftrags können beliebig viele sprachabhängige Notizen erfasst werden. Notizen sind kategorisierte Freitexte (z. B. Kategorie *Versandhinweis*), die sowohl zur Informationsweiterleitung in der Bearbeitungskette als auch zum Drucken und Kommunizieren verwendet werden können. Anlagen ermöglichen es Ihnen, gescannte Dokumente, die in einem zentralen Dokumentenmanagementsystem abgelegt sind, mit dem Speditionsauftrag in Beziehung zu setzen (z. B. ein eingescanntes Akkreditiv zu einem Speditionsauftrag).

- **Kosten**
  Die Unterknoten zu Kosten und Zahlweg ermöglichen die Erfassung von Kosten und Rechnungsinformationen zum Speditionsauftrag. Hier wer-

den die berechneten Kosten abgelegt, die später dem Versender oder Empfänger in Rechnung gestellt werden. Zudem werden hier Informationen zur Nachvollziehbarkeit der Kostenberechnung abgelegt, die zur Analyse der berechneten Preise herangezogen werden können.

Wenn der Transportauftragsbearbeiter den Versender und den Empfänger einträgt, werden die Auftraggeberdaten sowie die Abgangs- und Ziellokation automatisch befüllt, sobald er die Eingabetaste drückt. Danach kann der Bearbeiter die gewünschten Abgangs- und Liefertermine eintragen. In die Transportdaten trägt er die Ladungsbeschaffenheit (Maschinenteile) und die Servicebedarfscodes ein. Die Gesamtmengen und -werte werden später automatisch berechnet.

Speditionsauftragspositionen

In den Positionen des Speditionsauftrags werden die zu versendenden Güter eingetragen. In diesem Fall handelt es sich z. B. um Motorengehäuse. Zusätzlich zum Bruttogewicht und Volumen werden noch die Maße der Sendungspositionen erfasst. Diese Daten werden später für die Erstellung einer Packliste und weiterer Dokumente verwendet.

Erfassung von Containerdaten

Die Standardauftragsmaske erlaubt es Ihnen, eine mehrstufige Verpackungshierarchie einzugeben, bei der auf bis zu drei Ebenen sowohl die Container-, Paletten- als auch die Einzelkartonebene dargestellt werden kann. Sie können die Ebenen direkt wie gepackt eintragen oder auch nachträglich die Verpackungsebenen einführen und die einzelnen Kartons bzw. Paletten durch Drag & Drop-Aktionen zuordnen. In Abbildung 6.42 sehen Sie die mehrstufigen Positionsdaten eines Speditionsauftrags in der Standardauftragsmaske.

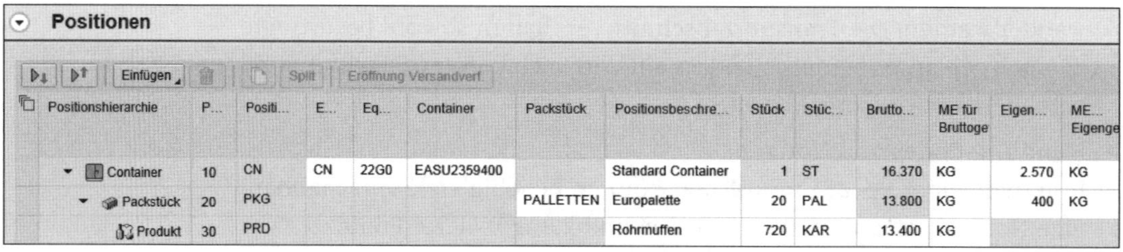

Positionen

Einfügen | Split | Eröffnung Versandverf.

Positionshierarchie	P...	Positi...	E...	Eq...	Container	Packstück	Positionsbeschre...	Stück	Stüc...	Brutto...	ME für Bruttoge	Eigen...	ME... Eigenge
Container	10	CN	CN	22G0	EASU2359400		Standard Container	1	ST	16.370	KG	2.570	KG
Packstück	20	PKG				PALLETTEN	Europalette	20	PAL	13.800	KG	400	KG
Produkt	30	PRD					Rohrmuffen	720	KAR	13.400	KG		

Abbildung 6.42 Verpackungshierarchie im Speditionsauftrag (Web-Dynpro-Anwendung /SCMTMS/FWD_ORDER – Detailansicht)

Planung des Speditionsauftrags und Lebenszyklus

Wenn ein Speditionsauftrag auf elektronischem (z. B. EDI) oder manuellem Wege angelegt wird, ist er zunächst ungeplant. Dieser Zustand ist Teil des *Lebenszyklus* und kennzeichnet den initialen Transportauftrag des Kunden, sozusagen den Kundenwunsch. Durch die Planung, die als Aktion durch den Sachbearbeiter oder auch programmgesteuert erfolgen kann, werden Frachteinheiten und die dazugehörigen Transportabschnitte als interne

Aufträge zur Teildisposition erstellt, mit denen die Disponenten weiterarbeiten und planen können. Dadurch ist gewährleistet, dass der Kundenwunsch in seiner originalen Form im System erhalten bleibt und stets referenziert werden kann. Der Lebenszyklusstatus des Speditionsauftrags wechselt von *Neu* auf *In Planung*. Weitere Lebenszyklusstatus des Speditionsauftrags sind *Geplant*, *Bestätigt*, *Bereit für Ausführung*, *In Ausführung*, *Ausgeführt*, *Abgeschlossen* und *Storniert*.

Transportvorschlag

Im Zuge der Planung kann der Buchungsbearbeiter vom System einen *Transportvorschlag* erstellen lassen (siehe Abbildung 6.43).

Je nach Konfiguration erstellt SAP TM einen oder mehrere Vorschläge, wie die beauftragte Sendung transportiert werden kann, wobei jeweils Termine, Sendungscharakteristika, verfügbare Transportkapazitäten und -wege und Transportkosten in den Vorschlag mit einbezogen werden können.

Abbildung 6.43 zeigt Ihnen ein Transportvorschlagsergebnis. Das Beispiel ist ein komplettes Routing über alle Abschnitte für einen Tür-zu-Tür-Transport von Frankreich nach Singapur.

Transportvorschläge

Sicht: D20 AFR TP Standar | Filter definieren

Beleghierarchie	Gew...	P...	V...	Transportmittel	Quelllokation	Ziellokation	Ladetermin Beginn	Entladetermin Ende	Spediteur	Airline Code/...
Transportvorschlag 1	✓				D20-SH01	D20-CO01	22.10.2014 08:00:00 CET	25.10.2014 00:35:07 UTC+8	D20-CAAF	AF2256
Abschnitt 410000583...				D20-TRKFR	D20-SH01	D20-CDG-TW	22.10.2014 08:00:00 CET	22.10.2014 10:59:42 CET		
Abschnitt 410000583...					D20-CDG-TW	D20-SIN-TW	23.10.2014 18:50:00 CET	24.10.2014 23:20:00 UTC+8	D20-CAAF	AF2256
Abschnitt 410000583...				D20-TRKSG	D20-SIN-TW	D20-CO01	25.10.2014 00:00:00 UT...	25.10.2014 00:35:07 UTC+8		
Transportvorschlag 2					D20-SH01	D20-CO01	22.10.2014 08:00:00 CET	27.10.2014 00:35:07 UTC+8	D20-CAAF	AF2256
Abschnitt 410000583...				D20-TRKFR	D20-SH01	D20-CDG-TW	22.10.2014 08:00:00 CET	22.10.2014 10:59:42 CET		
Abschnitt 410000583...					D20-CDG-TW	D20-SIN-TW	24.10.2014 18:50:00 CET	25.10.2014 23:20:00 UTC+8	D20-CAAF	AF2256
Abschnitt 410000583...				D20-TRKSG	D20-SIN-TW	D20-CO01	27.10.2014 00:00:00 UT...	27.10.2014 00:35:07 UTC+8		
Transportvorschlag 3					D20-SH01	D20-CO01	22.10.2014 08:00:00 CET	25.10.2014 00:36:21 UTC+8	D20-CAAF	AF2256

Abbildung 6.43 Transportvorschläge mit Routendetails zu einem Tür-zu-Tür-Routing (Web-Dynpro-Anwendung /SCMTMS/FWD_ORDER – Detailansicht)

Frachteinheiten bilden

Vor dem Aufruf der Transportvorschlagsfunktion werden in SAP TM automatisch nach definierten Regeln *Frachteinheiten* gebildet. Eine Frachteinheit ist ein Sendungsvolumen eines Versenders, das gemeinsam durch die Transportkette bewegt wird und das die Basis für die weitergehende Transportplanung und -optimierung darstellt. Die Regeln, die der Frachteinheitenbildung zugrunde liegen, definieren Mengenbeschränkungen und die Granularität der gebildeten Frachteinheiten, wie z. B.:

- Frachteinheit pro Container, Palette oder anderes Verpackungsmittel
- Frachteinheit pro Auftrag oder Auftragsposition
- Frachteinheit pro 100 kg einer Position
- Frachteinheit pro 1 m³ eines Speditionsauftrags

Abbildung 6.44 zeigt Ihnen das Prinzip der Frachteinheitenbildung anhand eines Speditionsauftrags mit zwei Positionen.

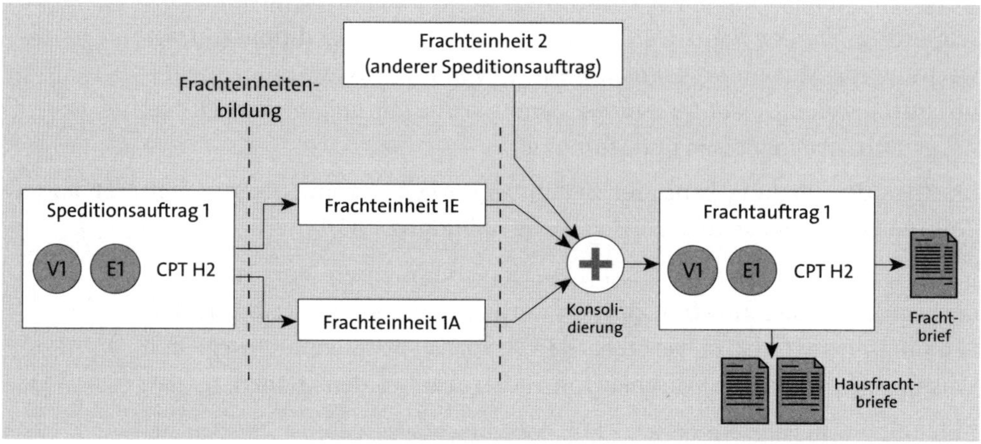

Abbildung 6.44 Bildung von Frachteinheiten und Sendungen

Frachteinheiten enthalten als wichtige Attribute den Versender, den Empfänger, die enthaltenen Positionen mit ihren Mengen und Materialcharakteristika sowie Transportabschnitte, mit deren Hilfe der Transitweg der Frachteinheit geregelt werden kann. Transportabschnitte geben dabei Umschlagplätze und -zeiträume für die Frachteinheit vor, die später von der Transportplanung berücksichtigt werden. Die Transportvorschlagsfunktion erstellt die Transportabschnitte an der Frachteinheit, die dann als aktuelle Transportabschnitte im Speditionsauftrag sichtbar sind.

In unserem Beispielprozess wird die Frachteinheit auf Auftragspositionsbasis gebildet. Das heißt, aus dem Speditionsauftrag entsteht pro Position eine Frachteinheit, die dem Ladungsstück mit seinem Inhalt entspricht. Durch den Transportvorschlag werden die folgenden Umschlagplätze festgelegt:

1. Die Abholung erfolgt vom Versender zur lokalen Frachtstation in Roissy.
2. Ein Zubringer-Lkw transportiert die Sendung zusammen mit weiteren Sendungen zum Luftfrachtlager der Fluglinie am Flughafen Charles-de-Gaulle.
3. Die Fluglinie fliegt die Sendungen nach Singapur und übergibt sie an ihrem dortigen Hub einem lokalen Abholdienst (Lkw).
4. Der Abholdienst bringt die Sendungen zum Luftfracht-Hub des Logistikdienstleisters in Singapur.
5. Vom Luftfracht-Hub erfolgt die Auslieferung zum Empfänger in Singapur.

Sendungsbildung

Zu einem späteren Zeitpunkt kann der Hauptlaufdisponent aus den Frachteinheiten eines Versenders bei Bedarf per Zuweisung oder Konsolidierung eine Sendung erstellen, die als Grundlage für die Erstellung der Hausfrachtbriefe dienen kann.

Transporteinheiten

Analog zu den Frachteinheiten können Sie auch Transporteinheiten bilden. Diese bestehen aus einer Ressource (z. B. einem Lkw-Anhänger, einem Container oder einem Bahnwaggon) und enthalten entweder direkt Positionen der Speditionsaufträge oder Frachteinheiten, die zuvor aus Speditionsauftragspositionen gebildet wurden. Es ist also eine hierarchische Bündelung und Verladung von Gütern möglich, wie in Tabelle 6.4 dargestellt.

Objekt	Versendung im SAP TM
Karton mit Waren	Untergeordnete Position im Speditionsauftrag
Palette mit mehreren Kartons	Übergeordnete Position im Speditionsauftrag
Sendung mit mehreren Paletten	Frachteinheit auf Basis einer oder mehrerer Positionen eines Speditionsauftrags
Konsolidierung von mehreren Sendungen in einem Anhänger	Transporteinheit mit mehreren zugeordneten Frachteinheiten und einer Lkw-Anhänger-Ressource
Auszuführende Lkw-Tour	Frachtauftrag mit Ressource (Lkw-Zugmaschine), Fahrer und einer oder mehreren Transporteinheiten (Anhänger)

Tabelle 6.4 Hierarchie von Transportobjekten in SAP TM

Berechnung des Frachtverkaufspreises

Auf Basis der Daten des Speditionsauftrags (Kopf, Positionen, Abschnitte, Steuerungsdaten) kann der Buchungsbearbeiter nun eine Frachtverkaufspreisberechnung im Speditionsauftrag durchführen, um dem Kunden den Frachtpreis zu bestätigen. Für die Frachtkostenermittlung wird die SAP-TM-Komponente *Frachtkostenmanagement* verwendet, die dazu aus dem Speditionsauftrag aufgerufen wird (siehe auch den Gesamtüberblick des TM-Objektmodells in Abbildung 6.32).

Im Frachtkostenmanagement wird anhand der hinterlegten und ermittelten Frachtverträge, Berechnungsschemata und Ratenstrukturen die Liste der Frachtpreiskomponenten (Kostenzeilen) erstellt, und die einzelnen Preise werden berechnet. Das Ergebnis wird anschließend in den Frachtkostendetails des Speditionsauftrags abgelegt. In Abbildung 6.45 sehen Sie dazu einen Überblick über die Preiskomponenten, die dem Warenempfänger in unserem Beispielprozess in Rechnung gestellt werden.

In den Kostenzeilen können durchaus unterschiedliche Währungen verwendet werden. So wird für die Zustellung in Singapur der Preis in lokaler Währung berechnet (220 Singapur-Dollar). Dieser Betrag wird für die Abrechnung dann in die gewünschte Währung umgerechnet.

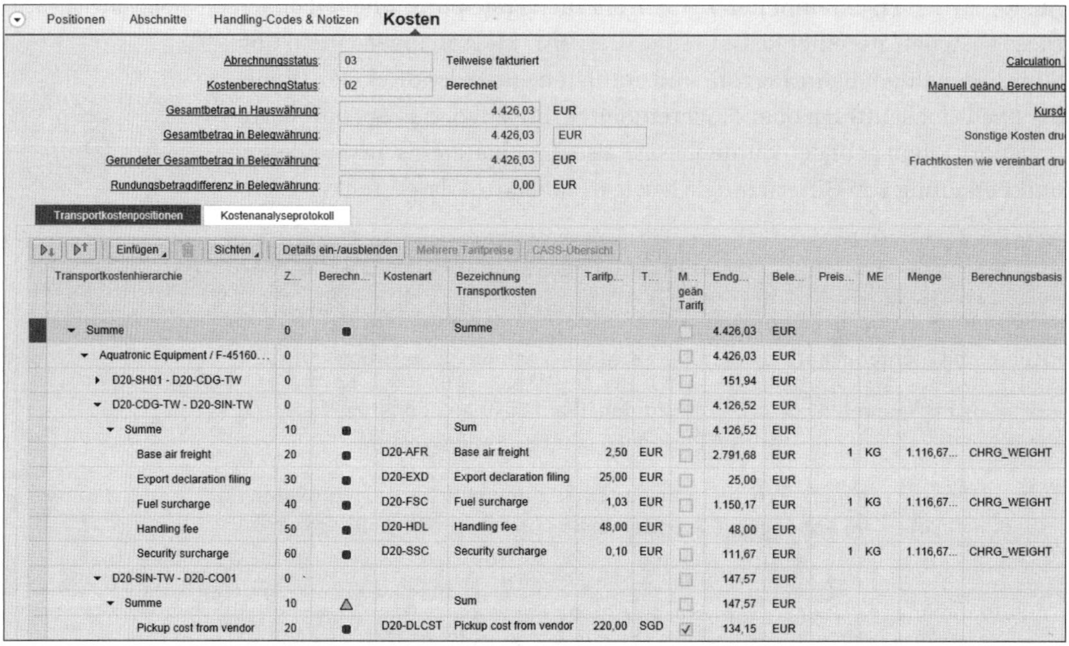

Abbildung 6.45 Frachtkostenberechnung und Preisübersicht eines Luftfracht-Speditionsauftrags (Web-Dynpro-Anwendung /SCMTMS/FWD_ORDER – Detailansicht)

Druckausgabe von Transportdokumenten

Bei der Erstellung von Druckdokumenten (siehe Abbildung 6.46) wird in SAP TM das *Post-Processing Framework* (PPF) verwendet, das eine Weiterentwicklung der Ausgabesteuerung in SAP ERP darstellt. Im PPF können Sie für TM-Standarddokumente und eigene Druckdokumente flexibel Druckzeitpunkt und -voraussetzungen, Druckausgabewege, verwendete Formulare und deren Inhalte definieren. Die Dokumentendefinition selbst basiert dabei auf SAP Interactive Forms by Adobe, mit dessen Hilfe Sie Dokumente in einem grafischen Editor erstellen und anpassen können.

Abbildung 6.46 zeigt Ihnen dazu ein auf Basis des Speditionsauftrags definiertes Beispieldokument (*Customs Invoice*) mit den zugeordneten Datensegmenten, aus denen die Feldwerte befüllt werden. Im Standard stehen in SAP TM unterschiedliche Dokumententypen zur Verfügung, wie z. B. Frachtbriefe nach unterschiedlichen Normen, Speditionsauftragsbestätigungen oder Manifeste.

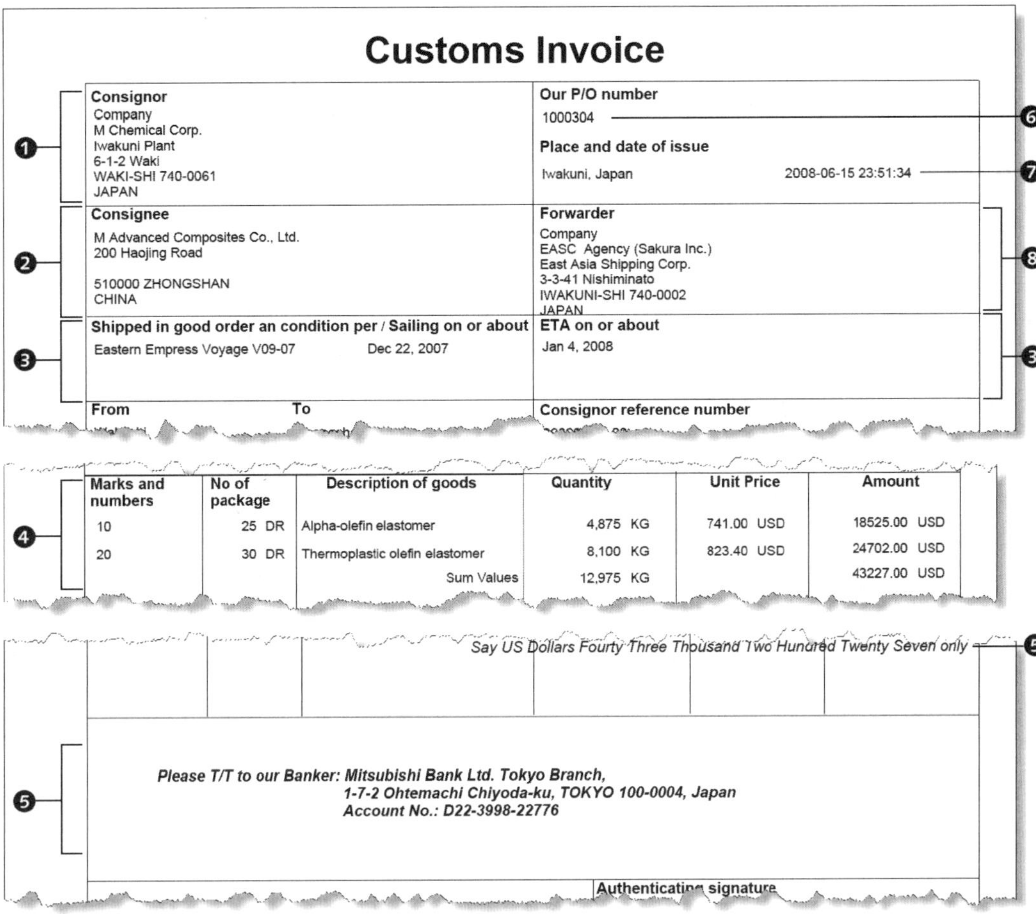

Customs Invoice

Consignor	Our P/O number
Company M Chemical Corp. Iwakuni Plant 6-1-2 Waki WAKI-SHI 740-0061 JAPAN	1000304 **Place and date of issue** Iwakuni, Japan 2008-06-15 23:51:34
Consignee	**Forwarder**
M Advanced Composites Co., Ltd. 200 Haojing Road 510000 ZHONGSHAN CHINA	Company EASC Agency (Sakura Inc.) East Asia Shipping Corp. 3-3-41 Nishiminato IWAKUNI-SHI 740-0002 JAPAN
Shipped in good order an condition per / Sailing on or about	**ETA on or about**
Eastern Empress Voyage V09-07 Dec 22, 2007	Jan 4, 2008
From **To**	**Consignor reference number**

Marks and numbers	No of package	Description of goods	Quantity	Unit Price	Amount
10	25 DR	Alpha-olefin elastomer	4,875 KG	741.00 USD	18525.00 USD
20	30 DR	Thermoplastic olefin elastomer	8,100 KG	823.40 USD	24702.00 USD
		Sum Values	12,975 KG		43227.00 USD

Say US Dollars Fourty Three Thousand Two Hundred Twenty Seven only

Please T/T to our Banker: Mitsubishi Bank Ltd. Tokyo Branch,
1-7-2 Ohtemachi Chiyoda-ku, TOKYO 100-0004, Japan
Account No.: D22-3998-22776

Authenticating signature

Abbildung 6.46 Beispiel für ein Druckdokument mit Datenherkunft (Customs Invoice, nicht Bestandteil des TM-Standards) – ❶ Versender, ❷ Empfänger, ❸ Transportabschnitt, ❹ Positionen, ❺ Notiz, ❻ Speditionsauftragsnummer, ❼ Termin, ❽ Frachtführer

6.6.6 Transportplanung und Optimierung

Bearbeitungsstufen in der Transportplanung

Die Transportplanung und die Optimierung arbeiten in mehreren Stufen, wobei der initiale Transportbedarf in jeder Stufe konkreter in ausführbare Transportaufträge umgewandelt wird. Abbildung 6.47 gibt Ihnen dazu einen Überblick über die *Planungsstufen*. Diese können einzeln abgearbeitet oder auch als Gesamtplanungsprozess komplett durchlaufen werden.

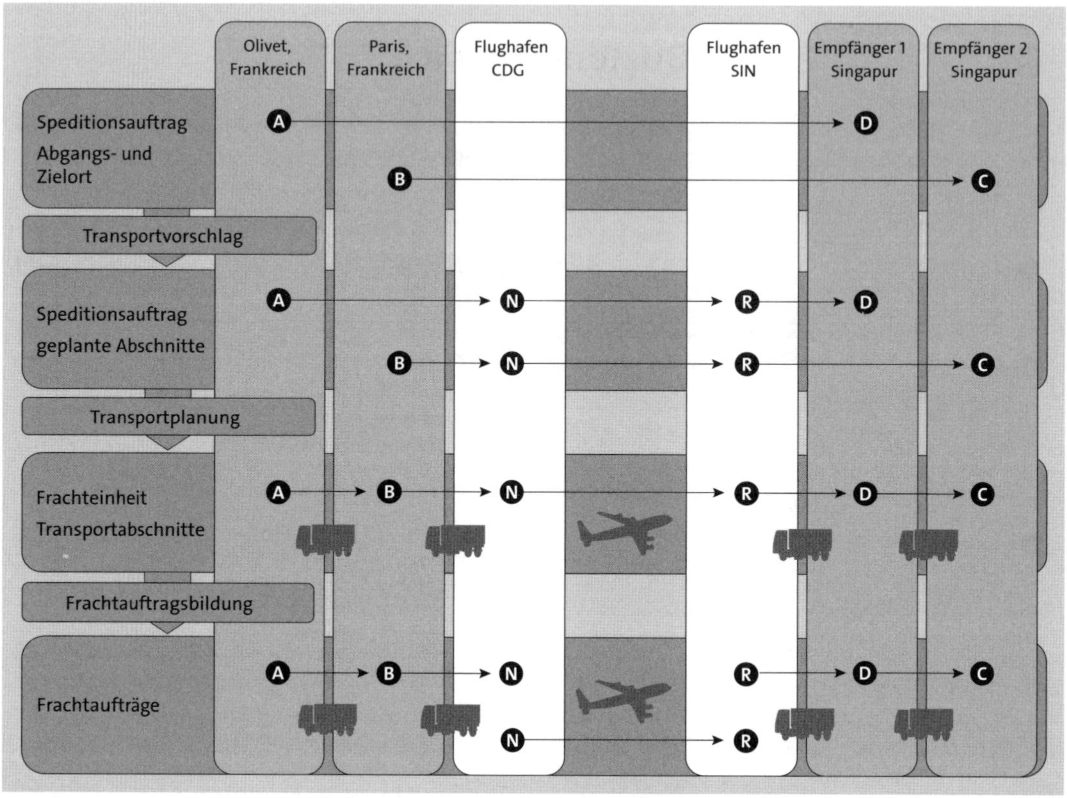

Abbildung 6.47 Planungsstufen in SAP TM

Es gibt folgende Planungsstufen:

1. Speditionsaufträge bilden die initialen Transportbedarfe, wie sie aus Auftraggebersicht definiert sind. Dabei sind in der Regel nur der Abgangs- und der Zielort angegeben (A, B, C, D).
2. Nach dem Transportvorschlag ist ein detaillierterer Transportweg als Vorgabe in den geplanten Transportabschnitten des Speditionsauftrags festgelegt. Technisch sind die geplanten Abschnitte bereits ein Bestandteil der gebildeten Frachteinheiten. Für die Kostenberechnung werden diese Transportabschnitte ebenfalls verwendet. Es wurden zusätzliche Umschlagspunkte (N, R) eingefügt, die von der späteren Optimierung berücksichtigt werden.
3. Die Transportplanung und die Optimierung betrachten die einzelnen Transportbedarfe der Frachteinheiten auf den Abschnitten (A–N, B–N, N–R, R–D und R–C) und bilden unter Berücksichtigung von verfügbarer Kapazität, Fahrplänen, Frachtkosten, Umschlagszeiten, Dienstleistern und Inkompatibilitäten (z. B. Kühlware im ungekühlten Container)

eine (kostenoptimale) Lösung. Der Planungsvorgang kann entweder automatisch optimiert, nach vorgegebenen Regeln oder manuell erfolgen (Drag & Drop im Planungs-Cockpit). Zusätzlich zur Streckenplanung kann auch eine Konsolidierungsplanung stattfinden.

4. Die Frachtauftragsbildung erzeugt aus der Lösung des Planungslaufs und den Frachteinheiten jeweils Frachtaufträge, für die eine Dienstleisterermittlung stattfinden kann und die anschließend an die Dienstleister weitergeleitet werden können. Im Beispiel aus Abbildung 6.47 wurden drei Frachtaufträge gebildet:
   - Abholung der Güter von Ⓐ und Ⓑ mit einer Lkw-Tour und Ablieferung am Flughafen Ⓝ
   - konsolidierte Verfrachtung der Güter auf einem Luftfrachttransport von Ⓝ nach Ⓡ (Master Airway Bill, MAWB)
   - gemeinsamer Lkw-Transport vom Zielflughafen Ⓡ zu den Warenempfängern Ⓒ und Ⓓ

Planungsschritte im Luftfrachtprozess

Im Beispiel des Luftfracht-Geschäftsprozesses werden die folgenden Planungsschritte durchlaufen:

1. Der Transportbuchungsbearbeiter hat bei der Erfassung des Speditionsauftrags bereits einen Transportvorschlag erarbeitet. Dadurch wurden sowohl Transportabschnitte im Speditionsauftrag als auch in der Frachteinheit erzeugt. In Abbildung 6.47 sind das die folgenden Segmente:
   - Ⓐ–Ⓝ (z. B. Olivet nach Roissy, zusätzlich gibt es den Flughafenzubringer nach Charles-de-Gaulle)
   - Ⓝ–Ⓡ (Flughafen Charles-de-Gaulle – Flughafen Singapur)
   - Ⓡ–Ⓓ (Flughafen Singapur – Singapur Stadt, zusätzlich unterteilt in Flughafenabholung und Auslieferung)

   Der Luftfrachtabschnitt wird dabei gegen bereits bestehende Frachtbuchungen geplant, um über eine gute Kapazitätskontrolle zu verfügen.
2. Die einzelnen erzeugten Transportabschnitte der Frachteinheiten erscheinen nun automatisch im persönlichen Arbeitsvorrat der Export- und Importdisponenten.
3. Zunächst wird der für Luftfracht zuständige Exportdisponent in Frankreich den Luftfrachtabschnitt der Frachteinheiten überprüfen und eine Kontrolle gegen alle vorhandenen Buchungsaufträge durchführen (z. B. Überbuchung). Gegebenenfalls kann nach Priorität oder Kostengesichtspunkten umgeplant werden. Zusätzlich kann für die Konsolidierung auf dem Flugabschnitt bereits eine Ladeplanung vorgenommen werden.

Dazu kann der Disponent die einzelnen Sendungen/Frachteinheiten zu Transporthilfsmitteln (z. B. Luftfrachtpaletten) zuordnen.

4. Im Anschluss kann der für Landfracht in Frankreich zuständige Exportdisponent den Lkw-Transport von den Versendern zum Flughafen-Hub in Roissy bei Paris planen. Dabei kann es je nach Ressourcensituation, Kosten und Zeitrestriktionen entweder zu einer Ladungskonsolidierung kommen (mehrere Frachten werden, wie in Abbildung 6.47 gezeigt, auf einer Tour nacheinander vom selben Fahrzeug abgeholt und am Flughafen-Hub abgeliefert), oder es werden separate Touren geplant. Ist die Lkw-Tour komplett, kann der Disponent bereits einen Frachtauftrag an einen Dienstleister weitervergeben.
5. Wenn der Annahmeschluss für den Luftfrachttransport erreicht ist, kann der Luftfrachtdisponent die Frachtbuchung für den Luftfrachtdienstleister freigeben und die Master Airway Bill (MAWB) erstellen.
6. Sobald durch den Annahmeschluss und Start des beladenen Flugzeugs (Uplift) entschieden ist, welche Frachteinheiten mit dem Flugzeug transportiert und in Singapur entladen werden, kann der Importdisponent in der singapurischen Organisation des Logistikdienstleisters die Planung für die Transportabschnitte in Singapur durchführen. Ähnlich wie im Exportfall kann es hier beim Lkw-Transport situationsbedingt zu Konsolidierungen kommen. Die geplanten Touren werden anschließend als Basis zur Erzeugung von Frachtaufträgen für die Nachläufe verwendet.

Benutzerschnittstelle in der Transportplanung

Der Einstieg eines Benutzers in die Transportplanung erfolgt über die Auswahl zweier Profile, die das Verhalten der Planung weitgehend steuern:

- **Selektionsprofile**
  Das Anforderungsprofil definiert, welche Frachteinheiten für die Planung selektiert werden. Sie können hier geografische Kriterien (Abgangs- und Ziellokationen bzw. -zonen), zeitliche Kriterien (z. B. Lieferung innerhalb der nächsten drei Tage) und weitere Bedingungen (z. B. nur Kühlgut) festlegen. Die selektierten Frachteinheiten werden in den persönlichen Arbeitsvorrat des Disponenten aufgenommen.
- **Planungsprofil**
  Das Planungsprofil steuert die Funktionsweise der Planung und Optimierung. Im Planungsprofil können Sie in mehreren Unterbereichen z. B. die Kostenbewertung, die Verwendung von Warte- und Ladezeitdefinitionen, die Güte der Optimierungsergebnisse oder die einzelnen Planungsschritte (Optimierung, Tourbildung, Frachtauftragsbildung, Dienstleisterermittlung) konfigurieren.

Arbeitsbereich festlegen

Durch die Auswahl der beiden Profile kann ein Benutzer beim Einstieg in die Planung seinen Arbeitsbereich festlegen. Ab SAP TM 8.0 sind die Profile mit einem Layoutprofil des Planungs-Cockpits in *Arbeitsbereichsprofilen* kombiniert, sodass der Benutzer keine Einzelprofilauswahl mehr treffen muss. Als Beispiele für Arbeitsbereiche können die bereits vorgestellten Prozesse dienen:

- **Luftfrachtdisposition Europa – Asien**
  Planung der Luftfrachttransporte von europäischen zu asiatischen Flughäfen für die nächste Woche anhand von bereits definierten Frachtbuchungen
- **Landfrachtdisposition Frankreich**
  Planung der Abholung und Flughafen-Hub-Vorläufe von Stückgutfracht in Frankreich innerhalb der nächsten drei Tage. Die Planung verwendet eine feste Fahrzeugflotte in den Ballungszentren, gegebenenfalls mit Umschlag in einer lokalen Frachtstation. Die Vorlauf-Langstrecke wird über regelmäßig zwischen Frachtstation und Flughafen-Hub verkehrende Lkws abgebildet (fahrplangestützte Planung).
- **Ladeplanung und Abschluss der Luftfrachtdisposition**
  Bearbeitung der Frachtbuchungen mit Einführung von Paletten und Luftfrachtcontainern als Transportmittel, für die eine Ladeplanung mit den disponierten Frachteinheiten stattfindet. Anschließend erfolgt die Freigabe für die geplanten Luftfrachttransporte von Deutschland nach Thailand.
- **Landfrachtdisposition Singapur**
  Planung der Anlieferung von Stückgutfracht vom Flughafen-Hub Singapur mit dem Ziel Großraum Singapur innerhalb der nächsten drei Tage mit Tourbildung und Frachtauftragsbildung.

Interaktive und automatische Planung

Nach der Auswahl des Arbeitsbereichsprofils öffnet sich ein interaktives Planungs-Cockpit, in dem der Benutzer die zu planenden Frachteinheiten und die zu verwendenden Ressourcen (Frachtbuchungen, Fahrzeuge oder Fahrpläne) auswählen kann. Danach kann entweder eine manuelle Planung oder der Optimierungslauf mit den ausgewählten Einheiten gestartet werden. Es ist natürlich auch möglich, alle selektierten Frachteinheiten und Ressourcen gemeinsam in einen Planungslauf aufzunehmen. Abbildung 6.48 zeigt Ihnen das Ergebnis einer Transportplanung.

Das dargestellte Ergebnis geht von einer Auslieferungstransportplanung von 200 Sendungen von einem Depot in Mannheim zu 200 Empfängern im Rhein-Neckar-Kreis aus. Für die Transportplanung stehen sechs Lkws zur Verfügung, die möglichst voll beladen werden und dann auf Auslieferungstouren nacheinander die Sendungen bei den jeweiligen Kunden ausliefern.

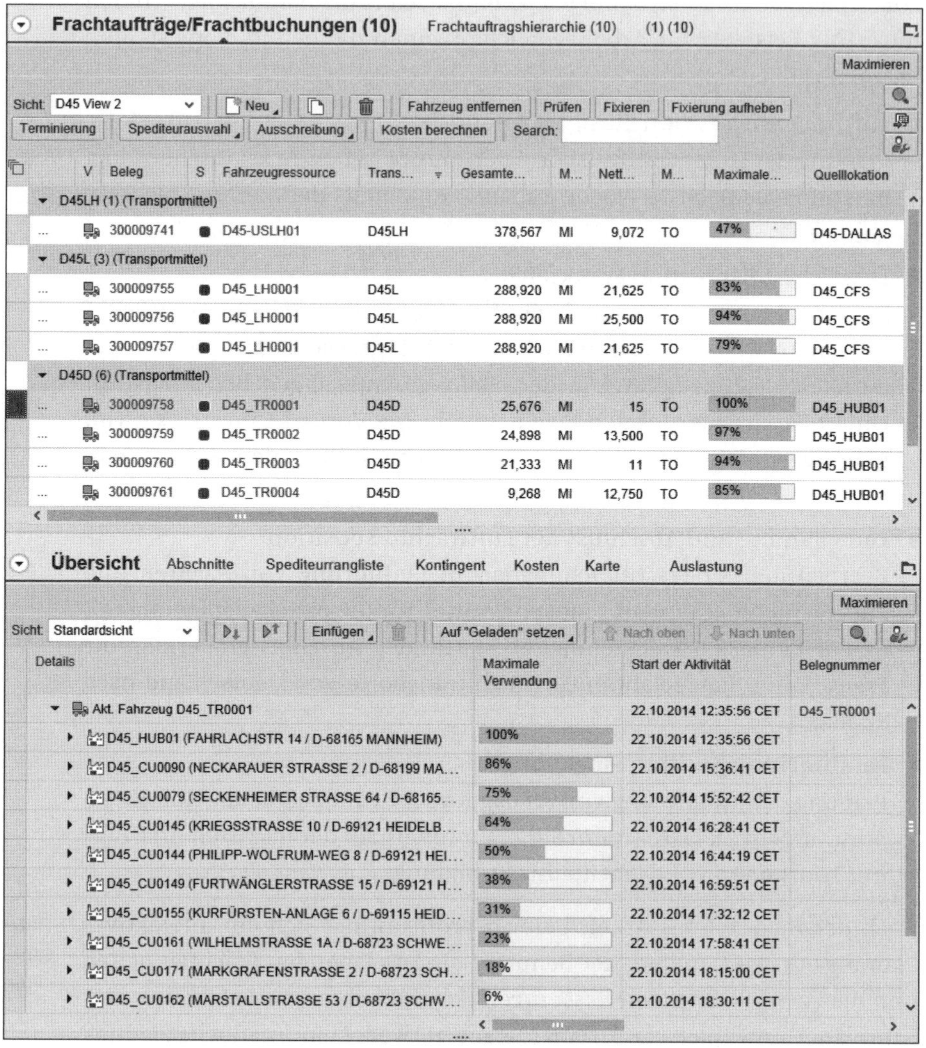

Abbildung 6.48 Ergebnis einer Transportplanung (Web-Dynpro-Anwendung /SCMTMS/PLN – Detailansicht)

In der Bildschirmdarstellung ist im oberen Bereich der gute Auslastungsgrad der Lkws zu sehen (75 % der Touren sind zu > 90 % ausgelastet). Im unteren Teil des Planungs-Cockpits ist die allmähliche Leerung eines Lkws auf einer der oben dargestellten Touren zu sehen. (Die Auslastungsanzeige geht von 100 % am Ladedepot bis auf 0 % bei erneuter Ankunft am Depot zurück.)

Transportplanungs-Cockpit

In den Layoutsichten des Planungs-Cockpits stehen Ihnen verschiedene Bildbereiche mit Frachteinheiten, Fahrzeugen, Anhängern, der Fahrplanübersicht, der grafischen Kartendarstellung des Transportverlaufs, den Frachtauftragskosten und weiteren Informationen zur Verfügung. Abbildung 6.49 zeigt einen Überblick über das Transportplanungs-Cockpit. Das Layout, das heißt, welche Information in welchem Teil des Bilds zu sehen ist, können Sie konfigurieren. Dadurch lässt sich das Cockpit der jeweiligen Aufgabe anpassen. Innerhalb des Cockpits können Sie per Drag & Drop Frachteinheiten zu Fahrzeugen oder Frachtaufträgen zuordnen.

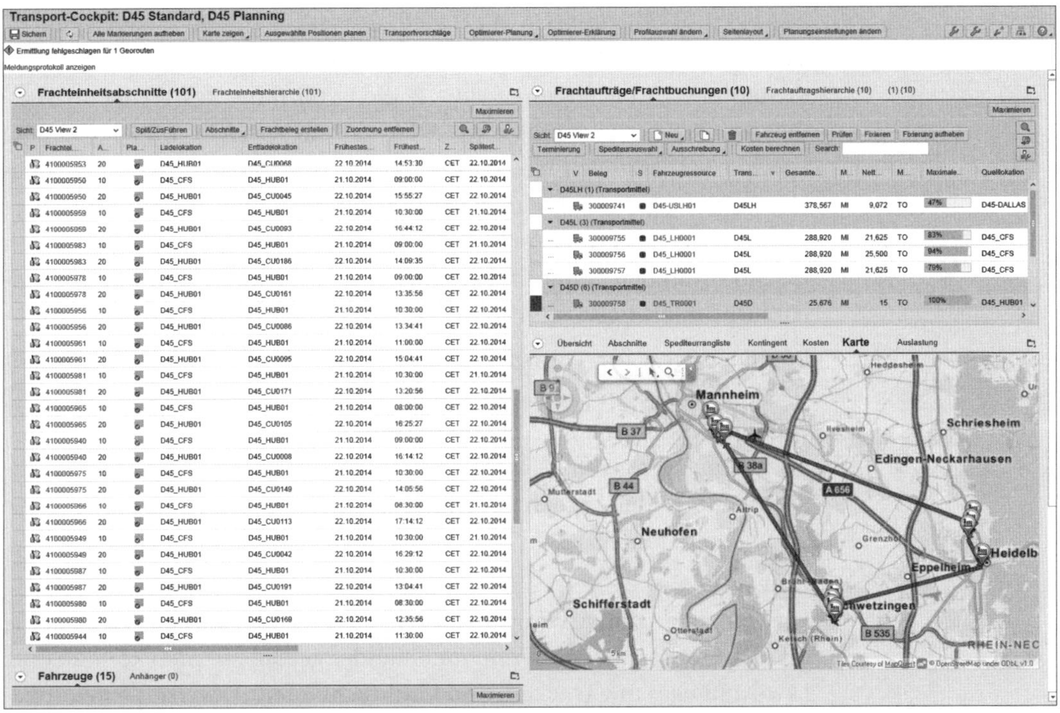

Abbildung 6.49 Transportplanungs-Cockpit mit Sicht auf Frachteinheiten, Frachtaufträge und dem detaillierten Routing eines Frachtauftrags (Web-Dynpro-Anwendung /SCMTMS/PLN)

Die Transportplanung und der in SAP TM verwendete Optimierer erlauben es Ihnen, vielfältige Planungsparameter, Optimierungsstrategien und -ziele zu verwenden. Im Folgenden sind die wesentlichen Elemente genannt, die das Optimierungsergebnis beeinflussen können:

- **Mehrdimensionale Ladekapazität und zeitabhängiger Kapazitätsverbrauch bei Ressourcen und Buchungsaufträgen**
  Ressourcen (Fahrzeuge, Anhänger) und Buchungsaufträge haben eine bestimmte Kapazität, die über viele Dimensionen definiert sein kann

(z. B. ein Anhänger mit 25 Tonnen Zuladung, 100 m³ Ladevolumen, 24 Palettenstellplätzen und 16 Lademetern). Im zeitlichen Verlauf werden Frachteinheiten auf- und abgeladen, sodass sich in jeder Kapazitätsdimension ein Verbrauchsprofil ergibt, das jeweils als Basis für eine weitere mögliche Zuladung verwendet wird (siehe Abbildung 6.48). Hat der genannte Anhänger z. B. bereits 25 Tonnen geladen, aber nur 50 m³ Volumenverbrauch, kann keine weitere Zuladung erfolgen.

- **Festkosten pro Fahrzeug**
  Jedem Fahrzeug können Festkosten für die Optimierung zugewiesen werden (pro Fahrzeugtyp, pro Distanz, pro Zeiteinheit).
- **Verwendung von frachtkostenrelevanten Elementen**
  Kostenrelevante Elemente (wie z. B. die Entfernung des Transportwegs, die Anzahl der Ladehilfsmittel, das Ladungsgewicht und -volumen, transportdauerabhängige Kosten oder Kosten, die durch Zwischenstopps entstehen) können während der Optimierung berücksichtigt werden. Dabei können entweder Optimierungsergebnisse mit realen Frachtkosten berechnet und verglichen werden, oder es werden imaginäre Optimierungskosten angesetzt.
- **Begrenzungen für Transportdauer, Anzahl der Zwischenstopps oder Gesamtdistanz**
  Durch verschiedene Einstellungen können Sie z. B. die maximale Transportdauer begrenzen. Dies ist sinnvoll, wenn ein Abholfahrzeug maximal acht Stunden täglich verkehren kann. Die Optimierung kann dann vermeiden, zehnstündige Touren zu bilden.
- **Ladeabteile**
  Für Fahrzeuge und Anhänger können Sie feste oder variable Ladeabteile definieren, die dann getrennt voneinander geplant werden können (z. B. Lkw-Anhänger mit Trocken- und Kühlfrachtabteil). Durch eine Inkompatibilitätsdefinition kann das System gezwungen werden, nur kompatible Ladung in die entsprechenden Abteile einzuplanen (Milch ins Kühlabteil, Haferflocken ins Trockenabteil).
- **Abnehmende Kapazitäten bei variablen Ladeabteilen**
  Werden Ladeabteile zur individuellen Trennung von Frachten einzelner Verlader/Empfänger verwendet, kann durch eine zunehmende Anzahl von Abteilen im Fall einer nicht vollständigen Auslastung die Gesamtkapazität des Fahrzeugs abnehmen. Dieser Faktor wird durch die Modellierung der abnehmenden Kapazitäten berücksichtigt.

- **Verfügbarkeit und Auslastung von Handlingressourcen in Umladelokationen**
  Werden Transporte über Umladelokationen durchgeführt, ist die dort verfügbare Anzahl von Handlingressourcen ausschlaggebend für den Ladungsdurchlauf durch die Umladelokation. Wenn z. B. ein Distributionszentrum nur einen Gabelstapler hat, wird es gezwungenermaßen zu Wartezeiten kommen, wenn drei Lkws gleichzeitig ausgeladen werden müssen. Dies wird in der Optimierung mit eingeplant.
- **Öffnungszeiten**
  An jeder Lokation können individuelle Öffnungszeiten definiert werden, die bei der Planung berücksichtigt werden. Fracht kann dann nur innerhalb der Öffnungszeiten abgeholt oder angeliefert werden.
- **Lade- und Entladedauern**
  In Abhängigkeit von Produkten und Lokationen können variable Lade- und Entladedauern modelliert werden. Palettierte Ware lässt sich unter Umständen wesentlich schneller entladen als nur kartonierte Ware, sodass hier eine produktabhängige Varianz bei den Dauern entsteht. Diese wird in der Planung berücksichtigt.
- **Inkompatibilitäten**
  Inkompatibilitäten sind ein Mittel, um Optimierungslösungen zu finden, die Kombinationen von bestimmten Attributen bzw. Charakteristika von Planungselementen vermeiden. Berücksichtigte Planungselemente sind z. B. Lokationen, Ressourcen, Produkte, Geschäftspartner, Transportmittel, Dienstleister oder Ladeabteile. Beispiele für die Anwendung von Inkompatibilitäten sind:
  - Kunde A möchte nicht von Frachtführer X beliefert werden.
  - Versender B hat eine Rampe, die nur von Lkws mit maximal 12 Tonnen angefahren werden kann.
  - Milch darf nicht in ungekühlten Abteilen transportiert werden.
  - Bestimmte Chemikalien dürfen nicht zusammen transportiert werden.
  - Beton darf nicht in Tankwagen gefüllt werden.
  - Alkohol darf keinen Transit über Saudi-Arabien machen.
- **Minimale und maximale Aufenthaltsdauern an Umschlagspunkten**
  Die an den Lokationen definierten Attribute bezüglich minimaler und maximaler Wartezeiten werden von der Optimierung mit verwendet, um beim Terminieren der Transporte einen realistischen Zeitablauf zu erzeugen.

- **Depotlokationen**
  Für Fahrzeuge können Sie eine Depotlokation definieren, das heißt eine Lokation, zu der das Fahrzeug nach erfolgter Auslieferung oder Abholung zurückkehren wird. Die Fahrt zur Depotlokation wird bei der Planung automatisch mit in die Tour aufgenommen. Fahrzeuge ohne Depotlokation können von ihrem letzten Lade-/Entladeort aus direkt eine neue Tour beginnen.
- **Warte- und Aufenthaltsdauern (orts- und produktspezifisch)**
  Zusätzlich zu den an den Lokationen definierten Wartezeiten können Sie spezielle Warte- und Aufenthaltsdauern festlegen, die z. B. produktspezifisch hinzugefügt werden. Damit können Sie z. B. modellieren, dass in einem Lager die Beladung in der Regel eine Stunde dauert, für besonders schwierig zu ladende Produkte aber eine weitere Stunde addiert wird.
- **Fahrpläne**
  Fahrplanbasierte Ressourcen (z. B. Linienschiffe, Flugzeuge, Eisenbahnen, Systemverkehre) können mit Fahrplänen mit regelmäßigen oder unregelmäßigen Abfahrten versehen werden. Die Abfahrtzeiten werden bei der Planung entsprechend berücksichtigt.
- **Zugmaschinen und Anhänger, mögliche Kombinationen**
  Fahrzeuge können als aktive Ressourcen definiert sein (mit Ladekapazität, z. B. Lkw, oder ohne Ladekapazität als Zugmaschine) oder als passive Ressourcen (Anhänger). Aus aktiven und passiven Ressourcen lassen sich vordefinierte Kombinationen bilden, die Sie zur Modellierung von Gespannen oder Zügen verwenden können. Diese Kombinationen von Fahrzeugen werden in der Optimierung berücksichtigt. Es ist dabei auch möglich, Anhänger während einer Tour abzukoppeln (Abstellen an einem Depot) und neue Anhänger mitzunehmen.
- **Planerische Strafkosten für verfrühte, verspätete Lieferung oder Nichtlieferung**
  Die Optimierung berücksichtigt nicht nur die fracht-, strecken-, fahrzeug- und zeitabhängigen Kosten, sondern auch imaginär modellierte, planerische Strafkosten, die durch verfrühte oder verspätete Abholung oder Anlieferung oder durch Nichtlieferung entstehen.

Inkrementelle Planung

Für die Planung von Standardtouren verfügt SAP TM seit Release 9.4 über erweiterte Möglichkeiten zur inkrementellen Planung. Dabei wird versucht, ungeplante Frachteinheiten existierenden Touren zuzuordnen, soweit die Kapazität es zulässt. Die Anfahrreihenfolge der Touren kann dabei reorganisiert werden. Das heißt, es ist für Sie einfacher, neue Aufträge in bereits bestehende Touren einzufügen und die Gesamtroute optimiert anzupassen.

Prioritäten und Nichtlieferung

Bei der Durchführung mehrerer, zeitlich aufeinanderfolgender Optimierungsläufe kann es aufgrund der jeweiligen Bewertung der Transportkosten und planerischen Strafkosten dazu kommen, dass bereits eingeplante Frachteinheiten wieder aus dem Transportplan ausgeplant werden. Strafkosten können z. B. von der Wichtigkeit des Kunden und der Priorität seiner Transportaufträge abhängen. Zu Nichtlieferungen kommt es z. B., wenn einzelne Frachteinheiten aufgrund zu geringer Fahrzeugkapazität und höher priorisierter anderer Frachteinheiten ausgeplant werden. Ein Beispiel für solch eine Entscheidung sehen Sie in Abbildung 6.50. Dort wird von der Beladung eines Schiffs mit zehn Containerstellplätzen ausgegangen.

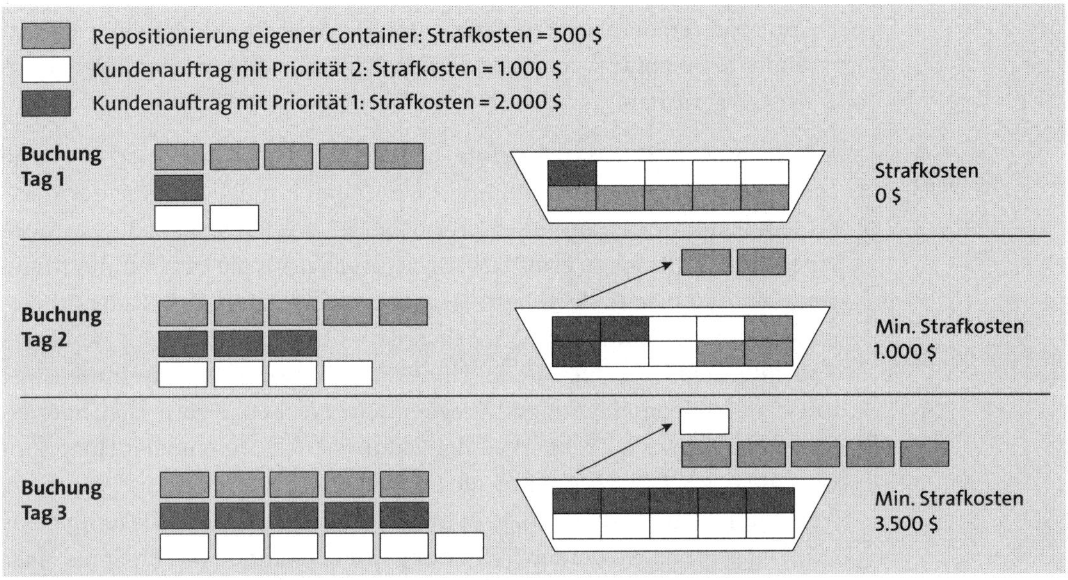

Abbildung 6.50 Optimierungssituation bei Minimierung der Strafkosten

Frachteinheitenarten mit Prioritäten

Bei der Beladung aus Abbildung 6.50 ergeben sich die in Tabelle 6.5 dargestellten Frachteinheitenarten mit unterschiedlichen Prioritäten.

Frachteinheitenart	Prio	Planerische Strafkosten bei Nichtausführung
Repositionierung leerer Container	3	500 USD
Frachteinheiten von Standardkunden	2	1.000 USD
Frachteinheiten von bevorzugten Kunden	1	2.000 USD

Tabelle 6.5 Planerische »Strafkosten« bei Nichtausführung von Transporten (Beispielwerte)

In Bezug auf unser Beispiel stellt sich die Situation folgendermaßen dar:

- Am *ersten Buchungstag* ist die Kapazitätssituation noch unkritisch: Alle aus den Aufträgen entstandenen Frachteinheiten können wunschgemäß transportiert werden.
- Am *zweiten Buchungstag* besteht bereits eine Überbuchung, die dadurch abgefangen wird, dass zwei Frachteinheiten mit niedriger Priorität ausgeplant werden (eigene Container, die repositioniert werden sollen).
- Am *dritten Buchungstag* entsteht eine starke Überbuchung, die dazu führt, dass auch Kundenfrachteinheiten nicht mehr transportiert werden können. Einheiten mit niedriger Priorität werden ausgeplant und mit späteren Transporten verfrachtet. Die Entscheidung, welche Frachteinheiten nicht transportiert werden, wird anhand der minimalen Strafkosten getroffen.

Laderaumoptimierung

Mit Release SAP TM 9.1 wurde als zusätzlicher Planungsschritt eine *Laderaumoptimierung* eingeführt, die es Ihnen ermöglicht, eine nach verschiedenen Kriterien ausgerichtete optimale Verteilung der Ladungsstücke eines Frachtauftrags zu ermitteln. Die Grundlage für die Laderaumoptimierung sind einerseits detaillierte Transportmitteldaten (z. B. Laderaumabmessungen, Achsverteilung, Achslasten) und andererseits konkrete Transportdetails (Länge, Breite, Höhe, Stapelbarkeit). Im Zusammenspiel mit verschiedenen Planungsstrategien (schwere Stücke vorn, Gleichverteilung, Stapelbarkeit, Drehbarkeit der Ladungsstücke, maximaler Höhenunterschied der Ladeabschnitte etc.) kann eine nach Gewicht, Volumen, Abmaß und Anfahrreihenfolge optimierte Beladung und Auslastung eines Fahrzeugs ermittelt werden. Abbildung 6.51 zeigt Ihnen das Ergebnis einer solchen Optimierung anhand eines Lkws mit mehreren Sendungen.

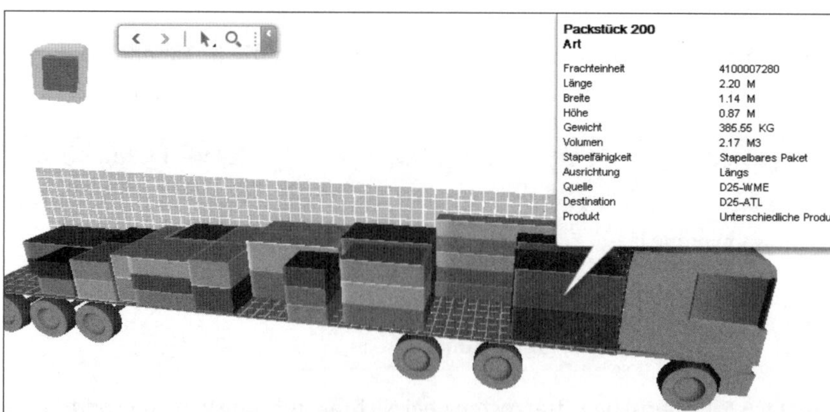

Abbildung 6.51 Laderaumoptimierung mit SAP TM

Fahrerverwaltung

Mit dem Release TM 9.4 bzw. TM 9.3 SP02 steht Ihnen eine Fahrerverwaltung und Fahrerplanung zur Verfügung. Fahrer konnten bisher bereits als Geschäftspartner vom Typ »Person« angelegt und einem Frachtauftrag zugeordnet werden. Dieses Grundkonzept wurde fortgesetzt und um weitere Details und eine Planungsintegration erweitert. Zum Geschäftspartnerteil des Fahrers kamen eine Fahrerrolle und spezifische Daten zu Heimatadresse, Arbeits- und Abwesenheitszeiten sowie Qualifikationen dazu. Fahrer können einzeln oder im Zweierteam und auch abschnittsweise einem Frachtauftrag zugeordnet werden. Für Fahrer gibt es einen eigenen Block im Transportplanungs-Cockpit und für die Verwaltung eine eigene POWL. Eine automatische, optimierte Zuordnung zu Frachtaufträgen ist noch nicht möglich, jedoch können Sie im Rahmen der optimierten Planung einen Standardfahrer zuweisen.

Planung mit dem Gantt-Chart

Um eine detaillierte Zeitablaufplanung und eine bessere zeitliche Übersicht zu ermöglichen, steht Ihnen ab Release SAP TM 9.2 eine Gantt-Chart-Darstellung von Frachtaufträgen und Ressourcen zur Verfügung. Im *Gantt-Chart* können Sie die verschiedenen Aktivitäten der Ressource bzw. des damit abgewickelten Frachtauftrags in farblich und symbolisch codierter Form im zeitlichen Verlauf betrachten. Die dargestellten Aktivitäten sind Transport, Beladen, Entladen, Anhängerkopplung und Anhängerentkopplung. Ungeplante Zeiten, Zeiten mit Nichtverfügbarkeit (z. B. Wartung), Pausen und arbeitsfreie Zeiten werden farblich gesondert angezeigt.

Fahrer werden gesondert im Gantt-Chart angezeigt und können auch hier per Drag & Drop einem Frachtauftrag zugeordnet werden. Doppelzuordnungen werden dabei vom System als farbliche Markierung und per Nachricht hervorgehoben.

Zusätzlich zur Farbcodierung können Sie für jede Ressource bzw. jeden Frachtauftrag eine zeitabhängige Auslastungskurve anzeigen, die über den Transportverlauf hinweg sowohl eine Gewichts- als auch die Volumenauslastung in Prozent bzw. Werten darstellt. Weitere farbliche Markierungen geben Informationen über niedrige Auslastung, Leerfahrten, Überladung oder Mehrfachbuchung einer Ressource. Abbildung 6.52 zeigt Ihnen ein Beispiel für die Gantt-Charts in SAP TM.

Im Gantt-Chart können Sie interaktive Planungen durchführen. Sie können z. B. Frachteinheiten per Drag & Drop auf Lkw-Touren disponieren oder einen Fahrer einer Tour zuordnen. Dabei werden die jeweiligen bei der automatischen Planung berücksichtigten Randbedingungen auch bei der manuellen Gantt-Chart-Planung angewendet.

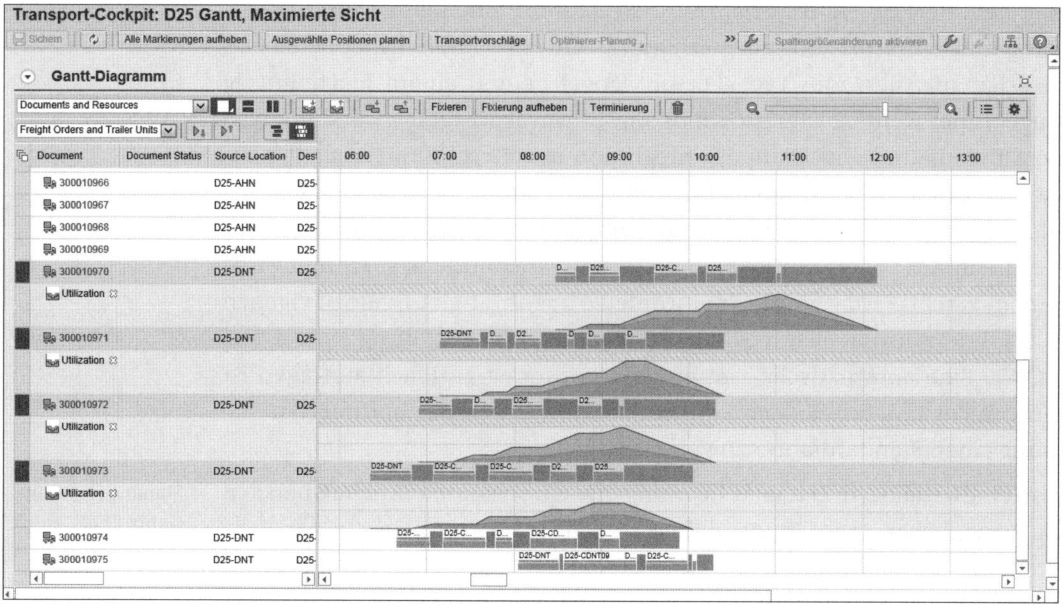

Abbildung 6.52 Gantt-Chart mit dargestellter detaillierter Transportauslastung (Web-Dynpro-Anwendung /SCMTMS/PLN – Detailansicht)

6.6.7 Frachtbuchung

Buchung von Frachtkapazität

Eine *Frachtbuchung* ist eine Reservierung von Frachtraum auf einem Schiff, in einem Flugzeug, Zug oder auch Lkw, bei der zum Buchungszeitpunkt unter Umständen noch nicht klar ist, was transportiert werden soll. Im Seeverkehr sind z. B. Verbindungen von Asien nach Europa oder in die USA oft sehr stark ausgelastet, da sehr viele Waren in Asien produziert, aber in der westlichen Welt verbraucht werden. Daher gibt es einen unausgeglichenen Güterfluss in den Richtungen Ost–West bzw. West–Ost, der sich auch auf die Frachtpreise auswirkt.

Um den Transport der Waren in Bezug auf die verfügbare Kapazität abzusichern, können Sie eine Frachtbuchung verwenden, um Frachtraum vorauszubuchen und eine Buchungsbestätigung des ausführenden Dienstleisters zu erhalten. Im Buchungsauftrag können Sie, ähnlich wie in einem Speditionsauftrag, folgende Daten eingeben:

- Abgangs- und Zielort: In der Regel sind das der Abgangs- und Zielhafen, Flughafen oder Bahnhof oder die abgebenden und empfangenden Frachtstationen.
- Abfahrts- und Ankunftstermine mit Anmeldeschlusszeiten (Cut-off)
- reservierte Frachtraumkapazität mit Kapazitätsart (z. B. zehn 40-Fuß-Container, 8 Lademeter, 3 Tonnen)

- reservierte Transporteinheiten
- Dienstleister, der den Transport durchführt
- Identifikation des Flugs, Schiffs, der Schiffsreise oder des Zugs

In Abbildung 6.53 sehen Sie eine Frachtbuchung für den Luftfrachttransport in unserem Beispielprozess. Hier wird Frachtraum für 2 Tonnen bzw. 13 m^3 Luftfrachtgüter reserviert. Die Frachtbuchung hat eine konsolidierende Funktion.

In SAP TM 8.0 und folgenden Releases hat die Frachtbuchung einen höheren Stellenwert erhalten als der Buchungsauftrag, der in SAP TM 6.0 und SAP TM 7.0 verwendet wurde. Die Frachtbuchung ist von der Abwicklung komplett unterbeauftragbar und kann nun auch für die Dienstleisterabrechnung eingesetzt werden.

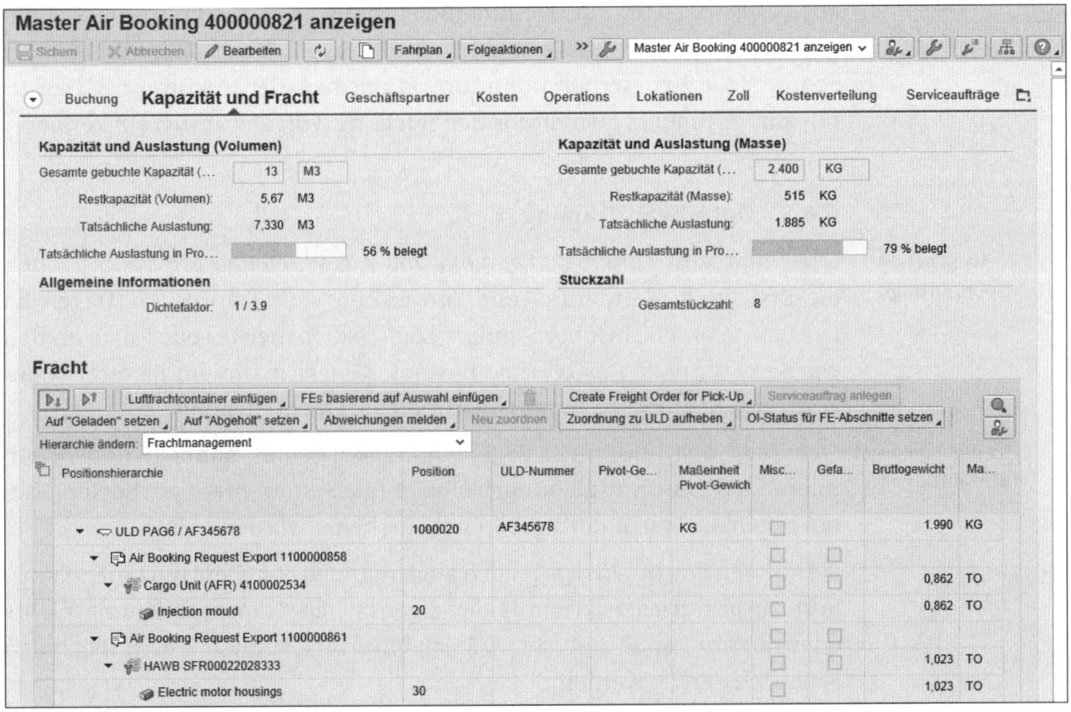

Abbildung 6.53 Frachtbuchung für einen Luftfrachttransport mit 2 Tonnen bzw. 13 m^3 Frachtkapazität auf einem Flug von Frankfurt nach Bangkok (Web-Dynpro-Anwendung /SCMTMS/FRE_BOOK)

Frachtraumkapazität in der Transportplanung

Die Bestätigung einer Frachtbuchung kann entweder durch den Dienstleister per elektronischer Datenübermittlung oder durch den Sachbearbeiter selbst erfolgen. Nachdem die Frachtbuchung bestätigt wurde, steht die bestätigte Kapazität ähnlich der Kapazität einer Fahrplanressource für die

Transportplanung zur Verfügung. Sie können dann Frachteinheiten als Transportbedarf zu der Frachtbuchung als Transportkapazitätsangebot zuordnen. Die Frachtbuchung dient anschließend als Grundlage zur Erstellung des Hauptfrachtbriefs (Master B/L, Master AWB).

SOLAS-Konformität

Im Seetransport ist es seit einiger Zeit notwendig, genaue Gewichte und deren Wiegedaten anzugeben (SOLAS-Richtlinie der International Convention for Safety of Life at Sea). Daher erlaubt SAP TM nun für jeden Container, zusätzlich zum bereits erfassten Tara und Nettogewicht, noch das verwogene Bruttogewicht sowie das Wiegedatum, den Wiegeort und die verantwortliche Person zu erfassen.

Externe Integration

Frachtbuchungen betreffen in der Regel Luft- oder Seefrachtkapazität. Das bedeutet, sie werden an einen Frachtführer (Airline, Schifffahrtslinie) unterbeauftragt. Um diesen Prozess zu vereinfachen und elektronisch abzuwickeln, bietet SAP TM Ihnen die Möglichkeit, die Frachtführer über elektronische Kommunikation zu beauftragen. Dazu steht Ihnen eine Schnittstelle zu externen Kommunikationsdienstleistern (wie z. B. *Descartes*) zur Verfügung, über die Sie den Buchungsvorgang abwickeln können.

6.6.8 Unterbeauftragung

Ausgehende Transportaufträge

Der Teilprozess *Unterbeauftragung und Ausschreibung* ermöglicht Ihnen die Erstellung, Verwaltung und Abwicklung von Transportaufträgen an Dritte, z. B. an Frachtführer, andere Logistikdienstleister oder auch an den eigenen Fuhrpark. Das zentrale Business-Objekt in diesem Bereich ist der *Frachtauftrag* bzw. die bereits beschriebene Frachtbuchung.

Erzeugung von Frachtaufträgen

Frachtaufträge sind in der Regel ein Ergebnis einer manuellen oder optimierenden Transportplanung, nachdem die systemintern gebildeten Touren durch die Frachtauftragsbildung bearbeitet wurden.

Sie können Frachtaufträge jedoch auch manuell erstellen, um einen Transport zu beauftragen, der mit der eigentlichen Transportplanung nichts oder nur am Rande zu tun hat. Solche Aufträge können z. B. in folgenden Fällen verwendet werden:

- Bereitstellungs- oder Abholaufträge für Leercontainer (Provisioning, Dispositioning)
- Arbeitsaufträge an Serviceunternehmen, z. B. für das Verpacken, Begasen, Vermessen, Verzollen oder Verladen von Fracht. In diesem Fall werden die Aufträge *Serviceaufträge* genannt.

Frachtaufträge sind über die Frachteinheiten und deren Transportabschnitte mit den ursprünglichen Speditionsaufträgen verknüpft. Dadurch ist es in SAP TM möglich, die Verkaufsseite (Speditionsaufträge) mit der Einkaufsseite (Frachtaufträge) in Verbindung zu bringen.

Frachtauftrag und Speditionsauftrag

Inhaltlich sind *Frachtaufträge* und *Speditionsaufträge* ähnlich, da sie einen ausgehenden Transportauftrag (d. h. einen Auftrag an einen Transportdienstleister) und einen eingehenden Transportauftrag (d. h. einen Transportauftrag von einem Versender) darstellen. Sie können daher naturgemäß im Frachtauftrag ähnliche Daten erfassen wie im Speditionsauftrag. Auch die Struktur der Nachrichten, die zur elektronischen Kommunikation verwendet werden, ist gleich.

Abbildung 6.54 zeigt den Auftragsverlauf in SAP TM und die anschließende Kommunikation zu den Dienstleistersystemen (hier auch SAP TM).

Auf Basis des ursprünglichen Speditionsauftrags (links in der Abbildung) werden Frachteinheiten gebildet, die mithilfe der Transportplanung Frachtaufträgen zugeordnet werden. Eine Frachteinheit kann mehreren Frachtaufträgen zugeordnet sein (z. B. Vorlauf, Hauptlauf, Nachlauf), die dann elektronisch an unterschiedliche Dienstleister kommuniziert werden. Verwenden diese Dienstleister auch SAP TM, werden aus den eingehenden Nachrichten wieder Speditionsaufträge erzeugt, die wiederum jeder Dienstleister für sich planen kann.

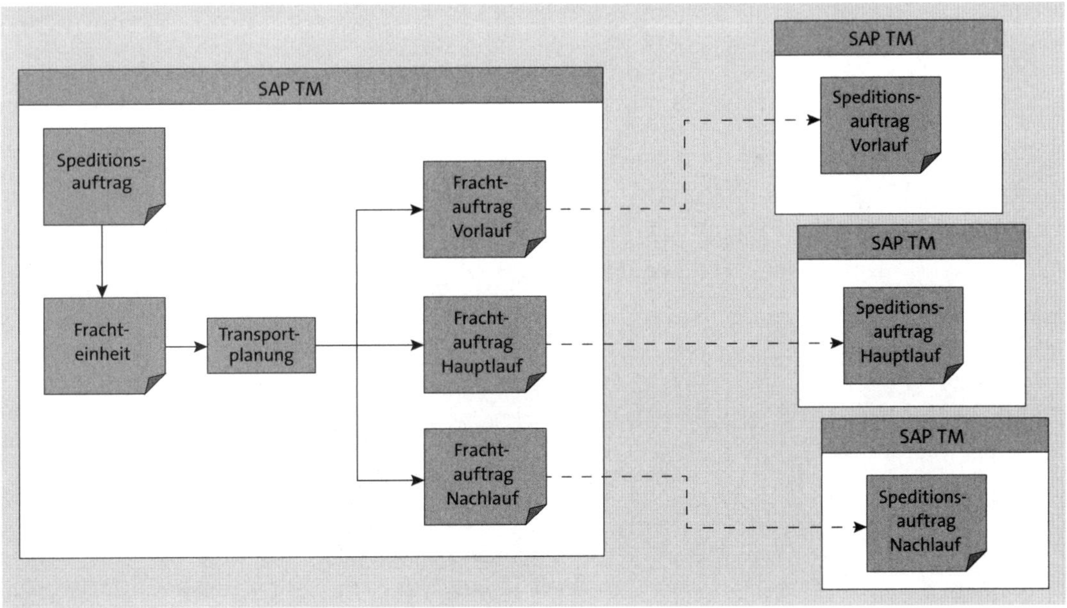

Abbildung 6.54 Kommunikation von Frachtaufträgen in die Systeme von Dienstleistern (als Transportauftrag/Speditionsauftrag)

Benutzerschnittstelle des Frachtauftrags

Die Benutzerschnittstelle des Frachtauftrags ist ähnlich wie die des Speditionsauftrags gestaltet, wobei jedoch einige für die Gesamtabwicklung typische Datenfelder fehlen (z. B. Incoterm oder Abwicklungsart), da der Frachtauftrag eher zum Beauftragen einer Teilleistung dient. Abbildung 6.55 zeigt Ihnen dazu die generellen Daten eines Vorlauf-Frachtauftrags, in diesem Fall den Abholauftrag für unsere Beispiel-Luftfrachtsendung.

Im Unterschied zum Speditionsauftrag, bei dem Versender und Empfänger der Güter als Lokationen eingetragen sind, ist bei diesem Frachtauftrag neben dem Versender die lokale Frachtstation des Logistikdienstleisters am Abgangsort als Ziellokation definiert. Die Kostensicht im Frachtauftrag repräsentiert die Rechnungspositionen, die vom Transportdienstleister voraussichtlich in Rechnung gestellt werden. Da der Frachtauftrag eine Konsolidierung von mehreren Frachteinheiten – auch unterschiedlicher Versender – sein kann, ist er auch ein Business-Objekt, das den Hauptfrachtbrief in SAP TM repräsentiert (Master Bill of Lading, Lkw-Manifest).

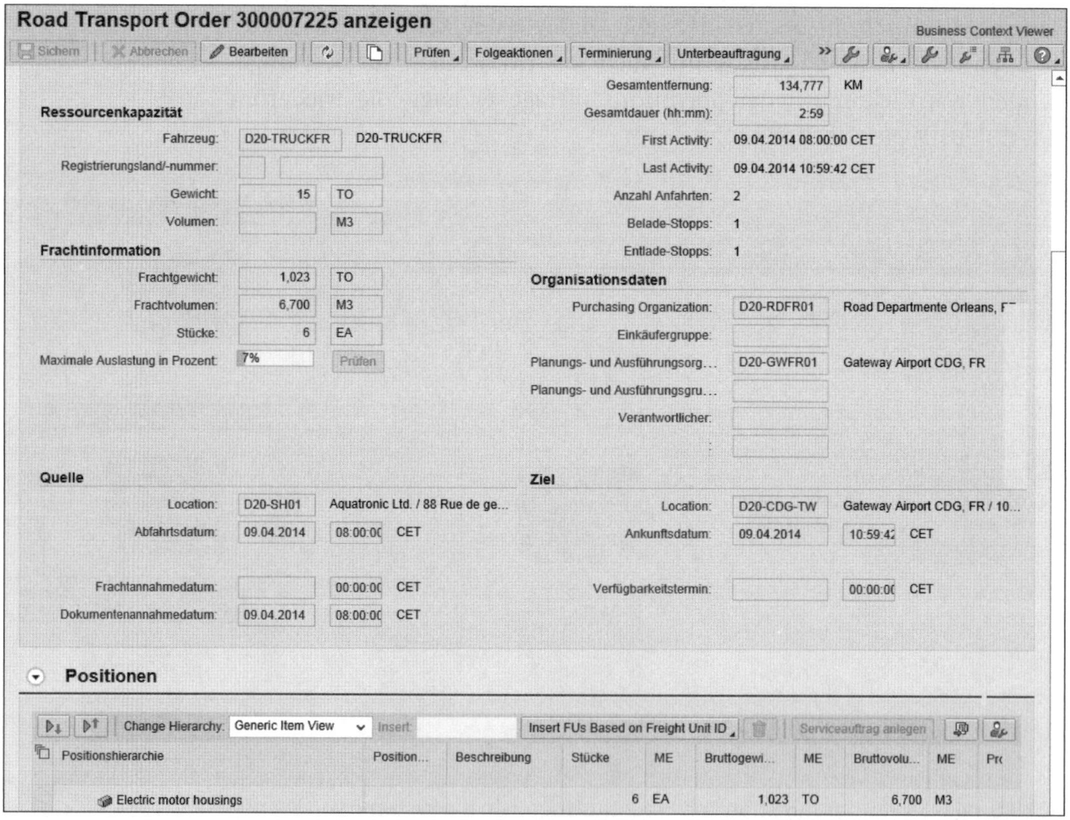

Abbildung 6.55 Detailsicht auf einen Vorlauf-Frachtauftrag (Web-Dynpro-Anwendung /SCMTMS/FRE_ORDER)

Spediteurauswahl

Die *Spediteurauswahl* ist eine Transportplanungsfunktion, die auf Basis von Frachtaufträgen durchgeführt wird. Sie können dem Frachtauftrag manuell einen oder mehrere mögliche Spediteure zuordnen. Das kann jedoch auch mit Systemunterstützung geschehen. Die automatische Spediteurauswahl ist z. B. in folgenden Fällen sinnvoll:

- Für bestimmte Transporte stehen mehrere Spediteure zur Auswahl, und es soll der günstigste, der zuverlässigste oder der Dienstleister mit der höchsten Priorität bestimmt werden.
- Bestimmte Dienstleister bedienen bestimmte Regionen oder führen nur bestimmte Arten von Transporten aus (z. B. keine Gefahrguttransporte oder nur lokale Transporte in Norddeutschland), und die Zuordnung des geeigneten Dienstleisters soll automatisch erfolgen.
- Mit verschiedenen Dienstleistern wurden Rahmenvereinbarungen über prozentuale oder absolute Kontingente am Transportgeschäft abgeschlossen, die erfüllt werden müssen, um besonders günstige Transportkonditionen und Preise zu bekommen (z. B. mindestens 500 TEU auf der Containerlinie Hamburg–Singapur oder 20 % aller Lkw-Transporte in Norddeutschland).

In Abbildung 6.56 sehen Sie die Spediteurauswahl für einen Frachtauftrag. Die Zuordnung kann von hier aus entweder manuell oder optimierergestützt durchgeführt werden.

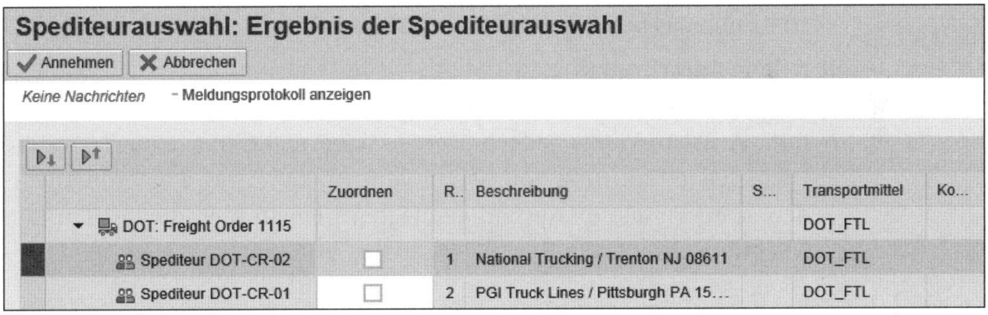

Abbildung 6.56 Spediteurauswahl für Frachtaufträge (Web-Dynpro-Anwendung /SCMTMS/FRE_ORDER – Detailansicht)

Ausschreibung von Frachtaufträgen

Wie bereits zuvor beschrieben, können Sie einem Frachtauftrag einen oder mehrere Dienstleister zuordnen. Der Frachtauftrag wird zwar immer nur an einen Dienstleister vergeben, die Angabe mehrerer Dienstleister ist jedoch für die Funktion der Ausschreibung (*Tendering*) vorgesehen. Die Ausschreibung selbst dient dazu, aus der Liste der Dienstleister denjenigen auszuwählen, der die verfügbare Transportkapazität und die Durchführung zusichert/bestätigt und den günstigsten Preis anbietet (Spot Quote).

Vor dem Ausschreibungsprozess können Sie im Frachtauftrag den von Ihnen erwarteten Frachteinkaufspreis berechnen lassen. Die errechneten zu erwartenden Kosten werden ein Bestandteil des Ausschreibungsdokuments bzw. der Ausschreibungsnachricht, die an die ausgewählten Transportdienstleister kommuniziert wird.

Drei Ausschreibungsverfahren

SAP TM bietet Ihnen für die Durchführung der Transportausschreibung drei Verfahren an, die alternativ genutzt werden können. Die *Ausschreibungsverfahren* werden dabei jeweils von einem Hintergrundprozess kontrolliert, der bei einer Dienstleisterantwort oder bei abgelaufener Ausschreibungszeit den laufenden Verfahrensschritt beendet und entweder den nächsten Ausschreibungsschritt startet oder das Ausschreibungsergebnis präsentiert:

1. **Sequenzielle Ausschreibung**
   Die Ausschreibung erfolgt nacheinander und Dienstleister für Dienstleister, gestaffelt nach Priorität. Das heißt, zuerst wird der Dienstleister mit der höchsten Priorität angefragt. Antwortet er mit einer Zusage und ist der Preis akzeptabel, ist die Ausschreibung damit beendet. Antwortet er nicht, sagt er ab oder offeriert er ungenügende Bedingungen, erfolgt die Ausschreibung an den nächsten Dienstleister.
2. **Simultane Ausschreibung**
   Die Ausschreibung wird gleichzeitig an alle Dienstleister gesandt. Nach Ablauf der Ausschreibungszeit werden die Angebote miteinander verglichen, und das beste Angebot wird ausgewählt.
3. **Offene Ausschreibung**
   Die offene Ausschreibung funktioniert im Wesentlichen wie die simultane Ausschreibung, jedoch werden hier nicht nur vorausgewählte Dienstleister angefragt, die schon dem Frachtauftrag zugeordnet wurden, sondern alle im System gepflegten Dienstleister, die bestimmten Selektionskriterien (z. B. Lkw-Transporte in Norddeutschland) entsprechen.

Ausschreibungsportal und elektronische Ausschreibung

Die Ausschreibung kann entweder über elektronische Datenkommunikation erfolgen (das heißt, der Dienstleister erhält die Aufforderung zur Abgabe eines Angebots per EDI), oder Sie können den Dienstleistern Zugang zu einem *Kollaborationsportal* gewähren, in dem sie die an sie gerichteten Ausschreibungsangebote ansehen und beantworten können. Dabei können die Dienstleister auch die von Ihnen errechneten Kosten einsehen und alternative, gegebenenfalls auch günstigere Angebote unterbreiten. In Abbildung 6.57 sehen Sie den Arbeitsvorrat für die Ausschreibung von Frachtaufträgen.

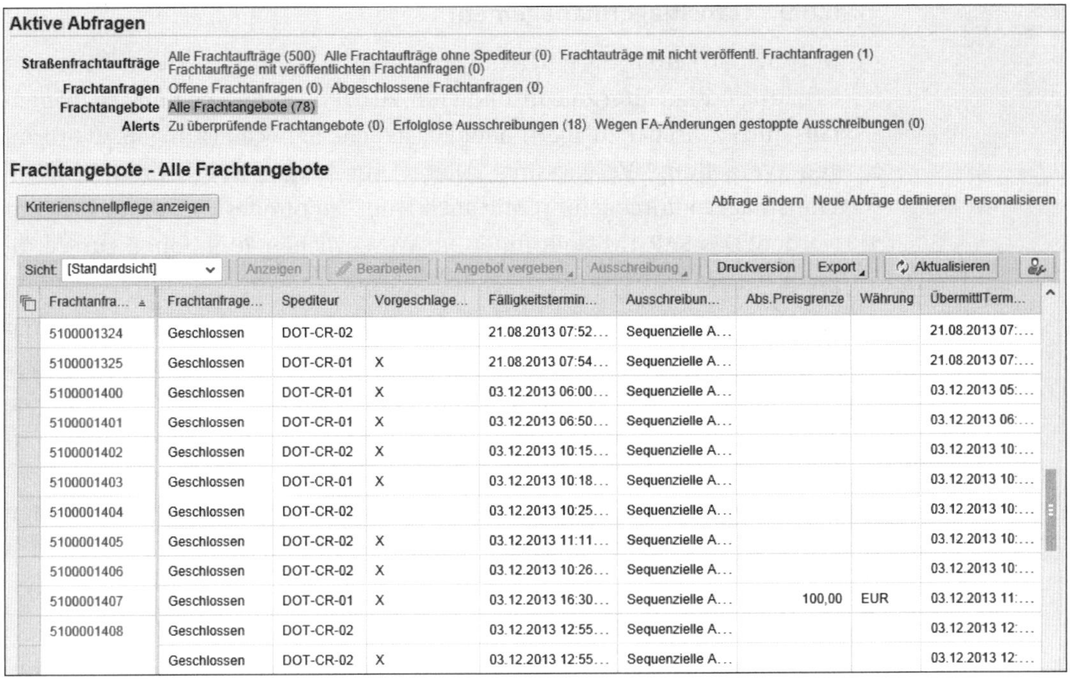

Abbildung 6.57 Arbeitsvorrat für Ausschreibungen (zu überprüfende Angebote) (Web-Dynpro-Anwendung /SCMTMS/WDA_POWL_OVP)

Neben der Ausschreibung über das Portal können Dienstleister auch eine Rechnungsübermittlung durchführen oder Tarifpreisänderungen verhandeln. In Bezug auf den Bezahlvorgang stehen ihnen sowohl Gutschriftsverfahren, Rechnungsprüfung als auch ein Disputverfahren bei Unstimmigkeiten zur Verfügung.

Transportkosten der Dienstleister

Die vom selektierten Dienstleister kommunizierten Kosten können bei der Annahme des Angebots direkt in die Frachtkostenaufstellung des Frachtauftrags übernommen werden. In den entsprechenden Sichten des Speditionsauftrags finden Sie nach der Berechnung bzw. Datenübernahme eine detaillierte Aufstellung der einzelnen Kostenpositionen (siehe analog dazu auch Abbildung 6.45 zur Preisübersicht eines Speditionsauftrags). Diese können manuell noch angepasst werden und dienen später zur Rechnungsprüfung für die Dienstleisterrechnung bzw. zur Anwendung des Gutschriftverfahrens zum Begleichen der offenen Rechnung.

Nach dem Abschluss der Ausschreibung erfolgt die eigentliche Beauftragung der ausgewählten Dienstleister über elektronische Datenkommunikation, Fax oder E-Mail.

6.6.9 Transitlagermanagement

In Transportketten, die einen oder mehrere Umschlagpunkte enthalten, ist es häufig nötig, Güter zu konsolidieren, zu dekonsolidieren und gegebenenfalls auch zwischenzulagern oder zusätzliche Serviceleistungen zu erbringen (Verzollung, Verpackung). Diese Umschlagvorgänge werden oft in Transitlagern durchgeführt, die auch Hub, Depot oder Crossdock genannt werden. Das SAP TM stellt Ihnen im Wesentlichen Funktionen zur Verfügung, die das Transportieren inklusive Laden und Entladen unterstützen.

Seit dem Release TM 9.3 können Sie den Transportprozess durch Transitlagerprozesse mit SAP EWM ergänzen. Dazu werden an den Umschlagspunkten Informationen über durchzuführende Beladungen oder Entladungen aus SAP TM an SAP EWM weitergeleitet. Die lagerinternen Prozesse wie Entladung, Dekonsolidierung, Einlagerung, Auslagerung, Verpackung, Konsolidierung und Beladung können Sie dann in SAP EWM mit den Lagerverwaltungswerkzeugen detailliert managen, wobei Ihnen natürlich auch Handheld- und Scannerunterstützung sowie technische Lagersysteme zur Verfügung stehen.

Abbildung 6.58 veranschaulicht dieses Zusammenspiel. Im Lagerverwaltungssystem erfasste Lagerungs- und Handlingvorgänge können Sie zudem in SAP EWM kostenmäßig bewerten und über SAP TM mit abrechnen.

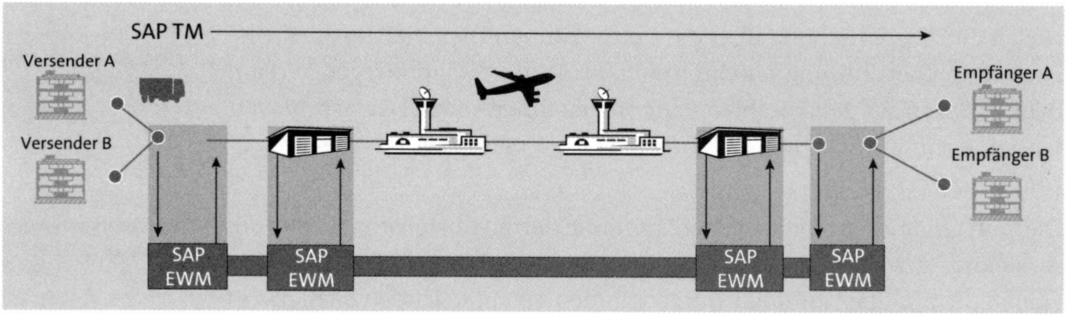

Abbildung 6.58 Integration zwischen dem Transportprozess in SAP TM und dem Transitlagermanagement in SAP EWM

6.6.10 Transportkostenmanagement

Das *Transportkostenmanagement* ist ein mächtiges Werkzeug in SAP TM, mit dem Sie alle in Transportprozessen anfallenden Kosten und Einkünfte berechnen können:

- erwartete Einkünfte aus dem Verkauf von Transportdienstleistungen
- Kosten für den Einkauf von Transportdienstleistungen

- interne Kosten für die Verwendung eines eigenen Fuhrparks
- interne Verrechnungen zwischen Organisationseinheiten eines Logistikdienstleisters

Elemente des Transportkostenmanagements

Der Bereich des Transportkostenmanagements setzt sich im Wesentlichen aus folgenden Elementen zusammen:

1. Vertrags-, Tarif- und Frachtratendaten (Stammdaten)
2. operative Kostenstrukturen in den Auftragsbelegen
3. abrechnungsrelevante Kostenstrukturen in den Abrechnungsbelegen
4. ein- und ausgehende Rechnungen und interne Verrechnungen
5. Buchungen in der Kostenrechnung und im Finanzwesen

Wie in Abbildung 6.32 dargestellt, finden Sie die Elemente 1, 2 und 3 in SAP TM, die Elemente 4 und 5 sind Bestandteil von SAP ERP.

Stammdaten der Transportkosten

Die *Stammdaten* der Transportkosten sind mehrstufig aufgebaut, wobei Elemente der mittleren und unteren Stufen wiederverwendbar sind (siehe Abbildung 6.59).

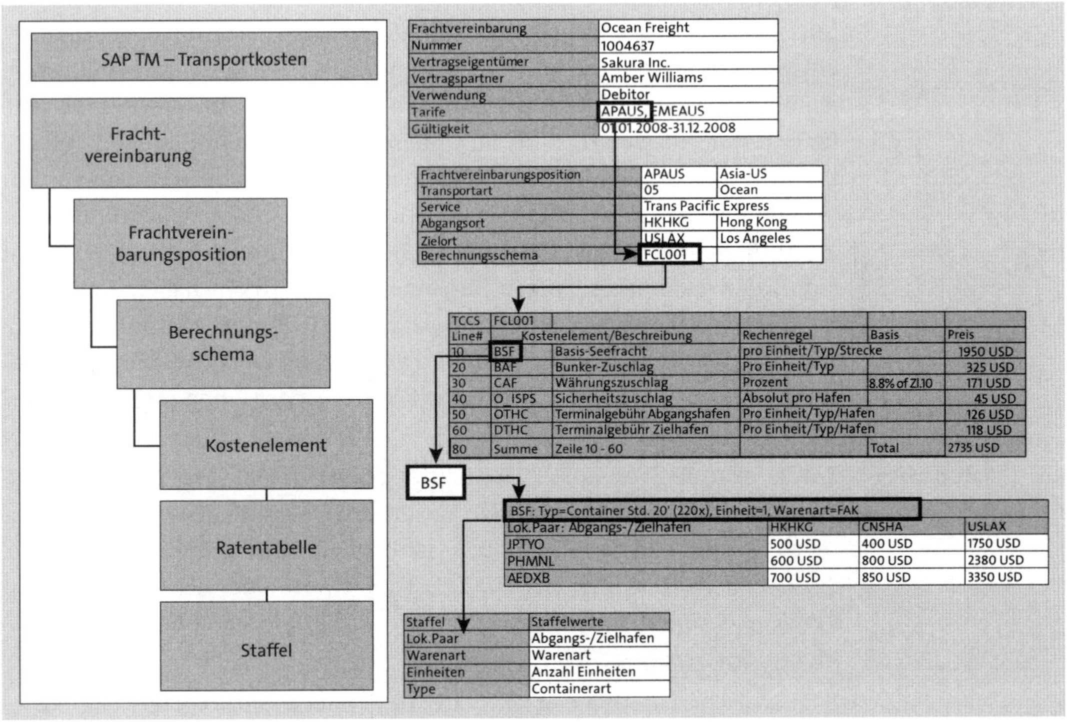

Abbildung 6.59 Aufbau der Transportkostenstammdaten

Speditions- und Frachtvereinbarungen

Die oberste Ebene der Definition bilden die *Speditions-* bzw. *Frachtvereinbarungen*, die ein Kontraktverhältnis zwischen Partnern festlegen, mit dem Ziel, Transportpreise für Frachteinkauf, -verkauf und -verrechnung zu bestimmen. Neben den Vertragspartnern und der Verwendungsart (Einkauf, Verkauf) lassen sich z. B. Gültigkeitsfristen, Währungsdefinitionen und Gültigkeitsbedingungen festlegen.

Jede Speditions- bzw. Frachtvereinbarung enthält eine oder mehrere Positionen, die im Rahmen der Vereinbarung anwendbar sind. Eine solche Position entspricht einem Tarif und definiert die Art, wie Transportkosten für bestimmte Transportvorgänge berechnet werden. Die Position wird außerdem durch die Festlegung von Bedingungen für ihre Anwendbarkeit definiert; im Beispiel in Abbildung 6.59 sind dies die Transportart *Seefracht* und die Abgangs-/Zielhäfen *Hongkong* und *Los Angeles*. Weitere Bedingungen können Sie z. B. für Warenarten, Transportzonen oder Servicebedingungen definieren.

Berechnungsschema

In jeder Vereinbarungsposition ist ein *Berechnungsschema* referenziert, das die einzelnen Kostenelemente und ihre Abhängigkeit definiert. Ein Berechnungsschema kann eine beliebig lange Liste von einzelnen Kostenelementen sein (z. B. See-Basisfracht, Bunker-Zuschlag, Terminalgebühr), die entweder mit absoluten Werten, prozentual mit Bezug zu anderen Kostenelementen oder mit Verweis auf eine Berechnungsvorschrift (z. B. eine Ratentabelle) definiert sind. Besondere Kostenelemente stehen für die Definition von Zwischensummen oder Kostenausschlussvorgängen zur Verfügung (z. B. Wahl des jeweils günstigeren kalkulierten Frachtpreises bei Berechnung nach Frachtgewicht nach -volumen). Jedes Kostenelement kann wiederum Bedingungen für seine Anwendbarkeit haben. Das heißt, Sie können z. B. Kostenelemente definieren, die nur bei bestimmten Incoterms angewendet werden. Abbildung 6.60 zeigt eine Tür-zu-Tür-Speditionsvereinbarung für Seefracht, bei der Vertragspositionen für Haupt-, Vor- und Nachlauf hinterlegt sind.

Ratentabelle

Zur Berechnung von Kostenelementen werden in vielen Fällen *Ratentabellen* herangezogen, die auf Staffeln basieren, die die Dimensionen der Ratentabelle darstellen. Eine Ratentabelle kann bis zu neun Dimensionen haben, bei denen die Staffeln entweder als Direktwerte oder als Von- bzw. Bis-Bereiche definiert sind. Darüber hinaus ist die Angabe von Minimal- bzw. Maximalpreisen möglich.

Eine typische Ratentabelle kann z. B. in der Seefracht folgende Dimensionen haben:

- Abgangshafen (Hamburg, Rotterdam, Antwerpen)
- Zielhafen (Singapur, Hongkong, Shanghai)

- Containertyp (20-Fuß-Standard, 40-Fuß-Standard, 40-Fuß-Kühlcontainer)
- Warenart (allgemeine Fracht/FAK, Elektronik, Gefahrgut)
- Servicegrad des Transports (unter Deck, auf Deck)

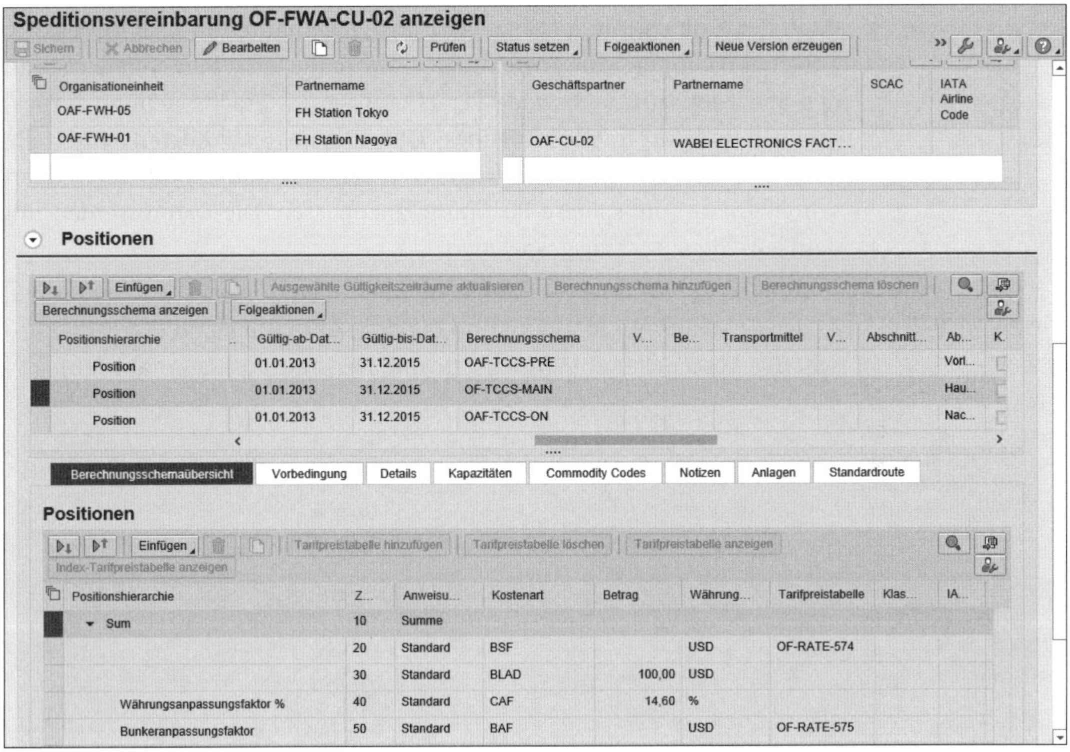

Abbildung 6.60 Speditionsvereinbarung für Seefracht mit Vor- und Nachlauf (Web-Dynpro-Anwendung /SCMTMS/TCM_EFA_CU)

In Abhängigkeit von diesen fünf Dimensionen ist dann der Preis pro Container definiert, der während der Berechnung im Berechnungsschema mit der Anzahl der entsprechenden Einheiten multipliziert wird. Natürlich können Sie beliebige andere Dimensionen für Ihre Ratentabellen wählen. Statt der Angabe von Einzelhäfen ist z. B. auch die Angabe von Hafenpaaren möglich. Für Maßangaben (Gewicht, Volumen, frachtpflichtiges Gewicht etc.) sind Bereichsangaben, Rundungsformeln und eine Schnittgewichtsberechnung möglich.

Operative Kostenstrukturen

Die operative Berechnung der Transportkosten wird immer entweder aus dem Speditionsauftrag (Berechnung der Verkaufspreise) oder aus dem Frachtauftrag bzw. aus der Frachtbuchung angestoßen (Berechnung der Einkaufspreise). Die Anbindung der Frachtkostenermittlung an diese Belege ist auch in Abbildung 6.32 dargestellt.

Die Daten des jeweiligen Auftrags werden in einem standardisierten Format an die Frachtkostenermittlung übergeben. Dort werden zunächst die anzuwendenden Frachtvereinbarungen und die relevanten Positionen ermittelt. Damit liegen dann die Berechnungsschemata fest.

Nach der Kalkulation der einzelnen Kostenelemente (unter Berücksichtigung der Bedingung zur Anwendbarkeit) wird die fertig berechnete Liste an den Speditionsauftrag bzw. den Frachtauftrag/die Frachtbuchung zurückgegeben und dort mit dem Business-Objekt in der Sicht **Kosten** dargestellt. Hier können Sie auch noch Beträge, Wechselkurse und andere Daten überschreiben, um die spätere Rechnung anzupassen. Die Daten werden mit dem jeweiligen Auftrag gespeichert.

Kostensicht eines Speditionsauftrags

In Abbildung 6.61 ist die Kostensicht eines Speditionsauftrags dargestellt, in der verschiedene Attribute und Bereiche enthalten sind (Berechnungsschema, Kostenelemente, Frachtrate und Basisrate aus Ratentabellen).

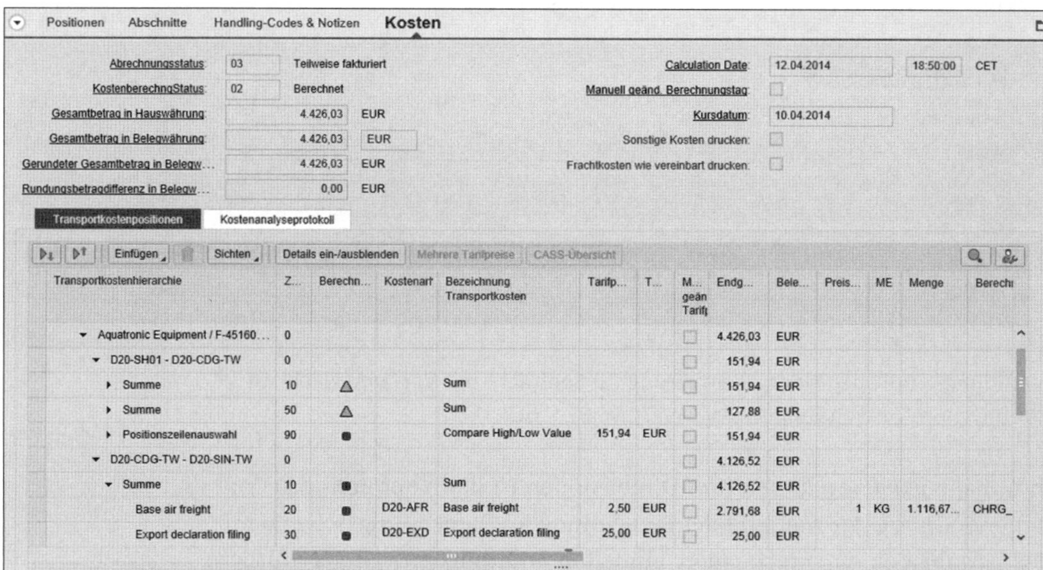

Abbildung 6.61 Aufbau und Zuordnung der Transportkosten in den Auftragsbelegen (Speditionsauftrag, Frachtauftrag)
(hier: Web-Dynpro-Anwendung /SCMTMS/FWD_ORDER)

Ereignisbasierte Kostenberechnung

Im Zusammenspiel mit SAP Event Management können Sie ab SAP TM 9.1 eine ereignisbasierte Kostenberechnung durchführen. Im Event Handler werden dabei Meilensteine hinterlegt, die kostenrelevant sind. Werden diese Meilensteine erreicht oder überschritten, kann SAP Event Management Faktoren oder Zeitdauern berechnen, die an SAP TM zurückkommuniziert werden, um darauf basierend Kostenelemente zu berechnen. Diesen

Prozess können Sie z. B. zur Standgeldberechnung oder zur ereignisbasierten Berechnung von Zusatzkosten einsetzen (Wartezeiten, ausgeführte Sonderaufgaben).

Abrechnung und Integration ins Finanzwesen

Wenn der Zeitpunkt der Rechnungsstellung bzw. Rechnungsprüfung erreicht ist, werden *Speditions-* bzw. *Frachtabrechnungsbelege* erstellt, die in SAP TM eine Pro-forma-Rechnung repräsentieren. Da die eigentliche Rechnungsstellung bzw. Rechnungsprüfung in SAP ERP durchgeführt wird, werden in SAP TM nur die Pro-forma-Belege erzeugt, die dann nach Kontrolle und Freigabe an das ERP-System übertragen werden.

Im Fall eines Speditionsauftrags wird ein Speditionsabrechnungsbeleg erstellt, der direkt transferiert wird und in der SD-Komponente von SAP ERP einen Fakturabeleg erzeugt. Dieser kann dann direkt zur Kundenfrachtabrechnung verwendet werden und ist automatisch in das Finanzwesen integriert.

Im Fall des Frachtauftrags bzw. einer Frachtbuchung wird ein Frachtabrechnungsbeleg erstellt. Dieser wird zunächst an SAP ERP übertragen, um Rückstellungen für die zu erwartende Dienstleisterrechnung zu bilden. Wird dann die Pro-forma-Rechnung übergeleitet, wird ein MM-Einkaufsbeleg (MM-Komponente von SAP ERP) für Dienstleistungen mit einem Dienstleistungserfassungsblatt erzeugt. Auf dieser Basis erfolgen sowohl die Integration ins Finanzwesen als auch eine spätere Eingangsrechnungsprüfung bzw. ein Gutschriftverfahren.

6.6.11 Integration mit SAP Event Management

Prozesskontrolle und Statusverfolgung

Zum Zweck der Prozesskontrolle und zur Statusverfolgung der Transportvorgänge ist SAP TM mit SAP Event Management integriert. Relevante Prozesse, die durch das Event Management überwacht werden müssen, werden automatisch initiiert:

- Verfolgung einer Frachteinheit
- Verfolgung eines Frachtauftrags bzw. einer Frachtbuchung
- Verfolgung einer Ressource als Anlagegut
(Container- und Waggonverfolgung)

Statusmeldung und Anzeige der Historie

Statuswerte werden SAP Event Management entweder aus dem in SAP TM laufenden Prozess, häufiger jedoch von außerhalb durch elektronische Datenkommunikation (EDI) oder interaktive Rückmeldung (z. B. Fahrzeugcomputer, On-Board-Unit) gemeldet. Die Statushistorie können Sie dann in SAP TM im Kontext des jeweiligen Business-Objekts anzeigen. In Abbildung 6.62 sehen Sie dazu die Sicht auf die Statushistorie einer Frachteinheit aus unserem Beispielprozess.

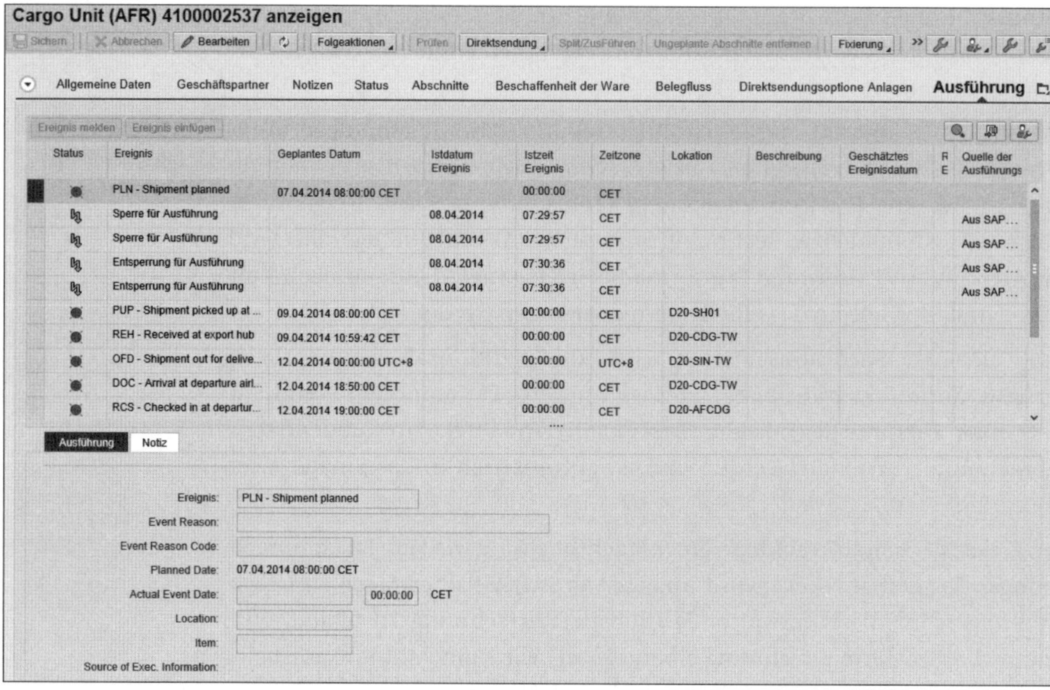

Abbildung 6.62 Statusverfolgung/Historie einer Frachteinheit (Web-Dynpro-Anwendung /SCMTMS/FRE_UNIT – Detailansicht)

6.7 Zusammenfassung

In der Welt der SAP-Lösungen gibt es mehrere Transportmanagement-Komponenten, von denen jede ihre Daseinsberechtigung hat. Als modernste der angebotenen Komponenten bietet *SAP Transportation Management* (SAP TM) die breiteste funktionale Abdeckung und die größte Flexibilität.

Für einfache Szenarien kann aber unter TCO-Gesichtspunkten (*Total Cost of Ownership*) auch der Einsatz des ERP-Transportmanagements interessant sein, weil Sie in diesem Fall kein zusätzliches System für das Transportmanagement benötigen.

Wenn Sie Anforderungen in Richtung Transportoptimierung haben, können Sie entweder ein externes Transportplanungssystem in das ERP-Transportmanagement integrieren, oder Sie wählen die APO-Transportoptimierung, die Ihnen zusätzlich die Integration in die Verfügbarkeitsprüfung bereitstellt.

Im nächsten Kapitel gehen wir auf die Lagerlogistik und das Bestandsmanagement mit SAP ein.

Kapitel 7
Lagerlogistik und Bestandsmanagement

Reibungslose Prozessabläufe in der Lagerlogistik erfordern neben Flexibilität und Transparenz auch eine lückenlose Integration in die betriebliche Wertschöpfungskette und bestehende Systemarchitektur. Moderne Lagerverwaltung bedeutet, die volle Kontrolle über alle Warenbewegungen zu haben – vom Wareneingang bis zur Auslieferung.

Ein Lager ist eine »bauliche Einheit mit allen Ressourcen und organisatorischen Regelungen, die für die Ausführung der mit der Bestands- und Lagerhaltung verbundenen Prozesse erforderlich sind, einschließlich der mit der Warenannahme und dem Versand beschäftigten Organisationseinheiten« (Pfohl, 2010; S. 124–146). Anders als diese sachliche Beschreibung impliziert die sprichwörtliche Bemerkung »Das beste Lager ist kein Lager« eine Bewertung: Sie charakterisiert ein Lager oder die Lagerhaltung als etwas Negatives, das es zu vermeiden gilt.

Letztere Aussage hat sicherlich einen wahren Kern, da Bestände (Roh-, Hilfs- und Betriebsstoffe, Halbfabrikate oder Fertigwaren) und Lagergebäude Kosten verursachen. Die Aussage zielt also auf eine Verbesserung der Wirtschaftlichkeit ab – was selbstverständlich ein wichtiger Aspekt ist.

Neben der Verbesserung der Wirtschaftlichkeit durch Kostensenkung ist die funktionale Abwicklung sämtlicher bestandsverändernder Warenbewegungen die wesentliche Aufgabe von Software zur Steuerung der Lagerlogistik und zur Verwaltung von Beständen.

Wir betrachten das Lager zusätzlich als Bindeglied zwischen der internen und der externen Logistik. In diesem Kapitel geben wir Ihnen daher einen detaillierten Überblick über die von SAP zur Verfügung gestellten Funktionen sowie über deren Integration in die logistischen Kernprozesse der Beschaffung bzw. der Distribution. Wir werden diese Funktionen mit durchgängigen Beispielen veranschaulichen – sowohl für den Inbound- als auch für den Outbound-Prozess, sowohl für WM als auch für SAP EWM.

Die Ausführungen zu SAP EWM beziehen sich auf das aktuelle Release 9.1. Wir haben uns bemüht, Ihnen einen möglichst umfassenden Überblick über die Kernfunktionen von SAP EWM zu bieten. Da wir im Rahmen dieses Buches jedoch nicht auf die Konfiguration eingehen können, empfehlen wir Ihnen das Buch *Warehouse Management mit SAP EWM*, das 2013 bei SAP PRESS erschienen ist. In ihm werden die Detailfunktionen ausführlich erläutert.

7.1 Grundlagen der Lagerlogistik

In diesem Abschnitt gehen wir auf die Grundlagen der Lagerlogistik und des Bestandsmanagements ein. Wir erläutern deren betriebswirtschaftliche Bedeutung sowie die Systeme und Voraussetzungen zur Abbildung von logistischen Prozessen.

7.1.1 Betriebswirtschaftliche Bedeutung

Gründe für die Lagerhaltung

Die Lagerlogistik als Teilbereich der Logistik beschäftigt sich mit der Aufbewahrung und Verwaltung von Waren in Lagern. Die Lagerverwaltung, das sogenannte *Warehousing*, ist Teil der Materialwirtschaft. Aus betrieblicher und betriebswirtschaftlicher Sicht kostet die Lagereinrichtung der »baulichen Einheit« Platz und bindet Werte im Anlagevermögen. Zusätzlich binden Lagerbestände Kapital im Umlaufvermögen. Dennoch sprechen aus materialwirtschaftlicher Sicht zahlreiche Gründe dafür, Bestände anzulegen und diese entsprechend zu verwalten (siehe Tabelle 7.1).

	Beschaffungslogistik	Distributionslogistik
Weitgehend lagerlose Konzepte	Fallweise Beschaffung, die durch das Auftreten eines Bedarfs den Beschaffungsvorgang auslöst	Auftragsfertigung, bei der eine Kundenbestellung die Produktion anstößt
	Fertigungs- bzw. einsatzsynchrone Beschaffung »Just in Time«	Just-in-Time-Produktion
Lagerhaltung	Vorratsbeschaffung (Eingangslager)	Lagerfertigung (Absatzlager)

Tabelle 7.1 Gründe für die Lagerhaltung

In einer Logistikkette existieren in der Regel mehrere Lager zwischen Rohstoffquellen und Endverbrauchern. Auf jeder einzelnen Stufe des Logistiknetzwerks werden somit Lagerbestände aufgebaut. Sie sorgen für den Ausgleich zwischen unterschiedlichen Bedarfs- und Zugangszeitpunkten oder stellen die Verfügbarkeit von Materialien sicher, wenn die künftige Bedarfssituation nicht vorhergesagt werden kann.

Mithilfe der Vorratsbeschaffung erfolgt eine Entkopplung der Materialbeschaffung und der Materialverwendung in den Produktions- oder Distributionsprozessen. Die Lagerhaltung erfüllt dabei primär das Ziel, eine gesicherte Materialverfügbarkeit zu gewährleisten, und stellt eine Reaktion auf die Unsicherheit im Materialbeschaffungs- und Produktionsplanungsprozess dar. Aus Sicht der Produktionslogistik ermöglicht die Lagerhaltung eine Glättung der Produktion, indem in Zeiten geringerer Nachfrage Lagerbestände aufgebaut und bei gestiegener Nachfrage wieder abgebaut werden.

Vor dem Hintergrund der logistischen Kernfunktion eines Lagers – zeitliche Überbrückung – lassen sich zwei zentrale Gründe für die Lagerhaltung identifizieren:

- Aufbau von Beständen zur Gewährleistung der Lieferfähigkeit
- Ausgleich von Liefer- und Nachfrageschwankungen

Die Sicherung der Lieferbereitschaft wird somit oft über einen erhöhten Lagerbestand und somit über eine hohe Kapitalbindung erkauft. Besonders mit Blick auf einen erhöhten Kostendruck gehört es (neben den operativen Lagerfunktionen) zu den modernen Aufgaben der Lagerlogistik und des Bestandsmanagements, einen wichtigen Treiber von Beständen zu reduzieren – die Durchlaufzeit. Hierbei sind moderne, IT-gestützte Lagerverwaltungssysteme ein wesentlicher Erfolgsfaktor.

7.1.2 Systeme und Applikationen

Erste Softwareangebote für Lagerlogistik und Bestandsführung gab es in den 1970er-Jahren. Zu Beginn wurde dabei ausschließlich von Lagerverwaltungssystemen gesprochen. Erst im Zuge einer verbesserten Funktion sowie der Implementierung von Optimierungsalgorithmen – ursprünglich eine reine ABC-Analyse – wurde zunehmend der englische Begriff des *Warehouse-Management-Systems* (WMS) in den allgemeinen Sprachgebrauch übernommen.

Vom Lagerbestandsverwaltungssystem …

Ursprünglich waren Lagersysteme reine *Lagerbestandsverwaltungssysteme*, deren Aufgabe es war, Mengen und Orte im Lager und ihre Beziehungen zueinander zu verwalten. Die Menge bezieht sich auf das eingelagerte Material, der Ort auf den jeweiligen Lagerplatz. Zusätzliche Funktionen können dabei auch die Verwaltung der Transportsysteme beinhalten.

… zum Warehouse-Management-System

Im Unterschied dazu sind moderne *Warehouse-Management-Systeme* in der Lage, komplexe Lager- und Distributionszentren nicht nur zu kontrollieren, sondern auch zu steuern und – mit Blick auf die Reduzierung der innerbetrieblichen Lagerbestände – zu optimieren. Das *Warehouse Management* bezeichnet im allgemeinen Sprachgebrauch daher die Steuerung, Kontrolle und Optimierung komplexer Lager- und Distributionssysteme. Neben den elementaren Funktionen einer Lagerverwaltung (wie Mengen- und Lagerplatzverwaltung, Fördermittelsteuerung und -disposition) gehören nach dieser Betrachtungsweise auch umfangreiche Methoden und Mittel zur Kontrolle der Systemzustände (mit Software und Automatisierungstechnik) und eine Auswahl an Betriebs- und Optimierungsstrategien zum Leistungsumfang. Die Aufgabe eines WMS besteht somit in der Führung und Optimierung von innerbetrieblichen Lagersystemen.

Anforderungen an ein WMS

Von einem leistungsfähigen Lagerverwaltungssystem wird mittlerweile nicht nur die operative Verwaltung von Materialien und ihren Lagerplätzen erwartet, sondern auch die durchgehend optimierende Steuerung und Kontrolle von Materialfluss, Betriebsmitteln und Personal, beginnend im Wareneingang über alle Lager- und Bearbeitungsstufen bis hin zum Warenausgang. In diesem Zusammenhang sind bei den meisten Unternehmen folgende Kernprozesse zu bewältigen und von einem Lagerverwaltungssystem zu unterstützen:

- Entladen eines Transportmittels und Bereitstellen der Materialien in der Wareneingangszone
- Wareneingangskontrolle
- Dekonsolidierung durch Auflösen von Ladeeinheiten und Bilden von Lagereinheiten
- Bereitstellen zur Einlagerung
- Einlagern, Lagern, Auslagern
- Kommissionieren
- Verpacken, Bilden von Ladeeinheiten und Verladen

Strategische Bedeutung des Lagers

In der betrieblichen Praxis, insbesondere aufgrund des Rationalisierungs- und Optimierungspotenzials, gewinnt das Lager zunehmend an strategischer Bedeutung. Folglich verändern sich auch ständig die Prozesse und Aufgaben, die in einem Lager stattfinden. Früher reichte es oft aus, wenn man Wareneingänge und Warenausgänge manuell buchte und die Güter einlagerte. Dies geschah meist chaotisch. Heute gestalten sich die Aufgaben des Warehouse Managements deutlich komplexer und sind auf die Unterstützung einer intelligenten IT angewiesen. RFID-Technik (*Radio Frequency Identification*), automatische Regalsysteme und Bedientechnik, Wegeoptimierung, Pick by Voice oder Robotik sind Trends, die weit über die klassischen Lagerprozesse hinausgehen und von einem modernen Lagersystem unterstützt werden müssen.

Die Leistungsfähigkeit und die Effizienz einer Logistikkette hängen dabei entscheidend vom optimalen Zusammenspiel zwischen dem zum Einsatz kommenden ERP-System und dem Lagerverwaltungssystem ab. Aus diesem Grund sind Lagerverwaltungssysteme oft in ein vorhandenes ERP-System integriert oder eng mit diesem verknüpft.

Bestandsführung und Lagerverwaltung

In einer SAP-Systemlandschaft wird zwischen der reinen Bestandsführung, dem sogenannten *Inventory Management*, und der Lagerverwaltung, dem *Warehouse Management*, unterschieden. Die Bestandsführung und -bewertung ist grundsätzlich Aufgabe eines ERP-Systems. Innerhalb der Materialwirtschaft gibt die Bestandsführung Auskunft darüber, welche Menge eines Materials sich in Summe im Bestand befindet. Die Lagerverwaltung ermöglicht eine präzise Angabe des genauen Aufenthaltsorts einer bestimmten Materialmenge im Lager und informiert zusätzlich darüber, ob sich diese Menge zum Zeitpunkt der Abfrage in Ruhe am Platz oder in Bewegung befindet.

[«]

Bestandsführung und Lagerverwaltung

In einem SAP-System wird grundsätzlich zwischen Bestandsführung und Lagerverwaltung unterschieden:

- **Bestandsführung**
  Die wesentliche Aufgabe der Bestandsführung ist die Verwaltung von Beständen hinsichtlich deren Menge und Wert. Die Bestandsführung erfolgt ungeachtet der zum Einsatz kommenden Lagerverwaltung in SAP ERP.
- **Lagerverwaltung**
  Die Lagerverwaltung befasst sich mit der räumlichen Aufteilung des Lagers, der Belegung der Lagerplätze und den Prozessen innerhalb des Lagers. Die Lagerverwaltung erfolgt hierbei entweder integriert mit SAP ERP oder dezentral, entweder auf Basis eines ERP-Systems oder mit SAP Extended Warehouse Management, einer SAP-SCM-Komponente.

Die Verwaltung und die Transparenz der vorhandenen Materialmengen sind unerlässlich, um eine exakte Aussage über die Verfügbarkeit eines Materials zu treffen. Die Warenbewegungen werden hierbei in der Regel durch Beschaffung und Distribution und die damit verbundenen Warenein- und Warenausgänge oder durch Umlagerungen verursacht.

Lagerverwaltung mit WM und SAP EWM

Seit Release SAP R/3 2.0 stellt SAP Lagerverwaltungsfunktionen zur Verfügung; SAP kann daher auf mehr als 16 Jahre Erfahrung mit der Lagerverwaltung und zahllose erfolgreiche Implementierungen zurückblicken. Seit den ersten SAP-R/3-basierten Versionen bis hin zu den aktuellen SAP-SCM-basierten Systemen wurde die Funktion ständig erweitert und den Kundenbedürfnissen entsprechend angepasst. Neben das *Warehouse Management* (WM) als Teil von SAP ERP ist 2005 das deutlich leistungsfähigere *SAP Extended Warehouse Management* (SAP EWM) getreten, das auf SAP Supply Chain Management (SAP SCM) basiert.

SAP EWM war ursprünglich ein Teil des SAP-Ersatzteilmanagement-Systems (*Spare Parts Management*). Heute ist SAP EWM eine eigenständige Anwendung, die in jeder Lagerumgebung einsetzbar ist. SAP EWM wurde für komplexe Lager und Distributionszentren mit vielen unterschiedlichen Produkten und hohen Belegvolumina entwickelt und bietet gegenüber WM viele neue und erweiterte Funktionen. Die ERP-basierte Lagerverwaltung wird durch SAP EWM nicht ersetzt, sondern um ein dezentrales Lagersystem ergänzt.

In diesem Kapitel erläutern wir daher sowohl WM (SAP ERP) als auch SAP EWM (SAP SCM) und legen einen Schwerpunkt auf die jeweilige Abbildung und Integration der logistischen Kernprozesse. Da sich beide SAP-Systeme in Hinblick auf die vorhandenen lagerinternen Funktionen teilweise überschneiden, werden wir die betroffenen Prozesse für das System beschreiben, in dem die letzte funktionale Erweiterung stattfand (in der Regel SAP EWM). Hiervon sind insbesondere die logistischen Zusatzleistungen sowie das Cross Docking betroffen. Beide sind zwar auch in SAP ERP grundsätzlich möglich, bieten jedoch in SAP EWM deutlich mehr Funktionen.

Auswahl des Lagerverwaltungssystems

Bei jedem Projektvorhaben im Bereich der Lagerverwaltung ist die Auswahl des Lagerverwaltungssystems und die damit einhergehende Systemarchitektur ein zentrales Thema. Nachdem in den letzten Jahren vielfach diskutiert wurde, ob ein zentrales oder dezentrales System implementiert werden soll und wie die Anbindung an die vorhandene Lagerautomatisierung realisiert wird, hat sich der Schwerpunkt der Diskussionen mittlerweile verlagert.

Kriterium der Wirtschaftlichkeit

Die betriebswirtschaftlichen Fragestellungen haben sich dabei nicht nur durch die Einführung des im Vergleich zu einer ERP-basierten Lagerverwaltung funktional stark erweiterten EWM-Systems geändert. Wurden in der Vergangenheit vor allem technische Einflussfaktoren betrachtet, wie z. B. der Automatisierungsgrad und die Performance, stehen aktuell vor allem wirtschaftliche Faktoren auf dem Prüfstand und sind ein vorrangiges Thema bei der Produktauswahl. Pauschal beantworten lässt sich die Frage, welches System am besten geeignet sei, sicherlich nicht. Allerdings gibt es bestimmte Anhaltspunkte und Zusammenhänge, die zumindest in eine gewisse Richtung zeigen und möglicherweise bestimmte Architekturvarianten ausschließen: Vor allem der *Automatisierungsgrad* ist jedoch nach wie vor ein sehr wichtiger technischer wie auch wirtschaftlicher Einflussfaktor, der die Entscheidung erheblich beeinflusst.

Vorteile von SAP EWM

Ist im Projekt die Anbindung von Lager- und Fördertechnik von zentraler Bedeutung, besitzt das neue SAP EWM erhebliche Vorteile gegenüber der alten Lösung. Mit der Komponente *Material Flow System* (MFS) bietet EWM seit Release 5.1 einen voll integrierten Materialflussrechner, mit dem automatische Lager- und Fördertechnikelemente angebunden und in Echtzeit gesteuert werden können. Darüber hinaus lässt sich in SAP EWM die Anbindung von *speicherprogrammierbaren Steuerungen* (SPS) sowie die Abbildung von Meldepunkten, Regalbediengeräten oder Fördersegmenten durch Standardkonfiguration realisieren. Neben dem Automatisierungsgrad gibt es eine Reihe weiterer Einflussfaktoren für die Bestimmung der Systemarchitektur, die jeweils mit den spezifischen Anforderungen eines Unternehmens abgeglichen werden müssen.

7.1.3 Organisationsstrukturen und Stammdaten

Für die Steuerung der logistischen Prozesse und der operativen Verwaltung von Material und den dazugehörigen Mengen spielen *Organisationsstrukturen* eine wichtige Rolle. Darüber hinaus basiert auch die systemtechnische Integration der dezentralen Lagerverwaltung mit SAP EWM auf einer Zuordnung von SAP-ERP- und SAP-SCM-Organisationseinheiten, also auf der Frage, ob das dezentrale System für die lagerseitige Ausführung verantwortlich ist oder nicht.

Lagernummer

Zentrales organisatorisches Element ist die *Lagernummer*, die auf den untergeordneten Lagerstrukturen basiert und als technische und organisatorische Einheit des Lagerverwaltungssystems dessen komplexe räumliche Struktur sowie die räumlichen Gegebenheiten abbildet. Die Lagernummer entspricht in der betrieblichen Praxis einem Lagerkomplex oder einem einzelnen Lagergebäude. Über diese Funktion hinaus ist sie das zentrale Element, auf dem lagerspezifische Materialstammdaten gesichert werden, wie z. B. Informationen zur Palettierung, Einlagerung und Auslagerung.

Zuordnen von Lagernummern

Lagernummern können einer bestimmten Werk-Lagerort-Kombination zugeordnet werden (siehe Abbildung 7.1). Diese Zuordnung stellt eine Verknüpfung zwischen der Bestandsführung und der Lagerverwaltung dar und ermöglicht die Nutzung der Lagerverwaltungsfunktionen mit SAP ERP oder SAP EWM (siehe auch Kapitel 2, »Organisationsstrukturen und Stammdaten«).

Organisationsstrukturen und Zuordnung

Abbildung 7.1 zeigt die Werkstruktur eines Unternehmens mit zwei Produktionsstandorten – München und Nürnberg. Die jeweiligen Werke sind unterschiedlichen Lagerorten, die Lagerorte wiederum eindeutig einer bestimmten WM-Lagernummer zugeordnet. Die untergeordneten Lagerstrukturen der Lagernummern *Zentrallager* und *Erlangen* sind in SAP ERP abgebildet. Das Lager *Flughafen*, das den Lagerorten *Erding 1* und *Erding 2* zugeordnet ist, ist ein dezentrales Lager, das von beiden Produktionsstandorten genutzt wird. Die Lagernummer *Flughafen* ist als dezentrales Lager gekennzeichnet und mit einer SAP-EWM-Lagernummer verknüpft.

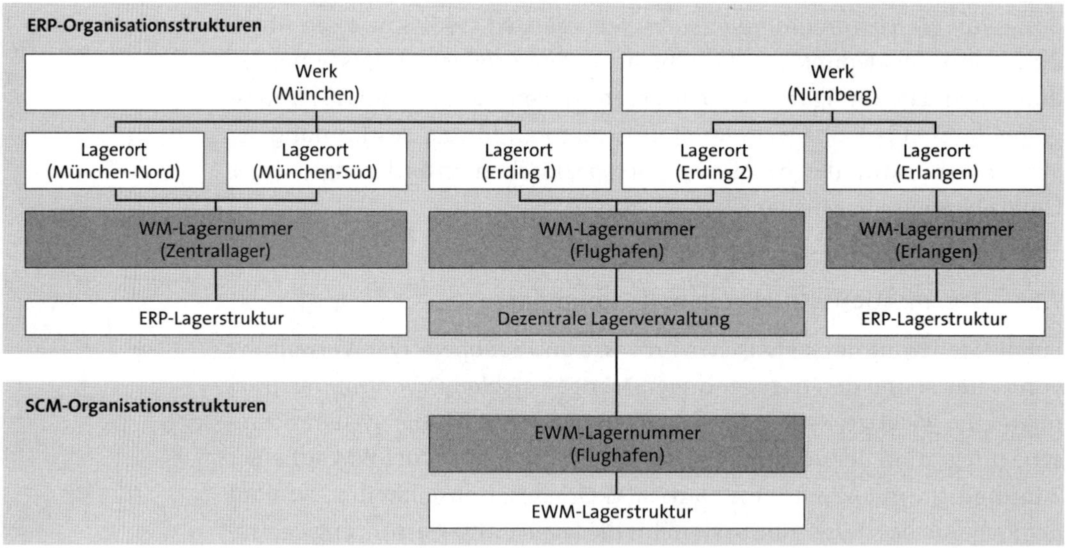

Abbildung 7.1 Organisationsstrukturen der Lagerverwaltung

Organisatorische Integration von SAP EWM

Die in einem EWM-Lager gelagerten Materialien werden mengenmäßig auf Lagerortebene geführt. SAP EWM ist hierzu nahtlos in die Bestandsführung von SAP ERP integriert. Die Integration erfolgt durch eine direkte Zuordnung einer ERP-Lagernummer zu einer EWM-Lagernummer und einer Systemeinstellung, die diese zugeordnete ERP-Lagernummer eindeutig als ein dezentrales Lager kennzeichnet. Die Lagernummer von SAP EWM hat eine ähnliche Funktion wie die Lagernummer in SAP ERP. Obwohl SAP EWM komplett neu entwickelt wurde und daher funktional nicht mit dem SAP ERP Warehouse Management verwandt ist, bezeichnet auch die EWM-Lagernummer den physischen Ort, an dem Material gelagert und verwaltet wird. Die eigentliche Strukturierung des Lagers, die Zuordnung der Lagerstrukturelemente zur Lagernummer, richtet sich nach dem jeweiligen Lagerverwaltungssystem und wird zusammen mit den systemspezifischen Lagerprozessen und deren Integration in den folgenden Abschnitten erläutert.

Sowohl WM als auch SAP EWM nutzen das *Inventory Management* (IM, ein Teil der Materialwirtschaft von SAP ERP) zur mengen- und wertmäßigen Bestandsführung. Daher gehen wir im Folgenden zunächst auf die Grundlagen der Bestandsführung in SAP ERP ein, bevor wir Ihnen die wesentlichen Unterschiede der Lagerstrukturierung und -verwaltung sowohl mit SAP ERP als auch mit SAP EWM näher erläutern.

7.2 Bestandsführung

Die *Bestandsführung* ist ein Teil der Materialwirtschaft. Als deren zentraler Bereich ist sie nahtlos in sämtliche logistischen Prozesse integriert, die eine Bestandsveränderung hervorrufen (siehe Abbildung 7.2). Diese Integration bezieht sich aus logistischer Sicht auf die bewegten Mengen, buchhalterisch auf die bewegten Werte. Bei allen Vorgängen greift die Bestandsführung auf die jeweiligen Stammdaten sowie auf die Bewegungsdaten zu.

Integration in die Produktionslogistik

Die *Bedarfsermittlung* nutzt die Bestandsführung, deren physische Bestände sowie die geplanten Zugänge und Abgänge zur Disposition und Ermittlung der Bedarfe. Bedarfe werden entweder intern oder extern beschafft. Die externe Beschaffung erfolgt für fremdbeschafftes Material in der Regel durch den Einkauf bei einem externen Lieferanten. Die interne Beschaffung erfolgt durch Eigenfertigung oder durch eine interne Beschaffung bei einem anderen Werk mithilfe von Umlagerbestellungen.

Bei der *Eigenfertigung* sorgt die Bestandsführung zum einen für die Bereitstellung der Komponenten, zum anderen wird der Zugang der Fertigprodukte in den Bestand erfasst. Fertigerzeugnisse werden so lange im Bestand geführt und gelagert, bis sie an Kunden geliefert oder für andere interne Zwecke verwendet werden.

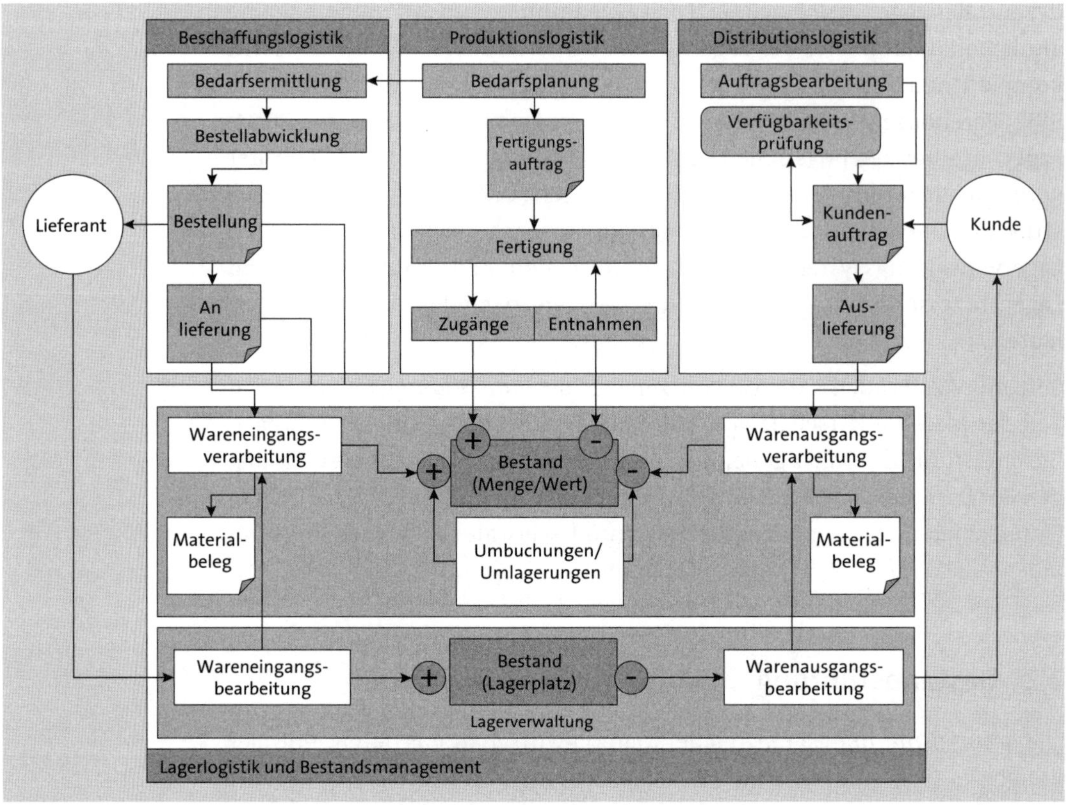

Abbildung 7.2 Übersicht über Bestandsführung und Lagerverwaltung

Integration in die Beschaffungslogistik

Im *Einkauf* erfolgt die externe Beschaffung von Material durch eine Bestellung bei einem externen Lieferanten. Die Integration der Bestandsführung erfolgt durch den Wareneingang mit Referenz auf die Bestellung oder die Anlieferung. Wareneingänge führen grundsätzlich zu einer Bestandserhöhung. Die Bestandsführung dokumentiert in diesem Zusammenhang die tatsächlich erhaltene Menge und ermöglicht bei der anschließenden Rechnungsprüfung die Kontrolle und Prüfung, ob die Mengen und Werte der Bestellung und des Wareneingangs mit denen der Rechnung übereinstimmen.

Integration in die Distributionslogistik

Entnahmen aus dem Bestand erfolgen nicht nur durch die Fertigung, sondern auch für die Belieferung von *Kundenaufträgen*. Bereits bei der Kundenauftragsbearbeitung kann das System prüfen, ob das benötigte Material zum gewünschten Liefertermin in ausreichender Menge zur Verfügung steht. Hierbei berücksichtigt die Verfügbarkeitsprüfung Bedarfsmengen geplanter Zugänge und weitere Abgänge bereits bestätigter Kundenaufträge. Bei der Erstellung der Auslieferung wird die zu liefernde Menge als Lieferung an den Kunden fortgeschrieben und bei der Warenausgangsbuchung vom Gesamtbestand abgebucht.

Bewegungsarten

Warenbewegungen führen zu Bestandsveränderungen. Die eigentliche Warenbewegung wird dabei in einem ERP-System durch sogenannte *Bewegungsarten* gesteuert. Die Bewegungsart, ein dreistelliger Schlüssel, identifiziert eine Warenbewegung und steuert, wie sie erfolgen soll und welche Auswirkungen sie im System hat. Diese Auswirkungen betreffen neben der Mengen- und Wertfortschreibung auch die Nachrichten, die vom System bei einer Warenbewegung erzeugt werden können, sowie die Art der buchbaren Bestände.

Bestandsarten

Für die Bestandsführung ist es nicht nur von Bedeutung zu wissen, welche Menge eines Materials an einem bestimmten Lagerort oder in einem bestimmten Werk liegt, sondern auch, um welche Art von Bestand es sich hierbei handelt (siehe Abbildung 7.3). Die Bewegungsart steuert für jede Warenbewegung, welche *Bestandsart* gebucht werden darf, ob es sich um einen frei verwendbaren Bestand handelt oder um einen Bestand, der einer bestimmten Sperre unterliegt. Eine genaue Kenntnis dieser Differenzierung ist unerlässlich, um z. B. eine genaue Auskunft über die Verfügbarkeit eines Materials zu geben. Wenn sich die Verwendbarkeit eines Materials ändert, können Umbuchungen zwischen den verschiedenen Bestandsarten durchgeführt werden. Bei dieser Art von Umbuchung kann auch eine physische Warenbewegung an einen anderen Lagerort erfasst werden. Bestandsarten unterscheiden die Bestände eines Materials demnach in Bezug auf den Verwendungszweck, die Verwendbarkeit und Sonderbestände.

Über die verschiedenen Bestandsarten werden nicht nur Bestandsmengen ausgewiesen, sondern es wird auch die Verfügbarkeit eines Materials in verschiedenen Abteilungen abgebildet. So ist z. B. der Bestellbestand für die Disposition zur Bedarfsdeckung schon verfügbar, kann hingegen in der Materialwirtschaft nicht frei verwendet werden, da noch kein Wareneingang erfolgte (siehe Abbildung 7.3).

Bestandsarten im Wareneingang

In der betrieblichen Praxis werden Wareneingänge von einem externen Lieferanten nicht sofort in einen frei verwendbaren Bestand gebucht, sondern zunächst einer Qualitätsprüfung unterzogen. Je nach Ergebnis dieser Prüfung wird das Material entweder vereinnahmt (und damit in den frei verwendbaren Bestand gebucht) oder gesperrt. Das Material auf dem gesperrten Bestand wird anschließend an den Lieferanten zurückgeschickt.

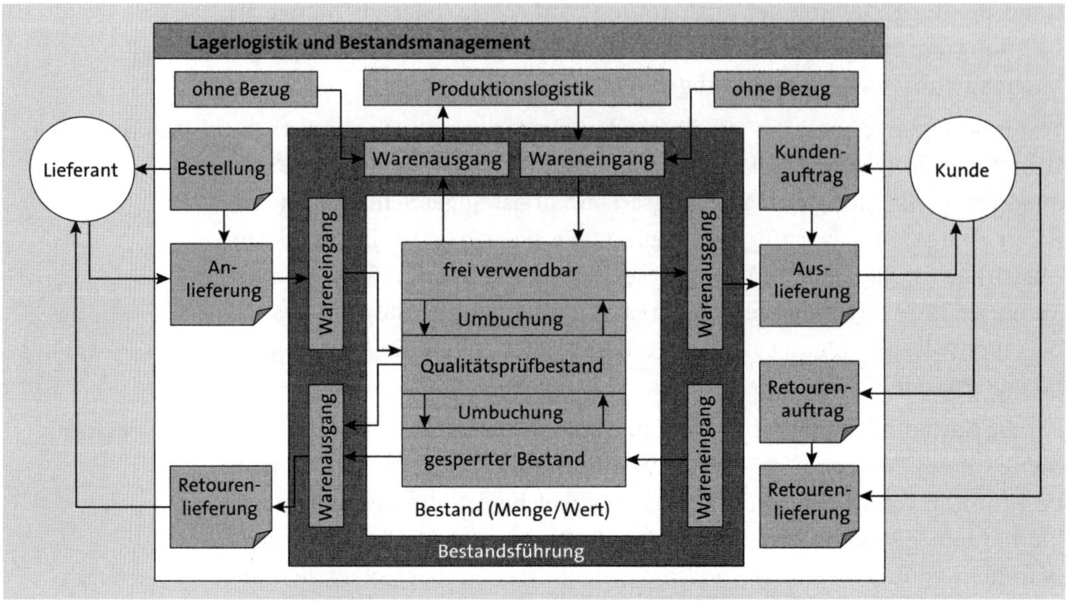

Abbildung 7.3 Bestandsarten und Warenbewegungen

Bestandsarten zur Materialverfügbarkeit

Folgende Bestandsarten geben einen Hinweis auf die Materialverfügbarkeit:

- **Konsignationsbestand**
  Ein Konsignationsbestand ist ein Material, das ein Lieferant in Ihrem Lager bereitstellt, das jedoch erst bei der Entnahme/Übernahme in das Eigentum Ihres Unternehmens übergeht und abgerechnet wird.
- **Frei verwendbarer Bestand**
  Nur aus diesem Bestand kann das Material an die Produktion oder den Vertrieb ausgegeben werden.
- **Gesperrter Bestand**
  Material, das nicht ausgegeben werden soll
- **Qualitätsprüfbestand**
  Material, das erst nach einer Prüfung verbraucht werden soll
- **Wareneingang Sperrbestand**
  Material, das nur unter Vorbehalt angenommen wurde

Bewertete und unbewertete Bestände

Diese allgemeinen Bestandsarten unterscheiden sich im Wesentlichen durch die Verwendbarkeit des Bestands. Zusätzlich unterscheidet das System noch zwischen bewerteten und unbewerteten Beständen. Der Qualitätsprüfbestand ist z. B. ein bewerteter Bestand, der einer Verwendungseinschränkung unterliegt. Ein Retourensperrbestand ist ein gesperrter Bestand mit Material, das von Kunden zurückgeschickt und unter Vorbehalt angenommen wurde. Bis zur endgültigen Entscheidung ist er daher weder bewertet noch frei verwendbar. Aufgrund ihrer Bedeutung für die Bestandsführung wird die Bestandsbewertung in Abschnitt 7.2.2 näher erläutert.

Umbuchung zwischen Bestandsarten

Abbildung 7.4 zeigt eine Umbuchung in SAP ERP. Das Material, ein »Rohling für Spiralgehäuse«, wird im Lager »Hamburg« vom frei verwendbaren Bestand innerhalb desselben Lagerorts in einen Qualitätsprüfbestand gebucht. Die Umbuchung wird durch die Bewegungsart 322 gesteuert.

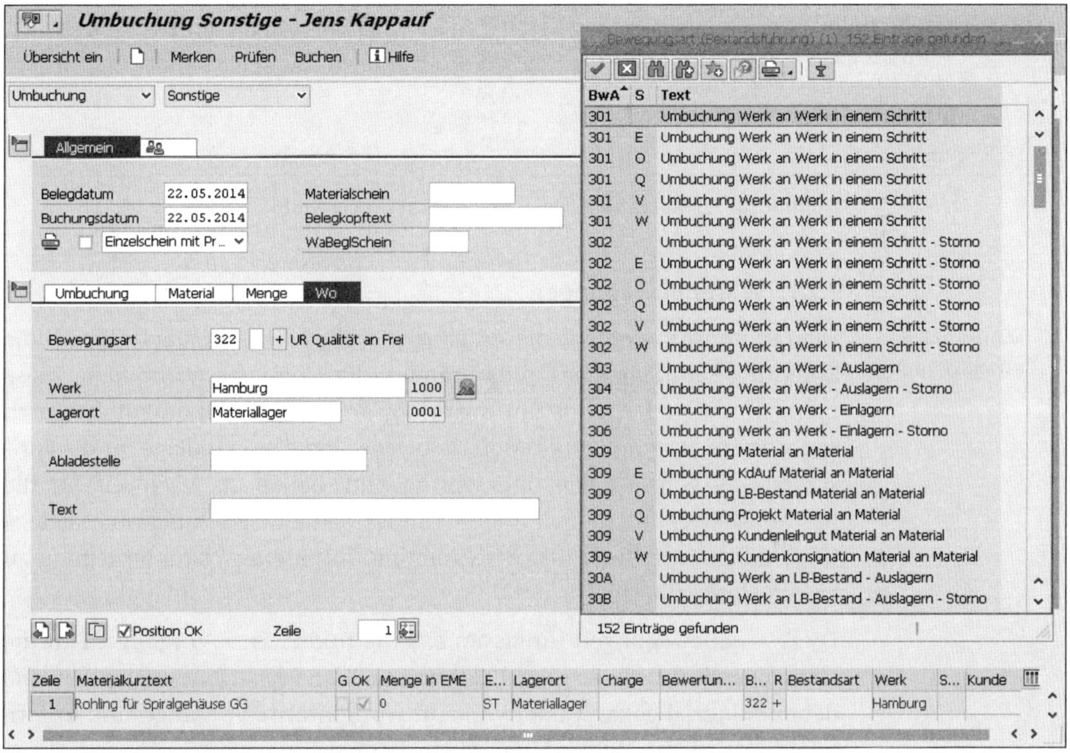

Abbildung 7.4 Umbuchung in den Qualitätssperrbestand (Transaktion MIGO)

Bestandsübersicht nach der Umbuchung

Abbildung 7.5 zeigt die Bestandsübersicht für einen »Rohling für Spiralgehäuse« mit der Materialnummer 100-110 nach der Umbuchung. Der frei verwendbare Werk-/Lagerortbestand beträgt insgesamt 539 Stück. Dieser setzt sich wie folgt zusammen: 339 Stück aus dem Werk 1000 in Hamburg sowie 200 Stück aus dem Werk 3000 in New York. 20 Stück des Materials befinden sich im Werk Hamburg in einem Qualitätsprüfbestand. Dieser Bestand ist nicht frei verfügbar.

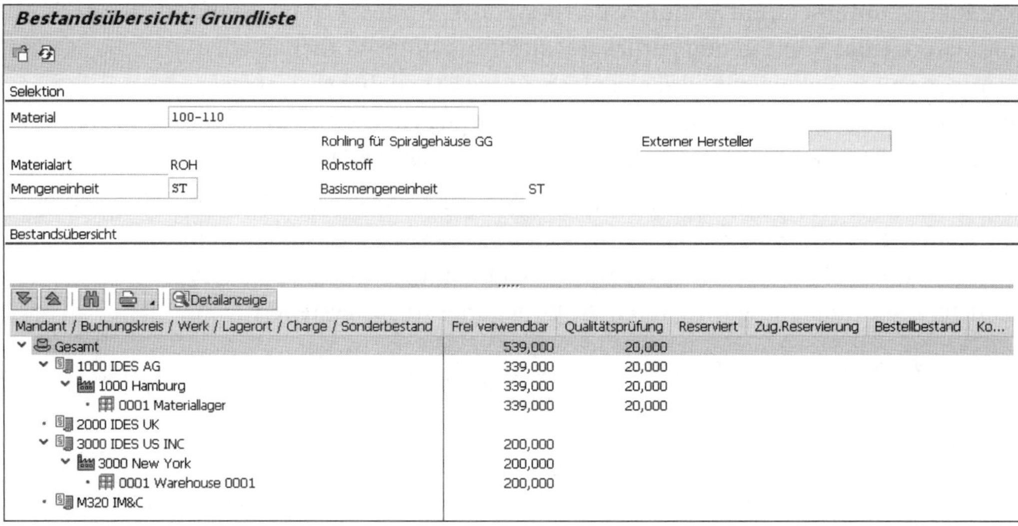

Abbildung 7.5 Bestandsübersicht (Transaktion MMBE)

7.2.1 Warenbewegungen

Mengenmäßige Bestandsführung

Die *Bestandsführung* hat die Aufgabe, die physischen Bestände durch die Erfassung sämtlicher bestandsverändernder Vorgänge abzubilden. Diese mengenmäßige Bestandsführung erfolgt in Echtzeit, dokumentiert durch sogenannte *Materialbelege*. Materialbelege sind die Grundlage für die Fortschreibung von Mengen und Werten und dienen als Nachweis für die Bestandsbewegung. Gemäß dem Grundsatz »Keine Buchung ohne Beleg« führt daher jede Bestandsfortschreibung durch eine Warenbewegung zu einem Materialbeleg.

Die Warenbewegungen umfassen *externe* und *interne* Vorgänge. Externe Vorgänge sind Prozesse der Beschaffungs- und Distributionslogistik, bei denen Material gekauft oder verkauft wird. Interne Vorgänge sind logistische Prozesse, bei denen Materialbewegungen aufgrund interner Umlagerungen oder durch Produktionsentnahmen erfolgen.

Abbildung 7.3 zeigt schematisch die Integration der Bestandsführung in die logistischen Kernprozesse, deren Abgrenzung zur Lagerverwaltung sowie die wesentlichen Warenbewegungen: Wareneingänge, Warenausgänge, Retouren, Reservierungen sowie Umlagerungen und Umbuchungen.

Auswirkungen von Warenbewegungen

Bestandsänderung und Warenbewegung

Warenbewegungen sind logistisch wirksame Vorgänge, die im System erfasst werden. Sie bewirken stets eine Änderung des Bestands und führen zu einer Fortschreibung in Echtzeit, die jederzeit einen Überblick über die aktuelle Bestandssituation ermöglicht. Neben der reinen Bestandsübersicht über Werk- und Lagerortbestände handelt es sich bei dabei z. B. um reservierte Bestände oder Mengen, die sich in einer Qualitätsprüfung befinden oder bereits bestellt und noch nicht eingetroffen sind.

Materialbeleg

Warenbewegungen werden durch sogenannte *Materialbelege* dokumentiert (siehe Abbildung 7.6).

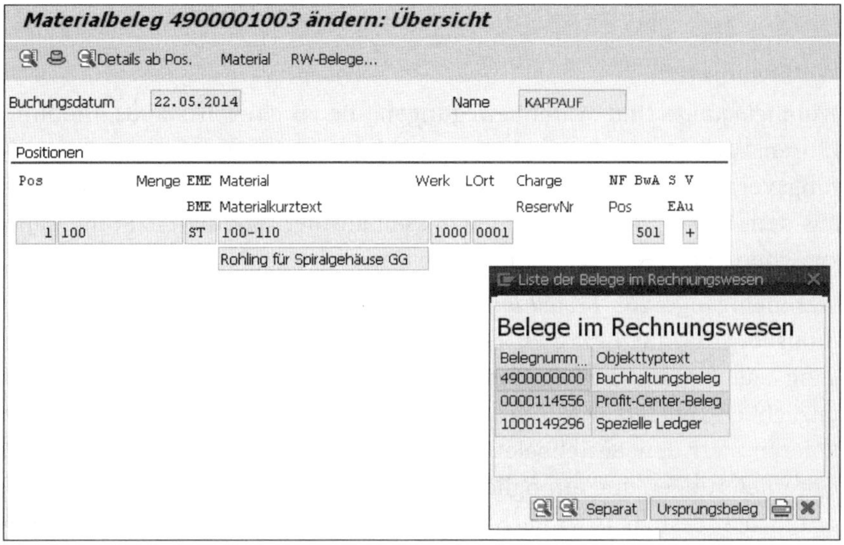

Abbildung 7.6 Materialbeleg (Transaktion MB02)

Jede Warenbewegung führt daher zu einem Materialbeleg, der zum einen als Nachweis für die Bewegung, zum anderen zum Fortschreiben der Bestandsmengen und Verbrauchsstatistik dient. Der Materialverbrauch wird anschließend von der Disposition im Rahmen der Materialbedarfsplanung für die Erstellung von Prognosen verwendet. In den Prozessen der Beschaffungs- und Distributionslogistik dienen Materialbelege darüber hinaus als Informationsquelle für die weitere Verarbeitung.

Buchhaltungsbeleg

Neben der rein mengen- und wertmäßigen Bestandsänderung hat die Warenbewegung auch eine logistische Auswirkung auf die Folgeprozesse. Wareneingänge schreiben Bestellungen fort oder erzeugen ein Prüflos für das Qualitätsmanagement; Warenausgänge führen z. B. zu einem Transportbedarf und können die Druckausgabe von Warenbegleitscheinen steuern. Die weitere Verarbeitung der Warenbewegung umfasst zudem die buchhalterische Auswirkung der Bestandsveränderung, die, falls erforderlich, durch einen *Buchhaltungs-* bzw. *Rechnungswesenbeleg* dokumentiert wird.

Abbildung 7.6 zeigt einen Materialbeleg für das Material 101-110 aus dem vorhergehenden Beispiel. Die Warenbewegung, hier ein Wareneingang von 1 Stück in den frei verwendbaren Bestand des Lagerorts 0001 im Werk 1000, erfolgt mit der Bewegungsart 501. Material 101-110 wird wertmäßig im Bestand geführt. Aus diesem Grund erzeugt das System als Folgebeleg des Materialbelegs einen Buchhaltungsbeleg mit der Nummer 4900000000. Dieser Beleg wird in Abschnitt 7.2.2, »Bestandsbewertung«, näher erläutert.

Wareneingänge

Wareneingänge sind Warenbewegungen, die zu einer Bestandserhöhung führen. Wareneingänge resultieren entweder aus einem externen Beschaffungsvorgang, dem Erhalt von Waren von einem externen Lieferanten oder aus dem Zugang von Fertigerzeugnissen aus der Produktion. Somit kann zwischen folgenden Wareneingängen unterschieden werden:

Wareneingang zur Bestellung

Wareneingänge zur *Bestellung* erfolgen durch einen externen Beschaffungsvorgang mit Bezug zu einer Lieferantenbestellung. Der Wareneingang zu diesem Einkaufsprozess ermöglicht eine Überprüfung, ob tatsächlich geliefert wird, was bestellt wurde. Darüber hinaus erlaubt die Referenz auf den Bestellbeleg eine Kontrolle der zulässigen Über- und Unterlieferungen und ermöglicht eine Bewertung des Wareneingangs aufgrund des Bestell- bzw. Rechnungspreises, da die Lieferantenrechnung ebenfalls gegen die bestellte und gelieferte Menge geprüft wird.

Wareneingang aus der Produktion

Einen weiteren Grund für einen Wareneingang liefern Fertigungsaufträge der *Produktion*. Fertigungsaufträge sind nicht nur der Auslöser der im Rahmen dieses Buchs nicht weiter erläuterten Produktionsprozesse, sondern auch ein wichtiges Planungs- und Überwachungsinstrument für Disposition und Bestandsführung. Das gefertigte Material kann in diesem Zusammenhang entweder einem bestimmten Bestand zugebucht oder sofort verbraucht werden. Der Wareneingang aus der Produktion bezieht sich in der Regel auf den Fertigungsauftrag und ermittelt durch diese Referenz unter anderem den Lagerort, auf den der Bestand bei einem Zugang des Fertigerzeugnisses in das Lager gebucht wird. Die Art des Bestands – ob es sich also um einen frei verwendbaren, gesperrten oder einen Qualitätsbestand handelt – richtet sich nach der jeweiligen Systemeinstellung im ERP-System.

Sonstige Wareneingänge

Neben den Wareneingängen aus der Produktion und Wareneingängen infolge einer externen Beschaffung gibt es in der Bestandsführung die Möglichkeit, Wareneingänge zu erfassen, die sich nicht auf einen Vorgängerbeleg beziehen. Hierbei handelt es sich z. B. um Wareneingänge zur *Bestandsaufnahme* zum Zeitpunkt einer Datenmigration aus einem Altsystem. Darüber hinaus können sowohl interne als auch externe Wareneingänge grundsätzlich ohne Belegbezug erfasst werden. Beispiele dafür sind kostenlose Lieferungen eines Lieferanten, ohne dass hierfür eine Bestellung aufgegeben wurde, oder Kundenretouren ohne Retourenauftrag und Retourenanlieferung.

Warenausgänge

Warenausgänge sind grundsätzlich bestandsmindernde Warenbewegungen, mit denen eine Materialentnahme oder ein Materialverbrauch gebucht wird. Die Entnahme von Material erfolgt in der Regel in Zusammenhang mit dem Warenversand an einen Kunden oder mit Materialverbräuchen in Zusammenhang mit Produktionsprozessen. Aus diesem Grund kann zwischen folgenden Arten von Warenausgängen unterschieden werden.

Warenausgänge im Vertrieb

Die Entnahme, die Kommissionierung und der Versand von bestellter Ware an einen externen Kunden beschreiben den logistischen Kernprozess der *Distributionslogistik*. Der Warenausgang, der dabei in Bezug auf die Auslieferung erfolgt, beschreibt dabei dessen materialwirtschaftliche Auswirkung und führt zu einer Minderung des Bestands. Bei besonders dringenden Materialanforderungen, bei denen unter Umständen kein Vorgängerbeleg vorhanden ist, kann eine Warenausgabe an einen Kunden auch ohne Versandabwicklung erfolgen.

Warenausgänge für die Produktion

Warenausgänge für die Produktion sind in der Regel *Materialentnahmen* von Roh-, Hilfs- und Betriebsstoffen für die Fertigung. Dabei wird zwischen geplanten und ungeplanten Entnahmen unterschieden. *Geplante* Entnahmen erfolgen mit Bezug zu einem Fertigungsauftrag, der für die geplanten Komponenten eine Reservierung erzeugt hat. Der eigentliche Warenausgang bezieht sich dabei auf den Fertigungsauftrag oder die von ihm erzeugte Reservierung. *Ungeplante* Warenausgänge sind Entnahmen während des eigentlichen Produktionsprozesses, in dem für einen Fertigungsauftrag festgestellt wird, dass ein zusätzliches Material oder eine abweichende Menge einer bereits entnommenen Komponente benötigt wird. Die Entnahme erfolgt damit ungeplant, ohne Bezug zu einer Reservierung, als ein sogenannter *Warenausgang ohne Bezug*.

Diese Art der ungeplanten Warenentnahme kann grundsätzlich auch für andere Verwendungszwecke erfolgen, z. B. für die Entnahme von Stichproben und den Verbrauch auf Kostenstelle oder gegen Verrechnung mit einem Innenauftrag.

Verschrottung und Stichproben

Aus Sicht der Bestandsführung handelt es sich bei einer *Verschrottung* oder bei der Entnahme einer *Stichprobe* um eine Materialentnahme und damit um einen Warenausgang ohne Bezug. Die Verschrottung erfolgt, wenn von einem bestimmten Material kein Gebrauch mehr gemacht werden kann oder es an Qualität verloren hat.

Warenausgänge für Rücklieferungen

Warenausgänge für *Retouren* sind Rücklieferungen an den Lieferanten, falls die gelieferte Ware aus irgendeinem Grund nicht der geforderten Art oder Güte entspricht. Die Rücklieferung erfolgt entweder sofort beim Wareneingang, in Bezug auf die Bestellung oder nachdem der Wareneingang gebucht wurde. Als Referenz dient der Materialbeleg des Wareneingangs oder die Bestellung, auf die sich der Wareneingang bezog. Die eigentliche Rücklieferung wird kommissioniert und verpackt, anschließend wird der Warenausgang gebucht, und die Versandpapiere werden gedruckt. Schickt der Lieferant nach Erhalt der Rücklieferung eine Ersatzlieferung, kann sich der erneute Wareneingang auf die Rücklieferung beziehen.

Reservierungen

Eine *Reservierung* beschreibt eine Anforderung an das Lager, eine bestimmte Menge von Materialien für eine spätere Entnahme bereitzuhalten. Diese Entnahme ist in der Regel zweckgebunden und wird von der Disposition berücksichtigt, um zu gewährleisten, dass das benötigte Material rechtzeitig beschafft werden kann. Reservierungen dienen der Vorplanung von zukünftigen Warenbewegungen und lassen sich grundsätzlich für Wareneingänge und Warenausgänge automatisch vom System oder manuell anlegen. In der Regel werden sie für geplante und ungeplante Warenausgänge oder zur Planung von Umlagerungen eingesetzt. Ein Beispiel für einen zweckgebundenen Warenausgang ist die Reservierung einer bestimmten Menge eines bestimmten Materials für einen Kundenauftrag.

Reservierungen dienen der Vorplanung einer zukünftigen Warenbewegung. Das Ergebnis dieser Vorplanung ist der Reservierungsbeleg, der den reservierten Bestand eines Materials um die reservierte Menge erhöht, ohne den Gesamtbestand oder den frei verwendbaren Bestand zu verändern. Aus Sicht der Materialbedarfsplanung hingegen vermindert sich der verfügbare Bestand um die reservierte Menge (siehe Abbildung 7.7).

Reservierungsbeleg

Durch eine eindeutige Referenz auf diverse Kontierungsobjekte (Aufträge, Anlagen oder Kostenstellen) erleichtern und beschleunigen Reservierungen sowohl den Wareneingang als auch den Warenausgang. Die eigentliche Reservierung wird im ERP-System als *Reservierungsbeleg* abgebildet, der aus Kopf und Positionsdaten besteht und dispositionsrelevante Informationen enthält.

Die Kopfdaten enthalten dabei Angaben über die Bewegungsart und das Kontierungsobjekt. Die Positionsdaten beschreiben die Detailinformationen des Reservierungsvorgangs: Welches Material wird wann in welcher Menge benötigt, aus welchem Werk oder Lagerort erfolgt die Bereitstellung und wohin soll das Material zum Bedarfstermin bewegt werden?

Bedarfs- und Bestandsliste für ein Material

Abbildung 7.7 zeigt die Bedarfs- und Bestandsliste für das Material 101-110 im Werk 1000. Die verfügbare Menge von 2.198 Stück reduziert sich um die bereits geplanten Abgänge und erhöht sich um die geplanten Zugänge. In diesem Zusammenhang bezieht sich das Dispo-Element MR-RES auf eine Reservierung, die den Bestand um 1.000 Stück mindert. Die Dispo-Elemente BS-EIN z. B. sind geplante Zugänge aufgrund externer Beschaffungsvorgänge, die den Bestand um die Beschaffungsmengen erhöhen.

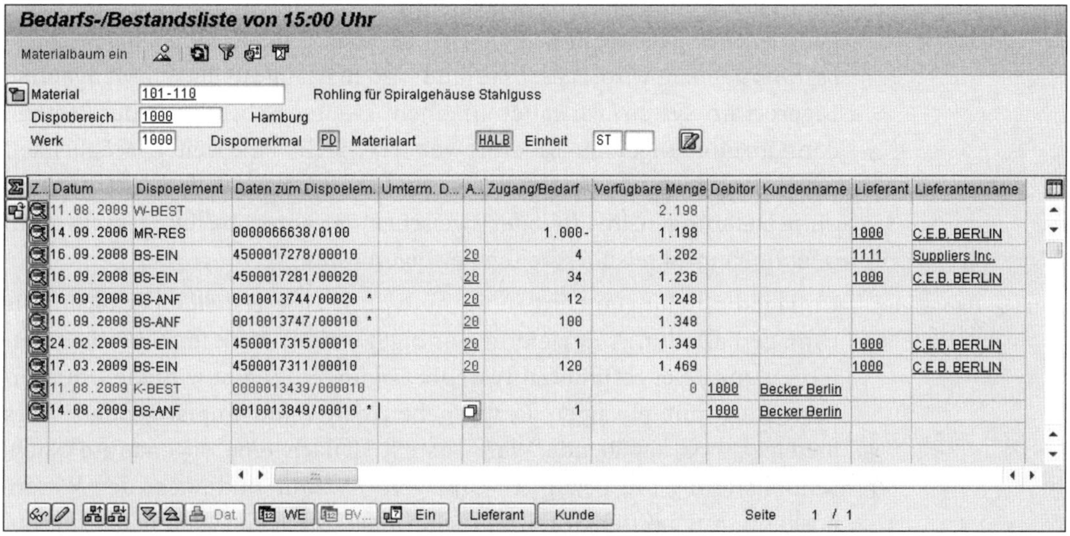

Abbildung 7.7 Bedarfs-/Bestandsliste (Transaktion MD04)

Umlagerungen und Umbuchungen

Bestände werden in der Regel nicht ausschließlich zentral an einer Stelle, sondern oft dezentral, also an verschiedenen Orten geführt. Hier kann es notwendig sein, Materialien, die an einem bestimmten Lagerort gelagert sind, aufgrund innerbetrieblicher Erfordernisse an einen anderen Lagerort umzulagern oder ihre Bestandsattribute buchmäßig zu verändern.

Umlagerungen

Eine *Umlagerung* bezeichnet einen zweistufigen Vorgang, bei dem Material aus einem bestimmten Lagerort ausgelagert und an einem anderen Lagerort eingelagert wird. Die Umlagerung zwischen verschiedenen Lagerorten kann sowohl innerhalb desselben Werks als auch werksübergreifend zwischen zwei (oder mehr, dann aber immer paarweise) Werken oder Buchungskreisen erfolgen. Umlagerungen zwischen Lagerorten innerhalb eines Werks führen zu einer Fortschreibung der Bestandsmengen in beiden Lagerorten – also zu einer Bestandsreduktion im abgebenden Lagerort sowie zu einer Bestandserhöhung im empfangenden Lagerort. Umlagerungen zwischen Werken haben, neben der Bestandsveränderung, unter Umständen auch eine buchhalterische Auswirkung, wenn beide Werke unterschiedlichen Bewertungskreisen angehören.

Umlagerbestellungen

Die Umlagerung kann wahlweise in einem oder in zwei Schritten erfolgen. Das sogenannte *Einschrittverfahren* besteht aus einem Warenausgang aus dem abgebenden Lagerort und einem Wareneingang beim empfangenden Lagerort. Beim Einschrittverfahren wird lediglich ein einziger Materialbeleg im System erfasst. Das *Zweischrittverfahren* ermöglicht darüber hinaus die Überwachung der umgelagerten Bestände, indem nach der Warenausgangsbuchung der Bestand zunächst in einen sogenannten *Umlagerungsbestand* gebucht wird. Dieser Bestand wird in Bezug auf den empfangenden Lagerort im System verwaltet. In einem zweiten Schritt wird der Bestand dann im empfangenden Lagerort weiterverbucht. Eine weitere Möglichkeit zur Umlagerung von Beständen bietet die *Umlagerbestellung*, die mit und ohne Lieferungen, im Ein- oder Zweischrittverfahren, buchungskreisintern oder buchungskreisübergreifend erfolgen kann.

Umlagerbestellung mit Lieferung

Umlagerbestellungen können mit und ohne *Liefererstellung* erfolgen. Die Umlagerbestellung mit Lieferung erfolgt ausschließlich im Zweischrittverfahren, mit zwei getrennten Warenbewegungen. Zuerst wird die Umlagerbestellung mit etwaigen Bezugsnebenkosten im empfangenden Werk angelegt. Das abgebende Werk erstellt danach eine sogenannte Nachschublieferung mit Bezug zur Umlagerbestellung und bucht den Warenausgang. Aus betriebswirtschaftlicher Sicht stellt die Warenausgangsbuchung einen Wertübergang dar, indem das Material dem empfangenden Werk buchhalterisch zugeordnet wird. Die eigentliche Buchung wird dabei durch den Materialbeleg und den Buchhaltungsbeleg dokumentiert, der neben der Umlagerbestellung und der Nachschublieferung im Belegfluss ersichtlich ist. Zur Überwachung der Mengen, die sich im Transfer zwischen den beiden Werken befinden, wird die ausgebuchte Menge zunächst im Transitbestand des empfangenden Werks geführt. Erst bei der Wareneingangsbuchung wird die Menge in den frei verwendbaren Bestand des empfangenden Werks gebucht. Der Transitbestand wird dabei abgebaut, der frei verwendbare Bestand erhöht.

Da das Material bereits beim Warenausgang dem empfangenden Werk buchhalterisch zugeordnet wurde, wird beim Wareneingang lediglich ein Materialbeleg erstellt (Zweischrittverfahren) und kein Buchhaltungsbeleg.

Die Bewertung des Bestands erfolgt auf Basis des Bewertungspreises im abgebenden Werk. (Die Bestandsbewertung erläutern wir im nächsten Abschnitt.) Falls die beiden Werke unterschiedlichen Buchungskreisen angehören, erfolgt eine buchungskreisübergreifende Umlagerung. In diesem Fall werden zur internen Verrechnung zwischen den Buchungskreisen bei der Warenausgangsbuchung die entsprechenden Buchhaltungsbelege erstellt.

Umlagerbestellung ohne Lieferung

Im Unterschied zur Umlagerbestellung mit Lieferungserstellung kann die Umlagerbestellung ohne Lieferung entweder im Einschritt- oder Zweischrittverfahren erfolgen. Der Prozessablauf erfolgt analog zu den beschriebenen Schritten mit dem wesentlichen Unterschied, dass die Buchung der Materialbewegungen (Einschritt- oder Zweischrittverfahren) direkt mit Bezug zum Einkaufsbeleg erfolgt, ohne dass zuvor eine Lieferung erzeugt wurde. Bei dieser Art der Umlagerung stehen dem empfangenden Werk alle Einkaufsfunktionen zur Verfügung und ermöglichen z. B. das Erfassen von Bezugsnebenkosten zur Bestellung. Der Warenausgang im abgebenden Werk erfolgt in der Bestandsführung ohne Einsatz der SAP-ERP-Vertriebskomponente (*Sales and Distribution*, SD). Im empfangenden Werk wird die ausgebuchte Menge zunächst in den Transitbestand gebucht. Bei der Wareneingangsbuchung erfolgt eine Umbuchung in den frei verwendbaren Bestand des Werks.

Umlagerbestellung mit Lieferung und Faktura

Umlagerungen zwischen zwei Werken, die verschiedenen Buchungskreisen angehören, können sowohl im Einschritt- als auch im Zweischrittverfahren erfolgen. Da das Material in den jeweiligen Buchungskreisen unterschiedlich bewertet sein kann, richtet sich bei dieser Art der Umlagerung der Bewertungspreis nicht nach dem abgebenden Werk, sondern nach den Konditionswerten, die im jeweiligen Buchungskreis hinterlegt sind. Auch hier erfolgt die Umlagerung zunächst mit einer Umlagerbestellung im empfangenden Werk. Da in der Umlagerbestellung ein Lieferant angegeben wird, dem im Lieferantenstammsatz ein Lieferwerk zugeordnet wurde (abgebendes Werk), erkennt das System, dass es sich um eine Umlagerbestellung mit Lieferung und Faktura handelt, und führt in der Bestellung eine Preisfindung durch. Die Preisfindung kann dabei auf Basis eines gepflegten Einkaufsinfosatzes erfolgen (siehe Kapitel 3, »Beschaffungslogistik«). Ist die Bestellung für den Versand fällig, erstellt das abgebende Werk eine Nachschublieferung, je nach Systemeinstellung mit oder ohne Verfügbarkeitsprüfung. Die Buchung des Warenausgangs erfolgt im Einschritt- oder Zweischrittverfahren. Im Unterschied zu den bereits beschriebenen Arten der Umlagerbestellung wird hierbei kein Transitbestand gebucht. In der Bestandsübersicht des abgebenden Werks wird die abgegebene Menge vom frei verwendbaren Bestand entnommen und in einen Lieferbestand gebucht.

Aus Sicht des Rechnungswesens werden bei einer Umlagerbestellung mit Lieferung und Faktura die Bestandskonten im liefernden Buchungskreis mit dem Bewertungspreis des Materials im Lieferwerk angepasst. Zur innerbetrieblichen Verrechnung wird die Nachschublieferung lieferbezogen fakturiert. Die Fakturierung erfolgt in der abgebenden Organisation mit einer Preisfindung nach dem üblichen Verfahren auf Basis der Konditionstechnik. Die Rechnung wird in der Regel automatisch mit einer Zahlsperre an das empfangende Werk weitergeleitet. Falls die Umlagerung im Zweischrittverfahren erfolgt, bucht das empfangende Werk den Wareneingang mit Bezug zur Lieferung. Aus Bestandssicht wird die umgelagerte Menge in den frei verwendbaren Bestand gebucht – der Bestellbestand wird reduziert, der frei verwendbare Bestand erhöht. Aus Buchhaltungssicht ist die umgelagerte Menge nun dem Buchungskreis des empfangenden Werks zugeordnet. Die Warenbewegung erzeugt daher einen Buchhaltungsbeleg mit dem Beschaffungspreis aus der Umlagerbestellung. Nach Prüfung der gelieferten Menge erfolgt eine logistische Rechnungsprüfung. Die Zahlsperre wird entfernt und die Rechnung zur Zahlung freigegeben (siehe auch Abschnitt 3.5.3, »Rechnungsprüfung und Zahlungsabwicklung«).

Umbuchungen

Im Gegensatz zu Umlagerungen bezeichnen *Umbuchungen* nicht nur die reine physische Bestandsveränderung durch dessen Bewegung, sondern auch eine Änderung der Bestandsidentifikation und Qualifikation eines Materials. Umbuchungen erfolgen z. B. bei der Übernahme von Konsignationsmaterial in den eigenen Bestand oder durch die Freigabe eines gesperrten Bestands nach der Qualitätsprüfung.

7.2.2 Bestandsbewertung

Insbesondere aufgrund der teilweise sehr hohen Kapitalbindung und Lagerhaltungskosten sollten Bestände grundsätzlich so verwaltet werden, dass jeder, der für deren Höhe verantwortlich ist, zu jeder Zeit eine exakte Auskunft über Menge und Wert erhalten kann. Die *Bestandsbewertung* hat hierbei die Aufgabe der genauen Erfassung des Kapitals, das in den Beständen gebunden ist.

Notwendigkeit der Bewertung

Die zu bewertenden Materialien werden nicht nur mengenmäßig (z. B. in Stück oder Kilogramm), sondern auch wertmäßig (z. B. in der Landeswährung) erfasst. Dies bedeutet, dass die Bewertung von Materialien nach Handels- und Steuerrecht den Nachweis über den Verbleib der am Lager geführten Materialien erbringen soll. Zusätzlich sollen die Zugänge und die

Abgänge von Materialien sowie die Bestände für die Buchhaltung, die Kostenrechnung, die Kalkulation und die betrieblichen Statistiken erfasst werden. Da Materialien zu unterschiedlichen Zeitpunkten eingekauft oder gefertigt werden und hierfür oftmals tagesaktuelle Preise relevant sind, unterliegen Materialien Preisschwankungen. Der Eingang und der Verbrauch von Materialien liegen oftmals zeitlich auseinander. Da sich die Preise verändern können, ist es notwendig, zu einem festen Zeitpunkt und nach offiziell zugelassenen Bewertungsverfahren (innerhalb des Handels- und Steuerrechts) die Materialien zu bewerten. Diese Bewertungsverfahren zur bilanziellen Bewertung von Beständen (Niederstwertermittlung, LIFO-Verfahren, FIFO-Verfahren) werden wir nicht näher erläutern. Informationen zu diesem Thema finden Sie über die weiterführenden Literaturhinweise im Anhang dieses Buchs.

Innerhalb von SAP ERP ist die Materialbewertung kein selbstständiges Arbeitsgebiet, da viele Funktionen zur Bewertung von Materialien automatisch erfolgen; und die Aufgaben, die manuell durchzuführen sind, werden je nach Organisationsstruktur des Unternehmens in der Bestandsführung oder der Rechnungsprüfung durchgeführt. Durch den integrativen Ansatz des ERP-Systems stellt die Materialbewertung eine Verbindung zwischen der Materialwirtschaft (*Materials Management*, MM) und dem *Finanzwesen* (FI) dar, die auf die Sachkonten des Finanzwesens zugreift und diese fortschreibt (siehe Abbildung 7.8).

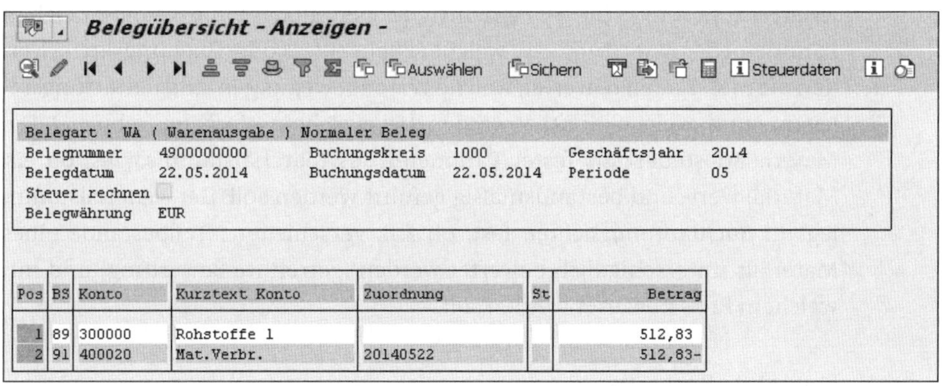

Abbildung 7.8 Buchhaltungsbeleg zur Warenbewegung (Transaktion MB02 – Detailsicht RW-Belege)

Buchhaltungsbeleg und Bestandswert

Der Buchhaltungsbeleg in Abbildung 7.8 wurde als Beleg im Rechnungswesen zu dem Materialbeleg aus Abbildung 7.6 erstellt. Gegenstand der Materialbewegung war ein Wareneingang in den frei verwendbaren Bestand. Der Buchungssatz dieses Buchhaltungsbelegs bezieht sich daher auf die Bestandserhöhung eines unfertigen Erzeugnisses (in diesem Beispiel ist es ein Rohstoff) und bucht den Materialwert in Höhe von 512,83 EUR im Soll auf das Konto 300000. Die Gegenbuchung erfolgt im Haben auf das Konto 400020, ein Bestandsveränderungskonto im Sinne eines Materialverbrauchs, dem eine entsprechende Kostenart zugeordnet ist. Der Materialwert in Höhe von 512,83 EUR (gleitender Durchschnittspreis: 5,12827 EUR) wurde vom System automatisch aus dem Materialstammsatz des zugebuchten Materials ermittelt und kaufmännisch gerundet.

Wertmäßige Bestandsführung

Die wertmäßige Führung der Materialbestände erfolgt automatisch durch das Fortschreiben der Bestände zum Zeitpunkt der Warenbewegung. Dabei kann neben der mengen- und wertmäßigen Fortschreibung der Bestände auch eine Kontierung in der Kostenrechnung erfolgen. Die wertmäßige Bestandsführung erfolgt auf der Ebene des sogenannten *Bewertungskreises*. Der Bewertungskreis ist eine organisatorische Ebene, die einem Werk oder einem Buchungskreis entsprechen kann. Der Buchungskreis leitet sich wiederum aus dem Werk über den zugeordneten Bewertungskreis ab, der die Bestände mengenmäßig führt. In der Regel erfolgt damit die Bewertung der Bestände auf Werksebene.

Systemeinstellungen und Materialart

Auf die Materialbewertung und Kontierung sind wir bereits kurz im Zusammenhang mit der Beschaffung von Verbrauchsmaterial in Kapitel 3, »Beschaffungslogistik«, eingegangen. Die Mengen- und Wertfortschreibung (siehe Abbildung 7.8) richtet sich neben den Systemeinstellungen im Wesentlichen nach der *Materialart* eines Materials (siehe auch Abschnitt 2.2.2, »Materialstamm«). Die Systemeinstellungen steuern die grundsätzlichen Parameter der Bewertung: Auf welcher Ebene (Werk oder Buchungskreis) werden die Materialien bewertet, welche Warenbewegungen sind bewertungsrelevant, und welche Konten werden bei welchem Vorgang gebucht? Die Materialart steuert als fester Parameter des Materialstammsatzes, ob ein Material wert- und bestandsmäßig geführt werden soll. Der Materialstamm legt in *Buchhaltungssichten* fest, ob z. B. verschiedene Teilbestände eines Materials unterschiedlich bewertet werden (getrennte Bewertung) und mit welchem Preis bewertet werden soll.

Bewertete Bestände

Die Steuerung des Bewertungspreises von bewerteten Beständen erfordert eine Materialart, die eine Bestandsführung und Bestandsbewertung zulässt. Die eigentliche Bewertung, der Bewertungspreis des Materials, richtet sich nach den Einstellungen zur Preissteuerung im Materialstamm.

Preissteuerung

Gemäß diesen Einstellungen können Bestände mit einem konstanten Preis bewertet werden (*Standardpreis*) oder mit einem *gleitenden Durchschnittspreis*, damit sie sich den Schwankungen des Beschaffungspreises anpassen. Gleitende Durchschnittspreise empfehlen sich für Rohstoffe und fremdbeschafftes Material, bei denen Preisschwankungen zeitnah im Bestand erfasst werden sollen. Standardpreise sind konstant und für Fertigerzeugnisse und Halbfabrikate geeignet, insbesondere für eigengefertigte Materialien.

Unbewertete Bestände

Unbewertete Bestände werden für Materialien geführt, für die zwar eine mengenmäßige, aber keine wertmäßige Bestandsführung erfolgen soll. Das sind z. B. Verbrauchsmaterialien, deren Bewertung und Mengenfortschreibung sich nach den Einstellungen der jeweiligen Materialart richtet. Da für diese unbewerteten Materialien keine Bestandswerte fortgeschrieben werden, entfällt die Pflege der Buchhaltungssichten im Materialstamm. Die Beschaffung dieser Materialien erfolgt daher ausschließlich kontiert.

Unbewertete Materialien

Bei Materialien, die sowohl mengen- als auch wertmäßig im Bestand geführt werden, führt der Wareneingang zu einer kontierten bestandsneutralen Bestellung. Die beschaffte Menge wird in den Verbrauch gebucht, der Wert auf ein Verbrauchskonto unter Belastung des jeweiligen Kontierungsobjekts (siehe auch die Beschaffung von Verbrauchsmaterial in Kapitel 3, »Beschaffungslogistik«). Der Wareneingang für *unbewertete Materialien*, die mengenmäßig geführt werden, führt zu einer Bestandserhöhung und Fortschreibung des Materialstammsatzes. Der Materialwert wird auf das Verbrauchskonto gebucht, und das Kontierungsobjekt wird mit den Kosten belastet. Eine Besonderheit stellen die Nichtlagermaterialien dar.

Nichtlagermaterialien

Nichtlagermaterialien bezeichnen ein Material, für das weder eine Bestandsführung noch eine Bewertung erfolgen soll. Analog zu den unbewerteten Materialien werden auch hier keine Buchhaltungsdaten gepflegt, und eine Beschaffung erfolgt ausnahmslos mit Bezug zu einem Kontierungsobjekt. Beim Wareneingang dieser Materialien erfolgt weder eine Mengen- noch eine Wertfortschreibung, da die beschaffte Menge sofort als Verbrauch gebucht und das Kontierungsobjekt mit den Kosten belastet wird.

Getrennte Bewertung

Im Unterschied zur einheitlichen Bewertung von Materialien auf einer Werks- oder Buchungskreisebene ermöglicht die *getrennte Bewertung* eine Unterscheidung von Teilbeständen eines Materials in Hinblick auf unterschiedliche Kriterien. Diese Kriterien erlauben innerhalb eines Werks die Bewertung bestimmter Teilbestände mit unterschiedlichen Werten. Eine getrennte Bewertung erfolgt z. B., wenn ein Material gleichzeitig eigengefertigt und fremdbezogen wird, da die Materialbestände aus der Eigenfertigung in der Regel einen anderen Bewertungspreis haben sollen als die fremdbeschafften. Ein weiteres Kriterium und damit einen Grund für eine getrennte Bewertung bieten unterschiedliche Materialqualitäten und Zustände oder Chargenbestände mit differenzierten Bewertungspreisen.

Gründe für die getrennte Bewertung

Die getrennte Bewertung erfolgt daher aus folgenden Gründen:

- Chargen mit unterschiedlichen Eigenschaften
- Materialien unterschiedlicher Herkunft
- Materialien aus verschiedenen Lieferungen
- Materialien unterschiedlicher Qualität

Bewertung von Teilbeständen

Die unterschiedliche Bewertung eines Materials erfolgt für einen jeweiligen *Teilbestand*, indem dieser getrennt bewertet wird. Daher muss für jeden bewertungsrelevanten Vorgang, für jede Warenbewegung, für jeden Rechnungseingang und für jede Inventur angegeben werden, welcher Teilbestand logistisch und wertmäßig betroffen ist. Die Wertänderung erfolgt dann ausschließlich für diesen Bestand und richtet sich dabei nach den Parametern in der Buchhaltungssicht des Materialstammsatzes, die festlegen, ob und wie für das Material eine getrennte Bewertung zu erfolgen hat.

Die Teilbestände sind eine Untermenge des Gesamtbestands. Der Wert des Gesamtbestands ergibt sich folglich aus der Summe der Bestandsmengen und Bestandswerte der jeweiligen Teilbestände.

7.2.3 Sonderbestände und Sonderbeschaffungsformen

Sonderbestände sind Materialbestände, die vom übrigen Bestand getrennt geführt und entsprechend ausgewiesen werden. Diese Trennung erfolgt einerseits aufgrund besonderer Besitzverhältnisse, andererseits aufgrund der räumlichen Trennung des Orts, an dem sie sich befinden. Es wird zwischen eigenen Sonderbeständen und fremden Sonderbeständen unterschieden.

Eigene Sonderbestände

Eigene Sonderbestände sind Materialbestände, die rechtlich der eigenen Firma gehören, physisch jedoch bei einem Lieferanten oder einem Kunden gelagert werden. Die Bestandsführung dieser entweder frei verwendbaren oder sich in Qualitätsprüfung befindlichen Bestände erfolgt lagerortneutral, also ausschließlich auf Werksebene. Zu den eigenen Sonderbeständen zählen insbesondere die Konsignationsbestände der Kundenkonsignation sowie die Beistellbestände bei der Lohnbearbeitung. Beide Sonderbestände werden wir in diesem Abschnitt näher erläutern.

Bei den *Kundenleihgutbeständen* handelt es sich in der Regel um rückgabepflichtige Mehrwegtransportverpackungen, die dem Kunden zur Verpackung der von ihm bestellten Materialien mitgeliefert wurden. Diese Bestände an Transportverpackungen liegen physisch beim Kunden, rechtlich gehören sie jedoch immer noch dem versendenden Unternehmen.

Fremde Sonderbestände

Fremde Sonderbestände sind Materialbestände, die rechtlich einem externen Lieferanten oder Kunden gehören, physisch jedoch im eigenen Unternehmen gelagert werden. Da sich diese Bestände im eigenen Unternehmen befinden, werden sie im Unterschied zu den eigenen Sonderbeständen auch auf Lagerortebene geführt. Aus Sicht der Materialverfügbarkeit kann es sich bei fremden Beständen sowohl um frei verwendbaren Qualitätsprüfbestand als auch um gesperrten Bestand handeln. Zu den fremden Sonderbeständen zählen insbesondere die Lieferantenkonsignationsbestände.

Kundenauftrags- und Projektbestand

Kundenauftrags- und Projektbestände sind Bestände, die zur Erfüllung eines Kundenauftrags bzw. eines Projekts im Bestand liegen. Sie sind den jeweiligen Referenzobjekten (Kundenauftrag bzw. PSP-Element) fest zugeordnet und dienen zur Fertigung des vom Kunden bestellten Materials bzw. zur Ausführung eines bestimmten Projekts. Als fremder Sonderbestand werden darüber hinaus auch sämtliche Transportverpackungen bezeichnet, die bei der externen Beschaffung vom Lieferanten verwendet wurden, die sich immer noch in dessen Eigentum befinden und vom beschaffenden Unternehmen an diesen zurückzugeben sind.

Wir geben Ihnen im Folgenden einen Überblick über die Konsignation und Lohnbearbeitung, über deren Integration in die logistischen Kernprozesse sowie über deren Auswirkungen auf die Bestandsführung (siehe Tabelle 7.2).

	Eigene Sonderbestände	Fremde Sonderbestände
Konsignation	Kundenkonsignation	Lieferantenkonsignation
Prozessbestände	Lieferantenbeistellbestand (Lohnbearbeitung)	Kundenauftragsbestände Projektbestände
Verpackungen	Kundenleihgutbestand	Bestände an Mehrwegtransportverpackungen

Tabelle 7.2 Überblick über Sonderbestände

Konsignation

Konsignationsbestände (kurz: Konsi-Bestände) sind Bestände, die zunächst ohne Berechnung an einen Kunden ausgeliefert wurden und bis zum eigentlichen Verbrauch im Eigentum des Verkäufers bleiben. Erst bei der Entnahme des Bestands durch den Kunden erfolgt eine Berechnung der entnommenen oder verbrauchten Menge. Da in der Regel keine Abnahmeverpflichtung besteht, können Konsignationsbestände bis zur Entnahme durch den Kunden an den Lieferanten zurückgegeben werden. Besteht zwischen Kunde und Lieferant hingegen eine Vereinbarung, dass der Kunde nach einer bestimmten Frist die restlichen Konsignationsbestände übernehmen muss, erfolgt eine Umbuchung in den Eigenbestand des Kunden. Je nachdem, aus welcher Sicht der Konsignationsbestand betrachtet wird, kann zwischen Kundenkonsignation und Lieferantenkonsignation unterschieden werden.

Kundenkonsignation

Bei der *Kundenkonsignation* wird Ware vom Unternehmen an den Kunden geschickt. Bis zur Entnahme dieser Ware durch den Kunden befindet sich das Material noch im bewerteten Bestand des Auslieferwerks und ist Eigentum des Unternehmens. Der eigentliche Aufbau des Sonderbestands beim Kunden erfolgt mit der Buchung des Warenausgangs (siehe Abbildung 7.9). Die Belieferung mit der Konsignationsware erfolgt ohne Berechnung an den Kunden. Erst die sogenannte *Konsi-Entnahme*, bei der ein Warenausgang sowohl den Kundensonderbestand als auch den Bestand des Auslieferungswerks vermindert, ist fakturarelevant.

Konsignationsabholung

Bei einer Rückgabe der Konsignationsbestände durch den Kunden, einer sogenannten *Konsignationsabholung*, wird der Kundensonderbestand entlastet und das Material in den eigenen Lagerortbestand zurückgebucht. Die Verminderung des Sonderbestands durch die Abholung ist dabei nicht fakturarelevant. Die Entnahme eines Konsi-Bestands kann durch Retouren rückgängig gemacht werden. Der Wareneingang zu einer Konsignationsretoure baut den Sonderbestand wieder auf und führt gegenüber dem Kunden zu einer Gutschrift.

Lieferantenkonsignation

Aus Sicht der Beschaffungslogistik handelt es sich bei der *Lieferantenkonsignation* um eine Sonderbeschaffungsform, bei der ein Lieferant dem Unternehmen Material zur Verfügung stellt, ohne hierfür eine Forderung zu erheben. Der Lieferant bleibt bei diesem Prozess so lange Eigentümer des Bestands, bis das Unternehmen etwas aus dem Konsignationslager entnimmt.

Das *Konsignationslager*, das heißt der Konsignationsbestand, befindet sich auch hier beim Kunden, in diesem Fall beim beschaffenden Unternehmen. Die Entnahme des Materials führt zu einer Verbindlichkeit gegenüber dem Lieferanten, der gemäß dem vereinbarten Zyklus eine Rechnung stellt. Aus Sicht der Bestandsführung wird der Konsignationsbestand unter der gleichen Materialnummer geführt wie der eigene Bestand. Die Disposition hat dadurch die Möglichkeit, den unbewerteten Konsignationsbestand als verwendbaren Bestand zu berücksichtigen.

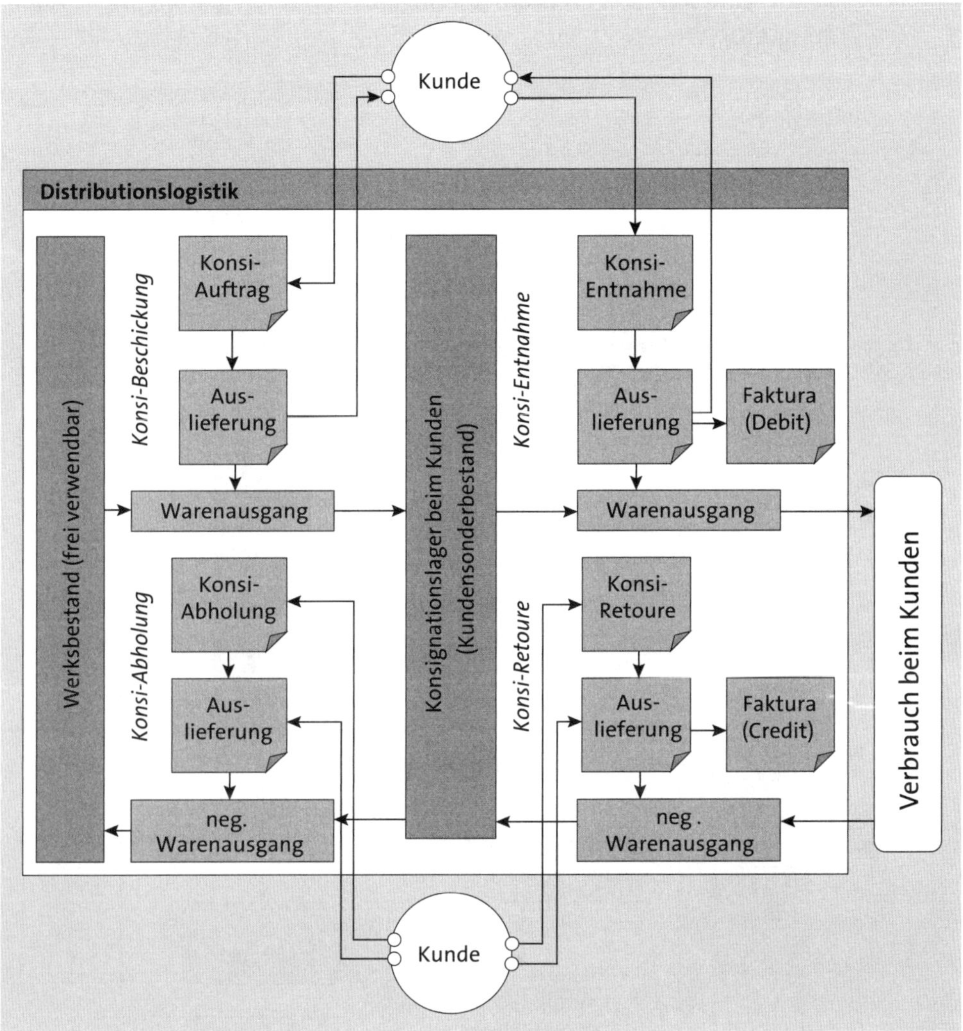

Abbildung 7.9 Übersicht über die Kundenkonsignation

Beschaffung eines Konsignationsbestands

Die Beschaffung eines Konsignationsbestands und dessen nachträgliche Abrechnung bei der Entnahme setzen voraus, dass für das entsprechende Konsignationsmaterial eine Preisvereinbarung mit dem externen Lieferanten besteht. Diese Preisvereinbarung wird als Einkaufsinfosatz hinterlegt und nutzt dabei die Vorteile der Konditionstechnik, um individuelle Rabatte und Mengenstaffeln im System zu hinterlegen (siehe auch Abschnitt 3.2.3, »Einkaufsinfosatz«). Da ein Konsignationsbestand eines bestimmten Materials von mehreren Lieferanten mit unterschiedlichen Beschaffungspreisen stammen kann, werden die Bestände getrennt voneinander und mit dem Preis des jeweiligen Lieferanten geführt (siehe Abbildung 7.10).

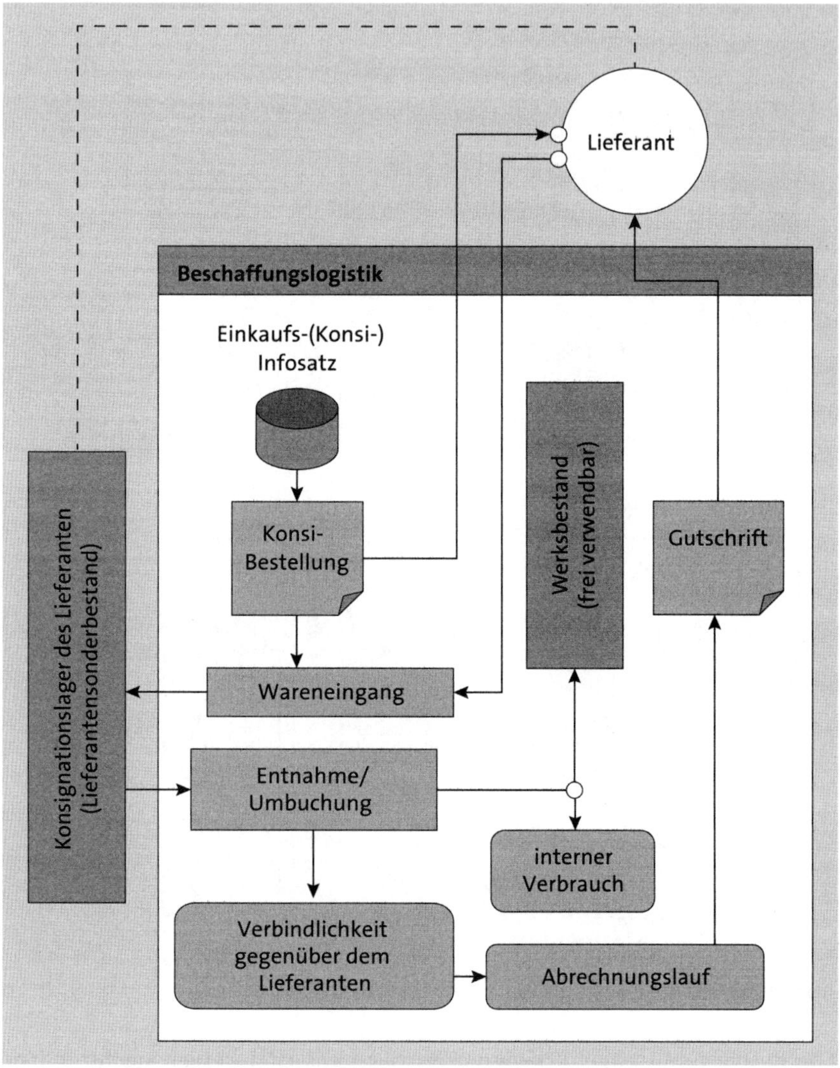

Abbildung 7.10 Übersicht über die Lieferantenkonsignation

Die eigentliche Beschaffung des Konsignationsmaterials erfolgt, analog zur externen Fremdbeschaffung, über Bestellanforderungen, Bestellungen und Rahmenverträge. Der Beschaffungsprozess ist dabei aus Einkaufssicht mit dem Wareneingang abgeschlossen. Der Wareneingang des unbewerteten Konsignationsbestands kann dabei mit oder ohne Bestellbezug in einen frei verwendbaren, gesperrten oder Qualitätsprüfbestand erfolgen. Die Rechnungsstellung und Bezahlung des Materials wird erst nach dessen Entnahme vorgenommen.

Entnahme und Abrechnung

Die *Entnahme* und der Verbrauch eines Konsignationsmaterials erfolgt durch einen Warenausgang aus dem frei verwendbaren Konsignationsbestand des Lieferanten. Durch die Entnahme entsteht eine Verbindlichkeit gegenüber dem externen Lieferanten.

Da der Lieferant die Warenentnahme nicht direkt verfolgen kann, werden diese Verbindlichkeiten periodisch, ohne Rechnungseingang ausgeglichen. Der Ausgleich erfolgt über einen Abrechnungslauf, indem eine Gutschrift für den jeweiligen Lieferanten erstellt wird.

Lohnbearbeitung

Als weitere Besonderheit der Fremdbeschaffung gehen wir auf die Lohnbearbeitung ein. Bei der *Lohnbearbeitung* bestellt ein Unternehmen Material bei einem externen Lieferanten und stellt dabei dem Lieferanten, dem sogenannten *Lohnbearbeiter*, die für die Fertigung des bestellten Materials notwendigen Komponenten teilweise oder vollständig zur Verfügung. In diesem Abschnitt erläutern wir die Beschaffung und Lohnbearbeitung eines Endprodukts aus Sicht des Einkaufs und der Bestandsführung. Der Beschaffungsprozess beginnt dabei mit dem Bestellen des Endprodukts bei einem externen Lieferanten.

Bestellung zur Lohnbearbeitung

Das von dem externen Lieferanten zu fertigende Endprodukt wird analog zu den externen Beschaffungsprozessen in einer Bestellanforderung, einer Bestellung oder in einem Lieferplan durch eine Lohnbearbeitungsposition bestellt. Die Bestellung enthält dabei nicht nur die Informationen über das zu fertigende Material, sondern in einer oder mehreren Unterpositionen auch die Komponenten, die dem Lieferanten zur eigentlichen Lohnbearbeitung zur Verfügung gestellt bzw. beigestellt werden sollen. Die Komponenten werden dabei entweder manuell eingegeben oder mithilfe einer Stücklistenauflösung an dem zu beschaffenden Endprodukt abgeleitet.

Beistellen der Komponenten

Das physische Beistellen der Komponenten erfolgt in der Regel über eine Umbuchung aus dem frei verwendbaren Bestand in einen *Lieferantenbeistellbestand*. Alternativ können die benötigten Komponenten von einem zweiten Lieferanten beigestellt werden. In diesem Fall erfolgt eine Bestellung der beizustellenden Komponenten beim zweiten Lieferanten.

Die bereitgestellten Komponenten gehören in beiden Fällen dem Unternehmen und werden aus Sicht der Bestandsführung als Sonderbestand geführt und als Lieferantenbeistellbestand ausgewiesen (siehe Abbildung 7.11).

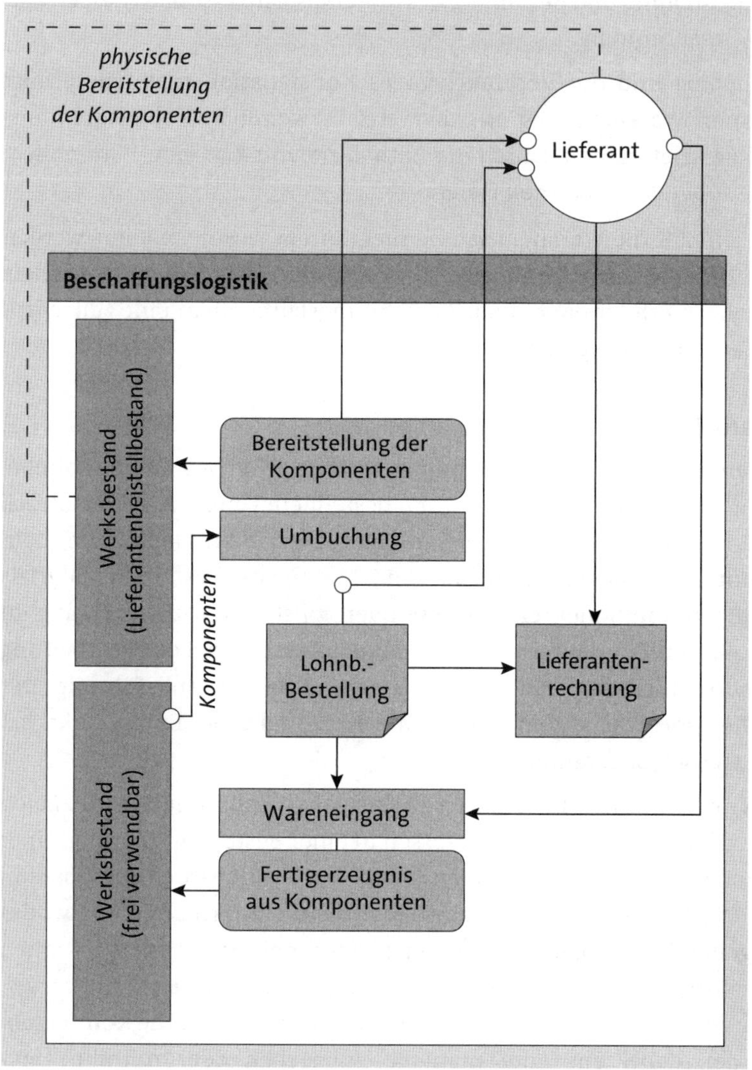

Abbildung 7.11 Übersicht über die Lohnbearbeitung

Wareneingang des Endprodukts

Nach der Fertigung oder Veredelung liefert der Lohnbearbeiter das bestellte Endprodukt. Der Wareneingang führt nicht nur zu einer Bestandserhöhung des Endprodukts, sondern auch zu einem Verbrauch der Komponenten aus dem Lieferantenbeistellbestand. Um eine eindeutige Zuordnung sowohl des Zugangs des Endprodukts als auch des Komponentenverbrauchs aus dem Lieferantenbeistellbestand zu gewährleisten, erfolgt der Wareneingang mit Bezug zur Bestellung. Der Verbrauch der Komponenten erfolgt dabei für jede ursprüngliche Warenausgangsposition ausschließlich aus dem Lieferantenbeistellbestand des zugeordneten Lieferanten. Ein Verbrauch von Komponenten, der von den in der Bestellung angegebenen Komponentenmengen abweicht, wird entweder beim Wareneingang erfasst oder anschließend als Nachverrechnung verbucht.

Streckenabwicklung

Das Material oder der Verkaufsvorgang und die getroffenen Systemeinstellungen bestimmen die Art und Weise, wie ein Material für einen bestimmten Kundenauftrag beschafft wird. Die Beschaffung erfolgt in diesem Zusammenhang aus einem verfügbaren Lagerortbestand durch eine externe oder interne Beschaffung, ausgelöst durch eine Bestellanforderung, eine Bestellung, einen Plan- oder Fertigungsauftrag oder durch eine Auslieferung eines externen Lieferanten.

Bei der sogenannten *Streckenabwicklung* handelt es sich um eine Bestellung bei einem externen Lieferanten mit der Maßgabe, dass die Auslieferung an einen Dritten zu erfolgen hat. Der Kunde bestellt somit zwar bei einem Unternehmen – die Auslieferung erfolgt jedoch durch einen externen Lieferanten, der das Material direkt an den Kunden sendet und dem Unternehmen hierfür eine Rechnung stellt.

Erfassen der Streckenposition

Die Entscheidung, dass eine Position nicht durch das Unternehmen, sondern durch den Lieferanten versendet wird, erfolgt auf Ebene der jeweiligen Auftragsposition. Ein Kundenauftrag kann somit aus mehreren unterschiedlichen Normal- und Streckenpositionen bestehen. Die Streckenpositionen können dabei manuell erfasst oder automatisch auf Grundlage von Parametern im Materialstamm erzeugt werden, wenn ein verkauftes Material z. B. ausschließlich extern beschafft wird.

Auslösen der Bestellung

Beim Sichern eines Kundenauftrags mit Streckenpositionen wird für die extern zu beschaffenden Positionen eine Bestellanforderungsposition erzeugt. Das Umsetzen der Bestellanforderung in eine Bestellung erfolgt analog zur Beschreibung in Kapitel 3, »Beschaffungslogistik«, wobei das System bei der Umsetzung die Daten des Kundenauftrags (z. B. die Anlieferadresse des Kunden) mit in die Bestellung übernimmt. Die Bestellung wird an den Lieferanten übermittelt, und dieser liefert die Waren anschließend an den Endkunden (siehe Abbildung 7.12).

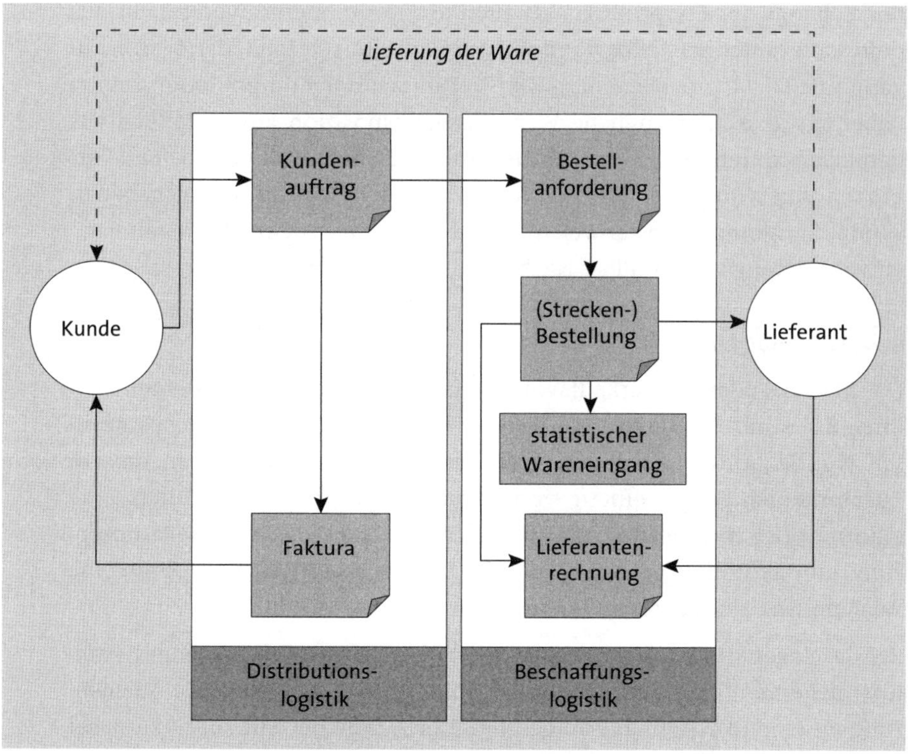

Abbildung 7.12 Ablauf einer Streckenabwicklung

Statistischer Wareneingang

Die Streckenabwicklung ist eine Warenbewegung vom Lieferanten an den Kunden; die Bestandsführung des bestellenden Unternehmens ist grundsätzlich nicht betroffen. Zur Dokumentation der Warenbewegung und um eine wertmäßige Fortschreibung des Bestands zu ermöglichen, kann aus Sicht der Bestandsführung ein statistischer Wareneingang erfasst werden. Dieser statistische Wareneingang hat die gleiche Auswirkung wie ein Wareneingang zu einer kontierten Bestellung: Der Bestand wird nicht mengenmäßig, sondern nur wertmäßig als Verbrauch fortgeschrieben, wobei die Fortschreibung des Bestellwerts zur anschließenden Rechnungsprüfung auf einem Verrechnungskonto verbucht wird.

Rechnungseingang und Kundenfaktura

Bei einem externen Beschaffungsvorgang schickt der Lieferant dem bestellenden Unternehmen eine Lieferantenrechnung. Der Verkaufsvorgang schließt mit der Fakturierung des Kunden ab. Um zu verhindern, dass der Kunde die Rechnung noch vor der vom Lieferanten zu liefernden Ware erhält, kann das System so eingestellt werden, dass zunächst ein statistischer Wareneingang erfolgt sein muss, bevor eine Lieferantenrechnung erfasst werden kann. Der Wareneingang kann dabei automatisch durch ein Lieferavis des Lieferanten erfolgen. Bei der vorhergehenden Buchung einer statistischen Warenbewegung wird das Verrechnungskonto durch den Rechnungseingang der Lieferantenrechnung ausgeglichen. Die Fakturierung des Kunden auf Basis der berechneten und gelieferten Menge erfolgt in der Regel erst, nachdem die Lieferantenrechnung in der Rechnungsprüfung erfasst wurde.

Abweichend hiervon kann das System so eingestellt werden, dass sofort nach Anlegen des Kundenauftrags eine auftragsbezogene Fakturierung in Bezug auf die ursprüngliche Auftragsmenge erfolgt.

7.2.4 Handling Units

Die sogenannte *Handling Unit* (HU) ist eine physische Einheit, die grundsätzlich aus einem zu verpackenden Material und der eigentlichen Verpackung besteht und anhand einer eindeutigen Nummer identifiziert werden kann. Die HU ist dabei weit mehr als ein reines Versandelement und im *Handling Unit Management* (HUM) eine Packstückverwaltung, die sämtliche logistischen Prozesse umfasst.

Handling Unit Management

Das HUM (siehe Abbildung 7.13) ermöglicht die Abbildung einer rein verpackungsgesteuerten Logistik, indem nicht die Warenbewegung eines einzelnen Materials, sondern die logistischen Bewegungen der HUs betrachtet werden, die diese Materialien beinhalten. Diese Art der Betrachtung ermöglicht eine vereinfachte systemtechnische Abbildung von Warenbewegungen und eine Optimierung der logistischen Kernprozesse in Hinblick auf eine rein packstückbezogene Abwicklung von Materialbewegungen.

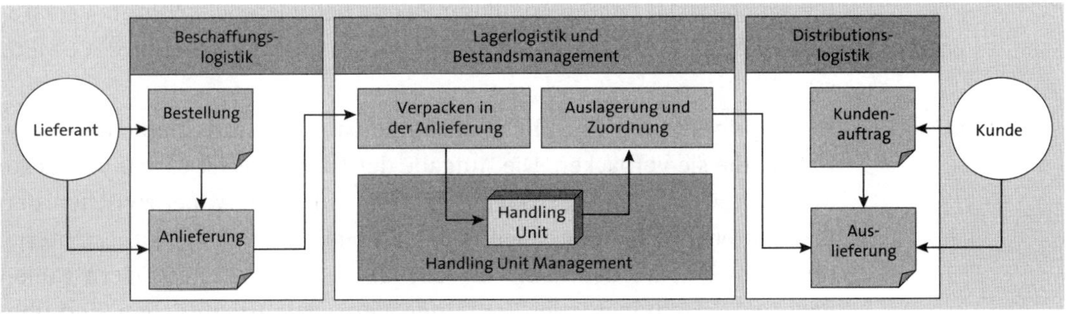

Abbildung 7.13 Handling Unit Management

Identifikation von Handling Units

HUs lassen sich in allen logistischen Prozessen prozessübergreifend nutzen und gegebenenfalls auch außerhalb des eigenen SAP-Systems weiterverwenden. Aus diesem Grund hat jede HU eine eindeutige, scanbare *Identifikationsnummer*, die entweder SAP-systemintern auf Basis von internen Nummernkreisen oder systemübergreifend vergeben wird. Diese eindeutige Nummer erlaubt jederzeit den Abruf detaillierter Informationen zu Inhalt und Verpackung einer HU und ermöglicht darüber hinaus eine prozessübergreifende, chronologische Dokumentation sämtlicher Warenbewegungen einer HU. Zur Identifikation der HU wird in der Regel der *Serial Shipper Container Code* (SSCC) verwendet. Dieser 18-stellige Code dient zur Identifizierung logistischer Einheiten und ist Teil des Codierungsstandards EAN-128.

Integration von Handling Units

HUs werden in allen logistischen Prozessen unterstützt und enthalten neben den reinen Bestandsführungsinformationen (welches Material in welcher Menge, aus welcher Verpackung besteht die HU) auch den aktuellen Status einer HU. Ob bereits ein Wareneingang oder Warenausgang erfolgte oder avisiert wurde, ist hierbei genauso nachvollziehbar wie der aktuelle Aufenthaltsort im Lager. Sämtliche Geschäftsvorfälle werden dabei in der Historie der HU aufgezeichnet und ermöglichen eine lückenlose Dokumentation und Auswertung ihres Lebenszyklus (siehe auch Abbildung 7.33).

Aufbau einer Handling Unit

In den SAP-Applikationen bestehen HUs aus dem HU-Kopf und den HU-Positionen (siehe Abbildung 7.14). Neben der eindeutigen Identifikationsnummer enthalten die Kopfinformationen unter anderem das verwendete Packmittel, das Gesamtgewicht und die Dimensionen der HU sowie den Status und die Historie; die Positionen enthalten die verpackten Materialien sowie die verpackte Menge.

Detaildaten der Handling Unit

Abbildung 7.14 zeigt die Detaildaten einer »verschachtelten« HU. Die Darstellung zeigt auf der obersten Ebene eine Palette als Transporthilfsmittel (Packmaterial *SP-PAL01*). Auf dieser Palette befinden sich mehrere Packstücke (Packmittel *SP-BOX01*), die jeweils ein verpacktes Material *SP-COMP01* enthalten.

Packmittel

HUs repräsentieren eine physische Einheit aus Packmitteln und den Materialien, die sie verpacken. Die Aufgabe der *Packmittel* ist es, das verpackte Material zu umschließen oder zusammenzuhalten, wobei zwischen den Packmitteln als Ladungsträger oder als »reinem« Verpackungsmaterial unterschieden werden kann. Zu den klassischen Ladungsträgern zählen Paletten, Gitterboxen oder Container. Verpackungsmaterialien sind üblicherweise Schachteln, Folien oder Kartons.

Eine erstellte HU kann ihrerseits wieder verpackt werden und bildet dann eine neue HU. Darüber hinaus stehen sämtliche Verpackungsfunktionen zur Verfügung, um eine HU einzupacken, umzupacken oder wieder auszupacken.

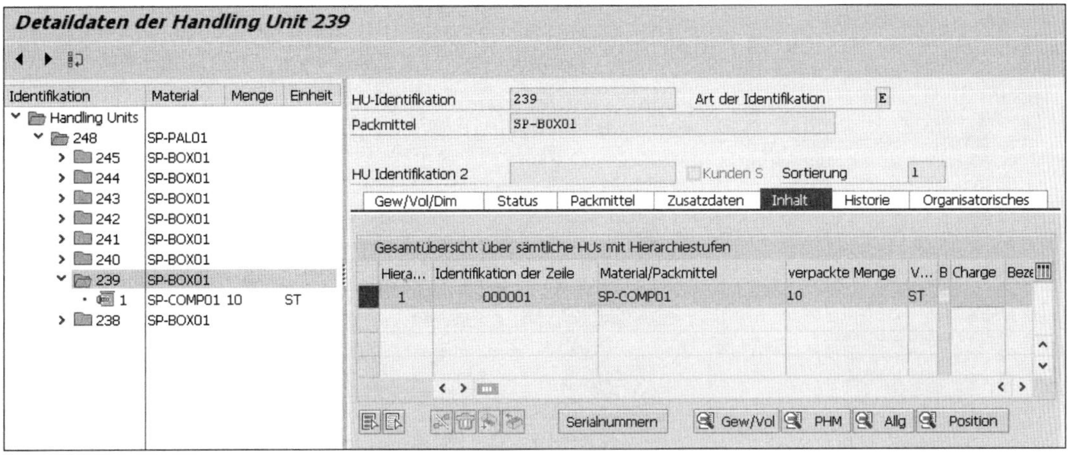

Abbildung 7.14 Detailbild einer Handling Unit (Transaktion HUMO)

HUs können manuell oder automatisch beim Wareneingang bzw. in den Packzonen des Lagers entstehen. Das Verpacken ist dabei eine eigenständige Funktion innerhalb der Logistik, wobei jederzeit in einem Verpackungsdialog ein Packmittel eingegeben und anschließend eine HU erzeugt werden kann.

Automatisches Verpacken

Das automatische Erstellen von HUs richtet sich je nach dem zum Einsatz kommenden Lagerverwaltungssystem (WM oder SAP EWM) nach den im System hinterlegten Packvorschlägen, den entsprechenden Vorschriften bzw. den sogenannten *Packspezifikationen*. In SAP ERP erfolgt das automatische Verpacken gemäß den im System hinterlegten Einstellungen pro Lieferart und den gepflegten Packvorschlägen. Die eigentlichen Packmittel werden in einem SAP-System als sogenannte *Packmaterialien* geführt. Packmaterialien sind Materialien mit einer besonderen Materialart für Verpackungsmaterial.

Manuelles Verpacken

Das *manuelle Verpacken* in SAP ERP erfolgt in der Regel mit Belegbezug bei der An- oder Auslieferung von Materialien. Das manuelle Verpacken im Rahmen der Auslieferung mit SAP ERP erläutern wir in Kapitel 5, »Distributionslogistik«.

Verpacken am Packtisch

Neben der Möglichkeit, HUs mit Belegbezug anzulegen und zu bearbeiten, bietet SAP ERP dem Bearbeiter die Möglichkeit, einen sogenannten *Packtisch* zu verwenden (siehe Abbildung 7.15).

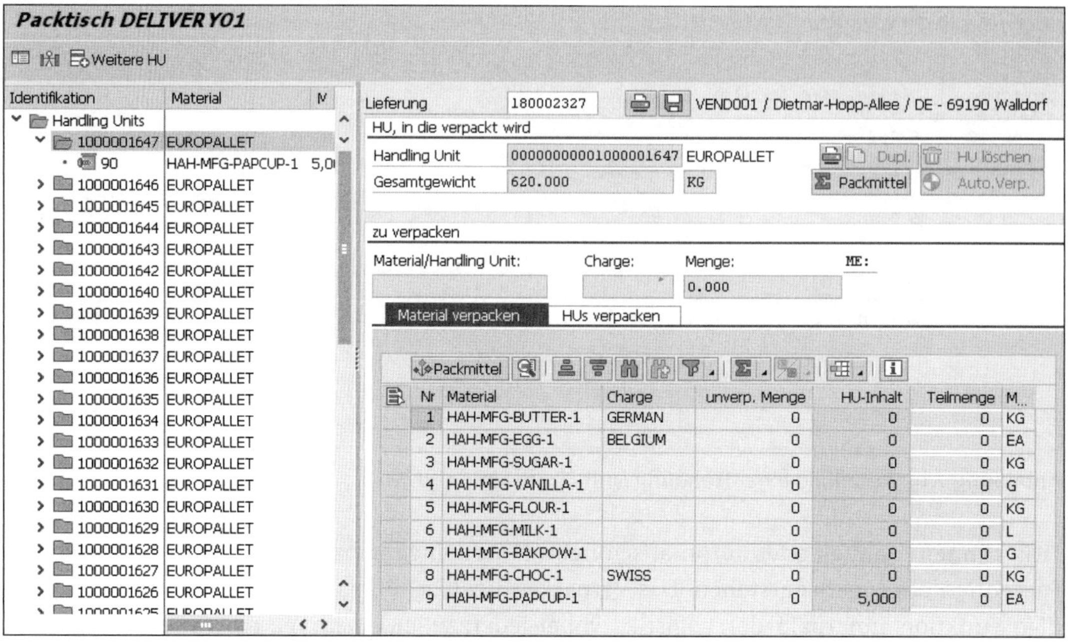

Abbildung 7.15 Packtisch (Transaktion HUPAST)

Dieser Dialog ist insbesondere für Mitarbeiter im Lager gedacht, die Materialien physisch verpacken und die Daten entweder über die Tastatur oder einen Scanner erfassen. Darüber hinaus kann über eine am System angeschlossene Waage das exakte Gewicht ermittelt und in den Dialog übernommen werden. Das Verpacken am Packtisch eignet sich dabei sowohl für Auslieferungen als auch für Anlieferungen. Auf der linken Seite in Abbildung 7.15 sehen Sie eine strukturierte Darstellung der Handling Unit mit dem Verpackungsmaterial, auf der rechten Seite das zu verpackende Material und die zu verpackende Teilmenge.

7.3 Lagerverwaltung mit WM

Integrierte Lagerverwaltung mit SAP ERP

SAP ERP bildet das Kernstück der unternehmensweiten Datenerfassung und -verarbeitung. Wie im vorhergehenden Abschnitt beschrieben, befasst sich die Bestandsführung aus logistischer Sicht mit der mengen- und wertmäßigen Erfassung und Verarbeitung von Materialbeständen und dient grundsätzlich dem Nachweis, der Planung und der Erfassung sämtlicher Warenbewegungen. Die Notwendigkeit der Warenbewegungen kann aus den Verkaufs- und Beschaffungsvorgängen resultieren. In diesem Abschnitt widmen wir uns der *physischen* Bewegung von Beständen mit WM.

Die physischen Warenbewegungen können logistisch mithilfe der in ERP integrierten Lagerverwaltung abgewickelt werden. *Warehouse Management* (WM) bietet als integriertes Lagerverwaltungssystem nicht nur einen Überblick über die Gesamtmenge eines Materials im Lager, sondern gibt auch Auskunft darüber, wo sich ein bestimmtes Material befindet. In diesem Zusammenhang ist die Integration der Lagerverwaltung in die Bestandsführung von zentraler Bedeutung, da bei der Abbildung von Wareneingangs- und Warenausgangsprozessen Bestandsführungsbuchungen entweder den Auslöser oder den Abschluss einer Lagerverwaltungsaktivität bilden. Ein Beispiel hierfür ist die Kundenauftragsabwicklung der Distributionslogistik, bei der die Anbindung an die Lieferungsbearbeitung eine Kommissionierung der Ware mit Bezug zur Auslieferung ermöglicht. Den Abschluss der Lagerverwaltungsaktivität bildet in diesem Beispiel dann der Warenausgang mit Bezug zur Auslieferung.

Abbildung 7.16 zeigt in einer Übersicht die Lagerverwaltung mit SAP ERP und deren prozesstechnische Anbindung an die Bestandsführung. Die integrierte Lagerverwaltung basiert im Wesentlichen darauf, dass Wareneingangs- und Warenausgangsbuchungen Folgeprozesse in der Lagerverwaltung bewirken. Diese Transportbedarfe, das Ein- oder Auslagern bzw. das operative Umlagern von Material wird durch einen sogenannten *Transportauftrag* abgebildet und gesteuert.

Lean Warehouse Management

Eine Sonderform der Lagerverwaltung mit SAP ERP stellt das sogenannte *Lean-WM* – eine Bestandsführung auf Lagerortebene – dar. Es ermöglicht eine Kommissionierung von Lieferungen. Im Unterschied zu einem WM-System, bei dem Warenbewegungen und Bestandsveränderungen im Lager auf Lagerplatzebene verwaltet werden, findet bei einem Lean-WM die Bestandsführung ausschließlich auf Lagerortebene statt. Bestandsmengen sind somit ausschließlich in der Bestandsführung ersichtlich. Analog zu WM werden auch in Lean-WM Transportaufträge erstellt. Der zu einer Lieferung erstellte Transportauftrag hat dabei jedoch die Funktion einer Kommissionierliste mit den Artikeln und Mengen, die entnommen werden sollen. Da keine Lagerplatzinformationen geführt werden, kann Lean-WM ausschließlich für die Bearbeitung von Wareneingängen und Warenausgängen verwendet werden. Umbuchungen und Umlagerungen sind grundsätzlich nicht möglich.

Dezentrale Lagerverwaltung mit SAP LES

Von einer *dezentralen Lagerverwaltung* spricht man, wenn das Lagerverwaltungssystem als ein eigenes, unabhängiges dezentrales System (*Logistics Execution System*, LES) betrieben wird. WM kann sowohl integriert als auch dezentral als LES mit jedem beliebigen ERP-System betrieben werden. Die dezentrale Lagerverwaltung bietet die Möglichkeit, ein Lager, dessen Rolle neben der eigentlichen Lagerung auch in der Distribution von Waren besteht, unabhängig von einem zentralen ERP-System zu betreiben.

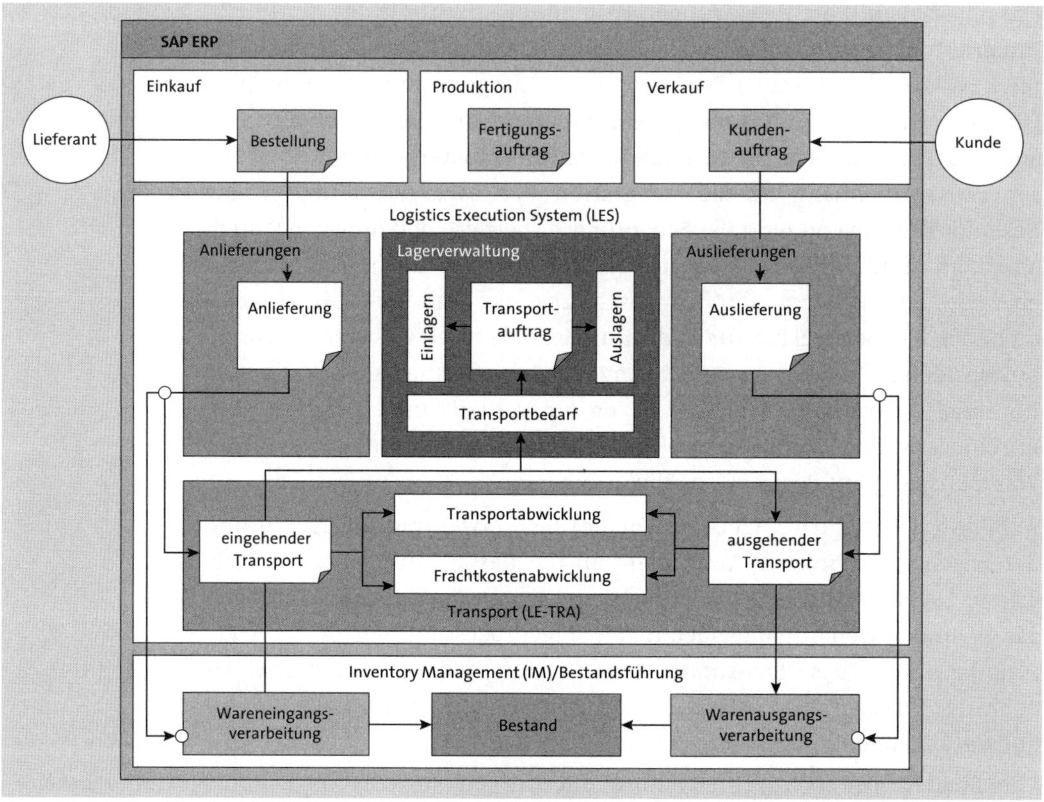

Abbildung 7.16 Übersicht der integrierten Lagerverwaltung mit SAP ERP

Logistikprozesse sind eng aufeinander abgestimmt, ein Systemausfall hat oft fatale Folgen. Ein wesentlicher Grund für eine dezentrale Implementierung auf einer anderen Hardware ist neben der Performance auch die Gewährleistung einer ständigen Verfügbarkeit des dezentralen Lagerverwaltungssystems, die Minimierung des Ausfallrisikos, unabhängig von anderen Systemen.

Abbildung 7.17 zeigt schematisch die prozesstechnische Anbindung eines dezentralen, ERP-basierten Lagerverwaltungssystems.

Systemintegration

Die Integration der beiden Systeme erfolgt im Wesentlichen durch die Replikation von An- und Auslieferungen aus dem ERP-System in das dezentrale Lagerverwaltungssystem. Die eigentliche Lagerverwaltung, also die physische Ausführung der aus den Lieferungen resultierenden Lageraktivitäten, erfolgt dezentral mithilfe von Transportaufträgen. Mit dem Ausführen der geplanten Warenbewegung in Bezug auf die zugrunde liegende Lieferung meldet das dezentrale System die zugrunde liegende Lieferung an das führende ERP-System zurück und bewirkt eine Bestandsveränderung. Durch diese dezentrale Abwicklung ist die physische Bestandsveränderung der resultierenden Bestandsbuchung vorgelagert, da die eigentliche Bestandsführung im führenden ERP-System stattfindet.

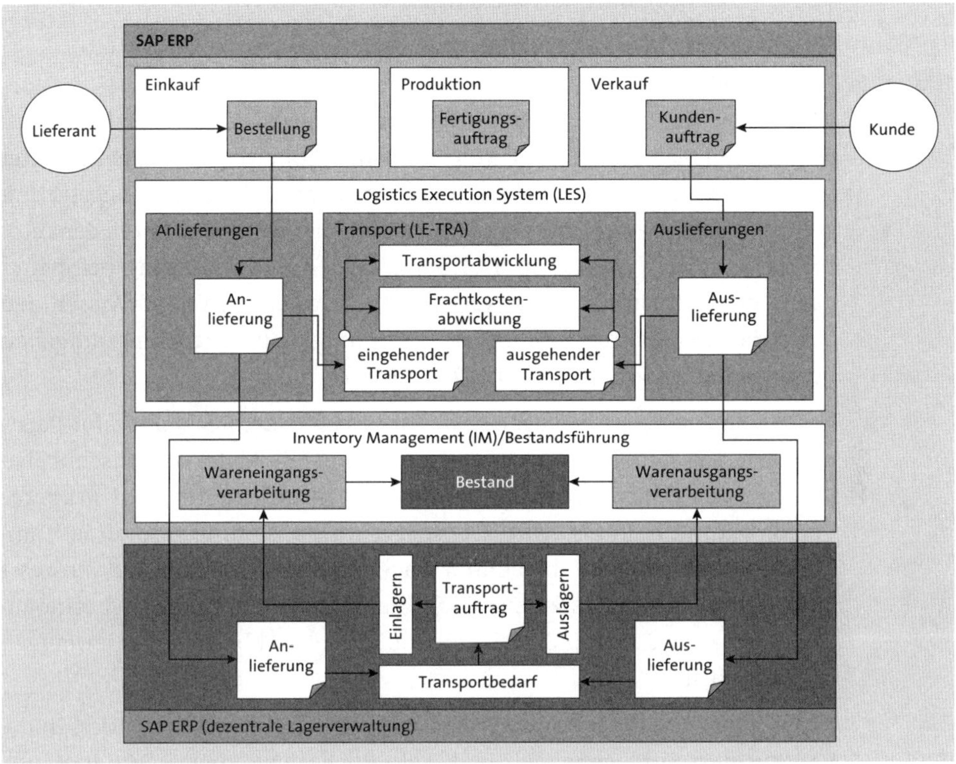

Abbildung 7.17 Dezentrale Lagerverwaltung mit SAP LES

Als ERP-basiertes Lagerverwaltungssystem bietet WM die Möglichkeit, einen ganzen Lagerkomplex, einschließlich seiner physischen und logischen Struktur, bis zur untersten Lagerplatzebene abzubilden. Im folgenden Abschnitt geben wir Ihnen anhand eines konkreten Beispiels zur Warenanlieferung und Warenauslieferung einen Überblick über die Lagerverwaltung mit WM (SAP ERP) und ihre Kernfunktionen.

7.3.1 Lagerstruktur und Integration

Ohne den Einsatz eines Lagerverwaltungssystems wäre der Lagerort die unterste Ebene, auf der Bestände verwaltet werden können. In der Regel repräsentiert der Lagerort den physischen Aufenthaltsort eines Materialbestands oder spiegelt die verschiedenen Lagereinrichtungen eines Lagerkomplexes wider. Mit dem Einsatz von WM als Lagerverwaltungssystem erfolgt die mengenmäßige Bestandsführung weiterhin auf Ebene der Lagerorte. Die Abbildung der Lagereinrichtung – des physischen Aufbaus des Lagers und der internen Strukturen des Lagerkomplexes – erfolgt mithilfe von flexiblen Organisationsstrukturen.

Lagerstruktur

Jedes Lager verfügt über eine *Struktur*, nach der die Waren je nach Beschaffenheit und Platzbedarf gelagert werden. In automatisierten Lagern richtet sich diese Struktur auch nach den vorhandenen Automatisierungstechniken. Im Zeitalter von *E-Business* und *Just in Time* nimmt der Anteil der automatischen Lager ständig zu. Der Begriff der Automatisierung beinhaltet neben der Übernahme von physischen Lagerfunktionen durch Maschinen auch die Übernahme von Prozesssteuerungs- und Regelungsaufgaben durch Lagersteuer- oder Materialflussrechner.

Bei den automatisierten Lagern handelt es sich in der Regel um reine Palettenlager, aus denen Kommissioniersysteme mit Materialnachschub bedient werden, oder um Behälterlager, aus denen nach dem Prinzip »Ware zur Person« kommissioniert wird. Die Lagerautomatisierung wird oft in Kombination mit manuell bedienten Lagersystemen gemäß den Prozessanforderungen eingesetzt. Die Organisationselemente von WM ermöglichen in diesem Zusammenhang die individuelle Abbildung der jeweiligen Lagerstruktur.

Auf Lagerautomatisierungstechniken und deren Systemintegration in die SAP Business Suite gehen wir in diesem Buch nicht ein. Das *Materialflusssystem* (MFS) und die Datenfunkanbindung – das *Radio-Frequency-Framework* (RF-Framework) –, beides Bestandteile von SAP EWM, werden in Abschnitt 7.4.6, »Lagerübergreifende Funktionen«, kurz erläutert.

Lagernummer

Die *Lagernummer* fasst alle organisatorischen und physischen Merkmale eines Lagers zusammen und repräsentiert in der betrieblichen Praxis in der Regel das eigentliche Lagergebäude oder den Gebäudekomplex, in dem sich das Lager befindet. Die Lagernummer als höchstes Organisationselement gliedert somit das Unternehmen aus Sicht der Lagerverwaltung und ist die Grundlage diverser Steuerungsparameter in WM.

Lagertyp

Eine Lagernummer gliedert sich in der Regel in mehrere Lagertypen. Jeder einzelne *Lagertyp* definiert dabei räumliche oder organisatorische Gegebenheiten – eine Lagerfläche, eine Lagereinrichtung oder eine bestimmte Lagerzone. In jedem Fall beschreibt der Lagertyp einen eindeutigen Bereich innerhalb des Lagers, der sich entweder durch den bezeichneten Raum oder den organisatorischen Ablauf auszeichnet. Lagertypen umfassen dabei einen oder mehrere Lagerplätze und sind die Grundlage für lagertypspezifische Steuerungsparameter, die insbesondere die Einlagerung und Kommissionierung sowie das Inventurverfahren des entsprechenden Lagertyps regeln. Darüber hinaus ist es möglich, lagertypspezifische Materialdaten zu hinterlegen.

Zu den gebräuchlichsten physischen Lagertypen zählen:

- Blocklager
- Freilager
- Hochregallager
- Regallager
- Kommissionierbereiche

Schnittstellenlagertypen

Eine Besonderheit unter den Lagertypen bilden die sogenannten *Schnittstellenlagertypen*. Der Schnittstellenlagertyp bildet die organisatorische Schnittstelle zwischen der Lagerverwaltung und der Bestandsführung. Die Integration basiert dabei zunächst auf der Ermittlung der Bewegungsart der Bestandsführung, dem zentralen Instrument zur Steuerung der Warenbewegungen und einer zugehörigen Referenzbewegungsart in der Lagerverwaltung.

Die *Referenzbewegungsart* bzw. die WM-Bewegungsart steuert dabei die Materialbewegungen aus Sicht der Lagerverwaltung und entscheidet über den zu nutzenden Schnittstellenlagertyp. Bei einem Wareneingang zur Bestellung ermittelt das System z. B. zunächst die relevante Bestandsführungsbewegungsart und daraus die zugeordnete WM-Bewegungsart. Die Bestandsfortschreibung erfolgt danach in der Wareneingangszone, einem typischen Schnittstellenlagertyp – einem Lagertyp, der von der Bestandsführung und der Lagerverwaltung gemeinsam genutzt wird. Hierzu zählen insbesondere:

- Wareneingangszonen
- Warenausgangszonen
- Umbuchungszonen
- Differenzenschnittstellen für Inventurdifferenzen

Kommissionierbereich

Der *Kommissionierbereich* ist ein Organisationselement innerhalb eines Lagertyps oder Bereichs, das Lagerplätze zum Zweck der Auslagerung aufgrund identischer Kommissionieraktivitäten logisch zusammenfasst. Im Unterschied zum Lagerbereich, der eine logische Gruppierung von Lagerplätzen in Bezug auf deren gemeinsame Einlagerungsstrategie zusammenfasst, erfolgt beim Kommissionierbereich die Gruppierung unter dem

Gesichtspunkt der jeweiligen Auslagerungsstrategie. Bei der Auslieferung beschleunigt der Kommissionierbereich den Versandvorgang, indem durch das Aufteilen der Kommissionierliste nach den jeweiligen Kommissionierbereichen eine parallele Kommissionierung ermöglicht wird (siehe Abbildung 7.18).

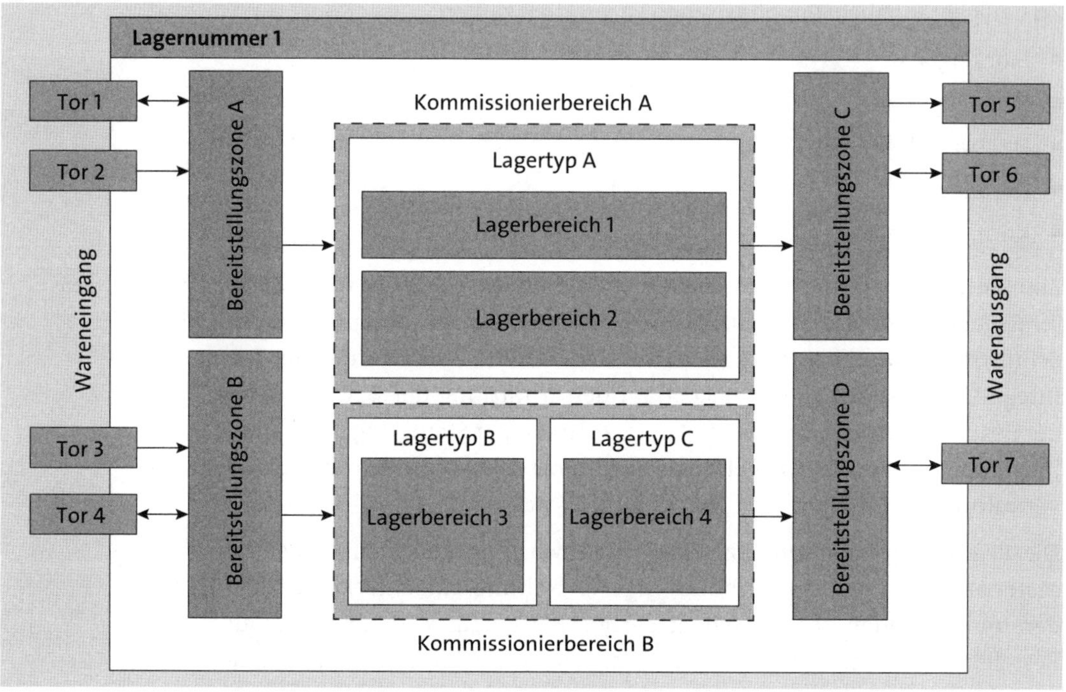

Abbildung 7.18 Organisationsstruktur eines WM-Lagers

Lagerbereich

Aus Sicht der Einlagerungssteuerung fasst der *Lagerbereich* die Lagerplätze zusammen, die gleiche oder ähnliche Eigenschaften haben. Als physische oder logische Untereinheit eines Lagertyps ist der Lagerbereich das Gegenstück zum Kommissionierbereich und stellt eine organisatorische Hilfe zum Einlagern von Material dar. Die Kriterien der Zusammenfassung richten sich nach den jeweiligen Eigenschaften der Lagerplätze bzw. nach den Merkmalen der dort gelagerten Materialien. Ein Beispiel ist die Zusammenfassung anhand der Umschlagshäufigkeit eines Materials (Schnelldreher, Langsamdreher) oder aufgrund der physischen Eigenschaften (Gewicht, Größe). Bei den lagerplatzabhängigen Kriterien handelt es sich oft um die Entfernung zum Umschlagspunkt, die Tragfähigkeit des Lagerplatzes oder die Temperatur. Hochregallager, abgebildet als Lagertyp, bestehen z. B. aus mehreren unterschiedlich großen Lagerplätzen. Die Lagerplätze in den unteren Bereichen sind dabei oft größer, um besonders schwere oder sperrige Materialien aufzunehmen. Die Lagerplätze in den oberen Etagen sind in der Regel kleiner. Die Aufteilung der Bereiche kann auch nach der Umschlagshäufigkeit eines Materials erfolgen, wobei der vordere Bereich für Schnelldreher, der hintere Bereich für Materialien mit einer geringeren Umschlagshäufigkeit reserviert ist.

Lagerplatz

Ein *Lagerplatz* ist die kleinste Raumeinheit in WM und repräsentiert in der Regel das physische Lagerfach, das einem Lagertyp eindeutig zugeordnet ist. Lagerplätze sind anhand eines Koordinatensystems eindeutig bestimmt. Die Koordinate 01-05-05 bezeichnet z. B. einen Lagerplatz in Gang 1, Säule 5 in der Ebene 5. Mit Ausnahme einiger alphanumerischer Zeichen können für die Lagerplatzkoordinaten, je nach betrieblicher Erfordernis, beliebige Buchstaben- und Zahlenkombinationen verwendet werden.

Aus Sicht des Lagerverwaltungssystems sind die Lagerplätze Stammdaten, zu denen zusätzliche Eigenschaften gepflegt werden können. Hierzu zählen neben dem maximalen Gewicht, das der Lagerplatz tragen kann, unter anderem auch dessen Gesamtkapazität und der Lagerplatztyp. Der Lagerplatztyp beeinflusst die Einlagerungsstrategie, z. B. die Suche des Systems nach einem Lagerplatz in Abhängigkeit von einem bestimmten Palettentyp, der in ein Lagerfach mit einer bestimmten Größe eingelagert werden soll.

Tore und Bereitstellungszonen

Das physische Beladen und Entladen von Lkws erfolgt an den Lagertoren. Zur Optimierung der Ein- und Auslagerungsprozesse in einem Lager befinden sich diese Tore in räumlicher Nähe zu den sogenannten *Bereitstellungszonen*. Aus Systemsicht handelt es sich bei Toren und Bereitstellungszonen um organisatorische Einheiten, die der Lagernummer zugewiesen werden. Die Tore werden dabei in der Regel den Bereitstellungszonen zugewiesen und für eine spätere Verwendung für den Wareneingang, den Warenausgang, das Cross Docking oder den Flow-Through (Direktaufteilung) konfiguriert.

Im Gegensatz zu den Toren, über die Materialien das Lager erreichen bzw. verlassen, dienen die Bereitstellungszonen der Zwischenlagerung von Materialien. Durch ihre räumliche Nähe zu den Toren können sie für den Wareneingang oder den Warenausgang konfiguriert werden. Bei einem Wareneingang dienen sie zur Zwischenlagerung der Materialien, die durch den Wareneingang vereinnahmt wurden und nachfolgend in das Lager transportiert werden sollen. In ihrer Funktion für den Warenausgang bilden sie eine Zwischenablage für kommissionierte Materialien, die anschließend am zugeordneten Tor für den Versand verladen werden.

Quant Im Unterschied zur physischen Lagerstruktur, die durch die bereits erläuterten Organisationselemente im System abgebildet wird, dienen die sogenannten *Quants* der transaktionalen Verwaltung von Mengen auf der untersten Lagerplatzebene. Aus betriebswirtschaftlicher Sicht ist ein Quant eine bestimmte Menge von Materialien mit gleichen Merkmalen, die sich auf einem bestimmten, eindeutig identifizierbaren Lagerplatz befinden. Das Quant wird vom System beim Einlagern des Materials auf einem leeren Lagerplatz erzeugt, durch Ein- und Auslagerungen entsprechend aktualisiert und automatisch vom System gelöscht, wenn auf dem jeweiligen Lagerplatz kein Bestand mehr vorhanden ist. Materialien mit unterschiedlichen Merkmalen, z. B. einer abweichenden Charge, werden auf demselben Lagerplatz als zwei Quants geführt (siehe dazu auch Abbildung 7.32).

Lagereinheit Wie ein Quant dient die Lagereinheit nicht zur Strukturierung des Lagers, sondern zur logischen Zusammenfassung physischer Materialmengen innerhalb eines Lagers. WM ermöglicht mit der sogenannten *Lagereinheitenverwaltung* die Verwaltung einer bestimmten Materialmenge wie Paletten oder Behälter als zusammengehörige Einheit. Lagereinheiten können hierbei aus einer oder mehreren Materialpositionen bestehen und sind stets durch eine eindeutige Kennung identifiziert. Ohne den Einsatz der auf Lagernummernebene aktivierten Lagereinheitenverwaltung werden alle Materialbestände als Quants auf Lagerplatzebene geführt (siehe Abbildung 7.19).

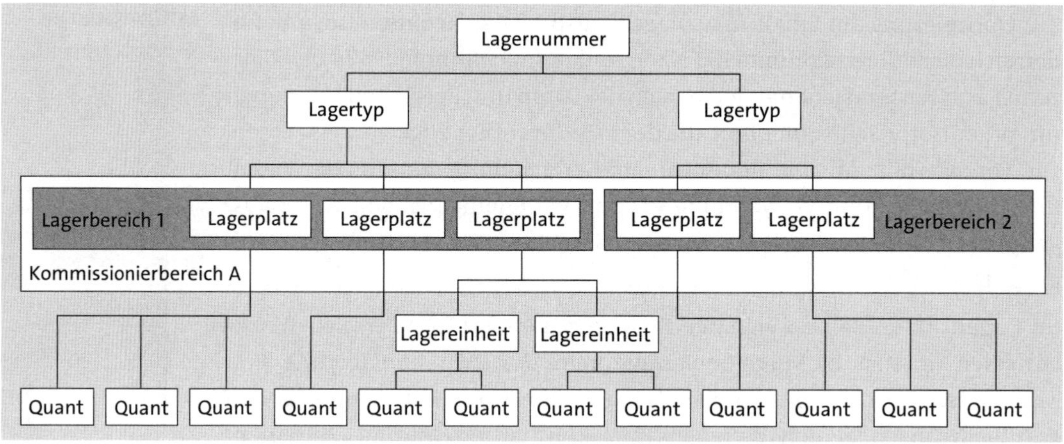

Abbildung 7.19 Lagerstruktur eines WM-Lagers

Die Aktivierung der Lagereinheitenverwaltung bewirkt eine Bestandsverwaltung auf Paletten- oder Lagereinheitenebene, wobei eine Lagereinheit wiederum aus einem oder mehreren Quants bestehen kann. Auf einem einzelnen Lagerplatz können sich dabei mehrere Lagereinheiten befinden. Die Aktivierung von Lagereinheiten dient der Optimierung der Lagerkapazität und der Steuerung des Materialflusses, indem inhomogene Paletten mit mehr als einem Material als Einheit innerhalb eines Lagers bewegt werden können. Ein wesentlicher Vorteil besteht darin, dass für jede Lagereinheit jederzeit festgestellt werden kann, wo sie sich im Lager befindet, welche Materialmenge in ihr »gelagert« ist und welche Vorgänge bereits für diese Lagereinheit abgewickelt wurden oder noch geplant sind (siehe auch Abbildung 7.31).

Integration in die Bestandsführung

Die WM-Lagerverwaltung ist vollständig in das SAP-ERP-System integriert. Materialbewegungen, Wareneingänge, die Kommissionierung und der Versand von Materialien für Kundenaufträge führen somit zu einer physischen Bewegung im Lager. Die meisten Warenbewegungen, die in der Lagerverwaltung stattfinden, werden dabei in der *Bestandsführung* angestoßen.

Wareneingang

Wareneingänge, die auf einem Lagerort stattfinden, der über WM verwaltet wird, erzeugen automatisch eine Buchung auf dem Lagerplatz des zugeordneten Schnittstellenlagertyps. Der Schnittstellenlagertyp ist hierbei in der Regel die Wareneingangszone, von der in einem zweiten Schritt die Waren auf den Lagerplatz im Lager gebucht werden.

Warenausgang

Bei den *Warenausgängen* ohne Auslieferung wird das Material nach dem Kommissionieren auf eine Warenausgangszone gebucht. Da bereits durch die Buchung in der Bestandsverwaltung der Gesamtbestand entsprechend verringert wurde, erzeugt die Buchung auf dem Lagerplatz dieses Schnittstellenlagertyps zunächst ein Quant mit einer negativen Menge. In diesem Fall geht die buchhalterische Warenausgangsbuchung dem tatsächlichen Warenausgang im Lager voraus. Der Ausgleich der negativen Menge erfolgt durch die eigentliche Auslagerung auf die Warenausgangszone.

Die verschiedenen Möglichkeiten der Ein- und Auslagerung sowie die zur Verfügung stehenden Strategien werden wir in den nachfolgenden Abschnitten näher erläutern.

Handling Units in WM

Lagerorte können im System als *HU-pflichtig* eingestellt werden. Bestände auf einem HU-pflichtigen Lagerort sind grundsätzlich verpackt und als Handling Units geführt; Mischbestände aus verpackten und unverpackten Materialien sind nicht vorgesehen. Bei Verpackungsvorgängen, dem Ein- oder Auspacken einer Handling Unit, muss daher ein zweiter Lagerort, der sogenannte *Partnerlagerort*, angegeben werden. Der Partnerlagerort wird dann für die Umlagerung aus einem Lagerort mit HU-Pflicht verwendet, wobei z. B. beim Auspacken der Handling Unit der Bestand des Materials an einen Lagerort umgebucht wird, der nicht HU-pflichtig ist. Umlagerungen und Warenbewegungen sind somit nur mit Angabe der Handling Unit möglich. Wird keine Handling Unit angegeben, erstellt das System beim Buchen keinen Materialbeleg, sondern eine Lieferung.

Lagerbewegungen

Die *Lagerbewegungen* erfolgen dabei mit oder ohne Bezug zu einer Anlieferung oder Auslieferung. Die eigentliche Lagerbewegung wird mithilfe der sogenannten *Transportaufträge* gesteuert.

Transportauftrag

Der *Transportauftrag* ist der zentrale Beleg zur Steuerung der Lagerbewegungen in WM. Jede Materialbewegung im Lager erfordert einen Transportauftrag, der alle notwendigen Informationen enthält, um den physischen Transport in das Lager, aus dem Lager oder von einem Lagerplatz zum anderen durchzuführen. In diesem Zusammenhang wird nicht zwischen physischen Bewegungen und reinen Umbuchungen unterschieden. Umbuchungen entstehen z. B., wenn Materialien aus der Qualitätsprüfung in den frei verfügbaren Bestand übergehen.

Abbildung 7.20 zeigt die Integration in die Bestandsführung aus Sicht der Warenbewegungen.

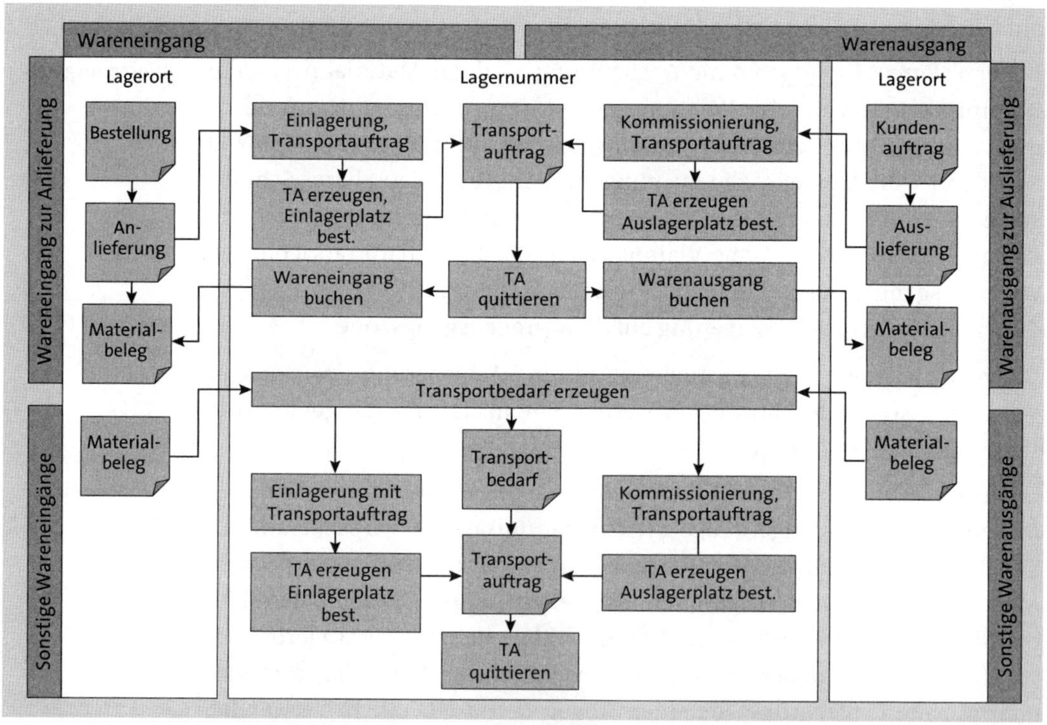

Abbildung 7.20 Integration von Transportbedarf und -auftrag (TA = Transportauftrag)

Lagerplätze

Transportaufträge enthalten alle Informationen, die das Lagerverwaltungssystem benötigt, um die Lagerbewegung durchzuführen. Neben dem zu bewegenden Material und der zu bewegenden Menge sind dies insbesondere genaue Angaben dazu, von welchen *Lagerplätzen* (Vonlagerplatz) das Material wohin (Nachlagerplatz) bewegt werden soll:

- **Vonlagerplatz**
  Der Vonlagerplatz gibt den Lagerplatz an, aus dem die Materialien entnommen werden, oder die Wareneingangszone (Schnittstellenlagertyp), von der sie zur Einlagerung in das Lager bewegt werden sollen.
- **Nachlagerplatz**
  Der Nachlagerplatz bestimmt den Lagerplatz, auf dem die Materialien eingelagert werden, oder die Warenausgangszone (Schnittstellenlagertyp), über die ausgelagert werden soll.

Rücklagerplatz

Eine Besonderheit stellt der *Rücklagerplatz* dar. Beim Auslagern einer vollen Palette und der anschließenden Kommissionierung einer bestimmten Teilmenge kann der Rücklagerplatz zur Aufnahme der nicht benötigten Menge dienen, falls die angebrochene Palette nicht mehr eingelagert werden soll. Die Ermittlung der Lagerplätze erfolgt automatisch gemäß den vom System ermittelten Einlagerungs- und Auslagerungsstrategien. Die Grundlagen der Steuerung von Einlagerung und Auslagerung erläutern wir in den folgenden Abschnitten.

Transportaufträge zur Einlagerung oder Auslagerung lassen sich als einzelner Beleg manuell anlegen, oder sie werden mit Bezug zu einem Vorgängerbeleg erstellt. Vorgängerbelege sind hierbei entweder Transportbedarfe aus einer bereits erfolgten Warenbewegung, Lieferbelege, Materialbelege oder Umbuchungsanweisungen.

Transportauftrag quittieren

Das Quittieren eines Transportauftrags bestätigt, dass die Lagerbewegung stattgefunden hat und die angeforderte Materialmenge tatsächlich von einem Lagerplatz zu einem anderen Lagerplatz bewegt wurde. Die Quittierungspflicht – ob also ein Transportauftrag quittiert werden muss – richtet sich entweder nach der verwendeten Bewegungsart oder den Systemeinstellungen für den jeweiligen Lagertyp. Der Transportauftrag oder einzelne Transportauftragspositionen können bis zu ihrer Quittierung storniert werden. Die Quittierung eines Transportauftrags schließt den Beleg dann ab. Weicht bei der Quittierung die Ist-Menge von der Soll-Menge ab, wird die entstehende Differenzmenge automatisch auf eine sogenannte *Differenzenschnittstelle* gebucht.

Helles und dunkles Quittieren

Das eigentliche Quittieren des Transportauftrags kann dabei *hell* oder *dunkel* erfolgen. Das helle Quittieren bezeichnet den manuellen Ablauf, bei dem die einzelnen Transaktionsschritte über den Bildschirm verfolgt werden und Vorschlagswerte geändert werden können. Eine dunkle Quittierung erfolgt automatisch durch das System und läuft im Hintergrund ab.

Transportbedarfe

Transportbedarfe enthalten Angaben über die geplanten Warenbewegungen und werden verwendet, um anschließend Lagerbewegungen zu planen oder auszulösen. Im Unterschied zu den Transportaufträgen, die detaillierte Informationen über die durchzuführende Lagerbewegung enthalten, enthält der Transportbedarf noch keine Angaben über den Lagertyp oder Lagerplatz, der von der Ein- oder Auslagerung betroffen ist. Die Kopf- und Positionsdaten des Transportbedarfs enthalten neben den administrativen, den material- und mengenspezifischen Informationen der geplanten Warenbewegung insbesondere das geplante Warenbewegungsdatum und die Richtung (Einlagern oder Auslagern), in die eine Bewegung erfolgen soll. Transportbedarfe sind die Vorgängerbelege der Transportaufträge und werden in der Regel aufgrund von Bestandsbuchungen automatisch vom System erzeugt. Für Warenbewegungen, die direkt in WM beginnen, können Transportbedarfe manuell erzeugt werden. Das Umsetzen der Transportbedarfe in Transportaufträge kann manuell oder automatisch im Hintergrund erfolgen.

7.3.2 Warenanlieferung

Warenanlieferungen beschreiben den physischen Zugang von Materialien in das Lager. Der Zugang erfolgt in der Regel aufgrund einer externen Beschaffung, durch Retouren oder Umlagerungen. Jeder Wareneingang führt zu einer Erhöhung des Lagerbestands und zu einer entsprechenden Lagerbewegung. Aus Sicht der Lagerverwaltung kann dabei die Warenanlieferung mit oder ohne Bezug zu einem Referenzbeleg erfolgen. Bei der Wareneingangsabwicklung mit Referenz nimmt das System Bezug auf eine Anlieferung oder einen Transportbedarf. Die Warenanlieferung ohne Referenz erfolgt ohne Bezug zu einer vorhergehenden Wareneingangsbuchung in der Bestandsführung.

Wareneingang mit Lagerverwaltung

Beim Wareneingang zeichnet WM sämtliche Transaktionen für das einzulagernde Material auf. Angefangen beim Einlesen des Barcodes über die Identifizierung des Materials durch einen Mitarbeiter des Wareneingangs bis hin zur Einlagerung der Waren auf dem Nachlagerplatz sind die durch den Wareneingang im Lager angestoßenen Vorgänge der Lagerverwaltung transparent und laufen in der Regel automatisch ab. Es wird zwischen folgenden Wareneingangsarten unterschieden:

- Wareneingang mit Bezug zur Anlieferung
- Wareneingang ohne Bezug zur Anlieferung
- Wareneingänge ohne vorhergehende Buchung in der Bestandsführung

Auf alle drei gehen wir nun ausführlicher ein.

Wareneingang mit Bezug zur Anlieferung

Wareneingänge mit Bezug zu einer Anlieferung werden ohne die vorangehende Erstellung eines Transportbedarfs durchgeführt (siehe Abbildung 7.20). Wir erläutern nun exemplarisch den Wareneingang mit Bezug zu einer Anlieferung an einem Prozessbeispiel.

Selektion der zu bearbeitenden Lieferungen

Der Wareneingang zu einer Bestellung bildet den Abschluss der externen Beschaffung. Die externe Beschaffung, das Anlegen von Bestellungen und die Bedeutung der Anlieferung im Bestellprozess haben wir bereits in Kapitel 3, »Beschaffungslogistik«, erläutert. Im WM-verwalteten Lager bildet der Empfang der von einem externen Lieferanten angelieferten Materialien den Ausgangspunkt für die nun folgenden Lageraktivitäten. Bei einem Wareneingang mit Bezug zur Anlieferung bildet die Anlieferung diesen Ausgangspunkt. Bei der Auswahl der Anlieferung wird der Bearbeiter vom System durch den sogenannten *Anlieferungsmonitor* unterstützt. Je nach gewünschter Selektion zeigt diese Listenansicht unter anderem auch die einzulagernden Anlieferungen (siehe Abbildung 7.21).

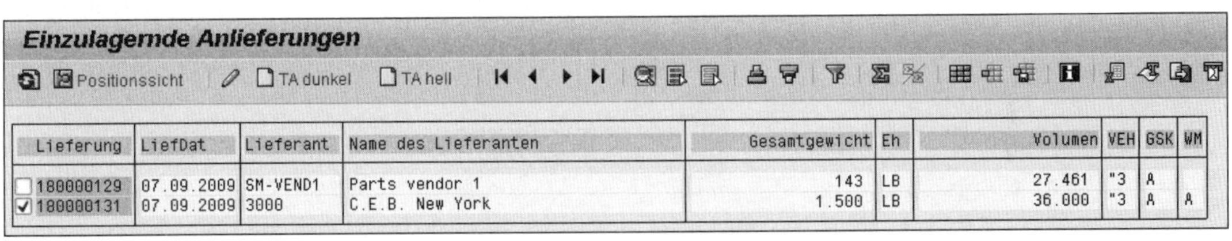

Lieferung	LiefDat	Lieferant	Name des Lieferanten	Gesamtgewicht	Eh	Volumen	VEH	GSK	WM
180000129	07.09.2009	SM-VEND1	Parts vendor 1	143	LB	27.461	"3	A	
180000131	07.09.2009	3000	C.E.B. New York	1.500	LB	36.000	"3	A	A

Abbildung 7.21 Einzulagernde Anlieferungen (Transaktion VL06I)

Erstellen des Transportauftrags

Die einzulagernde Anlieferung kann selektiert werden und bildet die Referenz für die Erstellung des Transportauftrags. Der Transportauftrag übernimmt die relevanten Daten aus dem Vorgängerbeleg und ermittelt, je nach der im System hinterlegten Art der zu erfolgenden Einlagerung, den Nachlagerplatz, auf den das Material eingelagert werden soll.

Transportauftrag zur Anlieferung

Abbildung 7.22 zeigt das Anlegen eines Transportauftrags zu einer Anlieferung 180000131 des externen Lieferanten 3000. Die Anlieferung enthielt dabei mehrere verpackte Materialpositionen zu jeweils 20 Stück des Materials LEHU-002. Jede Position wird verpackt angeliefert und ist durch eine eindeutige Handling-Unit-Nummer im System repräsentiert. Gemäß den im System hinterlegten Einstellungen soll in diesem Beispiel für jede Handling Unit ein eigener Transportauftrag erstellt werden.

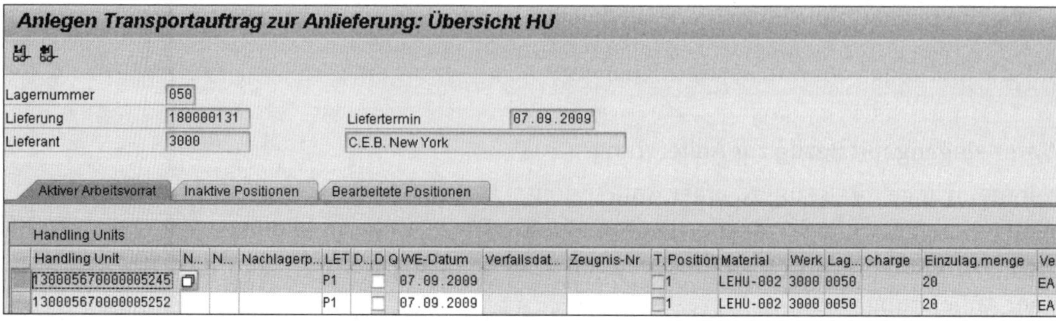

Abbildung 7.22 Anlegen eines Transportauftrags zur Anlieferung (Transaktion LTOF)

Durch eine aktivierte Lagereinheitenverwaltung entspricht jede einzulagernde Handling Unit einer Lagereinheit. Beim Anlegen des Transportauftrags wurde der Nachlagerplatz der Lagereinheit bereits vom System ermittelt, und Handling Unit und Lagereinheit sind dem System durch eine gemeinsame, eindeutig vergebene Nummer bekannt. Zur späteren Identifizierung mittels Barcode kann nun für jede Lagereinheit ein Label-Druck erfolgen (siehe Abbildung 7.23).

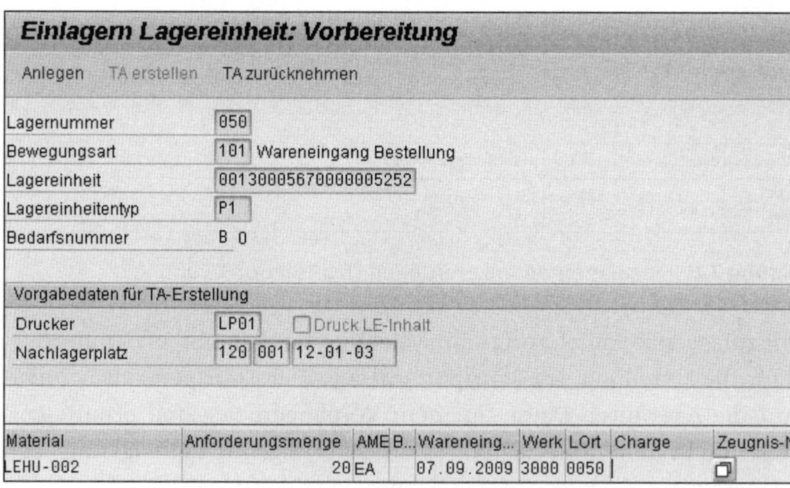

Abbildung 7.23 Einlagern mit Lagereinheitenverwaltung (Transaktion LTOF)

Transportauftrag quittieren

Zur Bestätigung, dass die einzulagernde Handling Unit tatsächlich in den Nachlagerplatz eingelagert wurde, wird der Transportauftrag quittiert. Der zu quittierende Arbeitsvorrat kann dabei ebenfalls über den Anlieferungsmonitor angezeigt und selektiert werden. Die Quittierungspflicht – ob also dem System explizit mitgeteilt werden muss, dass die Materialien an ihrem Bestimmungsort eingetroffen sind – richtet sich nach den Systemeinstellungen der jeweiligen Bewegungsart.

Neben einer nachträglichen Änderung des vom System vorgeschlagenen Nachlagerplatzes erlaubt das manuelle Quittieren dabei die Eingabe einer Mengendifferenz, wenn die tatsächlich angelieferte Ist-Menge nicht mit der Soll-Menge übereinstimmt, die aus der Anlieferung übernommen wurde.

Transportauftrag quittieren

Abbildung 7.24 zeigt das manuelle, helle Quittieren eines Transportauftrags zur Einlagerung von 20 Stück des Materials LEHU-002 auf dem Lagerplatz 12-01-02 im Lagerort 0050 des Werks 3000. Die Nummer der Handling Unit, in der sich dieses Material befindet, stimmt dabei mit der Nummer der Lagereinheit 130005670000005245 überein. In Abbildung 7.25 im folgenden Abschnitt sehen Sie dann die Nachdaten des Transportauftrags mit der quittierten Position.

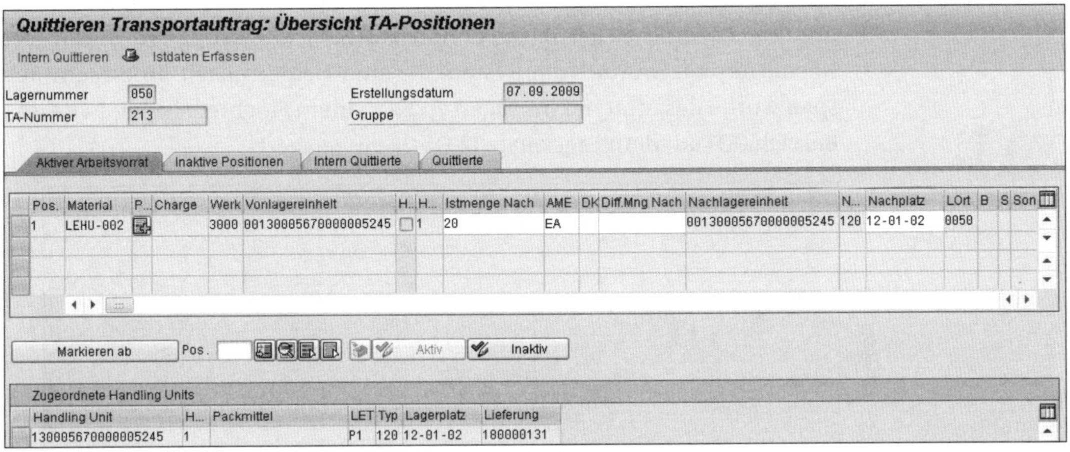

Abbildung 7.24 Quittieren des Transportauftrags zur Lagereinheit (Transaktion LT12)

Wareneingang in der Bestandsführung

Aus Sicht der Lagerverwaltung ist die Lagerbewegung abgeschlossen: Die mit Bezug zur Anlieferung bewegten Materialen sind auf dem Lagerplatz eingelagert. Zur Fortschreibung der Bestandsdaten erfolgt abschließend die Buchung des Wareneingangs in der Bestandsführung. Diese Buchung, die mengen- und wertmäßige Fortschreibung der Bestände, wird durch den Materialbeleg dokumentiert. Das Buchen der Warenbewegung in der Bestandsverwaltung erfolgt entweder automatisch im Hintergrund oder manuell, z. B. mithilfe des Anlieferungsmonitors.

Wareneingang ohne Bezug zur Anlieferung

Lagerbewegungen in WM können auch ohne direkte Belegreferenz auf die Anlieferung angestoßen werden. Der Einlagerung im Lagerverwaltungssystem geht in diesem Fall eine Warenbewegung in der Bestandsführung voraus, die bereits ein Quant auf dem Lagerplatz der Wareneingangsschnittstelle (Schnittstellenlagertyp) erstellt und einen Transportbedarf erzeugt (siehe Abbildung 7.20). Das Anlegen eines Transportauftrags für den Transportbedarf kann manuell oder automatisch durch das System erfolgen.

7.3.3 Transportauftrag und Mengenabweichungen

Der Transportauftrag dient dem innerbetrieblichen Transport der Materialien von der Wareneingangszone zu einem oder mehreren Lagerplätzen, die von WM automatisch ermittelt wurden.

Abbildung 7.25 zeigt die Nachdaten des Transportauftrags mit der quittierten Position. Der Vonlagerplatz ist die Wareneingangszone (Lagertyp 902) mit dem Lagerbereich 001 und dem Bezug zur Anlieferung 180000131. Der Nachlagerplatz wurde vom System automatisch ermittelt. In diesem Beispiel wurde das Material im Lagertyp 120, einem Hochregallager, in dessen Bereich 001 auf dem Lagerplatz 12-01-02 eingelagert.

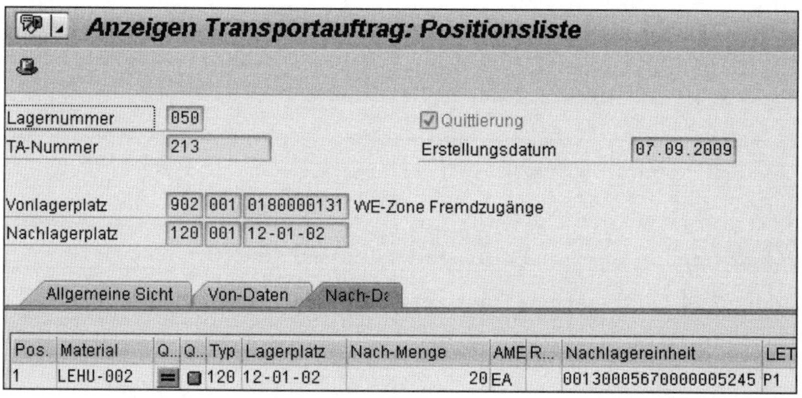

Abbildung 7.25 Transportauftrag zum Einlagern (Transaktion LT21)

Nach der Lagerbewegung quittiert der Lagermitarbeiter den Transportauftrag, indem er die bewegten Materialien manuell oder mit einem Scanner erfasst. Eventuelle Mengenabweichungen zwischen der bereits in der Bestandsführung erfolgten Wareneingangsbuchung und der tatsächlich quittierten Menge werden anschließend in der Bestandsführung ausgebucht.

Wareneingänge ohne vorhergehende Buchung in der Bestandsführung

Wareneingänge ohne eine vorhergehende Buchung in der Bestandsführung und ohne Bezug zu einer Anlieferung erfolgen direkt in der Lagerverwaltung, indem ein Transportauftrag angelegt wird. Das einzulagernde Material befindet sich dabei in der Regel bereits in der Wareneingangsschnittstelle des Lagers. Der Transportauftrag wird ohne Referenz erzeugt und generiert ein *negatives Quant* (negative Bestandsmenge) auf dem Lagerplatz der Wareneingangsschnittstelle. Die Materialien werden von der Wareneingangsschnittstelle auf den ermittelten Lagerplatz eingelagert, und der Transportauftrag wird quittiert. Mit der Quittierung ist das Material im System verfügbar. Der Ausgleich des negativen Quants in der Wareneingangsschnittstelle erfolgt mit der Buchung des Wareneingangs in der Bestandsführung. Das Ergebnis ist ein positives Quant auf dem Nachlagerplatz des Materials.

Einlagerungssteuerung

Das Ziel der *Einlagerungssteuerung* besteht darin, effizient einen optimalen Lagerplatz zu finden, dabei die vorhandene Lagerkapazität auszunutzen und betriebswirtschaftliche Anforderungen zu berücksichtigen. Die automatische Findung des Lagerplatzes beim Anlegen eines Transportauftrags läuft dabei in einer flexiblen im System hinterlegten Reihenfolge ab.

Lagertypfindung

Im Wesentlichen handelt es sich um Findungsvorgänge auf Basis von Suchstrategien, die zunächst einen geeigneten Lagertyp finden. Die *Lagertypfindung* wird durch eine Suchreihenfolge gesteuert, bei der neben einem sogenannten *Lagertypkennzeichen* aus dem Materialstamm auch die Kennzeichnung der Bestandsart und der Sonderbestände die Findung beeinflusst.

Lagerbereichsfindung

Nachdem das System den Lagertyp ermittelt hat, erfolgt bei aktivierter Lagerbereichsprüfung die *Lagerbereichsfindung* für den ermittelten Lagertyp. Die eigentliche Findung wird auch hier gemäß einer im System definierten Suchreihenfolge durchgeführt, wobei insbesondere das Lagerbereichskennzeichen sowie die Lagerklasse die Findung beeinflussen. Das *Lagerbereichskennzeichen* steuert die Findung z. B. in Hinblick auf schnell oder langsam drehende Materialien. Die *Lagerklasse* klassifiziert Gefahrstoffe in Hinblick auf die zu ermittelnden Lagerbedingungen. Je nach Lagerklasse (ob es sich bei dem Material z. B. um explosionsgefährliche Stoffe oder brennbare Flüssigkeiten handelt) ermittelt das System den Lagertyp und den Lagerbereich, in den das Material eingelagert werden darf.

Einlagerungsstrategien

Die eigentliche Findung des Nachlagerplatzes erfolgt gemäß einer im System hinterlegten *Einlagerungsstrategie*: WM ermittelt den Lagerplatz (je nach betrieblichen Erfordernissen) aus einer Reihe von vorkonfigurierten Strategien, aus den Kapazitätsrestriktionen der Lagerplätze und den Stammdatenparametern der einzulagernden Materialien. WM verfügt hierbei über Einlagerungsstrategien, die Sie bei Bedarf durch eigene Erweiterungen und Logik verändern können und deren wichtigste Strategien wir nachfolgend kurz erläutern:

- **Festplatz**
  Bei der Festplatzstrategie ermittelt das System den Lagerplatz auf Basis des Lagerplatzes, der einem Material direkt im Materialstammsatz zugewiesen wurde.
- **Freilager**
  Freilager sind Lagerbereiche eines Lagertyps, für die jeweils nur ein einziger Lagerplatz definiert wurde.
- **Zulagerung**
  Diese Einlagerungsstrategie wählt Lagerplätze aus, auf denen bereits ein Bestand des einzulagernden Materials vorhanden ist. Voraussetzung für die Zulagerung weiterer Mengen ist das Vorhandensein einer ausreichenden Restkapazität, die vom System automatisch überprüft wird. Ist keine weitere Kapazität vorhanden, führt das System die Lagerplatzfindung mit der nächsten Strategie fort und versucht, den nächsten freien Platz zu ermitteln.
- **Nächster Leerplatz**
  Die Suchstrategie, bei der das System den nächsten leeren Lagerplatz für die Einlagerung vorschlägt, wird insbesondere für Hochregal- und Regallager verwendet. Die Findung des nächsten freien Lagerplatzes erfolgt über eine änderbare Sortierreihenfolge, die eine einseitige Auslastung des Lagers verhindert und über die Lagerplatzkoordinaten gesteuert wird.
- **Einlagerung nach Paletten**
  Das Ziel dieser Strategie ist es, auf einem Lagerplatz nur gleiche Lagereinheitentypen zu lagern. Der Lagereinheitentyp ist dabei eine bestimmte Kombination aus Ladungsträger und verpacktem Material. Je nach Systemeinstellung kann für einen bestimmten Lagerplatztyp z. B. definiert werden, dass nur eine Palette mit einem bestimmten Maß eingelagert werden darf und ob eine Mischbelegung mit unterschiedlichen Lagereinheitentypen zulässig ist.

- **Blocklager**
  Analog zur Lagereinheitenstrategie definiert die Strategie »Blocklager« pro Lagerplatztyp und Lagereinheitentyp, wie viele Säulen pro Lagerplatz mit welcher Stapelhöhe zugelassen sind. Die Stapelhöhe hängt dabei oft vom Material ab und kann über dessen Blocklagerkennzeichen gesteuert werden. Hierbei handelt es sich in der Regel um Materialien mit einem großen Platzbedarf, die einen schnellen Zugang und eine übersichtliche Strukturierung erfordern.
- **Nähe Kommissionierfestplatz**
  Je nach Systemeinstellung wird bei dieser Strategie zunächst versucht, den Festplatz eines Materials zu ermitteln. Falls eine Einlagerung aus Kapazitätsgründen nicht möglich ist, erfolgt eine Einlagerung in das Reservelager, das sich in räumlicher Nähe des Festplatzes befindet und von dem bei der Auslagerung kommissioniert wird. Alternativ kann ohne vorangehende Prüfung des Festplatzes sofort auf dem Reservelager eingelagert werden.

7.3.4 Warenauslieferung

Warenauslieferungen beschreiben den physischen Abgang von Materialien aus dem Lager. Dieser Abgang erfolgt in der Regel durch interne Materialverbräuche, Materialausgaben oder Warenauslieferungen an Kunden im Rahmen der Distributionslogistik. Jede Warenauslieferung führt zu einer entsprechenden Lagerbewegung und verringert den Materialbestand. Analog zu den Warenanlieferungen können Warenauslieferungen mit oder ohne Bezug zu einem Referenzbeleg erfolgen. Bei der Warenausgangsabwicklung mit Referenz nimmt das System Bezug auf eine Auslieferung oder einen Transportbedarf (siehe auch Abbildung 7.20 weiter vorn).

Warenausgang mit Lagerverwaltung

Beim Warenausgang zeichnet WM sämtliche Transaktionen für das auszulagernde Material auf. Die durch den Warenausgang im Lager angestoßenen Vorgänge der Lagerverwaltung (Kommissionieren, Verpacken und Bereitstellen der Materialien) sind transparent und laufen in der Regel automatisch ab. Hierbei kann zwischen folgenden Arten der Warenausgänge unterschieden werden:

- Warenausgang mit Bezug zur Auslieferung
- Warenausgang ohne Bezug zur Auslieferung
- Warenausgang mit manueller Kommissionierung

Alle drei Arten werden wir Ihnen nachfolgend näher erläutern.

Warenausgang mit Bezug zur Auslieferung

Beim Warenausgang mit Bezug zur Auslieferung ersetzt die Auslieferung den eigentlichen Transportbedarf, und der Transportauftrag wird mit Bezug zum Lieferschein erstellt. Nachfolgend erläutern wir an einem Prozessbeispiel exemplarisch den Warenausgang mit Bezug zu einer Auslieferung.

Selektion der zu bearbeitenden Lieferungen

Der Warenausgang zu einer Auslieferung bildet den Abschluss eines Verkaufsprozesses in der Distributionslogistik. Die Vertriebsabwicklung, die Kundenauftragsbearbeitung und das Anlegen von Auslieferungen haben wir bereits in Kapitel 5, »Distributionslogistik«, erläutert. In einem WM-verwalteten Lager bildet der Warenausgang an den Kunden den Abschluss einer Reihe von Lageraktivitäten, an deren erster Stelle die Selektion der zu bearbeitenden Auslieferungen steht. Das System unterstützt den Bearbeiter durch den *Auslieferungsmonitor*, mit dem sich die zu kommissionierende Tageslast selektieren lässt. Bei der manuellen Bearbeitung wird die zu kommissionierende Lieferung ausgewählt und anschließend ein Transportauftrag zur Auslagerung erstellt.

Erstellen des Transportauftrags

Die auszulagernde Anlieferung wurde selektiert und bildet die Referenz für die Erstellung des Transportauftrags, die Sie dann einige Seiten später in Abbildung 7.28 sehen. Der Transportauftrag übernimmt die relevanten Daten aus dem Vorgängerbeleg und ermittelt, je nach der im System hinterlegten Auslagerungssteuerung, den Vonlagerplatz, von dem das Material kommissioniert wird, und den Nachlagerplatz, auf den das Material anschließend bewegt werden soll. Aus einer Auslagerungsposition können dabei mehrere Transportauftragspositionen entstehen, je nachdem, ob die auszulagernde Menge aus unterschiedlichen Vonlagerplätzen kommissioniert werden muss.

Auslieferung und Tageslast

Abbildung 7.26 zeigt eine Auslieferung 80016335 für 1 Stück des Materials LEHU-002.

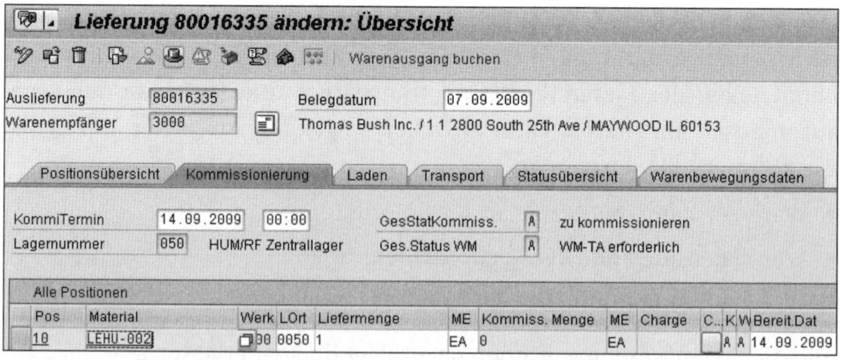

Abbildung 7.26 Auslieferung aus einem WM-verwalteten Lager (Transaktion VL02N)

Die Auslieferung erfolgt aus dem Zentrallager mit der Lagernummer 050, das mit WM verwaltet wird. Für die Auslagerung ist ein Transportauftrag (WM-TA) erforderlich, wobei die Kommissionierung noch nicht erfolgt ist.

Abbildung 7.27 zeigt den Auslieferungsmonitor mit den zu kommissionierenden Auslieferungen. Auslieferung 80016335 wird selektiert, und der Transportauftrag wird anschließend »hell« erstellt.

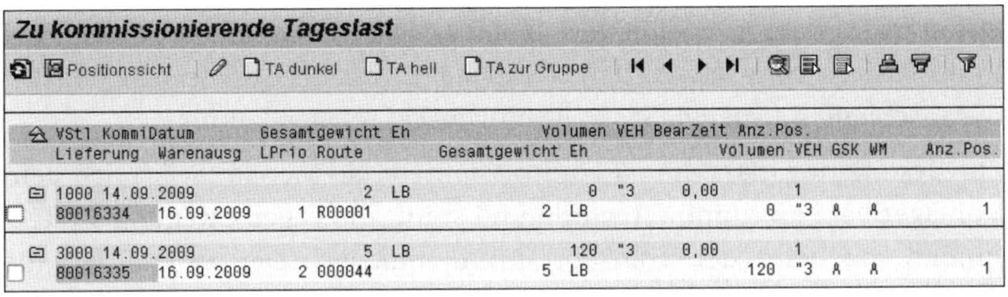

Abbildung 7.27 Zu kommissionierende Tageslast im Auslieferungsmonitor (Transaktion VL06O)

Manueller Transportauftrag vor dem Sichern

Abbildung 7.28 zeigt den hell angelegten Transportauftrag zur Auslieferung 80016335, bevor dieser vom Bearbeiter gesichert wurde. Das System hat für das zu kommissionierende Material LEHU-002 bereits die auszulagernde Menge, den Vonlagerplatz und die Lagereinheit ermittelt. Das Material wird aus dem Lagertyp 120 (Hochregallager), dem Bereich 001 (Schnelldreher), vom Lagerplatz mit den Koordinaten 12-01-01 entnommen und in die Versandzone 916 bewegt. Das Protokoll dieser Lagerplatzfindung finden Sie weiter hinten in Abbildung 7.35.

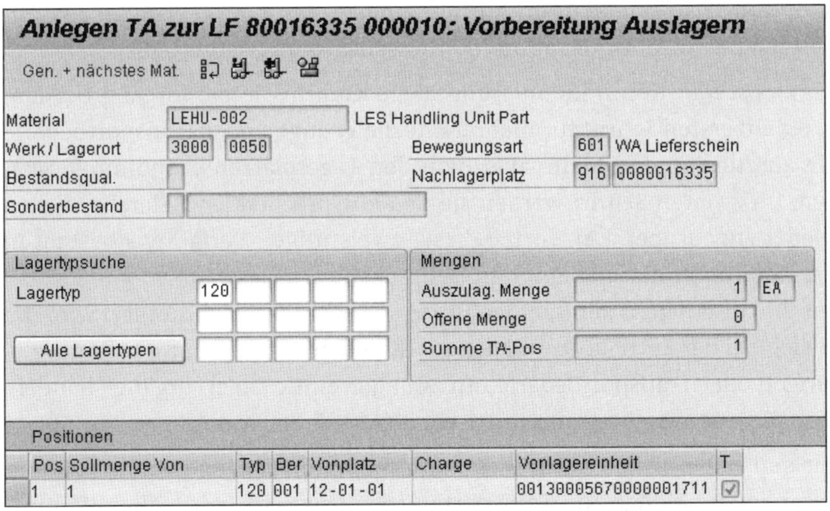

Abbildung 7.28 Anlegen des Transportauftrags zum Auslagern (Transaktion LT03 – hier aufgerufen aus dem Auslieferungsmonitor)

Kommissionierung und Pick-HUs

Die *Kommissionierung* beschreibt die eigentliche Auslagerung von Materialien aus den Lagerplätzen und deren Bereitstellung an einem Nachlagerplatz. Je nach den betrieblichen Erfordernissen kann bereits ein Packmittel ermittelt und automatisch eine sogenannte *Pick-HU* (Pick Handling Unit) generiert werden, in die der Bearbeiter die entnommene Menge verpackt. Die Pick-HU wird anschließend direkt in die Lieferung übernommen, wobei ein weiteres Verpacken in der Regel nicht erforderlich ist. Für einen HU-verwalteten Lagerort bzw. falls dies ausdrücklich gewünscht ist, erfolgt die Kommissionierung grundsätzlich durch das Auslagern der jeweiligen HUs, die anschließend auf eine Pick-HU umgepackt werden können.

Transportauftrag quittieren

Zur Bestätigung, dass die zu kommissionierende Menge tatsächlich dem Vonlagerplatz entnommen wurde und somit die Lagerbewegung stattgefunden hat, wird der Transportauftrag quittiert. Der zu quittierende Arbeitsvorrat kann dabei ebenfalls über den Auslieferungsmonitor angezeigt und selektiert werden (siehe Abbildung 7.29).

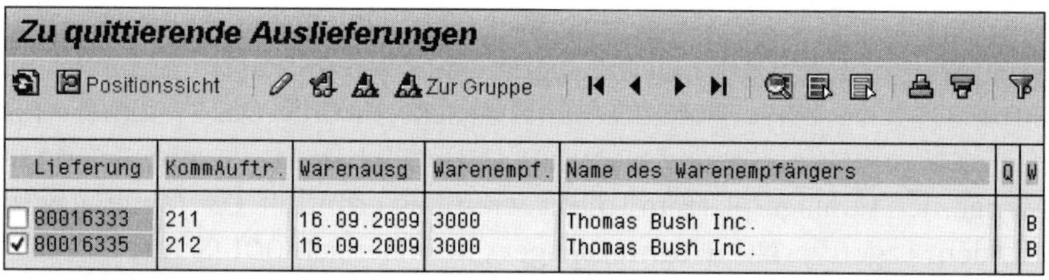

Abbildung 7.29 Zu quittierende Auslieferungen im Auslieferungsmonitor (Transaktion LT12 – hier ausgerufen aus dem Auslieferungsmonitor)

Abbildung 7.30 zeigt den im Auslieferungsmonitor ausgewählten zu quittierenden Transportauftrag aus dem vorausgegangenen Beispiel.

Zweistufige Kommissionierung

Die *zweistufige* Kommissionierung ist ein Kommissioniervorgang, bei dem in einem ersten Schritt für mehrere Auslieferungen oder Transportbedarfe die auszulagernden Materialien von den Lagerplätzen entnommen werden. Im zweiten Schritt werden sie den entsprechenden Referenzbelegen wieder zugeordnet. Der Vorteil dieses zweistufigen Verfahrens besteht in der Kommissionierung einer großen Anzahl von Geschäftsvorgängen, bei der die Gesamtzahl der durchgeführten Greifvorgänge minimiert wird. Da es sich bei der Entnahme und der anschließenden Aufteilung auf Auslieferungen oder Transportbedarfe um zwei getrennte Lagervorgänge handelt, wird für jeden der beiden Schritte ein eigener Transportauftrag erzeugt.

Teilkommissionierung

Für den Fall, dass die tatsächlich kommissionierte Menge von der zu entnehmenden Menge im Transportauftrag abweicht, wird die Differenzmenge vom System ermittelt und in der Transportauftragsposition festgehalten.

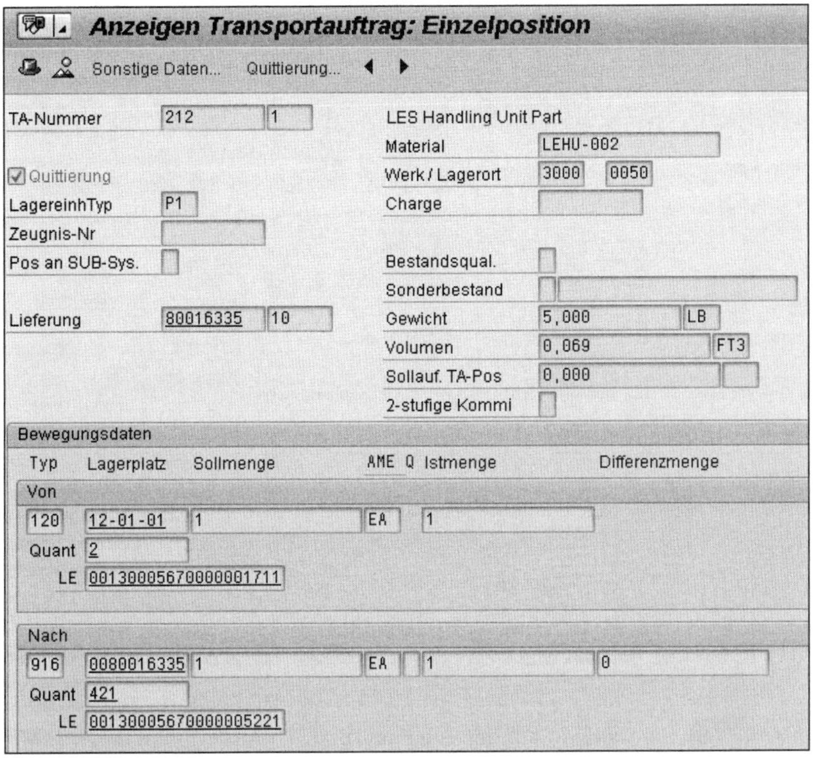

Abbildung 7.30 Transportauftrag zur Auslagerung (Transaktion LT21)

Die teilkommissionierte Menge wird in der Auslieferung fortgeschrieben und ein entsprechender Status für die *Teilkommissionierung* gesetzt. Falls mit dem Kunden eine Teillieferung vereinbart wurde, wird die Auslieferung als Teillieferung erstellt und anschließend eine weitere Auslieferung für die noch ausstehende Menge erzeugt. Darüber hinaus ist es möglich, eine weitere Kommissionierung zur Auslieferung durchzuführen, insbesondere wenn eine Teilbelieferung vermieden werden soll. In diesem Fall wird ein weiterer Transportauftrag zur Auslieferung erstellt und die ausstehende Menge anschließend kommissioniert.

Lagereinheiten und Kommissionierung

In diesem Prozessbeispiel wurde bei der Kommissionierung aufgrund der aktivierten Lagereinheitenverwaltung der Bestand aus einer Lagereinheit entnommen. Die Lagereinheit, auf der Bestand verwaltet wird, ist dabei einem bestimmten Lagerplatz zugeordnet und kann ihrerseits wieder aus mehreren Quants bestehen (siehe Abbildung 7.31 und Abbildung 7.32). Durch das Auslagern und Quittieren wird der Gesamtbestand des zugeordneten Lagerplatzes reduziert.

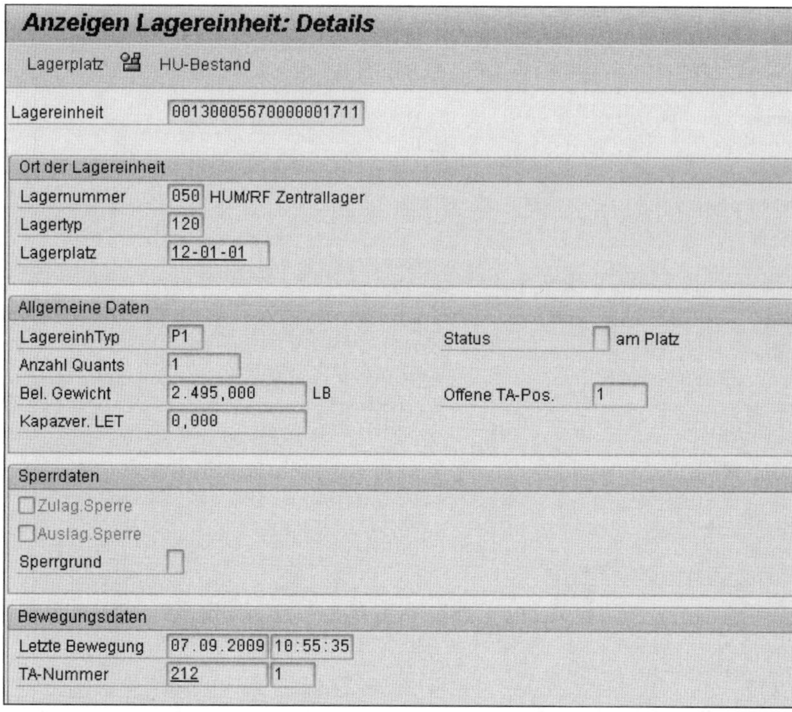

Abbildung 7.31 Lagereinheit auf dem Vonlagerplatz (Transaktion LS33)

Lagereinheit

Abbildung 7.31 zeigt die Lagereinheit 130005670000001711, die sich auf dem Lagerplatz 12-01-01 im Hochregal des Zentrallagers befindet. Neben den allgemeinen Daten wie Gewicht und Status enthält die Lagereinheit auch Angaben über eine mögliche Sperre sowie über die Lagerbewegung, die zuletzt stattfand. In diesem Beispiel ist das der Transportauftrag 212, den Sie aus Abbildung 7.30 kennen.

Warenausgang in der Bestandsführung

Aus Sicht der Lagerverwaltung bildet das Quittieren des Transportauftrags in der Regel den Abschluss der Lagerbewegungen in einem Distributionsprozess. Zur Fortschreibung der Bestandsdaten erfolgt abschließend ein Warenausgang zur Auslieferung. Analog zum Wareneingang dient diese Buchung zur mengen- und wertmäßigen Fortschreibung der Bestände und wird ebenfalls durch einen Materialbeleg dokumentiert. Das Buchen der Warenbewegung in der Bestandsverwaltung erfolgt ebenfalls entweder automatisch im Hintergrund oder manuell, z. B. mithilfe des Auslieferungsmonitors.

Quant und Bestandsattribute

Quants wurden bereits in Abschnitt 7.3.1, »Lagerstruktur und Integration«, näher erläutert. Anhand der Warenbewegung, die in diesem Beispiel erfolgte, zeigen wir Ihnen die Auswirkungen auf den Bestand. Das Quant enthält in diesem Zusammenhang nicht nur die organisatorische Zuordnung zu Lagerplatz und Lagereinheit, sondern auch genaue Angaben über den Gesamtbestand und den verfügbaren Bestand des gelagerten Materials. Der verfügbare Bestand richtet sich dabei mengenmäßig nach den noch ein- bzw. auszulagernden Mengen in den noch nicht quittierten Transportaufträgen. Neben der zuletzt erfolgten Warenbewegung und dem dazu verwendeten Transportauftrag enthalten die Bestandsdaten auch Angaben über Sonderbestände und mögliche Sperren.

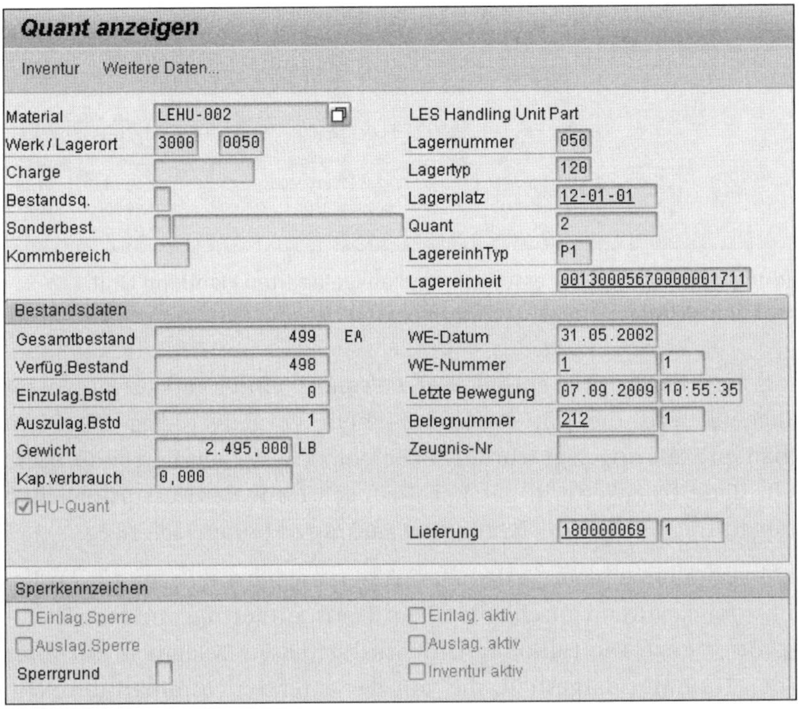

Abbildung 7.32 Quant auf dem Vonlagerplatz (Transaktion LS23)

Handling-Unit-Historie

Analog zum Quant, das eine genaue Angabe über die zuletzt erfolgte Warenbewegung enthält, werden auch in den bewegten Handling Units die jeweiligen Objektreferenzen fortgeschrieben. Die Handling-Unit-Historie (HU-Historie) gewährleistet dabei eine lückenlose Transparenz der erfolgten Handling-Unit-Bewegungen mit Angabe der sogenannten *Verpackungsobjekte* (siehe Abbildung 7.33). Bei den Verpackungsobjekten handelt es sich um die jeweiligen Belege der Beschaffungs-, Distributions- oder Lagerlogistik, denen die Handling Unit im Prozessablauf zugeordnet war.

Abbildung 7.33 zeigt die HU-Historie mit der externen Nummer 130005670000005221. Diese HU, eine Palette, wurde in den vorangehenden Beispielen für den Versandprozess verwendet. Abbildung 7.31 zeigt dabei die nummerngleiche Lagereinheit für den Nachlagerplatz im Transportauftrag 212. Dieser Transportauftrag, die Auslieferung 800016335 sowie der Warenausgangsbeleg 49000386152009, der mit Referenz auf diese Handling Unit erstellt wurde, sind als Verpackungsobjekt in der HU-Historie fortgeschrieben.

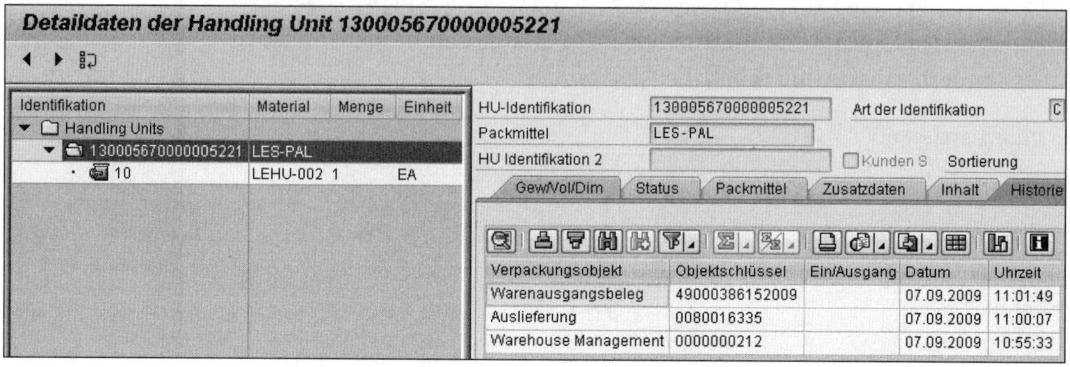

Abbildung 7.33 Historie der erstellten und ausgelagerten Handling Unit (Transaktion HUMO)

Belegfluss Analog zur HU-Historie enthält der *Belegfluss* eines Verkaufsprozesses sämtliche Belege, die mit Bezug zu einem Vorgängerbeleg in einem Geschäftsprozess angelegt wurden. Bei einem klassischen Versandprozess besteht diese Belegkette in der Regel zunächst aus dem ursprünglichen Kundenauftrag und der mit Bezug zum Auftrag erstellten Lieferung.

Im WM-verwalteten Lager, in dem der Warenausgang mit Bezug zur Auslieferung erfolgt, wurden anschließend ein Transportauftrag und eine Handling Unit erzeugt. Die Handling Unit wird dabei im Belegfluss mit ihrer internen Nummer dargestellt, die von der externen Nummer abweicht. Den Abschluss der Auslieferung bildet der Warenausgang, der mit dem Materialbeleg (im Belegfluss *Warenauslieferung* genannt) im System dokumentiert wird (siehe Abbildung 7.34).

Abbildung 7.34 Belegfluss des Verkaufsprozesses (Transaktion VL03N)

Warenausgang ohne Bezug zur Auslieferung

Bei einem Warenausgang ohne Bezug zu einer Auslieferung geht der physischen Lagerbewegung in der Regel eine buchhalterische Bestandsbuchung des Warenausgangs voraus (siehe Abbildung 7.20). Die Warenausgangsbuchung in der Bestandsverwaltung erzeugt ein negatives Quant auf der Warenausgangsschnittstelle (Schnittstellenlagertyp), wobei vom System automatisch ein Transportbedarf erzeugt wird.

Transportauftrag für Transportbedarfe

Auf Basis dieses Transportbedarfs wird anschließend der Transportauftrag zur Auslagerung erstellt, und die Lagerplätze, von denen das Material entnommen werden soll, werden ermittelt. Nachdem die Materialien im Lager bewegt und auf die Warenausgangsschnittstelle gebracht wurden, wird der Transportauftrag quittiert. Durch die quittierte Lagerbewegung wird der negative Bestand auf der Warenausgangsschnittstelle ausgeglichen.

Warenausgang mit manueller Kommissionierung

Lagerinterne Bewegungen, bei denen kein Warenausgang erfolgt, können direkt durch das manuelle Erstellen eines Transportauftrags durchgeführt werden. In der Regel handelt es sich dabei um lagerinterne Umlagerungen, bei denen der Transportauftrag ohne Vorgängerbeleg erstellt wird.

Auslagerungssteuerung

In der Regel ist der Warenausgang das Ergebnis einer vorausgegangenen Auslagerung. Die Auslagerung wurde dabei mit einem Transportauftrag gesteuert, der sowohl den Lagerplatz enthält, aus dem das Material entnommen wurde, als auch den Nachlagerplatz, auf den das Material zu bewegen ist. Am Anfang der Auslagerung steht somit die Suche nach einem geeigneten Vonlagerplatz. Diese Suche erfolgt über die sogenannte *Auslagerungssteuerung*.

Auslagerstrategie

Analog zur Einlagerungssteuerung läuft auch bei jedem Auslagerungsvorgang eine Findung gemäß einer vordefinierten Reihenfolge und Strategie ab. Diese Findung, ausgelöst durch den Transportauftrag, wird auch durch das auszulagernde Material und dessen Merkmale beeinflusst. Hierbei spielt es insbesondere eine Rolle, ob ein Material z. B. chargenverwaltet ist (zur Chargenverwaltung siehe Kapitel 2, »Organisationsstrukturen und Stammdaten«).

Lagertyp- und Lagerbereichsfindung

Die Suche nach dem Lagertyp und dem Lagerbereich für die Entnahme erfolgt nach einer im System hinterlegten Suchreihenfolge analog zur Lagertyp- und Lagerbereichsfindung der Einlagerungssteuerung. Die Findung des Lagertyps richtet sich auch hier insbesondere nach dem Lagertypkennzeichen, dem Sonderbestandskennzeichen und der Bestandsqualifikation. Die *Bestandsqualifikation* gibt an, ob es sich bei dem Bestand um einen frei verwendbaren Bestand, einen Retourenlagerbestand, einen Sperrbestand oder um einen Bestand in Qualitätsprüfung handelt. Der Lagerbereich wird anhand einer Präferenzliste ermittelt, die eine bestimmte Reihenfolge enthält, mit der das System den Lagerbereich ermittelt. Die Suche erfolgt für den bereits ermittelten Lagertyp mit dem schon bei der Einlagerungssteuerung erwähnten Lagerbereichskennzeichen sowie mit der Lagerklasse.

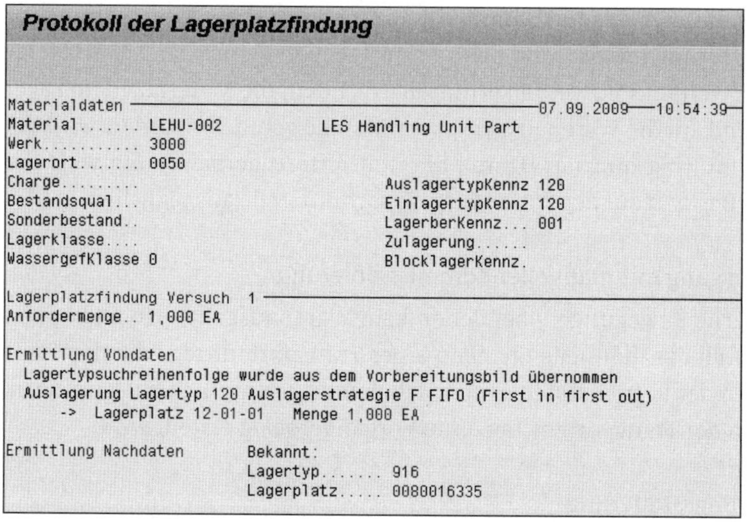

Abbildung 7.35 Protokoll der Lagerplatzfindung im Transportauftrag (Transaktion LT21)

Lagerplatzfindung

Abbildung 7.35 zeigt das Protokoll der Lagerplatzfindung für den Transportauftrag aus dem vorhergehenden Beispiel. Das System ermittelte für das auszulagernde Material LEHU-002 zunächst den Lagertyp und den Lagerbereich. Hierzu wurde das *Auslagertypkennzeichen* 120 und das Lagerbereichskennzeichen 001 verwendet. Der Lagerplatz 12-01-01 im Lagertyp 120 wurde durch die Auslagerungsstrategie FIFO ermittelt.

Auslagerungsstrategien

Die eigentliche Findung des Lagerplatzes erfolgt gemäß einer im System hinterlegten *Auslagerungsstrategie*, bei der WM aus einer Reihe von vorkonfigurierten Strategien je nach betrieblichen Erfordernissen das geeignete Quant innerhalb eines Lagertyps ermittelt. Hierbei werden folgende Auslagerungsstrategien angeboten, die Sie bei Bedarf durch eigene Erweiterungen und Logik verändern können:

- **FIFO und strenges FIFO – »First In, First Out«**
  Bei dieser Auslagerungsstrategie schlägt WM für jeden Lagertyp, der im Rahmen der Lagertypfindung ermittelt wurde, das älteste Quant zur Auslagerung vor. Das Alter des Quants und damit der darin gelagerten

Materialien wird über das Datum der Lagerzugangsbuchung ermittelt. Beim strengen FIFO erfolgt die Findung für eine Lagernummer, also über alle Lagertypen hinweg.

- **LIFO – »Last In, First Out«**
  Diese Auslagerungsstrategie schlägt pro Lagertyp immer das zuletzt eingelagerte Quant zur Auslagerung vor.
- **Anbruch**
  Die Anbruchstrategie versucht eine Optimierung der Lagersituation zu erreichen, indem das System versucht, die im Transportauftrag angeforderten Mengen aus einer kompletten Lagereinheit zu entnehmen. Das Ziel dabei ist es, angebrochene Lagereinheiten, sogenannte *Anbruchpaletten*, zu vermeiden.
- **Groß-/Kleinmengen**
  Bei dieser Auslagerungsstrategie wird die Auswahl des Lagertyps von der Anforderungsmenge beeinflusst. Diese sogenannte *Manipulationsmenge* wird im Materialstamm gepflegt und bewirkt z. B., dass ein Material bei geringen Mengen aus dem Festplatz, bei großen Mengen aus dem Hochregallager kommissioniert wird.
- **Mindesthaltbarkeit**
  Das Mindesthaltbarkeitsdatum eines Materials bzw. seine Restlaufzeit wird im Materialstammsatz gepflegt. WM versucht, das Material mit der geringsten Restlaufzeit zu ermitteln. Falls diese Restlaufzeit nicht gepflegt wurde, arbeitet das System mit der FIFO-Strategie.
- **Festlagerplatz**
  Bei der Festplatzstrategie ermittelt das System den Lagerplatz über den im Materialstamm gepflegten Festplatz. Da bei dieser Auslagerungsstrategie der gefundene Lagerplatz auch dann vorgeschlagen wird, wenn bereits negative Bestände vorhanden sind, sollte für den Festplatz eine Nachschubsteuerung eingestellt werden.

Im folgenden Abschnitt geben wir Ihnen einen Überblick über ausgewählte lagerinterne und lagerübergreifende Prozesse.

7.3.5 Lagerinterne Prozesse

Bei den lagerinternen Prozessen handelt es sich nicht nur um lagerübergreifende Prozesse der Ein- und Auslagerung und lagerinterne Warenbewegungen, sondern auch um WM-Funktionen, die in sämtlichen Lagerprozessen zur Verfügung stehen. Auf die Gefahrstoffverwaltung und die Lagerautomatisierung und deren Schnittstellen gehen wir in diesem Buch nicht weiter ein.

Inventur

Vergleich von Buchbestand und Ist-Bestand

In jedem Unternehmen muss aufgrund gesetzlicher Verpflichtungen mindestens einmal im Geschäftsjahr eine Bilanzierung der Lagerbestände durchgeführt werden, die sogenannte *Inventur*. Durch die körperliche Bestandsaufnahme wird der im System ausgewiesene Buchbestand mit dem tatsächlich vorhandenen Ist-Bestand verglichen. Das Messen, Zählen, Wiegen oder Schätzen der Bestände kann grundsätzlich in der Bestandsführung oder in der Lagerverwaltung erfolgen. Aufgrund der höheren Genauigkeit wird beim Einsatz von WM die Inventur in der Lagerverwaltung durchgeführt, indem die einzelnen Quants auf den jeweiligen Lagerplätzen inventarisiert werden. Die Inventur in der Bestandsführung wird in diesem Buch aus Platzgründen nicht näher erläutert. Ergibt sich aus einer Inventurzählung eine Differenz von Soll- und Ist-Bestand, wird diese in einem Inventurbeleg erfasst und in der Bestandsführung zu einem späteren Zeitpunkt ausgebucht.

Inventurverfahren

WM unterstützt die vom Gesetzgeber zugelassenen *Inventurverfahren*, die für jeden Lagertyp festgelegt werden können:

- **Stichtagsinventur**
  Bei dieser Inventurmethode werden zu einem bestimmten Termin (in der Regel am Ende eines Geschäftsjahres) alle Materialbestände eines Unternehmens erfasst.
- **Permanente Inventur**
  Diese Art der Inventur wird im gesamten Geschäftsjahr laufend durchgeführt, indem Teilbestände zu beliebigen Zeitpunkten erfasst werden. Alle Materialien werden mindestens einmal pro Jahr aufgenommen, und es werden regelmäßig die Buchbestände mit den tatsächlichen Beständen verglichen. Bei der permanenten Inventur durch Einlagerung findet die Inventur bei der ersten Einlagerung auf einem Lagerplatz statt. Im weiteren Verlauf des Geschäftsjahres erfolgt keine weitere Inventur, da sämtliche Warenbewegungen auf diesem Lagerplatz durch die Transportaufträge nachzuweisen sind, die gemäß den gesetzlichen Bestimmungen archiviert werden müssen.
- **Stichprobeninventur**
  Im laufenden Geschäftsjahr werden durch diese Inventurmethode an einem bestimmten Termin die Lagerbestände stichprobenweise aufgenommen und im System erfasst. Die Stichprobe ist dabei ein zufällig ausgeloster Teil des Materialbestands, der als Basis für eine Hochrechnung dient.

- **Cycle-Counting**
  Diese Inventurart ermöglicht es, im laufenden Geschäftsjahr die Materialien in den Lagerbeständen in bestimmten Zeitabständen mehrfach zu zählen. Das Verfahren basiert auf einer verbrauchs- oder bedarfsbezogenen ABC-Analyse zur Auswahl der zu berücksichtigenden Materialbestände. Materialien, deren wertmäßiger Anteil an dem Gesamtverbrauch oder -bedarf einen bestimmten im System hinterlegten Prozentsatz ausmacht, werden im Lauf eines Geschäftsjahres häufiger inventarisiert als geringwertige Materialien.

Erzeugen des Inventurbelegs

Um eine Inventur im System durchzuführen, wird zunächst der zu inventarisierende Lagertyp gesperrt und ein Inventurbeleg erzeugt (siehe Abbildung 7.36).

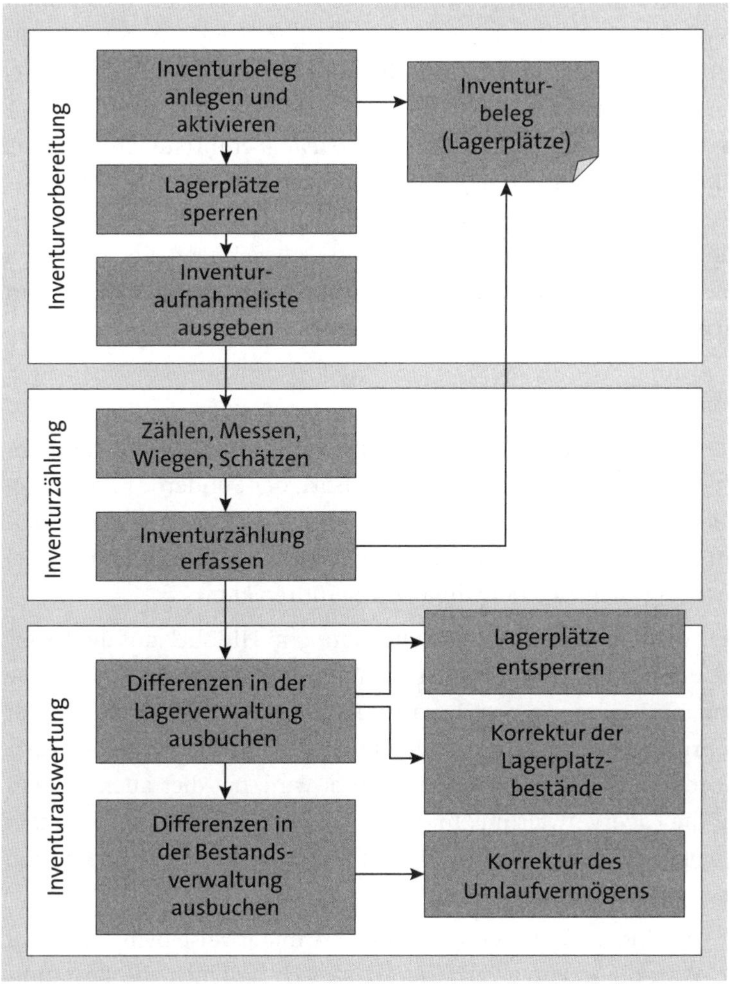

Abbildung 7.36 Ablauf einer Inventur

Der Inventurbeleg enthält das anzuwendende Inventurverfahren und die zu überprüfenden Lagerplätze. Existieren keine offenen Transportauftragspositionen zu den Lagerplätzen, wird der Inventurbeleg aktiviert, und die betroffenen Lagerplätze werden für Warenbewegungen gesperrt.

Zählen, Messen, Wiegen, Schätzen

Damit die physische Inventur der Lagerplätze durchgeführt werden kann, wird der Inventurbeleg gedruckt und an die verantwortlichen Personen im Unternehmen weitergeleitet. In einem weiteren Schritt werden die Bestände durch Zählen, Messen, Wiegen oder Schätzen ermittelt und manuell auf dem Ausdruck des Inventurbelegs erfasst.

Ausbuchen von Inventurdifferenzen

Nach der Bestandsaufnahme werden die Zählergebnisse in WM erfasst. Das Erfassen erfolgt hierbei manuell mithilfe von Scannern oder, falls mit einem externen System gearbeitet wurde, durch das automatische Einlesen größerer Datenmengen. Unstimmigkeiten in den Bestandspositionen und Differenzen zwischen der tatsächlich gezählten Menge und dem Buchbestand werden als *Inventurdifferenz* in WM festgehalten und sind die Basis für eine Bestandskorrektur. Die Korrektur in der Lagerverwaltung erfolgt mithilfe der sogenannten *Differenzenschnittstelle* (Schnittstellenlagertyp), indem für Mindermengen ein negatives, für positive Differenzen ein positives Quant erzeugt wird. Diese Differenzen werden anschließend aus der Lagerverwaltung gegen die Bestandsführung ausgebucht. Bei größeren Mengenabweichungen kann eine Nachzählung veranlasst werden, indem das System einen neuen Inventurbeleg erzeugt.

Umlagerungen und Umbuchungen

Aus Sicht der Bestandsführung handelt es sich bei einer Umbuchung um eine buchhalterische Änderung der Bestandsart, der Sonderbestandszugehörigkeit oder der Material- bzw. Chargennummer. Umlagerungen sind hingegen mit tatsächlichen Warenbewegungen im Lager verbunden, wobei eine Umbuchung auch zu einer Umlagerung führen kann.

Umbuchungen

Die Lagerverwaltung betrachtet die *Umbuchung* in Hinblick auf die Lagerplätze, auf denen sich die geänderten Materialmengen befinden. Die Umbuchung, die Änderung von Bestandsdaten, geht in der Regel von der Bestandsführung aus. Betrifft eine Umbuchung eine bestimmte Werk-Lagerort-Kombination, die von WM verwaltet wird, hat dies auch Auswirkungen auf die Lagerverwaltung. In einem solchen Fall muss dem System mitgeteilt werden, wo sich die geänderten Materialmengen befinden und um welche Lagerplatzbestände es sich dabei handelt.

Ablauf der Umbuchung

Umbuchungen sind in der Lagerverwaltung normalerweise nicht mit einer physischen Warenbewegung verbunden. Da sich lediglich die Bestandsattribute ändern, bleibt das Material physisch auf dem Lagerplatz. Die Umbuchung der Bestandsführung erzeugt dabei eine sogenannte, mit dem Transportbedarf vergleichbare *Umbuchungsanweisung* mit einem Umbuchungslagertyp (Schnittstellenlagertyp). Analog zum Warenausgang ohne Bezug zur Auslieferung wird auch in diesem Fall ein negatives Quant auf dem Schnittstellenlagertyp erzeugt, das die umzubuchende Materialmenge vor der Umbuchung repräsentiert. Gleichzeitig wird ein positives Quant für die Materialmenge mit den Bestandsattributen nach der Umbuchung erzeugt. Die eigentliche Umbuchung erfolgt durch einen Transportauftrag mit Bezug zur Umbuchungsanweisung. Hierbei kann zwischen zwei Szenarien unterschieden werden: der Umbuchung Werk an Werk und der Umbuchung zwischen Lagerorten.

Umbuchung Werk an Werk

Bei der *Umbuchung Werk an Werk* lagern die Bestände in der Regel innerhalb desselben Lagerkomplexes. Bei einem Eigentumsübergang von einem Werk auf ein anderes Werk bleiben die Materialbestände normalerweise auf dem bisherigen physischen Lagerplatz liegen.

Umbuchungen zwischen Lagerorten

Bei einer *Umbuchung von einem Lagerort zu einem anderen Lagerort* erfolgt in der Regel eine physische Warenbewegung innerhalb oder zwischen Lagern. Insbesondere wenn mehrere Lagernummern beteiligt sind, handelt es sich aus Sicht der Lagerverwaltung um eine Aus- oder Einlagerung. In diesem Fall enthält der Transportauftrag den umzubuchenden Bestand aus einer Bestandsqualifikation und den entsprechenden Nachlagerplatz für die räumliche Warenbewegung.

Umbuchungen aus der Lagerverwaltung

In besonderen Fällen, z. B. wenn die Bestandsqualifikation und das Sonderbestandskennzeichen geändert werden, kann die Umbuchung auch direkt in der Lagerverwaltung gestartet werden. Das System wird dabei so eingestellt, dass die Bestandsbuchung automatisch im Anschluss an die Änderung der Bestandsqualifikation erfolgt.

Umlagerungen

Bei einer *Umlagerung* handelt es sich um eine physische Warenbewegung von einem Lagerplatz zu einem anderen Lagerplatz. Im Unterschied zur Umbuchung wird bei einer Umlagerung immer der physische Aufenthaltsort einer bestimmten Materialmenge im Lager verändert. Aus Sicht der Lagerverwaltung kann die Umlagerung mit oder ohne Umbuchung erfolgen.

Die Umlagerung aus Sicht der Bestandsführung haben wir in Abschnitt 7.2.1, »Warenbewegungen«, erläutert. Auf die Umlagerungen aus Prozesssicht, insbesondere auf ihre belegtechnische Abwicklung als Umlagerbestellung, gehen wir in Kapitel 3, »Beschaffungslogistik«, ein.

[»]

Umlagerung mit Umbuchung

In einer Umbuchung wird die Chargenzugehörigkeit einer bestimmten Materialmenge geändert. Durch diese Änderung der Bestandsattribute ist es notwendig, die Materialmengen mit den geänderten Chargen auf einen anderen Lagerplatz umzulagern.

Umlagerungen im Lager

Bei einer *Umlagerung innerhalb einer Lagernummer* unterstützt SAP ERP den Bearbeiter, indem es detaillierte Informationen über die durchzuführenden Lagerbewegungen bereitstellt, verwaltet und anzeigt. Im betrieblichen Alltag resultieren diese Lagerbewegungen insbesondere aus der Zusammenführung von Anbruchmengen von verschiedenen Lagerplätzen auf einem Lagerplatz, z. B. durch das Bereitstellen von Material aus einem Hochregallager an einem Kommissionierbereich, oder aus der Umlagerung von Material aus technischen Gründen, etwa weil eine bestimmte Kapazitätsgrenze erreicht ist. Aus Sicht der Bestandsführung ändert sich bei dieser lagerinternen Warenbewegung der Gesamtbestand nicht. Die Lagerbewegung wird damit ohne den Einsatz der Bestandsführung durchgeführt. Wie bei allen Lagerbewegungen erfolgt auch bei einer Umlagerung zwischen Lagerplätzen innerhalb einer Lagernummer die Lagerbewegung über einen Transportauftrag.

Umlagerungen zwischen Lagerorten

Umlagerungen zwischen Lagerorten beginnen in der Regel in der Bestandsverwaltung und werden zumeist in der Lagerverwaltung abgeschlossen. Bei der Umlagerung von einem WM-verwalteten Lagerort an einen nicht WM-verwalteten Lagerort wird die Umlagerung aus Sicht der Lagerverwaltung wie ein Warenausgang mit Auslagerung bearbeitet. Im umgekehrten Fall, falls aus einem nicht WM-verwalteten Lagerort in einen Lagerort mit Lagerverwaltung eingelagert werden soll, wird die Umlagerung als Wareneingang mit Einlagerung durchgeführt. Umlagerungen zwischen zwei WM-verwalteten Lagerorten werden zunächst in der Bestandsverwaltung durchgeführt. Aus Sicht der Lagerverwaltung erfolgt die Umlagerung wie üblich mit einem Transportauftrag, der mit Bezug zu dem Materialbeleg der Bestandsverwaltung oder über eine Liste mit offenen Transportbedarfen erstellt wurde.

Nachschub

Eine besondere Form der Umlagerung ist der *Nachschub* zum Auffüllen von Beständen auf Fixlagerplätzen. Gemäß den Einstellungen im Materialstamm und der aktuellen Bestandssituation berechnet das System bei der Funktion **Nachschub für Fixlagerplätze** die Bestände, die auf den Lagerplätzen zu halten sind. Bei der Nachschubplanung für Fixlagerplätze berücksichtigt das System neben der aktuellen Bestandssituation auch die geplanten Auslagerungen aufgrund von Lieferungen, die von den Fixlagerplätzen kommissioniert werden sollen. Das eigentliche Auffüllen der Lagerplätze kann aufgrund einer vorausgehenden Planung des Nachschubs durch die Erzeugung von Transportbedarfen für die erforderlichen Nachschubmengen erfolgen. Die Transportbedarfe werden anschließend, wie gewohnt, mit Transportaufträgen ausgeführt.

Eine weitere Möglichkeit, die für den Nachschub erforderliche Umlagerung zu erstellen, besteht in der Quittierung eines Transportauftrags zur Auslagerung. In diesem Fall kann für den Nachschub direkt ein Transportauftrag erstellt werden, ohne zuvor einen Transportbedarf zu erzeugen.

7.4 Lagerverwaltung mit SAP EWM

Dezentrale Lagerverwaltung mit SAP EWM

SAP Extended Warehouse Management (SAP EWM) ist ein dezentrales Lagerverwaltungssystem. Da es sich bei SAP EWM um eine eigenständige Applikation von SAP Supply Chain Management (SAP SCM) handelt, die von SAP ERP entkoppelt ist, ist für Stamm- und Bewegungsdaten in der Regel eine Integration in ein ERP-System erforderlich. Mit dem EWM-Release SAP SCM 2007 wurde darüber hinaus die Möglichkeit geschaffen, EWM innerhalb von SAP ECC 6.0 als Add-on zentral zu betreiben und damit als integriertes Lagerverwaltungssystem mit einem ERP-System zu nutzen.

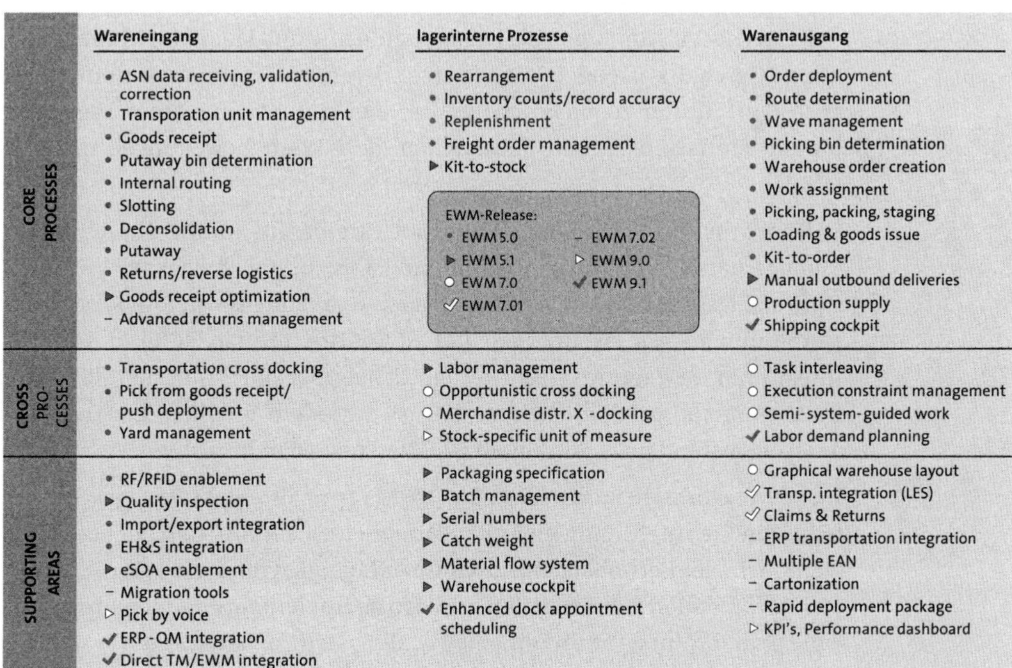

Abbildung 7.37 Überblick über Funktionen und Versionen in SAP EWM

Abbildung 7.37 zeigt den aktuellen Funktionsumfang von SAP EWM bis zum Release 9.1. Zum besseren Verständnis und um Ihnen die Recherche anhand der offiziellen SAP-Bezeichnungen zu vereinfachen, haben wir die englischen Bezeichnungen verwendet. Die Angaben zu den Releases entsprechen dabei in der Regel dem Zeitpunkt, zu dem die jeweilige Funktion zum ersten Mal bereitgestellt wurde. Spätere Erweiterungen des Funktionsumfangs wurden nicht noch einmal hervorgehoben.

[»]

Funktionsübersicht SAP EWM

Die in Abbildung 7.37 gezeigte Funktionsübersicht basiert auf dem SAP EWM Release 9.1. Im Herbst 2016 kam zwar schon Release 9.4 auf den Markt, aber weil SAP laufend Erweiterungspakete (*Enhancement-Packs*) für SAP EWM bereitstellt, haben wir bewusst auf die Fortführung der Funtionsübersicht verzichtet. Die wesentlichen Neuerungen erwähnen wir in den jeweiligen Abschnitten dieses Kapitels.

An dieser Stelle möchten wir Abbildung 7.37 jedoch beibehalten, da sie anschaulich das kontinuierliche Wachstum der Funktionalität zeigt, die SAP EWM Ihnen zur Verfügung stellt.

7.4.1 Systemintegration mit SAP ERP

SAP EWM ist vollständig in die Bestandsführung und Lieferabwicklung integriert. Geschäftsvorgänge, die Sie in anderen Anwendungskomponenten anstoßen, führen zu physischen Warenbewegungen in Ihrem Lager. Sie organisieren, steuern und überwachen diese Warenbewegungen mit SAP EWM.

SAP EWM ist als Lagermanagementsoftware bereits in SAP Supply Chain Management (SAP SCM) enthalten und kann zusätzlich lizenziert werden. Optional lässt sich die ABAP-Lösung auch unabhängig von SAP SCM lizenzieren und als Add-on über das SAP SCM Core Interface (CIF) in SAP ERP integrieren. Bewegungsdaten werden dabei über qRFC zwischen ERP und EWM ausgetauscht. Seit Release 9.0 ist es zudem möglich, die Software auch eigenständig als Add-on für SAP NetWeaver zu implementieren.

Aus rein technischer Sicht kann SAP EWM somit als selbstständiges System ohne direkte Anbindung an SAP ERP oder ein Nicht-SAP-System betrieben werden. In der betrieblichen Praxis ist – abhängig von den auf Projektbasis zu realisierenden Schnittstellen und den zu implementierenden Prozessen – die Standardintegration mit einem ERP-System zu bevorzugen.

SAP EWM als dezentrales Lagersystem

Im Rahmen dieser Standardintegration mit SAP ERP erfolgt der Betrieb von SAP EWM entweder als dezentrales Lagersystem oder als Add-on, das auf dem SAP-ERP-Server installiert wird. Die eigentliche Systemintegration erfolgt auch bei einer Add-on-Installation über die vorhandenen Schnittstellen. Abbildung 7.38 zeigt das SAP-Menü bei einer Add-on-Installation. Neben den Funktionen von SAP ERP kann der Benutzer die entsprechenden Lagertransaktionen von SAP EWM direkt aufrufen.

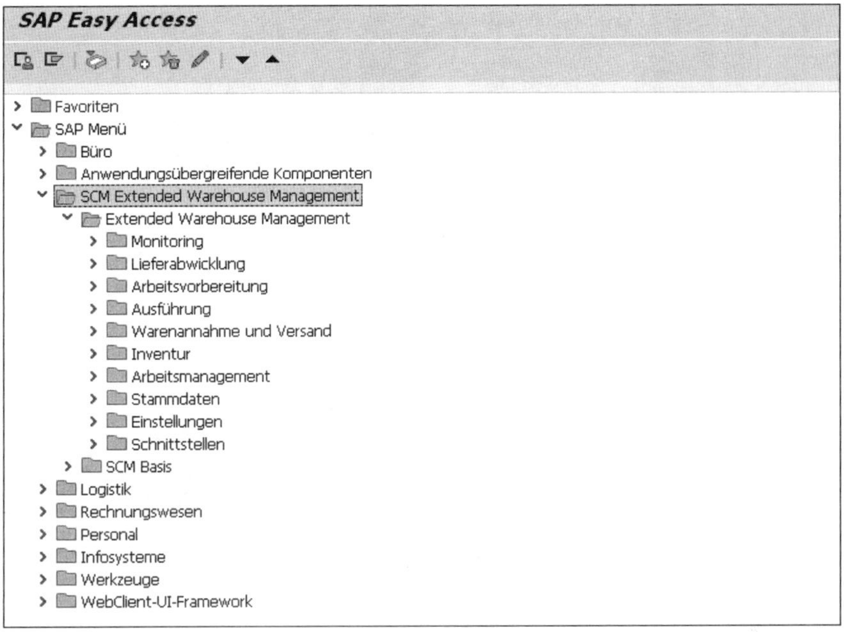

Abbildung 7.38 Menüstruktur bei einer Add-on-Installation

In diesem Abschnitt gehen wir in unseren Abbildungen und Prozessen davon aus, dass das SAP-EWM-System an ein SAP-ERP-System angebunden ist und die enge Integration über die nachfolgend beschriebenen Standardschnittstellen erfolgt. Abbildung 7.39 zeigt schematisch die prozesstechnische Anbindung des SAP-SCM-basierten EWM-Systems an SAP ERP.

SAP EWM on SAP S/4HANA

Mit dem seit Herbst 2016 erhältlichen Release 1610 von SAP S/4HANA wird der Betrieb von SAP EWM als integriertes Lagerverwaltungssystem auf SAP S/4HANA ermöglicht. Wir haben in Kapitel 9, »Logistik mit SAP S/4HANA«, die wesentlichen Änderungen kurz zusammengefasst.

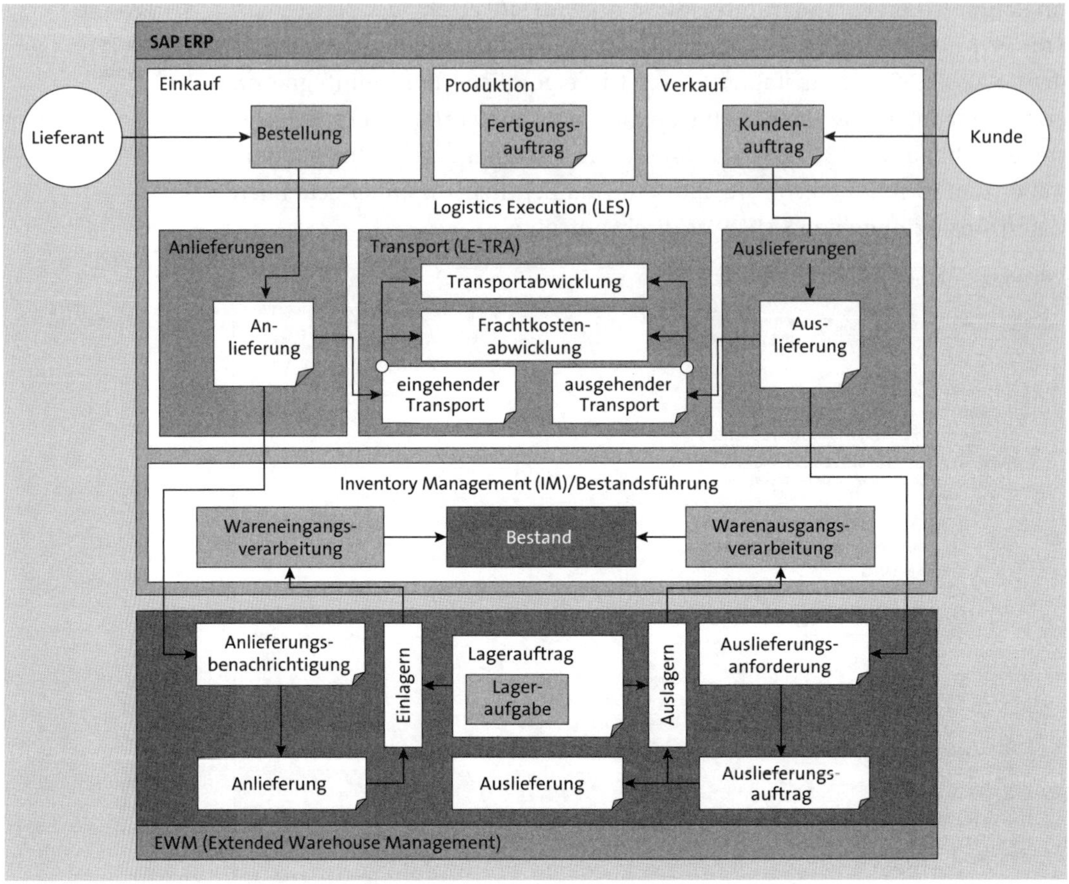

Abbildung 7.39 Dezentrale Lagerverwaltung mit SAP EWM

[»]

Welche Architektur ist die richtige?

Die Entscheidung, auf welcher Architektur Sie das SAP-EWM-System betreiben wollen, hängt von den Prozessen ab, die Sie implementieren möchten, sowie von den betrieblichen Erfordernissen. Wenn Sie mehr über die Funktionen von SAP EWM, die hierzu notwendigen Systemeinstellungen sowie die Vor- und Nachteile der kurz beschriebenen Architekturvarianten erfahren möchten, empfehlen wir Ihnen das bereits zu Beginn des Kapitels vorgestellte Buch *Warehouse Management mit SAP EWM*, das ebenfalls bei SAP PRESS erschienen ist.

Die Bestandsführung in SAP ERP haben wir in diesem Kapitel bereits ausführlich erläutert. Die Lager- und Bestandsverwaltung erfolgt mit SAP EWM und ist Thema dieses Abschnitts.

Zuvor befassen wir uns jedoch mit der technischen Anbindung an SAP ERP. Die technische Integration mit SAP TM werden wir im Rahmen der Transportintegration näher erläutern (siehe Abschnitt 7.5).

Integration mit SAP ERP

Die technische Anbindung von SAP EWM an SAP ERP und z. B. die Übertragung von An- und Auslieferungen zwischen den Systemen erfolgt in Echtzeit über definierte Schnittstellen. Diese Schnittstellen ermöglichen eine nahtlose Integration der beiden Systeme, indem lieferungsrelevante Daten verteilt, geändert bzw. zurückgemeldet werden.

Technische Kommunikation

Die Ausgangs- und Eingangsverarbeitung erfolgt dabei asynchron gemäß der zeitlichen Reihenfolge in der sogenannten *Eingangs- bzw. Ausgangs-Queue*. Tritt ein Fehler auf, z. B. durch eine fehlende Netzwerkverbindung, speichert diese Queue sämtliche Übertragungen und ermöglicht die nahtlose Weiterverarbeitung, sobald der Fehler lokalisiert und behoben ist. Die Queue ist hierbei eine Art Warteschlange, die einen zeitnahen und wechselseitigen Austausch und die Verarbeitung von Informationen ermöglicht.

Technische Integration

Abbildung 7.40 zeigt die technische Integration von SAP ERP und SAP SCM. Für die Übertragung von Stamm- und Bewegungsdaten werden zwei unterschiedliche Verfahren verwendet: die Stammdatenverteilung über CIF und die Kommunikation und Verteilung der Belegdaten mithilfe von BAPIs:

- **Verteilung von Stammdaten**
  Die Verteilung der Stammdaten erfolgt über das *APO Core Interface* (CIF). Die zu verteilenden Stammdaten werden dabei über ein Integrationsmodell in SAP ERP selektiert, die eigentliche Verteilung erfolgt dann von SAP ERP nach SAP SCM. Informationen zur Integration und Verteilung von Stammdaten sowie zu der dafür verwendeten Schnittstellentechnologie finden Sie in Kapitel 2, »Organisationsstrukturen und Stammdaten«.
- **Verteilung von Bewegungsdaten**
  Die Kommunikation und Verteilung der Belegdaten erfolgt mithilfe von sogenannten BAPIs (*Business Application Programming Interfaces*). Dabei handelt es sich um Schnittstellen, die mithilfe einer RFC-Verbindung (*Remote Function Call*) angesprochen werden.

Integration der Organisationsdaten

Aus technischer Sicht erfolgt die enge Integration von SAP EWM und SAP ERP über *Schnittstellen*. Die Prozessintegration findet im Wesentlichen über die *Organisationsdaten* statt (siehe Abbildung 7.1). Analog zur Integration des WM-Systems erfolgt auch bei SAP EWM die organisatorische Zuordnung der Lagernummer zunächst über die Zuordnung zu einer bestimmten Werk-Lagerort-Kombination.

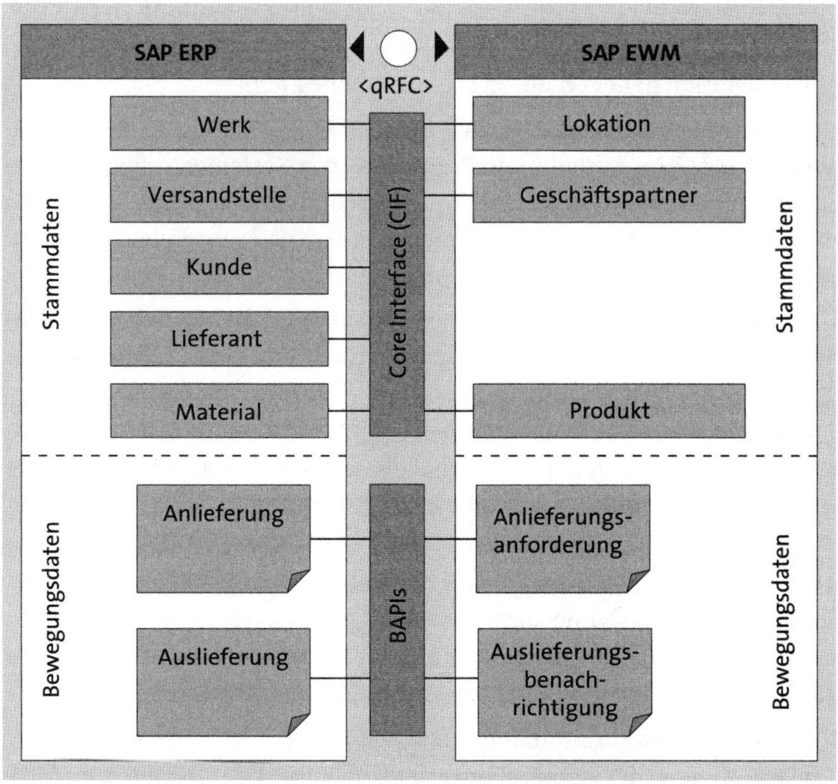

Abbildung 7.40 Übersicht über die technische Integration

Die Bestandsverwaltung wird dabei stets in ERP durchgeführt, wobei alle Mengen der in einem EWM-Lager gelagerten Materialien auf Werk-Lagerort-Ebene ausgewiesen werden. Die zugewiesene WM-Lagernummer ist in den Systemeinstellungen jedoch als ein dezentrales Lager gekennzeichnet und teilt dem System so mit, dass die lagerlogistische Abwicklung der lagerwirksamen Prozesse in einem dezentralen Lagerverwaltungssystem erfolgen soll und der jeweilige Beleg an das angeschlossene EWM-System repliziert wird. In den Systemeinstellungen von SAP EWM ist dieser ERP-Lagernummer eine EWM-Lagernummer zugewiesen.

[»]

Zuordnung des dezentralen Lagers

Aus Sicht von SAP ERP erfolgt die dezentrale Lagerverwaltung, die Anbindung eines EWM-Systems, über die Zuordnung einer WM-Lagernummer zu einer bestimmten Werk-Lagerort-Kombination. Diese WM-Lagernummer ist in diesem Fall als dezentrale Lagernummer in den ERP-Systemeinstellungen gekennzeichnet und stellt eine Art »Zwischenlagernummer« zur systemtechnischen Anbindung von SAP EWM dar. Aufgrund dieser

Vorgehensweise kann für ein Werk gleichzeitig (je nach den für ein bestimmtes Material ermittelten Lagerorten) sowohl eine dezentrale Anbindung an ein EWM-System als auch eine zentrale Lagerverwaltung mit WM realisiert werden. Diese Flexibilität erlaubt eine Trennung und Auswahl des auszuwählenden Lagerverwaltungssystems auf Materialebene. Die Zwischenlagernummer wird ausschließlich für Integrationszwecke verwendet und hat in SAP ERP keine weitere logistische Bedeutung.

7.4.2 Lagerorganisation und Lagerbewegungen

Die Akzeptanz einer Lagerverwaltung basiert nicht zuletzt auf ihrer nahtlosen Integration in ein ERP-System und auf ihrer Flexibilität, lagerlogistische Prozesse abzubilden. SAP EWM wurde für komplexe Lager und Distributionszentren mit unterschiedlichen Produkten und hohen Belegvolumina entwickelt. Aus diesen Gründen wurde bei der Konzeption dieses neuen, dezentralen Lagerverwaltungssystems besonderes Augenmerk auf die flexible Abbildung von lagerinternen Prozessen gelegt. Der Funktionsumfang wurde zudem im Vergleich zu WM deutlich erweitert und um zahlreiche Lagerstrukturelemente ergänzt.

In diesem Abschnitt geben wir Ihnen daher nach einer kurzen Einführung in die Integration einen Überblick über die Lagerorganisation und die Besonderheiten von Lagerbewegungen in SAP EWM.

Lagerstrukturen und Stammdaten

Die Struktur eines Lagers richtet sich in der Regel nach den Waren und ihrem Platzbedarf bzw. nach den vorhandenen Automatisierungstechniken und Anforderungen. Analog zu WM bietet auch SAP EWM zahlreiche Möglichkeiten, um eine individuelle Lagerstruktur den betrieblichen Erfordernissen entsprechend abzubilden. Darüber hinaus spielen diese Organisationsdaten bei der Steuerung von Prozessen eine wichtige Rolle (siehe Abbildung 7.42).

Lagernummer

Die *Lagernummer* repräsentiert, analog zu WM, auch in EWM ein physisches Lager oder einen kompletten Lagerkomplex, an dem Bestände gelagert werden. Obwohl beide Systeme nicht verwandt sind, fasst auch in EWM die Lagernummer die einzelnen physischen Bereiche eines Lagerkomplexes logisch zusammen und bildet mit ihren vier Zeichen die höchste Organisationsebene.

Lagertyp

Die *Lagertypen* dienen grundsätzlich zur Gliederung der einzelnen physischen Bereiche im Lager nach technischen, räumlichen und organisatorischen Gesichtspunkten. Aufgrund der räumlichen Gegebenheiten und der physischen Eigenschaften der zum Einsatz kommenden Lagereinrichtung werden oft Blocklager, Freilager und Hochregallager durch eigene physische Lagertypen definiert. Darüber hinaus kann in den Systemeinstellungen von SAP EWM die Verwendung eines bestimmten Lagertyps durch einen sogenannten *Rollencode* verändert werden. Dieser Code gibt an, ob es sich bei diesem Lagertyp um einen »regulären Lagertyp« gemäß der vorausgegangenen Definition handelt oder um einen räumlichen Bereich zur Identifikation, Bereitstellung, Entnahme oder Prüfung von Materialien. Ein *Yard*, also der einem Lager zugewiesene Parkplatzbereich (siehe den Abschnitt »Yard Management« in Abschnitt 7.4.6), ist aus Systemsicht ebenfalls ein Lagertyp, dem die entsprechende »Yard-Rolle« zugewiesen wurde.

Lagerbereich

Innerhalb eines bestimmten Lagertyps fassen die *Lagerbereiche* sämtliche Lagerplätze mit bestimmten homogenen Eigenschaften zusammen. Diese Eigenschaften beziehen sich z. B. auf die Merkmale der Materialien, die auf den jeweiligen Lagerplätzen gelagert werden. Die Kriterien sind dabei beliebig und dienen als organisatorische Hilfe sowie als Steuer- und Optimierungsparameter für die Lagerung. Beispiele für Lagerbereiche sind bestimmte Zonen innerhalb eines Lagertyps (Regals) in Hinblick auf die Umschlagshäufigkeit und Beschaffenheit eines Materials (siehe auch Abbildung 7.42).

[»]

Lagerbereich

In einem Lager existiert für ein Hochregal ein eigener Lagertyp. Für diesen Lagertyp sind, gemäß der Umschlagshäufigkeit der hier gelagerten Materialien, zwei Lagerbereiche definiert. Materialien mit einer niedrigen Umschlagshäufigkeit, sogenannte *Langsamdreher*, werden dabei in einem hinteren Lagerbereich gelagert. Zur Minimierung der Wegzeiten bei der Materialentnahme werden *Schnelldreher* in der Nähe des Ganges im vorderen Regalbereich gelagert.

Lagerplatz

Lagerplätze sind Stammdaten und bezeichnen die physischen Orte, also die Lagerfächer mit ihren eindeutigen Koordinaten. Neben der eindeutigen Zuordnung eines Lagertyps und eines Lagerbereichs enthalten die Lagerplatzstammdaten genaue Angaben über den Lagerplatztyp, das Volumen und das maximale Gewicht, das auf diesem Lagerplatz gelagert werden kann. Der Lagerplatztyp wird insbesondere bei der Ermittlung der Einlagerungsstrategie verwendet, um den passenden Lagerplatz zu finden. Der Lagerplatztyp bestimmt dabei, welche Art von Palette auf dem Lagerplatz gelagert werden darf.

Abbildung 7.41 zeigt die Lagerplatzstammdaten des Lagerplatzes 06-08-D im Lagertyp T020 (Palettenregal – Kleinteile). Durch die Zuordnung des Lagerplatztyps R12S ist der Lagerplatz für Paletten bis zu einer Breite von 1,2 Metern ausgelegt. Neben den allgemeinen Stammdaten enthalten die Lagerplatzdaten auch Informationen über den aktuellen Bestand auf diesem Lagerplatz sowie über die zuletzt erfolgten Lagerbewegungen.

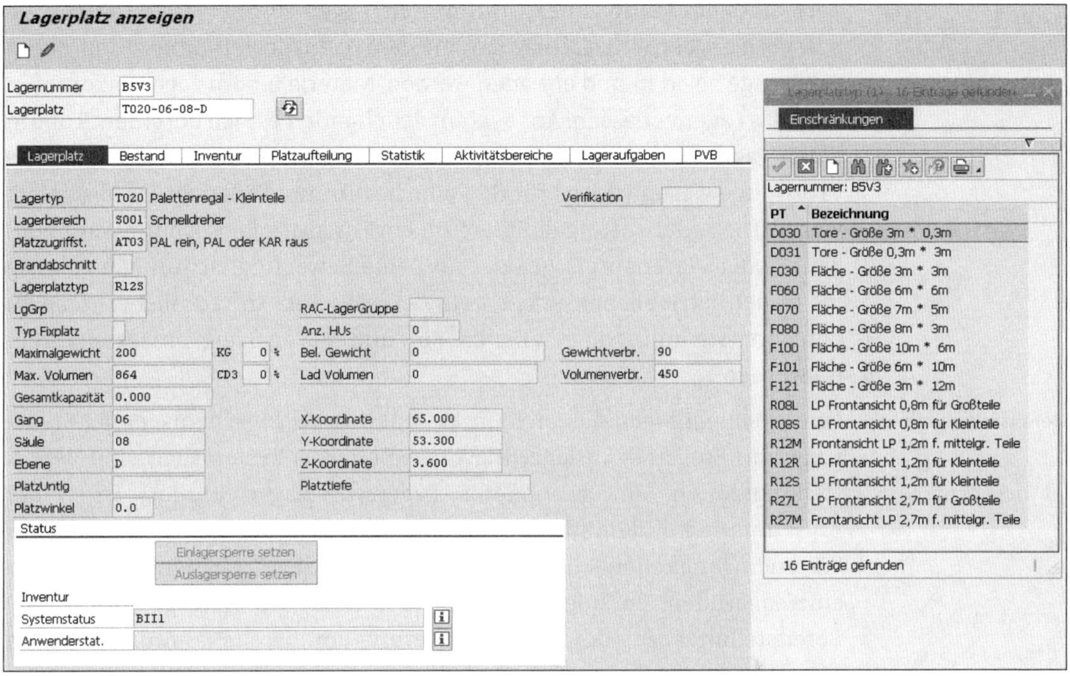

Abbildung 7.41 Stammdaten zum Lagerplatz (Transaktion /SCWM/LS03)

Quant

Der aktuelle Bestand einer bestimmten Materialmenge mit gleichen Merkmalen wird durch *Quants* abgebildet. Quants haben wir bereits in Abschnitt 7.3.1, »Lagerstruktur und Integration«, in Zusammenhang mit WM erläutert: Sie dienen der transaktionalen Verwaltung von Beständen auf der untersten Lagerplatzebene. Quants entstehen in einem EWM-System analog zu WM durch das Einlagern eines Materials auf einem Lagerplatz. Durch Aus- und Umlagerungen werden der Bestand und damit die Quant-Menge aktualisiert und automatisch vom System gelöscht, wenn auf dem jeweiligen Lagerplatz kein Bestand mehr vorhanden ist.

Aktivitätsbereich

Aktivitätsbereiche sind eine Besonderheit in SAP EWM und beschreiben eine logische Gruppierung von Lagerplätzen in Hinblick auf die durchzuführenden Lageraktivitäten, wie z. B. das Einlagern, Inventarisieren und Kommissionieren. Aktivitätsbereiche dienen der Optimierung von Lageraktivitäten. Dazu werden die für die jeweils durchzuführende Aktivität zugeordneten Lagerplätze gemäß den im System hinterlegten Kriterien sortiert, bevor das System die Lageraufgaben analog zu den sogenannten *Lageraufgabenerstellungsregeln* (LAER) erzeugt. Das Erzeugen der Lageraufgaben zur Durchführung von Lageraktivitäten, eine weitere Besonderheit von SAP EWM, erläutern wir im nachfolgenden Abschnitt.

Tor

Tore sind eindeutig einer bestimmten Lagernummer zugeordnet und beschreiben den physischen Ort, an dem Transporteinheiten und deren Fahrzeuge beladen und entladen werden, Materialien im Lager ankommen oder das Lager verlassen. Aus Systemsicht handelt es sich bei einem Tor um einen Lagerplatz, der einem bestimmten Lagertyp mit der Lagertyprolle »Tor« zugewiesen ist und für den eine bestimmte Laderichtung festgelegt wurde. Die Laderichtung definiert, ob ein Tor ausschließlich für Wareneingänge oder Warenausgänge oder für beide Bewegungsrichtungen zulässig ist. In der betrieblichen Praxis befinden sich Tore in räumlicher Nähe zu den Bereitstellungszonen, über die Ein- und Auslagerungsprozesse gesteuert werden.

Bereitstellungszone

Bereitstellungszonen dienen in ihrer Funktion als Zwischenlager der Steuerung von Ein- und Auslagerungsprozessen. Aus Systemsicht sind Bereitstellungszonen ein besonderer Lagertyp (Lagertyprolle), der einer Lagernummer und mindestens einem Tor zugeordnet wurde. Aus Sicht des Wareneingangs dient die Bereitstellungszone der Zwischenlagerung von einzulagernden, entladenen Materialien. Beim Warenausgang dient die Bereitstellungszone der Zwischenlagerung von bereits kommissionierten Materialmengen, die auf ihre Verladung warten.

Arbeitsplatz

Ein *Arbeitsplatz* ist ein physischer Ort im Lager, an dem bestimmte Lageraktivitäten durchgeführt werden können und an den eine Materialmenge zur Durchführung dieser Aktivitäten bewegt werden kann. Bei diesen Aktivitäten handelt es sich z. B. um:

- Dekonsolidieren
- Verpacken
- Zählen
- Qualitätsprüfung

Arbeitsplatzlayout

Je nach der durchzuführenden Tätigkeit bestimmt ein sogenanntes *Arbeitsplatzlayout*, welche Registerkarten an dem jeweiligen Arbeitsplatz im System angezeigt werden (siehe auch Abbildung 7.60, Abbildung 7.62 und Abbildung 7.76). Aus technischer Sicht handelt es sich bei einem Arbeitsplatz ebenfalls um einen Lagertyp, dem ein Lagerplatz und entsprechende Einstellungen für die benötigten Lagerbereiche zugeordnet sind. Diese

Flexibilität erlaubt es, insbesondere für einen Dekonsolidierungsarbeitsplatz oder für die Qualitätsprüfung, Arbeitsplätze individuell einzustellen und Eingangs- und Ausgangsbereiche zuzuordnen.

Organisationsstrukturen in SAP EWM

Abbildung 7.42 zeigt ein Lager mit der Lagernummer 1000. Der Wareneingang erfolgt über das Lagertor A, Warenausgänge gehen über das Lagertor B. Lagertyp A bezeichnet die Wareneingangszone, in der das Material nach dem Entladen bis zur endgültigen Einlagerung in den Lagertyp D oder E verbleibt. Mischpaletten werden dabei vor der Einlagerung an einem Arbeitsplatz (Lagertyp C) dekonsolidiert. Bestimmte Lagerplätze (P) aus dem Regallager (Lagertyp D) sowie aus dem Hochregallager (Lagertyp E) wurden zu einem Aktivitätsbereich gruppiert. Zur Optimierung von Lagerprozessen wurde das Regallager (Lagertyp D) in zwei Lagerbereiche aufgeteilt. Der Lagerbereich für die Schnelldreher befindet sich dabei in räumlicher Nähe zur Warenausgangszone.

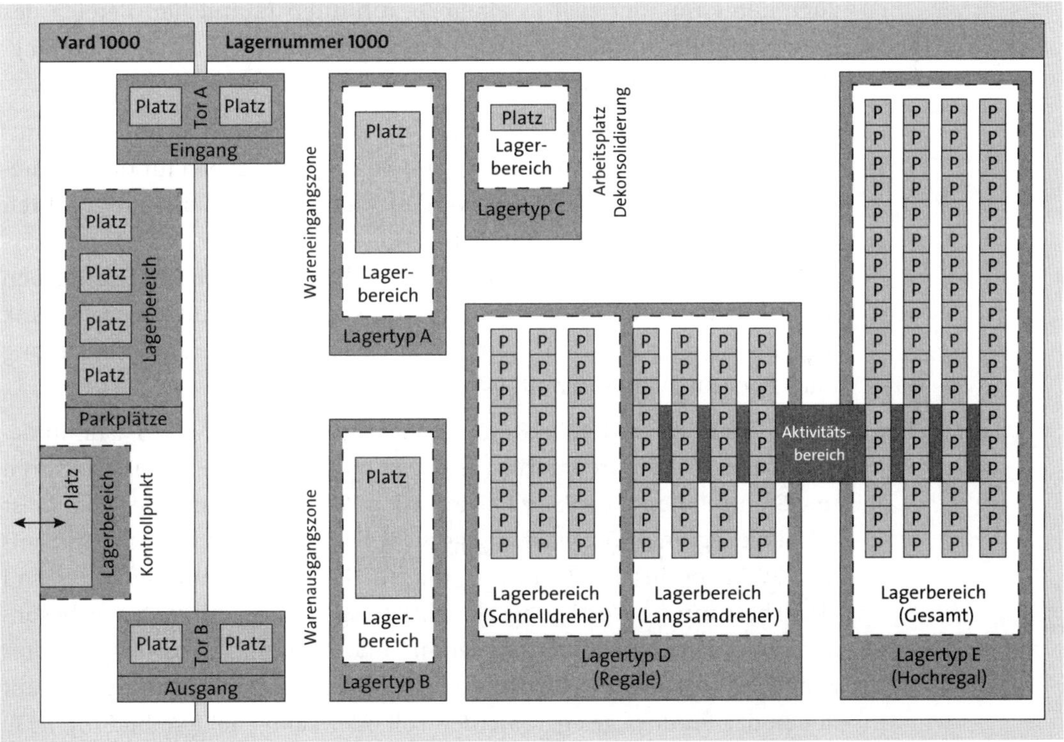

Abbildung 7.42 Organisationsstruktur eines EWM-Lagers

Neben den erwähnten Organisationseinheiten zur Strukturierung eines Lagers werden in SAP EWM weitere Stammdaten verwendet, mit deren Hilfe die Abläufe im Lager automatisiert und damit optimiert werden können. Wir erläutern Ihnen nachfolgend die wichtigsten Stammdaten und deren Verwendung.

Ressourcen

Die im Lager durchzuführenden Aufgaben werden automatisch durch die zum Einsatz kommende Lagerautomatisierungstechnik bearbeitet oder manuell durch Lagermitarbeiter ausgeführt. Lagermitarbeiter und die von ihnen verwendeten Hilfsmittel (Hubwagen, Stapler etc.) werden im System als sogenannte *Ressourcen* abgebildet. Jede Ressource gehört dabei einem bestimmten *Ressourcentyp* an und ist eindeutig einer *Ressourcengruppe* zugeordnet.

Der Ressourcentyp gruppiert dabei Ressourcen mit ähnlichen technischen oder physischen Qualifikationen, wie z. B. deren horizontale Geschwindigkeit, Qualifikation und Präferenzen. Der einem Lagermitarbeiter zugeordnete Ressourcentyp mit dem zugeordneten *Platzzugriffstyp* bestimmt z. B., dass diese Ressource (Mensch) lediglich auf einen bestimmten Bestand zugreifen kann, der sich in einem bestimmten räumlichen Bereich des Lagers befindet, und dass nur HUs einer bestimmten Größe (Handling-Unit-Typ) bewegt werden können.

Die Ressourcengruppe ist eine Gruppierung von Ressourcen und bestimmt die Reihenfolge, in der die auszuführenden Lageraufgaben für die entsprechenden Ressourcen selektiert werden. Um Lageraufgaben auszuführen und entgegenzunehmen, kann sich die Ressource in einer *Radio-Frequency-Umgebung* (RF-Umgebung) anmelden und für sämtliche Lageraufgaben und Aktivitäten die integrierte Datenfunkanbindung nutzen. Datenfunk und Lagerautomatisierung werden in Abschnitt »Lagerautomatisierung und Datenfunk« in Abschnitt 7.4.6 näher erläutert.

Lagerprodukt

Da SAP EWM eine SAP-SCM-Komponente ist, werden die Materialstammdaten über das APO Core Interface (siehe Kapitel 2, »Organisationsstrukturen und Stammdaten«) von SAP ERP an SAP SCM verteilt. Das *Lagerprodukt* ist dabei die lagernummernabhängige Sicht auf den Materialstamm und enthält EWM-spezifische Parameter, die nur für ein bestimmtes Lager und einen bestimmten Verfügungsberechtigten gelten. Hierzu zählen insbesondere Lagerdaten zur Steuerung der Ein- und Auslagerung sowie Parameter zur Ermittlung des Lagerbereichs und der Eigenschaften der Lagerplätze, auf denen das Produkt gelagert werden soll oder kann (siehe Abbildung 7.43). Die Relevanz dieser Parameter wird in Zusammenhang mit der Lagerungssteuerung näher erläutert.

Die allgemeinen Abläufe der Serialisierung und Chargenverwaltung haben wir bereits in Kapitel 2, »Organisationsstrukturen und Stammdaten«, erläutert. Beide Funktionen stehen auch in SAP EWM zur Verfügung.

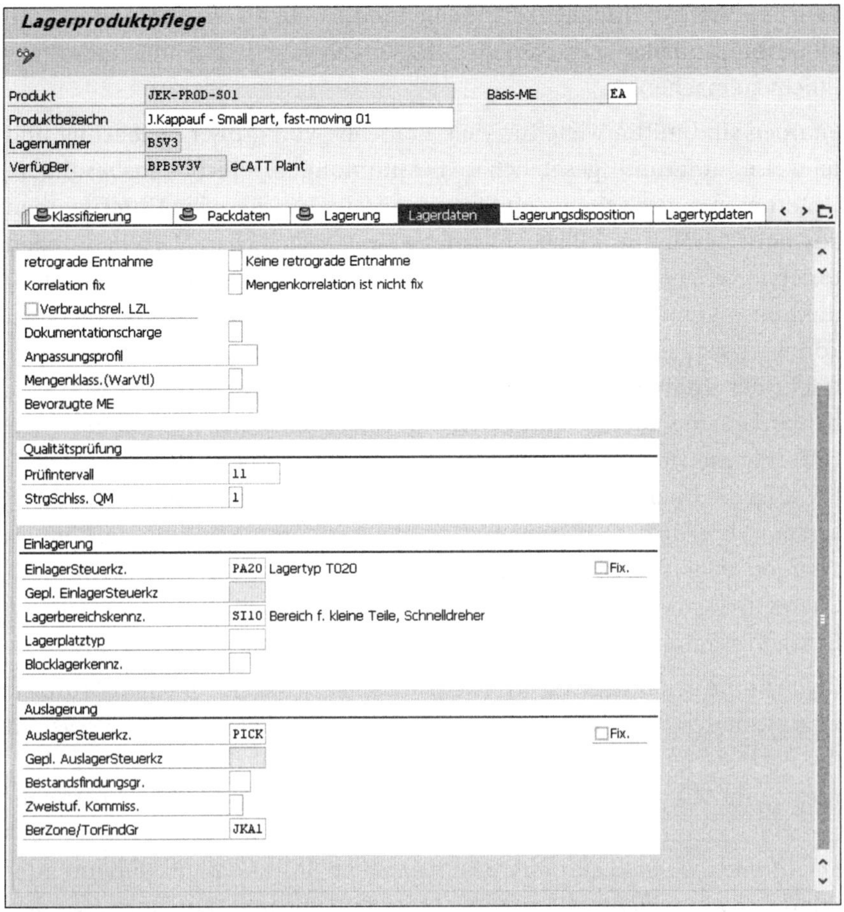

Abbildung 7.43 Lagerprodukt mit EWM-spezifischen Parametern (Transaktion /SCWM/MAT1)

Serialnummern

Serialnummern sind eine Zeichenfolge, die zusätzlich zu einer Materialnummer eingesetzt wird, um ein bestimmtes Einzelstück von anderen Materialien mit der gleichen Materialnummer individuell unterscheiden zu können. Insbesondere Unternehmen, die hochpreisige Produkte an Endkunden liefern, möchten häufig jedes Produkt mit einer eindeutigen Nummer versehen, um ein Einzelstück gegenüber anderen Produkten eindeutig identifizieren zu können, z. B. aufgrund von Gewährleistung und Garantie. SAP EWM bietet dabei die Möglichkeit, neben der eigentlichen Produktnummer für jedes Einzelstück eine 30-stellige Serialnummer zu führen. Die Pflege der Serialnummern erfolgt anhand von Profilen. Diese Profile werden den Produkten zugeordnet und steuern z. B., ob die Eingabe einer Serialnummer im Wareneingang Pflicht ist oder optional erfolgen kann. Zudem kann die Vergabe von Serialnummern standortabhängig geschehen: Es besteht die Möglichkeit, für ein Produkt nur an einem Standort Serialnummern zu vergeben oder aber die Vergabe nur an einem Standort zur Pflicht zu machen.

Chargen *Chargen* sind mittlerweile für viele Branchen von großer Bedeutung und teilweise aufgrund gesetzlicher Bestimmungen Pflicht. Insbesondere Unternehmen der Lebens- und Futtermittelindustrie sowie Unternehmen aus der Chemie- und Pharmabranche sind gesetzlichen Verpflichtungen unterworfen, entscheidende Bestandteile oder Inhaltsstoffe in allen Produktions-, Verarbeitungs- und Vertriebsstufen eindeutig rückverfolgen zu können sowie ein geeignetes Krisenmanagement zu etablieren. In Anbetracht der Komplexität von Chargenmerkmalen oder auch der Mindesthaltbarkeitsthematik – beispielsweise bei Lebensmitteln – ist in vielen Unternehmen eine umfassende Chargenverwaltung notwendig. In SAP EWM ist die Chargenverwaltung vollständig integriert. In sämtlichen Prozessen, wie etwa dem Wareneingang oder der Kommissionierung, können Chargen oder deren Merkmale berücksichtigt werden. SAP EWM kann Chargenvorgaben aus dem SAP-ERP-System verarbeiten, aber auch selbst Chargen aufgrund entsprechender Chargensuchstrategien ermitteln.

Gefahrstoffe *Gefahrstoffe* in der Logistik erfordern allein schon aus rechtlichen Gründen eine besondere Lagerung. Es ist wichtig, dass das Lagerverwaltungssystem die Prozesse gerade im sicheren Umgang mit gefährlichen Stoffen überwacht und Mitarbeiter bei der Einhaltung von gesetzlichen und betrieblichen Vorgaben unterstützt. SAP EWM ist mit der Komponente *SAP Environment, Health, and Safety Management* (SAP EHS Management) integriert und ermöglicht so eine sichere Handhabung und Lagerung sowie den sicheren Transport von Gefahrgütern.

Die EHS-Funktionen von SAP EWM umfassen beispielsweise eine Phrasenverwaltung. Damit lassen sich Textbausteine in verschiedenen Sprachen verwalten, um Informationen zu Gefahrgütern zu speichern und diese z. B. auf Gefahrgutpapieren auszugeben. SAP EWM bietet dazu die Möglichkeit, die Informationen zu einem Gefahrgut im Gefahrstoffstammsatz zu hinterlegen, etwa Daten, die für die Gefahrstoffprüfung benötigt werden. Darüber hinaus stellt SAP EWM die Funktion zum Drucken der Gefahrstoffliste für die Feuerwehr mit allen wichtigen Informationen zur Verfügung.

Packspezifikation Eine *Packspezifikation* gibt Aufschluss über sämtliche Verpackungsanforderungen für einzulagernde oder zu transportierende Materialien und enthält für ein bestimmtes Material neben dem zu verwendenden Packmaterial auch Angaben darüber, in welchen Schritten das Verpacken erfolgen soll. Der verpackte Inhalt ist dabei das zu verpackende Material oder eine andere Packspezifikation. In der Regel werden diese Informationen zur automatischen Palettierung von Materialien verwendet und steuern damit zum Zeitpunkt des Wareneingangs, welche Lagerplätze für eine Einlagerung infrage kommen. Darüber hinaus werden die Packspezifikationen von folgenden Prozessen und Arbeitsabläufen unterstützt:

- Verpacken am Arbeitsplatz
- Verpacken während der Quittierung von Lageraufgaben
- Verpacken und Dekonsolidierung mithilfe des RF-Frameworks

Packspezifikation ermitteln

Die Ermittlung der jeweils anzuwendenden Packspezifikation erfolgt automatisch auf Basis der SAP-Konditionstechnik. Durch die Möglichkeit, eigene Konditionen, Merkmale und Umstände zu definieren und diese als Konditionssatz im System zu hinterlegen, kann die Packspezifikation flexibel ermittelt werden und richtet sich nach den betrieblichen Anforderungen.

Packspezifikationen können hierarchisch aufgebaut werden und ermöglichen die Abbildung komplexer Verpackungsabläufe: Die Packstücke werden verschachtelt und müssen entsprechend den Arbeitsanweisungen verpackt werden, die für die jeweilige Verpackungsstufe hinterlegt sind (siehe Abbildung 7.44). Packspezifikationen lassen sich ausdrucken und dienen den Mitarbeitern im Lager als Anleitung, wie z. B. ein Etikett zu kleben oder wie ein Produkt auf der Palette zu stapeln ist.

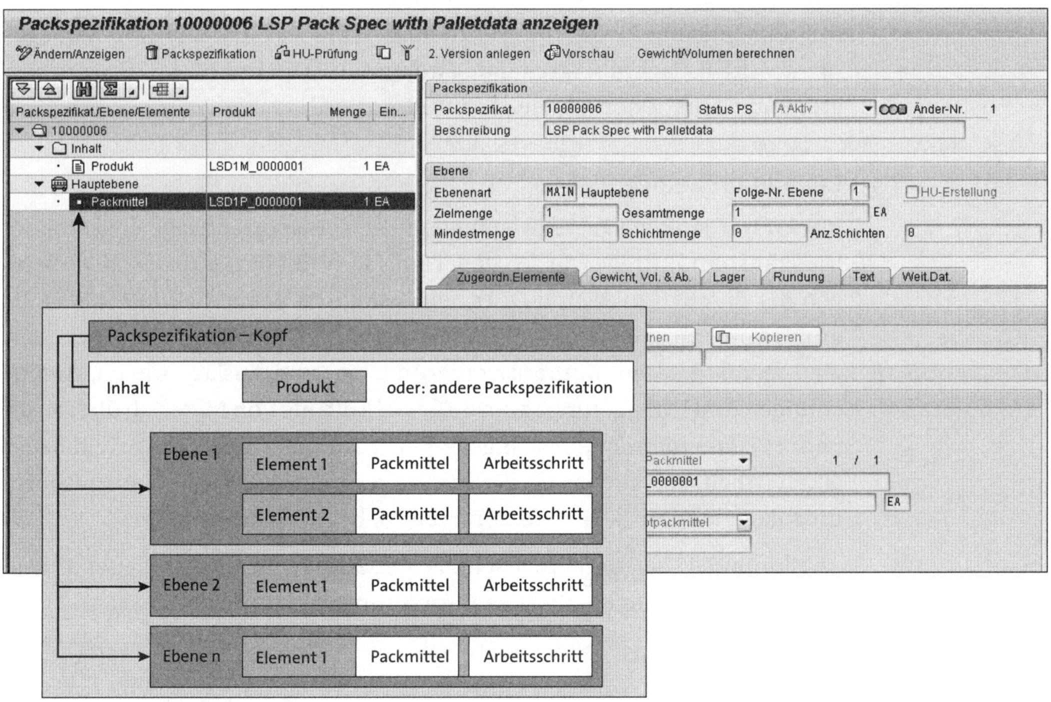

Abbildung 7.44 Struktur einer Packspezifikation (Transaktion /SCWM/PACKSPEC)

Fahrzeuge Transportmittel, also z. B. Lkws, werden in SAP EWM als *Fahrzeuge* abgebildet. Fahrzeuge werden zur Gruppierung von Lieferungen verwendet und an den Lagertoren be- und entladen. Diese Vorgänge führen zu einem Statuswechsel des zugeordneten Lieferbelegs und ermöglichen eine Integration in die Transportabwicklung, um z. B. Frachtbriefe zu erstellen. Transportmittel können mithilfe von Transporteinheiten, den eigentlichen Ladungsträgern, weiter spezifiziert werden. Die Transporteinheit stellt die kleinste beladbare Einheit eines Fahrzeugs dar und ist entweder fest mit diesem verbunden oder bildet mit ihm zusammen eine Struktur. Ein Lkw mit Anhänger besteht somit aus dem eigentlichen Fahrzeug mit eigener Ladekapazität (Fahrzeug + Transporteinheit) und einem Anhänger, der im System als weitere Transporteinheit abgebildet wird.

Transporteinheiten *Transporteinheiten* sind Einheiten aus Ladungsträger und verpackter Ware und werden in SAP EWM als Handling Units abgebildet. Die eigentliche Transporteinheit wird analog zur Handling-Unit-Verwaltung als Packmittel im System hinterlegt. Diese Zuordnung ermöglicht eine flexible Konstruktion eines Fahrzeugs, in der Sie festlegen können, wie viele Transporteinheiten ein Fahrzeug haben soll und in welcher Reihenfolge diese zugeordnet werden. Die Bewegungen von Fahrzeugen und Transporteinheiten außerhalb des eigentlichen Lagers erfolgen über das *Yard Management*. Transporteinheiten, die sich auf dem Yard befinden, dienen zur Bestandsführung der in ihnen enthaltenen Materialien. Das Yard Management wird als lagerübergreifende Funktion in Abschnitt 7.4.6, »Lagerübergreifende Funktionen«, näher erläutert.

Lageranforderungen

In WM werden die Lagerbewegungen über Transportaufträge angestoßen. Die Transportaufträge wurden dabei einerseits mit Bezug zu den Lieferbelegen der Beschaffungs- und Distributionslogistik erstellt, andererseits aufgrund von Transportbedarfen (siehe Abbildung 7.20). In SAP EWM werden die Lageraktivitäten (Kommissionierung, Ein- und Auslagerungen, Umbuchungen und Umlagerungen sowie Verschrottung von Material) über sogenannte *Lageranforderungen* angestoßen. Die Lageranforderung stellt dabei einen Arbeitsvorrat dar, um die »angeforderten« Materialien einzulagern, umzulagern oder zu kommissionieren (siehe Abbildung 7.45).

Abbildung 7.45 zeigt schematisch die Steuerung von verschiedenen Lageraktivitäten auf Grund von Lageranforderungen.

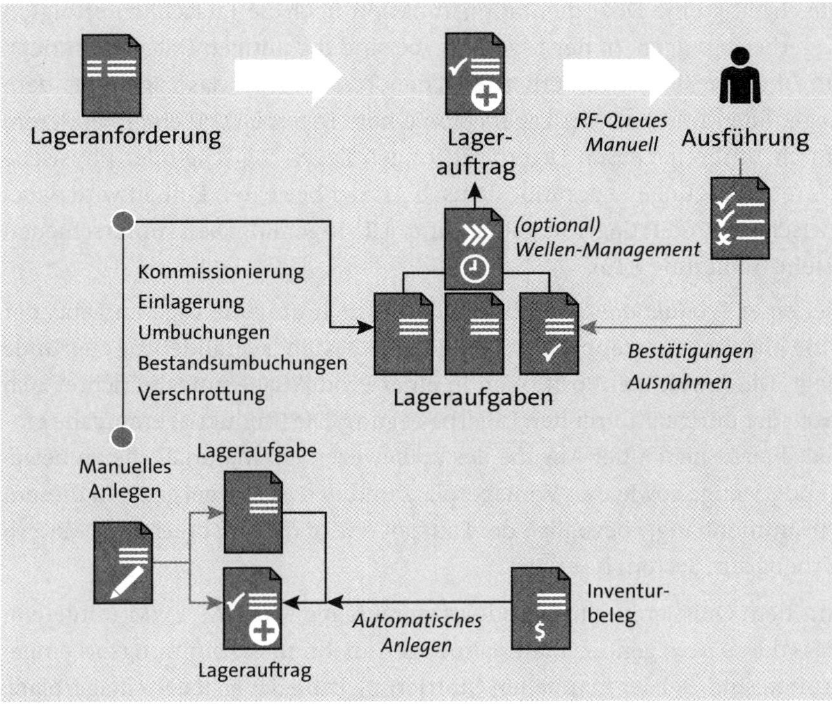

Abbildung 7.45 Erstellen von Lageraufgaben

Integration mit SAP ERP

In WM enthielt der Transportauftrag Angaben über das zu bewegende Material, nämlich darüber, von wo (Vonlagerplatz) das Material wohin (Nachlagerplatz) bewegt werden soll. Abschließend wurde diese Lagerbewegung vom Lagermitarbeiter bestätigt (quittiert). In SAP EWM wird aus einem Vorgängerbeleg eine Lageranforderung erzeugt. Bei den Vorgängerbelegen handelt es sich im Wesentlichen um Anlieferungsbenachrichtigungen (siehe Abbildung 7.54), Umbuchungsbenachrichtigungen und Auslieferungsanforderungen (siehe Abbildung 7.68), die von WM an SAP EWM repliziert werden. Das eigentliche Erstellen der Lageranforderungen zu diesen Vorgängerbelegen erfolgt automatisch, wobei die erstellten Lageranforderungen mit EWM-Daten angereichert werden.

Lageraufgaben und Lageraufträge

Lageranforderungen sind die Grundlage für das Erstellen von *Lageraufgaben.* Diese dienen wiederum dazu, die zugrunde liegenden Anforderungen zu erfüllen.

Die Lageraufgabe enthält alle notwendigen Informationen, um eine bestimmte Materialmenge oder eine HU im Lager zu bewegen, und hat gleichzeitig eine Dokumentationsfunktion über die tatsächlich erfolgten Lagerbewegungen. In der Lageraufgabe sind die nötigen Daten hinterlegt, um den physischen innerbetrieblichen Transport in das Lager, aus dem Lager oder innerhalb des Lagers (von einem Lagerplatz zu einem anderen) durchzuführen. Diesen Lagerbewegungen liegen logische oder physische Warenbewegungen zugrunde. Je nach Art der bewegten Einheit wird dabei zwischen Produktlageraufgaben und HU-Lageraufgaben unterschieden (siehe Abbildung 7.46).

Produktlageraufgaben

Bei einer *Produktlageraufgabe* handelt es sich um eine Lageraufgabe, der eine physische Warenbewegung oder eine Bestandsveränderung zugrunde liegt. Die Anzahl der Positionen in einer Produktlageraufgabe richtet sich nach der durchzuführenden Lagerbewegung. Die Produktlageraufgabe enthält hierzu neben der Angabe des zu bewegenden Materials die zu bewegende Menge sowie den Vonlagerplatz und den Nachlagerplatz. In diesem Zusammenhang – bezüglich der Laufzeit – wird die entsprechende Materialmenge im System reserviert.

Mit dem Quittieren einer Produktlageraufgabe wird SAP EWM mitgeteilt, dass die zu bewegenden Materialmengen an ihrem Bestimmungsort eingetroffen sind. Bei der manuellen Quittierung kann dabei der Nachlagerplatz, die sogenannte *Ziellokation*, geändert werden. Bei einer Wareneingangs- bzw. Warenausgangsbuchung besteht die Produktlageraufgabe aus einer Position, deren Quittierung den Bestand erhöht bzw. verringert. Umbuchungen bestehen demnach aus zwei Positionen: aus einer Position mit dem Vonlagerplatz, dessen Bestand verringert wird, und aus einer Position mit dem Nachlagerplatz, auf den der Bestand zugebucht wird. Bei einer Teilquittierung wird pro Teilmenge eine Position erzeugt. Auf diese Weise können Differenzmengen erfasst und mit einem sogenannten *Ausnahmecode* (*Exception-Code*) begründet werden.

HU- und Produktlageraufgaben

Im Unterschied zu den Produktlageraufgaben, bei denen Materialmengen bewegt werden, dienen *Handling-Unit-Lageraufgaben* (HU-Lageraufgaben) dem innerbetrieblichen Transport von Packstücken. Bei diesen Packstücken, den HUs, handelt es sich in der Regel um Paletten, die innerhalb des Lagers von einem Lagerplatz zu einem anderen Lagerplatz oder beim Be- und Entladen einer Transporteinheit bewegt werden müssen. Die Lageraufgabe enthält neben dem Von- und Nachlagerplatz genaue Angaben über die zu bewegende HU. Im Unterschied zur Produktlageraufgabe erfolgt aufgrund dieser Angabe keine Mengenreservierung, da die HU dem System eindeutig bekannt ist.

Abbildung 7.46 zeigt einen einfachen Wareneingangsprozess. Eine Transporteinheit parkt an Tor A und enthält zwei Paletten, die über HU-Lageraufgaben entladen werden. Der Vonlagerplatz entspricht dem Lagertor, der Nachlagerplatz der Wareneingangszone. Eine Palette enthält zwei unterschiedliche Produkte mit abweichenden Lagerbedingungen. Diese HU wird von der Wareneingangszone an einen Arbeitsplatz bewegt und anschließend geöffnet. Der eigentliche Arbeitsschritt der Dekonsolidierung erfolgt ebenfalls über eine Lageraufgabe. Als Ergebnis der Dekonsolidierung wird die Palette in zwei Produktmengen aufgeteilt, die anschließend im Regallager eingelagert werden. Das Einlagern dieser Produkte erfolgt über Produktlageraufgaben.

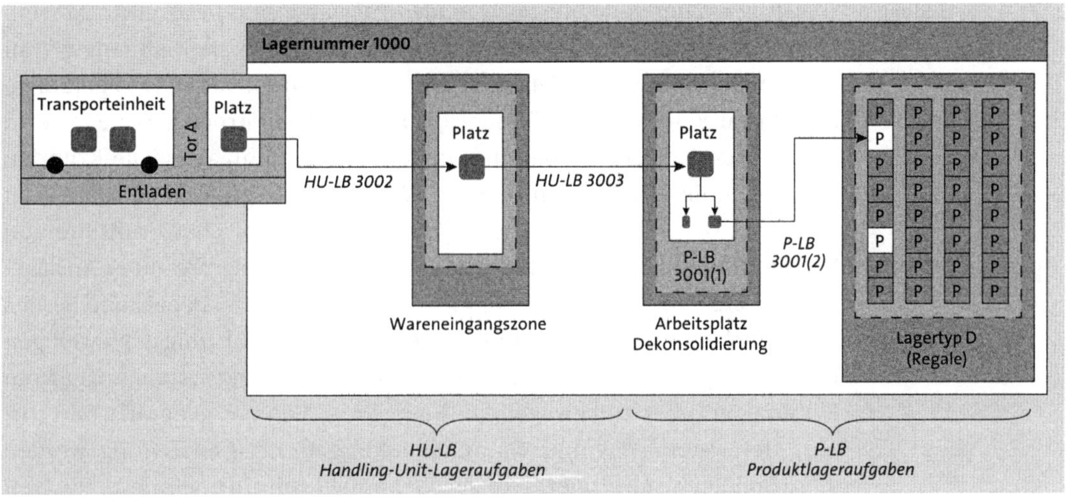

Abbildung 7.46 Produkt- und Handling-Unit-Lageraufgaben

Erstellen von Lageraufgaben

Lageraufgaben, und zwar sowohl Produkt- als auch Handling-Unit-Lageraufgaben, können mit Bezug zu einer Lageranforderung (bei internen Lagerbewegungen auch ohne Referenzbeleg) erstellt werden und ermöglichen die Realisierung von mehrstufigen, innerbetrieblichen Lagerprozessen. Das eigentliche Erstellen erfolgt dabei automatisch über das sogenannte PPF (*Post-Processing Framework*), manuell über eine Benutzerschnittstelle oder über sogenannte *Wellen* (*Wave Management*). Dieses erstellt nicht nur Lageraufgaben, sondern gruppiert diese auch in sogenannte Lageraufträge (siehe Abbildung 7.45).

Lageraufträge

Lageraufträge sind ausführbare Arbeitspakete für die Lagerarbeiter, die entsprechend den im System hinterlegten Lagerauftragserstellungsregeln erstellt werden. Der Lagerauftrag enthält die auszuführenden Lageraufgaben oder Inventurpositionen.

Erstellen von Lageraufträgen

Lageraufträge können manuell oder automatisch durch das System erstellt werden. Durch das automatische Erstellen der Lageraufgaben lässt sich der

Materialfluss im Lager optimal steuern. Die Steuerung erfolgt durch den Einsatz von Wellen. Diese Wellenbildung hat den Vorteil, dass Lageraufgaben zunächst gesammelt und zu einem späteren Zeitpunkt gemeinsam freigegeben werden. Dadurch können die Lageraufgaben effektiver zu Auftragspaketen für die Lagermitarbeiter zusammengefasst werden, was die Wegzeiten, aber potenziell auch die Greif- und Basiszeiten positiv beeinflusst. Außerdem kann der Materialfluss optimiert werden, indem z. B. in den Spitzenzeiten der Kommissionierung zunächst kein Nachschub gefahren wird.

Wellenbildung

Die *Wellenbildung*, das *Wave Management*, fasst eine bestimmte Art von Lageranforderungen in einer Welle zusammen. Sie erstellt abhängig vom Zeitpunkt, zu dem eine Welle freigegeben werden soll (also die Lageraufgaben abgearbeitet werden können), die notwendigen Arbeitspakete in Form von Lageraufträgen mit den dazugehörigen Lageraufgaben. Die Kriterien zur Wellenbildung können in einer Wellenvorlage gepflegt werden. Zum Zeitpunkt der Lageraufgabenerstellung ermittelt SAP EWM mithilfe von Einlagerungsstrategien den Lagerplatz zur Einlagerung bzw. über Auslagerungsstrategien den Bestand für die Materialentnahme. Dabei kann bereits der zeitliche Aufwand bestimmt werden, der zur Ausführung der jeweiligen Lagerbewegung notwendig ist. Der zeitliche Aufwand ist abhängig vom Material, von der zu bewegenden Menge und von der geografischen Distanz der Lagerbewegung. Während der Lagerauftragserstellung werden diese Soll-Zeiten summiert und gegebenenfalls um eine definierte Rüstzeit ergänzt. Falls das EWM-Ressourcenmanagement zum Einsatz kommt, wird zusätzlich eine Wegzeit berücksichtigt.

Wellenfreigabe

Die Wellenbildung und die *Freigabe einer Welle* zur Erstellung von Lageraufträgen erfolgen in der Regel automatisch. Um die Lageraufgaben automatisiert Wellen zuzuordnen, können Kriterien aus der Lieferung verwendet werden. Diese Flexibilität ermöglicht aufgrund der automatischen Verarbeitung eine optimierte Zusammenführung der Auslieferung und eine Optimierung der Kommissionierung, indem die Greifzeiten drastisch reduziert werden.

Lagerungssteuerung

Die Prozesse in einem Lager, die Lagerbewegungen und die durchzuführenden Prozessschritte richten sich einerseits nach den individuellen betrieblichen Anforderungen, andererseits nach den räumlichen Gegebenheiten im Lager. In der Praxis kommt es daher selten vor, dass sich der Materialfluss innerhalb des Lagers für alle Produkte und in allen Bereichen gleich gestaltet. So sind häufig mehrere Personen und Ressourcen an den

Lagerprozessen beteiligt. Paletten müssen gegebenenfalls im Wareneingang dekonsolidiert oder beim Warenausgang gezielt zusammengeführt werden.

Lagerungssteuerung

Zur flexiblen, kundenindividuellen Steuerung des Materialflusses über verschiedene Stationen und um ressourcenübergreifende Lagerbewegungen zu ermöglichen, besitzt SAP EWM die Möglichkeit der *Lagerungssteuerung*. Das Ziel der Lagerungssteuerung (*Storage Control*) ist die Abbildung von komplexen, mehrstufigen Lagerbewegungen zur Ein- und Auslagerung oder zum lagerinternen Transport. Die Steuerung erfolgt dabei abhängig von den räumlichen Gegebenheiten analog zu den vorherrschenden Lagerprozessen und den zu bewegenden Beständen. Mithilfe der Lagerungssteuerung kann SAP EWM den Ein- oder Auslagerungsweg über mehrere Stationen prozess- oder layoutabhängig vorgeben.

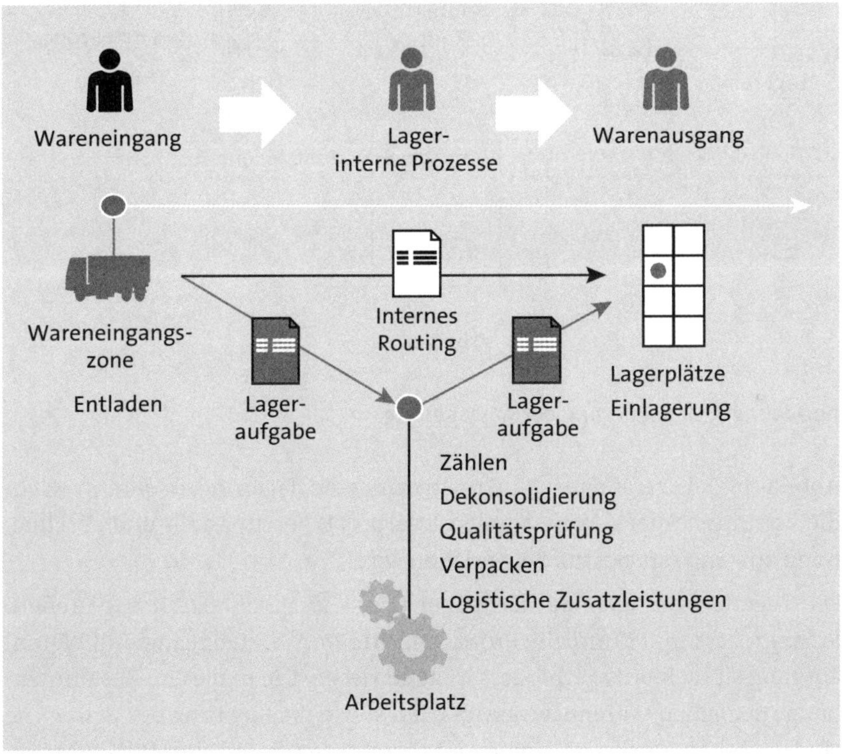

Abbildung 7.47 Steuerung der Einlagerung

Abbildung 7.47 zeigt exemplarisch die Möglichkeiten zur Steuerung der Einlagerung. Mithilfe der prozessorientierten Lagerungssteuerung, die wir im folgenden Abschnitt beschreiben, lassen sich dabei kundenindividuelle Einlagerprozesse realisieren.

In diesem Zusammenhang lassen sich flexibel Prozesse wie ein Zählen oder Dekonsolidieren im Wareneingang oder etwa ein Verpacken im Warenausgang automatisiert abwickeln. Die Lagerungssteuerung kann dabei mehrstufig erfolgen und ermöglicht den Materialfluss über verschiedene Zwischenlagerplätze.

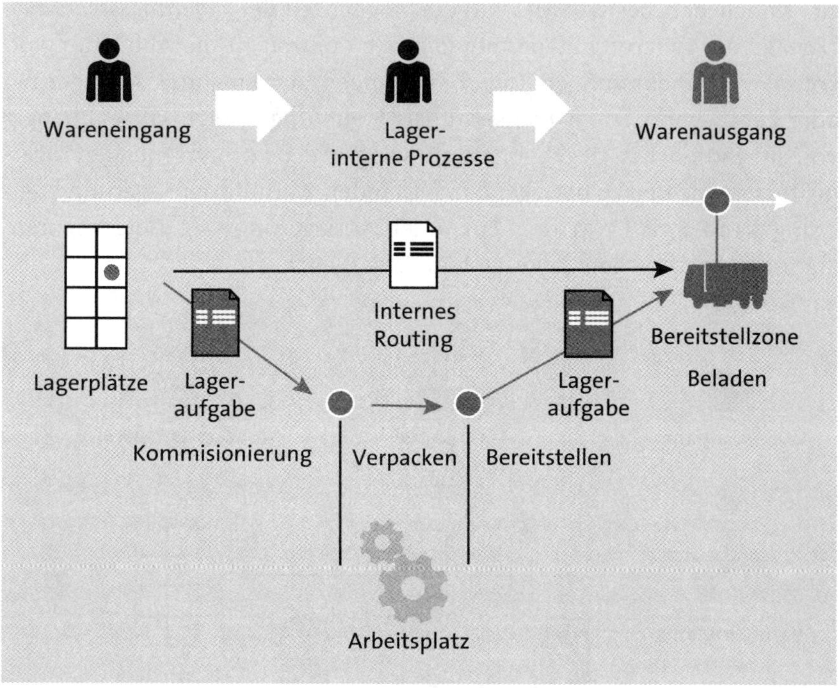

Abbildung 7.48 Steuerung der Auslagerung

Abbildung 7.48 zeigt dabei eine mehrstufige Auslagerung, in deren Verlauf die kommissionierte Ware zunächst verpackt, bereitgestellt und abschließend auf ein Transportmittel verladen wird.

Lagerprozessart

Die Lagerbewegungen werden dabei über die *Lagerprozessart* gesteuert. Jeder Prozess und sämtliche Prozessschritte im Wareneingang und Warenausgang sind einer Lagerprozessart zugewiesen. Die in diesem Zusammenhang möglichen Warenbewegungsarten sowie die Richtung der Bewegung sind der Lagerprozessart über einen *Lagerprozesstyp* und eine *Aktivität* zugeordnet. Die Lagerprozesstypen umfassen in SAP EWM folgende Prozesse:

- Einlagerung
- Auslagerung
- Wareneingangsbuchung
- Warenausgangsbuchung

- Inventur
- Umbuchung
- Quereinlagerung

Die Ermittlung der Lagerprozessart richtet sich insbesondere nach Produkt- und Beleginformationen (siehe Abbildung 7.59 und Abbildung 7.73). Die Lagerprozessart wird vom System automatisch zum Zeitpunkt der Erstellung der Lageranforderung ermittelt, abhängig von der Belegart, dem Produkt und der Lieferpriorität. Durch die Verwendung von Belegmerkmalen und Steuerungskennzeichen im Produktstamm lässt sich die Findung der Lagerprozessart sehr flexibel aussteuern. Bei einfachen Warenbewegungen kann die Lagerprozessart bereits den Lagertyp und Lagerplatz enthalten, aus dem oder in den die Materialien bewegt werden sollen. Bei komplexeren Bewegungen kann sie bereits den Lagerungsprozess der prozessorientierten Lagerungssteuerung oder eine Lagererstellungsregel enthalten.

Prozessorientierte Lagerungssteuerung

Die *prozessorientierte Lagerungssteuerung* dient zur Abbildung von komplexen Ein- und Auslagerungsprozessen. Die einzelnen Schritte, z. B. das Entladen, die Qualitätsprüfung, das Ausführen von logistischen Zusatzleistungen und das anschließende Einlagern, können nach Bedarf angepasst werden und werden im System einer Lagerprozessart zugeordnet. Die ermittelten Vorgänge mit den durchzuführenden Aktivitäten werden in die ein- oder auszulagernde Handling Unit (HU) übernommen. Die HU besitzt also die Information, welche Prozessschritte für die Einlagerung, Auslagerung oder lagerinterne Bewegung erforderlich sind. Aus diesem Grund arbeitet die prozessorientierte Lagerungssteuerung auch nur mit HUs.

Mehrstufige Ein- oder Auslagerung

Abbildung 7.49 zeigt den Ablauf der mehrstufigen Einlagerung bzw. Auslagerung. Je nachdem, welche Lagerprozessart vom System ermittelt wurde, können Materialien direkt in einem Schritt von der Wareneingangszone zu ihrem Lagerplatz gebracht werden. Die Ziellokation kann hierbei manuell geändert werden.

Die prozessorientierte Steuerung ermöglicht darüber hinaus mehrstufige Prozesse, bei denen Paletten mit bestimmten Materialien vor dem Einlagern z. B. gewogen werden oder zu vereinzeln sind.

Das System erzeugt hierfür Lageraufgaben von der Vonlagerlokation zu einem Zwischenlagertyp. Bei diesen Zwischenlokationen handelt es sich entweder um Arbeitsplätze, an denen bestimmte Aktivitäten durchgeführt werden sollen, oder um Bereiche im Lager, an denen die zu bewegenden Bestände zwischengelagert werden müssen. Je nach Systemeinstellung kann die endgültige Nachlagerlokation gleich zu Beginn des Einlagerungsprozesses oder zu einem späteren Zeitpunkt bestimmt werden.

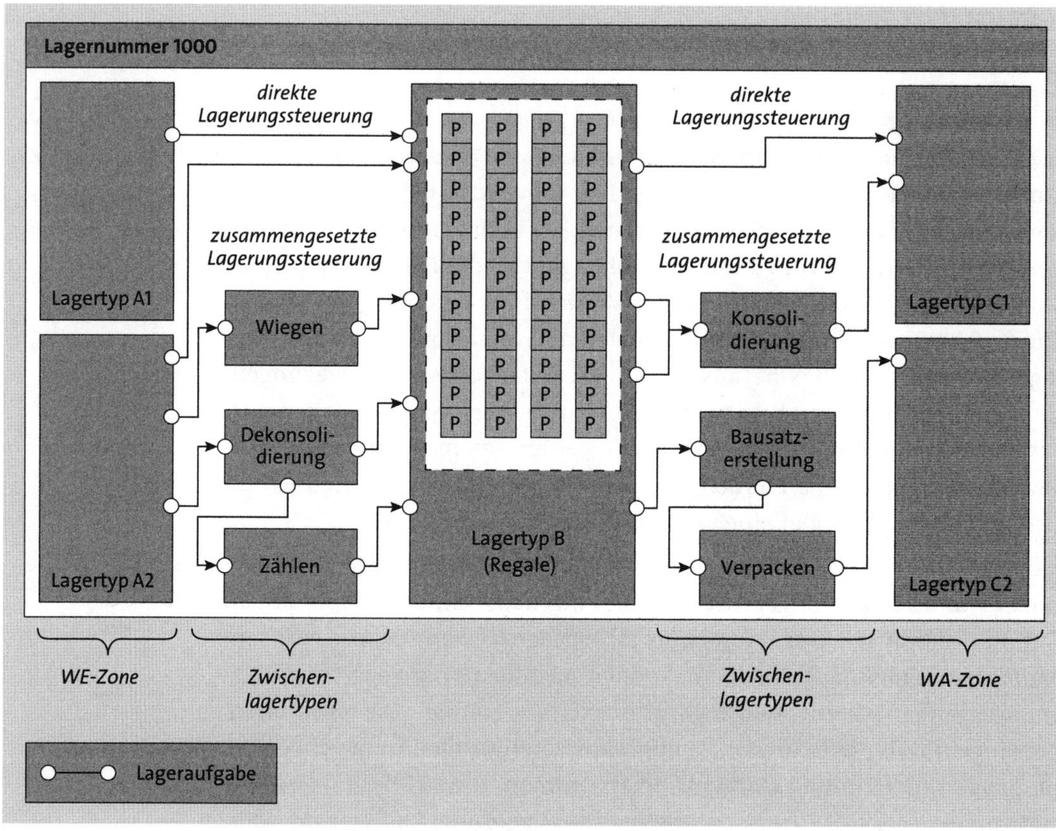

Abbildung 7.49 Prozessorientierte Lagerungssteuerung

Kitting

Im Warenausgang kann der mehrstufige Prozess neben der Bausatzerstellung, dem sogenannten *Kitting*, auch diverse Verpackungs- oder Konsolidierungsschritte enthalten, bevor die Ware auf der Warenausgangszone zum Beladen bereitgestellt wird.

Layoutorientierte Lagerungssteuerung

Die *layoutorientierte Lagerungssteuerung* wird verwendet, wenn eine Lagerbewegung aufgrund der räumlichen Gegebenheiten nicht direkt von einem Vonlagerplatz zu einer bestimmten Ziel- oder Zwischenlokation erfolgen kann. Diese räumlichen Gegebenheiten werden in der Praxis durch das vorhandene Lagerlayout oder die verwendete Fördertechnik bestimmt. Im Fall der layoutorientierten Steuerung deaktiviert SAP EWM automatisch die ursprüngliche Lageraufgabe und erzeugt die notwendigen Zwischenschritte.

[zB]

Layoutorientierte Lagerungssteuerung

Eine Palette soll von der Wareneingangszone zu einem Arbeitsplatz gebracht werden. Das System erstellt dafür eine Lageraufgabe. Das Lager ist mit einer Fördertechnik ausgestattet, die Paletten von einem Übergabepunkt direkt an den Arbeitsplatz liefert. Diese räumliche Gegebenheit wurde in der layoutorientierten Lagerungssteuerung berücksichtigt. Das System deaktiviert die ursprüngliche Lageraufgabe und erzeugt automatisch einen Zwischenschritt in Form einer Lageraufgabe von der Wareneingangszone zum Übergabepunkt.

Kombination der Lagerungssteuerung

Die prozessorientierte Lagerungssteuerung kann mit der layoutorientierten Steuerung kombiniert werden. Das System führt hierbei zunächst die prozessorientierte Steuerung aus und prüft anschließend, ob die ermittelten Prozessschritte aus Layoutsicht möglich sind oder nicht. Die notwendigen Zwischenschritte werden vom System automatisch erzeugt.

Lagerüberwachung

Lagerverwaltungsmonitor

Die Prozesssteuerung in SAP EWM erfolgt mithilfe der bereits erläuterten Lageraufgaben. Mit dem *Lagerverwaltungsmonitor* (*Warehouse Monitor*, häufig auch *Lagermonitor* genannt) bietet SAP EWM dem Lagermitarbeiter ein Werkzeug, mit dem er sich zu jeder Zeit über die aktuelle Situation im Lager informieren und entsprechend reagieren kann. Über den Lagermonitor haben die Lagermitarbeiter alle Tätigkeiten und Belege zentral im Blick, angefangen bei Lieferungen über die Bestandssituation und Lageraufgaben bis hin zur Effektivität der einzelnen Mitarbeiter.

Abbildung 7.50 zeigt den Lagerverwaltungsmonitor in SAP EWM. Das Bild ist in drei Abschnitte unterteilt. Auf der linken Seite befindet sich ein Hierarchiebaum mit vordefinierten Knoten, je nach gewünschtem Arbeitsgebiet. Das Arbeitsgebiet, die zu selektierenden Belege, Prozesse oder Meldungen können mit Selektionskriterien ermittelt werden. Der rechte obere Bereich enthält die übergeordneten Daten, der untere Bereich die untergeordneten Detailinformationen zur vorgenommenen Auswahl. In diesem Beispiel wurde eine Anlieferung selektiert. Die Auswahl zeigt die Anlieferung 310000005713, eine Lageranforderung aus dem Wareneingangsprozess, den wir Ihnen in Abschnitt 7.4.3 vorstellen. Die untergeordnete Detailinformation zu diesem Beleg ist die Lageraufgabe zur Einlagerung des Materials. Ein weiteres Beispiel für den Lagerverwaltungsmonitor findet sich in Abbildung 7.82.

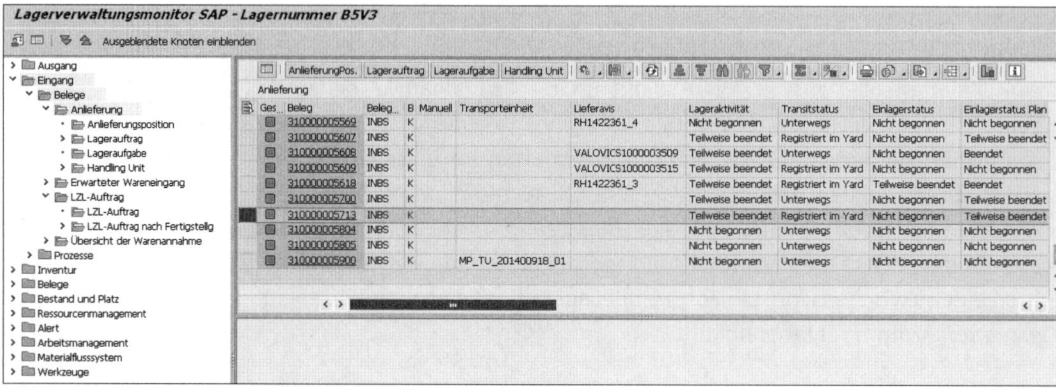

Abbildung 7.50 Lagerverwaltungsmonitor mit Lageraufgabe zum Einlagern (Transaktion /SCWM/MON)

Im Unterschied zu einem Report ist der Lagerverwaltungsmonitor nicht nur ein reines Anzeigeinstrument, sondern bietet auch die Möglichkeit, in die Prozesse aktiv einzugreifen. So kann schnellstmöglich auf ungeplante Ereignisse reagiert werden. Möglich ist etwa das Sperren von Lagerplätzen oder das Zuweisen von Lageraufgaben zu Ressourcen. Der Lagerverwaltungsmonitor verfügt zudem über Funktionen zur Alert-Überwachung, die für Lagerleiter momentan und potenziell problematische Situationen im Lager hervorheben und Werkzeuge zur Behandlung von Ausnahmen zur Verfügung stellen. Der Monitor kann auf spezielle Bedürfnisse abgestimmt und auch erweitert werden.

Grafisches Lagerlayout

Mit dem grafischen Lagerlayout (GLL) lässt sich in SAP EWM seit Release 7.0 die Struktur eines Lagers in zweidimensionaler Form darstellen (siehe Abbildung 7.51).

Mögliche Stammdatenfehler innerhalb der Lagerstruktur lassen sich somit schnell identifizieren und korrigieren. Die Grundlage der grafischen Darstellung bilden die in den Lagerplatzstammdaten hinterlegten Lagerplatzkoordinaten. Neben den Lagerplätzen können mit dem GLL auch andere bauliche Objekte (z. B. Mauern oder Büros) aber auch prozessrelevante Objekte (z. B. HUs, Stapler, Förderstrecken oder Regalbediengeräte) dargestellt werden. Das grafische Lagerlayout bietet somit die Möglichkeit, Prozesse visuell zu verfolgen, aber auch in Prozesse einzugreifen. Design und Funktionen des GLL können Sie auf Ihre speziellen Bedürfnisse abstimmen und erweitern.

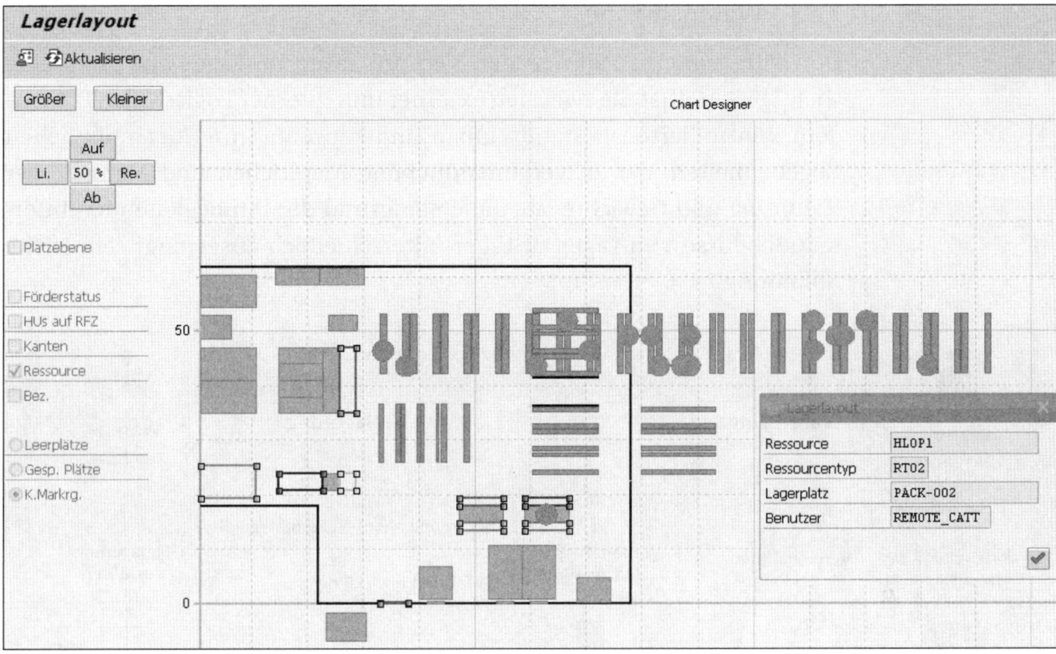

Abbildung 7.51 Grafisches Lagerlayout (Transaktion /SCWM/GWL)

Als Ergänzung zu dem weitestgehend textbasierten Lagermonitor bietet das *Easy Graphics Framework* (EGF) die Möglichkeit, Daten in einem *Lager-Cockpit* grafisch anzeigen zu lassen (siehe Abbildung 7.52).

Lager-Cockpit

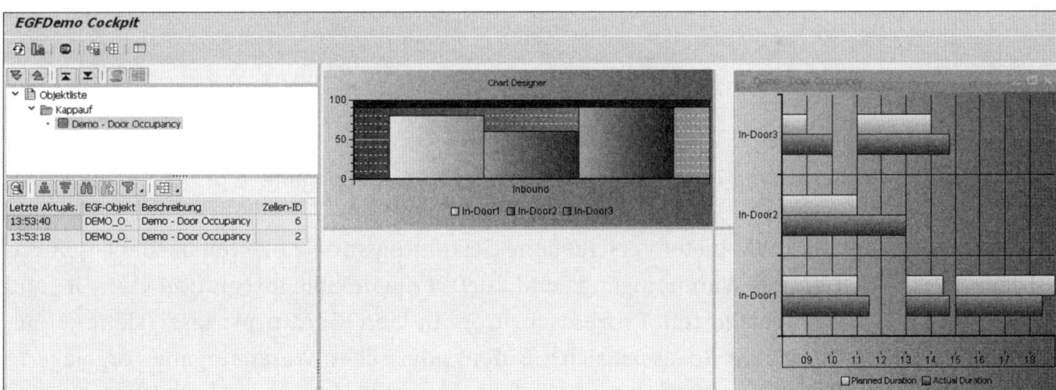

Abbildung 7.52 Grafisches Lager-Cockpit (Transaktion /SCWM/EGF)

Mithilfe von diversen Chart-Typen können Sie dabei z. B. die Auslastung von Ressourcen oder den Status bestimmter Systemmeldungen überwachen. Das Layout sowie die dargestellten Informationen lassen sich hierbei grundsätzlich an Ihre individuellen Bedürfnisse anpassen.

7.4.3 Wareneingang

Der *Wareneingang* zählt zu den Kernprozessen im Lager und stellt eine wichtige Schnittstelle zwischen externer und interner Logistik dar. Er dient dem kontrollierten Bestandsaufbau und kann aufgrund der räumlichen Gegebenheiten, der zu vereinnahmenden Materialien und Mengen, der Volumina und Gewichte, aber auch aufgrund der ihn begleitenden Informationsflüsse von Lager zu Lager unterschiedlich ausgeprägt sein (siehe Abbildung 7.53).

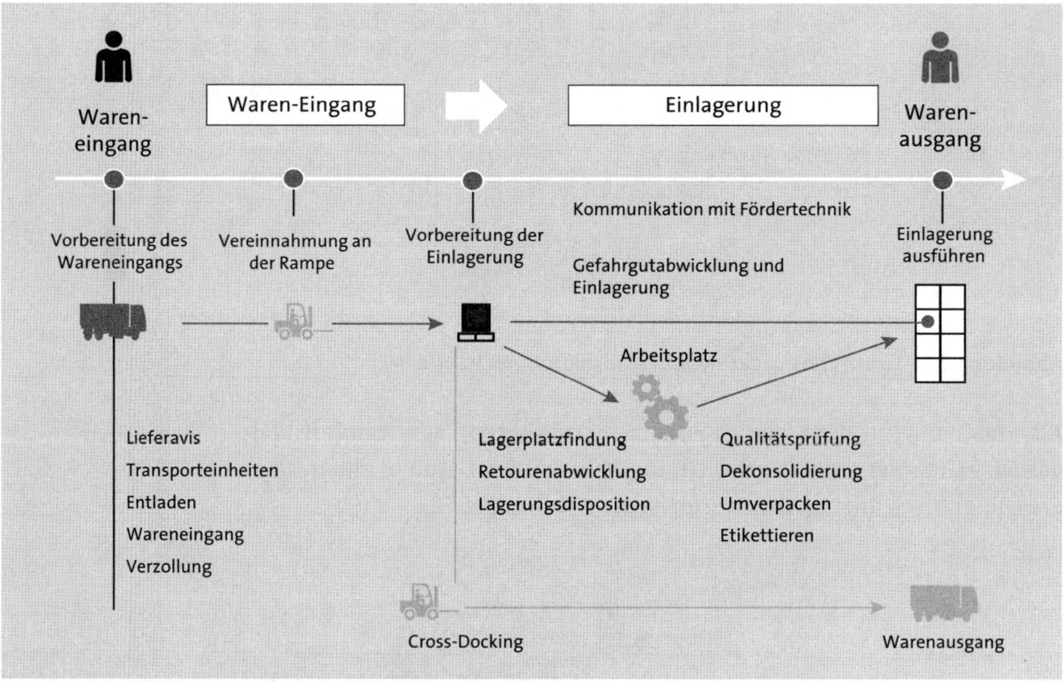

Abbildung 7.53 Prozessmodellierung im Wareneingang

Integration von vor- und nachgelagerten Prozessen in SAP EWM

SAP EWM bietet verschiedene Gestaltungsmöglichkeiten bei der Organisation des Wareneingangs und erlaubt die flexible Integration von vor- und nachgelagerten Prozessschritten in den Gesamtprozess (siehe Abbildung 7.54). So lassen sich z. B. dem physischen Wareneingang vorgelagerte Transport-, Yard- oder Entladeprozesse sowie nachgelagerte Dekonsolidierungs-, Verpackungs-, Zähl- und Prüfprozesse in die Prozesskette einbinden. Im folgenden Abschnitt lernen Sie anhand eines durchgängigen Prozessbeispiels die grundlegenden Funktionen und Abläufe in der Warenanlieferung kennen.

Belege im Wareneingang

Die *Anlieferung* stellt den zentralen Beleg des Wareneingangs dar. Er enthält alle lieferrelevanten Daten und korrespondiert eng mit dem ERP-System.

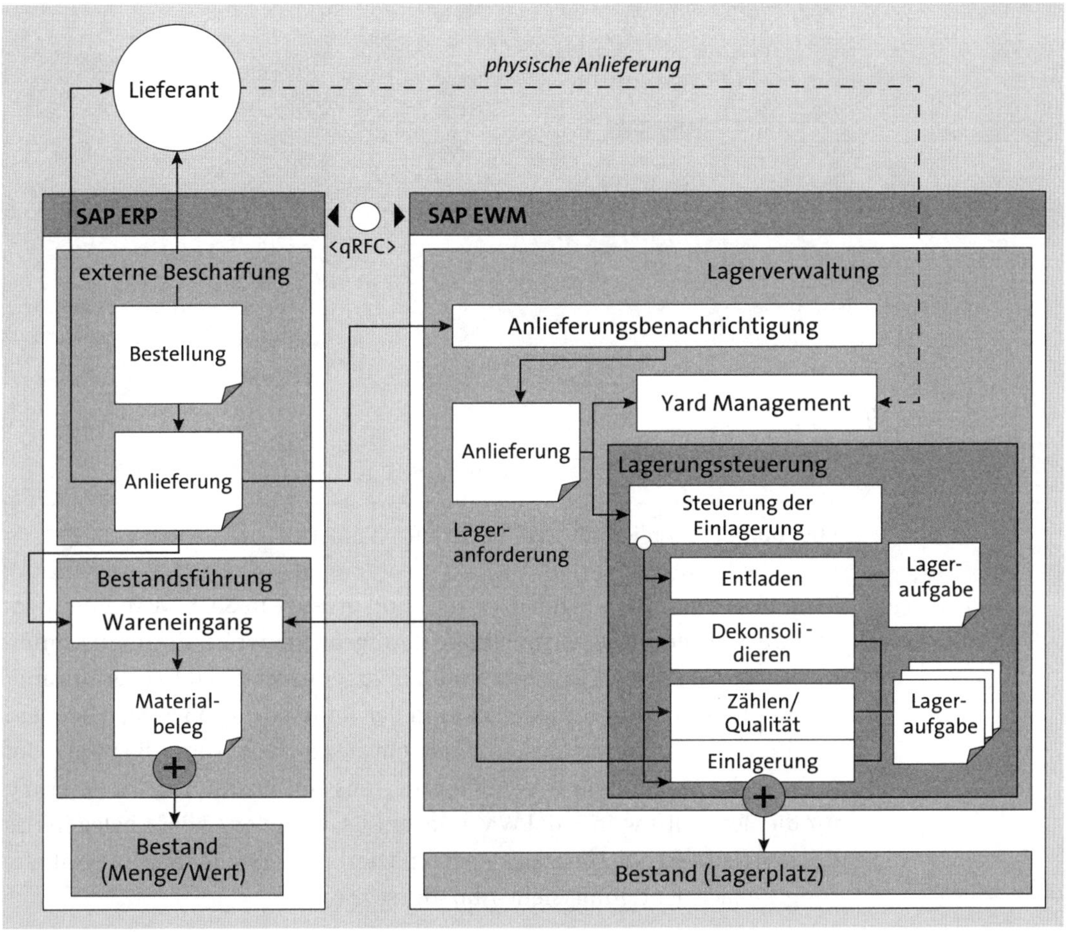

Abbildung 7.54 Wareneingang mit Anlieferung

Die Anlieferung wurde dabei im ERP-System mit Bezug zu einer Bestellung angelegt oder durch den Eingang eines *Lieferavises* des Lieferanten erzeugt. **Lieferavis**

Abbildung 7.55 zeigt die Anlieferung 180002359, die im SAP-ERP-System mit Bezug zu einer Bestellung 4500001103 aus dem Beispiel in Kapitel 3 (siehe Abbildung 3.23) erzeugt wurde. Die Lagernummer B5V3 ist als dezentrales Lager im System eingestellt und in SAP EWM mit der gleichlautenden EWM-Lagernummer B53 verknüpft. Die Warenanlieferung zu diesem Lieferavis erfolgt daher im dezentralen EWM-System. Darüber hinaus kann eine Anlieferung auch aufgrund einer Kundenretoure oder als Ergebnis eines Produktionsprozesses erfolgen, bei dem fertiggestellte Erzeugnisse eingelagert werden müssen.

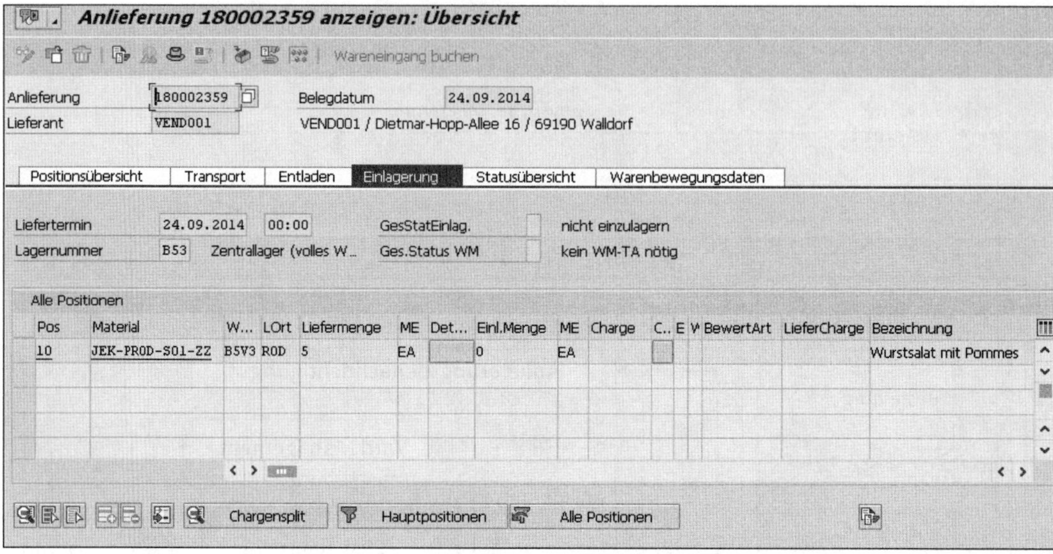

Abbildung 7.55 Anlieferung zur Bestellung in SAP ERP (Transaktion VL33N)

Anlieferungs-benachrichtigung

Der Beleg wird entsprechend verteilt und erzeugt in SAP EWM eine sogenannte *Anlieferungsbenachrichtigung*. Aufgrund einer bestimmten Kombination aus Werk und Lagerort und der zugeordneten WM-Lagernummer ermittelt das System für jede Position der Anlieferung, ob es sich bei dem ermittelten Wareneingangslager um ein dezentrales Lager handelt oder nicht (siehe Abbildung 7.1). Wenn mindestens eine Position der Anlieferung für die Bearbeitung in SAP EWM relevant ist, wird der Anlieferbeleg in das dezentrale Lagersystem (SAP EWM) repliziert und erstellt dort eine Anlieferungsbenachrichtigung (siehe Abbildung 7.56).

Die Anlieferungsbenachrichtigung enthält grundsätzlich die gleichen Informationen und hat den gleichen Aufbau wie die Anlieferung in SAP ERP und wird nach erfolgreicher Replikation aktiviert. Das Aktivieren der Anlieferungsbenachrichtigung erzeugt umgehend eine Anlieferung, eine Lageranforderung, die den Wareneingangsprozess in SAP EWM auslöst.

Abbildung 7.56 zeigt die Anlieferungsbenachrichtigung 180002359 zur gleichlautenden SAP-ERP-Anlieferung 180002359 (siehe Abbildung 7.55). Der Beleg wurde erfolgreich repliziert und aktiviert und hat die gleiche Belegnummer wie der Beleg in SAP ERP. Bei der Aktivierung erstellt SAP EWM automatisch eine Anlieferung.

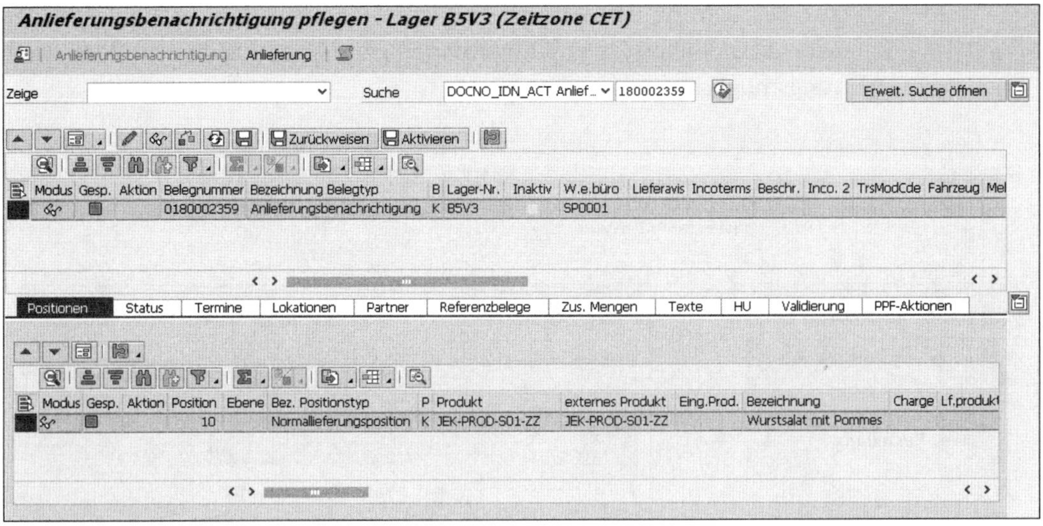

Abbildung 7.56 Anlieferungsbenachrichtigung in SAP EWM (Transaktion /SCWM/IDN)

Geplanter Wareneingang

Zum Starten der Wareneingangsprozesse erzeugt das ERP-System in der Regel aus einem Lieferavis eine Anlieferung. In der betrieblichen Praxis kann es jedoch vorkommen, dass ein Wareneingang spontan erfolgen muss, ohne dass ein Lieferavis empfangen wurde. Dieser Prozess kann in SAP EWM als *geplanter Wareneingang* abgebildet werden (siehe Abbildung 7.57).

Der Einkaufsbeleg aus WM bzw. ein Produktionsauftrag erzeugt dabei einen geplanten Wareneingang in SAP EWM. Zunächst wird dabei eine Benachrichtigung über den erwarteten Wareneingang erzeugt, eine Kopie aller relevanten Logistikdaten aus dem replizierten Vorgängerbeleg. Nach dessen Aktivierung erzeugt SAP EWM automatisch den erwarteten Wareneingang. Die anschließend eintreffenden Anlieferungen werden ohne vorausgehendes Lieferavis zum Zeitpunkt der Lkw-Ankunft erzeugt und gegen den geplanten Wareneingang verifiziert. Für die angelieferten Materialien werden dabei Toleranzprüfungen durchgeführt. Die Anlieferung dient auch beim geplanten Wareneingang dazu, die Wareneingangsverarbeitung anzustoßen. Die beiden Vorgängerbelege werden nicht mehr benötigt und regelmäßig gelöscht.

Vorteile eines geplanten Wareneingangs

Der geplante Wareneingang hat aus betriebswirtschaftlicher Sicht den Vorteil, dass der Wareneingang im Lager ohne vorhergehendes Lieferavis erfolgen kann. Darüber hinaus kann aus Sicht der Lagerverwaltung anhand der geplanten Wareneingänge die Arbeitslast geprüft werden, und zukünftige Wareneingänge lassen sich auf Basis der Anzahl der für den Tag vorgemerkten Lieferavise und Bestellpositionen planen.

Zur Bearbeitung der erwarteten Wareneingänge und zur Vorschau der Arbeitslast bietet SAP EWM umfangreiche Transaktionen und Auswertungsmöglichkeiten.

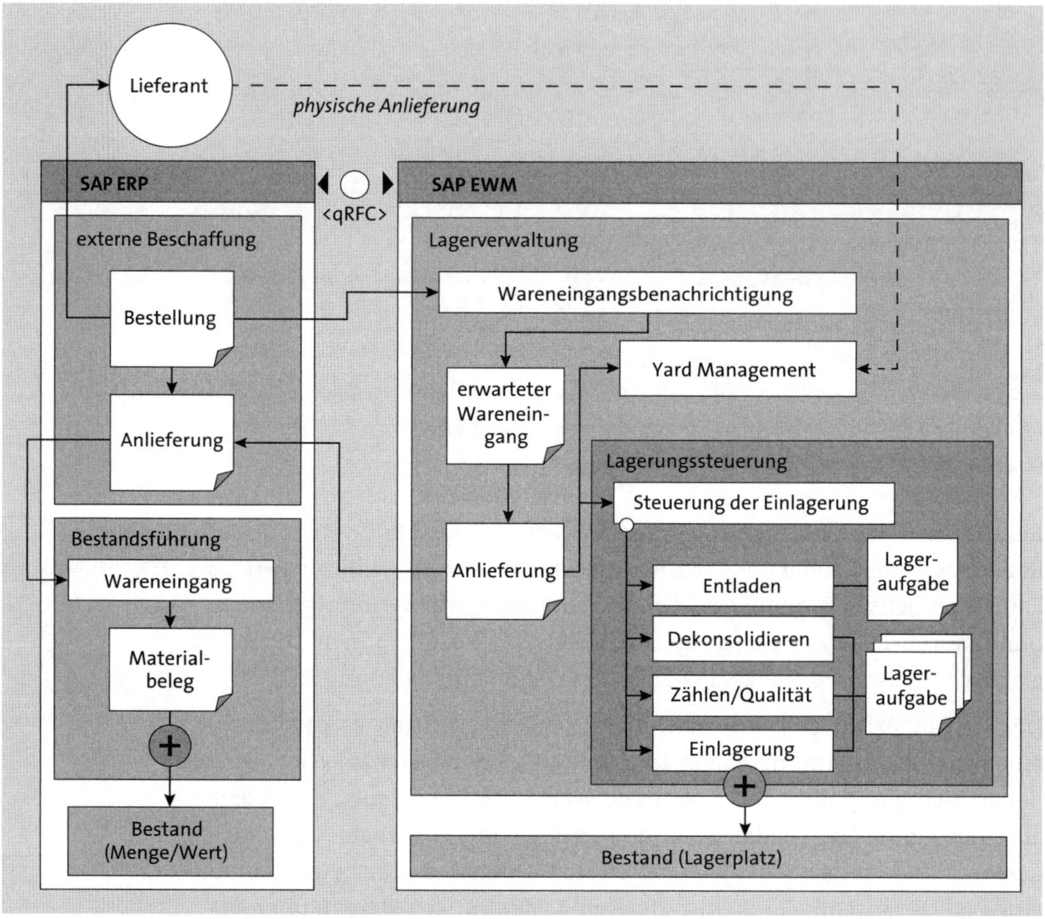

Abbildung 7.57 Geplanter Wareneingang

Steuerung der Einlagerung

Anlieferung

Die *Anlieferung* stellt eine Lageranforderung dar und bildet den Ausgangspunkt der Folgeaktivitäten in SAP EWM (siehe Abbildung 7.58). Neben den aus dem Vorgängerbeleg übernommenen Daten enthält die Anlieferung alle erforderlichen Informationen, um den Warenanlieferungsprozess in SAP EWM auszulösen und zu überwachen. Dieser Prozess beginnt in der Regel mit dem Abfertigen einer Transporteinheit, also dem Entladen der Lieferung, und endet mit dem Einlagern der Materialien im Lager. Nachdem die Lagerprozessart und der Lagerplatz für die Einlagerung ermittelt wurden, erzeugt SAP EWM die für den Einlagerungsprozess erforderlichen

Lageraufgaben auf der Grundlage der prozessorientierten oder layoutorientierten Lagerungssteuerung.

Abbildung 7.58 zeigt die Anlieferung 310000005908. Die Anlieferung ist der Nachfolgebeleg der Anlieferungsbenachrichtigung 180002359. Sie stellt eine Lageranforderung für das Einlagern extern beschaffter Materialien dar und enthält auf Positionsebene eine lückenlose Referenz zu den Vorgängerbelegen. In diesem Beispiel wurde für diese Anlieferung die Lagerprozessart P110 (Einlagerung mit Palettierung) gefunden. Auf Positionsebene ist bereits der Vonlagerplatz bekannt (hier die Bereitstellungszone GR-ZONE). Der Lagerplatz für die endgültige Einlagerung wird in diesem Beispiel zu einem späteren Zeitpunkt ermittelt.

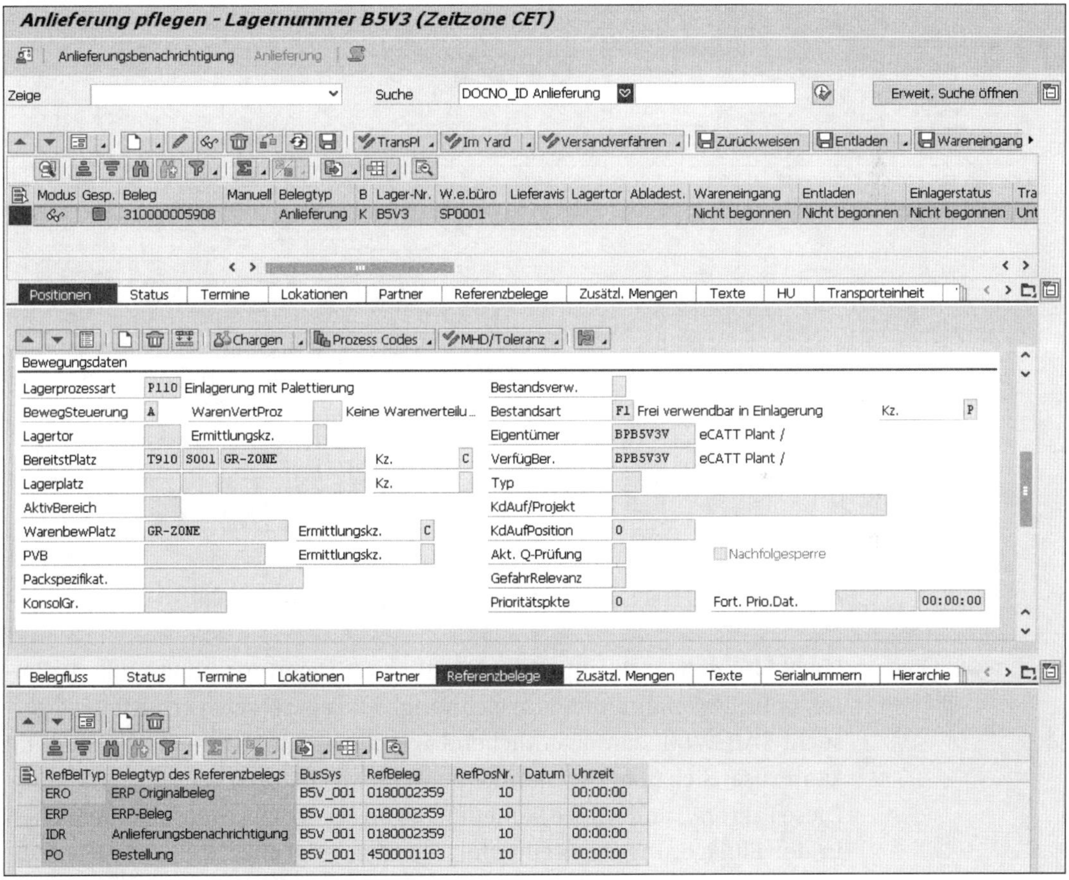

Abbildung 7.58 Anlieferung als Lageranforderung in EWM (Transaktion /SCWM/PRDI)

Lagertypfindung

Die *Lagerprozessart* wurde von SAP EWM bei der Erstellung der Anlieferung ermittelt. Der Vonlagerplatz und der Lagertyp leiteten sich dabei aus der ermittelten Lagerprozessart ab. Die Ermittlung des Nachlagerplatzes für die Einlagerung erfolgt gemäß dem Schema in Abbildung 7.59.

Lagertypsuchreihenfolge

Zunächst ermittelt SAP EWM mithilfe einer *Lagertypsuchreihenfolge* für jede Anlieferposition den Lagertyp des Nachlagerplatzes. Die Lagertypfindung erfolgt dabei anhand der Beleg- und Produktdaten. Die Lagertypsuchreihenfolge enthält in einer Sequenz sämtliche Lagertypen, die nach Lagerplätzen durchsucht werden können. Das System folgt der Sequenzierung und versucht, für den ersten gefundenen Lagertyp dessen Lagerbereiche zu ermitteln.

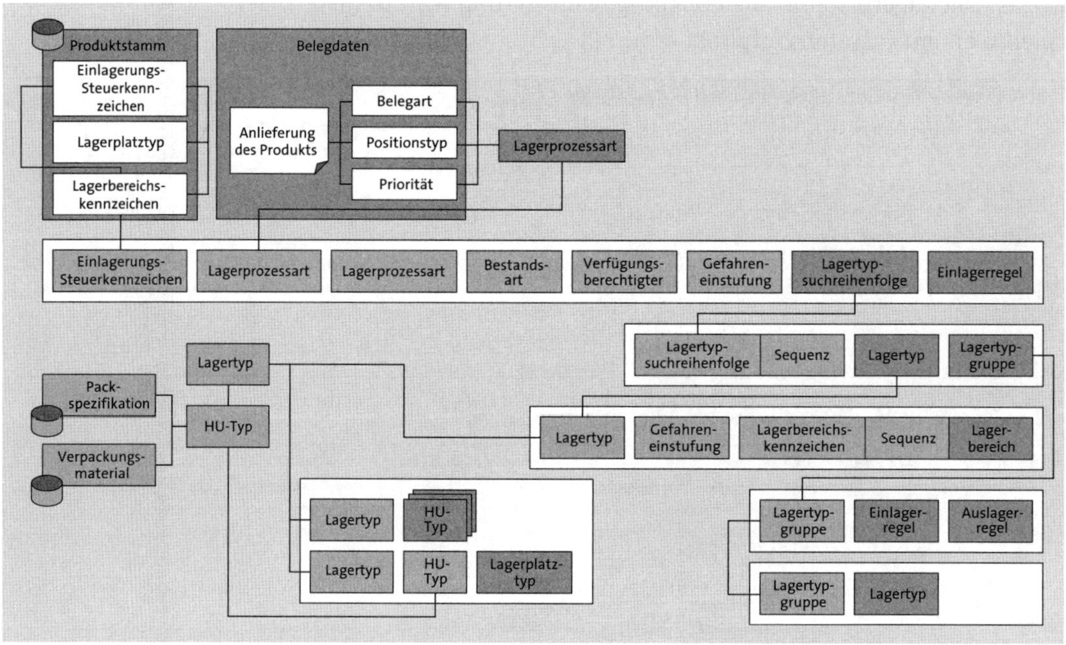

Abbildung 7.59 Technischer Ablauf der Einlagerungssteuerung

Gewichtungsfaktoren

Sobald für eine bestimmte Kombination aus Lagertyp und Produktattributen (z. B. die Gefahrstoffkennzeichnung) der Lagerbereich ermittelt ist, versucht SAP EWM, den eigentlichen Lagerplatz zu bestimmen. Die Findung kann zusätzlich über sogenannte *Gewichtungsfaktoren* beeinflusst werden. Diese Faktoren ändern die Reihenfolge von Lagertypen und Lagerbereichen in der Einlagerungssuchreihenfolge und ermöglichen z. B. eine Bevorzugung bestimmter Lagerbereiche.

Lagerplatzfindung

Die eigentliche *Lagerplatzfindung* erfolgt abhängig vom Lagerbereichskennzeichen des Lagerplatztyps im Produktstamm sowie mit Bezug zur Einlagerungsregel bzw. -strategie und der Kapazität des Lagerplatzes. Sofern bei der Prüfung aller Lagerplätze im aktuell gefundenen Lagerbereich kein geeigneter Platz gefunden werden kann, überprüft das System die übrigen Lagerplätze der anderen Lagerbereiche. Wenn auch in diesen Bereichen kein Platz ermittelt werden kann, erfolgt die Prüfung für den nächsten Lagertyp in der Lagertypsuchreihenfolge.

Einlagerungsstrategien

Die *Einlagerungsstrategie* dient dazu, geeignete Lagerplätze für die Einlagerung zu bestimmen. Dazu greift die Einlagerungsstrategie bei der Einlagerung auf Parameter im Produktstamm zurück und versucht, die Lagerkapazität bestmöglich zu nutzen. Neben der automatischen Findung ist es in SAP EWM möglich, bestimmte Warenbewegungen manuell zu bearbeiten und die normalerweise automatisch zugewiesenen Von- und Nachlagerplätze zu ändern. Bei der Einlagerung von Produkten können Sie grundsätzlich zwischen verschiedenen Strategien wählen. Die Strategie wird im System konfiguriert oder mithilfe eines BAdIs (Business Add-in) durch eigene Programmlogik ergänzt. Zur Auswahl stehen neben der manuellen Eingabe folgende Standardstrategien:

- Fixplatz
- Freilager
- Zulagerung
- Leerplatz
- Nähe Kommissionierfixplatz
- Palettenlager
- Blocklager

[«]

Weitere Informationen zu den Einlagerungsstrategien

Diese Einlagerungsstrategien existieren in ähnlicher Ausprägung auch für WM und wurden im Zusammenhang mit der Einlagerungssteuerung in WM bereits kurz erläutert. Wenn Sie die Zusammenhänge in einem EWM-System aus betriebswirtschaftlicher Sicht verstehen wollen, verweisen wir daher auf diese vorausgegangenen Beschreibungen (siehe unter der Überschrift »Einlagerungssteuerung« in Abschnitt 7.3.3).

Entladen

Nachdem die Anlieferung erzeugt und die Lagerprozessart ermittelt wurde, werden die Fahrzeuge und Transporteinheiten entladen. Beim *Entladen* werden die Waren aus der Transporteinheit vom Tor je nach den betrieblichen Erfordernissen zu einer Bereitstellungszone, einem Konsolidierungsbereich oder an einen Arbeitsplatz zur Qualitätsprüfung bewegt. Wenn das Yard Management in SAP EWM eingesetzt wird, beginnt der Entladeprozess mit dem Erfassen des Fahrzeugs oder der Transporteinheit am Kontrollpunkt.

Einfaches und komplexes Entladen

Das eigentliche Entladen kann dabei einfach oder komplex erfolgen:

- **Einfaches Entladen**
  Hierbei wird in der Anlieferung lediglich ein Status gesetzt. Die zu entladende Anlieferung kann durch eine Entlade-Transaktion ermittelt werden. Nach dem Entladen steht die Ware in der Wareneingangszone zur endgültigen Einlagerung bereit.
- **Komplexes Entladen**
  Die Einlagerung von HUs kann auch komplex mithilfe einer Lageraufgabe erfolgen. Die Lageraufgabe enthält das Tor als Vonlagerplatz und ermittelt je nach Systemeinstellung automatisch eine Dekonsolidierungszone als Nachlagerplatz. Der Wareneingang kann zu unterschiedlichen Zeitpunkten gebucht werden und erfolgt beim komplexen Entladen spätestens mit dem Quittieren der Entlade-Lageraufgabe.

Dekonsolidierung

Bei der Einlagerung kann die entladene HU verschiedene Produkte enthalten. Diese Produkte müssen gegebenenfalls auf unterschiedliche Weise oder in unterschiedlichen Bereichen des Lagers eingelagert werden. Die Aufteilung der angelieferten Handling Unit auf mehrere Einlagerungs-HUs wird als *Dekonsolidierung* bezeichnet.

Aus Sicht der Einlagerungssteuerung erfolgt die Dekonsolidierung, also der Zwischenschritt der Aufteilung der angelieferten HU, mithilfe eines Zwischenlagertyps. In der Regel handelt es sich dabei um einen physischen Arbeitsplatz, den sogenannten *Konsolidierungsarbeitsplatz*, an dem die HU vereinzelt wird (siehe Abbildung 7.60). Das Bild des Konsolidierungsarbeitsplatzes zeigt dem Bearbeiter den Arbeitsvorrat der zu bearbeitenden HUs. Der Lagermitarbeiter kann den einzulagernden Inhalt der jeweiligen HU per Drag & Drop den Einlager-HUs zuweisen und die nachfolgenden Lageraufgaben erstellen.

Konsolidierungsgruppe

Die Notwendigkeit einer Dekonsolidierung – ob also eine Dekonsolidierungs-HU auf mehrere Einlager-HUs verteilt wird – richtet sich insbesondere nach der sogenannten *Konsolidierungsgruppe*. Die Konsolidierungsgruppe steuert, ob für eine HU dekonsolidiert werden muss. Im Rahmen der Einlagerungssteuerung hat das System für jedes Material die Einlagerungsstrategie ermittelt und anschließend den Einlagerplatz bestimmt.

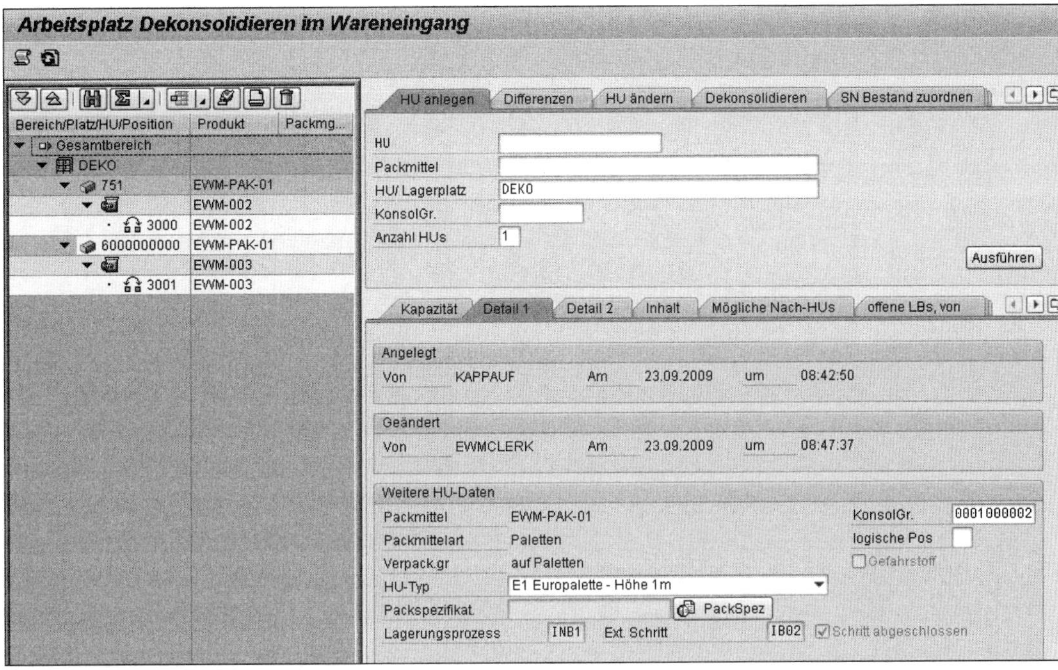

Abbildung 7.60 Dekonsolidierung am Arbeitsplatz (Transaktion /SCWM/DCONS)

Der Lagerplatz kann dabei einem Aktivitätsbereich zugeordnet sein. Die Konsolidierungsgruppe wird aus dem Aktivitätsbereich ermittelt, der einem bestimmten Lagerplatz zugeordnet ist. Gemäß dieser Logik ist eine Dekonsolidierung z. B. immer dann erforderlich, wenn für Produkte innerhalb dieser HU Lagerplätze ermittelt wurden, die unterschiedlichen Aktivitätsbereichen zugeordnet sind.

Abbildung 7.61 zeigt den grundsätzlichen Ablauf einer Dekonsolidierung. In diesem Beispiel wurden für den Inhalt der HU1 die Lagerplätze für die Einlagerung ermittelt. Die beiden Lagerplätze sind zwei unterschiedlichen Aktivitätsbereichen zugeordnet. Aus diesem Grund ist eine Dekonsolidierung erforderlich. HU1 wird zur Dekonsolidierung an einen Dekonsolidierungsarbeitsplatz bewegt. Bei einer Dekonsolidierung erzeugt EWM eine Lageraufgabe pro HU-Position, die die Dekonsolidierung berücksichtigt. HU1 wird dekonsolidiert und in zwei Einlager-Handling-Units aufgeteilt. HU2 und HU3 werden dann eingelagert oder gemäß einer prozessorientierten Lagerungssteuerung weiterverarbeitet.

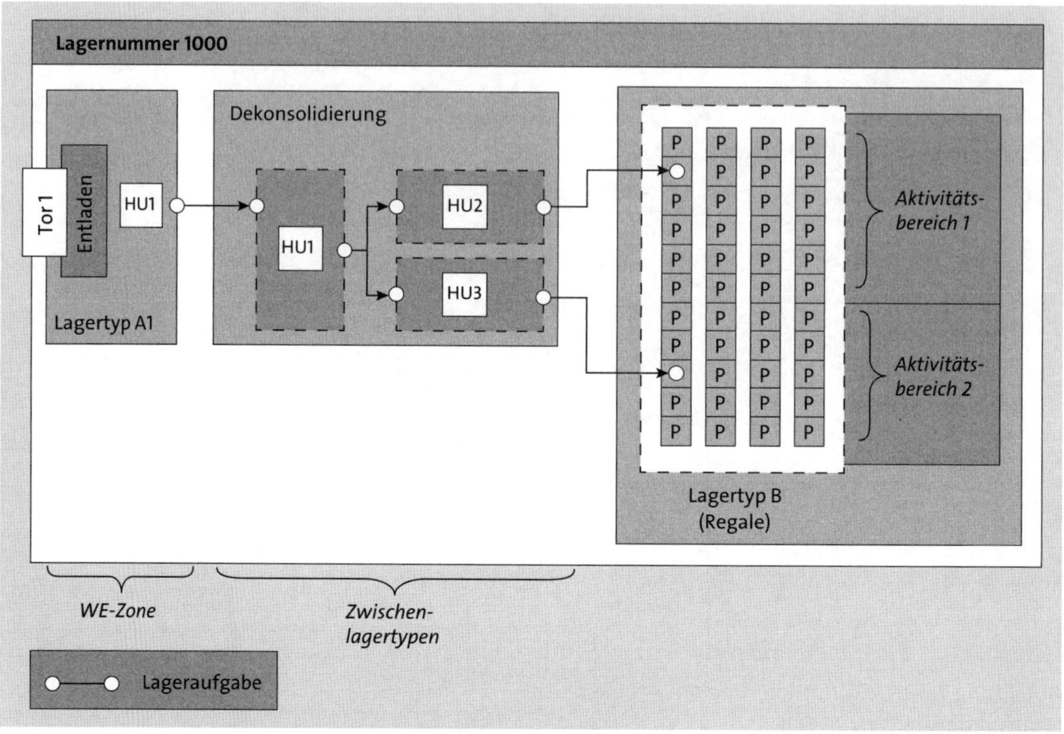

Abbildung 7.61 Ablauf der Dekonsolidierung

Qualitätsprüfung

Nach der Vereinzelung in der Dekonsolidierung kann es notwendig sein, die einzulagernden Materialien einer Qualitätsprüfung oder Zählung zu unterziehen. In der Regel sind es die Lagermitarbeiter im Wareneingang, die diese Prüfung durchführen und je nach Ergebnis über den weiteren Verbleib der Materialien entscheiden.

Quality Inspection Engine

SAP EWM bietet mit der *Quality Inspection Engine* (QIE) eine Möglichkeit, Prüfprozesse in die Prozesskette zu integrieren und die Folgeaktivitäten zu steuern. QIE unterstützt Qualitätsmanagement-Prozesse in einer heterogenen Systemlandschaft und ist eine Weiterentwicklung der Funktionen des Qualitätsmanagements (QM) in SAP ERP. Bei dieser Weiterentwicklung wurde nicht nur die Flexibilität bei der Durchführung der Qualitätsmanagement-Funktionen gesteigert, sondern auch die Anzahl an Prozessen, in die eine Qualitätsprüfung integriert werden kann.

Qualitätsprüfung im Wareneingang

Die Qualitätsprüfung kann in SAP EWM zum Zeitpunkt des Wareneingangs auf verschiedenen Ebenen erfolgen, also etwa auf Ebene der kompletten Anlieferung, der gelieferten HU oder produktbezogen. Der Wareneingangsprozess schließt hierbei auch die Anlieferung von Kundenretouren mit ein. Die Prüfungen können beim Wareneingang grundsätzlich mehrfach ausgeführt werden. Je nach Prozessanforderungen lässt sich z. B. im Rahmen einer Vorabprüfung eine allgemeine Sichtkontrolle bei Ankunft eines Fahrzeugs durchführen. Eine weitere Prüfung erfolgt dann nach dem Entladen auf Ebene der angelieferten HUs.

Neben der Prüfung im Wareneingang kann für eine Prüfung im Lager auch jederzeit manuell eine Qualitätsprüfung angestoßen werden, z. B. wenn Ware beschädigt wurde.

Ablauf der Prüfung

Die eigentliche Prüfung wird durch das Erzeugen eines sogenannten *Prüfbelegs* eingeleitet. Das automatische Erstellen dieses Prüfbelegs richtet sich nach den zu prüfenden Objekten, den sogenannten Prüfobjekttypen, und den anzuwendenden Prüfregeln.

Prüfobjekttyp

Der *Prüfobjekttyp* definiert, in welcher Softwarekomponente, in welchem Prozess und für welches Objekt ein Prüfbeleg angelegt werden soll. Beispiele sind die Zählprüfung einer kompletten Anlieferung, die Qualitätsprüfung einzelner angelieferter Produkte oder Chargen oder die Prüfung von Produkten, die sich bereits im Lager befinden.

Prüfregeln

Die *Prüfregeln* werden den Prüfobjekttypen zugeordnet und enthalten im Wesentlichen die Parameter, die den Umfang und Ablauf der Prüfung spezifizieren. Hierzu zählen z. B. das Prüfverfahren, die Vorgaben für die Anlage des Prüfbelegs, die Art der Ermittlung des Prüfumfangs, die Angabe, ob es sich um eine Stichprobe handelt, sowie der Code für den eigentlichen Prüfentscheid. Zusätzlich kann eine Prüfanweisung in Form eines Dokuments an die Prüfregel angehängt werden.

Prüfbeleg

Der *Prüfbeleg* dient dazu, Daten für die Prüfung zu sammeln, und ermöglicht nach deren Abschluss die Erfassung der Prüfergebnisse und der Prüfbefunde. Diese Fehlersätze stellen insbesondere bei der Lieferantenauswahl im Rahmen der Beschaffungslogistik eine wertvolle Informationsquelle der Lieferantenbeurteilung dar und ermöglichen eine Qualitätsverbesserung und Prozessoptimierung, indem Sie Maßnahmen festlegen können, die zur Beseitigung der Fehlerursache erforderlich sind.

Nachfolgeprozesse

Nach Abschluss der Prüfung muss eine Entscheidung über die Verwendung der geprüften Objekte getroffen werden. Die Entscheidung basiert auf den Prüfbefunden und löst, je nach Verwendungsentscheid, anschließend Nachfolgeprozesse aus.

Zu diesen Folgeaktivitäten zählen z. B.:

- Einlagerung
- Verschrottung

- Umlagerung
- Rücklieferung

Qualitätsprüfung am Arbeitsplatz

Abbildung 7.62 zeigt den Arbeitsplatz QINS, einen Arbeitsplatz zur Qualitätsprüfung. Der linke Bereich des Bildes enthält den Lagerbereich, die zu prüfenden HUs und die Nummer der erzeugten Folgeaktivität.

Der rechte Bereich enthält Angaben zum Produkt und die Referenz auf den Prüfbeleg (hier: 101100). In diesem Beispiel werden die Inhalte der HU 7000486 geprüft. Bei dieser HU handelt es sich um eine Kundenretoure. Eines der beiden zurückgelieferten Materialien, ein Monitor, wurde bereits geprüft und aufgrund seines Zustands als nicht mehr verwendbar eingestuft. Das Ergebnis der Qualitätsprüfung wird im Prüfbeleg erfasst, und das System ermittelt automatisch eine Folgeaktivität. Die hierbei erzeugte Folgeaktivität (Lageraufgabe 3882) führt anschließend zu einer Verschrottung.

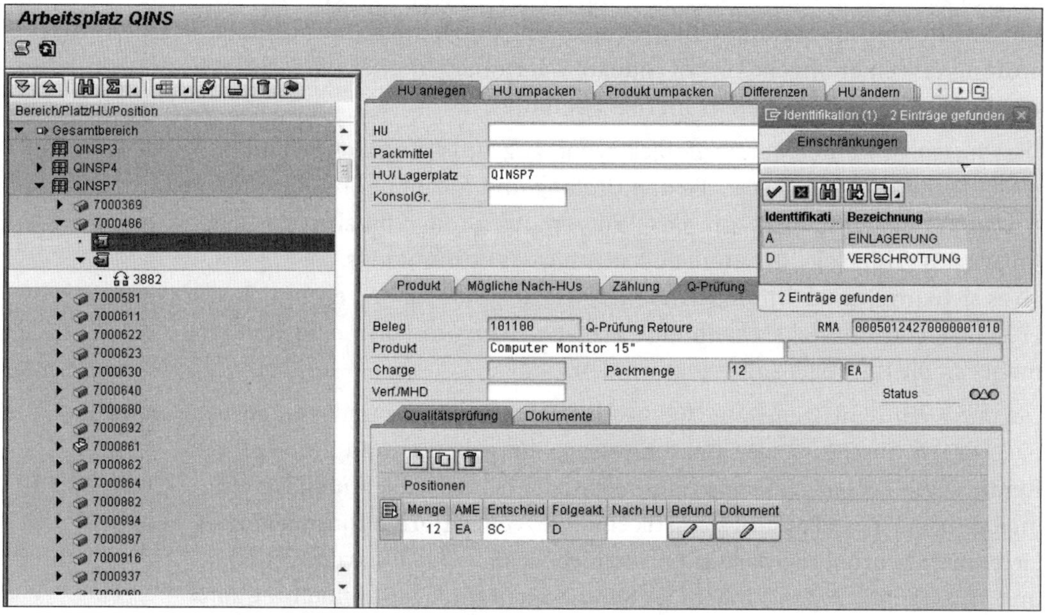

Abbildung 7.62 Qualitätsprüfung am Arbeitsplatz (Transaktion /SCWM/QINSP)

Integration mit SAP CRM

Durch die Integration mit *SAP Customer Relationship Management* (SAP CRM) lassen sich Prüfergebnisse auswerten und daraus resultierende logistische Folgeaktionen anstoßen, wie z. B. Umlagerungen oder Verschrottungen. Auf Basis der Prüfergebnisse kann SAP CRM bei Kundenretouren den Gutschriftbetrag je nach Zustand der zurückgesendeten Ware dynamisch ermitteln. Neben SAP CRM lässt sich die Qualitätsprüfung mithilfe der QIE auch in verschiedene Anwendungen der SAP Business Suite und in Nicht-SAP-Anwendungen integrieren.

Einlagern

Die Einlagerung auf dem Ziellagerplatz (engl. *Putaway*) bildet den Abschluss des Wareneingangsprozesses. Das Ziel dieses Schritts, der ebenfalls als Lageraufgabe (siehe Abbildung 7.63) im System abgebildet wird, ist die endgültige Einlagerung von Produkten im Lager. Mit dem Quittieren der Lageraufgabe zur Einlagerung wird das Material auf den Lagerplatz gebucht und die Quant-Menge dieses Lagerplatzes fortgeschrieben (siehe Abbildung 7.64).

Lageraufgabe zur Einlagerung

Abbildung 7.63 zeigt das manuelle Anlegen einer Lageraufgabe zur Einlagerung der Lageranforderung 310000005908. Die angelieferten 10 Stück vom Vonlagerplatz (GR-ZONE – Wareneingangszone) sollen im Nachlagerplatz (S001-CL-ZONE, einer Clearing-Zone zur weiteren Prüfung) eingelagert werden. Mit dem Anlegen eines Lagerauftrags (2000016304, siehe Abbildung 7.64) erstellt das System auch die Lageraufgaben, die in diesem Auftrag ausgeführt werden sollen.

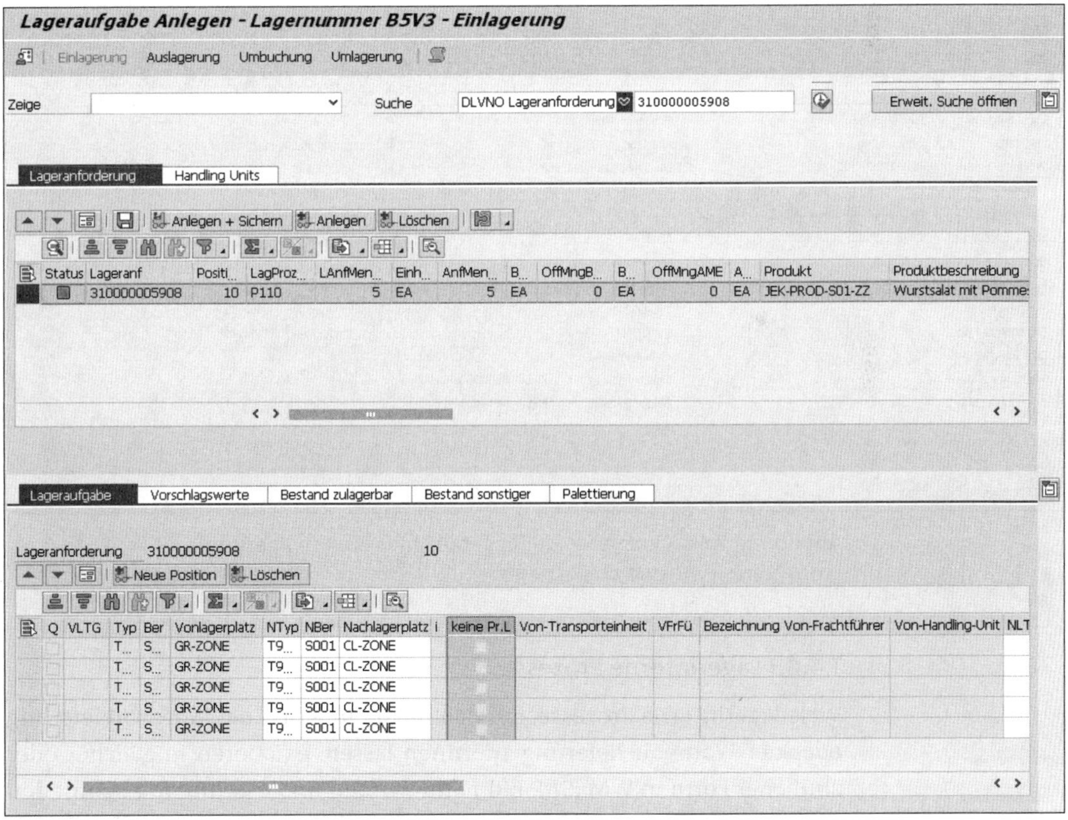

Abbildung 7.63 Anlegen einer Lageraufgabe zur Einlagerung (Transaktion /SCWM/TODLV_I)

Abbildung 7.64 zeigt das manuelle Quittieren der Lageraufgabe 1000048041 im Lagerauftrag 2000016304. Nachdem das Material eingelagert wurde, bestätigt der ausführende Lagermitarbeiter, dass die zu bewegende Menge an den Nachlagerplatz gebracht wurde. Er hat nun die Möglichkeit, eventuelle Mengenabweichungen und Ausnahmen zu erfassen.

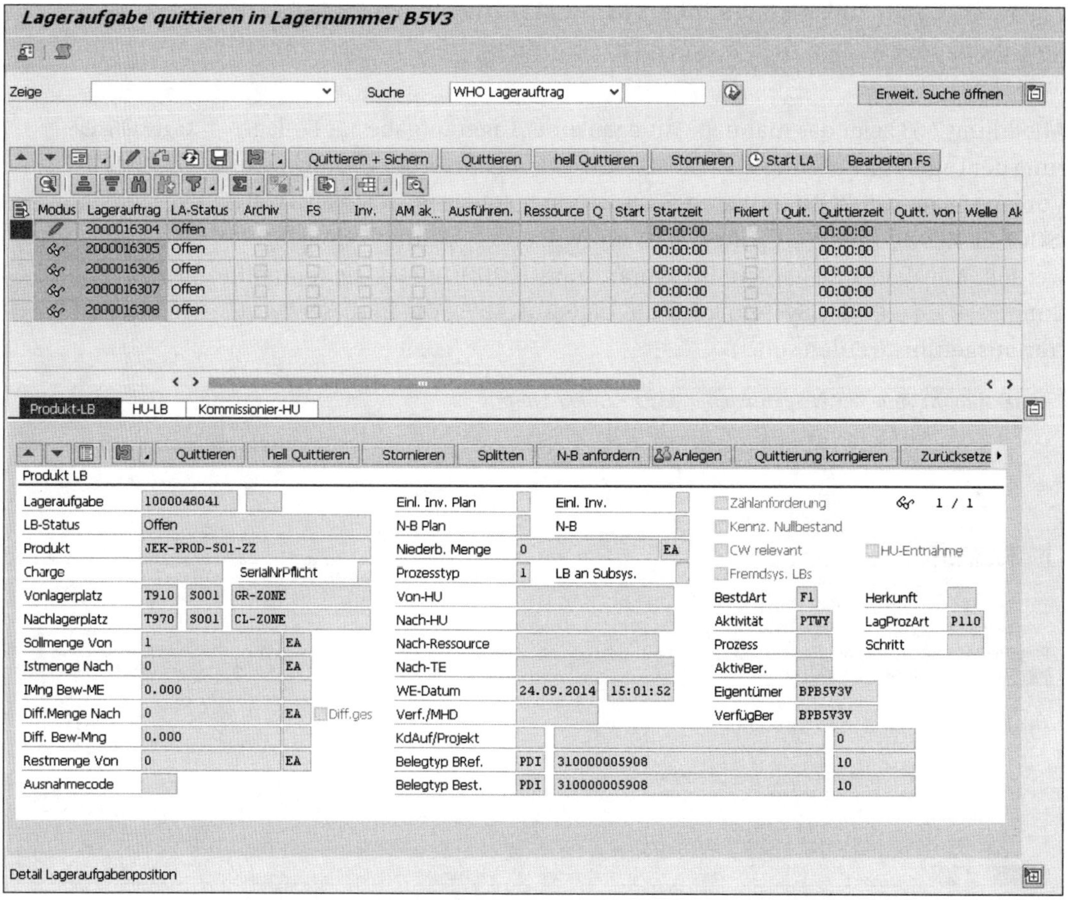

Abbildung 7.64 Quittieren der Lageraufgabe zur Einlagerung (Transaktion /SCWM/TO_CONF)

7.4.4 Lagerinterne Prozesse

Viele lagerinterne Prozesse, die sich nicht eindeutig der Warenanlieferung oder der Warenauslieferung zuordnen lassen, existieren in gleicher oder ähnlicher Form in WM (SAP ERP) und wurden im Zusammenhang mit den lagerinternen Prozessen bereits erwähnt. In diesem Abschnitt erläutern wir Ihnen die funktionalen Ausprägungen und Besonderheiten dieser Prozesse aus Sicht von SAP EWM.

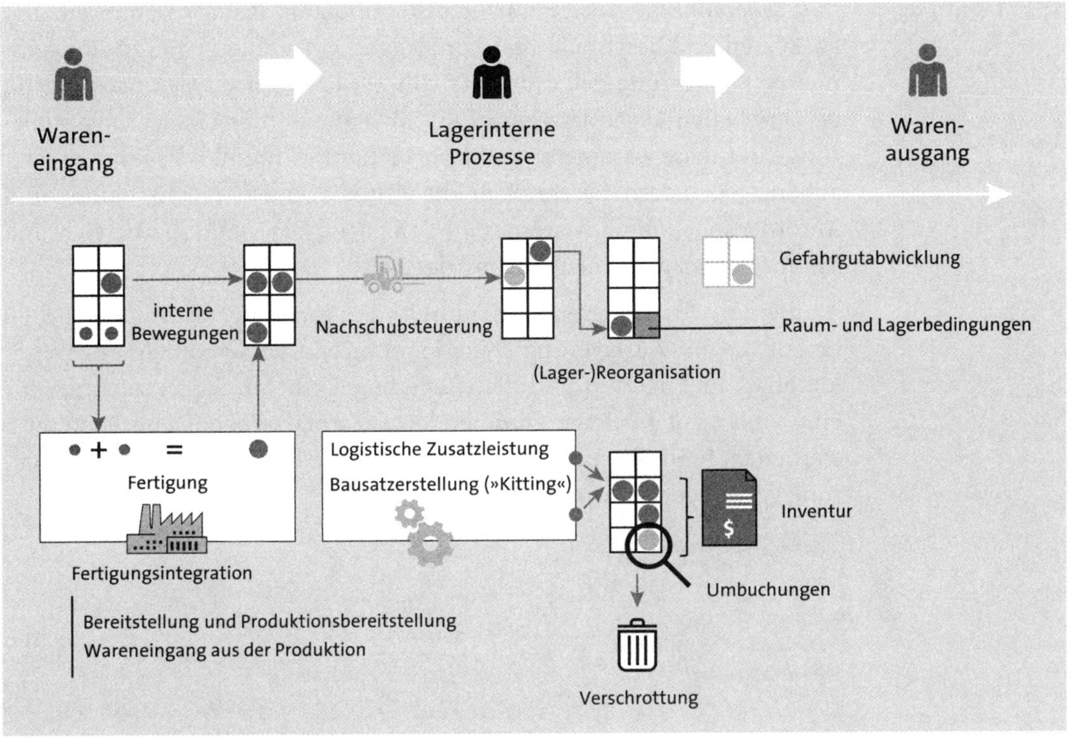

Abbildung 7.65 Lagerinterne Prozesse

7

Lagerungsdisposition

Slotting

Die Wegzeiten sind entscheidende Faktoren bei der Bewertung von Logistikkosten, insbesondere bei der Kommissionierung. Die Vielfalt an Produkten im Lager und ein sich ständig veränderndes Produktportfolio erschweren häufig die optimale Lagerung jedes einzelnen Produkts. Durch die in SAP EWM integrierte Funktion der *Lagerungsdisposition* (*Slotting*) kann für alle Produkte automatisch der Lagerplatz für die Einlagerung ermittelt werden, von dem aus die Produkte am effizientesten ein- und ausgelagert werden können.

Wenn Materialien im Lager unter wirtschaftlichen Gesichtspunkten platziert werden, dient das nicht nur zur Optimierung lagerinterner Abläufe, sondern stellt in vielen Unternehmen ein echtes Rationalisierungspotenzial dar. Aus diesem Grund ist es wichtig, die Wegzeiten zu minimieren und jedes Material optimal auf Basis eines Lagerkonzepts zu lagern. Im Rahmen des Slottings unterstützt SAP EWM die automatische Ermittlung dieses Lagerkonzepts.

Lagerkonzept Das *Lagerkonzept* basiert auf den Stammdaten, Bedarfsprognosen und Packdaten und beschreibt die grundlegenden Parameter, die für die optimierte Einlagerung relevant sind. Im Unterschied zu der nachfolgend beschriebenen Lagerplatzermittlung im Rahmen der Einlagerungssteuerung sind diese Parameter nicht von einer bestimmten Lagerprozessart abhängig, sondern beschreiben die grundlegenden Eigenschaften und Anforderungen eines Materials an den Lagerplatz, den Lagerbereich und die anzuwendende Einlagerungsstrategie.

In diesem Zusammenhang ermittelt die Lagerungsdisposition neben einem Ein- und Auslagerungssteuerkennzeichen, der Maximalmenge eines Materials im Lagertyp und dem Lagerbereichskennzeichen auch die für eine Einlagerung infrage kommenden Lagerplatztypen. Diese Parameter werden im Produktstamm fortgeschrieben und bei der Einlagerungssteuerung verwendet (siehe Abbildung 7.66).

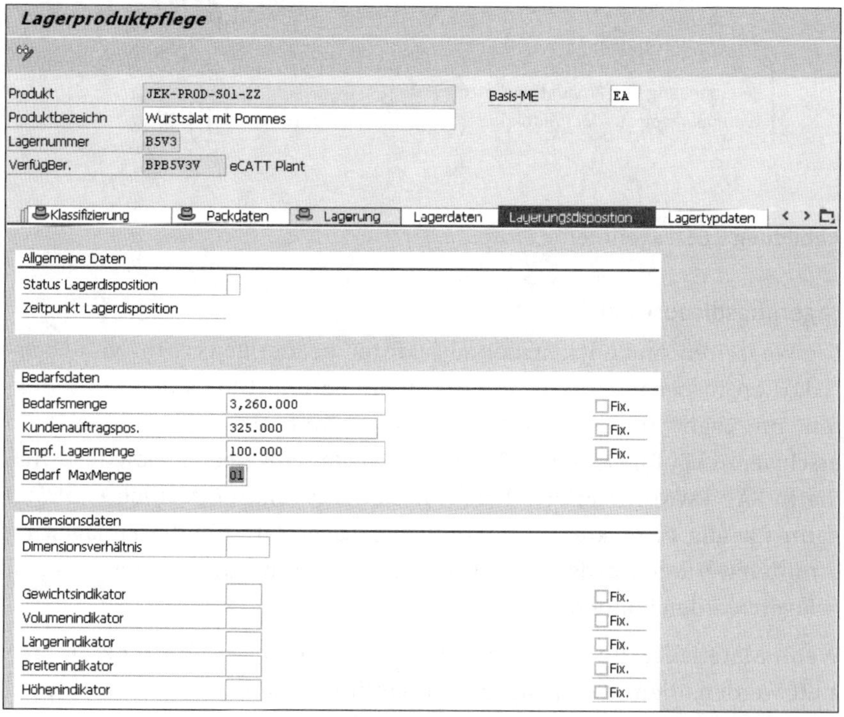

Abbildung 7.66 Lagerungsdispositionsdaten im Lagerproduktstamm (Transaktion /SCWM/MAT1)

Lagerungsdispositionsdaten Zur Bestimmung der Maximalmenge im Lagertyp bzw. zur Steuerung der Einlagerung in Bezug auf die Umschlagshäufigkeit benötigt SAP EWM den tatsächlichen oder prognostizierten Bedarf eines Materials. Diese Bedarfsdaten werden SAP EWM aus SAP APO zur Verfügung gestellt und in den *Lagerungsdispositionsdaten* des Lagermaterials fortgeschrieben.

Lagerreorganisation

Für die Ermittlung der optimalen Lagerplätze greift SAP EWM auf Daten der Lagerungsdisposition zurück. Zur Optimierung der Anordnung von Materialien im Lager, z. B. in Bezug auf ihre Umschlagshäufigkeit, bietet SAP EWM die Möglichkeit der *Lagerreorganisation*. Die Lagerreorganisation (Rearrangement) ermöglicht die Reorganisation der Produktanordnung im Lager auf Basis der optimalen Parameter der Lagerungsdisposition und trägt damit maßgeblich zur Verkürzung von Wegzeiten bei. Zur Reorganisation wird der aktuelle Lagerplatz mit dem optimalen Lagerplatz verglichen. Wenn nicht schon der optimale Lagerplatz genutzt wird, schlägt SAP EWM den optimalen Platz vor. Die Lageraufgaben zur Umlagerung auf die optimalen Plätze lassen sich wiederum in Wellen zusammenfassen. Diese können dann gesammelt erledigt werden und wirken sich dadurch nicht störend auf andere Prozesse aus.

Inventur

Analog zur Funktion in WM wird die *Inventur* in SAP EWM ebenfalls auf Lagerebene durchgeführt. Sie gewährleistet, dass sich das richtige Produkt in der richtigen Menge am richtigen Platz befindet. Die Inventur findet, nicht zuletzt aufgrund der gesetzlichen Anforderungen, als physische Bestandsaufnahme von Produkten und Handling Units statt, wobei im System flexibel gesteuert werden kann, wie häufig und auf welche Art eine bestimmte Position inventarisiert werden soll oder muss. Darüber hinaus ermöglicht SAP EWM eine produkt- oder lagerplatzbezogene Inventur.

Inventurprozesse

Die lagerplatzbezogene Inventur bezieht sich auf die Inventarisierung eines bestimmten Lagerplatzes und aller Materialien oder HUs, die sich auf diesem Platz befinden. Demgegenüber bezieht sich die produktbezogene Inventur auf ein bestimmtes Material, das sich auf mehreren Lagerplätzen oder in verschiedenen HUs befinden kann. Die angewendeten Inventurverfahren entsprechen den vom Gesetzgeber zugelassenen Möglichkeiten und stimmen aus funktionaler Sicht mit den Inventurverfahren überein, die bereits für die Inventarisierung in WM erläutert wurden.

Inventurverfahren

Analog zu WM unterstützt auch SAP EWM die *Stichtagsinventur*, *permanente Inventuren* sowie das *Cycle-Counting*. Bei der permanenten Inventur werden im Rahmen einer *Ad-hoc-Inventur* die bereits erwähnten Prüfungen auf Lagerplätzen oder produktbezogene Prüfungen unterstützt.

Niederbestandskontrolle

Eine Besonderheit der lagerplatzbezogenen Inventur stellt die sogenannte *Niederbestandskontrolle* dar. Bei diesem Inventurvereinfachungsverfahren, einer begleitenden Inventur bei Einlagerung oder Kommissionierung, erfolgt die Prüfung bereits beim Quittieren der Lageraufgaben. Anhand eines im System hinterlegten Grenzwerts werden verbleibende Kleinmengen auf dem Lagerplatz bei der Kommissionierung gezählt, ohne explizit eine physische Bestandsaufnahme durch Zählen zu veranlassen. Während der physischen Auslagerung wird dabei geprüft, ob die »mit einem Blick erfassten Kleinmengen« mit der tatsächlichen Bestandssituation übereinstimmen. Mit dem Quittieren der Lageraufgabe erzeugt SAP EWM automatisch den Inventurbeleg. Neben diesem Inventurverfahren bietet SAP EWM die Möglichkeit, verschiedene Verfahren der Niederbestandskontrolle miteinander zu kombinieren.

Inventurablauf

Der Ablauf der Inventarisierung ist vergleichbar mit dem bereits für WM beschriebenen Inventurablauf (siehe Abbildung 7.36). In SAP EWM wird ebenfalls ein Inventurbeleg erzeugt, der die Lagerplätze und Materialien enthält, die gezählt werden müssen. Die Option einer Nachzählung basiert ebenfalls auf den ermittelten Mengen- oder Wertdifferenzen, wobei die tatsächlich ermittelten Differenzen mithilfe der sogenannten *Differenzanalyse* ausgebucht werden.

Differenzanalyse

Zur Analyse von Differenzen und um Bestände anschließend in der Bestandsführung von ERP auszubuchen, verwendet man in SAP EWM die Differenzanalyse (*Difference Analyzer*). Sie kumuliert die aufgetretenen Differenzen und gleicht sie mit konfigurierbaren Toleranzgruppen ab. Bevor eine Differenz abschließend gegen das ERP-System ausgebucht wird, kann sie zur weiteren Analyse gesperrt werden. Der Bearbeiter kann dabei Notizen erfassen oder auf der Detailebene Korrekturen vornehmen. Sobald der Status einer zur Bearbeitung gesperrten Differenz das Ausbuchen zulässt, wird der Bestand gegen das ERP-System gebucht. In der ERP-Bestandsverwaltung wird für die Differenzmenge eine entsprechende Warenbewegung erzeugt. Ob und in welchem Rahmen bestimmte Benutzer Differenzen buchen dürfen, lässt sich in SAP EWM steuern und durch maximale Beträge oder prozentuale Limits beeinflussen.

Verschrottung

Scrapping

Zu den alltäglichen Prozessen innerhalb eines Lagers gehören auch diejenigen Prozesse, in deren Verlauf der Bestand im Lagerverwaltungssystem reduziert wird. Diese als Verschrottung (*Scrapping*) bekannten Prozesse sind funktional betrachtet Warenausgänge, bei denen das zu verschrottende Material aus dem Lagerplatz und demnach aus dem Bestand entfernt wird. Die Notwendigkeit einer Verschrottung ergibt sich dabei aus dem Zustand des Materials, das entweder beschädigt oder auf eine andere Art und Weise unbrauchbar geworden ist. In SAP EWM kann man, je nachdem, wo die Entscheidung für eine Verschrottung getroffen wird, zwischen folgenden Fällen unterscheiden:

- lagerinterne Verschrottung
- Verschrottung bei Qualitätsprüfung

Ablauf der Verschrottung

In beiden Fällen stellt die eigentliche *Verschrottung* einen Warenausgang dar, der durch eine Umbuchungsanweisung im System abgebildet wird. Diese Umbuchungsanweisung ist die Grundlage für das Erstellen der Lageraufgabe für die Verschrottung. Die zu verschrottenden Materialien können kommissioniert und an einen Verschrottungsarbeitsplatz bewegt werden. Dort können abschließend, eventuell nach dem Verpacken der Materialien, eine Auslieferung und ein Warenausgang erfolgen.

Lagerinterne Verschrottung

Bei der *lagerinternen Verschrottung* wird der Bestand auf einem Lagerplatz oder eine bestimmte Teilmenge einer anderen Bestandsqualifikation zugeordnet. Im Anschluss an diese Sperrung erfolgt die Buchung des Warenausgangs für den betroffenen Bestand. Dieser Prozess kann durch eine Umbuchung aus dem ERP-System oder aus dem Lager (EWM) heraus angestoßen werden. Lagerintern erfolgt die Entscheidung für ein Verschrotten in der Regel beim Kommissionieren oder Inventarisieren der Materialien.

Verschrottung bei Qualitätsprüfung

Eine andere Möglichkeit ist die Verschrottung im Zuge einer *Qualitätsprüfung* bei vorhandenen Prüflosen und Prüfergebnissen. Auch hier kann der Prozess lagerintern oder -extern angestoßen werden. So besteht etwa die Möglichkeit, dass ein Mitarbeiter der Qualitätsabteilung die Entscheidung über die Verschrottung anhand des Ergebnisses eines Prüfverfahrens trifft. Aus Sicht der Qualitätsprüfung, die wir bereits in Abschnitt 7.4.3, »Wareneingang«, erläutert haben, stellt das Verschrotten einen Nachfolgeprozess dar (siehe auch Abbildung 7.62).

Bausatzerstellung

Kitting

Bausatzerstellung (oder *Kitting*) ist ein Begriff aus den Bereichen der Beschaffungs- und Produktionslogistik. Unter Kitting versteht man die Zusammenstellung von Einzelteilen nach Kundenwunsch und deren Auslieferung als Bausatz. Die Kits werden entweder als Bausatz oder bereits montiert geliefert. Die Lieferung an den Kunden erfolgt stets als Bausatz. Der Vorteil für den Kunden besteht darin, dass die Fertigung beschleunigt werden kann, wobei die Idee des Kittings insbesondere bei der Überlegung zur Kostensenkung in der Beschaffungslogistik an Bedeutung gewinnt.

Mit dem Kitting-Prozess in SAP EWM besteht die Möglichkeit der Zusammenstellung von Bausätzen innerhalb eines Lagers. Für diesen Prozess verwendet SAP EWM Aufträge für logistische Zusatzleistungen (*Value Added*

Services). Die Zusammenstellung erfolgt in der Regel an Arbeitsplätzen im Lager. SAP EWM unterstützt grundsätzlich zwei Prozesse der Bausatzerstellung:

- Bausatzerstellung für den Bestand (Kit-to-Stock)
- auftragsgemäße Bausatzerstellung (Kit-to-Order)

Kit-to-Stock

Der Prozess *Kit-to-Stock* ist ein Verfahren, bei dem Bausätze auf Vorrat gefertigt und eingelagert werden. Die Bausatzerstellung startet dabei entweder in SAP ERP, manuell auf Basis eines Fertigungsauftrags oder direkt in SAP EWM mithilfe eines sogenannten *Direktauslieferungsauftrags*. In jedem Fall erfordert die Bausatzerstellung für den Bestand einen Auslieferund Anlieferbeleg. Bei der Bausatzerstellung auf der Grundlage eines ERP-Fertigungsauftrags wird die Anlieferung automatisch erstellt und enthält bereits das zu erstellende Bausatzprodukt. Die Auslieferung enthält die dafür benötigten Komponenten. Beide Lieferbelege werden vom ERP-System in SAP EWM repliziert. Der Auslieferungsauftrag stellt bei der Bausatzerstellung die Lageranforderung dar und erzeugt den Auftrag für die logistische Zusatzleistung. Nachdem die Lageraufgaben für die Kommissionierung der Bausatzkomponenten erstellt wurden, werden diese an den Kitting-Arbeitsplatz bewegt. Nach der Bausatzerstellung werden die verarbeiteten Komponenten mit einer Warenausgangsbuchung aus dem Bestand gebucht. Aus den Komponenten ist ein Bausatz geworden, dessen Bestandszugang mit einem Wareneingang zu einer Anlieferung gebucht wird.

Kit-to-Order

Im Unterschied zur Bausatzerstellung für den Bestand erfolgt bei der auftragsgemäßen Bausatzerstellung (*Kit-to-Order*) die Zusammenstellung der benötigten Komponenten auftragsbezogen, ähnlich einer Kundeneinzelfertigung. Falls sich der benötigte Bausatz nicht im Bestand befindet, wird er entweder als Teil der Kommissionierung oder als logistische Zusatzleistung an einem Arbeitsplatz erstellt. Bei der Bausatzerstellung zum Zeitpunkt der Kommissionierung werden die benötigten Komponenten direkt aus dem Bestand in eine Kommissionier-Handling-Unit übernommen, ohne dass eine Bausatzerstellung an einem Arbeitsplatz stattfinden muss. Bei der Bausatzerstellung als logistischer Zusatzleistung wird der Auftrag für die logistische Zusatzleistung, je nach Systemeinstellung, automatisch oder manuell generiert. Zum Zeitpunkt der Auftragserstellung ermittelt SAP EWM den Arbeitsplatz, an dem die Bausatzerstellung erfolgen soll, und erstellt die Lageraufgaben für die Kommissionierung der Bausatzkomponenten. Der Nachlagerplatz dieser Lageraufgaben entspricht dem Arbeitsplatz für die Bausatzerstellung. Die fertigen Bausätze werden von dort aus gemäß der im System hinterlegten Lagerungssteuerung weiterverarbeitet, gegebenenfalls verpackt und in die Warenausgangszone bewegt.

Bausatzstruktur

Der Bausatz, das sogenannte *Kit*, besteht aus dem Bausatzkopf und den Bausatzkomponenten. Der Bausatzkopf repräsentiert insbesondere bei der auftragsgemäßen Bausatzerstellung das von einem Kunden bestellte Material, z. B. ein Fertiggericht »Nudeln mit Sauce«. Dieses Material, das sogenannte *Kopfmaterial*, wird in seine Komponenten zerlegt. Diese Komponenten bilden zusammen mit dem Bausatzkopf die *Bausatzstruktur*.

Integriertes Produkt- und Prozess-Engineering

Abbildung 7.67 zeigt die Bausatzstruktur in SAP APO. Das *integrierte Produkt- und Prozess-Engineering* (iPPE) enthält die Bausatzstruktur mit Kopf und Komponenten. In diesem Beispiel besteht der Bausatzkopf »Nudeln mit Sauce« aus den beiden Komponenten »Nudeln« und »Sauce«. Sowohl der Kopf als auch die zugeordneten Komponenten sind im System als Produktstämme hinterlegt. Zu jeder Komponente kann zudem die Anzahl der benötigten Produkte hinterlegt werden.

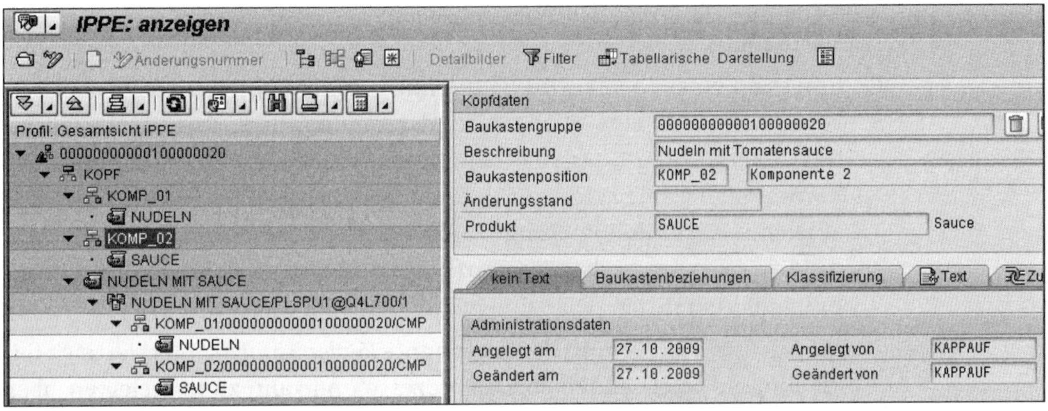

Abbildung 7.67 Baukasten in der iPPE-Workbench (Transaktion PPE)

Ermitteln der Bausatzstruktur

Die Bausätze werden in SAP EWM nicht als Stammdaten gespeichert. Für eine Auslieferung (Kit-to-Order) erhält SAP EWM die Bausatzstruktur als Positionsdaten der Anlieferung aus dem ERP-System. Je nachdem, ob für die Verfügbarkeitsprüfung SAP APO eingesetzt wird und ob der Auftrag im CRM-System erfasst wurde, kann die Bausatzstruktur auch mithilfe von iPPE in SAP APO ermittelt werden. Im Rahmen dieser Ermittlung führt der Kundenauftrag des CRM-Systems eine regelbasierte Verfügbarkeitsprüfung in SAP APO aus. Das Kopfmaterial des Bausatzes wird gemäß der in SAP APO hinterlegten Struktur aufgelöst, und die benötigten Komponenten werden ermittelt. Die eigentliche Verfügbarkeitsprüfung und das anschließende Erstellen der an SAP EWM zu replizierenden Auslieferung erfolgt dann für die benötigten Bausatzkomponenten.

Wenn weder SAP APO noch SAP CRM zum Einsatz kommen, kann die Struktur alternativ auch in SAP ERP mithilfe einer Stückliste ermittelt werden.

Zusammen mit einer Packspezifikation dienen diese Daten als Grundlage für die Zusammenstellung des Bausatzes in SAP EWM. Bei der Bausatzerstellung für den Bestand greift SAP EWM stets auf eine in SAP ERP gespeicherte Stückliste zurück.

Bausatzzerlegung

Um einen bereits existierenden Bausatz wieder in seine Komponenten zu zerlegen, kann in SAP EWM ein Auftrag für eine logistische Zusatzleistung erstellt werden. Analog zur Bausatzerstellung für den Bestand startet die *Bausatzzerlegung* mit einem Auslieferungsauftrag und einer Anlieferung. Für den zerlegten Bausatz erfolgt eine Warenausgangsbuchung, für die ehemaligen Bausatzkomponenten wird ein Wareneingang gebucht. Durch die Quittierung der entsprechenden Lageraufgaben wird der Bestand in SAP ERP entsprechend abgeglichen, und in der Bestandsverwaltung wird eine Wareneingangs- und Warenausgangsbuchung gebucht.

Nachschub

Innerhalb eines Lagers wird häufig nur in einem bestimmten Teilbereich kommissioniert. Eine effiziente und kostengünstige Kommissionierung setzt daher voraus, dass die benötigten Materialien zum Zeitpunkt der Kommissionierung sofort zur Verfügung stehen. SAP EWM unterstützt die effiziente Kommissionierung durch verschiedene Nachschubstrategien, die eine bedarfsgerechte Steuerung des Bestands in den jeweiligen Kommissionierbereichen sicherstellen.

Replenishment

Die *Nachschubsteuerung*, das sogenannte *Replenishment*, integriert sich flexibel in die bestehenden Logistikprozesse und kann zu festgelegten, aber auch dynamischen Zeitpunkten anhand von Mindest- und Höchstmengen erfolgen. Der Lagerproduktstamm enthält hierzu die entsprechenden Informationen über den Mindestbestand, den Höchstbestand sowie die gewünschte Nachschubmenge des Materials. Wenn in einem durch Mindest- und Höchstbestände gesteuerten Nachschub der definierte Mindestbestand erreicht ist, wird automatisch ein Nachschubauftrag angelegt und der Lagerplatz mit Paletteneinheiten wieder bis zum Höchstbestand gefüllt. Nachfragebasierte Nachschubpläne beruhen auf offenen Lageranforderungen. Direkte oder ausnahmebasierte Nachschubprozesse reagieren auf Fehlmengen, die während der Lageraufgabenquittierung entdeckt werden.

Arten der Nachschubsteuerung

Gemäß dieser Funktion kann zwischen folgenden Arten der Nachschubsteuerung unterschieden werden:

- **Plannachschub**
  Der Plannachschub wird entweder manuell oder automatisch im Hintergrund gestartet. Die Nachschubmenge wird dabei vom System auf Basis der definierten Höchst- und Mindestmengen geplant und genau dann

ausgelöst, wenn der aktuelle Bestand niedriger als die definierte Mindestmenge ist.

- **Auftragsbezogener Nachschub**
  Beim auftragsbezogenen Nachschub wird die Nachschubmenge auf Basis von offenen Lageranforderungen ermittelt. Der Nachschub wird dann ausgelöst, wenn der tatsächliche Bestand niedriger als die ermittelte Bedarfsmenge ist. Die Ermittlung kann ebenfalls manuell oder im Hintergrund erfolgen.
- **Automatischer Nachschub**
  Beim automatischen Nachschub ermittelt das System beim Quittieren einer Lageraufgabe automatisch den Nachschub auf Basis des tatsächlichen Bestands und der hinterlegten Mindestmenge.
- **Direkter Nachschub**
  Beim direkten Nachschub handelt es sich um eine Nachschubsteuerung, die direkt durch einen Ausnahmecode bei der Kommissionierung gestartet werden kann. Der direkte Nachschub kann dann vom Lagermitarbeiter der Kommissionierung durchgeführt werden.

Zu den lagerinternen Prozessen zählen auch die Umbuchung und die Umlagerung.

Umbuchung und Umlagerung

Die wesentlichen Merkmale und Unterschiede zwischen Umbuchungen und Umlagerungen sowie die Umlagerbestellung wurden in diesem Kapitel bereits in Zusammenhang mit der Bestandsführung erläutert und am Beispiel der Lagerverwaltung mit WM erklärt. In diesem Abschnitt beschreiben wir die prozesstechnischen Besonderheiten der Umbuchung und Umlagerung in SAP EWM.

Umbuchung

Die *Umbuchung* eines Materials, bei der sich in der Regel der physische Lagerort des Bestands nicht ändert, kann sowohl von SAP ERP als auch direkt in SAP EWM angestoßen werden. Bei der von einem ERP-System ausgehenden Umbuchung wird in SAP ERP eine Auslieferung erzeugt und an SAP EWM repliziert. In SAP EWM stellt diese Auslieferung eine Lageranforderung dar und ermittelt zunächst die Lagerprozessart. Je nach Systemeinstellung wird dabei bereits eine Umbuchung gebucht oder alternativ, falls das Material zusätzlich an einen anderen Platz im Lager bewegt werden soll, eine Lageraufgabe erstellt. Mit dem Buchen der Umbuchung in SAP EWM wird in SAP ERP der Warenausgang zur Auslieferung gebucht, und die Bestandsattribute werden entsprechend geändert.

Die Umbuchung kann auch ausschließlich in SAP EWM erfasst werden. Dies geschieht entweder als direkte Umbuchung oder als Umbuchung über einen Lageranforderungsbeleg, der als Basis für die Erstellung von Lageraufgaben dient, falls das Material zusätzlich noch bewegt werden soll. Mit dem Buchen der Umbuchung in SAP EWM wird in SAP ERP eine Warenbewegung erzeugt.

Umlagerung Die physische Bewegung eines Materials innerhalb eines Unternehmens von einer Organisationseinheit zur anderen und dabei in der Regel aus einem Lager zu einem anderen Lager wird als *Umlagerung* bezeichnet. In SAP ERP werden dazu eine Umlagerung und eine Auslieferung angelegt. Die Auslieferung wird an das abgebende EWM-System verteilt und erzeugt dort einen Auslieferungsauftrag. Der Warenausgang in SAP EWM führt zu einem Warenausgang in SAP ERP. Wenn der empfangende Lagerort ebenfalls SAP-EWM-verwaltet ist, wird in SAP ERP eine Anlieferung erzeugt und an das empfangende SAP-EWM-System repliziert (siehe Abbildung 7.68). Falls der empfangende Lagerort nicht mit SAP EWM verwaltet wird, kann der Wareneingang im empfangenden Lagerort alternativ zusammen mit der Warenausgangsbuchung der Auslieferung in SAP ERP gebucht werden. Wenn in diesem Fall für die Lagerverwaltung dieses Lagerorts WM verwendet wird, stellt diese Warenbewegung einen WM-Transportbedarf dar (siehe Abbildung 7.20).

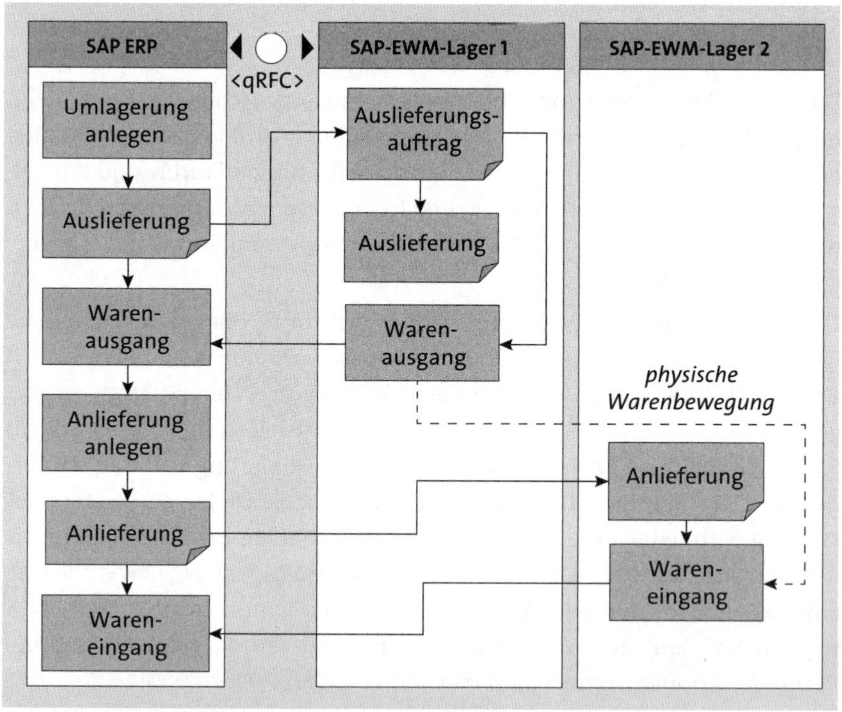

Abbildung 7.68 Umlagerung von EWM an EWM

7.4.5 Warenausgang

Bestandsverringerung

Warenausgänge dienen aus Sicht der Logistik der kontrollierten *Bestandsverringerung*. Diese Bestandsverringerung erfolgt dabei insbesondere aufgrund von Vertriebsprozessen. Aus Sicht der Distributionslogistik bildet der Warenausgang daher den Abschluss der Versandabwicklung mit dem Kunden und stellt eine Schnittstelle zwischen der internen und der externen Logistik dar. Analog zum Wareneingang richtet sich der Informationsfluss im Warenausgangsprozess im Wesentlichen nach den räumlichen Gegebenheiten, den zu kommissionierenden Materialien sowie nach den individuellen Prozessanforderungen im Lager. Diese Anforderungen können von Lager zu Lager unterschiedlich sein und sind teilweise sogar abhängig vom jeweiligen Warenempfänger. SAP EWM bietet auch bei diesem Kernprozess verschiedene Gestaltungsmöglichkeiten und erlaubt eine individuelle Integration von einzelnen Prozessschritten. In diesem Abschnitt geben wir Ihnen anhand eines einfachen Beispiels einen grundlegenden Überblick über den Warenausgangsprozess in SAP EWM (siehe Abbildung 7.69).

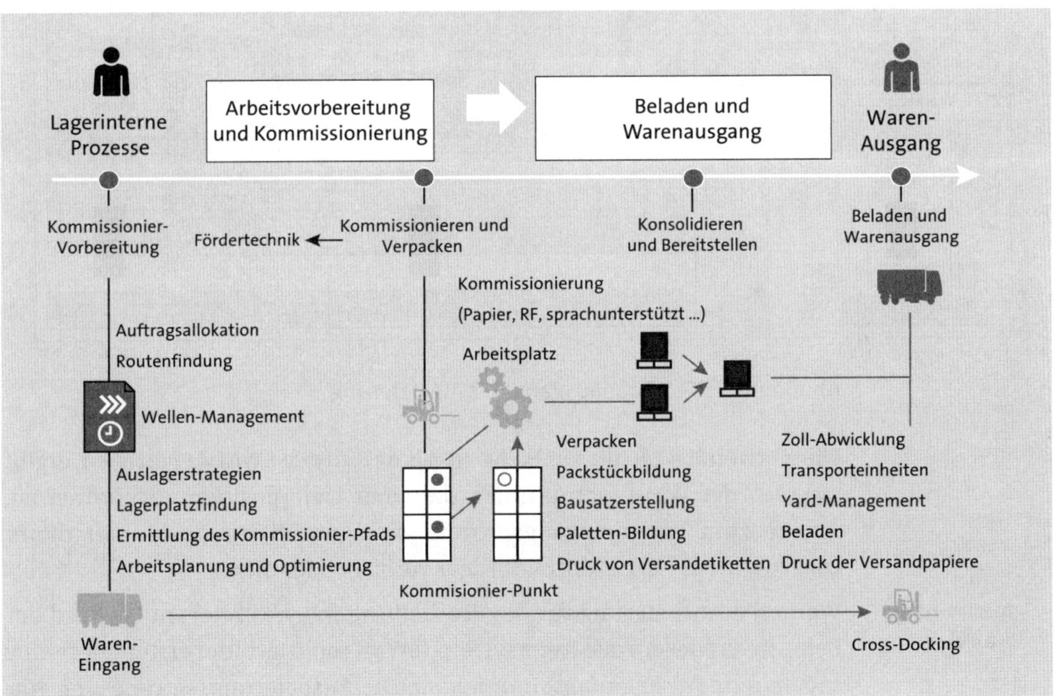

Abbildung 7.69 Prozessmodellierung im Warenausgang

Belege im Warenausgang

Auslieferung

Der zentrale Beleg im Warenausgang ist die *Auslieferung* (siehe Abbildung 7.70). Die Auslieferung stellt in der Regel einen Folgebeleg zu einem Kundenauftrag dar, kann aber auch direkt, ohne Bezug zu einem Vorgängerbeleg in SAP ERP angelegt werden. Der eigentliche Versand, dessen Abschluss der Warenausgang bildet, beginnt daher mit der Erstellung des Auslieferbelegs in SAP ERP.

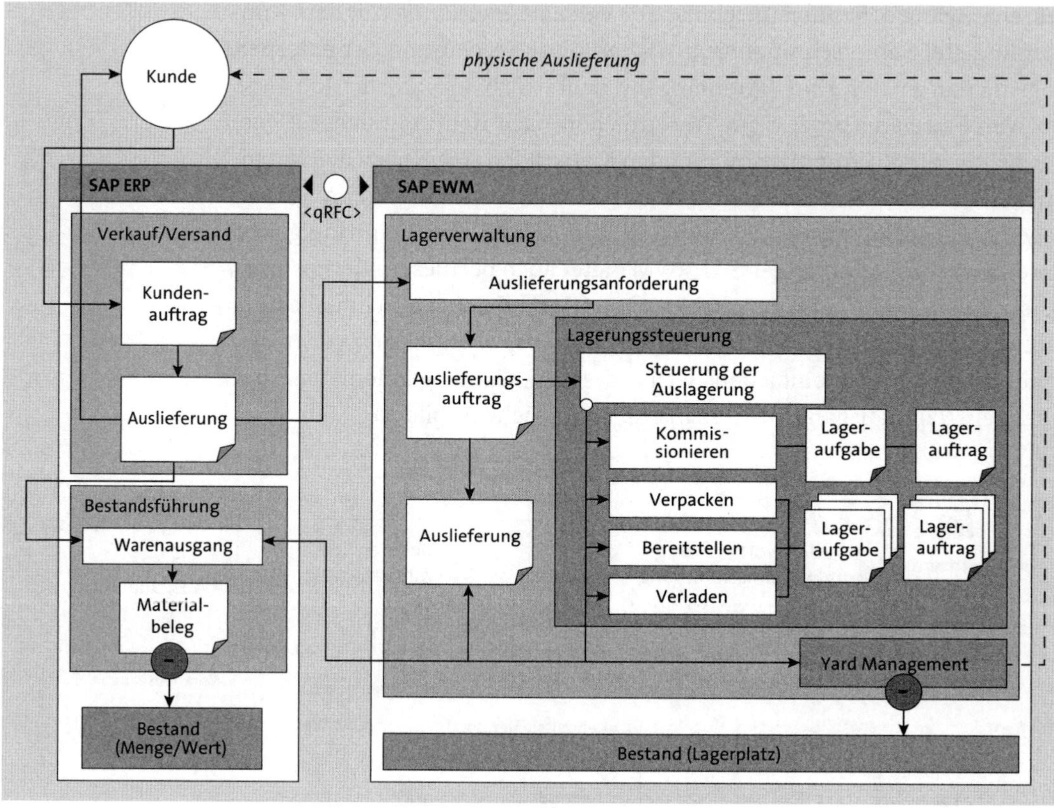

Abbildung 7.70 Warenausgang mit Auslieferung

Die Notwendigkeit, diesen Beleg an das dezentrale EWM zu verteilen, ergibt sich aus der WM-Lagernummer, die einer Lieferposition zugeordnet ist. Analog zum Wareneingangsprozess wird geprüft, ob sich hinter dieser Lagernummer ein dezentrales Lager verbirgt oder nicht.

Auslieferungs-anforderung

Wenn die Auslieferung für die Bearbeitung in EWM relevant ist, wird der Beleg in das dezentrale Lagersystem (EWM) repliziert und erstellt dort eine sogenannte *Auslieferungsanforderung*. Die Auslieferungsanforderung enthält grundsätzlich die gleichen Informationen und hat den gleichen Aufbau wie die Auslieferung in SAP ERP und wird nach der erfolgreichen Replikation aktiviert (siehe Abbildung 7.71).

Auslieferung in SAP ERP

Abbildung 7.71 zeigt die Auslieferung 80000364, die in ERP ohne Bezug zu einem Kundenauftrag erstellt wurde. Der entsprechenden Werk-Lagerort-Kombination ist die WM-Lagernummer B5V3 zugeordnet. Diese bezeichnet ein dezentrales, EWM-verwaltetes Lager. Aus diesem Grund wurde der Beleg als Auslieferungsanforderung an EWM repliziert.

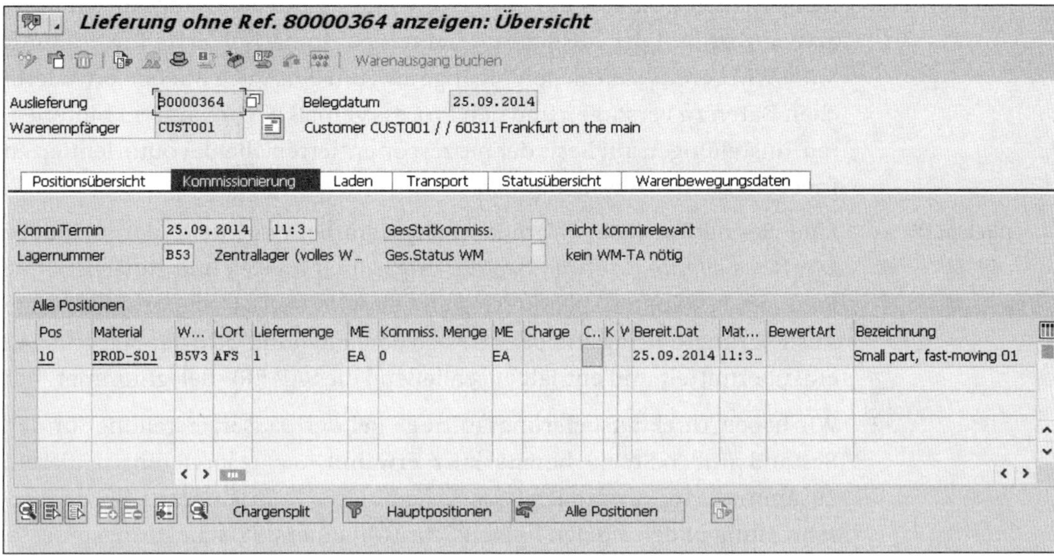

Abbildung 7.71 Lieferung in SAP ERP (Transaktion VL03N)

Das Aktivieren der Auslieferungsanforderung erzeugt umgehend einen Auslieferungsauftrag, die eigentliche *Lageranforderung*, die den Warenausgangsprozess in SAP EWM startet (siehe Abbildung 7.72).

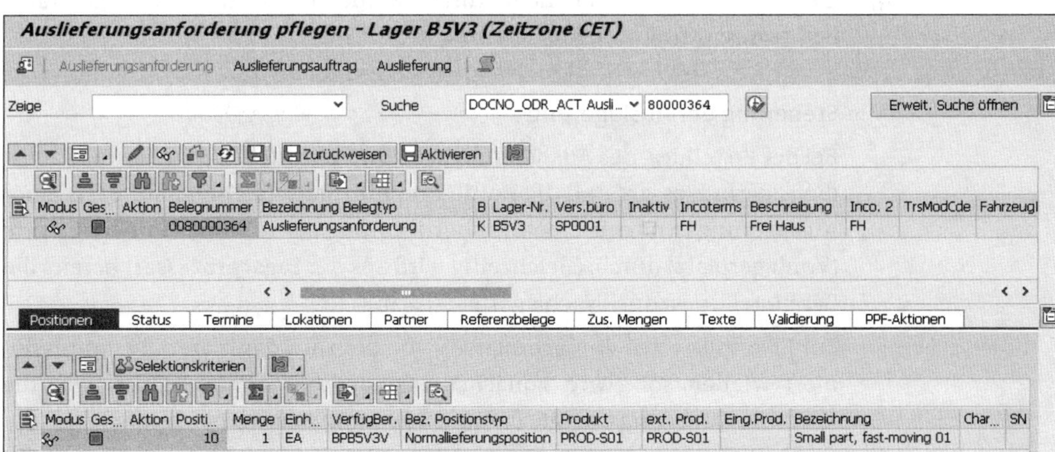

Abbildung 7.72 Auslieferungsanforderung in SAP EWM (Transaktion /SCWM/ODR)

Auslieferungsauftrag

Der *Auslieferungsauftrag* enthält neben den aus dem Vorgängerbeleg übernommenen Daten bereits alle erforderlichen Informationen, um den Warenausgangsprozess auszulösen und entsprechend zu überwachen. Aus Sicht der Lagerverwaltung stellt der Auslieferungsauftrag einen Arbeitsvorrat dar, der erst dann abgearbeitet ist, wenn die kommissionierten Materialien verladen und versandt wurden. Wenn die Auslieferungsanforderung aktiviert ist und der Auslieferungsauftrag automatisch erstellt wird, führt SAP EWM bereits sämtliche Vorgänge aus, um den Beleg mit den erforderlichen Daten zu versorgen und den Prozess gemäß den im System hinterlegten Einstellungen auf Basis der prozessorientierten oder layoutorientierten Lagerungssteuerung abzubilden.

Direktauslieferungsauftrag

Eine Sonderform der Warenausgangsverarbeitung stellt der manuelle *Direktauslieferungsauftrag* dar, der direkt in SAP EWM und zunächst ohne Referenz auf einen SAP-ERP-Beleg erstellt wird und dessen Struktur einem Auslieferungsauftrag entspricht. Nach der Erstellung wird der Beleg an SAP ERP übermittelt und enthält anschließend die SAP-ERP-Belegnummer.

Wir haben Direktauslieferungsaufträge bei der Bausatzerstellung für den Bestand (Kit-to-Stock) bereits kurz erwähnt. Sie reservieren in diesem Zusammenhang die für den Bausatz benötigten Komponenten. Bei der Verschrottung bilden sie den letzten Schritt in einem Verschrottungsprozess, indem sie die zu verschrottenden Materialien mit dem Warenausgang aus dem Bestand buchen. Darüber hinaus lässt sich dieser Beleg bei der Abholung von Materialien durch den Kunden oder bei der kontierten Materialentnahme verwenden. Beim Direktverkauf handelt es sich um eine Abholung ab Lager, ohne zuvor einen Kundenauftrag zu erzeugen. Damit dieser Prozess anschließend fakturiert werden kann, erzeugt der Direktauslieferungsauftrag eine Auslieferung in SAP ERP.

Steuerung der Auslagerung

Bei der Erstellung des Auslieferungsauftrags ermittelt das System zunächst die Lagerprozessart und die Route und führt anschließend auf Basis einer Auslagerungsstrategie eine Grobbestimmung des Kommissionierlagerorts (Vonlagerplatz) durch. Gleichzeitig wird aus der Lagerprozessart bereits die Bereitstellungszone (Nachlagerplatz) ermittelt.

Lagertypfindung

Zur Ermittlung des Vonlagerplatzes, von dem aus das Material kommissioniert werden soll, wird zunächst der Lagertyp ermittelt, aus dem die Kommissionierung erfolgt. Die *Lagertypfindung* basiert auf einer Lagertypsuchreihenfolge und einer Auslagerregel. Die Lagertypsuchreihenfolge gibt vor, welche Lagertypen nach dem auszulagernden Bestand durchsucht werden sollen, und wird im Wesentlichen auf der Grundlage von Produktmerkmalen und Positionsdaten des Auslieferungsauftrags ermittelt. Als Ergebnis der Lagertypfindung wird der Lagertyp für die Auslagerung ermittelt (siehe Abbildung 7.73). Die Ermittlung der Lagerplätze, aus denen die zu entnehmenden Bestände kommissioniert werden, ist Aufgabe der Auslagerungsstrategie.

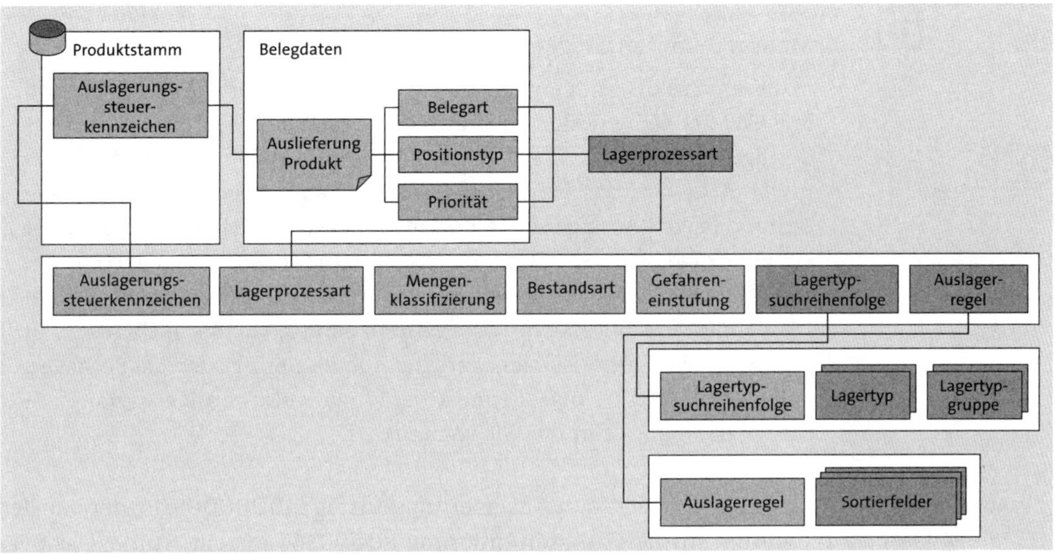

Abbildung 7.73 Technischer Ablauf der Auslagerungssteuerung

Auslagerungsstrategien

Beim Warenausgang wird mithilfe der *Auslagerungsstrategie* der optimale Kommissionierlagerplatz gefunden. Die Auslagerungsstrategie wird über eine Auslagerregel abgebildet, die über die ermittelte Lagertypsuchreihenfolge einem bestimmten, Lagertyp zugeordnet ist (siehe Abbildung 7.73), der durchsucht werden soll. Diese Auslagerregel stellt eine Art Sortierregel dar und enthält die Kriterien, nach denen die ermittelten Lagerplätze sortiert werden sollen. Bei diesen Sortierkriterien handelt es sich z. B. um das Wareneingangsdatum des letzten Bestandszugangs oder um die auf dem Lagerplatz verfügbare Bestandsmenge. Auf Basis dieser Sortierung wendet SAP EWM die im System hinterlegten Auslagerungsstrategien an. Mögliche Auslagerungsstrategien sind dabei:

- First In, First Out (FIFO)
- Last In, First Out (LIFO)
- Zuerst-Anbruchmengen
- Auslagerungsvorschlag nach Menge
- Mindesthaltbarkeitsdatum
- Fixplatz

Die betriebswirtschaftlichen Hintergründe dieser Strategien haben wir im Zusammenhang mit der Auslagerungssteuerung für WM bereits erklärt (siehe Abschnitt 7.3.4, »Warenauslieferung«). Funktional können Sie diese Auslagerungsstrategien in SAP EWM mithilfe von BAdIs erweitern oder anpassen.

[»]

Mehrmandantenfähigkeit von SAP EWM

In diesem Zusammenhang möchten wir die *Mehrmandantenfähigkeit* von SAP EWM erwähnen. Durch die genaue Angabe des Eigentümers und des Verfügungsberechtigten als Bestandsattribut können Bestände logisch getrennt werden. Das System gewährleistet dabei, dass stets der zulässige Bestand bei der Auslagerung ermittelt wird. Nicht zuletzt aufgrund dieser Funktion eignet sich SAP EWM als Lagersystem für den Einsatz bei Logistikdienstleistern, deren Lagerhaltung das Verwalten von unterschiedlichen Kundenbeständen vorsieht. Das System ermittelt dabei nicht nur den gewünschten Kommissionierlagerplatz, sondern prüft auch die Besitzverhältnisse des dort eingelagerten Quants und prüft, ob die gewünschte Menge überhaupt entnommen werden darf.

Auslieferungsauftrag (Lageranforderung)

Abbildung 7.74 zeigt den Auslieferungsauftrag 310000005716, der aus der aktivierten Auslieferungsanforderung 80000364 erstellt wurde. Das System hat bereits für jede Position die Lagerprozessart P210 (Kommissionieren in Versand-HU) ermittelt und den Nachlagerplatz (STAGE-001) für die Bereitstellung bestimmt. Darüber hinaus enthalten die Positionsdaten Angaben über die Bestandsart, aus der die Kommissionierung erfolgen soll, sowie weitere Bestandsattribute, wie z. B. den Verfügungsberechtigten bzw. den Eigentümer der zu entnehmenden Materialien.

Routenfindung

Der Weg der physischen Auslieferung an den Warenempfänger wird über Routen definiert. *Routen* sind eine Folge von Strecken, die über eine Umladelokation miteinander verbunden sind und in verschiedene Touren unterteilt werden können. Die Bedeutung und die Merkmale von Routen und Transportzonen aus transportlogistischer Sicht haben wir bereits in Kapitel 6, »Transportlogistik«, erklärt.

Routing Guide

Aus Sicht von SAP EWM wird die SAP-SCM-Routenfindung, der sogenannte *Routing Guide*, eingesetzt, um diejenige Route zu ermitteln, die am besten dazu geeignet ist, die zu versendenden Materialien an den Warenempfänger zu schicken. Bei der Ermittlung der Route führt die Routenfindung folgende Schritte durch:

- statische Routenfindung
- Terminierung
- Berechnung von Transportkosten

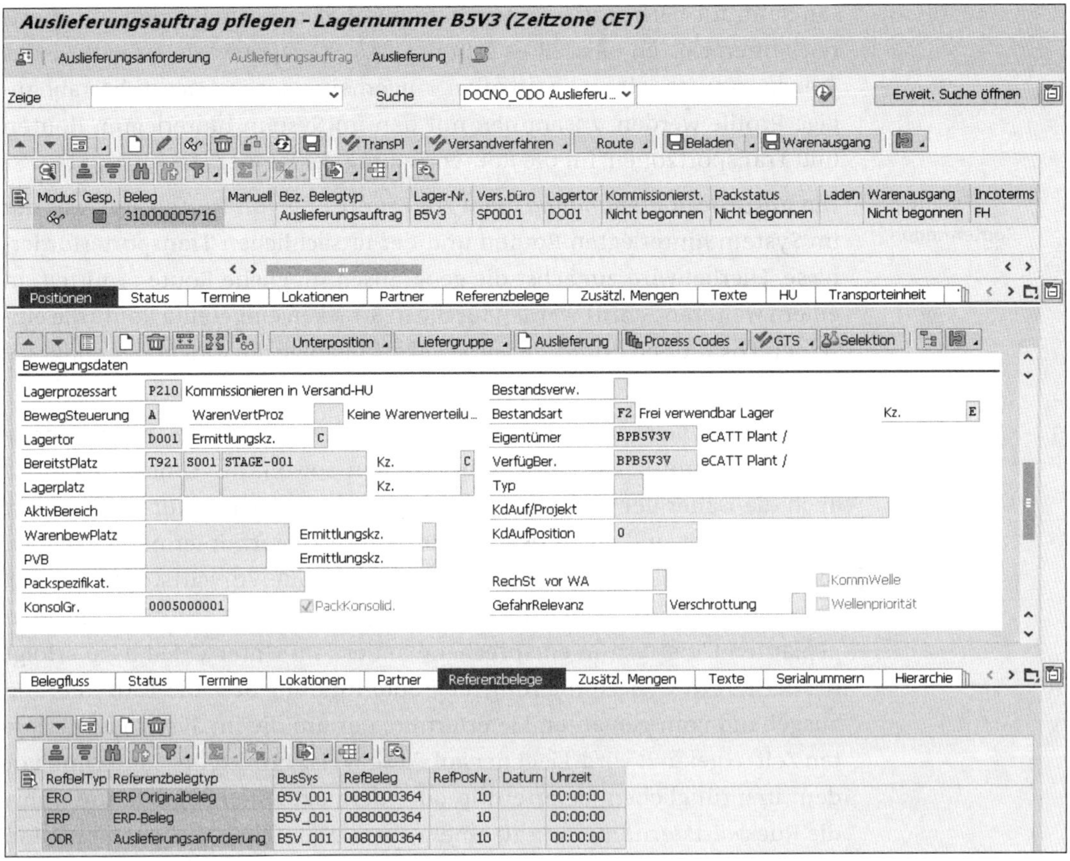

Abbildung 7.74 Auslieferungsauftrag in SAP EWM (Transaktion /SCWM/PRDO)

Die eigentliche Routenfindung basiert auf einer hierarchischen Beziehung von Transportmitteln und den im System hinterlegten Profilen für die infrage kommenden Frachtführer und die allgemeinen Transportkosten.

Frachtführerprofil

Über das *Frachtführerprofil* werden dem Frachtführer geografische Daten zugeordnet, wie z. B. die von ihm bedienten Lokationen und Transportzonen, die bei der Routenfindung und der Auswahl des Frachtführers berücksichtigt werden. Zusätzlich zu dem allgemeinen Transportkostenprofil ermöglicht das Frachtführerprofil die Pflege von dimensionsabhängigen Transportkosten, die sowohl die Zeit, die Entfernung als auch das zu befördernde Gewicht berücksichtigen.

Transportkostenprofil

Das allgemeine *Transportkostenprofil* enthält frachtführerunabhängig lokationsrelevante, transportrelevante sowie dimensionsrelevante Kosten. Bei den lokationsrelevanten Kosten können je nach Priorität einer bestimmten Lokation Strafkosten definiert werden. Diese Strafkosten gelten dann für verfrühte oder verspätete Anlieferungen. Bei den transportrelevanten Kosten handelt es sich um fixe Transportkosten, die für jedes Transportmittel einmalig anfallen. Allgemeine sowie frachtführerabhängige Profile werden, zusammen mit den im System hinterlegten Routen und Transportzonen, für die Routenfindung verwendet.

Statische Routenfindung

Die *statische Routenfindung* dient zur Ermittlung von Touren auf Basis der im System hinterlegten Routen und der tatsächlichen Transporterfordernisse. Hierbei wird zunächst die geografisch mögliche Route ermittelt. In einem weiteren Schritt werden für die in Strecken eingeteilte Route die einzelnen Lokationen ermittelt. Diese Lokationsfolge entspricht der endgültigen Tour.

Terminierung

Bei der *Terminierung* wird anschließend für jede ermittelte Tour der Start- und Endtermin bestimmt. Hierbei werden sowohl die Umladezeiten als auch die Dauer der Abfahrt, des Transports sowie der Ankunft am Zielort berücksichtigt und als Vorwärts- oder Rückwärtsterminierung berechnet. Als Standardeinstellung verwendet SAP EWM eine Vorwärtsterminierung, die den jeweils spätesten Planwarenausgangstermin ermittelt und den geplanten Liefertermin entsprechend ändert. Im Unterschied dazu erfolgt bei der Rückwärtsterminierung die Routenfindung bzw. die Terminierung ausgehend vom geplanten Liefertermin, der um die im System hinterlegten Zeiten gekürzt wird. Liegt der auf diese Weise ermittelte Plantermin vor dem ursprünglichen Liefertermin oder dem aktuellen Tagesdatum, führt die Rückwärtsterminierung zu einem Terminkonflikt. Die Systemreaktion auf diese Terminkonflikte erfolgt gemäß den in SAP EWM hinterlegten Einstellungen. Liegt kein Konflikt vor, liefert die Rückwärtsterminierung den Zeitpunkt, an dem das Material spätestens das Lager oder den Yard verlassen muss.

Transportkosten-ermittlung

Für die ermittelten Touren und Zeiten führt das System anschließend eine *Transportkostenermittlung* durch. Die Transportkosten werden addiert und enthalten neben den tatsächlichen Kosten des Transports für die jeweiligen Strecken auch eventuelle Strafkosten der Touren für verfrühte oder verspätete Anlieferungen. Diese Kosten wurden als Kostenwert in den bereits erwähnten Transportkosten- bzw. Frachtführerprofilen hinterlegt. Diese Kostenwerte sind mit einer Punktzahl zu vergleichen: Sie sind dimensionslos und entsprechen daher keiner bestimmten Währung. Sie dienen mit ihren hinterlegten Werten ausschließlich zur Ermittlung der kostenoptimalen Route in SAP EWM und werden z. B. nicht für eine Frachtabrechnung verwendet. An dieser Stelle verweisen wir insbesondere auf Kapitel 6, »Transportlogistik«.

Kommissionierung

Ein wichtiger Aspekt in der Lagerlogistik ist das Bereitstellen von Kundenaufträgen. Der Begriff *Kommissionierung* bezeichnet dabei das Zusammenstellen bestimmter Teilmengen aus einer bereitgestellten Gesamtmenge aufgrund von Bedarfsinformationen. Aus Sicht von SAP EWM handelt es sich bei diesen Teilmengen um die auszulagernden Positionen der Lageranforderung und bei der Gesamtmenge um den Lagerbestand des benötigten Materials. Die Findung dieses Bestands bzw. die Ermittlung des Kommissionierlagerplatzes, aus dem dieser Bestand entnommen werden soll, war Thema des vorhergehenden Abschnitts.

Pick & Pack-Verfahren

SAP EWM ermöglicht grundsätzlich die ein- und zweistufige Kommissionierung. Zudem besteht die Möglichkeit, den Verpackungsprozess in die Kommissionierung einzubinden. Dieses Verfahren, *Pick & Pack* genannt, ermöglicht die direkte Kommissionierung in eine Versandeinheit hinein. Eine Erweiterung dessen stellt das unterstützte *Pick, Pack & Pass* dar, ein einstufiges Kommissionierverfahren mit dezentraler Kommissionierung bei statischer Bereitstellung. Pick, Pack & Pass ermöglicht es, die bearbeitende Ressource oder den bearbeitenden Mitarbeiter nach einer teilweise erfolgten Kommissionierung zu wechseln.

Kommissionierpfade

Die Reihenfolge der Lageraufgaben zur Kommissionierung kann nach verschiedenen Kriterien bestimmt werden, etwa nach dem kürzesten Weg auf dem optimalen Kommissionierpfad. Bei der Kommissionierung sind das EWM- und das dazugehörige ERP-System eng verknüpft. So werden Vorgaben zur Kommissionierung berücksichtigt, wie Chargen oder Chargenmerkmale.

Erstellen von Lageraufgaben

Die Kommissionierung erfolgt mit *Lageraufgaben*, die auf mehrere Arten erzeugt werden können und abschließend quittiert werden (siehe Abbildung 7.76). Lageraufgaben können einerseits manuell erstellt werden. Andererseits besteht die Möglichkeit, die Lageraufgaben zur An- und Auslieferung automatisch generieren zu lassen, sobald diese von SAP EWM empfangen wurden. Die dritte Variante besteht im Anlegen von Lageraufgaben im Zuge einer Wellenverarbeitung. Die grundsätzlichen Funktionen der *Wellenbildung* (Wave Management) haben wir bereits in Zusammenhang mit den Lageraufgaben und Lageraufträgen in Abschnitt 7.4.2, »Lagerorganisation und Lagerbewegungen«, erläutert.

Manuelles Erstellen der Kommissionierlageraufgabe

Abbildung 7.75 zeigt das manuelle Erstellen der Kommissionierlageraufgabe zur Auslagerung der zu kommissionierenden Bestände der Lageranforderung 310000005716 aus dem vorhergehenden Beispiel (siehe auch Abbildung 7.72). Die zu kommissionierende Menge soll aus dem frei verwendbaren Bestand im Lagertyp T051 und hier vom Platz 02-01-A entnommen und anschließend zur Warenausgangszone (STAGE-001) bewegt werden.

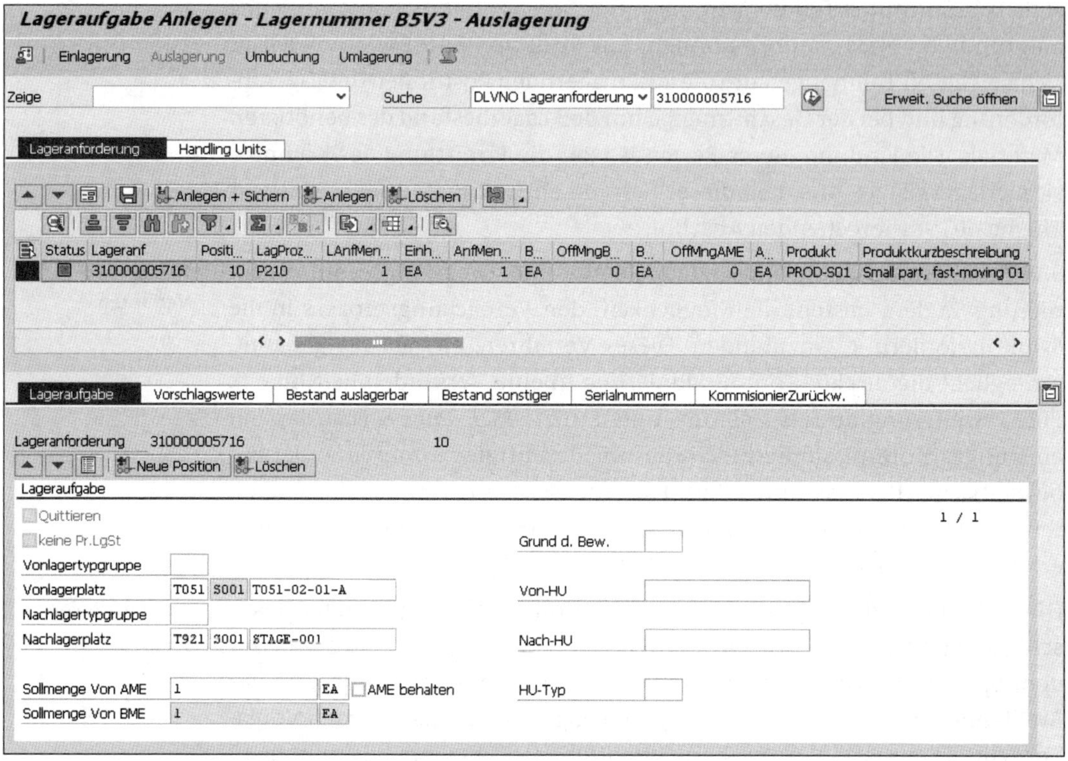

Abbildung 7.75 Lageraufgabe zur Auslagerung (Transaktion /SCWM/TODLV_O)

Kommissionierwellenmanagement

Die Kommissionierung mithilfe von *Kommissionierwellen* ermöglicht die Bündelung von Kommissionierlageraufgaben in Arbeitspaketen und deren gemeinsame Abarbeitung. Der Vorteil dieser Bündelung, der Wellenbildung, liegt in der Optimierung und Rationalisierung von Arbeitsabläufen im Warenausgang. Bei der Wellenbildung werden die Lageranforderungspositionen aufgrund von gemeinsamen Aktivitätsbereichen, Routen oder Materialien in Kommissionierwellen zusammengefasst. Die individuellen Kriterien und Attribute der Wellenbildung können dabei als Vorlagen im System hinterlegt werden und dienen als Infrastruktur für die automatische oder manuelle Erstellung von Wellen.

In der betrieblichen Praxis beginnt die eigentliche Kommissionierung mit der Gruppierung von Lieferpositionen in Wellen. Dabei werden bereits die existierenden Förderungsanlagen berücksichtigt. Als Beispiel dient uns hier ein Palettenlager: Wenn die Anzahl der Palettenstellplätze bekannt ist, ermittelt SAP EWM den voraussichtlichen Arbeitsaufwand. Anschließend kann die Welle freigegeben werden. Bestimmte Wellen, z. B. volle Paletten, werden in der Regel dazu ausgewählt, das Fördersystem zu umgehen. Stattdessen werden sie, um den Arbeitsaufwand so gering wie möglich zu halten, aus der Reserve kommissioniert und direkt für die Auslieferung bereitgestellt. Andere Positionen werden z. B. auf ein Förderband kommissioniert, wo sie entweder an eine Palettierstation oder eine Paketversandstation geleitet werden können. Sobald sie auf eine Palette gepackt oder verpackt sind, werden die Produkte in der Regel verladen, und abschließend wird der Warenausgang gebucht.

Quittieren der Auslagerung

Abbildung 7.76 zeigt das manuelle *Quittieren* der Lageraufgabe 1000048046, die für die Lageranforderung 310000005716 im vorhergehenden Beispiel erstellt wurde. Nachdem der Lagermitarbeiter die Menge entnommen hat, bestätigt er den Zeitpunkt der Entnahme und quittiert damit die Lageraufgabe.

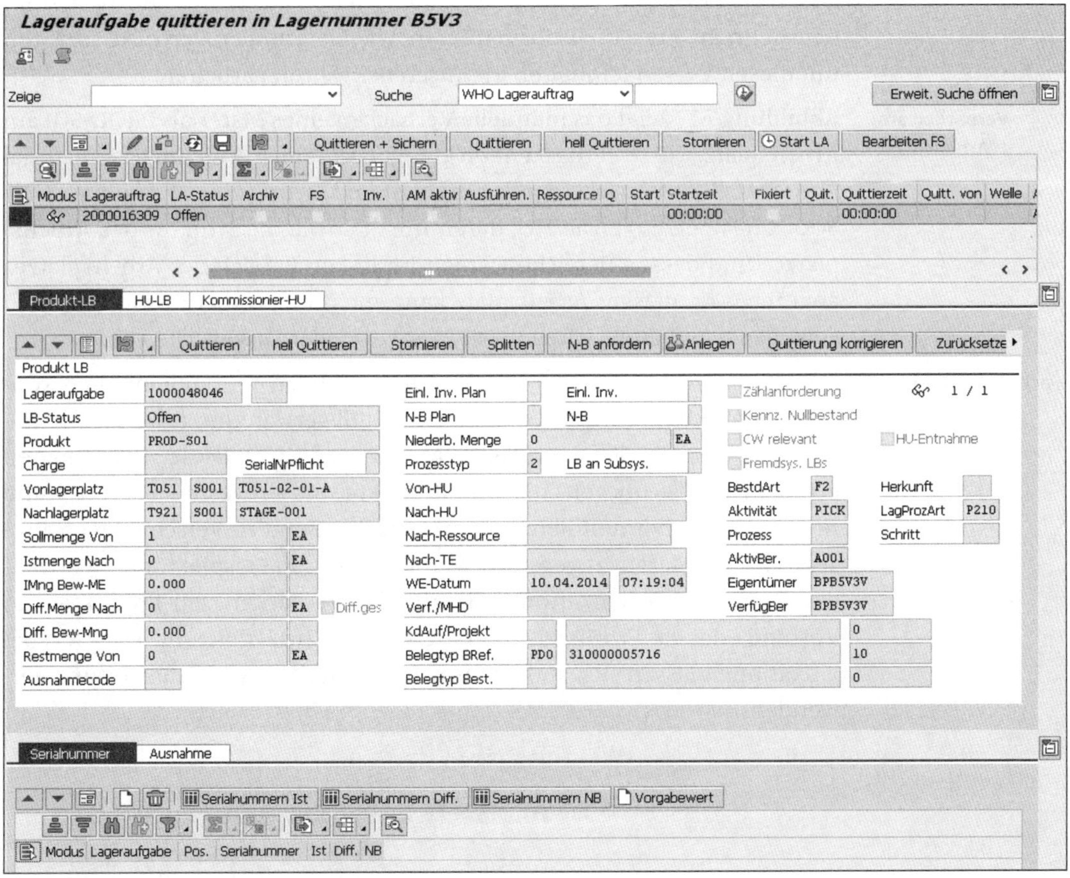

Abbildung 7.76 Quittieren der Auslagerung (Transaktion /SCWM/TO_CONF)

Quittieren der Kommissionierung

Mit dem Quittieren der Kommissionierlageraufgabe wird der Bestand aus dem Vonlagerplatz entnommen und an den Nachlagerplatz bewegt. Kommt es dabei zu einer Mengendifferenz, weil die tatsächlich kommissionierte Menge von der zu entnehmenden Menge abweicht, kann eine weitere Lageraufgabe erstellt werden, oder die zu liefernde Menge wird angepasst und entsprechend herabgesetzt. Bei der Erstellung einer weiteren Lageraufgabe ist die Kommissionierung erst dann vollständig abgeschlossen, wenn auch diese Lageraufgabe quittiert wurde.

Verpacken

Verpacken und Etikettieren

Bei den logistischen Materialflüssen rückt neben den transportierten Gütern zunehmend die Betrachtung der *Versandeinheiten* in den Vordergrund. Aus diesem Grund bietet SAP EWM verschiedene Möglichkeiten, in den Prozessen Versandeinheiten aufzulösen, zu bilden, umzupacken und mit den entsprechenden Etiketten zu versehen (Labeling). Mit SAP EWM lassen sich Informationen zu Versandeinheiten aus dem SAP-ERP-System übernehmen, etwa die Informationen, wie Lieferungen verpackt sind, um mit diesen Versandeinheiten im Anschluss weiterzuarbeiten.

Verpacken am Arbeitsplatz

Abbildung 7.77 zeigt das manuelle Verpacken eines Materials PROD-S01 am Arbeitsplatz. Die zu verpackenden Mengen werden mit einem Packmaterial EUROPALLET verpackt, und anschließend wird eine Handling Unit 800006942 erzeugt. Die HU, deren Inhalt sowie die Struktur des Arbeitsplatzes und dessen Bereiche werden im linken Bereich des Arbeitsplatzes angezeigt. An diesem Arbeitsplatz kann nicht nur verpackt, sondern auch gewogen oder bereits verpacktes Material wieder ausgepackt werden.

Packspezifikationen

Neben der Übernahme der in SAP ERP gebildeten Versandeinheiten können in SAP EWM die bereits an anderer Stelle erwähnten *Packspezifikationen* verwendet werden (siehe Abbildung 7.44). Diese Stammdaten ermöglichen es, für verschiedene Produkte und Prozesse Packmittel und Arbeitsschritte zu definieren, damit anschließend in verschiedenen Prozessschritten darauf zugegriffen werden kann. Ein Beispiel für die Verwendung von Packspezifikationen ist z. B. das Verpacken von Produkten im Versand oder das Erbringen einer logistischen Zusatzleistung. Die Packspezifikationen lassen sich zudem ausdrucken und als Arbeitsanweisung verwenden.

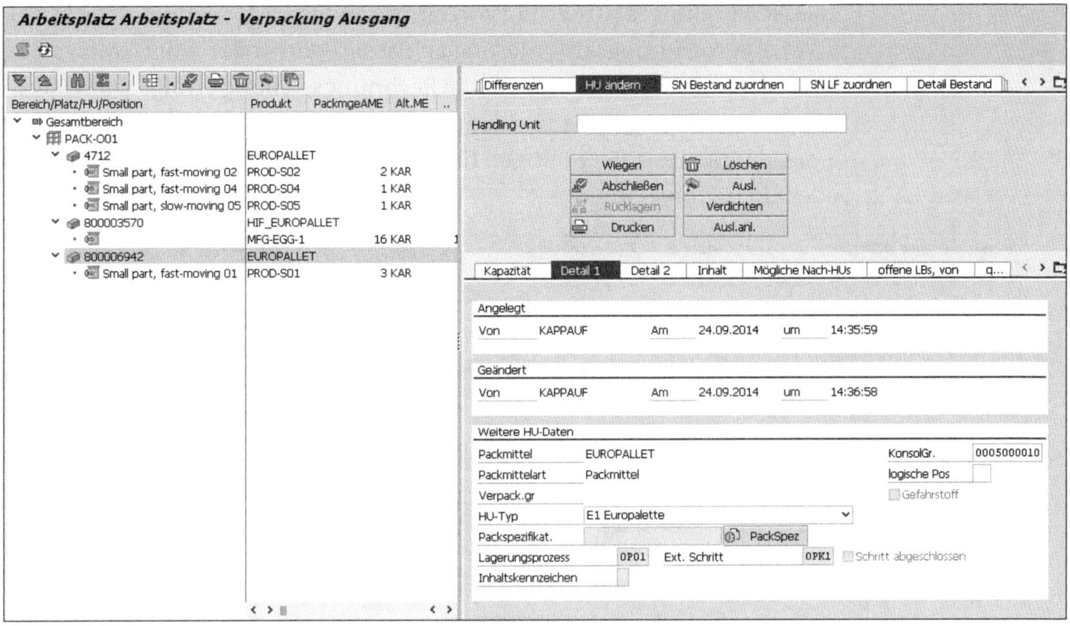

Abbildung 7.77 Verpacken der Auslieferung am Arbeitsplatz (Transaktion /SCWM/PACK)

Verladen und Warenausgang

Sobald die Materialien verpackt sind, werden die gebildeten Packstücke (HUs) in der Regel verladen, und anschließend wird der Warenausgang gebucht (siehe Abbildung 7.78). Zuvor kann das System automatisch die Bereitstellungszone und das Tor für den Warenausgang ermitteln. Die Ermittlung richtet sich nach der Route, die bereits zum Zeitpunkt der Erstellung des Auslieferungsauftrags ermittelt wurde.

Das eigentliche Verladen kann dabei analog zum Entladen beim Wareneingang *einfach* oder *komplex* erfolgen. Der Warenausgang lässt sich zu unterschiedlichen Zeitpunkten buchen. Das Verladen ist ein optionaler Schritt. Je nach Systemeinstellung kann der Warenausgang daher ohne vorhergehendes Verladen gebucht werden. Alternativ erfolgt die Buchung nach dem Beladen oder, wenn das Yard Management verwendet wird, spätestens nachdem die Transporteinheit das Lagergelände verlassen hat. Mit dem Buchen des Warenausgangs teilt SAP EWM der Bestandsführung in SAP ERP die Bestandsveränderung mit (siehe Abbildung 7.68).

Rechnungsstellung vor Warenausgang

In bestimmten Fällen, insbesondere bei internationalen Transporten, kann es notwendig sein, eine Rechnung vor der Warenausgangsbuchung zu erstellen. Normalerweise erfolgt die Rechnungsstellung, sobald der Warenausgang gebucht ist und der Lieferstatus der Auslieferung die Fakturierung zulässt. Bei einer Fakturierung vor der Warenausgangsbuchung schickt SAP EWM eine Rechnungsanforderung an das SAP-ERP- oder SAP-CRM-System, je nachdem, in welchem System die Rechnungsstellung erfolgt. Diese Rechnungsanforderung bezieht sich auf eine Rechnung pro Lieferung oder auf eine oder mehrere Rechnungen für den kompletten Inhalt eines Fahrzeugs oder einer Transporteinheit.

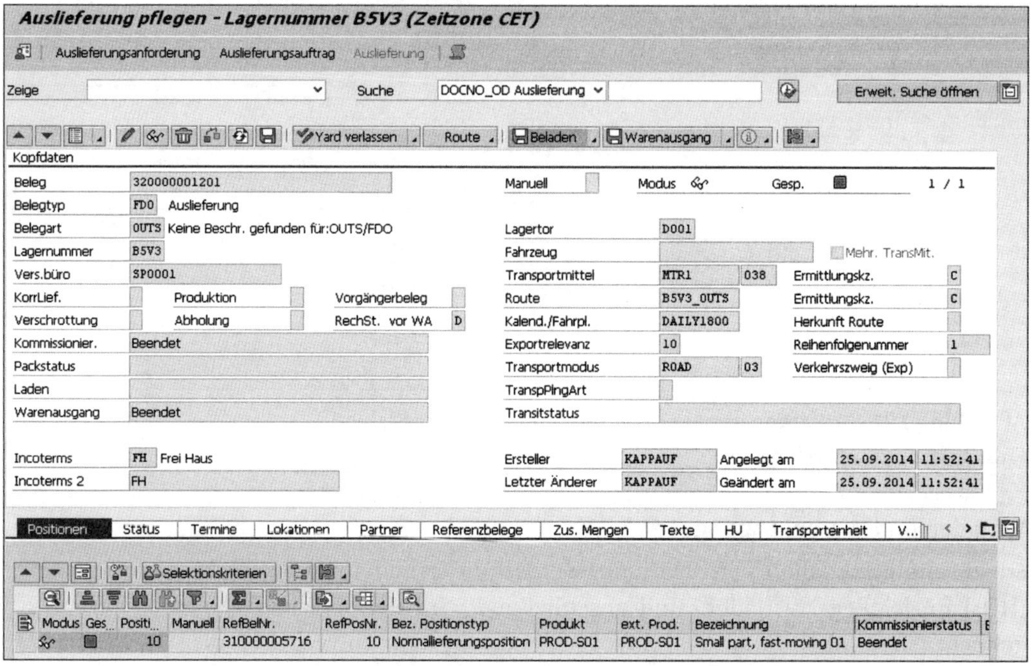

Abbildung 7.78 Warenausgang und Auslieferung in SAP EWM (Transaktion /SCWM/FD)

Auslieferung Die *Auslieferung* ist ein Folgebeleg des Auslieferungsauftrags und repräsentiert den Nachweis der physischen Lieferung der ausgelagerten Materialien an den Warenempfänger. Sie ist die Grundlage für den Druck von Lieferscheinen oder den elektronischen Versand eines Lieferavises. Aus Sicht des Warenausgangs bildet sie den Abschluss der Warenausgangsbearbeitung und ermöglicht die Buchung der Warenbewegung oder deren Stornierung (siehe Abbildung 7.78).

Produktionsversorgung

Die eigentliche Produktion im Sinne einer Fertigung ist nicht Thema dieses Buchs. Im Rahmen der Produktionslogistik (siehe Kapitel 4) erläutern wir jedoch die bedarfswirksamen Auswirkungen der Distributionslogistik und die Integration mit der Beschaffungsseite. In diesem Kapitel stellen wir die

Produktionsversorgung ausschließlich aus Sicht der Bereitstellung von Vorprodukten sowie die Verbrauchslieferung bei der retrograden Entnahme für die Fertigung kurz vor.

Mit der *Produktionsversorgung* wurde im Release SAP EWM 7.0 eine Lücke geschlossen und der Warenausgang um einen wichtigen Prozess ergänzt. Der Prozess der Produktionsversorgung (*Production Supply*) umfasst die Tätigkeiten, die für die Bereitstellung der Komponenten an die Arbeitsplätze oder Maschinen in der Produktion erforderlich sind (siehe Abbildung 7.79). Abhängig von der Branche eines Unternehmens, den sich im Einsatz befindlichen Fertigungsverfahren und verwendeten Materialien, unterscheiden sich diese Prozesse deutlich. Fertigungsauftragsbezogene, fertigungsauftragsübergreifende oder verbrauchsgesteuerte Bereitstellungsverfahren sind die häufig anzutreffenden Basisstrategien, die sich jeweils sehr individuell ausprägen lassen. Aber auch innerhalb von Unternehmen, gerade bei mehrstufigen Fertigungsprozessen oder unterschiedlichen Materialien, finden oftmals verschiedene Verfahren der Produktionsversorgung Anwendung.

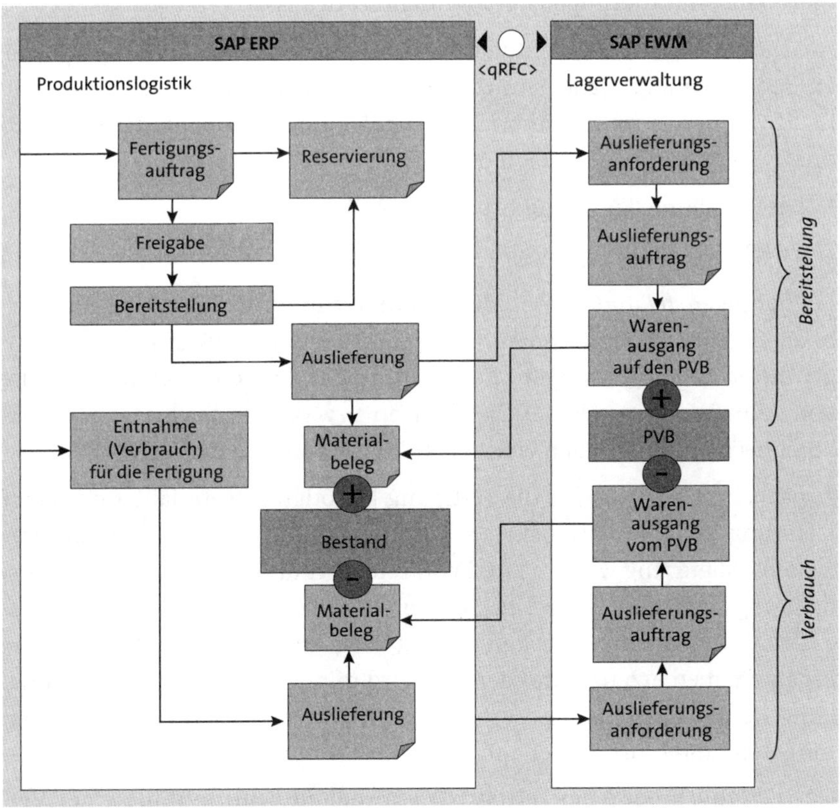

Abbildung 7.79 Schematischer Ablauf der Produktionsversorgung

Neben der klassischen auftragsbezogenen Produktionsversorgung lassen sich mit SAP EWM auch auftragsübergreifende oder verbrauchsgesteuerte Strategien abbilden, wie z. B. Kanban. SAP EWM unterstützt dabei folgende Anwendungskomponenten der ERP-Produktion:

- Fertigungsaufträge
- Prozessaufträge
- Serienfertigung
- Kanban

Produktionsversorgungsbereich

Ein zentraler SAP-Begriff bei der Abbildung und Steuerung dieser Prozesse ist der *Produktionsversorgungsbereich* (PVB). Mithilfe von PVBs lassen sich verschiedene Detaillierungsgrade der Produktionsversorgung abbilden. So können z. B. zusammenhängende Arbeitsplätze gruppiert und zentral versorgt werden. Ist hingegen eine sehr genaue Bereitstellung für einen einzelnen Arbeitsplatz erforderlich, wie z. B. beim systemgeführten Rüsten, können Materialien auch auf bestimmte Plätze oder Greifschalen gesteuert werden. Die Produktionsversorgung kann so beliebig detailliert und optimal an die Anforderungen der Produktion angepasst werden.

Aus Sicht von SAP EWM enthält der PVB einen oder mehrere Lagerplätze, an denen die Materialien für die Produktion bereitgestellt und anschließend von der Fertigung verbraucht werden. Demnach kann der Produktionsversorgungsprozess in SAP EWM in zwei Schritte unterteilt werden:

1. Bereitstellung der Produkte auf dem PVB
2. Verbrauch der Produkte auf dem PVB durch Entnahme für die Fertigung

Bereitstellung

Bei der *Bereitstellung* werden die Produkte zum Produktionsversorgungsbereich gebracht. Je nachdem, ob es sich bei dem PVB um einen EWM-geführten Lagerort handelt oder nicht, findet die Bereitstellung mithilfe von Anlieferungen oder Auslieferungen bzw. als Umbuchung statt. Das Ergebnis ist in allen Fällen eine Bestandserhöhung auf dem PVB.

Zunächst müssen die für die Fertigung benötigten Materialien mit einer Lieferung zur Produktionsversorgung in SAP ERP bereitgestellt werden. Diese Auslieferung wird an SAP EWM repliziert und erzeugt dort eine Auslieferungsanforderung und nach deren Aktivierung einen Auslieferungsauftrag. Zu diesem Auslieferungsauftrag werden anschließend die Lageraufgaben erzeugt, und der PVB wird mit den erforderlichen Materialien versorgt. Diese Bestandserhöhung auf dem PVB wird dem ERP-System mitgeteilt und führt dort ebenfalls zu einer Warenbewegung.

Verbrauch

Der *Verbrauch* bei einer retrograden Entnahme wird mithilfe einer Verbrauchslieferung im System abgebildet. Nach der Rückmeldung des Fertigungsauftrags erzeugt das ERP-System eine Verbrauchslieferung, die an das EWM-System repliziert wird und dort einen Auslieferungsauftrag erzeugt. Die Positionen dieses Belegs sind nicht kommissionierrelevant, der Warenausgang wird daher sofort beim Anlegen des Auslieferungsauftrags gebucht und erzeugt in SAP ERP eine entsprechende Bestandsveränderung.

Erweiterte Produktionsintegration

Seit dem Release 9.2. bietet SAP EWM eine erweiterte Produktionsintegration (*Advanced Production Integration*), die nahtlos in die Produktionsauftragsabwicklung von SAP ERP integriert ist. Sie stellt nicht nur Produkte bereit und versorgt die Produktion mit ihnen, sondern unterstützt auch den Wareneingang von Halbfabrikaten und Fertigerzeugnissen (siehe Abbildung 7.80).

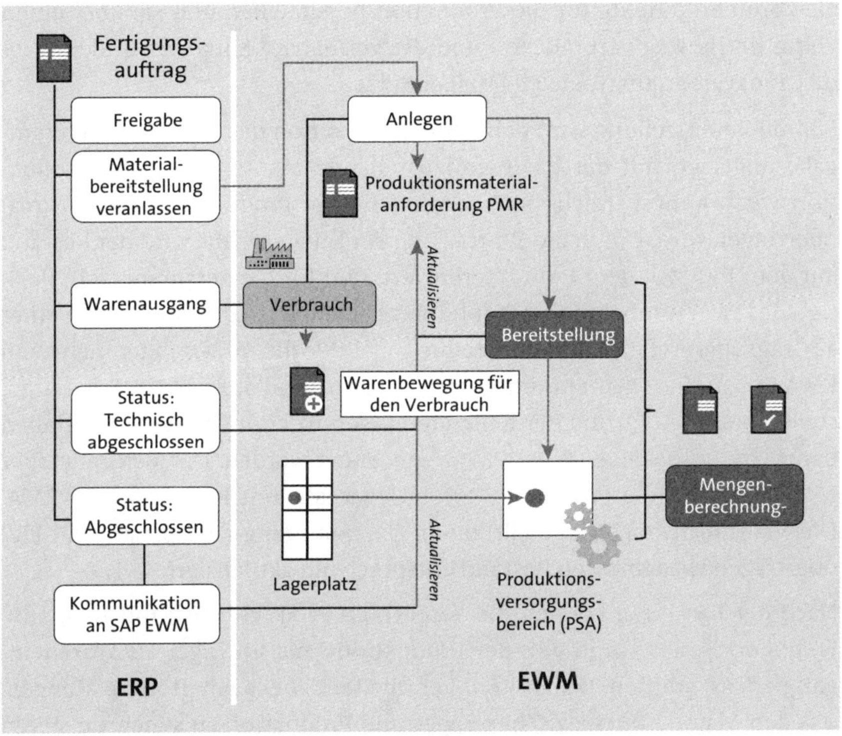

Abbildung 7.80 Erweiterte Produktionsintegration

Die erweiterte Produktionsintegration kann damit für Fertigungsaufträge in der diskreten Fertigung oder für Prozessaufträge in der Prozessfertigung verwendet werden. Sie optimiert dabei den Nachschub und den Eingang von Produkten aus der Fertigung.

Unterschied zur lieferbasierten Integration

Der wesentliche Unterschied zu der im oberen Abschnitt erläuterten Integration über Lieferungen besteht demzufolge darin, dass bei dieser erweiterten Produktionsversorgung die Integration direkt über den Austausch der Fertigungsaufträge zwischen SAP ERP und SAP EWM erfolgt.

Abbildung 7.80 zeigt schematisch den Ablauf der Fertigungsintegration auf Basis einer Produktionsmaterialanforderung (PMA bzw. *Production Material Request, PMR*) die nach Freigabe des Fertigungsauftrags und Bereitstellung der Materialien in SAP ERP an SAP EWM übermittelt wird. In SAP EWM dient der PMR als Lageranforderung, um die notwendigen Lageraufgaben für die Bereitstellung der Materialien, deren Verbrauch in der Produktion und den Eingang von Halb- und Fertigerzeugnissen aus der Fertigung zu steuern.

Bereitstellung und Verbrauch

Sie können Produkte für die Produktion bereitstellen und sie über einen Zeitraum hinweg verbrauchen und die verfügbare Kapazität in dem Produktionsversorgungsbereich flexibel nutzen.

Für die Bereitstellung wird dabei für jede Position des PMA eine Lageraufgabe angelegt, mit der das bereitzustellende Manterial an den Produktionsversorgungsbereich (PVB, engl. PSA für Production Supply Area) übertragen wird. Durch die Quittierung der Lageraufgabe wird der Bestand auf dem PVB mit dem PMR referenziert, und für die entsprechendn Position des PMR reserviert. Darüber hinaus besteht auch die Möglichkeit einer auftragsübergreifenden Bereitstellung, bei der die Bedarfe aus mehreren PMAs kumuliert, gemeinsam kommissioniert und auf dem PVB bereitgestellt werden. Aufgrund der fehlenden Referenz können diese Materialien dann von unterschiedlichen PMAs verwendet werden. Der Verbrauch der Materialien für die Produktion erfolgt ebenfalls mit Bezug zu dem PMA. Die Verbrauchsbuchung stellt einen Warenausgang dar, der an SAP ERP übertragen wird und den Bestand entsprechend aktualisiert.

Wareneingang aus der Produktion

Nach der Fertigung können die verpackten Produkte (HU) mit RF (Radio Frequency) erfasst und von der Produktionslinie im Lager als Wareneingang erfasst werden. Das System verarbeitet dabei auch größere Mengen, um den Materialfluss zwischen Lager und Produktion zu synchronisieren und die Transparenz der Bestände zu optimieren.

Versand-Cockpit

Seit dem Release 9.1 bietet SAP EWM ein *Versand-Cockpit*, das den Lagermitarbeiter durch die automatische Planung von Transporteinheiten (beispielsweise einem Lkw) unterstützt. Basierend auf den geplanten Transporteinheiten, kann der Mitarbeiter im Versandbüro den Fortschritt der Lagerausführung überwachen und manuell eingreifen, wenn es nötig ist.

In diesem Zusammenhang unterstützt das Versand-Cockpit nicht nur die Zuteilung von Transporteinheiten zu Auslieferungsaufträgen nach Größe, Gewicht oder anderen betrieblichen Erfordernissen, sondern ermöglicht auch die Durchführung sämtlicher Aufgaben, z. B. das Zuweisen oder Ändern von Torzuordnungen, Ankunft des Lkws am Kontrollpunkt oder Ankunft am Tor, Abfahrt von Tor und Kontrollpunkt sowie die Kontrolle und Überwachung des Verladens oder der Warenausgangsbuchungen.

Abbildung 7.81 zeigt das Versand-Cockpit (*Shipping Cockpit*). Außer den Transporteinheiten kann der Lagermitarbeiter die Ausführung sämtlicher Aktivitäten überwachen. In diesem Beispiel wurde eine Transporteinheit 6500004046 ausgewählt. Die Transporteinheit verwendet die Route JK02_SC20, um Ware an den Kunden CUST005 zu liefern. Die entsprechende ERP-Lieferung ist 80002411 und dem EWM-Auslieferungsauftrag 310000055267 zugewiesen. Die Kommissionierwelle zur Auslagerung wurde bereits erstellt. Die eigentliche Kommissionierung und das Verpacken sind ebenfalls bereits erfolgt. Das Laden sowie der Warenausgang sind noch nicht erfolgt. Die manuelle Zuordnung von Transporteinheiten zu Auslieferungsaufträgen in SAP EWM erläutern wir in Abschnitt 7.5, »Transportintegration«.

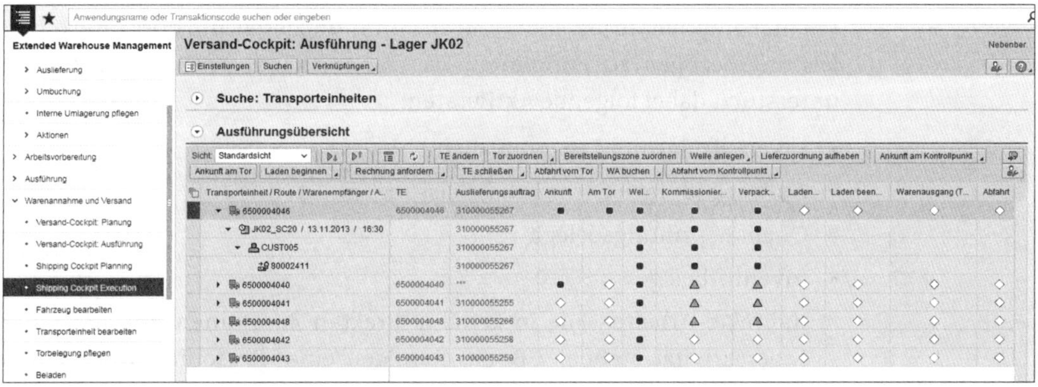

Abbildung 7.81 Das Versand-Cockpit in SAP EWM

7.4.6 Lagerübergreifende Funktionen

SAP EWM bietet Funktionen, die sich nicht explizit einem bestimmten Systembereich zuordnen lassen und als Querschnittsfunktion sämtlichen Lagerprozessen zur Verfügung stehen. Bei diesen Funktionen handelt es sich einerseits um prozessübergreifende Funktionen im Wareneingang und Warenausgang – hierzu zählen insbesondere das Cross Docking und das Yard Management. Andererseits handelt es sich um verschiedene Funktionen der Lageroptimierung und Steuerung mithilfe moderner Automatisierungstechnik.

Arbeitsmanagement

Labor Management

Bei steigender Betriebsgröße von Lagern und zunehmender Komplexität von logistischen Prozessen wird eine effiziente Planung von Ressourcen und Mitarbeitern immer schwieriger. Um durch eine verbesserte Planung in diesem Bereich die Produktivität zu messen und zu steigern, besitzt SAP EWM die Funktion des *Arbeitsmanagements* (*Labor Management*).

Das Arbeitsmanagement bietet ein umfangreiches Funktionsspektrum für die Planung und Steuerung der Arbeitseinsätze von Lagermitarbeitern und für die Leistungsmessung anhand standardisierter Vorgaben und formelbasierter Leistungskennzahlen. Durch diese Funktion und die Vorschau auf die erwartete Arbeitslast können die Ressourcen besser verplant werden.

Das Arbeitsmanagement kann für eine bestimmte Lagernummer und hierbei für bestimmte Prozessschritte aktiviert werden. Durch die Aktivierung fordert EWM bei der Ausführung bestimmter Tätigkeiten (z. B. beim Quittieren von Lageraufgaben) die Eingabe einer Start- und Endzeit. Aufgrund dieser Daten kann das System ermitteln, ob für das Ausführen einer bestimmten Tätigkeit die im System hinterlegten Zeiten eingehalten wurden.

Integration mit der Personalwirtschaft

Darüber hinaus ist es möglich, diese Informationen an die Personalwirtschaftskomponente SAP ERP HCM zu kommunizieren, um dort Tätigkeiten leistungsbezogen zu entlohnen. Das Arbeitsmanagement in SAP EWM unterstützt dabei folgende Aktivitäten:

- Lageraufträge mit Lageraufgaben
- Aufträge für logistische Zusatzleistungen
- Qualitätsprüfungsbelege
- Inventurbelege
- indirekte Arbeiten, die in keinem direkten Zusammenhang mit einer Lageraktivität stehen, z. B. das Reinigen einer Ressource durch einen Lagermitarbeiter

Die Mitarbeiter können dabei ihre eigene Produktivität unmittelbar selbst überprüfen, indem sie sich die Transaktionsergebnisse auf ihrem Datenfunkgerät oder auf dem Lagerverwaltungsmonitor ansehen, der über ihren Desktop zugänglich ist (siehe Abbildung 7.82).

Lagerverwaltungsmonitor zum Arbeitsmanagement

Abbildung 7.82 zeigt den *Lagerverwaltungsmonitor*, mit dessen Hilfe der Ausführende, der Lagerleiter oder der Gruppenleiter Informationen abrufen kann, die für das Arbeitsmanagement relevant sind. Neben den genauen Rückmeldezeiten können sie z. B. die Effizienz von Mitarbeitern auswerten oder das Gewicht ermitteln, das an einem Tag in einem bestimmten Aktivitätsbereich bewegt wurde.

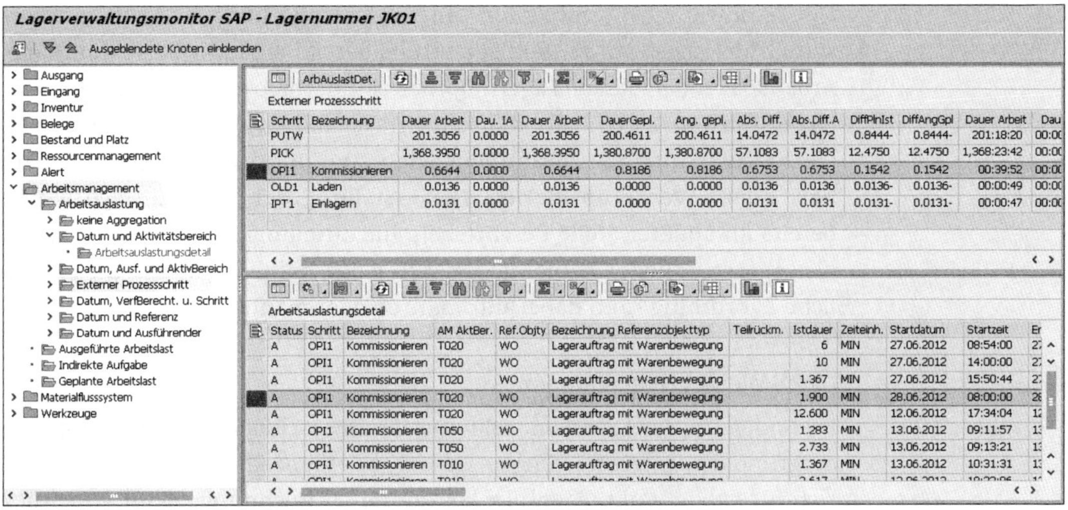

Abbildung 7.82 Lagerverwaltungsmonitor zum Arbeitsmanagement (Transaktion /SCWM/MON)

Planung der Arbeitslast

Jede Aufgabe im Lager ist mit einem bestimmten Arbeitsaufwand verbunden. Zur Planung und Bewertung der Arbeitslast benötigt das System einerseits den zeitlichen Umfang der jeweiligen Aktivität, andererseits die tatsächlich erfasste Dauer und Angaben über die ausführende Ressource. Zu diesem Zweck wird pro Aktivitätsbereich und Prozessschritt ein Beleg über die geplante Arbeitslast erstellt, der es erlaubt, die geplante mit der tatsächlichen Dauer zu vergleichen.

Ressourcenmanagement

Queues

Neben dem Arbeitsmanagement steigert auch das *Ressourcenmanagement* durch das Erstellen von sogenannten *Queues* die Effizienz der EWM-Lagerprozesse, indem die Verwaltung und Verteilung der auszuführenden Lageraufgaben optimiert wird. Eine Queue ist eine Folge von bestimmten zu bearbeitenden Lageraufgaben. Bei den Ressourcen handelt es sich um die zu Beginn dieses Kapitels bereits erwähnten Einheiten, die einen Lagermitarbeiter und ein bestimmtes Equipment darstellen.

Zuordnung von Ressourcen und Lageraufgaben

Ressourcen und Lageraufgaben werden Queues zugeordnet. Diese Optimierung besteht im Wesentlichen darin, dass einer bestimmten Lageraufgabe die zur Ausführung benötigte Ressource automatisch zugeordnet wird und dass diejenigen Ressourcen zugeordnet werden, die sich für die Ausführung einer bestimmten Tätigkeit am besten eignen. Bei dieser Entscheidung werden verschiedene Faktoren berücksichtigt, z. B. der späteste Starttermin, die Ausführungspriorität einer Aufgabe, die zugeordnete

Queue sowie die Qualifikation einer Ressource und der Lagerauftragsstatus. Ein Lagerauftrag stellt seinerseits bereits ein optimal ausführbares Arbeitspaket dar, das ein Lagermitarbeiter innerhalb einer bestimmten Zeit ausführen soll. Die Inhalte dieses Auftrags sind entweder Lageraufgaben, die zu Lageraufträgen zusammengefasst sind und zur Bearbeitung anstehen, oder Inventurpositionen. Die Erstellung der Lageraufträge wurde bereits an anderer Stelle beschrieben; die Zuteilung der Lageraufträge an die Lagermitarbeiter erfolgt über das Ressourcenmanagement. Die eigentliche Zuordnung kann dabei automatisch oder manuell erfolgen.

Catch Weight Management

Besonders in der Lebensmittelindustrie unterscheiden sich Güter häufig aufgrund des unterschiedlichen Gewichts des einzelnen Exemplars, sodass sich für das Produkt eigentlich kein fester Umrechnungsfaktor von Stück zu einer Gewichtseinheit bestimmen lässt. Oftmals wird dann ein Durchschnittswert ermittelt, der in der Praxis aber häufig zu Problemen führt. Diese Problemstellung wird in EWM mithilfe des sogenannten *Catch Weight Managements* gelöst. Innerhalb dieser Funktion können Produkte mit zwei unabhängigen, aber gleichberechtigten Mengeneinheiten bestandsgeführt werden.

Prozessintegration

Die Catch-Weight-Funktionen sind voll in die Lieferprozesse integriert, sodass sich bei An- und Auslieferungen grundsätzlich nichts am Prozessablauf ändert. Bei Warenbewegungen schreibt das EWM-System beide Produktmengen fort. Daneben besteht zur Steuerung des internen Materialflusses die Möglichkeit, zu definieren, bei welchen Prozessen die Bewertungsmenge zu pflegen ist. Auch in die Prozesse zur Inventur und Qualitätsprüfung sind die Catch-Weight-Funktionen integriert.

[zB]

Material mit gleichberechtigten Mengeneinheiten

Abgepacktes Rindfleisch wird in Portionsgröße eingelagert. Die logistische Mengeneinheit, also die Basismengeneinheit, in der die Verpackungseinheit geführt wird, ist »Stück«. Die Bewertungsmengeneinheit, nach der sich sowohl der Bewertungspreis als auch der anschließende Verkaufspreis richten, ist »Gramm«. In diesem Beispiel sind beide Mengeneinheiten unabhängig, aber gleichberechtigt.

Verpacken und logistische Zusatzleistungen

In der Vergangenheit diente die Verpackung ausschließlich dem Schutz der Ware. Durch veränderte Vertriebs- und Absatzstrukturen in der Distributionslogistik (insbesondere wegen der zunehmenden Internationalisierung der Warenströme) erfüllen Verpackungen heutzutage darüber hinaus noch eine Lager- und Transportfunktion und dienen auch zur Identifikation und Information im Verkaufsvorgang. Insbesondere für Logistikdienstleister sind Verpackungsprozesse und logistische Zusatzleistungen im Allgemeinen ein wichtiges Kriterium zur Generierung von Wettbewerbsvorteilen.

Logistische Zusatzleistungen umfassen neben Verpackungsprozessen auch Prozesse der Produktveredelung, die einfache Montage und Etikettierung von Materialien oder HUs sowie die bereits an anderer Stelle erläuterte Bausatzerstellung.

Integration in den Lagerprozess

Damit die logistischen Zusatzleistungen möglichst effizient und kostengünstig durchgeführt werden können, werden sie in der Regel direkt in den Materialfluss, also in die logistische Prozesskette im Lager, eingebunden. Aus Sicht der Lagerungssteuerung handelt es sich dabei oft um einen Zwischenschritt, der in die prozessorientierte Lagerungssteuerung eingebaut und vor dem endgültigen Einlagern oder der Bereitstellung in der Warenausgangszone durchgeführt wird. Die eigentliche Durchführung der logistischen Zusatzleistung findet an einem Arbeitsplatz im EWM-System statt.

LZL-Aufträge

SAP EWM unterstützt logistische Zusatzleistungen und deren Bearbeitung in Verbindung mit An- und Auslieferungen. Die durchzuführenden Tätigkeiten werden dabei als Aktivitäten abgebildet und in einem Auftrag für *logistische Zusatzleistungen* (*LZL-Auftrag*) zusammengefasst. Diese LZL-Aufträge lassen sich manuell, aber auch automatisch erstellen. Der Auftrag besteht aus dem Auftragskopf, den durchzuführenden Aktivitäten, den Positionen und den benötigten Hilfsprodukten. Als Systembeleg dient er grundsätzlich dazu, die Lagermitarbeiter darüber zu informieren, welche Arbeitsschritte zu verrichten sind. Er dokumentiert die tatsächlich ausgeführten Arbeiten und die eventuell verbrauchten Hilfsprodukte. Zusätzlich können die LZL-Aufträge auch als Berechnungsgrundlage genutzt werden, um die durchgeführten Arbeiten externen oder internen Dienstleistern in Rechnung zu stellen.

Yard Management

Verwaltung des Frachthofs

Mit zunehmender Größe des Frachthofs, des sogenannten *Yards*, wird die Verwaltung der Fahrzeuge komplexer, wodurch sich häufig die Standzeiten erhöhen. Ein effizientes Yard Management reduziert die Standzeit der Lkws und erhöht die Anzahl der Lkws, die pro Stunde abgefertigt werden können.

Mit SAP EWM besteht die Möglichkeit, den Yard, also eigene Parkplatzstrukturen, die Lagertore und die einzelnen Transporteinheiten übersichtlich und effizient zu verwalten. Darüber hinaus können Bestände auf den Fahrzeugen bereits für laufende Prozesse im Lager berücksichtigt werden. Parkpositionen der Fahrzeuge bildet die Software als Standardlagerplätze ab, die sich auch zu Yard-Bereichen zusammenfassen lassen. Die Registrierung von Fahrzeugen, die im Frachthof ankommen oder ihn verlassen, erfolgt an Kontrollpunkten. Von hier aus werden Lkws und Anhänger zu einer Parkposition oder zu einem Tor zum sofortigen Be- oder Entladen geleitet. Um die Anlagennutzung zu optimieren, kann ein eingehender Anhänger entladen und dann sogleich wieder als ausgehender Anhänger beladen werden. Die Bewegungen auf dem Frachthof lassen sich über Datenfunk- oder Desktop-Transaktionen ausführen.

Lagerautomatisierung und Datenfunk

Die funktionalen Anforderungen an ein Lagerverwaltungssystem wachsen ständig und folgen dem grundsätzlichen Trend der zunehmenden Automatisierung und Technisierung von Arbeitsabläufen. In der Distributionslogistik, also bei der Belieferung von Kunden, steht die pünktliche Belieferung in einwandfreier Qualität im Vordergrund. In der Beschaffungslogistik erweitern oder ändern die Lieferanten in immer kürzeren Intervallen ihre Sortimente. Hinzu kommen auf Produktseite gesetzliche Auflagen zur Rückverfolgbarkeit und Chargenpflicht. Die daraus resultierenden hohen Anforderungen an die Logistik sind oft nur noch mit automatischen Abläufen zu realisieren. Die *Lagerautomatisierung* gewinnt aus diesem Grund immer mehr an Bedeutung und ermöglicht nicht nur, den Anforderungen gerecht zu werden, sondern sorgt auch für ein hohes Optimierungspotenzial.

Wir geben Ihnen daher einen kurzen Überblick über die grundsätzliche Funktion der von SAP EWM unterstützten Automatisierungstechniken.

Radio Frequency

In der Logistik sind *Radio-Frequency-(RF-)Geräte* schon seit längerer Zeit ein unverzichtbarer Bestandteil. Ihr entscheidender Vorteil ist, dass die Kommunikation mit einem Lagerverwaltungssystem nicht nur von speziellen Arbeitsplätzen aus erfolgen kann, sondern prinzipiell von jeder Stelle im Lager aus. Zudem ersetzen die Geräte etwaige Belege und ermöglichen das schnelle und fehlerfreie Auslesen von codierten Informationen wie Barcodes oder 2-D-Codes. Radio-Frequency-Geräte sorgen mit ihrer direkten Interaktion für eine korrekte Datenvalidierung und sichern durch das Vermeiden von Eingabefehlern einen hohen Qualitätsstandard im Lager. Die SAP-Software ist geräteunabhängig und verfügt über Tools, mit denen Nachrichten und Informationen eines Geräts bei Bedarf konvertiert werden können.

RF-Integration von SAP EWM

SAP EWM ermöglicht den Einsatz von Radio-Frequency-Geräten in mehr Bereichen als bisherige SAP-Lösungen. So lassen sich mit SAP EWM viele Tätigkeiten RF-gestützt durchführen. Dazu zählen das Quittieren von Lageraufgaben, das Verpacken, die Dekonsolidierung, das Be- und Entladen sowie die Durchführung von Inventuren mit RF-Geräten (siehe Abbildung 7.83). Die RF-Umgebung ermöglicht darüber hinaus eine individuelle Gestaltung des Menüaufbaus oder die Anbindung von Drittanbietern, die sich auf die Visualisierung auf mobilen Endgeräten spezialisiert haben.

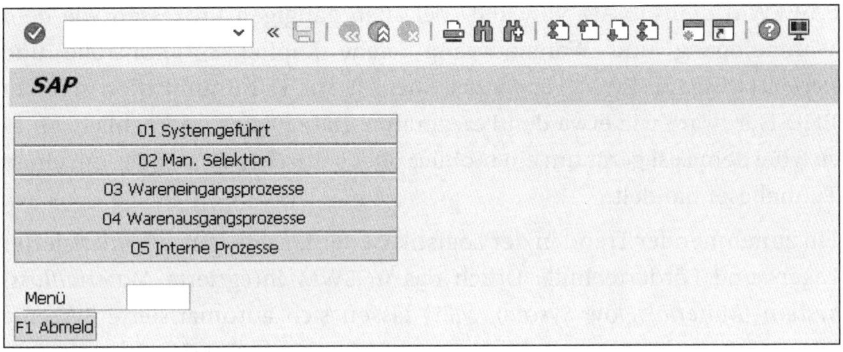

Abbildung 7.83 Simulation eines RF-Dialogs zur Einlagerung (Transaktion /SCWM/RFUI)

RF-Optimierung

Neben der reinen Datenerfassung mithilfe der Datenfunkanbindung und der damit einhergehenden Flexibilisierung und Validierung ist es in der RF-Umgebung möglich, mit verschiedenen Funktionen Aufgaben bzw. deren Ausführung zu optimieren. Durch das *Doppelspiel mit RF*, die als *Task-Interleaving* bekannte Funktion, lässt sich z. B. die Ressourcenauslastung durch eine Verringerung der Wegzeiten im Lager optimieren. Das System vermeidet hierbei Leerfahrten oder Wegzeiten, indem einer Ressource nach dem Beenden einer Lageraufgabe automatisch eine Lageraufgabe zugewiesen wird, die sich in geografischer Nähe zur aktuellen Ressourcenposition befindet. In diesem Zusammenhang kann zusätzlich über eine *Ausführungsbedingung* (Execution Constraint) die maximale Anzahl von erlaubten Ressourcen in einem bestimmten Lagerbereich gesteuert werden. Diese Beschränkung dient dazu, dass die Ressourcen in einem bestimmten Bereich ihre Lageraufgaben möglichst ungehindert durchführen können und sich nicht gegenseitig behindern.

Beispielsweise gibt das System beim Einsatz einer halbsystemgeführten Verarbeitung dem Lagermitarbeiter die Anweisung, zu einem bestimmten Lagerplatz zu gehen und eine beliebige HU zu entnehmen. In diesem Fall ermittelt die Ausführungsbedingung die voraussichtlichen Zeiten, an denen die Ressourcen, die sich in einem bestimmten Bereich befinden, diesen wieder verlassen. Die Berechnung der optimalen Route und der Zeiten im Lager erfolgt dabei auf Basis einer Wegstreckenberechnung. Je nach der berechneten Zeit und der Anzahl der erlaubten Ressourcen kann der Zugang erlaubt oder verweigert werden.

RFID Neben der Datenfunkanbindung setzt sich auch die *Radiofrequenz-Identifikation* (*Radio Frequency Identification*, RFID) in der Logistik mehr und mehr durch. In Kombination mit *SAP Auto-ID Infrastructure* (SAP AII) unterstützt SAP EWM den Einsatz von RFID bei allen gängigen Prozessen wie dem Wareneingang und Warenausgang (siehe Kapitel 8, »Kontrolle und Berichtswesen«). EWM verwendet SAP AII zur Kommunikation mit der RFID-Hardware wie etwa den Lesegeräten. Dabei ist es unerheblich, ob es sich bei dem Lesegerät um ein mobiles oder statisches Gerät oder um einen Tunnelleser handelt.

Materialflusssystem Ein zunehmender Trend in der Logistik ist der Einsatz von automatisierter Lager- und Fördertechnik. Durch das in EWM integrierte *Materialflusssystem* (*Material Flow System*, MFS) lassen sich automatisierte Systeme bzw. Lager- und Fördertechnik direkt an SAP anbinden und in Echtzeit steuern. Die Anbindung von *speicherprogrammierbaren Steuerungen* (SPS) über Kommunikationskanäle sowie die Abbildung von Meldepunkten, Regalbediengeräten, Fördersegmenten etc. können über Systemeinstellungen konfiguriert werden. Auf Basis der bereits an anderer Stelle erwähnten layoutorientierten Lagerungssteuerung lässt sich mit MFS der gesamte Materialfluss über alle Automatikkomponenten eines Lagers steuern. Durch diese enge Verzahnung können sämtliche Strategien direkt in die Ausführung der Lager- und Fördertechnik übertragen werden.

Cross Docking

Lager als Umschlagplatz Die direkte Weiterleitung von Materialien oder Handling Units vom Wareneingang zum Warenausgang ohne vorausgegangene Einlagerung wird als *Cross Docking* bezeichnet. Der Verzicht auf eine Einlagerung und das direkte Beistellen im Warenausgang reduziert einerseits die Lagerbewegungen und gleichzeitig die Lagerkosten, andererseits ermöglicht dieser Prozess eine Steigerung der Effizienz im Lager. Die Durchlaufzeiten werden erheblich gesenkt, da das Lager lediglich als Umschlagplatz dient und sich die Waren nur während der für das Umladen benötigten Zeit im Lager befinden.

Arten des Cross Dockings SAP EWM unterstützt verschiedene Möglichkeiten, Cross-Docking-Prozesse durchzuführen (siehe Tabelle 7.3), also Produkte direkt aus dem Wareneingangsbereich in die Bereitstellungszonen zu transportieren. Dies kann geplant geschehen, sodass schon vor dem Eintreffen von Lieferungen festgelegt wird, dass die Ware im Cross-Docking-Prozess verladen wird. Alternativ kann die Entscheidung über den Cross-Docking-Prozess jedoch auch dann getroffen werden, wenn die Ware bereits im Lager eingetroffen ist, also ungeplant.

Szenario	SAP ERP	SAP CRM	SAP APO
Geplantes Cross Docking			
Transport Cross Docking	X		(X)
Warenverteilung	Retail		
Ungeplantes Cross Docking			
Push Deployment	X		X
Kommissionieren vom Wareneingang	X	X	X
EWM-gesteuertes Cross Docking	X		

Tabelle 7.3 Systemanforderungen für Cross-Docking-Szenarien

Geplantes Cross Docking

Beim *geplanten Cross Docking* steht zu Beginn des Wareneingangs bereits fest, dass die Ware nicht eingelagert wird und das Lager über den Warenausgang wieder verlässt. Das geplante Cross Docking erfolgt dabei entweder als Transport Cross Docking oder als Warenverteilung. Die Warenverteilung ist ein branchenspezifisches Szenario, das ein SAP-for-Retail-System erfordert und nachfolgend nicht näher erläutert wird.

Transport Cross Docking

Das *Transport Cross Docking* (TCD) ist ein geplantes Cross Docking zur Optimierung Ihrer Transportkosten. Es unterstützt den Transport von HUs über verschiedene Distributionszentren oder Umladelokationen bis zum endgültigen Bestimmungsort. Die Vorteile dieses Szenarios bestehen darin, dass mehrere Lieferungen zu neuen Transporten konsolidiert werden können, dass gegebenenfalls das Transportmittel gewechselt werden kann oder dass sich Exportaktivitäten zentral abwickeln lassen. Die Entscheidung, ob ein Cross Docking auszuführen ist, fällt dabei nicht in SAP EWM, sondern in SAP ERP.

Der Prozess beginnt mit einer Umlagerbestellung in SAP ERP. Die Umlagerbestellung kann entweder automatisch mithilfe von SAP APO erzeugt werden oder manuell analog zur Beschreibung in Kapitel 3, »Beschaffungslogistik«. Nachdem im abgebenden Lager der Warenausgang gebucht und dem ERP-System mitgeteilt wurde, erhält das EWM-System, das ein Cross Docking durchführen soll, die notwendigen An- und Auslieferungen sowie die Information, welche Lieferpositionen für das Cross Docking relevant sind. Als Referenz dient die Bestellnummer der ERP-Umlagerbestellung. Sobald der Wareneingang gebucht ist, erzeugt SAP EWM die Lageraufgaben, um die Waren zur Warenausgangszone zu bewegen. Durch das Quittieren dieser Lageraufgaben wird die Ware physisch bewegt und abschließend der Warenausgang gebucht.

Ungeplantes Cross Docking

Beim *ungeplanten oder opportunistischen Cross Docking* wird situationsabhängig entschieden, ob Waren eingelagert werden sollen oder direkt in die Warenausgangszone gebracht werden können. Die Durchführung erfolgt hierbei entweder als eine Kommissionierung vom Wareneingang (*Pick From Goods Receipt*) oder als sogenanntes *Push Deployment*.

Kommissionierung im Wareneingang

Bei der *Kommissionierung vom Wareneingang* beginnt das Cross Docking im Wareneingang zunächst mit den üblichen Anlieferungen. SAP EWM versucht, die notwendigen Lageraufgaben zur Einlagerung zu erzeugen, und prüft in diesem Zusammenhang, ob bestehende Lageraufgaben für eine Kommissionierung ersetzt werden können. Zunächst ermittelt SAP EWM, ob die angelieferte Ware für eine Einlagerverzögerung relevant ist. Die Relevanz bestimmt sich nach der Lagerprozessart sowie der Bestandsart der Ware und führt dazu, dass die Erstellung der Lageraufgaben zur Einlagerung verzögert wird. Die Verzögerung dient dazu, in SAP APO zu überprüfen, ob eine Anlieferungsposition für ein Cross Docking relevant ist. Falls rückständige Aufträge vorhanden sind, wird automatisch ein Auslieferbeleg erstellt, die Ware in den Warenausgangsbereich umgeleitet und anschließend direkt zu einem Kunden oder einem anderen Lager gebracht.

Push Deployment

Beim sogenannten *Push Deployment* bestimmt SAP APO, ob die Waren von einem Lagerort an einen anderen umgelagert werden. Diese Entscheidung wird ebenfalls beim Wareneingang angestoßen und basiert auf einer Absatzprognose in SAP APO.

Beim ungeplanten, opportunistischen Cross Docking erfolgt die Cross-Docking-Entscheidung nicht in SAP EWM, sondern in SAP APO. Abweichend hiervon kann die Cross-Docking-Entscheidung auch in SAP EWM getroffen werden.

Opportunistisches Cross Docking in SAP EWM

Das opportunistische Cross Docking lässt sich auch vollständig in SAP EWM steuern. Ob eine Lieferposition für das Cross Docking relevant ist, richtet sich nach den in SAP EWM hinterlegten Einstellungen und wird nicht über SAP ERP oder SAP APO ermittelt. Das Cross Docking kann dabei sowohl für Anlieferungen als auch für Auslieferungen erfolgen. Dieses Cross-Docking-Verfahren basiert auf aktuellen Daten und setzt den Einsatz einer Radio-Frequency-Umgebung voraus. Um Inkonsistenzen zu vermeiden und aufgrund der notwendigen Aktualität werden daher nur Lageraufgaben verwendet, die einer RF-Umgebung zugeordnet sind.

Bei Anlieferungen sucht das System nach passenden Auslieferpositionen, sobald der Wareneingang gebucht ist und die Lageraufgaben zur Einlagerung erzeugt sind. Wenn keine Auslieferpositionen ermittelt werden können, werden die erzeugten Lageraufgaben ausgeführt, und die Ware wird eingelagert. Falls SAP EWM jedoch offene Kommissionierlageraufgaben gefunden hat, werden diese storniert. Anschließend werden neue Lageraufgaben zur Kommissionierung erzeugt und dem einzulagernden Bestand zugeordnet.

Die gleiche Funktion steht auch im Warenausgang zur Verfügung. Sobald eine Auslieferung und die dazugehörigen Kommissionierlageraufgaben erzeugt sind, sucht das System nach passenden Anlieferpositionen. Die gefundenen Lageraufgaben werden storniert, und das System erzeugt neue Lageraufgaben für die Auslagerung und weist den einzulagernden Bestand zu.

Torbelegungsplanung

Dock Appointment Scheduling

Mithilfe der Torbelegungsplanung, dem sogenannten *Dock Appointment Scheduling*, kann in SAP EWM die terminliche Planung der Torbelegung von Transporteinheiten vorgenommen werden. Mithilfe dieser Rampenplanung, einer grafischen Visualisierung der Ankunft von Fahrzeugen am Lager, können Sie die avisierten Transporteinheiten hinsichtlich Tor bzw. Rampe, Ladetermin sowie Zeitfenster planen und die Torbelegung realitätsnah abbilden und organisieren.

Grafische Planung von Ladeterminen

Das Planen der Ankunft von Fahrzeugen am Lager sowie das Be- und Entladen von Fahrzeugen ist ein wichtiger Bestandteil für eine effiziente Lagerverwaltung und für die Reduzierung von Wartezeiten. Die eigentliche Optimierung erfolgt durch die Vergabe von Ladeterminen in planbaren Zeitfenstern. Diese Ladetermine lassen sich manuell durch die Hofsteuerung und nach den Lagerressourcen ausgerichtet am Lagerstandort oder extern vom Spediteur erstellen. Die eigentliche Planung erfolgt mithilfe eines grafischen Planungs-Cockpits, dem sogenannten Versand-Cockpit.

Abbildung 7.84 zeigt eine Torbelegungsplanung im Versand-Cockpit. Am 05. August, zwischen 14:00 und 16:00 Uhr war die Ladestelle JENSK01 für das Beladen der Transporteinheit 6500004048 reserviert, die Ihnen aus dem Versand-Cockpit in Abbildung 7.81 bekannt ist. Durch diese Reservierung wird die Kapazität der Ladestelle (gekennzeichnet durch die rote Linie) von 15:30 bis 16:00 Uhr überschritten (siehe Kasten).

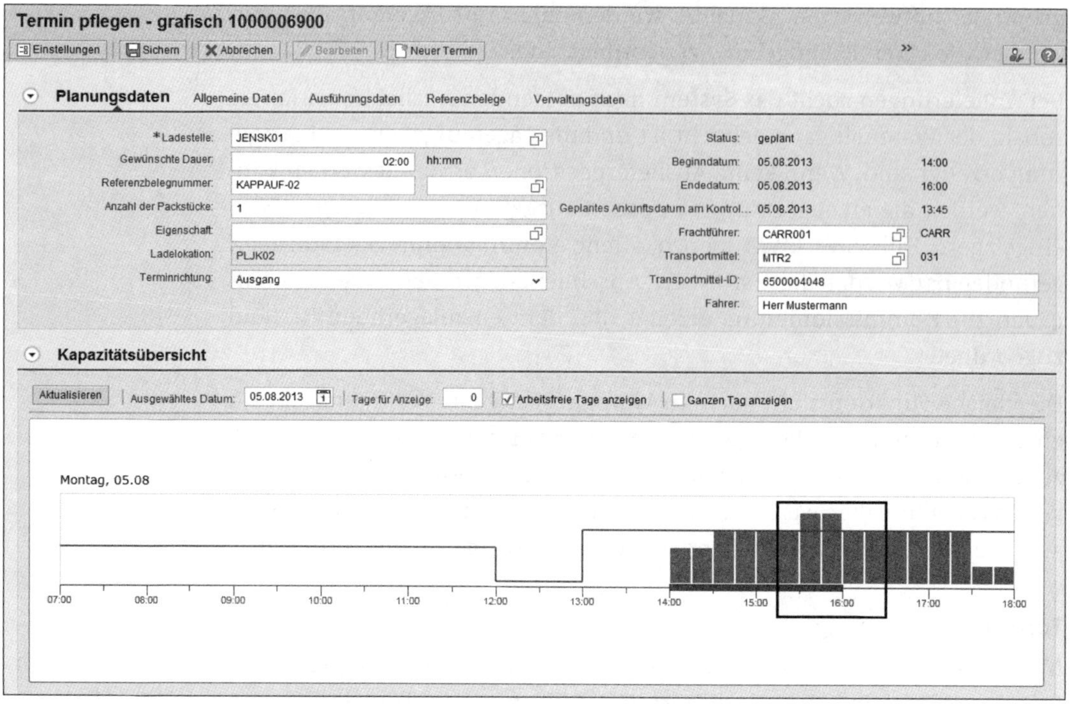

Abbildung 7.84 Torbelegungsplanung im Versand-Cockpit

Das Be- und Entladen von Transporteinheiten erfolgt in der Regel aufgrund einer vorausgegangenen Transportplanung. Im folgenden Abschnitt erläutern wir Ihnen die unterschiedlichen Möglichkeiten der Transportintegration näher.

Lagerleistungsabrechnung

Der Betrieb eines Lagers wird oft als Dienstleistung erbracht und dem Kunden regelmäßig in Rechnung gestellt. Zur Einhaltung von vertraglichen Verpflichtungen und um den hohen Anforderungen einer effizienten und genauen Rechnungsstellung von Dienstleistungen gerecht zu werden, benötigt man umfangreiche Funktionalitäten und Regeln zur Ermittlung und Abrechnung der erbrachten Leistungen im Lager.

Seit dem Release 9.3. bietet SAP EWM die Möglichkeit, Lagerleistungen entweder an einen Kunden zu verkaufen und die erbrachten Leistungen regelmäßig in Rechnung zu stellen oder entsprechende Leistungen bei einem externen Dienstleister einzukaufen und dafür automatisch Gutschriften zu erzeugen.

Lagerleistungen

Die im System definierten und fakturierbaren Lagerleistungen umfassen dabei neben der Anzahl von Lieferungen und den Lieferpositionen, der Anzahl von Lageraufträgen und Lageraufgaben auch produktspezifische Merkmale wie beispielsweise das Gewicht oder das Volumen des physischen Bestandes. Darüber hinaus können auch die Anzahl der genutzten Plätze sowie die Anzahl der HUs abgerechnet werden, die sich im physischen Bestand befinden.

Leistungsabrechnung

Die eigentliche Leistungsabrechnung erfolgt dabei auf Grundlage von Vereinbarungen, die in SAP TM gepflegt werden, und jeder Lagerleistung sind entsprechende Kosten zuordnet. Die im EWM erbrachten Lagerleistungen werden im EWM ermittelt und mit dem TM ausgetauscht, dort mit den entsprechenden Kostensätzen multipliziert und mit der Frachtkostenabwicklung des TM den internen oder externen Vertragspartnern in Rechnung gestellt.

7.5 Transportintegration

Mithilfe der *Transportintegration* können Sie beispielsweise Waren mehrerer Auslieferungsbelege mit demselben Transport versenden. Die Transportbedarfe basieren dabei in der Regel auf Kundenbestellungen oder Auslieferungen in SAP ERP. Gleiches gilt für Entladevorgänge und die nachfolgende Wareneingangsverarbeitung. Hier startet der Prozess mit einer Bestellung und einer anschließenden Anlieferung in SAP ERP. In beiden Fällen benötigt das Lagerverwaltungssystem zur Erfüllung der Transportbedarfe eine enge Integration mit dem Transportplanungssystem.

Integration in die Transportplanung

Die eigentliche Transportplanung kann hierbei sowohl in SAP ERP (Komponente LE-TRA) als auch mit dem SAP Transportation Management (SAP TM) erfolgen oder manuell – beispielsweise durch Zuordnung von Auslieferungen zu Transporteinheiten – in SAP EWM stattfinden. In beiden Fällen können sowohl SAP WM als auch SAP EWM mit dem verwendeten Transportplanungssystem integriert werden.

Transportplanung mit SAP ERP oder SAP TM

Die eigentliche Transportplanung für An- und Auslieferungen kann dabei entweder in *SAP Transportation Management* (SAP TM) oder in SAP ERP (Komponente LE-TRA) stattfinden. Wir stellen Ihnen in diesem Kapitel die Transportintegration und Prozesse mit beiden Transportplanungssystemen vor. Wir beschränken uns bei der Darstellung des zu integrierenden Lagersystems auf SAP EWM. Zugleich möchten wir Sie auf Kapitel 6, »Transportlogistik«, verweisen und Ihnen empfehlen, sich mit den Grundlagen und Funktionen des Transportmanagements mit SAP ERP (LE-TRA) sowie SAP TM vertraut zu machen.

[»]

Literaturempfehlung zu SAP TM

Für einen vertieften Einblick in die Integration von SAP EWM mit SAP TM empfehlen wir Ihnen außerdem das Buch *Transportation Management with SAP TM*, das ebenfalls bei SAP PRESS erschienen ist.

7.5.1 Transportintegration mit SAP ERP (LE-TRA)

Seit Release 7.0 Erweiterungspaket 1 (EHP 1) bietet SAP EWM die Möglichkeit, die Lieferabwicklung mit der ERP-Transportkomponente (LE-TRA) zu integrieren und über den ganzen Transportprozess hinweg zu überwachen. Die Integration der beiden Systeme basiert im Wesentlichen auf einer *IDoc-Schnittstelle*, die verschiedene Integrationsszenarien ermöglicht:

- Transportintegration für Anlieferungen
- Transportintegration für Auslieferungen

Das System unterstützt dabei die Transportplanung für Auslieferungen in SAP ERP sowie direkt in SAP EWM. Wir erläutern Ihnen in diesem Abschnitt die wesentlichen Zusammenhänge und Abläufe dieser Transportintegration. Abbildung 7.85 gibt Ihnen einen Überblick über die Transportintegration mit SAP ERP.

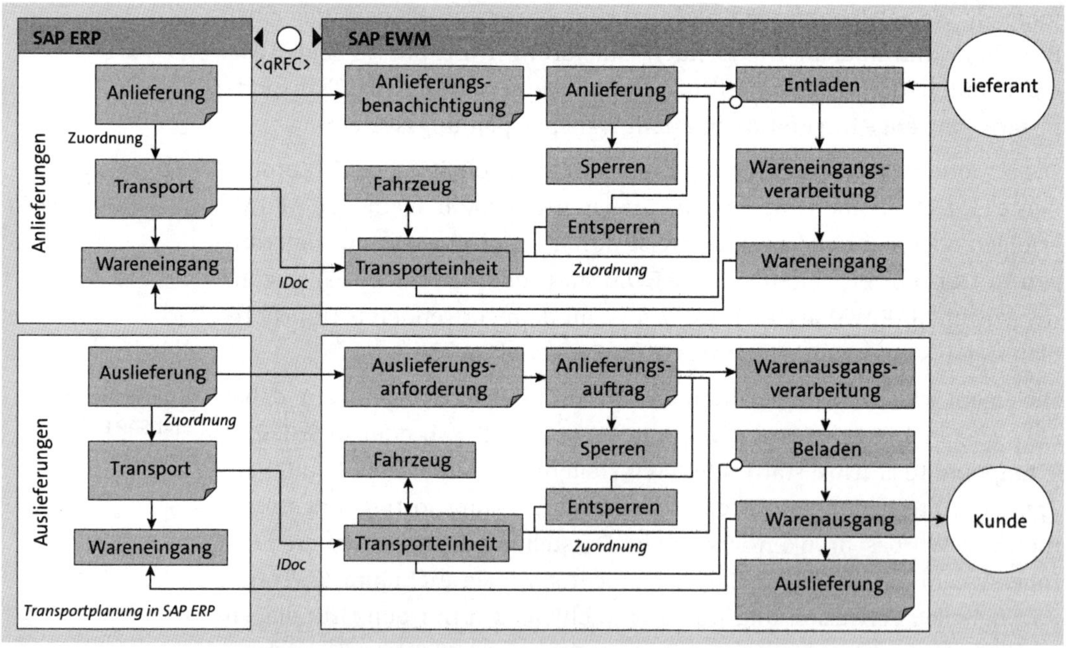

Abbildung 7.85 Transportintegration mit SAP ERP

Anlieferungen werden in der Regel mit Bezug zu einer Bestellung angelegt (siehe Kapitel 3, »Beschaffungslogistik«). Die Integration erfolgt zunächst durch die Replikation der Anlieferung von SAP ERP nach SAP SCM und durch das Erstellen einer Anlieferbenachrichtigung in SAP EWM (siehe Abschnitt 7.4.2, »Lagerorganisation und Lagerbewegungen«). Anders als bei der Replikation ohne Transportintegration werden die replizierten Anlieferungen zunächst für die Weiterverarbeitung gesperrt. Der Grund für die Sperre ist, dass mit der Eingangsverarbeitung der Anlieferungen ohnehin so lange gewartet werden muss, bis die Lieferung, also deren Transport, physisch das Lager erreicht.

Anlieferungen

Der Transport wird in SAP ERP angelegt und der Anlieferung zugeordnet (siehe Kapitel 6, »Transportlogistik«). Nach der Zuordnung, die durch Sichern des Belegs geschieht, werden die Transportinformationen über eine IDoc-Schnittstelle an SAP EWM repliziert. In SAP EWM wird hieraus für die zugeordneten Lieferungen automatisch eine Transporteinheit mit der entsprechenden Warenannahmeaktivität angelegt. Die Anlieferung wird dabei automatisch zur Weiterverarbeitung freigegeben. Nachdem der Transport das Lager erreicht hat und die Transporteinheit im Frachthof registriert wurde, kann mit dem Entladen und der Vereinnahmung der Ware begonnen werden.

Auslieferungen

Neben der Transportintegration für Anlieferungen unterstützt SAP EWM auch die Transportplanung für *Auslieferungen*. Die Planung und Zuordnung von Transporten kann dabei sowohl in SAP ERP als auch direkt, manuell in SAP EWM erfolgen. Voraussetzung für die Transportintegration ist zunächst eine Auslieferung in SAP ERP, die an SAP EWM repliziert wird und dort eine Auslieferungsanforderung und einen Auslieferungsauftrag anlegt.

Transportplanung in SAP ERP

Der Auslieferungsauftrag wird auf seine Transportplanungsrelevanz hin geprüft. Bei einer *Transportplanung* mit SAP ERP wird der Auslieferungsauftrag zunächst für die Weiterverarbeitung gesperrt. Der Grund für die Sperre besteht auch hier darin, dass mit dem Kommissionieren, Verpacken und Bereitstellen der Auslieferungen so lange gewartet werden muss, bis der Transport in SAP ERP angelegt wurde. Wie bei der Anlieferung wird auch in diesem Fall der Transport in SAP ERP angelegt und den zu transportierenden Lieferbelegen zugeordnet.

Mit dem Sichern des Transports in SAP ERP werden dessen Daten über die bereits erwähnte IDoc-Schnittstelle an SAP EWM weitergeleitet. Analog zur Anlieferung wird auch für die einem Transport zugeordneten Auslieferungen eine Transporteinheit angelegt, und die zu Beginn gesperrten Auslieferungsaufträge werden zur Weiterverarbeitung freigegeben. Nachdem die Ware kommissioniert, verpackt und verladen wurde, verlässt die Transporteinheit den Frachthof. In der Regel wird spätestens jetzt der Warenausgang in SAP EWM verbucht. Die Warenausgangsbuchung wird gleichzeitig an SAP ERP repliziert und führt dort neben der benötigten Bestandsbuchung auch zu einem Status-Update des Transportbelegs.

Transportplanung in SAP EWM

Im Gegensatz zu einer Transportplanung in SAP ERP kann die Planung auch direkt in SAP EWM stattfinden. Die an SAP EWM replizierten Auslieferungen sind als transportplanungsrelevant gekennzeichnet. Der wesentliche Unterschied zur Transportplanung mit SAP ERP besteht in diesem Fall darin, dass die Zuordnung der Auslieferungen zu den Transporteinheiten direkt in SAP EWM erfolgt. Nachdem die Ware kommissioniert und abschließend der Status der Transporteinheit auf »Warenausgang« gesetzt wurde, wird die Transporteinheit von SAP EWM in SAP ERP repliziert. Aus diesen Daten, zusammen mit der Information darüber, welche Auslieferungsaufträge der Transporteinheit zugeordnet waren, erzeugt SAP ERP den Transportbeleg und ordnet diesen rückwirkend den Auslieferungen zu.

7.5.2 Transportintegration mit SAP TM

Mit dem SAP-EWM-Release 9.0 wurde die bereits bestehende Transportintegration mit SAP ERP um die Integration mit SAP TM erweitert. Dadurch können Sie die SAP-TM-Transportplanung mit der Lieferungs- und Transportbearbeitung in SAP ERP sowie der Lagerplanung und Ausführung in SAP EWM integrieren.

[»]

Integration über SAP ERP

Mit dem Release 9.0 erfolgte die Integration der beiden Systeme nicht direkt, sondern über SAP ERP. Entgegen der nachfolgenden Beschreibung wurden die Daten über einen Zwischenschritt in SAP ERP ausgetauscht. Dieser Zwischenschritt bestand in der Anlage eines ERP-Transports, der als Bindeglied und Integrationsobjekt zwischen dem SAP-TM-Frachtauftrag und der Transporteinheit in SAP EWM diente. Wir beziehen uns in diesem Kapitel auf die neue Integration seit Release 9.1. Hierbei werden die Daten direkt, das heißt ohne das Erzeugen eines ERP-Transportbelegs (*Shipment*), zwischen SAP TM und SAP EWM ausgetauscht.

Grundlagen der Transportintegration

Wir haben Ihnen in Kapitel 6, »Transportlogistik«, die Grundlagen der auftrags- und lieferbasierten Transportplanung in SAP TM erläutert. In der Lagerverwaltung nutzen Sie in SAP EWM das Ergebnis dieser optimierten Verkehrsplanung und führen die notwendigen Eingangs- und Ausgangsverarbeitungen durch. Die Informationen aus den geplanten Frachtaufträgen werden dabei von TM direkt als Ladeterminanfrage an EWM gesendet. Neben der automatischen Erstellung von Transporteinheiten und Fahrzeugen plant SAP EWM die notwendigen Versandaktivitäten. Gleichzeitig werden die Transporteinheiten automatisch den entsprechenden Lieferungen oder Lieferpositionen zugeordnet. Durch diese enge Integration werden die lagerinternen Prozesse somit direkt vom Transportplanungsergebnis beeinflusst. Nachdem die Lagerprozesse ausgeführt und die Transporteinheiten entweder beladen oder entladen wurden, kommuniziert SAP EWM die Transportinformationen an das Transportplanungssystem, um die Transportausführung und Frachtabrechnung in SAP TM durchzuführen.

Integrationsszenarien

Aus logistischer Sicht dienen Warenbewegungen der kontrollierten Reduzierung oder Erhöhung von Lagerbeständen. Der Warenausgang ist dabei in der Regel der letzte Schritt in einem Vertriebsprozess, der mit einer Auslieferung ausgeführt wird und in der Regel mit einem Kundenauftrag begann. Aus Sicht der Distributionslogistik stellt er damit den Abschluss des Versands dar und dient als Schnittstelle zwischen interner und externer Logistik. Bei der Verarbeitung von Wareneingängen erfolgt die Vereinnahmung von Waren, die über die Prozesse der Beschaffungslogistik intern oder extern beschafft wurden. Aus Sicht des Lagerverwaltungssystems geht dem Wareneingang eine Anlieferung voraus, die sich in der Regel auf eine Bestellung bezieht.

Im Folgenden gehen wir auf die möglichen Integrationsszenarien ein und erläutern die wichtigsten Schritte in den jeweiligen Kernprozessen. Die Transportplanung erfolgt dabei entweder auf Basis der Aufträge (Kundenaufträge oder Bestellungen) oder aufgrund der Lieferbelege (Auslieferungen oder Anlieferungen). Im Rahmen der direkten Integration von SAP TM mit SAP EWM werden dann auf Basis der ERP-Lieferbelege die Prozesse aus Tabelle 7.4 unterstützt.

	Auslagerungen	Einlagerungen
Auftragsbasiert	Kundenaufträge	Bestellungen
Lieferungsbasiert	Auslieferungen	Anlieferungen

Tabelle 7.4 Liefer- und auftragsbezogene Transportbedarfe

Für beide Kernprozesse – Einlagerung und Auslagerung – bietet Ihnen SAP EWM eine Vielzahl von Gestaltungsmöglichkeiten und erlaubt die nahtlose Integration der jeweiligen Prozessschritte mit dem Transportplanungssystem.

Auslieferungsplanung mit Warenausgangsbearbeitung

Bei der Auslagerung sendet SAP TM auf Basis der erzeugten Frachtaufträge Ladeanforderungen an SAP EWM, plant daraufhin Transportaktivitäten und stößt die lagerspezifischen Prozessschritte der Auslagerung an – z. B. das Bereitstellen der Ware und die anschließende Beladung der Lkws. Durch die enge Integration der beiden Systeme kennt SAP TM stets den Status der Auslieferung und wird gegebenenfalls über Mengenabweichungen informiert. Bei der Auslagerung kann die Transportplanung in SAP TM entweder auftrags- oder auslieferungsbasiert erfolgen.

Lieferbasierter Transportbedarf

Bei der *lieferbezogenen Transportplanung* startet der Prozess mit dem Anlegen von Auslieferungen in SAP ERP (siehe Abbildung 7.87). Die Auslieferungen werden automatisch an SAP TM und SAP EWM verteilt. Lieferbasierte Transportbedarfe sind somit das Ergebnis der direkten Verteilung von Auslieferungen aus SAP ERP und die Basis für das Erstellen von Frachteinheiten in SAP TM.

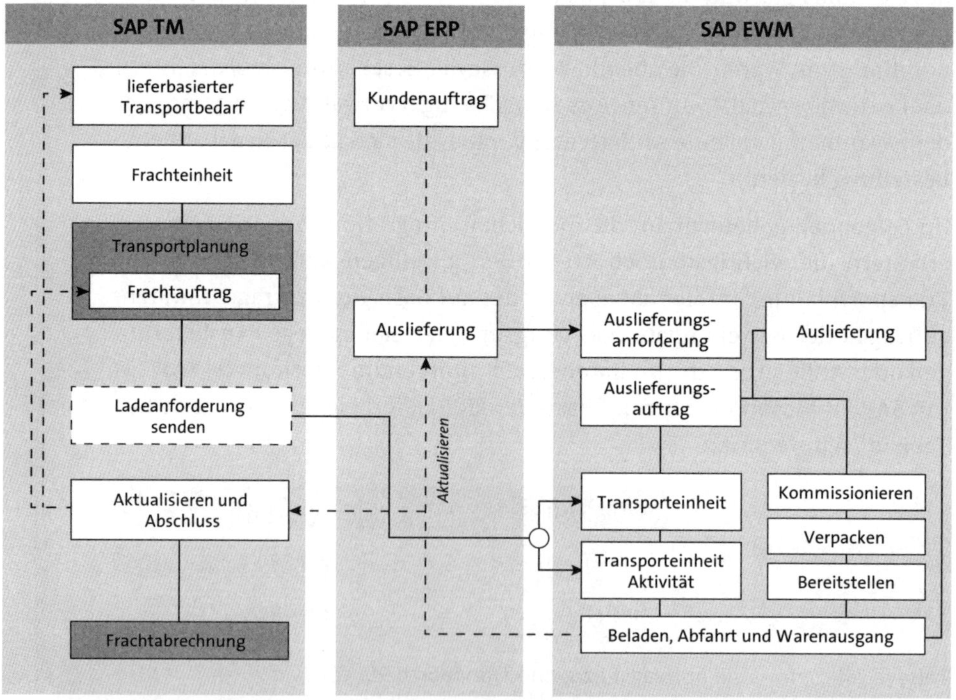

Abbildung 7.86 Lieferungsbezogene Integration der Auslagerung

Verteilung von Lieferungen

Abbildung 7.86 zeigt die lieferbasierte Integration mit Verteilung der Auslieferungen aus SAP ERP. Bei dieser direkten Integration werden die Lieferungen sowohl an SAP TM als auch an SAP EWM verteilt. In SAP EWM werden automatisch eine Auslieferungsanforderung und ein Auslieferungsauftrag angelegt (siehe auch Abbildung 7.70). In SAP TM werden automatisch lieferungsbasierte Transportbedarfe (siehe Abbildung 7.88) sowie die zugehörigen Frachteinheiten (siehe Abbildung 7.90) angelegt.

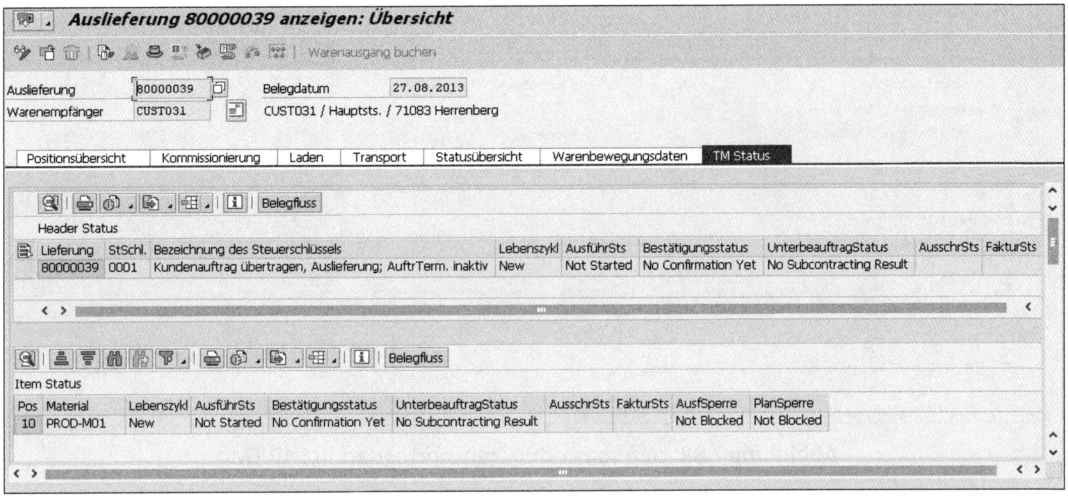

Abbildung 7.87 Auslieferung in SAP ERP (Transaktion VL03N)

Lieferbasierter Transportbedarf

Abbildung 7.87 zeigt eine Auslieferung 80000039 in SAP ERP. In diesem Beispiel wurde der Beleg an SAP TM verteilt. Der eigentliche Transport wurde bisher noch nicht ausgeführt. In SAP TM wurde aus der Lieferung ein *lieferbasierter Transportbedarf* (LTB) angelegt (siehe Abbildung 7.88). Der LTB 1190000055 enthält alle relevanten Informationen aus der ERP-Auslieferung, wie Produktinformationen, die gewünschte Menge sowie die zugeordneten Lokationen und die finale Destination des Warenempfängers. In diesem Beispiel bezog sich die Auslieferung ursprünglich auf einen Kundenauftrag 47. Mit diesen Informationen erzeugt das System automatisch Frachteinheiten, die dann die Grundlage für die Verkehrsplanung und Optimierung in SAP TM bilden. In unserem Beispiel wurde aus dem LTB die Frachteinheit 4100000210 erzeugt, um das auszulagernde Material auf einer Europalette an den Warenempfänger zu transportieren.

Auftragsbasierter Transportbedarf

Im Gegensatz zum lieferbezogenen Integrationsszenario leiten sich bei der auftragsbezogenen Transportplanung die Transportbedarfe und die zu bildenden Frachteinheiten aus Kundenaufträgen ab (*auftragsbasierter Transportbedarf*).

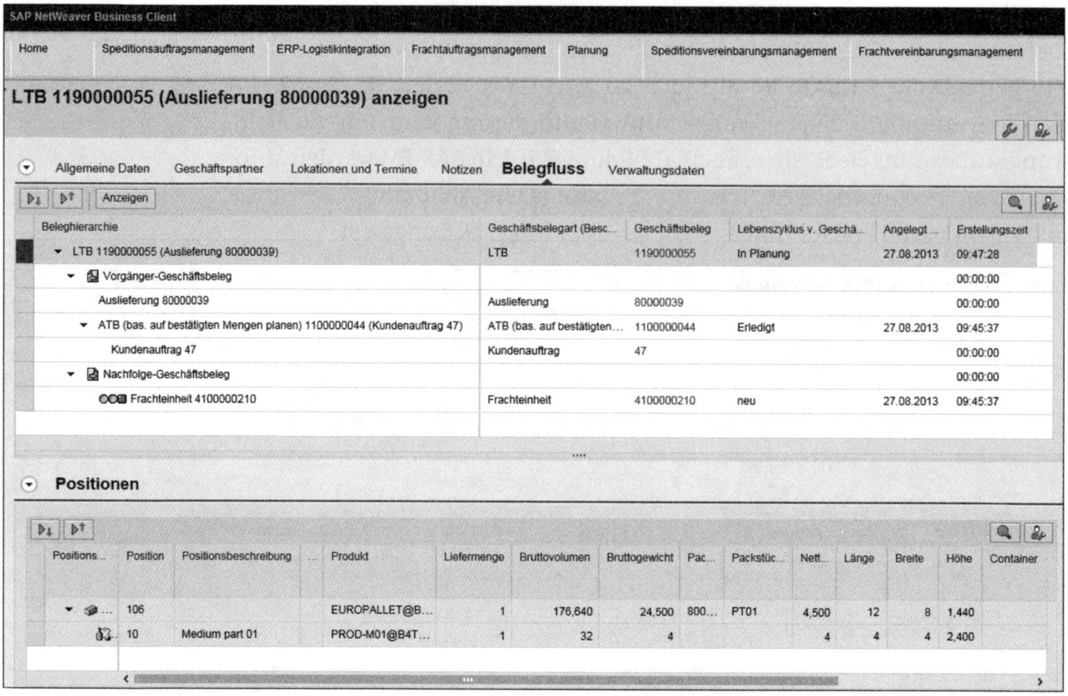

Abbildung 7.88 Lieferbasierter Transportbedarf in SAP TM

SAP ERP verteilt dabei die Aufträge direkt an das Transportplanungssystem. In SAP TM wird anschließend die Transportplanung durchgeführt, und auf Basis der zuvor angelegten Frachteinheiten werden die Frachtaufträge angelegt. Nach der Transportplanung stellen die erzeugten Frachtaufträge Liefervorschläge dar, die automatisch an SAP ERP verteilt werden. In SAP ERP werden dann mit Bezug auf die bereits existierenden Kundenaufträge automatisch SAP-ERP-Auslieferungen anlegt (siehe Abbildung 7.89).

Erzeugen von Liefervorschlägen

Die ERP-Auslieferungen werden anschließend, analog zur lieferbasierten Integration, an SAP TM übertragen und als Auslieferungsanforderung an SAP EWM verteilt. Bei der Übertragung an SAP TM wird ein lieferbasierter Transportbedarf angelegt und der Frachtauftrag mit der Lieferreferenz aktualisiert. Der auftragsbasierte Transportbedarf, der die Basis für die Transportplanung war, wird durch den lieferbezogenen Transportbedarf aus den Liefervorschlägen »abgebaut«.

Transportplanung in SAP TM

Die eigentliche Transportplanung erfolgt somit stets auf Basis der Transportbedarfe mit den Daten der zugeordneten Geschäftsbelege. Für die Güter, die zusammen durch die gesamte Transportkette transportiert werden sollen, wurden dabei zunächst Frachteinheiten angelegt.

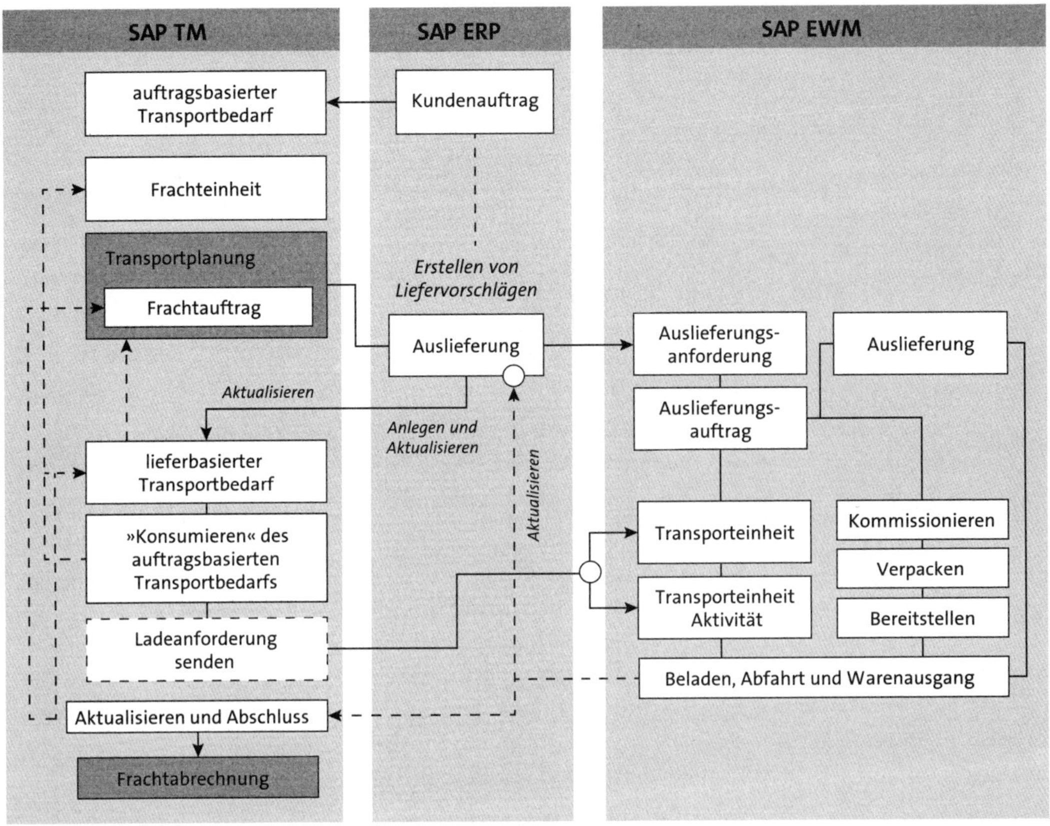

Abbildung 7.89 Auftragsbezogene Integration der Auslagerung

Das Ergebnis der Transportplanung ist der *Frachtauftrag*. Das Anlegen des Frachtauftrags kann dabei manuell oder als Ergebnis einer automatischen Transportplanung erfolgen. In unserem Beispiel wurde aus dem lieferbezogenen Transportbedarf die Frachteinheit 4100000210 angelegt (siehe Abbildung 7.90). Wir möchten Sie an dieser Stelle auch auf Kapitel 6, »Transportlogistik«, verweisen, das Transportplanung und -steuerung näher erläutert.

Beladeanweisung

Die Integration mit SAP EWM erfolgt auf Basis der Frachtaufträge durch Senden einer Ladeterminanfragenachricht. Wenn die Fracht bereit ist zum Laden und der Frachtausführungsstatus gesetzt wurde, wird diese *Beladeanweisung* automatisch als Ladeterminanfrage an SAP EWM übertragen. In SAP EWM werden automatisch Transporteinheiten und geplante Versandaktivitäten erstellt und die Auslieferungsaufträge den Transporteinheiten zugeordnet. Je nach Datum und Verfügbarkeit wird der Frachteinheit ein Tor für die geplante Ankunft zugeordnet. Abbildung 7.91 zeigt Ihnen den kompletten Belegfluss aus unserem Beispiel.

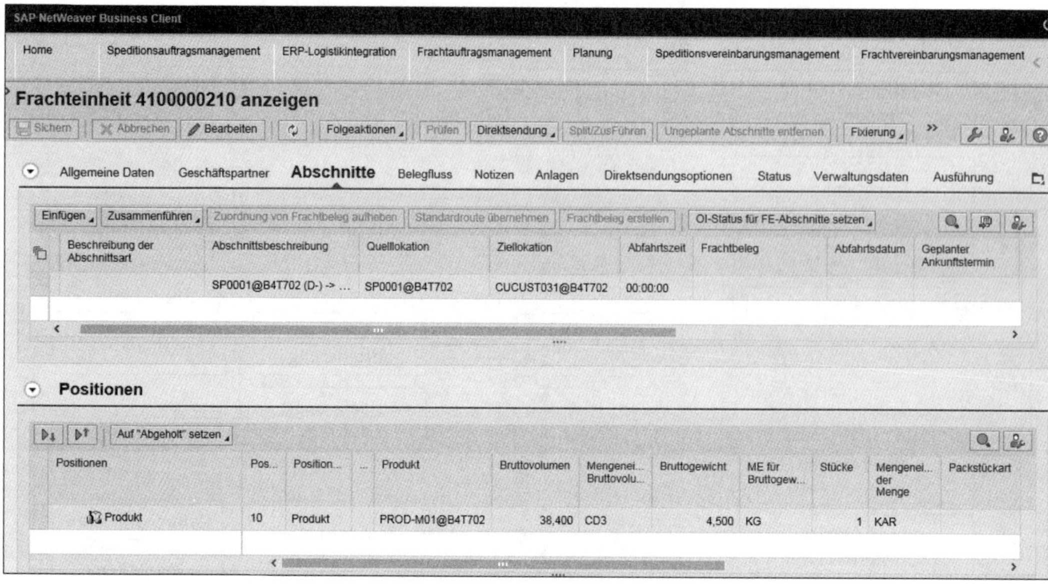

Abbildung 7.90 Frachteinheit in SAP TM

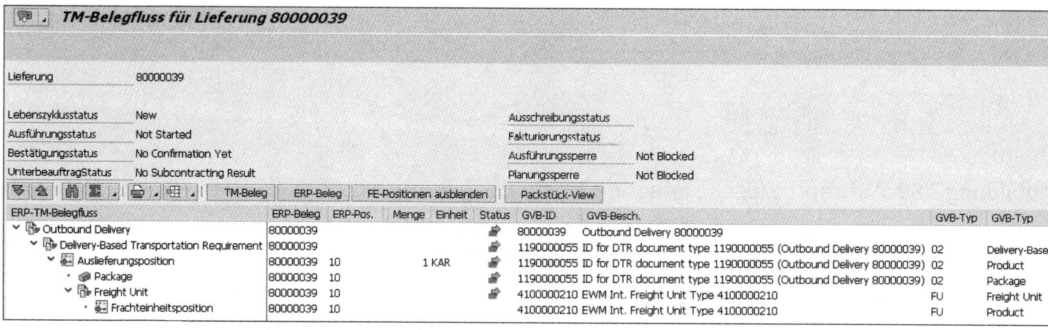

Abbildung 7.91 TM-Belegfluss in SAP ERP (Transaktion VL03N)

Auslagerung in SAP EWM

Auf Basis der Auslieferungsaufträge können die Lagermitarbeiter mit der Durchführung der Lageraktivitäten zur Auslagerung beginnen. Die durchzuführenden Tätigkeiten, beispielsweise das Kommissionieren, Verpacken und Bereitstellen der Ware, können dabei bereits vor der Ankunft der Transporteinheit auf Basis des Auslieferungsauftrags erfolgen. Abbildung 7.92 zeigt einen Auslieferungsauftrag für die ERP-Auslieferung 80000039 aus dem vorausgegangenen Beispiel. Der Auslieferungsauftrag wurde bereits der Frachteinheit zugeordnet und kennt über die SAP-ERP-Lieferung auch die Referenz zum Frachtbeleg in SAP TM.

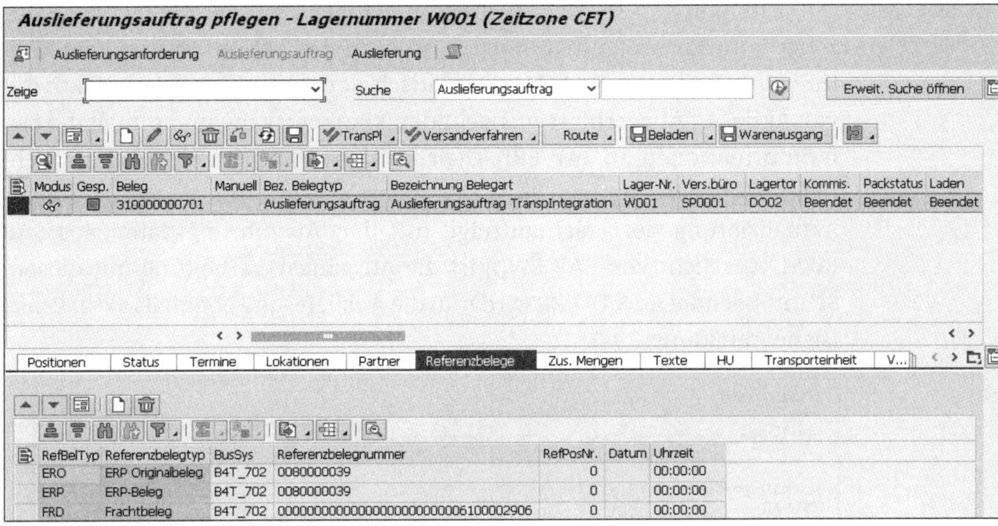

Abbildung 7.92 Auslieferungsauftrag in SAP EWM (Transaktion /SCWM/PRDO)

Beladen der Transporteinheit

Eine Voraussetzung für das Beladen ist die Ankunft der *Transporteinheit*. Die Transporteinheit oder das Fahrzeug, in der Regel ein Lkw, wird am Kontrollpunkt registriert und fährt zu dem zugewiesenen Tor. Das System ändert dabei automatisch den Status der terminierten Versandaktivität von **Geplant** auf **Aktiv**. Anschließend beginnen die Lagermitarbeiter mit dem Beladen. Das Beladen richtet sich dabei nach der verfügbaren Kapazität der Transporteinheit. In diesem Zusammenhang unterstützt SAP EWM nicht nur das Beladen von Transporteinheiten mit Ware aus verschiedenen Frachtaufträgen, sondern auch Teillieferungen und Liefersplits. Nach dem Beladen erzeugt das System die Auslieferung (siehe Abbildung 7.93), die Transportbelege werden gedruckt, und der Lkw ist bereit zur Abfahrt.

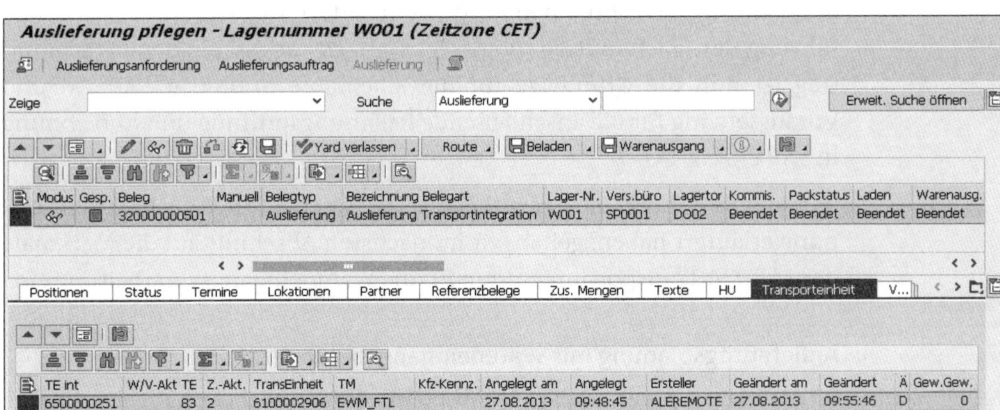

Abbildung 7.93 Auslieferung in SAP EWM (Transaktion /SCWM/FD)

Abfahrt und Warenausgang

Die Warenausgangsbuchung erfolgt in der Regel mit der Abfahrt des Fahrzeugs vom Kontrollpunkt. Nach Ausführen der Aktion *Abfahrt vom Kontrollpunkt* ändert SAP EWM automatisch den Status der Versandaktivität von **Aktiv** auf **Abgeschlossen**, bucht den Warenausgang und sendet die Lieferinformationen an SAP ERP. Gleichzeitig wird eine Ladeterminbenachrichtigungsmeldung an SAP TM gesendet und führt dort zu einer Aktualisierung der Frachtaufträge mit den Ausführungsdaten aus SAP EWM. Aus Sicht von SAP EWM ist die Ausgangsverarbeitung mit diesem Schritt beendet. In SAP ERP wird nun die Auslieferung ebenfalls aktualisiert (siehe Abbildung 7.94).

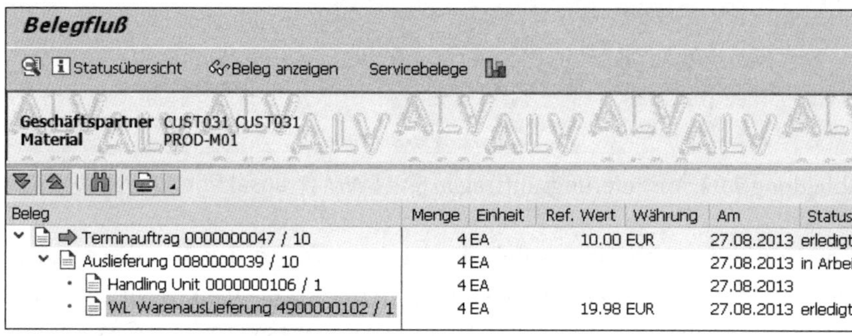

Abbildung 7.94 Belegfluss des ERP-Kundenauftrags nach Transportende (Transaktion VA03)

Abbildung 7.94 zeigt dabei den Belegfluss aus dem vorausgegangenen Beispiel. Die Auslieferung wurde mit den Verpackungs- und Warenbewegungsdaten aus SAP EWM aktualisiert.

Aktualisieren des Transportbedarfs

Die aktualisierten Lieferinformationen werden dann an SAP TM weitergeleitet und aktualisieren dort die »verbrauchten« Transportbedarfe und die dazugehörigen Frachteinheiten. Mit dem Ende des Transports wird die Ausführung des Frachtauftrags abgeschlossen. Der abgeschlossene Frachtauftrag ist nun die Grundlage für die Frachtabrechnung in SAP TM und Voraussetzung für die anschließende Rechnungsprüfung und Abrechnung in SAP ERP.

Nachdem wir Ihnen die wesentlichen Prozessschritte der Auslieferungsplanung erläutert haben, gehen wir im nächsten Abschnitt auf die Merkmale der SAP-TM-Transportintegration für die Wareneingangsverarbeitung ein.

Anlieferungsplanung mit Wareneingangsbearbeitung

Wir erläutern Ihnen in diesem Abschnitt die wesentlichen Prozessschritte der Integration. Die Prozessabläufe in der externen Beschaffung haben wir in Kapitel 3, »Beschaffungslogistik«, beschrieben. Die Wareneingangsverarbeitung mit SAP EWM haben wir in Abschnitt 7.4.3, »Wareneingang«, näher geschildert.

Die Transportplanung für Anlieferungen führt in SAP EWM zur Wareneingangsbearbeitung. Die Transportplanung in SAP TM kann auch in diesem Szenario auftrags- oder lieferbasiert durchgeführt werden, das heißt in Bezug auf Bestellungen oder Anlieferungen. Nach Durchführung der Transportplanung werden auch in diesem Szenario die Frachtaufträge bzw. die notwendigen Aktivitäten an SAP EWM gesendet und bilden dort die Grundlage, um die lagerbezogenen Schritte auszuführen, beispielsweise das Entladen, die Qualitätsprüfungen und die abschließende Einlagerung.

Lieferbasierter Transportbedarf

Abbildung 7.95 zeigt die Integration bei der *lieferbasierten Transportplanung* in SAP TM. In diesem Szenario ist SAP ERP das führende System für die Bestandsplanung, Nachschubsteuerung und externe Beschaffung. Der Prozess beginnt daher in SAP ERP mit einer Anlieferung. Die ERP-Anlieferung wird an SAP TM gesendet und erzeugt dort automatisch einen lieferbasierten Transportbedarf sowie die zugehörigen Frachteinheiten. Die ERP-Anlieferung in SAP ERP bezieht sich dabei in der Regel auf eine existierende Bestellung oder kann diese auf Basis der Einkaufsinfosätze (siehe Abschnitt 3.2.3, »Einkaufsinfosatz«) automatisch erzeugen.

Auftragsbasierter Transportbedarf

Bei der *auftragsbasierten Transportplanung* erfolgt die Integration über die ERP-Bestellungen oder Kundenretouren, die an SAP TM verteilt werden. In SAP TM werden für die verteilten Bestellungen oder Retourenaufträge automatisch auftragsbasierte Transportbedarfe und die dazugehörigen Frachteinheiten angelegt. SAP TM führt danach die Transportplanung durch und erzeugt auf Basis der zuvor angelegten Frachteinheiten einen Frachtauftrag und Liefervorschläge, die an SAP ERP verteilt werden. In SAP ERP werden daraus mit Bezug zu den Bestellungen Anlieferungen angelegt. Die Anlieferungen werden wieder an SAP TM übertragen und aktualisieren dort die Frachtaufträge mit der SAP-ERP-Lieferreferenz.

Lieferbezogener Transportbedarf

Analog zur Auslieferungsplanung mit SAP TM kann auch bei der Anlieferung der Transportbedarf in SAP TM aus den Lieferbedarfen resultieren. Die Erstellung der Anlieferungen mit Referenz zu den Bestellungen obliegt in diesem Szenario SAP ERP (siehe Abschnitt 3.5, »Anlieferung und Rechnungsprüfung«). Die Lieferbedarfe werden dann zusammen mit den Frachteinheiten durch die Verteilung der ERP-Anlieferung an SAP TM erzeugt, in dem anschließend die Transportplanung stattfindet. Im Gegensatz zur auftragsbasierten Integration werden keine Lieferungen an SAP ERP übertragen (siehe Abbildung 7.95).

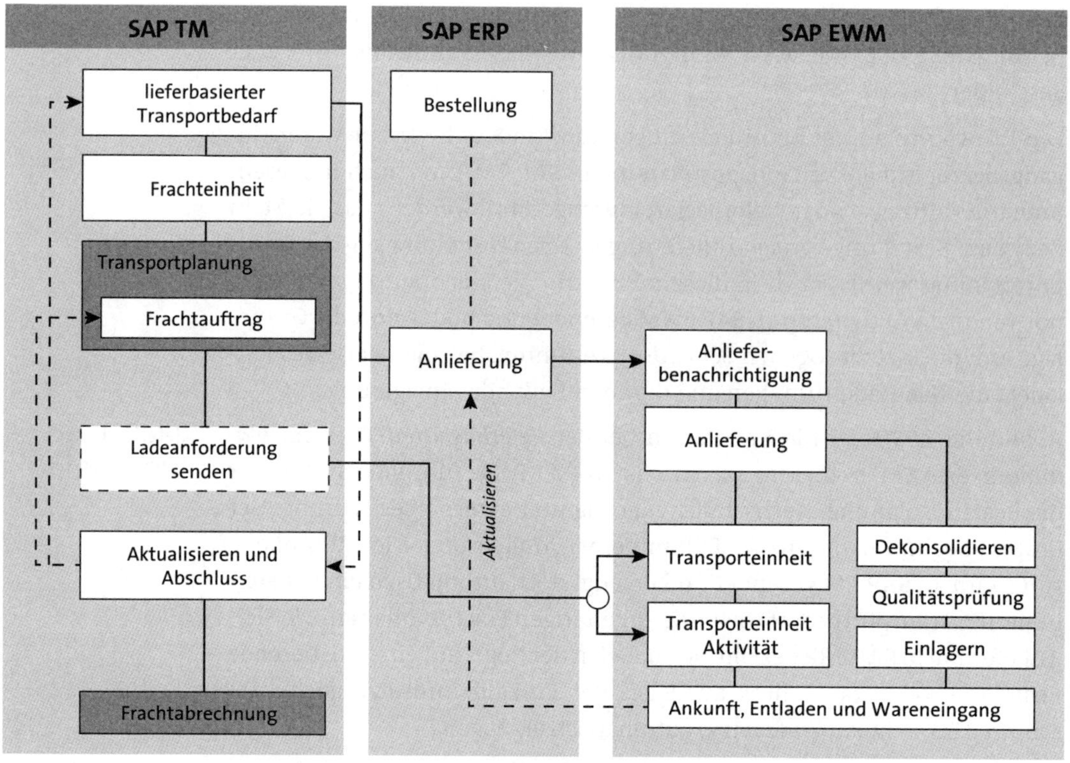

Abbildung 7.95 Lieferungsbezogene Integration der Einlagerung

Integration mit SAP EWM

Die Integration mit SAP EWM erfolgt auch bei der Anlieferungsplanung analog zur Wareneingangsverarbeitung, die Sie bereits in Abschnitt 7.4.3, »Wareneingang«, kennengelernt haben. Die ERP-Anlieferungen werden an SAP EWM verteilt. In SAP EWM werden automatisch eine Auslieferungsbenachrichtigung und eine Anlieferung angelegt (siehe auch Abbildung 7.54).

Transportplanung in SAP TM

Die Transportplanung erfolgt in SAP TM auf Basis der existierenden Transportbedarfe und Frachteinheiten. Das Erzeugen des Frachtauftrags erfolgt hierbei entweder manuell oder automatisch als Ergebnis der Transportplanung. Die Integration mit SAP EWM erfolgt ebenfalls auf Basis der Frachtaufträge durch Senden einer Ladeterminanfragenachricht. Wenn die Fracht zum Entladen bereit ist und der Frachtausführungsstatus gesetzt wurde, wird diese Entladeanweisung automatisch als Ladeterminanfrage an SAP EWM übertragen. In SAP EWM werden automatisch Transporteinheiten und geplante Versandaktivitäten erstellt und die Anlieferungen den Transporteinheiten zugeordnet. Voraussetzung für die Zuordnung ist eine existierende Anlieferung. Nur wenn die Anlieferung bereits existiert, kann das System den Status ändern und die Nachricht an SAP EWM versenden.

In EWM können nun die notwendigen Schritte für den Wareneingang durchgeführt werden.

Einlagerung in SAP EWM

Voraussetzung für das Entladen ist die Ankunft der Transporteinheit. Die Transporteinheit oder das Fahrzeug, in der Regel ein Lkw, wird am Kontrollpunkt registriert und fährt zu dem zugewiesenen Tor. Das System ändert dabei automatisch den Status der terminierten Warenannahmeaktivitäten von **Geplant** auf **Aktiv**, anschließend können die Lagermitarbeiter mit dem Entladen der Ware beginnen. Nach dem Entladen wird die Ware in der Regel eingelagert und der Wareneingang gebucht. Der Lkw oder die Transporteinheit verlässt das Tor oder wird bei einem aktiven Yard Management auf den Lagervorplatz bewegt. Anschließend wird bei der Abfahrt vom Kontrollpunkt der Status der Warenannahmeaktivität von **Aktiv** auf **Abgeschlossen** geändert.

In SAP TM wird anschließend der Frachtauftrag abgeschlossen. Der abgeschlossene Frachtauftrag ist nun die Grundlage für die Frachtabrechnung in SAP TM und Voraussetzung für die anschließende Rechnungsprüfung und Abrechnung in SAP ERP.

7.5.3 Transitlager-Integration

Im vorigen Abschnitt haben wir Ihnen ein Prozessbeispiel mit SAP EWM auf Basis von Standardintegrationsszenarien mit SAP TM erläutert. In diesem Zusammenhang haben wir die integrations- und lagerinternen Prozesse für An- und Auslieferungen anhand eines typischen Szenarios für Verteilzentren erklärt.

Transitlager

Lassen Sie uns nun auf die Integration mit SAP EWM aus der Perspektive eines Transitlagers schauen. Die Globalisierung bringt es mit sich, dass Produkte manchmal Tausende von Kilometern reisen müssen, bevor sie den Empfänger erreichen. Dabei sind, insbesondere in globalen Transportketten, zahlreiche Partner in einer *Supply Chain* verbunden. Diese Partner müssen den Logistikprozess *»End-to-End«* über den Transport hinaus effizient durchführen. Neben dem *Handling*, der Konsolidierung und dem Umladen bei einem Verkehrsmittelwechsel zählen dazu auch die Umlagerung, das Bereitstellen und die vorübergehende Einlagerung in Transportlagern. Das allgemeine Ziel ist es, die physikalischen Distanzen und zeitlichen Abstände zwischen dem Ort der Verladung und dem Ort, an dem die Produkte ausgeliefert werden, zu überbrücken und nahtlos in die Transportkette zu integrieren.

Um einen effizienten Transport zwischen zwei entfernten Orten zu ermöglichen, sind diverse Transportmittel (z. B. Züge, Schiffe, Lastwagen oder

Flugzeuge) erforderlich. Das Umschlaglager wird daher nur für eine extrem kurze Zeitspanne verwendet, um die Produkte auf ein anderes Transportmittel zu übertragen. Dies verringert die Anzahl der Transportverbindungen zwischen den Versand- und Zielpunkten. Der Schwerpunkt liegt dabei auf Bewegungsprozessen im Lager. Aus diesem Grund geht es in erster Linie nicht um hohe Lagerkapazitäten, sondern im Wesentlichen um hohe Umschlaggeschwindigkeiten.

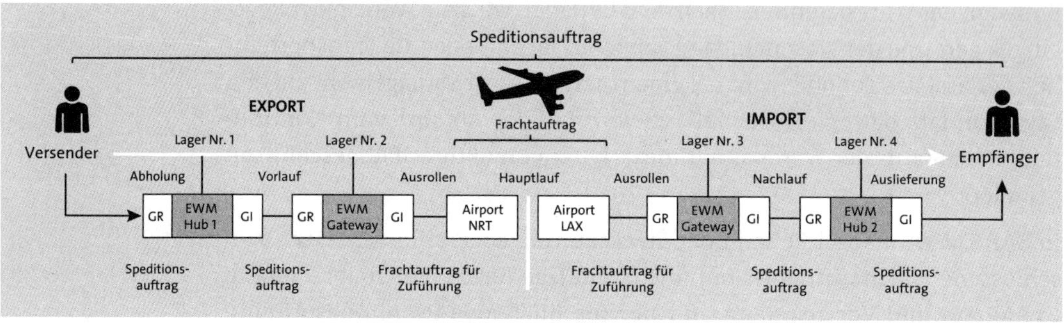

Abbildung 7.96 Transitlager bei Luftfracht

Abbildung 7.96 zeigt exemplarisch einen Luftfrachtprozess, bei dem das Frachtgut vom Versender an den Empfänger transportiert wird. Nach der Abholung der Ware erfolgen zunächst ein Wareneingang und eine Konsolidierung im Hub (Lager 1). Daran schließt sich ein Vorlauf an, bei dem die Packstücke an ein Luftfracht-Gateway (Lager 2) transportiert und anschließend in das Flugzeug geladen werden. In einem Hauptlauf werden sie an das Import-Gateway (Lager 3) transportiert. Von dort erfolgen die Verteilung (Lager 4) und abschließend die Auslieferung an den Empfänger.

Funktionen in SAP TM 9.3 und EWM 9.3

Seit SAP TM 9.3 können Spediteure gemeinsam mit SAP EWM 9.3 SAP TM nutzen, um solche Transportnetzwerke abzubilden und den Warenumschlag in Transitlagern effizient zu verwalten. Diese Vorgänge umfassen typischerweise den Transport, den Umschlag und die Lagerung von Produkten in einem integrierten, systemübergreifenden Transportszenario. In diesem Zusammenhang ist das Transportmittel eng mit den kommerziellen Faktoren und den Eigenschaften der zu transportierenden Güter verknüpft.

Integration von SAP TM und SAP EWM

Die Integration von SAP EWM und SAP TM basiert daher auf den Informationen, die über die SAP-TM-Frachtbuchungen und -Frachtaufträge an SAP EWM übertragen werden. Nach der Transportplanung in SAP TM werden die Frachtbelege mit den im TM erzeugten Transporteinheiten (TE), auf denen die Frachteinheiten konsolidiert werden, an das EWM gesendet. Anschließend werden die lagerspezifischen Prozessschritte ausgeführt.

SAP EWM wurde dafür mit neuen Transaktionen ausgestattet, um beispielsweise Frachtaufträge aus dem TM darzustellen (siehe Abbildung 7.97).

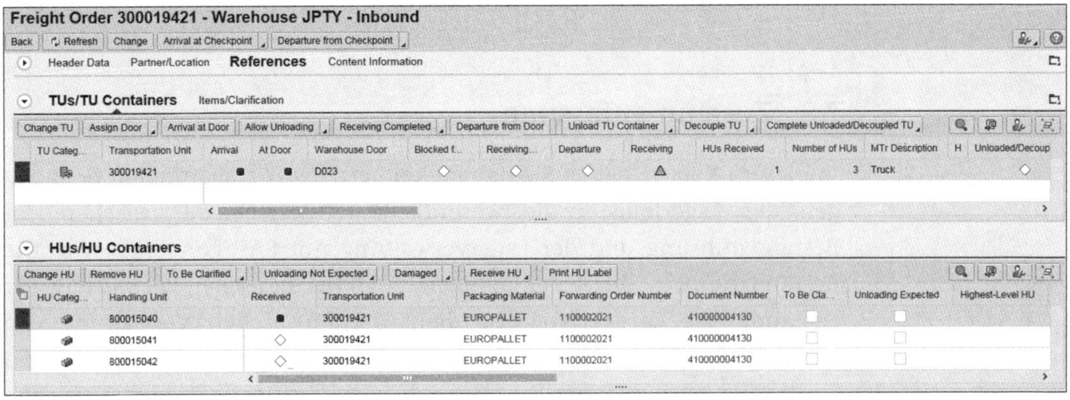

Abbildung 7.97 TM-Frachtauftrag in SAP EWM

Abbildung 7.97 zeigt exemplarisch einen TM-Frachtauftrag 300019421 mit der Transporteinheit 300019421. Die Transporteinheit wurde bereits am Tor abgefertigt (Status **Arrival** und **At Door**). Sie besteht aus drei Packstücken (HUs); eine davon wurde bereits entladen (Status **Received**). Durch die enge Integration zwischen den beiden Systemen wird das TM benachrichtigt, ob z. B. der Lkw bzw. der Anhänger in EWM bereits be- oder entladen wurde und ob beispielsweise Mengenabweichungen vorliegen. Hierbei können im EWM beispielsweise folgende Ausnahmen auftreten, die an das TM kommuniziert werden können:

- sunerwarteter Packstücke
- Beschädigung von Packstücken
- falsche Anzahl von Packstücken (Mehr- oder Mindermengen)

Lagerprozesse im Transitlager

Zu den typischen Lagerprozessen in einem Transitlager zählen insbesondere das Be- oder Entladen bzw. die Bereitstellung der Fracht auf Bereitstellungszonen und das Zwischenlagern bis zum Weitertransport. Dabei – und im Gegensatz zu den üblichen produktbasierten Lagerprozessen – verzichtet die Integration des Transitlagers gänzlich auf Produktinformationen und verwendet ausschließlich Packstücke, die in SAP EWM als Handling-Unit (HU) abgebildet werden. Die eigentliche Bestandsführung erfolgt demnach ausschließlich basierend auf den HUs, wobei die notwendigen Bestandsattribute in den Anlieferpositionen abgelegt werden. Zu diesen Informationen zählen insbesondere die Eigenschaft als Gefahrgut, Hinweise über die Stapelbarkeit der HUs, der Zollstatus sowie die Verwaltung von Siegeln oder die Information darüber, ob die HU bereits kontrolliert wurde und in einem sicheren Bereich steht. Die Sicherheitsüberprüfung ist dabei insbesondere für die Luftfracht interessant. Die HU selbst kann aufgrund des nicht benötigten Materialstamms auch nicht entpackt werden.

7.6 Zusammenfassung

In diesem Kapitel haben Sie neben den betriebswirtschaftlichen Grundlagen der Lagerlogistik die wesentlichen Unterschiede zwischen der Bestandsführung und der Lagerverwaltung mit SAP kennengelernt. Die Bestandsführung dient der mengen- und wertmäßigen Verwaltung der Bestände; die Lagerverwaltung dient der physischen Verwaltung von Beständen auf Lagerplätzen sowie der Verwaltung von Bewegungen im Zusammenhang mit den Prozessen der Beschaffungs-, Produktions- und Distributionslogistik.

Von einem leistungsfähigen Lagerverwaltungssystem wird nicht nur die operative Verwaltung von Materialien und ihren Lagerplätzen erwartet, sondern auch die durchgehende Steuerung und Kontrolle von Materialfluss, Betriebsmitteln und Personal – vom Wareneingang über alle Lager- und Bearbeitungsstufen bis zum Warenausgang.

Mit dem Warehouse Management (WM) und dem SCM-basierten SAP Extended Warehouse Management (SAP EWM) bietet die SAP Business Suite gleich zwei unterschiedliche Systeme, mit denen sich die Bestände im Lager verwalten und steuern lassen. Der jeweilige Einsatzbereich hängt letztendlich von den betriebswirtschaftlichen Anforderungen des Unternehmens ab.

Funktional stellt SAP EWM eine konsequente Weiterentwicklung der bereits in WM vorhandenen Funktionen dar und wird zusätzlich den lagerlogistischen Anforderungen gerecht, die bisher nur eingeschränkt abgedeckt wurden. SAP EWM eignet sich dabei insbesondere für Logistikdienstleister, den Handel oder Unternehmen der Ersatzteillogistik. Solche Unternehmen betreiben mehrere Lager mit hohem Durchsatz und Automatisierungsgrad sowie komplexen Optimierungsstrategien und fordern eine einheitliche, übergreifende Steuerung. SAP EWM bietet neben der prozess- und layoutorientierten Lagerungssteuerung mehrstufige innerbetriebliche Transporte über Lageraufgaben sowie die eingebaute Möglichkeit der Lagerautomatisierung und -steuerung.

In diesem Kapitel haben wir Ihnen beide Systeme vorgestellt und ihre wesentlichen Unterschiede und Funktionsmerkmale anhand von durchgängigen Prozessbeispielen erläutert. Im letzten Abschnitt haben wir Ihnen die Integration der beiden Lagersysteme mit der Transportplanung erklärt.

Seit Herbst 2016 bietet SAP S/4HANA mit dem Release 1610 die Möglichkeit, SAP EWM als integrierte Lagerverwaltung einzusetzen und mittelfristig die Funktionen von WM komplett abzulösen. In Kapitel 9, »Logistik mit SAP S/4HANA«, werden wir die wesentlichen Funktionen kurz erläutern und Ihnen einen Überblick über die Neuerungen geben.

Kapitel 8

Kontrolle und Berichtswesen

Die Kontrolle von Logistikprozessen und die anschließende Bereitstellung von Auswertungen und Berichten sind wichtige begleitende Funktionen für eine effiziente Gestaltung und Ausführung aller Arten von Supply-Chain-Aktivitäten. In diesem Kapitel erfahren Sie, welche Möglichkeiten das SAP-System dafür bereitstellt.

In diesem Kapitel erläutern wir Ihnen drei wichtige SAP-Komponenten, mit denen Sie die Supply Chain automatisieren können und die Ihnen einen besseren Überblick über Ihre Prozesse verschaffen: SAP Event Management, SAP Auto-ID Infrastructure, SAP Object Event Repository sowie verschiedene Reporting-Werkzeuge, z. B. SAP BW oder SAP S/4HANA Embedded Analytics. All diese Komponenten ermöglichen es Ihnen auf unterschiedliche Weise und unter verschiedenen Aspekten, Ihre Prozesse im Blick und unter Kontrolle zu behalten.

8.1 SAP Event Management

Universelles Werkzeug zur Ereigniskontrolle

SAP Event Management (SAP EM) können Sie einsetzen, um den Status Ihrer Warenbewegungen zu überprüfen und sichtbar zu machen (Visibility, Tracking & Tracing). Sie können auch Leistungsdaten für eigene Prozesse und Partnerprozesse definieren und in Ihre SAP-Systeme einbinden.

In diesem Zusammenhang unterstützt SAP EM Sie flexibel dabei, Ihre Anforderungen zur Verfolgung von Prozess- oder Objektstatus umzusetzen. Da es keine »vorgefertigten«, zweckgebundenen Objekte in SAP EM gibt (wie z. B. einen Auftrag), haben Sie die Möglichkeit, durch die Konfiguration geeigneter Objektarten, Prozessschritte und Reaktionen einen auf Ihre Zwecke zugeschnittenen Statusprozess zu modellieren und aufzubauen. Wenn Sie z. B. den Prozessstatus einzelner Auftragspositionen überwachen möchten, können Sie dafür einen Event-Management-Prozess konfigurieren.

SAP EM hat sich mittlerweile als Standardsystem für das *Tracking & Tracing* innerhalb der SAP-Logistik durchgesetzt. Daher sind viele Logistikprozesse bereits von Haus aus für die Verwendung mit SAP EM vorkonfiguriert.

8.1.1 Grundlegende Eigenschaften von SAP EM

Event Handler

Die wesentlichen Objekte in SAP EM heißen *Event Handler*. Sie ermöglichen die Verfolgung einzelner Statusprozesse und die Definition ihrer Eigenschaften. Ein Event Handler kann ein materielles Gut oder Objekt repräsentieren, z. B. eines der folgenden Elemente:

- eine Palette, die als Umverpackung einer zu verfolgenden Warensendung verwendet wird (Das heißt, man interessiert sich eigentlich für die Ware, nicht für die Palette.)
- einen Container, der als Anlagegut während der gesamten Zeit des Besitzes verfolgt wird
- eine Maschine, die in ihrer Funktion überwacht und protokolliert wird
- eine Sendung (z. B. ein Expresspaket), die von der Abholung bis zur Ablieferung verfolgt wird

Sie können aber auch einen Prozess oder einen nicht materiellen Vorgang verfolgen, z. B.:

- einen Auftrag, der verschiedene Bearbeitungsstatus durchläuft
- einen Zahlvorgang, der zum Ausgleich einer Rechnung führen soll
- eine Bestellung, die von Ihnen erstellt wird, vom Anforderungszeitpunkt bis zur Lieferung

Event-Handler-Lebenszyklus

Eine Gemeinsamkeit aller Event Handler ist das Vorhandensein eines *Lebenszyklus*: Event Handler werden durch einen bestimmten Vorgang ins Leben gerufen, existieren dann eine Zeit lang und werden schließlich durch ein bestimmtes Ereignis deaktiviert. Der Lebenszyklus eines Event Handlers kann von unterschiedlicher Dauer sein. Dabei können Event Handler eine große Anzahl von Ereignissen verarbeiten. Tabelle 8.1 stellt anhand dreier Beispiele typische Daten für den Lebenszyklus eines Event Handlers dar.

Event-Handler-Art / Eigenschaft	Ausschreibung	Sendung	Container
Lebensdauer	4 Stunden	6 Wochen	3–5 Jahre
Anzahl der Ereignisse	3–5	15–20	>5.000

Tabelle 8.1 Typische Event-Handler-Arten und ihr Lebenszyklus

[«]

Hohe Leistung und Geschwindigkeit

SAP EM ist für die Verarbeitung umfangreicher Szenarien und großer Datenmengen ausgelegt. Viele große Post-Unternehmen verwenden SAP EM für das Paket-Tracking mit mehreren Milliarden Ereignisnachrichten pro Jahr.

Während des Lebenszyklus eines Event Handlers können unterschiedliche Arten von Ereignissen auftreten. Diese zeigt Abbildung 8.1.

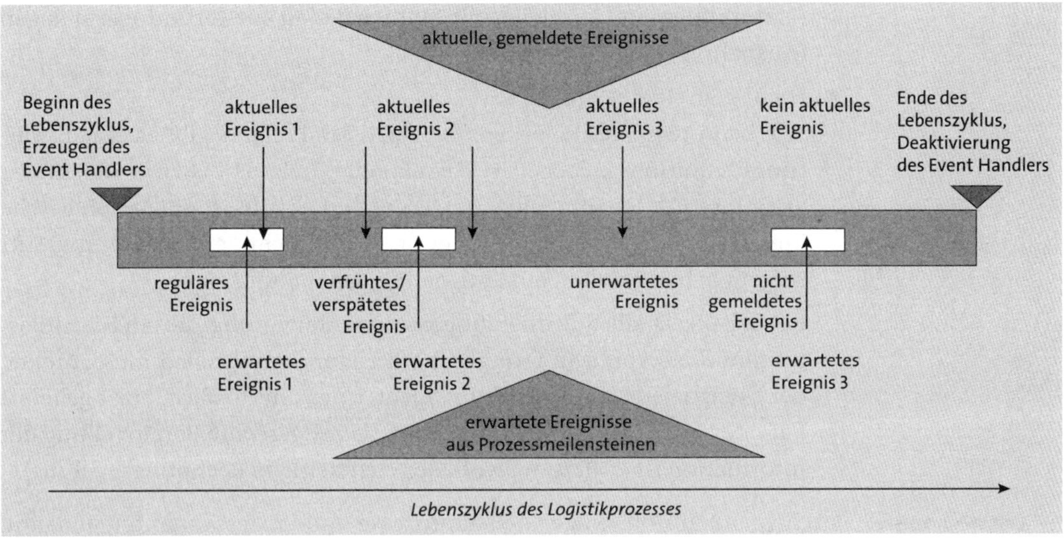

Abbildung 8.1 Ereignisarten in SAP EM

Ereignisarten

Betrachten wir die verschiedenen Ereignisarten entlang des Lebenszyklus etwas genauer:

- **Reguläres Ereignis**

  Das Ereignis ist als Prozessmeilenstein entweder schon im Applikationssystem oder während des Prozessablaufs bekannt und wird in SAP EM als erwartetes Ereignis gespeichert. Das Ereignis darf während eines definierten Zeitraums eintreten. Das aktuelle Ereignis tritt auch, wie erwartet, während des Zeitraums ein.

  Beispiel: Eine Warensendung soll beispielsweise zwischen 10:00 und 12:00 Uhr ausgeliefert werden und wird tatsächlich um 11:33 Uhr ausgeliefert.

- **Verfrühtes oder verspätetes Ereignis**

  Wie beim regulären Ereignis gibt es eine Erwartungsdefinition, jedoch tritt das aktuelle Ereignis zu früh oder zu spät ein. In SAP EM wird die

Abweichung registriert, führt jedoch nicht notwendigerweise zu Ausnahmereaktionen.

Beispiel: Eine Rechnung soll etwa bis zum 30.03. bezahlt werden, wird aber erst am 01.04. beglichen.

- **Unerwartetes Ereignis**
  Das Ereignis ist nicht als Prozessmeilenstein bekannt, geschieht aber trotzdem. Es kann einen reinen Status oder auch eine Ausnahme kennzeichnen.

  Beispiel: Ein Eisenbahnwaggon passiert das Bahnstellwerk Hannover (Status) oder ein Lkw bleibt mit Motorschaden auf der Autobahn liegen (Ausnahme).
- **Nicht gemeldetes Ereignis**
  Wie beim regulären oder nicht verspäteten Ereignis gibt es eine Erwartungsdefinition, jedoch tritt das aktuelle Ereignis bis zum Ablauf der erwarteten Zeitspanne nicht ein. Da nicht bekannt ist, ob das physische Ereignis nicht geschehen ist oder ob es nur nicht gemeldet wurde, tritt sofort nach Fristablauf eine Ausnahmebehandlung ein.

  Ein Beispiel ist die Rückmeldung zu einer Ablieferung, die ein Dienstleister innerhalb von acht Stunden nach Lieferung mitteilen muss. Meldet der Dienstleister die Ablieferung nicht, ist es unerheblich, ob er geliefert hat oder nicht, da das Messkriterium die zeitgerechte Bereitstellung der Information ist (z. B. zum Zweck der rechtzeitigen Rechnungsstellung).

Logistikprozesse und SAP EM

Im Folgenden sind einige Logistikprozesse und Prozessvarianten genannt, die SAP-Kunden aus unterschiedlichen Branchen mit SAP EM überwachen. Zusätzlich sind die entsprechenden Branchenlösungen von SAP angegeben:

- Ausschreibung und Sichtbarkeit für die logistische Ausführung (Hightech- und Elektroindustrie, SAP for High Tech)
- Handling-Unit-Verfolgung in logistischen Ausgangsprozessen (Logistikdienstleister, SAP for Transportation & Logistics)
- Vertriebsprozesse in einer verteilten Umgebung (Fertigungsindustrie, SAP for Industrial Machinery & Components)
- internationale Seefracht inklusive Verzollung (Großhandel und Handel, SAP for Retail)
- Integration mit einem Fahrzeugmanagementsystem, Retourenabwicklung (Automobilindustrie, SAP for Automotive)
- Ersatzteil- und Werkzeugmanagement (Luft- und Raumfahrtindustrie, SAP for Aerospace & Defense)

- Verfolgung einzelner Pakete inklusive verschachtelter Verladung (Postbranche, SAP for Transportation & Logistics)
- Auftragsabwicklung inklusive Produktionsüberwachung, Lieferung und Abrechnung, Bahnwaggon-Management (chemische Industrie, Metall-, Holz- und Papierindustrie; SAP for Chemicals, SAP for Mill Products)
- Integration mit der Traders und Schedulers Workbench (Öl- und Gasindustrie, SAP for Oil & Gas)

Event-Management-Prozesse

In der Regel wird ein Event-Management-Prozess durch einen Prozess in einem Applikationssystem gestartet. In Abbildung 8.2 sehen Sie den Ablauf eines Event-Management-Prozesses und gewinnen so einen Überblick über die Funktionsweise von SAP EM.

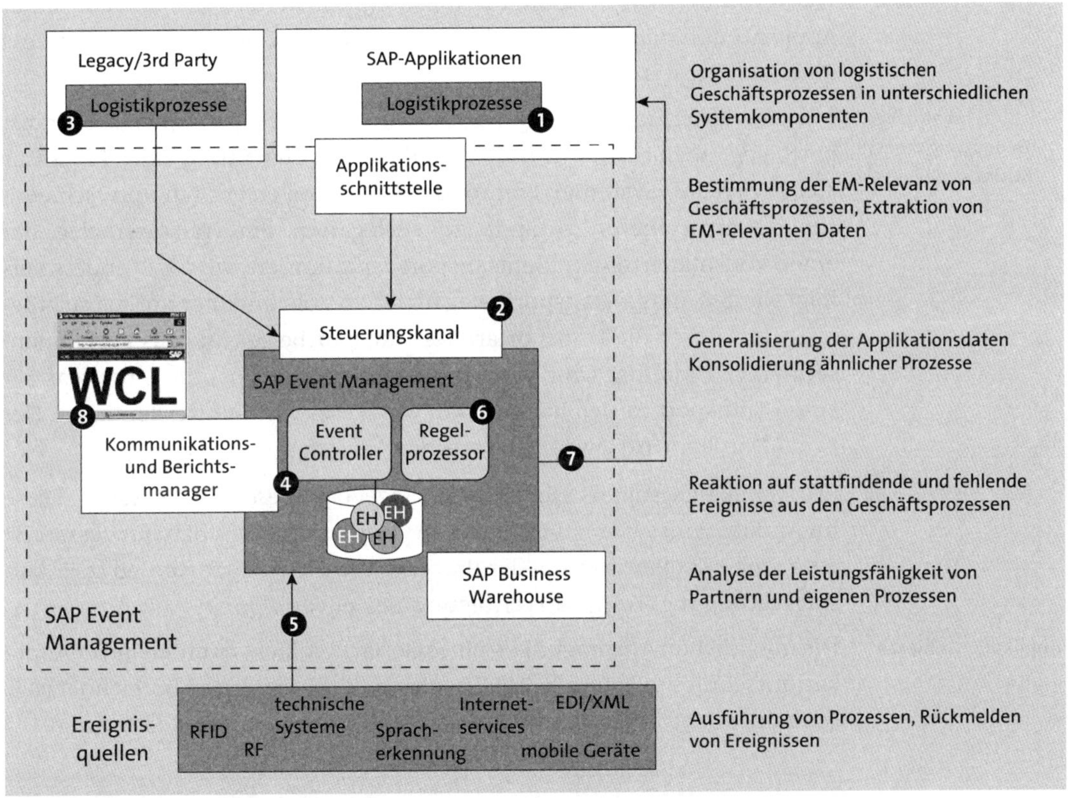

Abbildung 8.2 Elemente von SAP EM und Prozessablauf bei der Integration (EH = Event Handler)

Phasen im Prozessablauf

Dabei durchläuft der Prozess mehrere *Phasen*. Zunächst wird im Applikationssystem ❶ oder dem Nicht-SAP-System ❸ das zugrunde liegende Objekt erzeugt, z. B. ein Transportbeleg. Wenn dieses relevant für SAP EM ist, werden die für das Tracking wichtigen Daten aus dem Beleg extrahiert und an

SAP EM gesandt ❷. Dort wird ein dazu passender Event Handler in SAP EM erzeugt. Beim Eintreffen von Ereignisnachrichten ❺ ermittelt der Event Controller ❹ die dazu gehörenden Event Handler in SAP EM, und die Ereignisse werden mithilfe des Regelprozessors ❻ verarbeitet. Dabei können Aktionen ausgelöst werden, z. B. der Versand von Mitteilungen oder Aktionen im Applikationssystem ❼. Über den Berichtsmanager ❽ können Sie die Statusdaten und die Historie der Event Handler anzeigen.

8.1.2 Applikationsschnittstelle

Anbindung von SAP-Applikationen

Die *Applikationsschnittstelle* bietet allen SAP-Applikationen eine einheitliche Integrationsbasis in Richtung SAP EM. Sie ist Bestandteil von SAP NetWeaver. Durch ihre Konfigurationsmöglichkeit können Sie aus einer Applikation heraus steuern, wie SAP EM für das Objekt oder den Prozess durchgeführt werden soll.

Inhaltliche Bedeutung eines Business-Objekts

In vielen Fällen sagen die Applikation und ein *Business-Objekt* (z. B. Transportbeleg) noch nicht viel über die inhaltliche Bedeutung eines Prozesses aus. In den SAP-Systemen kommt die Bedeutung erst durch unterschiedliche Steuerparameter zustande, z. B. Belegarten. Ein Transportbeleg, der einen konsolidierten Straßentransport repräsentiert, wird z. B. anders verfolgt werden als ein Transportbeleg für einen Vollcontainer im Seefrachtbereich. Erst durch die Transportart des Transportbelegs und das Vorhandensein einer Handling Unit vom Typ *Container* wird deutlich, um was für einen Transport es sich handelt und wie dieser verfolgt werden muss. Der Event Handler wird jeweils entsprechend erzeugt.

Pro Applikationsobjekt gibt es in der Regel eine *Geschäftsprozessart*. Diese im Applikationssystem und in SAP EM verwendete Geschäftsprozessart ist eine grobe Kategorisierung der Prozesse, die unterstützt werden (z. B. Auftragsverfolgung, Transportverfolgung, Bestellverfolgung).

Applikationsobjekte

Die inhaltlichen Ausprägungen eines Geschäftsobjekts werden in der Applikationsschnittstelle und in SAP EM als *Applikationsobjekte* bezeichnet (z. B. Container-Seetransport, Straßen-Gefahrguttransport, Retail-Lieferung).

[»]

Applikationsobjekte anlegen

Für die Geschäftsprozessart *Transport* können Sie z. B. verschiedene Applikationsobjekte anlegen (Containertransport, Luftfrachtsendung, Gefahrgutsendung, Massenguttransport, Expresssendung etc.), die alle zu unterschiedlichen Event-Management-Prozessen führen, obwohl alle aus einem Business-Objekt vom selben Typ (jeweils ein ERP-Transportbeleg) erzeugt wurden.

Darüber hinaus können Sie definieren, auf welcher *Applikationsobjekt-Ebene* die Applikationsobjekte aufgebaut werden. Sie können z. B. entweder einen gesamten Transport verfolgen oder für jedes einzelne Packstück des Transports einen separaten Event Handler erzeugen und auf Packstückebene tracken.

Datenextraktion für Event Handler

Die Applikationsschnittstelle extrahiert für den Aufbau eines Event Handlers verschiedene Daten aus dem Applikationsprozess, die an SAP EM übermittelt werden:

- **Tracking-IDs und -Codesets**
  Dies sind Identifikationsnummern wie Sendungsnummer, Containernummer oder Auftragsnummer.
- **Steuerungs- und Infodaten**
  Die Datenextraktoren ermitteln wichtige Feldinhalte des Applikationsobjekts, z. B. den Absender und den Empfänger eines Transports, die Bezeichnung der Güter oder den Namen des Fahrers.
- **Abfrage-IDs**
  Dies sind Identifikationsnummern, die nur zum Abfragen von Informationen verwendet werden (z. B. Bestellnummer des Kunden).
- **Erwartete Ereignisse**
  Hierbei handelt es sich um Meilensteine, die den Prozessablauf darstellen (z. B. Ladetermin, Abfahrt, Ankunft, Entladetermin).

Ereignisarten erzeugen

Für eine Geschäftsprozessart können Sie auch *Ereignisarten* erstellen. Mit Ereignisarten werden Ereignisse definiert, die im Applikationssystem im Transaktionskontext der Applikation stattfinden und von dort auch als Ereignisse an SAP EM gemeldet werden (z. B. Setzen des Ladestatus für einen Transport aus der Transportbearbeitung heraus). Auch für das Senden von Ereignissen werden Daten aus dem Applikationskontext extrahiert und in die zu sendende Ereignisnachricht eingefügt.

8.1.3 Event Handler und Ereignisnachrichten

Der *Event Handler* ist ein universell einsetzbares Business-Objekt, das in SAP EM alle Status- und Tracking-Prozesse repräsentieren kann. Er kann einen Prozess oder ein Objekt einzeln oder im Verbund aus verschiedenen Blickrichtungen darstellen. Ein Event Handler beinhaltet viele Daten und Datensegmente, die durch geeignete Einstellungen individuell für einen Prozess ausgeprägt werden können. Folgende Daten stehen für die Ausprägung und Steuerung eines Event Handlers zur Verfügung:

- **Event-Handler-Kopf und Systemparameter**
  Im Kopfsegment befinden sich Steuerungsdaten und Referenzen auf das Applikationsobjekt.
- **Tracking-IDs**
  Tracking-IDs und ihre Tracking-Codesets dienen zur Zuordnung der Ereignisnachrichten zum Event Handler. Wenn die Tracking-IDs einer Ereignisnachricht mit den Tracking-IDs eines Event Handlers übereinstimmen, wird das Ereignis vom Event Handler verarbeitet.
- **Statusattributprofile und -werte**
  Status lassen sich mit einer zwei- oder mehrwertigen Ausprägung und einem Initialwert für jeden beliebigen Zweck hinterlegen. Sie können z. B. einen Transportstatus definieren, der einen der Werte **warten auf Abfahrt**, **im Transit** oder **angekommen** annehmen kann. Die Status und deren Werte sind frei definierbar.
- **Datencontainer**
  Die Datencontainer erlauben es Ihnen, beliebige Informationen zum Prozess oder zum zugrunde liegenden Business-Objekt zu speichern.
- **Erwartete Ereignisse**
  Ereignisse, die als Prozessmeilensteine für den Event Handler definiert sind, können Sie als erwartete Ereignisse ablegen.
- **Gemeldete Ereignisse**
  Wenn eine Ereignisnachricht für einen Event Handler eintrifft, wird daraus ein gemeldetes Ereignis erzeugt. Dieses kann entweder unerwartet sein oder auf ein erwartetes Ereignis referenzieren.
- **Regeln**
  Das Regelset dient zur Verarbeitung von Ereignissen und zur Reaktion auf erwartete und unerwartete Ereignisse.
- **Abfragen**
  Mithilfe von Abfragen lassen sich die Status und Event-Handler-Daten ermitteln.

Event-Management-Parameter

Beim Anlegen eines Event Handlers wird zunächst die Event-Handler-Art bestimmt. Danach werden die übergebenen Parameter des Applikationssystems auf die *Event-Management-Parameter* abgebildet. Dadurch entsteht eine einheitliche Darstellung der Daten aus verschiedenen Applikationen. Das ist z. B. nötig, wenn unterschiedliche Applikationssysteme für die gleichen Prozesse genutzt werden, was bei großen Unternehmen mit »gewachsenen« IT-Systemlandschaften häufig der Fall ist.

Event-Handler-Art

Die grundlegenden Einstellungen für das Verhalten eines Event Handlers werden durch die *Event-Handler-Art* und die damit verbundenen Profile definiert.

Die Event-Handler-Art bestimmt das Anlegen, den Aufbau und das Verhalten eines Event Handlers. Sie können für die Event-Handler-Art folgende wesentliche Einstellungen vornehmen:

- **Regelset**
  Das Regelset bestimmt, wie der Event Handler auf eingehende Ereignisnachrichten reagiert.
- **Statusattributprofil**
  Ein Statusattributprofil erzeugt im Event Handler ein oder mehrere Statusfelder mit je einem initialen Wert und einer erlaubten Werteliste.
- **Erwartetes-Ereignis-Profil**
  Das Erwartetes-Ereignis-Profil (EE-Profil) bestimmt, welche erwarteten Ereignisse erzeugt werden und woher die dazugehörigen Termine ermittelt werden.
- **Erweiterungstabellen-ID**
  Die Erweiterungstabellen-ID definiert eine Tabelle, mit der zusätzliche indizierbare Parameter des Event Handlers gespeichert werden können, nach denen Sie in Abfragen schnell und einfach suchen können.
- **BW-Profil**
  Das *BW-Profil* bestimmt, welche Daten aus einem Event Handler für die Übertragung an SAP BW extrahiert werden.

Profile für erwartete Ereignisse

In einem Event Handler werden die erwarteten Ereignisse anhand eines *Profils für erwartete Ereignisse* generiert. Das Profil listet alle erwarteten Ereignisse auf, die auftreten können (z. B. Abfahrt, Ankunft, Anlieferbestätigung). Sie können erwartete Ereignisse zu Gruppen zusammenfassen, in denen z. B. nur ein Ereignis aus der Gruppe eintreten muss, um die Rückmeldung für die gesamte Gruppe zu bestätigen. Erwartete Ereigniseinträge werden aus folgenden Datenquellen generiert:

- **Meilensteine aus dem Applikationsobjekt**
  Meilensteindaten lassen sich aus dem Applikationsobjekt extrahieren (z. B. Liefertermin). Dabei gibt es auch Ereignisse, die mehrfach an mehreren Orten auftreten können (z. B. Ankunftsereignis für jede Endlokation eines Transportabschnitts).
- **Ereignisse können in SAP EM ermittelt werden**
  Ereignisse werden relativ zueinander in SAP EM erzeugt (Ladeende maximal zwei Stunden nach Ladebeginn).

- **Ereignisse aus Nicht-SAP-Systemen**
  Ereignisse können aus Nicht-SAP-Systemen ausgelesen oder über Webservices ermittelt werden.

Für jedes Ereignis können Sie ein frühestes und ein spätestes Ereignisdatum (bzw. eine entsprechende Uhrzeit) und auch ein frühestes und spätestes Nachrichtenübermittlungsdatum (bzw. Uhrzeit) definieren. Eine Ausnahmebehandlung kann also sowohl für ein verspätetes Ereignis als auch für eine zu spät übermittelte Nachricht erfolgen, wenn diese außerhalb dieser Zeitspanne liegen.

Flexible Statusattribute

Das *Statusattributprofil* bietet Ihnen die Möglichkeit, einem Event Handler ein oder mehrere Statusfelder zuzuweisen. Diese werden zum Erstellungszeitpunkt des Event Handlers mit einem initialen Wert gefüllt (Ausgangsstatus). Durch die Aktivitäten während der Ereignisverarbeitung können Sie die Statusattribute verändern.

[»]

Ereignisse verändern Statusattribute

Ein Abfahrtsereignis kann z. B. dafür verwendet werden, einen am Event Handler definierten Transportstatus vom Statuswert **Nicht begonnen** auf **In Transit** zu setzen, und ein darauffolgendes Ankunftsereignis könnte den Status schließlich auf **Angekommen** setzen.

Für jedes Statusattribut können Sie eine Liste von erlaubten Statuswerten hinterlegen.

8.1.4 Ereignisverarbeitung

Ablauf der Ereignisverarbeitung

Die Meldung von Ereignissen kann zu jeder Zeit erfolgen, grundsätzlich sogar bevor ein entsprechender Event Handler existiert. Ereignisse gehen nicht verloren, und sobald ein aktiver Event Handler mit einer passenden Tracking-ID existiert, wird das Ereignis von diesem verarbeitet. Bei der *Ereignisverarbeitung* werden folgende Schritte durchlaufen:

1. Das Ereignis wird zunächst in der Datenbank gespeichert.
2. Der Event Handler wird ermittelt, und das Ereignis wird zur Weiterverarbeitung übergeben.
3. Das Ereignis wird als unerwartetes Ereignis oder mit Referenz auf ein erwartetes Ereignis im Event Handler gespeichert.
4. Es wird nach einer passenden Regel für die Ereignisverarbeitung gesucht. Wird diese gefunden, werden die darin definierten Aktionen ausgeführt.

Regelsets zur Ereignisverarbeitung

Die *Regelverarbeitung* basiert auf Regelsets, die jeweils mehrere Regeln beinhalten können. Jede Regel ist aus einer Bedingung und Aktionen zusammengesetzt, die je nach Zutreffen oder Nicht-Zutreffen der Bedingung ausgeführt werden. Außerdem können Sie den auf die Regel folgenden Regelschritt festlegen. Eine Regel (Bedingung/Aktion) könnte etwa lauten: »Prüfe, ob die Ankunft am Zielhafen mehr als zwölf Stunden verspätet erfolgt ist. Wenn ja, dann sende eine Informations-Mail an den Warenempfänger.«

Abbildung 8.3 zeigt den prinzipiellen Aufbau eines Regelsets.

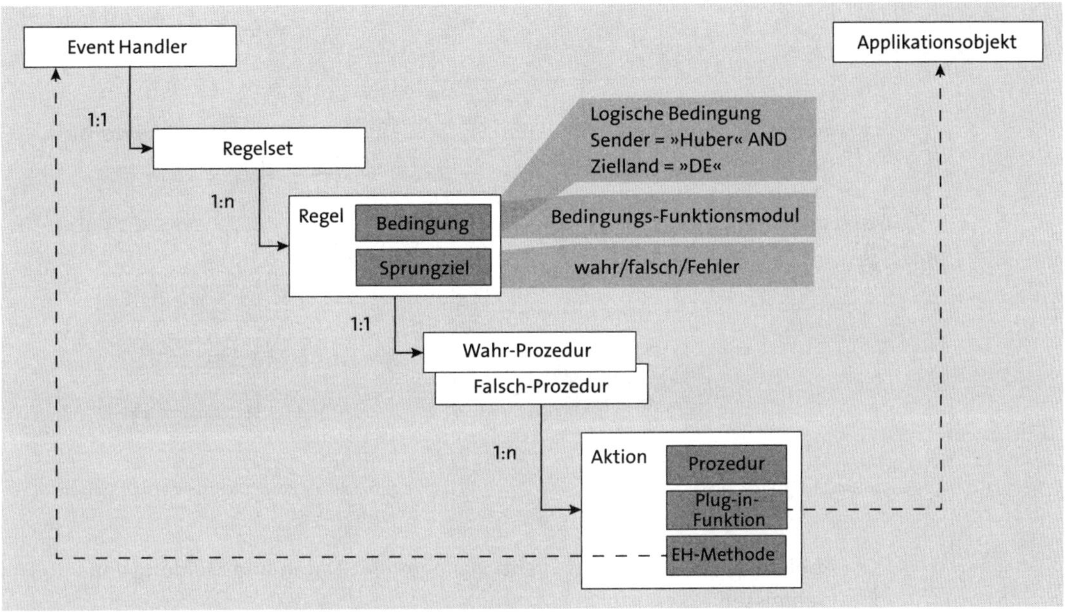

Abbildung 8.3 Struktur eines Regelsets in SAP EM

Sprungziele in Regelsets

Für jede Regel ist zudem ein *Sprungziel* definiert, bei dem innerhalb des Regelsets mit der Aktivitätsverarbeitung fortgefahren werden soll. Wenn z. B. eine Bedingung als *wahr* bewertet und die Aktivität erfolgreich ausgeführt wurde, kann es sinnvoll sein, an das Ende des Regelsets zu springen und die Verarbeitung zu beenden.

8.1.5 Informationseingabe und -ausgabe

Benutzerschnittstellen von SAP EM

SAP EM bietet Ihnen vielfältige Möglichkeiten zur Dateneingabe und -ausgabe. Ihnen stehen verschiedene Funktionsschnittstellen und Services zum Anlegen und Verändern von Event Handlern und zum Senden von Ereignismeldungen zur Verfügung.

Zudem bietet Ihnen SAP EM verschiedene Benutzerschnittstellen zur Abfrage von Statusinformationen und zur Meldung von Ereignissen. Einen Überblick darüber sehen Sie in Abbildung 8.4.

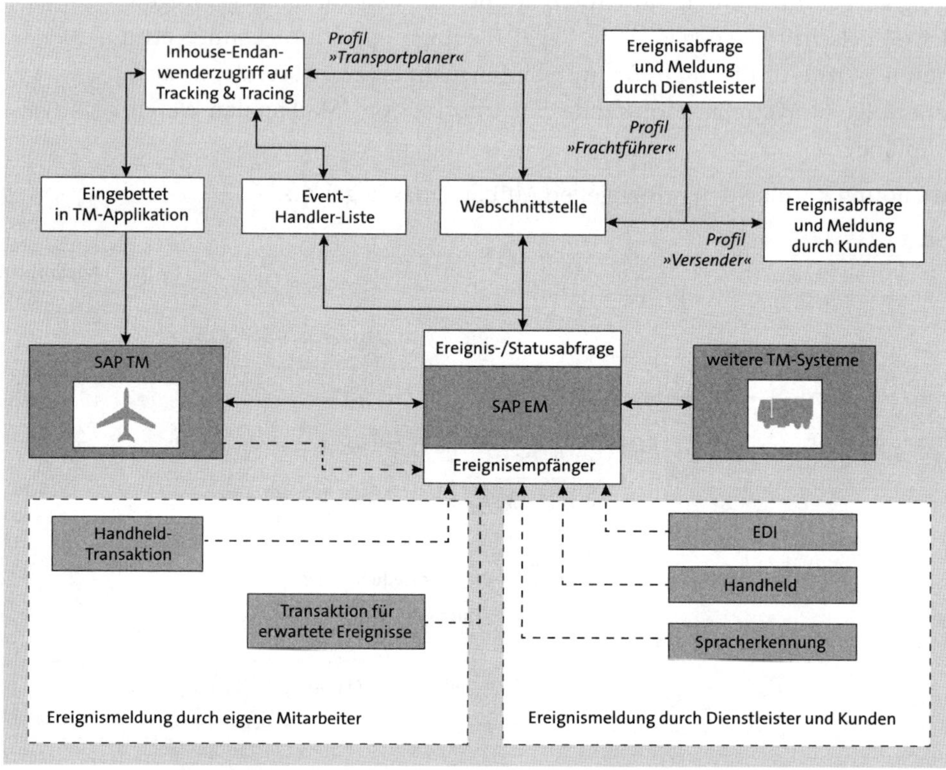

Abbildung 8.4 Zugriff auf Event-Management-Daten und Meldung von Ereignissen

Listendarstellung und Details von Event Handlern

Die *Event-Handler-Liste* (Transaktion /SAPTRX/EH_LIST) ist eine Möglichkeit, mit der professionelle Benutzer einen detaillierten Einblick in die Prozesse und Zustände einzelner Event Handler erhalten können. Neben den Überblicksdaten und Ereignislisten können Sie hier auch auf alle Identifikationen, Historien und Verarbeitungsprotokolle zugreifen.

Mit einem Doppelklick auf einen Eintrag in der Event-Handler-Liste können Sie in die *Überblickssicht* des Event Handlers verzweigen. Hier können Sie zunächst konsolidierte und erwartete Ereignisse, Ereignisnachrichten, Fehlermeldungen und Statusdetails einsehen. Die Statusdetails weisen auch eine Historie der Statusänderungen auf.

Indem Sie in die *Detailsicht* verzweigen, gelangen Sie zur internen Sicht des Event Handlers, in der Sie Zugang zu allen Event-Handler-Daten und zur kompletten Historie haben. Abbildung 8.5 zeigt Ihnen dazu die Übersicht eines Event Handlers mit der Ereignisliste und die Detailsicht mit der Verarbeitungsschritt-Historie. Hier sind die einzelnen Aktivitäten und Verarbeitungsschritte mit dem Zeitstempel der Ausführung und ihrem Ablaufstatus aufgelistet.

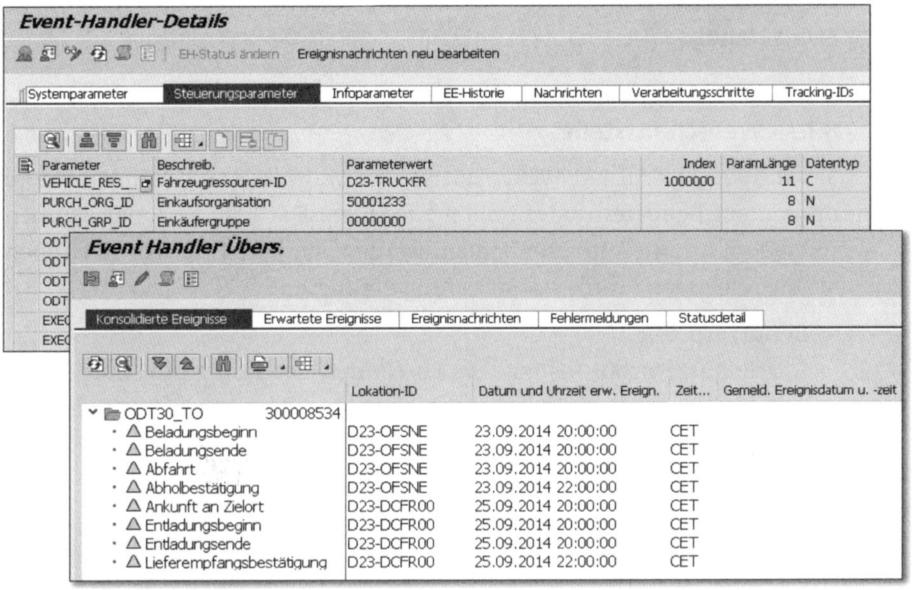

Abbildung 8.5 Event-Handler-Übersicht und -Detailsicht (/SAPTRX/EH_LIST als Detailansicht)

8.1.6 Dateneingabe für Ereignisnachrichten

Konfigurierbare Handscanner-Benutzerschnittstelle

SAP EM bietet Ihnen verschiedene Möglichkeiten, um Ereignisnachrichten per Dateneingabe zu erzeugen. Dazu können Sie eine *Handscanner-Anbindung* und die Liste der erwarteten Ereignisse verwenden.

Für die Handscanner-Anbindung steht Ihnen eine konfigurierbare Benutzerschnittstelle zur Verfügung (Transaktion /SAPTRX/MI01). Sie bietet Ihnen nach der Erstellung von Layoutprofilen im Customizing z. B. die Möglichkeit, mit dem Handscanner Objekte (z. B. Paletten) abzuscannen und mit jedem Scan ein vordefiniertes Ereignis an SAP EM zu senden (z. B. Wareneingang für die Palette mit Informationen zu Bearbeiter, Ort und Datum/Uhrzeit).

Für den Fall, dass ein Benutzer ausschließlich die erwarteten Ereignisse bestätigen darf, kann eine Transaktion zur Ereignisbestätigung angewendet werden. Nach der Eingabe der Tracking-ID werden alle erwarteten Ereignisse aufgelistet, und Sie können Ereignisdatum, -uhrzeit, -zeitzone und einen Grund für eine eventuelle zeitliche Abweichung eingeben.

Überfällige Ereignisse abfragen

Um einen einfachen Überblick darüber zu bekommen, welche erwarteten Ereignisse überfällig geworden sind, können Sie eine Liste der überfälligen erwarteten Ereignisse aufrufen (Transaktion /SAPTRX/EE_OVD_LIST). Nach der Eingabe der Selektionskriterien wird die Liste aufgebaut, und mit einem Doppelklick auf einen Eintrag können Sie auch hier in die entsprechende Event-Handler-Übersicht verzweigen.

8.1.7 Webschnittstelle

Steuerungsprofile

Sie können in SAP EM Webschnittstellen-Transaktionen definieren und diese dann Benutzern oder Rollen zuordnen. Die Transaktionen können mit jedem Internet-Browser bedient werden. Für jede Transaktion können Sie die folgenden Profile zur Steuerung definieren:

- **Benutzerprofil**
  Das Benutzerprofil beinhaltet den Namen des Profils mit Zuordnung von Selektions-, Anzeige- und Ereignisnachrichtenprofil. Das Benutzerprofil wird schließlich der Benutzerrolle zugeordnet.
- **Selektionsprofil**
  Das Konfigurationsprofil beinhaltet die Konfiguration der Felder, die als Selektionsfelder zur Verfügung stehen.
- **Anzeigeprofil**
  Das Anzeigeprofil ermöglicht die Definition der Parameter, die in den Event-Handler-Details und in den Spalten der Ereignisliste dargestellt werden.
- **Ereignisnachrichtenprofil**
  Hierüber wird definiert, welche Ereignisnachrichten der Benutzer zurückmelden kann und welche zusätzlichen Daten er dazu eingeben kann.

Abbildung 8.6 zeigt die Sicht eines Benutzers auf die Webschnittstelle, wenn dieser mit der Rolle *Bestellauftragsmanagement* die Transaktion aufruft (/SAPTRX/EM_START). Die Rolle basiert dabei auf einer individuellen Konfiguration des Event Managements.

[»]

Versionen der Webschnittstelle

In SAP EM gibt es – je nach Releasestand – zwei unterschiedliche Versionen der Webschnittstelle. Bis zum Release EM 5.0 (SCM 5.0) ist eine Java-Version der Webschnittstelle verfügbar (Java-Server-Pages-Technologie), die auf dem SAP-NetWeaver-Java-Stack ausgeführt wird. Diese wurde mit Release EM 5.1 durch eine Web-Dynpro-ABAP-Version ersetzt.

Abbildung 8.6 Sicht des Versenders auf die Webschnittstelle (Transaktion /SAPTRX/EM_START, Browser-Ansicht)

In Abbildung 8.6 sehen Sie oben die Event-Handler-Liste mit Rahmendaten. Unten werden die Ereignisnachrichten des selektierten Event Handlers im Detail gezeigt. Dort können Sie alternativ auch Detaildaten zum Event Handler selbst auswählen.

8.1.8 Standardprozesse des Event Managements

EM-Standardprozesse für die SAP-ERP-basierte Logistikabwicklung

SAP WM bringt bereits von Haus aus einen umfangreichen Satz an vorkonfigurierten Überwachungsprozessen mit, mit denen Sie verschiedene Logistikprozesse unter anderem in SAP ERP und in SAP TM kontrollieren und sichtbar machen können.

Abbildung 8.7 zeigt Ihnen einen Überblick über die in SAP EM 9.2 ausgelieferten Standardsichtbarkeitsprozesse. Neben den SAP-ERP- und SAP-TM-Prozessen sehen Sie auch die Prozesse der automatischen Identifizierung (*Auto-ID*) und der *Supply Network Collaboration* (SNC). Für die Logistikprozesse in SAP ERP steht Ihnen eine Reihe von Sichtbarkeitsprozessen zur Verfügung, die auf unterschiedlichen Geschäftsobjekten oder Prozessketten basieren.

Auftragserfüllung

Im Bereich *Auftragserfüllung* existiert ein EM-Prozess, der mit der Erstellung eines Kundenauftrags beginnt und dann die Lieferungsabwicklung und den anschließenden Transport sichtbar macht. Das Disponieren der Transportdokumente, in denen die Lieferungen des Kundenauftrags enthalten sind, erzeugt einen Event Handler, der sowohl die Liefereereignisse (z. B. Picken, Packen) als auch die Transportereignisse und den Ablieferstatus einschließt.

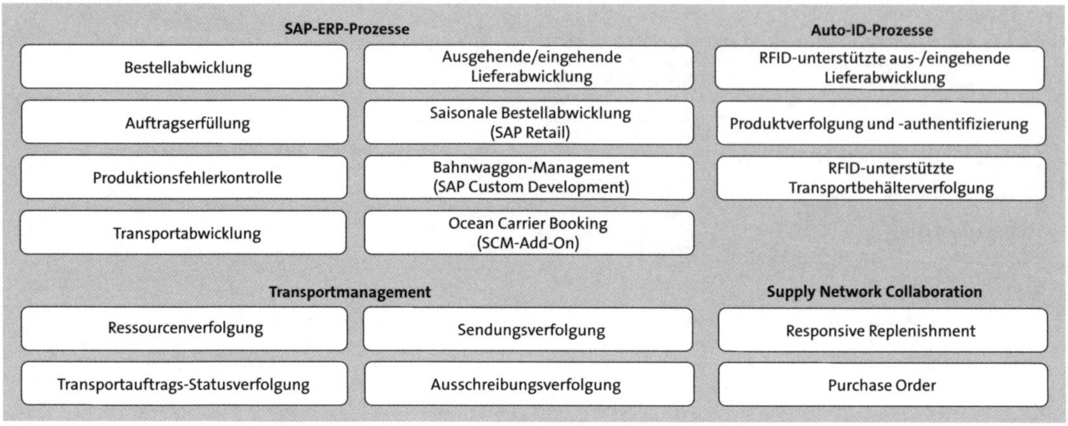

Abbildung 8.7 Standardsichtbarkeitsprozesse in SAP EM (Release SAP EM 9.2)

In SAP BW werden Leistungskennzahlen zur Ausführungs- und Meldequalität des beauftragten Dienstleisters und zur Transportdauer fortgeschrieben.

Bestellabwicklung

Im Bereich *Bestellabwicklung* können Sie den Status einer Bestellung verfolgen. Wenn verfolgungsrelevante Positionen in der Bestellung vorhanden sind, wird der Event Handler erzeugt, mit dem sich z. B. die Bestellbestätigung, die Lieferungsvorankündigung, der Wareneingang oder die Bezahlung kontrollieren lassen. In SAP BW werden z. B. Kennzahlen zur Zykluszeit zwischen Bestellung und Bestätigung, Bestätigung und Vorankündigung oder Vorankündigung und Wareneingang fortgeschrieben, die Ihnen sowohl eine zwischen- als auch eine innerbetriebliche Leistungskontrolle ermöglichen.

Produktionsfehlerkontrolle

Der Prozess zur *Produktionsfehlerkontrolle* basiert auf einem Produktionsauftrag, der zum Anlegen des Event Handlers führt. Wenn der Produktionsvorgang durch eine Fehlfunktion der Maschine unterbrochen und eine entsprechende Fehlfunktionsbenachrichtigung erfasst wird, können Sie mit diesem Sichtbarkeitsprozess den Fortschritt der Fehlerbehebung kontrollieren. Die BW-Integration erlaubt Ihnen, statistische Daten über die Häufigkeit von Produktionsunterbrechungen abzurufen und damit die Zuverlässigkeit der Produktionseinrichtungen zu bewerten.

RFID-unterstützte Transportbehälterverfolgung

Wenn Sie in Ihrem Unternehmen wiederverwendbare Transportbehälter und RFID-Technologie (*Radio Frequency Identification*) zum Kennzeichnen und Erkennen der Behälter verwenden, können Sie den Verfolgungsprozess *RFID-unterstützte Transportbehälterverfolgung* einsetzen. Der Prozess arbeitet sowohl mit SAP EM als auch mit der Auto-ID Infrastructure, die dazu dient, die vom RFID-Scanner gelieferten Label- bzw. Tag-Daten auszuwerten (siehe Abschnitt 8.2, »Auto-ID Infrastructure und Object Event Repository«). Der Prozess wird mit dem Beschreiben des RFID-Tags gestartet und umfasst die Ereignisse *Laden*, *Entladen beim Verwender* und *Rücklauf vom Verwender*.

EM-Standardprozesse für SAP TM

SAP Transportation Management (SAP TM) bietet bereits in seiner standardmäßig ausgelieferten Form die Möglichkeit, für wichtige Prozessabschnitte eine Statusverfolgung durch SAP EM einzusetzen. Diese Unterstützung kann individuell für bestimmte Business-Objekte bzw. Prozessabschnitte aktiviert und in einer höheren Granularität anhand von Belegtypen gesteuert werden.

SAP EM und die Schnittstelle von SAP TM zu SAP EM lassen sich flexibel konfigurieren und erweitern, sodass Sie praktisch jedes gängige Statusverfolgungs- und Tracking-Szenario abbilden können. Im Standard von SAP TM 9.2 stehen folgende Szenarien und Integrationspunkte zur Verfügung:

Sendungs- und Frachtverfolgung in SAP TM

Die Verfolgung des Status einer einzelnen TM-Sendung geschieht auf Basis der Frachteinheitsdaten. Aus den geplanten Transportaktivitäten der Frachteinheit werden dann die erwarteten Ereignisse für das Laden und Entladen, Abfahrt und Ankunft etc. erzeugt. Die Ereignisse *Laden*, *Entladen*, *Abfahrt* und *Ankunft* können mehrfach auftreten, je nach Anzahl der Transportabschnitte und Umladelokationen der Sendung (siehe Abbildung 8.8).

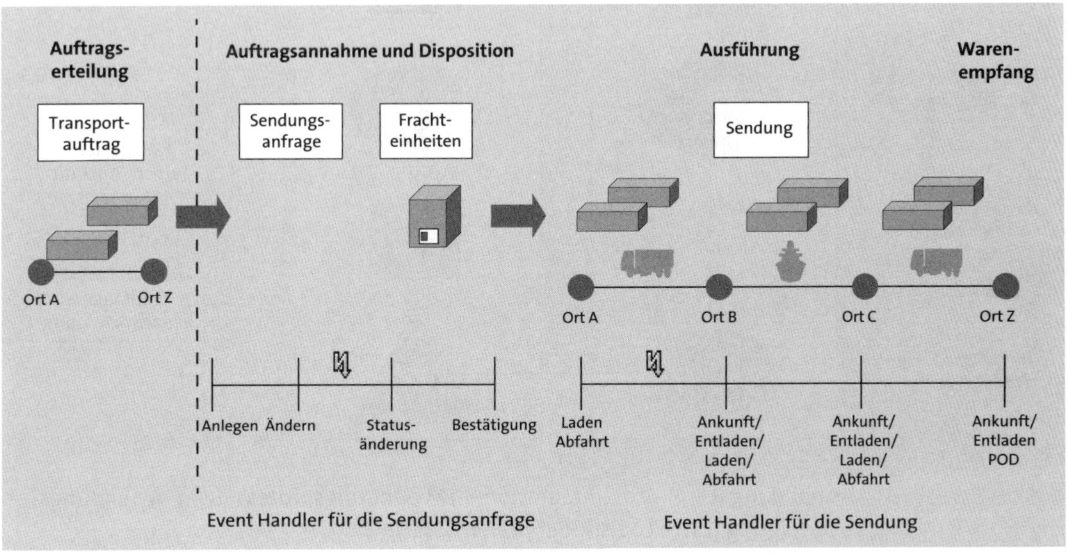

Abbildung 8.8 Standardprozess zur Sendungsverfolgung (SAP Transportation Management und SAP EM)

Ein gemeldetes Ereignis für die erwarteten Ereignisse führt zum Anlegen einer ausgeführten Transportaktivität in SAP TM. Als unerwartete Ereignisse können Verspätungen, Zollein- und Zollausgang, Ladungssplit und Blockierung auftreten.

In Abbildung 8.8 sehen Sie das Zusammenspiel der Verfolgung von Transportauftragsstatus- und Sendungsverfolgung. Abbildung 8.9 zeigt Ihnen die Prozessintegration zwischen dem Sendungsprozess in SAP TM und der Sendungsverfolgung in SAP EM.

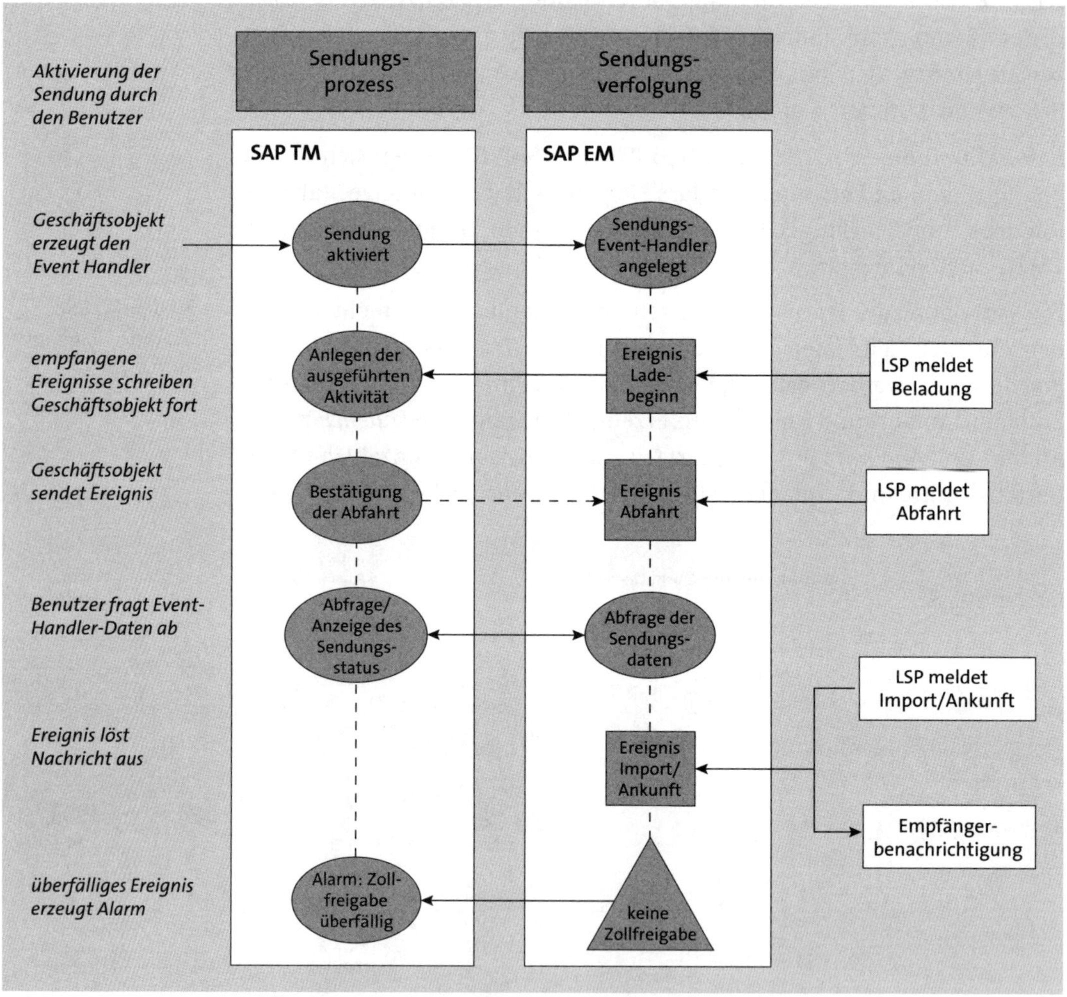

Abbildung 8.9 Prozessintegration – TM-Sendungsprozess und EM-Sendungsverfolgung (LSP = Logistic Service Provider)

Fahrzeug- und Transporthilfsmittelverfolgung in SAP TM

Die *Fahrzeug- und Transporthilfsmittelverfolgung* wird auf Basis einer TM-Ressource angestoßen. Das heißt, sobald eine Ressource in den Stammdaten angelegt wird, die für die Nachverfolgung, das Tracking & Tracing relevant ist (etwa ein Container), wird ein entsprechender Event Handler erzeugt. Der Event Handler für die Ressource hat keine erwarteten Events, kann aber über den Lebenszyklus hinweg eine sehr große Anzahl von unerwarteten Ereignissen registrieren. Ereignisse, die verfolgt werden, sind etwa Abfahrten, Ankünfte, Beschädigungen sowie Zuweisungen und die Abkopplung von Touren.

Frachtauftragsverfolgung in SAP TM

Die *Frachtauftragsstatusverfolgung* unterstützt das Tracking eines Frachtauftrags oder einer Frachtbuchung. Sie hat zum Ziel, Geschäftspartner und Dienstleister über den Verlauf einer Tour zu informieren. Aus den Frachtobjekten werden dazu auf Basis der geplanten Transportaktivitäten alle Abfahrts- und Ankunftsereignisse ermittelt und als erwartete Ereignisse im Event Handler festgelegt. Als unerwartete Ereignisse können vom Frachtführer angekündigte Verspätungen, Blockierungen der Tour sowie angekündigte Auslassungen von Lokationen (z. B. Port Omission) registriert werden. Die Frachtaufträge und Frachtbuchungen stellen dabei die Sicht auf einen konsolidierten Transport dar. Damit ist es möglich, die Tour eines Lkw, eine Master Airway Bill (Luftfracht) oder Master Bill of Lading (Seefracht) zu verfolgen.

Bis SAP TM 7.0 gab es einen Prozess zur *Ausschreibungsverfolgung*. Dieser diente zur automatischen Kontrolle der Ausschreibung sowie zum Tracking von Reaktions- und Antwortzeiten der Dienstleister bei der Ausschreibung von Sendungsaufträgen. Er wurde jedoch ab TM 8.0 durch eine SAP-TM-interne Verarbeitung ersetzt. Wir erwähnen diesen Prozess sei hier noch, weil er eine interessante Funktion im Event Management verwendete: die Bildung von Ereignisgruppen.

Erwartete Ereignisse und Ereignisgruppe

Der Event Handler für die Verfolgung der Ausschreibung enthält folgende erwartete Ereignisse:

- Senden der Ausschreibung an den Dienstleister – Beleg, dass die Ausschreibung an den Dienstleister gesendet wurde
- Empfangen einer Antwort vom Dienstleister – Der Antwortempfang ist eine Ereignisgruppe, die vier Ereignisausprägungen haben kann: *Akzeptiert, Abgelehnt, Prüfung erforderlich* (Änderung durch Dienstleister), *Nicht akzeptiert* (keine Antwort); jedes der vier Ereignisse führt dazu, dass der erwartete Empfang für die Ereignisgruppe erfüllt ist.

- Ende des Antwortempfangs – Dieses Ereignis wird durch einen Monitor für erwartete Ereignisse geprüft; wenn bis zu diesem Zeitpunkt keine Antwort empfangen wurde, wird die Ausschreibung automatisch beendet.

Aufbau eigener Tracking-Szenarien

Sie können die Standard-Tracking-Prozesse zwischen den SAP-Applikationssystemen (z. B. SAP ERP oder SAP TM) und SAP EM flexibel erweitern bzw. neue Szenarien mit SAP EM aufbauen. Zudem sind bestehende Szenarien auch durch kundeneigene Prozessschritte erweiterbar, um einen höheren Automatisierungsgrad zu erreichen.

Folgende Erweiterungsmöglichkeiten stehen Ihnen zur Verfügung:

- **Erweiterung der Geschäftsprozesstypen**
  Dies dient zur Übergabe bisher nicht verarbeiteter Applikationsdaten an das Applikations-Interface.
- **Zusätzliche Applikationsobjekttypen**
  Mit dieser Erweiterungsmöglichkeit können Sie zusätzliche Applikationsobjekttypen definieren, um Objekte einer bisher nicht betrachteten Art zu verfolgen (z. B. einen Kühlcontainer in einer Sendung oder eine Verpackungseinheit vom Typ Rollcontainer in einem Sendungsauftrag für Expressgut).
- **Zusätzliche Extraktoren**
  Mit dieser Erweiterungsmöglichkeit definieren Sie zusätzliche Extraktoren und Relevanzbedingungen, damit Sie andere oder umfangreichere Daten aus den Geschäftsprozessobjekten der Applikationssysteme extrahieren können, um damit in SAP EM Parameter oder erwartete Ereignisse zu befüllen. Sie können darüber hinaus auch auf die Daten anderer Objekte zugreifen.
- **Eigene Event-Handler-Arten**
  Diese werden genutzt, um komplett eigene Sichtbarkeitsprozesse zu definieren, die die Eigenheiten des zu verfolgenden Objekts oder Prozesses repräsentieren und das Speichern der damit verbundenen Daten ermöglichen.
- **Erweiterung der Regelwerke**
  Diese Erweiterung können Sie nutzen, um Reaktionen auf bestehende oder zusätzliche Ereignisse zu ändern oder zu ergänzen.
- **Erweiterung der EM-getriggerten Steuerfunktionen**
  Die Erweiterung der EM-getriggerten Steuerfunktionen im Applikationssystem setzen Sie ein, um zusätzliche Prozesse aus der EM-Integration heraus ansteuern zu können, wie z. B. zur automatischen Rechnungsstellung der Seefrachtrechnung, wenn das Schiff den Abgangshafen verlässt.

8.2 Auto-ID Infrastructure und Object Event Repository

Vermehrter Einsatz von RFID

Seit einigen Jahren werden in der Logistik zunehmend RFID-Technologien (*Radio Frequency Identification*) eingesetzt, die in vielen Prozessen nach und nach den Barcode als berührungslose Identifikationstechnologie ersetzen. Zunächst wurde RFID aufgrund der hohen Kosten und der fehlenden Standards nur in speziellen Produktions- und Logistikprozessen eingesetzt, z. B. bei der Automobilproduktion oder beim Vertrieb hochpreisiger Ware (z. B. hängende Bekleidungsartikel). Durch die starken Standardisierungsfortschritte (z. B. EPCglobal) und die immer weiter sinkenden Preise der RFID-Identifikationschips (RFID-Tags) hält die Technologie nun aber Einzug in die Logistikprozesse von Massenware (z. B. im Retail-Bereich). Im Bereich der Zugangskontrolle haben bereits viele Menschen direkten Kontakt mit RFID-Systemen, z. B. häufig bei der Nutzung von Skipässen. SAP bietet Ihnen mit der *Auto-ID Infrastructure* und dem event-management-basierten *Object Event Repository* zwei leistungsfähige Softwarekomponenten zur Unterstützung von Logistikprozessen mittels RFID-Technologie.

8.2.1 Grundlagen der RFID- und EPC-Technologie

Vorteile der RFID-Technologie

Die RFID-Technologie hat gegenüber dem weitverbreiteten Barcode einige wesentliche Vorteile:

- **Tags müssen nicht sichtbar sein**
  RFID ermöglicht eine Identifikation von logistischen Einheiten, bei der im Gegensatz zum Barcode keine direkte Sichtbarkeit des RFID-Tags nötig ist. Auch die Richtung, aus der das Tag gelesen wird, spielt keine Rolle.
- **Mehrere Tags können gleichzeitig gelesen werden**
  Durch effiziente Anti-Kollisions-Algorithmen ist ein schnelles, quasiparalleles Lesen einer großen Anzahl von RFID-Tags möglich.
- **Lesbarkeit von Tags in Verpackungen**
  RFID-Tags können unter rauen Umgebungsbedingungen eingesetzt werden. Das Tag kann – im Gegensatz zum Barcode – auch in eine Verpackung integriert werden, um Beschädigungen zu vermeiden.
- **Tags können beschrieben werden**
  RFID-Tags können sowohl gelesen als auch beschrieben werden. Dadurch ist eine Datenanreicherung auf dem Tag im Laufe des Logistikprozesses möglich. Die Datenmenge, die auf dem RFID-Tag gespeichert werden kann, ist relativ groß.
- **Wiederverwendbarkeit**
  RFID-Tags können wiederverwendet werden.

Durch die genannten Eigenschaften kann die RFID-Technik über die gesamte Logistikkette hinweg gewinnbringend eingesetzt werden. Eine Ware kann z. B. bereits während der Produktion mit einem Tag versehen werden. Die Lagerhaltung, der Transport zum Verteilzentrum, die dortige Ein- und Auslagerung sowie der Vertrieb und der Abverkauf können komplett durch Scannen des RFID-Tags festgehalten werden. Dadurch ist es möglich, exakte Daten über die Logistikkette zu erhalten.

Komponenten der RFID-Technologie

Ein RFID-System besteht aus mehreren Komponenten, die in jeweils geeigneter Weise zusammenspielen müssen. Abbildung 8.10 zeigt Ihnen dazu den grundlegenden Aufbau:

- **RFID-Tags/Transponder/Chips**
  Ein RFID-Tag besteht im einfachen Fall aus einer Antennenspule, einem Chip und einem Permanentspeicher. Die Antennenspule empfängt Radiowellen der Antenne eines Lesegeräts und erzeugt dadurch einen Strom, der den Chip »aufweckt« und dazu bringt, den Inhalt seines Speichers auszulesen und in codierter Form über die Antenne des RFID-Tags abzustrahlen. Diese »Antwort« des Tags kann von der Antenne des Lesegeräts aufgefangen und weitergeleitet werden.

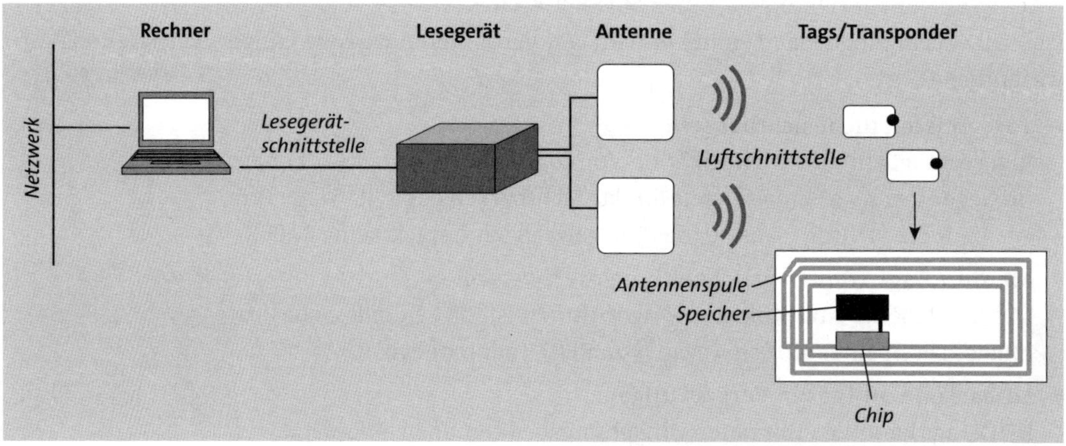

Abbildung 8.10 Komponenten eines RFID-Systems

Grundsätzlich lassen sich verschiedene Arten von Tags unterscheiden, wobei die genannten Eigenschaften miteinander kombiniert werden können:

- *Passive Tags* haben keine eigene Stromversorgung und werden, wie zuvor beschrieben, über den in die Antenne induzierten Strom gespeist.

- *Aktive Tags* haben eine Batterie bzw. einen Akku und benötigen keine Fremdeinspeisung. Sie sind größer als passive Tags und werden eher zur Identifizierung von Containern oder Bahnwaggons verwendet.
- *Nur-Lese-Tags* haben einen fest einprogrammierten Identifikationscode in einem Nur-Lese-Speicher (z. B. der elektronische Produktcode EPC), der beliebig oft gelesen werden kann.
- *Einmal beschreibbare Tags* werden ohne Identifikationscode geliefert und bei Festlegung der Identifikation in einen einmal beschreibbaren Speicher mit dem Code programmiert (z. B. bei Vergabe der Seriennummer eines produzierten Geräts, das mit dem Tag versehen wird).
- *Wiederbeschreibbare Tags* können mehrfach verwendet, das heißt gelöscht und mit neuen Daten beschrieben werden. Auch lassen sich die Daten im Laufe des Prozesses anreichern, sodass je nach Prozessabschnitt der Fortschritt durch Daten auf dem Tag festgehalten werden kann. Die hier verwendeten Speicher ähneln den Flash-Speichern von USB-Sticks.

- **Antennen des Lesegeräts**
  Die Antenne oder Antennen des Lesegeräts senden in einer auf das Tag abgestimmten Frequenz die Lesesignale, die das Tag zum Senden der Identifikation und weiterer Daten stimulieren. Nach dem Senden der Lesesignale schalten die Antennen auf Empfang, sodass sie die Antwort des Tags auffangen können. Weltweit gibt es eine Vielzahl von Frequenzbereichen, in denen RFID-Antennen arbeiten. Durch unterschiedliche, landesspezifische Gesetzgebungen konnte bisher keine vollständige Harmonisierung erreicht werden. Im Logistikbereich werden in der Regel Antennen im Dezimeter-Wellenbereich eingesetzt (433 MHz, 869 MHz, 915 MHz oder 2,45 GHz). Die Frequenzwahl hängt außer von den gesetzlichen Richtlinien auch stark von der Einsatzumgebung und den zu identifizierenden Gegenständen ab. (Beispielsweise erschweren stark metallische Umgebungen wie Lagerregale oder abschirmende Gegenstände wie gefüllte Chemikalienkanister den Empfang.)
- **Lesegerät**
  Das Lesegerät dient zur Ansteuerung der Antennen und zur Decodierung der vom Tag zurückgesendeten Daten. Es muss dabei die Initialisierungssequenz beherrschen, die das Tag benötigt, um Daten zurückzusenden; ebenso muss es die Codierung der vom Tag gesendeten Daten verstehen und in ein korrektes Datenformat umsetzen, das von dahinterstehenden Logistiksystemen benötigt wird. Lesegeräte sind als festinstallierte Stand-, Wand- oder Torgeräte verfügbar. Für mobile Anwendungen gibt es auch eine Vielzahl von RFID-Handlesegeräten, die zumeist mit einem Bildschirm ausgestattet sind.

Spezialisierte Systeme

Aus den zuvor beschriebenen Komponentenmerkmalen wird deutlich, dass der Einsatz von RFID-Technologie im Logistikbereich trotz der verbesserten Möglichkeiten anspruchsvoll ist. Die einzelnen Komponenten, die Einsatzumgebung und die Materialeigenschaften der zu identifizierenden Objekte müssen gut aufeinander abgestimmt sein, um einen erfolgreichen Einsatz zu ermöglichen.

EPCglobal

Um einen Standard bei der Identifikation mittels RFID in Logistikprozessen zu schaffen, wurde in den USA das Auto-ID Center gegründet (heute übergegangen in EPCglobal, siehe *www.epcglobal.de*). Es treibt nicht nur RFID-Tag-Standards voran, sondern hat auch einen standardisierten Identifikationscode definiert, den *Electronic Product Code* (EPC).

Electronic Product Code (EPC)

Der EPC wurde entwickelt und definiert, um ein Mittel für die Identifizierung aller möglichen Arten von physischen Objekten zu schaffen. Er sollte dabei natürlich auch gängige Industriestandards wie EAN-UCC, GTIN oder SSCC-18 mit abdecken (EAN/UCC: *European Article Number/Uniform Code Council*; GTIN: *Global Trade Identification Number*; SSCC: *Serial Shipping Container Code*).

Der Code war von Beginn an als erweiterbar konzipiert, um auch zukünftige Anwendungen abdecken zu können. Die Auto-ID-Standards basieren auf einer minimalen Datenmenge auf dem Chip (nur der EPC) und einer zentralisierten oder verteilten Datenhaltung der mit dem physischen Objekt verknüpften Daten und Informationen auf Serversystemen (sogenannte EPCIS, *Electronic Product Code Information Systems*). Dadurch können die Kosten für das RFID-Tag möglichst gering gehalten werden, sodass Massenanwendungen preislich sinnvoll werden. Ein Beispiel für einen 96-Bit-EPC sehen Sie in Abbildung 8.11.

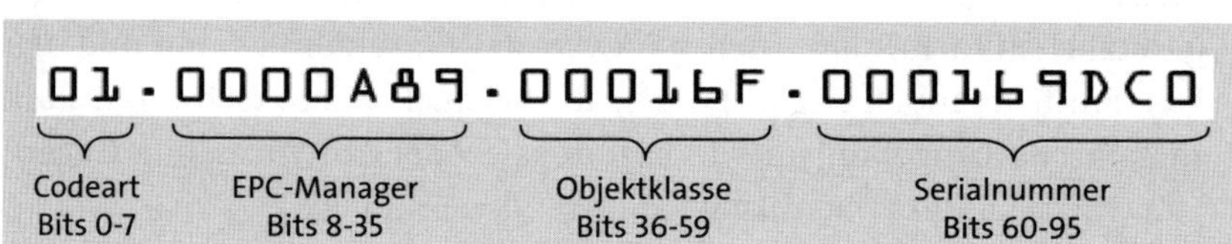

Abbildung 8.11 Beispiel eines EPC

EPC-Komponenten

Der EPC ist aus mehreren Komponenten aufgebaut:

- **Codeart (Header)**
  Klassifikation der EPC-Version und der Informationsart (z. B. SGTIN), Definition der Einheitenart (z. B. Palettencode) und der Gesamtcodelänge

- **EPC-Manager**
  Zugeteilte EPC-Mitgliedsnummer des Nummerngebers, z. B. eines Lebensmittelherstellers
- **Objektklasse**
  Objektnummer, z. B. eine Artikelnummer des jeweiligen Lebensmittelherstellers (z. B. grobe Leberwurst)
- **Serialnummer**
  Identifikationsnummer eines einzelnen Objekts, z. B. einer einzelnen Leberwurst

Diese Aufteilung ermöglicht in der Logistik die Verfolgung und Identifikation jedes einzelnen Objekts. Wenn z. B. die zuvor genannte grobe Leberwurst in irgendeinem Kühlregal gefunden und anschließend mit einem RFID-Lesegerät gescannt würde, wäre es bei Einsatz eines EPCIS möglich, den kompletten Lebenslauf der Wurst abzurufen. Dadurch lassen sich sehr effizient Qualitätskontrollen unterstützen.

8.2.2 Auto-ID Infrastructure

Logistikapplikationen und RFID-Tags

Zwischen der Welt der prozessorientierten Logistikapplikationen und der Welt der identifikations- und ereignisorientierten RFID-Tags besteht eine Diskrepanz bezüglich der Granularität, in der Prozessschritte durchgeführt werden.

Die RFID-Lesevorgänge haben folgende grundlegende Eigenschaften:

- Große Mengen an Echtzeitdaten mit geringem Datengehalt (z. B. nur die Identifikationsnummer) werden von Lesegeräten erzeugt und übertragen.
- Es fehlt Kontextwissen über das Objekt oder den Gesamtprozess: Ein Objekt durchläuft einen isolierten Prozessschritt. Beim Scanvorgang ist kein Kontextwissen über damit verbundene weitere Objekte vorhanden (z. B.: Welche Kartons gehören noch zur Lieferung?).
- Die Lesevorgänge sind ungenügend standardisiert: Viele Tag-Varianten und Codierungsvarianten können die Dateninterpretation erschweren.

Bei den Logistikapplikationen sind folgende Probleme zu berücksichtigen:

- Es gibt eine gewisse Unfähigkeit, große Mengen an sehr detaillierten Echtzeitdaten zu interpretieren: Eine Lieferung mit einer Palette mit 1.000 Joghurtbechern erzeugt unter Umständen ein Performanceproblem, wenn jeder einzelne Becher per RFID in den Warenausgang gebucht wird.

- Viele Geschäftsprozesse erfordern keine Daten auf RFID-Tag-Ebene: Für die zuvor genannte Lieferung ist es nur wichtig zu wissen, wann die Palette in den Warenausgang gebucht wurde und wie viele Joghurtbecher auf ihr waren.
- Viele Geschäftsprozessobjekte sind nicht darauf ausgerichtet, detaillierte Informationen und eine Historie über alle verwendeten Logistikobjekte zu verarbeiten und zu speichern.
- Es sind keine direkten Schnittstellen zu RFID-Lesegeräten verfügbar.

Aufgrund dieser Diskrepanz wurde die Auto-ID Infrastructure entwickelt, die eine Brücke zwischen der granularen Ereignisverarbeitung der RFID-Welt und der gebündelten Sicht der Logistikapplikationen baut. Abbildung 8.12 veranschaulicht diese Problematik grafisch.

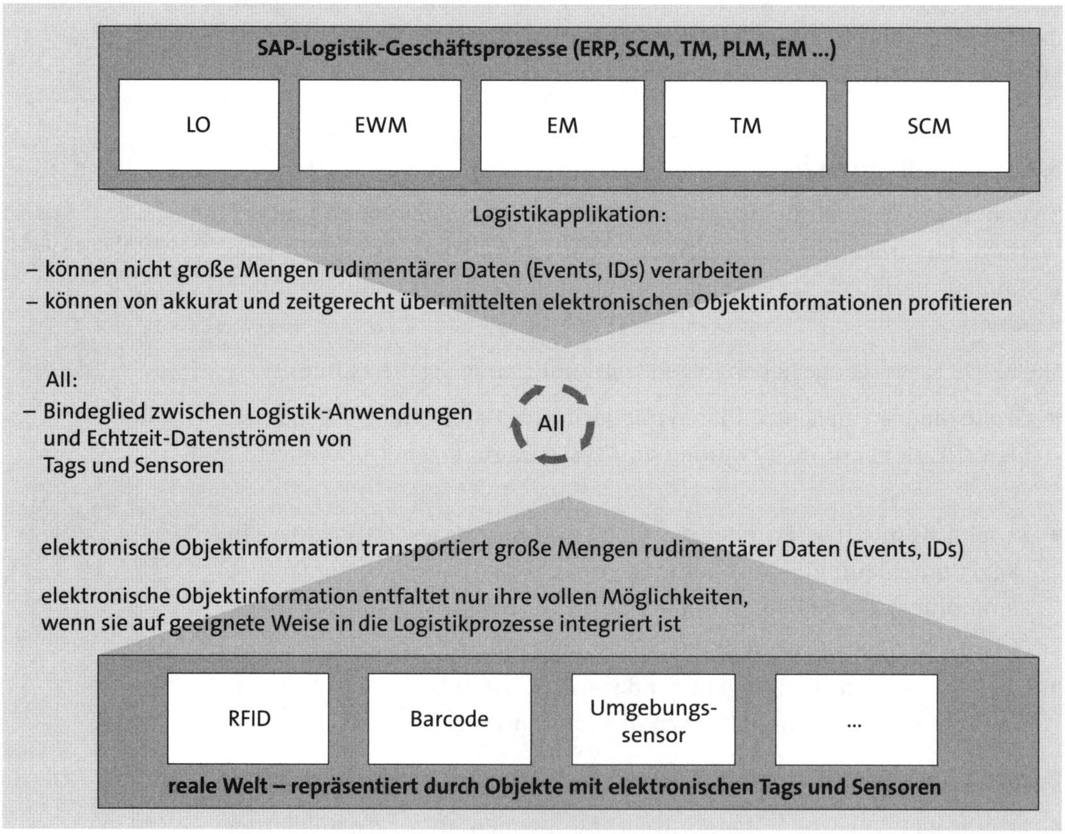

Abbildung 8.12 Auto-ID Infrastructure als Brücke zwischen Logistikapplikation und elektronischer Objektidentifizierung

Prozessbeispiele für den RFID-Einsatz

Im Bereich der Logistik gibt es einige typische Prozesse, in denen sich der Einsatz von RFID-Technologie besonders bewährt hat. Diese stellen wir im Folgenden kurz dar:

- **Handling Unit packen und entpacken**
  Bei diesem Prozess wird die Handling Unit mithilfe von RFID-Technologie erstellt. Das heißt, durch das Scannen der einzelnen Warenobjekte und des Behältnisses wird eine Zuordnung der Objekte zu der Handling Unit geschaffen. Ein Logistiksystem ist damit in der Lage, die Handling Unit aufgrund der RFID-Information zu erstellen. Die Auto-ID Infrastructure sammelt dabei die Informationen, welches Objekt in welches Behältnis gepackt wird, und legt am Ende die Handling Unit mit Inhalt im SAP-System an.

  Der Prozess kann auch durchgeführt werden, wenn die einzelnen Warenobjekte direkt an der Produktionslinie mit Tags versehen und in ein Behältnis mit Tag verpackt werden. Das ist z. B. häufig im Pharmabereich der Fall, wo teure Medikamentenpackungen getaggt in ein Behältnis verpackt werden.
- **Inhaltsprüfung einer HU mittels RFID**
  Eine bekannte Handling Unit wird durch RFID-Scan auf ihre originale Beschaffenheit hin geprüft. Der zuvor als Beispiel genannte Medikamentenkarton kann ohne Öffnen daraufhin geprüft werden, ob noch alle Medikamentenpackungen enthalten sind. Diese Verfahren werden häufig zur Qualitäts- und Diebstahlkontrolle eingesetzt.
- **Laden und Entladen von Artikeln und Transportbehältern**
  Durch den RFID-Scan können Sie eine komplette Übersicht über die geladenen oder entladenen Artikel und Transportbehälter erhalten und hierfür automatisch Warenaus- oder Wareneingang buchen. Dies kann entweder mit Handscannern oder auch mit fest installierten Scannern durchgeführt werden.
- **Kontrolle der Ladereihenfolge**
  Mithilfe eines festen Lesertores können Sie bei Unstimmigkeiten in der Ladereihenfolge von auszuliefernden Paletten sofort den zuständigen Mitarbeiter informieren und eine Korrektur ermöglichen.

RFID-Unterstützung im Lagerbereich

In Abbildung 8.13 sehen Sie ein Beispiel für die Darstellung eines Lagerprozesses mit RFID-Unterstützung. In diesem Beispiel wird die RFID-Technologie auf Karton- und Palettenbasis eingesetzt, nicht jedoch auf Artikelebene. Die Abbildung zeigt, welches logistische Objekt bearbeitet wird, wie die RFID-Unterstützung erfolgt, welche Aktivitäten ausgeführt werden und welche Tag-Codierung eingesetzt wird.

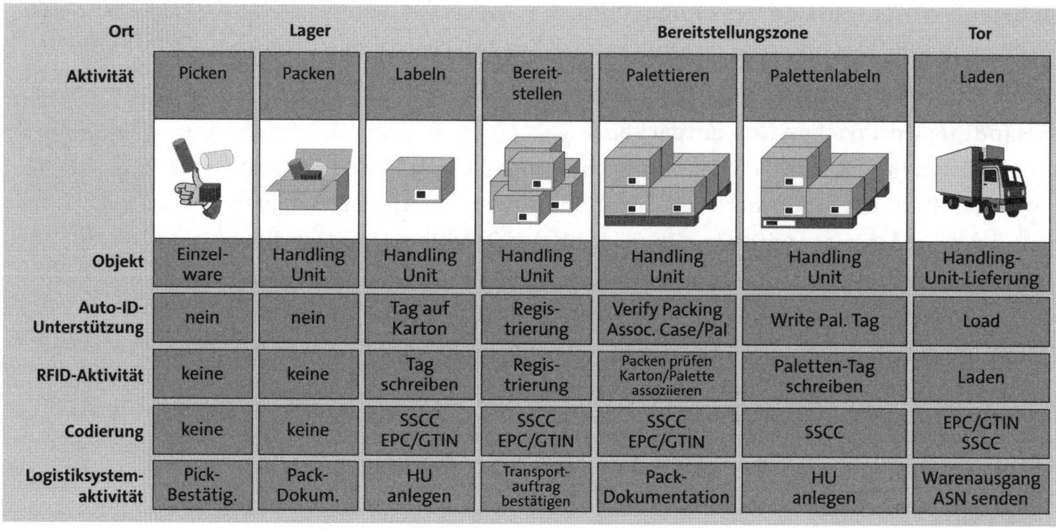

Abbildung 8.13 Beispiel eines RFID-unterstützten Auslieferungsprozesses im Lager

Auto-ID Infrastructure und SAP EM

Die *SAP Auto-ID Infrastructure* (SAP AII) arbeitet eng mit SAP EM zusammen. Dabei findet folgende Aufgabenteilung statt:

SAP EM ist eng am Geschäftsprozess orientiert. Es übernimmt die unternehmensweite Sammlung von Sichtbarkeits- und Tracking-Daten, die Überwachung kompletter, auch verteilter Prozesse und ein Prozess-Monitoring mit Ausnahmebehandlung.

SAP Auto-ID Infrastructure ist eng an den einzelnen Aktionen mit physischen Objekten orientiert. Sie übernimmt die lokale Datenverarbeitung für die von RFID-Lesegeräten und anderen Sensoren stammenden Identifikationsdaten. Ebenso unterstützt sie die Datenfilterung und Vorkonsolidierung von Daten und kann direkte Rückmeldungen an Bearbeiter geben, wenn Scans zu unerwarteten Ergebnissen führen.

Datenverarbeitung mithilfe von AII

Die Auto-ID Infrastructure kann von Logistiksystemen mit Details über die zu erwartenden RFID-Daten versorgt werden. Die erwarteten Daten können dann als Referenz zum Vergleich von gescannten Daten herangezogen werden. Auf diese Weise lässt sich feststellen, ob es gegenüber den erwarteten Objekten Abweichungen gibt. Im Fall von Abweichungen kann der Benutzer des RFID-Scanners direkt benachrichtigt werden.

Einen Beispielprozess dazu sehen Sie in Abbildung 8.14. In diesem Prozess avisiert ein Lieferant eine Anlieferung einer Palette mit 16 Kartons. In diesen Kartons sind insgesamt 265 serialisierte Artikel ❶ enthalten.

Alle Einheiten sind mit RFID-Tags versehen. Der Lieferant teilt elektronisch die Anlieferungsdetails mit genauen RFID-Tag-Informationen mit (SSCC-Nummer für die Palette, SSCC-Nummern für die Kartons, SGTIN für die Artikel (SGTIN: *Serialized Global Trade Identification Number*)). Über die in SAP ERP angelegte Anlieferung wird ein Event Handler für die Palette angelegt, und die detaillierten, erwarteten RFID-Tag-Informationen werden an die Auto-ID Infrastructure kommuniziert und dort gespeichert ❷.

Wenn der Eingangsscan der Palette erfolgt, werden die genauen Tag-Informationen vom Lesegerät an AII gesendet ❸. Hier kann nun der Vergleich der empfangenen Informationen mit den zuvor gespeicherten, erwarteten Informationen durchgeführt werden ❹. Die Auto-ID Infrastructure kann dem Lagermitarbeiter sofort mitteilen, wenn die Anzahl der gescannten Objekte abweicht (Fehlmenge) oder andere Artikel oder Serialnummern geliefert wurden, als avisiert wurden.

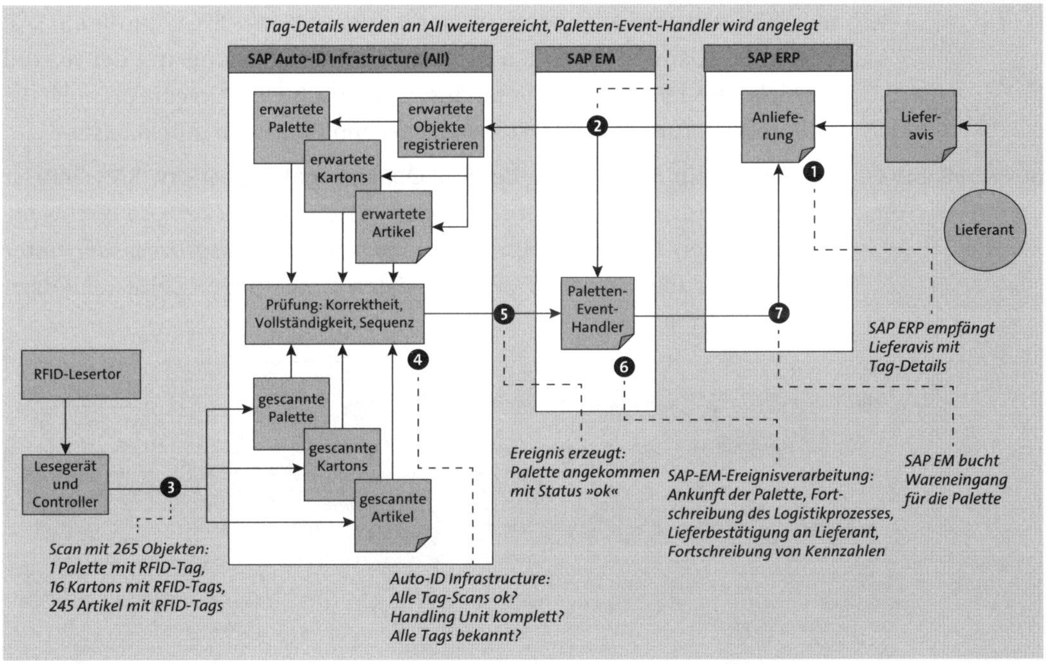

Abbildung 8.14 Prozessablauf für den Wareneingang einer Anlieferung mit RFID-Unterstützung

Wenn der Eingangsscan im Detail korrekt war, sendet die Auto-ID Infrastructure eine Meldung an SAP EM ❺, etwa »Palette angekommen, Status ok«. Dadurch wird der Bezug zwischen den 265 Einzelscans am Lesertor und dem Geschäftsprozess hergestellt. Der Event Handler registriert nun die korrekte Ankunft der Palette ❻ und kann einen Wareneingang in ERP initiieren ❼.

8.2.3 Object Event Repository

EPC-Informationssystem

Wir haben bereits im Zusammenhang mit der RFID- und EPC-Technologie dargestellt, dass mit dem Konzept des zentralen *EPCIS* (Electronic Product Code Information System) eine Kostenreduktion bei den RFID-Tags erreicht werden soll, indem Kontext- und Historiendaten zum physischen Objekt auf einem zentralen Server gespeichert und bereitgestellt werden.

EPCIS ist damit ein Standard, um elektronisch identifizierbare Objekte durch die Versorgungskette zu verfolgen. Die Daten über das Was, Wann, Wo und Warum des Objekts an den einzelnen Erfassungspunkten werden hier zentral erfasst und können über standardisierte Schnittstellen und Services abgefragt und weiterverteilt werden.

EPCIS auf Basis von SAP EM

Die Funktionen und Eigenschaften sind ein grundlegender Bestandteil von SAP EM. Insofern lag es nahe, SAP EM hin zum EPCIS auszubauen. SAP bietet mit dem *Object Event Repository* (OER) eine von EPCglobal gemäß EPCIS-Version 1.0 zertifizierte Lösung zur Implementierung eines EPCIS an, die auf SAP EM basiert. Damit steht Ihnen eine Lösung zur Verfügung, mit der sowohl die lückenlose Verfolgung hierarchisch geschachtelter Objekte als auch die Authentifizierung von Objekten in kritischen Prozessen möglich ist.

Nachweispflicht im Vertriebsprozess

Ein Beispiel für die Nutzung des SAP Object Event Repository (SAP OER) ist die in vielen Ländern eingeführte oder anstehende lückenlose Nachweispflicht für den Arzneimittelproduktions- und Vertriebsprozess, der unter anderem die Identifizierung von Plagiaten unterstützen soll (siehe dazu auch Abbildung 8.15).

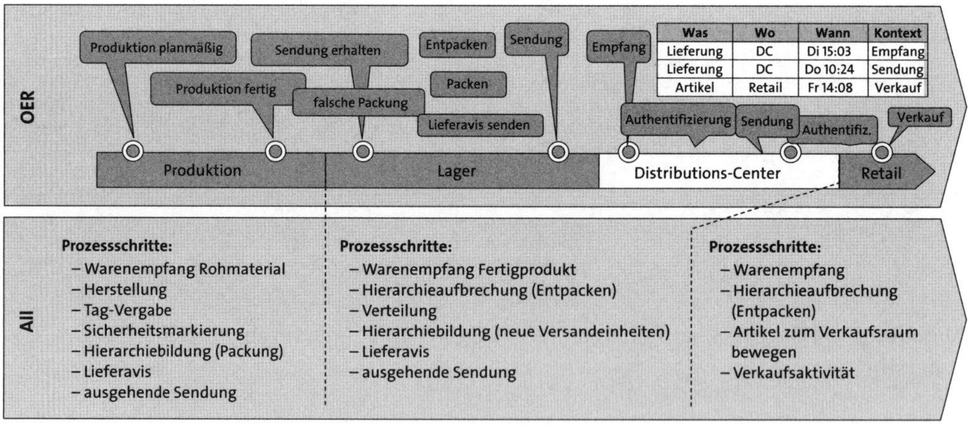

Abbildung 8.15 Beispielprozess für den lückenlosen Nachweis der Produktions- und Vertriebskette mit dem SAP Object Event Repository

Hochwertige Arzneimittel werden dabei bereits in der Produktion auf jeder Packung mit RFID-Tags versehen. Danach kann sowohl die herstellerinterne Lagerung als auch der Transport zum Groß- und Einzelhandel verfolgt und belegt werden. Praktisch wäre es damit möglich, für eine in der Apotheke gekaufte Medikamentenpackung eine genaue Historie abzurufen und damit gegebenenfalls eine Fälschung zu identifizieren.

SAP Object Event Repository (OER) bietet Ihnen gemäß EPCIS-Standard Ereignis-, Erfassungs- und Abfrage-Interfaces, um Daten über eindeutig identifizierte Objekte zu erfassen und mit anderen involvierten Partnern auszutauschen. Dabei kann der gesamte Lebenszyklus der Objekte erfasst werden. Werden Objekte hierarchisch verpackt, kann das auch in einer entsprechenden Hierarchiedarstellung bzw. Relationsbeziehung in OER erfasst werden. Dabei sind z. B. folgende Relationen möglich: einfache EPC-Nummern, Tag-Identifikation + EPC-Nummer oder Palette + Karton + Artikel + Beziehung.

8.3 Reporting und Ermittlung von Leistungskennzahlen

Betriebswirtschaftlicher Hintergrund der Leistungskennzahlen

Die Komponenten der SAP-Logistiklösungen reichern eine große Anzahl verschiedener Daten in den Geschäftsprozessen an, um die Anforderungen von unterschiedlichen Parteien wie dem eigenen Unternehmen, Geschäftspartnern, Frachtführern, Behörden und Zoll zu erfüllen. Viele Daten werden automatisch ermittelt oder über elektronische Kommunikation weitergeleitet. Das Datenvolumen, das in einem Logistikprozess entsteht, kann dadurch sehr hoch sein. Für das Unternehmen und den einzelnen Endanwender ist es damit nicht immer einfach, aus den Daten Rückschlüsse auf den Erfolg bzw. Misserfolg der Prozessabwicklung zu ziehen.

Wettbewerbsvorteile durch Analysen

Unternehmen haben oft entscheidende Vorteile gegenüber den Mitbewerbern, wenn sie ihre logistischen Aktivitäten anhand detaillierter Analysen profitabel und effektiv gestalten können. Aufgrund von Vergangenheitsdaten können sie für die Zukunft lernen und ihre Geschäfte dabei entsprechend anders strukturieren. Bestehende Beziehungen und Verträge mit Kunden und Lieferanten lassen sich auf Basis der ermittelten Leistungs- und Finanzdaten neu verhandeln, oder Prozesse bzw. Geschäftsfelder können eingestellt werden.

Die *Berichtserstellung* in der Logistik erstreckt sich von der Strukturdatenanalyse im Tagesgeschäft über komplexe Analysen einzelner Kostenkomponenten bis hin zur Ermittlung von Leistungskennzahlen (*Key-Performance-Indikatoren*, KPI), die der Unternehmenssteuerung dienen. Die Kenntnis der Daten und der Zugriff auf Daten aus operativen Logistik-,

Statusverfolgungs-, Finanz- und Einkaufssystemen sind entscheidende Faktoren für die sinnvolle Erstellung der Kennzahlen.

Datenaggregation in SAP BW

In der Praxis finden sich häufig komplexe Systemlandschaften. Das bedeutet, dass das Unternehmens-Reporting über Systemgrenzen hinweg möglich sein muss, um optimale Ergebnisse zu erzielen. Dabei werden sowohl Bewegungsdaten als auch Stammdaten benötigt. Die vielerorts noch übliche Datenintegration und Aufbereitung durch Mitarbeiter mithilfe monatlicher Microsoft-Excel-Tabellen sollte bald der Vergangenheit angehören; diese manuelle Vorgehensweise ist aufwendig und fehleranfällig und kann von Data-Warehouse-Systemen übernommen werden.

Die SAP-Logistikapplikationen nutzen zwei verschiedene Komponenten, um *Leistungskennzahlen* über die Prozesse hinweg zu erstellen:

- SAP BW, mit dem Sie umfangreiche Analysen und Reports erstellen können
- das Informationssystem, das in begrenztem Maße Auswertungen direkt in ERP anbietet

Eine weitere neue Komponente im SAP-Portfolio sind die *SAP-BusinessObjects-Produkte*, die die Daten aus einem Data Warehouse und weiteren Datenquellen in Report- oder Dashboard-Form präsentieren können.

Auswertung von Live-Daten

Mit dem SAP-HANA-In-Memory-System ist es Ihnen möglich, umfangreiche Auswertungen auf Basis von Live-Daten durchzuführen. Sie können das Suchen, Filtern, Aggregieren und Zusammenführen der Daten auf den im Hauptspeicher befindlichen Originaldaten betreiben, anstatt vorher einen Datenextrakt für ein Business Warehouse zu erzeugen, auf dem dann das Reporting läuft. Dadurch haben Sie den Vorteil, dass die Auswertungen jederzeit auf den aktuellsten Datenbeständen verfügbar sind und zeitliche Abhängigkeiten von regelmäßigen Datenextraktionen entfallen.

8.3.1 SAP Business Warehouse (SAP BW)

Mit SAP BW können Daten aus SAP-Systemen, Nicht-SAP-Systemen und aus strukturierten Dateien (z. B. Excel-Spreadsheets) verarbeitet werden. Die Anzeige der Daten erfolgt entweder in Form von Tabellen oder als aussagekräftiges Dashboard mit Ampeln, Tachografen oder Diagrammen. Für die Anzeige in Tabellenform können Sie z. B. auch eine Darstellung in Microsoft Excel wählen.

Aktuelle Daten auf Knopfdruck

Durch SAP BW haben die Verantwortlichen im Unternehmen auf Knopfdruck aktuelle Daten zur Hand, um Entscheidungen zu treffen und das Tagesgeschäft entsprechend zu steuern.

Neue Möglichkeiten

SAP BW besteht aus dem eigentlichen Datenspeicher mit seinen Administrationswerkzeugen für Datendefinition, Datenfortschreibung, Aggregation und Abfragen sowie aus den BW-Inhalten, die die inhaltliche Form der Datenspeicherung und die Strukturen von Abfragen definieren. Die BW-Inhalte sind anwendungsabhängig und werden in der Regel als BW-Inhaltsrelease zu einer Applikationskomponente bereitgestellt. In Abbildung 8.16 sehen Sie eine Sicht auf einen Teil der von SAP gelieferten InfoProvider aus dem Bereich Logistik.

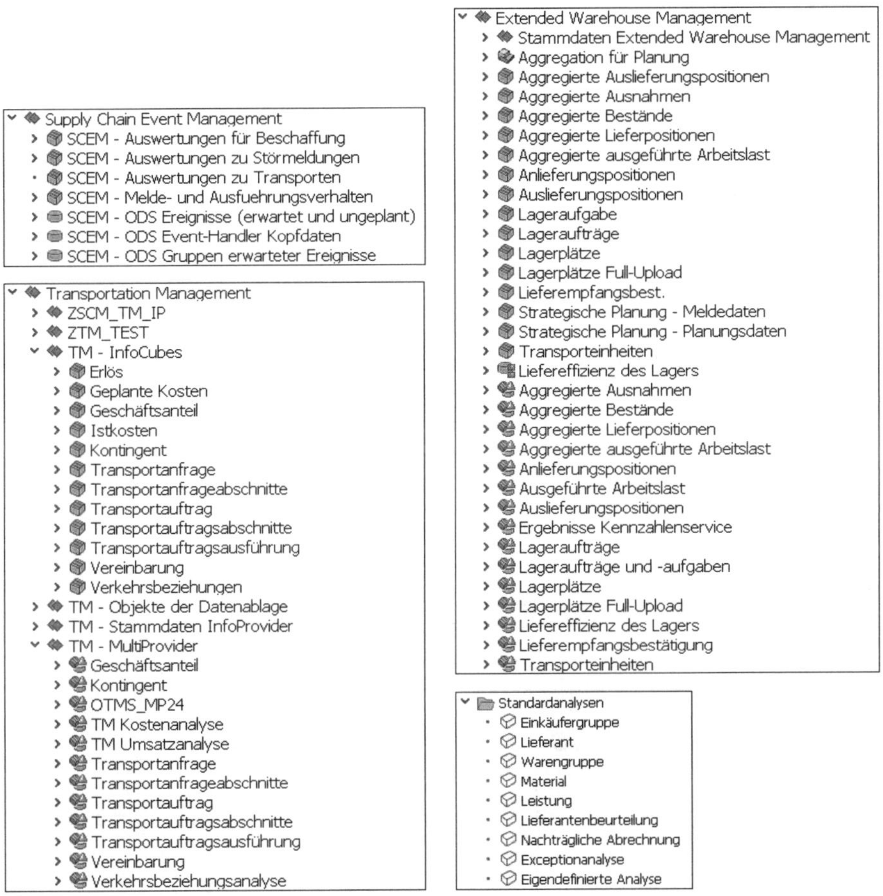

Abbildung 8.16 BW-Inhalte zu Logistikkennzahlen (InfoProvider)

Technologien wie die SAP-BusinessObjects-Tools nutzen gekapselte Enterprise Services, um Daten aus verschiedensten Systemen zu extrahieren und in einem einfach zu konfigurierenden User Interface darzustellen. Das Reporting wird dadurch nicht mehr Programmierarbeit, sondern Geschäftsprozesskomposition, die von fast jedem Mitarbeiter durchgeführt werden kann.

8.3.2 Das Informationssystem in SAP ERP

Das *Infosystem in SAP ERP* kann man als Vorläufer von SAP BW bezeichnen. Es dient zur statistischen Aufbereitung von Logistikdaten in einem reinen ERP-Umfeld. Da das Informationssystem funktional relativ eingeschränkt und bezüglich der architektonischen Sicht nicht mehr ganz aktuell ist, erwähnen wir es hier nur kurz. Die Empfehlung für das unternehmensweite Reporting geht ganz klar in Richtung BW/Business Intelligence.

Verschiedene Ausprägungen

Das Informationssystem besteht aus mehreren einzelnen Applikationen in SAP ERP:

- Das Logistikinformationssystem (LIS) erstellt statistische Übersichten für Lager-, Vertriebs- und Transportprozesse.
- Das Verkaufsinformationssystem (VIS) erstellt statistische Übersichten für den Verkauf.
- Das Einkaufsinformationssystem (EIS) erstellt statistische Übersichten zum Einkauf.

LIS-Standardanalysen

In Abbildung 8.17 sehen Sie am Beispiel des LIS die grundlegenden Logistikkennzahlen und Übersichten, die die im Standard gelieferten Analysen bereitstellen.

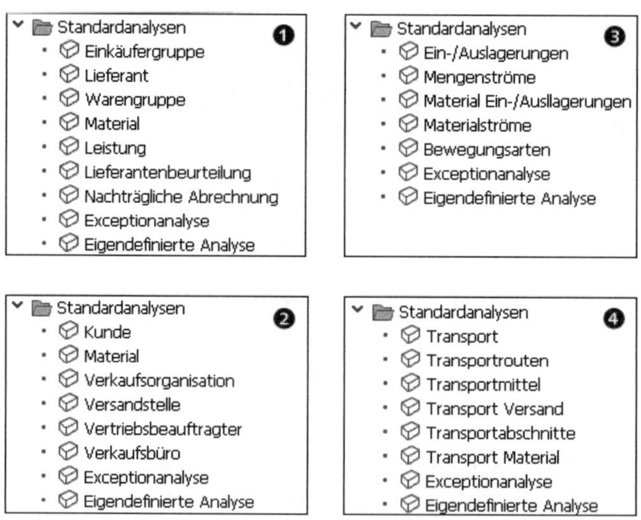

Abbildung 8.17 Standardanalysen im Logistikinformationssystem: ❶ Wareneingang, ❷ Versand, ❸ Lager, ❹ Transportdisposition

Verkaufs- und Vertriebskennzahlen

Abbildung 8.18 zeigt Ihnen als Beispiel die Auftragsaktivitäten pro Verkaufsbüro mit einem Aufriss der wöchentlichen Kennzahlen für das Büro Hamburg. Darüber hinaus sehen Sie die Gewichts- und Volumenkennzahlen für die Vertriebsaktivitäten in den Versandstellen.

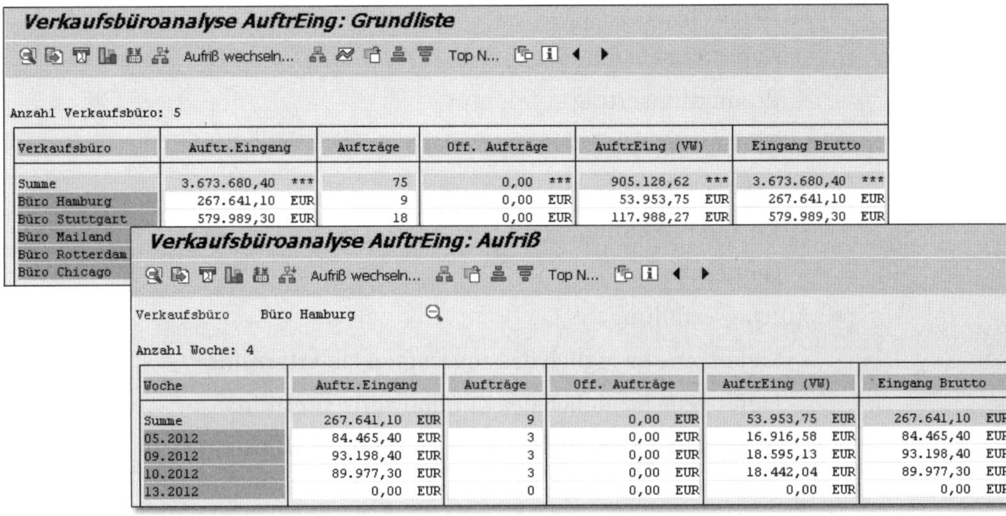

Abbildung 8.18 Standardanalysen zu Verkaufsaktivitäten pro Verkaufsbüro

8.3.3 Das SCOR-Datenmodell

Das vom Supply Chain Council (siehe *http://www.supply-chain.org*) definierte SCOR-Modell (*Supply Chain Operations Reference*) beinhaltet eine Reihe wichtiger Kennzahlen, die über die gesamte Logistikkette wichtige Daten liefern. Diese Kennzahlen erlauben in den folgenden Bereichen eine Bewertung der Logistikeffizienz – vom Lieferanten über die Produktion bis zum Kunden:

- Planung der Logistikkette
- Beschaffungsprozesse
- Herstellungsprozesse und Bestandsverwaltung
- Vertriebsprozesse
- Rücknahmeprozesse

SCOR-Kennzahlen im BW-Content

SAP liefert für das SCOR-Modell bereits Standard-BW-Inhalte für SAP NetWeaver aus. In den zuvor genannten Bereichen stehen folgende Reports zur Verfügung:

- Beschaffungslogistik
  - Lieferantenzyklusdauer
- Bestandsverwaltung
  - Überalterung des Bestands in % des Gesamtbestands
  - verbleibende Reichweite des Bestands in Tagen
  - Rohmaterialreichweite für die Produktion

- Herstellung
  - Kapazitätsausnutzung
  - Produktionsertrag
  - Einhaltung des Produktionsplans
  - Zykluszeit der Herstellung
  - Kosten pro Einheit
  - Gemeinkosten
- Auftragserfüllung
  - Liefertreue bezüglich des zugesagten Liefertermins
  - Liefertreue bezüglich des Kundenwunschtermins
  - prozentualer Anteil der Aufträge, die zum Wunschtermin geliefert werden
  - Vorlaufzeit für die Auftragserfüllung

Die Anwendung der SCOR-Kennzahlen ermöglicht es Ihnen, das Reporting auf Basis standardisierter und damit vergleichbarer Grundlagen durchzuführen, die auch eine unternehmensübergreifende Aussagekraft haben.

8.3.4 Reports und Dashboards – Beispiele

Einfache Interpretation komplexer Daten

Reporting ist ein weit gefasster Begriff. Es erstreckt sich auf alle Unternehmensbereiche. Um eine einfache Interpretation der häufig komplexen Daten zu ermöglichen, werden seit einigen Jahren sogenannte *Dashboards* eingesetzt, die einem Armaturenbrett im Auto nachgebildet sind und auf »Instrumenten« die wichtigsten Kennzahlen visualisieren bzw. mehrere analytische Grafiken auf einer Anzeige vereinen. Die im Folgenden gezeigten Beispiele beruhen teilweise auf Daten, die direkt aus einem TM- oder EM-System kommen, teilweise aber auch auf Daten, die dem BW-Bereich entnommen wurden.

Beispiel 1: Verspätungen

Das erste Beispiel (siehe Abbildung 8.19) zeigt Ihnen eine typische Auswertung aus dem Speditionsumfeld. Es werden Verspätungen pro Fahrer bzw. pro Lkw angezeigt, um die Liefergenauigkeit zu kontrollieren.

Eine Auswertung dieser Art setzt eine lückenlose Verfolgung von Abfahrts- und Ankunftszeiten voraus, was sich mithilfe von SAP EM und entsprechenden Bordcomputern bzw. der Integration von Geokoordinaten des Fahrzeugs (Geofencing) realisieren lässt. Diese Daten können einem Data Warehouse zur Verfügung gestellt und mit operativen Daten aus dem Transportmanagement kombiniert werden. Eine Detailansicht wie im unteren rechten Teil der Abbildung könnte das Ergebnis sein.

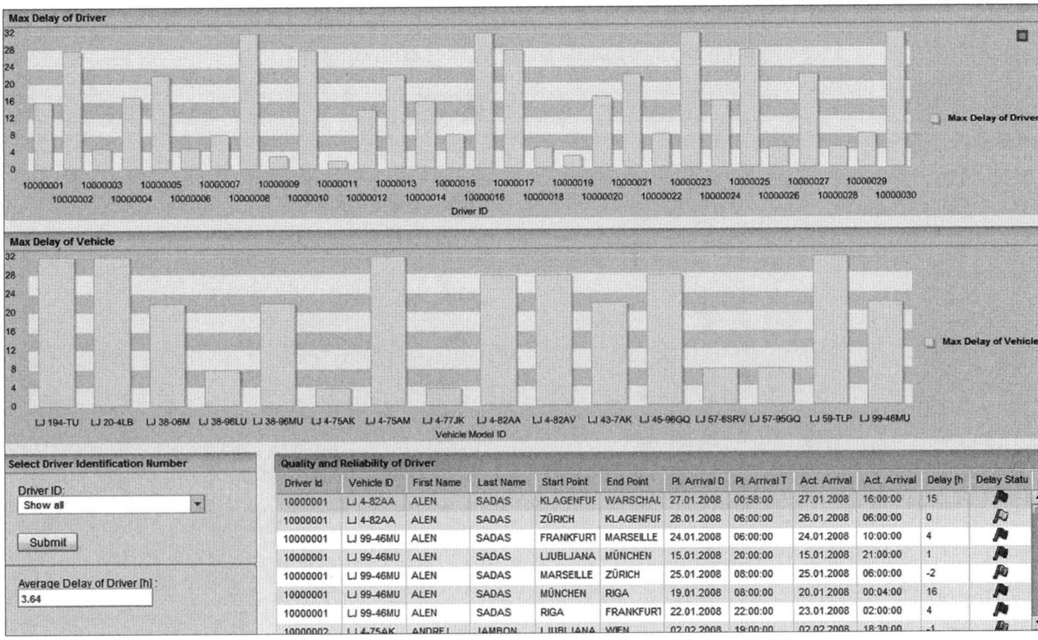

Abbildung 8.19 Dashboard für die Verspätungen von Lkw-Fahrern

Beispiel 2: Treibstoffverbrauch

Das zweite Beispiel (siehe Abbildung 8.20) zeigt ähnliche Daten mit Bezug zum Treibstoffverbrauch einer Fahrzeugflotte. Auch in diesem Beispiel kommen nicht alle Daten aus einem TM-System, sondern aus weiteren Systemen, wie z. B. einem Treibstoffmanagementsystem oder einer Onboard-Diagnostic-Anwendung, die die Daten vom Fahrzeug an einen zentralen Server schickt, von dem die Daten extrahiert und an BW gesendet werden.

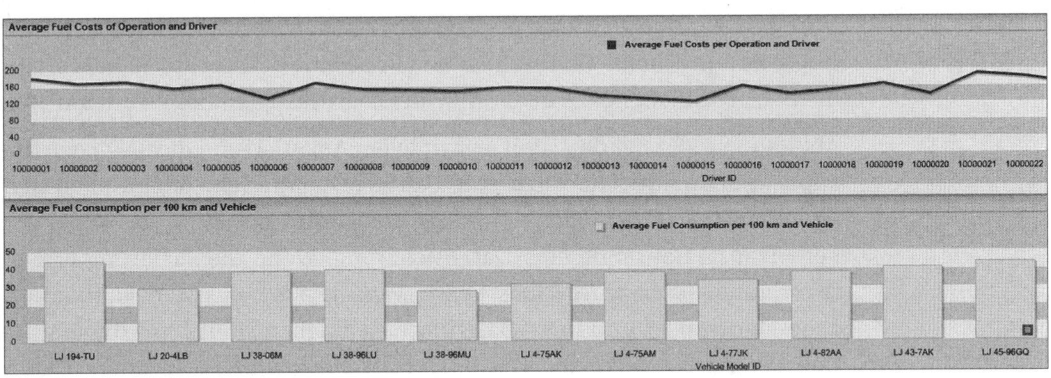

Abbildung 8.20 Dashboard zum Treibstoffverbrauch pro Fahrzeug

Beispiel 3: Supply-Chain-Transportkosten

Im dritten Beispiel sehen Sie ein mit SAP Lumira erstelltes Dashboard, das eine Managementsicht auf die wichtigsten Transportkostendaten eines Supply-Chain-Netzwerks bietet. Die in Abbildung 8.21 gezeigte Dashboard-

Anwendung erlaubt es Ihnen, die Sichten und Daten als Storyboards zu exportieren und für andere Benutzer freizugeben.

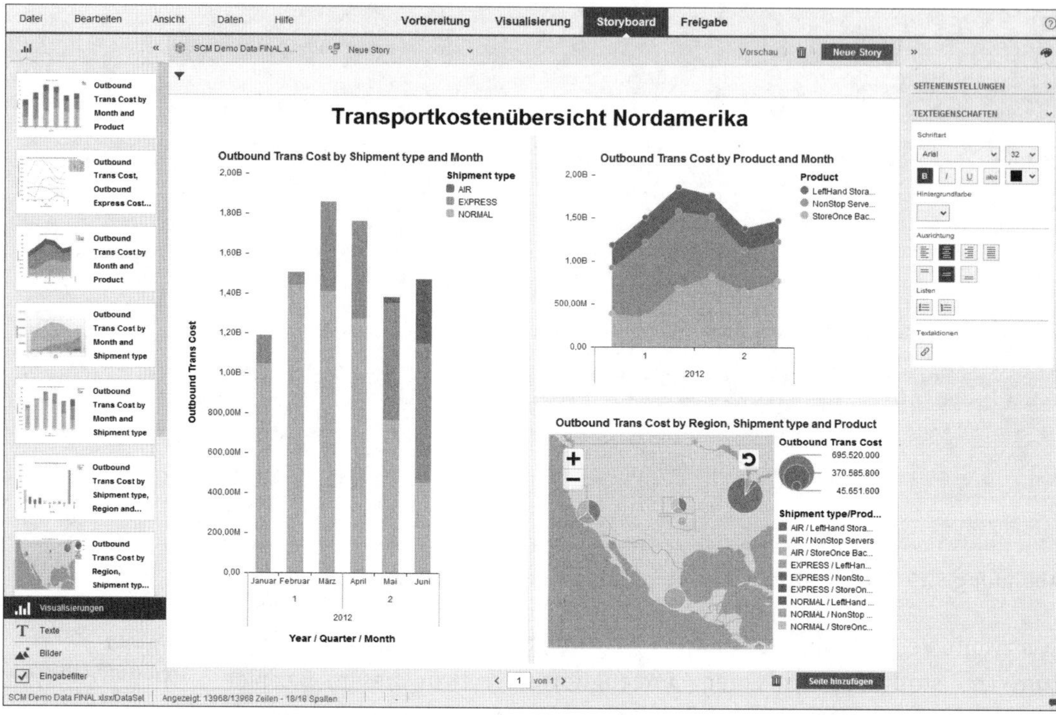

Abbildung 8.21 SAP-Lumira-Dashboard zu Transportkosten

8.3.5 Datenextraktion aus den SAP-Logistikapplikationen

Ablauf der BW-Kommunikation

Nachdem wir Anwendungsbeispiele und den betriebswirtschaftlichen Hintergrund zum Thema Kennzahlen und Reporting besprochen haben, erläutern wir abschließend die Integration der Logistikapplikationen mit SAP BW.

Abbildung 8.22 zeigt dazu den prinzipiellen Ablauf. Wenn die SAP-Logistikapplikationen entweder über eine Benutzerschnittstelle oder auch durch *Planungs- bzw. Batch-Reports* gesteuert ablaufen, erfolgt in der Regel vor dem Transaktionsende eine Datensicherung. Wenn die Sicherung erfolgreich durchlaufen wurde (das heißt, wenn klar ist, dass die Transaktion abgeschlossen ist und neue Daten fortgeschrieben sind), wird die Extraktion der für die *Merkmals- und Kennzahlenermittlung* relevanten Daten durchgeführt.

Dazu werden je nach Systemkomponente unterschiedliche technische Verfahren genutzt (bedingt durch den Entwicklungsstand und -zeitraum der einzelnen Programme). Die Datenextraktion und damit die BW-Fortschreibung lassen sich jedoch in der Regel im SAP-Customizing pro Applikation abschalten. Die Datenextraktion erfolgt mit einer Extraktionsmethode, die an das Applikationsobjekt angepasst ist. Sie stellt die Daten dann in einer *DataSource* für die Übertragung an SAP BW zur Verfügung.

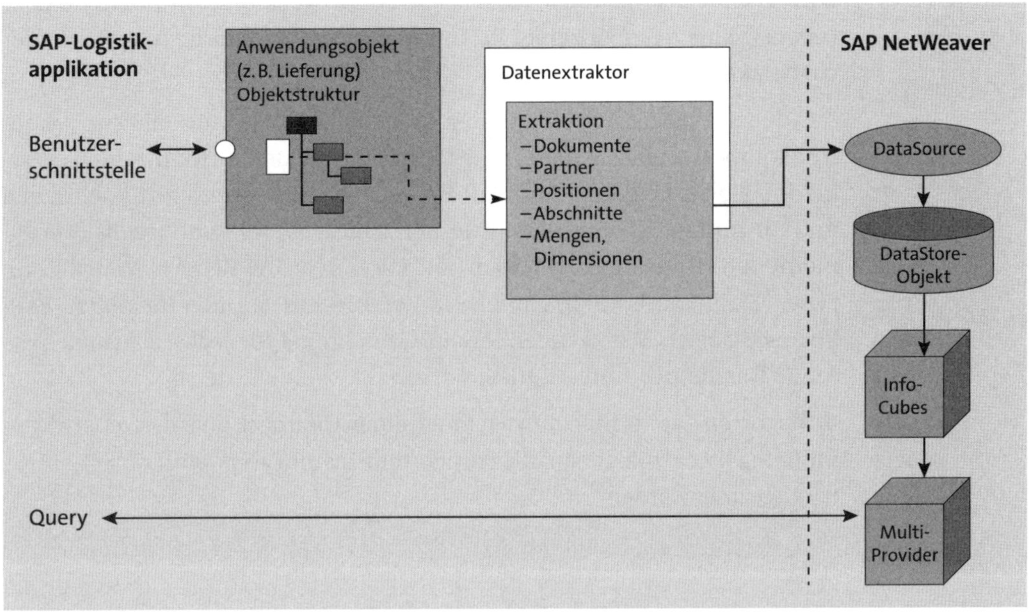

Abbildung 8.22 Ablauf der Integration von Logistikapplikationen und SAP BW

In SAP werden die DataSource-Informationen in *DataStore-Objekten* abgelegt. Aus den DataStore-Objekten werden dann die *InfoProvider* (früher InfoCubes) mit Informationen versorgt. Die InfoProvider speichern die eigentlichen Merkmale und Kennzahlen. Sie werden wiederum von den *MultiProvidern* als Datenquelle verwendet.

Querys

Sie können nach der Bereitstellung der Daten im MultiProvider mit verschiedenen Abfragen (*Querys*) auf die Informationen in SAP BW zugreifen und diese mit weiteren zur Verfügung stehenden Daten kombinieren, um gezielt Auswertungen durchzuführen. Die Anzeige erfolgt dann, wie zuvor erläutert, in Tabellen, Reports oder Dashboards.

8.4 Zusammenfassung

In der SAP-Welt können Sie eine effiziente und automatisierte Kontrolle der Logistikprozesse erreichen, indem Sie die Komponenten SAP EM, Auto-ID Infrastructure und Object Event Repository in einer Form einsetzen, die an Ihre Prozesse angepasst ist.

SAP EM erlaubt Ihnen die detaillierte Statusverfolgung und das Tracking der Logistikprozesse. Die Auto-ID Infrastructure bildet die Schnittstelle der Logistikapplikationen bzw. SAP EM hin zum Einsatz von RFID-Technologie als Daten- und Ereignisquelle. Das Object Event Repository schließlich ermöglicht das effiziente Erfassen, Speichern, Verwalten und Verteilen der Lebenszyklusdaten einzelner RFID-unterstützter physischer Objekte in der Logistikkette.

Aus den SAP-Logistikapplikationen und den zuvor genannten Prozesskontrollkomponenten können Sie vielfältige Merkmale und Kennzahlen extrahieren, die als Live-Inhalt, in SAP BW oder im Infosystem fortgeschrieben und für Abfragen bereitgestellt werden. Eine Vielzahl von Visualisierungsmethoden (angefangen bei Microsoft Excel über BW-Reports, Visual Composer Dashboards, Fiori-Applikationen bis hin zu den flexiblen SAP-BusinessObjects-Werkzeugen) erlaubt Ihnen eine für jede Zielgruppe passende Darstellung und Datenauswertung.

Im nächsten Kapitel möchten wir Ihnen einen Überblick über die Neuerungen im Bereich Logistik geben, die mit dem In-Memory-System SAP S/4 HANA bereitgestellt werden.

Kapitel 9
Logistik mit SAP S/4HANA

SAP S/4HANA ist nicht nur einfach ein Nachfolger von SAP ERP, sondern es definiert mit seiner Einfachheit und innovativen Technologie eine ganz neue Generation von Unternehmens-IT-Systemen. In diesem Kapitel geben wir Ihnen einen Überblick über die neuen Logistikanwendungen.

SAP S/4HANA steht für *SAP Business Suite 4 SAP HANA*. Hierbei handelt es sich nicht nur um eine neue Produktlinie von SAP, sondern um eine SAP-Anwendungssuite der nächsten Generation. Der Übergang von der SAP Business Suite zu SAP S/4HANA wird bisweilen mit dem Technologiewechsel von SAP R/2 auf SAP R/3 verglichen.

Wir haben in Kapitel 1, »Grundlagen der SAP-Logistiklösung«, bereits die Historie, die technischen Grundlagen und die Anwendungskomponenten von SAP S/4HANA erläutert. In diesem Kapitel möchten wir Ihnen einen Überblick über die *SAP S/4HANA Supply Chain* in Bezug auf die Logistik geben. Wir folgen in diesem Zusammenhang dem Aufbau dieses Buches und betrachten dabei insbesondere die logistischen Kernfunktionen in SAP S/4HANA, die wir auch in den bisherigen Kapiteln aus SAP-ERP- bzw. SAP-SCM-Sicht besprochen haben:

- Beschaffung
- Vertrieb
- Transport
- Bestands- und Lagerverwaltung
- Realtime Analytics

In-Memory-Technologie

SAP S/4HANA basiert vollständig auf der In-Memory-Plattform SAP HANA und ist damit in der Lage, logistische Geschäftsprozesse in Echtzeit zu verarbeiten. Im Vergleich zu den etablierten Komponenten der SAP Business Suite wurde das Datenmodell – insbesondere für die logistischen Funktionen – drastisch vereinfacht. Mit der neuen Benutzeroberfläche *SAP Fiori* steht ein modernes User-Interface zur Verfügung, das sich maßgeblich von den bisher bekannten SAP-Benutzeroberflächen unterscheidet.

HANA war ursprünglich ein Akronym für *High Performance Analytic Appliance*. Bei einer *Appliance* handelt es sich um eine Kombination aus Hardware und Software für besonders schnelle analytische Anwendungen mit großen Datenmengen. Ein wesentliches Merkmal ist hierbei die In-Memory-Technologie. Sie stellt eine Schlüsseltechnologie dar und bietet im direkten Vergleich mit traditionellen Platten- und Flash-Speichersystemen einen deutlichen Geschwindigkeitsvorteil.

Darüber hinaus kommen bei SAP HANA neben einer neuen Architektur der Datenhaltung (beispielsweise durch eine spaltenorientierte Ablage der Daten) effiziente Datenkompressionstechniken zum Einsatz. SAP HANA lässt sich dabei nicht nur für analytische Zwecke einsetzen, sondern steht als hauptspeicherbasierte Datenbank inzwischen sämtlichen modernen SAP-Systemen zur Verfügung. Eine klassische relationale Datenbank ist dabei nicht mehr erforderlich und für SAP S/4HANA auch nicht mehr vorgesehen.

Logistische Funktionen

In der Literatur wird der Begriff *Logistik* häufig für das Transportwesen verwendet. In diesem Buch haben wir den Begriff weiter gefasst und nicht nur auf den Transport von Waren beschränkt. Die logistischen Funktionen, die SAP bereitstellt und nach denen wir die Kapitelstruktur gegliedert haben, decken dabei die gesamte Warenwirtschaft mit Bestandsführung und -bewertung sowie die operativen Prozesse wie den Ein- und Verkauf und die Produktionslogistik ab. SAP S/4HANA folgt dieser Definition und untergliedert die einzelnen logistischen Unternehmensbereiche (*Lines-of-Business*) unter anderem in folgende Anwendungskomponenten (siehe auch Abschnitt 1.5.3, »SAP-S/4HANA-Applikationen«):

- Beschaffung und Einkauf
- Vertrieb und Auftragsverwaltung
- Supply Chain mit der Bestands- und Lagerverwaltung und Transport

Simple Logistics

Im Internet und in einigen englischsprachigen Vertriebspräsentationen von SAP wird oft der Begriff *Simple Logistics* (*sLOG*) verwendet. sLOG bezeichnet dabei keine offizielle Anwendungskomponente von SAP S/4 HANA, sondern war vielmehr der Name eines internen SAP-Projekts. Die dazugehörige Funktionalität lässt sich am besten mit dem neuen Begriff *Materials Management and Operations* umschreiben, der dafür definiert wurde.

HANA-optimierte Applikationen

Nach der Veröffentlichung von SAP S/4HANA im Februar 2015 gab es im November 2015 das erste umfassende SAP-S/4HANA-Release (1511), das Vereinfachungen für alle Fachbereiche umfasste und *on Premise* zur Verfügung gestellt wurde. Ob Materialwirtschaft, Produktion, Beschaffung,

Vertrieb oder Planung: Sämtliche Logistikfunktionen von SAP ERP wurden neben dem Finanz- und Rechnungswesen (bis auf wenige Ausnahmen) in das SAP S/4HANA Enterprise Management übernommen und in einer neuen simplifizierten Version angepasst beziehungsweise komplett neu entwickelt.

Eine Ausnahme bilden die existierenden ERP-Lösungen zum Arbeits-, Gesundheits- und Umweltschutz (*Environment, Health and Safety, SAP EHS*) sowie einige Funktionalitäten für das Qualitätsmanagement. Diese Funktionen sollen in den kommenden Versionen nachgereicht und ebenfalls deutlich verbessert werden.

[«]

SAP S/4HANA 1610

Für den Anwender lieferte SAP S/4HANA bereits in der Version 1511 einen echten Mehrwert. Mit dem aktuellen Release 1610, das seit Herbst 2016 verfügbar ist, wurden die logistischen Funktionen noch einmal deutlich ergänzt und wurde das *Materials Management and Operations* um weitere Applikationen erweitert.

Zu diesen Ergänzungen zählen insbesondere die Integration von SAP EWM, das als Lagerverwaltungssystem in SAP S/4HANA aufgenommen wurde und das wir in Abschnitt 9.4.2, »Lagerverwaltung«, näher erläutern. Die Ausführungen in diesem Kapitel basieren daher auf dem aktuellen Release 1610.

Wir möchten Sie an dieser Stelle auch auf die SAP-Online-Hilfe verweisen, die neben einer umfangreichen Produktdokumentation auch detaillierte Informationen zum aktuellen Release und zu den darin enthaltenen Verbesserungen enthält.

Sie finden die Online-Hilfe und weitere Informationen zu SAP S/4HANA unter *http://help.sap.com* und dort unter folgendem Menüpfad:

Enterprise Management • SAP S/4HANA • SAP S/4HANA 1610

Vorteile von SAP S/4HANA für die Logistik

Das strategische Ziel von SAP ist es, Unternehmen bei der Vereinfachung von logistischen Prozessen zu unterstützen und Personen, Endgeräte und Geschäftsnetzwerke problemlos miteinander zu verknüpfen. Mit Erkenntnissen aus Geschäftsdaten in Echtzeit können Anwender auf zeitintensive Batchverarbeitungen verzichten. Egal ob für die Planung, Ausführung, Vorhersage oder Simulation – der hohe Detaillierungsgrad der Informationen ermöglicht rasche Entscheidungen und schnelleren Nutzen. Hierbei lassen sich die wesentlichen Vorteile von SAP S/4HANA für die Logistik wie folgt zusammenfassen:

- geringerer Gesamtspeicherbedarf durch Verzicht auf redundante Datenhaltungen (Indizes und Aggregate) und höherer Datendurchsatz durch den Einsatz einer hauptspeicherbasierten Datenbanktechnologie
- deutliche Performancesteigerungen und Entscheidungsfindung durch schnellere Analysen und Erstellung von Berichten in Echtzeit
- höhere Flexibilität durch die freie Wahl des Betriebsmodells – On-Premise, in der Cloud oder in hybriden Architekturen
- weniger Prozessschritte, ein neues und vereinfachtes logistisches Datenmodell und Konfigurationsfunktionen sollen eine schnelle Implementier- und Erweiterbarkeit gewährleisten. Die SAP-S/4HANA-Applikationen basieren dabei auf einer neuen Code Line und sind auf die optimale Nutzung der In-Memory-Datenbank ausgerichtet.
- eine neue, zeitgemäße und einheitliche Benutzeroberfläche, die auf SAP Fiori basiert: Die Oberfläche kann geräteunabhängig auf Desktops, Tablets, Smartphones und sogar Smartwatches genutzt werden und wurde im Hinblick auf die zielgerichtete Bearbeitung von Ausnahmen, die eine Benutzerhandlung erfordern, neu gestaltet.

SAP-Fiori-Technologie

SAP Fiori ist das Herzstück der SAP-UI-Strategie. Mittel- bis langfristig werden sich alle SAP-Benutzeroberflächen an dem *Look & Feel* von SAP Fiori orientieren oder auf Fiori basieren. Aktuell werden sowohl neue als auch bestehende Funktionen mit Fiori umgesetzt und angeboten. Häufig benutzte SAP-Funktionen werden dabei zuerst berücksichtigt. Teilweise sind diese Fiori-Apps unter allen SAP-Systemen lauffähig, zum Teil setzen sie aber auch bereits SAP HANA als Datenbank voraus.

Die einheitlichen Oberflächen werden dabei mit dem SAPUI5-Framework realisiert, einer Art Toolbox, die auf HTML5 und JavaScript basiert. Die Kommunikation erfolgt mit dem OData-Protokoll (Open Data Protocol). Grundsätzlich ist Fiori damit auf jedem Browser lauffähig, der HTML5-kompatibel ist. Die Installation einer speziellen Client-Software ist somit nicht notwendig.

Fiori erlaubt dabei eine durchgängige Benutzerführung und hohe Benutzerfreundlichkeit auf jedem Gerät:

- rollenbasiert
- höchstens drei Schritte zur Aufgabenerledigung
- Mobile Nutzung hat Priorität.
- einheitliche Oberfläche für alle Geschäftsbereiche

Fiori-Launchpad

Sämtliche neue Funktionen für die Logistik in SAP S/4HANA wurden mit der Benutzeroberfläche von SAP Fiori entwickelt. SAP Fiori ist benutzerfreundlich, und die bereitgestellten Informationen sind rollenbasiert. Im Gegensatz zu den bisherigen SAP-GUI-Transaktionen ist das Erscheinungsbild vereinfacht und intuitiv zu bedienen, wobei sich die Darstellung stets automatisch an die verwendete Geräteoberfläche anpasst (*Responsive Design*).

Die zentrale Einstiegsoberfläche, mit der Sie die logistischen Applikationen erreichen, ist das sogenannte *Fiori-Launchpad*. Sie erreichen das Launchpad über eine individuelle URL beziehungsweise über die Transaktion /UI2/FLP im SAP-GUI. Alternativ können das Fiori-Launchpad und die für den Benutzer notwendigen Applikationen auch direkt, zusammen mit anderen Web-Dynpro-Applikationen, in den SAP Business Client eingebunden werden.

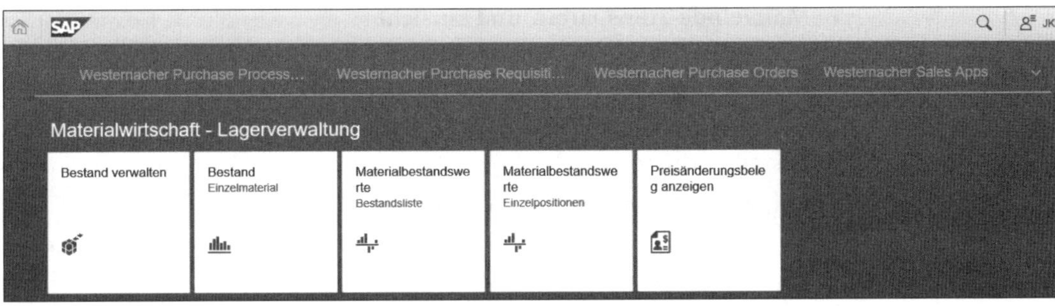

Abbildung 9.1 Fiori-Startseite – die Landing-Page (Transaktion /UI2/FLP)

Abbildung 9.1 zeigt exemplarisch ein Fiori-Launchpad mit einigen Applikationen aus dem Bereich der Bestands- und Lagerverwaltung. Das Launchpad kann sowohl optisch flexibel an das Corporate Branding angepasst als auch gänzlich nach Rollen, Aufgaben oder auch individuell personalisiert werden. In diesem Zusammenhang können weitere Webinhalte dargestellt und Bildschirminhalte integriert werden.

Die Applikationen – die sogenannten Apps – werden hierbei als Kachel dargestellt, wobei je nach App die Kacheln teilweise über eine Vorschau verfügen. Das Fiori-Launchpad ist HTML-basiert und kann sowohl für ein cloudbasiertes SAP S/4HANA als auch für eine On-Premise-Installation verwendet werden. In dem letzten Fall können die bisherigen SAP-GUI-en weiterhin genutzt werden.

9.1 Beschaffung

Im Bereich Beschaffung gibt es viele Geschäftsherausforderungen, denen Sie mit *SAP S/4HANA Procurement* begegnen können:

- **Hohe Anzahl an Beschaffungspositionen**
  In herkömmlichen ERP-Systemen fehlt es oft an Automatisierung und Integration. Zudem sind zu viele manuelle oder zeitraubende Prozessschritte nötig.
- **Mangelnde Self-Service-Möglichkeiten**
  Durch mangelnde Suchmöglichkeiten oder schlechte Bedienkonzepte in Legacy- oder herkömmlichen ERP-Anwendungen kommt es zu vielen Anfragen an das Beschaffungswesen, erhöhten Ausgaben durch Fehlbestellungen oder zu einer schlechten Akzeptanz der Services.
- **Mangelnde Transparenz und Einsicht**
  Mitarbeiter haben Schwierigkeiten, Einsicht in Bedarfs-, Beschaffungs- und Lieferinformationen zu erhalten, und bekommen daher keine Transparenz über Zeitdauern, Kosten, Mengen und die Qualität von Bestellprodukten.
- **Mangel an Beschaffungsproduktivität**
  Strategische Beschaffungsprozesse werden durch langwierige, manuelle, papierbasierte oder fehlerbehaftete Prozesse behindert.

Übersichtsseite Beschaffung

Die erste wesentliche Neuerung im Beschaffungswesen mit SAP S/4HANA Procurement ist die **Übersichtsseite Beschaffung**, über die ein Benutzer einen Überblick auf alle wesentlichen Faktoren seiner Beschaffungsprozesse bekommen kann. Die Seite kann mit Ihren Informationskacheln personalisiert und damit dem Unternehmens- bzw. Abteilungsziel angepasst werden. In Abbildung 9.2 sehen Sie ein Beispiel der Übersichtsseite mit Informationen, z. B. zu Kontrakten, Ausgabentrends, dringenden Bestellanforderungen oder Lieferanten-Monitoring.

Außer der Verbesserung bei der Übersicht im Bestellwesen sind bei SAP S/4HANA Procurement eine Vielzahl von funktionalen Erweiterungen und Vereinfachungen in Detailprozessen und bei der Integration hinzugekommen.

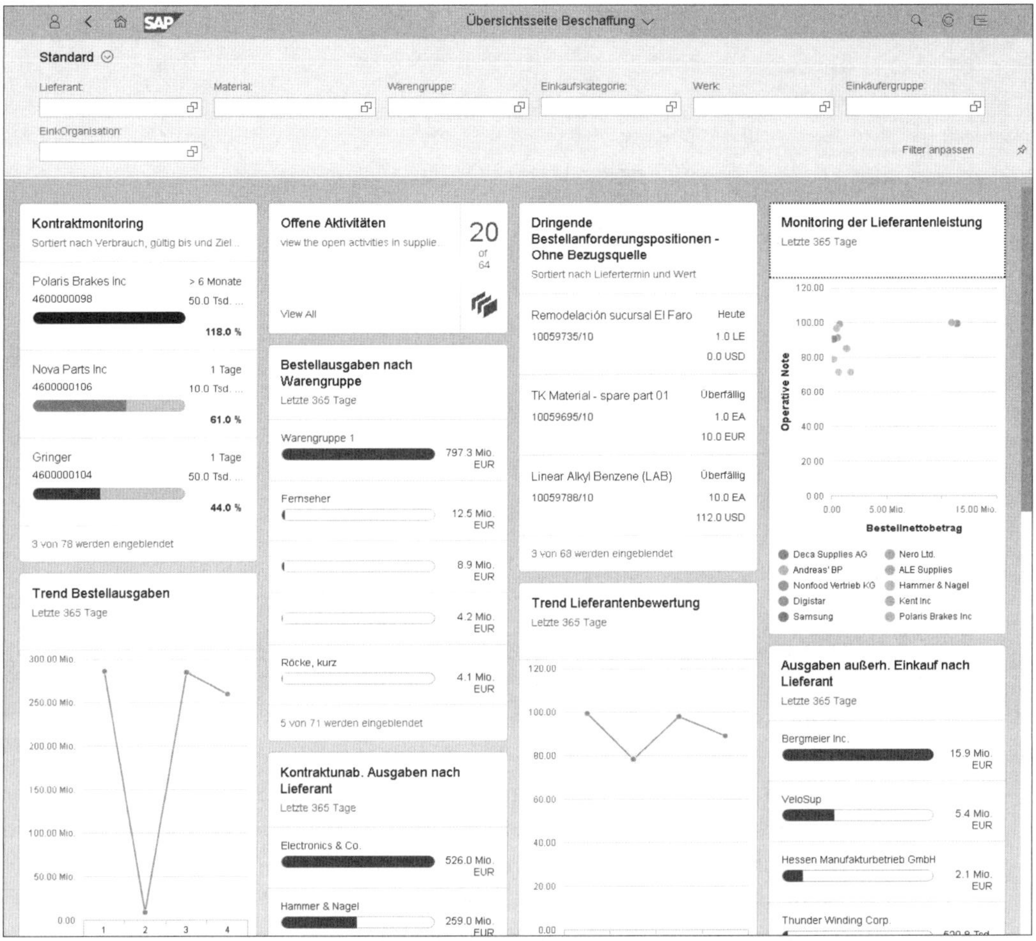

Abbildung 9.2 »Übersichtsseite Beschaffung« in SAP S/4HANA Procurement

Mitarbeiter eines Unternehmens haben nun die Möglichkeit, über mehrere Einkaufskataloge hinweg eine Suche nach den gewünschten Produkten durchzuführen. Dabei wurde Wert darauf gelegt, dass die Benutzer nicht professionelle Einkäufer sein müssen, sondern dass die übliche Erfahrung als Konsument ausreicht, um ein Produkt zu finden und anzufordern. Anforderungen und Bestellungen werden dabei in voll integrierten Komponenten der SAP-S/4HANA-Suite entgegengenommen (SAP Ariba) und nach Prüfung an die SAP-S/4HANA-Procurement-Kernkomponente weitergereicht. Dabei ist die Bedienung für den Endbenutzer sehr einfach und mit dem oft durchgeführten privaten Einkauf in Webshops vergleichbar. In Abbildung 9.3 sehen Sie als Beispiel einen Beschaffungsvorgang über SAP Ariba, bei dem anschließend der Warenkorb an SAP S/4HANA Procurement übergeben wird.

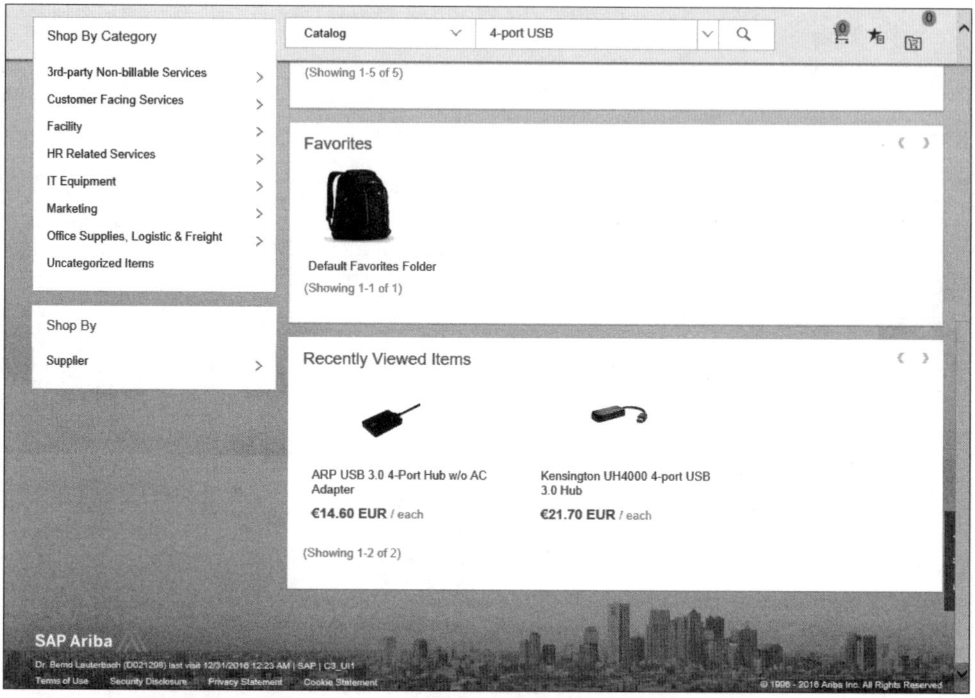

Abbildung 9.3 Beschaffung mit SAP Ariba als Teil von SAP S/4HANA

Die eingegangenen Bestellungen werden in SAP S/4HANA Procurement weitgehend automatisiert weiterbearbeitet. Das kann neben Prozessen wie einem automatisierten Sourcing natürlich auch interaktive Schritte wie Genehmigungs-Workflows für teure Bestellungen bzw. eine automatische Genehmigung für Kleinbestellungen beinhalten.

Als Mitarbeiter im Beschaffungswesen können Sie auf neue, schnelle Fiori-Apps und Analytik-Funktionen zurückgreifen, die ihm z. B. eine Analyse des Kontraktverbrauchs bei mengen- oder betragsbeschränkten Verträgen ermöglichen. In Auswertungen zu den Lieferanten können Sie sowohl harte als auch weiche Fakten und Charakteristika einfließen lassen.

Neben SAP Ariba zum Bestellen von Produkten, bietet SAP mit SAP Concur und SAP Fieldglass zwei weitere Suite-Komponenten für das Beschaffungswesen an, die in SAP S/4HANA integriert sind.

Concur

Concur ist ein Werkzeug zur Reisebeschaffung, mit dem sowohl Reisetransportmittel (Flüge, Bahntickets, Mietwagen) als auch Unterkünfte beschafft bzw. gebucht werden können. Außerdem können Mitarbeiter eines Unternehmens damit ihre Reisekostenabrechnung unterwegs auf dem Smartphone erfassen und z. B. direkt Fotos von Belegen (z. B. Taxiquittungen) erstellen und an die Reiseabrechnungspositionen anhängen. Dadurch wird der komplette Reisebeschaffungs- und Reiseabrechnungsprozess wesentlich vereinfacht. In Abbildung 9.4 sehen Sie ein entsprechendes Smartphone-UI der Concur-App.

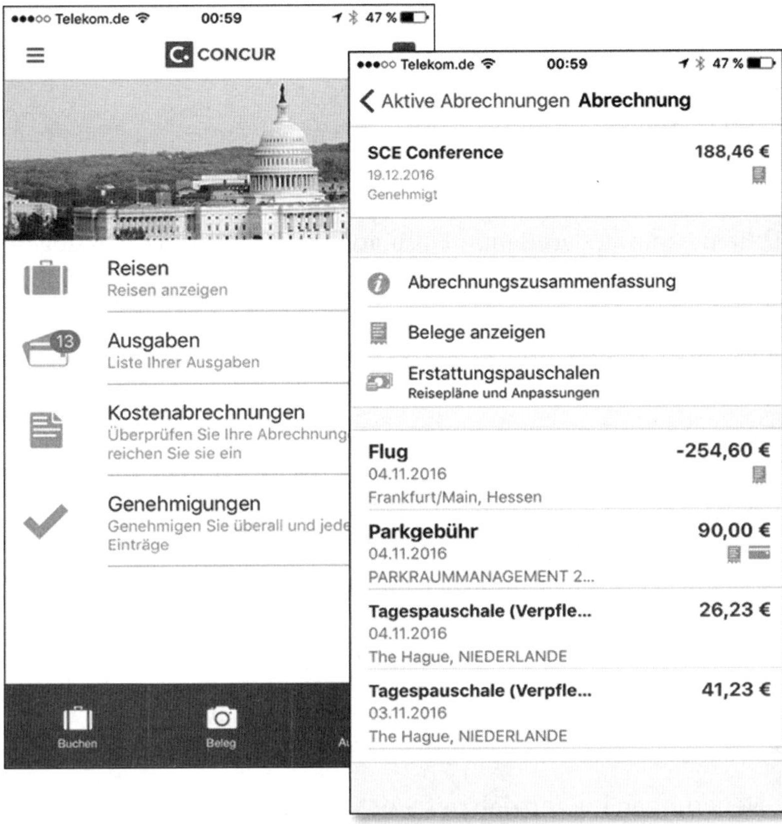

Abbildung 9.4 Reise-Beschaffung und Abrechnung mit Concur als Teil von SAP S/4HANA

SAP Fieldglass

SAP Fieldglass dient zur Beschaffung von externen Arbeitskräften. Diese Beschaffung stellt in vielen Unternehmen auch einen erheblichen Kosten- und Risikofaktor dar, speziell wenn kurzfristig viele Arbeitskräfte bestellt werden müssen (z. B. im Weihnachtsgeschäft eines Versandhandels).

9.2 Vertrieb

Allgemeine Übersicht

SAP S/4HANA Materials Management and Operations umfasst die Komponenten des Logistikbereichs, die Sie bereits aus SAP ERP kennen: Dazu zählen beispielsweise die Materialwirtschaft, der Vertrieb sowie die Produktionsplanung. Mit SAP S/4HANA Materials Management and Operations können Unternehmen sich neue Wege in der Logistik erschließen, die Geschäftsabläufe beschleunigen und diese gleichzeitig vereinfachen.

Die wesentlichen Innovationen im Rahmen von SAP S/4HANA Materials Management and Operations lassen sich hierbei in folgende Kategorien gliedern:

- **Rollenbasierte Benutzeroberfläche SAP Fiori**
  Diese Oberfläche kann auf jedem Gerät genutzt werden, egal ob es ein Desktop-Rechner oder ein mobiles Endgerät ist (Tablet, Smartphone oder sogar eine Smartwatch). Die Navigation und Bedienung der Komponenten ist anwenderorientiert (d. h. auf die Rolle des Nutzers bezogen) sowie alert-orientiert. Das bedeutet, dass der Nutzer über Aktionen benachrichtigt wird, die er ausführen muss.
- **Analytische Komponenten direkt im System**
  Dank der neuen Technologie ist es nun möglich, direkt auf große Datenmengen zuzugreifen. Somit können Sie direkt im System Ihre Auswertungen starten. Ein separates Reportingsystem ist nun nicht mehr notwendig.
- **Neue Anwendungen und Funktionen**
  Redundante Funktionen, die in der SAP Business Suite im Laufe der Jahre entstanden sind, fallen weg. Stattdessen werden zusätzliche neue Anwendungen und Funktionen integriert.

Im Folgenden werden wir dies für den Vertrieb vertiefen.

9.2.1 Neuerungen im Vertrieb mit SAP S/4HANA

Die folgende Liste zeigt die wesentlichen Neuerungen, die sich mit SAP S/4 HANA für den Vertrieb ergeben:

Intuitive Benutzeroberflächen

Die neuen Benutzeroberflächen sind im Gegensatz zu den bisher bekannten transaktionalen Oberflächen rollenbasiert angelegt. So können die für einen Benutzer notwendigen Aktionen übersichtlich im App-Style dargestellt werden. Abbildung 9.5 zeigt einen Ausschnitt der sogenannten Kacheln, die im Vertrieb verfügbar sind.

Arbeitsvorratslisten und Ausnahmelisten

In Echtzeit werden Listen (Arbeitsvorratslisten und Ausnahmelisten) zur Verfügung gestellt, um gezielt auf diejenigen Dokumente zuzugreifen, die einer Aufgabe bzgl. Bearbeitung bzw. Nachverfolgung bedürfen. Abbildung 9.6 zeigt eine solche Liste.

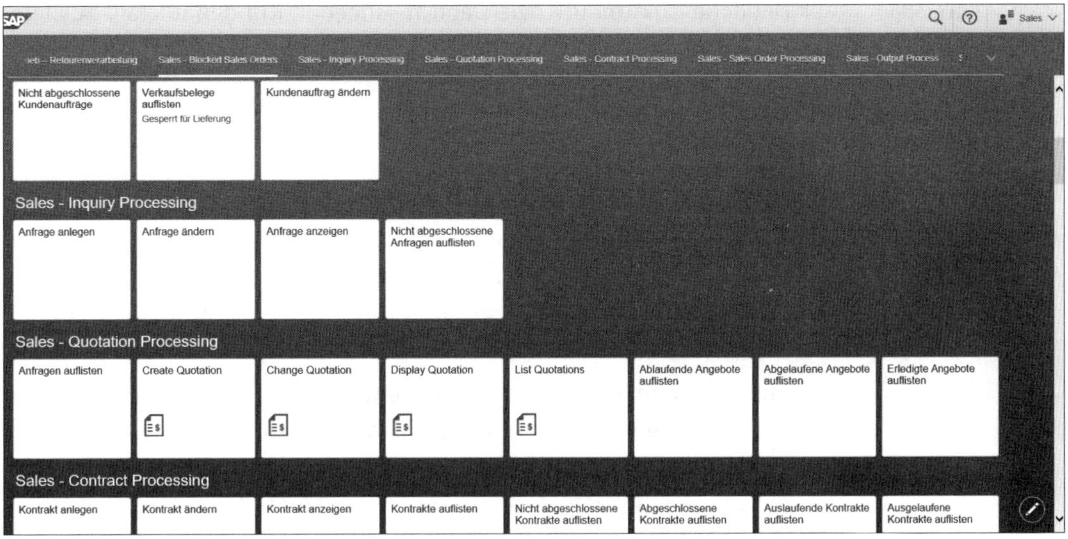

Abbildung 9.5 Neue Benutzeroberfläche für den Vertrieb

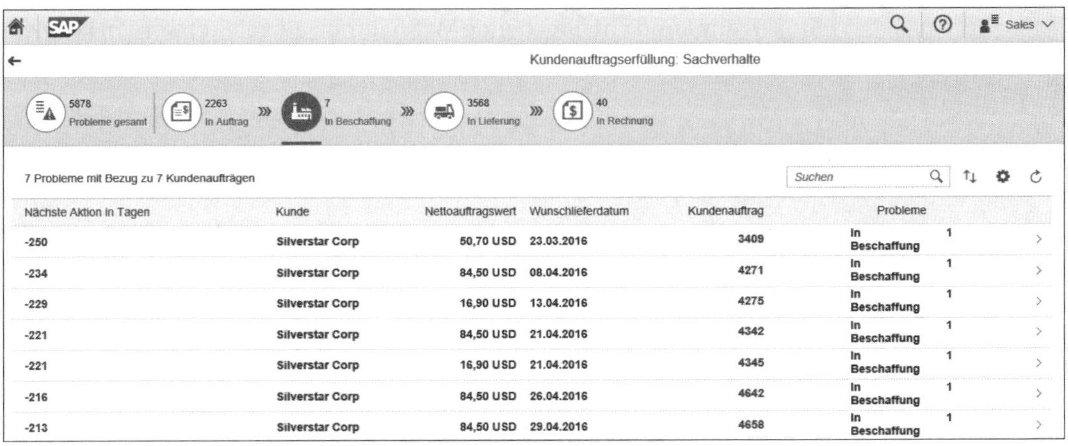

Abbildung 9.6 Aufgaben der Kundenauftragserfüllung

Data Aging

Das mit SAP S/4HANA eingeführte *Data Aging* kann auch im Vertrieb verwendet werden. Mit Data Aging können große Datenmengen innerhalb einer Datenbank umgelagert werden. Die Daten werden je nach der Datentemperatur, die Sie angegeben haben, vom sogenannten Hot-Datenbank-Bereich in den Cold-Datenbank-Bereich umgelagert. Damit wird Arbeitsspeicher entsprechend freigegeben. Auf Daten im Hot-Bereich können Sie entsprechend schneller zugreifen. Diese Daten sind quasi Ihre operativen Datenbestände.

Integration von SAP Jam mit dem Vertrieb Vertriebliche Dokumente (wie Debitor, Angebot, Kundenauftrag, Auslieferung, Rechnung) können in *SAP Jam*, der Social-Collaboration-Plattform von SAP, angezeigt werden. Damit schaffen Sie eine Möglichkeit, Echtzeitinformationen in einem Kollaborationsraum zu besprechen. Auf diese Weise gelangen Sie zu einer beschleunigten Entscheidungsfindung, da alle notwendigen Experten auf den gleichen Datenbestand schauen.

Abrechnungsmanagement Das neue Abrechnungsmanagement unterstützt dank seiner offenen Architektur flexible Abrechnungsszenarien. Dazu gehören beispielsweise kalenderbasierte Abrechnungen und die Möglichkeit, Rückstellungen unabhängiger zu definieren.

Kundenauftrags-Cockpit Der Sachbearbeiter erhält einen umfassenden Überblick über den aktuellen Stand der Ausführung des Auftrags (siehe Abbildung 9.7 und Abbildung 9.8). Dies wird im Wesentlichen durch Alerts gesteuert. Somit muss der Mitarbeiter nur auf die Ausnahmen reagieren und nicht wie in der Vergangenheit alle Aufträge aktiv überwachen bzw. nicht mehr eigens über Ausnahmesituationen informiert werden. Durch die ausnahmenbedingte Arbeitsweise wird die Kundenzufriedenheit erhöht, da Ausnahmen frühzeitig erkannt und entsprechende Maßnahmen eingeleitet werden können.

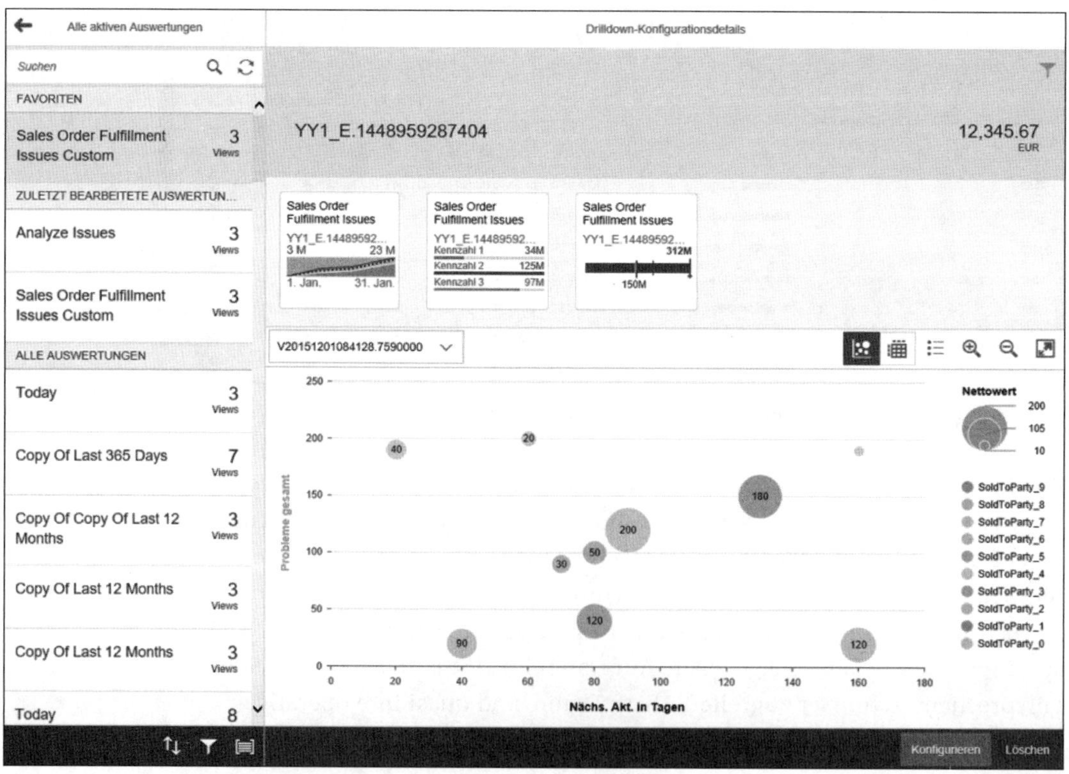

Abbildung 9.7 Kundenauftrags-Cockpit

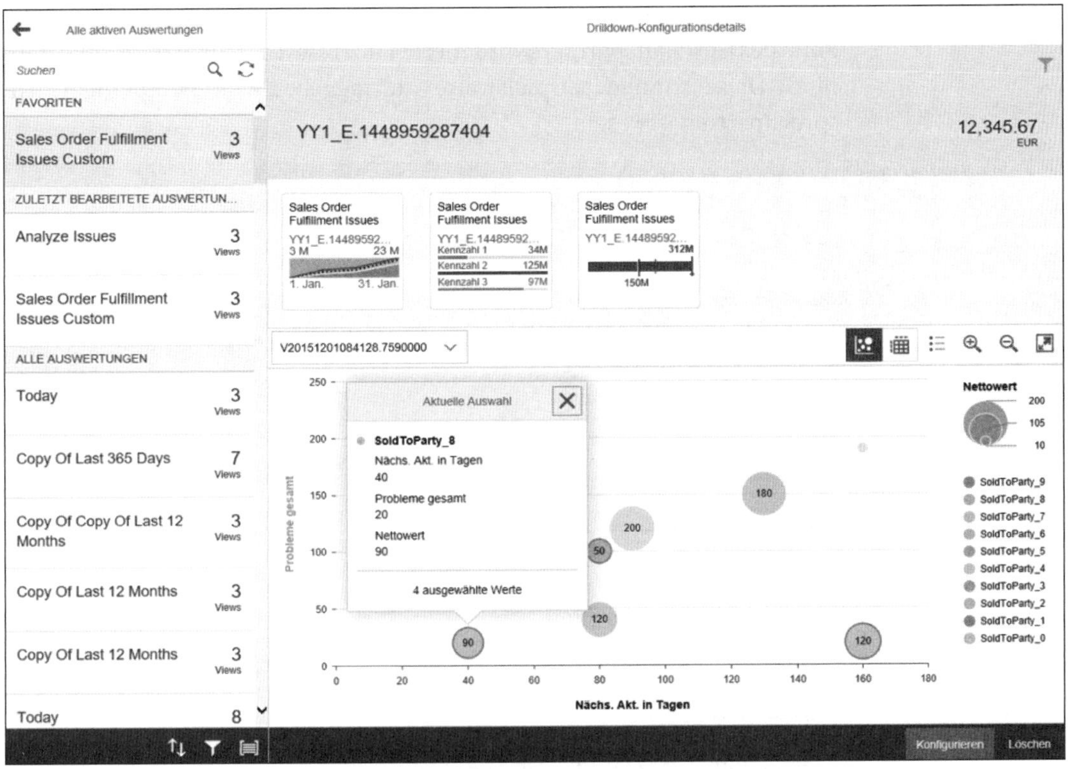

Abbildung 9.8 Kundenauftrags-Cockpit mit Detailinformation

Branchenlösung DIMP (Discrete Industries and Mill Products)

Die weit verbreitete Industrielösung DIMP ist nun Bestandteil von SAP S/4 HANA. Somit können Sie neue Prozesse aus unterschiedlichen Industrien nutzen. Dazu gehören beispielsweise Just-in-Time-Prozesse, die Kanban-Abwicklung und MRO-Prozesse.

9.2.2 Umstellungen und Vereinfachungen im Vertrieb mit SAP S/4HANA

Im Folgenden sehen Sie eine Übersicht über die wesentlichen Umstellungen und Vereinfachungen mit SAP S/4HANA für den Vertrieb:

Zentraler Geschäftspartner (SAP-Hinweis 2265093)

Der Geschäftspartner (siehe Abbildung 9.9) verfügt nun über die Möglichkeit, zentral Stammdaten für die Geschäftspartner (wie Kunden und Lieferanten) zu verwalten. Mit der aktuellen Entwicklung stellt die Transaktion BP den einzigen Einstiegspunkt zum Anlegen, Bearbeiten und Anzeigen von Geschäftspartner-, Kunden- und Lieferantenstammdaten dar. Die Rolle des Geschäftspartners wird hierbei über Geschäftspartnerprofile definiert. Diese können beispielsweise Auftraggeber, Warenempfänger, Ansprechpartner usw. sein.

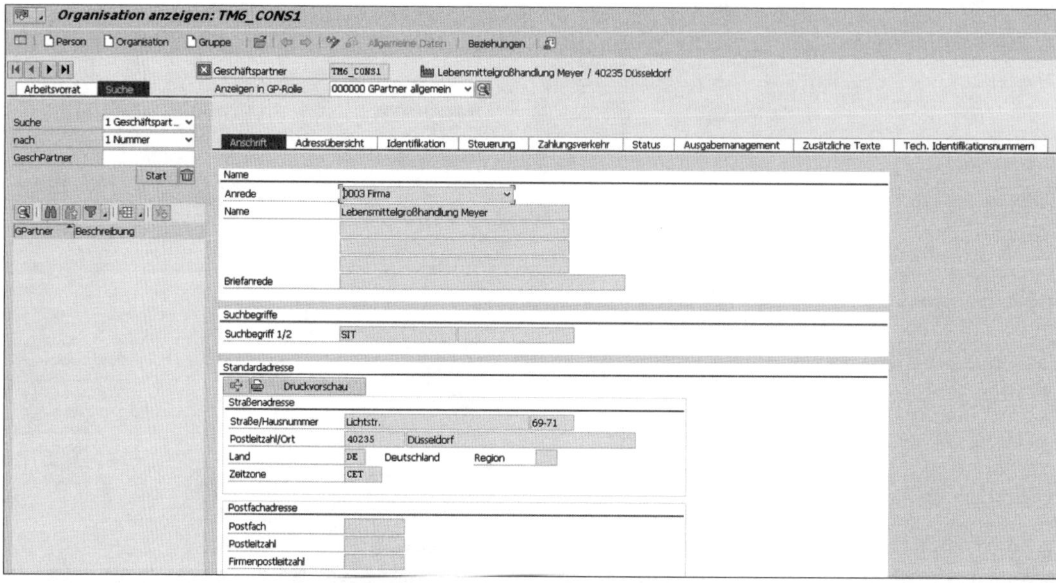

Abbildung 9.9 Zentraler Geschäftspartner (Transaktion BP – Geschäftspartner bearbeiten)

- **SAP GTS ersetzt die bisherige Außenhandelsfunktion (SAP-Hinweis 2267310)**
  Mit SAP S/4HANA steht die bisherige Außenhandelsfunktion nicht mehr zur Verfügung, da SAP GTS der Nachfolger für diese geschäftliche Anforderung ist. Für Intrastat-Meldungen können Sie Funktionen innerhalb von SAP S/4HANA verwenden. Für die gesetzliche Kontrolle und das Präferenzmanagement können Sie die Funktionen verwenden, die auf SAP GTS basieren. SAP GTS kann nativ mit SAP S/4HANA integriert werden. Zusätzliche Funktionen für die Import- und Exportverwaltung stehen mit SAP GTS ebenfalls zur Verfügung.
- **Kreditmanagement (SAP-Hinweis 2270544)**
  Das Kreditmanagement, das in SAP ERP auf SD basiert wird in SAP S/4 HANA durch das Kreditmanagement ersetzt, das auf der Financial-Supply-Chain-Management-Komponente beruht.
- **Neue Ausgabeverwaltung (SAP-Hinweis 2228611)**
  Die neue Ausgabeverwaltung ist der Nachfolger für alle anderen Ausgabeverwaltungsfunktionen, wie SD-Nachrichtensteuerung, FI-Korrespon-

denz, FI-CA-Druck-Workbench und CRM Post Processing Framework. Die bisherigen Frameworks sind jedoch weiterhin verfügbar und können auch weiterhin verwendet werden. Die neue Ausgabeverwaltung für SAP S/4HANA existiert also gleichzeitig mit den anderen Frameworks. Sie selbst können auf Basis Ihrer Geschäftsanwendung entscheiden, welches Framework Ihre Ausgabeszenarien am besten unterstützt.

- **Vereinfachtes Datenmodell (SAP-Hinweis 2198647)**
  Die Datenmodelle im Vertrieb wurden vereinfacht. Die bisherigen Statustabellen VBUK und VBUP wurden entfernt, und die Statuswerte wurden in die entsprechenden Dokumententabellen für Auftrag, Lieferung und Faktura aufgenommen. Damit einhergehend wurden der Belegfluss sowie die Preisfindungstabellen vereinfacht und weitere Redundanzen abgeschafft.
- **Neue Suchmöglichkeiten**
  Mit SAP S/4HANA ist es nun möglich, mit frei formulierten Begriffen nach Dokumenten und Daten zu suchen und diese zu finden.
- **IFRS 15**
  Das neue Rechnungslegungsverfahren IFRS 15 wird mit dem neuen *SAP Revenue Accounting und Reporting* unterstützt. Dieses Tool löst auch die aus dem ERP-System bekannte Revenue-Recognition-Funktionalität ab.
- **Apps**
  Mit SAP S/4HANA liefert SAP eine Vielzahl von Apps für den Bereich Vertrieb aus. In der aktuellen Version sind dies 103 Apps, die den Umgang mit dem System wesentlich erleichtern. Eine Übersicht über die ausgelieferten Apps finden Sie im Internet unter *https://fioriapps-library.hana.ondemand.com/sap/fix/externalViewer/*.

9.3 Transport

Der Bereich Transportmanagement hat in den letzten fünf Jahren innerhalb der SAP-Lösungslandschaft eine erhebliche Innovation erfahren. Diese Innovation spiegelt sich in den modernen Konzepten und Methoden von SAP TM wider. Die in SAP ERP vorhandene Transportkomponente LE-TRA entspricht von ihrem funktionalen Konzept und ihrer Prozessabdeckung her nicht mehr dem Umfang, den Unternehmen heute fordern.

Strategie im Bereich Transportmanagement

Daher ist es aus Sicht von SAP ein logischer Schritt, nicht unbedingt in eine Erneuerung und Innovation im Bereich ERP-Transportmanagement zu investieren (d. h. LE-TRA als vollumfängliche SAP-S/4HANA-Lösung), sondern das bereits zukunftsfähig entwickelte SAP TM als integrale SAP-S/4 HANA-Lösung bereitzustellen.

Wie Sie in Kapitel 6, »Transportlogistik«, gelesen haben, ist der funktionale Umfang von LE-TRA (siehe Abschnitt 6.4) gegenüber SAP TM (siehe Abschnitt 6.6) eher gering. Sowohl die Flexibilität als auch die Prozessabdeckung und Automatisierung stehen in LE-TRA weit hinter den Fähigkeiten von SAP TM mit seinen verschiedenen Geschäftsobjekten, Planungsmechanismen und kommerziellen Prozessen zurück. Dennoch gibt es noch einen wesentlichen Vorteil von LE-TRA: Es ist vollständig und direkt in die SAP-ERP-Logistikprozesse eingebunden, was besonders für Unternehmen der herstellenden Industrien und Handelsindustrien ein Vorteil ist. Diese verladenden Industrien bauen ihre Logistikprozesse zentral auf SAP ERP auf (Beschaffung, Materialwirtschaft, Vertrieb) und benötigen eine enge Integration. Wo SAP TM heute eine Integration über den systemübergreifenden, elektronischen Austausch von Auftrags- und Lieferungsinformationen herstellen muss, kann LE-TRA diese Informationen direkt aus den SAP-ERP-Datentabellen beziehen.

Vorteile eines vereinheitlichten Systems

Die technische Systemtrennung zwischen SAP ERP bzw. SAP S/4HANA und SAP TM wird nun dadurch aufgehoben, dass SAP TM komplett in SAP S/4 HANA integriert wird und dass auch seine Verarbeitungsmechanismen an die SAP-S/4HANA-Standards angepasst werden. Damit verfügt ein Anwender über die Flexibilität des modernen SAP TM mit der engen Logistik-Verzahnung von LE-TRA: ein anzustrebender Idealzustand. Daten aus dem Vertrieb, dem Bestellwesen und dem Lagermanagement stehen dann direkt für die Weiterberarbeitung in SAP TM zur Verfügung.

Auf Basis dieser Zusammenführung sind dann auch Prozesse wie die integrierte Verfügbarkeitsprüfung mit gleichzeitiger Transportplanung wesentlich einfacher zu handhaben als bei getrennten Systemen (SAP ERP mit SAP TM oder SAP APO). Damit wird eine Verfügbarkeitsbestätigung von Materialien unter Berücksichtigung von Produktionsplanung, Lagerbeständen sowie wirklichen Transportzeiten, Transportkosten und Transportkapazitäten möglich.

Mit der Integration einher geht natürlich auch das vereinfachte Stammdatenmodell von SAP S/4HANA, das dann gleichermaßen sowohl für das Transportmanagement als auch für den Rest der Logistik eingesetzt wird, ohne dass eine systemübergreifende Stammdatenverteilung notwendig ist. Funktional wird SAP TM natürlich auch als Bestandteil von SAP S/4 HANA weiterentwickelt. Dabei sorgt SAP zunächst für die tiefe Integration mit der SAP-S/4HANA-Logistik, dem Finanzwesen und den Stammdaten. Diese Integration ist für das SAP-S/4HANA-Release 1709 geplant.

[«]

SAP-Hinweis 2270199 – Zielarchitektur SAP S/4HANA Transport

Der SAP-Hinweis 2270199 gibt Ihnen eine offizielle Richtlinie, wie der Bereich Transportmanagement in SAP S/4HANA gestaltet wird und wie die Zielarchitektur aussieht. Er gibt Ihnen auch Empfehlungen, welche Aktionen Sie beim Systemwechsel durchführen sollten.

9.4 Bestandsführung

Echtzeitinformationen versetzen Unternehmen in die Lage, Angebot und Nachfrage operativ – in Echtzeit – zu steuern und ihre Lieferketten entsprechend zu optimieren. Das neue SAP-S/4HANA-Release 1610 enthält dafür zahlreiche Erweiterungen für die Bestands- und Lagerverwaltung, um die Logistik entsprechend zu optimieren.

Materials Management and Operations

Im Zusammenhang mit der Optimierung logistischer Kernfunktionen wird oft der Begriff *Materials Management and Operations* verwendet. Darunter versteht man die bereits in SAP ERP enthaltenen Komponenten des Logistikbereichs: LO, SD, LE, PM, PP, EHS, PLM, MM, QM, CS, PS sowie die Lagerverwaltung WM, die wir bereits in Kapitel 7, »Lagerlogistik und Bestandsmanagement«, vorgestellt haben. Diese Komponenten sind auch in SAP S/4HANA erhalten und wurden mit dem Release 1610 stark erweitert.

Die technologischen Erweiterungen und die wesentlichen Merkmale der vereinfachten Technologie von SAP S/4HANA haben wir Ihnen in Kapitel 1, »Grundlagen der SAP-Logistiklösung«, bereits erläutert. In diesem Abschnitt möchten wir Ihnen einen Überblick über die Neuerungen in der Bestands- und Lagerverwaltung geben. Dabei konzentrieren wir uns auf folgende funktionale Erweiterungen:

- auf den Wegfall redundanter Funktionen und Prozesse sowie auf die Vereinheitlichung von Stammdaten
- auf die funktionale Erweiterung bestehender SAP-ERP-Komponenten für das »Materials-Management«, insbesondere durch die Erweiterung der Lagerverwaltung, die durch die nahtlose Integration von SAP EWM als zentrales Lagerverwaltungssystem für SAP S/4HANA erfolgt
- auf eine auf SAP Fiori basierende, rollenbasierte Benutzeroberfläche für die neuen und erweiterten logistischen Funktionen mit einem neuen flexiblen Design

Bevor wir nachfolgend auf einige Neuerungen der Bestands- und Lagerverwaltung eingehen, möchten wir Ihnen zunächst die Vereinheitlichung von

Stammdaten am Beispiel des Geschäftspartners und des Materialstamms erläutern.

Im Rahmen dieses Einsteigerbuches verzichten wir bewusst auf eine allzu technische Erläuterung und möchten Sie an dieser Stelle auf die umfangreiche Dokumentation von SAP verweisen, die detailliert auf die Vereinfachungen mit SAP S/4HANA eingeht.

Das Dokument *Simplification List for SAP S/4HANA 1610* enthält eine detaillierte Übersicht über die technischen Objekte und Vereinfachungen für jede SAP-S/4HANA-Komponente. Sie finden dieses und weitere Dokumente im SAP Service Marketplace und in der Online-Hilfe zu SAP S/4HANA.

Einheitlicher Geschäftspartner

In einem traditionellen SAP-ERP-System gab es redundante Stammdatenobjekte für Debitoren und Kreditoren. In Kapitel 2, »Organisationsstrukturen und Stammdaten«, haben wir Ihnen den Kunden- und Lieferantenstamm vorgestellt und sind dabei auch auf die Pflege von Beschaffungs- und Vertriebsdaten eingegangen. Im Gegensatz zu dieser differenzierten Sichtweise und technischen Trennung von Kunden- und Lieferantenstammsätzen verfolgt SAP S/4HANA den Ansatz eines zentralen Geschäftspartners (*Business Partner*).

Mit einem vereinfachten Datenmodell und der Pflege eines Geschäftspartners ist SAP S/4HANA in der Lage, Stammdaten für Kunden und Lieferanten zentral zu verwalten und die Anzahl der dafür notwendigen Datenbanktabellen zu reduzieren. Transaktion BP ist dabei der zentrale Einstiegspunkt zum Anlegen, Bearbeiten und Anzeigen von Stammdaten für Geschäftspartner, Kunden und Lieferanten (siehe Abbildung 9.10).

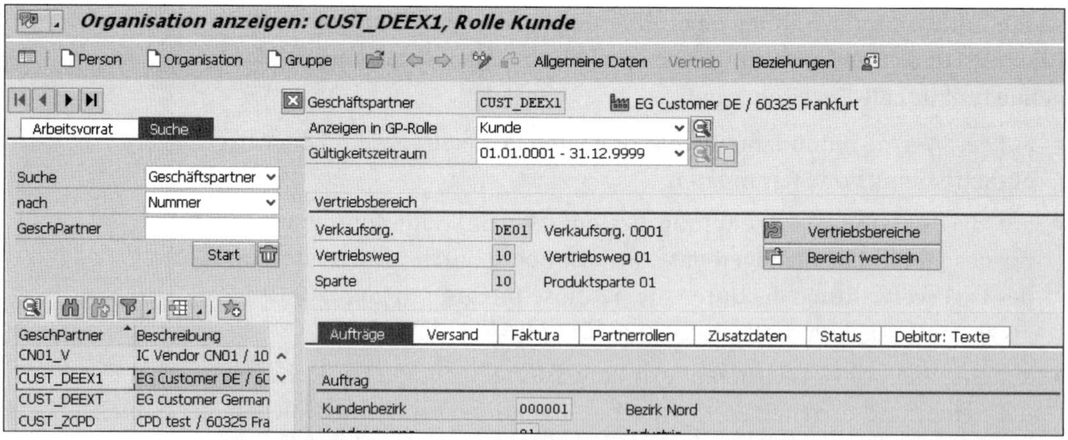

Abbildung 9.10 Geschäftspartner anzeigen in SAP S/4HANA (Transaktion BP)

Abbildung 9.10 zeigt die Transaktion BP für den Geschäftspartner CUST_DEEX1 in der Geschäftspartnerrolle (**GP-Rolle**) *Kunde*. Mithilfe dieser Transaktion können Sie die rollenspezifischen Daten eines Geschäftspartners pflegen. In diesem Zusammenhang ist es jedoch nicht zwingend notwendig, dass Sie Kunden und Lieferanten mit unterschiedlichen Rollen zu einem zentralen Geschäftspartner anlegen. Sie können nach wie vor für Kunden und Lieferanten unterschiedliche Stammdatenobjekte anlegen und Debitoren und Kreditoren mit unterschiedlichen Nummernkreisen pflegen.

Die aus SAP ERP bekannten Transaktionen zur Pflege und Ansicht von Kunden und Lieferanten (hierzu zählen insbesondere die Transaktionen XD01, XD02, XD03 oder VD01, VD02, VD03/XK01, XK02, XK03 oder MK01, MK02, MK03) sind in SAP S/4HANA nicht mehr verfügbar und wurden durch die Transaktion BP abgelöst (siehe Abbildung 9.11).

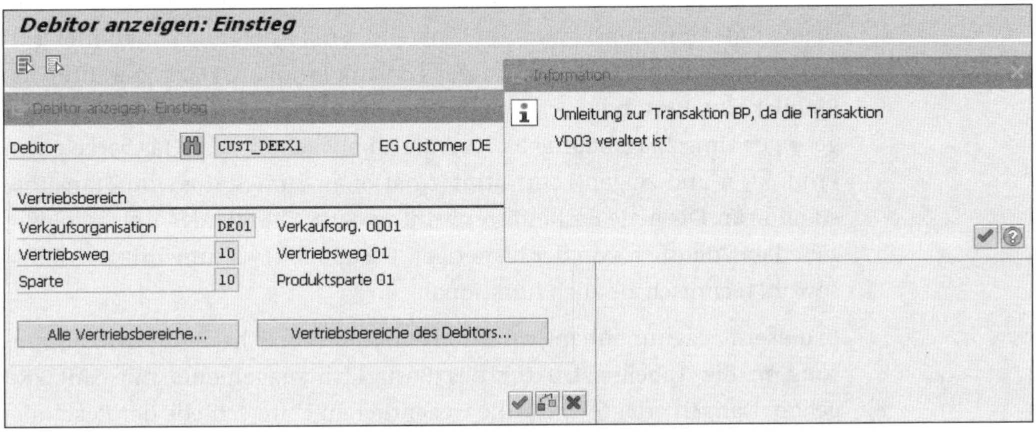

Abbildung 9.11 Umleitung der Transaktion VD03 in SAP S/4HANA

Abbildung 9.11 zeigt das Systemverhalten in SAP S/4HANA, wenn Sie die aus SAP ERP bekannte Transaktion VD03 (Debitor anzeigen) aufrufen. Mit einem Hinweis werden Sie darauf hingewiesen, dass die Transaktion veraltet ist und dass stattdessen die Transaktion BP verwendet werden muss.

Vereinfachter Materialstamm

Mit SAP S/4HANA wurden die Tabellenstrukturen des Materialstamms sowie die Tabellen der (Material-)Bestandsverwaltung ebenso wie die Integration von Komponenten, die auf gemeinsame Materialstammdaten zugreifen, deutlich vereinfacht. Gleichzeitig wurde der Materialstammsatz auf eine 40-stellige Materialnummer erweitert.

In einem klassischen SAP ERP ist die Materialnummer eines Materialstamms auf 18 Stellen beschränkt. Die Verwendung einer 40-stelligen Materialnummer für die Automobilbranche und Unternehmen mit diskreter Fertigung ist dabei nur über die Aktivierung entsprechender Branchen-

Add-ons möglich. Mit SAP S/4HANA werden auch Materialnummern mit 40 Zeichen unterstützt. Die entsprechenden zugehörigen SAP-Entwicklungseinheiten (Domänen, Datenelemente, Strukturen, Tabellentypen und transparente Tabellen, externe und interne Schnittstellen, Benutzeroberflächen usw.) wurden entsprechend angepasst.

Im nächsten Abschnitt gehen wir auf die Vereinfachungen der Tabellen für die Materialbestandsverwaltung ein sowie auf die Verwendung eines zentralen Materialstamms für die integrierte Lagerverwaltung, die auf EWM basiert.

9.4.1 Bestandsführung

Bei der Bestandsführung in SAP S/4HANA profitieren SAP-Kunden von einer einfacheren und skalierbaren Transaktionsverwaltung auf Basis von neuen SAP-Fiori-Apps. Neue, auf Echtzeitdaten basierende Funktionen sollen hierbei die Produktivität in der Logistik erhöhen. Dazu gewähren sie Einblicke in Bestände, ermöglichen die Überwachung von Artikeln mit geringer Umschlagshäufigkeit und die Überwachung der Haltbarkeit von Produkten und zeigen Echtzeitinformationen zum Status von Transitbeständen an. Die neue Bestandsverwaltung von SAP S/4HANA unterschiedet sich dabei deutlich von der bisherigen Bestandsverwaltung mit SAP ERP – sowohl technisch als auch funktional.

In diesem Zusammenhang möchten wir Ihnen zunächst eine kurze Einführung in die Tabellenstruktur des Bestandsmanagements mit SAP ERP geben. Danach erläutern wir die wesentlichen Unterschiede der Bestandsverwaltung und Bewertung mit SAP S/4HANA.

Bestandsverwaltung

In einem SAP-ERP-System besteht das Datenmodell für die Bestandsverwaltung im Wesentlichen aus den beiden Belegtabellen MKPF für die Belegkopfinformationen und MSEG für die Belegpositionsdaten. Zusätzlich wurden aggregierte Ist-Mengen-Bestände in mehreren Tabellen gespeichert. Einige dieser Tabellen speichern auch Materialstammdatenattribute wie die Tabellen MARC, MARD und MCHB. Solche Tabellen mit Materialstammdatenattributen sowie tatsächlichen Bestandsmengen werden als *Hybrid-Tabellen* bezeichnet. Dagegen gibt es auch Tabellen wie MSSA, die nur aggregierte Ist-Mengen für den Kundenauftragsbestand enthalten. Solche Tabellen werden als *Aggregationstabellen* bezeichnet.

Mit SAP S/4HANA wurde dieses Datenmodell signifikant verändert. Es wurde die neue Tabelle MATDOC eingeführt, die die bisherigen Kopf- und Positionsdaten eines Materialbelegs sowie viele weitere Attribute enthält. Die Materialbelegdaten werden nur in MATDOC und nicht mehr in MKPF und MSEG gespeichert. Zusätzlich werden die aggregierten tatsächlichen Bestandsmengen nicht mehr in Hybrid- oder Aggregationstabellen gespeichert. Die tatsächlichen Bestandsdaten werden dabei direkt aus der neuen Materialbelegtabelle MATDOC berechnet.

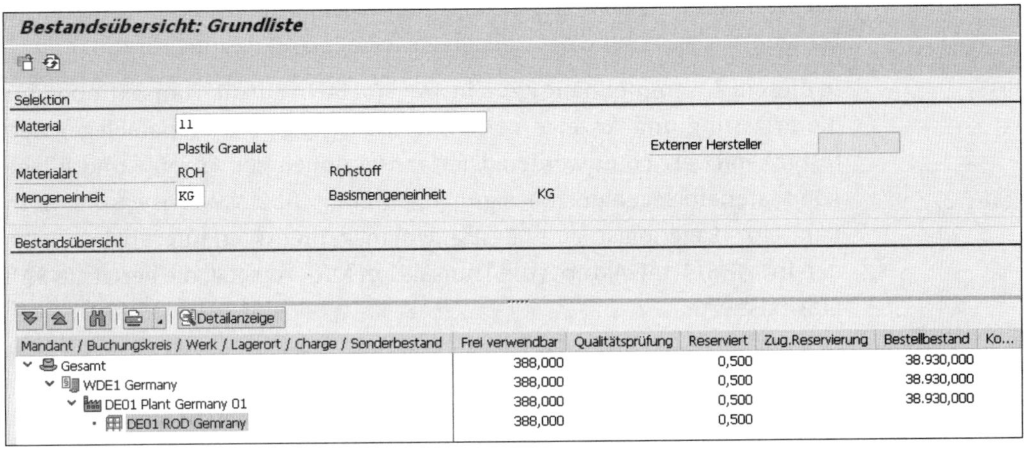

Abbildung 9.12 Bestandsübersicht (Transaktion MMBE)

Abbildung 9.12 zeigt eine Bestandsübersicht für das Material 11, ein Plastikgranulat, in SAP ERP. Die angezeigten Bestände wurden aus den Bestandstabellen gelesen und können mit der Transaktion MMBE angezeigt werden.

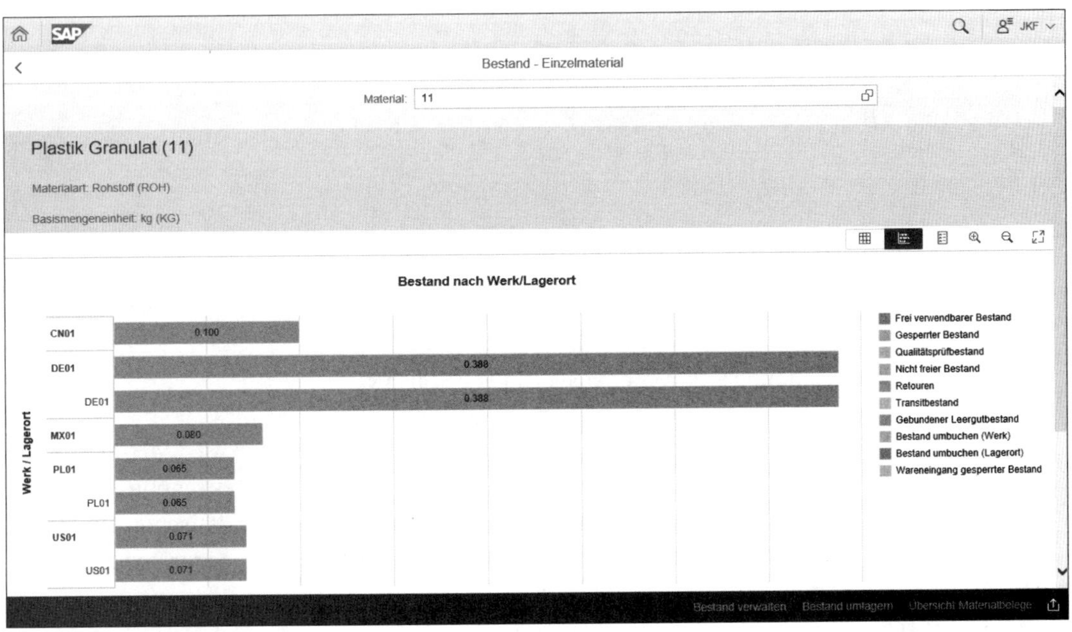

Abbildung 9.13 Bestandsübersicht im Fiori-UI

Abbildung 9.13 zeigt die Bestandsübersicht aus dem vorausgegangenen Beispiel in einer neuen SAP-Fiori-Applikation. Neben grafischen Elementen zur Visualisierung der jeweiligen Bestandsmengen wurde auf eine Vereinfachung der Darstellung und eine schnelle Berechnung Wert gelegt. Dank der In-Memory-Datenbank erfolgt die Berechnung der Bestandsdaten in Echtzeit, was zu einer wesentlichen Performancesteigerung führt.

In diesem Zusammenhang kann in SAP S/4HANA auf die Transaktionen für die Erfassung und Anzeige von Warenbewegungen (Materialbelege) weitestgehend verzichtet werden. Die Transaktionen zur Anzeige und Pflege von Materialbelegen und Bewegungen (MB01, MB02, MB03 usw.), die wir in Kapitel 7, »Lagerlogistik und Bestandsmanagement«, erläutert haben, wurden in SAP S/4HANA durch die Transaktion MIGO ersetzt, die bereits in SAP ERP existierte.

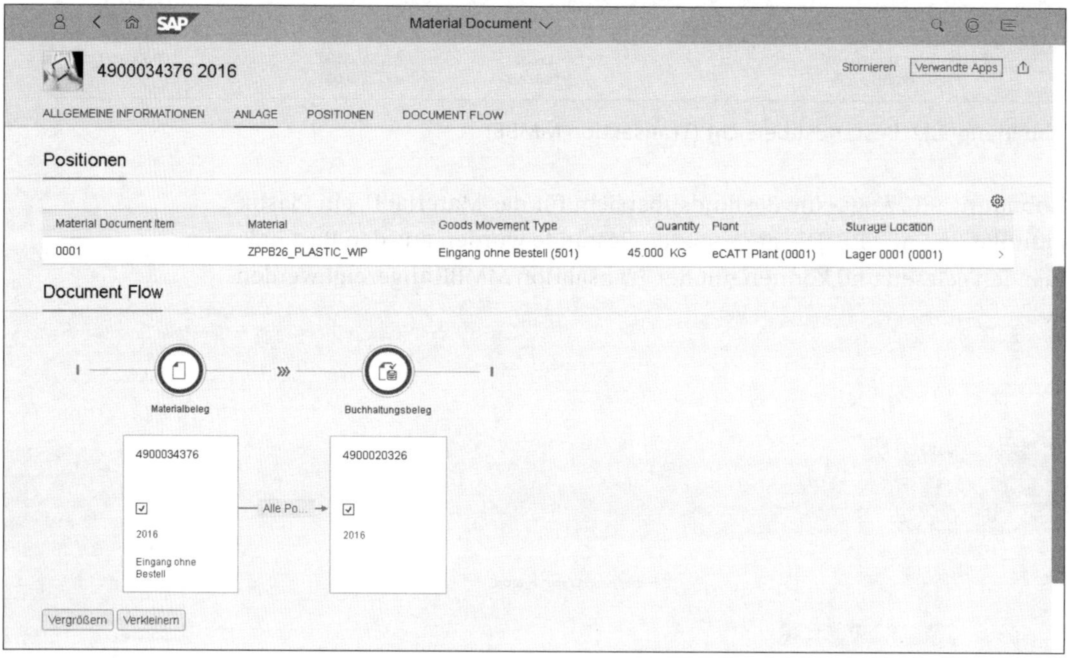

Abbildung 9.14 Materialbeleg in SAP S/4HANA

Abbildung 9.14 zeigt einen neuen Materialbeleg in SAP S/4HANA. Viele neue Transaktionen verwenden das *Belize-Theme*, ein neues visuelles Design, mit dem das bisherige Erscheinungsbild der logistischen Transaktionen deutlich aufgewertet und optisch an SAP Fiori angepasst wird.

Bestandsbewertung in SAP ERP

Mit SAP S/4HANA soll die Performance von Transaktionen und insbesondere das Buchen von Warenbewegungen deutlich gesteigert werden. Der Datendurchsatz in einem SAP-ERP-System wurde unter anderem durch die

Bestandsbewertung gebremst, da für jede Bestandsveränderung der Bestandswert der bewegten Materialien berücksichtigt werden muss. Die Art der Bewertung richtet sich dabei nach der zum Einsatz kommenden Preissteuerung im Materialstamm. Der Bestandswert ergibt sich durch die Multiplikation der jeweiligen Bestandsmenge mit deren Stückkosten.

[«]

Bestandsbewertung im SAP ERP

Wir haben die Bestandsbewertung in SAP ERP bereits in Abschnitt 7.2.2, »Bestandsbewertung«, erläutert.

Aus technischer Sicht kann die Performance nur dadurch gesteigert werden, dass Sperren möglichst vermieden werden. (Sperren treten auf, wenn die jeweiligen Stückkosten zum Zeitpunkt der Bewertung gelesen werden müssen.) Für Warenbewegungen kann dies im Wesentlichen nur für Materialien mit der Preiskontrolle *Standard* erreicht werden. Für Warenbewegungen mit einer Bewertung, die auf einem gleitenden Durchschnittspreis basiert, ist SAP ERP weiterhin gezwungen, exklusive Sperren zu verwenden. In SAP ERP berechnet das System für Materialien mit der Preissteuerung *Standard* parallel auch eine gleitende Durchschnittsbewertung, den sogenannten *statistischen gleitenden* Durchschnittspreis. Auch diese rein statistische Bewertung erfordert eine exklusive Sperrung – und sorgt damit für eine Beeinträchtigung der Verarbeitungsgeschwindigkeit in SAP ERP.

Bestandsbewertung in SAP S/4HANA

Die Sperren in SAP ERP begrenzen den Datendurchsatz und damit die Performance. Zugunsten einer Leistungssteigerung ist die aus SAP ERP bekannte parallele, statistische gleitende Durchschnittsbewertung in SAP S/4HANA nicht zwingend erforderlich und kann vermieden werden. SAP S/4HANA ermittelt den gleitenden Durchschnittspreis automatisch in Echtzeit, indem es den Materialwert im Bestandskonto durch die Summe aller Lagerortbestände im betreffenden Werk dividiert. Der Preis ändert sich dabei bei jeder bewertungsrelevanten Bewegung und wird damit automatisch an die ständig schwankenden Beschaffungspreise angepasst.

Wie in SAP ERP stehen auch in SAP S/4HANA folgende Materialbewertungsmethoden für ein Material zur Verfügung (siehe Abbildung 9.15):

- **Preissteuerung: Standard**
  Mit der Preissteuerung »S« (Standard) erfolgt eine Festpreisbewertung und keine parallele, statistische gleitende Durchschnittsbewertung. Die Stückkosten können dabei nur durch bestimmte Geschäftsvorfälle geändert werden. Die Performance in SAP S/4HANA ist im Vergleich zu SAP ERP deutlich gesteigert.

- **Preissteuerung: gleitender Durchschnittspreis**
  Mit der Preissteuerung gleitender Durchschnittspreis können die Stückkosten des Materials durch jede bewertungsrelevante Buchung geändert werden. Die Performancesteigerung mit SAP S/4HANA ist wie bei SAP ERP durch Sperren eingeschränkt.

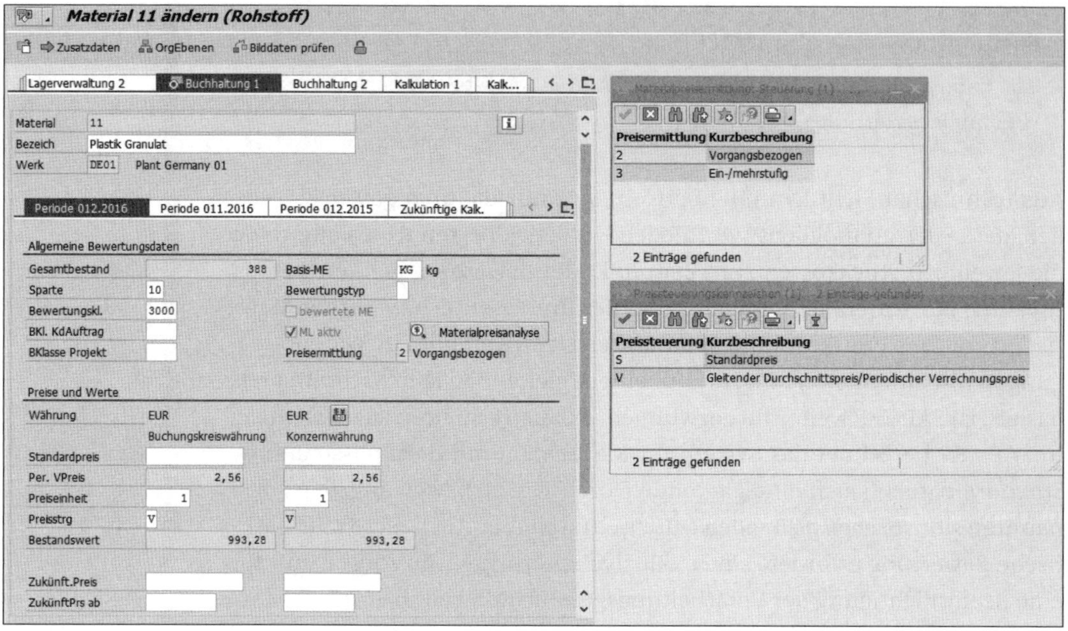

Abbildung 9.15 Materialstamm in SAP S/4HANA (Transaktion MM02)

Abbildung 9.15 zeigt die SAP-S/4HANA-Transaktion MM02 mit der Preissteuerung **Buchhaltung 1** für einen Rohstoff. Zusätzlich zu der bereits aus SAP ERP bekannten Preissteuerung (**Preisstrg**) »S« und »V« können Sie die Art der Preisermittlung wählen:

- **Preisermittlung »2«**
  Die Preisermittlung »2« ist vorgangsbezogen und entspricht bei der Preissteuerung »V« dem gleitenden Durchschnittspreis. Bei der Preissteuerung »S« erfolgt die Bewertung mit dem Standardpreis, wobei der gleitende Durchschnittspreis statistisch fortgeschrieben wird.
- **Preisermittlung »3«**
  Für Materialien mit einer Preissteuerung »S« bietet SAP S/4HANA die Möglichkeit, die Materialien ein- beziehungsweise mehrstufig zu Ist-Kosten zu bewerten. Im Gegensatz zu SAP ERP, in dem diese Option mit deutlichen Performance-Einbußen verbunden ist, erfolgt die Berechnung in SAP S/4HANA auf Basis eines periodischen Verrechnungsprei-

ses, bei der der Standardpreis unverändert bleibt. Da der periodische Verrechnungspreis stets fortgeschrieben und zur Materialbewertung der abgeschlossenen Periode herangezogen werden kann, ist die Verarbeitungsgeschwindigkeit dabei deutlich höher als in SAP ERP.

Die bisherigen und in SAP S/4HANA noch existierenden Tabellen zur Bestandsbewertung (z. B. die Tabelle MBEW) werden dabei nicht mehr fortgeschrieben und enthalten lediglich noch Materialstammattribute, aber keine transaktionalen Daten mehr.

[«]

Datenmodellvereinfachung für die Bestandsbewertung in SAP S/4HANA

Für weitere technische Informationen zur Vereinfachung des Datenmodells für die Bestandsbewertung in SAP S/4HANA empfehlen wir Ihnen den SAP-Hinweis 2337383 aus der SAP-Wissensdatenbank. Sie erreichen diese Datenbank im SAP-Service-Marktplatz über folgende URL:
http://launchpad.support.sap.com

9.4.2 Lagerverwaltung

Im Herbst 2016 veröffentlichte SAP das SAP-S/4HANA-Release 1610. Mit dieser Version von SAP S/4HANA wird SAP EWM als Lagerverwaltungssystem in SAP S/4HANA integriert. Es ergänzt mit seinem auf SAP EWM 9.4 basierenden Funktionsumfang die bereits bestehenden Funktionen des Warehouse Managements (WM) in SAP S/4HANA.

Mittelfristig ist die in SAP S/4HANA bereits integrierte und auf der Funktionalität von SAP ERP basierende Funktionalität von WM nicht mehr Bestandteil der Zielarchitektur von SAP S/4HANA. SAP behält sich vor, diese Funktionalität zum 31.12.2025 ersatzlos zu streichen und in zukünftigen Erweiterungen von SAP S/4HANA nicht mehr zu unterstützen beziehungsweise die Nutzung zu untersagen.

Bis dahin wird WM in einem sogenannten *Kompatibilitätsmodus* von SAP S/4HANA unterstützt und ist Teil des SAP-S/4HANA-Architektur-Stacks, in dem alle verwandten Funktionalitäten weiterhin unverändert verwendet werden können.

SAP-S/4HANA-Kompatibilitätsmodus

Der Kompatibilitätsmodus gilt dabei für ein *Kompatibilitätspaket*, das bestimmte Versionen von Standardkomponenten der SAP Business Suite enthält, die mit SAP S/4HANA kompatibel und lauffähig sind. Kunden, die das betreffende SAP-Business-Suite-Softwareprodukt lizenziert haben, erhalten ohne zusätzliche Lizenzkosten das Recht, das Produkt auf ihrer

SAP-S/4HANA-Installation zu nutzen. Die entsprechenden Softwarekomponenten werden dabei in einer sogenannten *Kompatibilitätsbereichsmatrix* aufgeführt. In der Regel handelt es sich dabei um eine existierende ERP-Kernfunktionalität oder um Branchenlösungen, für die noch keine dedizierte SAP-S/4HANA-Umsetzung beziehungsweise Weiterentwicklung erfolgt ist. SAP verfolgt hierbei das Ziel, seinen Kunden einen möglichst reibungslosen Übergang auf SAP S/4HANA zu ermöglichen. Das Nutzungsrecht ist jedoch zeitlich beschränkt und wurde mit einem entsprechenden SAP-Hinweis bekannt gegeben.

[»]

Nutzungsrecht für WM-Funktionen auf SAP S/4HANA

Der SAP-Hinweis 2269324 (*Compatibility Scope Matrix for SAP S/4HANA on-premise*) enthält detaillierte Angaben zur Nutzung bisheriger SAP-ERP-Funktionen auf SAP S/4HANA.

SAP gewährt demnach seinen SAP-S/4HANA-Kunden ein begrenztes Nutzungsrecht für klassische, in einem sogenannten Kompatibilitätsmodus ausgeführte SAP-ERP-Lösungen auf SAP S/4HANA. Dieses Nutzungsrecht wird dabei sowohl Bestands- als auch Neukunden gewährt. Es läuft am 31.12.2025 ab. Sie erreichen diesen Hinweis in der SAP-Wissensdatenbank im SAP-Service-Marktplatz über folgende URL:

http://launchpad.support.sap.com

Funktionalität von EWM auf SAP S/4HANA

Das EWM auf SAP S/4HANA basiert grundsätzlich auf dem Funktionsumfang des zuletzt veröffentlichten SAP EWM Release 9.4. SAP unterscheidet dabei zwischen einer einfachen und einer erweiterten Lagerverwaltung mit dem integrierten EWM.

Bei der *einfachen Lagerverwaltung* unterstützt das EWM Sie in SAP S/4HANA bei der Planung, Koordination und Durchführung folgender Wareneingangs- und Warenausgangsfunktionen und Prozesse:

- Lagerstruktur
- Bestandsführung
- Handling Units
- Eingangsverarbeitung
- Ausgangsverarbeitung
- interne Lagerbewegungen
- Inventur
- Reporting
- Ressourcenmanagement

- Qualitätsmanagement
- Produktionsintegration

Darüber hinaus bietet die *erweiterte Lagerverwaltung* Funktionen zur flexiblen Verwaltung und Verarbeitung von Materialbewegungen, um komplexere Lagerprozesse zu optimieren. Hierbei werden folgende Prozesse unterstützt:

- Bestandsführungsoptimierung
- Eingangsprozessoptimierung
- Ausgangsprozessoptimierung
- Materialflusssteuerung
- Yard-Management
- Arbeitsmanagement
- logistische Zusatzleistungen
- Bausatzerstellung (Kitting)
- Cross-Docking
- Lagerleistungsabrechnung
- Verpackungsplanung
- SAP Dock Appointment Scheduling
- Warenannahme und Versand
- Transitlagerung

Diese Trennung der Funktionalität hat dabei im Wesentlichen lizenzrechtliche Hintergründe: Die Funktionen und Prozesse der einfachen Lagerverwaltung sind als Teil der SAP-S/4HANA-Lizenz verfügbar; die erweiterte Lagerverwaltung muss zusätzlich lizenziert werden.

[«]

Beschreibung der Funktionen

Wir verzichten an dieser Stelle auf eine detaillierte Beschreibung der einfachen und erweiterten Funktionen des integrierten EWM und möchten Sie auf das SAP-Dokument »Neuerungen in SAP S/4HANA« verweisen. Sie finden dieses Dokument in der SAP-Online-Hilfe zu SAP S/4HANA unter *http://help.sap.com* unter dem folgenden Menüpfad:

Enterprise Management • SAP S/4HANA • SAP S/4HANA 1610 • What's new

An dieser Stelle finden Sie sowohl eine deutsch- als auch eine englischsprachige Version des Dokuments.

Funktionale Einschränkungen des integrierten EWM

Im Gegensatz zu einem »klassischen« dezentralen EWM hat der integrierte Betrieb des EWM auf SAP S/4HANA jedoch einen leicht eingeschränkten Funktionsumfang, der in den nächsten Versionen vervollständigt werden soll. Bei diesen Einschränkungen handelt es sich insbesondere um das Fehlen des Transport-Cross-Dockings und der Arbeitsbedarfsplanung (*Labor Demand Planning*).

[»]

Funktionale Einschränkungen für EWM in SAP S/4HANA

Der SAP-Hinweis 2347770 enthält Freigabeinformationen sowie eine detaillierte Liste der funktionalen Einschränkungen eines auf SAP S/4HANA betriebenen EWM. Darüber hinaus werden die wesentlichen Unterschiede zwischen einem integrierten und einem dezentralen Betrieb von EWM beschrieben. Sie erreichen diesen Hinweis in der SAP-Wissensdatenbank im SAP-Service-Marktplatz über folgende URL:

http://launchpad.support.sap.com

Vorteile des integrierten EWM

Trotz einer leicht eingeschränkten Funktionalität profitiert das integrierte EWM insbesondere durch die eingesparten Schnittstellen und durch die Integration der EWM-Materialstammsichten in den ERP-Materialstamm von SAP S/4HANA. Darüber hinaus wurden die aus SAP EWM bekannten Schnittstellenbelege abgeschafft, und der Belegaustausch wurde stark vereinfacht. Die Vereinfachungen betreffen dabei auch die Verwendung gemeinsamer Stammdaten, die Nutzung von zentralen Businesspartnern anstelle von Kunden- und Lieferantenstammsätzen und die engere Integration und Einbettung in die ERP-Funktionen von SAP S/4HANA.

Wir möchten Ihnen in diesem Abschnitt einen Überblick über diese Vereinfachungen geben und uns dabei im Wesentlichen auf folgende Bereiche konzentrieren:

- Vereinfachung der Stammdaten
- Vermeidung redundanter Belege
- das neue User-Interface, basierend auf SAP Fiori
- Implementierung und Architekturoptionen

Stammdaten

Wir haben bereits zu Beginn dieses Abschnitts auf die Vereinfachung des Datenmodells bei den Stammdaten hingewiesen und Ihnen diese anhand der Beispiele »Geschäftspartner« und »Materialstamm« erläutert. Das integrierte EWM ermöglicht dabei einen direkten Zugriff auf Material-, Produkt- und Geschäftspartnerdaten und teilt sich diese Daten mit den übrigen Komponenten von SAP S/4HANA.

Die Replikation von Stammdaten mit dem Core-Interface (CIF), die bei einem dezentralen SAP EWM notwendig ist (siehe Abschnitt 7.4.1, »Systemintegration mit SAP ERP«), entfällt dabei vollständig. Das integrierte EWM unterstützt dabei nicht nur die neue 40-stellige Materialnummer, sondern auch Chargen und kann auch Materialbewertungsdaten direkt aus den gemeinsamen Stammdaten auslesen.

Vermeidung redundanter Belege

Eine weitere Vereinfachung stellt der Verzicht auf redundante Belege und eine damit einhergehende Vereinfachung des Belegflusses und der Belegintegration dar. Die Verteilung und Integration von Bewegungsdaten basierte bisher auf RFC-Verbindungen (*Remote Function Call*), mit denen das dezentrale SAP EWM mit SAP ERP kommuniziert. Die eigentliche Kommunikation und der Datenaustausch erfolgten dabei im Wesentlichen mithilfe von Schnittstellenbelegen, mit denen die ERP-Belege in das EWM repliziert wurden, wo sie entsprechende Lageranforderungen erzeugten (vergleiche hierzu die Ausführungen in Abschnitt 7.4.3, »Wareneingang« sowie 7.4.5, »Warenausgang«).

Im folgenden Abschnitt geben wir Ihnen einen Überblick über die wesentlichen Änderungen, die durch SAP S/4HANA entstehen. Das integrierte EWM kann in diesem Zusammenhang vollständig auf Anlieferungsbenachrichtigungen und Auslieferungsanforderungen verzichten (siehe Abbildung 9.16 und Abbildung 9.17).

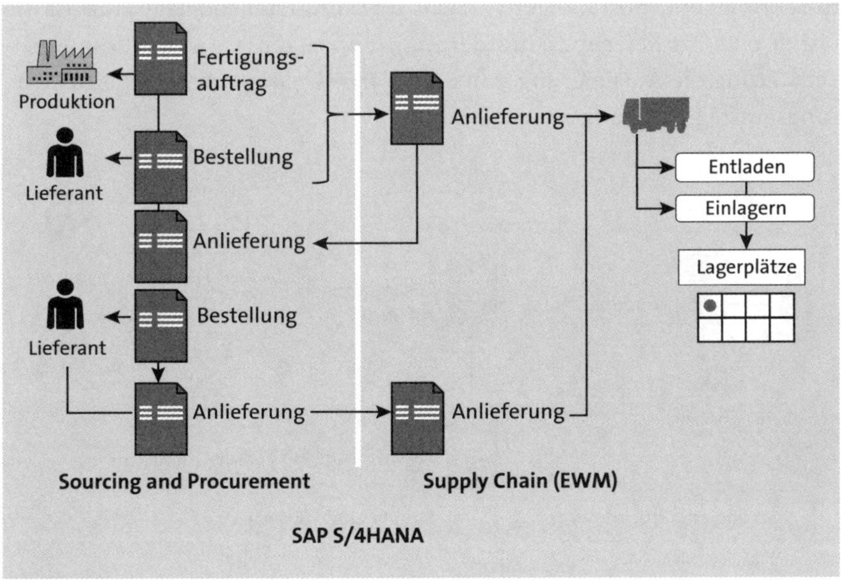

Abbildung 9.16 Vereinfachte Verarbeitung bei der Anlieferung

Wareneingang

Abbildung 9.16 zeigt eine vereinfachte Übersicht über die Integration des internen EWM bei der Anlieferung, der physischen Annahme und der anschließenden Einlagerung der Waren. Anlieferungen zu Bestellungen in SAP S/4HANA erzeugen dabei entsprechende Anlieferungen in dem integrierten EWM, ohne zuvor Anlieferbenachrichtigungen anzulegen.

Materialwerte, Bestell-, Prozess- und Produktionsauftragsdaten müssen nicht wie bisher in ein dezentrales EWM-System repliziert und in einem Dokument gespeichert werden, das den erwarteten Wareneingang repräsentiert (vergleiche hierzu die Erläuterungen zum erwarteten Wareneingang in Abschnitt 7.4.3). Die Integration erfolgt hierbei direkt über Anlieferungen im integrierten EWM, die an SAP S/4HANA repliziert werden.

Qualitätsprüfung

Weitere Vereinfachungen betreffen die Qualitätsprüfung im Wareneingang. Anstatt wie bisher mit einem Qualitätsprüfungsdokument und einem QM-Prüflos zu arbeiten und Buchhaltungsbelege zu replizieren, existiert nun ein einheitliches Qualitätsdokument in SAP S/4HANA. Die bisher bekannte EWM-Quality-Inspection-Engine (QIE) ist dabei nicht Teil der Zielarchitektur mit SAP S/4HANA und entfällt.

Warenausgang

Abbildung 9.17 zeigt eine vereinfachte Übersicht über die Integration des internen EWM bei der Auslieferung, der physischen Auslagerung und dem anschließenden Warenausgang der Waren. Auch bei der Ausgangsverarbeitung erfolgt ein vollständiger Verzicht auf Schnittstellenbelege. Anstatt wie bisher eine Auslieferungsanforderung zu erzeugen, verwendet die Lagerverwaltung die Auslieferung von SAP S/4HANA, um einen EWM-Auslieferungsauftrag zu erzeugen.

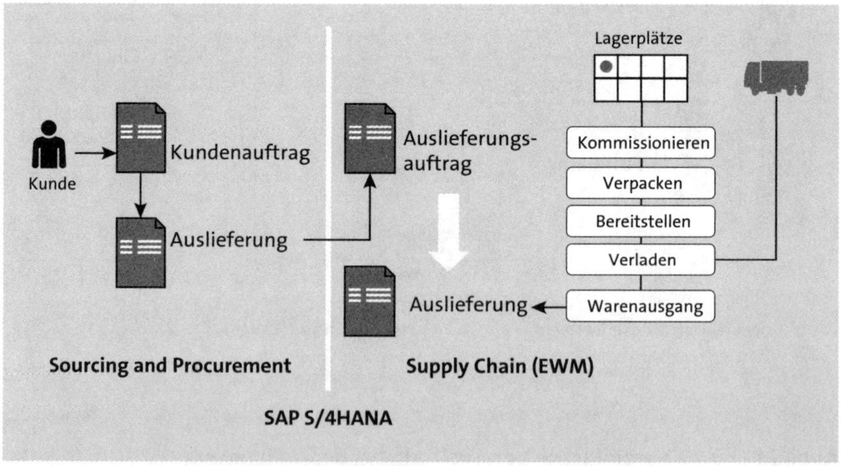

Abbildung 9.17 Vereinfachte Verarbeitung bei der Auslieferung

Bevor wir Ihnen ein Beispiel für das neue User-Interface mit SAP Fiori vorstellen, möchten wir noch einmal die wesentlichen Vorteile des integrierten EWM auf SAP S/4HANA zusammenfassen:

- Zugriff auf Geschäftspartner-, Material- und Produktdaten wie beispielsweise Materialwerte innerhalb von SAP S/4HANA, anstatt diese redundant auf ein dezentrales EWM-System zu replizieren
- Verarbeiten von SAP-S/4HANA-Anlieferungen, ohne entsprechende Anlieferungsbenachrichtigungen zu erzeugen
- direktes Lesen von Bestell- und Fertigungsauftragsdaten, anstatt diese Objekte an ein dezentrales EWM-System zu replizieren und in einem weiteren Beleg für den erwarteten Wareneingang zu speichern
- direkte Integration mit den SAP-S/4HANA-Auslieferungen und Verarbeitung von Auslieferungsaufträgen, ohne zuvor entsprechende Auslieferungsanforderungen zu erzeugen
- direkte Verarbeitung von Änderungen an den Bestandsqualifikationen eines Materials, ohne zuvor Buchungsanforderungen zu erzeugen
- Vereinheitlichung der Qualitätsprüfung und Verwenden eines zentralen Qualitätsbelegs, anstatt mit einem Qualitätsprüfbeleg und einem QM-Prüflos zu arbeiten

User-Interface

Neben der Vereinfachung des Datenmodells, der Integration und der Vermeidung von redundanten Belegen stellt das neue User-Interface eine der wesentlichen und sichtbaren Verbesserungen des integrierten EWM auf SAP S/4HANA dar.

Wir haben Ihnen bereits zu Beginn dieses Kapitels einen Überblick über SAP Fiori gegeben und diesen in Hinblick auf die logistischen Komponenten und die Vorteile der neuen Darstellung vertieft.

Sämtliche EWM-Transaktionen wurden dabei in Hinblick auf Benutzerfreundlichkeit und Bedienbarkeit optimiert und an das neue Design angepasst. Abbildung 9.18 zeigt in diesem Zusammenhang exemplarisch ein Beispiel für die neue Darstellung eines Auslieferungsauftrags im Fiori-Design.

Implementierung und Architekturoptionen

SAP EWM in SAP S/4HANA ist primär als neue Einführungsoption für Bestands- und Neukunden konzipiert. Mit seinen integrierten Funktionen zur Lagerverwaltung zielt es insbesondere darauf ab, kleine und mittelgroße Lager sowie Produktionslager zu integrieren und den Kunden flexible Bereitstellungsoptionen zu bieten, um alle Arten von Lagern in einer einzigen SAP-Lösung zu implementieren.

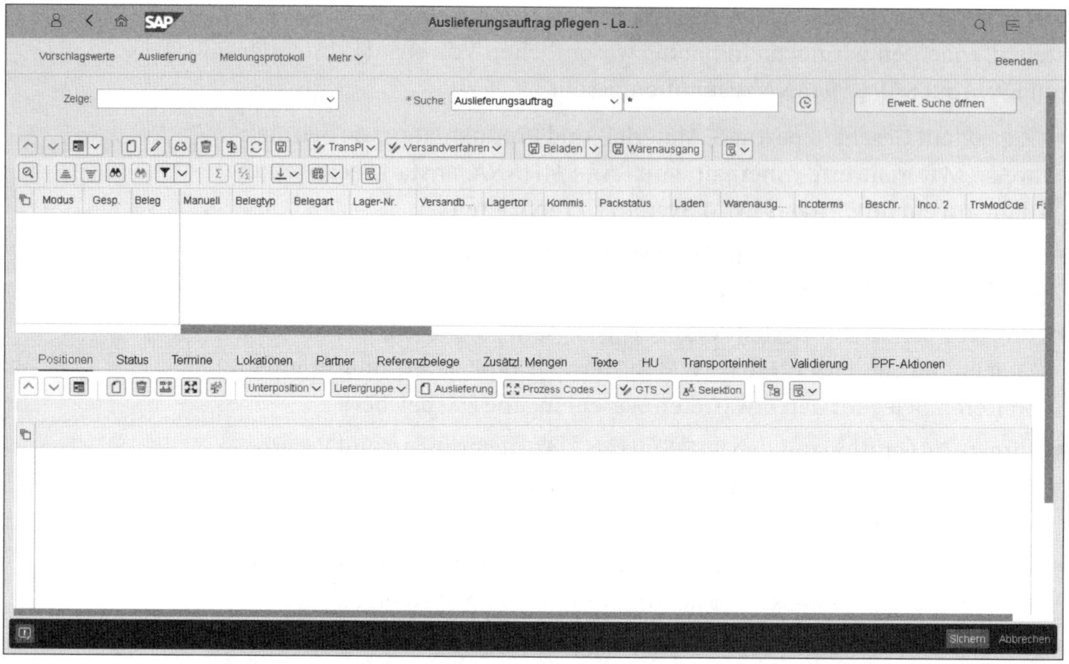

Abbildung 9.18 Auslieferungsauftrag in SAP S/4HANA EWM

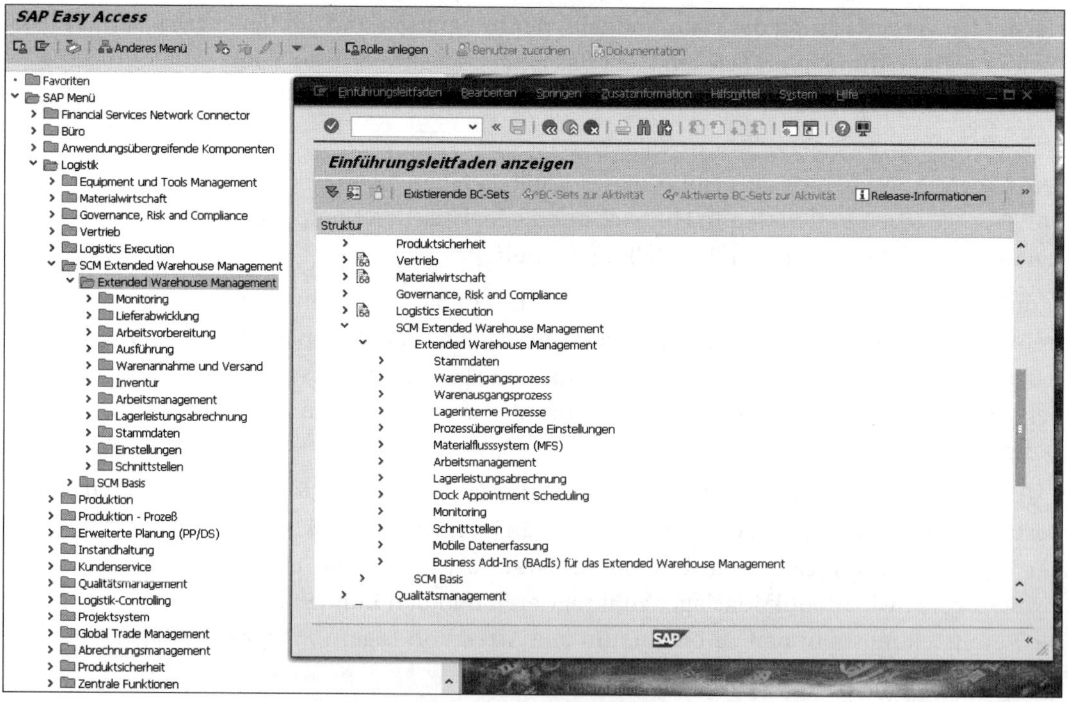

Abbildung 9.19 Integriertes SAP EWM in SAP S/4HANA Release 1610

Abbildung 9.19 zeigt die nahtlose Integration der EWM-Funktionen und den Einführungsleitfaden in SAP S/4HANA. Darüber hinaus soll neben der integrierten Lagerverwaltung mit EWM die Integration von SAP S/4HANA mit einem dezentralen SAP EWM eine langfristig gültige Implementierungsoption sein.

Die dezentrale Integration dient hierbei im Wesentlichen der Risikominimierung von Ausfallzeiten und bietet sich dabei insbesondere für verteilte oder regionalspezifische Systemlandschaften an. Darüber hinaus kann eine räumliche Nähe eines dezentralen EWM zur verwendeten Lagerautomatisierungstechnik notwendig sein. Gleichzeitig lassen sich dabei Systeme mit unterschiedlichen Releases miteinander kombinieren beziehungsweise mehrere ERP-Systeme mit einem dezentralen SAP EWM integrieren.

[«]

SAP S/4HANA mit dezentralem SAP EWM

In beiden Fällen – zentral wie dezentral – können die EWM-Kernfunktionen genutzt werden. In diesem Zusammenhang ist derzeit geplant, dass neue Funktionen für beide EWM-Implementierungsoptionen weiterentwickelt werden. Die Funktionalität des integrierten EWM steht dabei ausschließlich dem lokalen SAP S/4HANA zur Verfügung. Eine Implementierung eines dezentralen SAP S/4HANA, bei dem ausschließlich EWM-Funktionen genutzt werden, wird aktuell nicht unterstützt. (Vergleiche hierzu auch die Erläuterungen zur dezentralen Lagerverwaltung mit SAP LES (*Logistics Execution System*) in Abschnitt 7.3, »Lagerverwaltung mit WM«).

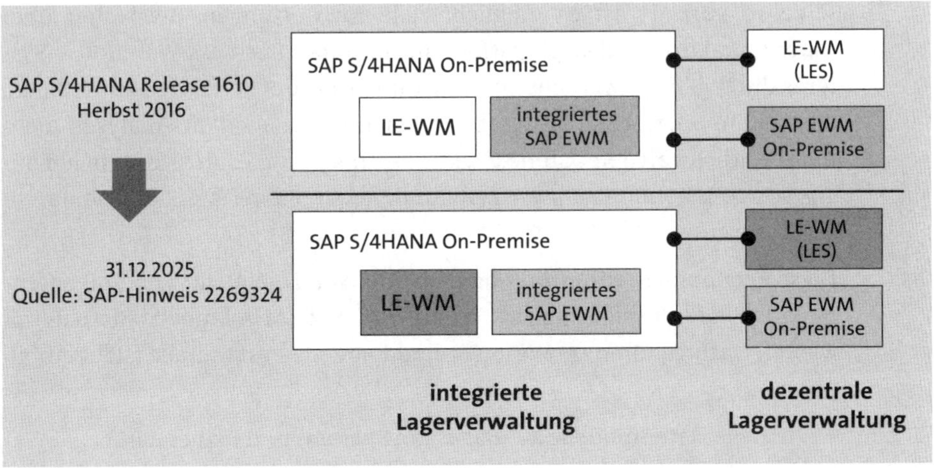

Abbildung 9.20 Zentrales und dezentrales SAP EWM mit SAP S/4HANA

Abbildung 9.20 zeigt die aktuellen mit SAP S/4HANA Release 1610 verfügbaren Implementierungsoptionen sowie die Auswirkungen des im SAP-Hinweis 2269324 erwähnten Wegfalls der Nutzungsrechte für die bestehenden WM-Funktionen auf SAP S/4HANA:

- Zum gegenwärtigen Zeitpunkt können dabei sowohl die bestehenden WM- als auch die integrierten EWM-Funktionen genutzt werden. Dies gilt insbesondere auch für den Einsatz von WM als dezentrales Lagerverwaltungssystem (LES). Die Verwendung von SAP EWM als dezentrales Lagerverwaltungssystem ist dennoch möglich.
- Ab dem 31.12.2025 beschränken sich die Lagerverwaltungsfunktionen auf das integrierte EWM. In diesem Zusammenhang entfällt dann auch das Nutzungsrecht für ein dezentrales WM (LES).

In diesem Abschnitt haben wir Ihnen die wesentlichen Neuerungen vorgestellt, die ein integriertes EWM als zentrales Lagerverwaltungssystem auf SAP S/4HANA bietet. Im folgenden Abschnitt geben wir Ihnen einen Überblick über die Vorteile und Neuerungen der Analysewerkzeuge, die in SAP S/4HANA integriert sind.

9.5 Realtime Analytics

Das In-Memory-System SAP HANA und die direkt darauf aufsetzenden Softwarewerkzeuge eröffnen Ihnen eine ganz neue Dimension der Datenanalyse. Weil die Zugriffszeit auf die im Hauptspeicher befindlichen Datensätze so kurz ist, ist es möglich, viele Auswertungen, die bisher über Datenextraktion und -aggregation mithilfe eines Business-Warehouse-Systems durchgeführt werden mussten, nun direkt auf den Daten zu erstellen, die sich im operativen System befinden. Dadurch sind die Analysen nicht mehr zeitlich von den Datenextraktionspunkten im Logistiksystem abhängig, sondern können zu jeder Zeit auf dem aktuellen Datenbestand durchgeführt werden.

Diese Technologie wird unter dem Namen *SAP HANA Live* von SAP bereitgestellt. Sie findet sich auch als Teil der SAP S/4HANA Embedded Analytics wieder. Dazu gehören im Wesentlichen folgende Bestandteile (siehe Abbildung 9.21):

- virtuelle Datenmodelle auf Basis von Spalten- und Reihendaten
- Realtime-Datenextraktionsabfragen zur Bereitstellung der analytischen Daten. Die Abfragen basieren auf Core Data Services (CDS), die damit die Komplexität des SAP-Datenbankmodells vor dem Benutzer verstecken

und die Daten in einem für die Anwendung bereitgestellten Format liefern.

- die Zusammenführung von Daten aus verschiedenen Datenquellen bzw. Abfragen
- Aggregationsalgorithmen, die aus den analytischen Daten sinnvolle Analyseergebnisse bilden
- grafische Präsentationsmöglichkeiten über die SAP-Fiori-Benutzeroberfläche, Business-Cockpits oder weitere Auswertungswerkzeuge

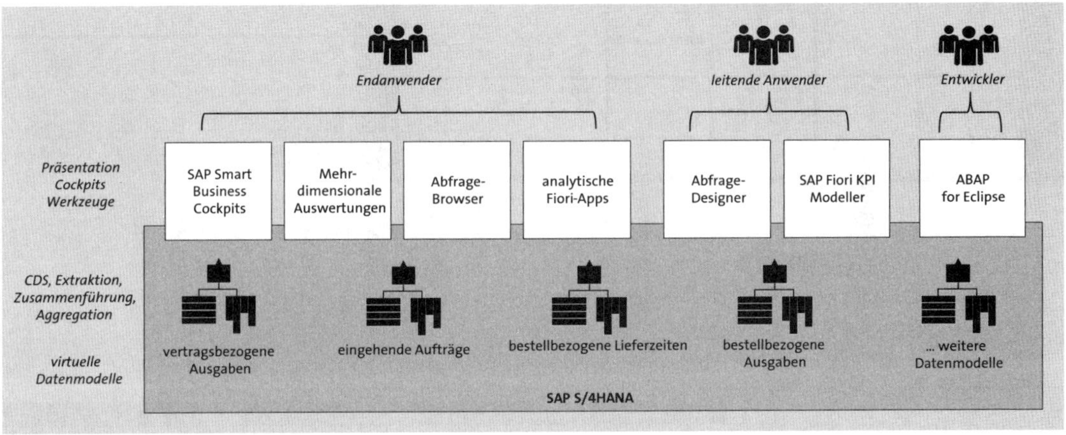

Abbildung 9.21 Bestandteile der SAP S/4HANA Embedded Analytics

Die Benutzeroberfläche SAP Fiori stellt zu Analysezwecken eine Kacheldarstellung bereit, bei der wichtige Leistungskennzahlen in unterschiedlicher Art (Text, Zahl, Icon, Grafik) angezeigt werden können. Der Benutzer kann zudem einstellen, welche Anzeigeform er sehen will.

Die Anzeige auf den jeweiligen Kacheln nennt Ihnen einen Gesamtstatus für den jeweiligen Indikator. Ein Klick auf eine Kachel ermöglicht Ihnen einen Drill-Down in die Detaildaten zur Kennzahl. In Abbildung 9.22 sehen Sie dazu ein Beispiel aus der Beschaffung.

SAP S/4HANA Embedded Analytics liefert Ihnen kontextbasierte Auswertungen, die auf den vorgangs- und benutzerspezifischen Bedarf zugeschnitten sind. Die mitgelieferten Werkzeuge erlauben Ihnen nicht nur das Ausführen der Auswertungen, sondern liefern auch Benutzern unterschiedlicher Qualifikation (Endbenutzer, leitende Benutzer, Entwickler) die geeigneten Hilfsmittel, um Anpassungen und Erweiterungen durchzuführen und den Lebenzyklus der Reports und Kennzahlen zu managen. Mit der

SAP-S/4HANA-Version 1610 stehen Ihnen mehr als 6.000 Sichten und mehr als 120 neue Embedded Applications (KPIs) zur Verfügung, die Sie bequem über einen Applikationsbrowser auswählen können.

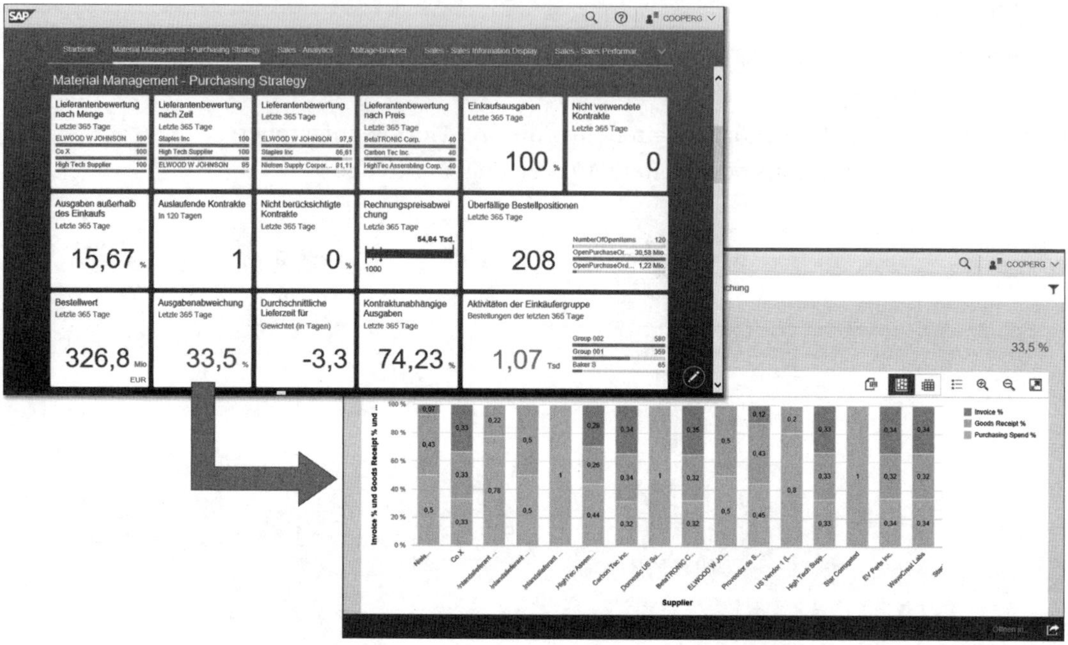

Abbildung 9.22 SAP S/4HANA Embedded Analytics für die Beschaffung – Einkauf mit Drill-Down in die Ausgabenabweichung

9.6 Fazit

Damit sind wir am Ende dieses Buchs angelangt. Wir konnten Ihnen hoffentlich zeigen, wie Sie mit den Komponenten der SAP Business Suite und von SAP S/4HANA aus Bereichen wie Beschaffung, Produktion, Vertrieb, Transport und Lagerverwaltung die Vielfalt der Logistikprozesse lückenlos in Informationssystemen abbilden. Die SAP Business Suite und SAP S/4HANA sind damit eine ideale Grundlage für die systemgestützte Abwicklung der Logistik.

Anhang

Anhang A
Abkürzungen

A2A	Application-to-Application
ABAP	Advanced Business Application Programming
AII	Auto-ID Infrastructure
APO	Advanced Planning and Optimization
AS	Application Server
ASN	Advanced Shipping Notification
ATP	Available-to-Promise
B2B	Business-to-Business
BAdI	Business Add-in
BANF	Bestellanforderung
BAPI	Business Application Programming Interface
BEx	Business Explorer
B/L	Master Bill of Lading
BPM	Business Process Management
BW	Business Warehouse
CIF	APO Core Interface
CO	Controlling
CpD	Conto pro Diverse
CRM	Customer Relationship Management
CS	Customer Service
CTM	Capable-to-Match
CTP	Capable-to-Promise

DP	Demand Planning
DS	Detailed Scheduling
EAM	Enterprise Asset Management
EAN/ UCC	European Article Number/ Uniform Code Council
ECC	ERP Central Component
EDI	Electronic Data Interchange
EE	erwartetes Ereignis
EGF	Easy Graphics Framework
EH	Event-Handler
EHS	Environment, Health, and Safety Management
EIS	Einkaufsinformationssystem
EM	Event-Management
EPC	Electronic Product Code
EPCIS	Electronic Product Code Information System
ERP	Enterprise Resource Planning
ERS	Evaluated Receipt Settlement
EWM	Extended Warehouse Management
ESS	Employee Self-Service
FCL	Full Container Load
FE	Frachteinheit
FI	Financial Accounting
FIFO	First In, First Out
FOB	Free On Board (Frei an Bord)
gATP	global Available-to-Promise (globale Verfügbarkeitsprüfung, global ATP)
GLL	grafisches Lagerlayout
GRC	Governance, Risk, and Compliance
GTIN	Global Trade Identification Number

GTS	Global Trade Services
GUI	Graphical User Interface
HAWB	House Airway Bill
HCM	Human Capital Management
HU	Handling Unit
HUM	Handling Unit Management
IATA	International Air Transport Association
IM	Inventory Management
IMG	Implementation Guide (Einführungsleitfaden)
IPC	Internet Pricing and Configurator
iPPE	integriertes Produkt- und Prozess-Engineering
JIT	Just in Time
KPI	Key-Performance-Indikator
LAER	Lageraufgabenerstellungsregeln
LCL	Less Than Container Load
LES	Logistics Execution System
LIFO	Last In, First Out
LIS	Logistics Information System
LO	Logistik
LSP	Logistic Service Prodiver (Logistikdienstleister)
LTB	lieferbasierter Transportbedarf
LZL	logistische Zusatzleistungen
MAWB	Master Airway Bill
MDM	Master Data Management
MFS	Material Flow System
MM	Materials Management
MP	Master Planning
MPS	Master Production Scheduling

MRP	Material Requirements Planning
MTO	Make-to-Order
OER	Object Event Repository
OSEM	Onsite Event Management
PCUI	People-Centric UI
PI	Process Integration
PLM	Product Lifecycle Management
PP	Production Planning
PP/DS	Production Planning and Detailed Scheduling
PPF	Post-Processing Framework
POWL	persönlicher Arbeitsvorrat
PS	Project System
PSP	Projektstrukturplan
PVB	Produktionsversorgungsbereich
QIE	Quality Inspection Engine
QM	Quality Management
qRFC	queued Remote Function Call
RCM	SAP Railcar Management
RF	Radio Frequency
RFC	Remote Function Call
RFID	Radio Frequency Identification
ROI	Return on Investment
RPA	Resource Planning Application
RPM	Resource and Portfolio Management
SA	Speditionsauftrag
SCAC	Standard Carrier Alpha Code
SCM	Supply Chain Management
SCOR	Supply Chain Operations Reference

SD	Sales and Distribution
SEM	Strategic Enterprise Management
SFM	Strategic Freight Management
SFP	Strategic Freight Procurement
SFS	Strategic Freight Selling
SG	Speditionsangebot
SGTIN	Serialized Global Trade Identification Number
SLA	Service Level Agreement
SMI	Supplier Managed Inventory
SNC	Supply Network Collaboration
SNP	Supply Network Planning
SOA	Service-Oriented Architecture
SPS	speicherprogrammierbare Steuerung
SRM	Supplier Relationship Management
SSCC	Serial Shipping Container Code
SSO	Single Sign-on
TCD	Transport Cross Docking
TCM	Transportation Charge Management
TD	SAP Oil & Gas Transportation and Distribution
TEU	Twenty-foot Equivalent Unit für Container
TLB	Transport Load Building
TM	Transportation Management
TP/VS	Transportation Planning and Vehicle Scheduling
TSW	SAP Oil & Gas Traders and Schedulers Workbench
VIS	Verkaufs-/Vertriebsinformationssystem
VMI	Vendor Managed Inventory
WM	Warehouse Management
WMS	Warehouse-Management-System

Anhang B
Glossar

ABAP Die Programmiersprache von SAP, in der die meisten Logistikapplikationen programmiert sind.

Akkreditiv Dokumentiertes Versprechen der Bank eines Importeurs, Zahlungen an einen Exporteur zu leisten, wenn dieser korrekte Dokumente zum Exportgeschäft vorlegt.

Aktivitätsbereich Aktivitätsbereiche sind eine Besonderheit in SAP EWM und beschreiben eine logische Gruppierung von Lagerplätzen in Hinblick auf die durchzuführenden Lageraktivitäten.

ALE *Application Link Enabling*. Technologie zum Aufbau und Betrieb von verteilten Applikationen.

APO *Advanced Planning and Optimization*. Die SAP-APO-Software enthält Funktionen zur Abwicklung und Integration von Absatz-, Distributions- und Produktionsplanung sowie zur Produktionssteuerung und Fremdbeschaffung. Darüber hinaus bietet SAP APO Funktionen, um mit externen Lieferanten zu kooperieren und diese in die Beschaffungsprozesse einzubinden (siehe auch VMI).

APO PP/DS *Production Planning/Detailed Scheduling*, Produktions- und Feinplanung.

Ein Modul in SAP APO, das es ermöglicht, die Produktion innerhalb eines Werks unter gleichzeitiger Berücksichtigung von Produkt- und Kapazitäts-Constraints zu planen, mit dem Ziel, den Durchsatz zu erhöhen und die Produktbestände zu reduzieren. Das Ergebnis der Planung ist ein machbarer Produktionsplan.

ATP *Available-to-Promise*. Bezeichnet den zugesicherten Bestand, die Menge eines bestimmten Materials, das zu einem bestimmten Bedarfstermin oder zu einem späteren Zeitpunkt bereitgestellt werden kann und damit beispielsweise für Kundenaufträge zur Verfügung steht. Das System berücksichtigt dabei neben der aktuellen Bestandssituation auch die geplanten Zu- und Abgänge, insbesondere aufgrund von Bestellungen, Fertigungsaufträgen sowie von bereits erfassten Kundenaufträgen.

Bedarf Ein Bedarf ist die zu einem bestimmten Zeitpunkt in einem bestimmten Werk benötigte Menge eines Materials.

BI *Business Intelligence*. Geschäftsanalytische Prozesse und technische Instrumente in einer Firma, die verwendet werden, um unternehmensweit verfügbare Daten auszuwerten und um diese Daten den Benutzern bereitzustellen.

Business-Objekt Abbildung eines für einen Geschäftsprozess notwendigen Dokuments in einem Softwaresystem (Beispiel: Kundenauftrag in der Auftragsabwicklung).

CDS Mit CDS (Core Data Services) views werden die Daten nicht mehr redundant in eigenen Auswertungsstrukturen gespeichert, sondern der Zugriff auf die Daten erfolgt in Echtzeit auf die physischen Tabellen.

CIF *APO Core Interface*. Schnittstelle für die Datenübertragung zwischen einem ERP-System (SAP R/3 oder SAP ERP) und einem angeschlossenen SCM-System, wie z. B. SAP Advanced Planning and Optimization (SAP APO) oder SAP Supply Network Collaboration (SAP SNC).

CRM *Customer Relationship Management.* Unterstützt alle kundenbezogenen Prozesse innerhalb des gesamten Customer-Relationship-Zyklus von der Marktsegmentierung, über die Lead Generation und Opportunitys bis zu Post-Sales und Kundenservice. Umfasst Geschäftsszenarien wie Field Sales und Service, Customer Interaction Center sowie Internet Sales und Service.

CTP *Capable-to-Promise.* Funktion der globalen ATP-Verfügbarkeitsprüfung, bei der im Gegensatz zur ATP nicht nur der verfügbare Lagerbestand berücksichtigt wird, sondern auch zusätzliche Quellen der Bedarfsdeckung wie beispielsweise Produktionskapazitäten oder externe Lieferanten.

Dashboard Anzeige von logistischen Leistungskennzahlen mit Diagrammen und anderen grafischen Elementen (z. B. Tachoanzeigen ähnlich wie in einem Pkw-Armaturenbrett).

Data Aging *Data Aging* bietet Ihnen die Möglichkeit, große Datenmengen innerhalb einer Datenbank umzulagern, um mehr Arbeitsspeicher zu gewinnen. Sie verwenden die relevante SAP-Anwendung, um Daten vom aktuellen Bereich in den historischen Bereich zu verschieben. Durch die Verschiebung der Daten können z. B. Abfragen bei sehr großen Datenmengen in deutlich schnellerer Zeit erfolgen. Um Data Aging auf Ihre Daten anwenden zu können, müssen bestimmte Voraussetzungen hinsichtlich der Datenbank und der Anwendung erfüllt sein.

Disposition Planerische Aufteilung von Aufträgen und Zuordnung/Bereitstellung von Ressourcen für die Abwicklung.

EDI *Electronic Data Interchange.* Firmenübergreifender elektronischer Datenaustausch (z. B. von Handelsdokumenten) zwischen Geschäftspartnern.

EHS *Environment, Health and Safety.* SAP-Applikationskomponente für alle Aufgaben im Arbeits-, Gesundheits- und Umweltschutz im Unternehmen.

EM *Event Management.* SAP-Applikationskomponente im SAP Supply Chain Management zur Überwachung von Logistik- und anderen Prozessen.

Embargoliste Liste mit Personen oder Unternehmen, die nicht mit bestimmten Waren oder Dienstleistungen beliefert werden dürfen.

Event Handler Generisches Objekt im Event-Management, das zur Statusverfolgung von Prozessen oder physischen Objekten verwendet wird (z. B. Sendungsverfolgung).

EPC *Electronic Product Code.* In RFID-Chips verwendete Codierung von Produkteigenschaften und Identifikationsnummern, die weltweit eindeutig ist.

ERP *Enterprise Resource Planning.* Das Kernsystem mit SAP-Geschäftsapplikationen in den Bereichen Logistik, Personalwesen und Finanzwesen.

EWM *Extended Warehouse Management.* Neues Lagerverwaltungsmodul auf Basis von SAP SCM.

FCL *Full Container Load.* Transport eines Vollcontainers von einem Versender zu einem Empfänger.

Frachtrechnung Rechnung eines Logistikdienstleisters an einen Versender oder Empfänger von Waren, die der Logistikdienstleister im Auftrag transportiert hat.

gATP *Global Available-to-Promise.* Globale Verfügbarkeitsprüfung mit SAP APO auf mehreren Stufen. Im Gegensatz zur ATP kann bei der gATP die Bestandssituation mehrerer Werke überprüft werden.

GTS *Global Trade Services.* Komponente der SAP-Systemwelt, die zur Abwicklung von Außenhandelsprozessen und zur Berücksichtigung von Handelsregularien dient.

HAWB *House Airway Bill.* Sendungsbezogener Hausfrachtbrief für eine Luftfrachtsendung, der vom Logistikdienstleister für den Versender ausgestellt wird.

House B/L *House Bill of Lading.* Sendungsbezogener Hausfrachtbrief für eine Seefrachtsendung, der vom Logistikdienstleister für den Versender ausgestellt wird.

HU *Handling Unit.* Physische Einheit aus Packmitteln (Ladungsträger/Verpackungsmaterial) und den darauf oder darin gelagerten Materialien. Eine Handling Unit hat eine eindeutige, scanbare Identifikationsnummer, über die die Daten zur Handling Unit abgerufen werden können.

HTML5 *HTML5* ist die fünfte Fassung der Hypertext Markup Language, einer Computersprache zur Auszeichnung und Vernetzung von Texten und anderen Inhalten elektronischer Dokumente, vorwiegend im World Wide Web.

IMG *Implementation Guide* (Einführungsleitfaden). Werkzeug zur kundenspezifischen Anpassung von SAP-Systemen. Der Leitfaden ist hierarchisch strukturiert und orientiert sich im Aufbau an der Applikationskomponentenhierarchie. Zentrale Bestandteile bilden die IMG-Aktivitäten, die dazu dienen, Absprünge ins Customizing zu gewährleisten und damit die relevanten Systemeinstellungen durchzuführen. Es werden folgende IMG-Typen unterschieden:

- SAP-Referenz-IMG
- Unternehmens-IM
- Projekt-IMG

Konsolidierung Zusammenfassung von Waren mehrerer Versender in einer gemeinsamen Ladeeinheit (z. B. Container). Die Konsolidierung wird durch den Logistikdienstleister durchgeführt.

KPI *Key-Performance-Indikator.* Leistungskennzahl, die aus den Daten der Geschäftstransaktionen ermittelt wird.

Lageraufgabe Die Lageraufgabe ist ein Beleg in SAP EWM und enthält alle notwendigen Informationen, um eine bestimmte Materialmenge oder eine Handling Unit im Lager zu bewegen.

Lagerauftrag Ein Lagerauftrag stellt grundsätzlich ein optimal ausführbares Arbeitspaket dar, das ein Lagermitarbeiter innerhalb einer bestimmten Zeit ausführen soll. Lageraufträge bestehen in der Regel aus den ihnen zugeordneten Lageraufgaben.

LCL *Less Than Container Load.* Stückguttransport, bei dem die Waren des Versenders mit den Waren anderer Versender in einem Container zusammengepackt werden (Konsolidierung).

LES *Logistics Execution System.* SAP-Applikationskomponente in SAP ERP, mit der Versand- und Transportprozesse abgewickelt werden können.

LE-TRA LE-TRA (Logistics Execution Transport), die im ERP enthaltene Transportlösung der SAP.

LO Allgemeines Logistikmodul von SAP ERP.

Master B/L *Master Bill of Lading.* Konsolidierungsbezogener Frachtbrief, den ein Logistikdienstleister für eine zusammengefasste Fracht erhält (z. B. für mehrere Sendungen in einem Container).

MAWB *Master Airway Bill.* Konsolidierungsbezogener Frachtbrief für Luftfracht, den eine Fluglinie für die Gesamtladung eines Logistikdienstleisters erstellt.

MM *Materials Management.* Materialwirtschaftsmodul von SAP ERP.

Nachlauf Anlieferungen oder Beförderungen von Waren, die aus dem Fern- in das Nahverkehrsnetz umgeschlagen werden.

OER *Object Event Repository.* Tracking-System für RFID-unterstützte Logistikprozesse auf der Basis des SAP Event Managements.

Operative Planung Planung, die auf kurzfristigen Werten und Zielen basiert, z. B. Transportplan für den nächsten Tag.

Optimierung Methode, um für ein komplexes mathematisches bzw. logistisches Problem mit gezielten Methoden eine möglichst gute Lösung zu finden. Die Methode ist in der Regel in einem Optimierungsalgorithmus (Computerprogramm) bereitgestellt. Ein Beispiel ist die komplexe Transportplanung.

Primärbedarf Bedarf, der durch einen direkten Einfluss (z. B. Materialanforderung für die Produktion oder Kundenauftrag für das Material) entsteht.

qRFC *queued Remote Function Call.* Erweiterung des transaktionalen Remote Function Calls um die Möglichkeit, die Aufrufreihenfolge festzulegen.

RFC *Remote Function Call.* Aufruf eines Funktionsbausteins in einem anderen System (*Destination*) als in demjenigen, in dem das aufrufende Programm läuft. Möglich sind Verbindungen zwischen verschiedenen AS ABAP oder zwischen einem AS ABAP und einem Fremdsystem. In Fremdsystemen werden statt Funktionsbausteinen speziell programmierte Funktionen aufgerufen, deren Schnittstelle der eines Funktionsbausteins entspricht. Unterschieden werden synchrone, asynchrone und transaktionale Funktionsaufrufe. Die Ansteuerung des aufgerufenen Systems erfolgt über die RFC-Schnittstelle.

SAP Fiori *SAP Fiori* bezeichnet eine Reihe von Apps, die von der SAP in HTML5 bzw. SAPUI5 entwickelt wurden, um SAP Transaktionen für mobile Endgeräte und typische, einfache Anwendungsfälle bereitzustellen. Die einzelnen Apps können in ein eigenes Launchpad in Kachel-Optik integriert werden. Über Apps haben Mitarbeiter Zugriff auf alle wichtigen Unternehmensprozesse von jedem Ort und jedem Gerät.

SAPUI5 *SAPUI5* (SAP User Interface for HTML5) ist eine Sammlung von Bibliotheken, die Entwickler nutzen können, um Desktopanwendungen und mobile Anwendungen zu erstellen, welche in einem Browser laufen.

SAP Jam *SAP Jam* ist eine cloud-basierte Social-Media-Plattform. Damit können Mitarbeiter Dokumente oder weietere Informationen bspw. zu Projekten teilen, anstatt dies per E-Mail oder anderen Kommunikationswegen zu tun.

SAP DIMP *SAP DIMP (Discrete Industries & Mill Products)* wurde von SAP für die besonderen Anforderungen von Baustoffherstellern, Papiererzeugern und -verarbeitern, Metallerzeugern und -verarbeitern, Möbelherstellern, Holzverarbeitern sowie Textilerzeugern entwickelt.

SAP NetWeaver Eine offene Integrations- und Applikationsplattform für alle SAP-Lösungen und bestimmte Lösungen von SAP-Partnern. SAP NetWeaver ist eine webbasierte Plattform, die als Grundlage für die *Enterprise Services Architecture* (ESA) dient und die unternehmensübergreifende und technologieunabhängige Integration und Abstimmung von Mitarbeitern, Informationen und Geschäftsprozessen ermöglicht. Dank offener Standards können Informationen und Applikationen integriert werden, die aus praktisch jeder Quelle stammen und auf praktisch jeder Technologie basieren können. SAP NetWeaver beinhaltet Funktionen für Business Intelligence, Unternehmensportale, Exchange Infrastructure, Master Data Management, Mobile Infrastructure und einen Web Application Server.

SCM *Supply Chain Management.* SCM umfasst Funktionen für die Planung, Ausführung, Koordination und Collaboration in der Lieferkette. Es setzt sich unter anderem aus den Komponenten und Applikationen APO (Advanced Planning and Optimization), SNC (Supply Network Collaboration) und EM (Event Management) zusammen. SCM ist Teil der SAP Business Suite.

SCOR *Supply Chain Operations Reference-*Modell. Wichtige Kennzahlen, die über die gesamte Logistikkette eine analytische Bewertung erlauben.

SD *Sales and Distribution.* Vetriebsmodul von SAP ERP.

SNC *Supply Network Collaboration.* SNC ermöglicht die Anbindung externer Lieferanten an SAP SCM.

SSCC *Serial Shipper Container Code.* Nummer der Versandeinheit zur Identifikation und Kennzeichnung von Versandeinheiten. Als Versandeinheit im Sinne dieser Regelung wird die kleinste physische Einheit von Waren und Gütern bezeichnet, die mit anderen nicht fest verbunden ist und in der Transportkette vom Sender und Empfänger einzeln behandelt wird oder einzeln behandelt werden kann.

Standardsoftware Gruppe von Programmen, die zur Bearbeitung und Lösung einer Reihe von ähnlichen oder gleichartigen Aufgaben eingesetzt werden können. Die SAP Business Suite ist eine betriebswirtschaftliche Standardsoftware.

Strategische Planung Planung, die auf langfristigen Werten und Zielen basiert, z. B. Standortplanung für Produktionswerke.

Taktische Planung Planung, die auf mittelfristigen Werten und Zielen basiert, z. B. Produktionsplanung für das Weihnachtsgeschäft.

Transportauftrag Auftrag eines Versenders an einen Logistikdienstleister, um einen Transport von Waren durchzuführen.

TM *SAP Transportation Management.* Transportlösung innerhalb von SAP SCM.

TP/VS *Transport Planning/Vehicle Scheduling.* Transportoptimierung in SAP SCM.

VMI *Vendor Managed Inventory.* Lieferantengesteuerter Bestand, bei dem der Lieferant einen Systemzugriff auf die Lagerbestands- und Nachfragedaten des Unternehmens hat. Das VMI ermöglicht damit eine enge Zusammenarbeit mit dem Lieferanten und dient zur Verbesserung der externen Beschaffungsprozesse.

Vorlauf Abholungen oder Beförderungen von Waren, die aus dem Nah- in das Fernverkehrsnetz umgeschlagen werden.

WM *Warehouse Management.* System zur Definition und Verwaltung komplexer Lagerstrukturen innerhalb eines oder mehrerer Werke. Das Lagerverwaltungssystem MM-WM unterstützt die Lagerverwaltung sowie die Abwicklung sämtlicher Lagerbewegungen, wie Wareneingang, Warenausgang und Warenumlagerung unter Berücksichtigung verschiedener Ein- und Auslagerungsstrategien.

Anhang C
Wichtige SAP-Tabellen

Komponente	Tabellen	Funktion
Kontakte	VBKA	Kontakte
Kundenstamm	KNA1	Kundenstamm (allgemeiner Teil)
Kundenstamm	KNAS	Kundenstamm (allgemeiner Teil EG-Steuernummern)
Kundenstamm	KNB1	Kundenstamm (Buchungskreis)
Kundenstamm	KNB4	Zahlverhalten des Kunden
Kundenstamm	KNB5	Kundenstamm (Mahndaten)
Kundenstamm	KNBK	Kundenstamm (Bankverbindungen)
Kundenstamm	KNC1	Kundenstamm Verkehrszahlen
Kundenstamm	KNC3	Kundenstamm Verkehrszahlen Sonderhauptbuchvorgänge
Kundenstamm	KNKA	Kundenstamm Kreditmanagement: Zentraldaten
Kundenstamm	KNKK	Kundenstamm Kreditmanagement: Kontrollbereichsdaten
Kundenstamm	KNMT	Kunden-Material-Info Datentabelle
Kundenstamm	KNMTK	Kunden-Material-Info Kopftabelle
Kundenstamm	KNVA	Kundenstamm Abladestellen
Kundenstamm	KNVD	Kundenstamm Dokumentenanforderung Vertrieb
Kundenstamm	KNVI	Kundenstamm Steuerindikatoren
Kundenstamm	KNVK	Kundenstamm Ansprechpartner
Kundenstamm	KNVL	Kundenstamm Lizenzen

Komponente	Tabellen	Funktion
Kundenstamm	KNVP	Kundenstamm Partnerrollen
Kundenstamm	KNVS	Kundenstamm Versanddaten
Kundenstamm	KNVT	Kundenstamm Texte fuer den Verkauf
Kundenstamm	KNVV	Kundenstamm Vertriebsdaten
Lieferantenstamm	LFA1	Lieferantenstamm (allgemeiner Teil)
Lieferantenstamm	LFB1	Lieferantenstamm (Buchungskreis)
Lieferantenstamm	LFB5	Lieferantenstamm (Mahndaten)
Lieferantenstamm	LFM1	Lieferantenstamm Einkaufs-organisationsdaten
Lieferantenstamm	LFM2	Lieferantenstamm: Einkaufsdaten
Materialstamm	MAKT	Materialkurztexte
Materialstamm	MAPL	Zuordnung von Plänen zu Materialien
Materialstamm	MAPR	Materialindex für Prognose
Materialstamm	MARA	Allgemeine Materialdaten
Materialstamm	MARC	Werksdaten zum Material
Materialstamm	MARD	Lagerortdaten zum Material
Materialstamm	MARM	Mengeneinheiten zum Material
Materialstamm	MARV	Materialverwaltungssatz
Materialstamm	MBEW	Materialbewertung
Materialstamm	MCHA	Chargen
Materialstamm	MLAN	Steuerklassifikation zum Material
Materialstamm	MOFF	noch offene Materialstaemme
Materialstamm	MSTA	Materialstammstatus
Materialstamm	MVER	Materialverbraeuche
Materialstamm	MVKE	Verkaufsdaten zum Material
Materialstamm	PROP	Prognoseparameter
Stammdaten – Einkauf	EINA	Einkaufsinfosatz – allgemeine Daten

Komponente	Tabellen	Funktion
Stammdaten – Einkauf	EINE	Einkaufsinfosatz – Einkaufsorganisationsdaten
Einkaufsbelege	EBAN	Bestellanforderung
Einkaufsbelege	EKBE	Historie zum Einkaufsbeleg
Einkaufsbelege	EKET	Lieferplaneinteilungen
Einkaufsbelege	EKKN	Kontierung im Einkaufsbeleg
Einkaufsbelege	EKKO	Einkaufsbelegkopf
Einkaufsbelege	EKPO	Einkaufsbelegposition
Produktionsplanung	PLAB	Plan – Anordnungsbeziehungen
Produktionsplanung	PLAF	Planauftrag
Produktionsplanung	PLAF_LEAD	Uebergeordneter Planauftrag im Auftragsnetz
Produktionsplanung	PLAS	Plan – Auswahl von Positionen
Produktionsplanung	PLFH	Plan – Fertigungshilfsmittel
Produktionsplanung	PLFL	Plan-Folgen
Produktionsplanung	PLFT	Prozeßvorgaben
Produktionsplanung	PLKO	Plan – Kopf
Fakturabeleg	VBRK	Faktura: Kopfdaten
Fakturabeleg	VBRL	Vertriebsbeleg: Rechnungsliste
Fakturabeleg	VBRP	Faktura: Positionsdaten
Lieferbeleg	LIKP	Vertriebsbeleg: Lieferung: Kopfdaten
Lieferbeleg	LIPS	Vertriebsbeleg: Lieferung: Positionsdaten
Verkaufsbeleg	VBAG	Verkaufsbeleg: Abrufdaten zu Einteilungen im Lieferplan

Komponente	Tabellen	Funktion
Verkaufsbeleg	VBAK	Verkaufsbeleg: Kopfdaten
Verkaufsbeleg	VBAP	Verkaufsbeleg: Positionsdaten
Verkaufsbeleg	VBEP	Verkaufsbeleg: Einteilungsdaten
Verkaufsbeleg	VBKD	Verkaufsbeleg: Kaufmännische Daten
Vertriebsbelege	VBBE	Vertriebsbedarfseinzelsätze
Vertriebsbelege	VBBS	Vertriebsbedarfssummensatz
Vertriebsbelege	VBFA	Vertriebsbelegfluß
Vertriebsbelege	VBPA	Vertriebsbeleg: Partner
Vertriebsbelege	VBUK	Vertriebsbeleg: Kopfstatus und Verwaltungsdaten
Vertriebsbelege	VBUP	Vertriebsbeleg: Positionsstatus
Frachtkostenbeleg	VFKK	Frachtkosten: Kopfdaten
Frachtkostenbeleg	VFKP	Frachtkosten: Positionsdaten
Frachtkostenbeleg	VFSCAR1	Frachtraten (1-dimensional)
Frachtkostenbeleg	VFSCAR2	Frachtraten (2-dimensional)
Frachtkostenbeleg	VFSCAR3	Frachtraten (3-dimensional)
Frachtkostenbeleg	VFSI	Frachtkosten: Unterpositionsdaten
Transportbeleg	VTTK	Transportkopf
Transportbeleg	VTTP	Transportposition
Transportbeleg	VTTS	Transportabschnitt
Bestandsverwaltung	MBEW	Materialbewertung
Bestandsverwaltung	MKPF	Belegkopf Materialbeleg
Bestandsverwaltung	MSEG	Belegsegment Material
Lagerverwaltung	LEIN	Lagereinheiten-Kopfsätze
Lagerverwaltung	LINK	Inventurbelegkopf

Komponente	Tabellen	Funktion
Lagerverwaltung	LINP	Inventurbelegposition
Lagerverwaltung	LINV	Inventurdaten pro Quant
Lagerverwaltung	LQUA	Lagerquants
Lagerverwaltung	LTAK	Transportauftragskopf
Lagerverwaltung	LTAP	Transportauftragsposition
Lagerverwaltung	LTBK	Tranportbedarfskopf
Lagerverwaltung	LTBP	Transportbedarfsposition
Event Management	/SAPTRX/EH_HDR	Event Handler Header
Event Management	/SAPTRX/EH_EXPEV	Erwartete Ereignisse
Event Management	/SAPTRX/EH_CNTRL	Kontrollparameter
Event Management	/SAPTRX/EVM_HDR	Event Message Header

Anhang D

Wichtige SAP-Transaktionen

Transaktion/Webclient-Anwendung	Komponente	Funktion
VD02	ERP	Debitor ändern
MM02	ERP	Material ändern
VD52	ERP	Kunden-Material-Info ändern
VDH1N	ERP	Kundenhierarchie bearbeiten
CS02	ERP	Materialstückliste ändern
VA12	ERP	Anfrage ändern
VA21	ERP	Angebot anlegen
VA22	ERP	Angebot ändern
CRM_UIU_BT_SALES_ORDER	CRM	Kundenaufträge
VA02	ERP	Kundenaufrag ändern
VA02	ERP	Kundenaufrag ändern
VA01	ERP	Kundenauftrag anlegen
FD32	ERP	Debitor Kreditmanagement ändern
CO09	ERP	Verfügbarkeitsübersicht
CO06	ERP	Rückstandsbearbeitung
VL02N	ERP	Auslieferung ändern
VL02N	ERP	Auslieferung ändern
CRM_UIU_BT_SALES_ORDER	CRM	Kundenaufträge
VL02N	ERP	Auslieferung ändern

Transaktion/Webclient-Anwendung	Komponente	Funktion
VT02N	ERP	Transport ändern
VF02	ERP	Faktura ändern
CRM_UIU_BEA_BEABD	CRM	Kundenrechnung
VF21	ERP	Rechnungsliste anlegen
VA42	ERP	Kontrakt ändern
VA42	ERP	Kontrakt ändern
VA32	ERP	Lieferplan ändern
CMP_PROCESSING	ERP	Reklamationsabwicklung
CRM_UIU_BT_COMPLAINT	CRM	Reklamation
VA01	ERP	Kundenauftrag anlegen
/SAPTRX/EH_LIST	EM	Event Handler Liste mit Detailansicht
/SAPTRX/MI01	EM	Konfigurierbare Einzelereignismaske (Handscanner)
/SAPTRX/EE_OVD_LIST	EM	Liste der überfälligen Ereignisse
/SAPTRX/EM_START	EM	Web-Benutzerschnittstelle
/SAPAPO/SNP94	APO	SNP-Planungsmappe
/SAPAPO/PPT1	APO	Produktplantafel der Produktions- und Feinplanung
BP	ERP, TM	Geschäftspartner bearbeiten
MM03	ERP	Material anzeigen
0VTC	ERP	Routen definieren
VT02N	ERP	Transportbeleg ändern
VT11	ERP	Liste Transportdisposition
VT06	ERP	Massenänderung Transporte
VA03	ERP	Kundenauftrag anzeigen
VI02	ERP	Frachtkostenbeleg ändern

Transaktion/Webclient-Anwendung	Komponente	Funktion
VI03	ERP	Frachtkostenbeleg anzeigen
VI12	ERP	Liste Frachtkosten: Abrechnung
/SAPAPO/VS01	APO	Vehicle Scheduling interaktiv
/SAPAPO/SCC02	APO	Supply Chain Cockpit
/SCMTMS/WDA_POWL_OVP	TM (WDA)	Übersicht Speditionsauftrag
/SCMTMS/TCM_EFA_SP	TM (WDA)	Serviceproduktkatalog bearbeiten
/SCMTMS/TCM_EFA_CA	TM (WDA)	Frachtvereinbarung bearbeiten
/SCMTMS/FWD_ORDER	TM (WDA)	Speditionsauftrag anzeigen
/SCMTMS/PLN	TM (WDA)	Transportcockpit
/SCMTMS/FRE_BOOK	TM (WDA)	Frachtbuchung anzeigen
/SCMTMS/FRE_ORDER	TM (WDA)	Straßenfrachtauftrag anzeigen
/SCMTMS/TCM_EFA_CU	TM (WDA)	Speditionsvereinbarung anzeigen
/SCMTMS/WDA_POWL_OVP	TM (WDA)	Übersicht Ausschreibung
ME21N	ERP	Bestellung Anlegen
ME22N	ERP	Bestellung Ändern
ME23N	ERP	Bestellung Anzeigen
ME29N	ERP	Freigabe Bestellungen
MIGO	ERP	Warenbewegung
MIRO	ERP	Rechnungsprüfung
MD04	ERP	Bedarfs-/Bestandsliste
ME51N	ERP	Bestellanforderung Anlegen
ME52N	ERP	Bestellanforderung Ändern
ME53N	ERP	Bestellanforderung Anzeigen
XK01	ERP	Lieferantenstammsatz Anlegen

Transaktion/Webclient-Anwendung	Komponente	Funktion
XK02	ERP	Lieferantenstammsatz Ändern
XK03	ERP	Lieferantenstammsatz Anzeigen
MM01	ERP	Materialstamm Anlegen
MM02	ERP	Materialstamm Ändern
MM03	ERP	Materialstamm Anzeigen
ME12	ERP	Einkaufsinfosatz Anlegen
ME12	ERP	Einkaufsinfosatz Ändern
ME13	ERP	Einkaufsinfosatz Anteigen
ME1M	ERP	Einkaufsinfos zum Material
ME1P	ERP	Bestellpreisentwicklung
MELB	ERP	Einkaufsvorgänge zur Bedarfs-nummer
ME41	ERP	Lieferantenanfrage Anlegen
ME42	ERP	Lieferantenanfrage Ändern
ME43	ERP	Lieferantenanfrage Anzeigen
ME58	ERP	Umsetzen von Bestellanforde-rungen
VL31N	ERP	Anlieferung Anlegen
VL32N	ERP	Anlieferung Ändern
VL33N	ERP	Anlieferung Anzeigen
MB02	ERP	Materialbeleg Ändern
MB03	ERP	Materialbeleg Anzeigen
MIR7	ERP	Rechnungsvorerfassung
MIRA	ERP	Rechnungsprüfung im Hinter-grund
MRRL	ERP	Automatische Warenein-gangsabrechnung
MIR4	ERP	Lieferanten Eingangsrechnung

Transaktion/Webclient-Anwendung	Komponente	Funktion
ME01	ERP	Übersicht zum Orderbuch
ME05	ERP	Oderbuch automatisch erzeugen
MEQ1	ERP	Quotierung Pflegen
ME31K	ERP	Kontrakt Anlegen
ME32K	ERP	Kontrakt Ändern
ME33K	ERP	Kontrakt Anzeigen
ME32L	ERP	Lieferplan Positionsübersicht
ME61	ERP	Lieferantenbeurteilung
ME64	ERP	Beurteilungsvergleich – Lieferantenbeurteilung
MMBE	ERP	Bestandsübersicht
HUMO	ERP	Handling-Unit
HUPASTERP	Packtisch	
VL06I	ERP	Einzulagernde Anlieferungen
LT0F	ERP	Anlegen eines Transportauftrags zur Anlieferung
LT12	ERP	Quittieren Transportauftrag
LT21	ERP	Transportauftrag
VL01N	ERP	Auslieferung Anlegen
VL02N	ERP	Auslieferung Ändern
VL03N	ERP	Auslieferung Anzeigen
VL06O	ERP	Auslieferungsmonitor
LT03	ERP	Anlegen Transportauftrag
LS33	ERP	Anzeigen Lagereinheit
LS23	ERP	Anzeigen Quant
/SCWM/LS03	EWM	Stammdaten zum Lagerplatz
/SCWM/MAT1	EWM	Lagerproduktpflege

Transaktion/Webclient-Anwendung	Komponente	Funktion
/SCWM/PACKSPEC	EWM	Packspezifikation
/SCWM/MON	EWM	Lagermonitor
/SCWM/GWL	EWM	Grafisches Lagerlayout
/SCWM/EGF	EWM	Grafisches Lager-Cockpit
/SCWM/IDN	EWM	Anlieferungsbenachrichtigung
/SCWM/PRDI	EWM	Anlieferung
/SCWM/DCONS	EWM	Dekonsolidieren im Wareneingang
/SCWM/QINSP	EWM	Qualitätsprüfung am Arbeitsplatz
/SCWM/TODLV_I	EWM	Lageraufgabe Anlegen Einlagerung
/SCWM/TO_CONF	EWM	Lageraufgabe Quittieren
/SCWM/ODR	EWM	Auslieferungsanforderung
/SCWM/PRDO	EWM	Auslieferungsauftrag
/SCWM/TODLV_O	EWM	Lageraufgabe Anlegen Auslagerung
/SCWM/PACK	EWM	Arbeitsplatz – Verpackung
/SCWM/FD	EWM	Auslieferung
/SCWM/RFUI	EWM	RF-User Interface

WDA: Eine Web-Dynpro Applikation im SAP TM, keine herkömmliche Transaktion

Anhang E

Literatur

- Bradler, Julian; Mödder, Florian: »SAP Supplier Relationship Management«, 2., aktualisierte und erweiterte Auflage, SAP PRESS 2012
- Council of Supply Chain Management Professionals: *https://cscmp.org/imis0/CSCMP/Educate/SCM_Definitions_and_Glossary_of_Terms/CSCMP/Educate/SCM_Definitions_and_Glossary_of_Terms.aspx?hkey=60879588-f65f-4ab5-8c4b-6878815ef921*, lt. Abfrage vom 9.4.2017
- Engmann, Carsten: »SAP CRM: Funktionen, Prozesse, Customizing«, SAP PRESS 2014
- Gau, Othmar: »Praxishandbuch Transport und Versand mit SAP LES«, 3., aktualisierte und erweiterte Auflage, SAP PRESS 2016
- Glaudig, Lutz: »Entsorgungslogistik als unternehmensübergreifendes Konzept«, GRIN Verlag 2002
- Greiner, Ernst; »SAP-Materialwirtschaft – Customizing«, 3., aktualisierte und erweiterte Auflage, SAP PRESS 2016
- Gulyássy, Ferenc; Hoppe, Marc; Köhler, Oliver; Vithayathil, Binoy: »Disposition mit SAP«, 2., aktualisierte und erweiterte Auflage, SAP PRESS 2014
- Hellberg, Thorsten: »Praxishandbuch Einkauf mit SAP ERP«, 3., aktualisierte und erweiterte Auflage, SAP PRESS 2012
- Käber, Andre: »Warehouse Management mit SAP ERP«, 3., aktualisierte und erweiterte Auflage, SAP PRESS 2013
- Lange, Jörg; Bauer, Frank-Peter; Persich, Christoph; Dalm, Tim; Sanchez, Gunther: »Warehouse Management mit SAP EWM«, 3., aktualisierte und erweiterte Auflage, SAP PRESS 2016
- Lauterbach, Bernd; Metzger, Dominik; Sauer, Stefan; Kappauf, Jens; Gottlieb, Jens; Sürie, Christopher, »Transportation Management with SAP TM«, 2., aktualisierte und erweiterte Auflage, SAP PRESS 2013
- Liebstückel, Karl: »Instandhaltung mit SAP«, 3., aktualisierte und erweiterte Auflage, SAP PRESS 2013
- Liebstückel, Karl: »Instandhaltung mit SAP – Customizing«, SAP PRESS 2014

- Lorenz, Yvonne: »Qualitätsmanagement mit SAP Press«, SAP PRESS 2013
- Matyas, Kurt: »Instandhaltungslogistik«, 6., überarbeitete Auflage, Hanser 2016
- Melzer-Ridinger, Ruth: »Materialwirtschaft und Einkauf«, 5. Auflage, Oldenbourg 2008
- Pfohl, Hans-Christian: »Logistiksysteme: Betriebswirtschaftliche Grundlagen«, 8. Auflage, Springer 2010
- Rötzel, Alfred von: »Instandhaltung: Eine betriebliche Herausforderung«, VDE-Verlag 2009
- Scheibler, Jochen; Schuberth, Wolfram: »Praxishandbuch Vertrieb mit SAP«, 4., aktualisierte und erweiterte Auflage, SAP PRESS 2013
- Schnellenbach, Christiane: »Außenhandel mit SAP GTS«, SAP PRESS 2014
- Wöhe, Günter; Döring, Ulrich: »Einführung in die Allgemeine Betriebswirtschaftslehre«, 26. Auflage, Vahlen 2016

Anhang F
Die Autoren

Jens Kappauf studierte Betriebswirtschaftslehre und war anschließend mehrere Jahre als Logistikberater bei einem SAP-Beratungspartner tätig. 2001 wechselte er als Solution Architect in die Beratungsorganisation der SAP Deutschland AG & Co. KG. 2006 übernahm er in der SAP SE Produktmanagementverantwortung für die SAP-Ersatzteillogistik- und Service-Managementlösung. Von 2008 bis 2015 war Jens Kappauf in der SAP AG als Produktmanager und Senior Solution Architect für die Positionierung der SAP-Lösungsportfolios für Kontraktlogistiker und Logistikdienstleister verantwortlich. Aus dieser Zeit verfügt er über langjährige, branchenübergreifende und internationale Projekterfahrung mit den Schwerpunkten Supply Chain Management, Ersatzteillogistik und Systemintegration. Anfang 2015 wechselte Jens Kappauf zur Westernacher Business Management Consulting AG und verantwortet dort die globale Positionierung des Service-Portfolios für SAP Extended Warehouse Management (EWM). Jens Kappauf lebt mit seiner Familie in der Nähe von Heidelberg.

Matthias Koch studierte Betriebswirtschaftslehre und war anschließend mehrere Jahre bei SAP SE als Logistikberater tätig. Er verfügt aus dieser Zeit über eine langjährige branchenübergreifende Projekterfahrung mit den Schwerpunkten Vertrieb und Versand, Materialwirtschaft und Einkauf, Projektsystem, Logistikinformationssystem und Systemintegration. Nach seiner Tätigkeit als Logistikberater wechselte er in den Beratungs- und später in den Softwarevertrieb, bevor er 2008 den Bereich Freight & Logistics in der IBU Transportation & Logistics SAP SE übernahm. Mittlerweile ist er als Produktmanager für SAP Transportation Management tätig.

Dr.-Ing. Bernd Lauterbach ist Ingenieur der Elektrotechnik und seit 1995 bei SAP SE in Walldorf tätig. Von 2000 bis 2007 verantwortete er als Architekt bzw. Projektleiter/Development Manager die Entwicklung des SAP Event Managements, der Auto-ID Infrastructure und der neuen Transportmanagement-Lösung SAP TM 6.0. Ein weiterer Arbeitsschwerpunkt liegt auf der Begleitung vieler Transportprojekte bei SAP-Kunden (Logistikdienstleister und Verlader). Seit 2008 ist Bernd Lauterbach als Chief Solution Architect in der IBU Travel & Transportation der SAP SE tätig.

Index

A

B

C

D

E

H

I

J

K

M

N

O

P

Q

R

S

T

U

V

W

Y

Z

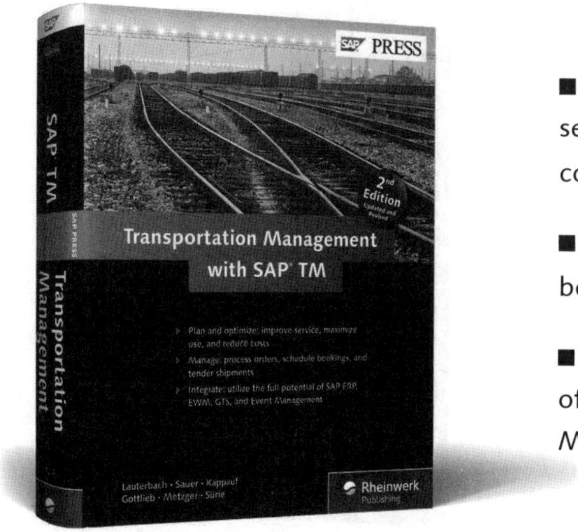

- Plan and optimize: Improve service, maximize use, and reduce costs
- Manage: Process orders, schedule bookings, and tender shipments
- Integrate: Utilize the full potential of SAP ERP, EWM, GTS, and Event Management

Lauterbach, Sauer, Kappauf, Gottlieb, Metzger, Sürie

Transportation Management with SAP TM

This updated bestseller is your ride to a comprehensive view of SAP TM business processes and use. Learn to plan and document transportation, select carriers, and create forwarding orders. Discover industry-tested best practices and optimize standard functionality to make SAP TM do everything you need it to do. Up to date for SAP TM 9.2 and 9.3!

970 pp., 2nd edition 2016, 79,95 Euro / US$ 79.95
ISBN 978-1-4932-1224-8
www.sap-press.com/3850